Vorwort

Eine Schadenbeurteilung am Bewegungssystem des Menschen soll zu einer eindeutigen Diagnose führen. Diese bildet in erster Linie die Grundlage für die aus Untersuchungen resultierende notwendige Behandlung, sollte aber auch gleichzeitig die Begutachtung des Schadens ermöglichen. Ein Gutachten auf der Basis einer medizinisch-naturwissenschaftlichen Beurteilung darf nicht die Meinung eines einzelnen Gutachters widerspiegeln (BSG AZ B2U9/11R, S 2 k: AWMF-Leitlinie Stand 12/12 Registernummer 094-001). Aus einem Gutachten muss erkennbar sein, dass dessen Ergebnis aus einer allgemeingültigen Lehrmeinung, basierend auf valider wissenschaftlicher Literatur, im Sinne einer evidenzbasierten Medizin entstanden ist.

Nach Auffassung der Herausgeber lässt sich dieser Aufgabe nur dann gerecht werden, wenn nicht ausschließlich die Literatur der letzten Jahre berücksichtigt wird, sondern auch die grundlegende Literatur, auf der die aktuellen Publikationen aufbauen.

Die Voraussetzung für eine Schadenbeurteilung am menschlichen Bewegungssystem ist die präzise Kenntnis der Makro- sowie der Mikroanatomie (Histologie), der Übergang zwischen beiden verläuft fließend und hängt lediglich von der Vergrößerung des Substrates ab. Dies trifft ebenso für die Makro- und Mikropathologie (Histopathologie) zu. Nur die Kenntnis der Anatomie und deren Normvarianten lässt eine Abgrenzung zum Pathologischen zu, z. B. am Labrum glenoidale der Schulter, aber auch an den Menisken, deren Strukturstörungen z. B. von intermeniskalen Bändern abgegrenzt werden müssen, letztere erklären sich aus der Ontogenese.

Die Herausforderung in der Begutachtung von „bradytrophen Geweben" besteht darin, trotz der geringen Zellularität eine präzise histopathologische Aussage zu treffen. Das vorliegende Buch möchte hervorheben, dass bei Anwendung von definierten und reproduzierbaren Scoring-Systemen die histopathologischen Befunde durch Abgleich mit den klinischen Daten im Sinne einer pathologisch-klinischen Korrelation einen integralen Bestandteil darstellen.

Für eine eindeutige, aussagekräftige Diagnose spielt die Kommunikation zwischen den verschiedenen Fachgebieten in der Medizin eine besondere Rolle. Für ein präzises wissenschaftliches Verständnis ist ein gleiches Verstehen der Termini erforderlich, dieses bedarf einer Definition, die der dafür zuständige Spezialist übernehmen sollte.

Wenn Anamnese sowie klinischer, biomechanischer, radiologischer (u. a. MRT) und pathohistologischer Befund erhoben sind, dann bedarf es deren zusammenfassender Wertung mit einer einheitlichen Definition und einem einheitlichen Verständnis der in den Befundberichten verwendeten Wörter (Bezeichnungen). Die sog. „Degeneration" ist in erster Linie im pathologischen Sinn zu verstehen, auch wenn dieses Wort vom Radiologen oder orthopädisch orientierten Chirurgen verwendet wird. Diese dessen Mitarbeitern für das Entgegenkommen und die tatkräftige Unterstützung, hier seien an erster Stelle Frau Anne Hirschelmann und Frau Dr. Britta Nagl hervorgehoben.

Nicht zuletzt danken wir besonders unseren Ehefrauen, Helena Hempfling und Anke Krenn, für ihre jahrelange Geduld, Toleranz und ihr Verständnis.

Harald Hempfling, Veit Krenn — Murnau, Trier im Herbst 2016

Schadenbeurteilung am Bewegungssystem

Band 1: Grundlagen, Gelenkflächen, Osteonekrosen, Epiphysen, Impingement, Synovialis
ISBN 978-3-11-028322-8

Band 2: Meniskus, Diskus, Bandscheiben, Labrum, Ligamente, Sehnen
ISBN 978-3-11-029738-6

Inhalt

Band 1

Band 2

Autoren- und Beiträgerverzeichnis

Autoren:
Prof. Dr. med. Harald Hempfling
Medizinische Begutachtungen
Gabriele-Münter-Platz 2
D-82418 Murnau
E-Mail: hempfling@online.de

Prof. Dr. med. Veit Krenn
Zentrum für Histologie, Zytologie und
Molekulare Diagnostik Trier
Max-Planck-Straße 5
D-54296 Trier
E-Mail: krenn@patho-trier.de

Mit Beiträgen von:
Prof. Dr. med. Peter W. Gaidzik
(Band 1, Kapitel 1.2, 1.3)
Universität Witten/Herdecke
Institut für Medizinrecht
E-Mail: peter.gaidzik@uni-wh.de

Dr. rer.nat Peter Brill
(Physiker)
(Band 2, Kapitel 8)
E-Mail: familie.brill@gmx.de

Michael Meyer-Clement
(Band 2, Kapitel 3)
Institut für Medizinische Begutachtung
E-Mail: michael.meyer-clement@imb.hamburg

Abkürzungsverzeichnis

AG	Arthrographie
ALAD	acetabulabral articular Disruption
Alcian-PAS	Enzymhistochemische Färbung
ant.	anterior
AO	Arbeitsgemeinschaft für Osteosynthesefragen
AP	anteroposterior
ARCO	Association Research Circulation Osseous
AS = ASK	Arthroskopie
ASI	anterosuperiores Impingement
AZ	Aktenzeichen
BK	Berufskrankheit
bone bruise	Knochenmarködem
BSG	Bundessozialgericht
CIC	Carpal Instability Complex
CID	Carpal Instability Dissociative
CIND	Carpal Instability Non Dissociative
CPDD	Calciumpyrophosphate deposition Disease
CSF-1	Colony stimulating factor –1
CT	Computertomographie
CTD	Cumulative trauma disorders
d GEMRIC	delayed gadolinum-enhanced MRI of cartilage
DD	Differentialdiagnose
delayed union	verzögerte Knochenbruchheilung
DISI	Dorsal intercalated Segment Instability
DGUV	Deutsche Gesetzliche Unfallversicherung
E	Elastizitätskoeffizient
ECF	Epiphysealis capitis femoris
exolet	veraltet, verwachsen
FAI	femoroazetabuläres Impingement
FE	Eisen
GAG	Glykosaminoglykane
GFV	Gelenkflächenverletzung
GK	Gelenkkörper
GLAD	Gleno Labral Articular Disruption
GUV	Gesetzliche Unfallversicherung
HE	Hämotoxylin-Eosin-Färbung
HIF 1α	Hypoxia-inducible-1α-Faktor
HLA	Humanes Leukozyten Antigen

IGHL	inferiores glenohumerales Ligament
Kappa	Cohens Kappa (Maß für die Reliabilität)
Ki67	Ki67 (Proliferationsmarker)
lat.	lateral
Lfc	Lig. fibulocalcaneare
Lfta	Lig. fibulotalare ant.
Lftp	Lig. fibulotalare post.
Lig.	Ligament
LII	lateraler Instabilitätsindex
LT-Band	Lunotriquetrales Band
M.	Morbus
malunion	Fehlverheilung einer Fraktur
med.	medial
MGHL	mediales glenohumerales Ligament
Mott	mycobacteria other than tuberculosis
MPa	Mega-Pascal
MRT	Magnetresonanztomographie
N	Newton
nonunion	Pseudarthrose
OA	Osteoarthrose
obsolet	nicht mehr gebräuchlich, nicht üblich, überflüssig
OD, OCD	Osteochondrosis dissecans
OND	Osteonecrosis dissecans
ONPK	Osteonecrosis postoperative knee
OZ	Ossifikationszentrum
PAB	Pronation – Abduktion
PAFS	periartikuläres Fasersystem
PAS	Peroxy-Acid-SCHIFF Reaktion
PDGF	Platelet Derived Growth Factor
PER	Pronation – Außenrotation
PHS	Periarthritis humeroscapularis
PISI	Palmar intercalated Segment Instability
PMS	Pathomorphologisches Substrat
post.	posterior
PSI	posterosuperiores Impingement
PUV	Private Unfallversicherung
PVNS	Pigmentierte villonoduläre Synovialitis
RA	Rheumatoide Arthritis
rezent	frisch
Rö	Projektionsradiographie

SAD	Supination – Adduktion
SER	Supination – Außenrotation
SGHL	superiores glenohumerales Ligament
SLAC	scapholunate advanced collaps
SLAP	superior labrum anterior to posterior lesion
SL-Band	Skapholunäres Band
SNAC	scaphoid nonunion advanced collaps
SONK	Spontaneous osteonecrosis oft he knee
Sono	Sonographie
SPF	Supination – Plantarflexion
STS	Sinus tarsi Syndrom
Synscore	Synovialitis Score
TFCC	Triangular Fibrocartilage Complex
TILT	Triquetral-Impingement-Ligament-Tear
TKMÖ	transitorisches Knochenmarködem
TNF-alpha	Tumornekrosefaktor – α
TSRT	Tenosynovialer Riesenzelltumor
TUFF	tensile undersurface fiber failure
USPI	ulnar styloid process index
VISI	Volar intercalated Segment Instability
X-ray	Röntgenstrahlen (X-Strahlen)

1 Grundlagen

Gutachten zur Beurteilung pathologischer Zustände am menschlichen Körper sollten für alle verständlich sein, die sich damit auseinandersetzen müssen: Gerichte, Gutachterkommissionen und Schlichtungsstellen, Rechtsanwälte, Sachbearbeiter privater Versicherungsgesellschaften oder von Sozialversicherungsträgern, Mediziner, d. h. Kliniker verschiedener Fachgebiete sowie Pathologen, aber auch Biomechaniker und nicht zuletzt die von der Begutachtung betroffenen Personen, also die Probanden. Nicht umsonst gibt es den Anspruch, ein Gutachten in deutscher Sprache abzufassen,

> ... wenngleich die Forderung nach völliger Verdeutschung der medizinischen Fachsprache übertrieben ist; auf die gerade mit Hilfe der Fachsprache mögliche treffsichere Formulierung medizinischer Tatbestände kann ebenso wenig wie in anderen Gebieten wissenschaftlicher Betrachtungsweise verzichtet werden, wobei auf richtige Übersetzung besondere Sorgfalt zu verwenden ist [265].

Medizinische „Fachbegriffe" (z. B. „Degeneration") sollten so verwendet werden, dass Mediziner verschiedener Fachrichtungen die Bezeichnung einheitlich verstehen. Ebenso sind Bezeichnungen der deutschen Sprache entsprechend ihrer Definition zu verwenden, eine Ruptur ist ein Riss und nicht eine andersgeartete Kontinuitätsunterbrechung. Das gegenseitige Verstehen ist von grundsätzlicher Bedeutung und seit langer Zeit ist dessen Notwendigkeit bekannt. Der Lun Yu, bestehend aus Analekten, Zitaten usw. des Meisters Konfuzius mit seinen Schülern, dessen älteste Texte ungefähr 150 v. Chr. in „Kaulquappen"-ähnlicher Schrift entdeckt wurden [322], enthält folgende Feststellung: Auf die Frage, was Konfuzius als Erstes zur Ausübung der Regierung veranlassen würde, antwortete dieser: „Sicherlich die Richtigstellung der Begriffe." Gerade unter dem Aspekt, dass nicht nur verschiedene medizinische Fachbereiche, sondern auch unterschiedliche Wissenschaftsgebiete ein Gutachten verstehen müssen, ist die Sprachdisziplin absolute Voraussetzung, und erleichtert die Würdigung eines Gutachtens im Kontext verschiedener Rechtsbereiche mit den dort jeweils spezifischen „Begrifflichkeiten" und beweisrechtlichen Anforderungen. Das (medizinische) Gutachten ist nie Selbstzweck, sondern dient der Entscheidungsfindung durch den in der Regel fachfremden Juristen. Daher stellt ein unverständliches Gutachten stets ein untaugliches Gutachten dar, mag es medizinisch-inhaltlich auch korrekt sein.

1.1 Bezeichnungen

Die Grundlage zur Beschreibung des Körpers bzw. dessen Morphologie ist die Anatomie unter Verwendung der „nomina anatomica" als Sprach- und Definitionsbasis. Krankhafte Veränderungen werden in der Pathologie definiert. Diese stützen sich

DOI 10.1515/9783110284409-006

auf die Bezeichnungen in der Allgemeinen Pathologie und werden auf die spezielle Pathologie (Makropathologie bzw. Histopathologie) übertragen. Die in der speziellen Pathologie beschriebenen pathomorphologischen Substrate können am menschlichen Körper durch diagnostische Maßnahmen (klinische Untersuchung, Röntgen, Magnetresonanztomographie = MRT, Arthroskopie u. a.) aufgespürt und bildlich dokumentiert werden. Von wesentlicher Bedeutung ist die Frage nach der Ätiologie, d. h. nach der Entstehung des pathomorphologischen Substrates (PMS) und dessen Pathophysiologie bzw. Pathomechanik. Die Ätiologie lässt erkennen, ob der festgestellte Schaden eine Erkrankung oder eine Verletzung bedeutet; letztere kann durch Mikrotraumen entstehen und stellt dann einen Überlastungsschaden („overuse") dar oder durch ein echtes Unfallereignis und ist dann die Verletzung schlechthin. Das juristisch definierte Unfallereignis führt in aller Regel zu einer Verletzung. Die Begriffe eines „schweren Unfalles" oder einer „schweren Verletzung" sollten nicht verwendet werden, da der Unfall primär einen Vorgang beschreibt, der allenfalls durch die Art des Herganges näher bezeichnet, jedoch niemals „schwer" sein kann. Im juristischen Sprachgebrauch ist die Zusammensetzung dieses Vorgangs (= Einwirkung, „Unfallereignis") und seiner (Aus-)Wirkung auf den Betroffenen im Sinne einer Verletzung oder eines sonstigen Gesundheits(erst)schadens zu verstehen. Die Verletzung bzw. deren PMS kann lediglich pathomorphologisch eingeteilt werden (z. B. 1. Dehnung, 2. Zerrung, 3. Ruptur = Gradeinteilung der „Distorsion"), ist also entgegen dem Alltagssprachgebrauch ebenfalls nicht „schwer". Der Begriff „schwer" stammt aus der Physik und ist der „schweren Masse" im Vergleich zur „trägen Masse" zugeordnet [196]. Die schwere und die träge Masse eines Körpers sind einander proportional. Die für das Zustandekommen einer Kettenreaktion erforderliche Mindestmasse an spaltbarem Material ist die kritische Masse. Aus diesen Überlegungen lässt sich erkennen, dass mit der Bezeichnung einer „schweren Verletzung" physikalische und medizinische Definitionen unwissenschaftlich zusammengewürfelt werden.

Es gibt Überlegungen zu den Wörtern „Begriff und Bezeichnung". Schon das „Wort" hat eine doppelte Bedeutung, insbesondere der Plural „Wörter und Worte". Der Plural „Wörter" ist für Einzelworte oder vereinzelte Wörter ohne Rücksicht auf den Zusammenhang geplant, wogegen der Plural „Worte" für Äußerungen, Aussprüche und bedeutsame einzelne Wörter reserviert ist. So besteht in aller Regel ein Buch aus Wörtern, Jesus sprach Worte. Damit ist die Grundlage für die Differenzierung zwischen Bezeichnung und Begriff gegeben. Bezeichnungen bestehen aus Wörtern, Begriffe können auch Worte sein. Die Bezeichnungslehre als Wortbedeutungslehre (= Onomasiologie) untersucht, wie Dinge, Wesen und Geschehnisse sprachlich zu bezeichnen sind (Bezeichnungslehre). Ein Begriff dagegen ist ein Terminus (Fachausdruck), aber auch ein Wort oder eine Bezeichnung im Sinne einer besonderen Bedeutung oder eines Sinnbildes; die Terminologie ist somit Teil des Wortschatzes einer gegebenen Sprache, der hauptsächlich durch ein bestimmtes Berufs-, Wirtschafts-, Technik- oder auch Wissenschaftsmilieu gestaltet ist und von denen, die ihm angehören, verwendet wird. Grundsätzlich stellt der Begriff eine semantische und eine sprachliche Einheit dar (Internet Encyclopedia of Philosophy). Begriffe sind aber auch Bestandteile von Gedanken (Stanford Encylopedia of Philosophy). Sind Bezeichnungen oder auch Begriffe klar definiert, so ist eine interdisziplinäre Kommunikation erfolgversprechend, da jeder Diskutant von gleichen (= identischen) und nicht ähnlichen Voraussetzungen ausgeht. Problematisch wird die Situation in Magnetresonanztomographie-Befundberichten, in denen wahrscheinlich Bezeichnungen wie Impingement, Impairment, Entrapment, Derangement, Enthesiopathie, Kompartment, Impaktion, Malalignment, Enhancement u. a. in denkbar unterschiedlichen Situationen Verwendung finden. Eigentlich ist eine Enthesiopathie als Form der Tendopathie definiert und das Impingement bedeutet eine Fehlfunktion eines Gelenkes und ist jedenfalls keine Diagnose. Gerade Bezeichnungen wie Enhancement im Sinne einer Signalverstärkung, was auch als Reizzustand beschrieben wird, helfen in einem MRT-Befund für ein Gutachten nicht weiter, da ein eigentlicher pathologischer Zustand im Sinne einer Definition darunter nicht zu verstehen ist. Bezüglich der sprachlichen Orientierung gibt es in der Medizin mehrere Bezeichnungen bzw. Bezeichnungsunterschiede, wie der Befund und das Befinden [103], Nomenklatur und Klassifikation [489], aber auch anatomische Besonderheiten, wie die anatomische Seitendifferenz der Länge von Extremitäten, die allerdings keinen Einfluss auf die Muskeldehnfunktion haben sollen [502]. So ordnet sich auch unter der akademischen Bildung „der aufrechte Gang“ als Differenzierung zwischen der Sprache und dem Sprechen ein [262].

Für ein medizinisches Gutachten sind neben medizinischen Definitionen juristische Überlegungen von Bedeutung. Da es einen Unterschied macht, ob jemand strafrechtlich zur Verantwortung gezogen werden soll, ob er einem anderen gegenüber schadensersatzpflichtig geworden ist oder ob er von der Solidargemeinschaft Sozialleistungen erhält, sieht sich der Gutachter mit einem sehr differenzierten System konfrontiert, sowohl im Hinblick auf die Terminologie (Kausalitätsbegriffe) als auch auf die Methodik (insbesondere Beweisanforderungen) der Beurteilung eines Sachverhalts. Vor jedem Gutachten muss deshalb klar sein, in welchem Rechtsbereich (Strafrecht, Zivilrecht, Sozialleistungsrecht u. a.) sich die Fragestellung bewegt. Wenn die Medizin als Wissenschaft verstanden werden will, so muss sie sich definierter Bezeichnungen bedienen, die in den verschiedenen Fachdisziplinen der Medizin einheitlich verwendet und zudem auch in anderen Fakultäten richtig verstanden werden können. Dies ist aber nur gewährleistet, wenn die im Gutachten herangezogenen Bezeichnungen präzise entsprechend den allgemein gültigen Definitionen zum Einsatz kommen. Das persönliche Verständnis des Gutachters bzw. dessen Meinung ist nicht gefragt und führt beim Abweichen von der allgemein gültigen Definition nur zu Missverständnissen (BSG 24.7.12, Az B2U 9/11R). Der Pflicht zur begrifflichen Präzision ist der Gutachter auch nicht dadurch enthoben, dass das juristische Begriffsinstrumentarium ebenfalls zuweilen der wünschenswerten Klarheit entbehrt, wie etwa der „grobe Behandlungsfehler“ oder die anhaltende Diskussion um die „wesentliche“ Teilursache beispielhaft belegen [148].

Das Gutachten (responsum, de responso) beleuchtet Ursachen und Wirkungen (causae rerum et consecutiones) und erarbeitet damit den Zusammenhang (continentia) im Sinne des Zusammenhanggutachtens (responsum de causis, responsum de causa). Der Begriff „Unfall“ ist in der deutschen Sprache seit dem 15. Jh. wie folgt definiert: Unglück, Missgeschick [115]. Im versicherungsrechtlichen Sprachgebrauch ist ein „Unfall“ ein von außen auf den Körper wirkendes Ereignis, das zu einer Gesundheitsschädigung (Primärschaden) bzw. zum Tod führt. Für die gesetzliche Unfallversicherung findet sich diese Definition in § 8 Abs. 1 S. 2 SGB VII (Arbeitsunfall im Sozialgesetzbuch VII), für die private Unfallversicherung in § 178 Abs. 2 VVG (Versicherungsvertragsgesetz). Die letztgenannte Vorschrift nennt als weitere Voraussetzungen noch die „Plötzlichkeit“ der Einwirkung und die „Unfreiwilligkeit“ der erlittenen Gesundheitsschädigung. Letzteres gilt als ungeschriebenes Tatbestandsmerkmal auch in der gesetzlichen Unfallversicherung, da „freiwillig“ erlittene bzw. willentlich herbeigeführte Gesundheitsschäden – natürlich – keine leistungsauslösenden Arbeitsunfälle darstellen können.

Im Unterschied zur privaten Unfallversicherung wird von § 8 Abs. 1 SGB VII allerdings keine „plötzliche“, sondern lediglich eine „zeitlich begrenzte Einwirkung“ gefordert. Eine weitere Modifikation findet sich im Beamtenrecht mit der Definition des „Dienstunfalls“ als ein auf äußerer Einwirkung beruhendes, plötzliches, örtlich und zeitlich bestimmbares, einen Körperschaden verursachendes Ereignis, das in Ausübung oder infolge des Dienstes eingetreten ist“ (§ 31 BeamtenVG). Das Wesen der „Plötzlichkeit“ ist in der privaten Unfallversicherung nicht völlig unumstritten. Teils wird in erster Linie objektiv auf die kurze zeitliche Dauer abgestellt, andere sehen das subjektive Moment des Unerwarteten bzw. Überraschenden der Einwirkung für den Betroffenen im Vordergrund. Für die gesetzliche Unfallversicherung wird die zeitliche Grenze übereinstimmend mit „längstens einer Arbeitsschicht“ umschrieben, um so eine Abgrenzung zur Berufskrankheit zu ermöglichen. Auch hier bleiben allerdings Unschärfen, man denke etwa an repetitive mechanische Einwirkungen über mehrere Arbeitsschichten, die nicht den Charakter einer Berufskrankheit besitzen (z. B. Blasen an den Händen bei mehrtägigen Grabungsarbeiten). Ein weiteres Problemfeld bildet die in beiden Rechtsbereichen vorausgesetzte „Einwirkung von außen auf den Körper“. Dies ist unschwer bei mechanisch wirkenden Zusammenstößen mit der Umwelt (Gegenständen, Tieren oder anderen Menschen) zu bejahen. Auch das Einatmen giftiger Stoffe erfüllt das Merkmal einer äußeren Einwirkung. Wie aber sind geplante Eigenbewegungen oder nur sinnlich wahrgenommene Ereignisse in der Außenwelt einzuordnen, die sich in der Folge schadensstiftend beim Betroffenen auswirken?

In der privaten Unfallversicherung liefert das Zusammenspiel des Unfallbegriffs mit den versicherungsvertraglich vereinbarten Leistungserweiterungen und -ausschlüssen einen brauchbaren Lösungsansatz. Wenn bestimmte Eigenbewegungen („erhöhte Kraftanstrengungen“) vom Versicherungsschutz umfasst sein sollen, sofern sie bestimmte Schäden nach sich ziehen („Verrenkungen, Zerrungen und Zerreißungen“), folgt daraus im Umkehrschluss, dass es sich hierbei nicht um „Unfälle“ im eigentlichen Sinn handeln kann. Schwieriger gestaltet sich die Beurteilung lediglich sinnlich wahrgenommener Bedrohungssituationen. Zwar sind „krankhafte Störungen infolge psychischer Reaktionen“ seit geraumer Zeit vom privaten Unfallversicherungsschutz ausgeschlossen, doch hat die Rechtsprechung keine tauglichen Grenzlinien zu ziehen vermocht [483]. Ähnlich schwer scheint es der sozialgerichtlichen Rechtsprechung zu fallen, die gesetzlich geforderte „Einwirkung von außen“ mit dem sozialpolitisch gewollten weiten Unfallversicherungsschutz in Einklang zu bringen, man denke etwa an das – gewollte – Anheben eines festgefrorenen Grabsteins oder die Bremsreaktion eines Triebwagenführers auf eine tatsächlich vorhandene oder nur eingebildete Gefahrensituation. Umso wichtiger ist es für den Gutachter, einen pathophysiologischen Zusammenhang möglichst präzise zu beschreiben und dessen Einordnung als „Unfall“ bzw. „Arbeitsunfall“ dem Auftraggeber zu überlassen.

Besondere Vorsicht ist in diesem Zusammenhang bei Bezeichnungen geboten, deren inhaltliche Präzisierung der Medizin selbst Schwierigkeiten bereitet und zudem in der Rechtssprache mit unterschiedlichen Inhalten Verwendung findet, wie etwa die Abgrenzung einer anatomischen Normvariante oder einer altersentsprechenden Veränderung von einer „Krankheit“. Mindestens ebenso bedeutsam sind für den Gutachter die wiederum in den unterschiedlichen Rechtsbereichen differenzierten Kausalbegriffe einerseits und die Beweisanforderungen andererseits. Er sollte wissen, dass die Formel der „conditio sine qua non“ als „Äquivalenztheorie“ die Kausallehre des Strafrechts darstellt, als „Kausalität im philosophisch-naturwissenschaftlichen Sinn“ aber auch den Einstieg in die Kausalitätsprüfung im Zivilrecht wie auch im Dienstunfallrecht und – zumindest bislang – im Sozialleistungsrecht liefert, mit einem dann nachfolgenden zweiten Prüfungsschritt, nämlich der Lehre von der adäquaten Kausalität“ im Zivilrecht bzw. der – praktisch relevanteren – „Lehre von der wesentlichen Bedingung“ im Recht der gesetzlichen Unfallversicherung, dem Sozialen Entschädigungsrecht sowie in der beamtenrechtlichen Dienstunfallfürsorge.

Im Ablauf des Schadensereignisses gilt es schließlich, das erforderliche Beweismaß im Blick zu behalten, da doch medizinische Zustände und erst recht Kausalzusammenhänge in aller Regel nicht sicher zu rekonstruieren sind, sondern allenfalls mit einer mehr oder minder großen Wahrscheinlichkeit. Im Zivilrecht sind Schadensereignis, Gesundheitserstschaden und auch deren Verknüpfung vollbeweislich zu sichern (§ 286 ZPO), d. h., es dürfen für den Auftraggeber eines Gutachtens keine begründeten Zweifel an deren Vorliegen (mehr) bestehen, wobei die Beweislast (wer muss den Beweis führen bzw. trägt das Risiko der Nichtbeweisbarkeit eines Umstands) grundsätzlich beim Anspruchsteller liegt. Die Weiterentwicklung des Erstschadens, weiterer Schäden oder deren funktionelle Auswirkungen unterliegen der Beweiserleichterung einer hier nur noch erforderlichen „überwiegenden Wahrscheinlichkeit“ (§ 287 ZPO). Daher wird bei der Verknüpfung von Schadensereignis und Erstschaden auch von der „haftungsbegründenden Kausalität“, bei der Weiterentwicklung des Schadens hingegen von der „haftungsausfüllenden Kausalität“ gesprochen. Hinsichtlich der ja ebenfalls zum Zivilrecht gehörenden privaten Unfallversicherung folgt daraus, dass das Unfallereignis sowie die Gesundheitsschädigung einschließlich ihrer Kausalbeziehung dem vom Versicherten zu führenden Vollbeweis unterliegen, etwaige Leistungsausschlüsse oder -einschränkungen hingegen vom Versicherer – voll – bewiesen werden müssen. Eine völlig andere beweisrechtliche Situation bietet sich in der gesetzlichen Unfallversicherung. Obschon es hier nicht um Haftung, sondern um Leistungspflichten geht, wird dort der Zusammenhang zwischen (Arbeits-)Unfallereignis und Erstschaden ebenfalls als „haftungsbegründend" bezeichnet und der Zusammenhang mit Folgeschäden bzw. der Funktionsstörung als „haftungsausfüllend". Vorgelagert ist der Zusammenhang mit der zum Unfall führenden Verrichtung („Unfallkausalität" bzw. im Bereich der Berufskrankheiten „Einwirkungskausalität) und schließlich die als „innerer Zusammenhang" bezeichnete Verknüpfung zwischen der versicherten Tätigkeit und der konkreten, zum Unfallereignis führenden Verrichtung. Anders als im Zivilrecht sind jedoch sämtliche Ursache-Wirkungs-Beziehungen mit bloß überwiegender Wahrscheinlichkeit zu beweisen, die so verbundenen Umstände unterliegen dem Vollbeweis. Diesen beweisrechtlichen Strukturen (Fakten im Vollbeweis, Kausalverknüpfungen mit überwiegender Wahrscheinlichkeit) folgt auch das Soziale Entschädigungsrecht, während sich die Dienstunfallfürsorge beweisrechtlich an den oben skizzierten Grundsätzen des Zivilrechts orientiert.

Zusammenfassend zeigen sich die Unterschiede der „Begriffe" Unfall, Trauma und Verletzung schon in der deutschen Alltagssprache sowie – und erst recht – in der juristischen Fachsprache (vgl. Kursbuch der ärztlichen Begutachtung [275]:

- Unfall: Der Unfallbegriff für die private Unfallversicherung ist in § 178 Abs. 2 VVG, für die gesetzliche Unfallversicherung in § 8, Abs. 1, Satz 2, SGB VII und für die beamtenrechtliche Dienstunfallfürsorge in § 31 BeamtenVG definiert.
- Trauma: Der Begriff „Trauma" wird im deutschen Sprachgebrauch dem versicherungsrechtlichen Begriff „Unfall" gleichgesetzt. Es liegt also immer ein äußeres Ereignis vor sowie eine dadurch eingetretene Erst-Körper- oder Gesundheitsverletzung (§ 823 BGB, Haftpflichtrecht), ein Erst-Gesundheitsschaden (GUV) bzw. eine Erst-Gesundheitsschädigung (PUV).
- Verletzung: Durch einen Unfall entsteht eine „Verletzung" im Sinne eines Erst-Körperschadens (Haftpflichtrecht), eines Erst-Gesundheitsschadens (GUV) oder einer Erst-Gesundheitsschädigung (PUV). Aus der nach einem Unfall gestellten Diagnose muss eine „Verletzung", d. h. ein adäquates pathomorphologisches Substrat, erkannt werden.

Zusammengefasst heißt dies:

- Ein Unfallereignis ist ein von außen einwirkendes Ereignis.
- Aus einem Unfall resultiert eine Verletzung, d. h. ein Gesundheits-(Erst-)Schaden.

- Eine Verletzung (z. B. Fraktur) kann folgenlos ausheilen, es kann ein Defektzustand verbleiben (z. B. Fehlstellung mit Funktionsbeeinträchtigung) oder es können auch Folgeschäden resultieren (z. B. CRPS), also leistungsbegründende Unfallfolgen.

Es bedarf der Einteilung und Zuordnung des Schadens, der ein pathomorphologisches Substrat bedeuten und von einem Ereignis abhängen muss. Der Gesundheitsschaden ist das Schadensbild. Unmittelbar nach einem Ereignis ist eine Verletzung frisch (rezent), im weiteren Verlauf wird eine Verletzung veraltet bzw. alt (obsolet bzw. exolet).

Die Verständnissituation wird zudem noch durch verschiedene Sprachen erschwert, diese sind aber bei internationaler wissenschaftlicher Kommunikation erforderlich. Da die englische Sprache international eine besondere Bedeutung aufweist, sind deren Wörter zu würdigen und sollten, was aber leider nicht immer der Fall ist, einheitlich übersetzt werden. Unter dem Wort „term" (engl.) wird ein fachlicher Ausdruck, eine Bezeichnung oder ein Wort verstanden, „definition" (engl.) ist eine Begriffsbestimmung. „Injury mechanisms may occur in the absence of specific recognizable trauma" [298], und die Unfallfolge ist „injury after accident" [79]. Der Schaden (injury) ist eine übergeordnete Bezeichnung (Abb. 1.1) von Verletzungen (trauma) und Überlastungsschäden (overuse): dt. Trauma = Unfall (d. h. äußeres Ereignis → Verletzung); dt. Verletzung (d. h. Erst-Körperschaden (Haftpflichtrecht), Erst-Gesundheitsschaden (GUV), Erst-Gesundheitsschädigung (PUV)); engl. „trauma" = „event" = Ereignis; engl. „accident" = Unfall = Ereignis + Verletzung.

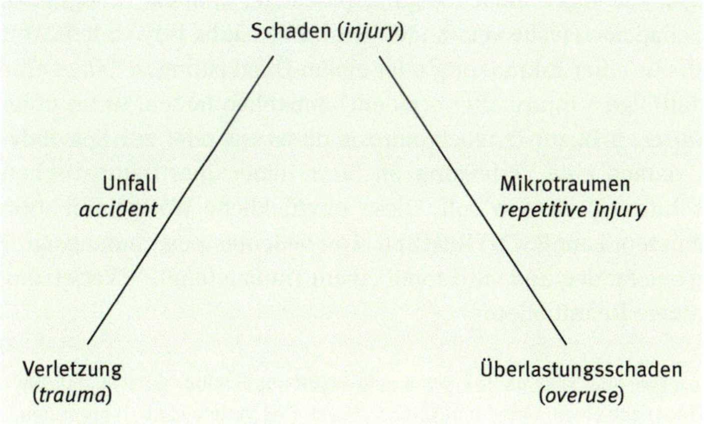

Abb. 1.1: Definition des Schadens.

Das dem definierten Wort „Unfall" zugeordnete englische Wort ist „accident", daraus resultiert die Verletzung (trauma). Injury kann also nicht mit dem Unfall oder der Verletzung in Übereinklang gebracht werden. Auch wird die Bezeichnung „Bagatelltrauma" verwendet [198]. Im Pschyrembel [377] ist das Wort nicht verzeichnet, es wurde aber bei der 32. Jahrestagung der Vereinigung Nordwestdeutsche Orthopäden 1982 diskutiert. An dieser Stelle definiert GROENEVELD [161] das Bagatelltrauma als ein „leichtes Trauma, das in der Regel die Weichteile betrifft und das mit oder ohne ärztliche Behandlung, meist unter örtlicher Betäubung, spätestens nach einer Woche folgenlos abgeheilt ist, ohne daß in der Regel Arbeitsunfähigkeit vorliegt oder die sportliche Aktivität länger unterbrochen werden muss." Eine weitere Definition nach BLAUTH [58] versteht darunter eine Verletzung „wenn sie die Funktion eines gesunden Gelenkes nicht oder höchstens unwesentlich beeinträchtigt und ohne Behandlung innerhalb kurzer Zeit folgenlos abheilt". Dazu liegt eine Differenzierung des Bagatelltraumas in drei Formen [448] vor:

1. „Makrotrauma", das wahrgenommen, aber nicht beachtet wird,
2. „Mikrotraumen", die nicht wahrgenommen werden, aber über eine Vielzahl stereotyper belastender Bewegungsabläufe zu strukturellen und funktionellen Veränderungen am Bewegungsapparat führen,
3. als Sonderform des Bagatelltraumas wird verstanden, wenn sich ein Sportler nach minimaler Verletzung aus taktischen Gründen zu Boden fallen lässt.

In Kenntnis dieser Überlegungen ist davon auszugehen, dass erst nach Ausheilung entschieden werden kann, ob tatsächlich ein Bagatelltrauma vorgelegen hat oder nicht. In einer strengen Beurteilung, die auch eine adäquate Diagnose nennen muss, ist das „Bagatelltrauma" problematisch. Nichts anderes gilt für die Rechtssprache, wo sozialversicherungsrechtlich hierunter die nicht wesentliche Teilursache, haftungsrechtlich hingegen die nicht entschädigungspflichtige, weil im alltäglichen Leben hinnehmbare Schadensursache verstanden wird. Das häufig verwendete Wort „posttraumatisch" will aus einer Erkrankung oder einem Überlastungsschaden eine Verletzungsfolge (Unfallfolge = injury after accident) entstehen lassen, wenn unter Hinzufügen dieses Wortes, z. B. zur Osteochondrosis dissecans oder zur Epicondylitis radialis humeri, daraus eine Verletzung im Sinne einer „posttraumatischen Epicondylitis radialis humeri" werden soll. Diese unglückliche Wortkombination führt zu Missverständnissen. Laut PSCHYREMBEL [376] bedeutet ‚posttraumatisch' = nach einer Verletzung entstanden und wird somit einem Trauma (engl.) = Verletzung zugeordnet. Es gibt weitere Definitionen:

> eine dem Unfall folgende lokale oder allgemeine Erscheinung oder Komplikation, meist in ursächlichem Zusammenhang [506] nach einem Unfall (auftretend), durch eine Verletzung hervorgerufen, als Folge eines Unfalls, traumatisch [390]

„Posttraumatisch" ist keine Kausalitätsbegrifflichkeit, sondern ein Zeithinweis. Veränderungen bzw. Erkrankungen oder auch neue Verletzungen, die sich „posttraumatisch" einstellen können, müssen jedoch nicht als Unfallfolge gewertet werden, dies bedarf einer gesonderten Kausalitätsbeurteilung. Jedenfalls ist eine sog. „posttraumatische Osteochondrosis dissecans" keine Verletzungsfolge, da es sich dabei um eine Erkrankung (Schadensanlage) des wachsenden Skeletts handelt. Ebenso ist die Epicondylitis humeri radialis nicht eine Traumafolge, sondern eine Ansatztendinose, also ein Überlastungsschaden. Eine Unfallfolge – auf medizinischem Fachgebiet – ist demnach eine Verletzungsfolge, also ein Körperschaden, der aus einer Verletzung resultiert. Wenn ein Schaden zeitlich nach einem Unfall (posttraumatisch) festgestellt wird, ist damit noch kein Kausalzusammenhang gewonnen. Es bedarf der Prüfung, ob die angegebene Diagnose eine neue Verletzung, eine Verletzungsfolge, eine Verschlimmerung oder auch eine schon vor dem Ereignis bestehende Erkrankung, evtl. auch einen Überlastungsschaden, bedeutet. Die nicht selten zu beobachtende Argumentationslinie „post hoc ergo propter hoc" stellt also einen klassischen logischen Fehlschluss dar.

Nach RICKE, W.: Gesetzliche Unfallversicherung, § 8 SGBVII, in: Kasseler Kommentare, C.H. Beck Verlag München (Loseblattsammlung) wird Folgendes festgestellt:

> Vor einem Unfall können Vorverletzungen bestehen, aber auch Vorerkrankungen oder Voroperationen. Diese Bezeichnungen bedürfen einer Wertung, ob sie in irgendeiner Form mit dem dann zu beurteilenden Unfall in Zusammenhang stehen. Definierte Bezeichnungen sind die Vorinvalidität sowie der Vorzustand, aber auch der Vor- und der Nachschaden. Die Vorinvalidität und der Vorzustand sind Bezeichnungen der privaten Unfallversicherung, wogegen der Vorschaden, Nachschaden und die Schadensanlage Bezeichnungen aus der gesetzlichen Unfallversicherung ergeben:
>
> – Vorinvalidität: vor dem Unfall vorliegende, dauernde Beeinträchtigung der Gebrauchsfähigkeit einer Extremität bzw. eines Sinnesorgans oder der allgemeinen körperlichen bzw. geistigen Leistungsfähigkeit,
> – Vorzustand: ein latenter oder manifester Zustand, der erst nach dem Unfall Einfluss auf die Funktionsfähigkeit erlangt und ggf. einen Mitwirkungsfaktor für den weiteren Schadensverlauf bildet,
> – Vorschaden: Gesundheitsschaden, der die Vorerwerbsfähigkeit mindert, also mehr als eine Schadensanlage ist,
> – Nachschaden: Gesundheitsschaden, der dem unfallbedingten Gesundheitsschaden zeitlich nachfolgt, ohne eine mittelbare Folge dieses Unfalles zu sein, d. h. für die MdE-Einschätzung unbeachtlich,
> – Schadensanlage: ein in aller Regel klinisch stummer körpereigener Zustand, der die Erklärung dafür ist, warum Menschen aus vermeintlich völliger Gesundheit plötzlich krank werden, z. B. Texturstörungen an Gelenken, anlagebedingte Formvarianten, medikamentös bedingte Veränderungen.

Es gibt frische (rezente) und veraltete (obsolete) Verletzungen. Zur Definition der Bezeichnung „obsolet" sei Folgendes angemerkt: Die Bezeichnung „obsolet" stammt aus der lateinischen Sprache, leitet sich von „obsolescere" (= sich abnutzen, Geltung und Ansehen verlieren) ab als „obsoletus" (= abgenutzt, abgetragen, morsch, veraltet, alltäglich, gemein). Eine ähnliche Wortherkunft leitet sich von „exolescere" (= aus der Mode kommen) ab, hier von „exoletus" (Langenscheidts Wörterbuch). Im Fremdwörterbuch (Duden) wird „obsolet" als ungebräuchlich und veraltet bezeichnet, im Duden als nicht mehr üblich und veraltet. Aus diesen Definitionen geht hervor, dass sich die heute gebräuchliche Bezeichnung „obsolet“ eigentlich von „exoletus“ ableitet, d. h. aus der Mode kommen, denn „obsolet“ wird heute in aller Regel mit dieser Bezeichnung in Verbindung gebracht und nicht mit der zeitlichen Abhängigkeit zu einer Verletzung. Somit wäre die Unterscheidung „rezente“ (= frische) und „obsolete“ (= veraltete) Verletzung korrekt, da die Bezeichnung für „aus der Mode kommen“ eigentlich „exoletus“ heißen müsste [151]. Anstelle der veralteten Verletzung findet sich in der Literatur auch die „inveterate“ Verletzung, d. h. eine veraltete Verletzung, abgeleitet von „inveteratus = alt“ nach SOMMER [441]. Somit stehen für eine genauere Definition der Verletzung bei der frischen Verletzung alternativ „rezent“ zur Verfügung und bei der veralteten Verletzung „obsolet“ oder „inveterat“.

Der Gutachter ist ein medizinischer Sachverständiger, der seinem Auftraggeber unter Berücksichtigung der rechtlichen Bestimmungen unter bestimmter Fragestellung das medizinische Wissen, das Letzterem fehlt, vermitteln muss. Demzufolge muss der Gutachter die gestellten Fragen so beantworten, dass der Auftraggeber die notwendigen Konsequenzen daraus ziehen kann. Auf forensischem Gebiet werden medizinische Gutachten in nahezu allen Rechtsgebieten benötigt, die sich mit der Bewertung von Personenschäden befassen, also sowohl im Straf- und Zivilrecht als auch im Verwaltungs- und – mutmaßlich am häufigsten – im Sozialleistungsrecht. Auftraggeber sind u. a. die Träger der gesetzlichen Unfallversicherung (GUV, Berufsgenossenschaften, Unfallkassen), die privaten Unfallversicherungen (PUV), Haftpflichtversicherungen (HPV), die Träger der gesetzlichen Rentenversicherung (insbesondere Rentenversicherungsanstalten des Bundes und der Länder), die private Berufsunfähigkeitsversicherung oder wiederum aus dem Bereich des Sozialrechts die Versorgungsverwaltungen für den Bereich des Schwerbehinderten- oder des Sozialen Entschädigungsrechts. Die wohl meisten (Kausalitäts-)Gutachten werden für die gesetzliche Unfallversicherung, die private Unfallversicherung sowie in Haftpflichtfällen erstellt. Bezüglich der Kausalität gilt für die Haftpflichtversicherung und die private Unfallversicherung die Adäquanztheorie, bei der Haftpflichtversicherung werden physische und psychische Primär- und Folgeschäden geltend gemacht und es werden in den Grenzen der Adäquanz bzw. der Zurechnung immaterielle (Schmerzensgeld) und materielle Schadensfolgen (z. B. konkrete Verdiensteinbuße, Haushaltsführungsschaden, Rechtsverfolgungskosten) vergütet.

In der privaten Unfallversicherung werden in der Regel Tod und der Gesundheitsschaden in Gestalt der Invalidität, festgelegt in der Versicherungsbedingung (AUB), entschädigt, unter Berücksichtigung einer Vorinvalidität und etwaig mitwirkender Krankheiten oder Gebrechen. In der gesetzlichen Unfallversicherung gilt als Kausalitätsprinzip die rechtlich wesentliche Bedingung. Es muss geklärt werden, ob ein Unfall die rechtlich wesentliche Ursache, die rechtlich wesentliche Teilursache oder eine Gelegenheitsbedingung (= unwesentliche Bedingung, [374]) für den geltend gemachten Körperschaden bedeutet. Der entstandene Schaden muss im Vollbeweis nachgewiesen werden. Vergütet werden die Unfallfolgen als Minderung der Erwerbsfähigkeit auf dem allgemeinen Arbeitsmarkt, dazu werden die Behandlungskosten

Tab. 1.1: Prinzipien der gesetzlichen und privaten Unfallversicherung sowie der Haftpflichtversicherung.

Versicherung	Kausalität	Unfallschaden	Unfallfolgen Entschädigung
GUV	Unfall 1. „Conditio sine qua non" 2. Wertung der so identifizierten Kausalbedingungen – rechtlich wesentliche Ursache – rechtlich wesentliche Teilursache – Gelegenheitsbedingung	Vollbeweis	„einfache Wahrscheinlichkeit" ↓ MdE auf dem allgemeinen Arbeitsmarkt
PUV	Adäquanztheorie 1. „Conditio sine qua non" 2. Wertung der so identifizierten Kausalbedingungen	Vollbeweis Gesundheitsschaden (AUB) Vorschaden = Vorinvalidität Mitwirkende Krankheit oder Gebrechen	(Vollbeweis) → Invalidität → Abzugsfaktor → Abzugsfaktor oberhalb vertraglich vereinbarter Schwellen
Haftpflicht	Adäquanztheorie „Conditio sine qua non" 1. „Conditio sine qua non" 2. Wertung der so identifizierten Kausalbedingungen	physischer/psychischer Primärschaden	„einfache Wahrscheinlichkeit" immaterieller Schaden materieller Schaden berufsbezogene MdE

und sonstige aus dem Unfall resultierenden Aufwendungen ersetzt (Tab. 1.1). Im Strafrecht gilt die Äquivalenztheorie.

Im Folgenden soll das Unfallereignis mit der daraus resultierenden frischen Verletzung diskutiert werden, insbesondere in Abgrenzung zu veralteten Verletzungen, Vorschäden, Schadensanlagen oder auch dem Altersverschleiß. Der Vorzustand sowie die Schadensanlage [219] sind zumindest bis zum Unfallereignis symptomfrei (ruhende Schadensanlage), der Vorschaden und die Vorinvalidität sind einem klinisch relevanten Krankheitsbild zuzuordnen. Bei den Begriffen handelt es sich um juristische Definitionen (Tab. 1.2).

Der Unfallbegriff ist gesetzlich definiert. Ein wesentlicher Punkt für die klinische Untersuchung und damit die Feststellung erster Verletzungszeichen ist der Zeitpunkt der Erstuntersuchung, insbesondere auch mit der Befragung, wann erstmals Beschwerden aufgetreten sind. Somit kommt dem Zeitfaktor eine wesentliche Bedeutung zu, einmal in der Feststellung der klinisch und radiologisch erfassbaren Verletzungszeichen, aber auch für weiterführende Untersuchungsmethoden,

Tab. 1.2: Das pathomorphologische Substrat vor einem Unfall [272, 273]. GUV = gesetzliche Unfallversicherung; PUV = private Unfallversicherung.

	symptomfrei	klinisch relevant
GUV	Schadensanlage	Vorschaden
PUV	Vorzustand im Sinne „mitwirkender Krankheiten oder Gebrechen“	Vorinvalidität

wie Kernspintomographie, Arthroskopie und Operation und damit ebenfalls für die Histologie. Mit dem Unfallereignis kommt es nämlich zu Veränderungen am pathomorphologischen Substrat, je nach Verhalten des Versicherten (Schonung, Belastung), z. B. wird ein unfallbedingtes Knochenödem bei weiterer Belastung des betroffenen Körperteiles länger bestehen, als wenn dieses geschont oder entlastet wird. Des Weiteren lassen sich lediglich kernspintomographisch oder auch arthroskopisch bzw. histologisch frische Verletzungszeichen bis etwa zwei Wochen nach dem Unfall erkennen, über diesen Zeitrahmen hinaus muss von einer veralteten Verletzung ausgegangen werden, die aber dann dennoch dem Unfallereignis zugeordnet werden kann, allerdings unter Berücksichtigung der sonst noch bestehenden Faktoren, wie Vorschaden, Schadensanlage, Altersverschleiß u. a. Mit oder ohne Therapie resultiert aus einem Primärschaden (= Verletzung) mit zunehmender Zeit eine Verletzungsfolge oder es kommt zum folgenlosen Ausheilen. Werden zum Zeitpunkt der Diagnostik veraltete Verletzungen, Vorschäden, Schadensanlagen u. a. festgestellt, so bedarf es der Überlegung, ob eine Verschlimmerung [272, 273] dieser Schäden durch das angeschuldigte Unfallereignis eingetreten ist, und es muss geklärt werden, ob eine einfache vorübergehende oder eine einfache dauernde Verschlimmerung zustande gekommen ist. Von einer richtunggebenden Verschlimmerung ist normalerweise nicht auszugehen, denn dies bedeutet ja, dass ein neues pathomorphologisches Substrat hinzugekommen ist, z. B. bei einer fistelnden Unterschenkelosteomyelitis ein Narbenkarzinom (Abb.1.2).

Kausalitätsüberlegungen sollten eigentlich bei präziser Diagnose überflüssig sein, denn mit der Unterscheidung der Gesundheit, die die Alterung mit beinhaltet, von einer Krankheit und einer Verletzung sind auch die pathomorphologischen Substrate definiert.

Bei der Gesundheit sollte der Normalzustand von Normvarianten und von der Alterung abgegrenzt werden, bei der Verletzung die Mikrotraumen (Mikroverletzung), die zunächst ohne klinische Symptomatik ablaufen und erst sekundär eine Krankheit im Sinne eines Überlastungsschadens darstellen, also eigentlich keine tatsächliche Verletzung bilden. Das Trauma („der Unfall“) führt zu einer klinisch relevanten Verletzung, wobei hier differentialdiagnostisch rezidivierende Traumen abgegrenzt werden müssen. Die Krankheit ist ein pathologisches Geschehen, dessen Ursache vielfältig sein kann, nicht aber auf einer Verletzung beruht.

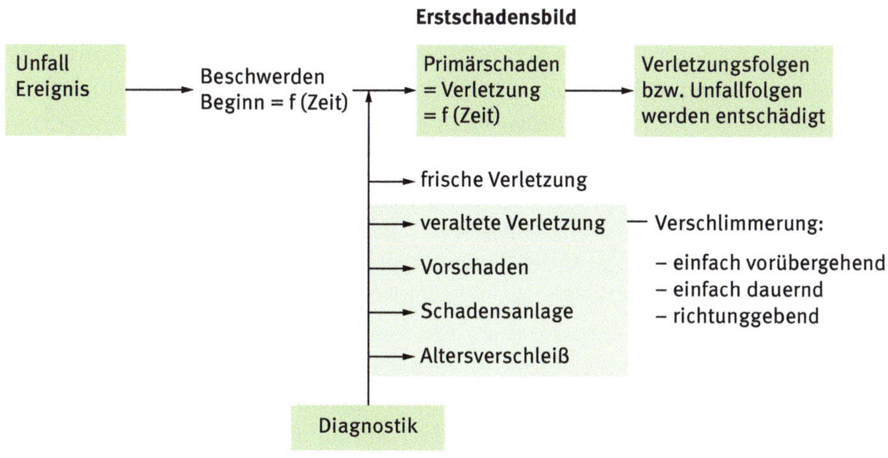

Abb. 1.2: Unfall – Verletzung – Verletzungsfolgen, deren Diagnostik einschließlich konkurrierender Faktoren.

In der privaten Unfallversicherung ist die Differenzierung der Krankheit, des Gebrechens und auch der Alterungsfolgen deshalb von Bedeutung, da Krankheiten oder Gebrechen in der Beurteilung eines unfallbedingten Gesundheitsschadens als Mitwirkungsfaktor von der Versicherungsleistung abzuziehen sind, was jedoch für Alterserscheinungen nicht zutrifft (AUB 88 § 8, AUB 61 § 10). Eine Krankheit ist zuverlässig von einer Verletzung bzw. Verletzungsfolge abzugrenzen. Anders verhält sich dies in der Differenzierung zwischen Krankheit und Alterungsprozess. Nach BÖCKER [59] ist das Altern ein physiologisches Geschehen mit Abnahme der Zell- und Organfunktion, was schließlich mit dem Tode endet. Beim Altern treten regressive Veränderungen in Geweben und Organen charakteristischerweise auf. Regressive Störungen sind sekundäre Rückbildungen mit Abnahme der Substanz im Sinne der Atrophie (Altersatrophie). Eine Atrophie resultiert aus einer negativen Bilanz zwischen Neubildung und Abbau.

Bereits in der Überschrift stellt sich das Problem, ob hier Bezeichnungen oder Begriffe gemeint sind. Wird von dem Wort ‚Begriffe' ausgegangen, so sagt die Etymologie, dass sich der Begriff von ‚greifen' ableitet, was eigentlich nicht mit dem Wort ‚Bezeichnung' bzw. ‚bezeichnen' gleichzusetzen ist, denn Letzteres bedeutet zeichnen, Kennzeichnung bzw. Benennung. Das heißt, es handelt sich hier nicht um Begrifflichkeiten, sondern um Bezeichnungen, die die Definition einer Sache vornehmen. Definieren heißt „begrifflich bestimmen", entlehnt sich vom Lateinischen „definitio", was eigentlich Abgrenzung bedeutet. Die Definition ist somit eine Begriffsbestimmung und führt schließlich zur Bezeichnung einer Sache bzw. Tatsache. Eine Sache ist eine Angelegenheit, ein Geschehen oder ein Unternehmen, aber auch ein Gegenstand bzw. ein Ding. Eine Definition kann sich ebenfalls auf etwas Nichtgegenständliches beziehen. Tatsachen sind in der Rechtssprache alles, was dem Beweis zugänglich ist.

„Akut" ist etymologisch dem Adjektiv „acutus" entlehnt und heißt eigentlich „geschärft, scharf, spitz". Altrömische Ärzte setzten dieses Adjektiv zur Benennung einer unvermittelt auftretenden Krankheit mit einem kurzen, heftigen Verlauf ein, im Gegensatz zu chronisch. Akut kann daher nicht eine plötzlich entstandene Verletzung im Vergleich zur veralteten Verletzung definieren, hier bietet sich das Wort „rezent" im Sinne biologisch frisch an. Eine rezente Verletzung beschreibt den Zustand des Schadens unmittelbar nach dessen Entstehung. Histopathologisch ändert sich dieses Bild nach wenigen Tagen im Sinne der Regeneration mit dem Übergang zur veralteten Verletzung, also zu einem Schaden, der von seinem ursprünglichen Bild durch eine einsetzende Entwicklung überholt worden ist. Somit scheiden die Begriffe akut und chronisch für die zeitliche Charakterisierung einer Verletzung aus, eine Verletzung ist rezent oder veraltet. Ist eine Verletzung frisch, d. h. nicht älter als zwei Wochen, so kann sie als rezent definiert werden. Über diesen Zeitraum hinaus ist eine Verletzung eigentlich obsolet, wegen der missverständlichen Wortwahl aber als veraltet zu bezeichnen.

In den heute vorgelegten wissenschaftlichen Texten findet sich häufig die Auffassung, „entsprechend meiner Meinung" oder „meiner Meinung nach" liegt ein bestimmter Tatbestand oder Sachverhalt vor. Dies ist aber für eine konkrete Aussage in einer Schadensbeurteilung nicht gefragt. Hier ist die heute aktuelle, allgemein anerkannte Lehrmeinung anzustreben und nicht die persönliche Meinung (BSG 24.7.2012, Az B2U 9/11 R). Die heute gültige Lehrmeinung allgemeiner Art, nicht bezogen auf eine Person, ist im Gutachten anzuwenden. Die Lehrmeinung ist nicht identisch mit einer „sog. Wahrheit", sonst wäre allerdings die Aussage „Die Erde ist eine „Scheibe" in einem bestimmten zeitlichen Kontext „wahr", nicht aber der heutigen Lehrmeinung entsprechend.

Wichtig ist auch die Unterscheidung der formalen von der kausalen Pathogenese. Die Pathogenese ist eine Bezeichnung für die Krankheitsentstehung und die Krankheitsentwicklung (vgl. Ätiologie). Die Ätiologie ist die Lehre der Krankheitsursachen bzw. die Lehre der einer Krankheit zugrunde liegenden Ursache. Die kausale Pathogenese bezeichnet den Zusammenhang bzw. die Veranlagung des Individuums zu erkranken, die formale Pathogenese behandelt die funktionellen und strukturellen Krankheitsprozesse im Ablauf einer Krankheit.

Unter *Gesundheit inklusive Alterung* wird eine regelrechte Morphologie und Funktion bei einer normalen Anatomie mit Normvarianten incl. Physiologie und Biomechanik verstanden. Davon grenzt sich ein pathologischer Trend im Sinne der Pathomechanik ab. Die Einschätzung der Alterungsprozesse hängt vom Lebensalter ab. Es gelten Zeitspannen, nicht Zeitpunkte, Altern ist eine Funktion der Zeit. Laut SINGLER [431], Institut für Biomedizin des Alters, Uni Erlangen (Prof. Ch. Sieber) „wird in Deutschland die eindeutige Meinung vertreten, dass arthrotische Veränderungen als Krankheit zu werten sind, ohne dass einschlägige Literatur genannt werden kann, dies, da ja die Arthrose auch als eigenständige Klassifizierung in das ICD-10-System Eingang gefunden hat (International Classification of Diseases der WHO). In Amerika und Kanada wird aber eher die Auffassung vertreten, dass die Arthrose keine Erkrankung ist, abgesehen, sie wird durch einen Unfall oder Ähnliches verursacht. Das Institut vertritt die Auffassung, dass die Arthrose eine Erkrankung ist, da sie auch für Patienten einen Krankheitswert und Einschränkungen hat. Dass diese im Alter aufgrund der ohnehin manchmal eingeschränkten Mobilität für die Patienten erst in einem weiter fortgeschrittenen Stadium ersichtlich werden, habe mit der Aussage nichts zu tun." Gerade mit dem Wort „degenerativ" in Bezug zur Alterspathologie entstehen Schwierigkeiten, wenn damit Altersprozesse beschrieben werden sollen, die a priori nichts mit Pathologie zu tun haben [491]. Die Texturstörung mit drei Schweregraden [239] ordnet dem Grad drei eine pathologische oder dem Alter vorauseilende Veränderung zu, Grad eins und zwei bedeuten Alterungsprozesse. Unter Gesundheit kann unter Berücksichtigung der Funktionsstörungen am Bewegungsapparat [491] der Zustand einer allseits erfolgreichen Kompensationsfähigkeit erkannt werden, deren Verlust zur Krankheit führt. So darf die Alterung des Knorpels nicht als wesentliche Teilursache des Knorpels aufgefasst werden [359]. Ein normaler, altersentsprechender Ablauf müsste konsequenterweise als „normgenerativ" dem pathologischen „degenerativ" als Texturstörung [186]) gegenübergestellt werden [491].

Das funktionelle Substrat von Alterungsprozessen [118] stellt eine Reduktion von Zell-, Gewebe- und Organ-Zahl, Volumen und Funktionen dar. Im Wesentlichen besteht somit eine Reduktion im Sinne einer zurückbildenden (regressiven) Veränderung mit Rückgang von Zellzahl und/oder auch der Zell-Leistungsfähigkeit mit den Zeichen der Atrophie. Alterungskrankheiten sind Krankheiten, die pathogenetisch aber auf verschiedene Weise mit dem Altern verknüpft sind:

- Erkrankungen, die direkte Auswirkungen von Alterungsvorgängen sind,
- Erkrankungen, die an sich auch bei jüngeren Menschen auftreten können, auf dem Boden der Altersveränderungen aber gehäuft vorkommen (Arteriosklerose, Arthrosis deformans, u. a.).

Als Ursachen des Alterns, modifiziert nach [118], werden folgende Faktoren genannt:

1. Absterben von Fibroblasten nach einer bestimmten Anzahl von Zellteilungen,
2. Verkürzung der Wachstumsfähigkeit bis zum Absterben,
3. altersbedingte Begrenzung des Lebens (110–120 Lebensjahre),
4. alterscharakteristische Veränderungen, z. B. kongophile Angiopathie,
5. exogene Einwirkungen führen schon bei unterschwelliger Dosis zum vorzeitigen Altern,
6. unterschiedliche Spezies haben eine der jeweiligen Lebenserwartung entsprechende differente DNS-Reparaturkapazität,
7. genomische Mutationen: mtDNA-Mutationen (mitochondriale DNA) und miRNA-Alterationen stellen wichtige Ursachen von Alterungsprozessen dar [505, 260].

Ausgehend von einer regelrechten Morphologie mit den normalen Alterungszeichen im Sinne der Texturstörung am bradytrophen Bindegewebe führen **Überlastungen**,

z. B. beim Sport, zu rezidivierenden Mikrotraumen im Sinne einer Verletzung ohne klinische Symptomatik, insbesondere an den Knochen-Sehnen-Übergängen, aber auch am Knochen bzw. sonstigen Bindegewebe am muskuloskelettalen System [367]. Typische Überlastungsschäden finden sich an den Sehnen, insbesondere am tendoossären Übergang, aber auch am Knochen im Sinne der Ermüdungsbrüche, wobei bei den so genannten Stressfrakturen eine rezidivierende Überbeanspruchung bei normalem Knochengewebe vorliegt und bei den so genannten Insuffizienzfrakturen eine Überbeanspruchung, jedoch bei vorgeschädigtem Knochen vorwiegend im Sinne der Osteoporose [62].

Unter einer **Krankheit** wird eine Störung der Lebensvorgänge in Organen oder auch im gesamten Organismus mit der Folge von subjektiv empfundenen bzw. objektiv feststellbaren körperlichen, geistigen bzw. seelischen Veränderungen verstanden [377]. Ähnlich definiert es das BSG in einem Urteil vom 16.05.1972 (AZ 9RV556/71), wonach Krankheit im Sinne der gesetzlichen Krankenversicherung ein regelwidriger Körper- und Geisteszustand ist, dessen Eintritt entweder die Notwendigkeit einer Heilbehandlung und/oder Arbeitsunfähigkeit zur Folge hat [506]. Bezüglich der Notwendigkeit einer Heilbehandlung genügt bereits die Erforderlichkeit einer Diagnosestellung. Es handelt sich um Störungen der Lebensvorgänge in Organen oder auch im gesamten Organismus mit der Folge von subjektiv empfundenen bzw. objektiv feststellbaren körperlichen, geistigen bzw. seelischen Veränderungen [377]. Eine mögliche Quelle von Missverständnissen resultiert daraus, dass der Krankheitsbegriff im Recht stets im Kontext der jeweiligen Rechtsfolgen – unterschiedlich – definiert wird. So erklärt sich die o. g. Umschreibung des BSG daraus, dass das Recht der gesetzlichen Krankenversicherung Heilbehandlung und Krankengeld als typische Leistungen gewährt, wofür eine „Krankheit“ die notwendige Tatbestandsvoraussetzung bildet. Ein paralleles Begriffsverständnis findet sich dementsprechend auch in der privaten Krankenversicherung mit dem Kostenersatz für „notwendige Heilbehandlungen“ bzw. Geldleistungen bei vollständiger Arbeitsunfähigkeit (Kranken(haus)-Tagegeldversicherung). Ähnliches liegt in der privaten Unfallversicherung vor, die einer Mitwirkung von – unfallunabhängigen – Krankheiten oder Gebrechen an den Unfallfolgen leistungsbegrenzende Wirkung zuschreibt, sofern die jeweils vertraglich vereinbarten Schwellen überschritten sind. Auch hier zeichnet die gleichzeitige Behandlungsbedürftigkeit die Krankheit als „objektiv regelwidrigen Körper- oder Geisteszustand“ aus, während das Gebrechen sämtliche „abnorme Gesundheitszustände“ erfasst, die unabhängig von ihrer Behandlungsbedürftigkeit oder -fähigkeit dauerhaft eine „einwandfreie Ausübung der normalen Körperfunktionen“ einschränken. Altersentsprechende Veränderungen sind jedoch nach allgemeiner Meinung weder Krankheiten noch Gebrechen. Ebenso wenig spielen die Behandlungsmöglichkeiten in der privaten Berufsunfähigkeitsversicherung eine Rolle, wenn und so lange sich ein Zustand im Sinne einer „medizinischen Diagnose“ objektivieren lässt, der „vom normalen Gesundheitszustand so stark und so nachhaltig abweicht, dass er geeignet ist, die berufliche Leistungsfähigkeit oder die berufliche Einsatzfähigkeit dauerhaft auszuschließen oder zu beeinträchtigen“ (OLG Frankfurt/M. vom 20.03.2003 – 3 U 102/02).

Verletzungen im Sinne eines Makrotraumas entstehen durch plötzlich einsetzende äußere Einflüsse, sei es mechanisch, thermisch, chemisch oder strahlenbedingt, und führen zu einem körperlichen Schaden mit Zerstörung von Gewebestrukturen (Primärschaden) und einer entsprechenden klinischen Symptomatik. Mikrotraumen im Sinne eines Überlastungsschadens haben häufig rezidivierende Verletzungen (Gewebeschäden) zur Folge, jedoch ohne klinische Symptomatik. Das histopathologische gewebliche Substrat von Verletzungen besteht in Kontinuitätsunterbrechungen von geweblichen Strukturen, verbunden mit Zell- und Gewebe-Untergang und Austritt von Blut und Blutbestandteilen in die alterierten Gewebeareale. Die folgenden reparativen (wiederherstellenden) Vorgänge sind abhängig vom Gewebetypus und somit nicht gleichförmig.

Elf Jahre (1896) nach Einführung der gesetzlichen Unfallversicherung (BG 1885) wird festgestellt:

> Von der größten praktischen Wichtigkeit ist es, die Unfall-Neurosen womöglich schon bei ihrer Entstehung im Keime zu ersticken. Die Verhütung der Unfall-Neurosen hat viel größere praktische Erfolge aufzuweisen als die Behandlung derselben. Bei allen Unfall-Neurosen ist die Hauptaufgabe des Arztes, dahin zu wirken, dass die Kranken sich allmählich wieder an ihre Arbeit gewöhnen. Die Energielosigkeit und Willensträgheit vieler Unfall-Kranken darf nicht unterstützt werden durch die Gewährung zu hoher Renten [450].

Bezogen auf Verletzungen stellt sich in den letzten Jahren zunehmend heraus, auch in der Literatur dokumentiert, dass der Versicherungsstatus Einfluss auf den Verlauf und das Behandlungsergebnis (Motivationsfaktor) einer Verletzung nimmt [185, 422, 20]. Es zeigt sich, dass sich die Arbeitsunfähigkeitszeit dann länger gestaltet, wenn das Einkommen gesichert ist [422]. Entsprechend der gesetzlichen Unfallversicherung in Deutschland sowie auch vergleichbaren Versicherungseinrichtungen in der Schweiz und Österreich, aber auch im englischsprachigen Raum (USA, Australien u. a.) gibt es für die notwendige Arbeitsunfähigkeitszeit einen finanziellen Ausgleich [145] und verbleibende Einschränkungen der Erwerbsfähigkeit können auch zu einem finanziellen Ausgleich führen, dies in Abhängigkeit von der rechtlichen Voraussetzung [337]. So zeigt sich ebenfalls im Ausland (Workers’ Compensation system = Arbeiterunfallversicherung), insbesondere mit der Bezeichnung „claimant“ (= Antragsteller, Anspruchsberechtigter) oder „litigation“ (= Rechtsstreit, Prozess) eine deutliche Abweichung der Behandlungsergebnisse von den Patientengruppen, die der gesetzlichen Krankenversicherung zugehören oder auch nicht versichert sind. Es spielen psychosoziale Faktoren [298] oder auch schon ein laufendes Rentenantragsverfahren [400] eine Rolle, ebenso die psychische Befindlichkeit [508] und insbesondere die Angabe von Schmerzen [268]. CUFF [95] kommt zu folgendem Ergebnis: „Workers’ Compensation patients had significantly poorer outcomes than the patients without workers’ Compensation claims.“ Es werden bis zu dreimal längere Arbeitsunfähigkeitszeiten beschrieben [24]. Dies wird ausführlich in der Literatur erläutert. Es liegen mehrere Arbeiten über verschiedene Körperteile vor:

Schultergelenk/Rotatorenmanschette [1, 16, 19, 77, 85, 88, 121, 140, 150, 177, 206, 214, 306, 315, 337, 353, 355, 364, 403, 432, 439, 442, 471, 232, 467, 106, 362, 268, 30, 56, 200, 95, 190, 363, 229], Meniskus [164, 225, 109, 166], Vorderes Kreuzband [33], Sprunggelenk [233, 128], Karpaltunnelsyndrom [117, 443, 26], HWS [253, 107, 154], LWS [83, 25, 373], Bandscheibe [230, 7, 101], Hüfte [446].

In der Beurteilung von Behandlungsergebnissen entstehen mehrere versicherungsrechtliche Probleme, u. a. zeigt die Zeitdauer, bis eine Diagnose erstellt ist, erhebliche Unterschiede, bei Privatversicherten z. B. 14 Tage, bei Patienten ohne Versicherung 121 Tage (Daten aus Florida) [31].

Die Untersuchungen im eigenen Umfeld (Tab. 1.3) ergeben deutliche Unterschiede im Behandlungsergebnis zwischen den guten und sehr guten Ergebnissen von den weniger guten und schlechten Resultaten, eigentlich unabhängig von der Lokalisation der Verletzung bzw. des Schadens, auch unter Verwendung von bestimmten Scores, wobei die Patienten, die von einer gesetzlichen Unfallversicherung betreut sind, zwischen 18 und 47 % weniger gute und sehr gute Ergebnisse zeigen als die Patienten in einem anderen Versicherungsstatus, im Durchschnitt 26 %. Die signifikant schlechteren Ergebnisse der Patienten der gesetzlichen Unfallversicherung (workers' compensation) können, vorsichtig ausgedrückt, einem Motivationsfaktor zugeordnet werden [95]. Auch ein zeitlicher Ablauf über vier Jahre [326] mit Unterscheidung der beiden Versichertengruppen zeigt einen sich stetig wiederholenden Behandlungsergebnisunterschied (Abb. 1.3) zwischen 25 und 34 % bei der Beurteilung von Knorpelschäden.

Tab. 1.3: Motivationsfaktoren gemäß eigenen Arbeiten.

Autor	Jahr	Diagnose	Motivationsfaktor
KEYL	2001 [227]	Schulterluxation	18 %
MÜCKLEY	1996 [326]	Knorpelschaden	29 %
SCHINDERA	1999 [412]	Schulterimpingement	47 %
EGE	1998 [119]	LCA-Naht	34 %
MÜCKLEY	1998 [327]	LCA-Ersatz	27 %
HEMPFLING	1991 [183]	Beckenverletzung	24 %
V. PUSCH	2000 [378]	Rotatorendefekt	32 %

Die gesetzlichen Unfallversicherungen sind eigentlich weltweit bemüht, durch ein geeignetes Rehamanagement (managed care) die Ergebnisse zu verbessern [28, 141], um die Kosten durch eine Verkürzung der Arbeitsunfähigkeitszeit und durch eine Verbesserung der Behandlungsergebnisse zu senken, mit der Folge einer Reduktion einer rentenberechtigenden Minderung der Erwerbsfähigkeit [392, 110]. Dennoch sind die Arbeiter auch mit diesen Verfahren weniger zufrieden [28]. Der Unterschied in der

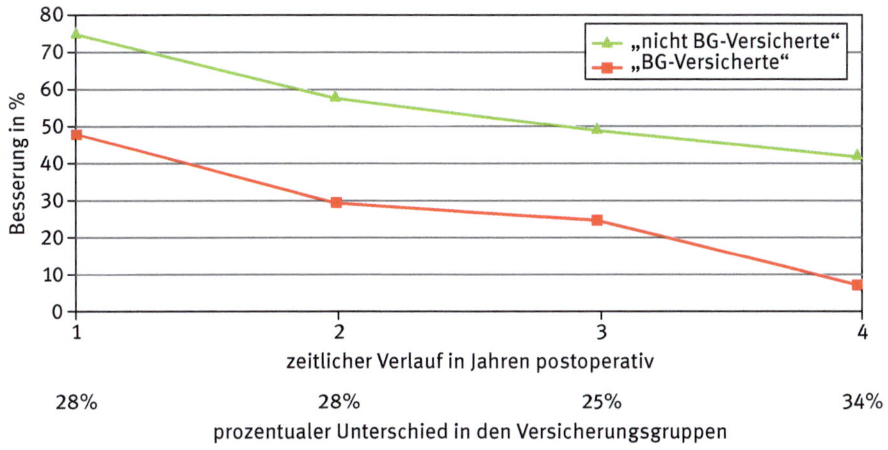

Abb. 1.3: Ergebnisse der therapeutischen Arthroskopie in Abhängigkeit vom Versicherungsstatus, aus [326].

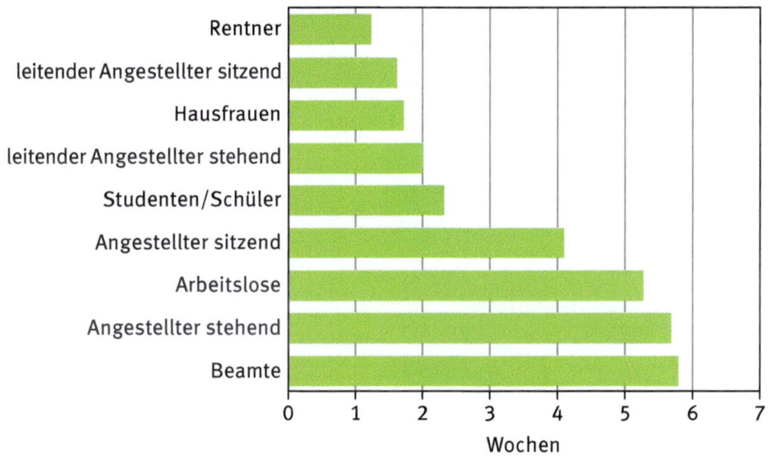

Abb. 1.4: Arthroskopie: durchschnittliche AU-Dauer/Beruf [166].

Arbeitsunfähigkeit (Abb. 1.4) zwischen BG- und Nicht-BG-Patienten zeigt, dass Erstere zu 76 % länger arbeitsunfähig sind und die stationäre Behandlung der BG-Patienten bis zu 200 % länger dauert [227].

Eine wesentliche Bedeutung hat das Sozialversicherungssystem [501, 189, 152]. Das Rehamanagement sollte geeigneterweise von einem Behandler durchgeführt werden [249, 112], mit dem Ziel einer 3-Stadien-Behandlung:

1. von Anfang an regelmäßige Behandlung,
2. Rehabilitationsmaßnahmen,
3. Wiedereingliederungsmaßnahme.

Im Vordergrund der Beschwerdezunahme besteht ein signifikant höheres Schmerzempfinden bei den „worker's Compensation"-Patienten über den Zeitraum der Behandlung. Auch in der weiteren Phase ist das Schmerzproblem bei dieser Patientengruppe größer als bei vergleichbaren Patienten [268]. Entsprechend werden Vorschläge für Behandlungs- bzw. Wiedereingliederungsverfahren auch unter Einbezug psychologischer Überlegungen angestellt [172, 259, 80, 484, 295, 234].

Zur Festlegung der Diagnose und Therapie müssen pathomorphologische Substrate entsprechend ihrer Ätiologie (Verletzung, Alterung und Verschlimmerung) beurteilt und eingeteilt werden. Die normale (physiologische) *Alterung* (Alterungsprozess des Gewebes), verbunden mit einer naturgemäßen Abnutzung der Strukturen, ist dabei von einem konstitutions-, berufs- oder sportbedingten Prozess („overuse"), meist bedingt durch rezidivierende Mikroverletzungen ohne klinische Symptome, abzugrenzen. Unter diesen Bedingungen treten die Veränderungen frühzeitiger auf und sind dann als *pathologisch* zu bezeichnen. Vergleichbar mit den vorzeitigen Veränderungen sind die Folgen von Erkrankungen des Bewegungssystems bzw. einzelner Strukturen, die aber entsprechend der Erkrankung dafür typische pathomorphologische makroskopische und mikroskopische Veränderungen aufweisen (Abb. 1.5).

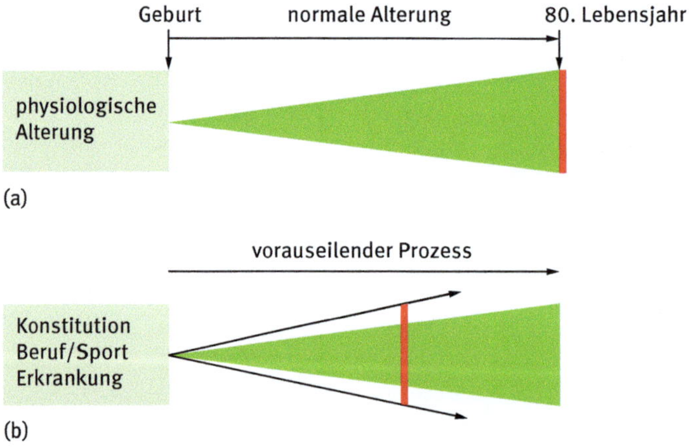

Abb. 1.5: Physiologischer (a) und vorauseilender (b) Prozess [188].

Kommt es beim physiologischen oder beim vorauseilenden „Alterungs"prozess zu einer zusätzlichen *Makroverletzung* (Abb. 1.6), so entsteht dadurch eine vorübergehende oder dauernde Veränderung des vorbestehenden Prozesses. Diese Verläufe sind abhängig von den reparativen Möglichkeiten des betroffenen Gewebes, wobei sich auch eine Verselbstständigung des pathologischen Verlaufs, ausgelöst durch die Makroverletzung, einstellen kann.

Eine Makroverletzung wird in aller Regel in den ersten zwei Wochen ab Verletzungseintritt als *„frisch"* bezeichnet, darüber hinaus als *„veraltet"*. In Abhängigkeit von der Therapie folgen diverse Verlaufsstadien, die abhängig sind von der Gewebestruktur und deren typischer Regeneration. Die Veränderung eines vorbestehenden Prozesses kann *dauernd* oder nur *vorübergehend* sein. Jedenfalls ist eine Veränderung nur dann feststellbar, wenn der vorbestehende Prozess durch eine Verletzung, und diese muss nachweisbar sein, verändert wurde. Als Verletzungs*folge* ist ein pathomorphologisches Substrat zu fordern, das mit dem Vorprozess vergleichbar ist, bei der dauernden Veränderung allerdings in einem fortgeschritteneren Schweregrad. Die vorübergehende Veränderung lässt einen höheren Schweregrad nur über einen bestimmten Zeitraum erkennen. Nach der vorübergehenden Veränderung ist der Prozess (Zustand) vor der Verletzung wieder eingetreten (restitutio ad integrum). Die *richtunggebende* Veränderung bedeutet, dass ein Prozess nicht nur eine nachhaltige Beschleunigung erfährt, sondern einen *anderen*, „schwereren" Verlauf mit einem neuen pathomorphologischen Substrat nimmt (Abb. 1.6).

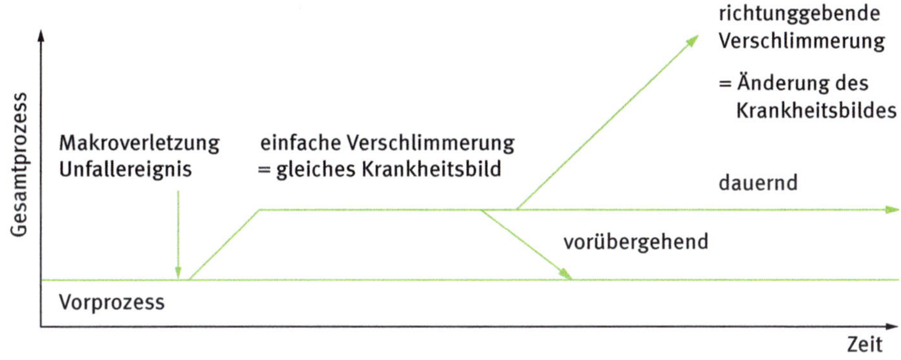

Abb. 1.6: Einfache und richtunggebende Veränderung (Verschlimmerung), in Anlehnung an [220].

Wichtig für die Begutachtung ist, dass nach einem Unfall – möglichst rasch – eine exakte Diagnose der Verletzung unter Nennung des pathomorphologischen Substrats gestellt wird. Neben der Anamnese, der klinischen Untersuchung und dem Nativröntgenbild, evtl. mit Spezialaufnahmen, stehen heute die Computertomographie (CT) für eine genauere Knochendiagnostik und die Magnetresonanztomographie (MRT) zur Optimierung der Weichteildiagnostik zur Verfügung. An invasiven Verfahren kommt die Arthroskopie mit der Möglichkeit einer direkten Bilddokumentation sowie dem Ziel einer Therapie zum Einsatz. In allen Fällen *muss* bei der Entnahme von Gewebe eine histologische Untersuchung vorgenommen werden. Die Kausalitätsfrage kann histologisch allein nicht beantwortet werden. Hierzu bedarf es der Zusammenschau aller Fakten und Indizien, wie Anamnese, Ereignis (äußere Einwirkung), Zeitpunkt der Diagnostik (pathologisches Substrat entsprechend dem Zeitablauf) und Ergebnis diagnostischer Verfahren. Es wird von einer „synergistischen Gelenkdiagnostik" [182] gesprochen. Eine „Diagnose" (griechisch: Entscheidung, Urteil) ist die Schlussfolgerung aus der Symptomkonstellation im Sinne eines Verletzungs-/Krankheitsbildes. Ein *Symptom* ist *ein* Befund. Die *Symptomatik* ist die Gesamtheit der gesicherten Symptome, die zur Krankheit/Verletzung gehören. Demzufolge bedeutet die Symptomatologie die Lehre von den Krankheitszeichen [376].

1.2 Grundlagen der Begutachtung

Straf-, Verwaltungs- und Zivilprozesse hängen in ihrem Ausgang nicht selten von der sachverständigen Beurteilung gesundheitlicher Schädigungen ab. Verfahren in der Sozialverwaltung oder vor den Sozialgerichten erfordern nahezu stets – und im Verlauf meist mehrfach – die medizinische Expertise. Trotz der zentralen Funktion des medizinischen Gutachtens in der Rechtspflege sind Aufgaben und Qualifikationsvoraussetzungen des ärztlichen Sachverständigen nicht definiert. Letztlich ist jeder Arzt kraft seiner Approbation berechtigt, medizinische Sachverständigengutachten zu erstatten, da er für sein Arbeitsgebiet „besondere Sachkunde" aufweist (Sachverständiger im weiteren Sinne) und damit in der Lage ist, haupt- oder nebenberuflich seine Fachkenntnisse im Wege eines Gutachtens für Gerichte, Verwaltungsbehörden und Privatpersonen einzusetzen (Sachverständiger im engeren Sinne). Er hat im Rahmen der Gutachtenerstattung medizinische Befunde zu erheben und in Verbindung mit dem Aktenmaterial auf der Basis medizinisch-wissenschaftlicher Erkenntnis und unter Berücksichtigung ärztlichen Erfahrungswissens zu bewerten, um die Entscheidung des Auftraggebers über die Anwendbarkeit von Rechtsnormen vorzubereiten. Der Gutachter ist nicht selbst der Entscheidungsträger, sondern lediglich „Gehilfe" (BGHSt 3,28) bzw. fachkundiger Berater des Gerichtes – oder sonstiger Auftraggeber – und aus dieser Funktion heraus an die gestellten Fragen wie an die erteilten Weisungen zur Gutachtendurchführung grundsätzlich gebunden (für den gerichtlichen Sachverständigen ausdrücklich normiert in den §§ 78 StPO und 404, 407 Abs. 4 S. 1 ZPO). Die Vorschriften zum Sachverständigenbeweis in der Zivilprozessordnung gelten aufgrund von Verweisungsvorschriften auch im Verwaltungsgerichts- (§ 98 VwGO) und Sozialgerichtsprozess (§ 118 SGG). Umgekehrt kann er – falls erforderlich – zwar nicht eigenmächtig, aber über das Gericht bzw. den Auftraggeber Einfluss auf die Formulierung der Beweisfragen nehmen und sich in Zweifelsfällen seine Aufgabenstellung erläutern lassen. Aus der Beraterfunktion folgt gleichzeitig, dass nicht das Ergebnis, sondern dessen plausible, in sich schlüssige und von wissenschaftlicher Erkenntnis getragene argumentative Herleitung die eigentliche Leistung des Gutachters und damit das maßgebliche Qualitätskriterium seiner Stellungnahme repräsentiert. Andererseits ist der Gutachter an die Grenzen seines Fachs gebunden und nicht dazu berufen, über die fachkundige Würdigung des Tatsachenmaterials hinaus Rechtsausführungen vorzunehmen. Die Verwendung (auch) rechtlich besetzter Begriffe (z. B. MdE, wesentliche Teilursache, Berufs(un)fähigkeit) ist vor diesem Hintergrund nicht unbedenklich, in der Praxis jedoch letztlich unvermeidbar und wird von den Auftraggebern nicht selten sogar explizit gefordert. Der Gutachter sollte sich hier aber des genauen Begriffsinhalts vergewissern – dies umso mehr, als manche exakt normativ definierten Begriffe (z. B. die „Wegefähigkeit") zuweilen auch im allgemeinen Sprachgebrauch auftauchen, dort aber einen anderen, meist weniger scharf umrissenen Bedeutungsgehalt aufweisen.

Prozessrechtlich stellt der Sachverständige bzw. das Gutachten ebenso wie der einfache oder sachverständige Zeuge ein Beweismittel dar. Der Zeuge schildert dem Gericht seine Wahrnehmungen über Ereignisse und Zustände in der Vergangenheit. Der sachverständige Zeuge nimmt „kraft besonderer beruflicher Sachkunde" („Befund"-)Tatsachen wahr, über die er z. B. in seiner Funktion als vor- oder nachbehandelnder Arzt zeugenschaftlich aussagt (z. B. welche Befunde konnten wann erhoben werden und welche differentialdiagnostischen/therapeutischen Konsequenzen wurden mit welchem Erfolg hieraus gezogen). Demgegenüber trifft der Sachverständige (erst!) innerhalb eines Gutachtenauftrags Tatsachenfeststellungen und bewertet sie im Hinblick auf die gestellten Fragen. Diese Differenzierung hat prozessuale (z. B. Voraussetzungen und Form der Vereidigung), insbesondere aber liquidationsrechtliche Folgen, denn die Leistungen des Sachverständigen werden gemäß JVEG „vergütet", der Aufwand des Zeugen lediglich in weit geringerem Umfang „entschädigt". Zweifelhaft kann sein, ob und inwieweit der Sachverständige Tatsachen verwenden darf, die bislang nicht in das Verwaltungs- bzw. gerichtliche Verfahren eingeführt wurden (z. B. der Proband bringt weitere Befundberichte/Röntgenbilder mit) oder sogar zu eigenen Tatsachenermittlungen über die Befragung und Untersuchung des Probanden hinaus befugt ist (z. B. Fremdanamnese, eigenständige Beiziehung von Unterlagen bei vor- bzw. nachbehandelnden Ärzten). Dies ist unproblematisch, wenn der Sachverständige hierzu ausdrücklich im Auftragsschreiben bzw. in den Beweisbeschlüssen/-anordnungen des Gerichts ermächtigt wird. Ansonsten ist zu differenzieren:

Im (Sozial-)Verwaltungsverfahren gilt allgemein der Grundsatz der Amtsermittlung, d. h., die Behörde hat von sich aus den Sachverhalt möglichst vollständig aufzuklären, kann sich insoweit aber auch des Sachverständigen bedienen. Ähnliches ist für den Sozialgerichtsprozess anzunehmen, da das Sozialgericht ebenso von Amts wegen den entscheidungsrelevanten Sachverhalt aufzuklären hat. Darüber hinaus kann dort der Betroffene sich selbst vertreten, mithin auch wirksam neue Tatsachen in das Verfahren einführen. Wird der Sachverständige im Rahmen eines Ermittlungsverfahrens von der Staatsanwaltschaft beauftragt, wird man ihn grundsätzlich gleichfalls für befugt halten dürfen, weitere Informationen einzuholen, die zur Beantwortung der gestellten Fragen objektiv erforderlich sind. Die Grenze ist dort erreicht, wo das Bemühen des Sachverständigen, eine möglichst vollständige Tatsachengrundlage für seine Expertise zu schaffen, ein allzu starkes, mit dem Gebot der Objektivität und Neutralität nicht mehr zu vereinbarendes „Verfolgungsinteresse" erkennen lässt. Besondere Bedeutung kommt hier mittlerweile dem Internet zu. Inwieweit der Sachverständige z. B. befugt ist, sich im Vorfeld z. B. über sportliche Aktivitäten des Probanden zu informieren, ist bislang – soweit ersichtlich – noch nicht Gegenstand gerichtlicher Entscheidungen geworden. Sind die Informationen frei zugänglich, spricht eigentlich nichts dagegen, diese auch im Explorationsgespräch mit dem Patienten zu verwenden. Problematischer und wohl schon eher jenseits der Grenze zulässiger Informationsbeschaffung sind hingegen geschützte Foren, zu denen sich der Sachverständige zunächst durch Registrierung Zugang verschaffen muss. Besondere Vorsicht in der Verwendung (noch) nicht aktenkundiger Tatsachen ist im Zivilprozess angezeigt. Zum einen herrscht dort der so genannte „Beibringungsgrundsatz“, d. h., es ist grundsätzlich allein Aufgabe der Parteien, den zur Entscheidung gestellten Tatsachenstoff dem Gericht zu unterbreiten. Zum anderen gilt dort das Prinzip der „formalen Wahrheit“, wonach das Gericht an den übereinstimmenden oder auch nur einseitigen, jedoch unbestritten gebliebenen Tatsachenvortrag der Parteien gebunden ist. Zum Untersuchungstermin mitgebrachte Befundunterlagen können daher zwar entgegengenommen werden, ihre Auswertung sollte jedoch im Zivilprozess ausnahmslos erst nach Rücksprache mit dem Gericht erfolgen. Gleiches gilt generell bei Zweifeln des Sachverständigen, ob und welche Tatsachen er seinen Ausführungen zugrunde legen soll, soweit er sich nicht – z. B. bei streitigem Parteivortrag im Arzthaftungsprozess – zu einer methodisch zulässigen alternativen Darstellung der Anknüpfungstatsachen entschließt.

Auftraggeber eines Gutachtens können außerhalb justizförmiger Verfahren private Versicherungsgesellschaften, Rechtsanwälte oder auch der Betroffene selbst sein, letztlich also „jedermann“. Im Rahmen von Verwaltungsverfahren sind es die jeweils zuständigen Behörden und innerhalb des Rechtsmittelweges dann die Gerichte, die das Gutachten in Auftrag geben und damit grundsätzlich auch das Auswahlrecht in Bezug auf die Person des Gutachters ausüben (vgl. für das allgemeine Verwaltungsverfahren § 26 VwVfG, für das Sozialverwaltungsverfahren § 21 Abs. 1 Nr. 2 SGB X; für das gerichtliche Verfahren: §§ 73 Abs. 1 StPO, 404 Abs. 1 ZPO, 96 Abs. 1 VwGO, 106 SGG). Den Betroffenen bzw. sonst Verfahrensbeteiligten verbleiben auf die Auswahl nur vergleichsweise geringe Einflussmöglichkeiten. So verpflichtet § 200 Abs. 2 SGB VII im Recht der Gesetzlichen Unfallversicherung und § 14 Abs. 5, Sätze 3 und 4 SGB IX im Schwerbehindertenrecht die dort zuständigen Träger der Sozialverwaltung, dem Betroffenen grundsätzlich drei Gutachter zur Auswahl vorzuschlagen. Ein eigener Gutachtervorschlag des Betroffenen ist zwar nicht zwingend zu akzeptieren, jedoch wird angesichts der allgemeinen Gesetzesbindung der Verwaltung eine Begründungspflicht für eine ablehnende Entscheidung gefordert werden müssen. Ähnliche Einschränkungen finden sich auch in den gerichtlichen Verfahrensordnungen. Ein über die Verteidigung ordnungsgemäß geladener und in der Hauptverhandlung gestellter Sachverständiger („präsentes Beweismittel“) ist – von engen Ausnahmen abgesehen – vom (Straf-)Gericht zu vernehmen, selbst wenn aus dessen Sicht ein – weiteres – Gutachten entbehrlich erscheint (vgl. § 245 StPO). Im Zivilprozess haben die Parteien die Möglichkeit, sich mit bindender Wirkung für das Gericht auf die Person eines Sachverständigen zu einigen (§ 404 Abs. 4 ZPO) und im Sozialgerichtsprozess – praktisch relevanter – kann die Klägerseite gem. § 109 SGG einen „Arzt ihres Vertrauens“ als weiteren Gutachter benennen, der jenseits der kaum bedeutsamen Grenze der Prozessverschleppung zwingend vom Gericht zusätzlich mit der Begutachtung zu beauftragen ist. Inhaltlich lassen sich im Gutachten finale von kausalen Fragestellungen differenzieren. In der „finalen“

Begutachtung ist der Sachverständige aufgerufen, den Körper- und Gesundheitszustand des Probanden zu objektivieren und etwaige Funktionseinschränkungen in den Kategorien des jeweiligen Rechtsgebietes zu bewerten (Rentenversicherung, Schwerbehindertenrecht, Berufsunfähigkeitsversicherung). Demgegenüber sind die etwaigen körperlichen bzw. gesundheitlichen Defizite im Rahmen der „kausalen" Begutachtung vom Sachverständigen zusätzlich noch in ihren Kausalbeziehungen zu einem potenziell anspruchsbegründenden Ereignis darzustellen und zu bewerten (Haftpflichtrecht, gesetzliche und private Unfallversicherung, soziales Entschädigungsrecht). Auf einer dritten Stufe werden ihm sogar gewissermaßen „normative" Tätigkeiten abverlangt, wenn er etwa im Arzthaftungsrecht die Verhaltensregeln eines gewissenhaften Facharztes in der jeweiligen Behandlungssituation konkretisieren muss, was dann als „Facharztstandard" dem Juristen erst die Möglichkeit eröffnet, über Vorhandensein oder Fehlen eines haftungsbegründenden Sorgfaltspflichtverstoßes zu entscheiden.

Den Sachverständigen treffen eine Reihe von teils ausdrücklich normierten, teils aus allgemeinen Rechtsgrundsätzen resultierende Pflichten, von deren Erfüllung nicht nur die Verwertbarkeit des Gutachtens, sondern insbesondere auch sein Honoraranspruch abhängen kann. Darüber hinaus drohen ihm bei – groben – Verletzungen dieser Pflichten sogar haftungs- oder gar strafrechtliche Konsequenzen. In gewissen Grenzen besteht für den medizinischen Gutachter eine Übernahmepflicht, d. h., er kann sich der Beauftragung nicht ohne einen triftigen Grund entziehen. Dies gilt insbesondere in Fällen des gerichtlichen Gutachtenauftrags (§§ 75 Abs. 1 StPO, 407 Abs. 1, 411 Abs. 3 ZPO). Grundlage dieser Verpflichtung ist die Tatsache, dass der Arzt seinen Beruf kraft eines öffentlichen Rechtsaktes in Gestalt der Approbation ausübt. Übernahmepflichten können darüber hinaus aus dienstrechtlichen Vorgaben oder aus der arbeitsvertraglichen Pflichtenstellung resultieren. Aber selbst gegenüber Gerichten gilt die Übernahmepflicht nicht ausnahmslos. Gesetzliche Ausschluss- und Ablehnungsgründe berechtigen den Gutachter nicht nur, sondern verpflichten ihn in aller Regel, den Gutachtenauftrag abzulehnen (vgl. §§ 22 ff., 74 StPO sowie §§ 41 ff., 406 ZPO). Hier greifen für den Sachverständigen ausdrücklich dieselben Vorschriften wie für den Richter. Verwandtschaftliche Beziehungen zu den Beteiligten oder auch die Vorbefasstheit, etwa in der Eigenschaft als Beratungs- oder Gesellschaftsarzt, schließen daher die Übernahme eines Gutachtenauftrags bereits kraft Gesetzes aus. Umstände, die den Sachverständigen als Zeugen zur Zeugnis- oder Auskunftsverweigerung berechtigten (vgl. § 408 in Verbindung mit den §§ 383, 384 ZPO), lassen die Übernahmepflicht ebenso entfallen.

Der gerichtliche Sachverständige ist darüber hinaus nach § 407a ZPO – mit analoger Geltung in den anderen Gerichtsbarkeiten – verpflichtet, nach Eingang der Akten unverzüglich, d. h. ohne schuldhaftes Zögern, abzuklären, ob der Auftrag in sein Fachgebiet fällt und ohne die Hinzuziehung weiterer Sachverständiger erledigt werden kann. Anderenfalls ist er gehalten, das Gericht – wiederum unverzüglich – hiervon zu verständigen. Gleiches gilt, wenn der Sachverständige ein Zusatzgutachten für sinnvoll oder notwendig erachtet. Drei Konstellationen sind zu unterscheiden: So kann der Gutachtenauftrag, der Beweisbeschluss oder die Beweisanordnung ein solches Zusatzgutachten bereits vorsehen, Auswahl und genaue Fragestellung bleiben jedoch dem „Haupt-"Gutachter überlassen. Dann kann ohne weiteres so verfahren werden, wobei die Ergebnisse des Zusatzgutachtens in die Bewertung des „Haupt-"Gutachtens einfließen müssen. Stellt sich die Notwendigkeit des Zusatzgutachtens erst im Laufe der Bearbeitung des ursprünglichen Gutachtens heraus, ist die Beauftragung von der vorherigen Zustimmung des Auftraggebers abhängig zu machen – schon um die Kostenübernahme sicherzustellen! – und die Fragestellung ist mit ihm abzustimmen.

Diese beiden Varianten zielen in der Regel auf eine erforderliche diagnostische Zusatzinformation ab, die zur sachgerechten Beantwortung der Beweisfragen benötigt wird, die aber der eigentliche Gutachter aus eigener Qualifikation oder aufgrund fehlenden technischen Equipments nicht zu leisten vermag. Eine dritte Konstellation betrifft Gesundheitsstörungen in verschiedenen Körperregionen, die aus mehreren Fachgebieten heraus in Vorhandensein, Schwere und ggf. Kausalbeziehung zu beurteilen sind, etwa die Thoraxverletzung mit Auswirkungen auf den Stütz- und Bewegungsapparat sowie die Lungenfunktion. Hier geht es letztlich um gleichberechtigte Gutachten, die dann aber durch einen der beteiligten Sachverständigen in der Gesamtbewertung zusammenzuführen sind, sofern das jeweilige Rechtsgebiet dies z. B. in Gestalt einer Gesamt-MdE, eines Gesamt-GdS oder einer Invaliditätsbewertung außerhalb der Gliedertaxe verlangt. Insbesondere aber sollte sich der Gutachter selbstkritisch prüfen, ob Umstände vorliegen, die aus objektiver Sicht geeignet sind, Misstrauen gegen seine Unparteilichkeit zu rechtfertigen (vgl. § 74 StPO, § 42 Abs. 2 ZPO). Nichts ist misslicher für den Sachverständigen, als wenn erst nach Erstattung seines Gutachtens z. B. persönliche Beziehungen zu einer Prozesspartei bekannt werden, wie dies zuweilen im Arzthaftungsbereich vorkommt. Sofern der Sachverständige hier nicht unmittelbar zur zulässigen Selbstablehnung kommt, kann über die Offenlegung solcher Umstände die Besorgnis der Befangenheit häufig schon im Vorfeld ausgeräumt werden. Ein derzeit im Gesetzgebungsverfahren befindlicher Entwurf eines „Gesetzes zur Änderung des Sachverständigenrechts" sieht vor, dem Sachverständigen eine derartige Prüf- und Offenbarungspflicht ausdrücklich aufzuerlegen (§ 407a Abs. 2 ZPO n. F.). Ist der Gutachter durch dergestalt „triftige Gründe" an der Erstattung gehindert oder kann er aus Zeitmangel bzw. Arbeitsüberlastung das Gutachten absehbar nicht in „angemessener Zeit" (vgl. § 25 MBO-Ärzte) bzw. innerhalb der ihm gesetzten Frist erstatten, wird ihn das Gericht auf eine entsprechende Nachricht – gegebenenfalls nach Anhörung der Prozessbeteiligten – ohne weiteres von dem Auftrag entbinden. Auch hier sieht der schon erwähnte Gesetzentwurf eine ausdrückliche Fristsetzung durch das Gericht vor, wobei der Sachverständige wiederum unverzüglich zu prüfen hat, ob ihm die Einhaltung dieser Frist möglich ist. Andernfalls ist das Gericht zu benachrichtigen (§ 407a Abs. 1 ZPO n. F.). Ferner umfasst die Erstattungspflicht nicht nur die Übersendung der schriftlichen Expertise, sondern kann gegebenenfalls auch die mündliche Gutachtenerstattung bzw. die Ladung zum Verhandlungstermin zur Erläuterung bzw. Ergänzung des Gutachtens beinhalten.

Das Gutachten stellt eine Eigenleistung des im und durch den Gutachtenauftrag bestellten Sachverständigen dar. Für den gerichtlichen Sachverständigen folgt dies zwingend aus § 407a Abs. 2 ZPO. Diese Norm erlaubt jedoch die Delegation von „Hilfsdiensten untergeordneter Bedeutung“ wie auch von gutachtlichen Teilleistungen. So sind Schreibdienste, die Anfertigung von Röntgenaufnahmen oder auch die Durchführung technisch-apparativer Diagnostik stets delegationsfähig. Gutachtliche Teilleistungen können gleichfalls von anderen Ärzten, insbesondere im Rahmen der Weiter- oder Fortbildung, übernommen werden, diese sind dann jedoch im Gutachten namhaft zu machen, und der Umfang ihrer Tätigkeit ist anzugeben. Die Grenze jedweder Delegation wird durch den Verlust der Eigenverantwortlichkeit markiert, wobei sich der Gutachter nicht mit der bloßen formelhaften Schlusswendung („einverstanden aufgrund eigener Urteilsbildung“) begnügen sollte, mag dies auch derzeit (noch) von den Gerichten mit dem formalen Argument akzeptiert werden, der Sachverständige übernehme damit schließlich die „volle rechtliche Verantwortung“ für sein Gutachten. Man wird sich in diesem Zusammenhang vor Augen führen müssen, dass die Beauftragung einen Vertrauensbeweis in die fachliche Reputation des Sachverständigen darstellt, der schwerlich zu rechtfertigen ist, wenn auf die Ladung zur mündlichen Erläuterung des Gutachtens von ihm die Bitte geäußert wird, man möge „lieber den Oberarzt laden, der den Probanden allein untersucht und letztlich das Gutachten verfasst habe“. Hinsichtlich der Aufklärungspflichten gelten für den Gutachter die aus dem kurativen Bereich bekannten Grundsätze, sofern im Rahmen der Begutachtung invasive und damit aufklärungspflichtige Diagnostik betrieben werden muss.

Darüber hinaus steht der Sachverständige keineswegs außerhalb der straf- und berufsrechtlich sanktionierten Schweigepflicht (§ 203 StGB; § 9 MBO-Ärzte). Zwar ist er innerhalb des Gutachtenauftrags von der Schweigepflicht entbunden und gehalten, Informationen, die er bei der Befragung und Untersuchung des Probanden erhält, zu offenbaren und im Rahmen seiner Schlussfolgerungen zu verarbeiten. Man mag dies unmittelbar aus seiner prozessualen Funktion ableiten oder – besser – als Folge einer mit Vorstellung zur Untersuchung konkludent erteilten Schweigepflichtentbindungserklärung auffassen. Die Schweigepflicht trifft den Gutachter nicht nur persönlich, sondern auch die von ihm zur Erfüllung des Gutachtenauftrags eingeschalteten (Hilfs-)Personen. Dies mahnt zur Vorsicht bei der externen Vergabe etwa von Schreibdiensten. Das Personal sollte ausdrücklich und schriftlich über die Bedeutung der Schweigepflicht informiert und zu deren Einhaltung verpflichtet werden.

Diese Bindung an den Auftrag liefert aber gleichzeitig die Beschränkung der Offenbarungsbefugnis in Bezug auf verfahrensunbeteiligte Dritte (z. B. an der Begutachtung nicht beteiligte Arztkollegen) bzw. auf solche Informationen, die das Gutachten zwar gelegentlich enthält, die jedoch zur Beantwortung der Fragen nicht erforderlich sind. Hier gilt die Schweigepflicht des Gutachters fort, wenn ein Geheimhaltungsinteresse des Probanden erkennbar oder anzunehmen ist. Dies gilt auch für Tatsachen, die der Sachverständige in anderer Funktion über den Probanden erhalten hat, sei es als behandelnder Arzt oder aus anderen Gutachten. Ein Rückgriff auf solche Vorbefunde setzt 1. das ausdrückliche Einverständnis des Betroffenen und 2. ggf. auch die Zustimmung des damaligen Auftraggebers voraus. Andernfalls drohen neben Befangenheitsanträgen auch datenschutz- oder sogar strafrechtliche Konsequenzen. Widerruf oder Beschränkungen der Schweigepflichtentbindungserklärungen sind ungeachtet ihrer Wirksamkeit in jedem Fall zu dokumentieren und auf ihre Auswirkungen auf die Validität der Schlussfolgerungen hin zu bewerten. Notfalls ist der Gutachtenauftrag zurückzugeben. Dies gilt auch für sonstige „Bedingungen" des Probanden. So ist etwa das gern bemühte Anwesenheitsrecht Dritter auf Wunsch des Probanden innerhalb und zwischen den Gerichtsbarkeiten umstritten, sofern es sich bei dem Dritten nicht um Personen mit besonderen Rechtsbefugnissen handelt (Eltern oder Betreuer bei minderjährigen bzw. betreuten Probanden). Um die Situation nicht unnötig zu belasten, kann dem Gutachter hier nur eine pragmatische, der jeweiligen Situation angemessene Handhabung empfohlen werden, wobei der Dritte natürlich weder die Initiative im Gespräch ergreifen noch sonst die Begutachtung stören darf.

Daneben ist die Unparteilichkeit die wohl vornehmste Pflicht eines Sachverständigen. Jegliche Form einer Interessenvertretung ist mit seiner Rechtsstellung unvereinbar, und zwar unabhängig vom jeweiligen Auftraggeber. Der von dem Gericht oder einer öffentlichen Behörde herangezogene Sachverständige hat nicht anders als der vom Privatversicherer oder von dem Betroffenen selbst beauftragte Parteigutachter den Sachverhalt objektiv und neutral zu bewerten. Ihn treffen – anders als den behandelnden Arzt in Bezug auf seine Patienten – keine Fürsorgepflichten gegenüber dem Probanden, er ist allerdings auch nicht dazu berufen, die Interessen der Versicherten- oder Solidargemeinschaft in seine Überlegungen einzubeziehen. Insbesondere für den behandelnden Arzt kann dieser Rollenwechsel ein nicht unerhebliches Konfliktpotenzial bergen, und es ist daher besonders sorgsam zu prüfen, ob er seiner Aufgabe mit der notwendigen innerlichen Freiheit gerecht werden kann oder den Gutachtenauftrag mit Hinweis auf das bestehende oder zurückliegende Behandlungsverhältnis ablehnt. Wie jeder andere ärztliche Leistungsbereich unterliegt schließlich auch die Gutachtentätigkeit bestimmten Qualitätsanforderungen. Angesichts der kaum zu unterschätzenden Bedeutung ärztlicher Gutachten im privaten und gesetzlichen Versicherungswesen stellen Gerichte, Versicherungsgesellschaften und Sozialversicherungsträger zu Recht inzwischen höhere Anforderungen an die Qualität fachärztlicher Expertisen, als dies in der Vergangenheit noch der Fall gewesen sein mag. Die Kenntnis der rechtlichen Rahmenbedingungen bei gleichzeitiger Wahrung der Kompetenzgrenzen, die Sicherheit in der gutachtlichen Methodik und nicht zuletzt die Übersicht über das einschlägige Fachschrifttum einschließlich der Leitlinien/Empfehlungen der jeweiligen Fachgesellschaften sind daher unabdingbare Voraussetzung einer erfolgreichen Gutachtentätigkeit. Mit den Pflichten des Gutachters korrespondieren gewisse Mitwirkungspflichten des Probanden. Echte, d. h. notfalls mit Zwangsmitteln durchsetzbare Duldungspflichten bestehen für ihn nur ausnahmsweise aufgrund übergeordneter Allgemeininteressen, so etwa im Rahmen strafrechtlicher Ermittlungsverfahren (§§ 81, 81a StPO), zur Gefahrenabwehr im ordnungsbehördlichen Bereich (z. B. §§ 26 ff. IfSG) oder zur Vaterschaftsfeststellung (§ 372a ZPO). Im Übrigen handelt es sich rechtstechnisch um „Obliegenheiten", deren Nichterfüllung zwar von dem Gericht oder sonstigen Auftraggebern hinzunehmen ist, aber für den Betroffenen zu nachteiligen beweisrechtlichen Konsequenzen führen kann. Diese divergieren je nach Rechtsgebiet. Erschwert die beweisbelastete Partei im Zivilprozess durch die Ablehnung einer Begutachtung die Sachverhaltsaufklärung, so unterliegt sie im Rechtsstreit, wenn und so weit hierdurch die Beweisführung misslingt. Kann die Partei den ihr obliegenden Beweis allerdings deshalb nicht führen, weil der Beweisgegner dies vereitelt (z. B. Manipulation der Behandlungsdokumentation im Kontext eines Behandlungsfehlervorwurfs), so führt ein solches Verhalten zur Beweislastumkehr.

Im Sozialverwaltungsverfahren sind die Mitwirkungsobliegenheiten des Anspruchstellers bzw. Probanden im SGB sogar gesetzlich ausgeformt. Dieser ist verpflichtet, sich zur Prüfung der Leistungsberechtigung den erforderlichen Untersuchungen (§ 62 SGB I) und gegebenenfalls Heilbehandlungen (§ 63 SGB I) zu unterziehen. Die Grenzen seiner Mitwirkungs„pflichten" finden sich in § 65 SGB I ebenfalls detailliert geregelt. So unterliegt die Verwaltung den – auch aus der Verfassung resultierenden – Beschränkungen der Verhältnismäßigkeit, Zumutbarkeit und Erforderlichkeit einer Maßnahme (§ 65 Abs. 1 Nr. 1 – 3 SGB I). Darüber hinaus normiert § 65 Abs. 2 SGB I spezielle Grenzen der Mitwirkung bei Behandlungen und Untersuchungen, welche sich am Gefährdungs- bzw. Schmerzpotenzial oder an der Eingriffsintensität orientieren. Während Blutentnahmen, Röntgen- und Kernspintomographien üblicherweise als zumutbar gelten, ist dies bei der Computertomographie sowohl in der nativen Technik als auch – erst recht – unter Gabe von Kontrastmitteln streitig. Operative Eingriffe oder die nuklearmedizinische Diagnostik mittels Injektion radioaktiver Substanzen werden grundsätzlich als unzumutbar betrachtet. Verweigert der Proband an sich zulässige diagnostische Maßnahmen, führt dies zur Beschränkung der Amtsermittlungspflicht der Behörde, d. h., es droht die Ablehnung des Antrags bzw. das Unterliegen im Rechtsstreit bei anspruchsbegründenden, infolge der Weigerung des Probanden aber nicht objektivierbaren Tatsachen (Prinzip der objektiven Beweislast). Verweigert der Proband hingegen unzumutbare diagnostische Maßnahmen, muss die Behörde sonstige Erkenntnisquellen ausschöpfen und darf aus der Weigerung als solcher keine für den Betroffenen nachteiligen Schlüsse ziehen. Im Sozialgerichtsprozess fehlen ausdrückliche Regelungen, allerdings gilt das Prinzip der objektiven Beweislast auch hier, so dass eine Mitwirkung des Anspruchsstellers nicht erzwungen werden kann, er in diesem Fall aber das Risiko der Nichtbeweisbarkeit der Leistungsvoraussetzungen trägt.

Unabhängig vom jeweiligen Rechtsgebiet ist es allerdings nicht Aufgabe des Gutachters, über Zumutbarkeit oder Unzumutbarkeit einer diagnostisch notwendigen Maßnahme zu entscheiden. Er sollte im Gutachten vielmehr lediglich die Tatsache der Weigerung des Probanden festhalten und die daraus sich ergebenden Unsicherheiten in der Bewertung darstellen. Ist infolge der mangelnden Mitwirkung eine sachgerechte Beantwortung der vorgelegten Fragen nicht (mehr) möglich, wird der Gutachtenauftrag notfalls zurückgegeben werden müssen.

1.3 Juristische Voraussetzungen

1.3.1 Kausalität und Beweis

In den verschiedenen Rechtsbereichen gelten differenzierte Beweisregeln und es wird mit unterschiedlichen Kausalbegriffen gearbeitet. Grundsätzlich ist davon auszugehen, dass die Kausalität den Zusammenhang zwischen Ursache und Wirkung aus naturwissenschaftlicher/philosophischer Ordnungsfunktion begründet. Die Ursache für einen Schaden ist diejenige Bedingung, ohne die nicht geschehen wäre, was tatsächlich geschehen ist (conditio sine qua non). Entgegen der höchst unglücklichen, weil missverständlichen Interpretation durch das BSG in seiner Entscheidung vom 24.7.2012 (AZ B 2 U 23/11 R) kann der Conditio-Formel weder der Charakter eines „logischen Schlusses“ abgesprochen werden noch folgt hieraus etwas zu der Frage, mit welcher Wahrscheinlichkeit/Sicherheit diese (Kausal-)Beziehung festgestellt werden muss, was allein den Beweisregeln des jeweiligen Rechtsgebiets unterliegt.

Die logische Schwäche dieses Kausalprinzips, welches als „Äquivalenzlehre oder -theorie“ den herrschenden Kausalbegriff im Strafrecht bildet, jedoch als „Kausalität im philiosophisch-naturwissenschaftlichen Sinn“ den Einstieg in die Kausalprüfung auch in den übrigen Rechtsgebieten darstellt, liegt darin, dass sie im Vorfeld der Prüfung bereits allgemeine Kenntnisse von Kausalbeziehungen voraussetzt, also letztlich dort versagen muss, wo solche Erfahrungssätze fehlen. Im Zivilrecht werden diese „conditionis sine quibus non“ dann einer weiteren Prüfung unterzogen. Die dort geltende Lehre von der adäquaten Verursachung fragt nach der generellen Eignung einer im „naturwissenschaftlich-philosophischen Sinn“ festgestellten Kausalbedingung für die Schadensverursachung, wobei mit dem hierbei anzulegenden Maßstab des „optimalen Beobachters“, der im Sinne einer nachträglich objektiven Prognose und insbesondere in Kenntnis aller kausalrelevanten Faktoren die Ursache-Wirkungs-Beziehung zu beurteilen hat, eine nennenswerte Filterwirkung fehlt. Stattdessen fragt die zivilgerichtliche Rechtsprechung eher danach, ob bestimmte fernliegende Schadensfolgen noch innerhalb des Schutzbereichs der Norm und/oder dem Schädiger noch billigerweise als kompensationspflichtig zugerechnet werden können, was beides außerhalb der medizinisch-gutachtlichen Prüfungskompetenz liegt. Im

Sozialleistungsrecht (einschließlich der Dienstunfallfürsorge der Beamten aus dem Verwaltungsrecht) herrscht seit jeher auf der zweiten Stufe die „Lehre bzw. Theorie der wesentlichen Ursache/Bedingung", die bei der Prüfung, ob eine identifizierte „conditio sine qua non" noch in den versicherten/anspruchsbegründenden Bereich fällt, ihr „Näheverhältnis" zum Schadenseintritt bzw. ihre „Austauschbarkeit" gegenüber anderen, nicht in die Leistungspflicht fallenden Umstände abzuwägen versucht – ein Konzept, was sicherlich nach wie vor normtheoretische Fragen (Gefahr des Zirkelschlusses) und praktische Probleme in der Umsetzung aufwirft. Dies wird zusätzlich durch Diskrepanzen innerhalb der Teilgebiete des Sozialleistungsrechts verschärft.

Während in der Rechtsprechung des für das Soziale Entschädigungrecht zuständigen 9. Senats die Prüfung der Wesentlichkeit bei vorhandenen konkurrierenden Faktoren davon abhängen soll, inwieweit das kompensationspflichtige Ereignis einen „gleichwertigen oder wenigstens annähernd gleichwertigen Ursachenbeitrag" für den Schadenseintritt geliefert hat, postuliert der für die gesetzliche Unfallversicherung zuständige 2. Senat seit geraumer Zeit, dass auch ursächliche Bedingungen unterhalb dieser Gleichwertigkeitsschwelle (noch) wesentlich im Rechtssinn sein können, wenn und so lange sie nicht gegenüber der oder den konkurrierenden, nicht versicherten Kausalbedingungen „völlig in den Hintergrund tritt", wobei es, wie schon erwähnt, auf die „Austauschbarkeit" mit „alltäglichen Belastungen" ankommen soll. Mit der schon eingangs zitierten Entscheidung im Testfahrerfall (24.7.2012, AZ B 2 U 23/11 R) vertritt nunmehr der 2. Senat die Auffassung, dass die Prüfung der „Wesentlichkeit" allein eine Frage von Schutzzweckerwägungen und damit dem Gericht vorbehalten sei und (nur) die vorgelagerte Prüfung der „Wirkursächlichkeit" konkurrierender Bedingungen durch den Mediziner zu erfolgen habe, und zwar maßgeblich anhand des „aktuell anerkannten medizinischen Kenntnisstands", wie er sich in der Gutachtenliteratur und den einschlägigen Leitlinien niederschlägt. Die inhaltliche und methodische Diversifizierung im Kausalbegriff und die daraus folgenden Prüfalgorhythmen innerhalb eines letztlich doch identischen Prinzipien unterworfenen Rechtsgebietes erhöhen noch die Komplexität, damit aber auch die Fehleranfälligkeit in der medizinischen Begutachtung wie letztlich ebenfalls in der Rechtsfindung und sollten daher alsbald einer Überprüfung ihrer Notwendigkeit unterzogen werden, notfalls durch den Gesetzgeber. Die private Unfallversicherung (PUV) ist dem Zivilrecht zuzuordnen, mithin gelten auch hier die Grundsätze der Adäquanzlehre, allerdings modifiziert durch die individuellen Vertragsvereinbarungen in Gestalt der jeweils einbezogenen „Allgemeinen Unfallversicherungsbedingungen" (AUB).

Einer differenzierten Betrachtung in den einzelnen Rechtsgebieten bedürfen ferner vorbestehende, gleichwohl aber in irgendeiner Form für den Schadenseintritt relevante Gesundheitsstörungen. In der gesetzlichen Unfallversicherung (GUV) wird eine diagnostisch nachgewiesene bzw. nachweisbare, jedoch zum Unfallzeitpunkt klinisch/funktionell noch nicht wirksame „Schadensanlage" dann berücksichtigt, wenn sie mit dem Unfallereignis (kumulativ) so zusammengewirkt hat, dass das Unfallereignis in seiner Kausalbedeutung zurücktritt, mithin lediglich noch eine „Gelegenheitsursache für den Schaden“ bildete, der aufgrund der „leichten Ansprechbarkeit“ der vorbestehenden Schadensanlage selbst unter alltäglichen Belastungen in etwa dem gleichen Zeitraum und in etwa dem gleichen Umfang hätte eintreten können (Problem der Kausalität bzw. der Zurechnung). Der Vorschaden ist hingegen eine vorbestehende, klinisch jedoch bereits manifeste Gesundheitsbeeinträchtigung, die durch die versicherte Einwirkung verschlimmert worden sein kann. Ein nachträglich eingetretener Gesundheitsschaden, der seinerseits ursächlich auf eine versicherte Schadensfolge zurückzuführen ist, kann sich als „mittelbarer Schaden“ auf die anzuerkennende MdE auswirken, ein so genannter „Nachschaden“, also eine zeitlich nachfolgende, jedoch unfallfremde Gesundheitsbeeinträchtigung, bleibt hingegen unberücksichtigt, selbst wenn hierdurch die Erwerbsfähigkeit des Betroffenen beeinflusst werden sollte (Problem der MdE-Einschätzung). Eine Verschlimmerung liegt in der GUV dann vor, wenn die durch das Unfallereignis eingetretene Verletzung einen Vorschaden negativ weiterentwickelt, also für den Betroffenen passager oder dauerhaft mit zusätzlichen Funktionseinschränkungen verbunden ist. Es handelt sich dann um eine vorübergehende oder dauernde einfache Verschlimmerung. Die Wörter ‚dauernd‘ bzw. ‚andauernd‘ werden im Duden nicht einheitlich definiert: andauern = ständig wiederkehrend, fortwährend, unaufhörlich und dauern = gleichbleibend vorhanden, ständig, nicht vorübergehend. Für ein Gutachten und insbesondere für die MdE-Einschätzung ergibt sich aber keine wesentliche Unterscheidung. Resultiert aus dem Unfall eine Verschlimmerung mit einer progredienten Änderung des Krankheitsbildes, so ist eine richtunggebende Verschlimmerung festzustellen.

Eine dauerhafte, ggf. auch richtunggebende Verschlimmerung ist für die MdE bedeutsam, wenn dem Versicherten hierdurch – weitere – Teile des allgemeinen Arbeitsmarktes verschlossen sind. War der „Erstschaden“ schon Folge einer versicherten Einwirkung, wird die resultierende „Gesamt“-MdE zu bewerten sein, war er „unversichert“, ist nur der „Verschlimmerungsanteil versicherungsrechtlich relevant. Andere Wertungen finden sich in der privaten Unfallversicherung. Werden durch einen Unfall körperliche oder geistige Funktionen betroffen, die schon vorher dauernd beeinträchtigt waren, so wird ein Abzug in Höhe dieser „Vorinvalidität“ vorgenommen, und zwar unabhängig von der Frage, ob diese Schädigung ihrerseits Folge eines Unfalls oder einer Krankheit war, da in der PUV die jeweiligen Unfallereignisse isoliert zu betrachten sind. Im Haftpflichtrecht ist der Geschädigte ohnehin nur so zu stellen, wie er ohne das schädigende Ereignis stünde (Prinzip des Differenzschadens), womit ein funktionell bereits wirksamer Vorschaden ebenfalls außer Ansatz bleiben muss.

Während in der DGUV die Schadensanlage die Leistungspflicht unberührt lässt, wenn und so lange sie nicht als letztlich allein „wesentliche Ursache“ das Unfallereignis in seiner kausalen Bedeutung völlig in den Hintergrund rückt (Prinzip des Alles oder Nichts), führt sie in der PUV zu einem quotalen Leistungsabzug, sofern ihr Krankheitswert zukommt und der üblicherweise vertraglich vereinbarte Schwellenwert (z. B. 25 %) in der Wertigkeit für die Unfallfolgen erreicht bzw. überschritten wird (Prinzip der Partialkausalität).

Im Haftpflichtrecht sind Schadensanlagen im Grundsatz ebenfalls irrelevant (evtl. kann das Gericht unter dem Aspekt der Genugtuungsfunktion des Schmerzensgeldes einen Abzug vornehmen), hat doch der Schädiger, so eine häufige Wendung in der Rechtsprechung, „keinen Anspruch, auf ein psychisch oder physisch gesundes Opfer“ zu treffen. Lediglich bei Dauerschäden, z. B. dem Verdienstentgang, kann der Einwand des Schädigers beachtlich sein, der Schaden wäre auch ohne sein Fehlverhalten aufgrund des Fortschreitens des vorbestehenden angelegten oder sogar schon funktionell manifesten Leidens zu einem späteren Zeitpunkt eingetreten (= Einwand des hypothetischen Kausalverlaufs), wofür der Schädiger allerdings die Beweislast trägt.

In der gesetzlichen Unfallversicherung müssen Unfallereignis, die (Erst-)Verletzung und deren Folgen jeweils im Vollbeweis (= Zweifel, praktisch ausschließende Gewissheit) nachgewiesen werden. Für die Kausalverknüpfung reicht die „hinreichende“ Wahrscheinlichkeit („es spricht mehr dafür als dagegen“). In der privaten Unfallversicherung unterliegt demgegenüber der Unfall insgesamt, also einschließlich der Ursachenbeziehung zwischen Unfallereignis und Gesundheitserstschädigung, entsprechend dem zivilprozessualen Beweisrecht dem Vollbeweis. Gleiches gilt für das Vorhandensein einer – weil anspruchsbegründend – unfallbedingten dauernden Beeinträchtigung der körperlichen oder geistigen Leistungsfähigkeit (= Invalidität), während für die Kausalbeziehung zum Unfall sowie Abschätzung ihrer Höhe als einer vom ärztlichen Wissensstand zur Zeit der Beurteilung und der Erfahrung des Arztes getragenen Wertung bzw. Prognose die bloße Wahrscheinlichkeit ausreicht. Dementsprechend bedürfen Leistungsausschlüsse (Bandscheibenschäden) bzw. Leistungserweiterungen (z. B. Schäden an Gelenken, Muskeln, Sehnen Bändern oder Kapseln infolge einer erhöhten Kraftanstrengung) und auch Leistungseinschränkungen (Vorinvalidität, mitwirkende Krankheiten oder Gebrechen in einem den Schwellenwert übersteigenden und damit leistungsmindernden Ausmaß) in der Regel eines Vollbeweises. Im Haftpflichtrecht sind die haftungsbegründenden Umstände (angeschuldigtes Ereignis und hierdurch verursachter Körper- oder Gesundheitserstschaden) ebenfalls im Vollbeweis (§ 286 ZPO) zu belegen, für Vorhandensein und Umfang von Folgeschäden, einschließlich ihrer Ursachenbeziehung zum Haftungsgrund, reicht der Nachweis mit überwiegender Wahrscheinlichkeit (über 50 %) aus (§ 287 ZPO).

Während im Strafrecht sämtliche schuld- und strafrelevante Umstände entsprechend dem Grundsatz des „in dubio pro reo“ zulasten des Beschuldigten – jenseits begründeter Zweifel – nachgewiesen werden müssen, kommt im Sozial-, insbesondere aber im Zivilrecht der Beweislast entscheidende Bedeutung zu. Geht es beim erforderlichen Beweismaß um die Frage, welcher Grad an Wahrscheinlichkeit erreicht sein muss, um in der juristischen Entscheidung von Vorhandensein oder Fehlen eines Umstands ausgehen zu dürfen, betrifft die Beweislast die Frage, wer den Beweis führen muss (= Beweisführungslast oder subjektive Beweislast) oder das Risiko der Nichtbeweisbarkeit trägt (= objektive Beweislast). Zwar haben Behörde oder Sozialgericht den Sachverhalt von Amts wegen zu ermitteln (Amtsermittlungsgrundsatz statt Beibringungsgrundsatz), so dass es dort keine Beweisführungslast gibt, jedoch verbleibt dem Anspruchsteller die „objektive Beweislast“, er geht also leer aus, wenn ihm der Nachweis der anspruchsbegründenden Umstände misslingt. Im Haftpflichtrecht wie auch im Bereich der privaten Unfallversicherung stehen anspruchsbegründende Umstände zur subjektiven und objektiven Beweislast des Anspruchstellers, so Unfallereignis, Körpererst- und Folgeschäden, evtl. Leistungserweiterungen. Die Beweislast für anspruchshindernde oder -einschränkende Umstände ist vom Anspruchgegner – voll – zu erbringen, so etwaige Rechtfertigungsgründe oder ein schadenmindernder, hypothetischer Kausalverlauf durch den Schädiger, Leistungsausschlüsse, eine Vorinvalidität oder mitwirkende Krankheiten durch den Versicherer.

Für die Erstellung eines Gutachtens sind die gesetzlichen Voraussetzungen und deren Wirkung zu beachten (Tab. 1.4).

1.3.2 Begutachtung im Sozialleistungsrecht einschließlich der gesetzlichen Unfallversicherung (GUV)

Für die Begutachtung, insbesondere in der gesetzlichen Unfallversicherung (GUV), werden die Verwaltung, aber auch Gutachter tätig. Die Verwaltung muss die versicherte Tätigkeit prüfen und die Feststellung des schädigenden Ereignisses vornehmen. Der Gutachter stellt den Primärschaden (Erstschaden) fest, dies im Vollbeweis [162], und er prüft den ursächlichen Zusammenhang zwischen Unfall und Erstschaden mit der hinreichenden Wahrscheinlichkeit, d. h., die für den Zusammenhang sprechenden Umstände überwiegen. Hier wird unterschieden zwischen der rechtlich-wesentlichen Ursache des Unfallereignisses, der wesentlichen Teilursache im Sinne einer Mitwirkung [274] und der unwesentlichen Teilursache, was einer Gelegenheitsbedingung entspricht [374]. Die Ursachenbewertung erfolgt durch die Kausalitätsprüfung und hat zweistufig stattzufinden [36]. Dies geschieht zu den Fragen: ob und wie.

1. Die Einstiegsebene beurteilt, ob die Einwirkung im naturwissenschaftlich-philosophischen Sinn eine Zugwirkung auf die Sehne erreichen konnte, da ohne diese die Sehne nicht reißen kann.
2. In der Realisierungsebene wird geprüft, wie bei einer Zugbelastung die dehnende Sehnenbelastung im Verhältnis zu einer indiziell unterstellbaren oder auch befundmäßig gesicherten „Degeneration“ den eingetretenen Erfolg (Ruptur) rechtlich wesentlich mitbewirkt hat.

Somit wird geprüft, ob einmal ein naturwissenschaftlicher Zusammenhang besteht und ob das Unfallereignis wesentlich war (BSG 24.7.12, AZ B2U 9/11 R). Somit muss

Tab. 1.4: Begutachtung in verschiedenen Rechtsbereichen.

	Gesetzesgrundlage	Was ist versichert?	Entschädigung	Was kommt zum Abzug?	Was wird nicht berücksichtigt?	Kausalität
GUV Gesetzliche Unfallversicherung	SGB VII	Arbeitsunfälle, Berufskrankheiten	MdE, weitere Leistungen	Vorschaden	Schadensanlage, sofern nicht ihrerseits allein wesentliche Ursache	Lehre von der wesentlichen (Teil-)Ursache
PUV Private Unfallversicherung	VVG, AUB	Unfälle, u. U. auch plötzliche Kraftanstrengungen	Invalidität, Tod, weitere Leistungen	mitwirkende Krankheiten oder Gebrechen, Vorinvalidität	Altersgemäße Veränderungen, Krankheitsdispositionen	Adäquanzlehre
HPV Haftpflichtversicherung	BGB Spezielle Haftungsgesetze, meist mit Gefährdungshaftung, z. B. StVG, AMG, MPG	gesetzliche Schadensersatzansprüche	Ersatz für adäquat verursachte materielle und immaterielle Schäden	Vorschaden	Schadensanlage, allerdings evtl. Haftungsbegrenzung bei wiederkehrenden Schäden = Einwand hypothetischer Kausalität	Adäquanzlehre
GRV Gesetzliche Rentenversicherung	SGB VI IX	Erwerbsminderung, Alter	Rente, weitere Leistungen	entfällt	entfällt	entfällt, weil rein finale Fragestellung
BUV Private Berufsunfähigkeitsversicherung	VVG, BUZ	Berufsunfähigkeit über i. d. R. mit prozentualem Mindestwert sechs Monate hinaus	Rente	entfällt	entfällt	entfällt, weil rein finale Fragestellung

Tab. 1.4: (fortgesetzt)

	Gesetzesgrundlage	Was ist versichert?	Entschädigung	Was kommt zum Abzug?	Was wird nicht berücksichtigt?	Kausalität
Schwerbehindertenrecht	SGB IX	Behinderung, ggf. durch bestimmtes Ereignis verursacht	GdB	entfällt	entfällt	entfällt, weil rein finale Fragestellung
SER Soziales Entschädigungsrecht	BVG, HHG, SVG, ZDG, HSG, OEG, Str Reha	Gesundheitliche Beeinträchtigungen als Ereignisfolge	GdS	Vorschaden	Schadensanlage, sofern nicht ihrerseits allein wesentliche Ursache	Lehre von der wesentlichen (Teil-)Ursache
GKV Gesetzliche Krankenversicherung	SGB V	Krankheit	Sach- und Geldleistungen	entfällt	entfällt	entfällt, weil rein finale Fragestellung
GPV Gesetzliche Pflegeversicherung	SGB XI	Pflegebedürftigkeit	Sach- und Geldleistungen	entfällt	entfällt	entfällt, weil rein finale Fragestellung
Private Krankenversicherung	VVG, Tarifbedingungen	Krankheit	Heilbehandlungskosten, sonstige Geldleistungen	entfällt	entfällt	entfällt, weil rein finale Fragestellung
Private Pflegeversicherung	SGB XI entspr. GPV	Pflegebedürftigkeit	Pflegekosten, sonstige Geldleistungen	entfällt	entfällt	entfällt, weil rein finale Fragestellung
Arbeitslosenversicherung	SGB III	Arbeitslosigkeit	Geldleistungen, Eingliederungshilfen	entfällt	entfällt	entfällt, weil rein finale Fragestellung

Tab. 1.4: (fortgesetzt)

	Gesetzesgrundlage	Was ist versichert?	Entschädigung	Was kommt zum Abzug?	Was wird nicht berücksichtigt?	Kausalität
Beamtenrecht	Versorgungsgesetze des Bundes und der Länder	Dienst(un)fähigkeit, Dienstunfälle	Behandlungskosten, Geldleistungen	Vorschaden	Schadensanlage, sofern nicht ihrerseits allein wesentliche Ursache	Entweder finale Fragestellung oder Lehre von der wesentlichen (Teil-)Ursache
Arzthaftungsrecht (Sonderfall der HPV)	BGB	Schadensersatzansprüche wegen fehlerhafter oder eigenmächtiger Behandlung	Immaterielle und materielle Folgen	Vorschaden	Schadensanlage, allerdings evtl. Haftungsbegrenzung bei wiederkehrenden Schäden = Einwand hypothetischer Kausalität	Adäquanzlehre

die Unfallkausalität zum Ereignis geprüft werden, ob das Unfallereignis durch die Arbeitsverrichtung den Erfolg verursacht hat. Die haftungsbegründende Kausalität prüft, ob der Gesundheits(erst)schaden durch das Unfallereignis entstand, und die haftungsausfüllende Kausalität kann zu der Frage der Gesundheitsfolgeschäden Stellung nehmen (Abb. 1.7, Abb. 1.8).

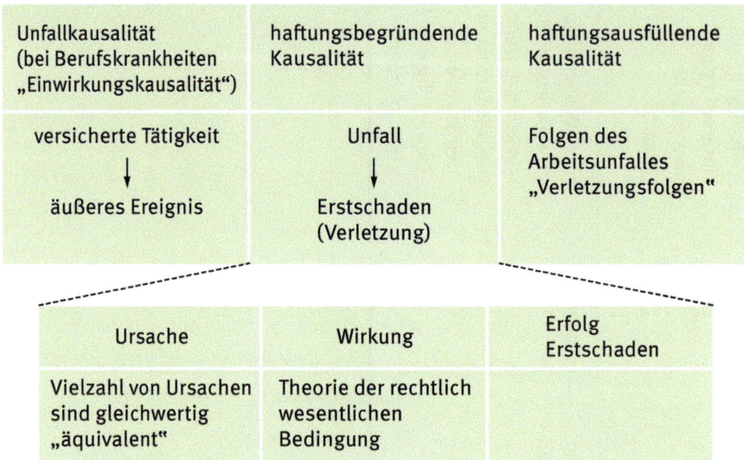

Abb. 1.7: Die Beurteilung der versicherten Tätigkeit – Unfall – Erstschaden und dessen Folgen.

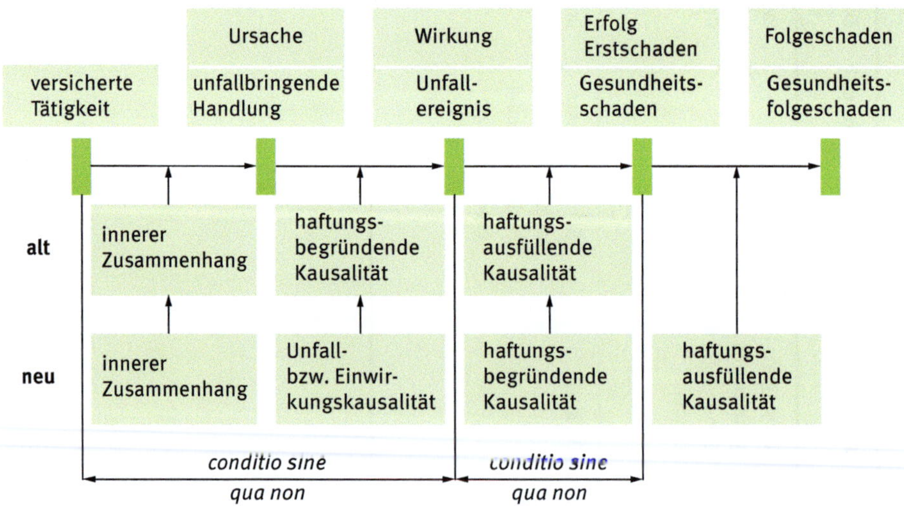

Abb. 1.8: Klärung der Kausalität entsprechend juristischer Begrifflichkeiten.

Sind Kausalitätsfaktoren wie Erstschaden oder Vorschaden (Schadensanlage, Vorerkrankung) nicht bewiesen, dürfen diese in der Kausalitätsbeurteilung nicht erwähnt werden und sind auch nicht zu berücksichtigen (BSG s. o.12.1989, AZ 2RU 7/89). Dies gilt auch für alle so genannten Anknüpfungstatsachen, wie Unfallhergang, Verhalten nach dem Unfall, Erstbefunde, innere Ursachen usw.). Vermutete oder lediglich mögliche Anknüpfungstatsachen dürfen für die Begutachtung nicht verwendet werden. Andererseits ist eine versicherte Einwirkung nicht allein schon deshalb im Rechtssinn „wesentlich", weil konkurrierende, nicht unter den Versicherungsschutz fallende Ursachen unbewiesen geblieben sind, da dies auf eine unzulässige Beweislastumkehr hinausliefe (BSG 9.5.2006 AZ B2U 1/95 R). Die Überzeugung von einer Tatsache kann allerdings auch durch den so genannten Anscheinsbeweis gewonnen werden, wenn also ein Geschehensablauf typischerweise nach allgemeiner Lebenserfahrung auf deren Vorhandensein schließen lässt (BSG 2.11.1999 AZ B2U 42/89 R).

Unter einem Unfall wird ein zeitlich begrenztes Ereignis verstanden, von außen auf den Körper einwirkend, mit der Folge eines Erstschadens oder des Todes (§ 8 SGB VII).

Für ein Ereignis ist kein außergewöhnliches Geschehen erforderlich, betriebsübliche Vorgänge können ausreichen (BSG 29.11.2011 AZ B2U 10/11 R). Selbst schadensstiftende Eigenbewegungen des Versicherten fallen unter den Versicherungsschutz, sofern sie entweder durch ein Ereignis in der Außenwelt plötzlich provoziert oder in ihrem Ablauf durch ein solches Ereignis beeinflusst wurden. Eine ähnliche Beurteilung erfahren Unfallereignisse aus „innerer Ursache" (z. B. Sturz und Tod nach Herzinfarkt). Versicherungsschutz ist zu bejahen, wenn betriebliche Umstände die „innere Ursache" wesentlich mitbestimmt haben (z. B. Herzinfarkt infolge betriebsbedingter Überanstrengung). Gleiches gilt, wenn zwar nicht die „innere Ursache", aber deren Folgen durch betriebliche Gegebenheiten beeinflusst werden (z. B. Sturz nach Herzinfarkt vom Gerüst mit tödlichem Schädeltrauma). Stets ist aber die Unfreiwilligkeit der Einwirkung Leistungsvoraussetzung; Selbstschädigungen stehen sonach von vornherein nicht unter dem Schutz der GUV.

Für die Beurteilung zwischen Unfallereignis und Gesundheitsschaden (Erstschaden) wird seit einer Änderung der sozialgerichtlichen Rechtsprechung der Begriff der „haftungsbegründenden Kausalität" verwandt. Der Ursachenzusammenhang bedarf der hinreichenden Wahrscheinlichkeit (BSG 9.5.2006 AZ B2U 1/05 R), letztlich muss also mehr dafür als dagegen sprechen, die bloße Möglichkeit reicht nicht aus (BSG 2.4.2009 AZ B2U 29/08 R). Die Ursache für den Schaden kann ein Unfall sein, aber auch ein Vorschaden (alle krankheitsgeneigten Abweichungen von der Norm). Hier wird unterschieden zwischen Schadensanlage (klinisch stumm) und der Vorerkrankung (klinisch manifest). Es bedarf der Differenzierung der Ursache von der Wirkung und dem Erfolg. Die Ursache für ein Ereignis kann z. B. Glatteis sein, die Wirkung dieses Glatteises, also das eigentliche Unfallereignis, ist ein Sturz durch Ausrutschen, und der Erfolg wäre dann ein entstandener Erstschaden im Sinne eines Armbruchs (Tab. 1.5).

Tab. 1.5: Ursache – Wirkung – Erfolg.

Ursache	**Wirkung (Unfallereignis)**	**Erfolg (Erstschaden)**
Glatteis	Sturz durch Ausrutschen	Armbruch
Vielzahl von Ursachen sind gleichwertig „äquivalent“	Kausalitätstheorie Theorie der rechtlich wesentlichen Bedingung, d. h., von allen gleichwertigen Ursachen haben nur die eine rechtliche Bedeutung, denen nach den Anschauungen des praktischen Lebens die wesentliche Bedeutung für den Eintritt des Erfolges zukommt.	

Der Unfall ist kausal für den Erstschaden, wenn er zumindest unter mehreren Ursachen eine rechtlich wesentliche Bedingung darstellt (so genannte Theorie der rechtlich wesentlichen Bedingung). Diese Theorie hat zwei Denkansätze:
1. Bedingungstheorie (so genannte Conditio sine qua non),
2. Theorie der rechtlich wesentlichen Bedingung.

Zu 1.: Es besteht ein ursächlicher Zusammenhang (Ereignis – Erstschaden), wenn die Bedingung nicht hinweggedacht werden kann, ohne dass auch der Erfolg entfiele (conditio sine qua non). Das bedeutet für eine Bedingung: Eine Ursache liegt im Folgenden vor: Wenn es nicht den Unfall (Wirkung) gäbe, dann gäbe es nicht den Erstschaden (Erfolg) (Tab. 1.6).

Tab. 1.6: Conditio sine qua non.

Naturwissenschaftlich-philosophische Kausalität Im logischen Sinn, Adäquanztheorie	
Conditio sine qua non = nicht hinwegzudenkende Bedingung, ohne dass der Erfolg (Erstschaden) entfiele	Bedingung, Ursache, d. h., gäbe es nicht den Unfall (Wirkung), so gäbe es nicht den Erstschaden (Erfolg)

Zu 2.: Ursachen im Rechtssinn sind nur Bedingungen, die am Erfolgseintritt (Entstehung des Gesundheitsschadens = Erfolg) wesentlich mitgewirkt haben.

Wesentlich ist ein Ereignis für die Entstehung des Schadens bei mehreren Bedingungen, wenn das Unfallereignis eine wesentliche Teil-/Mitursache bildet (BSG 9.5.2006 AZ B2U 1/05 R, BSG 30.1.2007 AZ B2U 8/06 R). Kommt einer unfallfremden Schadensanlage für die Entstehung des Körperschadens eine überragende Bedeutung zu, so ist das Unfallereignis nicht mehr rechtlich wesentlich. Aber auch geringere Einwirkungen können im Einzelfall zumindest im Bereich der GUV den Charakter einer wesentlichen Teilursache haben, wenn und so lange den anderen Ursachen keine überragende Bedeutung zukommt (BSG 30.1.2007 AZ B2U 15/05 R). Bei der Abwägung der konkurrierenden Ursachen ist entscheidend, ob der Körperschaden wegen des Ausmaßes der Schadensanlage auch ohne Unfall wahrscheinlich durch ein anderes alltägliches Ereignis in etwa zur gleichen Zeit und im selben Ausmaß entstanden wäre. Trifft dies zu, so ist das Unfallereignis nicht die wesentliche, sondern nur eine unwesentliche Ursache, d. h. eine Gelegenheitsursache (BSG 12.4.2005 AZ B2U 27/04 R, BSG 9.5.2006, AZ B2U 1/05 R, BSG 30.1.2007, AZ B2U 15/05 R) oder eine Gelegenheitsbedingung [374].

– „Alltägliches Ereignis": Dieses liegt dann vor, wenn die Krankheitsanlage (Schadensanlage) so stark ausgeprägt bzw. so leicht ansprechbar war, dass die Auslösung der akuten Erscheinungen keiner besonderen Einwirkung bedurfte, sondern dass jedes andere alltägliche Ereignis den Erfolg ausgelöst hätte.
– „Etwa zur gleichen Zeit": Dies ist als Zeitvorstellung bisher vom BSG nicht näher erläutert, abgesehen von der Kausalitätsbeurteilung bei Todesfällen, ein Zeitraum von einem Jahr sei hier denkbar (BSG 28.6.1988 AZ 1/9b RU 28/87).

Liegt neben dem Unfall eine bewiesene Vorerkrankung als konkurrierende Ursache vor, die jedoch durch das Unfallereignis eine negative Entwicklung genommen hat, so handelt es sich um eine Verschlimmerung. Eine klinisch stumme Schadensanlage ist mangels klinischer Manifestation keine Vorerkrankung, so dass daraus auch keine Verschlimmerung resultieren kann. Es ist also zunächst zu klären, ob dem Unfallereignis zeitlich vorgelagerte pathologische Zustände objektiviert können, die gemeinsam mit dem Unfallereignis an der Schadensentstehung, -entwicklung oder -ausheilung kausal beteiligt waren. Trifft dies zu, dann bedarf es der Differenzierung zwischen Schadensanlage und Vorerkrankung. Nur wenn eine Vorerkrankung besteht, kann eine Verschlimmerung dieses Vorschadens durch eine unfallbedingte Verletzung wahrscheinlich gemacht werden. Auch bei der Verschlimmerung geht die Theorie der rechtlich wesentlichen Bedingung mit der Frage einher, was rechtlich wesentlich zur Verschlimmerung geführt hat – der Unfall oder die Vorerkrankung. Grundsätzlich ist der Unfall nicht rechtlich wesentlich, wenn die Neigung zur Verschlimmerung so leicht ansprechbar war, dass jedes andere im privaten Bereich vorkommende Ereignis in naher Zukunft die Verschlimmerung in etwa dem gleichen Ausmaß bewirkt hätte.

Wird eine Verschlimmerung festgestellt, bedarf es zudem der Unterscheidung, ob eine vorübergehende oder dauernde Verschlimmerung vorliegt. Es handelt sich dabei nicht um rechtliche Besonderheiten, sondern nur um tatsächliche Erscheinungsformen, die der Beurteilungskompetenz des ärztlichen Sachverständigen unterliegen. Vorübergehend heißt, dass nach einer zu ermittelnden Zeit der Zustand wieder eingetreten ist, der vor dem Unfall bestand. Bei einer dauernden Verschlimmerung besteht der Zustand der Verschlimmerung auf nicht absehbare Zeit. Dabei handelt es sich jedoch nicht um mittelbare Folgen eines Versicherungsfalles, wie z. B. eine Verschlimmerung von Unfallfolgen im Sinne einer Arthrose. Eine richtunggebende Verschlimmerung liegt dann vor, wenn sich ein neues bzw. anderes Krankheitsbild aus Unfallfolgen entwickelt oder die Vorerkrankung infolge des Unfallereignisses einen progredienten Verlauf hat.

Aufgrund des Amtsermittlungsgrundsatzes muss die Verwaltung sämtliche entscheidungserheblichen Tatsachen ermitteln. Im Falle der Nichterweislichkeit einer Tatsache (= nicht zu beweisen) und nach Ausschöpfung aller Ermittlungsmöglichkeiten trägt die Folgen der Nichterweislichkeit derjenige, der eine für ihn günstige Rechtsfolge aus dieser Tatsache ableiten will. Der Unfallversicherungsträger übernimmt nur die Last der Nichterweislichkeit von Vorschäden (Literatur zum Thema Begutachtung im Sozialleistungsrecht einschließlich der gesetzlichen Unfallversicherung: [34, 49, 275, 396, 454, 479, 276, 277, 17, 410, 36, 162, 417, 418, 411].

Für die Praxis der Kausalitätsbegutachtung im naturwissenschaftlich-philosophischen Sinn liegen Prüfschemata vor [417], die entsprechende Prüfebenen vorschlagen. In allen Fällen der unterschiedlichen Rechtsgebiete beginnt die Begutachtung mit der Einstiegsebene, die aufgrund der naturwissenschaftlich-philosophischen Kausalität bewertet wird, mit der Frage bei der gesetzlichen Unfallversicherung, ob die betroffene Körperregion von der Belastung überhaupt erreicht wurde. Wird dies verneint, ist die Prüfung hiermit beendet. Ist dies zweifelhaft oder wird diese Frage mit ja beantwortet, so muss in der Realisierungsebene das Erstschadensbild im Vollbeweis belegt werden. Ist dieser Vollbeweis zweifelsfrei nicht gegeben, ist an dieser Stelle die Begutachtung beendet; liegen Zweifel vor oder ist der Vollbeweis erbracht, ist der nächste Schritt die Prüfungs- und in der Folge die Bewertungsebene.

1.3.3 Grenzen medizinischer Erkenntnismöglichkeiten und terminologische Unschärfen

Ein wesentliches Problem in der Begutachtung betrifft die Inkongruenz des methodischen Instrumentariums zwischen Medizin als Erfahrungswissenschaft und der Rechtswissenschaft als Teilgebiet der Geisteswissenschaften. Zuweilen fordert der Jurist vom Sachverständigen Feststellungen, die jenseits medizinischer Erkenntnismöglichkeiten liegen. Hier kann sich der Sachverständige um eine rationale Begründung bemühen, er kann aber keine – wie es häufig geschieht – wissenschaftliche Evidenz erreichen. Studienergebnisse oder epidemiologische Daten treffen Aussagen für ein Kollektiv, die z. B. bei Kausalitätserwägungen aufgrund der zahlreichen inter- und intraindividuellen Einflussfaktoren nur mit Vorsicht auf den zu beurteilenden Einzelfall übertragen werden dürfen, geschweige denn sind beobachtete Häufigkeiten in einem untersuchten Kollektiv mit individuellen Vorhersagewahrscheinlichkeiten ohne weiteres gleichzusetzen. Andererseits kann und darf es nicht dazu führen, gutachtliche Schlussfolgerungen durch bloße Behauptungen zu ersetzen und gerade die jüngere Rechtsprechung legt Wert darauf, dass der Sachverständige bei seinen Betrachtungen von der allgemeinen oder doch wenigstens herrschenden Lehrmeinung ausgeht, sofern sie für den Einzelfall existiert und wie immer sie auch in der gutachtlichen Medizin ermittelt werden mag. Gerade weil es aber der individuellen Beurteilung bedarf, müssen Abweichungen möglich bleiben, so sie denn inhaltlich begründet werden können. Auch insoweit begegnet die schon mehrfach erwähnte Entscheidung des BSG im „Testfahrerfall" (24.7.2012, B2U 9/11 R) durchgreifenden Bedenken, da hier der Eindruck erweckt wird, als sei der „neueste anerkannte Stand medizinischen Wissens", was im Übrigen schon sprachlogisch einen Widerspruch in sich darstellt, nicht nur Ausgangspunkt der gutachtlichen Wertung im Einzelfall, sondern die allein und unverrückbar maßgebliche Messlatte.

Neben diesen methodischen Differenzen gibt es noch unscharfe Begrifflichkeiten als weitere Quelle von Missverständnissen zwischen Medizinern und Juristen. Sind sie auf medizinischer Seite meist Folge mangelnder sprachlicher Präzision (z. B. Degeneration, Ruptur etc.), sind sie auf juristischer Seite nicht selten Ergebnis gewünschter Freiheit in der richterlichen Entscheidungsfindung.

Schon der für das Beweisrecht überragend wichtige Begriff der Wahrscheinlichkeit erfährt in der Rechtsprechung Ausschmückungen, die nicht immer die Handhabbarkeit erleichtern. Obschon in der Statistik auch die bloße Möglichkeit einen positiven Wahrscheinlichkeitswert hat, grenzt der Jurist die bloße Möglichkeit von der Wahrscheinlichkeit ab. Danach ist ein Ereignis wahrscheinlich, wenn eher mit seinem Eintritt als mit seinem Ausbleiben gerechnet werden kann: Es spricht mehr dafür als dagegen. Gleichwohl wird aber von „hinreichender", „überwiegender" oder „deutlich überwiegender Wahrscheinlichkeit" gesprochen, ohne dass deutlich wird, was diese „Stufen" von der „einfachen" Wahrscheinlichkeit unterscheidet. Ähnlich diffus fällt das andere Ende der „forensischen Wahrscheinlichkeitsskala" aus, der so genannte „Vollbeweis", der einen hohen, für die subjektive Gewissheit notwendigen Wahrscheinlichkeitsgrad repräsentieren, aber nicht mit der häufig gewählten Floskel einer „an Sicherheit grenzenden Wahrscheinlichkeit" gleichzusetzen sein soll.

In anderen Bereichen kommt es zu einer untrennbaren Vermischung tatsächlicher und normativ-wertender Elemente, ohne dass dies die Operationsstabilität für den Sachverständigen – und für den Juristen (!) – erhöht, wofür der ausfüllungsbedürftige Begriff der „wesentlichen (Teil-)Ursache" als Beispiel dienen kann. Die vom Bundessozialgericht dem medizinischen Sachverständigen überantwortete Frage, ob der jeweilige Gesundheitsschaden auch „unter alltäglichen Belastungen" in „absehbarer Zeit eingetreten wäre" oder ob es dazu der „spezifischen Einwirkung" des versicherten Umstands bedurfte, führt an die Grenzen medizinischer Fachkompetenz. Unfallhergang oder konkrete Arbeitsplatzbedingungen im zeitlichen Längsschnitt lassen sich in der Regel nur mittelbar durch Schilderungen oder durch in der Akutphase mehr oder minder zuverlässig erhobene medizinische Befunde erschließen. Hingegen sind die am Geschehen potenziell beteiligten „inneren Faktoren" im Sinne von „Krankheitsanlagen" eher der nachträglichen Diagnostik zugänglich, was schon deshalb die Gefahr der Perspektivverschiebung zulasten des Versicherten in sich birgt. Darüber hinaus fragt sich, welche objektiven Kriterien dem Sachverständigen für die Aussage zur Verfügung stehen, der individuell Betroffene, der über Jahre „alltäglichen Belastungen" unbeschadet ausgesetzt war, hätte aufgrund des schadensgeneigten Zustands auch ohne das Unfallereignis/die berufsbedingte Einwirkung den Gesundheitsschaden ohnehin in absehbarer Zeit zu erwarten gehabt.

Ähnliche Probleme birgt der Krankheitsbegriff, der in der juristischen Terminologie in Abhängigkeit von der Zielsetzung des jeweiligen Rechtsgebiets unterschiedliche Nuancen aufweist. So ist etwa im Recht der gesetzlichen Krankenversicherung „krank sein" mit der Behandlungsbedürftigkeit und -möglichkeit oder aber der Arbeitsunfähigkeit verknüpft, während die vorvertragliche Anzeigepflicht einer „Krankheit" im Privatversicherungsrecht nach Auffassung der Rechtsprechung keine „Bagatellerkrankungen" umfasst, die aufgrund der fehlenden subjektiven Belastung häufig unbehandelt bleiben und nur vorübergehender Natur sind, da solche Erkrankungen für die Entscheidung über Annahme oder Ablehnung eines Antrags auf Abschluss einer Versicherung regelmäßig nicht ins Gewicht fallen.

Wieder anders ist es in der privaten Unfallversicherung, wo die Invalidität bzw. die Versicherungsleistung gekürzt werden kann, wenn „Krankheiten oder Gebrechen" über die vertraglich vereinbarten Schwellenwerte hinaus an der Gesundheitsschädigung oder deren Folgen mitgewirkt haben. Als Krankheit gilt dort nach üblicher Formulierung ein „objektiv festzustellender regelwidriger Körper- oder Geisteszustand, der ärztlicher Behandlung" bedarf. Gebrechen sind dagegen „dauernde abnorme Gesundheitszustände, die eine einwandfreie Ausübung der normalen Körperfunktionen ganz oder teilweise nicht mehr zulassen". Diese auf den ersten Blick plausiblen Umschreibungen erweisen sich gerade in Grenzfällen als wenig hilfreich. So kommt es bei der Einordnung eines Körper- oder Geisteszustands als „Krankheit" nicht darauf an, ob bereits die Diagnose gestellt wurde, der Versicherte von der Erkrankung weiß oder sich gar subjektiv „krank" fühlt. Schon die einhellige Meinung in Judikatur und Kommentarliteratur, wonach „altersentsprechende Veränderungen" unberücksichtigt bleiben, muss den medizinischen Sachverständigen angesichts spärlicher Datenlage und der erheblichen interindividuellen Varianz vorhandener Daten vor Schwierigkeiten stellen. Schließlich: Was ist mit „Krankheiten" im Sinne körperlicher oder geistiger Defizite, die nicht (mehr) behandelbar sind? Man denke etwa an die sturzbedingte Fraktur eines metastatisch durchsetzten Knochens im Falle eines infausten Tumorleidens nach Ausschöpfung aller therapeutischen Möglichkeiten („austherapiert")? Ein Ausweichen auf das „Gebrechen" führt dann zwar in diesem Fall weiter, dürfte aber schwerlich mit dem landläufigen Begriffsverständnis im Sinne eines körperlichen Mangels vereinbar sein. Die „Altersgebrechlichkeit" wäre in diesem Begriffsverständnis ein Widerspruch in sich und auch die nach herrschender

Meinung nicht zur Leistungskürzung führende bloße „Krankheitsdisposition" wirft Probleme auf, wenn sie objektiv fassbar und womöglich sogar einer Prophylaxe zugänglich sein sollte. So kann nicht erstaunen, wenn sich zur Allergie unterschiedliche Judikate finden lassen. Sehen die einen hierin lediglich eine besondere „Empfänglichkeit" ohne unmittelbare Krankheitsrelevanz, halten die anderen die Schwelle zur „Krankheit" jedenfalls bei lebensgefährdenden anaphylaktischen Reaktionen überschritten. Letzterem hat sich der Bundesgerichtshof in einer aktuellen Entscheidung allerdings unter der Annahme eines „Gebrechens" angenähert:

„Nach den Feststellungen des Berufungsgerichts litt das Kind an einer Veränderung des Immunsystems, in deren Folge bereits geringste Mengen an sich unschädlicher und verträglicher Nahrungsbestandteile, vor allem Nüsse, zu einer letztlich tödlichen anaphylaktischen Reaktion führen konnten und bei dem Unfallereignis auch führten. Nicht nur die Bedeutung der drohenden Symptome, sondern auch die besonders leichte Auslösbarkeit allergischer Reaktionen, etwa wie das Berufungsgericht festgestellt hat durch bloßen Hautkontakt mit geringsten Nussbestandteilen, welche bei anderen Personen nach dem Verzehr von Nüssen noch an deren Haut hafteten, belegen, dass die Allergie des versicherten Kindes ungewöhnlich gefährlich war und deshalb unter keinen Umständen als noch innerhalb der medizinischen Norm liegend angesehen werden kann" (BGH Urt. v. 23.10.2013 – AZ IV ZR 98/12).

Nun liegt aber das Wesen einer allergischen Reaktion im Unterschied zur Toxizität gerade in der fehlenden Dosisabhängigkeit des Reaktionsgrades und es dürfte auch fraglich sein, ob es eine „gewöhnliche" bzw. „noch innerhalb der medizinischen Norm" liegende Allergie geben kann, von den Schwierigkeiten einer plausiblen Abgrenzung in der Praxis einmal völlig abgesehen. Der Bundesgerichtshof hat im Ergebnis die Entscheidung des OLG München vom 01.03.2012 (14 U 2523/11) aufgehoben und zwecks Abschätzung der Mitwirkungsanteile zurückverwiesen. Das ohnehin im Prinzip der Partialkausalität liegende und schon methodisch nicht lösbare Problem, ein letztlich rein qualitatives Phänomen – kumulativer – Kausalität quantifizieren zu müssen [147], wird sicherlich den weiteren Verlauf des Rechtsstreits prägen, denn die Menge der in casu von dem betroffenen Kind verzehrten Nussschokolade ist für den Pathomechanismus der Anaphylaxie nachrangig bis irrelevant, andererseits hätte die Allergie bei entsprechender Nahrungskarenz keine der „normalen Körperfunktionen" auch nur ansatzweise beeinträchtigt. Wie sollen dann aber „Mitwirkungsanteile", wenn schon nicht evidenzbasiert, so wenigstens rational begründbar gebildet werden?

Der medizinische Sachverständige wird solche und ähnliche Rechtskonstruktionen kaum mit Leben füllen können, wird doch auch in seinem Fach Krankheit eher negativ über den Mangel an „Gesundheit" definiert, er sollte sich aber der Problematik bewusst sein, um nicht durch unkritische Verwendung all dieser Begriffe oder mangelnde eigene Sprachdisziplin zusätzliche Fehlerquellen zu schaffen.

1.4 Anatomische Voraussetzungen

Der Bewegungsapparat ist eine Komposition aus statischen und dynamischen Elementen; die statischen Elemente bestehen aus Stützgewebe, die dynamischen aus Muskulatur. Die Bewegung der Elemente des Bewegungsapparates zueinander erfolgt in den Knochenverbindungen, insbesondere in den Gelenken; durch Sehne – Muskel – Sehne überbrückt, werden die Knochen bewegt. Die passive Stabilisierung erfolgt durch Bänder, die extra- oder intrakapsulär, immer aber extrasynovial, liegen. Um Reibekontakte einzelner Strukturen, wie z. B. Haut und Knochen oder Sehnen und Knochen, zueinander zu verhindern, sind an vielen Stellen Schleimbeutel (Bursae synoviales) eingelagert. Die Gelenkenden der Knochen sind von hyalinem Knorpel überzogen. Gelenkpfanne und Gelenkkopf können durch Menisken (Menisci), Disken (Disci), Schleimhautfalten (Plicae synoviales) und Gelenklippen (Labra articularia) ergänzt werden. Während sich Bänder (Ligamenta), Muskel-Sehnen-Komplexe und Schleimbeutel an nahezu allen Gelenken befinden, werden die einzelnen Gelenke durch bestimmte zusätzliche Strukturen charakterisiert. Disci sind z. B. im AC- und im SC-Gelenk vorhanden. Typische Plicae zeigen das Kniegelenk, das Ellbogengelenk, das obere Sprunggelenk sowie das Hüftgelenk. In diesen Gelenken können die Schleimhautfalten, wenn auch selten, eine krankhafte Problematik darstellen. Typisch für das Kniegelenk sind die beiden Menisken und die intraartikulär, aber extrasynovial verlaufenden zwei Kreuzbänder. Der feingewebliche Aufbau der Bänder und Sehnen ist vergleichbar, ebenso der der Menisken und der Disken; annähernd gleich sind die Labrumstrukturen im Hüft- und Schultergelenk. Plicae sind als Raumausfüllung aufzufassende mit Synovialis überzogene Falten. Charakteristisch für die bewegten Gelenke ist der Überzug mit hyalinem Knorpel. Zum ungeformten Stützgewebe werden Fett- und lockeres Bindegewebe gerechnet; zum geformten gehören straffes (unelastisches und elastisches) Bindegewebe, Knorpel einschließlich Chordagewebe sowie Knochen.

Sehnen und Bänder übertragen Zugkräfte und bestehen überwiegend aus zugfesten Kollagenfasern, lediglich die Ligg. flava der Wirbelsäule sind aus massiv aneinandergelagerten elastischen Fasern aufgebaut. Die wenigen Sehnenzellen liegen längs orientiert zwischen den Kollagenfasern. Die Gesamtstruktur wird von einem gefäßhaltigen lockeren Bindegewebe begleitet. Der *hyaline* Knorpel ist in der Lage, hydrostatische Druckkräfte aufzunehmen, er enthält Knorpelzellen und speziell angeordnete, der Druckbelastung angepasste Kollagenfasern. *Faserknorpel* kann sowohl Druck- als auch Zugkräfte aufnehmen und findet sich vornehmlich in den Zwischenwirbelscheiben (Bandscheiben), in den Menisken, den Disken sowie in der Schambeinfuge. Der Faserknorpel ist aus Kollagenfaserbündeln gewoben, zwischen denen verhältnismäßig wenige Knorpelzellen, einzeln oder in Gruppen, liegen. Der *elastische Knorpel* bildet u. a. das Gerüst der Ohrmuschel und hat bezüglich des Bewegungssystems keine weitere Bedeutung. Die Anteile des Bewegungsapparates werden abgesehen von den Muskeln und den Knochen oft unter Hinweis auf ihre geringe Gefäßversorgung als *bradytroph* bezeichnet. Aus dieser missverständlichen Beschreibung darf aber nicht abgeleitet werden, dass sie einen eingeschränkten Stoffwechsel besitzen würden. Der Stoffaustausch in diesen Geweben wird mehr als ausreichend durch den sich phasenhaft ändernden Kraftfluss bei der Verformung gefördert. Die sog. bradytrophen Bindegewebe bestehen aus zellulären Komponenten (Fibrozyten, Tenozyten, Chondrozyten) und Interzellularsubstanz (azelluläre Komponente), welche als *geformte* und *ungeformte Interzellularsubstanz* (Matrix) vorliegt. Geformte und ungeformte Interzellularsubstanz gehen auf die Syntheseleistung der Zellen zurück und stellen die Grundlage der Gewebsintegrität und Funktionalität der Gewebe dar. *Kollagenfasern* bilden das Grundgerüst und die Hauptmasse der geformten Interzellularsubstanz. Die Dominanz von bestimmten Kollagen-Typen definiert/bestimmt den jeweiligen Gewebetyp. Beispielsweise sind Meniskusgewebe durch Kollagenfasern vom Typ I und hyalines Knorpelgewebe durch Kollagen vom Typ II gekennzeichnet. Aggrecan ist eines der Hauptproteoglykane (Moleküle aus Kohlenhydraten und Proteinen) der extrazellulären Meniskusmatrix (ungeformte Interzellularsubstanz). Dekorin [169] ist ein Nebenproteoglykan. Dieses verbindet Aggrecan mit den kollagenen Fibrillen zu einem funktionellen Verbund. Die Besonderheit des bradytrophen Gewebes besteht in der engen funktionellen Vernetzung von Proteoglykanen, Kollagenen, Dekorin und sog. Core-Proteinen, welche die spezifische Zug- und Druckfestigkeit des Gewebes gewährleisten.

Die Sehnen und Bänder sind im Allgemeinen durch drei charakteristische Anteile gekennzeichnet. Einmal ist da das eigentliche Sehnengewebe, bestehend aus straffem kollagenem Bindegewebe, das sich durch eine homogene Verteilung der Tenozyten sowie durch eine homogene Anfärbbarkeit der Grundsubstanz auszeichnet. Wie bei allen bradytrophen Geweben ist nur eine geringe kapilläre Vaskularisation vorhanden. Die zweite charakteristische Struktur bildet der Sehnen-Muskel-Übergang („myotendinous junction"), die dritte die Sehnen-Knochen-Anheftung („osteotendinous junction"). Sehnen werden auf Zug beansprucht; sie sind in Richtung des Muskelzuges ausgerichtet („Zugsehnen"). Mitunter werden Sehnen um einen Knochenvorsprung oder eine Sehnenschlinge umgelenkt. An solchen Stellen, die als Hypomochlion bezeichnet werden, wird die Sehne nicht nur durch Zug, sondern auch durch Druck und Scherung belastet („Gleitsehnen"). In ihrem Verlauf bis zum Knochenansatz ist der Aufbau von Zugsehnen einheitlich. Bei Gleitsehnen bildet sich im Bereich der Umlenkung (Hypomochlion) eine u. U. ein Stück weit in das Sehnengewebe hineinreichende Druckschicht aus [369, 32]. Diese enthält Chondrozyten, die als Ausdruck einer lokalen Druckbeanspruchung aus Fibrozyten hervorgehen [308, 45]. In diesen Sehnenregionen gibt es somit zwei unterschiedlich gestaltete Gewebearten mit auch unterschiedlichen Gewebeeigenschaften. Findet eine Überlastung mit rezidivierenden Mikrotraumen statt, so ist daher ein Sehnensplitting im Sinne einer Trennung der Längskontinuität erklärbar.

Die Zugsehnen bestehen zu 30 % aus Trockenmasse (Kollagen, Zellen, extrazellulärer Matrix); die dicht gepackten Kollagenfasern sind entsprechend der Zugbeanspruchung parallel zur Längsachse angeordnet. Die kollagenen Fasern tragen 65–80 % der Trockenmasse bei und enthalten vorwiegend Kollagen Typ I sowie etwa 2 % elastische Fasern. Der bündelartige Aufbau einer Sehne beruht auf einer Umhüllung der Fibrillen durch das Endotendineum, das in das Peritendineum übergeht. Überzogen wird die Sehne schließlich vom ihr direkt aufliegenden Epitendineum. Das Endotendineum ist nur eine dünne, aus lockerem Bindegewebe bestehende Einlagerung, die Lymphgefäße, Blutgefäße und Nerven begleitet. Nach außen geht das Epitendineum in lockeres Gewebe, das Paratendineum, über. Das Paratendineum hat die Funktion einer leicht verformbaren, elastischen Hülle, die eine freie Bewegung der Sehne gegenüber dem umgebenden Gewebe erlaubt. An Stellen besonderer mechanischer Belastung wird das Epitendineum durch eine doppellagige Synovialscheide (Tenosynovium) umgeben. In diesen Sehnenabschnitten erfolgt die Versorgung über das dem Längsverlauf der Sehne folgende Mesotendineum (Abb. 1.9).

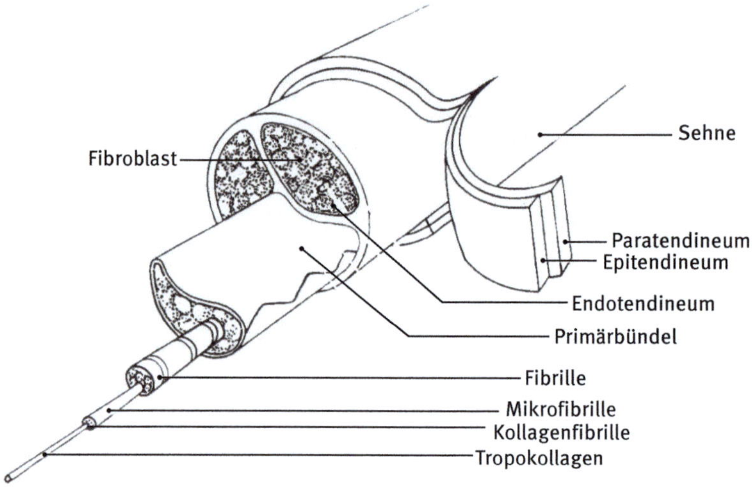

Abb. 1.9: Aufbau der Sehnenstruktur mit den umgebenden Gewebeschichten [388]. Peritendineum ist das Bindegewebe, das aus dem Endotendineum in mehreren Hierarchien zum Peritendineum wird. Die daraus wiederum hervorgehende direkte Auflagerung auf die Sehne heißt Epitendineum. Das Paratendineum ist alles, was an lockerem Gewebe als Verschiebeschicht dient.

Die Sehnenzellen (Tenozyten) sind der besonderen anatomischen Lage innerhalb des Sehnengefüges angepasste Fibrozyten, angeordnet in langen Reihen zwischen den von ihnen produzierten Kollagenfasern. Es handelt sich um langgestreckte drei- und viereckige Gebilde mit rundlichen Kernen, häufig nur durch einen feinen Spaltraum voneinander getrennt.

Blutversorgung der Sehnen: Die Sehnen werden in ihrem Verlauf aus mehreren Quellen mit Blut versorgt. Je nach der Herkunft werden intrinsische und extrinsische Quellen unterschieden (Abb. 1.10).

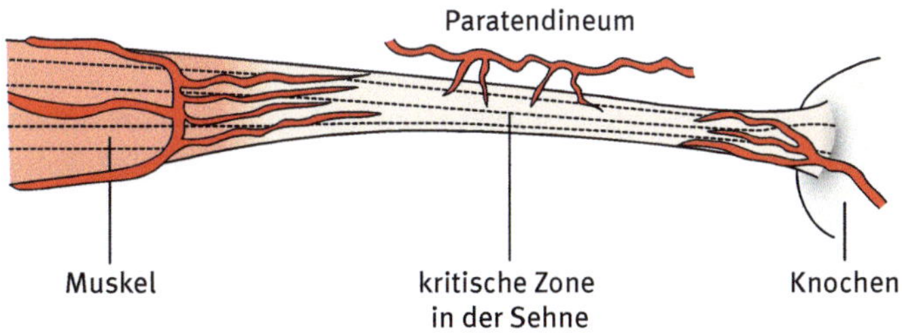

Abb. 1.10: Sehnendurchblutung: Blutversorgung aus Muskel- und Knochengefäßen sowie vom paratendinösen Gewebe, nach [388].

Die intrinsischen Blutquellen gehen aus den an die Sehne anschließenden Anteilen ihrer jeweiligen funktionellen Einheit hervor. Die vom Muskelbauch ausgehende Blutversorgung reicht in aller Regel über ein Drittel der Sehnenlänge, während die von der Anheftung am Knochen ausgehende verständlicherweise meist geringer ausgebildet ist [82, 429]. Der oft lange Sehnenabschnitt, der zwischen den beiden intrinsischen Versorgungsgebieten liegt, wird von umliegenden extrinsischen Blutgefäßen versorgt [158]. Diese Anteile der Sehnen scheinen schlechter durchblutet. Im Bereich von Sehnenscheiden erfolgt eine zusätzliche Blutzufuhr über das Mesotendineum. Überdies können die zentralen Bereiche von in Sehnenscheiden verlaufenden Sehnen oberflächlich auch eine Ernährung über die Synovialflüssigkeit erhalten [300, 294, 279, 201, 478, 368]. Sehnen, die mit einem Paratendineum versehen sind, werden vaskulär genannt, solche, die über eine Sehnenscheide verfügen, als avaskulär [55]. Das Konzept der vaskulären und der avaskulären Sehnen sowie das avaskulärer und vaskulärer Regionen einzelner Sehnen führt zu der pathogenetischen Überlegung, dass Sehnenschäden aufgrund der Ischämie in den Teilen zustande kommen, die normalerweise kein ausgeprägtes Gefäßnetzwerk aufweisen. Es wird in derartigen Sehnengebieten mit kritischen Zonen gerechnet. Solche konnten in vielen Sehnen gefunden werden, einschließlich der Supraspinatussehne, der Achillessehne und insbesondere der Sehnen des Fußes. Nachvollziehbar ist, dass in Regionen abnormaler Drehung und Kompression die Sehnendurchblutung gemindert sein kann. Dies tritt auch als Effekt von Fehlstellung im benachbarten Gelenk, als Folge starker, länger dauernder mechanischer Belastung oder durch Alterung auf.

In ihrem Aufbau sind die Bänder (Ligamente) mit Zugsehnen vergleichbar [32]. Sie bestehen aus Bündeln von Kollagenfasern mit einem geringeren Durchmesser als die der Zugsehnen. Die Fasern können parallel verlaufen, z. B. wie beim Lig. collaterale laterale des Knies, oder in sich verwoben sein, wie z. B. beim Lig. cruciatum anterius [498]. Die Zellularität ist bei Bändern höher als bei Sehnen [8, 47, 460]. Intraartikulär liegende Bänder besitzen an ihren zum Gelenkinnenraum gewandten Seiten ihrer Oberfläche eine nicht geschlossene Lage aus Synoviozyten-ähnlichen Zellen.

Bänder wie in geringerem Maße auch Sehnen weisen eine von Band zu Band unterschiedliche wellenförmige Ausrichtung ihrer Kollagenstrukturen auf. [9]. Obwohl die kollagenen Fasern an sich unelastisch sind, erlaubt diese Wellenstruktur dennoch eine geringgradige Elongation der Bänder im Ausmaß von 3–5 % ihrer Ausgangslänge (Pseudoelastizität). Dieser Effekt wirkt insbesondere bei dynamischen Belastungen aufgrund der akkordeonähnlichen Struktur der Matrix als Stoßdämpfer und schützt in begrenztem Maße vor Verletzungen. Werden die physiologischen Zugkräfte überschritten, kommt es zur Zerreißung. Oft bleibt ein irreversibler Schaden bestehen [9].

Die Bänder des Bewegungsapparates werden meist aufgrund ihrer Lage zu den zugehörigen Gelenken unterschieden: extrakapsulär – kapsulär – intrakapsulär. Extrakapsuläre Bänder liegen außerhalb der Membrana (Capsula) fibrosa der Gelenkkapsel. Da kein Kontakt mit dem Innenraum des Gelenks besteht, führt eine isolierte Verletzung eines Bandes bei extrakapsulärer Lage in keinem Fall zu einem Hämarthros. Wird kernspintomographisch eine Flüssigkeit im Gelenk nachgewiesen, so müssen andere Ursachen dafür gesucht werden. Extrakapsulär liegen z. B. das Lig. fibulocalcaneare am Sprunggelenk sowie das Lig. collaterale laterale am Knie. Kapsuläre Bänder sind streng genommen Verstärkungszüge der Membrana (Capsula) fibrosa der Gelenkkapsel. Beispiele dafür stellen das Lig. deltoideum des Sprunggelenks, das Lig. collaterale mediale des Kniegelenks oder die Bänder des Ellbogengelenks dar. Liegen Anteile von kapsulären Bändern der Capsula synovialis eng an, so kann es bei Einrissen zu einem Hämarthros kommen. Diese Situation kann z. B. beim kapsulären Anteil des Lig. collaterale mediale am Knie auftreten. Intrakapsuläre Bänder breiten sich im Zwischenraum zwischen Capsula fibrosa und Capsula synovialis der Gelenkkapsel aus. Praktisch wichtigste Beispiele sind die Ligg. cruciata des Kniegelenks. Liegen intrakapsuläre Bänder in unmittelbarer Nähe der Gelenkkapsel, wie z. B. das Lig. cruciatum posterius, so kann bei der Ruptur des Bandes gleichzeitig eine Kapselruptur entstehen. Bei einem derartigen Defekt kann intraartikuläres Blut in die periartikulären Weichteile austreten. Grundsätzlich liegen intraartikuläre Bänder aber extrasynovial, was sich mitunter auf die Auflage von Synoviozyten-ähnlichen Zellen auf der Bandstruktur reduziert. Bei Rupturen intraartikulärer Bänder besteht daher wegen des direkten Kontaktes mit Synovialflüssigkeit wenig Aussicht auf Spontanheilung, vielmehr kommt es zur Resorption bzw. Retraktion der Strukturen.

Extraartikulär verlaufende Bänder dagegen, aber auch kapsuläre Bänder, neigen zur Spontanheilung mit einer Verdickung im Narbenbereich. Dies ist durch eine Aktivierung der umgebenden Gewebe möglich. In Abweichung von der Situation der Sehnen weisen die Bänder einen proximalen und einen distalen Knochenansatz mit einem dazwischenliegenden Bandsegment auf. Gerade bei breit angelegten Bändern sind unter Belastung nicht alle Bandanteile gleichzeitig derselben Spannung ausgesetzt. In manchen Bändern, wie z. B. in den Ligg. cruciata, sind die kollagenen Fasern dementsprechend in mehreren Faszikeln angeordnet, wie dies der im Bewegungsablauf unterschiedlichen Spannungsverteilung entspricht. Diese besondere Situation hat vor allem beim Kreuzbandersatz zur heftigen Diskussion um die beste Orientierung eines Ersatzbandes geführt. Es wäre durchaus angebracht, von einem Bandkomplex zu sprechen.

Beim Gleitapparat ohne Richtungsänderung wird die Sehne vom Epitendineum umgeben, an das sich das Paratendineum anschließt. Beim Gleitapparat mit Richtungsänderung folgt dem Sehnengewebe die Umhüllung mit dem Epitendineum; durch Spaltbildung im Paratendineum bildet sich ein Stratum synoviale, das einerseits – wenn auch oft nur rudimentär – als Pars visceralis dem Epitendineum aufliegt und andererseits als Pars parietalis die Innenfläche des Stratum fibrosum auskleidet. Zwischen diesen beiden Synovialblättern, die am Anfang und am Ende der Sehnenscheide ineinander übergehen, breitet sich die Cavitas synovialis mit der darin enthaltenen Synovia aus [217]. Zwischen der Pars visceralis und der Pars parietalis bleibt teilweise ein Mesotendineum bestehen, eine doppelwandige Verbindung, in der Blutgefäße sowie Nerven und Lymphgefäße zur Sehne hin verlaufen [387] (vgl. Band 2, Kapitel 8.1).

Jeder Muskel-Sehnen-Knochen-Komplex verbindet zumindest zwei zueinander bewegliche Knochen. Im Bereich des Punctum fixum ist die Insertionszone meist breitflächig, während sie sich am Punctum mobile auf eine kleine umschriebene Zone beschränkt. In beiden Bereichen erfolgt die Anheftung über straffes Bindegewebe, das in einem Fall aus einer breiten, grobmorphologisch wenig eindrucksvollen Übergangszone besteht, im anderen Fall jedoch als klar zu beschreibende typische Sehne imponiert. Die Art der Anheftung am Knochen hängt von mehreren Faktoren ab und kann je nach Winkel der Einstrahlung der Sehne und Kraftentfaltung des jeweiligen Muskels unterschiedlich gestaltet sein. Die Übergangszone zum Muskelgewebe ist an beiden Muskelenden vergleichbar ausgebildet.

Da Sehnen-Knochen-Übergänge am gesamten Skelett nicht einheitlich sind, werden nach TILLMANN [457] Periost-, Knochen- und Knorpeleinstrahlungen unterschieden:

1. Periosteinstrahlung: Die Sehnenfaserbündel zeigen Aufzweigungen in Form eines Sehnenfächers, die Kollagenfibrillen der Sehnen dringen tangential oder in einem schrägen Winkel in das Periost ein, verlaufen über eine unterschiedlich weite Stecke im äußeren Teil des Periostschlauches, bevor sie dann die Kambiumschicht durchbrechen und in den Knochen einstrahlen. Dieser Sehnenansatz kann zirkumskript oder auch flächenhaft sein.
2. Knocheneinstrahlung: Hier fehlt das Periost, die Kollagenfaserbündel der Sehne ziehen direkt in den Knochen [180, 415].
3. Knorpeleinstrahlung: Auch hier fehlt das Periost und es liegt eine typische 4-Zonen-Struktur vor.

Der Sehnen-Knochen-Übergang ist charakterisiert durch einen Übergang der kollagenen Sehnenfasern als Sharpey'sche Fasern direkt in den Knochen [381], das Endotendineum geht in das Periost über. Im Sehnen-Knochen-Übergang selbst liegt kein Periost vor [179, 207]. Die Anheftungsstelle der Sehnen an den Knochen zeigt einen typisch strukturierten Aufbau [114, 18, 316]. Es besteht ein 4-Zonen-System (Abb. 1.11).

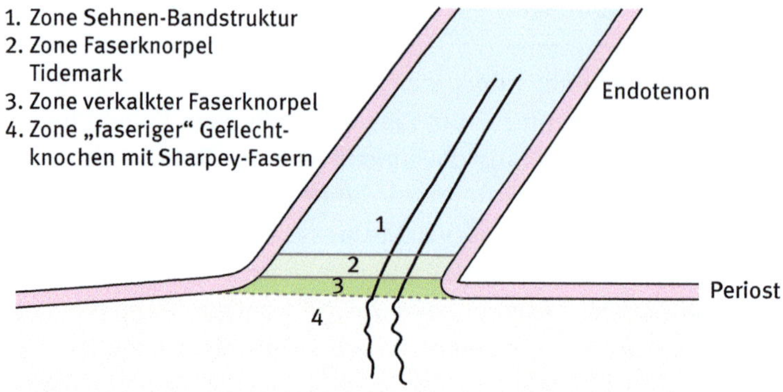

Abb. 1.11: Sehnen-Knochen-Ansatz.

Das inserierende Sehnengewebe geht unmittelbar in Faserknorpel über. Dieser ist in Reihen angeordnet; der Übergang zum verkalkten Knorpelgewebe wird durch eine so genannte Tidemark markiert. Hieran schließt sich das Lamellen-Knochen-Gewebe der Kortikalis an. Ultrastrukturell zeigen die Zellen in dieser Übergangszone Charakteristika von Faserknorpelgewebe mit einer variablen Mineralisierung [32, 319, 92, 37, 331, 50, 42, 46]. Aus dieser Anordnung wird verständlich, dass Periost in der Verbindungszone nicht vorhanden sein kann [456]. Im Faserknorpel der Übergangszone zeigen sich aber sehr kräftige elastische Fasern [426]. Die Sehnenfasern im Bereich des Knochenansatzes sind gleich gebaut wie die freien Sehnenfasern. Die Kombination mit den in der Übergangszone eingelagerten Knorpelzellen ermöglicht im Sinne eines Puffers (Wasserpolster) eine gewisse Dämpfung bei dynamischer Zugbeanspruchung [38] (Abb. 1.12).

Der Sehnen-Knochen-Ansatz zeigt im Prinzip zwei Typen [278]. Der einfache Typ (direkte Insertion) ist charakterisiert durch Sehnenfasern, die direkt in den Knochen übergehen, ohne sich wesentlich mit dem umgebenden Periost zu verflechten. Der zweite Typ ist im Sinne einer doppelten Sehneninsertion komplexer angelegt. Die oberflächlichen Fasern inserieren am Periost, die tiefen Fasern gehen direkt in den Knochen über. Die Ausbildung dieser Struktur hängt vom Ansatzwinkel der Sehne ab. Mit zunehmender Winkelgröße finden sich mehr Faserknorpel; es ist anzunehmen, dass eine vermehrte Biegung der ansetzenden Kollagenfasern verhindert werden soll [92]. Auch in den breiten Anheftungsbereichen der Muskelursprünge wird die Wirkung der Muskulatur über kurze Sehneneinlagerungen vermittelt. Die Anheftung der Bänder folgt demselben Prinzip. Je nach Winkel ihrer Einstrahlung und Breite der Anheftungsfläche können wie bei den Sehnen-Knochen-Übergängen verschiedene Muster beobachtet werden.

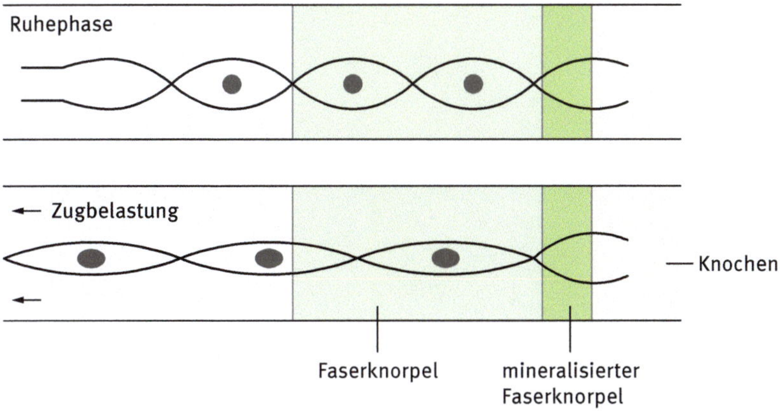

Abb. 1.12: Funktion der Sehnenfasern am Übergang zum Knochen in Ruhe und unter Zug [217].

Sehnen- und Bandansätze sind nicht an allen Stellen gleich, obwohl sämtliche direkten Insertionen die gleiche Grundstruktur aufzeigen (Sehnen-Band-Struktur, nicht verkalkter Faserknorpel, Tidemark, verkalkter Faserknorpel, faseriger Geflechtknochen mit Sharpey-Fasern). Je nach Art der notwendigen Bewegung oder der Art der Kraftübertragung und auch der Lokalisation der Ansatzstelle beim embryonalen Wachstum (Ansatz am Knorpel oder Ansatz am Knochen) gibt es Abweichungen von der Grundstruktur. Während die Trizeps- und auch die Bizepssehne im Wachstumsalter immer am Knorpel ansetzen, so ist der Musculus brachialis schon mit der Geburt am knöchernen Processus coronoideus fixiert [68, 487]. Das bedeutet, dass es am Musculus-brachialis-Ansatz so gut wie keine Knochenabrisse gibt [44]. Anders sind die Verhältnisse am Trizepssehnen- sowie am Bizepssehnenansatz. Wo mehr Bewegung gefordert ist, zeigt sich eine dickere, nicht verkalkte Faserknorpelschicht, wogegen bei der vorwiegenden Kraftübertragung eine dickere Schicht kortikales, verkalktes Gewebe zu finden ist und auch ein größerer Anteil von Knochen im Vergleich zum Knochenmark [123, 43, 10, 11]. Diese ausgeprägte Bewegungsnotwendigkeit des Sehnenansatzes der Bizepssehne bezüglich Supination des Unterarmes und Flexion im Ellbogen schafft auch eine Lamina superficialis und Lamina profunda am Sehnenansatz mit einer doch erheblichen Verdickung des nicht verkalkten Faserknorpels (Abb. 1.13).

Für die Klinik hat diese anatomische Konstellation der Sehnenansätze eine besondere Bedeutung. Die erhebliche Knochendichte am Sehnenansatz des M. brachialis erlaubt so gut wie keine Abrissverletzung. Abrissverletzungen finden sich dagegen an der distalen Bizepssehne und auch am Trizeps [111, 452]. Am häufigsten treten ossäre Abrisse am Trizepssehnenansatz auf, wesentlich seltener am Bizepssehnenansatz. Dies wird auch durch die Bizepssehne in Form von zwei Laminae, die gegeneinander verschieblich sind, und vor allem durch die erhebliche Verdickung des nicht

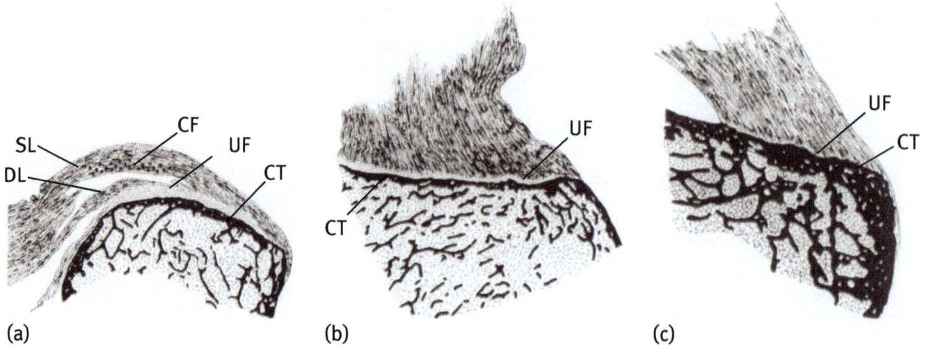

Abb. 1.13: Mikroskopischer Aufbau der Sehnenansätze der Bizepssehne (a), der Trizepssehne (b) und der Brachialissehne (c) im Bereich des Ellbogens: SL = Lamina superficialis, DL = Lamina profunda, CF = Faserknorpel einer Gleitsehne, UF = nicht verkalkter Faserknorpel, CT = Knochengewebe (aus [44]).

verkalkten Faserknorpels erklärt. In diesen Laminae finden sich ebenso bevorzugt die Sehnen-Textur-Störungen.

Die bindegewebige Struktur zwischen einer Sehne bzw. einem Band und dem Knochen wird als „Enthesis" bezeichnet, unter Berücksichtigung der Vier-Schichten-Struktur [46, 246]. Eine Enthesis besteht auch an ossären Meniskusansätzen [309, 221], da die Meniskusfaserknorpelstruktur über ein Insertionsligament am Knochen befestigt ist (vgl. Band 2, Kapitel 1). Ist dieser Sehnenansatz komplexerer Art, so wird gleichfalls die Bezeichnung „Enthesis Organ" verwendet [321]. Dies ist zum Beispiel an der Ansatzstelle der Tibialis-posterior-Sehne am Os naviculare des Fußes der Fall.

Die Bandansätze unterscheiden sich vom Band in der Struktur (Reißfestigkeit, Ausmaß und Ansatzwinkel der kollagenen Fasern am Knochen) und den mechanischen Eigenschaften [494]. Der Knochen-Band-Ansatz verformt sich unter Spannung mehr als das Band in seinem Verlauf [496]. Dazu ist die Zahl der direkt in den Knochen übergehenden kollagenen Fasern bei den einzelnen Bändern verschieden [76]. In Abhängigkeit von dem Ansatzwinkel sowie der Anzahl der den Knochen penetrierenden kollagenen Fasern werden die Band-Knochen-Ansätze in zwei Gruppen eingeteilt: direkte und indirekte Ansätze. Die Altersveränderungen bei den direkten Bandansätzen sind wenig untersucht, eine Abnahme der Knochendichte lässt aber einen Einfluss auf die Zugfestigkeit des direkten Bandansatzes erwarten [76]. Bei den indirekten Bandansätzen ändert sich altersabhängig die Faserstruktur zwischen Knochen und Periost und verändert damit die mechanischen Eigenschaften der Bandinsertion [301]. Während sich mit dem Epiphysenschluss die Festigkeit der Bänder nicht mehr ändert, nimmt die Reißkraft bzw. Steifigkeit des Bandansatzes am Knochen noch zu, so dass vor Abschluss des Längenwachstums der Band-Knochen-Ansatz die Schwachstelle bildet, wogegen sich danach die Verhältnisse umkehren. Es kommt also eher zu intraligamentären Rupturen als zu knöchernen Ausrissen. Die Gefäßversorgung der

Bänder ist hypovaskulär, lediglich epiligamentäres Gewebe führt Gefäße im Sinne von Plexus mit ungeordnetem Gefäßverlauf, die tiefer liegende Bandstruktur ist weitgehend gefäßfrei. Nur noch im Wachstumsalter werden Ligamente am Knochenansatz durch den Insertionspunkt mit Gefäßen versorgt, was aber bis zum Erwachsenenalter endet [67]. Die Nervenversorgung, ausgehend von der benachbarten Muskulatur, verläuft parallel zur epiligamentären Blutversorgung [404].

Ligamente, Sehnen und auch die Gelenkkapseln unterliegen in aller Regel einem Alterungsprozess, der aber nicht an allen Bändern gleichermaßen abläuft. Insbesondere die Rotatorenmanschette und einige Bänder der Wirbelsäule sowie des Handgelenkes erleiden altersabhängige Texturstörungen, die nicht mit einem Unfallereignis in Verbindung zu bringen sind [86, 256]. Diese Texturstörungen führen zu einem Verlust der eigentlichen Struktur mit Funktionsminderung, vergleichbar den Veränderungen in den Bandscheiben [74, 75, 73]. Als Ursache wird eine genetische Veranlagung unterschiedlicher Art angenommen. Eine Erklärung sind altersabhängige Veränderungen im Bindegewebe [74, 75]. Die Zugkraft sowie auch die Steifigkeit der Ligamente nehmen mit dem Alter ab, wodurch das Band für Schäden anfällig wird [81, 137, 465, 459]. Bei Untersuchungen am Knochen-Kreuzband-Knochen-Komplex zeigt sich, dass die Elastizität, die Zugkraft und die Zerreißkraft des Kreuzbandes bei jüngeren Menschen (16.–25. Lebensjahr) 2- bis 3-fach höher liegen als bei älteren Menschen (48.–86. Lebensjahr) [342, 335]. Der Zustand der ligamentären Situation verschlechtert sich schneller als der des Knochens, d. h., ligamentäre Rupturen nehmen mit zunehmendem Alter zu, im Gegensatz zu ossären Ausrissen [498]. Die Kreuzbandstabilität sinkt exponentiell mit zunehmendem Alter. Dagegen verschlechtert sich der Zustand des Lig. collaterale mediale weniger rasant [495, 497], d. h., die mechanischen Eigenschaften von Bändern sind mit zunehmendem Alter einer unterschiedlichen Abbaurate unterworfen. Ältere Menschen unterliegen also einem größeren Risiko der Bandverletzungen als jüngere. Die Ursache für diesen Gewebeabbau (Texturstörung) wird in einer Abnahme der Durchblutung der Bindegewebe gesehen, insbesondere an der Rotatorenmanschette [256]. Diese Ernährungsminderung führt zu einem Zellrückgang und damit auch zur verminderten Matrixregeneration. Die Folge ist eine Verminderung der mechanischen Eigenschaften. Derartige altersbedingte Texturstörungen werden durch die physikalische Inaktivität der Struktur gefördert [224], so wie auch die molekulare Zusammensetzung des Bindegewebes (Sehnen, Ligamente) direkt mit den mechanischen Eigenschaften der Struktur in Verbindung steht [313]. Von dieser Funktion hängt gleichfalls der Aufbau des Sehnenansatzes ab [44].

Der Muskel-Sehnen-Übergang ist ebenso den spezifischen Beanspruchungen entsprechend in besonderer Weise strukturiert. Auf sehr engem Raum muss die Zugwirkung der intrazellulären kontraktilen Proteine der Muskelfasern (Actin, Myosin) auf das extrazelluläre Bindegewebsprotein (Kollagenfibrillen) der Sehnen übertragen werden. Im Gegensatz zur Sehnen-Knochen-Insertion, bei der die kollagenen Sehnenfasern direkt in die Kollagenstruktur des Knochens übergehen, wird die

Kraftübertragung von der Sehne auf den Muskel durch eine großflächige Struktur aufrechterhalten. Der „Ausgleich" der unterschiedlichen beteiligten Volumina erfolgt über fingerförmige Vorsprünge der Muskelzellen (Abb. 1.14), an denen die Sehnenfasern angreifen.

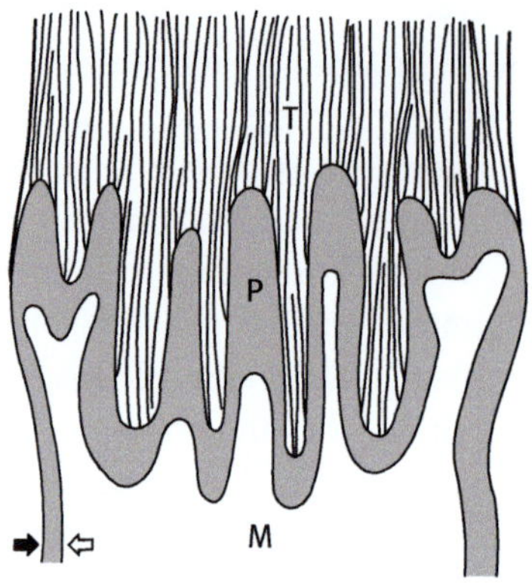

Abb. 1.14: Schema der muskulotendinösen Verbindung (T = kollagene Sehnenfasern, M = Muskelzellen, P = Muskelzellfortsatz, ⇨ = Lamina densa, ➡ = Lamina lucida der Basalmembran [217].

Das Sarkolemm der quer gestreiften Muskelzellen besitzt eine innere (Plasmalemm) sowie eine äußere Schicht (Basalmembran), wie es sie in dieser Form bei den glatten Muskelzellen nicht gibt. Das Sarkolemm bildet eine kontinuierliche Membran mit Invaginationen und wird an der Außenseite von der Basalmembran bedeckt, wie dies auch an anderen Stellen der Muskelfaser der Fall ist [302]. Die Sehnenfibrillen reichen tief in die Invaginationen der Muskelzellen hinein; eine Kontinuität zwischen Myo- und Sehnenfibrillen besteht aber nicht [419, 280, 146]. Die Kollagenfibrillen der Sehnen verzweigen sich und greifen über ein feinfaseriges Netz an der Basalmembran an, während die Myofibrillen bis an die Innenseite des Sarkolemm in die Tiefe der Invaginationen reichen. Auf diese Weise entsteht hier ein fester Kontakt. Weder Zytoplasma- noch Basalmembran der Muskelzellen werden jedoch von kollagenen Fibrillen durchdrungen [289]. Den Halt zwischen dem Plasmalemm und der Basalmembran vermitteln Mikrofibrillen (Fibronectin) [223, 175, 4], die die Zytoplasmamembran durchdringen und damit letztlich für die Kraftübertragung von Myofibrillen zu Sehnenfasern verantwortlich sind [462]. Eine Kontinuität zwischen Myofibrillen der Skelettmuskulatur [131] und den kollagenen Fasern der Sehnen besteht nicht [319], wohl dagegen am Knochenansatz. Hier treten die kollagenen Fasern der Sehne in das System der kollagenen Knochenfasern über [32]. Diese beiden Insertionsstellen sind in sich im 4-Zonen-Aufbau vergleichbar, wobei an der Sehnen-Knochen-Insertion die Tidemark mit der Mikrofibrillenschicht zwischen Basalmembran und Plasmalemm vergleichbar erscheint (Tab. 1.7).

Der Knochen (inkl. Knochenentwicklung) wird dem geformten Stützgewebe zugeordnet. Dehnung einerseits und hydrostatischer Druck andererseits veranlassen das Mesenchym zur Bildung eines primären Stützgewebes, entweder zu kollagenem Bin-

Tab. 1.7: Gegenüberstellung von Sehnen-Muskel- und Sehnen-Knochen-Verbindung.

	Sehnen-Knochen-Insertion (tiefe Schicht)	Sehnen-Muskel-Insertion
Zone 1	Kollagen 1 + elast. Fasern extrazelluläre Matrix mit länglichen Fibroblasten	Sehnenstruktur
Zone 2	Faserknorpel mit rundlichen Chondrozyten in Reihen angeordnet	Basalmembran mit Tropokollagen-Einstrahlungen aus dem Sehnenkollagen
Tidemark		Mikrofibrillen
Zone 3	mineralisierter Faserknorpel mit aktiven Chondrozyten und Sharpey'schen Fasern	Plasmalemm mit Ansatz der Myofibrillen
Zone 4	kontinuierlicher Übergang der Kollagenfasern in das Kollagengerüst der Knochenkortikalis („faseriger“ Geflechtknochen)	Muskelstruktur
	nach: SCHIAVONE 1993 [409], MOHR 2000 [319], BARGMANN 1967 [32]	nach KARPATI 1982 [223], HANAK 1971 [175], TROTTER 1981 [462], MOHR 2000 [319], AJIRI 1978 [4], SCHRÖDER 1982 [416]

degewebe oder zu Knorpelgewebe [365, 366]. Als sekundäres Stützgewebe geht daraus bei lediglich minimalen, aber dennoch notwendigen Verformungen, wie sie bei mechanischer Beanspruchung entstehen und auf die dem Stützgerüst anliegenden Zellen übertragen werden, Knochengewebe hervor [248]. Somit erklären sich aus der Theorie der „Kausalen Histogenese“ [365] die desmale (aus Bindegewebe) und die chondrale (aus Knorpel) Ossifikation.

Bei der desmalen Ossifikation bildet sich Knochen direkt aus einer bindegewebigen Vorstufe, das Resultat wird als Bindegewebsknochen, Deck- oder Belegknochen bezeichnet. Diese Art der Verknöcherung findet sich im bewegungsruhenden und lediglich dehnungsbelasteten Gewebe. Betroffen sind die Knochen des Schädeldaches, des Gesichtsschädels, des Schlüsselbeins und der Diaphysen. Die Entwicklung des Bindegewebsknochens resultiert aus Mesenchymzellen, die vermehrt eine Interzellularsubstanz bilden und sich gleichzeitig zu Osteoblasten umbilden, die wiederum eine Interzellularsubstanz produzieren. Diese Interzellularsubstanz besteht vorwiegend aus Fibrillen und aus einer Kittsubstanz, die das Bindemittel für die Fibrillen darstellt. In der Folge entstehen kalkfreie Osteoidbälkchen, die sich mit Osteoblasten umgeben (Osteoblastentapete). Diese Knochenbälkchen wachsen demnach appositionell. Die im Bälkchen sich selbst einschließenden Osteoblasten werden zu Osteozyten und senden Zellfortsätze in der typischen Art von Osteozyten aus. Im weiteren Verlauf kommt es zur Mineralisierung dieser Knochenbälkchen durch Osteoblasten bzw. Osteozyten. Dabei handelt es sich um eine Mineraleinlagerung in die Interzellularsubstanz, beginnend mit Phosphat und erst in der Folge mit Kalzium. Diese dann mineralisierten, primären Knochenbälkchen werden zu sekundären Knochenbälkchen.

Bei der chondralen Ossifikation erfolgt die Knochenbildung aus knorpeligen Vorstufen in bewegungsruhendem, aber kompressionsbeanspruchtem Gewebe. Die jeweiligen Knorpelmodelle wiederum gehen auf mesenchymale Vorstufen zurück. Diese Art von Knochenbildung wird daher auch als indirekte Ossifikation bezeichnet. Sie trifft für fast alle Knochen zu. Während der Embryonalzeit ist der überwiegende Teil des Skeletts aus hyalinem Knorpel angelegt, der mit Perichondrium überzogen ist und zunächst appositionell wächst. Der Umbau des Knorpels zum Knochen erfolgt dann in zwei Stufen. Der schließlich entstandene Ersatzknochen differenziert sich weiter zum Lamellenknochen.

Knochengewebe entsteht also immer aus einem vorhandenen Stützgewebegerüst (Primärgerüst), das die mechanische Beanspruchung an diesem Ort aufnimmt. Auch an bereits vorhandenem Knochengerüst kann weiteres Knochengewebe, desmal vom Periost ausgehend, angebaut werden [248]. Die Bezeichnungen „desmale" und „chondrale Ossifikation" stützen sich auf histologische Kriterien und sind nur teilweise mit den Bezeichnungen Deckknochen (Derivat des Exoskeletts) und Ersatzknochen (Derivat des Endoskeletts) in Einklang zu bringen. Es bedarf folgender Bezeichnungsdefinitionen bezüglich der Ossifikationszentren:

Unter „Centrum ossificationis" im Rahmen der enchondralen Verknöcherung wird unterschieden zwischen „primarium" und „secundarium". Der Begriff „primär" bezieht sich auf den Zeitpunkt seines Auftretens (meist schon in der Fetalzeit; einige primäre Knochenkerne entstehen bis zum 4. Lebensjahr – z. B. Patella) und den Umstand, dass diese Knochenkerne die Grundform des Knochens aufbauen. Die sekundären Knochenkerne entstehen erst in der Folge, spätestens bis um das 20. Lebensjahr. Sie modellieren lediglich die Form des Knochens aus.

Als Definition kann – auch in Anlehnung an BENNINGHOFF [48] – empfohlen werden [379]):

Epiphysis (primäre Epiphyse) = wachsendes Knochenende, das meist (Ausnahme distales Ende der Phalangen) aus einem primären enchondralen Knochenkern entsteht und eigentlich im ausgewachsenen Zustand als Extremitas bezeichnet werden müsste. Oft wird im Jargon der Begriff Epiphyse beibehalten. Sekundäre Epiphysen sind zusätzliche, meist kleine Knochenkerne, die nach den primären epiphysären Knochenkernen bunt verteilt zwischen dem 1.–20. Lebensjahr auftreten und die charakteristische dreidimensionale Gestalt der Knochenenden ausformen.

Diaphysis = Mittelteil eines langen Knochens, der sich im Zusammenspiel zweier Knochenbildungszentren entwickelt, und zwar aus einem primären enchondralen Knochenkern (sehr früh, immer in der 6.–8. Embryonalwoche) und nahezu zeitgleich einem manschettenförmigen perichondralen Knochenmantel (desmale Verknöcherung), und im ausgewachsenen Zustand als Corpus (Schaft) bezeichnet werden müsste. Im klinischen Jargon wird oft der Begriff Diaphyse beibehalten.

Metaphysis = der nach proximal bzw. distal gewachsene enchondrale Knochenkern der Diaphyse, die am fertigen Knochen die verbreiterte Übergangszone von Corpus zu Extremitas darstellt und charakteristischerweise vollständig von Spongiosa aufgebaut ist. Nur gegen den Schaft hin wird diese von einem dicker werdenden Kortikalismantel umhüllt.

Apophysis = Apophysen sind Vorsprünge an den Diaphysen (Corpus, Schaft), meist im Bereich der Metaphysen. Sie entwickeln sich zuerst ohne eigenen Knochenkern, erhalten aber später einen (sekundären) Knochenkern mit entsprechender Knorpelfuge. Apophysen bilden sich an Orten aus, wo kräftige Sehnen oder Bänder ansetzen. Ihre Knorpelfugen richten sich nach der Beanspruchung aus, sie sind senkrecht zur jeweils resultierenden Druckkraft eingestellt. Treten dennoch stärkere Scherkräfte auf, so können die knöchernen Grenzflächen dieser Fugen wellig ausgebildet sein. Dies gilt auch für die üblichen Epiphysenfugen der Knochenenden. In der Terminologia anatomica (1998) werden nach dem Terminus *Apophysis* die Bezeichnungen ‚Tuber, Tuberculum, Tuberositas, Eminentia, Processus, Condylus, Crista, Linea, Incisura, Fossa und Sulcus' aufgelistet.

Es ist von Bedeutung, dass sämtliche Knorpelfugen aus hyalinem Knorpel aufgebaut sind. Von der Morphologie her und eben im Hinblick auf mögliche pathologische Veränderungen macht es keinen Sinn, die Knochenkerne zu sehr zu untergliedern. Es bleiben als Kriterien das zeitliche Auftreten und die Lage (im Bereich der Epiphyse oder der Diaphyse).

Am wachsenden Knochen wird eine Diaphyse (Schaft des Röhrenknochens) von den zumeist zwei Epiphysen – eine proximale und eine distale – unterschieden. Am ausgewachsenen Knochen wird der verbreiterte Übergangsbereich vom Schaft zu den Knochenenden als „Metaphyse" bezeichnet. In der Literatur wird die Knochenentstehung im Bereich der Diaphyse mit einem zentral liegenden primären Ossifikationszentrum in Verbindung gebracht, das bereits in der 6. bis 8. Embryonalwoche auftritt. Dieses trennt sich in einen proximalen und einen distalen Anteil, wodurch der Markraum des Schaftes entsteht. Das Dickenwachstum erfolgt über desmale Ossifikation aus dem ursprünglichen Perichondrium des schon gegen Ende des ersten Embryonalmonats angelegten Knorpelmodells heraus. Über diese Interaktion zweier Entwicklungswege kann die Stabilität des Schaftes beibehalten werden.

Während sich die Röhrenknochen aus dem Zusammenwirken von indirekter (enchondraler, chondraler) und perichondraler (desmaler) Ossifikation bilden, entstehen nur wenige Knochen alleine durch direkte (desmale) Ossifikation. Dies ist lediglich bei den Schalenknochen des Schädels, dem größten Teil der Gesichtsknochen, dem Anulus tympanicus und dem Schlüsselbein der Fall. Die Art der Ossifikation, die auf dem Ersatz vorgeformter knorpeliger Strukturen beruht, wird Ersatzknochenbildung genannt, während die direkte Verknöcherung von Bindegewebe als Deckknochenbildung bezeichnet wird. Die desmale Knochenbildung ist am ehesten vergleichbar mit der Knochenheilung (Kallusbildung), aber auch mit dem pathologischen Vorgang der Myositis ossificans.

Die Osteogenese der langen Skelettelemente zeigt drei Entwicklungsschritte auf, die sich als Teilvorgänge der Knochenbildung gegenseitig beeinflussen. Der erste Schritt ist die perichondrale Osteogenese (desmale Knochenbildung), aus der eine perichondrale Knochenmanschette entsteht. Bei dem zweiten Schritt handelt es sich um die endochondrale Osteogenese in der Diaphyse, hier wird ein primäres Ossifikationszentrum angegeben, das sich jedoch teilt und nach proximal sowie distal bewegt – mit der Ausbildung der Vorstufen des Markraumes und gleichzeitig auch mit den wandernden Wachstumszonen, die die metaphysären Einrichtungen entstehen lassen. Es folgt die endochondrale Osteogenese der Epiphysen, in denen sich dann sekundäre Knochenkerne entwickeln (Abb. 1.15).

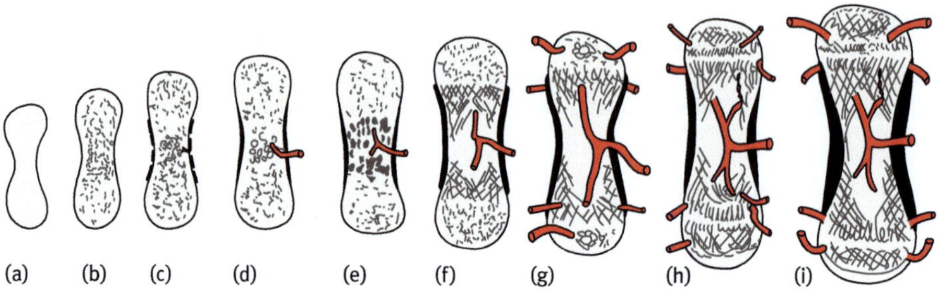

Abb. 1.15: Endochondrale Knochengestaltung nach [350, 351], modifiziert durch [379]. (a) = mesenchymales Modell des späteren Knochens mit schon sehr rasch zentralen Knorpelzellen (Beginn 5. EW); (b) = knorpeliges Modell des späteren Knochens; (c) = Aufbau einer dünnen Knochenmanschette um die Diaphyse (desmale = direkte Verknöcherung, Beginn 8. EW), zuerst in der Mitte der Diaphyse, dann nach proximal und distal auswachsend; (d) = Blasenknorpel in der Diaphyse mit zentraler Mineralisierungszone und einem durch Osteoklasten aus dem Periost ermöglichten einwachsenden Blutgefäß; (e) = vom Periost einwachsende Osteoklasten (stammen ursprünglich aus der Leber), mit dem Blutgefäß mesenchymale Osteoblasten (Osteoprogenitorzellen); Entstehung eines Knochenkerns; (f) = Auseinanderweichen eines proximalen und eines distalen Anteils des ursprünglichen zentralen diaphysären Knochenkerns unter Mitnahme von Ästen des eingewachsenen Blutgefäßes (selten mehrere); Ausbildung der Markhöhle. An der Front nach proximal und distal hin weiterhin Blasenknorpel; (g) = Blasenknorpelbildung und Mineralisierungszentren in den Epiphysen, zugleich (mehrere) einwachsende Blutgefäße. Unterschiedliche Zeitpunkte des Auftretens der Ossifikationszentren je nach Epiphyse, aber relativ konstant. Zusätzlich einwachsende Blutgefäße in der Peripherie (spätere Metaphysenregion); (h) = Ausbildung eines die Epiphyse bis auf den verbleibenden Gelenkknorpel und den als Wachstumsfrontbildung gegen den diaphysären Knochenkern bestehen bleibenden Epiphysenfugenknorpel; (i) = zweigeteilter epiphysärer oder zusätzlicher epiphysärer Knochenkern in einer der Epiphysen.

Das primäre Ossifikationszentrum teilt sich und weicht nach proximal und distal unter Mitnahme der an dieser Stelle eintretenden Gefäße. Dieses nach proximal und distal erfolgende Wandern schafft die Voraussetzung für die Anlage der distalen und proximalen Knochenkerne mit gleichzeitiger Ausbildung eines Markraumes [60]. Als Metaphyse wird eigentlich lediglich die dünne Knochenschicht in Epiphysenfugennähe bezeichnet, in der sowohl nach proximal als auch nach distal die diaphysäre Knochenmanschette sich verjüngend endet. Üblich ist die Unterscheidung der Ossifikationszentren in primär, sekundär und tertiär. Primär treten Knochenkerne in den Diaphysen auf, sekundär in den Epiphysen. Knochenkerne, die im Zusammenhang mit der Ausformung der Diaphysen später auftreten, werden als apophysäre, oft auch als tertiäre Knochenkerne bezeichnet (z. B. Trochanter majus, Trochanter minor, Tuberculum majus, Tuberculum minus). Die apophysären Knochenkerne leisten keinen Beitrag zum Längenwachstum [255], ihre Entwicklung und Struktur sind aber ähnlich denen der Epiphysen [347, 461, 493, 356]. Neben regelhaften apophysären (tertiären) Knochenkernen treten an vielen Stellen des Skeletts als Variationen akzessorische Knochenkerne auf, die zur Ausbildung selbstständiger Ossikel führen können, wie z. B. zu einem Os fibulare oder einem Os subtibiale (vgl. Band 2, Kapitel 7.1).

Das Längenwachstum der Röhrenknochen erfolgt proximal und distal in der Grenzzone zur Epiphyse. So wie sich auch in der knorpeligen Epiphyse ein Knochenkern aufbaut, bildet sich die Epiphysenfuge aus. Das Längenwachstum endet mit dem Abschluss der Verknöcherung der Epiphyse, in etwa zwischen dem 18. und 20. Lebensjahr. Die Knochenkerne der Epiphysen entstehen zu unterschiedlichen Lebensjahren.

Die Zonengliederung der Wachstumsfugen ist streng geordnet:
1. Ruhender Knorpel, Ruhezone = hyaliner Knorpel,
2. Proliferationszone, Ausbildung von Säulenknorpel,
3. Hypertrophiezone = diaphysenwärts orientierter Blasenknorpel mit schmalen Segmenten und Kalkeinlagerungen bei Degeneration der Chondrozyten; die Hypertrophiezone ist die am leichtesten vulnerable Stelle des Knochenwachstums [387],
4. Abbau des Knorpels zu kleinen Knorpelbälkchen durch Chondroblasten,
5. Verknöcherungszone, in der Knorpelzellen degenerieren, sich Osteoblasten lagern und Geflechtknochen bilden, die dann zu Lamellenknochen umgebaut werden (entspricht Ossifikationsfront)

Der Epiphysenknorpel in der Knochenentwicklung enthält sekundäre Ossifikationszentren und befindet sich zwischen dem Gelenkflächenknorpel und der Epiphysenfuge. Dieser Wachstumsknorpel wird durch Knochen ersetzt, durch einen bestimmten Ablauf der Zellproliferation, der extrazellulären Matrixsynthese, der Zellhypertrophie, Matrixmineralisation und Gefäßinvasion, was gesamt als endochondrale Ossifikation bezeichnet wird. Der Vorteil dieses Ablaufs liegt darin, dass das Individuum trotz Ersatz des Knorpels durch Knochen belastbar bleibt. Histologisch besteht eine bipolare Fuge zwischen dem sekundären und tertiären OZ, vergleichbar mit der Tuberositas tibiae oder der Patella bipartita sowie dem akzessorischen Os naviculare [257, 343, 345, 346, 346, 425] und dem Trochanter major [344]. Am distalen Unterschenkel entsteht das tibiale, sekundäre OZ im 4.–7. Lebensmonat [348, 349], dehnt sich aber nicht vor dem 6.–7. Lebensjahr (?), 7.–8. Lebensjahr (?) auf den Innenknöchel aus. Das laterale, fibulare, sekundäre OZ entsteht zum Ende des 1. Lebensjahres [372]. Beide sekundären OZ fusionieren mit der entsprechenden Metaphyse zwischen dem 15. und 17. Lebensjahr [174]. Akzessorische (tertiäre) OZ finden sich medial (tibial) in 14 %–20 % (bis 47 %) ab dem 7.–8. LJ bei Mädchen und ab dem 8.–9. LJ zu 17 % bei Buben; in 13 % der Fälle kommen sie beidseits vor [195, 372, 424].

Die Blutversorgung des Knochens ist sehr gut. Die arterielle Blutversorgung erfolgt zentrifugal von der Markhöhle aus zur Knochenoberfläche, die venöse Drainage dagegen zentripetal, d. h. von Periost zum Markraum. Der Diaphysenbereich enthält große Knochenkanäle, über die die Vasa nutricia arteriell in den Knochen eintreten bzw. venös diesen verlassen. In aller Regel wird eine Diaphyse von einem Gefäßsystem versorgt. Ausnahmen sind Röhrenknochen mit je einem Gefäßbündel im oberen oder im unteren Schaftdrittel. Bei dieser Versorgung liegen die Gefäße nach dem Erreichen des Markraumes nach proximal und distal und anastomosieren mit den Arterien der Metaphysen. Die im zentralen Markraum verlaufenden Arterien versorgen durch ein Gefäßnetz Knochenmark und gefäßlose Substantia spongiosa. Es dringt dann vom gedachten Zentrum ein zirkulär angelegtes Arteriolennetz durch endostale Kanäle in die Kortikalis ein und verzweigt sich hier in Havers'sche und Volkmann'sche Kanäle. Zur weiteren Blutversorgung tragen Gefäße der äußeren Schicht der Kortikalis bei, die von der Kambiumschicht des Periostes ausgehen und hier ein Gefäßnetz bilden.

Im Bereich der Epiphysen sowie der Metaphysen führen separate Gefäße in die Epiphyse bzw. Metaphyse, wobei diese Gefäßsysteme beim wachsenden Knochen durch die avaskuläre Epiphysenfuge (Wachstumsfuge) getrennt werden. Erst mit Abschluss des Längenwachstums kommt es zur Anastomosenbildung zwischen den epi- sowie den metaphysären Gefäßen (Abb. 1.16).

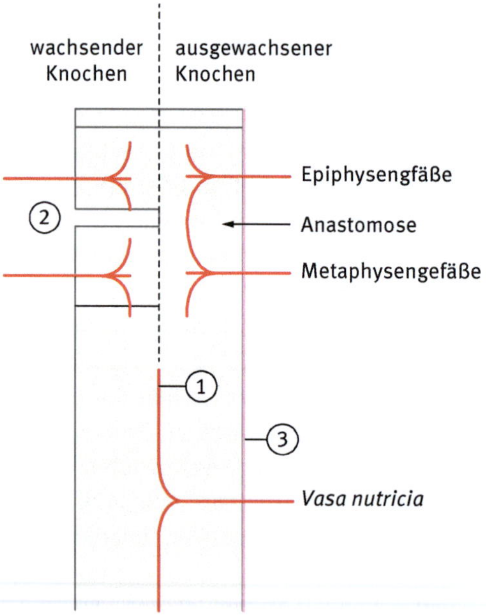

Abb. 1.16: Gefäßversorgung des Knochens beim wachsenden (links) und beim ausgewachsenen (rechts) Knochen. ① = Havers'sche und Volkmann'sche Kanäle, ② = Epiphysenfuge, ③ = Kambiumschicht (Periost).

Ein weiteres Anastomosengebiet entsteht zwischen den vom Markraum ausgehenden und die Kortikalis versorgenden Gefäßen mit dem Gefäßgeflecht der Kambiumschicht des Periosts. Dieses Periost zeigt eine Drei-Schichten-Gliederung, wobei in der äußeren Schicht des lockeren Bindegewebes (Adventitia) größere, meist von zwei Venen begleitete Arterien verlaufen, die den Gefäßen der angrenzenden Weichteile entstammen. Hier entsteht durch kurze Queranastomosen ein polygonales Maschenwerk, wie an anderen Bindegewebsblättern. Die Kapillaren der mittleren Schicht (Fibroelastika) erhalten ihr Blut aus der oberflächlichen Zone. Die Gefäße der dritten inneren Schicht, unmittelbar am Knochen angrenzend, bilden ein Netz von Kapillaren mit den Arterien der Kortikalis, die auch vorwiegend die Blutversorgung der Kambiumschicht mit unterhält. Die Gefäßversorgung der knorpeligen Epiphysen erfolgt bei der Geburt (intrauterine Entwicklung) durch Knorpelkanäle [488], ausgehend vom perichondralen Gefäßnetz. Mit zunehmendem Alter erhöht sich die Zahl der Kanäle durch Vermehrung der Abgänge aus dem Perichondrium und neue Abzweigungen aus schon vorbestehenden Knorpelkanälen [215]. Zu keiner Zeit des Wachstums überschreiten die Kanäle (Gefäße) die Epiphysenfuge, es gibt also keine Anastomosen mit den metaphysären Gefäßen [477]. Eine schmale gefäßfreie Zone existiert ebenfalls unmittelbar unterhalb des hyalinen Gelenkknorpels, allerdings erreichen einzelne medulläre Gefäßsprosse auch unter Durchbrechung der verkalkten Knorpelzone den unverkalkten hyalinen Knorpel. Dieser wird über die Synovia und die epiphysären Gefäße versorgt [296, 70]. Da aber die Gelenkbewegung bis zur Geburt erheblich eingeschränkt ist, überwiegt die Gefäßversorgung [488].

Die Epiphysengefäßversorgung vereinigt sich mit den Metaphysengefäßen über Anastomosen mit Abschluss des Längenwachstums [408]. Zur Zeit der Pubertät erfährt der Epiphysenfugenknorpel eine Verminderung seiner Resistenz gegenüber mechanischer Kraft durch endogene Faktoren [323], was die Häufung der Epiphysenverletzungen zu dieser Zeit erklärt [69]. Gegenüber den Epiphysen sind die Metaphysen besser durchblutet [212]. Das Längenwachstum, gesteuert auch durch endokrine Faktoren [435], geht bis zu seinem Abschluss mit einer Verschmälerung der Epiphysenfuge einher, aber erst beginnend mit der Anlage des sekundären Ossifikationszentrums [210, 212]. Bei dieser Entwicklung werden auch Knorpelkanäle, in denen sich die epiphysären Blutgefäße befinden, angelegt. Sie enthalten Arteriolen, Kapillaren und Venolen, die sich mit dem Knorpelkanal in die Epiphysenfuge schieben und somit die Anastomosierung mit den metaphysären Gefäßen vorbereiten [149, 132]. Das wesentliche Längenwachstum resultiert aus Chondrogenese und nachfolgender Osteogenese in der Epiphysenfuge [165]. Eine Verletzung der Epiphysenfuge führt zur Wachstumsstörung, da damit auch die reguläre Anastomosierung der beiden Gefäßbezirke epiphysär und metaphysär gestört wird, vergleichbar mit der Entstehung der Osteochondrosis dissecans [503]. Den epiphysären Knorpelkanälen kommt eine besondere Bedeutung zu [204, 445]. Sie entstehen aus den verbindenden Knorpelkanälen des Oberrandes der Reservezone und werden zu die Epiphysenfuge perforierenden Knorpelkanälen durch Eintritt in die proliferative Zone bis in die Hypertrophie-Zone.

Eine echte Perforation bis hin zur Gefäßanastomose entwickelt sich erst im Wachstumsverlauf.

1.5 Diagnostische Voraussetzungen

Das Wort Diagnose kann einer Wörterreihe, Retrognose-Diagnose-Prognose, entlehnt werden. Der Wortteil „gnoscere" ist eine alte Form von „noscere" und bedeutet aus dem Lateinischen übernommen kennenlernen, bemerken, kennen, wissen [151]. Die Vorsilben, die in der Wörterreihe Verwendung finden, pro = vor, dia = zer..., retro = zurück, verdeutlichen die Aussage, so dass unter einer Retrognose (auch Retrodiktion) eine Aussage über Ereignisse oder Zustände in der Vergangenheit zu verstehen ist [481]. Die Prognose beinhaltet eine wissenschaftliche Voraussage über einen Krankheitsverlauf [377] und die Diagnose (griechisch = Entscheidung, Urteil; englisch = Beurteilung) bedeutet eine nosologisch-systematische Benennung eines Krankheitsbildes, in der Praxis die Summe der Erkenntnisse, auf denen das ärztliche Handeln beruht [Lexikon Medizin, Urban und Schwarzenberg München 1997]. Die Diagnose-Bezeichnung geht auf Hippokrates, den Begründer der wissenschaftlichen Medizin, zurück. Zur Diagnose führt die Diagnostik, d. h. alle auf die „Erkennung" eines Krankheitsbildes als definierte nosologische Einheit gerichtete Maßnahmen. Man mag eine Klärung von Bezeichnungen dem Purismus als übertrieben empfundenes Streben nach Spracheinheit zuordnen, tatsächlich ist aber die Klärung von Bezeichnungen und Wörtern die Voraussetzung für ein gegenseitiges Verstehen in der Medizin mit verschiedenen Fachbereichen, d. h., der Kliniker sollte die Bezeichnungen, die in der Radiologie und auch in der Pathologie gebraucht werden, nicht nur lesen, sondern auch verstehen können, allerdings auch mit dem Hintergedanken, dass gleiche Wörter in den einzelnen Fachbereichen auch einer gleichen Definition unterliegen sollten. So wie auch das Bundessozialgericht feststellt (BSG 24.7.12, AZ B2U 9/11 R), ist bei einer Begutachtung nicht die Meinung eines Einzelnen, sondern das allgemein gültige Wissen, das auch mit Literaturstellen belegt werden kann, gefragt. Um ein einheitliches Verständnis zu gewährleisten, bedarf es der Definitionen, die für alle beteiligten Fachgebiete verständlich und insbesondere einheitlich sein sollten.

Die Diagnose ist eine zusammenfassende Beurteilung einzelner Befunde wie Symptome oder auch typischer Symptomgruppen (Syndrom). Ein Befund ist das Ergebnis einer Untersuchung (Duden: Das Stilwörterbuch) und wird im Pschyrembel nicht definiert. Nachdem Befunde zusammengetragen werden müssen, um die Diagnose zu stellen, müssen, besser sollten, auf allen medizinischen Fachgebieten einheitliche Definitionen verwendet werden, um Missverständnisse zu vermeiden. So bedeutet die Bezeichnung „Degeneration" in der Pathologie am bradytrophen Bindegewebe eine Texturstörung [407, 187], in der Klinik einen Gewebeaufbrauch als übergeordnete Bezeichnung für eine formale (strukturelle) und funktionelle Abweichung von der Norm im Sinne der Minderwertigkeit [21]. Am Röntgenbild werden unter „degenerativen Veränderungen“ (Sklerose, Zystenbildungen, osteophytäre Anbauten) an den Gelenken sog. Arthrosezeichen verstanden [213]. Nach VAHLENSIECK [464] geht die Degeneration mit erhöhten Stoffwechselvorgängen (?) einher, Alterung hingegen mit erniedrigten.

Heute ist die Degeneration klar definiert. Es handelt sich um eine Bezeichnung, die die Texturstörung voraussetzt und die daraus resultierende Reparation im Sinne einer Defektheilung mit erfasst (Tab. 1.8). Eine Klassifikation im Sinne des Degenerationsscores des Faserknorpels (bradytrophes Bindegewebe) ist möglich [240]. Es bedarf der Erklärung der Bezeichnungen „gering“ bzw. „leichtgradig“, „mäßiggradig“ und „hochgradig“. Diese Wörter beinhalten die Ergebnisse semiquantitativer Verfahren. Zur weiteren Präzision wäre eine Zellauszählung mittels Sichtfeldmarkierung erforderlich.

Die Kernspintomographie kann für den gesamten Bewegungsapparat sowohl hinsichtlich des Weichteilkontrasts als auch der Hochkontraststrukturen (Knochenbefunde) als eine aussagekräftige Disziplin zur Beurteilung anatomischer und pathologisch-anatomischer Strukturen gelten. Sie ist im posttraumatischen Diagnostikprozess für die Erstdiagnostik, den Verlauf und die Begutachtung muskuloskelettaler Schäden extrem wichtig. Die Magnetresonanztomographie, in der Folge MRT genannt, kann zur Diagnose beisteuern. Die Grundlage für einen kernspintomographischen Befund sollte streng genommen das magnetresonanztomographische Bild sein und nur dessen Aussagekraft für die Erstellung einer Diagnose verwendet werden, so wie beim Pathologen der mikroskopische Befund alleine anhand der im Mikroskop gesehenen pathomorphologischen Strukturen zum Ergebnis führt. Natürlich können radiologisch abgebildete Strukturen oder auch mikroskopische Bilder mehrere Diagnosen zulassen. Das bedeutet aber, dass nicht eine Diagnose zu nennen ist, sondern auch die dazu gehörenden Differentialdiagnosen, die dann eine gleiche Wertigkeit ergeben, so dass im Endeffekt verschiedene Diagnosen resultieren mit dem Hinweis, dass bildmorphologisch (Kernspintomographie oder auch Pathohistologie) eine Unterscheidung nicht möglich ist. Will man neben der Bildmorphologie auch die Anamnese sowie weitere Befunde mit zu Rate ziehen, so resultiert keine Kernspindiagnose, sondern es erfolgt eine Interpretation des Gesehenen bzw. dessen Erklärung, wobei dann erst die Wertigkeit der hinzugezogenen Befunde geprüft werden muss (Abb. 1.17).

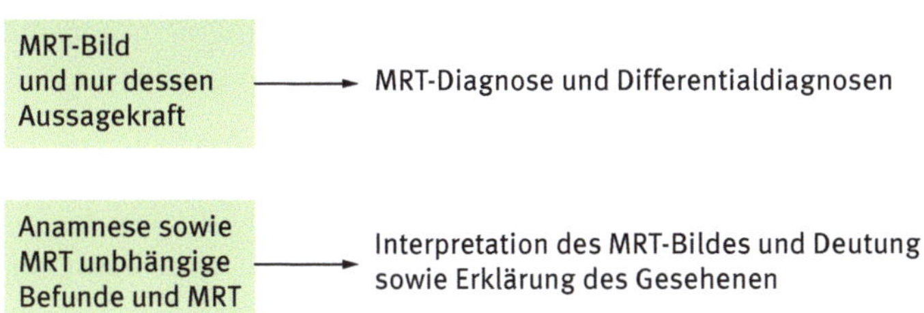

Abb. 1.17: Auswertung einer MRT-Abbildung.

Tab. 1.8: Darstellung und Vergleich der Degenerationsgrade nach [240].

Degeneration – Normalbefund – Grad 0 –			**Degeneration Grad I**		
Abbauvorgang = Texturstörung	+	Defektheilung = Reparation	Abbauvorgang = Texturstörung	+	Defektheilung = Reparation
1. Keine Verringerung der Zellularität 2. Homogen gefärbte Matrix, keine Fissuren der Matrix		keine	1. Geringe Verringerung der Zellularität in kleinen Bereichen 2. Inhomogen gefärbte Matrix, fokale, kleinstteilige Fissuren der Matrix		1. Leichtgradige Chondrozytenproliferation 2. Leichtgradige Fibroblastenproliferation 3. Leichtgradige Kapillarproliferation 4. Brutkapselbildung
Degeneration Grad II			**Degeneration Grad III**		
Abbauvorgang = Texturstörung	+	Defektheilung = Reparation	Abbauvorgang = Texturstörung	+	Defektheilung = Reparation
1. Mäßiggradig reduzierte Zellularität 2. Mäßiggradiger Matrix-Abbau, mäßige fissurale Defekte		1. Mäßiggradige Chondrozytenproliferation 2. Mäßiggradige Fibroblastenproliferation 3. Mäßiggradige Kapillarproliferation 4. Brutkapselbildung	1. Hohe Verringerung der Zellularität, große zellfreie Areale 2. Pseudozysten in der Matrix		1. Hochgradige Chondrozytenproliferation 2. Hochgradige Fibroblastenproliferation 3. Hochgradige Kapillarproliferation 4. Brutkapselbildung

Wird sich nicht auf die reine Bildmorphologie beschränkt und lässt diese keine eindeutige Diagnose zu, so wird die Aussagekraft des Verfahrens eingeschränkt. Dies ist umso mehr der Fall, wenn die Bildmorphologie interpretiert werden muss, dann müssen die Intraobserver- und die Interobserverreliabilität überprüft werden. Bei der Entstehung des Kernspinbildes resultiert eine Bildmorphologie, es besteht ein indirektes Bild, bei der heutigen Qualität der Kernspintomographie zwar von exzellenter Bildqualität, aber dennoch nicht identisch mit der tatsächlichen Morphologie. Es bedarf also einer Testbeurteilung im Sinne einer Vierfeldertafel, aus der dann unter Wertung der Spezifität sowie der Sensibilität und des negativen und positiven prädiktiven Wertes eine Genauigkeit des Verfahrens, angegeben in Prozent, resultieren kann [71]. Wird nun das Kernspinbild ausgewertet, um zu einem Ergebnis zu kommen, so muss die Reliabilität mit der Feststellung des Kappa-Wertes überprüft werden [87, 134]. Dieser Wert ist umso genauer, je weiter er sich in Richtung 1 bewegt [254]. Insgesamt sind zwei Überprüfungsverfahren zur Wertung eines diagnostischen Verfahrens notwendig (Abb. 1.18).

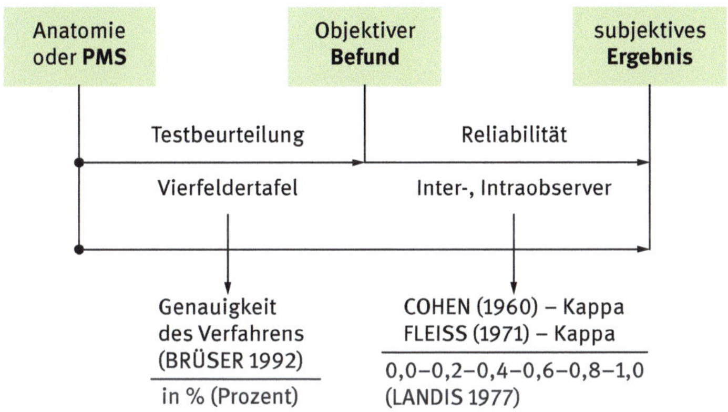

Abb. 1.18: Aussagekraft und Genauigkeit der MRT unter Würdigung der Testbeurteilung und der Reliabilität (PMS = pathomorphologisches Substrat).

Für die Praxis lässt sich ein einfaches Schema entwickeln, aus welchem die Beurteilung einer Ausgangssituation über das Testergebnis bis zum Endergebnis bewertet werden kann. Dabei ist der Schritt von der Ausgangssituation zum Testergebnis die sog. Testbeurteilung und vom Testergebnis zum Endergebnis die Reliabilität. Aus allen diagnostischen Verfahren resultiert zunächst ein objektiver Befund, meist in Form einer Bilddarstellung, so wird die Herzfunktion als EKG (Kurvenverlauf) dargestellt, ein Laborwert als Zahl, ein histopathologischer Befund als Präparatebild und die Kernspintomographie als Schwarzweißbild. All diese Befunde (objektiver Befund) bedürfen der Wertung, so dass im Endeffekt ein subjektives Ergebnis resultiert. Wird die Genauigkeit als Prozentzahl bezeichnet, so kann die Reliabilität ebenfalls als Pro-

PMS	bildliche Darstellung	Auswertung
Ausgangssituation	Testergebnis	Endergebnis

Testbeurteilung	**Reliabilität**
Genauigkeit in %	Kappa 0,0 – 1,0 **(= 100%)**

Abb. 1.19: Abbildungsschema zur Wertung eines diagnostischen Endergebnisses.

zentzahl angegeben werden. Der optimale Kappa-Wert entspricht 100 %. Es resultiert ein Abbildungsschema (Abb. 1.19) zur Wertung eines diagnostischen Endergebnisses.

Als Beispiel seien die Wertung des Degenerationsscores (Abb. 1.20) und die Treffsicherheit der MRT bei Kreuzbandverletzungen (Abb. 1.21) erwähnt.

PMS	bildliche Darstellung	Auswertung
Ausgangssituation	Testergebnis	Endergebnis

Testbeurteilung	**Reliabilität**
Genauigkeit in %	Kappa 0,0 – 1,0 **(= 100%)**
keine Angaben möglich	low-grade/high-grade 0,93 – 1,0 KRENN (2010)

Abb. 1.20: Wertung des „Degenerationsscores“ [240].

PMS	bildliche Darstellung	Auswertung
Ausgangssituation	Testergebnis	Endergebnis

Testbeurteilung	**Reliabilität**
Genauigkeit in %	Kappa 0,0 – 1,0 **(= 100%)**
Rupturnachweis 99% Lokalisationsnachweis 95% ALLGAYER (1991)	Rupturnachweis 0.84 BEHAIRY (2009)

Abb. 1.21: Treffsicherheit der MRT bei Kreuzbandverletzungen [6, 41].

Die Befunde, resultierend aus der Diagnostik, sollten zusammengefasst zu einer klaren, eindeutigen Diagnose führen. Ist dies nicht möglich, dann müssen Differentialdiagnosen genannt werden. Eine Differentialdiagnose (DD) ist jede bei der Differentialdiagnostik zu berücksichtigende Diagnose im Sinne einer unterscheidenden, abgrenzenden Gegenüberstellung mehrerer Krankheitsbilder mit ähnlichen Symptomen bzw. Befunden verschiedener diagnostischer Verfahren. Um das Zusammenführen verschiedener Befunde zu ermöglichen, muss eine einheitliche Sprache unter Nutzung von für jeden der Beteiligten bekannten Definitionen verwendet werden. Insbesondere bedarf es der klaren Unterscheidung der Bezeichnungen Symptom, Befund und Diagnose. Eine Zervikobrachialgie ist keine Diagnose, sondern eine Symptombeschreibung eines Nackenarmschmerzes. Eine Diagnose ist einmal erforderlich, um die Situation klar zu definieren, sowie aus einem medizinischen und auch rechtlichen Zweck, da Diagnosen, besonders im Versicherungsrecht Konsequenzen u. a. finanzieller Art nach sich ziehen. Der medizinische Zweck ist die Therapie, die in Abhängigkeit von der Diagnose sofort, verzögert oder auch nach Wahl einzusetzen hat. Wird bei einer rezenten Kreuzband- oder Meniskusruptur eine Rekonstruktion angestrebt, dann besteht sofortiger bzw. frühzeitiger Handlungsbedarf, eine Kreuzbandersatzplastik kann als Wahleingriff gewertet werden, eine Meniskusresektion entsprechend der Schmerz- bzw. Blockierungssituation. Entzündungen und Überlastungsschäden werden anders behandelt als frische (rezente) oder veraltete Verletzungen. Eine Unterscheidung zwischen Krankheit und Alterung hat versicherungsrechtliche Konsequenzen in der privaten Unfallversicherung (PUV) für die Beurteilung eines Mitwirkungsfaktors. Bei der Nennung der Diagnose ist der Miteinbezug der Pathogenese als Entstehungsweise eines krankhaften Prozesses von Bedeutung. Es wird die kausale Pathogenese, bei der innere und äußere Faktoren am Beginn einer Krankheit vorliegen, von der formalen Pathogenese als Entwicklung der Krankheit differenziert. Die Pathogenese [93] ist von Bedeutung, um aus den Diagnosen auch zu erkennen, ob es sich um Krankheiten, Alterungsprozesse, Überlastungsschäden oder auch Verletzungen bzw. deren Folgen handelt. Somit fragt die formale Pathogenese danach, auf welche Weise Krankheiten entstehen, also nach dem „Wie“. Die kausale Pathogenese hingegen fragt nach dem „Warum“ [406]. In aller Regel führt nicht ein Untersuchungsverfahren zur Diagnose, es bedarf der Beiziehung mehrerer Untersuchungsschritte, die im Endeffekt eine so genannte „synergistische Diagnostik“ ergeben [181, 182]. Es ist die Aufgabe der diagnostischen Medizin zur Beurteilung von Verletzungen unter Beiziehung sämtlicher vorgenommener diagnostischer Verfahren einschließlich, falls vorhanden, der Histologie, das Erstschadensbild (= Verletzung) im Vollbeweis zu bestimmen. Nur aus einer Verletzung resultieren die Unfallfolgen, die dann auch zur Entschädigung führen.

Alle Methoden der bildgebenden Diagnostik, auch die Histopathologie, liefern einen Befundstatus für den Zeitpunkt der Durchführung der Untersuchung. Mit zunehmendem Zeitabstand zum Krankheitsbeginn (auch Entzündung), zu einem fraglichen oder auch gesicherten Unfallereignis bzw. zum Beginn einer Überlastung werden neben dem Erstschaden auch darauf einsetzende Regenerationen und/oder Reparationsmechanismen mit erfasst.

Der „Schaden“ kann als übergeordnete Bezeichnung für eine Verletzung, Überbeanspruchung oder Erkrankung gewertet werden und beschreibt ein pathomorphologisches Substrat, wie eine Ruptur als Verletzung, eine Sehnenaufbraucherscheinung als „overuse“ oder eine Meniskopathie als Erkrankung. Wenn eine anatomische Struktur (Sehne, Band, Meniskus, u. a.) in ihrer Kontinuität unterbrochen ist, so kann dies die Folge eines Risses unfallbedingt, aber auch durch eine Texturstörung als Aufbrauch- oder Abbauerscheinung bedingt sein. Die Bezeichnungen „Schaden“ und „Kontinuitätsunterbrechung“ (Dehiszenz) sagen noch nichts über deren Ursache aus. Die Bezeichnung „Erst-Schaden“ nach einem Unfallereignis meint eine Verletzung. Die Bezeichnungen „Distorsion und Prellung“ werden häufig als Diagnose verwendet, obgleich zumindest die Distorsion eher einen Unfallmechanismus im Sinne einer Längenänderung eines Bandes beziehungsweise einer Sehne meint und folgende Diagnosen beinhaltet: Dehnung, Zerrung und Ruptur. Die Bezeichnung „Kontusion“, eigentlich Stauchung oder Stoß, umfasst eine direkte Krafteinwirkung auf ein Gewebe mit folgenden Diagnosen: Prellung, Kontusion und Quetschung in Abhängigkeit von der klinischen Symptomatik.

Bei allen diagnostischen Verfahren geht es um die Feststellung des „pathomorphologischen Substrates“. Dazu sollte auch die genaue Anamnese beitragen, insbesondere, falls ein „Trauma“ bzw. ein Unfallereignis genannt wird, mit möglichst präziser Abklärung des Pathomechanismus.

1.5.1 Das pathomorphologische Substrat

In aller Regel sollte das makropathomorphologische Substrat mit dem histopathomorphologischen Substrat in der Schadensbeurteilung übereinstimmen. Die Makropathologie kann mit Hilfe bildgebender Verfahren, insbesondere der Magnetresonanztomographie, aber auch durch die direkte optische Beurteilung (Arthroskopie, Operation) erfasst werden. Für die Histologie bedarf es der feingeweblichen Untersuchung. Dies ist für die Wertung aller bradytropher Bindegewebsstrukturen des Bewegungsapparates erforderlich. Schäden der Knochen werden mittels Röntgenbild erfasst und können dank Computertomographie, in Ausnahmefällen auch Kernspintomographie, differenziert werden. Für die Begutachtung ist das Erkennen von Frakturen in aller Regel problemlos, schwieriger wird die Kausalitätsbeurteilung bei Metastasen, Osteoporose sowie diversen Knochenkrankheiten und es bedarf der Abgrenzung der traumatisch bedingten Fraktur von so genannten Ermüdungsfrakturen (Stressfraktur, Insuffizienzfraktur). Mechanische Schädigungen entstehen durch eine Krafteinwirkung. Die Kraft ist definiert als Produkt aus träger Masse eines Körpers und der diesem Körper erteilten Beschleunigung. Die betroffenen Gewebearten werden eingeteilt in Epithelgewebe, geformte und ungeformte Stützgewebe, Muskel- und Nervengewebe. Ungeformte Stützgewebe sind Fett- und Bindegewebe, geformte Stützgewebe sind Sehnen und Bänder, Knorpelgewebe und Knochengewebe. Eine Krafteinwirkung als Stoß kann in Form eines unelastischen oder auch elastischen Stoßes ablaufen. Der unelastische Stoß führt zu einer plastischen, der elastische Stoß zu einer elastischen Verformung. Plastische Verformungen bedeuten einen dauernden, elastische Verformungen einen vorübergehenden Schaden. Eine Kraft kann nun zeitlich kurz oder lang ablaufen (Dauer), aber auch punktuell oder flächig ansetzen, und die Krafteinwirkung unterliegt der Kraftrichtung. Bei der elastischen Verformung (vorübergehend) spielen die Kompressibilität (Kompressionsmodul), die Torsion (Torsionsmodul), die Dehnung/Stauchung (Elastizitätsmodul) und die Biegung (Dehnung und Stauchung) eine Rolle. Bei der plastischen Verformung (dauernd) kommt es zur Quetschung, Ruptur oder Fraktur von Geweben (somit ist die Krafteinwirkung definiert durch deren Richtung, Kraftstärke, Art der Einwirkung und auch Dauer der Krafteinwirkung). Die Folgen der Krafteinwirkung auf die Gewebe sind unterschiedlich. Aus der Kraftrichtung lassen sich ebenfalls bestimmte Verletzungen ableiten (Abb. 1.22).

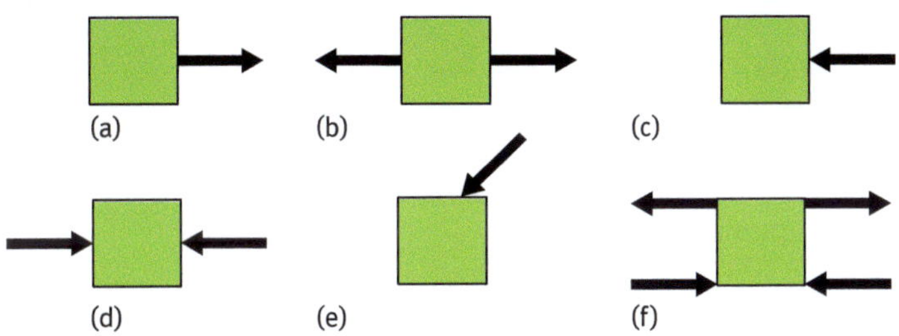

Abb. 1.22: Folgen verschiedener Kraftrichtungen. (a) = Zugkraft < Trägheit, (b) = indirekte Kraft, d. h. Dehnung – Zerrung – Ruptur, (c) = Stoß – Prellung, (d) = Stauchung – Quetschung, (e) = Schürfung – Abscherung, (f) = Biegung, Dehnung und Stauchung).

Eine exakte Diagnose erlaubt die Beurteilung der Kausalität. Die Diagnose wird heute als Folge einer synergistischen Gelenkdiagnostik [182] verstanden. Das bedeutet, eine Reihe von Einzelfaktoren führen im Sinne eines Synergismus zu einer Gesamtbeurteilung als Diagnose. Entscheidend ist, dass die Diagnose auch von der Bezeichnung her eine Diagnose darstellt.

A. „Distorsion und Prellung"

„Prellungen und Distorsionen" laufen normalerweise am Gelenk oder in Gelenknähe ab, grundsätzlich können alle Körperteile betroffen sein. Die Ätiologie der Prellung ist immer ein Unfallereignis, im Prinzip ist es der Prototyp des von außen auf den Körper einwirkenden Ereignisses: Stoß. Eine Sonderform bildet die Stauchung, bei der die Schädigung entfernt von der Anprallstelle auftritt. Ein Stoß kann in Abhängigkeit von Kraftgrad, Einwirkungsrichtung und Art des betroffenen Gewebes unterschiedliche

Schädigungen hervorrufen. Ein Stoß von geringem Kraftgrad führt in der Regel zu einer kurzfristigen (elastischen) Verformung, eine höhere Einwirkungsintensität (ggf. bei verletzlichem Gewebe – Milz, Gehirn, sprödem Knochen) zieht eine plastische Verformung (dauerhaften Schaden) nach sich. Kann ein Gewebe einem Stoß nicht ausweichen und wirkt die Schädigungsenergie längerfristig, so tritt ein Quetschmechanismus ein, der einen höhergradigen Schaden hervorruft. Obwohl laut Definition Prellung und Kontusion synonyme Bezeichnungen sind, hat sich in der Praxis die Diagnose Prellung für banale Schäden ohne längerfristige Relevanz bzw. Kontusion für stärkere Prellungen mit entsprechenden Befunden eingebürgert. Die Gewebequetschung ragt auch von den möglichen Folgen darüber hinaus. Die Diagnose „Prellung oder Kontusion" führt zu einer Gradeinteilung [185] in Abhängigkeit von der direkten Krafteinwirkung (Abb. 1.23).

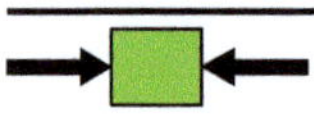

Kontusion

Grad	„Kontusion"	Klinische Zeichen
1	Prellung	Schmerzen Keine Blutung Keine Schwellung
2	Kontusion	Schmerzen Schwellung Einblutung (Hämatom)
3	Quetschung	Schmerzen Schwellung Gewebezerstörung

Abb. 1.23: Einteilung der „Kontusion".

Die banale Prellung an einem Gelenk bewirkt in aller Regel Schmerzen, es werden keine Blutung und keine wesentliche Schwellung nachgewiesen. Betrifft die Prellung ein Gelenk, so ist eine Ergussbildung nicht nachzuweisen. Liegt eine Ergussbildung vor, so ist schon von einer Kontusion (Erschütterung) auszugehen, da hier strukturelle Veränderungen entstehen oder ein vorbestehender Schaden (z. B. Arthrose) eine ergussbildende Aktivierung auslöst. Neben den Schmerzen kommt es zur Schwellung und zu einer Einblutung, d. h. zu einer Blutergussbildung (Hämatom). Eine noch stärkere Krafteinwirkung führt zur Quetschung der Weichteile, aber auch des Knochens oder des Knorpels, es entstehen Schmerzen, Schwellungen, und es resultiert eine Gewebezerstörung (Lazeration, Compressio ≙ Zerreißung, Nekrose). Eine Prädisposition zu einer Prellung existiert nicht. Ein Stoß kann ein gesundes Gewebe treffen oder auch schon ein vorgeschädigtes Gewebe. Prellungen und auch Kontusionen heilen in aller Regel (normalerweise) folgenlos aus. Bei der Prellung ist nach einem Ausheilungszeitraum von zwei bis drei Wochen kein Nachweis einer Unfallfolge möglich.

Bei Kontusionen trifft dies in aller Regel auch zu, nur in Ausnahmefällen entstehen narbige Veränderungen im Bereich der Einblutung. Hier kann eine Ausheilungszeit von vier Wochen angenommen werden.

Bei der Zerrung handelt es sich um eine indirekte Krafteinwirkung auf Bänder und Sehnen, also auf bradytrophes Gewebe, durch Verlängerung der anatomischen Struktur, allgemein bezeichnet als „Distorsion". Die Distorsion (deutsch: Verdrehung) stellt einen Unfallmechanismus und keine Diagnose dar [72]. Daher ist die „Distorsion" als übergeordnete Bezeichnung zu werten. Die eigentliche Diagnose ist durch die Längenänderung des Bandes definiert [329, 198, 334]. Definitionsgemäß bedeutet eine Dehnung eine Längenänderung des betroffenen Bandes um 5 % seiner Eigenlänge, diese liegt im physiologischen Bereich. Bei der Zerrung (= Faserteilruptur) um 5 % bis 8 % der Eigenlänge sowie bei der Ruptur mit einer Längenänderung von mehr als 8 % der Eigenlänge ist die Kontinuität des betroffenen Bandes komplett bzw. in wesentlichen Teilen unterbrochen (Riss). Eine Prädisposition zu dieser Verletzung gibt es nicht. Berücksichtigt werden müssen allerdings „Distorsionen" bei Vorschäden und Laxitäten. Unter der Bezeichnung der Zerrung wird heute die Teilruptur verstanden. Beim Grad 3 der Distorsion liegt die komplette Bandruptur vor. Die klinische Untersuchung nach einer „Distorsion" (Unfallmechanismus) zeigt beim Schweregrad 1 und 2, also bei der Dehnung und bei der Zerrung, Schmerzen am betroffenen Band. Bei der Dehnung liegen keine Blutung und keine Schwellung vor, bei der Zerrung (= Teilruptur) besteht eine Schwellung im Weichteilgebiet und in aller Regel zeigt sich eine Einblutung (Hämatom), da bei einer Teilzerreißung des Bandes auch Blutgefäße zerreißen. Eine Instabilität kann weder bei der Dehnung noch bei der Zerrung festgestellt werden. Liegt eine Instabilität vor, bedeutet dies, dass eine Ruptur entstanden ist (Riss eines Bandes), oder es war schon ein Vorschaden im Sinne einer Instabilität vorhanden. Nur bei einer Teilruptur eines Bandes ist eine Einblutung ins Gelenk denkbar, nicht bei einer Dehnung der Bänder (Abb. 1.24).

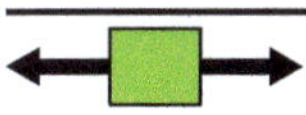
Distorsion

Grad	„Distorsion"	Klinische Zeichen
1	Dehnung 5 %	Schmerzen Keine Blutung Keine Schwellung
2	Zerrung = Teilruptur 5–8 %	Schmerzen Schwellung Einblutung (Hämatom)
3	Ruptur über 8 %	Schwellung Einblutung (Hämatom) Instabilität Schmerzen (gering?)

Abb. 1.24: Einteilung der „Distorsion".

Das Ausmaß eines Bandschadens wird definiert durch die Längenänderung des Bandes, die Diagnose wird gestellt durch die Beurteilung der Kontinuität (Stabilität), des Blutergusses (Hämatom) und der Schmerzsymptomatik [329].

Ein auffälliges Zeichen der kompletten Durchtrennung eines Bandes ist eine relative Schmerzreduktion im Vergleich zu einer Dehnung oder einer Zerrung. Bei einer Komplettruptur kann die Untersuchung auch mit erheblicher Aufdehnung des Gelenkspaltes schmerzarm sein, da an den Bandstrukturen nach Komplettdurchtrennung ein Schmerz nicht mehr ausgelöst wird. Es sollten nur Gelenke ohne Gelenkerguss und ohne klinische Instabilität mit der Diagnose „Zerrung", „Bandzerrung" belegt werden. Gelenke mit Gelenkerguss (Hämarthros! – seröser Erguss schließt frischen Bandschaden aus) bedürfen einer weitergehenden Diagnostik und in der Regel auch Therapie.

Nach einer Längenänderung einer Sehne oder eines Bandes bis zu 1 % bleibt die wellenförmige Struktur der Kollagenfasern erhalten („crimp"). Zwischen 1 % und 3 % entsteht eine Streckung und damit Aufhebung der welligen Struktur („crimp"). Die Feinstruktur kollagener Fibrillen zeigt Überlappungszonen und intrasubfibrilläre Hohlräume, woraus die charakteristische Periodik der kollagenen Fibrillen im elektronenmikroskopischen Erscheinungsbild resultiert. Eine intermolekulare Quervernetzung führt zur Stabilisierung der Kollagenmoleküle [171, 245, 494]. Durch Zug an den kollagenen Faserstrukturen werden diese Überlappungszonen aufgehoben, eine Schädigung tritt aber nicht ein, der Vorgang ist reversibel (Abb. 1.25), es handelt sich um eine physiologische Längenänderung.

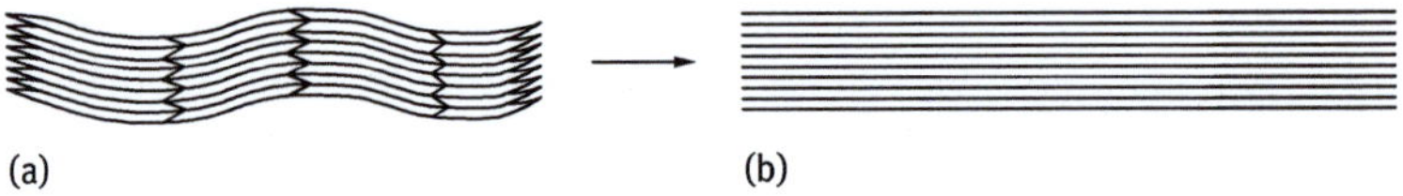

Abb. 1.25: Die wellige Struktur der kollagenen Fasern einer nicht gedehnten Sehne (a) verschwindet bei leichter Streckung in Faserrichtung (b), nach [217].

Die Längenänderung von 3 % bis 5 % führt zur Zerrung der Bänder/Sehnen, die Kontinuität bleibt erhalten, ebenso die Stabilität, und bei 5 % bis 8 % Längenänderung entstehen bei erhaltener Kontinuität weitere Faserrupturen (Teilruptur). Die Längenänderungen von 3 % bis 8 % im Sinne der Dehnung und Teilruptur (Zerrung) sind auch Erscheinungen beim Überlastungsschaden. Ab 8 % tritt eine Kontinuitätsunterbrechung ein (Abb. 1.26).

Tangentiale Krafteinwirkungen bewirken Schürfungen, Ablederungen und Abscherungen an oberflächlichen Körperstrukturen, aber auch in der Tiefe am Knorpel-Knochen-System, z. B. im Sinne einer Flake fracture (Abb. 1.27) ebenfalls mit einer Gradeinteilung.

Ein Sonderfall ist die sog. „Abrissverletzung". Hier handelt es sich um eine Kontinuitätsunterbrechung von Sehnen oder Bändern direkt am Knochenansatz, bei be-

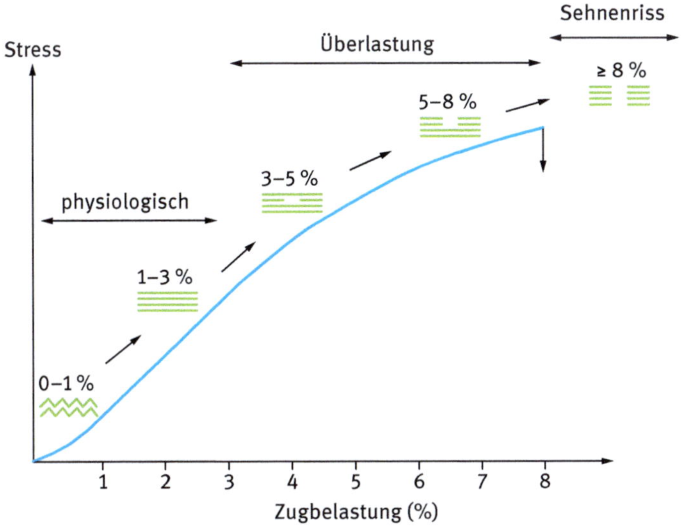

Abb. 1.26: Schematische Darstellung der Längenänderungen von Bändern: 0–3 % = physiologische Dehnung, 3–8 % = Teilruptur als Zerrung oder Überlastungsschaden, über 8 % = Ruptur bzw. Defekt, nach [217].

Grad	Tangentialkraft 	Klinische Zeichen
1	Schürfung	oberflächliche Hautschäden
2	Ablederung	Hautablederung
3	Abscherung	Hautablederung mit Abscherung tieferer Strukturen

Abb. 1.27: Tangentiale Krafteinwirkung und deren Gradeinteilung.

stimmten Fällen ist auch eine knöcherne Ausrissverletzung denkbar. Dies bedarf in Abhängigkeit des Alters des Patienten dann einer besonderen Beurteilung. Ob nun eine tatsächliche Abrissverletzung eines Bandes zustande kommt oder eine ansatznahe, intraligamentäre Ruptur, hängt von der Art des Bandansatzes ab. Hier wird der direkte vom indirekten Ansatz unterschieden (vgl. Kapitel 1.4). Bei den direkten Bandansätzen stabilisieren die sog. Sharpey'schen Fasern das Band am Knochen, wobei das Kollagen-Fasersystem des Bandes direkt über die genannten Fasern in das Kollagen-Fasersystem des Knochens übergeht. Daher, und dies gilt auch für Sehnen, sind direkte Bandabrisse vom Knochen bei diesem Ansatztyp unwahrscheinlich, eher ist dann eine knöcherne Ausrissverletzung zu erwarten. Bevor diese aber zustande kommt, ist im Erwachsenenalter mit einer knochennahen, intraartikulären Bandruptur zu rechnen. Beim wachsenden Skelett gelten andere Bedingungen, so dass hier insbesondere gelenknahe an den Epiphysen entsprechende Epiphysen-Verletzungen resultieren. Bei den indirekten Bandansätzen, z. B. dem tibialen Ansatz des Lig. collaterale mediale am Knie, sind Abscher- oder Abrissverletzungen des Bandes möglich, da die Sharpey'schen Fasern nicht in der vergleichbaren Form wie beim direkten Bandansatz in den Knochen übergehen. Hier handelt es sich um Fixationen dieser Fasern, also des kollagenen Fasersystems, am Periost. Es reißt das Band direkt vom Knochen ab, diese Bandansätze sind aber im Vergleich zu den direkten Bandansätzen wesentlich seltener. Eine tabellarische Aufstellung, welches Band wie ansetzt, findet sich in der Literatur nicht. Es ist aber bekannt, dass ein Band an beiden Enden nicht identisch ansetzen muss. So ist der Bandansatz des Lig. collaterale mediale am Knie tibial indirekt und proximal direkt [386]. Verletzungen dieses Bandes finden sich intraligamentär (Dehnung, Zerrung = Teilruptur, Ruptur), aber auch intraligamentär femurnahe, d. h., eine Abscherung des Bandes vom Knochen kann femoral nicht gefunden werden, alternativ evtl. aber eine ossäre Ausrissverletzung. Tibial dagegen zeigt sich neben tibianahen Verletzungen auch eine absolute Abscherung des Bandes vom Knochen, so dass bei der Präparation die Kortikalis freiliegt, ossäre Ausrissverletzungen dagegen treten nicht auf.

Bei ossären Ausrissverletzungen muss das Alter des Patienten Berücksichtigung finden. Beim wachsenden Skelett spielen die Ossifikationszentren, die sich ja in unmittelbarer Nähe der Bandansätze befinden, eine große Rolle, so dass ossäre Ausrissverletzungen dann meist als Epiphysenverletzungen (Verletzung der Wachstumszonen) auftreten. Ossäre Bandausrisse als rezente Verletzung zeigen das ossäre Fragment als typische scharfkantige Fraktur. Resultiert daraus eine veraltete Verletzung, so ist die Differentialdiagnose eines akzessorischen Knöchelchens in Erwägung zu ziehen, was auch eine Verletzung eines Ossifikationszentrums darstellen kann (vgl. Kapitel 5 und Band 2, Kapitel 7). Derartige ausgerissene Ossifikationszentren können ossär ausheilen wie ein Knochenappositionsbild oder auch bei bindegewebiger Heilung als akzessorisches Knöchelchen erscheinen. Einen weiteren Einfluss auf die Art des Bandabrisses vom Knochen scheint ebenso die Anatomie zu nehmen. Ossäre Ausrisse entstehen eher bei konvexer Knochenstruktur, wogegen bei einem Bandansatz in einer ossären Konkavität (z. B. fibularer Ansatz des Lig. tibiofibulare posterius, femoraler Ursprung des hinteren Kreuzbandes) eine ossäre Ausrissverletzung unwahrscheinlich erscheint (vgl. Band 2, Kapitel 5 und 7). Somit ist die Art eines Bandabrisses vom Knochen abhängig von der anatomischen Gegebenheit (Konkavität oder Konvexität), von der Konstruktion des Bandansatzes (direkt oder indirekt) und vom Patientenalter (differentialdiagnostisch Verletzung eines Ossifikationszentrums). Des Weiteren besteht ein Zusammenhang von der Art und Lokalisation der Krafteinwirkung. Abrissverletzungen von Bändern, Sehnen und auch den Menisken (Meniskuswurzeln) sind in Struktur und Pathomechanismus vergleichbar. Die ossären Abrissverletzungen finden sich in Abhängigkeit vom Lebensalter des Patienten an typischen Stellen.

Bei noch offenen Wachstumsfugen gibt es knöcherne Abrisse der Apophysen, dem schwächsten Glied im System Knochen, Sehne und Muskel [388]. Das Becken ist hierfür eine häufige Lokalisation von Avulsionen an dem Os ischii, dem Ansatz der Adduktoren und Kniebeuger (Harmstring Gruppe), und am Os ilium, Spina iliaca anterior superior am Ansatz des Sartorius und an der Spina iliaca anterior inferior am Ansatz des M. rectus femoris, jedoch nur bei Wachstumsstörungen, da normalerweise die Sehnenansätze an den Apophysen durch eine ligamentäre Gegenspannung gesichert [380] und zudem die Sharpey'schen Fasern, das sekundäre Ossifikationszentrum überbrückend, in der Diaphyse verankert sind. Anders verhält es sich bei der Einwirkung von Scherkräften (vgl. Kapitel 5). Bei geschlossenen Wachstumsfugen ist der schwächste Punkt der Muskel-Sehnen-Übergang [388, 241, 447, 116]. Während ein Trauma zu klaren Bezeichnungen wie Fraktur, Zerrung, Ruptur u. a. führt, verschwinden hinter der Bezeichnung der Mikrotraumen („overuse") Synonyme wie Insertionstendopathie, eine Tendinitis, Laxität, Impingement u. a. Hinter der „Degeneration" verbergen sich dann Diagnosen, wie Arthrose, Osteochondrose, chronische Instabilität und Laxität usw. Wird die Bezeichnung der Degeneration gestrichen und diese einzelnen anatomischen Strukturen, wie Knochen, Muskeln, Sehnen u. a., zugeordnet, entsteht eine Unterscheidung zwischen mittelbaren und unmittelbaren Traumafolgen. Ein Unfall führt zu einer Verletzung (Primärschaden), rezidivierende Unfallmechanismen (nicht im Sinne eines Unfallereignisses) dagegen als Mikrotraumen zu einem Overuse-Syndrom, dies bedeutet einen mechanisch bedingten Überlastungsschaden (Texturstörung) als Osteose, Tendinose, Chondrose und Ligamentose.

B. Stabilität – Instabilität

Die Bezeichnungen „Stabilität" und „Instabilität" gehören zum Gelenkstatus, wobei diese im übertragenen Sinne auch zur Charakterisierung von Frakturen eingesetzt werden, um daraus dann die Notwendigkeit einer z. B. stabilisierenden Therapie abzuleiten. Die Stabilität ist nur ein Teilaspekt eines Gelenkstatus. Hier handelt es sich um die Kontaktstellen einzelner Skelettelemente, an denen diese mit einer gleichzeitigen Kraftübertragung von einem Element auf das andere gegeneinander bewegt werden können [248]. Es werden terminologisch die Synarthrosen (Verbindungen ohne Gelenkspalt und ohne Kapsel) von den Diarthrosen, heute als Articulationes synoviales bezeichnet, differenziert. Hier ist die Beweglichkeit von Bedeutung. Es gibt gut bewegliche Synarthrosen, wie auch nahezu unbewegliche Synovialgelenke (Amphiarthrosen). Die Synarthrosen werden dann nach der Art des verbindenden Gewebes wie folgt eingeteilt: Syndesmose = Junctura fibrosa, Synchondrose = Junctura cartilaginea und Synostose = Junctura ossea. Bei den Diarthrosen (Articulationes synoviales) handelt es sich um die „echten Gelenke", die den physikalischen Gesetzen der Mechanik unterliegen, als der Lehre von den Kräften und Bewegungen mit der Einteilung in Dynamik und Kinematik [248]. Unter einer Dynamik wird die Lehre von den Kräften (und Massen) mit der weiteren Einteilung in Statik (Lehre von den ruhenden Kräften) und Kinetik (Lehre von den bewegten Kräften) verstanden. Die Kinematik dagegen ist die reine massenunabhängige Bewegungslehre, also die Bewegungsgeometrie (Abb. 1.28).

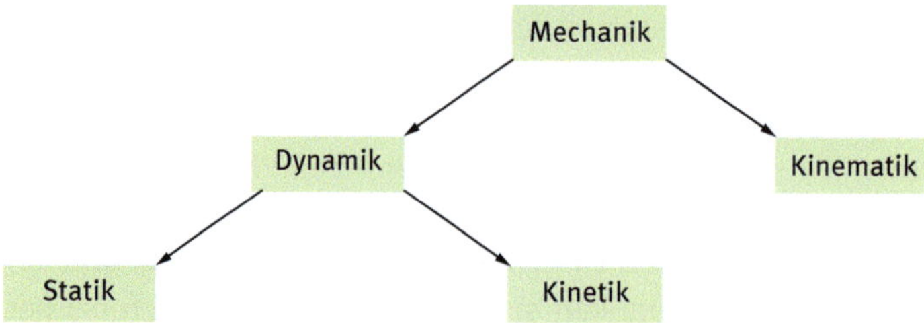

Abb. 1.28: Gliederung des Teilgebiets Mechanik, aus [248].

In der Kinematik wird die Bewegung im Raum definiert unter Benennung von Freiheitsgraden. Es werden sechs Freiheitsgrade angegeben und daraus resultierend zwölf Bewegungsgrenzen. Bei den Freiheitsgraden werden drei Translationen sowie drei Rotationen benannt:

Translationen:	Rotationen:
1. anterior – posterior	1. Extension – Flexion
2. medial – lateral	2. Adduktion – Abduktion
3. proximal – distal	3. Innen- und Außenrotation

Definitionsgemäß ist eine Translation eine äquidistante, bikompartimentäre, unidirektionale, uniplanare Verschieblichkeit zweier Gelenkenden zueinander [208]. Die Rotation ist eine Bewegungsart oder eine Verschiebung, bei der sich alle Punkte eines Körpers um eine fixierte Drehachse oder um ein Bewegungszentrum bewegen. Diese Achse wird gewöhnlich als Drehachse bezeichnet.

Dazu werden vier Typen der Gelenkbewegung [486] angegeben: Gleiten, Winkelbewegung, Zirkumduktion und Rotation. Zu unterscheiden ist zwischen Einzel- und Komplexbewegungen [176], und dies in Abhängigkeit von der Gelenkform. Unter Normalbedingungen ist ein Gelenk stabil, d. h., bei allen Bewegungen, für die ein Gelenk ausgerichtet ist, sind keine Lockerungsphänomene erkennbar und insbesondere nicht die daraus möglicherweise entstehenden Fehlfunktionen, die dann auch zu einem daraus resultierenden pathomorphologischen Substrat führen, z. B. zur Instabilitätsarthrose. Die Stabilität basiert einmal auf statischen Strukturen, entsprechend dem anatomischen Aufbau. Dazu gehören die knöcherne Konfiguration sowie die ligamentäre Stabilisierung des Gelenkes, evtl. auch in Verbindung mit der Gelenkkapselstruktur einschließlich Gelenklippen und Gelenkzwischenscheiben. Der zweite stabilisierende Mechanismus ist dynamischer Art und basiert auf der Muskelaktivität in Verbindung mit deren Sehnen. Hier besteht eine Verbindung zwischen den propriozeptiven Eigenschaften der Ligamente und dem dynamischen Aspekt der Muskulatur. Auch eine Kapseldehnung kann zur Muskelreflexhemmung mit einer Stabilisierung führen [100]. Somit sind für die Stabilität eines Gelenkes die statische (passive) Stabilisation und die aktive (muskuläre) Stabilisierung verantwortlich. Die hier zur Diskussion stehenden Ligamente werden als motorisch gesteuerte Bänder bezeichnet, im Gegensatz zu den „falschen" Ligamenten [361]. Die echten Bänder („motorisch gesteuerte Bänder") werden eingeteilt in akzessorische Bänder, interossäre Bänder und unabhängig selbstständige Bänder. Die akzessorischen Bänder als Verdickung der Gelenkkapsel tragen zur Stabilisierung des Gelenkes bei. Sie sind derart flexibel, dass sie die normale Gelenkbeweglichkeit zulassen. Sie werden unterteilt in extrakapsuläre (periartikulär oder distal extrakapsulär, proximal extrakapsulär) und intrakapsuläre Bänder (intrakapsulär extraartikulär, intrakapsulär intraartikulär). Interossäre Bänder sind kurze Bandstrukturen, die innerhalb der synovialen Gelenke zu finden sind, z. B. SL-Band. Die unabhängigen selbstständigen Bänder können als motorische Bänder auftreten, die jedoch nicht an der Gelenkstabilisierung beteiligt sind, aber Bänder darstellen, die einen fibroossären Kanal formen. Schließlich gibt es Bänder, die sich zwischen zwei Knochen ausspannen, aber auch zwischen Knochen und einem anderen Band oder zwischen Knochen und Knorpel, wie z. B. die glenohumeralen Bänder oder das Lig. meniscofemorale. Weitere Bandstrukturen finden sich zwischen Knochen und Haut, Knorpel und Knorpel sowie zwischen Band und Band. Für die Gelenkstabilisierung sind in aller Regel die Bänder verantwortlich, die von Knochen zu Knochen ein Gelenk überbrücken. Zu beachten bezüglich Stabilität und Instabilität sind auch das Knochenwachstum und die Entwicklung der Knochenkerne in den Bereichen, an denen Bänder ansetzen [387].

Abweichend von den stabilen Gelenkverhältnissen finden sich Lockerungszustände, die verschieden definiert sind [167, 178, 476]. In Abhängigkeit vom Alter und Geschlecht [193] kann eine Laxität nachgewiesen werden, die aber eine für die normale Gelenkfunktion notwendige Eigenschaft der Bandstrukturen darstellt und im Sinne einer vermehrten Translation zu finden ist [262, 482, 12, 303, 5]. Die Laxität hängt nicht von der Muskelmasse ab, ist aber beim Gesunden unterschiedlich [264, 299]. Bei einer Hyperlaxität ist eine Laxität zu verzeichnen, die über dem Normalen liegt und z. B. im Vergleich zu einer gesunden Schulter unterschieden werden kann, sie soll auch ein Risikofaktor für Verletzungen sein [466]. Durch eine vererbbare Bindegewebsschwäche, also genetisch bedingte Bandlockerung, entsteht die Hypermobilität, die auch in Verbindung mit einer Schmerzentstehung gesehen wird [338, 304, 401, 438, 235, 159, 360, 423].

Die echte Instabilität an einem Gelenk wird auch als pathologische Laxität bezeichnet [476] und bedeutet eine objektive Abweichung der Stabilität mit abnorm-vermehrten Bewegungsgrenzen in den drei Translationsebenen und um die drei Rotationsachsen. Die echte Instabilität (objektive Instabilität) muss vom subjektiven funktionellen Instabilitätsgefühl, das auch als „giving-way-Syndrom" bezeichnet wird, unterschieden werden. Die Instabilität kann klinisch nachgewiesen werden. Eine Instabilität kann nicht identisch sein mit einer Luxation. Ein Luxationsmechanismus führt aber zu einer Instabilität. Dabei ist zu beachten, dass eine Luxation keine Diagnose darstellt, sondern sie bedeutet einen Vorgang, einen Pathomechanismus [441]. Die Ursache für eine Instabilität ist eine Bandverletzung (Grad III).

Eine isolierte Kapselverletzung eines Gelenkes kann nicht zur Instabilität führen. Es bedarf der Differenzierung zwischen Kapsel- und Bandlaxität [287] und dazu ist sowohl die Laxität als auch eine Instabilität immer mit der Muskelaktivität in der Wertung zu sehen [243]. Zur Definition der Instabilität sind die Instabilitätsrichtung (Direktionalität der Instabilität) und die Anzahl der verletzten Bänder von Bedeutung, woraus sich dann bezüglich der Instabilitätsrichtung eine einfache, zweifache oder auch mehrfache Instabilitätsrichtung ergeben kann, z. B. am Sprunggelenk die anterolaterale Instabilität bei Verletzung des Lig. fibulotalare anterius und gleichzeitig des Lig. fibulocalcaneare, andererseits am Knie bei isolierter Verletzung des Lig. collaterale mediale eine einfache medialseitige Instabilität. Instabilitäten resultieren aus dem Pathomechanismus der „Distorsion“, aber auch aus dem Pathomechanismus der Luxation. Eine Instabilität in der Folge einer „Distorsion“ wäre der Schweregrad III mit einer Durchtrennung eines Bandes. Je nach Komplexität einer Bandverletzung, z. B. an den medialen Bandstrukturen eines Kniegelenkes, kann eine 1- bis 3-gradige Instabilität resultieren, wobei ab Schweregrad 2 dann nicht mehr eine isolierte Bandverletzung vorliegen kann.

Die Beurteilung der Instabilität ist abhängig von der Struktur des Gelenkes und wird daher an den entsprechenden Stellen ausführlich diskutiert. Streng genommen bedeutet eine Luxation eine besondere Form der „Distorsion“, da unter einer Luxation die Trennung zweier oder mehrerer Knochenanteile in einer Gelenklinie voneinander, unter gegenseitiger Verschiebung, verstanden wird [441]. Ausgehend vom normalen Gelenkschluss kann eine leichte Öffnung des Gelenkspaltes einer Distorsion entsprechen, bei einer kompletten Verletzung, z. B. der lateralen Bänder am Sprunggelenk, könnte eine unvollständige Luxation vorliegen, dies aber auch bei der axialen Verschiebung der Gelenkpartner, bis hin zur vollständigen Luxation, wobei dann die Trennung der beiden Gelenkpartner komplett ist (Abb. 1.29).

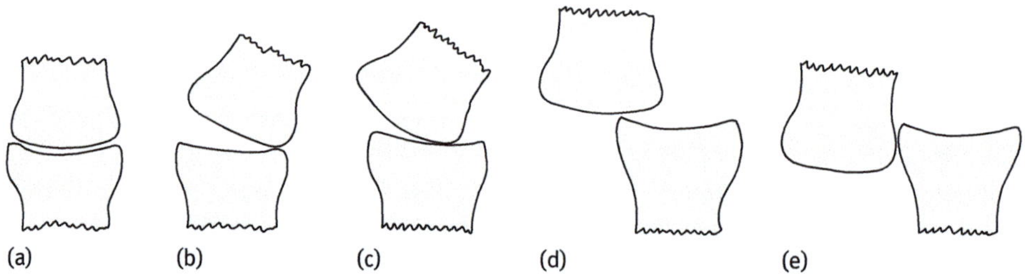

Abb. 1.29: Tangentiale Krafteinwirkung und deren Gradeinteilung: Distorsion – Luxation, nach [441]; (a) = normaler Gelenkschluss, (b) = Distorsion, (c) = unvollständige Luxation, (d) = unvollständige Luxation, (e) = vollständige Luxation.

In Abhängigkeit von der Gelenkstruktur gelten diese Überlegungen dreidimensional unter Berücksichtigung der Translation mit drei Freiheitsgraden sowie den drei Rotationsebenen. Den unvollständigen Luxationen wurde/wird auch die Bezeichnung ‚Subluxation‘ zugeordnet. Eine exakte Definition einer Subluxation ist bis heute jedoch nicht erfolgt, es wird von der Glaubenslehre ohne Wissenschaft gesprochen [226], obwohl bereits von HOOPER [202] die Subluxation als Verstauchung („sprain“) definiert wurde. Epidemiologische Kriterien werden für eine Subluxation nicht erfüllt [314], es kommt auch zu uneinheitlichen Definitionsversuchen in der Osteopathie, Chiropraktik und Medizin [216]. Man spricht auch vom „Subluxationskonzept“ unter Berücksichtigung mechanischer und ebenso neurologischer Einflüsse [468]. Zum einen bedeutet eine Subluxation einen Luxationsmechanismus, bei dem die Kraft nicht ausreichend ist, die eigentliche Luxation zu verursachen [142, 64, 394]. Andererseits wird eine multidirektionale Instabilität auch als Subluxation bezeichnet [476], dies im Rahmen der sog. „general joint laxity“. Sowohl die Luxation als auch die sog. Subluxation können traumatisch bedingt als auch atraumatisch entstehen [394] oder es handelt sich um Fehlentwicklungen eines Gelenkes [480]. Es werden weitere Bezeichnungen diskutiert, z. B. die Dislokation als kompletter Verlust des Kontakts zweier knöcherner Oberflächen, die normalerweise artikulieren. Die Subluxation sei ein partieller Verlust, d. h. eine partielle Dislokation, und die Diastase eine abnorme Trennung eines sonst nicht oder nur leicht bewegten Gelenkes (z. B. Syndesmose, Symphyse, Iliosakralgelenk). Auch mit diesen Bezeichnungen liegen keine konkreten Definitionen vor, insbesondere deshalb, da die Subluxation einmal als idiopathisch bezeichnet wird und zum anderen als Luxationsfolge [65]. In der aktuellen Literatur wird als Luxation eine Verschiebung der zueinander gehörenden Gelenkenden bezeichnet, so dass die knorpeligen Gelenkflächen keinen Kontakt mehr zueinander haben. Die Subluxation sei nun eine unvollständige Luxation eines Gelenkes, bei der der Gelenkkopf zum Teil noch in der Pfanne steht. Auch bei diesen Definitionen wird übersehen, dass sowohl die Luxation als auch die Subluxation keine Diagnose darstellen, sondern einen Pathomechanismus. Hier wäre nun die Frage zu klären, welches pathomorphologische Substrat aus diesen beiden Pathomechanismen resultiert. Nach einer Subluxation am Schultergelenk spricht ELLMAN [121] von einer „subluxation arthropathy“, d. h., es liegt eine glenohumerale Laxität mit einer Labrum- oder ligamentären glenohumeralen Läsion vor. Nach der tatsächlichen Luxation wird von einer „dislocation arthropathy“ [405] gesprochen. Luxationsmechanismen können an allen Gelenken festgestellt werden [160, 15, 287, 480, 65, 434, 269, 453, 427, 485, 91, 420, 224, 500, 170, 458], haben aber eine besondere Bedeutung an der Schulter, dem Femoropatellargelenk, dem Ellbogen sowie in Verbindung mit Frakturen.

Entsprechend der Einteilung der pathologischen Verlängerung von Ligamenten (Grad I–III) liegt beim Grad III zwar eine Bandinstabilität vor, die Gelenkflächen bleiben aber in der anatomischen Position. Es handelt sich um eine Einbandverletzung, bei der beim Schweregrad III (= Ruptur) der „Distorsion“ als isolierte Einbandinstabilität die Aufweitung des Gelenkspaltes, entsprechend der anatomischen Möglichkeit bzw. Gegebenheit, eingeteilt werden kann (Grad 1–3), so bei den Innenband- oder Kreuzbandinstabilitäten am Knie. Erst beim Grad 3 der Instabilität ist eine Entfernung der Gelenkflächen zu erwarten, die eine unvollständige Verrenkung im Gelenk vermuten ließe (Subluxation?). Diese Situation ist aber nicht durch eine Einbandverletzung zu erklären, Begleitverletzungen sind erforderlich (Abb. 1.30). Die Art der Begleitverletzungen ist abhängig von der Luxationsrichtung.

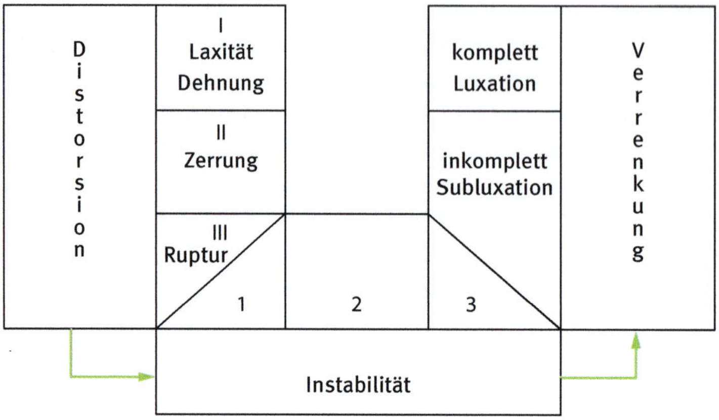

Abb. 1.30: „Distorsion" – Instabilität – Verrenkung.

C. Overuse-Syndrome

Die Bezeichnung „overuse injury", auch „stress injury" genannt [35], beschreibt belastungsbedingte Schmerzen oder Fehlfunktionen, ein adäquates Trauma (Unfall) ist nicht vorausgegangen [395]. Es handelt sich um Überlastungen oder sich wiederholende Einwirkungen auf das muskuloskelettale System [384] im Sinne von Mikrotraumen. „Overuse injuries", d. h. Überlastungsschäden, sind die Folge von Überlastungsreaktionen, einem Missverhältnis zwischen Belastbarkeit des Binde- und Stützgewebes und deren Belastung. Besonders betroffen sind bradytrophe Gewebe (Bänder, Sehnen, Knorpel), die sich nur verzögert, wenn überhaupt, in Abhängigkeit vom Lebensalter – im Gegensatz zur Muskulatur der Belastungssteigerung – anpassen. Diese verzögerte Anpassung trifft auch für den Knochen (Stressfraktur) zu [258, 29, 197], d. h., bei normaler Knochenstruktur und Knochendichte entsteht in einem überlasteten Knochenareal eine meist reversible Schwächung. Überbeanspruchungen („overuse") und auch ein Missbrauch („misuse") von sehnigen Strukturen führen zu Funktionsstörungen mit der Folge von Instabilitäten, die an Bändern auch unfallbedingt entstehen können [444]. In aller Regel sind Overuse-Syndrome beim Sportler (sports-induced overuse injuries), aber auch beim Arbeiter (work-induced overuse injuries) zu finden [367] und sind einem Schaden („damage") und nicht einer Verletzung oder deren Folgen zuzuordnen. Überlastungsschäden können durch extrinsische und/oder intrinsische Faktoren ausgelöst, verursacht oder auch verschlimmert werden [395, 242, 383, 96, 191]. Da die Überlastungsschäden häufig durch mechanisch bedingte Einflüsse entstehen, spielen als extrinsische Faktoren die von außen einwirkenden Umstände eine wesentliche Rolle [395]:

- körperliche Überlastung („too much too soon“),
- unphysiologische Arbeits- bzw. Trainingseinteilung,
- monotone und/oder asymmetrische Tätigkeit,
- Tätigkeit im Ermüdungszustand,
- insuffiziente Erholungsphasen,
- unzureichende Ernährung,
- schlechte Ausrüstung,
- ungünstige Umweltbedingungen.

Die intrinsischen Faktoren beruhen auf körperlichen Ungereimtheiten (Malalignments), die als biomechanische Prädispositionen zu werten sind [395, 94, 352]:
- Übergewicht,
- Fehlstellungen (Malalignments),
- Beinlängendifferenz,
- gestörter muskulärer Ausgleich bzw. Schwäche,
- wachsender Gelenkknorpel,
- Gelenk-Laxität,
- Begleitschäden,
- Genu valgum, Genu varum, Genu recurvatum.

Überlastungsschäden sind am gesamten Bewegungsapparat mit unterschiedlicher Häufigkeit und in Abhängigkeit der Belastungszonen zu finden [367] (Tab. 1.9). Einen wesentlichen Einfluss nimmt das Lebensalter [311], insbesondere vor dem Abschluss des Längenwachstums. Hier kann sich am Muskel-Sehnen-Komplex die Schwachstelle während des Wachstumsschubs im Adoleszentenalter auf die Apophysen verlagern [126], aber nur unter besonderen Bedingungen.

Überlastungsschäden in der Folge von repetitiven Mikroverletzungen, die einzeln ohne klinische Symptomatik einhergehen, finden sich vorwiegend, vor allem im Adoleszentenalter beginnend, beim Sportler, aber auch berufsbedingt. Entsprechende, auf den Sport bezogene Literatur liegt vor, u. a. in Buchform [368, 122, 143, 336, 127, 104].

Überlastungsreaktionen in Verbindung mit intrinsischen und/oder extrinsischen Faktoren entsprechen sich wiederholenden Zerrmechanismen („repetetiv strain injury = RSI“), dies gilt insbesondere für die obere Extremität, wogegen an der unteren Extremität die zusätzliche axiale Krafteinwirkung eine Rolle spielt, dies aber auch unter Berücksichtigung des Kräfteparallelogramms an Gelenken [367, 398, 399]. Eine besondere Bedeutung hat der Überlastungsschaden am muskulotendinösen Komplex, d. h. am Übergang vom Muskel zur Sehne, an der Sehne und am Übergang der Sehne zum Knochen, auch als „myoenthesic apparatus“ bezeichnet [251]. Andere Autoren [367] verwenden die Bezeichnung „enthesis“ als Lokalisation des Sehnenansatzes am Knochen, wobei die Sehne direkt am Knochen, aber auch durch knorpeliges, ligamentäres oder membranöses (Aponeurose) Gewebe ansetzen kann. Eine besondere

Tab. 1.9: Überlastungsfolgen am Bewegungsapparat [367].

Sehnen	– Tendinose – Hypotendopathie – Peritendopathie – Insertionstendopathie (Osteotendopathie) – Epiphysen-, Apophysenschäden
Ligamente	– Ligamentose
Knochen	– Spondylolyse – Stressfraktur – Abrissfraktur (Apophysen) – Epiphysenschäden
Knorpel	– Chondrose – Chondromalazie – Arthrose
Menisken	– Meniskose
Muskeln	– Muskelkater, Muskelüberlastung – neuromuskuläre Muskelschäden – Muskelischämie – Myofibrose
Nerven	– Entrapment-Syndrom

Form des Überganges zweier Strukturen findet sich am Muskel-Sehnen-Ansatz, wo sich die größte Kraft bei der Muskelkontraktion entwickelt. Die Elastizität der muskulotendinösen Einheit ist geringer als die Elastizität des Muskels selbst, wogegen die Brüchigkeit erheblich ausgeprägter ist, was das Risiko einer Schädigung erhöht. An der Stelle des muskulotendinösen Überganges sind spezielle propriozeptive Körper angelegt, die es ermöglichen, in Übereinstimmung mit der Muskelkontraktion zu reagieren bzw. in Abhängigkeit von der mechanischen Muskeldeformation. Da die muskulotendinöse Funktionseinheit eine polymorphe Struktur zeigt, kann sie sich auch den multifunktionellen Anforderungen des muskuloskelettalen Systems anpassen. Charakteristisch für diese muskulotendinöse Einheit ist insbesondere die Anfälligkeit der Sehne für eine Schädigung, die zur Gewebemetaplasie führt (z. B. Kalzifikation). Bei dem Sehnengewebe handelt es sich um ein bradytrophes Bindegewebe, was auch bevorzugt die pathologischen Veränderungen im Vergleich zu anderen Geweben erklärt. Die Pathologie betrifft den muskulotendinösen Übergang, die Sehne selbst, die Sehnenscheide und auch den Ansatzbereich der Sehne am Knochen [205]. An den genannten Stellen kommen die Bezeichnungen ‚Myotendinitis', ‚Tendinitis', ‚Paratenonitis' oder einfach ‚Enthesitis', aber ebenso ‚Tendinose' oder ‚Insertionstendinopathie' vor. Bei den Sehnen-Überbeanspruchungszuständen ist die Terminologie verwirrend [281]. Bei den „overuse"-Zuständen in und um die Sehnen tritt eine echte Entzündung selten auf und ist dann meist mit einer Sehnenruptur kombiniert. Die Tendinosis dagegen bedeutet eine Texturstörung, zunächst ohne klinische oder histologische Zeichen einer intratendinösen Entzündung, und ist nicht notwendigerweise symptomatisch.

Im Prinzip handelt es sich beim Überlastungsschaden um eine mechanische Destruktion des Gewebes mit der Folge einer Reparation, die mit einem Entzündungsvorgang verbunden ist. Kausalpathogenetisch liegt also nicht die typische Entzündung vor, sondern die entzündliche Veränderung, die mit der Reparation einhergeht bzw. diese einleitet. Die Bezeichnung des pathomorphologischen Substrats ist nicht durch „-itis" gerechtfertigt, im Vordergrund und somit als Folge der mechanischen Überlastung steht die Tendopathie (Tendinose), die, je nach Lokalisation, am Übergang vom Muskel zur Sehne dann eigentlich als Myotendopathie zu bezeichnen wäre, im Sehnenbereich als Tendinose und am ossären Ansatz als Osteotendopathie. Auch wenn sich bezüglich des Peritenon (Sehnenscheide) häufig die Bezeichnung ‚Peritendinitis' findet, wäre hier eine Peritendopathie zur besseren Erklärung zu wählen, hilfreich ist die Histopathologie für die Diagnostik von bradytrophem Bindegewebe.

Überlastungsschäden am Muskelsehnenkomplex entstehen durch sich immer wiederholende Anspannungen, die entsprechend der prozentualen Längenänderung Schäden hinterlassen, bis weitere Anspannungen nicht mehr möglich sind bzw. bis es zur Kontinuitätsunterbrechung kommt. Dabei entstehen mikroskopische Faserrupturen bis hin zur makroskopischen Ruptur mit der Folge der reparativ bedingten Entzündung, Ödembildung und entsprechenden klinischen Schmerzen, d. h., bei anhaltender Überlastung entwickelt sich eine Texturstörung mit der daraus resultierenden Folge der Sehnendurchtrennung. Bei Pathogenese des Überlastungsschadens entsteht im Sehnengewebe eine Ermüdung der reparativen Möglichkeit aufgrund eines fortschreitenden mikrotraumatischen Prozesses, d. h., die Destruktion überwiegt der Reparation.

Overuse oder repetitive Mikrotraumen sind ätiologische Faktoren für die Schäden an der Sehneninsertion am Knochen, aber auch für den Apophysen-Traktionsschaden [311]. Das normale Wachstum, aber auch der adoleszente Wachstumsschub, spielt eine bedeutende Rolle in der Entwicklung des Überlastungsschadens durch Steigerung von extrinsischen und intrinsischen Faktoren oder auch als Einzelfaktor. Das schnellste Wachstum sowohl bei Jungen als auch bei Mädchen ist im Alter bis zum 4. Lebensjahr zu sehen, in dem Überlastungsschäden eigentlich nicht vorkommen, obgleich Stressfrakturen auch in diesen Jahren festgestellt werden [310]. Während Mädchen mit 15 bis 16 Jahren ihre Erwachsenengröße erreicht haben, ist dies bei Jungen mit 18 bis 19 Jahren der Fall, d. h., den Wachstumsschub erleben Mädchen etwa zwei Jahre vor den Jungen. Während dieses Wachstumsschubs kommt es zu einer rapiden klonalen Expansion des Wachstumsknorpels an der Druckepiphyse (Epiphysenfuge), aber auch an der Traktionsepiphyse (Apophyse). In den Epiphysen haben Scherkräfte eine besondere Bedeutung, an den Apophysen sind dies die Zugkräfte, die aber in aller Regel durch gegenziehende Ligamente oder Sehnen kompensiert werden. Dazu bieten die Sharpey'schen Fasern, die die kollagenen Fasern mit dem kollagenen Fasersystem verbinden, eine besondere Festigkeit. Alleine das Wachstum kann also nicht die Ursache für Dehiszenzen an den Apophysen sein (vgl. Kapitel 5).

Ein im bradytrophen Bindegewebe bekannter Überlastungsschaden (Overuse) findet sich an der quergestreiften Skelettmuskulatur nicht. Hier kann es allenfalls nach einer Überlastung zu einer zeitlich verzögerten Schmerzsymptomatik als „Muskelkater" kommen [388]. Die sich wiederholende hohe Kraftanstrengung der Muskulatur resultiert in einer Zunahme des Muskels, wobei diskutiert wird, ob diese Muskelzunahme durch eine Vergrößerung der Muskelfasern entsteht (Hypertrophie) oder durch eine Vermehrung der Anzahl der Muskelfasern (Hyperplasie) [156, 157, 199].

Fehlbelastungen oder Überbelastungen können ebenso Myogelosen, also schmerzhaft verhärtete Muskelbezirke, zur Folge haben. Die Ursache hierfür sind lokalisierte reflexbedingte Tonussteigerungen, die dann auch zu Bewegungseinschränkungen führen können. Derartige Myogelosen sind aber auch bei Muskelerkrankungen zu erkennen, die dann abgegrenzt werden müssen [153]. Treten derartige Myogelosen rezidivierend auf, ist die Zunahme des interstitiellen Bindegewebes, aber auch eine hyaline Degeneration denkbar. Diese bindegewebige Durchsetzung des Muskels wird auch als Myofibrose bezeichnet [436, 437]. Nicht als Diagnose kann die Bezeichnung Myalgie gewertet werden, denn hier handelt es sich lediglich um einen Muskelschmerz, der sowohl bei Myogelosen als auch beim Muskelkater u. a. auftritt [414].

Stressfrakturen bilden eine Sonderform der Ermüdungsbrüche. Bei einer Stressfraktur ist in aller Regel von einem gesunden Knochen mit normaler Knochendichte und normaler Knochenstruktur auszugehen. Eine Schwächung dieses Knochens entsteht nur in dem betroffenen, überlasteten Knochenareal und ist zunächst reversibel. Die Bezeichnung „Stress" ist ein allgemein akzeptiertes „verbales Extrakt" [108] und besteht aus „Eustress" und „Disstress". Unter Eustress wird eine Beanspruchung des Knochens im Sinne eines lebensnotwendigen Stresses bzw. eines stimulierenden Stresses, der erforderlich ist, um die stabile Knochenstruktur aufrechtzuerhalten, verstanden. Disstress ist eine nicht normale Beanspruchung des Knochens mit negativen Folgen. Um einen Stress korrekt einzuordnen, bedarf es der Beurteilung des Kraftvektors unter Berücksichtigung der Kraftrichtung sowie auch des Kraftbetrages. Dabei darf der Kraftvektor die mechanische Toleranzschwelle des Zielknochens nicht überschreiten, denn sonst würde eine Fraktur entstehen. Nach DIHLMANN [108] ist der Terminus „Stressreaktion" falsch, da zum Stress die Adaptation und bei deren Versagen die Stressfraktur gehört. Des Weiteren sollte der Kraftvektor nicht als Dauerkraft, sondern intermittierend rhythmisch auftreten. Des Weiteren bedarf es einer Erholungsphase zwischen den intermittierenden Krafteinwirkungen, so dass die Möglichkeit der Adaptation im Sinne des Stressabbaus besteht. Diese Adaptation ist einmal abhängig von der Länge der Stresspause und zum anderen von der Beschaffenheit des Stützgewebes, so dass daraus drei Alternativen der Reaktion entstehen [13]: Trifft die intermittierende Kraft gesundes Knochengewebe, so entsteht im Extremfall, also bei inadäquater Belastung, eine Stressfraktur. Liegt krankes Knochengewebe mit verminderter biomechanischer Belastbarkeit vor, ist die Folge eine Insuffizienzfraktur, z. B. bei der Osteoporose, Osteomalazie u. a., und trifft ein Kraftvektor auf einen Knochen mit einem massiven Vitamin-D-Defizit (Osteomalazie), so fällt die notwendige Mineralisation als heilender Faktor aus, mit dem Bild der Looser'schen Umbauzonen [108]. Bei der Einwirkung des Kraftvektors auf gesundes Knochengewebe wird auch die Bezeichnung „Ermüdungsfraktur" genannt, wobei aber nach BOHNDORF [62] die Stressfrakturen und auch die Insuffizienzfrakturen unter dem Oberbegriff „Ermüdungsfrakturen" zusammengefasst werden. Diese Stressphänomene gibt es ebenso an den Epiphysenfugen sowie an den Enthesen, und es werden frühe stressinduzierte Knochenveränderungen von der späten Läsion als Stressfraktur differenziert [139]. Diese Reaktionen finden sich als shin splints bzw. thigh splints in Muskel-Sehnen-Ansatzgebieten des Unterschenkels der Tibia sowie des Femur.

In Abgrenzung zur pathologischen Fraktur (Spontanfraktur) nennt FREYSCHMIDT [139] unter den Stressfrakturen (= Dauerfraktur oder schleichende Fraktur) die Überlastungsfraktur als Insuffizienzfraktur, die reine Ermüdungsfraktur (= fatigue fracture) und die chronische Abrissfraktur. Die fatigue fracture als Stressfraktur teilt RESNICK [388] in low-risk-injuries und high-risk-injuries ein. Unter „low-risk" wird eine günstige Prognose alleine durch Schonung und Ruhigstellung verstanden, mit „high-risk" sind die Schäden gemeint, die zu einer verzögerten Knochenheilung oder auch zur Pseudarthrose neigen, insbesondere, wenn die Diagnose verspätet gestellt wird.

Ermüdungsbrüche werden den Frakturen zugeordnet. Es werden die traumatischen Frakturen durch entsprechende Gewalteinwirkung mit Überschreiten der Elastizitätsgrenze des Knochens und die Ermüdungsbrüche, die durch mechanische Überlastung des Knochens entstehen, unterschieden und davon werden die pathologischen Frakturen abgegrenzt, die ohne äußere Gewalteinwirkung bei normaler Belastung aufgrund eines pathologisch veränderten Knochens (Knochenmetastase, Knochenzyste u. a.) bemerkbar werden. Nach einer Fraktur tritt in aller Regel in einem regulären Zeitmuster die Knochenheilung ein, diese verzögert sich aber auch in Ausbildung einer Pseudarthrose. Dies trifft gleichfalls bei Ermüdungsbrüchen zu, jedoch mit Einschränkung, und zwar nicht bei pathologischen Frakturen, da hier die Voraussetzungen zunächst für eine Knochenheilung nicht mehr gegeben sind.

Die Bezeichnungen für die übernatürliche Belastung eines Knochens sind in der Literatur nicht einheitlich (Tab. 1.10).

D. Die „-ose" und Nekrose

Es geht um die Pathologie der Stützgewebe, die alle den Texturstörungen (~osen) mit damit verbundenen Reparationsmechanismen (≙ Degeneration) und Nekrosen anheimfallen können. Die Osteose wird als „Altersabnahme" des Knochens beschrieben [40]. Unter „~osen" (Tendinose, Ligamentose, Diskose, Meniskose u. a.) wird die Texturstörung der Gewebe, aber auch die Degeneration (= Texturstörung und Reparation) verstanden, dies in Anlehnung an die griechische Sprache („krankhafte Ver-

Tab. 1.10: Einteilung der Überlastungsschäden am Knochen.

Autor	Einteilung
VAHLENSIECK 2006 [463]	Stressfraktur – Ermüdungsfraktur (fatique fracture) – Insuffizienzfraktur
RESNICK 2007 [388]	Stressfraktur – Ermüdungsfraktur (fatique fracture) – Insuffizienzfraktur
FREYSCHMIDT 2008 [139]	Stressfraktur – Überlastungsfraktur = Insuffizienzfraktur – neue Ermüdungsfraktur = Stressfraktur sensu stricto
DIHLMANN 2011 [108]	Stressfraktur – Stressphänomen Ermüdungsfraktur – Insuffizienzfraktur
BERQUIST 2013 [54]	Stressfraktur – Ermüdungsfraktur – Insuffizienzfraktur
BOHNDORF 2014 [62]	Ermüdungsfraktur – Stressfraktur – Insuffizienzfraktur

änderung“). Die „~pathie“ ist das Leiden (griechisch) als klinisch-symptomatische Bezeichnung (Tendopathie, Ligamentopathie, Diskopathie, Meniskopathie u. a.). Die „~ose“ ist das pathomorphologische Substrat, die „~pathie“ die klinische Symptomatik (vgl. Band 2, Kapitel 5). Die Texturstörung ist mit einem Zelluntergang (= Reduktion der Zellzahl) verbunden. Es resultieren Vorgänge, die zu der Erneuerung und dem Ersatz von Zellen und Gewebe führen [59], u. a. die Regeneration. Ist diese nicht möglich, kommt es zur Reparation bzw. zur Defektheilung. Nekrosen werden abgebaut, es entsteht Granulationsgewebe und dieses wird durch kollagenes Bindegewebe ersetzt. Es liegt eine Organisation mit der Bildung von Narbengewebe vor.

VIRCHOW [473] bezeichnete das Absterben eines Gewebebezirkes als „Nekrobiose“ [507]. VOLKMANN [474] versteht darunter den „lokalen Tod einer kleineren oder größeren Knochenpartie“ inmitten einer lebendbleibenden Umgebung. Nach ZICHNER [507] entstehen nekrotische Prozesse unter Zugrundelegung pathomorphologischer Abläufe bei direkten, akuten, traumatischen Läsionen, embolischen Verschlüssen von Markgefäßen, spontan entstehenden Osteonekrosen (häufig), Tumorerkrankungen und Knocheninfekten. ZICHNER [507] bevorzugt die Bezeichnung der Nekrobiose. Dieser Begriff wäre am unverfänglichsten, da er lediglich deskriptiv den morphologischen Ablauf zur Namensgebung heranzieht, jede ätiopathogenetische Deutung offen lässt und durch Hinzufügen des spezifischen Adjektivs eine eindeutige Katalogisierung ermöglicht, z. B. avaskulär-epiphysäre Osteochondronekrobiose oder embolisch-metaphysäre Osteonekrobiose. Da die Nekroseherde in der Regel Infarkten gleichen, darf mit einer gewissen Sicherheit angenommen werden, dass ihrer Entstehung rein formal eine Störung der Gefäßversorgung zugrunde liegt. Je nach dem Ort der Gefäßstörung (-Unterbrechung) liegen die Bezirke intramedullär dia- und metaphysär und häufiger an den gelenkbildenden Knochenenden epiphysär, es besteht eine Abhängigkeit von der Knochengefäßversorgung.

Nekrobiose-Formen

Als Ordnungsprinzip kann für die Einteilung der Osteo-(chondro)nekrosen das Auftreten entsprechend Lebensalter und Lokalisation gewählt werden [507]:

1. Epi-, meta- und diaphysäre Herde bei Erwachsenen,
2. metaphysäre Herde bei Jugendlichen,
3. subchondrale Herde bei Erwachsenen (einschließlich Hand- und Fußwurzelknochen),
4. epiphysäre (subchondrale) Herde bei Jugendlichen (einschließlich Hand- und Fußwurzelknochen).

Zu 1.:

Es handelt sich um Knocheninfarkte der Metaphysen mit Ausbreitung in die Epi- und Diaphysen der langen Röhrenknochen, d. h., es liegt ein abgegrenztes nekrotisches Areal vor. Knocheninfarkte bleiben in aller Regel klinisch stumm.

Zu 2.:

Bei metaphysären Knochennekrosen der Jugendlichen in langen Röhrenknochen können Reparationsvorgänge die Nekrosen zum Verschwinden bringen, vergleichbar der Osteopathia striata.

Zu 3.:

Es handelt sich um ischämische Knochennekrosen, d. h. um Infarkte (Hüftnekrosen, M. Ahlbäck, Dekompressionskrankheit u. a.). Als Ursachen werden intravasale Gefäßverschlüsse, perivasale Druckerhöhungen im Fettmark, durch Kortison erzeugte Fettembolien bzw. Schwellungen der Fettzellen, schließlich metabolische Störungen sowie lokale Frakturen genannt.

Zu 4.:

Manifestation der Knorpelknochennekrosen an den Epiphysen, mechanisch-traumatisch, gefäßzirkulatorisch bedingt oder konstitutionell.

Osteochondrale Schäden betreffen auch den Knorpelbelag und insbesondere die darunter liegende subchondrale Knochenschicht. Kommt es zu einer Ischämie des subchondralen Knochens, so ist die Folge eine Osteonekrose, d. h., es entsteht eine aseptische Knochennekrose – aseptisch deshalb, da eine entzündliche Komponente fehlt.

Wird in den Nekroseprozess die diese bedeckende Gelenkknorpelschicht mit einbezogen, so resultiert eine Osteochondronekrose, z. B. die lokalisiert ablaufende Osteochondrosis dissecans mit Ausbildung freier Gelenkkörper. Dieses Thema wird im Lehrbuch „Gelenkpathologie" [319] unter der Überschrift „Durchblutungsstörungen" abgehandelt sowie auch die großen ischämischen Knochennekrosen. Durchblutungsstörungen im Knochen entstehen durch Gefäßverschlüsse im arteriellen, aber auch im venösen Schenkel bei Erkrankungen oder als Therapiefolgen (z. B. Kortison), ebenso als Verletzungsfolgen u. a. MANKIN [293] klassifiziert Osteonekrosen als das Ergebnis einer mechanischen Gefäßunterbrechung, Thrombose, Embolie sowie Gefäßwandverletzung oder einer Gefäß-Kompression von außen, arteriell und/oder venös. Es kommt zum intravitalen Zell- bzw. Gewebetod. Es wird die Apoptose (programmierter Zelltod) von der Nekrose unterschieden [236, 163]. Bei der Apoptose findet sich eine programmierte Abfolge zum Zelltod. Die Apoptosekörperchen werden abgebaut (z. B. Makrophagen), eine Entzündungsreaktion entsteht nicht. Im Vergleich dazu [236] kommen Nekrosen nur unter pathologischen Bedingungen vor und führen durch Einwirkung auf das umgebende Gewebe zur Entzündungsreaktion nach einer so genannten Manifestationszeit, beginnend nach sechs bis acht Stunden (Tab. 1.11).

Tab. 1.11: Zeitablauf mikroskopischer Knochenveränderung bei der Osteonekrose, nach [84, 209].

> 2 hours	Irreversible damage rabbit model [397, 209]
< 6 hours	Loss of osteocyte nuclear DNA; irreversible cell damage
< 6 hours	Histologic deterioration of bone marrow cells and osteoblasts
~24 hours	Pyknosis of osteocyte nuclei; initial losses noted
2nd day	Ghostlike foggy appearance of marrow
3 days	Decreased affinity of osteocyte nuclei for H&E and Feulgen stains
2-4 weeks	Definitive loss of osteocytes in light microscopic sections [84]

H&E, hematoxylin and eosin

Neben dem programmierten Zelltod (cell death by suicide) entsprechend der Apoptose kann der ischämische, durch Schwellung bedingte Zelltod (Onkose) zur Nekrose (accidentell cell death) führen.

Nekrose
Durch eine Noxe in einem lebenden Gewebe verursachter Zelltod. Der Zelltod ist ein Prozess, der zum „point of no return" führt, zur Nekrose [472].

Onkose
Ischämischer Zelltod durch Schwellung, „onco-" ist nicht auf eine tumoröse Schwellung begrenzt [382, 290].

Apoptose
Programmierter Zelltod, von der Zelle selbst aktiv durchgeführt, ist Teil des Zellstoffwechsels [135].

Eine Nekrose kann aus beiden Formen des Zelltodes (Onkose, Apoptose) resultieren [290].

Beim Knochenschaden entstehen aseptische Mikronekrosen mit einer Onkose der Osteozyten, diese ist das Resultat einer Ernährungsstörung, u. a. durch eine Ischämie [402, 168]. Knochennekrosen zeigen sich bei Durchblutungsstörungen (Ischämie), Entzündungen (Osteomyelitis), Strahlenschäden, Hormonstörungen (z. B. M. Cushing) und nach Verletzungen [2]. Sie entwickeln sich in gelenkbildenden Knochen [413]. Histologisch fehlen Osteozyten im Knochengewebe, die Osteozytenlakunen sind leer, Zellkerne fehlen und die lamelläre Schichtung bildet sich zurück. Es entsteht eine reaktive Entzündung im benachbarten Gewebe.

Aseptische Knochennekrosen werden in juvenile und symptomatische Osteochondrosen eingeteilt [118]. Die juvenilen Osteochondrosen sind idiopathisch, konstitutionell, z. B. M. Perthes, M. Kienböck, M. Osgood-Schlatter, M. König (Osteochondrosis dissecans) und M. Scheuermann. Unter symptomatischen Osteochondrosen werden aseptische Knochennekrosen und Knocheninfarkte im Erwachsenenalter, epi-, epimeta- und diaphysär, bei bekannten ätiopathogenetischen Faktoren (kausale Pathogenese) verstanden.

Problematisch ist das Glossar zur Nomenklatur [319]. Die Osteochondrose wird einmal als strukturelle Veränderung von Zwischenwirbelscheiben und Wirbelknochen definiert [78, 136], zum anderen als aseptische Osteochondrose entsprechend der „avascular necrosis“ mit der Unterteilung in juvenil und symptomatisch, gemeint ist die aseptische Knochennekrose (vgl. Kapitel 4), die an den verschiedensten Knochen vorkommt und meist nach dem Erstbeschreiber bezeichnet wird [370]. Wenn Osteonekrosen den Gelenkknorpel in das Geschehen mit einbeziehen, resultiert eine Osteochondronekrose [490]. Als Synonyme für die Osteochondrose (= „Knorpel-Knochen-Degeneration“) finden sich Osteochondritis, Osteochondronekrose oder Osteochondrosis.

Die Knochenenden bestehen beim Erwachsenen aus Knochen und dem darüberliegenden Gelenkknorpel, beim wachsenden Skelett aus der Diaphyse, Metaphyse, der Epiphysenfuge, der Epiphyse mit dem sekundären Ossifikationszentrum und schließlich dem Gelenkknorpel. Einen ähnlichen Aufbau zeigen die Apophysen. Bei den juvenilen Osteochondrosen gibt es an diesen Stellen der lokalisierten Osteochondrosen die aseptischen Epiphysen- sowie Apophysennekrosen. Konkrete Angaben zur histologischen Differenzierung der juvenilen und erwachsenen Osteonekrosen finden sich in der Literatur nicht [113, 271, 319, 339].

1.5.2 Histologie und Histopathologie

Die Pathologie ist die Lehre von den Leiden, die Nosologie die von den Krankheiten [118] bzw. deren systematische morphologische und molekulare Einordnung sowie deren Beschreibung [377]. Krankheit stellt einen Vorgang dar, der nicht dem Gesundheitsbegriff entspricht. Das Leiden ist ein Zustand, der nach einer mit Defekt geheilten Krankheit zurückbleibt. Laut WHO ist die Gesundheit auch ein Zustand, jedoch völligen körperlichen, seelischen und sozialen Wohlbefindens. Der „Krankheitsbegriff" ist, je nach dem Stand der Erkenntnisse, aber auch der allgemeinen Lebensanschauung, erheblichen Wandlungen unterworfen [51], dies in Verbindung mit der Pathogenese als Krankheitsvorgang [118]. Die kausale Pathogenese bildet die Ursache (Summe aller für die Verursachung einer Krankheit notwendiger Faktoren) und die formale Pathogenese ist der Ablauf aller Vorgänge, die nach Auslösen eines Krankheitsprozesses stattfinden. Krankheiten gehen mit gestaltlich fassbaren Veränderungen der Organe einher [320] bzw. mit Veränderungen ihrer kleinsten Bausteine, der Zellen und Zwischensubstanzen [472]. Deren makroskopische, histologische, zytologische und molekulare Darstellung ist die Aufgabe der Pathologischen Anatomie und der Pathohistologie [118]. Zur Beurteilung am Bewegungssystem kommen Knochen, Muskeln, Sehnen, die Gelenkstrukturen (Knorpel, Zwischenknorpel, Gelenklippen, Gelenkinnenhaut) und die Knochen verbindenden Bänder (Ligamente) infrage. Strukturell sind Sehnen und Bänder (organisiertes Bindegewebe) vergleichbar. Es bestehen Besonderheiten an den tendinösen bzw. ligamentären Strukturen, deren Ansätzen am Knochen und den tendo-muskulären Übergängen. Die Menisken des Kniegelenkes sowie die Disken des Handgelenkes, des AC- und SC-Gelenkes und die Gelenklippen (Labrum glenoidale et acetabulare) sind im histologischen Aufbau ähnlich, d. h., auch die histopathologischen Befunde weichen nur unwesentlich voneinander ab. Es handelt sich immer um bradytrophes Bindegewebe. Knochen und Muskeln sowie die Gelenkinnenhaut (Synovialis) zeigen eine eigene Struktur. Die häufig sprachlich mit der Synovialis verwechselte Synovia (Gelenkflüssigkeit) kommt an dieser Stelle nicht zur Wertung. Hier handelt es sich um chemische bzw. biochemische und zytologische Überlegungen, die abgesehen von einer Blutbeimengung zur Schadensbeurteilung des Bewegungssystems wenig beitragen. Lediglich entzündliche Gelenkerkrankungen können damit erfasst und abgegrenzt werden [455]. Die Knochen- und die Muskelpathologie sind eigenständige Fachgebiete [2, 416]. Die Pathologie der Synovialis, insbesondere der Synovialitis, bedarf einer besonderen Diskussion unter Würdigung der Schleimhautfalten und Fettkörper und erklärt entzündliche Gelenkerkrankungen, infektiöse Synovialitiden sowie tumorartige Veränderungen (z. B. synoviale Chondromatose, tenosynovialer Riesenzelltumor, sog. Synovialitis villonodularis pigmentosa/PVNS), wobei die histopathologische Diagnostik dem Flussdiagramm Synovialitisdiagnostik und der Bewertung durch den Synovialitis Score folgt [238]. Die Meniskuspathologie ist gesondert abgehandelt.

Das morphologische Substrat der „Degeneration“/Texturstörung besteht in einer strukturellen Alteration des kollagenen straffen Bindegewebes, welches in Analogie zum Texturstörungsscore (sog. Degenerationsscore, [239]) des Faserknorpels (Bindegewebe-Knorpel) auf das kollagen straffe Bindegewebe übertragbar ist und einer dreistufigen Graduierung (Grad 1 bis Grad 3) folgt. Im Vordergrund stehen neben der inhomogenen Verteilung der Tendozyten die Matrixveränderungen (irregulärer Verlauf, unterschiedliche polarisationsoptisch doppeltbrechende Eigenschaft, Dehiszenzenbildung). Immunhistochemisch besteht eine Zunahme des Kollagens Typ III, welches als sog. reparatives Kollagen angesehen wird [440]. Da bei reparativen Prozessen proliferative Veränderungen im Vordergrund stehen, wurden diese Veränderungen auch als so genannte angiofibroblastische Hyperplasie bezeichnet. Nach ausgeprägter resorptiver, leukozytärer, entzündlicher Infiltration können ebenfalls Kalzifikationen nachgewiesen werden.

Verschieden gebraucht werden auch die Wörter *„akut“* und *„chronisch“*. Unter akut wird allgemein eine unvermittelt auftretende Krankheit mit kurzem heftigen Verlauf verstanden. Akut ist von dem lateinischen „acutus“ entlehnt und wurde im 19. Jahrhundert als medizinisches Fachwort eingeführt. Chronisch bedeutet eine langsam verlaufende Krankheit, ist von dem lateinischen „chronicus“ entlehnt und wurde im 18. Jahrhundert als medizinisches Fachwort aufgenommen.

Die Bezeichnungen „akut“ und „chronisch“ sind histopathologisch gebunden.

Akut bedeutet:
- Fibrinextravasate,
- Erythrozytenextravasate,
- Apoptosen,
- Gewebsnekrosen,
- Neutrophile Granulozyteninfiltrate.

Chronisch bedeutet:
- Proliferation von Fibroblasten,
- Proliferation von Kapillaren (Angiogenese),
- Fibrose im Sinne von Matrixsynthese,
- zelluläre und extrazelluläre Abbauvorgänge von Blutungsresiduen (Hämosiderin) ≙ „Resorptive Entzündung“,
- Lymphoplasmazelluläres/makrophagenreiches entzündliches Infiltrat,
- reparative, proliferative Veränderungen des ortständigen, spezifischen Gewebes (Regeneration).

Beim bradytrophen Gewebe gelten die o. g. Qualitäten nur eingeschränkt, da lediglich eine geringe bzw. keine Vaskularisation vorliegt. Somit sind diese Bezeichnungen nicht für die Alterseinteilung von Frakturen geeignet. Die „akute Fraktur“ ist eine rezente Momentanfraktur, eine chronische Fraktur gibt es nicht, hier sollte der Zustand der Frakturheilung genannt werden, d. h., es wird die heilende Fraktur von der verzögerten Frakturheilung („delayed union") und der Pseudarthrose („non union") unterschieden. Ist eine Frakturheilung primär, besser direkt (spontan), oder sekundär, besser indirekt, beendet, so liegt eine abgeschlossen Frakturheilung mit lamellären Knochen vor [252, 97, 98, 244, 22].

Neben den traumatischen Frakturen gibt es die Ermüdungsbrüche mit der Unterscheidung der Stressfrakturen bei rezidivierender Überbeanspruchung von normalem Knochengewebe und die so genannten Insuffizienzfrakturen, bei denen der Knochen vorgeschädigt ist. Des Weiteren können pathologische Frakturen aufgrund einer vorbestehenden kortikalen Zerstörung von Knochengewebe vorliegen, die dann auch bei einer inadäquaten Krafteinwirkung auftreten. Hierbei handelt es sich um dann eine Sonderform der Insuffizienzfraktur und diese entwickelt sich bei Knochenzysten, Metastasen oder auch dem Plasmozytom [61, 218].

Seit dem ab 01.01.1993 gültigen Gesundheitsstrukturgesetz (Bundesgesetzblatt Teil 1, 21.12.1992) gilt eine Verschlüsselung von Diagnosen (Diagnoseschlüssel, [102]). Wenn die Diagnose die Grundlage für die Begutachtung eines Schadens sein soll, dann muss auch eine *Diagnose* und nicht ein verallgemeinerndes Symptom (z. B. Brachialgie) benannt werden. Eine Diagnose beinhaltet in den naturwissenschaftlichen Fächern eine nachweisbare pathomorphologische Veränderung. Dies wäre auch ein korrekt verwendetes „degeneratives Geschehen" im Sinne der Zellpathologie (z. B. trübe Schwellung, Verfettung u. a.) und es trifft ebenso zu, dass „degenerative Veränderungen" sich im Zustand der Kompensation bzw. der Dekompensation befinden können [491], da ja grundsätzlich degenerativ bedingte Fetteinlagerungen in Zellen anfänglich reversibel sind. Diese pathologischen Veränderungen sind aber nicht mit den Bezeichnungen „Verschleiß u. a." vergleichbar, da hier im bradytrophen Gewebe *„Texturstörungen"* vorliegen – evtl. zusammen mit *degenerativen Zellveränderungen*, z. B. in Chondrozyten bei der Arthrose [358]. WOLFF [491] kommt zu folgendem Schluss: zum Wort „degenerativ" an sich: Sicherlich besteht oft in der Linguistik eine Diskrepanz zwischen der „Wortlogik" und dem praktischen Gebrauch des Wortes. Beim Wort „degenerativ" weist das Präfix „de" auf ein abartiges Moment hin, das mit langzeitigen biologischen Abläufen = „generativ" verknüpft wird. Ein normaler Ablauf müsste konsequenterweise als *normgenerativ* dem pathologischen *degenerativ* gegenübergestellt werden. Solange diese Abgrenzung von „normal und altersgerecht" gegen „pathologisch" nicht mit ausreichender Erkennbarkeit markiert ist, leidet die „Brauchbarkeit der Begriffe."

Die „degenerativen Zustände" sind von der physiologischen Alterung abzugrenzen, bei der es sich weder um einen Vorschaden noch um eine Schadensanlage handelt, auch wenn sie einer Krafteinwirkung nur einen verminderten Widerstand entgegenzusetzen vermag [194]. Der Bewegungsapparat, insbesondere das „Arthron" (Gelenk als Funktionseinheit), stellt ein dynamisches System dar, dessen statisch-mechanischer Komplex mit durch Steuerung und Regelung verknüpften heterogenen Strukturen verbunden ist. Daraus resultiert die integrierte, systemgerechte Leistung aller verbundenen Teile als „Funktion" [491]. Damit sind aber „psychische und/oder vegetative Einflüsse" auszuschließen. Die Folge ist eine Kategorie „Funktionsstörungen am Bewegungsapparat" entsprechend der Pathophysiologie im Vergleich zur pathologischen Anatomie.

Eine Funktionsstörung am Bewegungsapparat ohne ein pathomorphologisches Substrat gibt es nicht. Da eine Verletzung auf allen Rechtsgebieten im Vollbeweis nachgewiesen werden muss, gilt weiterhin das pathomorphologische Substrat als Grundlage des Erkennens eines verletzungsbedingten Erst-Schadens. Für alle Untersuchungsmethoden ist zugrunde zu legen, dass verletzungsbedingte Veränderungen (frisch oder veraltet) von unfallunabhängigen Veränderungen abgegrenzt werden müssen. Sowohl für bildtechnische (Röntgen, CT, MRT) als auch für intraoperative (Arthroskopie) und histologische Befunde gilt, dass der Begriff „degenerativ" im Vergleich zu „traumatisch", insbesondere am bradytrophen Gewebe nicht angewendet werden darf. Die „Degeneration" ist entsprechend den aktuellen Pathologielehrbüchern reserviert für *Zell*veränderungen und nicht für Veränderungen am bradytrophen Bindegewebe. Nach EDER [118] ist die Bezeichnung „Degeneration" für reversible Veränderungen der *Zell*strukturen zu verwenden, die entweder durch eine gestörte Funktion verursacht werden oder ihrerseits eine Störung der Funktion verursachen können. Im Lehrbuch der Allgemeinen Pathologie und Pathologischen Anatomie [118] findet sich unter der Überschrift „Die geschädigte Zelle" der Hinweis auf die „Degenerationen". Gemeint sind die submikroskopischen Strukturen der Zelle, wie die Zellmembran, Mikrovilli, endoplasmatisches Retikulum, Mitochondrien u. a. Glykogen verschwindet, und es kommt zur Lipidtröpfchenbildung im Zytoplasma. Die Folge ist eine Zerstörung der Kern- und Zytoplasmastrukturen. Es resultiert eine irreversible Zellschädigung als der Beginn des Zelluntergangs. Wenn die schädigende Noxe rechtzeitig wegfällt, kann die intrazytoplasmatische Fettablagerung wieder abgebaut werden.

Es können zwei Gruppen der tatsächlichen degenerativen Zellveränderungen unterschieden werden: Störungen des Wassergehalts der Zelle und abnorme Ansammlungen von Stoffen in der Zelle. Beim „Rotatorenmanschettendefekt" (nicht „Ruptur") resultiert aus einer Minderfunktion der dazugehörigen Muskulatur die Einlagerung von Fett zwischen atrophen Muskelzellen. Diese Fettinterposition ist aber kein „degenerativer Prozess", da die Fetteinlagerung zwischen Zellen im Gewebe aufgrund einer Muskelzellatrophie erfolgt. Dies ist ein regressiver Vorgang. Dass die „Degeneration" insbesondere am bradytrophen Gewebe problematisch ist, hat bereits ASCHOFF [21] beschrieben. Ebenso sieht HAMPERL [173] in der Degeneration eine Störung des Zellstoffwechsels und meint, dass daher die Bezeichnung „Degeneration" immer mehr vermieden werden sollte. Die Verwendung des Begriffs „Degeneration" hat OTTE [358] – bezogen auf den Gelenkknorpel – richtig erkannt mit dem Hinweis, dass ein Qualitätsverlust des Gewebes die Resistenz gegenüber mechanischer Beanspruchung vermindert und zu den bekannten „Texturstörungen" führt. Die Folge sind z. B. metabolisch und mechanisch verursachte Knorpelläsionen. Die mechanisch bedingten Faktoren bezeichnete OTTE [358] als Destruktion bzw. Texturstörung. Die Degeneration ist dann lediglich ein metabolischer Faktor, bezogen auf die Knorpelzellen (Chondrozyten), die ebenso wie die Synoviozyten in den Circulus vitiosus der Arthrose mit einbezogen werden. Diese metabolischen Faktoren können aber histologisch nur in Spezialverfahren erkannt werden. Somit ist die Bezeichnung „Degeneration" bei der Beurteilung des bradytrophen Gewebes histologisch problematisch. Es ist vielmehr eine *Texturstörung* zu beschreiben – z. B. mit Veränderung von Zellzahlen. Diese Aussage trifft auch für die Bildgebung (MRT) und die Operation (Arthroskopie) zu. Eine Degeneration als Zellschaden kann weder makroskopisch noch magnetresonanztomographisch festgestellt werden, die „Texturstörung" möglicherweise magnetresonanztomographisch. RIEDE und SCHÄFER [391] raten ebenfalls von der Verwendung des Begriffs „Degeneration (= Abartigkeit)" ab. Es werden einzelne pathologische Phänomene unter dem Aspekt eines Missverhältnisses zwischen leistungsfähigen Zytoplasmastrukturen und der zellulären Stoffwechselleistungen empfohlen. Bei einer Leistungssteigerung kommt es zur Hypertrophie bzw. Hyperplasie. Liegt eine Leistungsminderung vor, so manifestiert sich diese in einer Atrophie. Auffällig ist der Hinweis auf Störungen der zellulären und extrazellulären Organisation mit Unterscheidung der Zellpathologie von der Gewebspathologie. Im Lehrbuch der Pathologie von BÖCKER [59] findet sich der Begriff „Degeneration" im Sachverzeichnis überhaupt nicht. Aber auch hier wird die Abgrenzung der Zellpathologie von der des Bindegewebes deutlich.

Die Verwendung der „Degeneration" am bradytrophen Gewebe führt gutachtlich zu Missverständnissen und Fehlinterpretationen [138]. Die *„Degeneration"* (Abartung/Entartung) steht im Gegensatz zur Regeneration/Neubildung, kommt aus der Zoologie und der Medizin und ist für diese Gebiete bestimmt, wobei er sowohl einen krankhaften Befund beinhaltet als auch eine „Rückbildung" ohne Krankheitswert. Im alltäglichen Sprachgebrauch wird diese Bezeichnung uneinheitlich und somit missverständlich verwendet und ist im morphologischen Sinn als *Texturstörung*, als Abbau des bradytrophen Gewebes (Gelenkkapsel, Bänder, Sehnen, Gelenkknorpel, Faserknorpel) definiert. Die morphologisch erkennbaren Veränderungen der „Texturstörung" sind Veränderungen der Matrix, aus der bradytrophes Gewebe mehrheitlich besteht.

Auch die Bezeichnung *„Degradation"* (syn. Degradierung) kann die „Degeneration" nicht vertreten. Übersetzt bedeutet sie eine Herabsetzung auf eine niedrigere Stufe. Das Wort kommt aus dem Kanonischen Recht (Kath. Kirchenrecht) und wurde dann in das Beamtenrecht (Militärrecht) übernommen. Es handelt sich um eine Disziplinarmaßnahme – z. B. um die Versetzung aus dem Klerus in den Laienstand. Die Bezeichnung wurde für verschiedene naturwissenschaftliche Prozesse übernommen – z. B. in der Landwirtschaft für die Veränderung eines guten Bodens durch Kahlschlag in einen schlechten. In der Pathologie wird mit Degradation der proteasomale Abbau von nicht korrekt faltbaren Proteinen bezeichnet, an die enzymatisch mehrere Ubiquitin-Proteine gebunden werden [59]. Diese Proteinfaltungserkrankungen betreffen auch die Alterungsprozesse und weisen somit indirekt eine Beziehung zu Texturstörungen auf.

Die Bezeichnung „Degeneration“ wird im alltäglichen diagnostischen Sprachgebrauch uneinheitlich und somit oft missverständlich verwendet und ist im morphologischen Sinn als Texturstörung, Abbau und Umbau des bradytrophen Gewebes definiert. Von wenigen Autoren [358, 407, 186] wird empfohlen, den Begriff Degeneration zu verlassen und diesen durch den morphologischen Terminus „Texturstörung“ zu ersetzen. Der Begriff der „Degeneration“ wird somit ausschließlich im Sinne einer Texturstörung und eines Abbaus des bradytrophen Gewebes verwendet. In der histopathologischen Begutachtung sind prinzipiell eine Bewertung der Texturstörung (Degeneration) des Gewebes (Grad der Texturstörung) und eine diagnostische Bewertung der Kontinuitätstrennung mit Altersbestimmung erforderlich.

Die Bezeichnung „Texturstörung“ steht jedoch der Degeneration sehr nahe. Der Primärschaden ist die Texturstörung, die als Verletzung bei einer Bandruptur, aber auch als Überlastungsschaden, Alterung u. a. gewertet werden kann. Die Reaktion des Organismus auf diesen Schaden ist die Reparation, die dann zusammen mit der Texturstörung als „Degeneration“ bezeichnet werden könnte (Abb. 1.31).

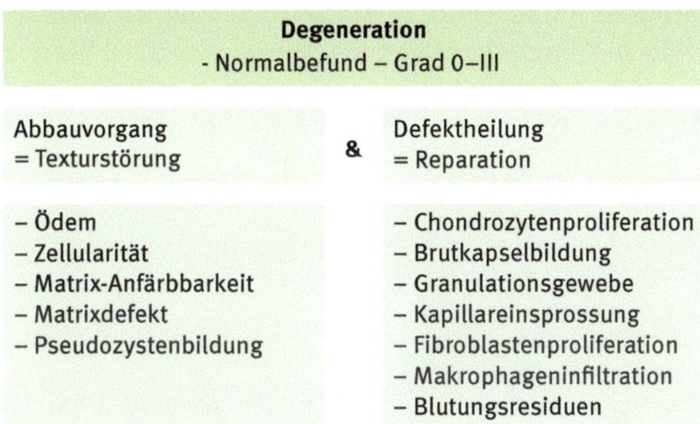

Abb. 1.31: Definition der „Degeneration“.

Wenn es um die Beurteilung eines Schadens geht, so steht das Erstschadensbild im Vordergrund, also die traumatisch bedingte Texturstörung. Unter einer Kontinuitätstrennung wird histopathologisch eine größere Unterbrechung der geweblichen Kontinuität verstanden, welche eine Oberfläche erkennen lässt. Die Oberfläche der Kontinuitätstrennung verändert sich durch die reparativen Vorgänge in einer zeitabhängigen und histologisch charakteristischen Weise (Altersbestimmung der Kontinuitätstrennung). Da zumeist ein längeres Zeitintervall zwischen Kontinuitätstrennung und Resektion besteht, werden insbesondere die nach einer Kontinuitätstrennung einsetzenden reparativen Vorgänge für die Altersbestimmung der Kontinuitätstrennung herangezogen, welche sich auch an der Oberflächen-Morphologie orientieren.

Eine eingeschränkte Beurteilung kann bei fragmentiertem Material und auch bei ausschließlichem Vorliegen von Gewebe aus der Kontinuitätstrennung bestehen [286]. Nicht nur in der Nachbarschaft einer Kontinuitätstrennung kommt es zu reparativen Vorgängen, diese finden sich auch bei „degenerativen" Abbauvorgängen (Texturstörungen), insbesondere des geordneten Bindegewebes. Dies ist im Texturstörungsscore durch das Kriterium „variable Zellularität" berücksichtigt. Kontinuitätstrennungen liegen abgesehen von einem Zerreißen oder Abreißen einer Struktur auch dann vor, wenn für die histopathologische Untersuchung Gewebe vom Operateur herausgeschnitten oder abgetrennt wird (chirurgische Kontinuitätstrennung). Es kommt zu einer Diskontinuität rezenten Charakters, die aber gutachtlich vom eigentlichen zu beurteilenden Schaden abzugrenzen ist. Um diese Situation zu klären und Missverständnisse zu vermeiden, sollte eigentlich vom Operateur dessen Schnittführung am Präparat markiert werden, um dem Pathologen die abgrenzende Beurteilung zu erleichtern. Um einen Meniskusschaden und dessen Ausmaß beurteilen zu können, entstand eine Einteilung der Degenerationsgrade in Anlehnung an KÖNN [231] sowie AUFDERMAUR [27] und MOHR [317, 318] mit der Bezeichnung der Meniskopathie mit der Unterscheidung von degenerativen und reaktiven Veränderungen. Degenerative Prozesse würden reaktive Modifikationen nach sich ziehen [231], welche wiederum nahezu identisch mit den reparativen Abläufen der Rissreparation sind. Eine Auflistung der Kriterien zeigt somit viele histologische Merkmale, wie sie sich auch bei den regressiven und reparativen Veränderungen nach einer traumatischen Ruptur des Meniskus finden (Tab. 1.12).

Tab. 1.12: Meniskusdegenerationsgrade, nach [231] .

Grad I:	
	mukoide Degeneration [1] Zellkernverlust (leichtgradig) Fehlen von Matrixzellen [2] aufgelockerter Faserverlauf [3]
Grad II: bei zusätzlichem Auftreten von:	
	Chondrozytenproliferation Brutkapseln Zellkernverlust (hochgradig)
Grad III: bei zusätzlichem Auftreten von:	
	Fibroblastenproliferation Kapillareinsprossung grober Matrixzersplitterung [4] Pseudozysten

[1] = Verquellung der Grundsubstanz mit Basophilie, [2] = i.S. einer deutlichen Abnahme der Zelldichte der Meniskusmatrix, [3] = auch als asbestartige Degeneration oder Faserde-maskierung bezeichnet, [4] = stärkere Form der asbestartigen Degeneration, bis hin zur Bildung der Fissuren)

Die Einteilung der Meniskusdegenerationsgrade enthält die Merkmale der Strukturstörungen und auch der Reparation. Funktionell stellt die sog. „Degeneration" eine Störung der anabolen/katabolen Balance chondrozytärer/mesenchymaler Zellen dar [3], welche zu einer Strukturänderung und in weiterer Folge zu einem Abbau und Umbau des Gewebes führt. Aus Gründen der diagnostischen „Praktikabilität" orientiert sich die gut reproduzierbare histopathologische Graduierung der Texturstörung von organisierten Bindegeweben (Sehnen, Bändern, Menisken, Bindegewebsknorpel/Meniskus) an den zellulären Veränderungen und den Matrix-Veränderungen [239] in einer abgestuften Form (Texturstörungsscore):
Texturstörung Grad 0
- Fibroblasten/Tendozyten isomorph, somit regelhafte Zellularität,
- Matrix homogen-eosinophil,
- Kollagen-Fibrillen, linear verlaufend mit intensiver polarisationsoptisch doppelbrechender Eigenschaft,
- keine fissuralen Defekte in der Matrix.

Texturstörung Grad 1
- leichtgradige reduzierte Zellularität an Fibroblasten und Tendozyten,
- inhomogene Abfärbung der Matrix,
- irreguläre verlaufende kollagene Fibrillen,
- minimale fissurale Defekte in der Matrix.

Texturstörung Grad 2
- mäßiggradige reduzierte Zellularität an Tendozyten und Fibroblasten, reduzierte Anfärbbarkeit mit umschriebenen fissuralen Defekten,
- auffällig irreguläre kollagene Fibrillentextur.

Texturstörung Grad 3
- hochgradig reduzierte Zellularität an Tendozyten und Fibroblasten, Nachweis von azellulären Arealen,
- Matrix mit hochgradig reduzierter Eosinophile und ausgedehnten fissuralen Defekten (Pseudozysten-Bildung).

Diese vorgeschlagene Graduierung basiert auf nur drei morphologischen Kriterien: 1) Zellularität (im Sinne der Zelldichte), 2) der Matrix-Anfärbbarkeit und 3) den Matrixdefekten. Dies reduziert die zu Verwirrung führende nicht eindeutige Terminologie in der Meniskus-Begutachtung und Begutachtung des organisierten Bindegewebes. Die Beurteilung erfolgt in enzymhistochemischen und/oder immunhistochemischen Standardfärbungen (z. B: Alcian/PAS-Färbung, van Gieson, Kollagene, Aggrekan-Abbauprodukte) (Tab. 1.13). Die geweblichen Veränderungen der Texturstörung bradytropher Gewebe lassen sich in einer 3-stufigen Graduierung (leichtgradig, mäßiggradig, schwergradig) erfassen, welche somit auf der Bewertung der zellulären und der azellulären Komponenten (Matrix) beruht. In der endgültigen Beurteilung sollte auch der Flächenanteil der Texturstörung/Texturstörungsgrade angegeben werden, ein Modus, welcher in der histopathologischen Tumordiagnostik üblich ist.

Tab. 1.13: Histopathologische Kriterien.

Färbung	**Texturstörung**	**Kontinuitätstrennung bei Texturstörung**	**Ruptur als Verletzung**	**Diagnostische Aussagen**
HE	Grade 1–3 der Texturstörung (KRENN [239])	1) Gewebliche Veränderungen abseits der Präparat-Oberfläche 2) Oberflächen-Morphologie der Kontinuitätsunterbrechung	Oberflächliche Morphologie der Kontinuitätstrennung	Degeneration, Grade der Texturstörung
PAS	Matrix-Beurteilung	Granulozyten und Fibrinidentifikation	Granulozyten und Fibrinidentifikation	Matrix-Textur, Reparation
ALCIAN PAS	Matrix-Beurteilung	Matrix-Beurteilung	Matrix-Beurteilung der Kontinuitätstrennung nahen Gewebeabschnitte	Matrix-Textur
FE	Hämosiderin-Depositionen	Hämosiderin Depositionen	Hämosiderin Depositionen	Altersbestimmung von Blutungen
POL	CPPA, Urat, Kalzifikationen	CPPA, Urat		Kristall-arthropathien
C4d		Kompliment-Aktivierung		Zeitlichkeit der Kontinuitätstrennung (DANKOF [99])
NITEGE	Abbauprodukt von Aggrecan (KRENN [240])			Matrix-Abbau

HE = Hämatoxylin-Eosin-Färbung als sog. Standardfärbung im Sinne der sog. Panchromatischen Färbung, PAS = Periodic-acid-Schiff; Enzymhistochemische Färbung zur Matrix-Darstellung, ALCIAN PAS = Enzymhistochemische Färbung zur Matrix-Darstellung, FE = Eisennachweis in der Berliner-Blau-Reaktion, POL = Polarisationsoptische Analyse, C4d = Komplementkomponente, NITEGE = „NH2-terminal aggrecan fragments generated by cleavage at the aggrecanase site"

Ein wesentliches Qualitätskriterium (Low-grade Texturstörung/High-grade-Texturstörung [240]) für ein diagnostisches Verfahren ist die Reproduzierbarkeit eines Ergebnisses durch verschiedene Untersucher. Die Kappa-Koeffizienten nach COHEN (statistische Wertung einer Beurteilungsübereinstimmung) lagen bei dem dreistufigen Einstufungssystem zwischen 0,6 und 0,7. Solche Werte gelten als befriedigend bis gut. Dies gab Anlass, den Score dahingehend zu vereinfachen, dass die

Grade 1 und 2 als Low-grade-Texturstörung zusammengefasst und dem Grad 3 als High-grade-Texturstörung gegenübergestellt wurden. Hierdurch resultieren höhere Kappa-Werte zwischen 0,93 und 1,0. Diese Werte bedeuten im Allgemeinen eine fast vollständige Kongruenz [240]. Der Texturstörungsscore zeigt somit eine sehr gute Interobserver-Variabilität. Durch die Reduktion auf ein zweistufiges Graduierungssystem gewährleistet der Meniskus-Texturstörungsscore eine geringe Variabilität zwischen Beobachtern (hohe Interobserver-Variabilität) und stellt einen die Matrixabbauvorgänge berücksichtigende Basis für die histopathologische Diagnostik der Meniskustexturstörung dar [239]. Die dreistufige Graduierung der Texturstörung (Tab. 1.14) ist für das Meniskusgewebe etabliert [239] und aufgrund der morphologischen Ähnlichkeiten der bradytrophen Gewebe auf alle Formen des organisierten Bindegewebes des Bewegungsapparates übertragbar (Abb. 1.32).

Tab. 1.14: Histologische Kriterien der Texturstörungsgrade (Texturstörungsscore) modifiziert nach [240].

Grad 0 Normale Morphologie	Regelhafte Zellularität mit homogener zellulärer Verteilung. Zellen isomorph. Kein Matrixdefekt: Matrix eosinophil, homogen, keine Fissuren
Low-grade-Texturstörung (Grad 1 und Grad 2)	
Grad 1 Leichte Texturstörung	Pathologische Zellularität mit inhomogener zellulärer Verteilung: leichte Verringerung und Variabilität der Zellularität in kleinen Bereichen. Matrixdefekt: inhomogen gefärbte Matrix Matrix mit fokalen kleinstteiligen Fissuren
Grad 2 Mäßige Texturstörung	Pathologische Zellularität mit inhomogener zellulärer Verteilung: mäßiggradige Verringerung mit inhomogener und Variabilität der Zellularität in großen Bereichen. Zellen in Form und Größe variabel. Matrixdefekt: inhomogen gefärbte Matrix mit mäßigen umschriebenen Fissuren
High-grade-Texturstörung (Grad 3)	
Grad 3 *Hochgradige* Texturstörung	Pathologische Zellularität mit inhomogener zellulärer Verteilung: hochgradige Verringerung und Variabilität der Zellularität: große zellfreie Areale. Matrixdefekt: inhomogen gefärbte, teils basophil gefärbte (mukoide Degeneration) Matrix mit Pseudozysten

Scores, die für die Meniskusbeurteilung gelten, sind grundsätzlich für alle bradytrophen Gewebe auch einsetzbar, also ebenso für histopathologische Sehnenpräparate. Dafür liegen semiquantitative Grading-Scores vor: BONAR-Score [90], MOVIN-Score [325] und KRENN-Score [240]. Dazu findet sich ein 4-Punkte-Scoring-System [23], gleichfalls mit einer semiquantitativen Einteilung (normal, slightly, moderately, markedly). Beim MOVIN-Score [325] werden folgende Parameter berücksichtigt: Faserstrukturen, Faserordnung, Zellrundung, Zellularität, Vaskularität, abnehmende

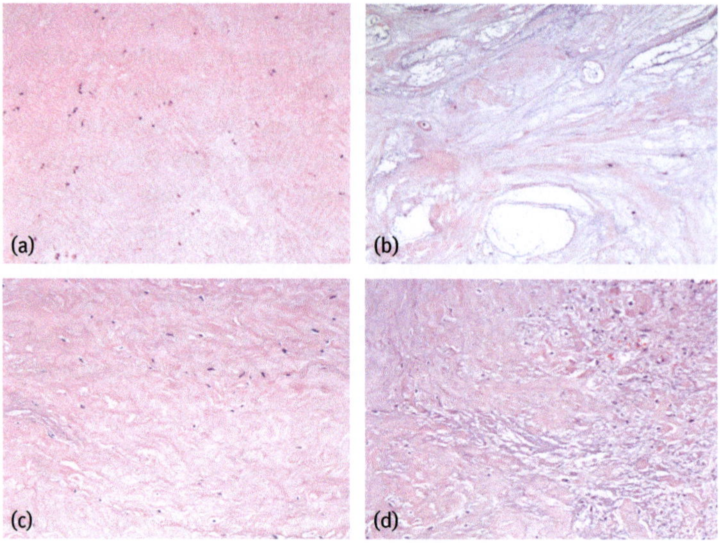

Abb. 1.32: Low-grade- versus High-grade-Texturstörung des Meniskus bzw. Bindegewebe und Sehnen. (a) = Low-grade-Texturstörung (Grad 1) am Meniskus mit leichtgradiger Reduktion der Zellularität, gering inhomogen gefärbte Matrix, (b) = High-grade-Texturstörung (Grad 3) am Meniskus mit hochgradiger Reduktion der Zellularität, großen zellfreien Arealen und Nachweis von Pseudozysten, (c) = Texturstörungsgrad 1 an der Sehne mit leichtgradig reduzierter Zellularität an Fibroblasten und Tendozyten, gering inhomogener Abfärbung der Matrix mit irregulär verlaufenden kollagenen Fibrillen sowie minimalen fissuralen Defekten in der Matrix, (d) = Texturstörungsgrad 3 an der Sehne mit hochgradig reduzierter Zellularität an Tendozyten und Fibroblasten und Nachweis von azellulären Arealen, die Matrix mit variabler Eosinophile und fissuralen Defekten. In der rechten Bildhälfte reparative Veränderungen mit Fibroblastenproliferaten, Kapillarproliferaten und leukozytärer entzündlicher Infiltration (HE-Färbung, Originalvergrößerung etwa 150×).

Kollagenanfärbbarkeit, nicht kollagene extrazelluläre Matrix, Fibrose-Hyalinisierung sowie der Gehalt an Glycosaminoglycan. Unter Berücksichtigung dieser Faktoren resultiert der Satz: Time zu abandon the „tendinitis mythm" [228]. In den verschiedenen Scores werden die Einzelfaktoren unterschiedlich verwendet (Tab. 1.15) – mit einem Kappa-Index (Intraobserver Reliability von 0,790 bis 0,963 nach MAFFULLI [285]) bzw. mit einem Kappa-Index (Interobserver Reliability von 0,32 bis 0,71 nach FEARON [125]).

Wird die Aussage von MAFFULLI [283] berücksichtigt, dass Tendinosen in Sehnen nicht diffus gleichwertig verteilt sind, sondern bei einer Achillessehnenruptur die festgestellte Texturstörung proximal der Ruptur stärker ausgeprägt ist als distal, und vergleicht dies mit intakten, aber tendinotisch veränderten Sehnen, so zeigt sich anhand der semiquantitativen Score-Auswertung bei Achillessehnen ohne Schaden ein Score-Wert von durchschnittlich 4,8, bei einer Tendinose von 10,5 im Bereich einer Ruptur mit 17,8 als durchschnittlichen Wert, der proximal mit 16,2 und distal mit 15,2 beschrieben wird (Tab. 1.16).

Tab. 1.15: Histologische Einzelfaktoren in den semiquantitativen Gradig-Scores.

	MOVIN [325]	BONAR in COOK 2004	MAFFULLI [285]	FEARON [125]
Cell morphology	+	+	+	+
Collagen arrangement	+	+	+	+
Cellularity	+	+	+	
Vascularity	+	+	+	+
Ground substence (GAG)	+	+	–	
Hyalinization	+	–	–	

Tab. 1.16: Scoreauswertung bei intakten, tedinotischen und rupturierten Achillessehnen.

	Maffulli [282]	Tallon [451]	Maffulli [286]
Achillessehne ohne Schaden, Ø 63. LJ	6,5	5,9	3,8 proximal
			4,1
			3,5 distal
Tendopathie Ø 36. LJ		10,5	
Ruptur Ø 46. LJ	20,5	17,4	16,2 proximal
			19,8
			15,2 distal
Operation innerhalb	48 Stunden	48 Stunden	
Kappa	0,53–0,90	0,17–0,75	0,58–0,91

Die gängigen Scoring-Systeme für die Klassifikation der histopathologischen Befunde bei der Tendinose sind derzeit der Movin-Score [325], validiert für die Achillessehne nach LONGO [266] und MAFFULLI [282, 284], dazu der Bonar-Score [89] für die Patellarsehne und die Bizepssehne [267] sowie für die Rotatorenmanschette [265] . Aktuell wird für die Achillessehne auch ein Ruptur-Score nach MUTLU [330] vorgelegt, in Anlehnung an NILSSON-HELANDER [340]. Eine Texturstörung ist der alters- oder überlastungsbedingte und auch krankhafte Abbau des bradytrophen Bindegewebes am Stütz- bzw. Bewegungsapparat (Regression). Die Folge einer Abbaureaktion ist naturgemäß der Regenerationsversuch oder die Defektheilung als Reparation. Letztere ist mit einer Zellproliferation verbunden, d. h. mit einer Zellvermehrung. Da die Bezeichnung „Degeneration“ in den unterschiedlichen Disziplinen der Pathologie (Neuropathologie, Hepatopathologie, gastrointestinale Pathologie) „organspezifisch auf das jeweilige Organsystem bezogen“ verwendet wird, ergibt sich eine missverständliche Situation gerade im Hinblick auf die sog. Degeneration am Bewegungsapparat bzw. am bradytrophen Bindegewebe. Am Bewegungsapparat gilt als Degeneration ein Abbauvorgang des bradytrophen Gewebes, welcher in Abhängigkeit des klinischen Verlaufes auch mit reparativen Veränderungen vergesellschaftet ist. Im Kontext des bradytrophen Gewebes (Sehnen-, Band-, Knorpelgewebe in allen Formen, d. h. Faserknorpel, hyaliner Knorpel, elastischer Knorpel) gilt, dass Degeneration, wenn ein Primärschaden gemeint ist, als „Texturstörung" zu verstehen ist. Die bradytrophe Gewebestruktur erfährt einen grundlegenden Wandel, in erster Linie im Sinne eines Abbauprozesses, d. h., die Zellen werden weniger, die Matrix erleidet einen Schaden im Sinne von Defektbildungen und unterschiedlicher Anfärbbarkeit bis hin zu sog. Pseudozystenbildungen. Bei einem langzeitigen und somit „chronischen" Verlauf einer „Degeneration" erfolgt neben den ständigen Abbauvorgängen auch in Abhängigkeit vom Zeitverlauf eine reparative Veränderung. Diese umfasst im Wesentlichen eine Proliferation (sog. Chondrozytenproliferation, Brutkapselbildung). Im Falle einer Vaskularisation entstehen auch eine Granulationsgewebsbildung, eine Kapillareinsprossung und eine Fibroblastenproliferation. Es werden somit in einem Präparat gleichzeitig nebeneinander „degenerative" (im Sinne eines Abbau- und Verschleißprozesses) als Texturstörung und reparative Veränderungen nachgewiesen. Dieses Nebeneinander von Abbau (Texturstörung im eigentlichen Sinn) und Reparation (Versuch einer Wiederherstellung) wird als ein sog. „chronischer" Abbau des bradytrophen Gewebes" definiert. Letztendlich zielt jede Fragestellung darauf ab, ob es sich um eine primär traumatische, also exogene Ursache oder aber um einen primären Abbau, also um eine nicht exogen herbeigeführte Kontinuitätstrennung handelt.

Altersspezifische Veränderung

Es gibt orientierende Daten [27, 231, 317, 318], dass mit zunehmendem Alter eine fortschreitende Abbausituation, Verschleißsituation, des bradytrophen Gewebes eintritt. Bei Patienten über 50 Jahren liegen immer Texturstörungen, zumeist in Grad 2, vor. Eine Grad-3-Degeneration ist aber stets als eine über das Altersmaß hinaus bestehende Degeneration zu bewerten (Krankheit?). In der Abhängigkeit des Alters kann eine leicht- bis mäßiggradige degenerative Veränderung (Texturstörung) bestehen. Es finden sich unter anderem auch umschriebene kleine Kontinuitätstrennungen sowie unterschiedlich ausgeprägte reparative Veränderungen. Ausgedehnte Kontinuitätstrennungen liegen nicht vor.

Nicht traumatische Texturstörung

Es besteht schwergradig degenerativ verändertes Gewebe (Grad 3 der Texturstörung) mit unterschiedlich alten repetitiven Vorgängen. Somit ist von einem fortschreitenden Prozess mit kontinuierlicher Reparation auszugehen, d. h. nicht altersentsprechendem Gewebe mit schwergradiger Texturstörung und ausgeprägten reparativen Veränderungen.

Idealkonstellation, Trauma

Es findet sich ein altersentsprechendes, nicht strukturgestörtes Gewebe mit ausgedehnter Kontinuitätstrennung, und diese ist zeitlich (histopathologische Bestimmung des Alters) mit den klinischen Angaben des Traumas übereinstimmend, d. h. Degenerationsgrad 1 (altersentsprechend), Kontinuitätstrennung frisch, mit dem klinischen Trauma übereinstimmend, ohne reparative Veränderungen.

Ätiologisch sind eine *primäre* Texturstörung und eine *sekundäre* Texturstörung zu unterscheiden. Klinisch und in der medizinischen Begutachtung wird oft die Bezeichnung „Vorschädigung" verwendet. Hiermit soll zum Ausdruck gebracht werden, dass eine Texturstörung des bradytrophen Gewebes besteht, welche in der Ausprägung über den altersspezifischen Veränderungen liegt, ohne dass ein Zusammenhang mit der klinisch erkennbaren Symptomatik bestehen muss (vgl. Vorschaden vs. Schadensanlage). Formal-pathogenetisch stellt die „Degeneration" eine Störung der anabolen/katabolen Balance chondrozytärer/mesenchymaler Zellen dar [3]. Kausalpathogenetisch unterschieden wird eine primäre Texturstörung/Degeneration von einer sekundären Texturstörung/Degeneration.

Primäre Texturstörung

Diese stellt eine das altersübliche Maß überschreitende Texturstörung ohne klinisch bekannte Noxen dar. Mit fortschreitendem Alter erfolgen eine „physiologische" Texturstörung und ein Abbau von bradytrophen Geweben, wobei diese Veränderungen nicht den höchsten Grad erreichen. Unter der primären Texturstörung des bradytrophen Gewebes werden somit alle Veränderungen verstanden, welche klinisch als Gewebe-Aufbrauch („Verschleiß") bezeichnet werden und deren Ursache nicht auf eine andere Grunderkrankung zurückzuführen ist.

Sekundäre Texturstörung

Diese ist eine Texturstörung als Folge von klinisch definierten Noxen/Erkrankungen, wie beispielsweise entzündlichen Gelenkerkrankungen (Rheumatoide Arthritis, Infektiöse Arthritis) und nichtentzündlichen Gelenkerkrankungen (Arthrose) sowie Kristallarthropathien (z. B. Gicht).

Beurteilung von fragmentierten bradytrophen Gewebeanteilen

Das Meniskus-, Band- und Sehnengewebe gelangt seit der Einführung der Arthroskopie meist in Fragmenten zum Pathologen. Nicht in jedem übersandten Untersuchungsgut lässt sich eine eindeutige Trennung von rissfernen und rissnahen Anteilen durchführen. Hierauf sollte bei der Interpretation/Befundkommentierung eingegangen werden. Eine eindeutigere Befundkonstellation liegt dann vor, wenn im übersandten Material rissferne Partikel erfasst sind. In diesen kann das Ausmaß der primären Texturstörung (im Sinne einer sog. „Vorschädigung") relativ zweifelsfrei in Abhängigkeit vom Alter des Patienten (Abgleich mit dem altersentsprechenden Texturstörungsgrad) bestimmt werden. Man bedenke, dass allen vom Chirurgen abgetrennten

Partikeln durch das Abtrennen eine rezente Verletzung zugefügt wurde, dies bedarf der Berücksichtigung bei der Bewertung des eigentlichen Präparates.

Zum Verständnis histopathologischer Befundberichte werden Erklärungen erforderlich:

„Degeneration"/Texturstörung
Im morphologischen Sinn ist die Degeneration, eine Texturstörung, als Abbau und Umbau (Reparation) des bradytrophen Gewebes definiert. Eine dreistufige Graduierung wird empfohlen [240].

Kontinuitätstrennung
Unter einer Kontinuitätstrennung wird eine teilweise oder vollständige Unterbrechung einer geweblichen Struktur verstanden, welche eine Oberfläche erkennen lässt. Da Kontinuitätstrennungen größere Unterbrechungen darstellen, sind diese auch mit Einblutungen assoziiert. Der Hämosiderin-Nachweis, speziell im Synovialgewebe (synoviale Deckzellschicht, subsynovial mit Makrophagen), ist entscheidend. Eine ursächliche Bewertung sollte im gesamten Kontext erfolgen.

Resorption
Wesensmäßig werden alle inflammatorischen Prozesse, welche zur enzymatischen Auflösung von nekrotischen oder geschädigten Geweben führen, als sog. resorptive Entzündung („Resorption") bezeichnet: Dies beinhaltet Granulozyten- und Makrophagen-Infiltrationen, Kapillar- und Fibroblasten-Proliferate.

Regeneration
Es entsteht eine Wiederherstellung eines Gewebes nach Zellverlust durch Proliferation (z. B. der originären Faserknorpelzellen als Pseudoknorpelzellen und Brutkapseln; Restitutio ad integrum). Der ursprüngliche Gewebezustand wird dann ohne Narbe wiederhergestellt. Das Regenerationspotenzial ist in erster Linie abhängig von dem Gewebetypus, den lokalen Faktoren (Schädigungsmodus) und dem Alter des Patienten.

Reparation
Bei der Regeneration im Sinne der Restitutio ad integrum, bei der Reparation, liegt eine Defektheilung (Narbenbildung) vor. Die reparative Proliferation umfasst auch die an die Exsudation von Blutbestandteilen gebundenen Vorgänge (inflammatorischen Prozesse), die Proliferation von chondroiden Zellen als Regeneratknorpelbildung, die Proliferation von Fibroblasten, die Kapillarisierung, die Vernarbung, den Nachweis von Blutungsresiduen, die Organisation von Fibrinexsudaten und Blutungen. Diese in einem histologischen Präparat gleichzeitig nachweisbaren Veränderungen von Texturstörung und Reparation sind die Kennzeichen einer Degeneration des bradytrophen Gewebes. Dazu kommt es zur Neovaskularisation und zur Fibroblastenproliferation mit Entwicklung eines kollagenfaserigen, zunächst zellreichen, später zellarmen fibrösen Regeneratgewebes (Defektheilung, Narben).

Regression
Es liegt eine histopathologisch erkennbare regressive Rückbildung der gewebespezifischen Charakteristika, somit im Sinne eines Gewebe-Substanz-Verlusts, vor. Dies ist gleichbedeutend mit der Bezeichnung Gewebetextur-Störung bzw. Atrophie, aber auch „Degeneration" im Sinne der Zellpathologie. Die Regression sollte aufgrund des neuen Konzeptes der Texturstörung verlassen werden. Die regressiven Veränderungen sind Zeichen der Geweberückbildung, die reparativen Maßnahmen stellen ein geschädigtes Gewebe wieder her. Beide Bezeichnungen (reparativ und regressiv) werden nach wie vor im histopathologischen Befundbericht verwendet. Darunter sind unterschiedliche Vorgänge zu verstehen (Tab. 1.17).

Tab. 1.17: Erläuterungen zu den Bezeichnungen „reparativ und regressiv".

Reparative Veränderungen	**Erläuterung**
Proliferation von Fibroblasten	Proliferation und Migration von Fibroblasten in den fibrinoiden Belag
Proliferation von Chondrozyten	Proliferation von Chondrozyten, Vorläufer der Brutkapseln
Brutkapselbildung	durch chondroide Metaplasie entstanden
Glättung der Risskante	Abschluss der Meniskusreparation durch ein fibröses Narbengewebe mit parallel verlaufenden Faserzügen
Kollagenfaservermehrung	Kollagenfaserbildung durch Fibroblasten, führt im weiteren reparativen Verlauf zur Rissglättung
Spindelzellproliferation	häufig verwendeter, jedoch ungenauer Begriff für Fibroblasten, Fibrozyten oder Meniskozyten
Entstehung von Narbengewebe	faserreiches, zellarmes Gewebe, führt im günstigsten Fall zur Rissglättung
Fibrinexsudation	frühester reparativer Prozess, bildet fibrinoiden Belag auf einem frischen Riss
Kapillareinsprossung	reparativer Vaskularisationsprozess, nur bei Läsionen innerhalb der gefäßführenden Zone
Regressive Veränderungen	
Auflockerung der Matrix	spaltförmige Lückenbildung mit Texturauflockerung, bedingt durch Ödem im Rissbereich
Histiolysen	von Pathologen synonym zur Matrixauflockerung verwendeter Begriff
Fissuren	Spalten, kleine bis kleinste Einrisse oder Zerfaserung in der Meniskusmatrix
mukoide Degeneration	traumatisch entstandene Hohlräume werden durch Einpressen von Synovialflüssigkeit mit schaumigem Hyalonurat gefüllt
Entstehung von Pseudozysten	Unterschied zwischen mukoider Degeneration und Pseudozysten nur quantitativ
Entstehung von Nekrosen	frühe regressive Veränderung mit Kernpyknose und Faserentkernung
Entstehung eines Matrixödems	erste regressive Veränderung, Ausbildung eines intrazellulären Ödems im Rissbereich
Zellkernverlust	Teilaspekt der Entstehung von Nekrosen, von Kernpyknosen begleitet bzw. deren Fortsetzung

Schäden des Sehnengewebes (Tendinose) durch mechanische Überbelastung führen zu mikroskopischen oder auch makroskopischen Dehiszenzen des tendinösen Gewebes (sog. sekundäre „Degeneration"/Texturstörung) mit folgender Pathogenese: Schwerwiegende Makrotraumen in Verbindung mit einer klinischen Symptomatik ziehen einen Kontinuitätsverlust nach sich, dieser kann partiell vorliegen (partielle Ruptur) oder vollständig (komplette Ruptur). In diesen seltenen Fällen liegt histopathologisch regelhaftes Sehnengewebe ohne Zeichen einer Texturstörung (im Sinne einer Degeneration, einer sog. Vorschädigung) vor. Rezidivierende Mikrotraumen verursachen fokalen Zelluntergang, Vernarbung, Granulationsgewebsbildung, welche als Äquivalent der Texturstörung anzusehen sind. Mikrotraumen laufen in aller Regel ohne klinische Symptomatik ab.

Bei der Ligamentose handelt es sich um das pathologische Korrelat der Tendinose an ligamentären Strukturen, die den Zugsehnen gleichen [247, 250] (vgl. Band 2, Kapitel 5). So wie es bei der Tendinose um eine Texturstörung des Sehnengewebes und bei der Ligamentose um eine Texturstörung der Bänder geht, ist die Chondrose eine Texturstörung des Knorpels. Die Meniskopathie ist als vorzeitige „Degeneration" (= Texturstörung) des Kniegelenkmeniskus definiert [393, 319] und entspricht der Meniskose. Nach MOHR [319] „fördern die akzessorischen Strukturen als Disken, Menisken und Labren die Gelenkkongruenz und sie gleichen ihrem allgemeinen Aufbau nach den Zwischenwirbelschäden und dem Gewebe der Schambeinfuge aus breiten Bündeln kollagener Fasern mit nur geringem Proteoglykangehalt". Aus der kollagenen Faserstruktur resultiert bei mechanischer Überlastung die Texturstörung [239].

Histopathologie des normalen und des pathologischen Meniskus

Die Aufgaben der histopathologischen Meniskusdiagnostik bestehen in

1. der Beurteilung der Meniskus-Textur gemäß dem Texturstörungsscore [239]. Dies erfolgt in Zusammenhang mit dem Patientenalter. Hierdurch soll die Frage geklärt werden, ob eine sog. über das Patientenalter hinaus bestehende Texturstörung („sog. Degeneration") vorliegt,
2. der Charakterisierung von reparativen Veränderungen,
3. einer Altersbestimmung der Kontinuitätstrennung [133],
4. der Führung des Nachweises von endogenen Depositionen (Kalziumpyrophosphat) und exogenen Fremdmaterial-Depositionen (Z. n. Bandplastik) und in
5. der Beurteilung (in Verbindung mit den klinischen Informationen), ob die Kontinuitätstrennung traumatisch oder nichttraumatisch bedingt ist.

Altersbestimmung von Kontinuitätstrennungen des Meniskus [133]

Diese Altersbestimmung stützt sich auf die Morphologie arthroskopisch gewonnener Meniskusresektate:

Tag 0:	Nekrose, Faserruptur, Faserödem, Fibrinanlagerung, kleinere Blutungen
< 7 Tage:	Anlagerung eosinophiler, bandförmiger homogener Eiweißsubstanzen mit Fibrin, flammenzungenartige Zergliederung der Faserstrukturen, Gefäßproliferate
< 21 Tage:	Chondrozytenproliferate, Brustkapseln

< 28 Tage: Fibroblastenproliferate (im aligamentären Bereich), Abnahme des Ödems, mesenchymale Sklerose

< 35 Tage: Faserpannus (vom ligamentären Bereich ausgehend), kleine Zellkerne, spindelig parallel zur Meniskusoberfläche ausgerichtet

< 56 Tage: zonaler Anschluss der Narbe an erhaltenen Meniskusknorpel, fibrozytenreiches, später faserhaltiges Narbengewebe

< 140 Tage: Restitution mit chondroider Transformation

Die Rissalterbestimmung von Meniskusgewebe lässt sich in drei Phasen einteilen [328]:

- Phase 1 (Nekrosephase): Diese umfasst das akute Geschehen von einem Tag bis zwei Wochen und zeichnet sich durch Auffaserung, Nekrose, Ödem und Fibrinauflagerungen aus.
- Phase 2 (Regenerationsphase): Diese beinhaltet die Zeit von etwa der 2. bis zur 5. Woche. Hier bestehen reaktive Fibroblastenproliferate sowie Regeneratknorpelbildung.
- Phase 3 (Reparationsphase): schließt sich ab der etwa 6. Woche bis zum 5. Monat an und ist durch Rissrandglättung und Narbenbildung gekennzeichnet.

Gemäß den histologisch erkennbaren Strukturänderungen (Abb. 1.33) des Meniskus lässt sich das Alter der Diskontinuität feststellen. Der Hämosiderinnachweis ist erst ab dem 5. Tag nach der Strukturdurchtrennung möglich.

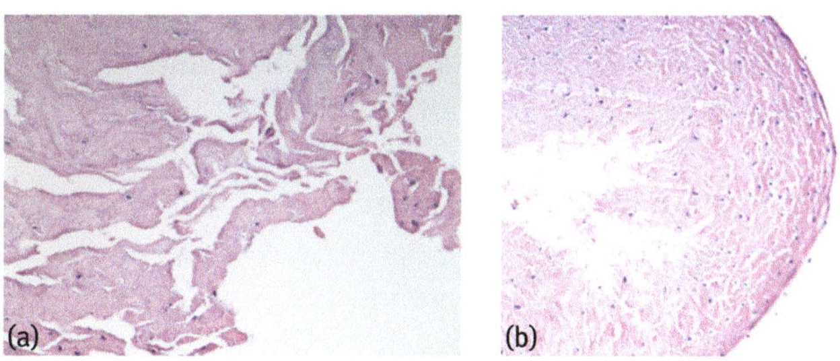

Abb. 1.33: Altersbestimmung von Kontinuitätstrennungen des Meniskus. (a) = frische Kontinuitätstrennung (< 1 Woche): flammenzungenartige Oberfläche mit Zergliederung der Faserstrukturen und minimaler Anlagerung von Erytrozyten eosinphiler, bandförmger homgenen Fibrin-Auflagerung, (b) = alte Kontinuitätstrennung (< 5 Wochen): Polypoide, glatte Oberfläche, kleine Zellkerne, spindelige, zumeist parallel zur Meniskusoberfläche ausgerichtete Zellen. In der mittleren Bildfläche zum Teil artifizielle Herauslösung von Gewebeanteilen, somit hier keine Kontinuitätstrennung, HE-Färbung, Originalvergößerung etwa 150×.

Histopathologie des normalen und des pathologischen Sehnengewebes

Die Aufgaben der histopathologischen Sehnendiagnostik sind vergleichbar mit denen der Meniskusdiagnostik, auch hier gilt der Texturstörungsscore (vgl. Band 2, Kapitel 8.1).

Altersbestimmung von Kontinuitätstrennungen des tendinösen Gewebes

Die Zeitangaben zu den reparativen Veränderungen nach Teil-Kontinuitätstrennung (sog. Rissaltersbestimmung) stützen sich auf ältere tierexperimentelle Daten [371] und sind aufgrund der morphologischen Ähnlichkeiten von tendinösen Geweben auf humanes Gewebe übertragbar [475]:

1.–2. Tag: aufgefasertes Sehnengewebe mit reduzierter Zellularität der Tendozyten (rissnahe Nekrose), Fibrinpräzipitate und dichter neutrophilengranulozytärer entzündlicher Infiltration. In diesem Zusammenhang sollte darauf hingewiesen werden, dass durch die Manipulation des Meniskus beim operativen Eingriff (z. B. durch arthroskopische Zange) ebenfalls Auffaserungen erfolgen bzw. erfolgen können. Diese artifiziellen Auffaserungen können in seltenen Fällen von der eigentlichen frischen Kontinuitätstrennung schwer abgrenzbar sein. Artifizielle Auffaserungen zeigen, da sie weniger als eine Stunde alt sind, im Allgemeinen keine Fibrinpräzipitate und keine bzw. geringe neutrophilengranulozytäre Infiltrate.

bis 4. Tag: Immigration von Endothelien aus dem peritendinösen Gewebe.

5.–7. Tag: ab diesem Zeitpunkt ist Hämosiderin nachweisbar.

6.–12.Tag: Ausbildung von Granulationsgewebe mit Abbau des nekrotischen Sehnengewebes.

ab 21. Tag: Nachweis eines zellarmen Ersatzgewebes.

bis zum 64. Tag: Zunahme der Matrix und Wiederherstellung eines weitgehend normalen Sehnengewebes, d. h., ab diesem Zeitpunkt bis zum 90. Tag ist die Narbe nicht mehr erkennbar, auch kein Hämosiderin.

ab dem 90. Tag: weitgehend wiederhergestelltes Sehnengewebe, auch Bandgewebe. Die hier beschriebenen Veränderungen betreffen eine partielle Durchtrennung der Achillessehne des Kaninchens, sind aber, abgesehen von der Wiederherstellung des Sehnengewebes, weitgehend auf vollständige Sehnen- oder Banddurchtrennungen übertragbar (Abb. 1.34).

Morphologisches/immunhistochemisches Substrat beim Overuse-Phänomen

Formal-pathogenetisch liegt bei dem Overuse-Phänomen eine sich wiederholende mechanische Überbelastung des kollagenen straffen Bindegewebes (Sehnengewebe) vor. Aufgrund des gleichförmigen Aufbaus des organisierten kollagenen straffen Bindegewebes ist es naheliegend, dass die morphologischen Veränderungen weitgehend lokalisationsunabhängig sind (mit Ausnahme der Rotatorenmanschette), somit einem relativ stereotypen Läsionsmuster folgen. Im Vordergrund steht eine primär nicht entzündliche, somit „degenerative Erkrankung“, welche als morphologisches

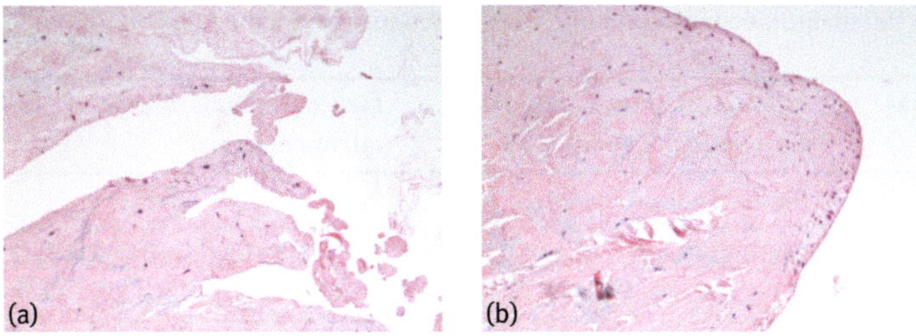

Abb. 1.34: Altersbestimmung von Kontinuitätstrennungen des tendinösen Gewebes. (a) = frische Kontinuitätstrennung (1. Tag bis 2.Tag): aufgefaserte Oberfläche mit Fibrinpräzipitaten, (b) = alte Kontinuitätstrennung bis zum 64. Tag: polypoide Oberfläche mit dendritisch geformten Fibroblasten und Wiederherstellung eines weitgehend normalen Sehnengewebes, HE-Färbung, Originalvergrößerung etwa 150×.

Substrat einer Texturstörung des kollagenen straffen Bindegewebes zugrunde liegt. Erst in weiterer Folge und somit als sekundäres Phänomen treten reparative Prozesse auf, welche durch Proliferation ortsständiger Zellen, Immigration von leukozytären Zellen verursacht sind. Das Wesen der morphologischen Veränderungen besteht in der Alteration des regelhaften kollagenen straffen Bindegewebes, die sich gemäß dem Texturstörungsscore (sog. Degenerationsscore) in einer dreistufigen morphologischen Graduierung (Grad 1 bis Grad 3) abbilden lässt. Im Vordergrund stehen neben der inhomogenen Verteilung der Zellen die Matrix-Veränderungen. Immunhistochemisch besteht eine Zunahme des Kollagens Typ III, welches als sog. reparatives Kollagen (Abb. 1.35) angesehen wird [440].

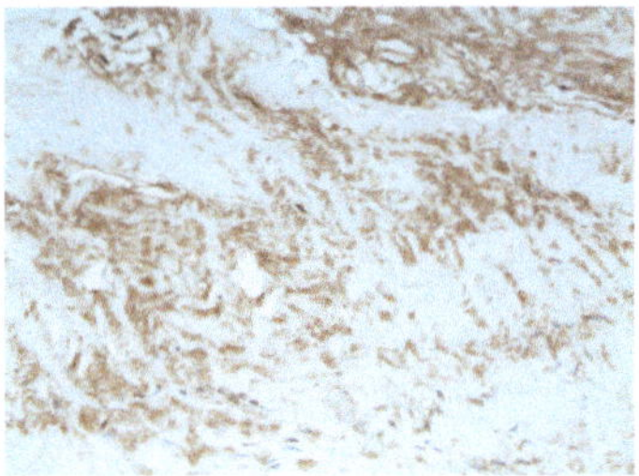

Abb. 1.35: Immunhistochemische Kollagen-Typ-III-Expression im tendinösen Gewebe (Texturstörungsgrad 3), als Ausdruck von reparativen Veränderungen (sog. reparatives Kollagen), indirekte Immunhistochemie, Originalvergrößerung etwa 150×.

Da bei reparativen Prozessen proliferative Veränderungen im Vordergrund stehen, werden diese Veränderungen auch als eine sog. angio-fibroblastische Hyperplasie bezeichnet. Nach ausgeprägter resorptiver leukozytärer entzündlicher Infiltration können auch Kalzifikationen nachgewiesen werden. Für eine Beurteilung der Diskontinuität von Sehnen ist die Frage zu klären, ob eine echte traumatische Sehnenzerreißung („Spontanruptur“) oder eine Kontinuitätsunterbrechung bei einem Sehnenschaden (Tendinose) vorliegt. Histopathologisch ergeben sich bei der Beurteilung nichtentzündlicher Tendopathien dazu Hinweise (Tab. 1.18).

Tab. 1.18: Differenzierung der makromechanischen und mikromechanischen Sehnenschäden.

Makromechanisch „traumatisch“	Mikromechanisch „degenerativ, overuse, Tendopathie“	Makromechanisch und mikromechanisch
Patientenalter etwa ≤ 30	Patientenalter etwa ≥ 30	Patientenalter variabel
Texturstörung: keine oder ≤ Grad G1	Texturstörung: ≥ Grad G2 und G3	Texturstörung: Grad G1 und G3
Kontinuitätstrennung: Fokal und einzeitig	Kontinuitätstrennung: Diffus und mehrzeitig	Kontinuitätstrennung: mehrzeitig
Histopathologische Altersbestimmung der Kontinuitätstrennung stimmt mit der Trauma-Anamnese überein	Histopathologische Altersbestimmung der Kontinuitätstrennungen stimmt mit Trauma-Anamnese nicht überein	Histopathologische Altersbestimmung der Kontinuitätstrennungen stimmt teilweise nicht und/oder teilweise schon mit der Trauma-Anamnese überein
Reparative Veränderungen: fokal und gering-gradig und stimmen mit der Trauma-Anamnese überein	Reparative Veränderungen: diffus und hoch-gradig und stimmen mit Trauma-Anamnese nicht überein	Reparative Veränderungen: diffus und hoch-gradig und stimmen teilweise nicht und teilweise schon mit der Trauma-Anamnese überein
Berlinerblau Reaktion ++	Berlinerblau Reaktion –	Berlinerblau Reaktion + und –
Kollagenverteilung: Typ 1 erhöht	Kollagenverteilung: Typ 3 erhöht	Kollagenverteilung: Typ 1 und Typ 3 erhöht

Unterscheidung von rissnahem und rissfernem Gewebe

Eine Beurteilung der Texturstörung setzt voraus, dass im übersandten Material rissnahes von rissfernem Gewebe unterscheidbar ist. Dies ist insbesondere bei der Übersendung von fragmentierten Materialien problematisch. Die Notwendigkeit der Beurteilung von rissfernem Gewebe besteht darin, dass einmal im Riss durch die Aufsplitterung/Fragmentierung des Gewebes eine Beurteilung des Gewebes selbst nur bedingt möglich ist und zum anderen rissnahes Gewebe durch den Riss selbst eine lokale sekundäre Schädigung im Sinne sekundärer Texturstörungen erfahren kann und somit für die Beurteilung der primären Texturstörungen nicht bzw. nur eingeschränkt geeignet ist.

Bei der Sehnendiskontinuität bedarf es der grundsätzlichen Frage, ob für die Kausalitätsbeurteilung rissnahes und rissfernes Gewebe untersucht werden muss. Nach MAFFULLI [286] unterscheiden sich die Biopsien von proximal- und distal-rissfern untereinander nicht. Die rissnahe Probe zeigt aber signifikant mehr Kollagen Typ III als Hinweis auf eine pathologische Tendozytenfunktion im Rissgebiet (Abb. 1.36). Es wird ein höherer Grad der Texturstörung in rupturierten Achillessehnen festgestellt [451]. Es besteht ein deutlicher Unterschied im Grad der Texturstörung zwischen rupturierten und nicht rupturierten Sehnen [451, 283, 284, 286, 23, 89, 325].

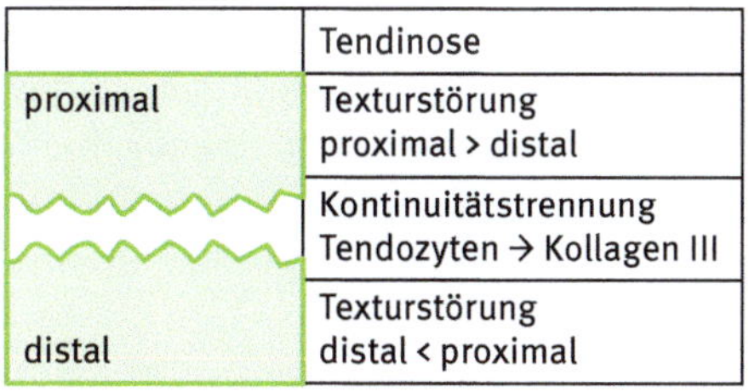

Abb. 1.36: Beurteilung der Sehnenstruktur, rissnahe und rissfern, bei einer gesunden und geschädigten Sehne mit einer Diskontinuität [283, 286]:

Ausgehend vom Zustand des betroffenen Bandes wird in der Bandpathologie unterschieden:

1. rezente erstmalige Ruptur,
2. Second-stage-Ruptur,
3. Reruptur,
4. Ruptur eines Bandersatzes,
5. Ligamentose.

Zu 1.:
Die komplette Ruptur stellt eine vollständige Kontinuitätstrennung des kollagenen straffen Bindegewebes dar.

Zu 2.:
Eine Second-stage-Ruptur bedeutet einen Restriss eines bereits in der Kontinuität vorgeschädigten Bandes. Histologisch kann das vorgeschädigte Band vom noch gesunden Restband unterschieden werden, da das noch gesunde, aber rupturierte Restbandgewebe einen regelhaften, altersentsprechenden histologischen Aufbau aufweist. Bei Rupturen auf der Basis von vorverletztem Sehnengewebe liegen die Zeichen der Vorschädigung/der reparativen Veränderungen und einer Kontinuitätstrennung vor. Somit finden sich Kapillarproliferate, lymphozytäre entzündliche Infiltrate als Äquivalent einer resorptiven Entzündung, Fibroblastenproliferate in unmittelbarer Nachbarschaft von kontinuitätsgetrenntem Bindegewebe entsprechend einem Narbengewebe.

Zu 3.:
Die Beurteilung von kontinuitätsgetrenntem Gewebe (bei Zustand nach vorausgegangener Behandlung und Ausheilung) als Reparatur ist histopathologisch nicht zweifelsfrei möglich. Unter der Voraussetzung, dass die Behandlung zu einer vollständigen Wiederherstellung des kollagenen straffen Bindegewebes geführt hat, ist das durch die Behandlung hervorgegangene Zweitgewebe vom primären kollagenen straffen Bindegewebe/Sehnengewebe nicht unterscheidbar (ab 60. Tag liegt hier kein Narbengewebe mehr vor).

Zu 4.:
Kommt es bei einer stabilen Kreuzbandersatzplastik zu einem neuen Unfallereignis, bedarf es der Abklärung, ob dieser Kreuzbandersatz (Patellarsehne oder Semitendino-

sussehne) tatsächlich einer Ruptur unterlag oder ob ein faseriger Aufbrauch zustande kam – einmal aufgrund einer Fehlplatzierung des Bandes, evtl. auch durch Exophyten an der Notch von Grant. Ein regelhaft eingewachsenes Band zeigt eine regelhafte Histologie. Ein aufgrund einer Fehlplatzierung rezidivierend geschädigtes Band zeigt Texturstörungen und reparative Veränderungen bei der histopathologischen Beurteilung:

1. LCA-Patellasehne: Die geweblichen Bestandteile, welche aus der Patellarsehne entnommen werden, umfassen hyalines Knorpelgewebe und Sehnengewebe. Die histopathologische Beurteilung von Texturstörung und Altersbestimmung der Kontinuitätstrennungen orientieren sich an den allgemeinen Kriterien des Sehnengewebes.
2. LCA-Semitendinosussehne: Die Beurteilung der Semitendinosussehne im Hinblick auf Texturstörung, reparative Veränderungen und Altersbestimmung der Kontinuitätstrennungen erfolgt gemäß den allgemeinen Kriterien der Sehnengewebe-Pathologie.
3. LCA-Zyklops-Syndrom: Es findet sich nach Kreuzbandersatz-Operationen mit autologem, zumeist Patellasehnengewebe. Hier kann eine umschriebene, polypoide, keulenartig konfigurierte Gewebsläsion insbesondere am tibialen Ansatz der Kreuzbandplastik nachweisbar sein. Die Bezeichnung Zyklops wurde gewählt, weil Ähnlichkeiten mit dem Hüpferling/Zyklops (sog. Lebendfutter für Aquarienfische) bestehen. Histopathologisch findet sich fibröses, nodös konfiguriertes Gewebe mit Knochendetritus, Vernarbung sowie resorptiver Entzündung [105]. Das histopathologische Äquivalent des Zyklops besteht somit in einer reparativen resorptiv entzündlichen Veränderung des kollagenen straffen Bindegewebes (Abb. 1.37).

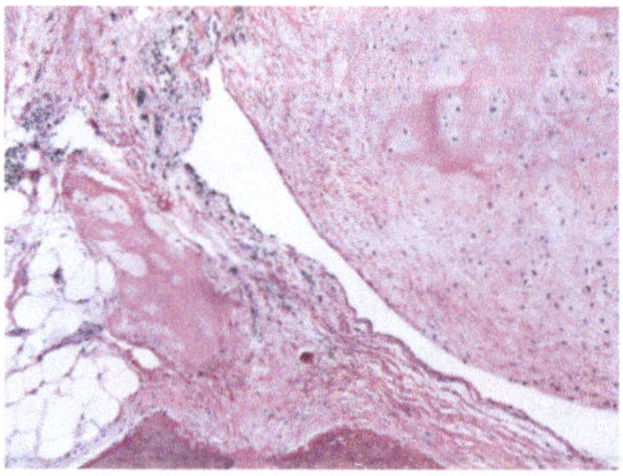

Abb. 1.37: Zyklops: nodös konfiguriertes Gewebe mit polypoider Oberfläche, Knochendetritus, Vernarbung sowie resorptiver Entzündung (Van Gieson-Färbung, Originalvergrößerung etwa 150×).

Die histopathologische Altersbestimmung von Kontinuitiätstrennungen einer Ersatzplastik orientiert sich an dem phasenhaften Ablauf der reparativen Veränderungen [371]. Kann keine reparative Entwicklung einsetzen, dann retrahiert sich die Bandstruktur mit der Ausbildung eines Narbenknotens, vergleichbar mit dem Zyklops-Syndrom. Diese Entwicklung ist abhängig davon, wie lange eine Ersatzplastik implantiert ist. Es muss also auch die anfängliche Transplantathyperplasie berücksichtigt werden. Sowohl beim traumatischen Schaden an der Ersatzplastik als auch beim mechanisch bedingten Aufbrauch zeigt sich histologisch texturgestörtes Narbengewebe, auch mit Hämosiderin-Einlagerungen. Beim Bandaufbrauch durch arthrotische Exophyten liegt das Spektrum der Texturstörungen von Grad 1 bis Grad 3 und gleichzeitig eine reparative Gewebeveränderung vor, evtl. auch mit einer kartilaginären oder ossären Metaplasie und einer resorptiven Entzündung.

Zu 5.:
Die Ligamentose [393] bezeichnet die Texturstörung [354, 3] eines Ligaments (früher „Degeneration“ eines Bandes). Dies trifft für das vordere Kreuzband (LCA) zu [124, 305, 324, 203, 291, 263, 52, 307, 332] sowie für das hintere Kreuzband (LCP) [354, 144, 470, 433]. Mit der Texturstörung an den Kreuzbändern erklärt sich auch die Ganglienbildung [52, 428], insbesondere in Verbindung mit der Gonarthrose [333]. Die Magnetresonanztomographie zeigt dann einige intakte Fasern, aber gleichzeitig eine Verdickung diffuser Art des Bandes mit zunehmender Signalintensität in der T2-Wichtung. Es handelt sich um vergleichbare Veränderungen bei der sog. „mukoiden Degeneration“ der Patellarsehne [421]. Diese Texturstörungen („mukoid degeneration“) sind selten [354, 129, 324, 341, 247] und können mit Ganglien der Kreuzbänder einhergehen [52, 297]. Insbesondere eignen sich diese Texturstörungen auch zur Fehldiagnose einer partiellen Ruptur, sowohl des vorderen [52, 129] als auch des hinteren Kreuzbandes [433, 469]. Ganglien sind histopathologisch definiert als Pseudozysten. Es handelt sich um einen Hohlraum mit nichtepithelialen, lumenbegrenzenden Zellen (Fibroblasten) bzw. Begrenzung durch nichtzelluläre Bestandteile [375]. Pathogenetisch geht der Pseudozystenbildung eine Proliferation von fibroblastenartigen Zellen (sog. Hyaluronoblasten) voraus, diese zeichnen sich durch eine exzessive Synthese von Matrixbestandteilen aus [155]. Daher besteht bei unvollständiger Ganglienentfernung eine relativ hohe Rezidiv-Wahrscheinlichkeit [449].

Da es sich bei Gelenk-Bändern und bei Sehnen jeweils um sog. straffes organisiertes Bindegewebe handelt, sind die gleichen diagnostischen Kriterien (Abb. 1.38) anwendbar, wie für das Sehnengewebe bereits beschrieben worden sind.

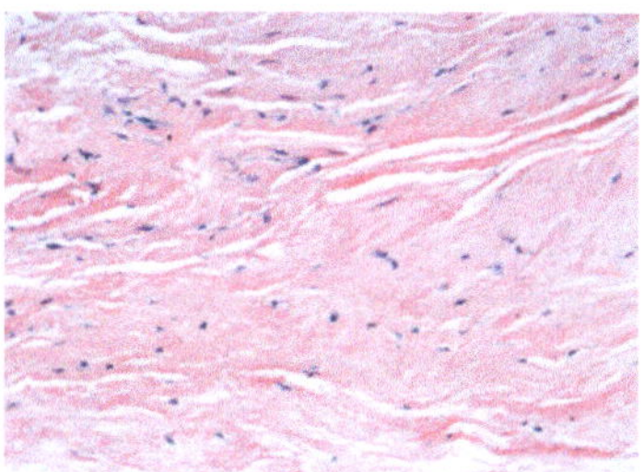

Abb. 1.38: Bandgewebe (ulnares Seitenband) mit leichtgradigen Texturstörungen (Grad 1), leichtgradig inhomogener Zellularität mit inhomogener zellulärer Verteilung: in kleinen Bereichen Matrixdefekte und inhomogen gefärbte Matrix (HE, Originalvergrößerung etwa 150×).

Die Histologie an Bandstrukturen zeigt folgende Charakteristika bezüglich des Bandzustandes (Abb. 1.39):

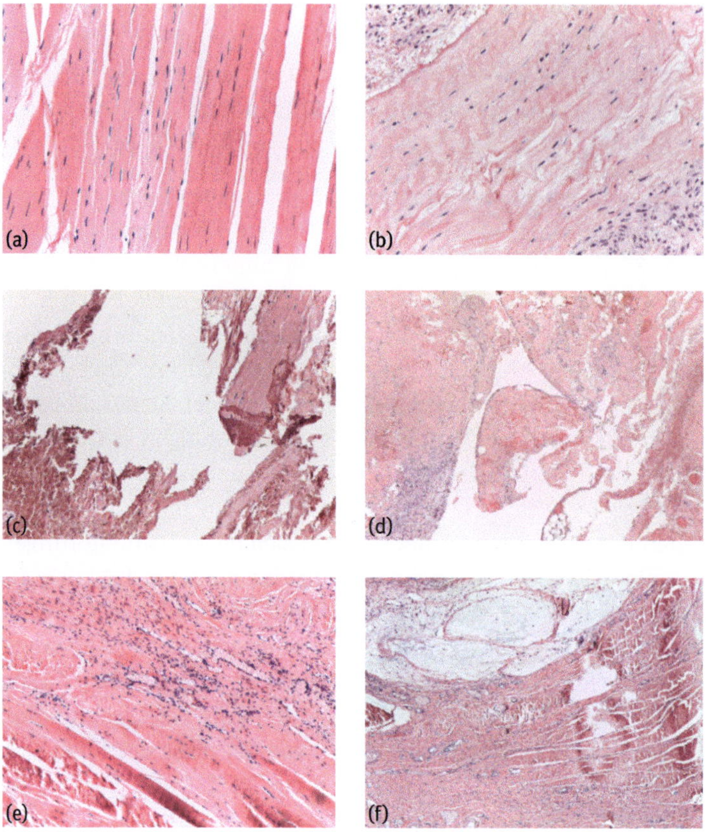

Abb. 1.39: Histopathologie des straffen organisierten Bindegewebes. (a) = regelhaftes Sehnengewebe, (b) = Sehnengewebe mit schwergradigen Texturstörungen (schwergradiger „Degeneration"), (c) = frische Sehnenruptur, (d) = „second stage"-Sehnenruptur, (e) = Ligamentose, (f) = Ligamentose mit Ganglion.

(a) **Regelhaftes Sehnengewebe**: eine homogene Eosinophilie der Grundsubstanz sowie eine homogene gleichförmige Verteilung der Fibroblasten/Tenozyten.

(b) **Sehnengewebe mit schwergradigen Texturstörungen** (schwergradige „Degeneration"): Inhomogene Eosinophilie der Grundsubstanz mit inhomogener Grundverteilung der Tenozyten sowie umschriebene Kapillarproliferate.

(c) **Frische Sehnenruptur**: umschriebene Dehiszenz mit ausgefaserter, fein filamentärer Oberfläche und Erythrozyten-Auflagerung.

(d) **„Second stage" Sehnenruptur**: neben umschriebenen frischen Rissanteilen ältere Rissanteile mit polypoid konfigurierter Oberfläche. Sehnengewebe mit Texturstörungen (in homogener Verteilung der Tenozyten einschließlich Kapillarproliferate).

(e) **Ligamentose**: ligamentäres, straffes Bindegewebe mit inhomogener Verteilung der Fibroblasten, umschriebener Kapillarproliferate sowie variabler Eosinophilie der Grundsubstanz.

(f) **Ligamentose mit Ganglion**: so genannte Pseudozyste, hochgradig zellarme Areale mit Basophilie und Begrenzung der Lumeninnenseite durch fibroblastenartige Zellen, abschnittsweise dendritisch geformte Fibroblasten im Sinne so genannter Hyaluronoblasten.

Stellvertretend für die Histopathologie der Faserknorpelstrukturen (Meniskus, Diskus, Labrum) sei auf die Wertung des Labrum glenoidale und Labrum acetabulare hingewiesen. Es handelt sich um Faserknorpel. Die histopathologische Beurteilung orientiert sich somit an den allgemeinen Kriterien der Texturstörung von Faserknorpel (in analoger Weise wie für die Meniskusdiagnostik). Gemäß dem sog. Texturstörungsscore (vgl. „Degenerationsscore") werden die geweblichen Veränderungen bewertet.

Die Kriterien basieren auf zellulären Veränderungen (Zellen des Faserknorpels), aber vorwiegend auf den Veränderungen der Knorpel- und Faserknorpelmatrix (azelluläre Komponente).

Die Altersbestimmung von Kontinuitätstrennungen des Faserknorpels orientiert sich entsprechend den histopathologischen Kriterien der Texturstörungsgrade:

Grad 0: normale Morphologie, Chondrozyten isomorph, regelhafte Zellularität, Matrix eosinophil und homogen angefärbt.

Grad I: leichte Texturstörung: leichte Verringerung der zellulären Matrix, inhomogene Anfärbung, fokale fissurale Defekte.

Grad II: mäßiggradige Texturstörung: mäßiggradige Verringerung der Zellularität in großen Bereichen, chondroide Zellen/Chondrozyten in Form und Größe variabel, umschriebene fissurale Defekte.

Grad III: (sog. High-grade-Texturstörung): hohe Verringerung der Zellularität, hochgradige Reduktion des Gewebes (avitale Gewebsareale sowie konfluente fissurale Defekte mit Ausbildung von sog. Pseudozysten.

Histopathologische Altersbestimmung der Kontinuitätstrennungen von Labrumgewebe

Zeitphase 1 (0–2 Wochen): sog. Nekrosephase, Ödembildung, Fibrinpräzipitate, Auffaserung der Oberfläche mit Fibrinauflagerungen.

Zeitphase 2 (2–4 Wochen): sog. Regenerationsphase mit Proliferation der chondroiden/fibroblastären Zellen mit variabler Anfärbbarkeit der Grundsubstanz.

Zeitphase 3 (4–20 Wochen): späte Regenerationsphase mit Ausbildung eines Narbenstadiums mit polypoid konfigurierter Oberfläche, sog. Rissrandglättung. Die reparativen Zellen können zur Oberfläche parallel angeordnet sein.

Zeitphase 4 (über 20 Wochen): wird als sog. Spätphase bezeichnet. Hier kann eine Wiederherstellung des Faserknorpels vorliegen, eine Beurteilung der Zeitlichkeit ist auf Grund der Ähnlichkeit zum normalen Gewebe histopathologisch nur bedingt und eingeschränkt möglich.

Beurteilung von traumaspezifischen geweblichen Veränderungen:
Das histopathologische Äquivalent eines Traumas sind Nekrosen mit sekundären reparativen und resorptiv entzündlichen Veränderungen. Die Zeitlichkeit bzw. Zeitbestimmung von Verletzungen ist an den Nachweis von Hämosiderin und Hämosiderinabbauprodukten gebunden. Diese orientieren sich an dem Hämosiderinabbau-Modus, welcher für das kollagene straffe Bindegewebe beschrieben ist. Einschränkend ist festzuhalten, dass für diese Beurteilung das zusätzliche Vorliegen von fibrösen Gelenkkapselbestandteilen oder Synovialisanteilen notwendig ist. Im Faserknorpel selbst kommt es nicht zu Hämosiderindepositionen, Labrumgewebe ist nur partiell vaskularisiert.

Aus diesen Gründen ergibt sich, dass eine Unterscheidung zwischen Verletzung und Schaden auch von der geweblichen Zusammensetzung des Einsendegutes abhängt.

Liegt ausschließlich Faserknorpel (Labrumgewebe im engeren Sinn) vor, so kann keine Unterscheidung zwischen Verletzung und Schaden erfolgen bzw. muss sich die histopathologische Begutachtung ausschließlich auf die Texturstörungen fokussieren. Bei Mitvorliegen von vaskularisierten Gewebsbestandteilen (Gelenkkapsel, Synovialis) ist eine Differenzierung zwischen Schaden und Verletzung ausschließlich durch die verletzungscharakteristischen Veränderungen (Nekrose, resorptive Entzündung, Blutungsresiduen) möglich. Im Vergleich zum arthrosebedingten Labrumschaden finden sich beim FAI-Labrumschaden des femoroazetabulären Impingements überwiegend entzündliche Infiltrate aus Makrophagen bzw. Mastzellen [120]. Die histopathologische Degenerationsdiagnostik beruht nach wie vor auf morphologischen und enzymhistochemischen Veränderungen. Notwendig wäre eine immunhistochemische/molekulare Beurteilung von Knorpelmatrixbestandteilen, knorpelkatabolen/anabolen Mediatoren und/oder Knorpelabbauprodukten, welche einer differenzierten Beurteilung der „Degeneration" im Sinne einer Texturstörung des bradytrophen Gewebes gerechter werden würde, die Grundlagen hierfür sind derzeit noch nicht erarbeitet. Die Ausführungen zur Rotatorenmanschette gelten im Grundsatz für alle Sehnen des menschlichen Organismus. Die Überlegungen zum Thema „Degeneration und/oder Texturstörung" müssen auf die allgemeine Pathologie zurückgeführt werden. Eine übereinstimmende Grundidee (Tab. 1.20) besteht in allen Lehrbüchern [509, 110, 391, 163, 59]. Heute wird die „Degeneration" am bradytrophen Bindegewebe als strukturelle Veränderung der Matrix mit dem kollagenen Fasergerüst als „structural alteration" [407] oder als „texture alteration" [187] bezeichnet.

Tab. 1.20: Übersicht – Allgemeine Pathologie [508, 118, 391, 163, 59].

Anpassungsreaktion	Regressive Störung: Atrophie (sekundäre Rückbildung) – Physiologische Atrophie (u. a. Altersatrophie) – Pathophysiologische Atrophie: generalisiert, lokalisiert (Ischämie, Druck, Inaktivität > RM-Muskulatur, Hormone, Entzündung)		
	Zell- und Gewebeschäden	Zellpathologie – Bindegewebspathologie	Metabolische Störung – Reversible Schäden (Degeneration): hydropische Degeneration, fettige Degeneration, Hyalin (zellulär, bindegewebig, vaskulär) – Dystrophien – Zellalterung, Pigmentablagerung – Nekrose, Apoptose – Extrazelluläre Veränderungen (Ödem, Erguss) – Bindegewebspathologie (Matrix-Texturstörung)
	Progressive Störung: Hypertrophie (Zellvergrößerung), Hyperplasie (Zellvermehrung)		
Störung des Zellwachstums	Zell- und Gewebeersatz		– Regeneration: physiologische, reparative (Ausheilung), Wundheilung – Metaplasie – Tumorpathologie
	Spezielle Reaktionen		– Entzündung – Immunologie – Exogene Krankheitsursachen (chemische, physikalische, Infektionen)

Die Bezeichnung „Degeneration" sollte heute nicht mehr global verwendet werden, da das, was man darunter verstehen will, nämlich Verschleiß, Altersaufbrauch, also unfallbedingt nicht ausgesagt wird. Degenerativ gehört zur Zellpathologie und bedarf des Vergleichs mit der Apoptosis versus Degradation [270]. Was heute allgemein unter „Degeneration" verstanden wird, ist die Texturstörung des bradytrophen Bindegewebes [358], Änderungen der Zellzahl sind zu berücksichtigen. Nachdem mindestens seit 1924 die Degeneration kritisch beurteilt wird [21, 358, 491, 118] ist es an der Zeit, diese Bezeichnung dahin zu tragen, wo sie hingehört, nämlich in die Zellpathologie. Die Texturstörung beschreibt also vorwiegend Störungen der Matrix des bradytrophen Bindegewebes. Diese haben aber Reaktionen im Sinne der Reparation zur Folge, d. h., es kommt zu zellulären Reaktionen, die die Defektheilung als Reparation bewerkstelligen. Somit können der Abbauvorgang der Texturstörung und die Defektheilung als Reparation zusammen als „Degeneration" verstanden werden.

Die aseptische Knochennekrose ist formal als eine ischämische Knochennekrose des spongiösen Knochens definiert. Es handelt sich somit um eine Durchblutungsstörung des Knochengewebes mit folgender Knochennekrose und sekundärer Knorpelschädigung. Der aseptischen Knochennekrose wird die Knochennekrose bei einer bakteriellen Infektion (Osteomyelitis) gegenübergestellt. Ursächlich haben bei der aseptischen Knochennekrose Strahlenschäden (Radioosteonekrose), traumatische Knochenschädigungen bzw. Folgeerscheinungen von traumatischen Knochenstörungen, toxische, metabolische, hormonelle und medikamentöse Ursachen eine pathogenetische Bedeutung [130]. Funktionell werden auch epigenetische Mechanismen für die Pathogenese der aseptischen Knochennekrose diskutiert [53]. Die Bezeichnung „aseptische Knochennekrose" betont die nichtinfektiöse Genese dieser Knochenerkrankung. Ätiologisch wird eine primäre von einer sekundären aseptischen Knochennekrose unterschieden. Bei den weitaus häufigeren primären aseptischen Knochennekrosen liegt eine vaskuläre Genese im Sinne einer ischämischen Knochennekrose zu Grunde. Es existiert eine Vielzahl von Knochenregionen, welche zu einer ischämischen Knochenschädigung neigen. Die primären aseptischen Knochennekrosen tragen zumeist Namen der Erstbeschreiber: Vertebra-Planae (Morbus Calvé), Hüftkopfnekrose (Morbus Perthes), Os naviculare pedis (Morbus Köhler-Ahlbau oder Morbus Köhler I), Tibiaapophyse (Morbus Osgood-Schlatter) und schließlich Grundgliedbasis des Mittelfußköpfchens (Morbus Köhler-Freiberg oder Morbus Köhler II). Die sekundären aseptischen Knochennekrosen sind Folge einer medikamentösen Therapie (z. B. Cortison-Dauermedikation) und zeigen eine variable Verteilung im Knochensystem. Da aseptische Knochennekrosen im Allgemeinen erst nach einem langen Zeitintervall (Monate und Jahre) nach dem Eintreten operativ behandelt werden, liegt histopathologisch ein sog. „resorptives Stadium der Knochennekrose" vor. Im Initialstadium dominiert nekrotisches Knochengewebe. Das resorptive Stadium lässt eigentlich immer einen durch Geflechtknochen unvollständig ersetzten Lamellenknochen erkennen. Wesentliche Ursache für die im Wachstumsalter entstehenden Chondrosen, Osteosen bzw. Osteochondrosen, die nur eine lokalisierte Darstellung einer Texturstörung bedeuten, ist eine Gefäßunterbrechung im Wachstumsfugenbereich durch Störung der Gefäßanastomose zwischen dem epiphysären und metaphysären Gefäßsystem. Daraus leitet sich auch die Osteochondrosis dissecans als Schaden der Gelenkfläche ab. Nach SIFFERT [430] gibt es derartige Wachstumsstörungen durch Unterbrechung der Gefäßanastomosen im artikulären Bereich, aber auch im nichtartikulären Bereich (Apophysen) und in der Wachstumszone (z. B. Morbus Blount). Extraartikuläre Texturstörungen erklären auch die Enthesiopathien bzw. ossären Lösungen im Wachstumsalter an den Apophysen des Beckens, z. B. am Tuber ischiadicum (Morbus M. Milck) (vgl. Kapitel 5). Unter Osteochondrosen werden Durchblutungsstörungen verstanden. Ätiologisch ist von einer ischämischen, länger anhaltenden Schädigung des gelenknahen Knochengewebes mit konsekutiver Nekrosenausbildung auszugehen. Die umschriebene nekrotische Schädigung des Knochens führt zu einer lokalen Freisetzung von Knorpel-Knochen-Fragmenten im Sinne eines freien Gelenkkörpers. Betroffen hiervon sind in erster Linie zwei Patientengruppen: Kinder und Jugendliche sowie erwachsene Patienten.

Die juvenilen Formen treten gehäuft an der Wachstumsfuge auf, die adulte Form in erster Linie bei Patienten mit rezidivierenden mechanischen Belastungen (Kniegelenk, Ellenbogengelenk). Da nach einer aseptischen Knochennekrose rezidivierende, mechanische Schädigungen und reparative Veränderungen in einem stadienhaften Ablauf folgen können, ergibt sich die histopathologische Differentialdiagnose: Knochenbruch (= Fraktur), Pseudarthrose, infizierte Pseudarthrose und Osteomyelitis.

Die histopathologische Begutachtung von osteokartilaginärer Läsion folgt einem „allgemeinen Knorpel-Knochen-Bewertungsmodus", welcher die Gesamtheit von degenerativen (im Sinne von Texturstörung), reparativen, entzündlichen und infektionsbedingten Veränderungen in einer semiquantitativen, additiven Weise erfasst. Er basiert auf dem visuellen histologischen Knorpel-Bewertungsmodus [288] des spontanen und posttherapeutischen Knorpelrepair und wurde nach pathologischen Veränderungen adaptiert und um die Kriterien der Infektion und der Kriterien von kristallinen – und nichtkristallinen – Depositionen erweitert. Mit Hilfe dieses Bewertungssystems ist es möglich, eine ätiologisch-orientierende Aussage zur Genese der osteokartilaginären Erkrankung auf Basis von standardisierten und reproduzierbaren Kriterien zu erstellen [288].

Die formale Pathogenese der Gelenkkörper ergibt im konvexen Gelenkanteil ein Auslösen eines aus Knorpel und Knochen bestehenden Nekrosesegmentes durch eine umschriebene furchenartige Einsenkung vom Gewebe. Dieses freie Knochen-/Knorpelstück kann unter Einwirkung weiterer mechanischer Kräfte in den Gelenkraum eingebracht werden und ist dann als freier Gelenkkörper oder „Gelenkmaus" definiert. Es ergeben sich so histopathologische Kriterien:

1. Vitale oberflächliche Knorpelschicht: In Abhängigkeit des Alters besteht diese aus regressiv verändertem hyalinem Knorpel mit fissuralen Defekten und partieller Ablösung des Knorpels bzw. aus Regeneratfaser-Knorpel.
2. Ossäre Veränderungen der tieferen Gewebsabschnitte: Diese umfassen eine reaktive Knochenneubildung (Geflecht Knochenneubildung) mit Markraumfibrose.
3. Kein auffälliges leukozytäres entzündliches Infiltrat: In Abhängigkeit der rezidivierenden mechanischen Belastungen eines freien Gelenkkörpers kann es zu sekundären Nekrosen (mechanisch induziert) mit reparativen Veränderungen kommen.

Histopathologisch wird unter einem freien Gelenkkörper ein osteokartilaginäres Gewebsfragment verstanden, welches in Diskontinuität zu den artikulären Gewebsbestandteilen besteht. Da das Material dem Pathologen übersendet wird, ist letztendlich die Diagnose der Diskontinuität, der Aspekt des sog. freien Gelenkkörpers, nur unter Miteinbeziehung der klinischen Angaben zu stellen. Charakteristisch sind die Veränderungen durch die isolierte Lage des Gewebsfragmentes im freien Gelenkraum: Da das Knorpelgewebe avaskulär ist und über die Synovia ernährt wird, verbleibt das Knorpelgewebe meistens vital und zeigt Veränderungen im Sinne von Texturstörungen und Zeichen der Reparation. Das Knochengewebe hingegen ist auf eine Vaskularisation angewiesen und im Fall eines freien Gelenkkörpers ischämisch geschädigt im Sinne einer Knochennekrose. Am Übergang von nekrotischem subchondralem Knochengewebe zum Knorpel finden sich schwergradige Texturstörungen des Knorpelgewebes (überwiegend Grad III). Gemäß der Klassifikation von MILGRAM [312] werden ursächlich vier Erkrankungsgruppen unterschieden: freie Gelenkkörper bei synovialer Chondromatose, freie Gelenkkörper bei osteochondralen Frakturen, freie Gelenkkörper bei Arthrose, freie Gelenkkörper bei aseptischer Knochennekrose (beispielsweise Osteochondrosis dissecans). Diese Klassifikation bezieht sich auf die Textur des Knorpelgewebes und berücksichtigt insbesondere den makroskopischen Aspekt (Tab. 1.21).

Tab. 1.21: Histopathologische Klassifikationen freier Gelenkkörper [312].

Gelenkkörper	Synoviale Osteochondromatose	Osteochondrosis dissecans	Arthrose	Aseptische Nekrose
Gelenkknorpel	•	+++	++	+
Gelenkknorpel und „adhärenter Knochen“	•	+++	+	+
Knochenneubildung	•	•	++	•
Lobulär aufgebauter hyaliner Knorpel	+++	•	•	•
Knorpel	+	•	++	+

• = nicht vorhanden, + = leicht, ++ = mäßig, +++ = viel

Es resultiert: Nicht texturgestörtes hyalines Knorpelgewebe im Sinne einer Fragmentierung spricht für eine traumatische Genese (niedriger „Score“ bzw. Bewertungsmodus von osteokartilaginären Erkrankungen). Es liegt kein Schaden im Sinne einer Chondromalazie/Arthrose vor. Ein verletzungsbedingter Knorpelschaden besteht dann, wenn unter Mitbeteiligung der subchondralen Schicht eine direkte Kraft oder eine Scherkraft zu einer Knorpelverletzung geführt hat. Eine histologische Beurteilung ist nur möglich, wenn ein Knorpelfragment oder ein Knorpel-/Knochenfragment zur Untersuchung kommt.

1.6 Literatur

[1] ABBOUD, J.A.; SILVERBERG, D.; PEPE; M.; BEREDJIKLIAN, P.K.; IANNOTTI, J.P.; WILLIAMS, G.R. et al.: Surgical treatment of os acromiale with and without associated rotator cuff tears. J Shoulder Elbow Surg 15:265–270 (2006)

[2] ADLER, C.P.: Knochenkrankheiten. Diagnostik makroskopischer, histologischer und radiologischer Strukturveränderungen des Skeletts. 2. Auflage. Springer Berlin Heidelberg New York (1998)
[3] AIGNER, T.; SÖDER, S.: Histopathological examination of joint degeneration: typing, grading and staging of osteoarthritis. Pathologe 27:431–438 (2006)
[4] AJIRI, T.; KIMURA, T.; ITO, R.; INOKUCHI, S.: Microfibrils in the myotendon junctions. Acta Anat Basel 102:433–439 (1978)
[5] ALAM, M.; BULL, A.M.J.; THOMAS, R.D.; AMIS, A.A.: Measurement of rotational laxity of the knee: in vitro comparison of accuracy between the tibia, overlying skin, and foot. Am J Sports Med 39:2575–2581 (2011)
[6] ALLGAYER, B.; GEWALT, Y.; FLOCK, K.; HEUCK, A.; LEHNER, K.; GRADINGER, R.; LUTTKE, G.: Diagnostische Treffsicherheit der MRT bei Kreuzbandverletzungen. Fortschr Röntrgenstr 155:159–164 (1991)
[7] AMBROSIUS, F.M.; KREMER, A.M.; HERKNER; P.B.; DE KRAKER, M.; BARTZ, S.: Outcome comparison of workers' compensation and noncompensation low back pain in a highly structured functional restoration program. JOSPT 21:7–12 (1995)
[8] AMIEL, D.; FRANK, C.; HARWOOD, F.; FRONEK, J.; AKESON, W.: Tendons and ligaments: a morphological and biochemical comparison. J Orthop Res 1:257–265 (1984)
[9] AMIEL, D.; BILLINGS, E. Jr.; AKESON, W.H.: Ligament structure, chemistry and physiology. In DANIEL, D.; AKESON, W.H.; O'CONNOR, D.D. (ed.): Knee ligaments: structure, function, injury, and repair: 77. New York, Raven Press (1990)
[10] AMIS, A.A.; DOWSON, D.; WRIGHT, V.: Elbow joint force predictions for some strenuous isometric actions. J Biomech 13:765–775 (1980)
[11] AN, K.N.; HUI, F.C.; MORREY, B.F.; LINSCHEID, R.L.; CHAO, E.Y.: Muscles across the elbow joint: a biomechanical analysis. J Biomech 14:659–669 (1981)
[12] ANDERSON, A.F.; LIPSCOMB, A.B.: Preoperative instrumented testing of anterior and posterior knee laxity. Am J Sports Med 17:387–392 (1989)
[13] ANDERSON, M.W.; GREENSPAN, A.: Stress fracture. Radiology 199:1–12 (1996)
[14] ANDREISEK, G.; CROOK, D.W.; BURG, D.; MARINCEK, B.; WEISHAUPT, D.: Peripheral neuropathies of the median, radial, and ulnar nerves: MR imaging features. RadioGraphics 26(5):1267–1287 (2006)
[15] ANETZBERGER, H.; LIPOLD, F.; BIRKENMAIER; C.; IMHOFF, A.B.; LORENZ, S.: Der passive Bewegungsumfang von gesunden Schultern. Obere Extremität 8:212–219 (2013)
[16] ANTONIOU, J.; DUCKWORTH, D.T.; HARRYMAN, D.T. II: Capsulolabral augmentation for the management of posteriorinferior instability of the shoulder. J Bone Joint Surg Am 82:1220–1230 (2007)
[17] AOK und DGUV: Absprache zu den rechtlichen Grundlaten der gesetzlichen Unfallversicherung bei Kausalitätsfragen und deren Beweisregeln. München (2010)
[18] APOSTOLAKOS, J.; DURANT, T.J.S.; DWYER, C.R.; RUSSELL, R.P.; WEINREB, J.H.; ALAEE, F.; BEITZEL, K.; MC CARTHY, M.B.; COTE, M.P.; MAZZOCCA, A.D.: The enthesis: a review of the tendon-to-bone insertion. Muscles Ligaments Tendons J 4:333–342 (2014)
[19] ARCAND, M.A.; O'ROURKE, P.; ZEMAN, C.A.; BURKHEAD, W.Z. jr.: Revision surgery after failed subacromial decompression. Int Orthop 24:61–64 (2000)
[20] ARCHDEACON, M.T.; SIMON, P.M.; WYRICK, J.D.: The influence of insurance status on the transfer of femoral fracture patients to a level-I trauma center. J Bone Joint Surg Am 89:2625–2631 (2007)
[21] ASCHOFF, L.: Über den Entzündungsbegriff. Vorträge über Pathologie, gehalten an den Universitäten und Akademien Japans im Jahre 1924, Fischer, Jena (1925)

[22] ASHHURST, D.E.: The influence of mechanical conditions on the healing of experimental fractures in the rabbit. A microscopical study. Phil Trans R Soc Lond 313:271–302 (1986)

[23] ÅSTRÖM, M.; RAUSING, A.: Chronic Achilles tendinopathy. A survey of surgical and histopathologie findings. Clin Orthop Relat Res 316:151–164 (1995)

[24] ATANDA, A. Jr.; O'BRIEN, D.F.; KRAEUTLER, M.J.; RANGAVAJJULA, A.; LAZARUS, M.D.; RANSEY, M.L.; TUCKER, B.S.; WILLIAMS G.R. Jr.; COHEN, S.B.; CICCOTTI, M.G.; DODSON, C.C.: Outcomes after distal biceps repair in patients with workers' compensation claims. J Shoulder Elbow Surg 22:299–304 (2013)

[25] ATLAS, S.J.; TOSTESON, T.D.; BLOOD, E.A.; SKINNER; J.S.; PRANSKY, G.S.; WEINSTEIN, J.N.: The impact of workers' compensation on outcomes of surgical and nonoperative therapy for patients with a lumbar disc herniation. Spine 35:89–97 (2009)

[26] ATROSHI, I.; JOHNSSON, R.; NOUHAN, R.; CRAIN, G.; MC CABE, S.J.: Use of outcome instruments to compare workers' compensation and non-workers' compensatiuon carpal tunnel syndrome. J Hand Surg 22 A:882–888 (1997)

[27] AUFDERMAUR, M.: Die Bedeutung der histologischen Untersuchung des Kniegelenkmeniskus. Schweiz Med Wschr 101:1405–1412 (1971)

[28] BALDWIN, M.L.; JOHNSON, W.G.: Can workers' compensation health costs be controlled by managed care? Manag Care Interface 15:67–72 (2002)

[29] BALLAS, M.T.; TYTKO, J.; COOKSON, D.: Common overuse running injuries: diagnosis and management. American Family Physician 55(7):2473–2480 (1997)

[30] BALYK, R.; LUCIAK-COREA, C.; OTTO, D.; BAYSAL, D.; BEAUPRE, L.: Do outcomes differ after rotator cuff repair for patients receiving workers' compensation? Clin Orthop Relat Res 466:3025–3033 (2008)

[31] BARAGA, M.G.; SMITH, M.K.; TANNER; J.P.; KAPLAN, L.D.; LESNIAK, B.P.: Anterior cruciate ligament injury and access to care in South Florida: does insurance status play a role? J Bone Joint Surg Am 94:183(1–6) (2012)

[32] BARGMANN, W.: Histologie und Mikroskopische Anatomie des Menschen, 6. Auflage. Thieme Stuttgart (1967)

[33] BARRETT, G.R.; ROOK, R.T.; NASH, C.R.; COGGIN, M.R.H.: The effect of workers' compensation on clinical outcomes of arthroscopic-assisted autogenous patellar tendon anterior cruciate ligament reconstruction in an acute population. Arthroscopy 17:132–137 (2001)

[34] BECHER, S.; LUDOLPH, E.: Grundlagen der ärztlichen Begutachtung. Thieme, Stuttgart (2012)

[35] BECK, J.L.; DAY, R.W.: Overuse injuries. Clinics in Sports Medicine 4(3):553–573 (1985)

[36] BECKER, L.: Anleitung zur Bestimmung der Arbeits- und Erwerbsunfähigkeit nach Verletzungen. Verlag von Th. Chr. Fr. Enslin Berlin (1892)

[37] BECKER, P.: Die wesentliche Bedingung- aus juristischer Sicht. Med Sach 103:92–97 (2007)

[38] BECKER, W.: Elektronenmikroskopische Untersuchungen der Insertion von Sehnen am Knochen. Arch Orthop Unfallchir 69:315–329 (1971)

[39] BECKER; W.; KRAHL, H.: Die Tendopathien. G. Thieme Stuttgart: 9–19 (1978)

[40] BÉCLARD, P.A.: Über die Osteose oder die Bildung, das Wachsthum und die Alterabnahme der Knochen des Menschen: Nouveau Journal de médec., Tom. V. u. VIII. Deutsches Archiv für die Physiologie, 6:405–446 (1820)

[41] BEHAIRY, N.H.; DORGHAM, M.A.; KHALED, S.A.: Accuracy of routine magnetic resonance imaging in meniscal and ligamentous injuries of the knee: comparison with arthroscopy. Int Orthop 33:961–967 (2009)

[42] BENJAMIN, M.; EVANS, E.J.; COPP, L.: The histology of tendon attachments to bone in man. J Anat 149:89–100 (1986)

[43] BENJAMIN, M.; EVANS, E.J.; DONTHINENI, R.R.; FINDLAY, J.A.; PEMBERTON, D.J.: Quantitative differences in the histology of the attachment zones of the meniscal horns in the knee joint of man. J Anat 177:127–134 (1991)

[44] BENJAMIN, M.; NEWELL, R.L.M.; EVANS, E.J.; RALPHS, J.R.; PEMBERTON, D.J.: The structure of the insertions of the tendons of biceps brachii, triceps and brachialis in elderly dissecting room cadavers. J Anat 180:327–332 (1992)

[45] BENJAMIN, M.; RALPHS, J.R.: Fibrocartilage associated with human tendons and their pulleys. J Anat 187:625–633 (1995)

[46] BENJAMIN, M.; TOUMI, H.; RALPHS, J.R.; BYDDER, G.; BEST, T.M.; MILZ, S.: Where tendons and ligaments meet bone: Attachment sites ('entheses') in relation to exercise and/or mechanical load. J Anat 208:471–490 (2006)

[47] BENJAMIN, M.; MILZ, S.; BYDDER, G.M.: Magnetic resonance imaging of entheses. Part 2. Clinical Radiology 63:704–711 (2008)

[48] BENNINGHOFF, A.; GOERTTLER, K.: Lehrbuch der Anatomie des Menschen. 1. Band Allgemeine Anatomie und Bewegungsapparat. Urban und Schwarzenberg, München – Berlin (1964)

[49] BEREITER-HAHN, W.; MEHRTENS, G.: Gesetzliche Unfallversicherung. Handkommentar SGB VII, Loseblatt. Schmidt, Berlin (2012))

[50] BERESFORD, W.A.: Chondroid bone, secondary cartilage and metaplasia. Urban & Schwarzenberg, Baltimore München (1981)

[51] BERGHOFF, E.: Entwicklungsgeschichte des Krankheitsbegriffes. Verlag Wilhelm Maudrich Wien (1947)

[52] BERGIN, D.; MORRISON, W.B.; CARRINO, J.A.; NALLAMSHETTY, S.N.; BARTOLOZZI, A.R.: Anterior cruciate ligament ganglia and mucoid degeneration: coexistence and clinical correlation. AJR Am J Roentgenol 182:1283–1287 (2004)

[53] BERNARDINI, G.; BRACONI, D.; SPREAFICO, A.; SANTUCCI, A.: Postgenomics of bone metabolic dysfunctions and neoplasias. Proteomics 12:708–721 (2012)

[54] BERQUIST, T.H.: MRI of the musculoskeletal system. Lippincott Williams & Wilkins (2013)

[55] BEST, T.M.; KIRKENDALL, D.T.; ALMEKINDERS, L.D. et al.: Muscle and tendon: 1. In DE LEE, J.C.; DREZ, D. Jr.(eds.): Orthop Med Sports Med. 2nd ed. Philadelphia, Saunders. (2003)

[56] BHATIA, S.; PIASECKI, D.P.; NHO, S.J.; ROMEO, A.A.; COLE, B.J.; NICHOLSON, G.P.; BONIQUIT, N.; VERMA, N.N.: Early return to work in workers' compensation patients after arthroscopic fullthickness rotator cuff repair. J Arthrosc Rel Surg 26:1027–1034 (2010)

[57] BIENZ, T.; RAPHAEL, J.S.: Arthroscopic resection of the dorsal ganglia of the wrist. Hand Clinics 15:429–434 (1999)

[58] BLAUTH, W.: Gedanken zum Bagatelltruama des Kniegelenks. Orthop Praxis 6:405–408 (1983)

[59] BÖCKER, W.; DENK, H.; HEITZ, P.U.: Pathologie, 3. Auflage Urban & Fischer (2004)

[60] BOENIG, H.:L Leitfaden der Entwicklungsgeschichte des Menschen. Georg Thieme Verlag Leizpig (1967)

[61] BOHNDORF, K.; IMHOF, H.; FISCHER, W.: Radiologische Diagnostik der Knochen und Gelenke. (2. Auflage). Georg Thieme Verlag Stuttgart – New York (2006)

[62] BOHNDORF, K.; IMHOF, H.; WÖRTLER, K.: Radiologische Diagnostik der Knochen und Gelenke (3. Auflage). Georg Thieme Verlag Stuttgart New York (2014)

[63] BOHNDORF, K.; BOJANIĆ, I.; PEĆINA, H.I.; PEĆINA, M.: Prijelomi zamora. Arh Hig Rada Toksikol 52:471–482 (2001)

[64] BOWEN, M.K.; WARREN, R.F.: Surgical approaches to posterior instability of the shoulder: operative technique. Sports Med 1:301–310 (1993)

[65] BOZKURT, M.; YILMAZ, E.; HAVITÇIOĞLU, H.; GÜNAL, I.: Bilateral congenital subluxation of the proximal tibiofibular joint with magnetic resonance imaging findings: a case report. Knee Surg Sports Traumatol Arthrosc 10:340–2 (2002)

[66] BRAUNSCHWEIG, R.; SCHILLING, O.; HÖLLER, I.; WAWRO, W.: Bone bruise und MR – klinischer Stellenwert eines diagnostischen Zeichens. Trauma Berufskrankheiten 171–177 (2006)

[67] BRAY, R.C.; SALO, P.T.; LO, I.K.; ACKERMANN, P.; RATTNER, J.B.; HART, D.A.: Normal ligament structure, physiology and function. Sports Med Arthrosc Rev 13:127–135 (2005)

[68] BREATHNACH, A.S.: Frazer's anatomy of the human skeleton: 6th edn, p. 88, London: Churchill (1965)

[69] BRIGHT, R.W.; BURSTEIN, A.H.; ELMORE, S.M.: Epiphysealplate cartilage. A biomechanical and histological analysis of failure modes. J Bone Joint Surg 56-A:688–703 (1974)

[70] BROWER, T.D.; HSU, W.: Normal articular cartilage. Clin Orthop 64:9–17 (1969)

[71] BRÜSER, P.: Die Wertigkeit diagnostischer Verfahren zur Beurteilung pathologischer Veränderungen im distalen Radioulnargelenk. In: HEMPFLING, H.: Die Arthroskopioe am Handgelenk. Wissenschaftliche Verlagsgesellschaft mbH, Stuttgart (1992)

[72] BRUG, E.: Distorsion ist keine Diagnose. Chir Praxis 61:401–404 (2003)

[73] BUCKWALTER, J.A.: Aging and degeneration of the human intervertebrale disc. Spine 20:1307–1314 (1995)

[74] BUCKWALTER, J.A.; GOLDBERG, V.; WOO, S.L.-Y., eds: Musculoskeletal soft tissue aging: impact on mobility. Rosemont, Illinois: American Academy of Orthopaedic Surgeons 423 (1993)

[75] BUCKWALTER, J.A.; WOO, S.L.-Y.; GOLDBERG, V.M., et al.: Soft tissue aging and musculoskeletal function. J Bone Joint Surg Am 75A:1533–1548 (1993)

[76] BUCKWALTER, J.A.; WOO, S.L.-Y.: Age-related changes in ligaments and joint capsules: implications for participation in sports. Sports Medicine and Arthroscopy Review 4:250–262 (1996)

[77] BUDOFF, J.E.; RODIN, D.; OCHIAI, D.; NIRSCHL, R.P.: Arthroscopic rotator cuff debridement without decompression for the treatment of tendinosis. Arthroscopy 21:1081–1089 (2005)

[78] BULLOUGH, P.G.: Atlas of orthopaedic pathology with clinical and radiologic correlations, 2nd ed. Gower Medical Publishing, New York London (1992)

[79] BUNJES, W.E.: Medical and Pharmaceutical Dictionary. Thieme Verlag Stuttgart (1981)

[80] BURNS, J.W.; SHERMAN, M.L.; DEVINE, J.; MAHONEY, N.; PAWL, R.: Association between workers' compensation and outcome following multidisciplinary treatment for chronic pain: roles of mediators and moderators. Clin J Pain 11:94–102 (1995)

[81] BUTLER, D.L.: Mechanical properties of the anterior cruciate ligament (in situ) and in vivo forces as a function of age. In: Buckwalter JA, Goldberg VM, Woo SL-Y, eds. Musculoskeletal soft tissue aging: impact on mobility. Rosemont, Illinois: American Academy of Orthopaedic Surgeons 289–304 (1993)

[82] CARR, A.J.; NORRIS, S.H.: The blood supply of the calcaneal tendon. J Bone Joint Surg Br 71:100–101 (1989)

[83] CARREON, L.Y.; GLASSMAN, S.D.; KANTAMNENI, N.R.; MUGAVIN, M.O.; DJURASOVIC, M.: Clinical outcomes after posterolateral lumbar fusion in workers' compensation patients. Spine 35:1812–1817 (2010)

[84] CATTO, M.: Pathology of aseptic bone necrosis. In: Davidson JK, ed. Aseptic Necrosis of Bone. Amsterdam: Excepta Medica 3–100 (1976)

[85] CHEN, A.L.; BAIN, E.B.; HORAN, M.P.; HAWKINS, R.J.: Determinants of patient satisfaction with outcome after shoulder arthroplasty. J Shoulder Elbow Surg 16:25–30 (2007)

[86] COFIELD, R.H.: Current concepts review: rotator cuff disease of the shoulder. J Bone Joint Surg Am 67:974–979 (1985)

[87] COHEN, J.: A coefficient for agreement for nominal scales. Education and Psychological Measurement 20:37–46 (1960)

[88] CONNOR, P.M.; YAMAGUCHI, K.; POLLOCK, R.G.: Comparison of arthroscopic and open revision decompression for failed anterior acromoplasty. Orthropedics 23:549–554 (2000)

[89] COOK, J.L.; FELLER; J.A.; BONAR, S.F.; KHAN, K.M.: Abnormal tenocyte morphology is more prevalent than collagen disruption in asymptomatic athletes' patellar tendons. J Orthop Res 22:334–338 (2004)

[90] COOK,J.; PURDAM, C.R.: Is tendon pathology a continuum? A pathology model to explain the clinical presentation of load-induced tendinopathy. Br J Sports Med 43:409–416 (2008)

[91] COOPER, D.E.: Tests for posterolateral instability of the knee in normal subjects. Results of examination under anesthesia. J Bone Joint Surg Am 73:30–36 (1991)

[92] COOPER, R.R.; MISOL, S.: Tendon and ligament insertion. A light and electron microscopic study. J Bone Joint Surg Am 52:1–20 (1970)

[93] COTTIER, H.: Pathogenese – Ein Handbuch für die ärztliche Fortbildung. Springer Verlag Berlin, Heidelberg, New York (1980)

[94] COWAN, D.N.; JONES, B.H.; FRYKMAN, P.N.; POLLY, D.W. JR.; HARMAN, E.A.; ROSENSTEIN, R.M.; ROSENSTEIN, M.T.: Lower limb morphology and risk of overuse injury among male infantry trainees. Med Sci Sports Exerc 28:945–952 (1996)

[95] CUFF, D.J.; PUPELLO, D.R.: Prospective evaluation of postoperative compliance and outcomes after rotator cuff repair in patients with and without workers' compensation claims. J Shoulder Elbow Surg 21:1728–1733 (2012)

[96] DALTON, S.E.: Overuse injuries in adolescent athletes. Sports Medicine 13(1):58–70 (1992)

[97] DANIS, R.: The operative treatment of bone fractures. J Int Chir 7:318–320 (1947)

[98] DANIS, R.: Théorie et pratique de l'ostéosynthèse. Masson, Paris (1979)

[99] DANKOF, A.; KRENN, V.: C4d deposits mark sites of meniscal tissue disintegration. Virchows Arch 449:230–233 (2006)

[100] DE ANDRADE, J.R.; GRANT, C.; DIXON, A.S.J.: Joint distension and reflex muscle inhibition in the knee. J Bone Joint Surg Am 47:313–322 (1965)

[101] DE BERARD, M.S.; LA CAILLE, R.A.; SPIELMANS, G.; COLLEDGE, A.; PARLIN, M.A.: Outcomes and presurgery correlates of lumbar discectomy in Utah Workers' Compensation patients. Spine J 9:193–203 (2009)

[102] DEIMEL, D.; HESSELSCHWERDT, H.-J.; HEISEL, J.: Diagnoseschlüssel „do it" für das Fachgebiet Orthopädie/Traumatologie. Orthop Praxis 9:594–600 (1994)

[103] DELANK, H.W.: Befund und Befinden. DGU – Mitteilung und Nachrichten 37:21–25 (1998)

[104] DE LEE, J.C.; DREZ, D.; MILLER, M.D.: Orthopaedic Sports Medicine. Princiiples and Practice. 2. Edition. Saunders-Elsevier, Philadelphia (2003)

[105] DELINCÉ, P.; KRALLIS, P.; DESCAMPS, P.Y.; FABECK, L.; HARDY, D.: Different aspects of the cyclopslesion following anterior cruciate ligament reconstruction: a multifactorial etiopathogenesis. Arthroscopy 14:869–876 (1998)

[106] DENARD, P.J.; LÄDERMANN, A.; BURKHART, S.S.: Long-term outcome after arthroscopic repair of type II SLAP Lesions: Results according to age and workers' compensation status. Arthroscopy 28:451–457 (2012)

[107] DEREBERY, J.; GIANG, G.M.; GATCHEL, R.J.; ERICKSON, K.; FOGATY, T.W.: Efficacy of a patient-educational booklet for neck-pain patients with workers' compensation. Spine 34:206–213 (2009)

[108] DIHLMANN, W.; STÄBLER, A.: Gelenke-Wirbelverbindungen (4. Auflage). Georg Thieme Verlag Stuttgart New York (2011)

[109] DI PAOLA, J.: Disability, impairment, and physical therapy utilization after arthroscopic partial meniscectomy in patients receiving workers' compensation. J Bone Joint Surg 94:523–530 (2012)

[110] DI PAOLA, J.: Limited physical therapy utilization protocol does not affect impairment and disability in Workers' Compensation patients after rotator cuff repair: a short-term follow-up study. J Shoulder Elbow Surg 22: 409–417 (2013)

[111] DOBBIE, R.P.: Avulsion of the lower biceps brachii tendon. Analysis of 51 previously unreported cases. Am J Surg 51:662–683 (1941)

[112] DOBYNS, J.H.: Role of the physician in workers' compensation injuries. J Hand Surg Am 12:826 (1987)

[113] DOERR, W.; SEIFERT, G.; UEHLINGER, E.: Pathologie der Gelenke und Weichteiltumoren. Springer-Verlag Berlin, Heidelberg, New York, Tokyo (1984)

[114] DOLGO-SABUROFF, G.: Über Ursprung und Insertion der Skelettmuskeln. Anat Anz 68:30–87 (1929)

[115] DUDEN: Etymologie – Herkunftswörterbuch der deutschen Sprache, Dudenverlag Mannheim (1989)

[116] DÜRIG, M.; SCHUPPISSER, J.P.; GAUER, E.F.; MÜLLER, W.: Spontaneous rupture of the gastrocnemius muscle. Injury 9:143–145 (1977)

[117] DUNCAN, S.F.M.; CALDANDRUCCIO, J.H.; MERRITT, M.V.; CROCKARELL, J.R.; KAKINOKI, R.: A comparison on workers' compensation, patients and nonworkers' compensation, patients undergoing endoscopic, carpal tunnel resease. Hand Surg 15:75–80 (2010)

[118] EDER, M.; GEDIGK, P.: Allgemeine Pathologie und Pathologische Anatomie, 33. Aufl., Seite 38, Springer Verlag (1990)

[119] EGE, D.; HEMPFLING, H.: Arthroskopische „One Suture-Technique“ bei femoralen Rupturen des vorderen Kreuzbandes. Chir Prax 54:417–438 (1998)

[120] ELIAS-JONES, C.; REILLY, J.H.; KERR, S.; MEEK, R.M.D.; PATIL, S.; KELLY, M.P.; CAMPTON, L.; McINNES, I.B.; MILLAR, N.: The presence of inflammation in femoroacetabular impingement. Bone Joint J 95-B (2013)

[121] ELLMAN, H.; KAY, S.P.: Arthroscopic subacromial decompression for chronic impingement. J Bone Joint Surg Br 73:395–398 (1991)

[122] ENGELHARDT, M.: Sportverletzungen. Diagnose, Management und Begleitmaßnahmen. Elsevier Urban & Fischer, München, Jena (2006)

[123] EVANS, W.J.; CANNON, J.G.: The metabolic effects of exercise-induced muscle damage. In: Holloszy JO, ed. Exercise and sport sciences reviews. Baltimore: William et. Wilkins 99 (1991)

[124] FEALY, S.; KENTER, K.; DINES, J.S.; WARREN, R.F.: Mucoid degeneration of the anterior cruciate ligament. Arthroscopy 17:37e-37e (2001)

[125] FEARON, A.; DAHLSTROM, J.E.; TWIN, J.; COOK, J.; SCOTT, A.: The bonar score revisited: region of evaluation significantly influences the standardized assessment of tendon degeneration. Science Med Sport 17:346–350 (2014)

[126] FEHLANDT, A.F.; THABIT, G.; MICHELI, L.J.: Achilles tendonitis and calcaneal apophysitis in adolescent athletes. Med Sci Sports Ex 24:223/S38 (1992)

[127] FELDMEIER, C.: Grundlagen der Sporttraumatologie. Zenon-Medizin-Verlag München (1988)

[128] FERKEL, R.D.; CHAMS, R.N.: Chronic lateral instability: Arthroscopic findings and long-term results. Foot Ankle Int 28:24–31 (2007)

[129] FERNANDES, J.L.; VIANA, S.L.; MENDONCA, J.L.; FREITAS, F.M., BEZERRA, A.S.; LIMA, G.A.; MATOS, V.L.; CUNHA, N.F.; MARTINS, R.R.; FREITAS, R.M.: Mucoid degeneration of the anterior cruciate ligament: magnetic resonance imaging findings of an underdiagnosed entity. Acta Radiol 49:75–79 (2008)

[130] FESSEL, J.: There are many potential medical therapies for atraumaticosteonecrosis. Rheumatology (Oxford) 52:235–241 (2012)
[131] FICK, A.: Über die Anheftung der Muskelfasern an die Sehnen. Arch Anat Physiol Wiss Med (Leipzig):425–432 (1856)
[132] FIRTH, E.C.; POULOS, P.W.: Microangiographic studies of metaphyseal vessels in young foals. Res Vet Sci 34:231–235 (1983)
[133] FISSELER, A.; WITT, J.; KRÄMER, J.; MÜLLER, K.M.: Morphologie arthroskopisch gewonnener Meniskusresektate. Pathologe 7:305–309 (1986)
[134] FLEISS, J.L.: Measuring nominal scale agreement among many raters. Psychological Bulletin 76:378–382 (1971)
[135] FLEMMING, W.: Über die Bildung von Richtungsfiguren in Säugetiereiern beim Untergang Graaf'scher Follikel. Arch Anat Entw Gesch:221–244 (1885)
[136] FRANCOIS, R.J.; EULDERINK, F.; BYWATERS, E.G.L.: Commented glossary for rheumatic spinal diseases, based on pathology. Ann Rheum Dis 54:615–625 (1995)
[137] FRANK, C.; MATYAS, J.; HART, D.A.: Aging of the medial collateral ligament: interdisciplinary studies. In: Buckwalter JA, Goldberg VM, Woo SL-Y, eds. Musculoskeletal soft tissue aging: impact on mobility. Rosemont, Illinois: American Academy of Orthopaedic Surgeons 305–322 (1993)
[138] FRANK, K.: Degenerative Erkrankungen des Bewegungsapparates. Biomechanische Theorie, soziale Schicht und Metabolisches Syndrom. Arbeitsmed Sozialmed Umweltmed 42:262–273 (2007)
[139] FREYSCHMIDT, J.: Skeletterkrankungen (3. Auflage). Klinisch-radiologische Diagnose und Differenzialdiagnose. Springer Berlin Heidelberg, S. 21 u. S. 50 (2008)
[140] FRIEMAN, B.G.; FENLIN, J.M.: Anterior acromioplasty: effect of litigation and workers' compensation. J Shoulder Elbow Surg 4:175–181 (1995)
[141] FROESE, E.; WENZEL, G.: Kosten- und Qualitätseffekte des dialogischen Reha-Managements. Die BG: 203–207 (2003)
[142] FRONEK, J.; WARREN, R.F.; BOWEN, M.: Posterior subluxation of the glenohumeral joint. J Bone Joint Surg Am 71:205–216 (1989)
[143] FU, F.H.; STONE, D.A.: Sports Injuries, Mechanisms, Prevention, Treatment (2nd Edition). Philadelphia, Lippincott Williams & Wilkins (2001)
[144] FUJIMOTO, E.; SASASHIGE, Y.: Mucoid degeneration of the posterior cruciate ligament. Knee Surg Sports Traumatol AR 18:1001–1002 (2010)
[145] FULTON-KEHOE, D.; GLUCK, J.; WU, R.; MOOTZ, R. WICKIZER, T.M.; FRANKLIN, G.M.: Measuring work disability: what can administrative data tell us about patient outcomes. JOEM 49:651–658 (2007)
[146] GABELLA, G.: Chicken gizzard. The muscle, the tendon and their attachment. Anat Embryol 171:151–162 (1985)
[147] GAIDZIK, P.: Die Begutachtung des Kausalzusammenhangs durch den Arzt in der privaten Unfallversicherung. Peter Lang, Frankfurt a.M., Bern, New York (1986)
[148] GAIDZIK, P.W.: Anhörung des medizinischen Sachverständigen (mit grobem Behandlungsfehler etc.) – aus juristischer Sicht, in: Arbeitsgemeinschaft Rechtsanwälte im Medizinrecht (Hrsg.), Qualitätsmängel im Arzthaftungsprozess – Brauchen wir ein Patientenrechtegesetz? Heidelberg, S. 33–44 (2012)
[149] GANEY, T.M.; OGDEN, J.A.; SASSE, J.; NEAME, P.J.; HILBELINK, D.R.: Basement membrane composition of cartilage canals during development and ossification of the epiphysis. Anat Rec 241:425–437 (1995)
[150] GARTSMAN, G.M.: Arthroscopic acromioplasty for lesions of the rotator cuff. J Bone Joint Surg 72:169–180 (1990)

[151] GEORGES, K.E.: Ausführliches lateinisch-deutsches Handwörterbuch, 9. Auflage. Hahnsche Buchhandlung Hannover und Leipzig (1951)

[152] GLINZ, W.: Diagnostische Arthroskopien und arthroskopische Operationen am Kniegelenk. 2. Auflage. Huber Verlag Bern (1987)

[153] GLOGOWSKI, G.; WALLRAFF, J.: Ein Beitrag zur Klinik und Histologie der Muskelhärten (Myogelosen). Z Orthop 80:237–268 (1951)

[154] GOLDBERG, E.J.; SINGH, K.; VAN, U.; GARRETSON, R.; AN, H.S.: Comparing outcomes of anterior cervical discectomy and fusion in workman's versus non-workman's compensation population. Spine J 2:408–414 (2002)

[155] GOLDMAN, R.L.; FRIEDMAN, N.B.: Ganglia („synovial cysts") arising in unusual locations. Clin Orth Rel Res 63:184–189 (1969)

[156] GOLLNICK, P.D.; TIMSON, B.F.; MOORE, R.L. et al.: Muscular enlargement and number of fibers in skeletal muscles of rats. J Appl Physiol 50:936–943 (1981)

[157] GONYEA, W.; ERICSON, G.C.; BONDE-PETERSON, F.: Skeletal muscle fiber splitting induced by weight-lifting exercise in cats. Acta Physiol Scand 99:105–109 (1980)

[158] GRAF, J.; SCHNEIDER, U.; NIETHARD, F.U.: Die Mikrozirkulation der Achillessehne und die Bedeutung des Paratenons. Eine Untersuchung mit der Plastinationsmethode. Handchir Mikrochir Plast Chir 22:163–166 (1990)

[159] GRAHAME, R.: Das Hypermobilitätssyndrom. Rheumatologie in Europa 24/4:124–127 (1996)

[160] GREINER, S.; HERRMANN, S.; GERHARDT, C.; SCHEIBEL, M.: Klassifikation und Diagnostik der instabilen Schulter. Orthopäde 38:6–15 (2009)

[161] GROENEVELD, H.B.: Begriffsbestimmung – das Bagatelltrauma am Bewegungsapparat. Orthop Praxis 5:325–327 (1983)

[162] GROSSER, V.: Begutachtung nach Verletzung großer Sehnen. Trauma Berufskrankh 7:180–184 (2005)

[163] GRUNDMANN, E.: Allgemeine Pathologie, 10. Auflage, Urban & Fischer, München-Jena (2004)

[164] GUNDLE, K.R.; McGLASTON, T.J.; RAMAPPA, A.J.: Effect of insurance status on the rate of surgery following a meniscal tear. J Bone Joint Surg Am 92:2452–2456 (2010)

[165] HAAS, S.L.: The localization of the growing point in the epiphyseal cartilage plate of bones. Am J Orthop Surg 15:563–586 (1917)

[166] HAACKE, R.; GÜTSCHOW, R.; LÜTJOHANN, U.: Nachuntersuchung arthroskopischer Meniskusoperationen unter besonderer Berücksichtigung der Wiedererlangung der Arbeitsfähigkeit. Akt Traumatol 23:138–141 (1993)

[167] HABERMEYER, P.; LICHTENBERG, S.; MAGOSCH, P.: Schulterchirurgie. 4. Auflage. Urban & Fischer, Elsevier-Verlag (2010)

[168] HÄUPTLI, O.: Die aseptischen Chondro-Osteonekrosen. Walter de Gruyter & Co. Berlin (1954)

[169] HAGG, R.; BRUCKNER, P.; HEDBOM, E.: Cartilage fibrils of mammals are biocemically heterogeneous: differential distribution of decorin and collagen IX. J Cell Biol 142:285–294 (1998)

[170] HALASI, T.; KYNSBURG, A.; TÁLLAY, A.; BERKES, I.: Development of a new activity score for the evaluation of ankle instability. Am J Sports Med 32:899–908 (2004)

[171] HALL, C.E.; JAKUS, M.A.; SCHMITT, F.O.: Elecron microscope observations of collagen. J Am Chem Soc 64:1234 (1942)

[172] HAMM, R.M.; REISS, D.M.; PAUL, R.K.; BURSZTAJN, H.J.: Knocking at the wrong door: Insured workers' inadequate psychiatric care and workers' compensation claims. Int J Law Psychiatry 30:416–426 (2007)

[173] HAMPERL, H.: Lehrbuch der Allgemeinen Pathologie und der Pathologischen Anatomie, 28. Auflage Springer Verlag (1968)

[174] HAN, S.H.; CHOI, W.J.; KIM, S.; KIM, S.-J.; LEE, J.W.: Ossicles associated with chronic pain around the malleoli of the ankle. J Bone Joint Surg Br 90-B:1049–1054 (2008)

[175] HANAK, H.; BÖCK, P.: Die Feinstruktur der Muskel-Sehnenverbindung von Skelett- und Herzmuskel. J Ultrastruct Res 36:68–85 (1971)

[176] HARRINGTON, I.J.: Biomechanics of joint injuries. In GOZNA, E.R.; HARRINGTON, I.J. (Eds): Biomechanics of musculoskeletal injury. Baltimore, Williams & Wilkins: 31 (1982)

[177] HAWKINS; R.J.; PLANCHER, K.D.; SADDEMI, S.R.; BREZENOFF, L.S.; MOOR, J.T.: Arthroscopic subacromial decompression. J Shoulder Elbow Surg 10:225–230 (2001)

[178] HEFTI, F.; MÜLLER, W.: Heutiger Stand der Evaluation von Kniebandläsionen. Orthopäde 22:351–362 (1993)

[179] HEISTER, L.: Compendium Anatomicum, 3rd Edition. Breslau: Hubertus (1733)

[180] HEISTER, L.: Compendium Anatomicum. Nürnberg: Johann Paul Krauss (1771)

[181] HEMPFLING, H.; PROBST, J.: Synegistische Gelenkdiagnostik. Akt Traumatol 17:242–249 (1987)

[182] HEMPFLING, H.: Synergistische Gelenkdiagnostik – Arthrographie und Arthroskopie. Chir Praxis 47:65–76 (1993/1994)

[183] HEMPFLING, H.: Beckenverletzungen, nicht veröffentlicht (1991)

[184] HEMPFLING, H.: Arbeitsbedingte Kniebinnenverletzungen in: GRIESHABER, R.; SCHNEIDER; W.; SCHOLLE, H.G.: Prävention von arbeitsbedingten Gesundheitsgefahren und Erkrankungen (9. Erfurter Tage), MONADE Agentur für Kommunikation GmbH, Leipzig (2003)

[185] HEMPFLING, H.: Klassifikation des Knorpelschadens – traumatisch versus nicht-traumatisch. Orthopädische Praxis 40 10:528–541 (2004)

[186] HEMPFLING, H.; KRENN, V.; WEISE, K.: Texturstörung oder Degeneration am Bewegungsapparat. Trauma Berufskrankh 13:65–72 (2011)

[187] HEMPFLING, H.; KRENN, V.; BOHNDORF, K.: Degeneration als Texturstörung. Orthopädische Praxis 47:217–225 (2011)

[188] HEMPFLING, H.: Begutachtung des Bewegungsapparates. In: KRENN, V. und RÜTHER, W.: Pathologie des Bewegungsapparates. 2. Auflage. De Gruyter Verlag Berlin (2012)

[189] HENCHE, H.R: Die arthroskopische Meniskusresektion. Orthopäde 19:77–81 (1990)

[190] HENN III, R.F.; TASHJIAN, R.Z.; KANG, L.; GREEN, A.: Patients' preoperative expectations predict the outcome of rotator cuff repair. J Bone Joint Surg Am 89: 1913–1919 (2007)

[191] HESS, G.P.; CAPPIELLO, W.L.; POOLE, R.M.; HUNTER, S.C.: Prevention and treatment of overuse tendon injuries. Sports Medicine 8(6):371–384 (1989)

[192] HEUCK, F.H.W.: Klinische Radiologie: Radiologische Fachgutachten. 1. Auflage. Springer Berlin, Heidelberg, New York, Barcelona, Hongkong, London, Mailand, Paris, Singapur, Tokio (1999)

[193] HINTON, R.Y.; RIVERA, V.R.; PAUTZ, M.J.; SPONSELLER, P.D.: Ligamentous laxity of the knee during childhood and adolescence. J Pediatr Orthop 28:184–187 (2008)

[194] HINZ, P.: Die Verletzungen der HWS durch Schleuderung und durch Abknickung, Hippokrates-Verlag, Stuttgart (1970)

[195] HOED, D.D.: A separate centre of ossification for the tip of the internal malleolus. Br J Radiol 30:67–69 (1925)

[196] HÖFLING, O.: Lehrbuch der Physik: 120. Ferd. Dümmler Verlag, Bonn (1966)

[197] HOFFMAN, J.R.; CHAPNIK, L.; SHAMIS, A.; GIVON, U.; DAVIDSON, B.: The effect of leg strength on the incidence of lower extremity overuse injuries during military training. Military Medicine 164 2:153–155 (1999)

[198] HOFMANN, V.: Der umstrittene Gebrauch der Begriffe „Distorsion", „Kontusion" und „Bagatelltrauma". Orthop Praxis 8:535–539 (1989)

[199] HOLLY, R.G.; BARNETT, J.R.; ASHMORN, C.R. et al.: Strechinduced growth in chicken wing muscles: A new model for stretch hypertrophy. Am J Physiol 238:C62-C71 (1980)

[200] HOLTBY, R.; RAZMJOU, H.: Impact of work-related compensation claims on surgical outcome of patients with rotator cuff related pathologies: A matched case-control study. J Shoulder Elbow Surg 19:452–460 (2010)
[201] HOOPER, G.; DAVIES, R.; TOTHILL, P.: Blood flow and clearance in tendons. Studies with dogs. J Bone Joint Surg Br 66:441–443 (1984)
[202] HOOPER, R.: Lexicon-Medicum or Medical Dictionary. HARPER, New York (1826)
[203] HSU, C.J.; WANG, S.C.; FONG, Y.C.; HUANG, C.Y.; CHIANG, I.P.; HSU, H.C.: Mucoid degeneration of the anterior cruciate ligament. J Cin Med Assoc 69:449–452 (2006)
[204] HUNT, C.D.; OLLERICH, D.A.; NIELSEN, F.H.: Morphology of the perforating cartilage canals in the proximal tibial growth plate of the chick. Anat Rec 194: 143–158 (1979)
[205] HUNTER, S.C.; POOLE, R.M.: The chronically inflamed tendon. Clin Sports Med 6:371–388 (1987)
[206] IANNOTTI, J.P.; BERNOT, M.P.; KUHLMAN, J.R.; KELLEY, M.J.; WILLIAMS, G.R.: Postoperative assessment of shoulder function: a prospective study of full-thickness rotator cuff tears. J Shoulder Elbow Surg 5:449–457 (1996)
[207] IPPOLITO, E.; POSTACCHINI, F.: Anatomy. In: PERUCIA, L.; POSTACCHINI, F.; IPPOLITO, E. (eds): The tendons: Biology-pathology-clinical aspects: 9–86. Milano: Editrice Kurtis (1986)
[208] JAKOB, R.P.; STÄUBLI, H.U.: Kniegelenk und Kreuzbänder, Springer-Verlag Berlin Heidelberg (1990)
[209] JAMES, J.; STEIJN-MYAGKAYA, G.L.: Death of osteocytes. Electron microscopy after in vitro ischaemia. J Bone Joint Surg Br 68:620–624 (1986)
[210] JARAMILLO, D.; SHAPIRO, F.: Growth cartilage. Normal appearance, variants and abnormalities. Magn Reson Imaging Clin N Am 6:455–471 (1998)
[211] JARAMILLO, D.; CONNOLLY, S.A.; MULKERN, R.V.; SHAPIRO, F.: Developing epiphysis: MR imaging characteristics and histologic correlation in the newborn lamb. Radiology 207:637–645 (1998)
[212] JARAMILLO, D.; VILLEGAS-MEDINA, O.L.; DOTY, D.K.; RIVAS, R.; STRIFE, K.; DWEK, J.R.; MULKERN, R.V.; SHAPIRO, F.: Age-related vascular changes in the epiphysis, physis, and metaphysis: normal findings on gadolinium-enhanced MRI of piglets. AJR 182:353–360 (2004)
[213] JEROSCH, J.; CASTRO, W.H.M.: Orthopädisch-traumatologische Gelenk- und Wirbelsäulendiagnostik (2. Auflage). Georg Thieme Verlag Stuttgart New York (2002)
[214] JOHANNSEN, H.V.; ANDERSEN, N.H.; SOJBJERG, J.O.; SNEPPEN, O.: Arthroscopic subacromial decompression. Ugeskr Laeger 159:166–170 (1997)
[215] JOHNSON, L.C.: The kinetics of skeletal remodelling. Birth Defects Original Article Series 2:66–142 (1966)
[216] JOHNSON, C.: Use of the term subluxation in publications during the formative years of the chiropractic profession. J Chiropr Humanit 18(1):1–9 (2011)
[217] JÓZSA, L.G.; KANNUS, P.: Human Tendons, Human Kinetics, Champaign, IL (1997)
[218] KAEDING, C.C.; MILLER; T.: The comprehensive description of stress fractures: a new classification system. J Bone Joint Surg Am 95:1214–1220 (2013)
[219] KAISER, V.: Der sogenannte Vorschaden: Seine unterschiedliche Bedeutung bei der Unfallbegutachtung. Akt Traumatol 27:117–119 (1997)
[220] KAISER, V.: Der Begriff der Verschlimmerung: Seine komplexe Struktur bei der Unfallbegutachtung. Akt Traumatol 30:37–39 (2000)
[221] KALE, A.; KOPUZ, C.; DIKICI, F.; DEMIR, M.T.; ÇORUMLU, U.; INCE, Y.: Anatomic and arthroscopic study of the medial meniscal horns' Insertions. Knee Surg Sports Traumatol Arthrosc 18:754–759 (2010)

[222] KARLSSON, J.; SWÄRD, L.; KÄLEBO, P.; THOMÉE, R.: Chronic groin injuries in athletes. Recommendations for treatment and rehabilitation. Sports Med 17:141–148 (1994)

[223] KARPATI, G.: Muscle: structure, organization and healing. In: CRUESS, R.L. (ed): The musculoskeletal system. Livingstone, New York Edinburgh London Melbourne:323–381 (1982)

[224] KASPERCZYK, W.J.; ROSOCHA, S.; BOSCH, U.; OESTERN, H.J.; TSCHERNE, H.: Alter, Aktivität und die Belastbarkeit von Kniebändern. Unfallchirurg 94:372–375 (1991)

[225] KATZ, J.N.; HARRIS, T.M., LARSON, M.G.; KRUSHELL, R.J.; BROWN, C.H.; FOSSEL, A.H.; LIANG, M.H.: Predictors of functional outcomes after arthroscopic partial meniscectomiy. J Rheumatol 19:1938–1942 (1992)

[226] KEATING, J.C. Jr.; CHARLTON, K.H.; GROD, J.P.; PERLE, S.M.; SIKORSKI, D.; WINTERSTEIN, J.F.: Subluxation: dogma or science? Chiropr Osteopat 13:17–26 (2005)

[227] KEYL, J.: Die operative Therapie der Schulterluxation unter spezieller Berücksichtigung des Hill-Sachs-Defektes. Dissertation Universität Ulm (2001)

[228] KHAN, K.M.; COOK, J.L.; KANNUS, P.; MAFFULLI, N.; BONAR, S.F.: Time to abandon the „tendinitis“ myth. BMJ 324:626–627 (2002)

[229] KIM, H.M.; CALDWELL, J.M.E.; BUZA, J.A.; FINK, L.A.; AHMAD, C.S.; BIGLIANI, L.U.; LEVINE, W.N.: Factors affecting satisfaction and shoulder function in patients with a recurrent rotator cuff tear. J Bone Joint Surg Am 96:106–112 (2014)

[230] KLEKAMP, J.; MC CARTY E.; SPENGLER, D.M.: Results of elective lumbar discectomy for patients involved in the workers' compensation system. J Spinal Disord 11:277–282 (1998)

[231] KÖNN, G.; OELLIG, W.P.:L Zur Morphologie und Beurteilung der Veränderungen an den Kniegelenksmenisken. Pathologe 1:206–213 (1980)

[232] KOLJONEN, P.; CHONG, C.; YIP, D.: Difference in outcome of shoulder surgery between workers' compensation and nonworkers' compensation populations. Int Orthop (SI-COT) 33:315–320 (2009)

[233] KOMENDA, G.A.; FERKEL, R.D.: Arthroscopic findings associated with the unstable ankle. Foot Ankle Int 20:708–713 (1999)

[234] KOMINSKI, G.F.; POURAT, N.; ROBY, D. H. ; CAMERON, M.E.: Return to work and degree of recovery among injured workers in california's workers' compensation system. J Occup Environ Med 50:296–305 (2008)

[235] KONOPINSKI, M.D.; JONES, G.J.; JOHNSON, M.I.: The effect of hypermobility on the incidence of injuries in elite-level professional soccer players: a cohort study. Am J Sports Med 40:763–769 (2012)

[236] KRAMMER, P.H.: Apoptose. Deutsches Ärzteblatt 97:1481–1488 (2000)

[237] KRENN, V.; MORAWIETZ, L.; KÖNIG, A.; HÄUPL, T.: Differential diagnosis of chronic synovitis. Pathologe 27(6):402–408 (2006)

[238] KRENN, V.; KNÖSS, P.; KNÖSS, M.; OTTO, M.; KRIEGSMANN, J.; HOPF, T.: Dekorin als Marker für Umbauprozesse in der Extrazellulärmatrix des humanen Meniskus. Z f. Rheumatologie 66(1):97 (Abstract) (2007)

[239] KRENN, V.; KNÖSS, P.; RÜTHER, W.; JAKOBS, M.; OTTO, M.; KRUKEMEYER, M.G.; HEINE, A.; MÖLLENHOFF, G.; KURZ, B.: Meniskusdegenerationsscore und NITEGE-Expression. Orthopäde 39:475–485 (2010)

[240] KRENN, V.; KURZ, B.; KRUKEMEYER, M.G.; KNÖSS, P.; JAKOBS, M.; POREMBA, C.; MÖLLENHOFF, G.: Histopathologischer Degenerations-Score des Faserknorpels. Low-grade und High-grade Meniskusdegeneration. Z Rheumatol 69:644–652 (2010)

[241] KRISTEN, K.H.; KRÄMER, A.; URBAN, M.: Bildgebende Diagnostik bei Muskel- und Sehnenverletzungen. Sportorthopädie – Sporttraumatologie 17:11–16 (2001)

[242] KRIVICKAS, L.S.: Anatomical factors associated with overuse sports injuries. Sports Med 24(2):132–146 (1997)

[243] KRONBERG, M.; BROSTRÖM, L.A.; NÉMETH, G.: Differences in shoulder muscle activity between patients with generalized joint laxity and normal controls. Clin Orthop Relat Res 269:181–192 (1991)

[244] KROMPECHER, S.; KERNER, E.: Callus formtion. Symposium on the biology of fracture healing. Academiai Kiado, Budapest (1979)

[245] KÜHN, K.: Kollagenstoffwechsel. Arzneimittelforsch (Drug Res) 24:225–228 (1974)

[246] KÜSSWETTER, W.; REFIOR, H.J.: Vergleichende licht- unjd rasterelektronenmikroskopische Untersuchungen zum morphologischen Aufbau der knöchernen Bandinsertionen. Z Orthop 123 876–879 (1985)

[247] KUMAR, A.; BICKERSTAFF, D.R.; GRIMWOOD, J.S.; SUVARNA, S.K.: Mucoid cystic degeneration of the cruciate ligament. J Bone Joint Surg Br 81:304–305 (1999)

[248] KUMMER, B.: Biomechanik – Form und Funktion des Bewegungsapparates. Deutscher Ärzte-Verlag Köln (2005)

[249] KUNKEL, M.; MILLER, S.D.: Return to work after foot and ankle injury. Foot Ankle Clin N Am 7:421–428 (2002)

[250] KWEE, R.M.; AHLAWAT, S.; KOMPEL, A.J.; MORELLI, J.N.; FAYAD, L.M.: ZIKRIA, B.A.; DEMEHRI, S.: Association of mucoid degeneration of anterior cruciate ligament with knee meniscal and cartilage damage. Osteoarthritis Cartilage 23:1543–1550 (2015)

[251] LA CAVA, G.: L'enthesite ou maladie des insertions. Press Med 67:9 (1959)

[252] LANE, W.A.: The operative treatment of fractures. Medical Publishing, London (1913)

[253] LANDERS, M.R.; CHEUNG, W.; MILLER, D.; SUMMONS, T.; WALLMANN, W.; WESLEY, J.; DRUSE, T.: Workers' compensation and litigation status influence the functional outcome of patients with neck pain. Clin J Pain 23:676–682 (2007)

[254] LANDIS, J.R.; KOCH, G.G.: The measurement of observer agreement for categorical data. Biometrics 33:159–174 (1977)

[255] LAOR, T.; JARAMILLO, D.; OESTREICH, A.E.: Musculoskeletal system. In Kirks DR (ed): Practical pediatric imaging. Diagnostic radiology of infants and children, 3rd ed. Philadelphia, Lippincott-Raven 327–510 (1998)

[256] LAURENCIN, C.T.; GELBERMAN, R.H.: Overview of disease and treatment related to aging of tendons and ligaments. In: Buckwalter JA, Goldberg VM, Woo SL-Y, eds Musculoskeletal soft tissue aging: impact on mobility. Rosemont, Illinois: American Academy of Orthopaedic Surgeons 259–268 (1993)

[257] LAWSON, J.P.; OGDEN, J.A.; SELLA, E.; BARWICK, K.: The painful accessory navicular. Skel Radiol 12:250–262 (1984)

[258] LEHMAN, W.L.: Overuse syndromes in runners. AFP 29(1):157–161 (1984)

[259] LEMSTRA, M.; OLSZYNSKI, W.P.: The effectiveness of standard care, early intervention, and occupational management in workers' compensation claims. Spine 29:1573–1579 (2004)

[260] LI, W.; CHEN, L.; LI, W.; QU, X; HE, W.; HE, Y.; FENG, C.; JIA, X.; ZHOU, Y.; LV, J.; LIANG, B.; CHEN, B.; JIANG, J.: Unraveling the characteristics of microRNA regulation in the developmental and aging process of the human brain. BMC Med Genomics (2013)

[261] LIESSMANN, K.P.: Der aufrechte Gang – Über die Zukunft der akademischen Bildung. Deutscher Ärzte-Verlag (OUP) 1 (9) (2012)

[262] LIN, H.C.; LAI, W.H.; SHIH, Y.F.; CHANG, C.M.; LO, C.Y.; HSU, H.C.: Physiological anterior laxity in healthy young females: the effect of knee hyperextension and dominance. Knee Surg Sports Traumatol Arthrosc 17:1083–1088 (2009)

[263] LINTZ, F.; PUJOL, N.; BOISRENOULT, P.; BARGOIN, K.; BEAUFILS, P.; DEJOUR, D.: Anterior cruciate ligament mucoid degeneration: a review of the literature and management guidelines. Knee Surg Sports Traumatol Arthrosc 19:1326–1333 (2011)

[264] LIPPITT, S.B.; HARRIS, S.L.; HARRYMAN, T.T. II, SIDLES, J.; MATSEN, F.A. III: In vivo quantification of the laxity of normal and unstable glenohumeral joints. J Shoulder Elbow Surg 3:215–223 (1994)

[265] LOB, A.: Handbuch der Unfallbegutachtung, Band 1: 339. Enke Verlag, Stuttgart (1961)

[266] LONGO, U.G.; FRANCESCHI, F.; RUZZINI, L.; RABITTI, C.; MORINI, S.; MAFFULLI, N.; DE-NARO, V.: Histopathologie of the supraspinatus tendon in rotator cuff tears. Am J Sports Med 36:533–538 (2008)

[267] LONGO, U.G.; FRANCESCHI, F.; RUZZINI, L.; RABITTI, C.; MORINI, S.; MAFFULLI, S.; DENARO, V.: Characteristics at Haematoxylin and Eosin staining of ruptures of the long head of the biceps tendon. Br J Sports Med 43:603–607 (2009)

[268] LOPEZ, J.G.; ERNST, M.D.; WRIGHT, T.W.: Acromioplasty: comparison of outcome in patients with and without workers' compensation. J South Orthop Assoc 9:262–266 (2000)

[269] LORBACH, O.; WILMES, P.; THEISEN, D.; BROCKMEYER, M.; MAAS, S.; KOHN, D.; SEIL, R.: Reliability testing of a new device to measure tibial rotation. Knee Surg Sports Traumatol Arthrosc 17:920–926 (2009)

[270] LOZOYA, K.A.; FLORES, J.B.: A novel rat osteoarthrosis model to assess apoptosis and matrix degradation. Pathol Res Pract 196(11):729–745 (2000)

[271] LUBARSCH, O.; HENKE, F.; RÖSSLE, R.: Handbuch der speziellen pathologischen Anatomie und Histologie. Verlag von Julius Springer, Berlin (1937)

[272] LUDOLPH, E.; GABOR, M.: Verschlimmerung eines Vorschadens – ein Fallbeispiel. Akt Traumatol 23:50–51 (1993)

[273] LUDOLPH, E.; SPOHR, H.: Schadensanlage, Vorschaden, Vorzustand, Vorinvalidität – Begriffsdefinition für den Gutachter. Akt Traumatol 23:207–211 (1993)

[274] LUDOLPH, E.; LEHMANN, R.: Die Bemessung der Invalidität nach Versteifung des oberen und unteren Sprunggelenkes sowie nach Versteifung des Hand- bzw. Des Schultergelenkes in der Privaten Unfallversicherung. Med Sach 2:103 (2007)

[275] LUDOLPH, E.; SCHÜRMANN, J.; GAIDZIK P.W.: Kursbuch der ärztlichen Begutachtung. ECOMED Verlag Landsberg (2012)

[276] LUDOLPH, E.; SCHÜRMANN, J.; GAIDZIK P.W.: Kursbuch der ärztlichen Begutachtung. ECOMED Verlag Landsberg (2013)

[277] LUDOLPH, E.: Der Unfallmann. Springer Verlag Berlin Heidelberg (2013)

[278] LUI, P.P.Y.; ZHANG, P.; CHAN, K.M.; QIN, L.: Biology and augmentation of tendon-bone insertion repair. J Orthop Surg Res 5:59 (2010)

[279] LUNDBORG, G.; HOLM, S.; MYRHAGE, R.: The role of the synovial fluid and tendon sheath for flexor tendon nutrition. Scand J Plast Reconstr Surg 14:99–107 (1980)

[280] MACKAY, B.; HARROP, T.J.; MUIR, A.R.: The fine structure of muscle-tendon junction in the rat. Acta Anat 75:588–604 (1969)

[281] MAFFULLI, N.; KHAN, K.M.; PUDDU, G.: Overuse tendon conditions: time to change a confusing terminology. Arthroscopy 14:840–843 (1998)

[282] MAFFULLI, N.; EWEN, S.W.B.; WATERSTON, S.W.; REAPER, J.; BARRASS, V.: Tenocytes from ruptured and tendinopathic achilles tendons produce greater quantities of type III collagen than tenocytes from normal achilles tendons. An in vitro model of human tendon healing. Am J Sports Med 28:499–505 (2000)

[283] MAFFULLI, N.; BARRASS, V.; EWEN, S.W.B.: Light microscopic histology of Achilles tendon ruptures. A comparison with unruptured tendons. Am J Sports Med 28:857–863 (2000)

[284] MAFFULLI, N.; TESTA, V.; CAPASSO, G.; EWEN, S.W.; SULLO, A.; BENAZZO, F.; KING, J.B.: Similar histopathological picture in males with Achilles and patellar tendinopathy. Med Sci Sports Exerc 36:1470–1475 (2004)

[285] MAFFULLI, N.; LONGO, U.G.; FRANCESCHI, F.; RABITTI, C.; DENARO, V.: Movin and bonar scores assess the same characteristics of tendon histology. Clin Orthop Relat Res 466:1605–1611 (2008)

[286] MAFFULLI, N.; LONGO, U.G.; MAFFULLI, G.D.; RABITTI, C.; KHANNA, A.; DENARO, V.: Marked pathological changes proximal and distal to the site of rupture in acute Achilles tendon ruptures. Knee Surg Sports Traumatol Arthrosc 19:680–687 (2011)

[287] MAGERKURTH, O.; KACOBSON, J.A.; MORAG, Y.; CAOILI, E.; FESSELL, D.; SEKIYA, J.K.: Capsular laxity of the hip: findings at magnetic resonance arthrography. Arthroscopy 29:1615–1622 (2013)

[288] MAINIL-VARLET, P.; FISCHER, R.; JÜLKE, H.; AIGNER, T.: Spontaner und posttherapeutischer Knorpelrepair. Bewertungskriterien. Pathologe 27:461–468 (2006)

[289] MAIR, W.G.P.; TOMÉ, F.M.S.: The ultrastructure of the adult and developing human myotendinous junction. Acta Neuropathol Berl 21:239–252 (1972)

[290] MAJNO, G.; JORIS, I.: Apoptosis, oncosis, and necrosis. An overview of cell death. Am J Pathol 146:3–15 (1995)

[291] MAKINO, A.; PASCUAL-GARRIDO, C.; ROLÓN, A.; OSOLA, M.; MUSCULO, D.L.: Mucoid degeneration of the anterior cruciate ligament: MRI clinical, intraoperative, and histological findings. Knee Surg Sports Traumatol 19:408–411 (2011)

[292] MANDALIA, V.; FOGG, A.J.B.; CHARI, R.; MURRAY, J.; BEALE, A.; HENSON, J.H.L.: Bone bruising of the knee. Clinical Radiology 60:627–636 (2005)

[293] MANKIN, H.J.: Nontraumatic necrosis of bone (osteonecrosis) Review. N Engl J Med 326:1473–1479 (1992)

[294] MANSKE, P.R.; WHITESIDE, L.A.; LESKER, P.A.: Nutrient pathway to flexor tendons using hydrogen washout technique. J HaND Surg 3:32–36 (1978)

[295] MARGISON, D.A.; FRENCH, D.J.: Predicting treatment failure in the subacute injury phase using the Örebro musculoskeletal pain questionnaire: An observational prospective study in a workers' compensation system. J Occup Environ Med 49:59–67 (2007)

[296] MAROUDAS, A.; BULLOUGH, P.B.; SWANSON, S.A.V.; FREEMAN, M.A.R.: The permeability of articular cartilage. J Bone Joint Surg 50-B:166–177 (1968)

[297] MARRA, M.D.; CREMA, M.D.; CHUNG, M.; ROEMER, F.W.; HUNTER, D.J.; ZAIM, S.; DIAZ, L.; GUERMAZI, A.: MRI features of cystic lesions around the knee. Knee 15:423–438 (2008)

[298] MASON, S.; WARDROPE, J.; TURPIN, G.; ROWLANDS, A.: Outcomes after injury: a comparison of workplace and nonworkplace injury. J Trauma 53:98–103 (2002)

[299] MATSEN, F.A. III; LIPPITT, S.B.; SIDLES, J.A.; HARRYMAN, D.T. III: Practical evaluation and management of the shoulder. WB Saunders, Philadelphia – London – Toronto – Montreal – Sydney – Tokio (1994)

[300] MATTHEWS, P.: The fate of isolated segments of flexor tendons within the digital sheath – a study in synovial nutrition. Br J Plast Surg 29:216–224 (1976)

[301] MATYAS, J.R.; BRODIE, D.; ANDERSON, M.; FRANK, C.B.: The developmental morphology of a „periosteal“ ligament insertion: growth and maturation of the tibial insertion of the rabbit medial collateral ligament. J Orthop Res 8:412–424 (1990)

[302] MAURO, A.: Satellite cell of skeletal muscle fibers. Journal of Biophysical and Biochemical Cytology 9: 493–495 (1961)

[303] MAYR, H.O.; STÖHR, A.: Aktueller Stand der instrumentellen Messung der Knielaxität. Arthroskopie 23:56–61 (2010)

[304] MC CARTHY, I.; KOSTIC, D.; HU, X.; TAN, W.; SATHIANANDA, S.; COHEN, H.; WOLMAN, R.: Assessment of the benefit of an exercise programme for patients with joint hypermobility syndrome. Bone Joint J, Vol 5-B, Supp 13 4 (2013)

[305] MC INTYRE, J.; MOELLEKEN, S.; TIRMAN, P.: Mucoid degeneration of the anterior cruciate ligament mistaken for ligamentous tears. Skeletal Radiol 30:312–315 (2001)
[306] MC KEE, M.D.; YOO, D.J.: The effect of surgery for rotator cuff disease on general health status. J Bone Joint Surg 82:970–979 (2000)
[307] MELLONI, P.; VALLS, R.; YUGUERO, M. et al.: Mucoid degeneration of the anterior cruciate ligament with erosion of the lateral femoral condyle. Skeletal Radiol 33:359–362 (2004)
[308] MERRILEES, M.J.; FLINT, M.H.: Ultrastructural study of tension and pressure zones in a rabbit flexor tendon. Am J Anat 157:87–106 (1980)
[309] MESSNER, K.; GAO, J.: The menisci of the knee joint. Anatomical and functional characteristics, and a rationale for clinical treatment. J Anat 193:161–178 (1998)
[310] MICHELI, L.J.; FEHLANDT, A.F.: Stress fractures. In: Letts R.M., ed. Management of pediatric fractures. Toronto: Churchill Livingstone:973–987 (1994)
[311] MICHELI, L.J.; FEHLANDT, A.F.: Overuse tendon injuries in pediatric sports medicine. Sports Med Arthrosc Rev 4:190–195 (1996)
[312] MILGRAM, J.W.M.D.: The classification of Loose Bodies in Human Joints. Clin Orthop Relat Res 124 (1977)
[313] MILZ, S.; BENJAMIN, M.; PUTZ, R.: Molecular parameters indicating adaptation to mechanical stress in fibrous connective tissue. Adv Anat Embryol Cell Biol 178:1–71 (2005)
[314] MIRTZ, T.A.; MORGAN, L.; WYATT, L.H.; GREENE, L.: An epidemiological examination of the subluxation construct using Hill's criteria of causation. Chiropr Osteopat 17:13 (2009)
[315] MISAMORE, M.W.; ZIEGLER; D.W.; RUSHTON, J.L.: Repair of the rotator cuff. J Bone Joint Surg 77:1335–1339 (1995)
[316] MOFFAT, K.L.; SUN, W.H.; PENA, P.E.; CHAHINE, N.O.; DOTY, S.B.; ATESHIAN, G.A.; HUNG, C.T.; LU, H.H.: Characterization of the structurefunction relationship at the ligament-to-bone interface. Proc Natl Acad Sci U S A 105:7947–7952 (2008)
[317] MOHR, W.: Gelenkkrankheiten: Diagnostik und Pathogenese makroskopischer und histologischer Strukturveränderungen. Georg Thieme Verlag, Stuttgart; New York (1984)
[318] MOHR, W.: Arthropathien. In: DOERR, W.; SEIFERT, G. (Hrsg.): Pathologie der Gelenke und Weichteiltumoren. Springer-Verlag Berlin – Heidelberg – New York – Tokio:404–418 (1984)
[319] MOHR, W.: Gelenkpathologie. Springer Verlag, Berlin, Heidelberg (2000)
[320] MORGAGNI: De sedibus et causis morborum. Leyden (1767)
[321] MORIGGL, B.; KUMAI, T.; MILZ, S.; BENJAMIN, M.: The structure and histopathology of the „enthesis organ" at the navicular insertion of the tendon of Tibialis posterior. J Rheumatol 30:508–517 (2003)
[322] MORITZ, R. (Hsg): Konfuzius-Gespräche (Lunyu). Reclams Universal-Bibliothek, Band 9656, Philipp Reclam jun., Stuttgart (1998)
[323] MORSCHER, E.; DESAULLES P.A.: Tierexperimentelle Untersuchungen über die mechanische Festigkeit der Epiphysenfuge. 49. Jahresversammlung der Schweizerischen Gesellschaft für Unfallmedizin und Berufskrankheiten in St. Gallen am 4./5. Oktober (1963)
[324] MOTMANS, R.; VERHEYDEN, F.: Mucoid degeneration of the anterior cruciate ligament. Knee Surg Sports Traumatol Arthrosc 17:737–740 (2009)
[325] MOVIN, T.; GAD, A.; REINHOLD, F.P.; ROLF; C.: Tendon pathology in long-standing achillodynia. Biopsy findings in 40 patients. Acta Orthop Scand 68:170–175 (1997)
[326] MÜCKLEY, T.; HEMPFLING, H.: Ergebnisse der arthroskopischen Lavage und des Debridements beim Knorpelschaden. Chir Prax 51:659–672 (1996)
[327] MÜCKLEY, I.; HEMPFLING, H.: Die transtendinöse Ersatzplastik des vorderen Kreuzbandes mit mittlerem Patellarsehnendrittel. Chir Prax 54:223–237 (1998)
[328] MÜLLER, K.M.; FISSELER-ECKHOFF, A.: Meniskuserkrankungen unter Berücksichtigung versicherungsmedizinischer Aspekte, Lehrserie 63, IAP (2010)

[329] MÜLLER, W.: Das Knie – Form, Funktion und ligamentäre Wiederherstellungschirurgie. Springer Verlag Berlin Heidelberg New York (1982)
[330] MUTLU, E.K.; CELIK, D.; KILICOGLU, Ö.; OZDINCLER, A.R.; NILSSON-HELANDER, K.: The Turkish version of the Achilles tendon total rupture score: cross-cultural adaptation, reliability and validity. Knee Surg Sports Traumatol Arthrosc 23:2427–2432 (2015)
[331] MYSKIW, P.M.; PATTINIAN, H.R.; RICKEN, J.A.; SOLIMENE, A.: The attachment of tendon to bone. Am Podiatry Assoc 68:308–312 (1978)
[332] NARVEKAR, A.; GAJJAR, S.: Mucoid degeneration of the anterior cruciate ligament. Arthroscopy 20:141–146 (2004)
[333] NELISSEN, R.G.H.H.; HOGENDOORN, P.C.W.: Retain or sacrifice the posterior cruciate ligament in total knee arthroplasty? A histopathological study of the cruciate ligament in osteoarthritic and rheumatoid disease. J Clin Pathol 54:381–384 (2001)
[334] NEMETH, V.A.; THRASHER, E.: Ankle Sprains in Athletes. Clin Sports Med 2:217–224 (1983)
[335] NEUMANN, P.; EKSTROM, L.A.; KELLER, T.S.; PERRY, L.; HASSON, T.H.: Aging, vertebral density, and disc degeneration alter the tensile stress-strain characteristics of the human anterior longitudinal ligament. J Orthop Res 12:103–112 (1994)
[336] NICHOLAS, J.A.; HERSHMAN, E.B.: The lower extremity and spine in Sports Medicine. The C.V. Mosby Company. St. Louis – Toronto – Princeton (1986)
[337] NICHOLSON, G.P.: Arthroscopic acromioplasty: a comparison between workers' compensation and non-workers' compensation populations. J Bone Joint Surg Am 85: 682–689 (2003)
[338] NIEMIER, K.; SCHMIDT, S.; ENGEL, K.; STEINMETZ, A.; HERMS, K.; HERMS; KA.; LIEFRING, V.; MAULHARDT, A.; WETTERLING, T.; KOSUP, S.; CASSER, R.; JÄGER, G.; TÖRKOTT; S.; BIE-NECK, K.; ROTTER; G.; MARNITZ, U.; KLEIN, A.; JAHR, S.; REISHAUER, A.; SEIDEL, W.: Funktionelle Diagnostik der Bewegungssteuerung, Bewegungsstabilisation und Hypermobilität. Orthopäde 38:847–854 (2009)
[339] NIETHARD, F.U.: Kinderorthopädie. Georg Thieme Verlag Stuttgart, New York (1997)
[340] NILSSON-HELANDER, K.; THOMEÉ, R.; SILBERNAGEL, K.G.; THOMEÉ, P.; FAXÉN, E.; ERIKSSON, B.I.; KARLSSON, J.: The Achilles tendon total rupture score (ATRS): development and validation. Am J Sports Med 35:421–426 (2007)
[341] NISHIMORI, M.; SUMEN, Y.; SAKARIDANI, K.: Mucoid degeneration of the anterior cruciate ligament – a report of two cases. Magn Reson Imaging 22:1325–1328 (2004)
[342] NOYES, F.R.; GROOD, E.S.: The strength of the anterior cruciate ligament in humans and rhesus monkeys: age related and species-related changes. J Bone Joint Surg Am 58:1074–1082 (1976)
[343] OGDEN, J.A.; HEMPTON, R.F.; SOUTHWICK, W.O.: Development of the tibial tuberosity. Anat Rec 182:431–445 (1975)
[344] OGDEN, J.A.: Injury to the growth mechanisms of the immature skeleton. Skeletal Radiol 6:237–253 (1981)
[345] OGDEN, J.A.: Skeletal growth mechanism injury patterns. J Pediatr Orthop 2:371–377 (1982)
[346] OGDEN, J.A.: Skeletal injury in the child. Philadelphia, Lea & Febiger (1982)
[347] OGDEN, J.A.: The evaluation and treatment of partial physeal arrest. J Bone Joint Surg Am 69:1297–1302 (1987)
[348] OGDEN, J.A.: Skeletal injury in the child. 2nd ed. Philadelphia, WB Saunders:876–883 (1990)
[349] OGDEN, J.A.: Transphyseal linear ossific striations of the distal radius and ulna. Skeletal Radiol 19: 173 (1990)
[350] OGDEN, J.A.: Skeletal injury in the child. (3. Ed.). Springer-Verlag New York (2000)
[351] OGDEN, J.A.: Skeletal injury in the child. (3. Ed.). WB Saunders Philadelphia London Toronto Montreal Sydney Tokyo (2000)

[352] O'NEILL, D.B.; MICHELI, L.J.: Overuse injuries in the young athlete. Clinics in Sports Medicine 7(3):591–610 (1988)

[353] OGILVIE-HARRIS, D.J.; WILEY, A.M.; SATTARIAN, J.: Failed acromioplasty for impingement syndrome. J Bone Joint Surg Br 72:1070–1072 (1990)

[354] OKAZAKI, K,; DEGUCHI, S.; KATAI, K.; IWAMOTO, Y.: Mucoid degeneration of the posterior cruciate ligament: a case report. Knee Surg Sports Traumatol Arthrosc 19:105–107 (2011)

[355] OLSEWSKI, J.M.; DEPEW, A.D.: Arthroscopic subacromial decompression and rotator cuff debridement for stage II and stage III impingement. Arthroscopy 10:61–68 (1994)

[356] O'RAHILLY, R.: A survey of carpal and tarsal anomalies. J Bone Joint Surg Am 35: 626–642 (1953)

[357] ORAVA, S.; KUJALA, U.M.: Rupture of the ischial origin of the hamstring muscles. Am J Sports Med 23:702–705 (1995)

[358] OTTE, P.: Degeneration des Gelenkknorpels, Münchner Medizinische Wochenschrift 110:2677–2683 (1968)

[359] OTTE, P.: Über die Beziehungen zwischen Alterungsphänomenen und Arthroseentwicklung. Z Orthop 124:381–384 (1986)

[360] PACEY, V.; NICHOLSON, L.L.; ADAMS, R.D.; MUNN, J.; MUNNS, C.F.: Generalized joint hypermobility and risk of lower limb joint injury during sport: a systematic review with meta-analysis. Am J Sports Med 38:1487–1497 (2010)

[361] PARASKEVAS, G.K.: Human ligaments classification: a new proposal. Folia Morphol 70:61–67 (2011)

[362] PARK, S.; GLOUSMAN, R.E.: Outcomes of revision arthroscopic type II superior labral anterior posterior repairs. Am J Sports Med 39:1290–1294 (2011)

[363] PATTERSON, B.M.; SPANG, J.T.; DRAEGER, R.W.; OLSSON, E.C.; CREIGHTON, R.A.; KAMATH, G.V.: Access to outpatient care for adult rotator cuff patients with private insurance versus Medicaid in North Carolina. J Shoulder Elbow Surg 22:1623–1627 (2013)

[364] PAULOS, L.E.; KODY, M.H.: Arthroscopically enhanced „miniapproach" to rotator cuff repair. Am J Sports Med 22:19–25 (1994)

[365] PAUWELS, F.: Funktionelle Anpassung des Knochens durch Längenwachstum. Verh Dtsch Orthop Ges 45. Kongr: 34–56 (1958)

[366] PAUWELS, F.: Gesammelte Abhandlungen zur funktionellen Anatomie des Bewegungsapparates. Springer, Berlin (1965)

[367] PEĆINA, M.M.; BOJANIĆ, I.: Overuse injuries of the musculoskeletal system. CRC Press Boca Raton, London, New York, Washington D.C. (2004)

[368] PETERSON, W.W.; MANSKE, P.R.; LESKER, P.A.: The effect of flexor sheath integrity on nutrient up-take by chicken flexor tendons. Clin Orthop 201:259–263 (1985)

[369] PLOETZ, E.: Funktioneller Bau und funktionelle Anpassung der Gleitsehnen. Z Orthop 67:212–234 (1938)

[370] PÖSCHL, M.: Juvenile Osteo-Chondro-Nekrosen. In Diethelm, L., F. Heuck, O. Olsson, H. Vieten, A. Zuppinger: Handbuch der medizinischen Radiologie, Bd. V/4. Springer, Berlin (1971)

[371] POSTACCHINI, F.; ACCINNI, L.; NATALI, P.G. et al.: Regeneration of rabbit calcaneal tendon. A morphological and immunochemical study. Cell Tissue Res 195:81–97 (1978)

[372] POWELL, H.D.W.: Extra centre of ossification for the medial malleolus in children. Incidence und significance. J Bone Joint Surg 43-B:107–113 (1961)

[373] PRANSKY, G.; BENJAMIN, K.; HILL-FOTOUHI, C.; HIMMELSTEIN, J.; FLETCHER, K.E.; KATZ, J.N.; JOHNSON, W.G.: Outcomes in work-related upper extremity and low back injuries: results of a retrospective study. Am J Ind Med. 37:400–409 (2000)

[374] PROBST, J.: Begutachtung von Sehnenschäden. Schriftenreihe Unfallmedizinische Tagungen der Landesverbände der gewerbl Berufsgenossenschaften, herausgegeben vom Hauptverband der gewerbl Berufsgenossenschaften e.v. Bonn, Heft 23: 205–212 (1974)
[375] PSAILA, J.V.; MANSEL, R.E.: The surface ultrastructure of ganglion. J Bone Joint Surg 60-B: 228–233 (1978)
[376] PSCHYREMBEL: Klinisches Wörterbuch, 261. Auflage, Walter de Gruyter, Berlin (2007)
[377] PSCHYREMBEL: Klinisches Wörterbuch, 264. Auflage, Walter de Gruyter, Berlin (2013)
[378] PUSCH, von, S.: Der Rotatorendefekt – Rekonstruktion oder Dekompression? Dissertation Universität Ulm (2000)
[379] PUTZ, R.: Persönliche Mitteilung, Zeichnung unveröffentlicht (2014)
[380] PUTZ, R.; MILZ, S.: Makroskopische und funktionelle Anatomie der Apophysenfugen. Orthopäde 45:199–205 (2016)
[381] RASPANTI, M.; STROCCHI, R.; DE PASQUALE, V.; MARTINI, D.; MONTANARI, C.; RUGGERI, A.: Structure and ultrastructure of the bone/ligament junction. Ital J Anat Embryol 101:97–105 (1996)
[382] RECKLINGHAUSEN, F., von: Untersuchungen über Rachitis und Osteomalacie. Jena, Verlag Gustav Fischer (1919)
[383] RENSTRÖM, P.; JOHNSON, R.J.: Overuse injuries in sports – a review. Sports Medicine 2:316–333 (1985)
[384] RENSTRÖM, P.: An introduction to chronic overuse injuries. In: Oxford Textbook of Sports Medicine. Oxford: Oxford Medical Publications 531–545 (1994)
[385] RESCH, H.; GOLSER, K.; THÖNI, H.: Schulterluxation und -subluxation. Orthopäde 18:247–256 (1989)
[386] RESNICK, D.: Physical Injury. In: Resnick, D ed. Diagnosis of bone and joint disorders. 3rd ed. Philadelphia, Pa: Saunders 1218–1231 (1995)
[387] RESNICK, D.: Diagnosis of bone and joint disorders 4. Ed., W.B. Saunders Company, Philadelphia (2002)
[388] RESNICK, D.; KANG, H.S.; PRETTER-KLIEBER, M.L.: Internal derangements of joints. Saunders-Elsevier Philadelphia (2007)
[389] RETHNAM, U.; YESUPALAN, R.S.; KUMAR, T.M.: Non union of scaphoid fracture in a cricketer – possibility of a stress fracture: a case report. J Med Case Rep 1:37 (2007)
[390] REUTER, P.: Springer Wörterbuch Medizin. Springer Verlag Berlin-Heidelberg (2004)
[391] RIEDE, U.-N.; SCHAEFER, H.-E.: Allgemeine und spezielle Pathologie (3. Aufl.) Thieme Verlag, Stuttgart-New York, S. 308, 335 (1993)
[392] RITTER, F.; SCHMICKAL, T.; FORNOFF, C.; RADEK, E.; WENTZENSEN, A.; KÖHLER, T.: Rehabilitationsmanagement. Trauma Berufskrankh 8 (Suppl 1): S93-S104 (2006)
[393] ROCHE Lexikon Medizin. 4. Auflage. Urban & Schwarzenberg München-Wien-Baltimore (1998)
[394] ROCKWOOD, C.A. Jr.: Subluxation of the shoulder: the classification, diagnosis and treatment. Orthop Trans 3:306 (1979)
[395] ROLF, C.: Overuse injuries of the lower extremity in runners. Scand J Med Sci sports 5:181–190 (1995)
[396] ROMPE, G.; ERLENKÄMPER, A.; SCHILTENWOLF, M.; HOLLO, D.: Die Begutachtung der Haltungs- und Bewegungsorgane. 5. Aufl. Thieme, Stuttgart (2009)
[397] ROSINGH, G.E.; JAMES, J.: Early phases of avascular necrosis of the femoral head in rabbits. J Bone Joint Surg Br 51:165–174 (1969)
[398] ROSS, J.: A review of lower limb overuse injuries during basic military training. Part 1: Types of overuse injuries. Mil Med 158:410–415 (1993)
[399] ROSS, J.: A review of lower limb overuse injuries during basic military training. Part 2: Prevention of overuse injuries. Mil Med 158:415–420 (1993)

[400] RUPP, S.; REHM, S.; TEMPELHOF, S.; SEIL, R.: Mittelfristige Ergebnisse nach arthroskopischer subakromialer Dekompression (ASD) unter besonderer Berücksichtigung laufender Rentenantragsverfahren. Unfallchirurg 104:961–964 (2001)

[401] RUSSEK, L.: Hypermobility syndrome. Phys Ther 79:591–599 (1999)

[402] RUTISHAUSER, E.; MAJNO, G.: Les lesions osseuses par surcharge dans le squelette normal. Resultats experimentaux. Schweiz med Wschr 79:281 (1949)

[403] SALLAY, P.I.; HUNKER, P.J.; BROWN, L.: Measurement of baseline shoulder function in subjects receiving workers' compensation versus noncompensated subjects. J Shoulder Elbow Surg 14:286–191 (2005)

[404] SALO, P.T.; THERIAULT, E.; WILEY,R.G.: Selective ablation of rat knee joint innervation with injected immunotoxin: a potential new model for the study of neuropathic arthritis. J Orthop Res 15:622–628 (1997)

[405] SAMILSON, R.L.; PRIETO, V.: Dislocation arthropathy of the shoulder. J Bone Joint Surg Am 65:456–460 (1993)

[406] SANDRITTER, W.; BENEKE, G.: Allgemeine Pathologie. Lehrbuch für Studierende und Ärzte. F.K. SCHATTAUER, Stuttgart New York (1981)

[407] SARKAR, K.; UHTHOFF, H.K.: Pathophysiology of rotation cuff degeneration, calcification, and repair, Chapter 3. In: BURKHEAD, W.Z. jr.: Rotator Duff Disorders, Williams & Wilkins, Baltimore (1996)

[408] SCAPINELLI, R.: Studies on the vasculature of the human knee joint. Acta Anat 70:305–331 (1968)

[409] SCHIAVONE P.A.; FABBRICIANI, C.; DELCOGLIANO, A.; FRANZESE, S.: Boneligament interaction in patellar tendon reconstruction of the ACL. Knee Surg Sports Traumatol Arthrosc 1 :4–8. (1993)

[410] SCHIELE, R.: Die wesentliche Bedingung- Zusammenhangsbegutachtung. Med Sach 103:98–101 (2007)

[411] SCHILTENWOLF, M.; HOLLO, D.F.: Begutachtung der Haltungs- und Bewegungsorgane. 6. Auflage. Georg Thieme Verlag Stuttgart New York (2014)

[412] SCHINDERA, M.; HEMPFLING, H.: Die Arthroskopie beim Schulterimpingement. Chir Prax 55:649–663 (1999)

[413] SCHINZ, H.R.: Radiologische Diagnostik in Klinik und Praxis (7. Auflage) Georg Thieme Verlag Stuttgart, New York (1989)

[414] SCHMIDT, A.: Zur Pathologie und Therapie des Muskelrheumatismus (Myalgie). Münch Med Wochenschr 68: 593–595 (1916)

[415] SCHNEIDER, H.: Zur Struktur der Sehnenansatzzonen. Z Anat Entwicklungsgesch 119: 431–456 (1956)

[416] SCHRÖDER, J.M.: Pathologie der Muskulatur in DOERR, W.; SEIFERT, G.; UEHLINGER, E.: Spezielle pathologische Anatomie, Band 15. Springer Berlin Heidelberg New York (1982)

[417] SCHRÖTER, F.: Prüfschemata. In: SCHILTENWOLF, M.; HOLLO, D.F.: Begutachtung der Haltungs- und Bewegungsorgane, S. 857–879, Thieme Verlag Stuttgart New York (2014)

[418] SCHRÖTER, F.; BOHNDORF, K.: Bildgebende Verfahren in der Begutachtung – was ist zu beachten? Der medizinische Sachverständige: 110 (2014)

[419] SCHWARZACHER, H.G.: Untersuchungen über die Skelettmuskel-Sehnenverbindung. Acta Anat 40:59–86 (1960)

[420] SCHWEIBERER, L.; HABERMEYER, P.; KRUEGER, P.; SCHILLER, K.; WIEDEMANN, E.: Der heutige Stand der Bandverletzungen großer Gelenke. Chirurg 59:689–696 (1988)

[421] SCRANTON, J.R.; FARRAR, E.L.: Mucoid degeneration of the patellar ligament in athletes. J Bone Joint Surg Am 74:435–437 (1992)

[422] SCUDERI, G.J.; SHERMAN, A.L.; BRUSOVANIK, G.V.; PAHL, M.A.; VACCARO, A.R.: Symptomatic cervical disc herniation following a motor vehicle collision: return to work comparative study of workers' compensation versus personal injury insurance status. Spine J 5:639–644 (2005)
[423] SEIDEL, M.; Konstitutionelle Hypermobilität. Orthopädie und Unfallchirurgie up2date 8: 251–264 (2013)
[424] SELBY, S.: Separate centers of ossification of the tip of the internal malleolus. AJR 86:496–501 (1961)
[425] SELLA, E.J.; LAWSON, J.; OGDEN, J.A.: The accessory navicular synchondrosis. Clin Orthop 209:161–165 (1985)
[426] SENST, W.: Beitrag zur feingeweblichen Struktur der Band-Knochen-Verbindung. Zentralbl Chir 99:275–279 (1974)
[427] SERNERT, N.; HELMERS, J.; KARTUS, C.; EJERHED, L.; KARTUS, J.: Kneelaxity measurements examined by a left-hand- and a right-hand-dominant physiotherapist, in patients with anterior cruciate ligament injuries and healthy controls. Knee Surg Sports Traumatol Arthrosc 15:1181–1186 (2007)
[428] SEVILLA, C.A.: Ganglion of the anterior cruciate ligament presented as a knee mass. Am J Orthop 25:46–48 (1996)
[429] SHARMA, P.; MAFFULLI, N.: Tendon injury and tendinopathy: Healing and repair. J Bone Joint Surg Am 87:187 (2005)
[430] SIFFERT, R.: Classification of osteochondroses. Clin Orthop 158:10–18 (1981)
[431] SINGLER, K.: Institut für Biomedizin des Alterns (Prof. Ch. Sieber, Nürnberg), Mail-Mitteilung (2013)
[432] SHINNERS, T.J.; NOORDSIJ, P.G.; ORWIN, J.F.: Arthroscopically assisted mini-open rotator cuff repair. Arthroscopy 18:21–26 (2002)
[433] SHOJI, T.; FUJIMOTO, E.; SASASHIGE, Y.: Mucoid degeneration of the posterior cruciate ligament: a case report. Knee Surg Sports Traumatol Arthrosc 18:130–133 (2010)
[434] SHULTZ, S.J.; PYE, M.L.; MONTGOMERY, M.N.; SCHMITZ, R.J.: Associations between lower extremity muscle mass and multiplanar knee laxity and stiffness: a potential explanation for sex differences in frontal and transverse plane knee laxity. Am J Sports Med 40:2836–2844 (2012)
[435] SIMMONS, D.J.: Chronobiology of endochondral ossification. Chronobiologia 1: 97–109 (1974)
[436] SIMONS, D.G.: Muscle pain syndromes. Part I. Am J Phys Med 54:289–311 (1975)
[437] SIMONS, D.G.: Muscle pain syndromes. Part II. Am J Phys Med 55:15–42 (1976)
[438] SIMPSON, M.: Benign joint hypermobility syndrome: evaluation, diagnosis and management. J Am Osteopath Assoc 106:531–536 (2006)
[439] SMITH, K.L.; HARRYMAN, D.T. II; ANTONIOU, J.; CAMPBELL, B.; SIDLES, J.A.; MATSEN, F.A. III: A prospective, multipractice study of shoulder function ad health status in patients with documented rotator cuff tears. J Shoulder Elbow Surg 9:395–402 (2000)
[440] SÖDERSTEN, F.; HULTENBY, K.; HEINEGÅRD, D.; JOHNSTON, C.; EKMAN, S.: Connect Tissue Res. Immunolocalization of collagens (I and III) and cartilage oligomeric matrix protein in the normal and injured equine superficial digital flexor tendon 54(1):62–69 (2013)
[441] SOMMER, R.: Die traumatischen Verrenkungen der Gelenke. Gebundene 531. Ausgabe. Enke Verlag (1928)
[442] SPANGEHL, M.J.; HAWKINS, R.H.; MC CORMACK, R.G.; LOOMER, R.L.: Arthroscopic versus open acromioplasty: a prospective, randomized, blinded study. J Shoulder Elbow Surg 11:101–107 (2002)
[443] SPERKA, P.; CHERRY, N.; BURNHAM, R.; BEACH, J.: Impact of compensation on work outcome of carpal tunnel syndrome. Occupational Medicine 58:490–495 (2008)

[444] SPERRYN, P.N.: Overuse injuries in sport. Nursing Mirror 1:51–52 (1976)
[445] SPIRA, E.; FARIN, I.: The vascular supply to the epiphyseal plate under normal and pathological conditions. Acta Orthop Scandinav 38:1–22 (1967)
[446] STAKE, C.E.; JACKSON, T.J.; STONE J.C.; Domb, B.G.: Hip arthroscopy for labral tears in workers: compensation. A matched-pair controlled study. Am J Sports Med 41:2302–2307 (2013)
[447] STEINBACH, L.S.; FLECKENSTEIN, J.L.; MINK, J.H.: Magnetic resonance imaging of muscle injuries. Orthopedics 17:991–999 (1994)
[448] STEINBRÜCK, K.; COTTA, H.: Epidemiologie von Sportverletzungen. Dt Zeitung für Sportmedizin 46:173–186 (1993)
[449] STELLBRINK, G.; ENGLERT, M.: Die ganglioplastischen Tumoren der Hand. Handchirurgie 2:152–158 (1970)
[450] STRÜMPELL, A.: Über die Untersuchung, Beurteilung und Behandlung von Unfallkranken. Verlag von J.F. Lehmann, München (1896)
[451] TALLON, C.; MAFFULLI, N.; EWEN, S.W.B.: Ruptured Achilles tendons are significantly more degenerated than tendinopathic tendons. Med Sci Sports Exerc 33:1983–1990 (2001)
[452] TARSNEY, F.F.: Rupture and avulsion of triceps. Clin Orthop and Rel Res 83:177–183 (1972)
[453] THIJS, Y.; VINGERHOETS, G.; PATTYN, E.; ROMBAUT, L.; WITVROUW, E.: Does bracing influence brain activity during knee movement: an MRI study. Knee Surg Sports Traumatol Arthrosc 18:1145–1149 (2010)
[454] THOMANN, K.D.; SCHRÖTER, F.; GROSSER, V.: Orthopädisch-unfallchirurgische Begutachtung. Elsevier, Urban & Fischer, München (2009)
[455] THUMB, N.; KELLNER, G.; KLEIN, G.; ZEIDLER, H. (Hrsg.): Synovialflüssigkeit und synoviales Milieu. Georg Thieme Verlag Stuttgart (1979)
[456] THURNER, J.; BONI, V.: Zur Struktur epiphysärer Sehnenansätze. Zentralbl Allg Pathol 97:534–539 (1958)
[457] TILLMANN, B.: Bewegungsapparat in: LEONHARD, H.; TILLMANN, B.; TÖNDURY, G.; ZILLES, K. (Hrsg): Anatomie des Menschen. Thieme Stuttgart New York (2003)
[458] TITZE, A.; SZYSZKOWITZ, R.; MAIER, A.: Begutachtung der Bandverletzungen am Knie- und Sprunggelenk. Chirurg 55:699–703 (1984)
[459] TKACZUK, H.: Tensile properties of human lumbar longitudinal ligaments. Acta Orthop Scand Suppl 115 (1968)
[460] TOZER, S.; DUPREZ, D.: Tendon and Ligament: Development, Repair and Disease. Birth Defects Research (Part C) 75:226–236 (2005)
[461] TROLLE, D.: Accessory bones of the human foot. A radiological, histo-embryological, comparative-anatomical, and genetic study. Copenhagen: Einar Munksgaard: 27–31 (1948)
[462] TROTTER, J.A.; CORBETT, K.; AVNER, B.P.: Structure and function of the murine muscletendon-junction. Anat Rec 201:293–302 (1981)
[463] VAHLENSIECK, M.; REISER, M.: MRT des Bewegungsapparates, 3. Auflage, Thieme Verlag, Stuttgart, New York (2006)
[464] VAHLENSIECK, M.; REISER, M.: MRT des Bewegungsapparates. 4. Auflage. Georg Thieme Verlag Stuttgart New York (2015)
[465] VASSEUR, P.B.; POOL, R.R.; ARNOSCZKY, S.P-; LAU, R.E.: Correlative biomechanical and Histologic study of the cranial cruciate ligament in dogs. Am J Vet Res 46:1842–1854 (1985)
[466] VAUHNIK, R.; MORRISSEY, M.C.; RUTHERFORD, O.M.; TURK, Z.; PILIH, I.A.; POHAR, M.: Knee anterior laxity: a risk factor for traumatic knee injury among sportswomen? Knee Surg Sports Traumatol Arthrosc 16:823–33 (2008)
[467] VERMA, N.N.; GARRETSON, R.; ROMEO, A.A.: Outcomes of arthroscopic repair of Type II SLAP Lesions in Worker's Compensation Patients. HSS J 3:58–62 (2007)

[468] VERNON, H.: Historical overview and update on subluxation theories. J Chiropr Humanit 17(1):22–32 (2010)

[469] VIANA, S.L.; FERNANDES, J.L.; MENDONCA, J.L.; FREITAS, F.M.: Diffuse intrasubstance signal abnormalities of the posterior cruciate ligament: the counterpart of the mucoid degeneration of the anterior cruciate ligament? A case series. JBR-BTR 91:245–248 (2008)

[470] VIANA, S.L.: Mucoid degeneration of the posterior cruciate ligament: news from the recent past. Knee Surg Sports Traumatol AR 18:999–1000 (2010)

[471] VIOLA, R.W.; BOATRIGHT, K.C.; SMITH, K.L.; SIDLES, J.A.; MATSEN, F.A. III: Do shoulder patients insured by workers' compensation present with worse self-assessed function and health status? J Shoulder Elbow Surg 9:368–372 (2000)

[472] VIRCHOW, R.: Die Cellularpathologie in ihrer Begründung auf physiologische und pathologische Gewebelehre. Verlag A. Hirschwald, Berlin (1858)

[473] VIRCHOW, R.: Die Zellularpathologie, Hirschwald Berlin (1871)

[474] VOLKMANN, R.: Die Krankheiten der Bewegungsorgane [1-Diseases of the musculoskeletal system]. In: von Pitha FR, Billroth T, eds. Handbuch der allgemeinen und speziellen chirurgie. Zweiter Band, zweite Abteilung, erste Hälfte. Stuttgart, Germany: Ferdinand Enke 234–920 (1865)

[475] WALTHER, D.: Bedeutung und Aussagewert der feingeweblichen Untersuchung. Bericht über die Unfallmedizinische Tagung in Mainz am 8./9. November (1986)

[476] WARREN, R.F.; CRAIG, E.V.; ALTCHEK, D.W.: The unstable shoulder. Lippincott-Raven, Philadelphia, New York (1999)

[477] WATERMANN, R.: Knorpelgefäße bei Fröschen und Hühnern. Anat Anz Bd 113:387–401 (1963)

[478] WEIDMANN, K.A.; SIMONET, W.T.; WOOD, M.B.; COONEY, W.P.; ILSTRUP, D.M.: Quantification of regional blood flow to canine flexor tendons. J Orthop Res 2:257–261 (1984)

[479] WEISE, K.; SCHILTENWOLF, M.: Grundkurs orthopädisch-unfallchirurgische Begutachtung Aufl Springer, Heidelberg (2013)

[480] WEITNAUER, H.: Sind Subluxation und Luxation grundsätzlich verschiedene Fehlentwicklungen des Hüftgelenkes? Archiv für orthopädische und Unfallchirurgie, Bd. 47, S. 429–435 (1955)

[481] WESTERMANN, R.: Wissenschaftstheorie und Experimentalmethodik. Ein Lehrbuch zur Psychologischen Methodenlehre. Hogrefe-Verlag für Psychologie, Göttingen, Bern„ Toronto, Seattle (2000)

[482] WHITE S.H.; O'CONNOR, J.J.; GOODFELLOW, J.W.: Sagittal plane laxity following knee arthroplasty. J Bone Joint Surg Br 73:268–270 (1991)

[483] WIDDER, B.; GAIDZIK, P.W.: Neues zur Anerkennung psychoreaktiver Unfallfolgen in der privaten Unfallversicherung. MedSach:175–179 (2006)

[484] WICKIZER, T.M.; FRANKLIN, G.; FULTON-KEHOE, D.; TURNER, J.A.; MOOTZ, R.; SMITH-WELLER, T.: Patient satisfaction, treatment experience, and disability outcomes in a population-based cohort of injured workers in Washington State: implications for quality improvement. Health Serv Res 39 (Part 1):727–748 (2004)

[485] WIERTSEMA, S.H.; VAN HOOFF, H.J.A.; MIGCHELSEN, L.A.A.; STEULTJENS, M.P.M: Reliability of the KT1000 arthrometer and the Lachman test in patients with an ACL rupture. The Knee 15:107–110 (2008)

[486] WILLIAMS, P.L.; WARWICK, R. (Eds.): Gray's Anatomy. 36th British Ed. Philadelphia, WB Saunders: 430 (1980)

[487] WILLIAMS, P.L.; WARWICK, R.; DYSON, M.; BANNISTER, L.H.: Gray's Anatomy. 37th edn. Edinburgh: Churchill Livingstone (1989)

[488] WILSMAN, N.J.; VAN SICKLE, D.: Cartilage canals, their morphology and distribution. Anat Rec 173:79–94 (1972)

[489] WINTER, T.: Nomenklatur und Klassifikation in der Orthopädie. Orthopäde 28:261–269 (1999)

[490] WITT, A.N.; RETTIG, H.; SCHLEGEL, K.F.; HACKENBROCH, M.; HUPFAUER, W.: Orthopädie in Praxis und Klinik, Band IV, Allgemeine Orthopädie (2. Auflage). Georg Thieme Verlag Stuttgart, New York (1982)

[491] WOLFF, H.D.: Anmerkungen zu den Begriffen „degenerativ" und „funktionell„. Z Orthop 124:385–388 (1986)

[492] WOLPERS, C.: Kollagenquerstreifung und Grundsubstanz. Klin Wochenschr 22:624 (1943)

[493] WONG, M.; CARTER, D.R.: Mechanical stress and morphogenetic endochondral ossification of the sternum. J Bone Joint Surg 70-A:992–1000 (1988)

[494] WOO, S.; MAYNARD, J.; BUTLER, D. et al.: Ligament, tendon, and joint capsule insertionis into bone. In: Woo SL-Y, Buckwalter JA, eds. Injury and repair of the musculoskeletal soft tissues. Park Ridge, Illinois: American Academy of Orthopaedic Surgeons 133–166 (1988)

[495] WOO, S.L.-Y; ORLANDO, C.A.; GOMEZ, M.; FRANK, C.B.; AKESON, W.H.: Tensile properties of the medial collateral ligament as a function of age. J Orthop Res 4:133–141 (1986)

[496] WOO, S.L.-Y; GOMEZ, M.A.; SEGUCHI, Y.; ENDO, C.M.; AKESON, W.H.: Measurement of mechanical properties of ligament substance from a bone-ligament-bone preparation. J Orthop Res 1:22–29 (1983)

[497] WOO, S.L.-Y; OHLAND, K.J.; WEIS, J.A.: Aging and sex-related changes in the biomechanical properties of the rabbit medial collateral ligament. Mech Ageing Dev 56:129–142 (1990)

[498] WOO, S.L.-Y; HOLLIS, J.M.; ADAMS, D.J.; LYON, R.M.; TAKAI, S.: Tensile properties of the human femur-anterior cruciate ligament-tibia complex: the effects of specimen age and orientation. Am J Sports Med 19:217–225 (1991)

[499] WOO, S.L.-Y; YOUNG, E.P.: Structure and function of tendons and ligaments. In MOW, V.C.; HAYES, W.C. (eds.): Basic orthopaedic biomechanics: 199. New York, Raven Press (1991)

[500] WOO, S.L.; FISHER, M.B.: Evaluation of knee stability with use of a robotic system. J Bone Joint Surg Am 91, Suppl 1:78–84 (2009)

[501] WUSCHECK, H. et al.: Analyse von 3020 Kniearthroskopien und 975 arthroskopischer Operationen unter besonderer Berücksichtigung medizinischer und ökonomishcer Gesichtspunkte. Arthroskopie 2:122–127 (1989)

[502] WYDRA, G.; HECKMANN, M.: Beweglichkeitsunterschiede in Abhängigkeit von anatomischen Seitigkeitsunterschieden. Deutsche Zeitschrift für Sportmedizin 58:401- 405 (2007)

[503] YAO, L.; LEE, J.K.: Occult intraosseous fracture: Detection with MR imaging: Radiology 167:749–751 (1988)

[504] YTREHUS, B.; EKMAN, S.; CARLSON, C.S.; TEIGE, J.; REINHOLT, F.P.: Focal changes in blood supply during normal epiphyseal growth are central in the pathogenesis of osteochondrosis in pigs. Bone 35:1294–1306 (2004)

[505] ZAPICO, S.C.; UBELAKER, D. H. : mtDNA Mutations and their role in aging, diseases and forensic sciences. Aging Dis 4(6):364–380 (2013)

[506] ZETKIN/SCHALDACH: Lexikon der Medizin. 16. Auflage. Ullstein Medical Verlag Wiesbaden (1999)

[507] ZICHNER, L.: Die Nekrobiosen des Skeletts. Z Orthop 124:543–552 (1986)

[508] ZIMMERMANN, T.; FUCHS, P.; HÖRTERER, H.: Heilungserfolg nach vorderer Kreuzbandplastik im Zusammenhang mit psychischer Befindlichkeit. Orthop Praxis 34:44–47 (1998)

[509] ZOLLINGER, H.U.: Pathologische Anatomie Band I: Allgemeine Pathologie, 2. Aufl. Thieme Verlag Stuttgart (1969)

2 Der Knorpel und die subchondrale Schicht

Schon in den Anfängen der Arthroskopie wurde festgestellt, dass nur diese neue Methode in der Lage sein kann, eine exakte Diagnostik der Knorpelschäden herbeizuführen. Es wurde jedoch bald klar, dass die Arthroskopie lediglich eine Beurteilung der Knorpeloberfläche zulässt, tiefere Schichten können nur durch Betastung erfasst werden. Die, wie heute bekannt ist, wichtige subchondrale Schicht kann jedoch arthroskopisch nicht beurteilt werden. Hierzu bietet sich die Kernspintomographie als einzige Methode an. Unter Einbezug der Kernspintomographie in die diagnostische Kette (synergistische Gelenkdiagnostik) gelingt es auch, eine Wertung des Knorpelschadens herbeizuführen, insbesondere in der Unterscheidung des traumatischen vom nicht traumatischen Knorpelschaden [160, 138, 240, 172, 26, 87, 127, 27]. Der subchondralen Schicht kommt eine besondere Bedeutung zu, da sie sowohl beim traumatischen Knorpelschaden in Form trabekulärer Mikrofrakturen mit Ödembildung und Blutung reagiert [238, 193, 136, 197] als auch beim nicht traumatischen Knorpelschaden, der Arthrose, im subchondralen Bereich Veränderungen im Sinne des Knochenmarködems mit Fibrose und Nekrose ausbildet [100], aber auch Sklerosen, häufig mit gleichzeitiger Abnahme der Mineralisation [152, 241, 80, 55, 254, 142]. Kernspintomographische Ergebnisse können lediglich histologisch überprüft werden [165].

2.1 Einleitung

Zur Knorpelschadenbeurteilung muss die Kenntnis der normalen Anatomie sowie des pathomorphologischen Substrates Voraussetzung sein. Bei der normalen Anatomie gibt es offensichtlich Unterschiede entsprechend dem Alter der Menschen, z. B. hinsichtlich des wachsenden Skeletts im Vergleich zum alternden Gelenk – die Histologie zeigt hier Unterschiede auf [109]. Die lebendige Masse ist aus Zellen und der Interzellularsubstanz aufgebaut. Die Zellen des Knorpelgewebes sind die Chondrozyten, die Interzellularsubstanz besteht aus der extrazellulären Knorpelmatrix (= Interterritorialmatrix), die sich wiederum aus der fibrillären Grundsubstanz mit dem Kollagen und der interfibrillären Grundsubstanz mit den großen Proteoglykanen (Aggrecan-Hyaluronatkomplex mit Link-Protein) und den kleinen Proteoglykanen (Decorin, Biglykan, Fibromodulin u. a.) zusammensetzt (Abb. 2.1). Das Knorpelgewebe gehört zu den geformten Stützgeweben, d. h. zu den Stützgeweben mit mechanischen Aufgaben. Zusammen mit dem Knochengewebe bildet das Knorpelgewebe die Gruppe der Skelettsubstanzen im engeren Sinne. Der Knorpel besitzt die Eigenschaften der Festigkeit, elastischen Verformbarkeit und Schneidbarkeit, die aus der chemischen und physikalischen Beschaffenheit der Interzellularsubstanz resultieren.

1–10 % der Masse, je nach Art des Gelenkes und nach Dicke des Knorpels, sind Chondrozyten, die extrazelluläre Matrix, die etwa 80 % Wasser enthält, besteht, be-

DOI 10.1515/9783110284409-007

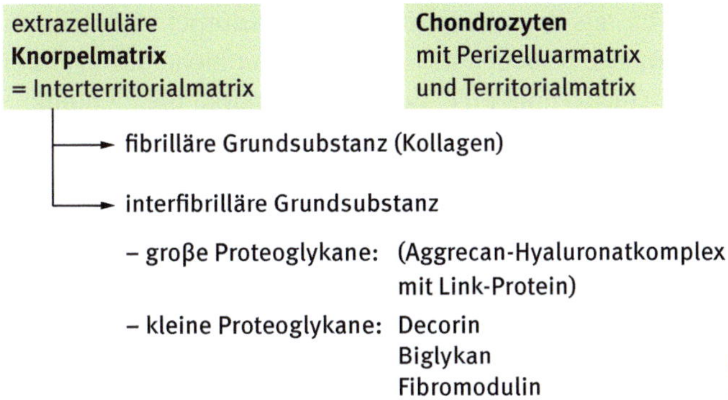

Abb. 2.1: Knorpelaufbau – Anatomie und Struktur.

zogen auf das Trockengewicht, zu 60 % aus Kollagen, 25–35 % Proteoglykanen und 15–20 % Nichtkollagen – und Glycoproteine. 90–95 % des Kollagens bestehen aus Typ II, 2–3 % aus Typ XI, 1–2 % aus Typ V, 1–2 % aus Typ VI und etwa 1 % aus Typ IX [164]. Die Proteoglykane sind Polysaccharine, die in neutrale und saure Mukopolysaccharine eingeteilt werden. Die sauren Mukopolysaccharine sind sulfathaltig (Chondroitinsulfat, Keratansulfat) oder sulfatfrei (Hyaluronat). Die großen Proteoglykane werden auch als Aggrecan bezeichnet. In der interfibrillären Grundsubstanz findet man das Chondroitinsulfat, chondrozytennah, das Keratansulfat, chondrozytenfern. Der Proteoglykangehalt nimmt zum Knochen hin zu, der Kollagengehalt dagegen zum Knochen hin ab.

2.2 Knorpelanatomie

Hyaliner Knorpel besteht im Prinzip zu 70 bis 80 % aus Wasser, zu 20–30 % aus Matrixproteinen und zu 1 bis 5 % (bis 10 %) aus Zellen (Chondrozyten). Über die Lebenszeit hinweg ändert sich der Knorpelaufbau. Die Zahl der Chondrozyten nimmt ab, es reduziert sich auch die Fähigkeit der Chondrozyten, den Aufbau der Knorpelmatrix und deren Aufrechterhaltung zu übernehmen [147]. Bereits die lichtmikroskopische Untersuchung zeigt einen Stadienaufbau. Dieser Stadienaufbau ist einmal bezüglich der Chondrozytenkonstellation, aber auch hinsichtlich der Kollagenfaserarchitektur erkennbar [174]. Unter Berücksichtigung beider morphologischer Strukturen (Zellen, Kollagenfasern) lässt sich im Großen und Ganzen eine Einteilung von der Gelenkoberfläche aus in die Tiefe vornehmen, mit einer Oberflächenzone, einer mittleren Zone und einer tiefen Zone, an die sich dann die kalzifizierte Knorpelzone anschließt.

Die Bezeichnungen der einzelnen Knorpelschichten sind in der Literatur teilweise verwirrend dargestellt. Die grobe Einteilung des Knorpels bezieht aber die subchondrale Knochenschicht mit ein, so dass im Endeffekt die nichtmineralisierte Knorpelschicht von der Grenzlamelle, bestehend aus mineralisierter Knorpelschicht und subchondralem Knochen, unterschieden wird [158]. Diese Grenzlamelle zeichnet sich durch eine andere Elastizität als der nichtmineralisierte Knorpel und der subchondrale kortikale sowie spongiöse Knochen aus. Von der Oberfläche des hyalinen Knorpels folgt dessen zonale Gliederung I–IV bis zur Tidemark, die lichtmikroskopisch erkennbar die tiefe Schicht des hyalinen Knorpels von der kalzifizierten Knorpelzone abgrenzt. Die fibrilläre Grundsubstanz (Kollagen) nimmt zum Knochen hin ab, die interfibrilläre Grundsubstanz (große und kleine Proteoglykane) nimmt dagegen zum Knochen hin zu.

Aus den differierenden Einteilungen der Knorpelstruktur lässt sich eine einfache Übersicht, zurückgreifend auf BENNINGHOFF [18, 19] darstellen, aus der auch die typische Arkadenform der Kollagenfasern [18, 19] erkennbar wird (Abb. 2.2).

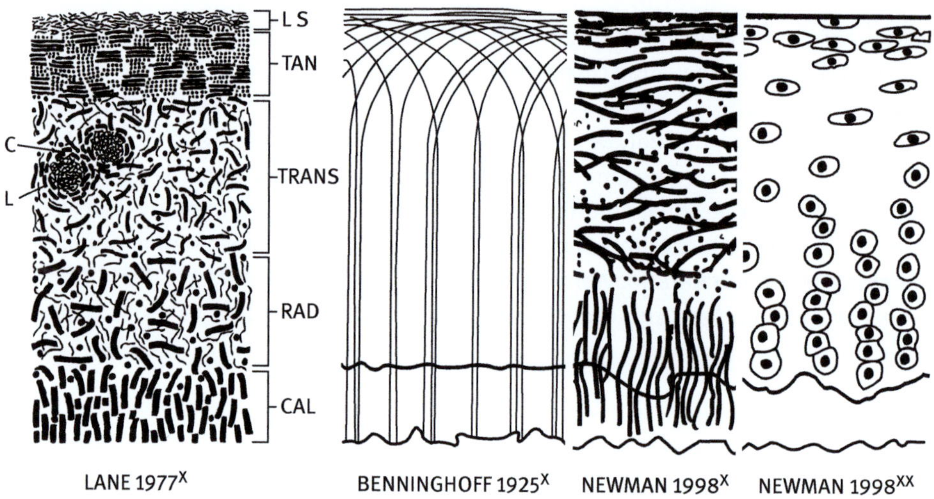

Abb. 2.2: Knorpelstruktur (LS = Lamina splendeus, TAN = tangential zone, TRANS = transitional zone, RAD = radial zone, CAL = calcified zone, C = capsule, L = fibers) [130], XKollagenfaserstruktur, XXKnorpelzellaufbau.

Die Einteilung des Knorpels (Abb. 2.3) in die Tangentialfaserzone (I), Übergangszone (II), Radiärzone (III) und die Zone des mineralisierten Knorpels (IV) gibt einen einfachen Hinweis auf die Kollagenfaserstruktur. In der Tangentialfaserzone laufen die Kollagenfasern parallel zur Knorpeloberfläche, in der Übergangszone biegen die Kollagenfasern um zu einem senkrechten Verlauf, sowohl zur Oberfläche als auch zur Tidemark, die überschritten wird. Die Kollagenfasern enden erst nach Durchtreten des mineralisierten Knorpels an der kortikalen Endplatte.

Besonderheiten zeigen sich in der Tangentialfaserzone, hier ist neben der tangentialen Faserzone auch die Lamina splendens zu finden, in der Tidemark als Abgrenzung zwischen Radiärzone und mineralisiertem Knorpel und in der chondralen Mineralisierungszone, zu der die kortikale Endplatte, aber auch der mineralisierte

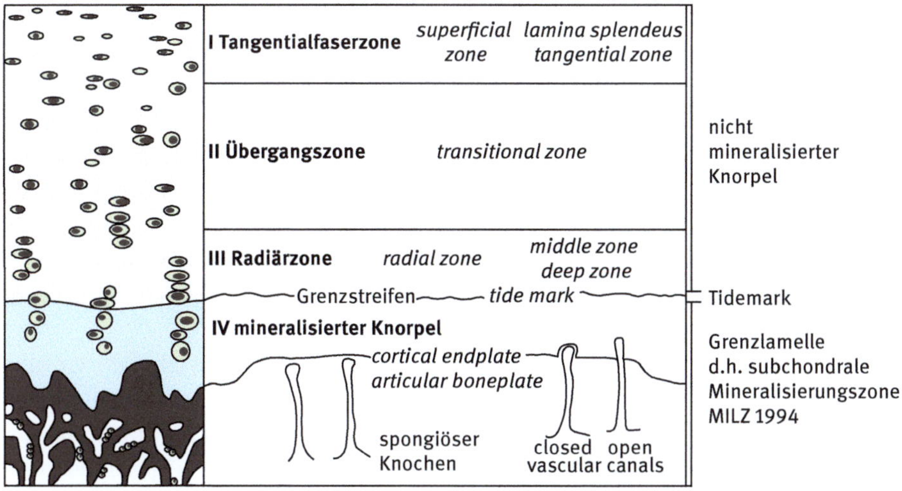

Abb. 2.3: Schema – Knorpelaufbau [18, 19, 130, 231, 232, 233, 178, 44, 174, 100].

Knorpel gehört [158]. Unter der kortikalen Endplatte liegt spongiöser Knochen, aus dem sich die Gefäßversorgung zum Knorpel hin ausdehnt und besondere Strukturen zeigt [45].

Der **hyaline Gelenkknorpel** (gr. Hyalos = Glas) weist eine glatte, glänzende Oberfläche und eine weiße bis blauweiße Farbe auf. Seine Dicke variiert von 1 mm (Fingergelenke) und 2–4 mm (Hüftgelenk) bis zu 5 mm (Patella). Innerhalb des Knorpels befinden sich keine Blutgefäße. Er wird teils durch Diffusion von der Gelenkseite (Durchwalkung), teils auch von der Knochenseite her ernährt. Histologisch kann der Knorpelaufbau weiter unterteilt werden; Basis hierfür sind die Anordnung der Knorpelzellen, die 1–2 % des Gesamtvolumens einnehmen, und der Verlauf der Kollagenfibrillen. Die extrazelluläre Matrix des hyalinen Knorpels wird von Chondrozyten und Chondroblasten gebildet. Der Wasseranteil beträgt 75 %; von den darin enthaltenen Stoffen sind 30 % Proteoglykane, 60 % Kollagenfibrillen und 10 % Lipide, Glycoproteine und Elektrolyte. Innerhalb des Knorpels verlaufen Kollagenfibrillen mit einem stark variierenden Durchmesser von 4–200 nm [98], die zu 90–95 % dem Kollagen-Typ II angehören und durch Kollagen des Typs IX vernetzt werden. BENNINGHOFF [18, 19] beschrieb den Verlauf der Kollagenfibrillen mit dem Begriff des Arkadenschemas, das später durch polarisations- und rasterelektronenmikroskopische Befunde ergänzt wurde. Das Arkadenschema umfasst vier Zonen (I–IV) bzw. Abschnitte des Knorpels.

Die Dicke der subchondralen Knochenplatte wird nach MILZ [158] definiert, sie grenzt sich zum Knorpel hin durch die Tidemark ab und gegenüberliegend durch den spongiösen Knochen.

Die subchondrale Knochenkompakta bedeckt zum Knorpel hin die gelenknahe Spongiosa, die vorwiegend aus senkrecht zur Gelenkfläche stehenden Knochenplatten besteht, bedingt durch die Krafteinwirkung auf das Gelenk, daher die Bezeichnung sog. Spongiosadruckbündel. Die kortikale Endplatte, auch Gelenkknochenplatte genannt, ist die kortikale Knochenplatte unter dem mineralisierten Knorpel, zusammen mit diesem wird sie als Grenzlamelle, d. h. als subchondrale Mineralisierungszone, bezeichnet [157]. Im spongiösen Knochenbereich finden sich arterielle Gefäßnetze, aber auch venöse Plexus. Feine Arterien im Sinne von Endarterien perforieren in Kanälen die kortikale Endplatte und reichen in Ausnahmefällen bis zur Tidemark [140], oder sie enden bereits unter der kortikalen Endplatte, sie gehen aber in Sinusoide mit irregulärem Kaliber über, von da in Venen, die dann zurück zum venösen Plexus führen.

Die Intensität der Vaskularisation nimmt bis zum 70. Lebensjahr ab, ist also altersabhängig, aber ebenso abhängig vom Individuum und von der Belastung des betroffenen Gelenkes. Der Durchtritt der Gefäße in Kanälen durch die subchondrale Kortikalis (subchondraler Knochen) erfolgt in offenen oder auch geschlossenen Kanälen [44], wobei das Gefäß beim offenen Kanal lediglich von einer knöchernen Manschette umgeben, beim geschlossenen Kanal aber mit Knochengewebe überdeckt ist (Abb. 2.4).

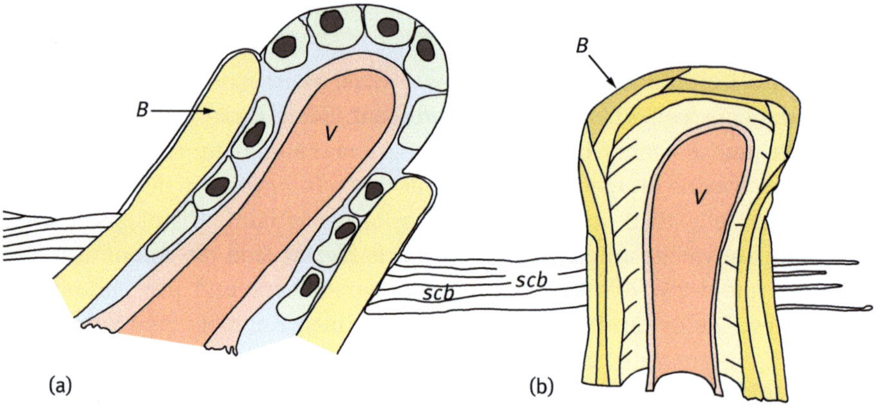

Abb. 2.4: Gefäßkanäle im mineralisierten Knorpel. (a) Offener Kanal mit ossärer Manschette. (b) Geschlossener Kanal mit Knochendeckel. (B) Knochen, (V) Gefäß, (scb) subchondrale Knochenplatte, nach [44].

Der subchondralen Zone kommt sowohl bei der Belastbarkeit des Gelenkes als auch in der Entstehung krankhafter Veränderungen eine besondere Bedeutung zu [21, 35, 191]. Ein Zusammenhang der Dicke der subchondralen Schicht mit der Arthroseentstehung wird nicht gesehen [251], wohl aber die Zunahme der Knochendichte [6] und die damit verbundene subchondrale Knochensklerose [191]. Die Knorpelpathologie (Erkrankungen, Überlastungen, Verletzungen) bezieht in aller Regel die subchondrale Schicht mit ein [186, 63].

2.3 Knorpelschäden – Übersicht

2.3.1 Knorpelalterung

Der Gelenkknorpel unterliegt einer Alterung [147]. Einmal kommt es zur Änderung der mechanischen Eigenschaften, der Knorpel wird anfälliger für Schäden und ist weniger belastbar. Die Knorpeldicke, die Zellzahl und der Wassergehalt nehmen ab, die Heterogenität nimmt zu, die Fähigkeit der Zellen, die Matrix aufzubauen, sinkt. Im Vergleich zum jugendlichen Alter ändert sich auch die Knorpelfarbe, während in jungen Jahren eine weiß-blaue Farbe vorliegt, nimmt sie mit höherem Lebensalter eine gelbliche Tönung an. Dies ist die Folge einer intra-, aber mehr extrazellulären Fetteinlagerung in der oberflächennahen Schicht des Knorpels. Eigentlich ist der Gelenkknorpel dafür geschaffen, annähernd 10 Mio. Bewegungszyklen mit Belastung pro Jahr zu ertragen, und das Ganze über acht Jahrzehnte [248, 249]. Mit zunehmendem Lebensalter kommt es auch zu Veränderungen am Knorpel, die histologisch nachgewiesen werden können. Einmal entsteht eine Abnahme des Knorpelvolumens, z. B. am Knie, wobei hier die Patella ausgenommen ist, es kommt zur Abnahme der Knorpeldicke und auch zur Abnahme der subchondralen Knochenschicht („subchondral plate"). Auffälligkeiten bestehen im Bereich der mineralisierten Knorpelschicht, diese scheint mit zunehmendem Alter an Dicke nicht abzunehmen, hier fällt aber auf, dass Tidemarks im Vergleich zum Knorpel mit abgeschlossenem Wachstumsalter jetzt nicht nur einmal, sondern öfter auftreten [118, 119]. Des Weiteren finden sich Gefäße, die über die Tidemark hinausreichen.

Normalerweise enden die vom subchondralen Knochen her reichenden Gefäße an der Tidemark und überschreiten diese nicht, mit zunehmendem Alter scheint dies aber möglich zu sein. Dies ist also ein Hinweis auf eine beginnende Arthrose, die offensichtlich eine Alterserscheinung sein könnte. Eine Begründung für die mehrfachen Tidemarklinien ist bisher nicht bekannt (vgl. Jahresringe der Bäume). Eine Verbindung zu diesen die Tidemark überschreitenden Gefäßen scheint aber zu bestehen.

2.3.2 Arthrose

Die Arthrose kann als Störung des Gleichgewichtes zwischen Belastung und Belastbarkeit der Gelenke bzw. des Gelenkknorpels gedeutet werden [163]. Es handelt sich dabei um eine mechanisch bedingte Erkrankung des Knorpels der Gelenke, in der Regel mit Umbauprozessen am Knochen und reaktiven Veränderungen am Gelenkkapselgewebe, insbesondere der Synovialis. Die Umbauprozesse am Knochen sind im Initialstadium nicht zu erkennen. Es kann eine Arthrose mit begleitender reaktiver Synovialitis vorliegen, ohne dass dies am Röntgenbild zu sehen ist. Neben der primären Arthrose kennt man die Formen der sekundären Arthrose, die in der Regel auf Deformitäten, Entzündungen, Gelenkinstabilitäten, aber auch metabolische und endokrine Ursachen sowie Gerinnungsstörungen und Knochennekrosen zurückzuführen sind. Bei den mechanischen Arthrosen werden Krankheiten zugrunde gelegt, die als pathogenetischen Faktor den gesteigerten Druck auf den Knorpel beinhalten. Mit steigendem Lebensalter nimmt die Häufigkeit arthrotischer Knorpelveränderungen zu. Dies gilt nicht nur für Gelenke mit hyalinem Knorpel, sondern auch für Gelenke mit Faserknorpel, z. B. das Sternoklavikulargelenk. Die Arthrosis deformans beginnt mit einer initialen Erweichung der Knorpelmatrix, gefolgt von horizontalen und vertikalen Knorpelfissuren und progredientem Abrieb des Knorpels bis hin zum kompletten Knorpelverlust. Die daraus resultierende vermehrte Belastung des subchondralen Knochens wird als Ursache für eine gesteigerte Knochenneubildung gesehen, z. B. in Form der subchondralen Sklerosierung. Einbrüche in der knöchernen Deckplatte führen zu Pseudozysten, die begleitende Synovialitis mit der marginalen Pannusbildung zur enchondralen Ossifikation mit folgenden Randexophyten (Osteophyten). Somit entsteht das Bild der uns bekannten Arthrosis deformans. Risikofaktoren sind Übergewicht und Verletzungen, das Knie strapazierende Tätigkeiten (Beruf und Sport) haben einen deutlich geringeren Einfluss [156].

Nach MOHR [162] führt die Störung der Gelenkmechanik ein gesundes Gelenk in ein arthrotisches Gelenk über, wobei eine Störung der sensiblen Gelenkinnervation diesen Vorgang beschleunigt [139]. Die Arthrose bedeutet einen fortschreitenden Prozess der Zerstörung des Gelenkknorpels, damit entwickelt sich ein Funktionsverlust des Gelenksystems [130]. Neben der Degradation von molekularen Komponenten kommt es auch zur Destabilisierung und Zerstörung supramolekularer Strukturen. Diese Veränderungen und auch die zelluläre Reaktion erklären das morphologische Erscheinungsbild. Es entsteht ein Circulus vitiosus [49], ausgehend von der Knorpelerweichung [147, 118, 119, 37, 150, 248, 81, 180]. Daraus resultiert die Einteilung der Arthrose nach OTTE [183] (Tab. 2.1).

Tab. 2.1: Einteilung der Arthrosestadien, nach [183].

Stadium 0	normaler Gelenkknorpel mit glatt begrenzter Oberfläche
Stadium 1	kleine oberflächliche Fissuren in der Tangentialschicht, oberflächlicher Proteoglykanverlust
Stadium 2	tiefer gehende Fissuren bis in die mittlere und tiefere Knorpelzone, Proliferation der Chondrozyten und Bildung von Brutnestern, kontinuierlicher Knorpelverlust
Stadium 3	Fissuren und Defekte, die bis in den verkalkten Knorpel und an den Knochen reichen
Stadium 4	vollständiger Knorpelverlust mit „Knochenglatze“

In der Beurteilung der Arthrose darf die subchondrale Schicht nicht vergessen werden. Die Frage ist, ob vor der Knorpelzerstörung Veränderungen an der subchondralen Schicht bestehen müssen oder ob die Veränderung in der subchondralen Schicht erst dann eintritt, wenn eine Knorpelzerstörung eine derartige Veränderung zulässt.

Eine Computertomographie [43] untersucht die Mikroarchitektur der subchondralen Trabekelstruktur an Hüftköpfen mit der Osteoporose, der Arthrose mit erhaltenem Knorpel und der Arthrose bei Verlust des Knorpels. Es zeigt sich, dass der Grad der Mineralisation des subchondralen Knochens am niedrigsten war bei der Arthrose ohne Knorpel, gefolgt von der Arthrose mit Knorpel, der höchste Grad der Mineralisation lag bei der Osteoporose vor. Das heißt, die subchondralen Veränderungen waren am ausgeprägtesten bei der fortgeschrittenen Arthrose, dann, wenn der Knorpel zerstört war. Daraus ist der Schluss zulässig, dass die subchondralen Knochenveränderungen sekundäre Schäden aus dem Verlust des Knorpels sind [43].

Unter dem Begriff **Chondromalacia patellae** wird ein umschriebener Prozess u. a. des Kniescheibenknorpels mit Auffaserungen, Spaltungen und Arrosionen bis auf den Knochen verstanden. Diese pathologisch-anatomischen Veränderungen können als Vorstufe zur Arthrose gesehen werden. Es wird diskutiert, ob der Chondromalacia patellae primär eine Störung der Blutversorgung des Kniescheibenknochens zugrunde liegt. Es ist von wesentlicher Bedeutung, dass dem Krankheitsbild „Chondropathia" nicht immer ein morphologisch sichtbares Substrat zugrunde liegen muss. Schmerzhafte Kniescheiben können optisch weitgehend unauffällig sein, und erheblich zerstörte Kniescheibenrückseiten können relativ schmerzfrei vom Patienten toleriert werden. Eine Korrelation zwischen pathologisch-morphologischem Substrat am Knorpel und Schmerz gibt es nicht [203].

2.3.3 Arthropathien

Von den Arthropathien sei an erster Stelle die Hyperurikämie genannt. Morphologische Veränderungen finden sich häufig erst im fortgeschrittenen Stadium der Erkrankung, durch die Arthroskopie sind jedoch Formen der Kristalleinlagerungen bekannt geworden, die unter dem klinischen Bild des Reizknies bisher als Arthropathie unbekannt waren. Man erkennt bei der Arthroskopie, neben einer akuten Synovialitis, eingelagerte Kristalle, bevorzugt in der Synovialis, später dann auch auf Menisken und Knorpel.

Differentialdiagnostisch zur Hyperurikämie (Gicht) gibt es die Chondrocalzinose, die jedoch in der Regel entsprechend dem Röntgenbefund erkannt wird. Es handelt sich dabei um eine Verkalkung des Faserknorpels und des hyalinen Knorpels. Optisch können Gichtkristalle mit den Kristallen der Chondrocalzinose bei der Arthroskopie verwechselt werden.

2.3.4 Knorpelverletzungen

Dass intraartikuläre Frakturen mit einer mehr oder weniger ausgedehnten Knorpelschädigung einhergehen, ist bekannt. Entschließt man sich zur konservativen

Behandlung, ist jedoch der Knorpelschaden nicht beurteilbar. Zu den intraartikulären Frakturen am Knie gehören die Kondylenbrüche mit Beteiligung des Gelenkes, die Schienbeinkopfbrüche und die Patellafrakturen, zwei besondere Formen seien erwähnt: die Knorpel-Knochen-Absprengung, also die osteochondrale Fraktur, und die subchondrale Impressionsfraktur.

Einteilung rezenter (frischer) Knorpelschäden [113, 167, 243]

1. Knorpel-Kontusion,
   subchondrales Hämatom,
   Fissuren.
2. Knorpel-Impressionen,
   Impressionsfraktur,
   federnde Impression,
   Gelenkkanten-Impression.
3. Knorpel-Frakturen,
   isolierte chondrale Fraktur (isolierte Knorpelabscherung),
   osteochondrale Fraktur.

Die Knorpelschäden, auch traumatischer Art, sind an Häufigkeit in den verschiedenen Lebensabschnitten nicht gleich. Während die Osteochondrosis dissecans zum wachsenden Skelett gehört, findet sich die Flake fracture häufig zwischen dem 20. und 30. Lebensjahr, die Knorpelfraktur zwischen dem 30. und 50. Lebensjahr, die Knorpelflakes im 50. Lebensjahr und die spontane Osteonekrose zwischen dem 60. und 70. Lebensjahr [51]. Offensichtlich hat das gleiche Trauma verschiedene Effekte am alternden Knorpel (Abb. 2.5).

Die traumatischen Knorpelschäden am Kniegelenk entstehen in der Regel durch direkte Einwirkung auf den Knorpel, jedoch auch indirekt durch Abschermechanismen [121]. Das direkte Trauma führt am Knorpel zunächst zu einer Kontusion mit Einblutung, d. h. zum Knorpelhämatom bzw. zum subchondralen Hämatom [229]. Bei einer stärkeren Schädigung durch direkte Gewalt entstehen Fissuren und Risse bis hin zur Knorpelfraktur bzw. Knorpeldefektfraktur. Diese ist durch scharfkantige Defektbildung gekennzeichnet. Je nach Ausdehnung der betroffenen Knorpelfläche kommt es zum randständigen Abheben der Knorpelfläche und, entsprechend dem Schweregrad des Traumas, zur Zerstörung der Knorpelareale. In der Regel gehen alle diese traumatisch bedingten Knorpelveränderungen mit einer Hämarthrosbildung einher. Bei gegenüberliegenden Knorpelflächen ist so gut wie immer, wenn auch direkt nicht optisch beurteilbar, dann jedoch mit dem Taststab feststellbar, die kontralaterale Knorpelfläche mit betroffen. Dies gilt insbesondere für intraartikuläre Frakturen, so dass bei der Tibiakopffraktur am gegenüberliegenden Femurkondylus und umgekehrt beim Femurkondylenbruch am Schienbeinkopf Knorpelschäden zu erwarten sind. Am häufigsten (etwa 60 %) ist das Femoropatellargelenk betroffen. Neben den Kontusionsverletzungen, die auch zur Patellafraktur führen können, finden sich Knorpelschäden durch die Patellaluxation. Das Verletzungsmuster ist

	Jahre
Osteochondrosis dissecans	10–15
flake fracture	20
Knorpelfraktur	30–50
Knorpelflap	50
spontane Osteonekrose	60–70

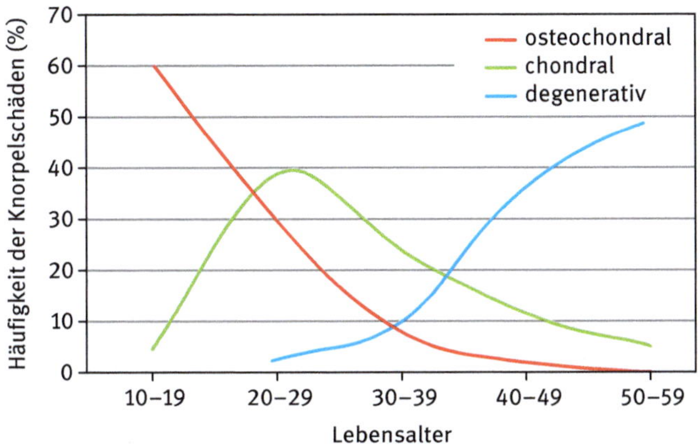

Abb. 2.5: Typische Knorpel-Knochen-Schäden [51] in Abhängigkeit vom Lebensalter.

typisch, bei allen traumatischen Knorpelschäden liegen aber immer Bone-bruise-Veränderungen vor.

Sonderformen der Kontusionsverletzung sind die muldenförmige Impression, die federnde Impression und die Kanten-Impression. Im Femoropatellargelenk wird die knorpelige Separation in der Trochlea als „clinical entity" beschrieben, wobei ein geringgradiges „non-contact" Unfallereignis mit vorderem Knieschmerz vorausgeht [120].

1. Impressionsfraktur

Durch gewaltsames Aufeinanderpressen von korrespondierenden Knorpelflächen kommt es zu umschriebenen Impressionsbrüchen mit Stufenbildung in der Gelenkfläche mit Beteiligung der subchondralen Spongiosa, sowohl an den Femurkondylen als auch im Bereich des Tibiaplateaus [246].

2. Federnde Impression

Bei osteoporotischen Femurkondylen kann es bei einem Kompressionstrauma zu einem Zusammensintern der subchondralen Spongiosa unter Erhaltung der Knorpelschicht kommen, wobei sich diese bei Belastung der betroffenen Knorpelschicht schmerzhaft reversibel eindellt.

Die federnde Knorpel-Knochen-Impression ist radiologisch nachweisbar, arthroskopisch jedoch zunächst unauffällig. Alleine die optische Beurteilung des Knorpels lässt keine wesentliche Schädigung erkennen. Wenn jedoch mit dem Taststab der am Röntgenbild imprimierte Knochenbezirk abgesucht wird, so zeigt sich eine Eindrückbarkeit des Knorpels, was, auch, wenn optisch nicht zu sehen, auf eine schwere Schädigung des Knorpels hinweist (Dimpling Phenomenon [46])

3. Gelenkkanten-Impression

Durch ein forciertes Hyperextensionstrauma presst sich die Vorderkante des Schienbeinkopfes bzw. die Meniskusbasis in den Femurkondylus ein. Dadurch entsteht eine rinnenförmige Impression mit intaktem Gelenkknorpel unter Kontusionierung des Meniskus, der narbig-verdickt ausheilt. Diese Verletzungsform ist medial häufiger als lateral. Am imprimierten Gelenkknorpel treten Erweichungszonen auf, von der Knorpel-Synovialis-Grenze zur Impression hin dehnt sich später ein Gelenkpannus aus.

Mit Ausnahme der federnden und der muldenförmigen Impression sowie der Flake fracture sind alle anderen Knorpelschäden in der Regel radiologisch nicht erkennbar und bedürfen daher der arthroskopischen oder magnetresonanztomographischen Abklärung. Die häufigsten Lokalisationen traumatischer Knorpelschäden finden sich am medialen Femurkondylus im tragenden Gelenkanteil, an der lateralen Kante des lateralen Femurkondylus bei der Patellaluxation und an der medialen Facette der Kniescheibe.

Knorpelverletzungen (Knorpelbrüche) werden in zwei Gruppen eingeteilt [26]:

A: Knorpelbrüche mit Eröffnung der Knorpeloberfläche und Beteiligung des subchondralen Knochens,

B: Knorpelverletzungen ohne Eröffnung der Knorpeloberfläche mit und ohne Beteiligung des subchondralen Knochens.

2.3.5 Knorpelheilung

Die Beurteilung frischer Knorpelschäden verläuft im Allgemeinen problemfrei, da sie meist mit einer Hämarthrosbildung kombiniert sind und scharfe Defektränder zeigen. Schon nach wenigen Wochen tritt die Knorpelheilung ein und das Bild des traumatischen Knorpelschadens verwischt. Bereits sechs bis acht Wochen nach dem Trauma runden die scharfen Defektränder ab. War der Knorpelschaden genügend tief, so wird der Defektgrund eine Reparationsheilung zeigen, und der Knorpelschaden kommt entweder im Sinne einer soliden Reparation oder mit Ausbildung eines Defektes zur Heilung. Die Defektauffüllung ist bis zur normalen Knorpeloberfläche möglich, so dass optisch der Defekt verschwindet. Die Betastung dieses Bezirkes wird jedoch zeigen, dass es sich um ein minderwertiges Ersatzgewebe handelt. Kommt es nicht zu dieser Art der Defektheilung, verbleiben aufgeworfene Ränder am betroffenen Knorpelbezirk und der Defektgrund ist sichtbar. Nach etwa drei Monaten kann die Knorpelheilung als abgeschlossen betrachtet werden und mit einer weiteren Besserung ist dann nicht mehr zu rechnen [57].

Von einer Knorpelheilung ist jedoch nur beim wachsenden Skelett auszugehen, nach Abschluss des Längenwachstums wird die Prognose schlechter [188]. Die Prinzipien der Knorpelheilung wurden vor langer Zeit erkannt, „fehlende Regenerationsfähigkeit" [96] und „Bildung eines Ersatzgewebes (GURLT in [168]). Zur Knorpelheilung stehen gemäß den pathologischen Überlegungen wenige Mechanismen zur Verfügung [247]. Bei oberflächlichen Knorpelschäden besteht keine Heilungsmöglichkeit, auch nicht bei jungen Kaninchen [73]. Es soll aber auch kein Trend zur Arthrose vorliegen [151], eine Heilung ist jedenfalls nicht zu erwarten [153, 97]. Kommt es zu einem tiefen Knorpelschaden bis hin zum subchondralen Knochen, so entstehen Granulationsgewebe [61], Bindegewebe, Faserknorpel. Es entwickelt sich Knorpel wie im Endstadium der Arthrose [244], jedenfalls kein hyaliner Knorpel [153, 97]. Beim tiefen Knorpelschaden kann sich aber auch eine Nekrose mit entzündlicher Veränderung und Umbildungstendenzen hin zur Narbe und evtl. auch zum Originalgewebe zeigen [146].

Direkte Krafteinwirkungen auf die Kniescheibe bzw. auf das Femoropatellargelenk führen in der Regel zunächst zu einer Knorpelkontusion. Nach einem Vierteljahr wird dann dieses Bild von einer unfallunabhängigen Chondromalacia patellae/ Knorpelerweichung der Kniescheibenrückseite nicht mehr zu differenzieren sein, allenfalls dann, wenn anamnestisch ein sog. freies Intervall nachweisbar ist. Dieses freie Intervall ist typisch für den Verlauf einer traumatischen Knorpelschädigung, die zunächst mit Schmerzen verbunden ist. Nach wenigen Wochen schmerzfreiem Intervall treten wieder Schmerzen auf [9]. Die Anerkennung oder Ablehnung einer Chondromalazie der Kniescheibenrückseite als Unfallfolge aufgrund des klinischen Aspektes allein stößt aus zwei Gründen auf Schwierigkeiten:

1. Die Chondromalazie als reine Unfallfolge ist klinisch immer mit einer gewissen Latenzzeit verbunden.
2. Der Gutachter muss die gesamte Komplexität der Pathogenese einer Chondromalazie berücksichtigen.

2.3.6 Klassifikation der Knorpelschäden

BAUER und JACKSON [13] schlagen eine Klassifikation chondraler Schäden wie folgt vor:

- Type I: Linear – crack type
  Dabei handelt es sich um eine isolierte Knorpellinearfraktur, die bis auf den subchondralen Knochen reichen kann.
- Type II: Stellate – fracture type
  Man findet mehrere divergierende Frakturlinien, oft mit einem zentralen Flake vor.
- Type III: Flap type
  Es ist eine Knopellamelle ausgerissen, diese hat jedoch noch Verbindung zur Knorpelumgebung.

- Type IV: Crater type
  Ein Stück Knorpel ist vom subchondralen Knochen abgelöst.
- Type V: Fibrillation type
  Die Knorpeloberfläche ist faserförmig aufgeraut, größere Knorpellösungen liegen nicht vor.
- Type VI: Degrading type
  Degenerative Erweichung des Knorpels mit Lösung von Knorpelstücken.

Die Einteilung von BAUER und JACKSON [13] ist beschreibender Natur, eine Aussage über das Alter des Schadens sieht sie nicht vor. Die Typen I bis IV sind traumatischer Art, Typ V und VI beziehen sich auf degenerative Vorgänge (Abb. 2.6).

Eine weitere Einteilungsmöglichkeit schlägt OUTERBRIDGE [184] vor. Stadium I entspricht der lokalen Erweichung und Schwellung, das Stadium II der Fissurenbildung und Fragmentation bis zu einem Herddurchmesser von 1,3 cm, das Stadium III den gleichen Veränderungen wie Stadium II, nur mit einem Herddurchmesser über 1,3 cm, und das Stadium IV zeigt Ulcera und Erosionen bis auf den subchondralen Knochen. Die früher beschriebene sog. Gelbfärbung des Knorpels, die dem Stadium I der Knorpelerweichung zuzuordnen wäre, kann in dieser Form nicht aufrechterhalten werden, sie muss durch den Tastbefund, der die Erweichung und Schwellung des Knorpels bestätigt, ersetzt werden.

Für die arthroskopische Beurteilung bieten sich die Klassifikationen von FICAT und HUNGERFORD [66], die von IMAI [99], aber auch die von OUTERBRIDGE [184] an, alle basieren aber auf der Aussage von FRÜND [72].

2.4 Nomenklatur und pathologische Anatomie

Nicht nur die Behandlung, sondern auch die Begutachtung von Schäden des Gelenkknorpels setzt voraus, dass deren Ursache bekannt ist und Art und Ausmaß der Schäden selbst zuverlässig erfasst und genau beschrieben sind. So wird zum Beispiel als ideale Indikation für eine Chondrozytentransplantation die umschriebene traumatische Knorpelschädigung genannt. Trotz dieser Postulate finden sich in der Literatur weder eine Definition des „posttraumatischen Knorpelschadens“ oder eindeutige Kriterien zur Abgrenzung des nicht traumatischen Knorpelschaden noch eine einheitliche oder gar verbindliche Klassifikation zur Quantifizierung und Qualifikation von Knorpelschäden.

Für das Verständnis der Knorpelbegutachtung ist die Klärung bestimmter Bezeichnungen unerlässlich. Im Standardwerk zur deutschen Sprache (Duden) sind die erforderlichen gebräuchlichen Bezeichnungen, wie sie zur Knorpelbegutachtung herangezogen werden, definiert. Die übergeordnete Bezeichnung für alle pathologischen Knorpelveränderungen ist der Schaden. Er ist als Zerstörung, Beschädigung, Störung sowie als Verletzung und Unfallschaden definiert, u. a. aber auch als Verlust,

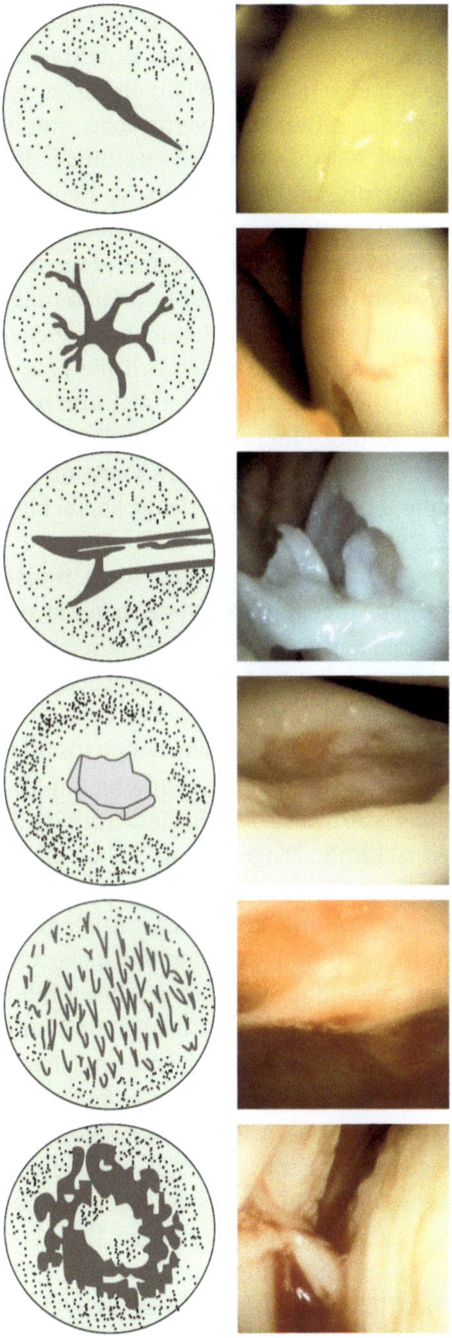

Abb. 2.6: Einteilung der Knorpelschäden, modifiziert nach [13].

Wertminderung, Nachteil, körperliche Beeinträchtigung, Mangel und als beschädigte Stelle. Das Wort „unfallbedingt" ist klar auf den gesetzlich definierten Unfallbegriff zurückzuführen. Ein unfallbedingter Knorpelschaden ist eine Knorpelverletzung. Das Wort „Verschleiß" weist auf eine durch häufigen Gebrauch verursachte starke „Abnutzung" hin, in etwa vergleichbar mit dem Wort „Aufbrauch" im Sinne des Verbrauchens und Durchbringens. Mit der Abnutzung im Zusammenhang steht der Begriff „Defekt". Er kann als umschriebenes Knorpelproblem verstanden werden und gibt keinen Hinweis zur Ätiologie. Somit kann logischerweise abgeleitet werden, dass der Schaden eine übergeordnete Bezeichnung mit der Unterteilung unfallbedingt und verschleißbedingt (= abnutzungsbedingt) darstellt. Da die Bezeichnung ‚degenerativ' für die Beurteilung des Knorpels nicht geeignet ist, ergibt sich die Frage, wie und ob er ersetzt werden kann – etwa durch die Bezeichnung der Arthrose bzw. ‚arthrotisch' oder besser durch das Wort „Texturstörung". Im Lehrbuch der Gelenkpathologie von MOHR [164] findet sich die Arthrose unter der Überschrift ‚Mechanische Schädigungen' des Gelenkes. Zur Definition der Arthrose können deutschsprachige Standardwerke als Grundlage dienen [164, 28, 79].

In Kenntnis der Risikofaktoren und deren Pathogenese wird auch die Arthrose auf einen Kapillarschaden zurückgeführt, dies als Folge der pathologischen Einwirkungen auf die Kapillaren durch die Risikofaktoren des metabolischen Syndroms. Da lymphatische Kapillaren im Bereich der Knochen-Knorpel-Endplatten (subchondrale Schicht) fehlen, entfällt die lymphatische Klärfunktion mit der Folge der Verfettung der im Knochenmark dagegen vorhandenen Lymphbahnen bis zur lymphatischen Arteriosklerose. Es resultiert wegen des Kapillarschadens eine Auswirkung auf alle Kompartimente im Knochen [70]. Zur Definition der Arthrose bezieht HACKENBROCH [82] in seinem Buch – ‚Arthrosen, Basiswissen zu Klinik, Diagnostik und Therapie' – Stellung. „Arthrosen werden heute als unspezifische Endprodukte heterogener mechanischer und biologischer gelenkschädigender Einflüsse aufgefasst." Ätiologisch wirksame Faktoren führen über eine arthrotische Initialläsion zur Knorpelerweichung, weiter zum Knorpelsubstanzverlust (mit oder ohne Synovialitis), dieser führt zur subchondralen Sklerose, zu subchondralen Zysten und Osteophytenbildung (Röntgenzeichen), es resultiert die Gelenkzerstörung. Eine Arthrose ist kein Primärschaden, also keine Verletzung. Will man eine posttraumatische Arthrose benennen [148], dann muss auch alternativ eine nicht traumatische Arthrose [79] abgegrenzt werden. Die Arthrose ist das pathomorphologische Substrat einer fortschreitenden Gelenkkrankheit, die auch mit einer Chondrose einhergeht, wobei der Knorpelschaden auch ursächlich für die Arthrose sein kann. Die „early osteoarthritis" [187, 137] entspricht dem Frühstadium der Arthrose (nicht Arthritis). Auch ein Trauma mit der Folge einer Knorpelverletzung kann ursächlich für eine Arthrose sein [219], d. h., der Primärschaden der Knorpelverletzung mündet bei nicht erreichbarer Regeneration (= Reparation, Defektheilung) in den „circulus vitiosus" der Arthrose ein, deren Endstadium die Ursache nicht mehr erkennen lässt [205, 201, 79, 195, 166, 17, 50].

W. MOHR und I. HESSE [163] haben den Verlauf der Arthrose mit den strukturellen Veränderungen an Knorpel und Knochen skizziert (Abb. 2.7); davon lassen sich die arthroskopisch zu erwartenden Befunde ableiten.

Abb. 2.7: Skizzenhafte Darstellung des Ablaufs der Arthrose mit strukturellen Veränderungen an Knorpel und Knochen (innerer Kreis) und Synovialmembran (äußerer Kreis). A = Normale Situation, B = Fibrillierung des Knorpels und Chondrozytennekrosen sowie begleitende leichte lymphozytäre Synovialitis, C = fortgeschrittene Fissurierung des Knorpels mit Brutkapselbildung der Chondrozyten und begleitender Knorpeldetritussynovialitis, D = Freilegung der Zone des verkalkten Knorpels und begleitende Knorpeldetritussynovialitis, E = Freilegung der knöchernen Deckplatte und begleitende Knorpeldetritussynovialitis, F = Zerstörung des Knochens mit Deckplatteneinbrüchen und begleitender Knochendetritussynovialitis, G = Ausbildung von ‚Regeneratherden' aus Narbengewebe und chondroidem Gewebe in Zonen von Deckplatteneinbrüchen und begleitender Knochendetritussynovialitis [163].

Von der spontan entstehenden Chondropathia patellae als Schmerzbild mit dem pathomorphologischen Substrat der Chondromalazie (Knorpelerweichung) mit eigentlich noch nicht sicher geklärter Ätiologie ist die traumatisch bedingte Chondromalazie abzugrenzen. Wird der hyaline Knorpel traumatisch geschädigt, so kann er direkt oder indirekt an zwei Stellen entscheidend getroffen werden:

1. durch Schädigung der kollagenen Fibrillen in der Tangentialschicht und
2. durch Schädigung der Chondrozyten.

In beiden Fällen kommt es zu einem Circulus vitiosus pathogenetischer Faktoren, der auch bei physiologischer Beanspruchung des Knorpels zum fortschreitenden Verschleiß führt [9]. Kennt man den Verlauf der Arthrose [163], so wird klar, dass

‚degenerativ' kein Synonym für ‚arthrotisch' sein kann. In den Vorstellungen von MOHR und HESSE [163] ist der Startpunkt für die Arthrose ohne Wenn und Aber der Knorpel – deshalb soll nicht unerwähnt bleiben, dass die Rolle des subchondralen Knochens als eventueller Startpunkt der Arthrose zunehmend diskutiert wird. Die Arthrose als Gelenkerkrankung, in fortgeschrittenen Stadien sind auch andere Gelenkteile als der hyaline Knorpel betroffen (z. B. Synovialis, Knochen, u. a.), verläuft nach einem festgelegten Schema in bestimmten Stadien:

1. Initialstadium (Zelle und Matrix),
2. Stadium der Knorpelerweichung (= Malazie),
3. Stadium der Knochenreaktion,
4. Gelenkkollaps.

Die Reaktion der Synovialis (= Gelenkinnenhaut, Synovia = Gelenkflüssigkeit) ist im Vergleich zur Ausprägung des Knorpelschadens zu diesen gegenläufig (Abb. 2.8), bezogen auf die strukturelle Menge der Substanz. Nimmt die Knorpeldicke durch zerstörende Mechanismen ab, so reagiert die Synovialis mittels Hyperplasie, um vermehrt Synovia (Gelenkerguss) zu produzieren.

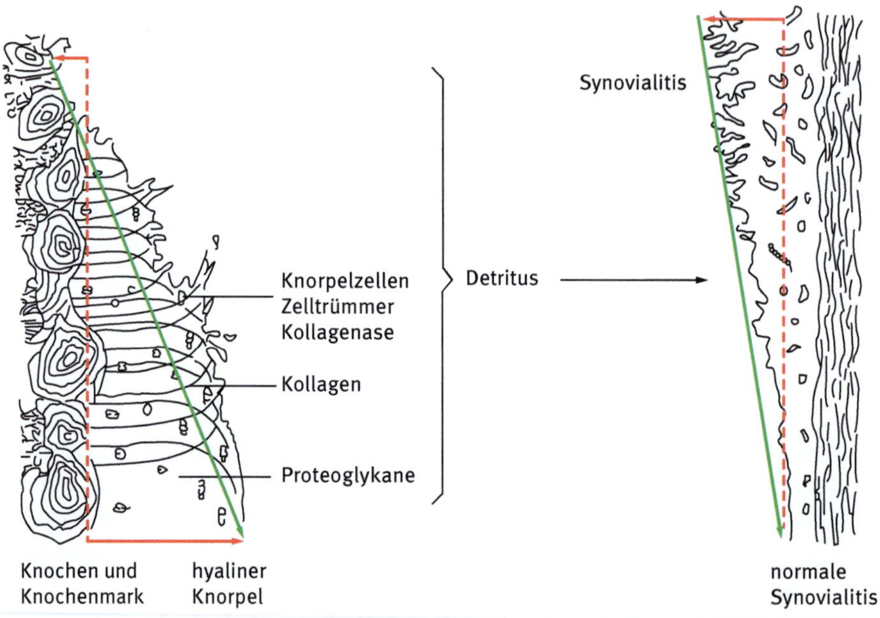

Abb. 2.8: Knorpelreduktion und Synovialisvermehrung als Folge der Arthrose, nach [108].

In Anlehnung an die Aussagen des Workshops „New Horizons in Osteoarthritis" [115] sehen die Autoren die Arthrose als Gelenkfehlfunktion aufgrund von strukturellen

Schäden, die letztlich zum Versagen des „Organs“ Gelenk führen können. Der Knorpelschaden ist Teil, wenn auch ein zentraler, des Gesamtschadens am Gelenk. Subchondraler Knochen, Ligamente, Kapsel, Synovialmembran und periartikuläre Muskeln sind im Verlauf in unterschiedlichem Maße mitbetroffen.

2.4.1 Fazit

Arthrose ist eine Gelenkfehlfunktion aufgrund eines Strukturschadens, die letztendlich zum Versagen des „Organs“ Gelenk führen kann. Es hat sich die Auffassung durchgesetzt, dass der Knorpelschaden als Teil, wenn auch ein zentraler, des Gesamtschadens angesehen werden muss. Arthrose ist eine vom Lebensalter abhängige Antwort eines Gelenks auf verschiedene Formen der Beeinträchtigung. Eine feste Bindung des Begriffs Arthrose an Belastung, Überlastung oder akutes Trauma greift zu kurz, da andere „mechanische“ Faktoren wie Übergewicht oder „systemische“ Faktoren wie Alter, hormoneller Status oder genetische Disposition nicht außer Acht gelassen werden dürfen. Es handelt sich also bei der Arthrose eher um ein Syndrom mit vielen komplexen Ätiologien als um eine singuläre Krankheitsentität [69]. Die Pathophysiologie kann am besten als Produkt der die Arthrose initiierenden, schädigenden Ursachen und des Versuchs der Reparatur beschrieben werden. Der allgemeine Sprachgebrauch bei der Beschreibung des Knorpelschadens ist problematisch. Der Begriff „degenerativ“ als Sammeltyp für alles, was als „nicht traumatisch“ eingestuft wird, ist abzulehnen. Das Gleiche gilt für den Begriff „Malazie“, sofern er dem Begriff Arthrose gegenübergestellt wird, da er nur einen Ausschnitt der Arthrosestadien am Knorpel darstellt. Es ist zu fordern, dass sich die Klassifikationen der Knorpelschäden mittels diagnostischer Methoden (Röntgen, MRT, Arthroskopie) so nah wie möglich an die Stadien der pathologischen Anatomie anlehnen.

2.4.2 Beurteilung des pathomorphologischen Substrates (PMS) des Knorpels

Es wird beim mechanisch bedingten Knorpelschaden die röntgenologisch nicht erkennbare, aber arthroskopisch nachweisbare beginnende Arthrose (Knorpelerweichung) von der radiologisch zu erkennenden Arthrose unterschieden, die in der Folge einer Knorpelerweichung oder auch Knorpelschädigung u. a. über entzündliche Mechanismen (Pannus an den Gelenkkanten) unter anderem in Form von Osteophyten am Röntgenbild erkennbar wird. Daraus lässt sich ableiten, dass für die Diagnostik des Knorpelschadens das Röntgenbild lediglich im fortgeschrittenen Stadium verwendet werden kann. Die Röntgenzeichen der Arthrose sind die subchondrale Sklerose, Gelenkspaltverschmälerung, Randzacken (Osteophyten), Geröllzysten und schließlich Verformungen, diese werden beim traumatischen Knorpelschaden erst spät festgestellt [32] und sind vom Schweregrad des Schadens abhängig. Verwendet man die Arthrose als Knorpelerkrankung, so werden die Malaziestadien mit einbezogen, ebenso die Röntgenzeichen des Knorpelschadens und auch das Anfangsstadium der Knorpelerkrankung, das möglicherweise pathophysiologisch immer noch nicht ausreichend erkannt und zudem diagnostisch evtl. gar nicht erfassbar ist. Abgesehen vom Initialstadium ist die Knorpelbeurteilung arthroskopisch möglich, in fortgeschrittenen Stadien mit knöcherner Reaktion auch röntgenologisch. Das Röntgenbild kann aber die synoviale Begleitreaktion nicht erfassen. Dies gelingt nur arthroskopisch und mittels Kernspintomographie, vor allen Dingen aber durch die klinische Untersuchung.

Das Interesse an der Arthrose fokussierte lange Zeit primär auf den Knorpel und seine makroskopisch sichtbaren Veränderungen im Verlauf der Erkrankung. Vor all diesen Überlegungen war aber HUNTER [96] klar, dass Knorpelschäden irreversible Veränderungen des Gelenkknorpels bedeuten.

Es liegen mehrere Klassifikationen bzw. Einteilungen von Schweregraden des Knorpelschadens vor:
- FRÜND [72] 1926
- OUTERBRIDGE [184] 1961
- GOODFELLOW [76, 77] 1976
- FICAT und HUNGERFORD [66] 1977
- METCALF [154] 1982
- HILLE [92] 1988
- BAUER und JACKSON [13] 1988
- DZIOBA [58] 1988
- TIPPET [235] 1991
- AYRAL [8] 1996
- THEIN [229] 1999
- OAKLEY [177] 2002
- SGAGLIONE [210] 2002

Die genannten Einteilungen entstanden meist bei der Beurteilung der Knorpelerweichung an der Kniescheibenrückseite, sind aber generell für den Gelenkknorpel anwendbar (Tab. 2.2). Meistens handelt es sich um endoskopisch anwendbare Einteilungen, deren Schweregrade nur in Spätstadien ein röntgenologisches Korrelat zeigen.

Tab. 2.2: Stadieneinteilungen der Chondromalacia patellae, nach HILLE [92].

Stadium I:	Knorpelerweichung		
Stadium II:	Blisterbildung		
Stadium III:	Crab meat-Veränderung		
Stadium IV:	Arthrose:	Stadium I:	Samtartig veränderte Knorpeloberfläche
		Stadium II:	Tiefergreifende, bis auf den subchondralen Knochen reichende Fissuren
		Stadium III:	Knorpelulzerationen, Knochenglatzen

Erst HILLE [92] bezeichnet mit dem 4. Schweregrad ein Stadium, das auch am Röntgenbild sichtbar wird, Stadium 4 ist die „sog. Arthrose“ mit einer weiteren Unterteilung.

In allen Klassifikationsvorschlägen kann im Prinzip die Einteilung nach FRÜND [72] als einfaches und nachvollziehbares Schema erkannt werden (Abb. 2.9). In der Einteilung nach FRÜND [72] ist die makroskopische und histologische Knorpelbeurteilung enthalten. GOODFELLOW [76, 77] benennt eine Unterscheidung zwischen der oberflächlichen und der basalen „Degeneration“ mit jeweils vier Subtypen (Tab. 2.3). Die oberflächliche „Degeneration“ entwickelt sich in Richtung basal, die basale „Degeneration“ in Richtung Oberfläche, wobei deren Subtyp I ein Abheben des erweich-

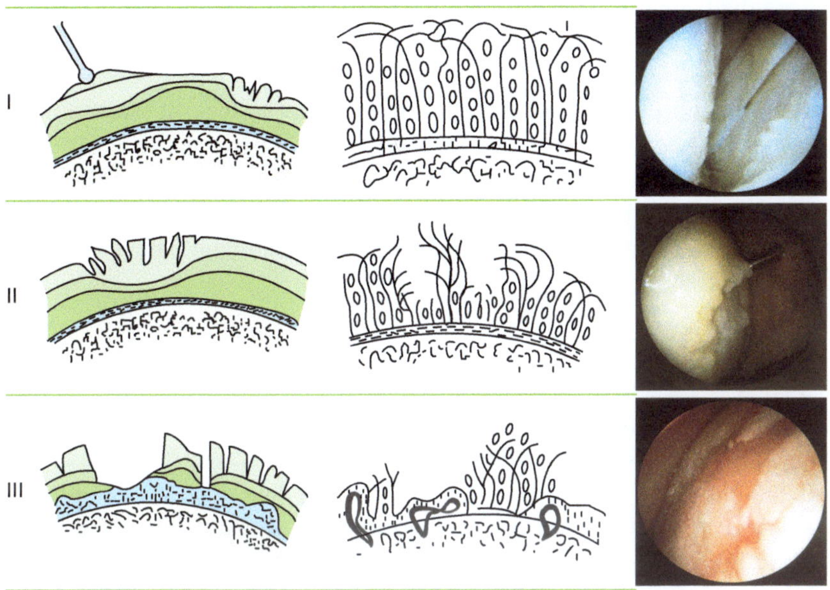

Abb. 2.9: Schematische Darstellung der Chondromalaziegrade I–III und mit entsprechendem arthroskopischen Bild, nach [72] in [10].

Tab. 2.3: Typisierung des Knorpelschadens [76, 77]), Degeneration = Texturstörung + Reparation.

Typ	Oberflächliche „Degeneration“	Basale „Degeneration“	Richtung der Schädigung
Subtyp I	oberflächlich	Erweichung	Oberfläche
Subtyp II	Erosion	„Blister“	oberflächliche „Degeneration“ ↓ / basale „Degeneration“ ↑
Subtyp III	tiefschichtig	alle Schichten	
Subtyp IV	Exposition des Knochens		Basis

ten Knorpels beinhaltet. Beide Subtypen IV bedeuten einen Knorpelschaden bis auf den subchondralen Knochen [215, 216]. Vergleichbar zu FRÜND [72] ist die Einteilung nach LINDBERG [135].

2.4.3 Makroskopische Beurteilung, nach FRÜND [72]

1. Grad

Der Gelenkknorpel erscheint im umschriebenen Gebiet etwas über seine Umgebung erhaben, zeigt eine gelblich bis bräunlich-graue Verfärbung und den Verlust seines Glanzes. Bei Sondenbetastung wird eine verminderte Elastizität konstatiert.

2. Grad

Die Knorpeloberfläche ist spalt- und lappenförmig eröffnet und mehr oder weniger lamellär aufgeteilt. Die Spalten laufen senkrecht oder schräg zur Oberfläche. Einzelne Lamellen können sich dachziegelartig überlappen und sind zum Teil gequollen. Die Spalten reichen noch nicht bis auf den subchondralen Knochen, erweitern sich aber hie und da in der Tiefe zystenartig. Die Enden der Lamellen können kolbig aufgetrieben oder aufgefranst sein.

3. Grad

Die Fissuren reichen auf den Knochen, der in kleineren und größeren Bezirken freiliegt. In diesen Bereichen findet sich eine Verdickung oder gar Verdoppelung der Verkalkungszone, und neben sklerosierenden Partien im subchondralen Knochen zeigen sich auch lakunäre Defekte, durch welche gefäßreiches Bindegewebe aus den subcorticalen Markräumen gegen den Knorpel vordringt und diesen abbaut. Ein gefäßreicher Pannus kann von der Tunica synovialis her gegen bloßgelegte subchondrale Knochenpartien vorstoßen. Physikalisch besteht eine eindrückliche Einbuße der Elastizität, welche parallel mit einer Reduktion des Gehaltes an Chondroitin-Schwefelsäure einhergeht, und zwar nicht nur in der Tangential- und Übergangszone, sondern auch in der Perpendikular- oder Druckzone.

2.4.4 Mikroskopische Beurteilung

Bei der *Chondromalazie im Stadium I* lassen sich mikroskopisch an den Chondrozyten Zeichen gesteigerter Aktivität sehen: Zellvermehrung und Vakuolenbildung sowie elektronenoptische Zeichen vermehrter Synthese und Sekretionssteigerung. Im Stadium II treten Verschleißerscheinungen an den Chondrozyten der mittleren und tieferen Zonen des Gelenkknorpels auf, die bis zur Nekrose führen können. Andere Bezirke zeigen – wahrscheinlich als Zeichen von Regenerationsversuchen zur Ausfüllung der Defekte – die Bildung von Knorpelzellhaufen mit Zellteilungserscheinungen in der Peripherie und Zelltod im Zentrum. Der offenbar vermehrten Synthese einer (funktionell unvollständigen) Chondroitin-Schwefelsäure geht wahrscheinlich ein gesteigerter Abbau parallel. Besonders das dritte Stadium ist von sekundären Erscheinungen des Knorpelabbaus und Knorpelverschleißes begleitet. Häufig beobachtet man eine hypertrophische Synovialitis, die darauf beruht, dass die Tunica synovialis abgeschilferte Knorpelpartikel durch Phagozytose abbaut, wodurch es zu einer aseptischen Entzündung kommt. Die Produktion proteolytischer Fermente und eine entzündungsbedingte Viskositätssteigerung der Synovia sind geeignet, den Knorpelabbau zu beschleunigen.

2.4.5 Fazit

Wird die Einteilung nach FRÜND [72] gemäß dem Vorschlag von HILLE [92] mit den radiologischen Kriterien [114, 102, 64] ergänzt, so resultiert ein einfaches, überschaubares Schema zur Beurteilung eines Knorpelschadens, jedoch ohne Hinweis auf eine traumatische Schädigung. Unklarheiten bestehen im Initialstadium, das weder arthroskopisch noch (zumindest derzeit) kernspintomographisch erfasst werden kann, da sich dieses Stadium in der Zelle abspielt, selbst histologisch liegen keine echten Erkenntnisse vor. Abgesehen vom Initialstadium können alle weiteren Stadien der Knorpelerkrankung mit einer synovialen Reaktion einhergehen. Die Arthrose endet in einer Gelenkzerstörung mit Verformung des Gelenkes, einschließlich Instabilität und synovialer destruierender Reaktion (Gelenkkollaps, Circulus vitiosus).

2.5 Pathomechanik

Gibt es Hinweise auf ein oder mehrere Unfallereignisse, so bedarf es zunächst der Klärung, ob eine direkte oder indirekte Krafteinwirkung vorlag. Diskutiert werden müssen auch Mikrotraumen. Ein Mikrotrauma ist eine geringfügige, klinisch nicht relevante Verletzung, die bei vielfacher Wiederholung zum Dauerschaden führt.

Unter dem direkten Trauma wird eine unmittelbare Krafteinwirkung auf eine Gelenkfläche verstanden, die in aller Regel nicht freiliegt, sondern von Weichteilgewebe umgeben ist. Somit ist davon auszugehen, dass bei einer direkten Krafteinwirkung, wenn es zu einer Knorpelschädigung kommen soll, auch eine Weichteilschädigung am Schädigungsort zu erwarten ist. Die Krafteinwirkung kann im Sinne einer stoßartigen, aber auch kontinuierlichen Krafteinwirkung verstanden werden, die stoßartige Krafteinwirkung überwiegt in aller Regel. Entscheidend ist die Krafteinwirkung auf den Knorpel und die darunter liegende subchondrale Knochenschicht, unter anderem in Abhängigkeit von der Kraftrichtung. Von Bedeutung ist dabei das Elastizitätsmodul der betroffenen Gewebe. Der Knorpel besitzt eine wesentlich höhere Elastizität als der darunter liegende Knochen. Der Knorpel kann einer Krafteinwirkung teilweise ausweichen, während dies der Knochen in aller Regel nicht kann, dies in Abhängigkeit vom Elastizitätsmodul:

Elastizitätsmodul MPa (Mega-Pascal): Knorpel 40/Spongiosa 90.

Zwischen Knorpelschicht und subchondralem, spongiösem Knochen ist histologisch eine Grenzlamelle feststellbar, deren Elastizität bisher nicht definiert, aber zwischen den Knorpel- und Knochenwerten zu vermuten ist. Es handelt sich um eine basale Verkalkungszone. Aus dem anatomischen Aufbau resultiert ein physikalisches Modell mit zwei verschiedenen Elastizitäten (Knorpel/subchondraler Knochen). Wirkt nun auf dieses System eine Kraft ein, so resultieren je nach Kraftstärke verschiedene physikalische Verformungen: elastische Verformung, plastische Verformung, irreversibler Bruch.

Je nach Art der Verformung entstehen typische Verletzungsmuster. Bei der elastischen Verformung ist die Volumen- oder Gestaltänderung reversibel, im anderen Falle handelt es sich um eine plastische Verformung, z. B. liegt eine Impression vor. Dabei wird die Formänderungsarbeit mindestens teilweise in Wärme umgewandelt, nicht aber bei der elastischen Verformung. Der irreversible Bruch bedeutet dann eine irreversible Zerstörung der betroffenen Strukturen. Da das Knorpelgewebe elastischer ist als der Knochen, muss in Abhängigkeit von der Kraftstärke und Kraftrichtung, bevor eine Knorpelschädigung zu erwarten ist, immer eine Knochenschädigung entstehen [125, 110]. Entscheidend sind aber Kraftstärke und Kraftrichtung. Bezüglich der Auswirkung der Kraftstärke ist das Verbundsystem verschiedener elastischer Substanzen verantwortlich (Abb. 2.10).

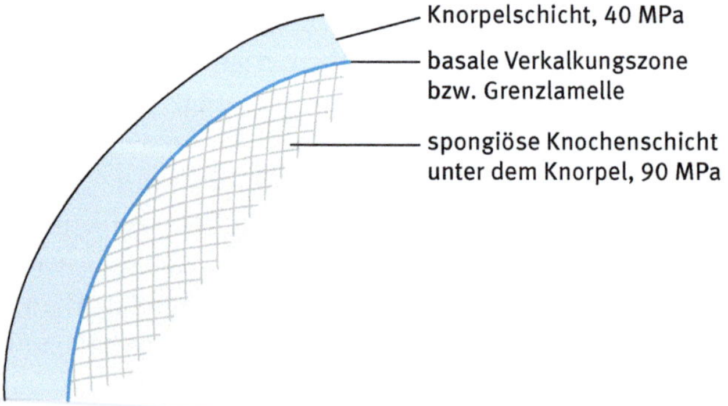

Abb. 2.10: Knorpel-Knochen-Elastizitätsaufbau (MPa = Mega-Pascal).

Stoßversuche am jugendlichen Schweineknorpel ergeben, dass aufgrund der verschiedenen mit Abstand von der Oberfläche abnehmenden Elastizitätskoeffizienten die Verletzungswahrscheinlichkeit von unten nach oben zunimmt, d. h., die Verletzung entsteht subchondral und weitet sich mit zunehmender Krafteinwirkung von unten nach oben aus (trotz Kraft von oben) [31, 68, 110]. Ein einfacher Versuchsaufbau zeigt den Pathomechanismus der Gewebeschädigung des Knorpels durch die Stoßeinwirkung [31, 110, 88, 90]. Am Knie von schlachtreifen Schweinen kann ein definierter Stoß auf die Gelenkfläche direkt einwirken. Es folgen eine makroskopisch optische Beurteilung, die Computertomographie, die Kernspintomographie sowie die histologische Untersuchung. Bei schlachtreifen Schweinen sind das Längenwachstum und damit der Knorpelaufbau noch nicht abgeschlossen. Während beim erwachsenen Schwein zwischen Tidemark und subchondralem Knochen eine verkalkte Knorpelzone ausgebildet ist, kann beim jugendlichen Schwein die Tidemark fast nicht erkannt werden, zwischen dieser und der subchondralen Knochenschicht findet sich ein Blasen- und Säulenknorpel (Grenzlamelle), der zapfenförmig in den subchondralen Knochen reicht. Lässt man auf die Oberfläche des jugendlichen Knorpels eine Stoßkraft (Stempeldurchmesser 7 mm) mit definierter Kraft (100–600 Newton) direkt einwirken, dann entsteht ein typisches Verletzungsmuster, ausgehend vom subchondralen Knochen.

In Abhängigkeit vom Elastizitätskoeffizienten kommt es bei direkter Krafteinwirkung auf den Knorpel wegen dessen höherer Elastizität zunächst zu subchondralen Trabekelfrakturen, bei der Kraftzunahme entsteht dann ein Schaden an der Knorpeloberfläche (beim jugendlichen Gelenk) und erst dann am Blasen- und Säulenknorpel (Grenzlamelle) (Tab. 2.4). Beim erwachsenen Gelenk bricht vor der Knorpeloberfläche der kalzifizierte Knorpel.

Tab. 2.4: Ergebnisse der Stoßversuche auf einen jugendlichen Schweineknorpel (N = Newton, – = keine Verletzung, + = Verletzung), nach [31].

n = 114			Makroskopie	Histologie		
	Typ	Kraftstoß in Newton	Oberfläche	Zone 1–3	Zone 4 = Grenzlamelle	subchondraler Knochen
n = 27	1	100–280 N	Abdruck für 20–30 Minuten	– 0 %	– 0 %	– 11 %
n = 14	2	280–380 N	Abdruck für 20–30 Minuten	– 29 %	– 7 %	+ 79 %
n = 51	3	380–550 N	Abdruck + Riss	+ 84 %	– 37 %	+ 100 %
n = 15	4	550 N	Stufenbildung Impression	+ 100 %	+ 80 %	+ 100 %

Zur Beurteilung der Kraftstärke sei darauf hingewiesen, dass bei jedem Schritt im Kniegelenk der Knorpel einen Druck von 1,2 Megapascal aushalten muss [33, 34]. SPAHN [214] kommt zu dem Schluss, dass bei einem Elastizitätsmodul des hyalinen

Knorpels von etwa 40 Megapascal und bei einem Elastizitätsmodul des subchondralen Knochens von etwa 90 Megapascal eine durchschnittliche Bruchspannung am Knorpel von 26 Megapascal erwartet werden kann, dies entspricht einer Kraftentwicklung beim ungebremsten Aufprall aus einer Höhe von ca. vier Metern. Insofern sind isolierte Knorpelverletzungen ohne begleitende ligamentäre oder ossäre Schäden unter axialer Belastung eher unwahrscheinlich [214]. In der Beurteilung des Knorpelschadens, bezogen auf den Unfallmechanismus, bedarf es der Unterscheidung der direkten von der indirekten Krafteinwirkung. Dazu ist eine bestimmte Kraftgröße erforderlich, um einen Knorpelschaden wahrscheinlich zu machen. Beim indirekten Trauma entstehen durch Bandzerreißung mit oder ohne Luxationen tangentiale Krafteinwirkungen und Scherkräfte (Schubkräfte), die zu einer Knorpelschädigung führen können. Hier ist es denkbar, dass sich Knorpelabscherungen entwickeln, ohne dass der subchondrale Knochen mitbeteiligt ist. Voraussetzung ist aber in diesem Fall, dass Begleitverletzungen vorliegen, die normalerweise kernspintomographisch oder auch schon klinisch und herkömmlich radiologisch erkannt werden, denn die primäre Läsion ist dann nicht am Knorpel zu erwarten, der Knorpelschaden ist hier unfallmechanisch sekundärer Art.

Rupturen des vorderen Kreuzbandes sind in 20–40 % mit sichtbaren Knorpelverletzungen kombiniert [103, 160, 222, 106, 46] und 60–100 % der LCA-Rupturen lassen im MRI Bone-bruise-Zeichen an typischer lateraler Stelle erkennen [78, 193]. Die okkulten (verborgenen) ossären Begleitverletzungen bei Verletzungen des Gelenkes werden von JEROSCH [104] in vier Gruppen eingeteilt:

1. Spongiöses Knochenödem

Hier finden sich im T1-gewichteten Bild unregelmäßig begrenzte Bezirke mit unterschiedlich starkem Signalverlust. Diese Bereiche sind bis weit in den subchondralen spongiösen Bereich der Epiphyse – häufig sogar bis in die Metaphyse hinein – lokalisiert. In der T2-gewichteten Aufnahme nach Fettunterdrückung zeigt sich ein deutlicher Signalanstieg. Dies gilt gleichermaßen für die STIR-Sequenz.

2. Subchondrale Fraktur

Es bestehen neben dem Knochenödem auch deutliche, in allen Sequenzen signalarme Frakturlinien. Diese können wiederum sowohl auf T1- als auch auf T2-gewichteten Aufnahmen dargestellt werden. Sie verlaufen parallel zum Knorpel, aber auch schräg bis zur subchondralen Grenzlamelle.

3. Osteochondrale Frakturen

Hierbei ist der Gelenkknorpel mit einem kleinen Knochenfragment aus dem Verbund herausgelöst und disloziert. Meistens handelt es sich jedoch um osteochondrale Impressionsfrakturen, der Knorpel ist im Signal der Dicke und Kontur verändert, und die subchondrale Grenzlamelle ist unterbrochen.

4. Subchondrale Sklerose

Es zeigt sich im T1-Bild ein Signalverlust unmittelbar im subchondralen Bereich ohne Unterbrechung der Kortikalis. Hierbei ergibt sich jedoch keine Signalanhebung in der T2-gewichteten oder in der STIR-Aufnahme. Isolierte Signalveränderungen im epi-metaphysären spongiösen Knochen mit Signalanhebungen in der STIR-Sequenz oder in Protonen- oder T2-gewichteten, fettunterdrückten TSE-Sequenzen sind dann ein Indikator für eine traumatische Läsion, wenn Knorpelläsionen fehlen. Kommt es durch ein Trauma zu einer Eröffnung der Knorpeloberfläche, so ist der Beginn der Arthrose in aller Regel programmiert. Ist aufgrund der höheren Elastizität der Knorpel trotz subchondraler Schädigung erhalten, so ist dennoch mit einem Knorpelschaden zu rechnen. Histologisch sind entsprechende Veränderungen (Erniedrigung des Proteoglykangehaltes, Nachweis von Kollagen I und Laminin als Nachweis der Gefäßneubildung) sechs Monate nach dem Trauma zu finden [126], ebenso Knochenneubildungen subchondral und Knorpeloberflächenfibrillationen [230]. Im Tierversuch wurde die Minderung der Knorpeldicke nach drei Jahren [59, 60] festgestellt. Auch die Verhärtung des subchondralen Knochens führt zur knochennahen Knorpelschädigung [191, 185, 179]. Aus den Tierversuchen folgt, dass die Kontusion eine posttraumatische Erweichung nach sich ziehen kann [56], dies in Abhängigkeit von der Zeit [173]. Innerhalb der ersten zwei Wochen können jedoch lediglich in Abhängigkeit von der einwirkenden Kraft Knorpelfissuren sowie subchondrale Veränderungen festgestellt werden [84]. Erst durch Einblutung zwischen Knorpel und subchondralem Knochen entsteht eine Knorpelblase, die zu einer Ernährungsstörung des Knorpels von subchondral her führt. Die Folge ist eine dann traumatisch bedingte Knorpelerweichung bis hin zum Knorpeldefekt (Tab. 2.5). Dies dauert aber Zeit, in aller Regel zwei bis drei Monate [103]. Auch bei einer isolierten direkten Krafteinwirkung auf den Knorpel gibt es die Möglichkeit der Knorpelnekrose durch Kontusion (Apoptose) und aus dieser Nekrose der Chondrozyten resultiert eine Malazie (Knorpelerweichung) (Tab. 2.6).

Tab. 2.5: Primäres Ereignis am Knochen.

„bone bruise“
Subchondrale Einblutung
– Knorpelblase
– Knorpeldefekt (2–3 Mon.)

Tab. 2.6: Primäres Ereignis am Knorpel.

„freies Intervall“ (2–4 Mon.)
Knorpelkontusion
– Apoptose
– Malazie

Daher ist bei der Entstehung einer kontusionsbedingten Chondromalazie vor Eintritt der malaziebedingten Schmerzen ein schmerzfreies Intervall nach Abklingen der kontusionsbedingten Schmerzen zu fordern. Das sog. „freie Intervall“ dauert etwa zwei bis vier Monate ab Unfallereignis [9].

2.6 Pathomechanismen, Pathogenese

Spezielle, typische Pathomechanismen, Unfallereignisse, die eine Knorpelverletzung verursachen, sind relativ selten, sie sind gelenkspezifisch. So wäre an der Schulter die Hill-Sachs-Delle beim Luxationsmechanismus zu nennen, der Knorpelschaden am Capitulum humeri bei der Radiusköpfchenfraktur am Ellbogen, an der Hüfte die Knorpelverletzung am Hüftkopf bei der Luxation sowie am Kniegelenk die Knorpelverletzung am lateralen Femurkondylus und an der medialen Patellafacette bei der Patellaluxation. In allen genannten Fällen handelt es sich um typische chondrale Begleitverletzungen bei speziellen Verletzungsmechanismen. Subchondrale Begleitverletzungen finden sich auch bei Rupturen des vorderen und hinteren Kreuzbandes, meist als „bone bruise“ an bestimmten Stellen, u. a. am Schienbeinkopf. Begleitknorpelschäden entstehen ebenso bei vielen anderen Verletzungen, wobei bereits das Verletzungsmuster auf die Knorpelverletzung hinweist. Isolierte Knorpelverletzungen sind selten und können in aller Regel keinem bestimmten Verletzungsmechanismus zugeordnet werden. Prellungen oder Kontusionen mit direkter Krafteinwirkung, aber auch Zerrungen sowie andersartige Bandverletzungen (Luxationsmechanismen) mit indirekter oder tangentialer Krafteinwirkung können Knorpelverletzungen verursachen. Entscheidend ist, dass in allen Fällen die Knorpelverletzung mit geeigneten diagnostischen Verfahren nachgewiesen wird (synergistische Gelenkdiagnostik).

2.6.1 Fazit

Knorpelverletzungen als Begleitschaden werden durch direkte und indirekte Krafteinwirkung ausgelöst. Die Unterscheidung gelingt durch Kenntnis des Unfallmechanismus, durch die klinische Untersuchung und mittels MRT. Isolierte Knorpelverletzungen durch direkte Krafteinwirkung sind selten. Prinzipiell gelten bei Kindern vergleichbare Voraussetzungen für die Entstehung einer Knorpelverletzung wie bei Erwachsenen. Knorpelschäden an sich treten bei Kindern selten auf. Eine Besonderheit am kindlichen Skelett ist die Epiphysenverletzung, eingeteilt nach SALTER-HARRIS [202], eine Gelenkverletzung, die eine Knorpelverletzung erwarten lässt, findet sich beim Typ III/IV. Nach AITKEN [4] entspräche dies der Verletzung II und III. Im Vergleich zum erwachsenen Skelett sind typische Verletzungen beim Kind, die mit Knorpelverletzungen einhergehen, am Knie lokalisiert, als knöcherner Abriss der Eminentia intercondylica oder auch als Femurkondylenfraktur, bei der Patellaluxation sowie bei den suprakondylären Verletzungen, einschließlich Ellenbogenluxation. Auffällig ist, dass beim Kind bzw. beim wachsenden Skelett reine Knorpelbrüche häufiger vorkommen als beim Erwachsenen [181], bei diesen sind Flake fractures häufiger als beim Kind. Ab dem 10. LJ nehmen osteochondrale Verletzungen an Häufigkeit ab und rein chondrale Verletzungen bis zum 20. LJ zu. Eine Erklärung findet sich in der Festigkeit zwischen der Schicht des nicht verkalkten Knorpels und dem verkalkten Knorpel sowie der subchondralen Knochenschicht [237, 133, 13, 228, 175].

2.7 Diagnostik

Die ätiologischen Faktoren des Knorpelschadens differieren, führen aber zeitabhängig im Endeffekt zur Arthroseentwicklung. Initial können lediglich die Knorpeltraumen (Makrotrauma mit begleitendem Knochenödem – „bone bruise") als Sofortreaktion erkannt werden. Die Entwicklung der Arthrose aus Mikrotrauma, Überlastung und altersbedingtem Verschleiß (Abnützung) verläuft schleichend:

Makrotrauma	⟶	klinisch relevante Verletzung (rezent/veraltet)	⟶	Arthrose
Mikrotrauma	⟶	Verletzung, klinisch nicht relevant	⟶	Arthrose
Überlastung	⟶	Mikrotraumen	⟶	Arthrose
Abnützung	⟶		⟶	Arthrose

Im Frühstadium der Entwicklung hin zur Arthrose sind daher differenzierte Diagnoseverfahren, morphologisch und funktionell, erforderlich [196], dies im Sinne der synergistischen Gelenkdiagnostik [85].

Die klinische Anamnese (klinische Symptomatologie) und die Untersuchung können Knorpelschäden vermuten lassen. Sowohl für die Behandlung als auch für die Begutachtung sind allerdings exakte Definitionen mit Zuordnung eines Knorpelschadens zu einem Unfallereignis, zu einem Überlastungsschaden oder auch zu einer Spontanentstehung von Bedeutung. Dies ist klinisch nicht möglich. Der dem Knorpelschaden zugeordnete Schmerz wird einmal durch die begleitende Synovialitis erklärt [22]. Da aber selbst bei erheblichen Knorpelschäden auch keine Synovialitis festgestellt wird [67] und trotzdem Schmerzen bestehen, wird der Hauptherd der Schmerzentstehung im subchondralen Knochen angenommen, und zwar in den Nervenbündeln, welche die für die Ernährung der knochennahen Knorpelpartien verantwortlichen Gefäße begleiten. Die Knorpelgewebe haben keine Schmerzrezeptoren. Diese finden sich aber im Knochenmark im Sinne nozizeptiver Fasern. Daher sind „bone bruise" im Kernspintomogramm häufig mit Schmerzen vergesellschaftet [65]. Eine Korrelation zwischen Schweregrad des Knorpelschadens und Schmerzstärke ist in der Literatur nicht zu ermitteln.

Das **Nativröntgenbild** erlaubt keine ausreichende Beurteilung des Gelenkknorpels [74]. Nur indirekte Zeichen können auf einen Knorpelschaden hinweisen. Dies sind Gelenkspaltverschmälerungen, aber nur beschränkt aussagekräftig [14]; Randzackenbildungen und subchondrale Hypersklerosen, also Arthrosezeichen, sind Hinweise auf einen alten Knorpelschaden. Osteonekrosen (z. B. Osteochondrosis dissecans [3]) sind von Verletzungsfolgen bildmorphologisch meist leicht zu unterscheiden. Zur Beurteilung der radiologisch erkennbaren Gonarthrosezeichen liegen Klassifikationen vor nach KELLGREN [114], AHLBÄCK [3], SUNDARAM [226], JÄGER und WIRTH [102], FELSON [64] sowie für die Retropatellararthrose nach SPERNER [221].

Der tatsächliche Vergleich der Röntgenbilder mit dem Arthroskopiebefund ergibt, dass Standardröntgenaufnahmen am Kniegelenk gute Hinweise auf den zu erwartenden Knorpelschaden liefern. Im Femorotibialgelenk kann der Knorpelschaden zu etwa 80 % eingeschätzt werden (Abb. 2.11), im Femoropatellargelenk zu etwa 75 % (Abb. 2.12). Zu diesem Ergebnis führt die Auswertung von 451 Röntgenbildern, verglichen mit den dann vorgenommenen Arthroskopien [206]. In der Literatur korrelieren die radiologischen Zeichen eines Knorpelschadens im medialen Kompartiment in hohem Maße mit der arthroskopischen Beurteilung [192]. Dies trifft aber nicht vergleichbar für das laterale Kompartiment zu, hier hinken die Röntgenzeichen dem tatsächlichen Knorpelschaden hinterher [242].

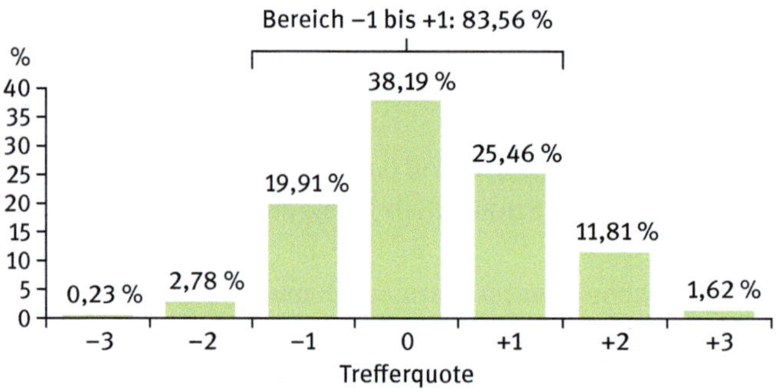

Abb. 2.11: Zusammenhang Klassifikation der Femoro-Tibial-Arthrose, nach [100], und Knorpelschaden, nach [184]. Die „Trefferquote" steht für die Differenz Arthrosegrad, nach [100] – Outerbridge-Stadium. Prozentuale Verteilung für alle Aufnahmen (n = 432).

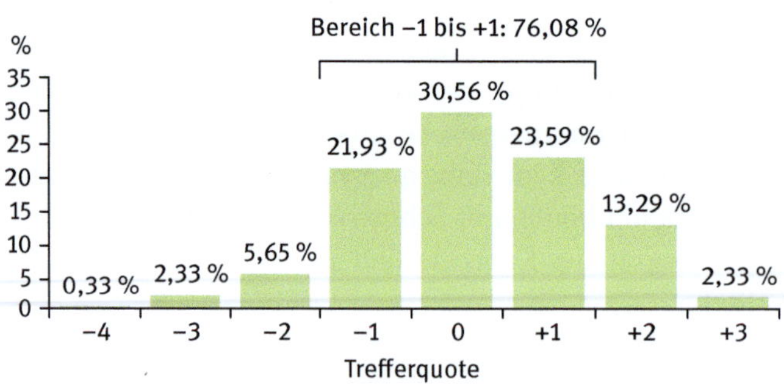

Abb. 2.12: Zusammenhang Klassifikation der Retropatellararthrose, nach [221], und Knorpelschaden, nach [184]. Als „Trefferquote" steht die Differenz Arthrosegrad, nach [221] – Outerbridge-Stadium (n = 432).

Die Computertomographie nutzt ebenfalls den Röntgenstrahl zur Bilderzeugung. Die heute übliche Volumenaquisition (Mehrschicht-Technik) erlaubt die Berechnung der Schichten in allen Ebenen. Knochen können zudem 3-dimensional dargestellt werden. Die Computertomographie hat als Schnittbildverfahren (mit einer Schichtdicke bis ≤ 0,4 mm) große Vorteile gegenüber dem röntgenologischen Summationsbild bei der Aufdeckung der oben beschriebenen Röntgenzeichen. Die Wertung der CT-Befunde basiert auf den gleichen Prinzipien, wie sie für die Röntgenologie entwickelt wurden. Neu ist die Kombination der hochauflösenden Computertomographie mit der Arthrographie, die exzellente Resultate zur Beurteilung des Knorpels nicht nur am Kniegelenk liefert [207, 239].

Die **Kernspintomographie** hat zur Beurteilung des Knorpelschadens erheblich an Bedeutung gewonnen. Eine direkte Knorpelbeurteilung ist möglich, wobei sich jedoch bisher allgemein gültige und auch allgemein angewandte Messtechniken aufgrund der ständigen technischen Weiterentwicklung noch nicht etablieren konnten.

Es gibt gute Analysemöglichkeiten der Knorpelschäden des Stadiums III und IV, wogegen die Darstellung der Schweregrade I und II noch ein unvollkommen gelöstes Problem bildet [149]. Kernspintomographisch können die Knorpeldicke und damit auch das Knorpelvolumen bestimmt werden [83]. Wenn heute im Zusammenhang mit Knorpelschäden allgemein, insbesondere jedoch bei den traumatischen Knorpelschäden, die Sinnhaftigkeit einer MRT diskutiert wird, fällt der Begriff des Knochenmarködems im Allgemeinen und speziell des traumatischen Knochenmarködems. Gesichertes Wissen zu dieser Veränderung ist:

1. Das Knochen(mark)ödem kann nur mittels MRT nichtinvasiv diagnostiziert werden.
2. Das Knochenödem ist ein unspezifischer Befund. Es stellt eine generelle Antwort des Körpers dar und kommt u. a. peritumoral, im Rahmen von Entzündungen, als Begleitphänomen einer lang bestehenden Arthrose [254] und als Antwort auf ein Trauma des Knochens und/oder der Gelenke vor.
3. Knochenkontusionen bzw. traumatische Knochenödeme in der MRT sind histologisch der Mischung aus trabekulärer Mikrofraktur, Ödem, Blutung und kleinen Nekrosezonen zuzuordnen [193].
4. Knochenödeme, die einem Trauma sicher zugeordnet werden können, persistieren nur in ganz seltenen Fällen. Sie zeigen unter (Entlastungs-)Therapie mit der Zeit eine Regredienz. Traumatische Knochenödeme verschwinden, in Abhängigkeit von der Ausgangsgröße, dem Ausmaß des Traumas, von der Konsequenz der Therapie, in der Mehrzahl der Fälle nach einem bis sechs Monaten. Nur in ganz wenigen Fällen dauert es Jahre [30, 78, 155, 53, 198, 144, 52]. Von einer Tendenz zur Verkleinerung kann bei posttraumatischen Ödemen in einem Zeitraum von einem bis sechs Monaten jedoch auf jeden Fall ausgegangen werden. Ausnahmen bilden vorbestehende arthrotische Knorpelschäden, die ein sehr variables Bild zeigen und die Befundung sowie Bewertung erschweren.

5. Subchondrale Knochenödeme entwickeln sich nur in Ausnahmefällen zu einer Osteonekrose. Diese wurde lediglich vereinzelt bei Sportlern mit insuffizienter Therapie beobachtet [198].
6. Der Nachweis eines traumatischen Knochenödems ist bei jüngeren Patienten zum Zeitpunkt der Diagnose mehrheitlich nicht mit einem makroskopisch (MRT bzw. Arthroskopie) sichtbaren Knorpelschaden vergesellschaftet [240].
7. Die klinische Beobachtung belegt, dass sich ein Trauma an der Gelenkfläche primär als subchondrales Knochenödem manifestieren und sich erst sekundär – nach Monaten – ein Knorpelschaden entwickeln kann. Dieser wird dann MR-tomographisch oder arthroskopisch diagnostiziert [240]. Diese Beobachtung ist inzwischen auch tierexperimentell untermauert [170, 127].
8. Das Knochenödem kann allerdings manchmal bei akuten Knorpelverletzungen fehlen. Begründet ist dies möglicherweise in der Form der Krafteinwirkung, die zu scharfkantig ausgesprengten Knorpelstücken oder zu schräg oder horizontal verlaufenden Einrissen („flakes") führen. Diese Knorpelverletzungen sind jedoch MR-tomographisch direkt sichtbar zu machen. Sie lassen sich von arthrotischen Knorpelschäden morphologisch gut unterscheiden [26].

Von einer traumatischen Knorpelschädigung kann dann ausgegangen werden, wenn in der Akutsituation (null bis sechs Wochen nach Unfall) ein subchondrales Knochenödem ohne sichtbare Knorpelschädigung mittels MRT nachzuweisen ist und in der Folgeuntersuchung (frühestens drei Monate nach Erstuntersuchung) ein neuer Knorpelschaden unter oder in der Nähe des Ödems aufgetreten ist. Das vorbeschriebene Knochenödem wird häufig trotzdem kleiner. In der Begutachtungssituation ist leider selten davon auszugehen, dass zwei gut dokumentierte MRT-Untersuchungen (direkt nach dem Unfall und mindestens drei bis sechs Monate nach der Erst-MRT) vorliegen. Der Nachweis von Knorpelschäden und Knochenmarködemen gelingt jedoch auch Monate später. Ob der Knorpelschaden direkt während des Traumas oder Monate nach dem Trauma entstanden ist, ist gutachtlich meist unerheblich. Der direkte Zusammenhang von Knorpelschäden, Knochenödem, fehlenden Arthrosezeichen und stattgehabtem Trauma belegt die unfallbedingten Knorpelschäden.

Die Diagnostik akuter traumatischer Schädigungen der Gelenkfläche sollte den subchondralen Knochenraum in die Diagnostik verstärkt mit einbeziehen. Es ist inzwischen gesichertes Wissen, dass dieser Raum funktionell und anatomisch mit subchondraler Knochenlamelle und dem Knorpel eine Einheit bildet [189]. Die MRT ist in der Lage, diese Einheit diagnostisch zu bewerten. Die Klassifikation des akuten Gelenkflächentraumas sollte sich deswegen auf diese Einheit beziehen und nicht allein auf den Knorpel beschränken. Typische subchondrale Veränderungen, die arthroskopisch nicht gesehen werden [227], finden sich bei der Ruptur des vorderen Kreuzbandes [107, 78, 222, 220, 47, 204, 30, 245, 54, 62, 2, 224, 123, 128, 199, 93, 212, 131, 223, 200, 155, 12, 111], lokalisiert am mittleren Drittel des lateralen Femurkondylus und am hinteren Drittel des lateralen Tibiaplateaus bei 70 % bis 100 % der Kreuzbandrisse [240, 160, 161, 199]. Die Lokalisation der Knochenödeme („bone bruise“) bei Rupturen des hinteren Kreuzbandes sind ähnlich denen bei der Verletzung des vorderen Kreuzbandes [141]. Es besteht auch ein Zusammenhang zur Meniskuskontusion [48] bzw. zu Meniskusrissen [112] und zu Seitenbandverletzungen, bei denen die „bone bruise“-Schäden kontralateral zu finden sind [172, 144]. Bei Innenbandrupturen zeigen sich laterale Knochenödeme in bis zu 45 % der Fälle [209, 155, 75, 252, 161], lediglich SCHWEITZER [209] kann ein Knochenödem beim Innenbandriss vorwiegend medial mit 24 % nachweisen. Das Verschwinden der Knochenödeme wird in der Literatur unterschiedlich angegeben: sechs Wochen [78, 129], 13 Wochen [7], bis zu vier bis sechs Monaten [30, 155, 160, 240, 253, 53, 197, 238, 250], in Einzelfällen bis zu zwei Jahren [198]. In den ersten sechs bis zwölf Wochen muss im Einzelfall auch mit einer Vergrößerung des Ödem-Areals gerechnet werden [52, 144]. Zusammengefasst ist davon auszugehen, dass sich Knochenödeme in Abhängigkeit von der „Schwere“ des Traumas, von der Ausdehnung der Ödem-Zone, u. a. nach drei Wochen bis zu einem Jahr zurückgebildet haben [144]. Nach vier Monaten sind noch 69 % der Ödeme nachweisbar, nach einem Jahr noch 12 % [132, 26]. Der Nachweis einer posttraumatischen Knochenödem-Veränderung kann mit dem klinischen Schmerzbild korrelieren. In 83 % der Fälle liegt gleichzeitig ein Erguss vor [144, 30]. Mit der Ausheilung soll der Schmerz verschwinden [144]. Ein traumatisches Knochenmarködem verringert sich an Größe bzw. Ausdehnung ab dem 9. bis 12. Monat, der Belastungsschmerz reduziert sich nicht vor dem 6.–9. Monat, der Ruheschmerz nicht vor dem 3.–6. Monat [236]. Liegen Frakturen, insbesondere osteochondrale Impressionsfrakturen, vor, so ist die Arthrose vorprogrammiert [5, 38]. Für die Knorpelschäden sieht BOHNDORF [25, 26] eine Klassifikation unter Berücksichtigung sowohl der arthroskopischen als auch der kernspintomographischen Veränderungen vor. Auch dieser Klassifikation liegt die Einteilung von MINK und DEUTSCH [159] zu Grunde. Der Typ A bedeutet einen subchondralen Schaden bei intakter Knorpeloberfläche, der Typ B lässt chondrale Schäden oberflächlicher oder auch tiefer Art erkennen (Abb. 2.13).

Beim Typ B ist von Bedeutung, dass auch oberflächliche Knorpelschäden mit einem subchondralen Ödem einhergehen, und es werden oberflächliche Knorpelschäden von denen differenziert, die den subchondralen Knochen erreichen. Daraus resultiert punktionstechnisch wieder der Unterschied zwischen seröser Flüssigkeit und Blut. Diese Klassifikation nach BOHNDORF [26] erlaubt eine einfache Einteilung der Knorpelschäden in isolierte Knorpelschäden, isolierte subchondrale Schädigung und den Knorpelknochenbruch. Die direkte Krafteinwirkung führt zur Impressionsschädigung. Scher- und Rotationskräfte können auch oberflächliche Knorpelabscherungen mit oder ohne subchondrales Knochenfragment zur Folge haben, dann liegt in aller Regel eine Begleitverletzung, z. B. eine Instabilität, mit vor. Das Knochenmarködem („bone bruise“) findet sich in der Folge einer Verletzung. Diese Knochenödeme sind als Stauchungsödem im subchondralen Bereich zu werten, aber auch als subchondrales Hämatom, möglicherweise dann auch mit Mikrofrakturen im Sinne von trabekulären Frakturen unter dem betroffenen Knorpelareal [25, 193, 197]. Das Knochenmark-

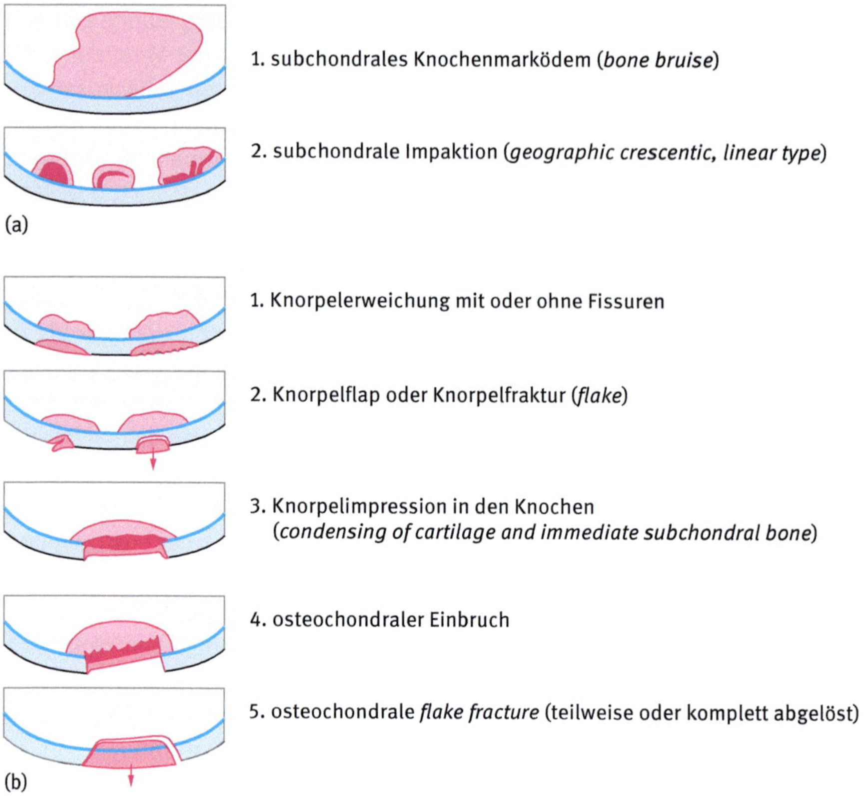

Abb. 2.13: Einteilung chondraler, subchondraler und osteochondraler Verletzungen bei intaktem ((a) = Typ A) und geschädigtem ((b) = Typ B) Knorpel, nach [26].

ödem „bone bruise“ ist keine Fraktur sondern eine Wasser- bzw. Blutansammlung. Es bedarf der Abgrenzung von Mikrofrakturen und/oder okkulten Frakturen. Bei dem „bone bruise“ handelt es sich nicht um eine übersehene Fraktur [29, 194, 23].

Kernspintomographisch können die hyaline Knorpelschicht und die subchondrale Region beurteilt werden. Die Darstellung des Knorpelschadens ist jedoch abhängig vom Schweregrad, der Ablauf des Initialstadiums in der Zelle kann kernspintomographisch derzeit nicht erfasst werden. Mit Zunahme des Schweregrades des hyalinen Knorpels nimmt auch die Aussagekraft der Kernspintomographie zu. Im subchondralen Bereich ist bei allen traumatischen Knorpelschäden eine Bone-bruise-Veränderung zu erkennen, da aufgrund der verschiedenen Elastizitäten von Knorpel und subchondralem Knochen immer ein Knochenödem entstehen muss.

Dies gilt für alle direkten Krafteinwirkungen. Bei indirekter Krafteinwirkung und Entwicklung tangentialer Kräfte kann das Knochenödem in seltenen Fällen fehlen. Allerdings ist der Befund des Knorpelschadens in diesen Fällen selbst vielfach eindeutig (z. B. Nachweis scharfkantig ausgesprengter Knorpelstücke, Nachweis schräg oder horizontal verlaufender Einrisse, sog. „flakes"). Der Nachweis eines Knochenödems subchondral ist ein sehr wichtiger Indikator für die Diagnose einer rezenten Verletzung. Das traumatische Knochenmarködem („bone bruise") ist definiert als Ausdruck trabekulärer Frakturen, die mit Einblutung und Ödembildung einhergehen. Es ist nur mittels MRT zu diagnostizieren, stellt allerdings kein spezifisches Zeichen dar. Es kommt auch ohne bekanntes Trauma bei fortgeschrittener Arthrose und als Begleitphänomen bei Entzündungen und Tumoren vor. Die für die Begutachtung besonders wichtige Frage „Knorpelschaden: traumatisch versus nicht traumatisch" ist mittels MRT vielfach, aber nicht in allen Fällen zu beantworten.

1. Wird zeitnah zum Trauma (bis drei Monate) eine MRT durchgeführt, so muss als Erstes eine länger bestehende Arthrose ausgeschlossen werden, d. h., großflächige Knorpelschäden, Geröllzysten, Osteophyten und eine mäßige Synovialitis sollten fehlen. Liegen diese Befunde vor, ist ein Knorpelschaden, der rezent auf ein Trauma zurückzuführen ist, sehr unwahrscheinlich.
2. Im Einzelfall kann sich natürlich ein akuter Schaden mit einer bestehenden älteren Arthrose überlagern („aufpfropfen"). Das sollte nur dann angenommen werden, wenn gleichzeitig frische Weichteilverletzungen und/oder frische Bandverletzungen (Kreuzband, Retinakulum, Kollateralbänder) zu diagnostizieren sind. Liegen auch noch Knochenödeme vor, muss der Knorpelschaden als „unklar" eingestuft werden.
3. Beweisend für eine rezente traumatische Knorpelschädigung ist der Befund eines subchondralen Knochenödems mit pathologischem Knorpelbefund in der Akutsituation nach Trauma (ca. eine bis sechs Wochen) und der Verkleinerung oder dem Verschwinden des Ödems in der MRT-Verlaufskontrolle (Mindestintervall drei Monate nach Erstuntersuchung). Klassische Arthrosezeichen müssen fehlen (siehe Punkt 1. und 2.).
4. Beweisend für eine rezente traumatische Knorpelschädigung ist ein subchondrales Knochenödem ohne sichtbare Knorpelschädigung in der Akutsituation (ca. eine bis sechs Wochen) dann, wenn in der Folgeuntersuchung (frühestens drei Monate nach Erstuntersuchung) ein neuer Knorpelschaden aufgetreten ist und sich das vorbeschriebene Knochenödem verkleinert hat oder im Wesentlichen stabil geblieben ist.

Die **Arthroskopie** ist die derzeit aussagekräftigste Methode zur Beurteilung eines Knorpelschadens, aber nur dann, wenn die Knorpeloberfläche betroffen ist oder wenn die Konsistenz beim Betasten von der Norm abweicht. Das heißt aber noch nicht, dass die Arthroskopie alleine zeitneutral einen traumatisch bedingten von einem nicht traumatisch bedingten Knorpelschaden unterscheiden kann. Die Altersbestimmung von Knorpelschäden ist schwierig. Nach HENCHE [91] ist es bei direkter oder arthroskopischer Inaugenscheinnahme nur in den „ersten Wochen" nach einer Verletzung möglich, zwischen traumatischen und „degenerativen" Knorpelschäden zu differenzieren. Typisch für den traumatischen Knorpelschaden seien scharfe

Bruchkanten. Diese bestünden nur etwa sechs Wochen lang. Aus Verfärbungen des Gelenkknorpels Rückschlüsse zu ziehen schätzt HENCHE [91] als problematisch ein, da sie stark artefaktabhägig sind (Lichtstärke des Arthroskops). Sechs Monate nach dem Unfall hält HENCHE [91] eine Differenzierung für überhaupt nicht mehr für möglich. STROBEL [225] betrachtet die Altersbestimmung von Knorpelschäden nur als „grob" möglich. Knorpelfissuren beweisen nicht ein abgelaufenes Trauma, da sie auch bei „degenerativen" Knorpelschäden auftreten. Gutachtlich bedeutet dies, dass arthroskopisch offensichtlich nicht sicher entschieden werden kann, ob ein Knorpelschaden traumatischer Natur ist oder nicht. Das Alter des Knorpelschadens kann nur annäherungsweise bestimmt werden.

Wie ungenau die Anwendung dieser Gradierungen ist, ergibt sich aus den Untersuchungen von JEROSCH [105]. Er stellte eine große Interobservervarianz bei arthroskopischen Kniegelenksuntersuchungen fest. Gutachtlich bedeutet, dass Arthroskopieberichte nur mit Zurückhaltung bewertet werden dürfen. Bei der Feststellung der Knorpelerweichung beträgt der Kappa Index 0,052–0,308, d. h., weniger als 20 % der Arthroskopeure stimmen überein [218]. Andererseits soll trotz MRT auf eine Arthroskopie nicht verzichtet werden [65]. Es gibt verschiedene Klassifikationen bezüglich der Einteilung von Knorpelschäden [72, 184, 66, 154, 92, 13]. Sie beziehen sich entweder auf die Ausdehnung des Knorpelschadens (numerische Einteilung) oder dessen Aussehen (deskriptive Einteilung) (Tab. 2.7). Die eigentliche Einteilung der Knorpelschäden, ausgehend von der Knorpelerweichung, basiert auf FRÜND [72] unter Nennung der drei typischen Schweregrade.

Tab. 2.7: Klassifikation des Knorpelschadens einschließlich Knorpelverletzungen (Literatur).

Knorpelschaden		**Knorpelverletzung**
Numerisch	Deskriptiv	
FRÜND [72] 1926	GOODFELLOW [76, 77] 1976	KEHR [113] 1977
OUTERBRIDGE [184] 1961	BAUER & JACKSON [13] 1988	MORSCHER [169] 1979
INSALL [100] 1976	DZIOBA [58] 1988	HEMPFLING [86] 1995
FICAT & HUNGERFORD [66] 1977	KOSHINO [117] 1991	JAKOB [103] 1998
CASSCELLS [42] 1979	LEWANDROWSKI [134] 1997	
BANDI [11] 1982	SFA Score 1993	
BEGUIN & LOCKER [16] 1983	SFA Revised Score 1994	
BENTLEY & DOWD [20] 1984		
DANDY [51] 1987		
NOYES & STABLER [175] 1989		
THEIN [229] 1999		

Keine der genannten Klassifikationen erlaubt eine Differenzierung zwischen traumatischem und nicht traumatischem Knorpelschaden. Eine der aussagekräftigsten Klassifikationen, die nach OUTERBRIDGE [184], basierend auf FRÜND [72], beschreibt die Entwicklung des Knorpelschadens allgemein [24]. Der Kappa-Koeffizient wird mit bis 0,8 angegeben [41]. HILLE [92] ergänzt im Prinzip diese Klassifikation durch die Fortführung der Knorpelerweichung in ein Stadium IV, welches er „Arthrosestadium" nennt. In Anlehnung an die Outerbridge-Klassifikation wird für die Arthroskopie die Einteilung nach TIPPET [235] empfohlen, wobei auch hier eine klare Unterteilung traumatisch versus nicht traumatisch nicht feststellbar ist. Eine Einteilung unter klinischen Gesichtspunkten [86] berücksichtigt sowohl die optische Betrachtung der Knorpeloberfläche als auch das Röntgenbild bzw. die Kernspintomographie entsprechend der Einteilung von KEHR [113] sowie MORSCHER [168]. Es resultiert eine klinische Übersicht (Abb. 2.14).

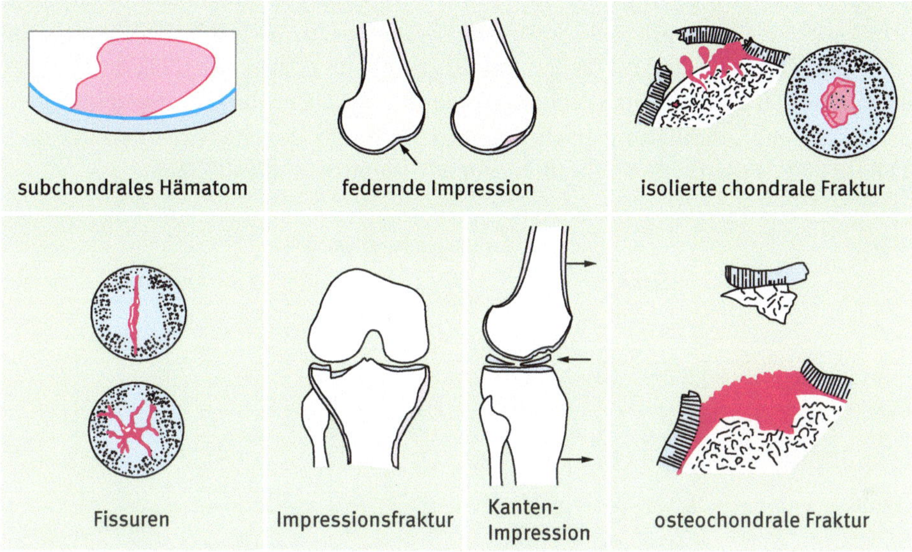

Abb. 2.14: Klinische Einteilung der Knorpelverletzungen [86, 10, 13, 26].

2.7.1 Fazit

Die Arthroskopie ist die derzeit exakteste Methode, aber nur zur Beurteilung der oberflächlichen Knorpelschichten. Es existieren eine Vielzahl von Klassifikationen, die in unterschiedlichem Ausmaß die Outerbridge-Klassifikationen variieren. Wie bei anderen diagnostischen Methoden auch, behindert eine große Interobservervarianz bei der Knorpelbeurteilung die gutachtliche Verwendung von Arthroskopiebefunden und belegt die Notwendigkeit einer bildlichen Dokumentation. Die Differenzierung des Knorpelschadens hinsichtlich traumatisch versus nicht traumatisch ist an den Zeitpunkt der Arthroskopie geknüpft. In den ersten sechs bis zwölf Wochen ist die Differenzierung in der Mehrzahl der Fälle als möglich anzusehen.

Die **Histopathologie** des Knorpelschadens ist untersucht [190, 145, 182], es erfolgt eine Einteilung in sechs Schweregrade gemäß OARSI grades 1–6 [190]. Mit zunehmendem Schweregrad nimmt aber die Steifigkeit des Knorpels ab [116]. Leider bezieht sich diese Klassifikation nicht auf Knorpelverletzungen. Zwar wird nach direkter Krafteinwirkung bei intaktem Knorpel, aber MRI-Bone-bruise-Nachweis nach sechs Monaten [170] histologisch ein uneinheitliches Verteilungsmuster der Chondrozytendichte festgestellt, aber auch ‚degenerative Zeichen', Faserknorpelstrukturen und unauffälliger hyaliner Knorpel. Diese Klassifikation führt die pathomorphologische Einteilung von MOHR und HESSE [163] weiter und stellt den derzeitigen Erkenntnisstand dar. Häufig angewandt ist das Graduierungssystem nach MANKIN [145], das als „Score" arithmetisch auswertbar ist. Es werden mehrere Aspekte der Knorpelschädigung erfasst: die Knorpelstruktur, die Zellularität, der Proteoglykangehalt bzw. -verlust und die Integrität der Tidemark [213]. Sowohl das System nach MANKINS [145] als auch das nach PRITZKER [190] sind für die Routinediagnostik nicht geeignet [213], da für deren Gesamteinschätzung multiple Proben erforderlich sind. Es gelingt eine vergleichende Darstellung der Graduierung nach MANKIN [145] und der Stadieneinteilung nach OTTE [183] als wesentlichen „summarischen" Gesamtbefund (Abb. 2.15).

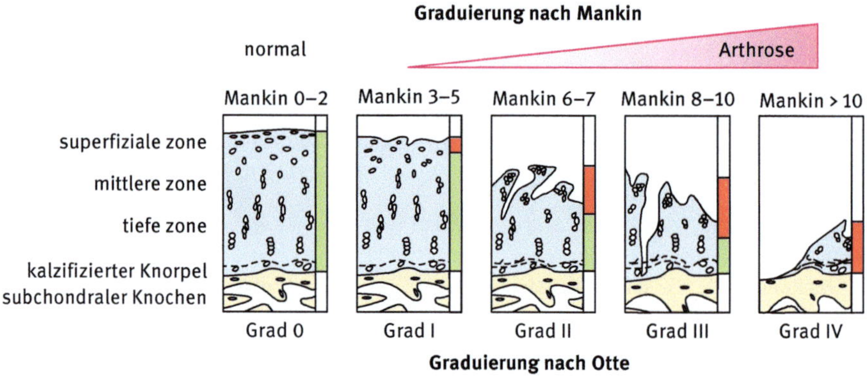

Abb. 2.15: Vergleich MANKIN-Score [145] und OTTE-Score [183]: Graduierung des Knorpelschadens.

2.8 Beurteilung

Morphologisch und auch bezüglich des pathomorphologischen Substrates bedarf es der Differenzierung des wachsenden Skeletts beim Kind vom alternden Skelett beim Erwachsenen. Histologisch unterscheidet sich der Knorpelaufbau im Bereich der Tidemark. Diese ist beim wachsenden Skelett histologisch nicht erkennbar, in diesem Bereich findet sich bis zur subchondralen Knochenschicht ein Blasen- bzw. Säulenknorpel an der Stelle, an der beim erwachsenen Knorpel kalzifizierter Knorpel zu erkennen ist. Daraus resultiert eine Änderung der Elastizitätsverteilung, der Säulen-

Blasen-Knorpel ist elastischer als die gereifte Knorpeloberflächenschicht. Erfahrungsgemäß entstehen beim wachsenden Skelett neben herkömmlichen Verletzungstypen zum Teil großflächige chondrale Abscherungen, am Knie ist der laterale Femurcondylus häufiger betroffen. Des Weiteren kann beim wachsenden Skelett davon ausgegangen werden, dass ein gesunder Knorpelbelag sowie auch eine gesunde subchondrale Schicht vorliegen. Das Ausheilen einer oberflächlichen Verletzung sei möglich [171]. Anders beim Erwachsenen. Es liegt ein alterndes Skelett vor. Mit Abschluss des Längenwachstums ist von einem mechanischen Abbau des Knorpels auszugehen, d. h., chondrale Schäden werden mit zunehmendem Alter wahrscheinlicher. Kommt nun ein Unfall hinzu, so überlagern sich verschleißbedingte, mechanische Schäden mit den traumatisch bedingten Veränderungen. Wie daraus unschwer erkennbar ist, kann die Beurteilung eines Knorpelschadens nur mit Zusammensetzen vieler Einzeldaten aus verschiedenen diagnostischen Verfahren entstehen (synergistische Diagnostik). Der Aufbau des Gelenkknorpels ist typisch, neben der eigentlichen Knorpelschicht folgt die Tidemark, darunter liegt der subchondrale Knochen. Da der Knorpel einen anderen Elastizitätskoeffizienten als der festere Knochen besitzt, ist in Abhängigkeit von der Krafteinwirkung davon auszugehen, dass, bevor eine Knorpelschädigung eintritt, immer eine Schädigung des subchondralen Bereiches vorliegen muss [26, 125]. Diesem liegt die vom Alter abhängige Grenzlamelle an, deren Elastizität mit zunehmendem Alter abnimmt (Abb. 2.16).

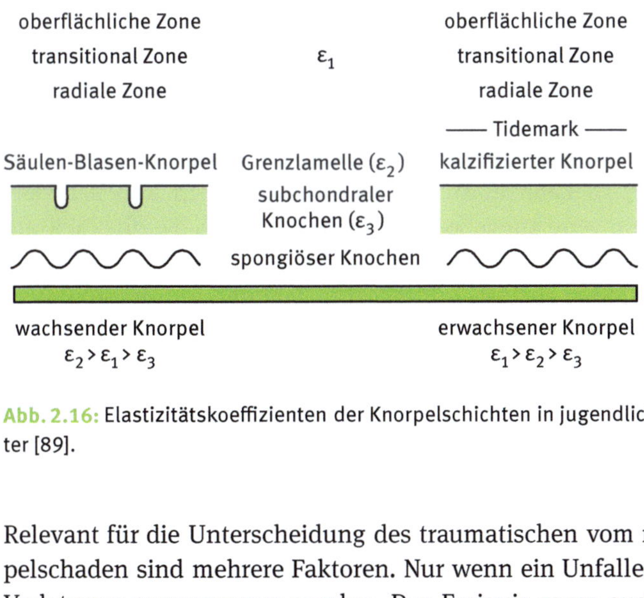

Abb. 2.16: Elastizitätskoeffizienten der Knorpelschichten in jugendlichem und erwachsenem Alter [89].

Relevant für die Unterscheidung des traumatischen vom nicht traumatischen Knorpelschaden sind mehrere Faktoren. Nur wenn ein Unfallereignis vorliegt, kann eine Verletzung angenommen werden. Das Ereignis muss auch geeignet sein, eine Verletzung zu verursachen. Liegt eine Verletzung vor, so bedarf es der Unterscheidung zwischen einer isolierten Knorpelverletzung und einer Knorpelverletzung als Begleitverletzung.

1. Kraftrichtung

Wirkt eine Kraft **indirekt** ein, so kann eine oberflächliche Knorpelabscherung die Folge sein. Es muss dann aber gleichzeitig eine Begleitverletzung vorliegen, da sonst eine adäquate pathologische Beweglichkeit von Gelenkkörpern gegeneinander nicht erklärt werden kann. Scher- oder Rotationskräfte können im Ausnahmefall oberflächliche isolierte Knorpelabscherungen verursachen, gemäß BOHNHOFF [26] sind aber auch diese Verletzungsformen mit subchondralen Kompressionen verbunden. Bei der **direkten** Krafteinwirkung ist eine Knorpelschädigung nur dann vorstellbar, wenn auch eine subchondrale Knochenschädigung vorliegt („bone bruise"). Dies ergibt sich aus der unterschiedlichen Elastizität von Knorpel- und Knochengewebe [230]. Bei der direkten Krafteinwirkung (axiale Belastung) ist bei dem doch elastischen Knorpel zunächst, und dies in Abhängigkeit von der Kraftgröße, von einer elastischen Verformung auszugehen. Die Folge ist eine plastische Verformung und schließlich kommt es zum Knorpelbruch. Die Bruchspannung, die beim Knorpelbruch angenommen wird, liegt bei einer Krafteinwirkung, die in etwa einem freien Fall aus ca. 4 m Höhe entspricht [214]. Somit ist mit einer direkten Krafteinwirkung auf den Knorpel erst dann zu rechnen, wenn eine entsprechende Krafteinwirkung (Sturz aus ca. 4 m Höhe) bestand. In Abhängigkeit von der Kraftgröße entstehen auch bei Scherkräften subchondrale Verletzungszeichen („bone bruise"). Dies wird durch das Kraftparallelogramm verständlich. Durch Scherkräfte, die auf den in der kalzifizierten Knorpelschicht am Knochen fixierten hyalinen Knorpel einwirken, entsteht eine Verschiebezugkraft am subchondralen Knochenbereich [36]. Die aus dem Kräfteparallelogramm resultierende direkte Kraftkomponente ist für den subchondralen Schaden verantwortlich, die tangentiale Komponente für den Abschermechanismus (Abb. 2.17).

Ist die direkte Kraftkomponente nicht ausreichend, die Elastizitätsgrenze des Knorpels zu überschreiten, so kann es zu keinem subchondralen Knochenödem kommen. Somit resultiert ein verletzungsbedingter Schaden durch die direkte Kraftkomponente mit einer variablen Schadentiefe in Abhängigkeit von der Kraftstärke. Die Scherkraftkomponente führt auch in Abhängigkeit von der Tangentialkraft zu unterschiedlichen Verletzungszeichen, beginnend mit oberflächlichen Fissuren bis hin zu Knorpelausbrüchen. Ein noch nicht geklärtes Problem ist die direkte Krafteinwirkung (Stoß, Schlag) von vorne auf die Kniescheibe, da hier ein Modell entsteht, bei dem zwei Gelenkflächen mit jeweils einer subchondralen Fläche komprimiert werden. Es müsste die gleiche Reaktion an zwei Gelenkflächen entsprechend der Krafteinwirkung auf eine Gelenkfläche erwartet werden, jedoch mit abnehmender Kraft an der entfernteren Gelenkstruktur. Neben der von der einen zur anderen Gelenkfläche abnehmenden Krafteinwirkung entstehen auch punktuelle Kraftspitzen im femoropatellaren Gleitlager, da die Kontaktflächen zwischen Trochlea femoris und Patella in Abhängigkeit von der Beugestellung im Knie variieren.

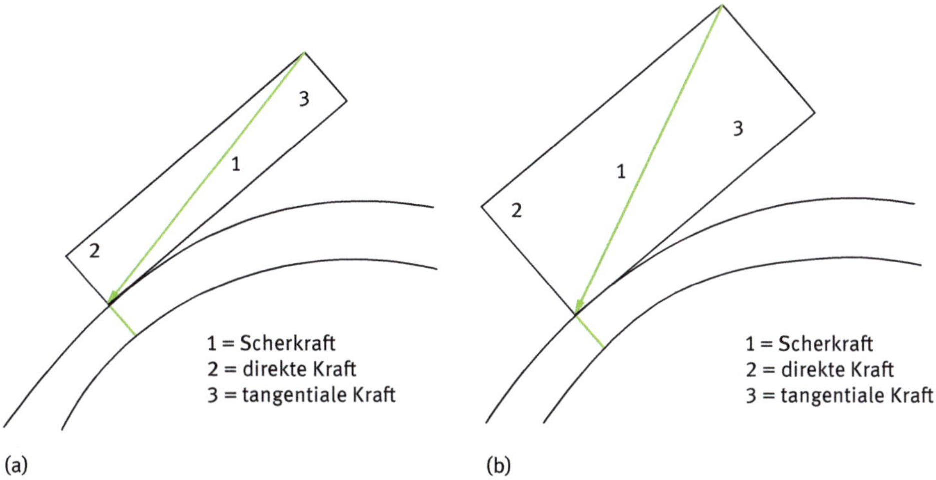

Abb. 2.17: Einwirkungen von Kräften auf den hyalinen Knorpel ((a) = Kräfteparallelogramm mit geringer direkter Krafteinwirkung ohne subchondrales Knochenödem, (b) = Kräfteparallelogramm mit einer für ein subchondrales Knochenödem ausreichenden direkten Kraft).

2. Kraftstärke

Gemäß SPAHN [214] sind direkt entstandene Knorpelschäden erst dann zu erwarten, wenn eine Kraft einwirkt, die zum Beispiel bei einem Sturz aus ca. 4 m Höhe entsteht. Das alleinige Anstoßen an der Schreibtischkante u. a. ist nicht geeignet, einen Knorpelschaden zu verursachen. Die Krafteinwirkung größeren Ausmaßes muss auch, bevor eine direkte Knorpel- oder auch indirekte Knorpelschädigung entstehen kann, derart sein, dass eine Weichteilschädigung des betroffenen Gelenks mit einhergeht, zumindest im Sinne einer Blutergussbildung. Bezüglich der Kraftstärke muss die Problematik der Begleitverletzungen mit einbezogen werden. Sollen Scherkräfte zwischen Patella und Femurkondylus zu einem Knorpelschaden führen (z. B. lateraler Femurkondylus), so sind Begleitverletzungen wie bei einer Patellaluxation erforderlich. Kommt es zu Scherkräften zwischen Tibia und Femur, so zeigen sich hier Knorpel-Knochen-Schäden wie bei der vorderen Kreuzbandruptur. Die entscheidenden diagnostischen Verfahren sind die Arthroskopie und die Kernspintomographie, beide zusammen erlauben eine Beurteilung der Knorpeloberfläche (Arthroskopie) sowie der subchondralen Schicht (MRT), nur die Beurteilung des gesamten Gelenksockels lässt Schlüsse auf die traumatische Entstehung zu [87]. Die Arthroskopie gilt als „GOLD STANDARD“ für die Beurteilung des Knorpelschadens der frühen Arthrose (Knorpelerweichung, Chondromalazie) [176]. Andererseits erlaubt nur die Kernspintomographie eine Untersuchung präziser Art der subchondralen Schicht, die weder durch die Arthroskopie noch durch die Nativröntgenuntersuchung einsehbar wird. Bevor ein Knorpelschaden traumatischer Art entstehen kann, dies bei direkter Krafteinwirkung, muss eine subchondrale Schädigung aufgrund der unterschiedlichen Elastizität der beiden Strukturen vorliegen [125, 87], d. h., eine subchondrale Schädigung („bone bruise") ist die Voraussetzung für einen traumatischen Knorpelschaden. Anders bei oberflächlich einwirkenden Scherkräften, hier ist auch ein oberflächlicher Knorpelschaden erklärbar, der am besten arthroskopisch nachweisbar ist. Liegen schräg einwirkende Scherkräfte vor, so muss aufgrund des Kräfteparallelogramms ebenfalls eine subchondrale Schädigung zusätzlich zum oberflächlichen Knorpelschaden nachweisbar sein.

2.8.1 Der Nachweis eines Knorpelschadens

Ein Mittel der Wahl zur Bestimmung eines Knorpelschadens gibt es nicht. Es bedarf einer synergistischen Gelenkdiagnostik [85], die unter Erfassung der Knorpelstrukturänderungen (OARSI-Histologiegraduierung, [190]) den aktuellen Knorpelzustand beschreibt. Es wird der dGEMRIC-Methode (delayed gadolinium-enhanced MRI of cartilage) eine besondere Bedeutung zugeordnet, unter Bestimmung des Glykosaminoglykans (GAG) zur Beurteilung der Knorpelmatrix [211, 122, 39, 40, 187]. Knorpelschäden und subchondrale Schäden sind mittels Kernspintomographie erkennbar [127], die Knorpeloberfläche kann aber arthroskopisch, optisch beurteilt und auch betastet werden. Nur bei fortgeschrittenen Knorpelschäden hilft das Röntgenbild weiter. Knorpelverletzungen können lediglich bei osteochondralen Frakturen oder Gelenkfrakturen am Röntgenbild erkannt werden, dies nur bei massivem Befund, d. h. in Abhängigkeit vom Ausmaß. Zum Röntgenbild bedürfen okkulte subchondrale Frakturen der Kernspinabklärung. Dazu muss eine differenzierte Beurteilung der eigentlichen Knorpelschicht, des subchondralen Knochens und des spongiösen Knochens vorgenommen werden (Tab. 2.8). Für die Untersuchung der unterschiedlichen Knorpel- bzw. Knorpelknochenschichten eignen sich verschiedene diagnostische Verfahren. Die Knorpeloberfläche kann am besten arthroskopisch beurteilt werden. Die intrakartilaginären Schichten sollten durch Betasten bei der Arthroskopie geprüft, bei fortgeschrittenem Schaden aber auch mittels MRT untersucht werden. Die subchondrale Schicht entzieht sich bei intakter Oberfläche der Arthroskopie, hier bedarf es zum Nachweis spongiöser Frakturen der Kernspintomographie. Das Röntgen zeigt häufig Impressionsfrakturen und Aussprengungen, sofern überlagernde Strukturen den Nachweis nicht verhindern (Abb. 2.18). Die Computertomographie ist besser als das Röntgen zum Nachweis von im herkömmlichen Röntgen nicht erkennbaren Frakturen, da es sich um ein Schichtverfahren handelt. Dies gilt allerdings nur, wenn Grenzen, d. h. kortikale oder subchondrale Grenzlamelle, betroffen sind. Spongiöse Frakturen entgehen häufig auch dem CT-Nachweis.

Wichtig ist die Unterscheidung zwischen isolierten Knorpelverletzungen und denen als Begleitverletzung. Während isolierte Knorpelverletzungen meist durch direkte Krafteinwirkungen entstehen (auch als offene Gelenkverletzung, z. B. durch Hieb oder Stich), sollten, wenn Scherkräfte auf den Knorpel durch gelenkeigene Körper einwir-

Tab. 2.8: Differentialdiagnose – Knorpelverletzung und Knorpelschaden; Rö = Röntgen, MRI = Kernspintomographie, AS = Arthroskopie.

Diagnostik			Knorpelverletzung	Blut	Blutig-Serös	Serös	Knorpel-schaden	Diagnostik		
Rö	MRI	AS						Rö	MRI	AS
	+		Kontusion				Arthrose Grad 1			+
	(+)	+	Fissur, Oberflächen-verletzung				Arthrose Grad 2		+	+
	+	+	Knorpelfraktur				Arthrose Grad 3		+	+
(+)	+	(+)	Impression				Arthrose Grad 4 = Röntgen-Grad 1	+	+	+
(+)	+	+	Knorpelknochenfraktur „Flake fracture“				Arthrose Grad 5 = Röntgen-Grad 2	+	+	(+)
+	+	+	Fraktur mit Gelenkbeteiligung				Arthrose Grad 6, 7 = Röntgen-Grad 3, 4	+	+	(+)

ken, auch meist ligamentäre Begleitverletzungen erwartet werden, die ein Verschieben der anatomischen Körper untereinander zulassen. Das klassische Beispiel ist die Patellaluxation, die u. a. bei der Spontanreposition der Kniescheibe nach der luxationsbedingten Ruptur des medialen Retinakulums den typischen Knorpelschaden am lateralen Femurkondylus (Kontusion → Flake fracture) verursacht. Weitere Beispiele sind die spongiöse Mikrofraktur („bone bruise“) am lateralen Femurkondylus und/oder am lateralen Tibiaplateau bei der Ruptur des vorderen Kreuzbandes. Bei beiden Mechanismen indirekter oder direkter Krafteinwirkung entstehen Verletzungen unterschiedlichen Schweregrades am Knorpel bzw. auch am subchondralen Knochen [98, 103]. Typische Lokalisationen der Knorpelverletzung finden sich am Knie bei der Patellaluxation sowie bei der Kreuzbandruptur, wobei aber der nicht traumatische Knorpelschaden bevorzugt am medialen Femorotibialgelenk [124] oder auch an der Patellarückfläche lokalisiert ist. Diese Prädilektionsstellen geben Hinweise für die Beurteilung.

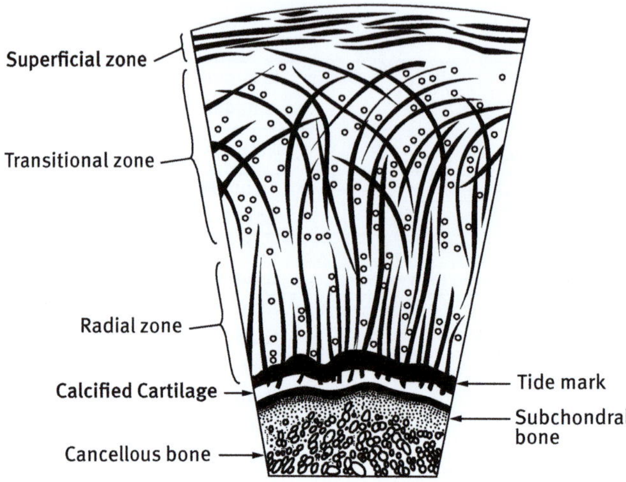

	Rö	CT	MRI	AS
Superficial zone			+	+
Transitional zone / Radial zone			+	+
Calcified Cartilage / Tide mark	+	+	+	
Subchondral bone			+	

Abb. 2.18: Differentialdiagnostik der Knorpel-Knochen-Schichten. Bewertung verschiedener diagnostischer Verfahren zur Beurteilung des Knorpels. Rö: Röntgenbild, CT: Computertomographie (ohne Arthrographie), MRT: Magnetresonanztomo-grahpie (unter diagnostischen Routinebedingungen), AS: Arthroskopie.

2.8.2 Das isolierte Knorpelproblem: Kontusion mit und ohne Erguss

Die Komplexverletzungen bzw. typischen Verletzungen werden in aller Regel diagnostiziert und sind auch für die Begutachtung ohne Problem. Die Diskussionspunkte resultieren aus dem möglicherweise isolierten Knorpelproblem, d. h. der Prellung oder Kontusion mit/oder ohne Erguss. Zur Verfügung stehen an diagnostischen Maßnahmen neben Anamnese, Unfallmechanismus und klinischem Befund vor allem die Kernspintomographie und die Arthroskopie. Der Einsatz dieser Maßnahmen sollte sobald wie möglich erfolgen, da nach sechs Wochen die frische Verletzung nicht mehr sicher als solche erkannt wird. Daraus resultiert: Bei der Gelenkverletzung sollte also spätestens nach sechs Wochen eine exakte Diagnose stehen, wenn nötig mittels Kernspintomographie (MRT). Wird ein traumatisches Knochenödem festgestellt, sollte eine MRT-Kontrolle frühestens drei Monate nach der Erstuntersuchung vorgenommen werden, da sich nach diesem Zeitraum traumatische Knochenmarködeme („bone bruise“) in Abheilung befinden. Liegen diese Veränderungen mit Fibrose und Ödem unverändert auch nach diesem Zeitraum noch vor, so ist davon auszugehen, dass bereits zum Unfallzeitpunkt aufgrund eines vorbestehenden Knorpelschadens eine subchondrale kernspintomographisch nachweisbare Veränderung dann unfallunabhängig bestand. Ist eine nicht adäquate Behandlung eines Knorpelschadens zustande gekommen, so kann nach einem Trauma eine Bone-bruise-Veränderung wesentlich länger bei Belastung des Gelenkes bestehen bleiben, da im Einzelfall, speziell bei Hochleistungssportlern, unter Belastung weitere Einbrüche die Folge sein können, bis hin zu einem irreversiblen Schaden [240, 138]. In aller Regel nehmen aber die Knochenödeme an Intensität nach einem traumatischen Knorpelschaden ab. Lagen diese subchondralen Veränderungen schon zum Unfallzeitpunkt vor, als Arthrosefolge, so ist nicht mit einer Abheilung, sondern eher mit einer Zunahme zu rechnen (Tab. 2.9).

Tab. 2.9: MRI und PMS = f (Lebensalter).

MRI: subchondrale Signalveränderung	Pathomorphologisches Substrat (PMS)	Lebensalter
A. Knochenmarködem („bone bruise") – reversibel	– minimale trabekuläre Fraktur – Linie = spongiöse Fraktur	jung
B. Fibrose + Ödem – = nicht nur Wasser – eher zunehmend – zusätzlich Entwicklung von Geröllzysten	– Knorpelschaden – verschiedene Stadien der Arthrose	älter

Diese Aussage gilt nur dann, wenn Begleitverletzungen ausgeschlossen sind und wenn außer einer Ergussbildung keine pathologischen Veränderungen diagnostiziert werden. Sollen Knorpelschäden als Unfallfolge nach Zerrmechanismen (Distorsionen) anerkannt werden, so ist dies nur dann möglich, wenn Begleitverletzungen vorliegen, die aus dem Mechanismus heraus erkennen lassen, dass auch ein Knorpelschaden entstehen konnte. Liegt eine schmerzhafte Prellung vor und besteht gleichzeitig ein Erguss, so ist eine frische Verletzung eingetreten, d. h., es liegt eine Kontusion vor oder es kam zur Aktivierung eines vorbestehenden Knorpelschadens bei vorbestehender Arthrose (aktivierte Arthrose). Die Punktion wird Aufschluss geben. Liegt Blut im Gelenk vor, bedarf es der MRT und je nach Befund der Arthroskopie. Ein mittels MRT nicht erklärter Hämarthros ist auf jeden Fall eine Indikation zur Arthroskopie. Liegt eine seröse Flüssigkeit vor, so ist in den meisten Fällen eine MRT ausreichend. Das arthrotische Gelenk ist schmerzempfindlich und verletzungsanfällig. Dies führt zu erheblichen gutachtlichen Problemen. Einerseits kann eine Arthrose als Verletzungsfolge fehlgedeutet werden, andererseits können Arthrosefolgen wie Unfallfolgen imponieren. Die Annahme einer unfallbedingten Verschlimmerung einer Arthrose setzt voraus, dass das Unfallereignis, der Unfallschaden und auch der Vorschaden voll bewiesen sind. Eine solche Beweisführung ist meistens sehr schwierig, setzt auf jeden Fall gleichzeitige rezente Weichteil- und/oder Bandverletzungen voraus. Entsprechend den Angaben von BANDI [10] ist eine Knorpelkontusion für etwa zwei Wochen schmerzhaft und heilt dann zunächst schmerzfrei aus. Treten nach einem schmerzfreien Intervall von zwei bis vier Monaten erneut Schmerzen auf, so sollte ein traumatisch bedingter Knorpelschaden angenommen und mittels MRT oder Arthroskopie gewichtet werden. THOMPSON [230] findet die posttraumatische

Malazie histologisch nach zwölf Wochen. Kommt es bei einer Gelenkverletzung zu einer Instabilität (z. B. Patellaluxation, Kreuzbandruptur), so kann ein Knorpelschaden als wahrscheinlich angenommen und mittels MRT bewiesen werden. Bei stabilem posttraumatischen Gelenk (nach Stoßeinwirkung) ist die Ergussbildung das Leitsymptom (Blut oder serös), was zur Kernspintomographie veranlassen sollte.

2.8.3 Fazit

Mit Abschluss des Längenwachstums ist von einem mechanischen Abbau des Knorpels auszugehen, d. h., chondrale Schäden werden mit zunehmendem Alter wahrscheinlicher. Kommt ein Unfall hinzu, so überlagern sich verschleißbedingte mechanische Schäden mit den traumatisch bedingten Veränderungen [217]. Knorpelschäden müssen von Knorpelverletzungen abgegrenzt werden. Dies gelingt nur durch Beurteilung des Knorpelschadens mit Zusammensetzen vieler Einzeldaten aus verschiedenen diagnostischen Verfahren im Sinne der synergistischen Gelenkdiagnostik [85]. Entscheidend für die Differenzierung des traumatischen vom nicht traumatischen Knorpelschaden sind mehrere Faktoren. Die Voraussetzung für das Anerkennen eines Knorpelschadens als Verletzung bzw. Verletzungsfolge ist ein geeigneter Unfallmechanismus. Des Weiteren stellt sich die Frage, ob eine isolierte Knorpelverletzung oder eine solche als Begleitverletzung gesucht wird. Generell setzen Verletzungen, die einen traumatischen Knorpelschaden verursachen können, eine bestimmte Einwirkkraft voraus, die dann, bevor der Knorpelschaden entsteht, auch zu einer Schädigung anderer periartikulärer Weichteile führt. Isolierte Knorpelverletzungen sind denkbar selten. Knorpelverletzungen enden nach einer bestimmten Zeit im gleichen Bild des Knorpelschadens wie nicht unfallbedingte Ursachen, daher ist der Zeitfaktor zu berücksichtigen. Für die Knorpeldiagnostik eignen sich die Arthroskopie, die MRT und das herkömmliche Röntgenbild (im Einzelfall ergänzt durch die CT), wobei die Aussagekraft der genannten Methoden vom Schweregrad des Knorpelschadens abhängt. Derzeit steht fest, dass das Initialstadium von keiner Maßnahme sicher erfasst wird. Das Stadium der Erweichung kann arthroskopisch erkannt werden. Im fortgeschrittenen Stadium sind unter Routinebedingungen (s. o.) sowohl MRT als auch Arthroskopie diagnostisch verwertbar. Das Stadium der Knochenreaktion bei der Arthrose ist mit allen Verfahren feststellbar, auch mit dem Nativröntgenbild. Der fortgeschrittene Gelenkkollaps ist in aller Regel diagnostisch kein Problem. Zur Abgrenzung des traumatischen Knorpelschadens vom nicht traumatischen Knorpelschaden bedarf es einer kernspintomographischen Untersuchung, da wegen der unterschiedlichen Elastizität der hyalinen Knorpelschicht und des subchondralen Knochens bei nahezu jeder Krafteinwirkung auf den Knorpel, bevor dieser geschädigt werden kann, ein subchondrales Knochenmarködem entsteht. Im seltenen Fall einer extrem tangentialen Krafteinwirkung kann aufgrund der minimalen direkten Kraftkomponente das Knochenmarködem fehlen, dennoch sind Knorpelverletzungen mit letzter Sicherheit nicht ausgeschlossen. Diese Situation ist aber nur erklärbar, wenn entsprechende Begleitverletzungen der den Knorpelschaden umgebenden Strukturen vorliegen. Beim wachsenden Skelett ist eine Separation der verkalkenden von der nichtverkalkenden Knorpelschicht möglich [237]. Traumatische Knochenödeme bilden sich zurück, wogegen Knochenödeme, die aufgrund des fortgeschrittenen nicht traumatischen Knorpelschadens (= Arthrose) entstehen, eher eine generelle Tendenz – bei aller intraindividuellen Variabilität – zur Progredienz aufweisen [88, 89]. Die arthroskopische Beurteilung bei intakter Knorpeloberfläche lässt subchondrale Verletzungszeichen nicht erkennen [90], d. h., die MRT ist ergänzend notwendig. Vergleicht man die arthroskopische Wertung [15] mit dem histologischen Score nach MANKIN [145], so zeigt sich für die Arthroskopie ein Kappa-Index von 0,548 bis 0,690 und für die Histologie von 0,909 bis 0,941 [1]. Die Beurteilung des Knorpelschadens ist ein wesentliches Element gutachtlicher Tätigkeit, vor allem für Berufsgenossenschaften. Die Einteilung und Abgrenzung der traumatischen versus nicht traumatischen Knorpelschäden ist nicht selten ausgesprochen schwierig. Neue diagnostische Möglichkeiten, speziell die Kernspintomographie (MRT), bringen neue Gesichtspunkte zur Differenzierung ein und erlauben die Perspektive einer synergistischen Diagnostik. Ausgangspunkt der hier vorgelegten Überlegungen ist die Definition der Arthrose als eine Gelenkfehlfunktion. Der Knorpelschaden ist dabei ein zentraler Teil des Gesamtschadens am Organ „Gelenk“. Arthrose stellt eine vom Lebensalter abhängige Antwort des Gelenkes auf verschiedene Formen der Beeinträchtigung dar. Systemische und mechanische Faktoren wirken in unterschiedlicher Gewichtung zusammen. Die Knorpelverletzung ist vom Knorpelschaden abzugrenzen. „Degenerativ“ als Sammeltopf für alles, was als „nicht traumatisch“ einzustufen ist, ist beim Knorpelschaden abzulehnen, da eine Texturstörung vorliegt. Die Klassifikationen der Knorpelschäden sollten das pathologisch-anatomische Substrat zur Grundlage haben. Die einzelnen diagnostischen Methoden zeigen ihre Stärken und Schwächen, dieses pathologisch-anatomische Substrat abzubilden. Röntgenologie, Kernspintomographie und Arthroskopie sind von unterschiedlichem Wert dahingehend, die Einheit von Knorpel, subchondralen Knochen, Ligamenten, Kapseln, Bändern und Menisken zu dokumentieren. Ein synergistischer Einsatz der Methoden lässt die besten Ergebnisse zur Beurteilung des Gelenkes als Ganzes und speziell auch der Struktur Knorpel erwarten. Dieser Ansatz wird in den hier vorgelegten Überlegungen skizziert, ohne dass der Anspruch einer Neuklassifikation der Knorpelschäden unter Berücksichtigung aller drei wesentlichen diagnostischen Methoden erhoben wird.

Das **Röntgenbild** (im Einzelfall verfeinert durch die Computertomographie als Schichtverfahren) liefert bei Verdacht auf Knorpelverletzung allein den Nachweis von osteochondralen Frakturen (Impressionsfrakturen und Absprengungen). Der Ausschluss dieser Frakturen gelingt allerdings nicht immer. Es hilft bei der Abgrenzung der OD. Insbesondere ist es wichtig, um die Knochenreaktion der Arthrose darzustellen, da dies ein untrüglicher Hinweis auf einen vorbestehenden, länger zurückliegenden Knorpelschaden ist.

Die **Kernspintomographie** hat eine zentrale Rolle bei der Differenzierung des traumatischen versus nicht traumatischen Knorpelschadens eingenommen. Der Nachweis und der Verlauf des traumatischen Knochenödems („bone bruise") hat sich als wichtiges Element etabliert, da traumatische Knochenödeme über die Zeit verschwinden oder sich zumindest zurückbilden, im Gegensatz zum Knochenödem bei Arthrose. Wird ein rezenter Gelenkbinnenschaden vermutet, insbesondere bei Verdacht auf Hämarthros oder traumatischem Erguss, sollte eine MRT innerhalb von spätestens sechs Wochen nach Trauma durchgeführt werden. Die Befunde sind entweder eindeutig, oder es ist durch eine Verlaufsuntersuchung (mindestens drei Monate nach der MRT-Erstuntersuchung) die Diagnose eines traumatischen Knorpelschadens stellbar.

Die **Arthroskopie** ist ein unverzichtbarer Teil des Instrumentariums zur Differenzierung traumatischer versus nicht traumatische Knorpelschäden. Zudem gelingt die Diagnose ligamentärer Begleitverletzungen. Sie sollte großzügig dann eingesetzt werden, wenn ein Hämarthros durch die MRT nicht überzeugend abgeklärt worden ist oder bei Diskrepanzen zwischen Anamnese, klinischem Befund und MRT. Bei der Arthroskopie gilt ebenfalls der Zeitfaktor. Frische traumatische Knorpelschäden im Sinne von Fissuren und Knorpelbrüchen sind innerhalb der ersten sechs Wochen nachweisbar, die subchondrale Zone ist jedoch nicht einsehbar. Ist die subchondrale Region durch einen Knorpelbruch oder eine Knorpelfissur eröffnet, muss eine Hämarthrosbildung erwartet werden. Liegen oberflächliche Knorpelschäden mit Abscherung kleiner Fragmente vor oder besteht nur eine Prellung eines bereits knorpelgeschädigten Gelenkes, so wird sich möglicherweise ein Reizerguss (serös) entwickeln. Die Befunde der AS und MRT (Tab. 2.10) erlauben eine Unterscheidung des traumatischen vom nicht traumatischen Knorpelschaden und ermöglichen damit eine Identifizierung.

Tab. 2.10: Beurteilung eines Knorpelschadens.

Diagnostik	traumatisch	nicht traumatisch
Klinik	Verletzungszeichen	Arthrosezeichen
Punktion	Blut/serös	serös
Röntgen	evtl. Frakturzeichen	evtl. Arthrosezeichen
MRT	„bone bruise" zeitlich begrenzt	„bone bruise" bei Arthrose progredient
Arthroskopie	Begleitverletzung Knorpelverletzung	Knorpelschaden
Histologie	Siderophagen 5. bis 90. Tag	Texturstörung

Wenn im zeitlichen Zusammenhang mit dem zur Diskussion stehenden Unfall (versicherte Tätigkeit) – wie dies heute der regelhaften Diagnostik entspricht – eine kernspintomographische Untersuchung und/oder eine Spiegelung des betroffenen Gelenkes durchgeführt wird, sind unfallbedingte von allein anlagebedingte Knorpelschäden in aller Regel zu unterscheiden. Sinnvoll ist die Anfertigung einer erneuten kernspintomographischen Untersuchung nach dem oben aufgezeigten Intervall – auch um die Entwicklung des unfallbedingt aufgetretenen Knorpelschadens zu beurteilen [88]. Schwierigkeiten treten vor allem auf, wenn eine Knorpelverletzung auf ein arthrotisch verändertes Gelenk trifft. Denn die Arthrose ist in ihrem Verlauf variabel, so dass der unfallbedingte Verlauf vom unfallfremden Verlauf schwer zu trennen ist. Dies gelingt nur dann, wenn eine tatsächliche Verletzung des geschädigten Knorpels nachweisbar ist.

2.9 Literatur

[1] ACEBES, C.; ROMAN-BLAS, J.A.; DELGADO-BAEZA, E.; PALACIOS, I.; HERRERO-BEAUMONT, G.: Correlation between arthroscopic and histopathological grading systems of articular cartilage lesions in knee osteoarthritis. Osteoarthritis Cartilage 17:205–212 (2009)

[2] ADALBERTH, T.; ROOS, H.; LAURÈN, M.; AKESON, P.; SLOTH, M.; JONSSON, K.; LINDSTRAND, A.; LOHMANDER, L.S.: Magnetic resonande imaging, Scintigraphy, and Arthroscopic Evaluation of Traumatic Hemarthrosis of the Knee. The American Journal of Sports Medicine, Vol. 25, No. 2 (1997)

[3] AHLBÄCK, S.: Osteoarthrosis of the knee. A radiographic investigation. Acta Radiol Suppl 277 (1968)

[4] AITKEN, A.P.; MAGILL, H.K.: Fractures involving the distal femoral epiphyseal cartilage. J Bone Jt Surg 96A:17 (1952)

[5] ANDERSON, M.: Magnetic resonance imaging of radiographically occult bony trauma. WJM, Vol 165, Nos. 1/2, July/August (1996)

[6] ANDERSON-MAC KENZIE, J.M.; QUASNICHKA, H.L.; STARR, R.L.; LEWIS, E.J.; BILLINGHAM, M.E.J.; BAILEY, A.J.: Fundamental subchondral bone changes in spontaneous knee osteoarthritis. International Journal of Biochemistry and Cell Biology 37:224–236 (2005)

[7] ARIYOSHI, M.; NAGATA, K.; SATO, K.: Hemarthrosis of the knee and bone contusion. Jurume Med J 44:135–139 (1997)

[8] AYRAL, X.: Diagnostic and quantitative arthroscopy: Quantitative arthroscopy. Clinical Rheumatology. Vol.10, 3:477–494 (1996)

[9] BANDI, W.: Entstehung der Chondromalacia patellae durch ein einmaliges Trauma. 60. Jahresversammlung der Schweizerischen Ges. für Unfallmedizin und Berufskrankheiten, Chur (1974)

[10] BANDI, W.: Die retropatellaren Kniegelenksschäden. Verlag Hans Huber, Bern (1977)

[11] BANDI, W.: Die Chondromalacia patellae. Aetiologie und Pathogenese, Klinik, Therapie, Prognose. Z Unfallmed Berufskr 75:155–160 (1982)

[12] BATISTE, D.L.; KIRKLEY, A.; LAVERTY, S.; THAIN, L.M.F.; SPOUGE, A.R.; HOLDSWORTH, D.W.: Ex vivo characterization of articular cartilage and bone lesions in a rabbit ACL transaction model of osteoarthritis using MRI and micro-CT. OsteoArthritis and Cartilage, 12:986–996 (2004)

[13] BAUER, M.; JACKSON, R.W.: Chondral Lesions of the Femoral Condyles: A System of Arthroscopic Classification. Arthroscopy 4:97–102 (1988)

[14] BEATTIE, K.A.; BOULOS, P.; DURYEA, J.; PUI, M.; O'NEILL, J. WEBBER, C.E.; ECKSTEIN, F.; ADACHI, J.D.: An analysis of the relationship between minimum joint space width and articular cartilage in healthy subjects. Osteoarthritis and Cartilge Vol. 13, Supplement A (2005)

[15] BEGUIN, J.A.; HERON, J.F.; SABATIER, J.P.; LOCKER, B.; SOUQUIERES, G.: Arthroscopy of the knee. Diagnostic value. 1005 cases. Nouv Presse Med 11:3619–3621 (1982)
[16] BEGUIN, J.; LOCKER, B.: Chondropathie rotulienne. In 2éme Journée d'arthroscopia du genou. 1:89–90 (1983)
[17] BENNEMANN, M.; HÖNLE, W.; SIMANK, H.G.; SCHUH, A.: Die Ursachen der Gonarthrose. So kommt es zur Gelenkzerstörung. Fortschr Med Nr. 25–26 (149 Jg) (2007)
[18] BENNINGHOFF, A.: Form und Bau der Gelenkknorpel in ihren Beziehungen zur Funktion. Die modellierenden und formerhaltenden Faktoren des Knorpelreliefs. Zeitschrift für Anatomie 76:43–63 (1925)
[19] BENNINGHOFF, A.: Form und Bau der Gelenkknorpel in ihren Beziehungen zur Funktion. Zweiter Teil: Der Aufbau des Gelenkknorpels in seinen Beziehungen zur Funktion. Zeitschr f Anat u Entwicklungsgesch 75:784–862 (1925)
[20] BENTLEY, G., DOWD, G.: Current Concepts of Etiology and Treatment of Chondromalacia Patellae. Clin Orthop Relat Res 189:209–228 (1984)
[21] BERRY, J.; THAELE-OBERDOERSTER, D.; GREENWALD, A.: Subchondral Pathways to the Superior Surface of the Human Talus. Foot Ankle 7:2–9 (1986)
[22] BETHGE, J.F.: Chondromalacia patellae. Dtsch. med. Wschr. 87 636–643 (1962)
[23] BÖHM, J.J.; POLL, L.W.: Bone bruise in der MRT. Fallberichte. Trauma Berufskrankh 8:S182–S187 (2006)
[24] BÖS, L.; ELLERMANN, A.: Arthroskopische Diagnostik und Klassifikation von Knorpelschäden. Deutsche Zeitschr Sportmed 54:181–183 (2003)
[25] BOHNDORF, K.: Injuries at the articulating surfaces of bone (chondral, osteochondral, subchondral fractures and osteochondrosis dissecans), European Journal of Radiology 22:22–29 (1996)
[26] BOHNDORF, K.; Imaging of acute injuries of the articular surfaces (chondral, osteochondral and subchondral fractures), Skeletal Radiol 28:545–560 (1999)
[27] BOHNDORF, K.: Imaging and natural history of microfractures. Dep. of Radiology, Klinikum Augsburg (2006)
[28] BRANDT, K.D.; ZEIDLER, H.: Arthrose. Ein Atlas. The Parthenon Publishing Group, Friedrichshafen (2001)
[29] BRAUNSCHWEIG, R.; SCHILLING, O.; HÖLLER, I.; WAWRO, W.: Bone bruise und MRT. Klinischer Stellenwert eines diagnostischen Zeichens. Trauma Berufskrankh 8:S171–S177 (2006)
[30] BRETLAU, T.; TUXØE, J.; LARSEN, L.; JØRGENSEN, U.; THOMSEN, H.S.; LAUSTEN, G.: Bone bruise in the acutely injured knee. Knee Surg Sports Traumatol Arthrosc 10:96–101 (2002)
[31] BRILL, R.: Knorpel-Knochen-Verletzungen durch Kraftstöße – experimentell erzeugte und histologisch gesicherte Verletzungsfolgen. Dissertation Universität Ulm (2008)
[32] BRITTBERG, M.: Evaluation of Cartilage Injuries and Cartilage Repair. Osteologie Band 9, Heft 1:17–25 (2000)
[33] BROWN, T.D.; RADIN, E.L.; MARTIN, R.B.; BURR, D.B.: Finite element studies of some juxta-articular stress changes due to localized subchondral stiffening. J Biomechanics Vol. 17:11–24 (1984)
[34] BROWN, T.D.; SHAW, D.T.: In Vitro Contact Stress Distribution on the Femoral Condyles. J Orthop Res 2:190–199 (1984)
[35] BROWN, T.D.; VRAHAS, M.S.: The Apparent Elastic Modulus of the Juxtarticular Subchondral Bone of the Femoral Head. J Orthop Res 2:32–38 (1984)
[36] BUCKWALTER, J.A: Mechanical injuries of articular cartilage. In: Fineman GAM Noyes FR (eds) Biology and biomechanics of the traumatized synovial joint: the knee as a model. AAOS, Rosemont, IL, 83–96 (1992)

[37] BUCKWALTER, J.A; MANKIN, H.J: Articular cartilage. Part II: Degeneration and osteoarthrosis, repair, regeneration, and transplantation. J Bone Joint Surg 79:612–632 (1997)

[38] BURR, D.B.; RADIN, E.L.: Microfractures and microcracks in subchondral bone: are they relevant to osteoarthrosis? Rheum Dis Clin N Am 29:675–685 (2003)

[39] BURSTEIN, D.; GRAY, M.: New MRI technique for imaging cartilage. J Bone Joint Surg Am 85-A:70–77 (2003)

[40] BURSTEIN, D.; GRAY, M.: Is MRI fulfilling ist promise for molecular imaging of cartilage in arthritis? Osteoarthritis Cartilage 14:1087–1090 (2006)

[41] CAMERON, M.L.; BRIGGS, K.K.; STEADMAN, J.R.: Reproducibility and Reliabitlity of the Outerbridge Classification for Grading Chondral Lesions of the Knee Arthroscopically. Am J Sports Med 31:83–86 (2003)

[42] CASSCELLS, S.W.: The Arthroscope in the Diagnosis of Disorders of the Patallofemoral Joint. Clin Orthop Relat Res 144:45–50 (1979)

[43] CHAPPARD, C.; PEYRIN, F.; BONNASSIE, A.; LEMINEUR, G.; BRUNET-IMBAULT, B.; LESPESSAILLES, E.; BENHAMOU, C.-L.: Subchondral bone microarchitectural alterations in osteoarthritis: a synchrotron microcomputed tomography study. OsteoArthritis and Cartilage 14:215–223 (2006)

[44] CLARK, J.M.: The structure of vascular channels in the subchondral plate. J Anat 171:105–115 (1990)

[45] CLARK, J.M.; HUBER, J.D.: The Structure of the human subchondal plate. J Bone Joint Surg 72-B:866–873 (1990)

[46] COEN, M.J.; CABORN, D.N.; JOHNSON, D.L.: The dipling phenomenon: articular cartilage injury overlying an occult osteochondral lesion at the time of anterior cruciate ligament reconstruction. Arthroscopy 12:502–505 (1996)

[47] COSTA-PAZ, M.; MUSCOLO, D.L.; AYERZA, M.; MAKINO, A.; APONTE-TINAO, L.: Magnetic Resonance Imaging Follow-up Study of Bone Bruises Associated With Anterior Cruciate Ligament Ruptures. J Arth Rel Surg 17/5:445–449 (2001)

[48] COTHRAN, R.L. jr.; MAJOR, N.M.; HELMS, C.A.; HIGGINS, L.D.: MR Imaging of Meniscal Contusion in the Knee. AJR:177 (2001)

[49] COTTA, H.; NIETHARD, F.U.: Biomechanische und biochemische Grundlagen der Entstehung einer posttraumatischen Arthrose. Chirurg 50:595–598 (1979)

[50] CREMA, M.D.; MARRA, M.D.; GUERMAZI, A.; BOHNDORF, K.; ROEMER, F.W.: Relevant traumatic injury of the knee joint – MRI follow-up after 7–10 years. European Journal of Radiology 72:473–479 (2009)

[51] DANDY, D.J.: Arthroscopic management of the Knee. Churchill Livingstone, Philadelphia (1987)

[52] DAVIES, N.H.; NIALL, D.; KING, L.J.; LAVELLE, J.; HEALY, J.C.: Magnetic resonance imaging of bone bruising in the acutely injured knee-shortterm outcome. Clin Radiol 59:439–445 (2004)

[53] DIENST, M.D.; BLAUTH, M.D.: Bone Bruise of the Calcaneus. Clin Orthop Relat Res 378:202–205 (2000)

[54] DIMOND, R.M.; FADALE, P.D.; HULSTYN, M.J.; TUNG, G.A.; GREISBERG, J.: A Comparison of MRI Findings in Patients with Acute and Chronic ACL Tears. Am J Knee Surg 11:153–159 (1998)

[55] DISLER, D.G.; RECHT, M.P.; McCAULEY, T.R.: MR imaging of articular cartilage. Skeletal Radiol 29:367–377 (2000)

[56] DONOHUE, M.; BUSS, D.; OEGEMA, T.R.; THOMPSON, R.C.: The effects of indirect blunt trauma on adult canine articular cartilage. J Bone Joint Surg 65-A:948–957 (1983)

[57] DUSTMANN H.O.; PUHL, W.: Die Reaktion des Gelenkknorpels nach chondralen und osteochondralen Verletzungen. Langenbecks Arch. Chir Suppl Chir Forum (1973)

[58] DZIOBA, R.B.: The classification and treatment of acute articular cartilage lesions. Arthroscopy 4:72–80 (1988)

[59] EWERS, B.J.; WEAVER, B.T.; SEVENSMA, E.T.; HAUT, R.C.: Chronic changes in rabbit retropatellar cartilage and subchondral bone after blunt impact loading of the patello-femoral joint. J Orthop Res 20:545–500 (2002)

[60] EWERS, B.J., WEAVER, B.T.; HAUT, R.C.: Impact orientation can significantly affect the outcome of a blunt impact to the rabbit patellofemoral joint. J of Biomech 35:1591–1598, (2002)

[61] FABER, U.; WALTHER, D.: Tierexperimentelle Untersuchungen über die Regenerationsfähigkeit des hyalinen Knorpels und über Möglichkeiten einer Stimulierung der Knorpelregion. Arch Orthop Unfallchir 49:401–408 (1966)

[62] FABER, K.J.; DILL, J.R.; AMENDOLA, A.; THAIN, L.; SPOUGE, A.; FOWLER, P.J.: Occult Osteochondral Lesions After Anterior Cruciate Ligament rupture. The American Journal of Sports Medicine Vol. 27, No. 4 (1999)

[63] FARKAS, T.A.; RÉFFY, A.; FRENYÓ, S.: Mikroläsionen des Gelenkknorpels als mögliche Ursache der posttraumatischen Arthrose. Arch Orthop Unfall-Chir 81:279–284 (1975)

[64] FELSON, D.T.: Osteoarthritis. Rheum Dis Clin North Am 16:499–512 (1990)

[65] FELSON, D.T.; CHALSSON, C.E.; HILL, C. L.; TOTTERMAN, S.M.S.; GALE, M.E.; SKINNER, K.M.; KAZIS, L. GALE, D.R.: The association of bone marrow lesions with pain in knee osteoarthritis. American College of Physicians-American Society of Internal Medicine (2001)

[66] FICAT, R.P.; HUNGERFORD, D.S.: Disorders of the patellofemoral joint. Masson, Paris, 123–148 (1977)

[67] FICAT, P.: Le problême des genoux douloureux: la chondromalacia de la rotule. Toulouse Méd. 7:422–437 (1951)

[68] FLANIGAN, D.C.; HARRIS, J.D.; BROCKMEIER; P.M.; SISTON, R.A.: The effects of lesion size and location on subchondral bone contact in experimental knee articular cartilage defects in a bovine model. Arthroscopy 26:1655–1661 (2010)

[69] FLORES, R.H., HOCHBERG, M. C.: Definition and classification of osteoarthritis. In: Brandt, K.D.; Doherty, M.; Lohmander LS. (Eds.): Osteoarthritis. 2nd Ed., Oxford University Press, Oxford (2003)

[70] FRANK, K.: Ätiologie und Pathogenese der degenerativen (Poly-)Arthrose-Auswirkungen auf die gutachterliche Bewertung. In: LUDOLPH-LEHMANN-SCHÜRMANN: Kursbuch der ärztlichen Begutachtung. 27. Erg. Lfg. 11/05:1–16, Ecomed Verlag Landsberg (2013)

[71] FRIEMERT, B.; OBERLÄNDER, Y.; SCHWARZ, W.; HÄBERLE, H.J.; BÄHREN, W.; GERNGROSS, H.; DANZ, B.: Diagnosis of chondral lesions of the knee joint: can MRI replace arthroscopy? A prospective study. Knee Surg Sports Traumatol Arthrosc 12:58–64 (2004)

[72] FRÜND, H.: Traumatische Chondropathie der Patella, ein selbständiges Krankheitsbild. Zbl Chirurgie 53:707–710 (1926)

[73] FULLER, J.A.; GHADIALLY, F.N.: Ultrastructural observations on surgically produced partial-thickness defexts in articular cartilage. Clin Orthop 86:193–205 (1972)

[74] GALLI, M.; DE SANTIS, V.; TAFURO, L.: Reliability of the Ahlbäck classification of knee osteoarthritis. Osteoarthritis Cartilage 11:580–584 (2003)

[75] GARVIN, G.J.; MUNK, P.L.; VELLET, D.A.: Tears of medial collateral ligament: magnetic resonance imaging findings and associated injuries. Can assoc Radiol J 44:199–204 (1993)

[76] GOODFELLOW, J., HUNGERFORD, D.S., ZINDEL, M.: Patellofemoral Joint Mechanics and Pathology. 1. Functional anatomy of the patello-femoral joint. J Bone Joint Surg 58-B/3:287–290 (1976)

[77] GOODFELLOW, J., HUNGERFORD, D.S., WOODS, C.: Patello-femoral joint mechanics and pathology. 2. chondromalacia patellae. J Bone Joint Surg 58-B:291–299 (1976)

[78] GRAF, B.K.; COOK, D.A.; De SMET, A.A, KEENE, J.S: „Bone bruises“ on magnetic resonance imaging evaluation of anterior cruciate ligament injuries. Am J Sports Med 21:220–223 (1993)

[79] GROSSER, V.; GILLE, J.; SEIDE, K.; JÜRGENS, C.: Ätiologie und Pathophysiologie der Gonarthrose. Orthop Prax 43:54–58 (2007)

[80] GRYNPAS, M.D.; ALPERT, B.; KATZ, I.; LIEBERMAN, I.; PRITZKER, K.P.H.: Subchondral Bone in Osteoarthritis. Calcif Tissue Int 49:20–26 (1991)

[81] GUILAK, F.; TATCLIFFE, A.; LANE, N.; ROSENWASSER, M.P.; MOW, V.C.: Mechanical and biochemical changes in the superficial zone of articular cartilage in canine experimental osteoarthritis. J Orthop Res 12:474–484 (1994)

[82] HACKENBROCH, M.H.: Arthrosen – Basiswissen zu Klinik, Diagnostik und Therapie. Georg Thieme Verlag, Stuttgart (2002)

[83] HARDY, P.A.; NAMMALWAR, P.; KUO, S.: Measuring the thickness of Articular Cartilage from MR Images. Journal of Magnetic Resonance Imaging 13:120–126 (2001)

[84] HAUT, R.C.; IDE, T.M.; DeCAMP, C.E.: Mechanical Responses of the Rabbit Patello-Femoral Joint to Blunt Impact. Transactions of the ASME 402, Vol.117 (1995)

[85] HEMPFLING, H.; PROBST, J.: Synergistische Gelenkdiagnostik. Akt Traumatol 17:242–249 (1987)

[86] HEMPFLING, H.: Farbatlas der Arthroskopie großer Gelenke. 2. Auflage Fischer Verlag, Stuttgart, Jena, New York (1995)

[87] HEMPFLING, H.: Klassifikation des Knorpelschadens – traumatisch versus nicht-traumatisch; Orthop. Praxis 40:528–541 (2004)

[88] HEMPFLING, H.; BOHNDORF, K.: Begutachtung des Knorpelschadens. Trauma Berufskrankh 9:284–295 (2007)

[89] HEMPFLING, H.: Begutachtung des Knorpelschadens. Klassifikation des Knorpelschadens – traumatisch versus nichttraumatisch. DGU-Mitteilungen und Nachrichten Supplement 1: S3–S60, Thieme Verlag Stuttgart (2007)

[90] HEMPFLING, H.; BOHNDORF, K.; ROEMER; F.: Akuter, traumatischer versus chronischer Knorpelschaden unter gutachterlichen Gesichtspunkten. Z Orthop Unfall 146:381–391 (2008)

[91] HENCHE, H.R.: Die Arthroskopie des Kniegelenkes. Springer Verlag, Berlin, Heidelberg, New York (1978)

[92] HILLE, E.: Arthroskopische Behandlung der Erkrankung des Patella-Femoral Gelenkes. Arthroskopie 1:124–131 (1988)

[93] HO, C.P.; MARKS, P.H.; STEADMAN, J.R.: MR imaging of knee anterior cruciate ligament and associated injuries in skiers. MR Imaging of Sports-Related Injuries 1064–9689 (1999)

[94] HUNGERFORD, D.S., GOODFELLOW, J.W.: Femoropatellare Kontaktzonen und ihre Beziehung zur Chondromalazie. Z Orthop 113/4:784–786 (1975)

[95] HUNGERFORD, D.S.: Etat actuel des protheses femoropatellaires. Rev Chir Ortho T66:266 (1980)

[96] HUNTER, W.: Of the structure and diseases of articular cartilages. Phil Trans Ray Soc London 42:514–521 (1743)

[97] HUNZIKER, E.B.: Can joint cartilage be repaired? J Bone Joint Surg (BR) (1999)

[98] IMAI, N.; TOMATSU, T.; TAKEUCHI, H.; NOGUCHI, T.: clinical and roentgenological studies on malalignment disorders of the patello-femoral joint. Part I: Classification of patello-femoral alignments using dynamic skyline view arthrography with special consideration of the mechanism of the malalignment disorders. J Jpn Orthop Assoc 61:1–15 (1987)

[99] IMAI, N.; TOMATSU, T.: Cartilage lesions in the knee of adolescents and young adults: arthroscopic analysis. Arthroscopy 7/2:198–203 (1991)

[100] IMHOF, H.; SULZBACHER, I.; GRAMPP, S.; CZERNY, C; YOUSSEFZADEH, S.; KAINBERGER, F.: Subchondral Bone and Cartilage Disease A Rediscovered Functional Unit. Investigative Radiology 35:581–588 (2000)

[101] INSALL, J.; FALUO, K.A.; WILSE, D.W.: Chondromalacia patellae – a prospective study. J Bone and Joint Surg 58A:1–8 (1976)

[102] JÄGER, M., WIRTH, C. J.: Praxis der Orthopädie, Thieme, Stuttgart, New York, 1. Aufl., S. 980 (1986)

[103] JAKOB, R.P.; GAUTIER, E.: Komplexes Knietrauma – Knorpelverletzungen. Swiss Surg 4:296–310 (1998)

[104] JEROSCH, J.; CASTRO, W.H.M; LAHM, A.; ASSHEUER, J.: Okkulte ossäre Begleitverletzungen bei Verletzungen des Kniegelenkes. Sportverletzung-Sportschaden 5:193–198 (1991)

[105] JEROSCH, J.; CASTRO, W.H.; WAAL, MALEFIJT M.C. de et al.: Interobservarianz bei der diagnostischen Arthroskopie des Kniegelenks. „Wie objektiv sind arthroskopische Befunde wirklich?" Unfallchirurg 100:782–786 (1997)

[106] JOHNSON, D.L.; URBAN, W.P.; CABORN, D.N.M.; VANARTHROS, W.J.; CARLSON, C.S.: Articular cartilage changes seen with magnetic resonance imaging-detected vone bruises associated with acute anterior cruciate ligament rupture. Am J Sports Med 26:409–414 (1998)

[107] JOHNSON, D.L.; BEALLE, D.P.; BRAND, J.C. jr.; NYLAND, J.; CABORN, D.N.M.: The Effect of a Geographic Lateral Bone Bruise on Knee Inflammation After Acute Anterior Cruciate Ligament Rupture. The American Journal of Sports Medicine 28/2 (2000)

[108] JUNGMICHEL, D.; WEBER, H. et al.: Gelenkwaschung – eine Behandlungsmöglichkeit bei aktivierter Arthrose. Beitr Orthop Traumatol 35:511–517 (1988)

[109] JUNQUEIRA, L.C.; CARNEIRO, J.: Histologie. Springer Verlag, Berlin-Heidelberg-New York (1991)

[110] KAMP, A.: Bildgebung des Knorpels und subchondralen Knochens nach direktem Anpralltrauma. Experimentelle ex vivo Untersuchungen am Knorpel-Knochenblock des Schweineknies. Dissertation Universität Ulm (2009)

[111] KANEKO, K.; DEMOUY, E.; BRUNET, M.: Correlation between occult bone lesions and meniscoligamentous injuries in patients with traumatic knee joint disease. Clinical Imaging 17:253–257 (1993)

[112] KAPLAN, P.A.; GEHL, R.H.; DUSSAULT, R.G.; ANDERSON, M.W.; DIDUCH, D.R.: Bone contusions of the posterior lip of the medial tibial plateau (contrecoup injury) and associated internal derangements of the knee at MR imaging. Radiology 2110:747–53 (1999)

[113] KEHR, H.; HIERHOLZER, G.: Diagnostik und Therapie von Knorpelverletzungen des Kniegelenkes. Unfallheilkunde 80:95–99 (1977)

[114] KELLGREN, J.H.; LAWRENCE, J.S.: Radiological assessment of osteoarthrosis. Ann Rheum Dis 16:494–501 (1957)

[115] KEUTTNER, K.; GOLDBERG, V.M.: Introduction. In Keuttner K, Goldberg VM, eds Osteoarthritic Disorders. Rosemont, III: American Academy Orthopaedic Surgeons, XXI–XXV (1955)

[116] KLEEMANN, R.U.; KROCKER, D.; DEDRARO, A.; TUISCHER, J.; DUDA, G.N.: Altered cartilage mechanics and histology in knee osteoarthritis: relation to clinical assessment (ICRS Grade). OsteoArthritis and Cartilage 13:958–963 (2005)

[117] KOSHINO, T.: Changes in Patellofemoral compressive Force after anterior or anteromedial displacemehnt of tibial tuberosity for chondromalacia patellae. Clin Orthop Relat Res 266:133–138 (1991)

[118] KOSZYCA, B.; FAZZALARI, N.L.; VERNON-ROBERTS, B.: Calcified cartilage, subchondral and cancellous bone morphometry within the knee of normal subjects. The Knee 3:15–22 (1996)

[119] KOSZYCA, B.; FAZZALARI, N.L.; VERNON-ROBERTS, B.: Quantitative analysis of the bone-cartilage interface within the knee. The Knee 3:23–31 (1996)

[120] KULKARNI, S.K.; IRELAND, J.: Chondral separation in the trochlear groove – a definite clinical entity. The Knee 4:237–240 (1997)

[121] KUNER, E.H.: 74. Akuter traumatischer Knorpelschaden-Therapie und Ergebnisse. Langenbecks Arch Chir 345:431–437 (Kongressbericht) (1977)

[122] KURTZ, S.; ONG, K.; LAU, E.; MOWAT, F.; HALPERN, M.: Projections of primary and revision hip and knee arthroplasty in the United States from 2005 to 2030. J Bone Joint Surg Am 89-A:780–785 (2007)

[123] LA PRADE, R.F.; GILBERT, T.J.; BOLLOM, T.S.; WENTORF, F.; CHALJUB, G.: The Magnetic Resonance Imaging Appearance of Individual Structures of the Posterolateral Knee. Am J Sports Med Vol. 28, No. 2 (2000)

[124] LABS, K.; PERKA, C.; WALTHER, H.-U.; PETER, D.: Analyse traumatischer und degenerativer Knorpelläsionen des Kniegelenks. Arthroskopie 12:294–298 (1999)

[125] LAHM, A.; MROSEK, E.; EISSNER, B.; UHL, M.: Immunhistochemische Veränderungen des Knorpels nach subchondralen Schäden. Z Orthop 140:1–198, Georg Thieme Verlag Stuttgart (2002)

[126] LAHM, A.: Sekundärschäden des Knorpels nach subchondralen Verletzungen des Kniegelenkes. Histologische und immunhistochemische Untersuchungen nach isolierten kernspintomographisch nachgewiesenen knöchernen Läsionen. Habilitationsschrift Albert-Ludwig-Universität Freiburg i.Br. (2002)

[127] LAHM, A.; UHL, M.; WEBER, M.: Die Bedeutung der Kernspintomographie für die gutachterliche Beurteilung von Verletzungen des Stütz- und Bewegungsapparates. DGU – Mitteilungen u. Nachrichten Suppl (2004)

[128] LAHM, A.; ERGGELET, C.; STEINWACHS, M.; REICHELT, A.: Articular and osseous lesions in recent ligament tears: arthroscopic changes compared with magnetic resonance imaging findings. J Arthrosc Rel Surg 14/6:597–604 (1998)

[129] LAHM, A.; ERGGELET, C.; REICHELT, A.: Veränderungen des Knorpels nach kernspintomographisch nachgewiesenen sub- und osteochondralen Begleitverletzungen des Kniegelenkes. Deutsche Zeitschrift für Sportmedizin Jg. 50, Sonderheft (1999)

[130] LANE, L.B.; VILLACIN, A.V.; BULLOUGH, P.G.: The vascularity and remodelling of Subchondral bone and calcified cartilage in adult human femoral and humeral heads. J Bone Joint Surg 59-B:272–278 (1977)

[131] LEE, J.K.; YAO, L.; PHELPS, C.T.; WIRTH, C.R.; CZAJKA, J.; LOZMAN, J.: Anterior cruciate ligament tears: MR Imaging compared with arthroscopy and clinical tests. Radiology 166:861–864 (1988)

[132] LEE, J.K.; YAO, L.: Occult intraosseous fracture: magnetic resonance appearance versus age of injury. Am J Sports Med 17:620–623 (1989)

[133] LEVY, A.S.; LOHNES, J.; SCULLEY, S.; LECROY, M.; GARRETT, W.: Chondral delamination of the knee in soccer players. Am J Sports Med 24:634–639 (1996)

[134] LEWANDROWSKI, K-W.; MÜLLER, J.; SCHOLLMEIER, G.: Concomitant Meniscal and Articular Cartilage Lesions in the Femorotibial Joint. Am J Sports Med 25/4:486–494 (1997)

[135] LINDBERG, U.; LYSHOLM, J.; GILLQUIST, J.: The correlation between arthroscopic findings and the patellofemoral pain syndrome. Arthroscopy 2/2:103–107 (1986)

[136] LOREDO, R.; SANDERS, T.G.: Imaging of Osteochondral Injuries. Clinics in Sports Medicine Vol. 20, Nr. 2 (2001)

[137] LUYTEN, F.P.; DENTI, M.; FILARDO, G.; KON, E.; ENGEBRETSEN, L.: Definition and classification of early osteoarthritis of the knee. Knee Surg Sports Traumatol Arthrosc 20:401–406 (2012)

[138] LYNCH, T.C.P.; CRUES, J.V.; MORGAN, F.W.; SHEEHAN, W.E.; HARTER, L.P.; RYU, R.: Bone Abnormalities of the Knee: Prevalence and Significance at MR Imaging. Radiology 171:761–766 (1989)

[139] MACHNER, A.; PAP, G.; SCHWARZENBERG, H.; EBERHARDT, R.; ROESSNER, A.; NEUMANN, W.: Störung sensibler Gelenkinnervation als begünstigender Faktor für die Arthroseentstehung. Eine tierexperimentelle Untersuchung am Rattenmodell. Z Rheumatol 58:148–154 (1999)

[140] MADRY, H.; VAN DIJK, C.N.; MUELLER-GERBL, M.: The basic science of the subchondrale bone. Knee Surg Sports Traumatol Arthrosc 18:419–433 (2010)

[141] MAIR, S.D.; SCHLEGEL, T.F.; GILL, T.J.; HAWKINS, R.J.; STEADMAN, J.R.: Incidence and Location of Bone Bruises After Acute Posterior Cruciate Ligament Injury. Am J Sports Med 32/7 (2004)

[142] MAJUMDAR, S.: Evaluating subchondral bone in osteoarthritis. Osteoarthritis and Cartilge Vol. 13, Suppl A (2005)

[143] MALETIUS, W.; AIGNER, T.: Morphologie und Molekularpathologie der Osteoarthrose. Arthroskopie 12:3–8 (1999)

[144] MANDALIA, V.; FOGG, A.J.B.; CHARI, R.; MURRAY, J.; BEALE, A.; HENSON, J.H.L.: Bone bruising of the knee. Clinical Radiology 60:627–636 (2005)

[145] MANKIN, H.J.; DORFMAN, H.; LIPPIELLO, L.; ZARINS, A.: Biochemical and metabolic abnormalities in articular cartilage from osteoarthritis human hips. II. Correlations of morphology with biochemical and metabolic data. J Bone Joint Surg Am 53:523–537 (1971)

[146] MANKIN, H.J.: The response of articular cartilage to mechanical injury. J Bone Joint Surg 64-A:460–466 (1982)

[147] MARTIN, J.A.; BUCKWALTER, J.A.: Articular cartilage aging and degeneration. Sports Medicine and Arthroscopy Review 4:263–275 (1996)

[148] MATZIOLIS, G.; WINDISCH, C.: Die posttraumatische Arthrose – eine Herausforderung? Z Orthop Unfall 152:510–515 (2014)

[149] MAUCH, F.; SELL, S.: Update 2004 – Knorpelschaden: Klinische und bildgebende Diagnostik. Orthop Praxis 40, 10:542–549 (2004)

[150] McDEVITT, C.A.; MARCELINO, J.: Composition of articular cartilage. Sports Med Arthroscopy Rev 2:1–12 (1994)

[151] MEACHIM, G.: The effect of scarification on articular cartilage in the rabbit. J Bone Joint Surg 45-B:150–161 (1963)

[152] MEACHIM, G.; FERGIE, I.A.: Morphological Patterns of Articular Cartilage Fibrillation. J Path 115:231–240 (1975)

[153] MESSNER, K.; WIE, X.: Healing chondral injuries. Sports Med Arthroscopy Rev 6:13–24 (1998)

[154] METCALF, R.W.: An arthroscopic method for lateral release of the subluxating or dislocating patella. Clin Orthop Relat Res 167:9–18 (1982)

[155] MILLER, M.D.; OSBORNE, J.R.; GORDON, W.T; HINKIN, D.T.; BRINKER, M.R.: The natural history of bone bruises. A prospective study of magnetic resonance imaging-detected trabecular microfractures in patients with isolated medial collateral ligaments injuries. Am J Sports Med 26:15–19 (1998)

[156] MILTNER, O.; ROBERT, A.M.; ZILKENS, K.W.: Risikofaktoren für die Gonarthrose – eine retrospektive Studie. Z Orthop 136:A24 (1998)

[157] MILZ, S.; PUTZ, R.: Lückenbildung der subchondralen Mineralisierungszone des Tibiaplateaus. Osteologie 3:110–118 (1994)

[158] MILZ, S.; PUTZ, R.: Quantitative morphology of the subchondral plate of the tibial plateau. J Anat 185:103–110 (1994)

[159] MINK, J.H.; DEUTSCH A.L.: Occult cartilage and bone injuries of the knee: detection, classification, and assessment with MR imaging. Radiology 170:823–829 (1988)

[160] MINK, J.H.; DEUTSCH A.L.: Magnetic resonance imaging of the knee. Clin Orthop 244:29–47 (1989)

[161] MINK, J.H.: The cruciate and collateral ligaments. In: MINK JH, REICHER MA, CRUES III JV et al, editors. Magnetic resonance imaging of the knee. 2nd ed. New York: Raven Press 141–88 (1993)

[162] MOHR, W.; KIRKPATRICK, C.J.: Die Relevanz von Tierversuchen für die menschliche Arthrose und die Beeinflussung der tierexperimentiellen Arthrose durch Medikamente. Z Rheumatol 42:159–170 (1983)

[163] MOHR, W. HESSE, I.: Arthrose- Schicksal oder Krankheit? Neue Aspekte zur Knorpelzerstörung. Internist 30:633–642 (1989)

[164] MOHR, W.: Lehrbuch der Gelenkpathologie, Springer Verlag (2000)

[165] MONSON, N.L.; HAUGHTON, V.M.; MODL, J.M.; SETHER, L.A.; HO, K.-C.: Normal and degenerating articular cartilage: In vitro correlation of MR Imaging and Histologic findings. JMRI 2:41–45 (1992)

[166] MOREL, V.; MERÇAY, A.; QUINN, T.M.: Prestrain decreases cartilage susceptibility to injury by ramp compression in vitro. Osteoarthritis Cartilage 13:964–970 (2005)

[167] MORSCHER, E.: Traumatische Knorpel-Knochenläsionen am Kniegelenk. Orthop Praxis 6:31 (1970)

[168] MORSCHER, E.: Mikrotrauma und traumatische Knorpelschäden als Arthroseursache. Referat anläßlich der 60. Jahrestagung der Schweizerischen Gesellschaft für Unfallmedizin und Berufskrankheiten, in Chur 25./26. Okt. (1974)

[169] MORSCHER, E.: Traumatische Knorpelläsionen am Kniegelenk. Chirurg 50:599–604 (1979)

[170] MROSEK, E.; LAHM, A.; ERGELET, C.; UHL, M.; KURZ, H.; EISSNER, B.; SCHAGEMANN, J.C.: Subchondral bone trauma causes cartilage matrix degeneration: an immunohistological analysis in a canine model. OsteoArthritis and Cartilage 14:171–178 (2006)

[171] NAMBA, R.S.; MEULI, M.; SULLIVAN, K.M.; LE, A.X.; ADZICK, N.S.: Spontaneous Repair of Superficial Defects in Articular Cartilage in a Fetal Lamb Model. J Bone Joint Surg 80-A/1 (1998)

[172] NEWBERG, A.H.; WETZNER, S.M.: Bone Bruises: Their Patterns and Significance. Seminars in Ultrasound, CT, and MRI 15/5:396–409 (1994)

[173] NEWBERRY, W.N.; MACKENZIE, C.D.; HAUT, R.C.: Blunt Impact Causes Changes in Bone and Cartilage in a Regularly Exercised Animal Model. J Orthop Res 16:348–354 (1998)

[174] NEWMAN, A.P.: Articular Cartilage Repair. Am J Sports Med 26(2):309–324 (1998)

[175] NOYES, F.; STABLER, C.L.: A system for grading articualr cartilage lesions of arthroscopy. Am J Sports Med 17:505–513 (1989)

[176] OAKLEY, S.P.: Arthroscopy – a potential „gold standard“ for the diagnosis of the chondropathy of early osteoarthritis. Osteoarthritis and Cartilage 13:368–378 (2005)

[177] OAKLEY, S.P.; PORTEK, I.; SZOMOR, Z.; TURNBULL, A.; MURRELL, G.A.C.; KIRKHAM, B.W.; LASSERE, M.N.: Poort accuracy and interobserver reliability of knee arthroscopy measurements are improved by the use of variable angle elongated probes. Ann Rheum Dis 61:540–543 (2002)

[178] O'CONNOR, P.; ORFORD, C.R.; GARDNER, D.L.: Differential response to compressive loads of zones of canine hyaline articular cartilage: micromechanical, light and electron microscopic studies. Annals of the Rheumatic Diseases 47:414–420 (1988)

[179] OEGEMA, T.R.; LEWIS, J.L.; THOMPSON, R.C.: Role of acute trauma in development of osteoarthritis. Agents and Actions 40:220–223 (1993)

[180] OEGEMA, T.R., THOMPSON, R.C. jr: Histopathology and pathobiochemistry of the cartilage-bone interface in osteoarthritis. In: KUETTNER KE; GOLDBERG VM (eds.): Osteoarthritic Disorders. Rosemont, Illinois, The American Academy of Orthopaedic Surgeons 205–217 (1995)

[181] OEPPEN, R.S.; CONNOLLY, S.A.; BENCARDINO, J.T.; JARAMILLO, D.: Acute injury of the articular cartilage and subchondral bone: a common but unrecognized lesion in the immature knee. AJR Am J Roentgenol 182:111–117 (2004)

[182] OSTERGAARD, M.; PETERSEN, J.; ANDERSEN, C.B.; BENDTZEN, K.; SALTER, D.M.: Histologic/ histochemical grading system for osteoarthritic articular cartilage: reproducibility and validity. Arthritis Rheum 40:1766–1771 (1997)

[183] OTTE, P.: Die konservative Behandlung der Hüft- und Kniearthrosen und ihre Gefahren. Dtsch med J 20:604–609 (1969)

[184] OUTERBRIDGE, R.E.: The etiology of chondromalacia patellae. J Bone Joint Surg 43-B:752–757 (1961)

[185] PANULA, H.E.; NIEMINEN, J.; PARKKINEN, J.J.; ARNALA, I.; KRÖGER, H.; ALHAVA E.: Subchondral bone remodeling increasses in early experimental osteoarthrosis in young beagle dogs. Acta Orthop Scand 69/6:627–632 (1998)

[186] PAPE, D.; FILARDO, G.; KON, E.; VAN DIJK, C.; MADRY, H.: Disease-specific clinical problems associated with the subchondral bone. Knee Surg Sports Traumatol Arthrosc 18:448–462 (2010)

[187] POLLARD, T.C.B.; GWILYM, S.E.; CARR, A.J.: The assessment of early osteoarthritis. J Bone Joint Surg Br 90:411–421 (2008)

[188] PRAKASH, D.; LEARMONTH, D.: Natural progression of osteochondral defect in the femoral condyle. The Knee 9:7–10 (2002)

[189] PRITZKER, K.P.H.: Pathology of osteoarthritis. In: Brand, K.D.; Doherty, M.; Lohmander, L.S. (Eds): Osteoarthritis. 2nd Ed., Oxford University Press, Oxford (2003)

[190] PRITZKER, K.P.; GAY, S.; JIMENEZ, S.A. et al: Osteoarthritis cartilage histopathology: grading and staging. Osteoarthritis Cartilage 14:13–29 (2006)

[191] RADIN, E.L.; ROSE, R.M.: Role of subchondrale bone in the initiation and progression of cartilage damage. Clinical Orthopaedics 213:34–40 (1986)

[192] RAMAPPA, A.J.; STEADMAN, J.R.; MAXWELL, R.B.; BRIGGS, K.K.; RODKEY, W.G.: Kellgren-Lawrence Scores and arthroscopic findings in the degenerative knee. Osteoarthritis and Cartilge Vol. 13, Suppl A (2005)

[193] RANGGER, C.; KATHREIN, A.; FREUND, M.C.; FREUND, M.C.; KLESTIL, T.; KRECZY, A.: Bone bruise of the knee. Acta Orthop Scand 69:291–294 (1998)

[194] RANGGER, C.; GOOST, H.; KABIR, K.; BURGER, C.: Bone bruise. Morphologische Veränderungen und klinische Relevanz. Trauma Berufskrankh 8:S178–S181 (2006)

[195] REDMAN, S.M.; DOWTHWAITE, G.P.; THOMSON, B.M.; ARCHER, C.W.: The cellular responses of articular cartilage to sharp and blunt trauma. Osteoarthritis and Cartilage 12:106–116 (2004)

[196] REHNITZ, C.; WEBER, M.A.: Morphologische und funktionelle Knorpeldiagnostik. Orthopäde 44:317–336 (2015)

[197] RESNICK, D.: Diagnosis of Bone and Joint Disorders. Seite 819–833, 2645–2649, W.B. Saunders Company, Philadelphia (2002)

[198] ROEMER, F.W.; BOHNDORF, K.: Long-term osseous sequelae after acute trauma of the knee joint evaluated by MRI. Skeletal Radiol 31:615–623 (2002)

[199] ROSEN, M.A.; JACKSON, D.W.; BERGER, P.E.: Occult osseous lesions documented by magnetic resonance imaging associated with anterior cruciate ligament ruptures. The Journal of Arthroscopic and Related Surgery 1:45–51 (1991)

[200] RUBIN, D.A.; KETTERING, J.M.; TOWERS, J.D.; BRITTON, C.A.: MR Imaging of Knees Having Isolated and Combined Ligament Injuries. AJR 170:1207–1213 (1998)

[201] RUPPRECHT, T.N.; OCZIPKA, F.; LÜRING, C.; PENNEKAMP, P.H.; GRIFKA, J.: Korrelieren die klinischen, radiologischen und intraoperativen Befunde der Gonarthrose? Eine prospective Studie an 103 Patienten. Z Orthop Unfall 145:430–435 (2007)

[202] SALTER, R.B.; HARRIS, W.R.: Injuries involving the epiphyseal plate. J Bone Jt Surg 45A:587 (1963)

[203] SANCHIS-ALFONSO, V.: Anterior Knee Pain and Patellar Instability. Springer Verlag, London (2006)

[204] SANDERS, T.G.; MILLER, M.D.: A Systematic Approach to Magnetic Resonance Imaging Interpretation of Sports Medicine Injuries of the Knee. Am J Sports Med 33/1 (2005)

[205] SCHEWE, B.; FRITZ, J.; WEISE, K.: Knorpelverletzungen am Kniegelenk. Orthop und Unfallchir up2date 3:77–94 (2008)

[206] SCHIECKE, A.: Knorpelschaden Kniegelenk – welchen diagnostischen Beitrag leistet das Röntgenbild? Ein arthoskopisch-radiologischer Vergleich. Dissertation, Medizinische Fakultät Universität Ulm (1996)

[207] SCHMID, M.R.; PFIRRMANN, C.W.; HODLER, J.; et al.: Cartilage lesions in the ankle joint: comparison of MR arthrography and CT arthrography. Skeletal Radiol 32:259–65 (2003)

[208] SCHOBERTH, H.: Sportverletzungen an Knie und Fuß. Z Orthop 110:241–248 (1972)

[209] SCHWEITZER, M.E.; TRAN, D.; DEELY, D.M.; HUME, E.L.: Medial collateral ligament injuries: evaluation of multiple signs, prevalence and location of associated bone bruises, and assessment with MR imaging. Radiology 194:825–829 (1995)

[210] SGAGLIONE, N.A.; MINIACI, A.; GILLOGLY, S.D.; CARTER, T.R.: Update on Advanced Surgical Techniques in the Treatment of Traumatic Focal Articular Cartilage Lesions in the Knee. J Arthrosc Rel Surg 18/2:9–32, (2002)

[211] SHINDLE, M.K.; FOO, L.F.; KELLY, B.T. et al: Magnetic resonance imaging of cartilage in the athlete: current techniques and spectrum of disease. J Bone Joint Surg Am:88-A:27–46 (2006)

[212] SNEARLY, W.N.; KAPLAN, P.A.; DUSSAULT, R.G.: Lateral-compartment bone contusions in adolescents with intact anterior cruciate ligaments. Radiology 198:205–208 (1996)

[213] SÖDER, S.; AIGNER, T.: Arthrose. Ätiologie, typisierung, Stadieneinteilung und histologische Graduierung. Pathologe 32:183–192 (2011)

[214] SPAHN, G.; WITTIG, R.: Spannungs- und Bruchverhalten des gesunden Gelenkknorpels unter axialer Belastung. Eine biomechanische Untersuchung. Zentralbl Chir 128:78–82 (2003)

[215] SPAHN, G.: Knorpelschaden und Gonarthrose. Teil I: Physiologie und Pathophysiologie des Knorpels und der Gonarthrose. Akt Traumatol 36:259–271 (2006)

[216] SPAHN, G.: Knorpelschaden und Gonarthrose. Teil II: Epidemiology and Diagnosis von chondralen Schäden und der Gonarthrose. Akt Traumatol 36:259–271 (2006)

[217] SPAHN, G.; WITTIG, R.; KAHL, E.; KLINGER, H.M.; MÜCKLEY, T.; HOFMANN, G.O.: Diagnostik von Knorpelschäden des Kniegelenks. Validität der klinischen, radiologischen und kernspintomographischen Diagnostik im Vergleich zur Arthroskopie. Unfallchirurg 110:414–424 (2007)

[218] SPAHN, G.; KLINGER, H.M.; BAUMS, M.; PINKEPANK, U.; HOFMANN, G.O.: Reliability in arthroscopic grading of cartilage lesions: results of a prospective blinded study for evaluation of interobserver reliability. Arch Orthop Trauma Surg 131:377–381 (2011)

[219] SPAHN, G.; EBERTH, F.; GANTZ, S.; GRIFKA, J.; LIEBERS, F.; SCHILTENWOLF, M.; VAITL, T.: Trauma. Trauma Berufskrankh 14:434–436 (2012)

[220] SPEER, K.P.; WARREN, R.F.; WICKIEWICZ, T.L.; HOROWITZ, L.; HENDERSON, L.: Observations on the Injury Mechanism of Anterior Cruciate Ligament Tears in Skiers. The American Journal of Sports Medicine23/1 (1995)

[221] SPERNER, G.; WANITSCHEK, P.; BENEDETTO, K.P.; GLÖTZER, W.: Spätergebnisse bei patellafrakturen. Akt Traumatol 20:24–28 (1990)

[222] SPINDLER, K.P.; SCHILS, J.P.; BERGFELD, J.A.; ANDRISH, J.T.; WEIKER, G.G.; ANDERSON, T.E.; PIRAINO, D.W.; RICHMOND, B.J.; MEDENDORP, S.V.: Prospective study of osseous, articular, and meniscal lesions in recent anterior cruciate ligament tears by magnetic resonance imaging and arthroscopy. Am J Sports Med 21:551–557 (1993)

[223] STANITSKI, C.L.: Correlation of Arthroscopic and Clinical Examinations with magnetic resonance imaging findings of injured knees in children and adolescents. Am J Sports Med 26/1 (1998)

[224] STEIN, L.N.; FISCHER, D.A.; FRITTS, H.M.; QUICK, D.C: Occult Osseous Lesions Associated with anterior cruciate ligament tears. Clinical Orthopaedics and related research. Number 313:187–193 (1995)

[225] STROBEL, M.: Arthroskopische Chirurgie. Springer Verlag, Berlin, Heidelberg, New York (1998)

[226] SUNDARAM, N.A.; HALLETT, J.P.; SULLIVAN, M.F.: Dome osteotomy of the tibia for osteoarthritis of the knee. J Bone Jt Surg 68-B:782–786 (1986)

[227] TAMBURRINI, O.; BIANCHI, D.; CAPPARELLI, G.; BARRESI, D; ARCURI, P.P.; BARBLACE, G.; STANÀ, C.: Lesioni „occulte“ post-traumatiche del ginocchio: può la Risonanza Magnetica sostituire l'artroscopia diagnostica? La Radiologia Medica – Radiol Med 94:433–439 (1997)

[228] TERRY, G.C.; FLANDRY, F.; VAN MANEN, J.W.; NORWOOD, L.A.: Isolated chondral fractures of the knee. Clin Orthop Relat Res 234:170–177 (1988)

[229] THEIN, R.; EICHENBLAT, M.: Concealed Knee Cartilage Lesions: Is Arthroscopic Probing Therapeutic? The American Journal of Sports Medicine 27/4 (1999)

[230] THOMPSON, R.C.; OEGEMA, T.R.; LEWIS, J.L.; WALLACE, L.: Osteoarthrotic Changes After Acute Transarticular Load. J Bone Joint Surg 73-A:990–1001 (1991)

[231] TILLMANN, B.: A Contribution to the Funktional Morphology of Articular Surfaces. Thieme, Stuttgart (1978a)

[232] TILLMANN, B.: Funktionelle Morphologie und Beanspruchung der Gelenke. Verh. anat. Ges. 72: 47–63 (1978b)

[233] TILLMANN, B.: In: Doerr, W., G. Seifert: Spezielle pathologische Anatomie, Bd. 18/I. Springer Berlin 1–132 (1984)

[234] TIMM, K.E.: Randomized controlled trial of protonics on patellar pain, position, and function. Medicine & Science in Sports & Exercise 665–670 (1998)

[235] TIPPET, J.W.: Articular cartilage drilling and ostetomy in osteoarthritis of the knee. In: McGinty J.B (ed) Operataive arthroscopy. New York, Raven Press 325–339 (1991)

[236] UNAY, K.; POYANLI, O.; AKAN, K.; GUVEN, M.; DEMIRCAY, C.: The relationship between bone marrow edema size and knee pain. Knee Surg Sports Traumatol Arthrosc 17:1298–1304 (2009)

[237] UNVERFERTH, K.L.; HURST, J.M.; GARRETT, W.E.: Chondral delamination and fractures. Sports Med and Arthrosc Rev 6:41–49 (1998)

[238] VAHLENSIECK, M.; REISER, M.: MRT des Bewegungsapparates, Georg Thieme Verlag Stuttgart, New York (1997)

[239] VANDE BERG, B.C.; LECOUVET, F.E.; POILVACHE, P. et al.: Assessment of knee cartilage in cadavers with dual detector spiral CT Arthrography and MR imaging. Radiology 222:430–436 (2002)

[240] VELLET, A.D.; MARKS, P.H.; FOWLER, P.J.; MUNRO, T.G.: Occult posttraumatic osteochondral lesions of the knee: prevalence, classification, and shortterm sequelae evaluated with MR imaging. Radiology 178:271–276 (1991)

[241] VIGNON, G.; VIGNON, E.: Etiopathogenie de l'Arthrose. Lyon Medical 235:43–51 (1976)

[242] WADA, M.; BABA, H.; IMURA, S.; MORITA, A.; KUSAKA, Y.: Relationship between radiographic classification and arthroscopic fndings of articular cartilage lesions in osteoarthritis of the knee. Clinical and Experimental Rheumatology 16:15–20 (1998)

[243] WAGNER, H.: Traumatische Knorpelschäden des Kniegelenkes. Orthopäde 3:208 (1974)

[244] WAKITANI, S.; GOTO, T.; PINEDA, S.J.; YOUNG, R.G.; MANSOUR, J.M.; CAPLAN, A.I.; GOLDBERG, V.M.: Mesenchymal cell-based repair of large, fullthickness defects of articular cartilage. J Bone Joint Surg 76-A :579 (1994)

[245] WALKER, C.W.; MOORE, T.E.: Imaging of skeletal and soft tissue injuries in and around the knee. Radiologic Clinics of North America 35/3 (1997)

[246] WEBER, O.; GOOST, H.; KABIR, K.; FLORCZYK, A.; WIRTZ, D.; BURGER, C.: Distale osteochondrale Femurimpressionsfrakturen. Z Orthop Unfall 145:436–440 (2007)

[247] WIRTH, C.J.; RUDERT, M.: Techniques of cartilage growth enhancement: a review of the literature. Arthroscopy 12/3:300–308 (1996)

[248] WONG, M.; HUNZIKER, E.B.: Articular cartilage biology and mechanics. Sports Med Arthrosc Rev 6:4–12 (1998)

[249] WONG, M.; PONTICIELLO, M.; KOVANEN, V.; JURVELIN, J.S.: Volumetric changes of articular cartilage during stress relaxation in unconfined compression. J Biomech 33:1049–1054 (2000)

[250] WRIGHT, R.W.; PHANEUF, M.A.; LIMBIRD, T.J.; SPINDLER, K.P.: Clinical outcome of isolated subcortical trabecular fractures (bone bruise) detected on magnetic resonance imaging in knees. Am J Sports Med 28:663–667 (2000)

[251] YAMADA, K.; HEALEY, R.; AMIEL, D.; LOTZ, M.; COUTTS, R.: Subchondral bone of the human knee joint in aging and osteoarthritis. Osteoarthritis Cartilage 10:360–369 (2002)

[252] YAO, L.; DUNGAN, D.; SEEGER, L.L.: MR imaging of tibial collateral ligament injury: comparison with clinical examination. Skeletal Radiol 23:521–524 (1994)

[253] YAO, L.; LEE, J.K.: Occult intraosseous fracture: Detection with MR imaging. Radiology 167:749–751 (1988)

[254] ZANETTI, M.; BRUDER, E.; ROMERO, J.; HODLER, J.: Bone marrow edema pattern in osteoarthritic knees: correlation between MR imaging and histologic findings. Radiology 215(3):835–840 (2000)

3 Osteochondrale Schäden

Osteochondrale Schäden beruhen auf Pathologien des Knorpels mit Beteiligung eines dazugehörenden subchondralen Areals. Diese entstehen durch subchondrale Osteonekrosen, die den Knorpel mit einbeziehen, durch Verletzungen des Knorpels mit einer subchondralen Lamelle u. a. und beruhen im Endeffekt auf einer Unterbrechung der diesen Bezirk versorgenden Blutgefäße. Die Folgen der subchondralen Durchblutungsstörung (Abb. 3.1) im gelenknahen Bereich sind die (1) Osteochondrosis dissecans (siehe Kapitel 3.2), (2) große ischämische Knochennekrosen (siehe Kapitel 4) und (3) kleine ischämische Arthrosenekrosen (siehe Kap. 2).

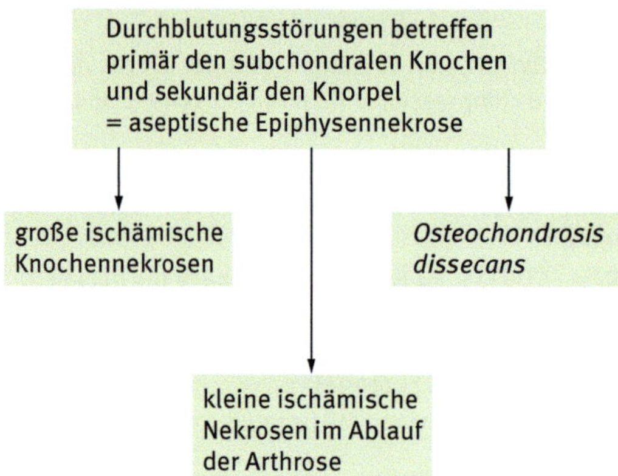

Abb. 3.1: Aseptische Epiphysennekrosen und Knochennekrosen.

Zu 1.:

Die Osteochondrosis dissecans ist eine lokalisierte Schädigung des subchondralen Knochens (an Prädilektionsstellen des Skeletts) mit Ausbildung eines Knorpel-Knochen-Fragmentes mit dem Ergebnis eines freien Gelenkkörpers („Gelenkmaus") und eines Mausbettes. Der Verlauf der Osteochondrosis dissecans ist stadienhaft, ätiologisch werden neben der Ischämie die indirekten, repetitiven Mikrotraumen, aber auch Traumen (?) und Ossifikationsdefekte diskutiert [192], vor allem aber eine Durchblutungsstörung beim wachsenden Skelett [232, 233, 234, 235].

Zu 2.:

Große ischämische Knochennekrosen kommen am Schultergelenk, Hüft- und Kniegelenk u. a. vor. Sie werden mit den Arthrosen dieser Gelenke häufig verwechselt, da beide Krankheiten im fortgeschrittenen Stadium vergleichbare Symptome zeigen und zudem gemeinsam auftreten können. Bekannte Ursachen ischämischer Knochennekrosen sind [153, 168, 109, 5, 61, 225]: Kortikosteroidtherapie, M. Cushing (Hypophysenadenom), Alkohol, Sichelzellenanämie (41 % der Patienten) und andere An-

DOI 10.1515/9783110284409-008

ämien, M. Gaucher, Myeloproliferative Krankheiten, Gerinnungsstörungen, Traumen, Caisson-Krankheit, Bestrahlung, Hämophilie und Leriche-Syndrom.

Obwohl das Ursachenspektrum der Knochennekrosen anerkannt ist, bleibt die Pathogenese des Knochenunterganges unklar [150] bezüglich der Lokalisation (Arterien, Venolen oder Sinusoide) und der Zirkulationsstörung [8]. Ohne genaue Kenntnis der Pathogenese können lediglich Teilaspekte erklärt werden. Nach MANKIN [143] werden aber bestimmte Mechanismen als Ursache (pathogenetisch) für Gefäßverschlüsse bzw. Gefäßunterbrechungen genannt (mechanische Gefäßunterbrechung, venöser Verschluss, Thrombose und Embolie sowie Gefäßverletzung und externe Gefäßkompression.

Zu 3.:
Die Arthrose führt durch die Knorpelzerstörung zu pathomorphologischen Veränderungen [150], einteilbar in primäre, sekundäre und tertiäre Schäden. Durch die Knorpelzerstörung werden Nekrosen des subchondralen Knochens sowie die Synovialitis induziert. Die Nekroseareale (ischämisch bedingt) bilden die Grundlage für Pseudozysten, aber auch für die Entstehung eines chondroiden Ersatzgewebes. Die Folge der Entzündung (Synovialitis chondrodetritica) sind Osteophyten oder Randexophyten, Vernarbungen, eine villöse adipöse Hyperplasie oder auch eine sekundäre Osteochondromatose. Bei den Randexophyten und bei der Osteochondromatose handelt es sich um eine pathologische Osteogenese mit der Folge von Gelenkkörpern. In Kenntnis der Pathogenese der ischämischen Osteonekrosen entsteht am Ort des Geschehens ein komplexes Bild mit Nekrosezonen, Gelenkkörpern, Arthrosezeichen u. a., das aber erheblich dem Zeitfaktor des Bestehens unterworfen ist. So kann eine Knorpel-Knochen-Fraktur im veralteten Zustand einer Osteochondrosis dissecans (OCD) zum Verwechseln gleichen. Eine Hüftkopfnekrose nimmt das Bild einer Coxarthrose an, ebenso der M. Ahlbäck das der Gonarthrose. Die arthrotischen Verläufe führen aufgrund der begleitenden Synovialitis chondrodetritica zu Randexophyten und zu der sekundären Osteochondromatose (Diff. Synoviale Osteochondromatose), Nekroseherde bilden die Grundlage für subchondrale Pseudozysten (Diff. Ossäre Ganglien). Zystische subchondrale Defekte entwickeln sich aber auch bei traumabedingten Impressionen („bone bruise") bzw. je nach Richtung der Krafteinwirkung entsteht eine Knorpel- oder Knorpel-Knochen-Fraktur. Unbehandelt entwickeln sich daraus sog. „wachsende" Gelenkkörper.

In den gesamten Komplex der ossären Durchblutungsstörungen mit Ausbildung von Knochennekrosen, meist subchondral mit und ohne Knorpelbeteiligung, aber auch Gelenkkörperbildung (mit und ohne traumatische Einwirkung) muss dem Knochenmarködem erkennbar in der Magnetresonanztomographie eine besondere Bedeutung zugeordnet werden [220]. Pathogenetisch sind verschiedene pathomorphologische Substrate (Abb. 3.2) gegeneinander abzuwägen, aber auch miteinander in Verbindung zu bringen.

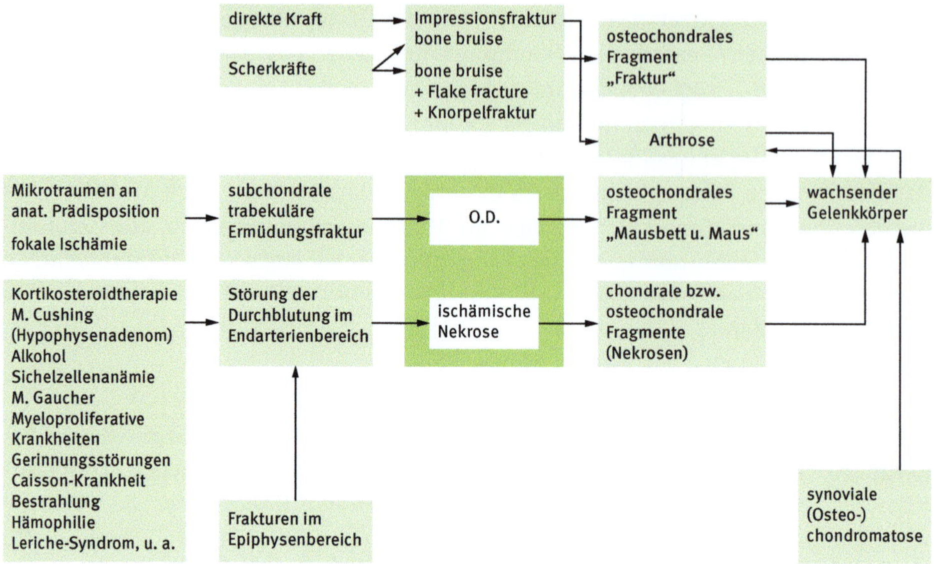

Abb. 3.2: Pathogenese ischämischer Osteonekrosen, der Osteochondrosis dissecans und der Gelenkkörper.

Chondrale bzw. osteochondrale Schäden entstehen durch Verletzungen (subchondral: Hämatom und Impression, chondral: Kontusion sowie Fissur und Fraktur, osteochondral: Impression und Fraktur). Aus diesen Verletzungen können neben einer folgenlosen Ausheilung oder einer Defektheilung auch aseptische Knochennekrosen entstehen. Dies findet sich im Kindesalter (traumatische Knochennekrose, spontane Nekrose), aber auch im Erwachsenenalter (traumatische Knochennekrose, sekundäre Knochennekrose, Caisson-Krankheit, idiopathische Osteonekrose). Die aseptischen Knochennekrosen werden nach dem Alter eingeteilt [69]. Ätiologisch kann bezüglich der Knochennekrose eine Durchblutungsstörung angenommen werden. Deshalb erfolgt auch die Bezeichnung „idiopathische ischämische Knochennekrose“ unter Nennung ätiologischer Faktoren: Zirkulationsstörung, Knochenentzündung (Osteomyelitis), Strahlenschäden (Radioosteonekrose), traumatische Schädigung (z. B. Fraktur), Hormonstörungen (z. B. Morbus Cushing). Grundsätzliche Mechanismen [69] sind: Embolien (Gas, Fett, Knochenmark, Tumorzellen), endangitische Veränderungen, lokale Thrombosen, Mikrofrakturen der Spongiosa und Mikrokallusformationen sowie Gefäßrupturen (Zerreißungen).

Histologisch zeigt sich bei allen Knochennekrosen das Fehlen von Osteozyten innerhalb des Knochengewebes. Die lamelläre Schichtung ist teilweise oder vollständig aufgehoben mit reaktiven Entzündungszeichen im benachbarten Knochengewebe. In Abhängigkeit von dieser Entzündungsreaktion werden septische und aseptische Knochennekrosen unterschieden. Letztere sind vergleichbar mit einem anämischen Knocheninfarkt bei einer lokalen Durchblutungsstörung.

Zu den osteochondralen Schäden gehören auch Verletzungen der Gelenkflächen durch Makrotraumen sowie Überlastungsschäden („overuse“) durch Mikrotraumen. Geeigneter als die Bezeichnung ‚osteochondrale Schäden‘ wäre die der Gelenkflächenschäden. Es handelt sich um eine neutrale Bezeichnung für Schäden, sowohl des Gelenkknorpelbelages als auch der darunter liegenden subchondralen Knochenschicht.

Nachdem der Knorpel elastischer ist als der subchondrale Knochen [42], werden geringe, direkt auf den Knorpel einwirkende Kräfte, entsprechend dem Elastizitätsfaktor, abgefangen, d. h., eine Kraft wirkt auf den subchondralen Bereich nicht ein. Erst wenn diese Kraftkomponente, etwa über 290 Newton, überschritten wird, so kann entsprechend dem Kräfteparallelogramm in Abhängigkeit von der Einwirkung der Scherkraft ein subchondrales Kraftaufkommen zustande kommen, das dann auch zur Bonebruise-Bildung, d. h. zu mikrotrabekulären Frakturen, führt (vgl. Kapitel 2.8).

Es gibt Kräfte, die den Knorpel erreichen, ohne dass eine Krafteinwirkung nach subchondral durchdringt, andererseits aber die tangentiale Kraft so ausgebildet sein kann, dass oberflächliche Knorpelabscherungen entstehen. Mit dem Eröffnen der oberflächlichen Knorpelschicht ist aber, wenn nicht eine stabile Ausheilung zustande kommt, die Arthrose vorprogrammiert. Andererseits führt auch das Knochenödem zu einer Störung der subchondralen Haftung des Knorpelbelages mit der Folge einer Knorpelerweichung, wenn nicht vom Gelenk her die Ernährung ausreichend gewährleistet ist. Bei stärkeren Krafteinwirkungen mit Ausbildung osteochondraler Verletzungen ist zwar eine Ausheilung möglich, andererseits aber auch die Gefahr der Pseudarthrose gegeben, mit der Folge der Fibrose und der Sklerose im Frakturbereich, was schließlich auch das Bild einer OCD, insbesondere am Talus, erzielen kann. Das heißt, Knorpelverletzungen führen, wenn sie nicht ausheilen, zur Pseudarthrose bei osteochondralen Schäden mit Übergang in Fibrose und Sklerose mit der Folge der Ausbildung einer Osteonekrose und auch einer Arthrose. Ausgedehntere subchondrale Verletzungen können Teilnekrosen oder auch eine Totalnekrose (vgl. Hüftkopffraktur, Humeruskopffraktur) zur Folge haben. Diese wiederum gehen in das typische Bild der Osteonekrose inkl. Pseudozysten über, die wiederum typisch für die fortgeschrittene Arthrose im subchondralen Bereich sind (Abb. 3.3).

Es besteht ein enger Zusammenhang zwischen den Gelenkflächenverletzungen und den anderen Gelenkflächenschäden (Arthrose, Osteonekrose, OCD, Teilnekrose, Totalnekrose). Die Schäden des Knorpels mit Untergang von Chondrozyten liefern das Bild der Chondrose, vergleichbare Veränderungen im Knochen das Bild der Nekrose (Osteose). Zusammengefasst resultiert daraus die Bezeichnung „Osteochondrose“ oder „Osteonekrose“. Mit der Bezeichnung „Osteochondrosis dissecans“ ist automatisch auch die Entwicklung von Gelenkkörpern durch das Abstoßen osteochondraler Nekroseherde verbunden. Andererseits finden sich pseudozystische Veränderungen sowohl bei der Osteochondrosis dissecans oder auch anderen Teil- bzw. Totalnekrosen, aber ebenso bei fortgeschrittener Arthrose. Die Pseudozysten (DD.: Zysten, Ganglien) sind pathognomonisch für den eigentlichen Knorpelschaden, aus dem

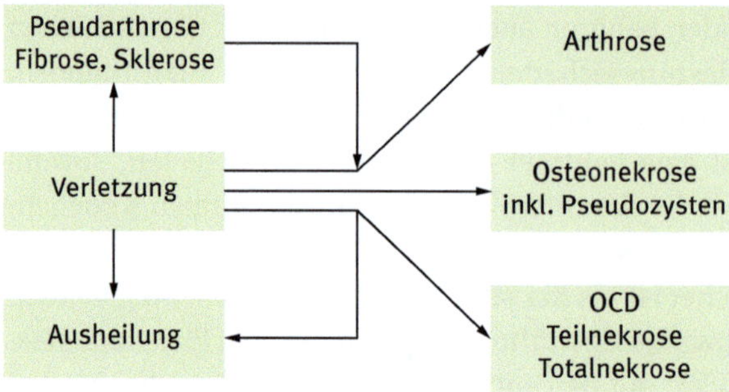

Abb. 3.3: Gelenkflächenverletzung – Nekrose – Arthrose (Pathogenese – Pathomechanismus).

auch bei intaktem subchondralem Gebiet pseudozystische Veränderungen entstehen. Es resultieren folgende Diskussionspunkte: Gelenkkörper, Osteochondrosis dissecans, Flake fracture (Gelenkflächenverletzungen) und Knochenanbauten sowie Knochenverlust. Die Knochenanbauten im Sinne der Osteophytenbildung, in Gelenknähe als Exophyten bezeichnet, sind Zeichen der ossären Reaktion bei der Arthrose, Reaktionen des Knorpelschadens sind Pseudozysten, aber auch vermehrte Sklerosierung des subchondralen Knochenbereichs aufgrund einer Überlastung. Exophyten (Osteophyten) wären Zeichen eines Knochenanbaus und Pseudozysten Zeichen des Knochenabbaus.

3.1 Gelenkkörper

Gelenkmäuse (Gelenkkörper) sind frei im Gelenk liegende Gewebsfragmente oder auch Fremdkörper. Mit Ausnahme der Fremdkörper handelt es sich dabei meist um Körper mit knorpeligen Strukturen, es können jedoch auch freie Meniskuspartikel, Kreuzbandteile, fibrosierte Hoffazotten, organisierte Blutkoagel oder Tumorpartikel gefunden werden. Die meisten Körper finden sich mit etwa 64 % im Knie [207], aber auch im oberen Sprunggelenk (4 %), Ellbogen- (7 %) und Hüftgelenk (14 %), seltener in den restlichen Gelenken, nach VILLACIN [221]: Schultergelenk 6 %, Handgelenk 1 %. Gemäß den Angaben von VILLACIN [221] ist unter Berücksichtigung aller gefundenen Gelenkkörper eine Altersabhängigkeit nicht zu erkennen. Aus arthrotischen Fragmenten entstandene Gelenkkörper gibt es bei älteren Menschen, Gelenkkörper aus einer Osteochondrosis dissecans bei jugendlichen Menschen. Meistens liegen Gelenkkörper vor, die entweder traumatisch bedingt als epiphysäre Absprengungen von Knorpel- oder Knorpel-Knochen-Stückchen entstehen, oder auch Teile aseptischer Epiphysennekrosen, z. B. bei der Osteochondrosis dissecans, die sich aus der epiphysären Totenlade lösen. Bald schon kommt es in den so genannten „Mäusen" zur Nekrose des knöchernen Teiles der Gelenkmaus zusammen mit dem Subchondrium. Der äußere synovial ernährte Gelenkknorpel bleibt am Leben, kann sogar zu einer zellulären Reaktion fähig sein. Die scharfrandigen, traumatischen knorpeligen Sprengstücke sind nach längerem Verbleib im Gelenk abgerundet und der Form des Gelenkes oft angepasst. Diese Rundungen an den Knorpelfragmenten entstehen aber nicht durch Abschleifen der Gewebskanten dieser Mäuse, sondern durch eine oberflächliche Wucherung junger Bindegewebszellen (Fibroblasten). Diese füllen die in den scharfkantigen Fragmenten bestehenden Buchten aus, teils ungeordnet, teils wie durch eine formende Hand, so dass im Endeffekt runde, chondrale Körper vorliegen. Durch das umgebende synoviale Milieu ist ein Wachsen der Gelenkkörper möglich [222, 12]. Die Ausbildung der „wachsenden Gelenkkörper" wird auch als eine „Organkultur in vivo" bezeichnet [26]. Ebenso ist die Einlagerung von Kalksalzen denkbar, so dass sich im weiteren Verlauf auch Knochengewebe formieren kann und sich somit sekundär diese Körper im Kapselgewebe einnisten. Es zeigt sich der Hinweis [12], dass sich die Gelenkkörpergröße in etwa zehn Jahren verdoppeln kann, dies durch Anlagerung von fibrösen und knorpeligen Gewebsschichten [172, 82].

Die lebende oberflächliche Gelenkkörperschicht wird aus der Synovia ernährt. Wachsende und auch alte Gelenkkörper zeigen mehrere Schichten fibrösen und knorpeligen Gewebes, auch ossäre Anteile mit Nekrosen in den tieferen Schichten. In der oberflächlichen Schicht finden sich lebende Zellen, aber keine Blutgefäße, dafür aber Kollagen Typ III als Zeichen einer Entdifferenzierung von Chondrozyten [169]. Gelenkkörper sind auf dem Röntgenbild zu sehen, wenn diese ossifiziert sind, sie müssen aber radiologisch von akzessorischen Knöchelchen bzw. Sesambeinen (z. B. Fabella) abgegrenzt und unterschieden werden. Werden röntgenologisch, evtl. auch sonographisch [31], Gelenkkörper in einem Kniegelenk festgestellt und verursachen diese eine klinische Symptomatik, so bedarf es der Arthroskopie zur Gelenkkörperentfernung. Gelenkkörper werden jedoch nur dann radiologisch erkannt, wenn eine Kalk- und/oder Knochenbildung im Kern des Körpers stattgefunden hat.

Rein chondrale Körper entstehen als gelöste Knorpelfragmente bei der Arthrose oder auch bei der Chondromalacia patellae. Es liegen unregelmäßig konfigurierte Partikel ohne Knochensubstanz vor. Wenige bis sehr viele chondrale Körper finden sich bei der synovialen Chondromatose, diese Körper können im fortgeschrittenen Stadium der Erkrankung auch radiologisch nachgewiesen werden. Durch ein echt traumatisches Geschehen, insbesondere beim Einwirken von Schermechanismen, entstehen Knorpel- bzw. Knorpel-Knochen-Frakturen (Flake fractures), die mit begleitender Hämarthrosbildungen Blockierungen verursachen. In diesen Fällen ist die frühzeitige, am besten sofortige Arthroskopie angezeigt, so dass die Knorpel- bzw. Knorpel-Knochen-Fragmente noch im Stadium des blutenden Wundgrundes refixiert werden können, falls es deren Größe zulässt. Fortgeschrittene Stadien der Osteochondrosis dissecans [115] und auch der Femurkondylennekrose lassen typische osteochondrale bzw. nach Nekrotisierung des knöchernen Anteiles auch chondrale Körper feststellen. Die Gelenkkörperbildung ist jedoch auch bei entzündlichen Arthritiden nachgewiesen. So genannte „Reiskörper" entstehen bei der rheumatoiden Arthritis. Fibrinmassen, die bei der Erkrankung typisch sind, können als freie Reiskörper, dann wenn der Anschluss an die synoviale Basis verloren gegangen ist, arthroskopisch gefunden werden. Die Oberfläche der Reiskörper ist glatt poliert, histologisch sind die Körper hyalinisiert. Ähnliche Reiskörper gehen mit der tuberkulösen Arthritis, einem heute seltenen Krankheitsbild, einher. Schließlich müssen Gelenkkörper bei Tumoren oder tumorartigen Bildungen, bei der villonodulären Synovialitis [43], Xanthogranulomen, Synovialomen (gutartig oder bösartig), Fibromen oder Lipomen erwähnt werden.

Aufgrund klinischer Untersuchungen bei Patienten mit freien Gelenkkörpern (nicht Fremdkörpern) können diese in Kategorien eingeteilt werden [148, 31, 227]:
- Kategorie I: Gelenkkörper entstehen aus osteochondralen Frakturen, ebenso als Gelenkmäuse bei der Osteochondrosis dissecans. Der Entstehungsort des Körpers kann in beiden Fällen gefunden werden. Es handelt sich dann um Gelenkknorpel, einmal mit gesundem, zum anderen mit einem ischämischen, nekrotischen subchondralen Knochen. Da der Gelenkknorpel durch die Synovia ernährt wird, resultiert intakter, lebender Knorpel auch bei der OCD [166].
- Kategorie II: Gelenkkörper bei Arthrosen oder Osteonekrosen im Sinne einer pathologischen Osteoneogenese, d. h., es liegt eine reaktive Form der Knochenneubildung in der Synovialmembran (sekundäre Osteochondromatose) oder eine Randexophytenbildung vor.
- Kategorie III: Vielzahl von Gelenkkörpern bei intakten Gelenkflächen in der Folge proliferativer Synovialisveränderungen (synoviale Osteochondromatose), d. h., es handelt sich um eine chondroossäre Metaplasie in der Synovialis.
- Kategorie IV: Reiskörperchen (Vielzahl kleinster Fibrinkörper)

Bei der histologischen Untersuchung der Gelenkkörper muss darauf geachtet werden, dass das Zentrum in die Beurteilung mit einbezogen wird, da bei randständiger Untersuchung die Gefahr besteht, lediglich die angelagerten Knorpelschichten zu erfassen (wachsende Gelenkkörper). Für die Beurteilung der Entstehung des Gelenkkörpers ist aber das Zentrum (Nidus) [148] von Bedeutung. Drei Typen der Nidi werden festgestellt:
1. Gelenkknorpel mit Darstellung von Chondrozyten und der dazwischen liegenden Matrix, es werden auch Texturstörungen dieses Knorpels nachgewiesen.
2. Osteophytärer Knorpel: Es wird zugrunde gelegt, dass dieser Knorpel seinen Ursprung in den Osteophyten hat, ausgehend von den Grenzbereichen arthrotischer Gelenke. Hier handelt es sich um einen reparativen Knorpel, in dem wenig Matrix von den einzelnen Chondrozyten produziert wird. Deshalb ist dieses Gewebe relativ hyperzellular.
3. Lobulärer Knorpel: Hier liegen die Chondrozyten zusammen in Klumpen, die voneinander durch azelluläre Septen getrennt sind. Im Vergleich zum osteophytären Knorpel wird mehr Matrix von den Chondrozyten produziert, aber nicht so viel wie beim Gelenkknorpel.

Liegt eine Knochenmatrix im Nidus vor, so ist bei freien Gelenkkörpern dieser immer nekrotisch. Das histologische Bild ändert sich aber, wenn dieser Knochen durchblutet war, dann gibt es reaktive Veränderungen im Sinne einer Umbildung. Eine reaktive Sklerose mit Verstärkung der Trabekel wird sichtbar. Resorptionshöhlen mit schalenförmigen Grenzen sind charakteristisch. Nekrotische Osteoblasten und Osteoklasten in einem ossären Nidus zeigen morphologische Eigenschaften wie nach einigen Monaten. Der Knochen innerhalb eines Nidus ist normalerweise an Knorpelgewebe gebunden. Bei diesem subchondralen Knochen kommt es dann zur Demarkation. Demgegenüber ist der Knochen bei einer frischen osteochondralen Fraktur unauffällig im Sinne einer trabekulären Knochenstruktur. Gemäß der Klassifikation von MILGRAM [147] werden ursächlich vier Erkrankungsgruppen unterschieden: freie Gelenkkörper bei synovialer Chondromatose, freie Gelenkkörper bei osteochondralen Frakturen, freie Gelenkkörper bei Arthrose, freie Gelenkkörper bei aseptischer Knochennekrose (beispielsweise Osteochondrosis dissecans).

Diese Klassifikation bezieht sich auf die Textur des Knorpelgewebes und berücksichtigt insbesondere den makroskopischen Aspekt (Tab. 3.1).

Tab. 3.1: Histopathologische Klassifikationen freier Gelenkkörper, nach [147]. o = nicht vorhanden, + = leicht, ++ = mäßig, +++ = viel.

Gelenkkörper	Synoviale Osteochondromatose	Osteochondrosis dissecans	Arthrose	Aseptische Nekrose
Gelenkknorpel	o	+++	++	+
Gelenkknorpel und „adhärenter Knochen“	o	+++	+	+
Knochenneubildung	o	o	++	o
Lobulär aufgebauter hyaliner Knorpel	+++	o	o	o
Knorpel	+	o	++	+

3.1.1 Fazit

Die Ätiologie der Gelenkkörper ist unterschiedlich, ebenso wie deren Aufbau. Sie entstehen

- verletzungsbedingt
  - Knorpelfraktur
  - Knorpel-Knochen-Fraktur (Flake fracture)
  - Fremdkörper
- metaplastisch
  - primäre synoviale Chondromatose

- durch Gelenkflächendesintegration
  - sekundäre Osteochondromatose
  - Synovialitis chondrodetritica
  - abgebrochene Exophyten
  - ischämisch bedingt
  - Osteonekrose
  - Osteochondrosis dissecans

Abgesehen von den Fremdkörpern neigen alle weiteren Gelenkkörper im synovialen Milieu zum appositionellen Wachstum („wachsende Gelenkkörper"). Der diese Körper umgebende Knorpelbelag nimmt begrenzt mit der Zeit zu, unterliegt aber gleichzeitig einer mechanischen Störung, so dass die wachsenden Gelenkkörper in der Knorpelschicht Zeichen der Texturstörung aufweisen.

Die Unterscheidungsmöglichkeit einer traumatischen Knorpelverletzung von einer nicht traumatischen Knorpelverletzung (Knorpelfragmentierung im Rahmen einer Arthrose) basiert auf histopathologischen Kriterien. Eine histopathologisch eindeutige Befundkonstellation besteht, wenn altersentsprechendes und nicht strukturgestörtes Knorpelgewebe vorliegt. Dieser Befund würde somit dann eine traumatische Genese/traumatische Knorpelverletzung favorisieren, wenn sich die Zeichen einer rezenten Verletzung zeigen. Liegt ein hoher osteokartilaginärer Bewertungsscore vor, so spricht dies für umgebautes/texturgestörtes Knorpelgewebe im Sinne einer Arthrose, als nicht traumatischer Knorpelschaden.

Die Altersbestimmung von Läsionen, insbesondere von traumatischen Knorpelläsionen, orientiert sich an Fibrin-/Erythrozyten-Extravasaten, kleinstherdigen Nekrosen mit neutrophilen Granulozyten und Hämosiderin-Depositionen.

3.2 Osteochondrosis dissecans

Die Bezeichnungen ‚Osteochondrosis dissecans' und die damit verbundenen ‚avaskulären Knochennekrosen' sind häufig einheitlich gebrauchte Synonyme, in denen das Trauma (engl.) oftmals eine Rolle spielt [94]. Eigentlich wird der Osteochondrose eine unbekannte Ätiologie zugeordnet. Ist diese jedoch mit einem „Trauma" verbunden oder an einer für Osteochondrose untypischen Stelle lokalisiert, so sollte die Terminologie der avaskulären Nekrose gebraucht werden [74]. Bei der klassischen Beschreibung der Osteochondrosis dissecans und/oder der subchondralen avaskulären Nekrose, verbunden mit einem Trauma, findet sich die Läsion bevorzugt in subartikulären, konvexen Gelenkbereichen (u. a. Legg-Calvé-Perthes, Taluskanten, Femurkondylen), konkave Gelenkflächen sind selten betroffen [198]. Dies erklärt sich durch die dickere Knorpelschicht an konvexen Gelenkflächen mit einer spärlicheren Blutversorgung und einer axialen Kraftübertragung, konzentriert auf konvexe Flächen [94]. Laut HALL [94] besteht eine allgemeine Akzeptanz, dass „das Trauma" einen häufigen ätiologischen Faktor – sowohl für die Osteochondrosis dissecans als auch für subartikuläre aseptische Osteonekrosen – darstellt. Im Tierreich treten avaskuläre, lokalisierte Knochennekrosen bei Masttieren (Schweine, Rinder) im heranwachsenden Alter durch die gewichtsbedingte Mehrbelastung häufiger auf. Das bedeutet, dass ätiologisch nicht das Trauma als Verletzung, sondern besonders mechanische Faktoren im Sinne der Überlastung (Mikrotrauma, overuse) von Bedeutung sind [235], mit daraus resultierenden lokalen Durchblutungsstörungen. Aktuell kann die Osteochondrosis dissecans als lokale Osteonekrose des wachsenden Skeletts bezeichnet werden, deren Ursache in einer überlastungsbedingten Durchblutungsstörung besteht [234, 235]. Unter Osteochondrosis dissecans wird seit vielen Jahren eine lokalisierte Erkrankung an Gelenkflächen im Sinne einer Osteochondronekrose mit der Bildung freier Gelenkkörper (Dissekate) verstanden.

Folgende ätiologische Faktoren wurden bisher diskutiert:

- MONROE [152]: Traumatheorie: Gelenkkörper und korrespondierender Defekt, in [172],
- BROCA [41]: Theorie der Mikrotraumen – „repeated traumatism – too slight to produce fracture“, in [172],
- KÖNIG [124]: „Osteochondritis dissecans“, Erkrankung unklarer Genese,
- LUDLOFF [140]: Ossifikationsstörungen,
- AXHAUSEN [14]: Ernährungsstörung – Störung der Blutversorgung, Nekrose, Sequester, freier Körper, vgl. [15, 16, 17, 18, 20],
- PHEMISTER [172]: mechanische Theorie,
- BURCKHARDT [52]: traumatisch mechanische Theorie, vgl. [53, 54, 55],
- PHEMISTER [173]: aseptische Knochennekrose bei Frakturen bzw. Gefäßverschlüssen,
- RIBBING [182]: enchondrale Dysostose,
- BANDI [23]: Theorie der Ermüdungsfraktur,
- ENNEKING [78]: traumatisch ausgelöste Gefäßreflexe in der empfindlichen terminalen Strombahn der Epiphysen.

Im Endeffekt führen die ätiologischen Überlegungen zum Trauma mit einer daraus resultierenden klinisch relevanten Symptomatik, zum Mikrotrauma als rezidivierende traumatische Einwirkung im Sinne des „overuse“, aber auch zur Ischämie und enchondralen Dysostose, die ebenso als anatomische Normvariante gewertet werden kann (Tab. 3.2).

Bezüglich der multifaktoriellen Entstehung rücken zwei Theorien in den Vordergrund. Dies ist das sich wiederholende Trauma, allerdings in Verbindung mit einer daraus entstehenden Ischämie [170, 162]. Diese Ischämie und die entstehende Nekrose führen zur Fähigkeit der Gelenkkörperbildung [27]. Während sich aus rezenten Verletzungen durch ein Trauma bei nicht adäquater Diagnostik und Therapie das Bild einer sog. „Osteochondrosis dissecans“ (Gelenkflächenschaden) entwickeln kann, führen

Tab. 3.2: Ätiologie der Osteochondrosis dissecans (ätiologische Theorien).

Theorie	Literatur
ISCHÄMIE	AXHAUSEN [19] ENNEKING [78] YTREHUS [231]
TRAUMA	MONROE [152] PHEMISTER [172] AICHROTH [3]
MIKROTRAUMA	BROCA [41] PAGET [164] KENNEDY [119] BANDI [25] YTREHUS [231]
DYSOSTOSE enchondral	LUDLOFF [140] RIBBING [182] LACROIX [130]

die repetitiven Mikrotraumen zu einem langsamen Entstehen dieser dann als Erkrankung zu bezeichnenden Veränderung.

3.2.1 Pathologie

Die Osteochondrosis dissecans (OCD) wird in nahezu allen Publikationen einschließlich Pathologielehrbüchern als Prozess beschrieben, bei dem sich ein osteochondrales Fragment aus einer Gelenkfläche separiert [220, 48, 49, 50]. Die Altersverteilung zeigt für die Hauptlokalisationen (Abb. 3.4) eine Häufung im 2. Dezennium, die OCD kann aber auch im Erwachsenenalter auftreten. Die sonstigen Knochennekrosen werden vor dem 20. Lebensjahr festgestellt.

Als Ursache für die Osteochondrosis dissecans werden heute diskutiert [69]:
1. mechanische Einflüsse,
2. primär umschriebene Zirkulationsstörung,
3. konstitutionelle Faktoren (enchondrale Dysostosen).

Es müssen mindestens zwei Faktoren zusammentreffen, um das Krankheitsbild auszulösen. Dysostosen sind lokalisierte Fehlentwicklungen einzelner Skelettabschnitte. Wenn genetische, familiäre, anatomische (konkav-konvex) Faktoren bzw. bestimmte anatomische Lokalisationen (druckfreie Zonen) eine Rolle spielen, so resultiert daraus, dass anatomische Strukturen (Texturen) und deren Normvarianten die Voraussetzung für eine OCD liefern. Dazu gehören auch die Knorpelstrukturen und deren Beson-

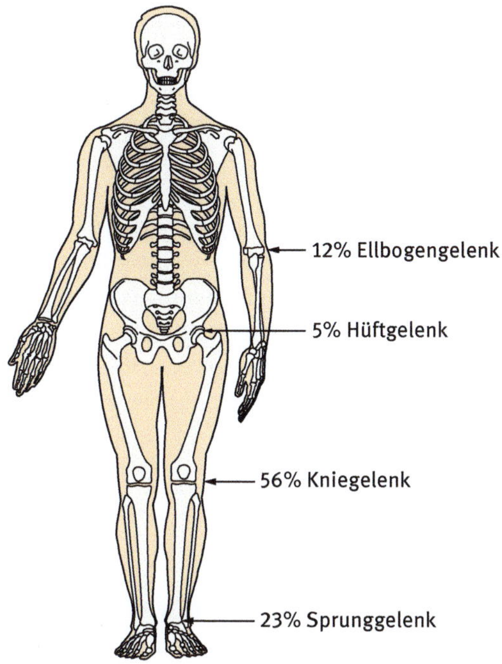

Abb. 3.4: Häufigkeit der OD an den einzelnen Gelenken [105].

derheiten in den betroffenen Gelenkflächenbereichen. Somit ist eine Voraussetzung für die Entstehung einer OCD eine bestimmte Gelenkfläche bzw. deren anatomische Einheiten unter Berücksichtigung des Entwicklungsalters (Epiphysenschluss). Dies gilt für die Entstehung des Bildes einer OCD aus einem Makrotrauma ebenso wie für die Entwicklung einer OCD aus einem Mikrotrauma. In beiden Fällen, Mikrotrauma und Makrotrauma, evtl. auch mit daraus sich entwickelnden Rezidiven, ist die Blutversorgung der betroffenen Gelenkfläche mit beteiligt (Abb. 3.5).

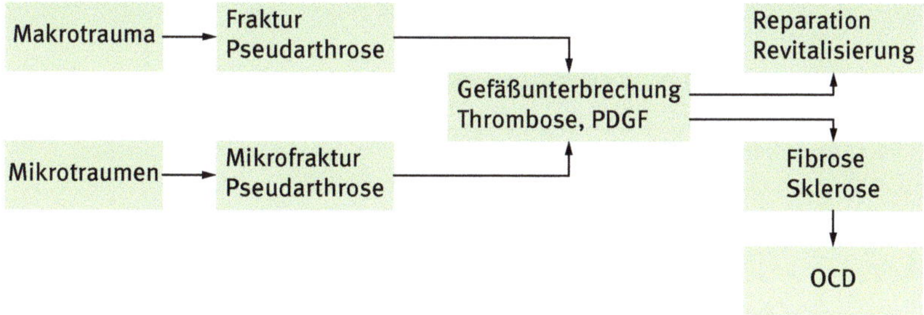

Abb. 3.5: Mikro- und Makrotrauma als ätiologische Faktoren einer OCD.

An keinem Gelenk wird die Traumatheorie der OCD mehr diskutiert als am oberen Sprunggelenk. Die medialen Taluskantenschäden seien zu 70 % und die lateralen Taluskantenschäden zu 98 % traumatisch bedingt [83]. Sie werden vorwiegend auf eine Supinations-Varus-Bewegung zurückgeführt, die Druckspitzen am medialen Taluseck hinterlassen [46]. Daraus resultiert die Traumaätiologie [180, 29, 146, 186, 28, 238, 204, 191], aber auch die Überlegung bezüglich der Mikrotraumen [51] und medialen Überlastungen [204] führt zur Bevorzugung des medialen Talusecks. Allerdings sei dies auch ohne Trauma der Fall [58, 187]. Es gibt auch andere ätiologische Überlegungen, bezogen auf Ossifikationskerne [165] und die Talusarchitektur [11] und es wird die vaskuläre Ätiologie diskutiert [178]. Hierzu liegen Untersuchungen vor mit Präparation des Ramus deltoideus mit dem Ergebnis, dass nachdem dieser Ast wohl als Endarterie zu werten und die mediale Taluskante versorgt ist, eine Verletzung dieses Gefäßes zu einer Durchblutungsstörung führen kann [178]. Auch Zerrungen oder Kompressionen im Bereich des Innenknöchels machen eine Gefäßverletzung denkbar, alleine ein Bandabriss ist hierzu nicht gefordert (vgl. Kapitel 4).

3.2.2 Diagnostik

Die Diagnose der Osteochondrosis dissecans erfolgt radiologisch, d. h. mittels Nativ-Röntgenaufnahmen und Magnetresonanztomographie [120]. Am Röntgenbild müssen OCD-Herde von osteochondralen Frakturen, Ossifikationsdefekten, avaskulären Nekrosen, akzessorischen Ossifikationszentren und Abrissfragmenten unterschieden werden [213]. Schon anterior-posteriore und laterale Routineaufnahmen können die nekrotische Knochenläsion, welche meist von einer Sklerosezone umgeben ist, zeigen. Auch freie Gelenkkörper sind mit diesen Aufnahmen zu diagnostizieren. Im Zweifelsfalle sind Spezialaufnahmen, vergrößerte Aufnahmen, Tomogramme, Computertomogramme und insbesondere Kernspintomogramme [141] indiziert.

Zweckmäßig ist auch ein erstes radiologisches Staging der Erkrankung. BERNDT und HARTY [29] teilen die Osteochondrosis dissecans des Talus in vier Stadien ein (Tab. 3.3). Diese Stadieneinteilung ist auch für andere Gelenke sinnvoll.

Tab. 3.3: Stadieneinteilung, nach [29] der Osteochondrosis dissecans.

Stadium I	Subchondrale Knochennekrose ohne Knorpelschaden (kleine Zone subchondral komprimierten Knochens)
Stadium II	Subchondrale Knochennekrose mit partieller Zerstörung des Gelenkknorpels in diesem Bezirk
Stadium III	Subchondrale Knochennekrose mit vollständig zerstörtem, aber nicht displaziertem Gelenkknorpel
Stadium IV	Subchondrale Knochennekrose mit vollständig zerstörtem und displaziertem Gelenkknorpel (Corpus liberum)

Die Beurteilung der osteochondralen Läsionen mittels Kernspintomographie sei vergleichbar mit dem arthroskopischen Befund [21]. Leider wird im kernspintomographischen Befund nicht regelmäßig zwischen der Osteochondrosis dissecans und rezenten oder veralteten Flake fractures unterschieden, sondern allgemein die Bezeichnung „osteochondrale Taluskantenläsion“ gewählt. Für eine Begutachtung ist dies aber nicht ausreichend. Wird ein Knorpel-Knochen-Fragment gefunden, so muss unterschieden werden, ob es sich um ein Dissekat in der Folge einer Erkrankung der Osteochondrosis dissecans handelt oder um eine frische oder veraltete Taluskantenverletzung. Bei der Osteochondrosis dissecans wird eine Stadieneinteilung nach CLANTON [66], KRAMER [125] vorgeschlagen, wobei KRAMER [125] auf charakteristische MRT-Befunde hinweist (Abb. 3.6).

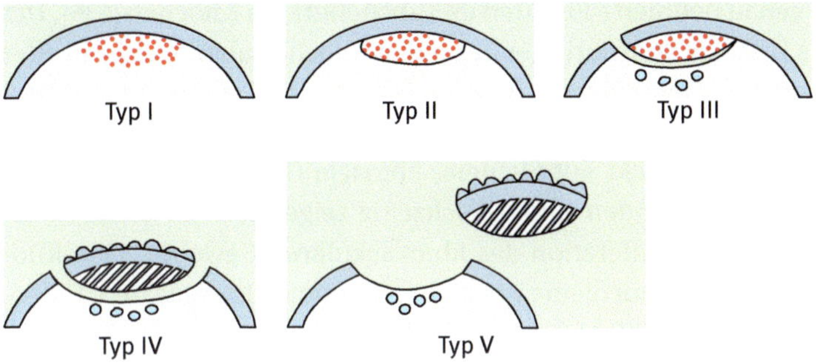

Abb. 3.6: Typen der Osteochondrosis dissecans, nach [125]. Schematische Darstellung, aus [218].

Der Typ I der Osteochondrosis dissecans ist kernspintomographisch als linsenförmige oder ovaläre subchondrale Signalminderung im T1w-Bild gekennzeichnet. Beim Typ II beginnt die Demarkierung des Dissekates und beim Typ III ist eine partielle Separation erkennbar. In den Spalt zwischen Dissekat und Knochenlager kann Flüssigkeit eindringen, auch kleine Zysten werden nachgewiesen. Bei vollständiger Lösung der Verbindung des Dissekates zum Knochenlager (Typ IV) ist das Dissekat von Flüssigkeit umgeben und beim Typ V ist ein freier Körper erkennbar. Auf fettgesättigten T2w SE- und auf STIR-Aufnahmen wird bisweilen ein ausgedehntes Knochenmarködem in der Dissekatumgebung feststellbar [218]. Eine vergleichbare Einteilung nimmt NELSON [156] vor. Aufgrund des fehlenden Knochenödems lassen sich somit alte Flake fracture oder akzessorische Knochen von frischen Frakturen (rezente Flake fracture) und einer OD unterscheiden.

Histologische Untersuchungen (osteochondrale Zylinder) der OCD-Herde zeigen Texturstörungen des Knorpels wie bei der Arthrose. Die Texturstörungen nehmen mit der Progression des pathomorphologischen Substrates zu [127]. Subchondral findet sich eine Knochennekrose mit frakturierten Knochentrabekeln. Diese Nekrosen entstehen in Verbindung mit den Mikrofrakturen [127]. Die Knorpeltexturstörungen gehen vom mineralisierten Knorpel oder subchondralen Knochen aus [13]. Diese Veränderungen werden von einer enchondralen Ossifikationsstörung abgeleitet [121, 60] oder von einem posttraumatischen Zustand [235], vergleichbar einer Pseudarthrose, manchmal mit der Folge eines Dissekates. Bei der OCD kommen meist osteochondrale Standzylinder, wie sie bei der Knorpel-Knochen-Transplantation anfallen, zur Auswertung [217].

Die Untersuchung der Stanzzylinder zeigt, dass die ersten Veränderungen in der subchondralen Region im Sinne einer Knochennekrose zu finden sind, evtl. auch als subchondrale Fraktur [200]. Bei der juvenilen Form sei jedoch der Knochen vital [126]. Laut YTREHUS [232] ist die Nekrose des Dissekates die Voraussetzung. Nekrotischer Knochen wird absorbiert und entweder durch lebende, subchondrale Trabekel oder auch durch Knorpelgewebe ohne Trabekel ersetzt. In den osteochondralen Stanzen (Zylinder) zeigen sich genau definierte Fissuren im subchondralen Knochen [136]. Der typische Spalt, der das Dissekat vom darunter liegenden Knochen abgrenzt, ist in aller Regel auffindbar, dieser teilt den Zylinder in zwei Teile – „the fragment side" and „the basal side". Die basale Seite lässt immer vergleichbare histologische Ergebnisse erkennen, die Oberfläche ist bedeckt mit dichtem, fibrösem Gewebe sowie Knorpel, die nach der Spaltbindung entstanden sind. Gleichzeitig zeigen sich an dieser Stelle eine Knochenneubildung mit Proliferation des fibrovaskulären Gewebes, eine Knochenneubildung und gleichzeitig auch eine Knochenresorption (Osteoblasten, Osteoklasten). Die darunter liegende Schicht im Knochen ist dann als normaler Knochen zu werten. Im Fragment lässt sich an der tiefen Oberfläche ebenso dichtes fibröses und knorpeliges Gewebe erkennen, wogegen die Oberflächenschicht aus normalem Knorpel besteht, unabhängig von der Gruppeneinteilung nach GUHL [91].

In der tiefen Schicht, also zwischen Knorpeloberfläche und tiefer Oberfläche, zeigen sich drei histologische Veränderungen: 1. nekrotische, subchondrale Trabekel, 2. lebende, subchondrale Trabekel und 3. Knorpel ohne Knochentrabekel. Es gibt also keine typische Beziehung zwischen dem histologischen Ergebnis und der Lokalisation, dem Alter, dem Geschlecht oder auch der präoperativen Zeit der Symptome [217]. Die Zylinderuntersuchungen beim juvenilen OCD-Typ erscheinen bei oberflächlicher Betrachtung stabil, im Zylinder kann aber die makroskopische Separation zwischen Dissekat und Mausbett erkannt werden. Histologisch sind zwei bestimmte Veränderungen zu sehen:

1. homogener, hyaliner Knorpel, nur mit wenig das Dissekat umgebenden fibrösem Gewebe und
2. nahezu normal dünner, hyaliner Knorpel bei einer gemischten Lage von hyalinem Knorpel und subchondralen Trabekeln sowie fibrösem bzw. fibrokartilaginärem Gewebe im Gebiet der Dissekatbildung, was auf eine verspätete oder nicht erfolgte Heilung hinweist.

Das Ergebnis ist also auch bei einer stabil erscheinenden juvenilen OCD eine darunter liegende Instabilität ohne Heilungstendenz [230]. Die Osteochondrosis dissecans stellt eine umschriebene subchondrale Osteonekrose dar, die histopathologischen Kriterien der aseptischen Osteonekrose orientieren sich nach den allgemeinen histopathologischen diagnostischen Kriterien in Abhängigkeit des Alters der aseptischen Osteonekrose.

1. Vitale oberflächliche Knorpelschicht
   In Abhängigkeit des Alters besteht diese aus regressiv verändertem hyalinem Knorpel mit fissuralen Defekten und partieller Ablösung des Knorpels bzw. aus Regenerat-Faser-Knorpel.
2. Ossäre Veränderung der tieferen Gewebsabschnitte
   Diese umfassen eine reaktive Knochenneubildung (Geflecht Knochenneubildung) mit Markraumfibrose.
3. Kein auffälliges leukozytäres entzündliches Infiltrat
   In Abhängigkeit der rezidivierenden mechanischen Belastungen eines freien Gelenkkörpers kann es zu sekundären Nekrosen (mechanisch induziert) mit reparativen Veränderungen kommen.

3.2.3 Diskussion

Die Osteochondrosis dissecans wird heute allgemein als Erkrankung bzw. Schaden des wachsenden Skeletts gesehen, auch wenn diese beim Erwachsenen festgestellt wird. Es ist jedoch davon auszugehen, dass zumindest die Entstehung der OCD, symptomatisch oder nicht symptomatisch, beim Knochenwachstum stattfindet. Der Knochenaufbau sieht die örtliche Unterscheidung der Diaphyse (Schaft des Röhrenknochens) von der Metaphyse (einschl. Epiphysenfuge) und der Epiphyse (proximales und distales Ende eines Röhrenknochens) vor. Der Zonenaufbau, sowohl der Epiphyse als auch des Gelenk-Epiphysen-Knorpel-Komplexes, dient dem Längenwachstum, in beiden Abschnitten können osteonekrotische Veränderungen ablaufen [235] (Abb. 3.7).

Die Gelenk-OCD ist eine lokale Störung der enchondralen Ossifikation, d. h., das Gebiet des Wachstumsknorpels ist in der Matrixkalzifikation oder Gefäßinvasion gestört und wird daher nicht zum Knochengewebe. Makroskopisch besteht eine Zone der Knorpelverdickung [75] mit irregulärer Knorpel-Knochen-Verbindung. Dieser verbleibende Knorpel ist weich und rötlich und das angrenzende Knochenmark ist ödematös und hyperämisch, histologisch finden sich Zeichen der Nekrose, begrenzt auf den Wachstumsknorpel, und dies bezieht weder den Gelenkknorpel noch den subchondralen Knochen mit ein. Diese örtliche Knorpelnekrose, begrenzt auf den Epiphysenknorpel, wird als Osteochondrosis latens bezeichnet [232]. Liegt eine Störung der enchondralen Ossifikation vor, makroskopisch und radiologisch, ist dies eine Osteochondrosis manifesta [233]. Erst wenn sich im Bereich des nekrotischen Knorpels eine Dissekatbildung auf den Gelenkknorpel ausbreitet, wird von einer Osteochondrosis dissecans (OCD) gesprochen. Durchblutungsstörungen während des Längenwachs-

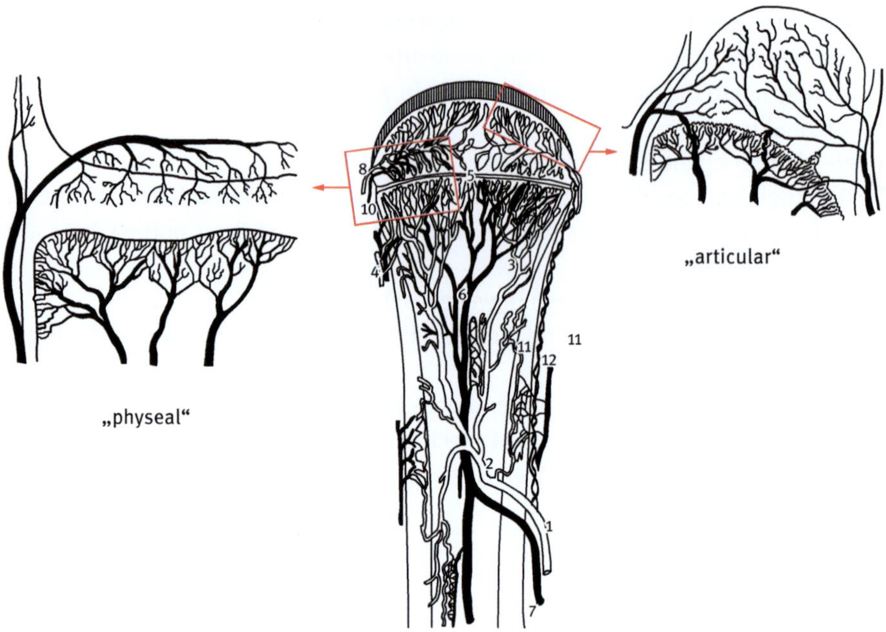

Abb. 3.7: Zonen enchondraler Ossifikation, „physeal“ und „articular“ in Bezug auf die Knochendurchblutung beim wachsenden Skelett (1 = arterielle Knochenversorgung, 2 = aufsteigende und absteigende arterielle Äste, 3 = arterielle Aufzweigung am Ende des Knochens proximal der Epiphyse, anastomosierend mit metaphysealen Gefäßen = 4, 5 = Ausbildung von endarteriellen Gefäßschlingen, 6 = parallel verlaufende Venen sinusoide, 7 = venöse Hauptentsorgung, 8 = perichondrale arterielle Versorgung der Epiphyse, 9 = arterielle Schlingen zum Gelenk-Epiphysen-Knorpel-Komplex, 10 = venöse Entsorgung der Epiphyse, 11 = kortikale Kapillaren anastomosieren mit Gefäßen des periostalen Plexus, 12 = periostaler Plexis, „physeal“ = Epiphysenwachstumszone, „articular“ = Gelenk-Epiphysen-Knorpel-Komplex).

tums treten an den Epiphysenfugen, aber auch an dem Gelenk-Epiphysen-Knorpel-Komplex auf, d. h. unterhalb der Gelenkknorpelfläche, subchondral. Die Epiphysenfuge wird von der Epiphyse aus mit Gefäßen versorgt, die von perichondral ausgehen. Der Teil der Epiphysenfuge, der der Metaphyse nahe liegt, ist avaskulär, da die Gefäße der Metaphyse mit dem Beginn der Epiphysenfuge enden. Entsteht nun eine Durchblutungsstörung an den metaphysären Gefäßen (Abb. 3.8), so kommt es an dieser Stelle zum Wachstumsstillstand, wogegen die umgebenden Gefäße in der Metaphyse zusammen mit der Epiphysenfuge das Längenwachstum fortsetzen. Der durchblutungsgestörte Bereich bleibt zurück und es entsteht in der Metaphysenfläche ein Defekt.

Kommt es zu einer örtlichen Durchblutungsstörung der Knorpelkanäle, so bildet sich in diesem blutversorgten Bereich eine Nekrose innerhalb der Epiphysenfuge, die die normale Weiterentwicklung des Längenwachstums verhindert, d. h., die darauf zuwachsenden metaphysären Gefäße (Ossifikationsfront) werden in ihrem Ausbrei-

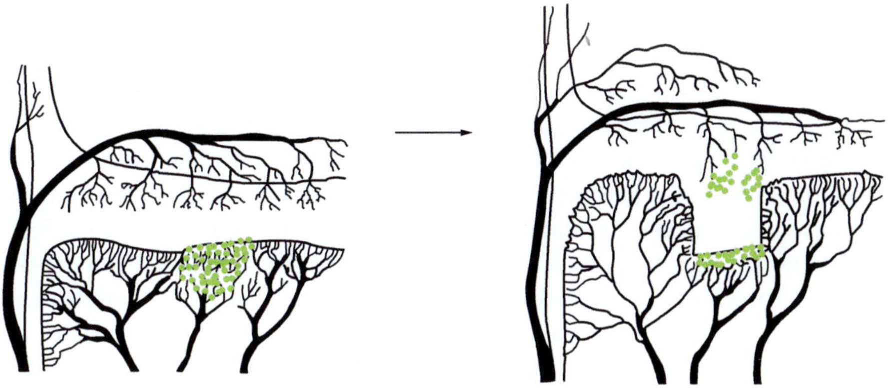

Abb. 3.8: Lokale Durchblutungsstörung der metaphysären Gefäße „physeal osteochondrosis“, nach [235].

tungsmodus gehindert, dieser schreitet jedoch seitlich an dem nekrotischen Bezirk vorbei, so dass innerhalb der Ossifikationsfront eine Defektzone entsteht.

In beiden Fällen ist das Ergebnis eine Osteonekrose im Bereich der Epiphysenfuge. Ein vergleichbarer pathogenetischer Vorgang zeigt sich an der Gelenkfläche, hier erfolgt die Blutversorgung der Epiphyse durch perichondrale Gefäße, die mit Zunahme des Längenwachstums Anastomosen mit den Kanalgefäßen bilden. Somit erhält das Gebiet des epiphysären Knorpels Blut über die Knorpelkanäle, das eigentlich metaphysären Gefäßen der Ossifikationsfront entstammt. Eine Unterbrechung dieser Anastomosen führt zu einer ischämischen Nekrose des Knorpels im Sinne einer Osteochondrosis latens. Entsteht ein kleiner Defekt (Abb. 3.9), so kann dieser mit Erreichen der Ossifikationsfront durch knöchernen Einbau entsprechend dem Längenwachstum ausheilen. Ist bei der Durchblutungsstörung einer Anastomose zwischen Gelenkkanä-

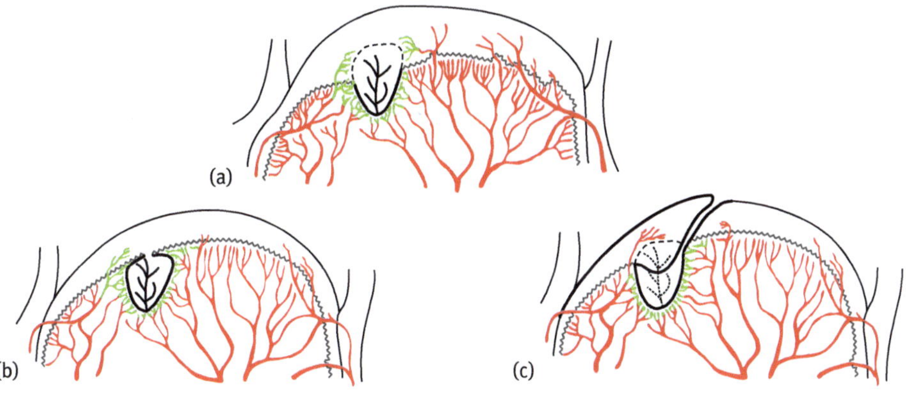

Abb. 3.9: Entwicklung einer OCD „articular“ ((a) = OCD manifesta, (b) = knöcherner Einbau der OCD, (c) = Ausbruch mit Eröffnung der Knorpelgelenkfläche), nach [235].

len und metaphysären Gefäßen ein größerer Bezirk betroffen, so heilt dieser durch Erreichen der Ossifikationsfront nicht aus (Abb. 3.9) und es resultiert ein kegelartiger Bereich nekrotischen Knorpels, wobei sich die Ossifikationsfront um diesen Bereich legt. Es entsteht aus einer majoren Osteochondrosis latens eine majore Osteochondrosis manifesta. Wird ein derartiger Nekrosebezirk des Knorpels komplett von der Ossifikationsfront umgeben und durch fibröses Gewebe ersetzt, was sich später zu einer membranösen Verknöcherung umbildet, so entsteht durch Aufbrauch des darüberliegenden Knorpels das Bild der Osteochondrosis dissecans, ausgehend von der Osteochondrosis manifesta mit Weiterentwicklung hin zur Arthrose. Die Unterbrechung der Gefäßanastomose entsteht exakt in Höhe der Ossifikationsfront an der Stelle, an der neu gebildeter, fragiler Knochen schon durch geringste Traumatisierungen (Mikrotrauma) zerbrechen kann. Es liegt also eine traumatisch bedingte Gefäßverletzung vor, die allerdings im mikroskopischen Bereich stattfindet (Abb. 3.10).

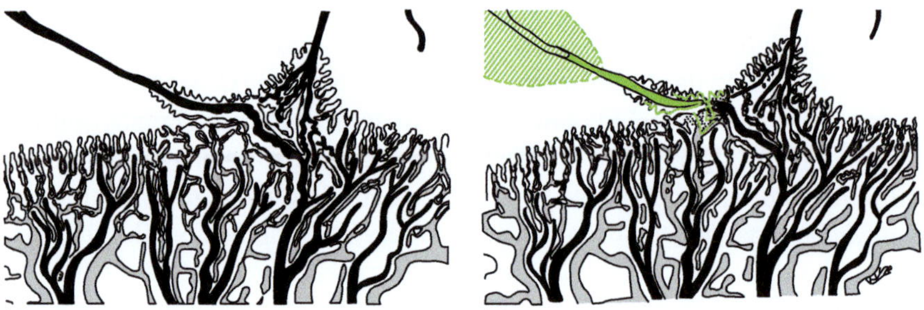

(a) (b)

Abb. 3.10: Pathogenese der artikulären Osteochondrose ((a) = Anastomose zwischen metaphysärem Gefäß der Knorpelkanäle im Bereich der Ossifikationsfront, (b) = Unterbrechung der Gefäßanastomose an der Ossifikationsfront durch Bruch fragiler ossärer Neubildungen des Knochenaufbaus. Es besteht eine Knorpelnekrose), nach [232].

Die Folge ist eine Nekrose des Knorpelbezirkes, der vom betroffenen Gefäß versorgt wird. Da es sich aber um einen wachsenden Knochen handelt, bleibt nicht ein statisches Bild, sondern eine dynamische Veränderung, die zur OC latens mit Übergang zur OC manifesta führt und somit die Voraussetzung für eine OC dissecans liefert [232].

Es resultiert die Aussage von YTREHUS [235], der die Entstehung der OCD als Folge von Mikrotraumen mit Gefäßunterbrechung (Anastomose zwischen Knorpelkanälen und metaphysären Gefäßen) erklärt, d. h., der eigentliche Schaden findet sich am Knorpelkanal des Gefäßsystems mit der Folge einer gestörten Hämodynamik sowie veränderten Biomechanik, und dies in Abhängigkeit von der anatomischen Prädisposition (wachsendes Skelett). Aus der Literatur der Humanmedizin ist erkennbar, dass eine wesentliche Bedeutung die anatomische Lokalisation hat und auch hier werden Mikrotraumen in Verbindung mit Durchblutungsstörungen als Ursache genannt, wobei jedoch das aus der Veterinärmedizin erkennbare pathomorphologische Substrat hier nicht angegeben wird. Es werden Mikrotraumen mit Überlastungsschäden vermutet, die zur subchondralen, trabekulären Schädigung mit Ausbildung einer Osteonekrose bzw. Pseudarthrose führen, unter Ausbildung einer Fibrose und Sklerose im betroffenen Bereich. Eine Ausheilung der pseudarthrotischen Region wird nicht ausgeschlossen, andererseits aber entsteht dann auch durch eine subchondrale Verletzung, ausgelöst durch ein Mikrotrauma bei nicht adäquater Behandlung, d. h. ausreichender Ruhigstellung, eine Pseudarthrose, die allerdings nur das Bild einer OCD aufweist. Die Beschreibung der OCD hängt natürlich von der Art der Diagnostik ab, im Nativröntgenbild kann eine Art OCD gefunden werden, entstanden durch ein Makrotrauma. Kernspintomographisch sollte jedoch eine Abgrenzung einer veralteten subchondralen Verletzung von einer tatsächlichen OCD möglich sein. Wird die Literatur der Humanmedizin mit den Ergebnissen von YTREHUS [232, 235] verglichen, so resultieren übereinstimmende Aussagen bezüglich der Entstehung der OCD, bezogen auf die Mikrotraumen, in Verbindung mit einer Durchblutungsstörung. Dies wird im Endeffekt durch YTREHUS [235] bewiesen, allerdings unter dem wichtigen Hinweis, dass diese Veränderungen am wachsenden Skelett ablaufen müssen und der Schaden für das Bild einer OCD an den Anastomosen zwischen den Knorpelkanälen mit dem metaphysären Gefäßsystem auf der Höhe der Ossifikationsfront zu finden ist. Diese Aussage fehlt der Humanmedizin in der Beurteilung der OCD. Wird diese histologische Untersuchung in die Gesamtuntersuchung der Humanmedizin mit eingefügt, so resultiert ein vergleichbares Bild (Abb. 3.11).

Der wesentliche Unterschied zwischen der bisher bekannten Literatur aus der Humanmedizin und den Arbeiten von YTREHUS [232, 235] besteht in der Defini-

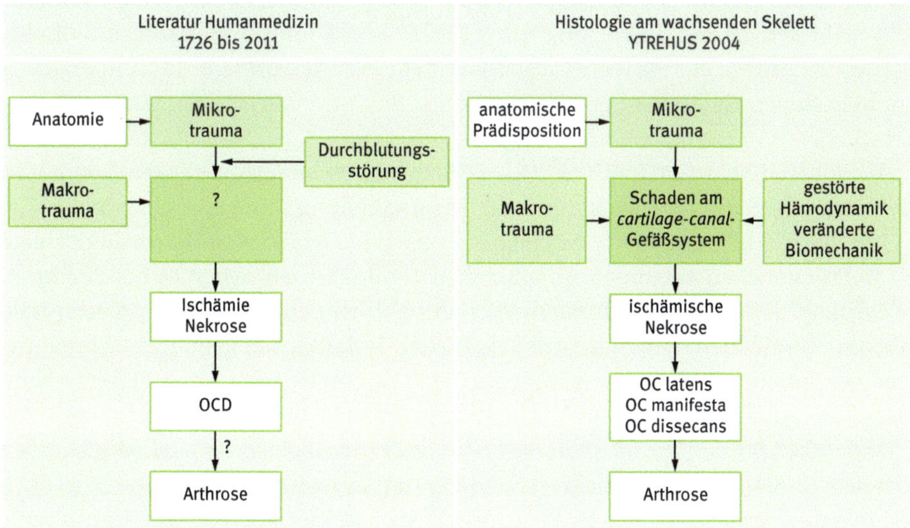

Abb. 3.11: Ätiologische Faktoren der Osteochondrosis dissecans [232, 235] und Humanmedizin.

tion des primären Schadens, aus dem sich dann die Osteochondrosis dissecans mit der typischen Stadieneinteilung [29] entwickelt. Diese grundlegenden, histologisch nachgewiesenen Voraussetzungen [235] erklären nicht nur die Entstehung der Osteochondrosis dissecans, sondern auch die der Teil- und Totalnekrosen im epiphysären Bereich. Entscheidend ist dabei, dass Gefäßminderdurchblutungen oder auch Gefäßunterbrechungen am wachsenden Skelett stattfinden, die dann während des Weiterwachsens eine OCD entstehen lassen. Das heißt, für die Entwicklung einer OCD ist einmal eine bestimmte anatomische Voraussetzung notwendig, nämlich entsprechend der Lokalisation des Geschehens (Epiphysenbereich), gleichzeitig wird aber auch die Gefäßproblematik im Sinne einer Minderdurchblutung erforderlich, allerdings im Zustand des Knochenwachstums. Ist das Knochenlängenwachstum abgeschlossen und die Epiphysenfugen sind geschlossen, dann kann trotzdem die Kombination aus anatomischer Lokalisation und Gefäßproblematik zu einem vergleichbaren Bild einer Osteochondrosis dissecans führen. Dies trifft zu bei lokalisierten Gelenkflächenverletzungen, aber auch bei Frakturen an den Enden von Röhrenknochen, z. B. im Bereich des Humeruskopfes oder auch des Femurkopfes. Führen diese Frakturen zur Verletzung der Gefäße, die für die Durchblutung des betroffenen Frakturbereiches verantwortlich sind, so resultiert logischerweise daraus eine Minderdurchblutung mit der Gefahr der Knochennekrosenbildung. Sowohl bei dem wachsenden Skelett als auch beim Abschluss des Längenwachstums entstehen Ischämiebezirke, die aber in Abhängigkeit vom Wachstumszustand zu verschiedenen pathomorphologischen Substraten führen. Liegen noch offene Wachstumsfugen vor und ist das Längenwachstum im Gang, kann eine OCD erklärt werden. Aber auch in diesem Zustand können Frakturen zu Gefäßverletzungen mit der daraus resultierenden Ischämie führen. Ist das Längenwachstum abgeschlossen, sind OCD-Bildungen nicht mehr gemäß der Überlegung von YTREHUS [235] erklärbar. Dann sind direkte Gefäßverletzungen für Osteonekrosenbildungen verantwortlich. In Abhängigkeit vom betroffenen Gefäßareal entstehen lokale, Teil- oder auch totale Osteonekrosen (Abb. 3.12).

Die lokalen Nekrosen teilt YTREHUS [235] in minore und majore Osteochondrosen ein, minore Osteochondrosen können zur Spontanheilung führen. Ist ein größeres Gefäß betroffen, erkennt man die Teilnekrose, und sind Gefäße verletzt, die Endgebiete von Röhrenknochen versorgen, so entstehen Totalnekrosen, wie dies bei Frakturen am Hüftkopf, aber auch am Humeruskopf der Fall ist (vgl. Kap. 4). Bei diesen frakturbedingten Gefäßverletzungen entstehen auch Teilnekrosen gemäß der Einteilung einzelner Knochengebiete durch spezielle Gefäßabschnitte [197]. Ein weiterer wesentlicher ätiologischer Faktor sind Mikrotraumen, die als Traumafolge entstehen können, aber ebenfalls aufgrund anatomischer Voraussetzungen oder bei Überlastungen („overuse"). Als Folgen von Makrotraumen entwickeln sich Instabilitäten oder Fehlstellungen an einem Gelenk, was zu rezidivierenden Mikrotraumen führt. Die normale Anatomie ist gestört. Die Folge ist eine Änderung der Wechselwirkung von subchondraler Mikrostruktur und der Gelenkflächenbelastung. In den lokalen Unruhezonen

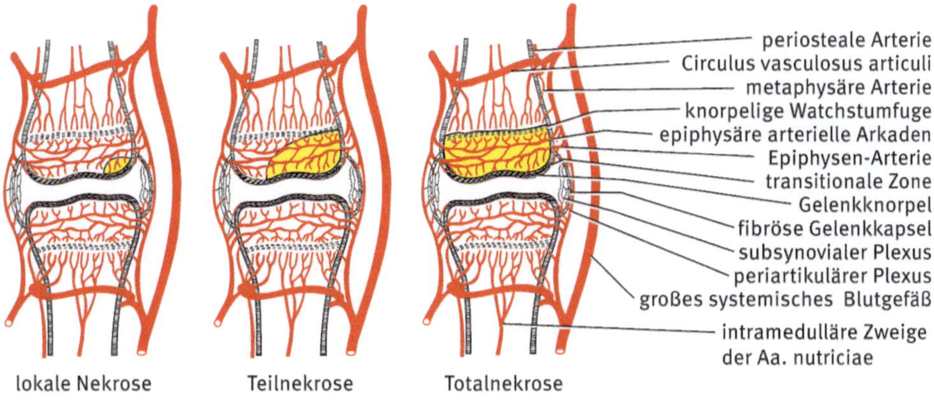

Abb. 3.12: Nekrosebereich = f (Gefäßversorgungsgebiet), nach [2] und [232].

entstehen trabekuläre Mikrofrakturen, die mit einer Einschränkung der Durchblutung einhergehen. Wenn es nicht zur Ausheilung kommt, zeigt sich eine Fibrose mit Übergang zur Sklerose in Verbindung mit einer lokalen Knochennekrose. Vergleichbare Veränderungen entstehen durch Überlastungen („overuse“) an Gelenkflächen, die im Tierreich durch zu schnelles Wachstum (Schweinemast) u. a. zustande kommen. In der Humanmedizin finden sich derartige Überlastungen z. B. beim Sportler. Anatomische Besonderheiten (Normvarianten) werden ebenso als OCD-auslösender Faktor angeschuldigt. Nach BÖRNER [34] sind dazu zwei Traumen notwendig, einmal eine lokale Knochendepression, ein zweites Trauma zur Ablösung des Dissekates.

Die Trauma-Ätiologie stützt sich auf tierexperimentelle Untersuchungen von RIMANN [182], der davon ausgeht, dass die Osteochondrosis dissecans immer eine traumatische Genese innehat. So sollen rezidivierende Mikrotraumen [172, 224] statische Gelenkschwächen [224], tangential angreifende Scherkräfte [95, 117, 118], ein Impingementmechanismus der Tubercula intercondylares [85, 79], Knorpelkontusionen [205], der Druck der Kniescheibe auf die Kondylen [224] auch in Abhängigkeit von der Unterschenkelrotation zu entsprechenden Schäden führen. In diesen mechanischen Vorstellungen wird die primäre Ursache gesehen, wobei aber Prädispositionsfaktoren endokriner Art, wachstumsbedingt sowie stoffwechselbedingt mit hinzukommen müssen. Die BOERNER[34]-Theorie wird von BANDI [25] im Sinne seiner Theorie des konvergenten Gelenkdruckes zusammengefasst. LANGER und PERCY [132] beschreiben den „Screw-home“-Effekt am Knie, bei dem die Tibiagelenkfläche bei der sog. Endrotation der Tibia am Übergang von leichter Flexion in Extension gegeneinander gepresst wird. Dieser Mechanismus sei vergleichbar mit dem von BERNDT und HARTY [29] beschriebenen Effekt der „torsional impaction“ am oberen Sprunggelenk.

Gelenkbelastungen werden durch den Gelenkknorpel, den subchondralen Knochen, ohne wesentliche Minderung durch elastische Verformung des Knorpels mitgeteilt, mit der Folge einer Mikrofraktur subchondral bei entsprechender Kraft. Bleibt die

Belastung bestehen, kann die Mikrofraktur nicht ausheilen, es kommt zu einer Sklerose und damit zur Einleitung eines Dissekationsprozesses [175, 176, 203]. Die Hypothese zur Entstehung der Arthrose unterscheidet sich von der zur Entstehung der Osteochondrose bezüglich der Sklerosierung des subchondralen Knochens, die bei der OD-Hypothese mit einer pseudarthrotischen Gewebereaktion einhergeht. Die daraus resultierende Knorpeldestruktion ist lokal zu finden, wogegen bei der Arthrose eine allgemeine Knorpeldestruktion vorliegt, die schließlich entsprechend dem Verlauf einer Arthrose zu einer Gelenkdestruktion führt, wogegen es bei der OD-Hypothese zur Dissekatbildung kommt [176]. Experimentelle Untersuchungen haben ergeben, dass an den Gelenken an bestimmten Stellen Druckmaxima zustande kommen, so an den Femurkondylen und am Talus. An diesen Stellen tritt die OCD besonders häufig auf [45, 163]. Es besteht ein Übergang von der Zug- zur Druckspannung an den betroffenen Stellen, eine finite Elementeanalyse lässt eine Deformation in Abhängigkeit von der Beugestellung erkennen [155].

An der Kniescheibe liegen OD-Herde da, wo sich die Größe des Gelenkdruckes und die Krümmungen der Gelenkfläche in Größe und Richtung ändern [100]. Werden diese Überlegungen mit der Darstellung von YTREHUS [232] verbunden, so wird die Beziehung zwischen Mikrotrauma und Gefäßsituation am wachsenden Skelett als Entstehung einer OCD schlüssig. In dem Gesamtablauf der Entstehung einer OCD fügt auch YTREHUS [235] Prädispositionsfaktoren mit ein, unter Nennung des raschen Wachstums bei einem Tier, der Vererbung, anatomischen Charakteristika, aber auch der Ernährung. Vergleichbare Prädispositionsfaktoren sind aus der Literatur zu erkennen, wie genetische Faktoren, endogene Faktoren (Stoffwechselstörungen), morphologisch dysplastische Veränderungen u. a. [47]. Die Pathogenese der Arthrose lässt Vergleiche mit der der OCD zu, jedoch mit dem Unterschied, dass bei der Arthrose eine allgemeine Knorpeldestruktion mit der Folge der Gelenkdestruktion zustande kommt, dagegen bei der OCD eine lokale Knorpeldestruktion mit Ausbildung eines Dissekates [176, 122]. Auffällig ist, dass in der humanmedizinischen Literatur die Arthrose als Folge einer OCD kontrovers diskutiert wird [122], wogegen YTREHUS [235] die Arthrose als Folge der OCD mit einplant. Die bei der Arthrose auftretenden Pseudozysten finden sich aber auch bei der OCD [6, 138]. Epiphysennekrosen als subchondrale, aseptische Knochennekrosen sind vergleichbar mit Apophysennekrosen sowie Nekrosen an kleinen Knochen oder Sesambeinen. Sie unterscheiden sich lediglich aufgrund der anatomischen Gegebenheiten, sind aber formal- und kausalpathogenetisch gleich [215].

Eine Osteochondrosis dissecans als Makrotrauma gibt es nicht, auch nicht durch Hinzufügen des Wortes „posttraumatisch" [38]. Eine OCD kann posttraumatisch festgestellt werden, sie ist aber nicht unmittelbar nach einem Makrotrauma als dessen Folge erklärbar. Makrotraumen führen zu bestimmten Verletzungen an den Gelenkflächen, die aber als solche definiert werden können. Unbehandelt oder falsch behandelt kann aus dem Bild einer frischen (rezenten) Verletzung eine alte Verletzung entstehen, die dann einem OCD-Bild, zumindest im Nativröntgenbild, entsprechen kann (Abb. 3.13).

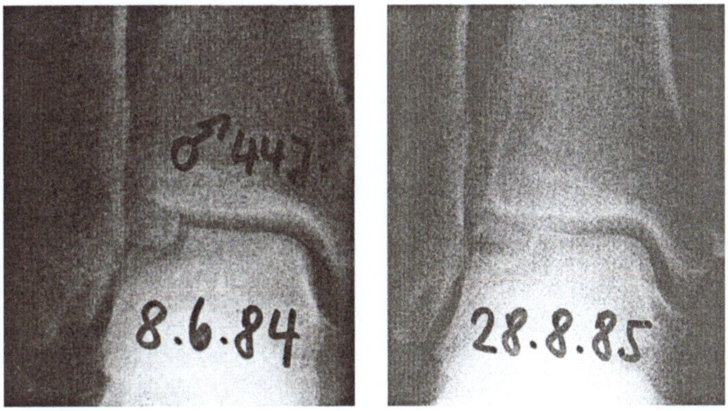

Abb. 3.13: Veraltete laterale Flake fracture – differentialdiagnostisch Osteochondrosis dissecans – Röntgenbild einer lateralen Flake fracture und Röntgenbild 1 Jahr später [97].

Traumatische Gelenkflächenverletzungen entstehen durch direkte Krafteinwirkungen sowie durch Scherkräfte, die sich aus direkter Krafteinwirkung und tangentialer Kraft ableiten (Kräfteparallelogramm). Unmittelbar nach dem Ereignis zeigt sich eine Verletzung, die entweder mittels Röntgenbild oder Kernspintomographie auch definiert werden kann und mit einer Osteochondrosis dissecans bzw. einer Osteochondrose – allgemein – nichts gemein hat (vgl. Abb. 3.14). Bei allen Formen der Gelenkflächenverletzung kommt es entweder zur Ausheilung oder aber, und dies in Abhängigkeit von der subchondralen, trabekulären Verletzung, zur Pseudarthrose mit der Folge der Fibrose, Sklerose und auch Osteonekrose.

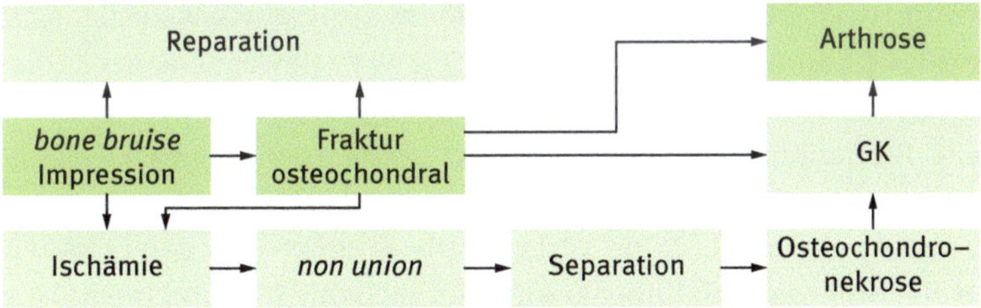

Abb. 3.14: Rezente Gelenkflächenverletzungen und deren Folgen.

Nach einer Zeit über Monate kann das „Bild einer OCD“ entstehen. Zur Differenzierung kann allenfalls die Kernspintomographie weiterhelfen. Der Werdegang einer Verletzung an einer Gelenkfläche, ausgehend von einem Knochenödem bzw. einer Impression mit erhaltenem Knorpelbelag oder auch einer osteochondralen oder rein chondralen Fraktur, wird bei geeigneter Behandlung zur Reparation führen, bei nicht zureichender Ruhigstellung oder anderer Behandlung entsteht die Ischämie mit dem Bild der Pseudarthrose und der Separation bis hin zur Osteonekrose, auch unter Abstoßung eines Gelenkkörpers mit der Arthrosegefahr. Selbst die rezente osteochondrale Verletzung bedingt einen Gelenkflächenschaden, der in eine Arthrose mündet (Abb. 3.15).

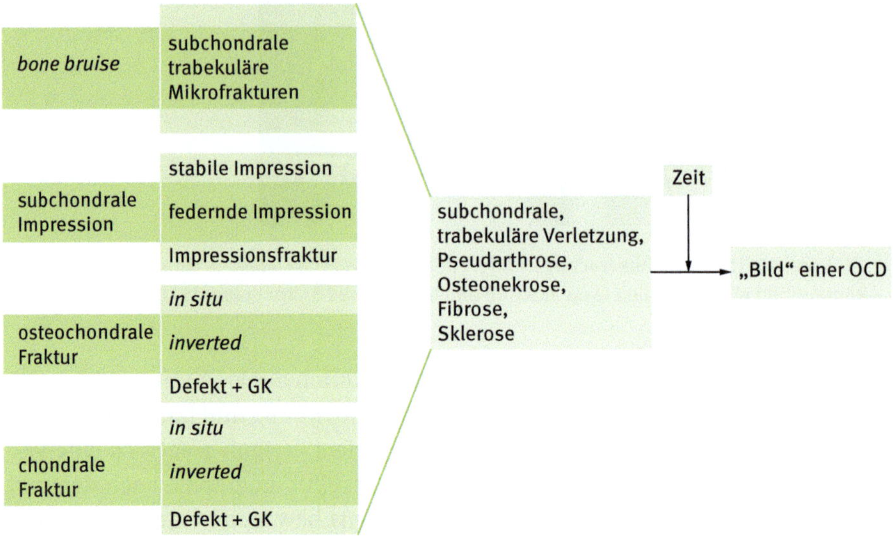

Abb. 3.15: Einteilung der Gelenkflächenverletzungen mit „Bild einer OCD".

Spezielle Mechanismen, abgesehen von der Scherkraft mit direkter und tangentialer Kraftkomponente, finden sich am oberen Sprunggelenk, aber auch bei der Patellaluxation sowie der Humeruskopfluxation u. a. Speziell am Sprunggelenk zeigen sich Schermechanismen sowie Kompressionen, die abhängig vom Bewegungsmechanismus, wie Supination oder Pronation, zu verschieden lokalisierten Schäden führen. Der Supinations- oder Pronationsmechanismus erklärt aber nur dann einen Gelenkflächenschaden, wenn gleichzeitig eine laterale Bandruptur bei der Supination oder eine mediale Bandruptur bei der Pronation vorliegt. Die Knorpel-Knochen-Schäden finden sich dann bei der Supination lateral als Abschermechanismus und medial als Kompression am Talus, wogegen die Pronation einen Abschermechanismus an der medialen Taluskante zeigen kann, rein theoretisch aber auch eine laterale Kompression (Tab. 3.4).

Die Abgrenzung der traumatisch bedingten osteochondralen Fraktur von der Osteochondrosis dissecans wird dann wieder mit der ICRS-Klassifikation deutlich und kommt damit auf die Aussage von BANDI [24] zurück:

1. Intakte Läsion: Es liegt keine Knorpelunterbrechung vor. Es finden sich nur Gelenkflächenunregelmäßigkeiten, die Gelenkfläche ist im betroffenen Bezirk bei der Untersuchung mit dem Taststab nicht verschiebbar, evtl. aber geringgradig eindrückbar.

Tab. 3.4: Makrotrauma – Lokalisation der Verletzung am OSG.

	Bandruptur	Knorpel-Knochenschaden	Scher-mechanismus	Kompression	Voraussetzung
Supination	lateral	lat + med Talus	lateral	medial	Ruptur Lfta + Lfc
Pronation	medial	med Talus	medial	lateral	med Komplettruptur

2. Beginnende Separation: Die Gelenkfläche ist optisch im Wesentlichen intakt, bis auf eine begrenzte Knorpelunterbrechung am Rande des Defekts, der betroffene Herd kann mit dem Taststab geringgradig bewegt werden.
3. Partielle Abstoßung: Das Dissekat hat sich als Ganzes herausgebildet und ist partiell abgehoben. Das Bett mit sklerosiertem Knochengrund ist einsehbar, das Dissekat hängt aber noch am Knorpel fest (Schwingtüreneffekt).
4. Einpassungsfähiges Dissekat als freier Gelenkkörper: Es besteht ein relativ frischer Krater am Femur, er darf höchstens wenige Wochen alt sein. Das Dissekat ist kongruent einpassungsfähig und weist weitere Beschädigungen nicht auf. In der Regel ist am Dissekat der Knorpel noch vital.
5. Veraltete Läsion: Bei lange bestehendem ulcerösem Krater ist dessen Grund mit dickem fibrösem Gewebe gelegt, die Ränder sind zerfranst und malazisch. Das Dissekat besteht aus insuffizientem Knochen, der evtl. in sich gebrochen ist, der Knorpel ist weich.

Eine allgemeingültige Klassifikation sollte die Entstehung eines Gelenkflächenschadens aus einem Trauma oder aus Mikrotraumen berücksichtigen, mit der Entstehung von Verletzungen bzw. nicht verletzungsbedingten Nekrosen, wobei Verletzungen in Nekrosen übergehen können. Es muss eine Gradeinteilung einer Verletzung berücksichtigt werden, aber auch der stadienhafte Verlauf einer Nekrose und zudem der Verlauf einer behandelten oder nicht behandelten Verletzung und schlussendlich ebenso das Ausmaß der Verletzung bzw. des Nekrosegebietes in Form von Flächenangaben, gemeint ist die Größe des Frakturfragmentes bzw. des Nekroseherdes (Osteonekrose und/oder Chondronekrose). Werden die Angaben von YTREHUS [235], von BERNDT und HARTY [29], REHM [179] sowie das Vorhandensein zystischer Veränderungen und auch die Größe des Dissekates bzw. des Fragmentes bis hin zur Totalnekrose berücksichtigt, so entsteht eine Einteilung von Gelenkflächenschäden Typ 0–Typ VIII (Tab. 3.5).

In der aktuellen Literatur [199] wird die Mikrotraumatisierung beim wachsenden Skelett als ätiologischer Faktor der OCD favorisiert und die Kontusion der Gelenkfläche auch als mögliche Ursache gesehen, jedoch entzündliche und gefäßbedingte Faktoren werden aufgrund histologischer Untersuchungen ausgeschlossen [108, 109,

Tab. 3.5: Einteilung der Gelenkflächenschäden (Übersicht) Typ 0–Typ VIII (Literatur und deren Aussage) ⊗ Unterteilung in ein Dissekat und mehrere Dissekate.

YTREHUS [225]	normal			RÖ und MRT normal				
	OC latens			RÖ normal, MRT ?				
	OC manifesta	BERNDT und HARTY [29]	I	subchondrale Demarkierung			REHM [172], BIEDERT 32	subchondrale Kompression „bone bruise“
	OC dissecans							
			A II B	Sklerose partielle Lösung	WAGNER [223], KOCH [122]	ohne Malazie		Flake fracture partielle Lösung
						mit Malazie		
LY [142]	STAGE I transchondral fracture III + IV STAGE II OC III + IV		⊗ III	Dissekat in situ				Flake fracture in situ
			⊗ IV	Maus-GK Mausbett				Flake fracture als GK
			V	Zyste – Pseudozyste ANDERSON [6], LOOMER [138], STOCKER [209]				
			VI	Dissekat/Fragment > 3 cm^2 RAIKIN [177]				
			VII	Teilnekrose	Spontan oder als Verletzungsfolge			
			VIII	Totalnekrose				

123]. Die gefäßspezifischen Überlegungen von YTREHUS [235] sind bei der intrachondralen Gefäßdarstellung von CHENG [65] am menschlichen fetalen Talus bereits angedacht.

3.2.4 Resumé

Zu den Gelenkflächenschäden gehören deren Verletzungen, die als rezent (frisch) oder veraltet („obsolet") zu bezeichnen sind, andererseits die Osteochondrosis dissecans und auch die Arthrose mit entsprechenden Knorpelschäden sowie subchondralen Veränderungen einschließlich pseudozystischer Zeichen (Tab. 3.6).

Tab. 3.6: Einteilung der Gelenkflächenschäden.

Gelenkschäden	Verletzungen	Rezent, frisch
		Veraltet, obsolet
	Osteochondrosis dissecans	
	Arthrose (Knorpelschäden)	

Besonders beachtet werden müssen Verletzungsfolgen bei veralteten Verletzungen, die das Bild einer OCD am Nativröntgenbild erkennen lassen können, kernspintomographisch ist aber eine Abgrenzung denkbar.

Im Sinne der „synergistischen Gelenkdiagnostik" [96] müssen für eine endgültige Diagnose die wesentlichen Befunde wie Röntgen, Magnetresonanztomographie und Histopathologie zusammengetragen werden, dann ist eine Differenzierung zwischen rezenter und veralteter Flake fracture und der Osteochondrosis dissecans als anlagebedingtem Schaden möglich (Tab. 3.7).

Tab. 3.7: Differentialdiagnostik: Flake fracture rezent vs. veraltet vs. Osteochondrosis dissecans. ① zeitlich abhängig zum Unfallereignis, ② OCD kein „bone bruise" [36], OCD stadienabhängig [218], ③ [150].

	flake rezent	flake veraltet	OCD
Siderophagen ③ (Histo)	ab 5. Tag	bis etwa 90. Tag	–
Nekrose (Histo)	–	(+) ①	+
„bone bruise"	+	–	(+) ②
gegenüberliegend	+	(–) ①	–
Fragmentform (Nativ-Rö)	scharfrandig	Sklerose ① relativ scharfrandig	rund oval

Es resultiert: Die rezente Flake fracture ist ein scharfrandiges Fragment mit einem Knochenmarködem auch an der Schadensstelle gegenüberliegend im MRT und ohne Nekrosezeichen, aber mit Siderophagen ab dem 5. Tag im histopathologischen Präparat. Eine veraltete Flake fracture ist für zwei bis sechs Wochen noch relativ scharfrandig, zeigt aber sklerotische Umbauzonen und beginnende Nekrosezonen. Knochenmarködeme sollten nicht mehr nachweisbar sein und histopathologisch sind Siderophagen maximal bis zum 90. Tag erkennbar. Die Osteochondrosis dissecans ist von Anfang an rundlicher Gestalt ohne Siderophagennachweis, aber histopathologisch als Osteonekrose mit begleitendem „bone bruise" erkennbar [181, 210, 30, 38, 218].

Merke:
1. Mikrotraumen mit Gefäßbeteiligung beim wachsenden Skelett führen zu einer Ossifikationsstörung, die im Sinne einer OC latens ausheilen kann. Beim Übergang in eine OC manifesta bis hin zur OC dissecans ist das pathomorphologische Substrat der OCD gegeben (Mikrotraumen mit Ischämie beim wachsenden Skelett an der Gelenkfläche).
2. Verletzungen als veraltete Verletzung können das Bild einer OCD hervorrufen, dies in der Folge einer Knochenverletzung mit Gefäßbeteiligung. Es liegt eine traumabedingte Verletzung vor.
3. Eine Verletzung des Ramus deltoideus aus der A. canalis tarsi bei der lateralen Bandverletzung unter Mitbeteiligung der tiefen Schicht des Deltabandes führt zur Durchblutungsstörung des medialen Talusecks.
4. Eine posttraumatische OCD gibt es nicht. Hier handelt es sich allenfalls um das Bild einer OCD bei einer veralteten Knorpel-Knochen-Verletzung mit Gefäßbeteiligung.
5. Eine differentialdiagnostische Abklärung Flake fracture (rezent oder veraltet) vs. Osteochondrosis dissecans ist möglich.

3.3 Gelenkflächenverletzungen

Osteochondrale Verletzungen finden sich meistens am Knie und Sprunggelenk [190, 35, 191]. Diese werden entsprechend den Kriterien der Knorpelverletzungen eingeteilt (vgl. Kapitel 2).

Flake fractures sind Knorpel-Knochen-Brüche und müssen streng von der sog. Osteochondrosis dissecans unterschieden werden [32, 191]. Besonders in der englischsprachigen Literatur findet sich eine Unterscheidung selten, da auch der Osteochondrosis dissecans („Osteochondritis dissecans") eine „traumatische" Ursache zugeordnet wird. Wo Flake fractures entstehen, läuft je nach der Stärke der einwirkenden Kraft und auch nach Art des Pathomechanismus das Schema der chondralen bzw. osteochondralen Verletzung ab [35, 37]. Es handelt sich um Gelenkflächenfrakturen [37]. Neben direkten Kontusionstraumen und Abschermechanismen entstehen Flake fractures besonders häufig beim Mechanismus der Patellaluxation, wobei es zu osteochondralen oder auch rein chondralen Abscherungen am medialen Patellapol und/oder am lateralen Femurkondylus kommen kann. Des Weiteren entstehen Flake fractures in Verbindung mit Sprunggelenksfrakturen [39], besonders aber beim

Supinationstrauma am oberen Sprunggelenk (Häufigkeit 5–10 %), vorwiegend am lateralen Taluseck. Je nach Ausmaß der lateralen Instabilität werden osteochondrale Schäden auch am medialen Taluseck und korrespondierend an der Tibiaunterfläche bzw. am Innenknöchel mit einbezogen. Radiologisch entsprechen die gefundenen kleinen knöchernen Absprengungen oft nicht dem wahren Verletzungsausmaß. Daher ist in all den Fällen des Nachweises einer Flake fracture, radiologisch ist nur der Knochen sichtbar, die MRT, besser noch die Arthroskopie, angezeigt, die auch eine Therapie ermöglicht. Erst in Kenntnis des wahren Ausmaßes der Verletzung kann die Indikation zum weiteren Vorgehen gestellt werden. Flake fractures müssen immer von ossären Bandausrissen [158, 80] unterschieden werden, sei es aufgrund der Lokalisation am Röntgenbild, mittels klinischer Untersuchung (Instabilitätsnachweis) oder auch durch CT oder MRT. Schließlich können sich Flake fractures aus osteochondralen Impressionsfrakturen (lateralem Femurkondylus, Hill-Sachs-Impression u. a.) lösen [226]. Die Einteilung der osteochondralen bzw. chondralen und subchondralen Frakturen erfolgt kernspintomographisch [35] unter besonderer Beachtung der Knorpelschicht und der subchondralen Schicht. Bei allen traumatisch bedingten Knorpel-Knochen-Verletzungen findet sich ein subchondrales Knochenödem („bone bruise“). Die eigentliche Klassifikation wird dann unter Einbezug der Knorpelschicht mit oder ohne knöcherne Lamelle vorgenommen und demzufolge werden ein dislozierter Typ chondraler oder osteochondraler Frakturen und ein impaktierter Typ dieser Frakturen erkennbar. Subchondrale Mikrofrakturen sind im Sinne des Knochenödems in allen Fällen, auch als isoliertes Ödem, obligat.

Schultergelenk

Flake fractures in einem Glenohumeralgelenk sind selten, sie entstehen allenfalls bei der Schulterluxation mit Ausbildung einer Hill-Sachs-Delle, diese kann nach CALANDRA [56] in drei Schweregrade eingeteilt werden, wobei Grad 1 den rein chondralen Defekt bedeutet, Grad 2 die Mitbeteiligung des subchondralen Knochens und Grad 3 den ausgedehnten subchondralen Defekt, der im Endeffekt einer Impressionsfraktur entspricht. Bei dieser Verletzung können sich osteochondrale Fragmente aus dem Verletzungsgebiet lösen und dann als freie Flake fracture im Schultergelenk gefunden werden.

Ellbogengelenk

Flake fractures finden sich hier bei der Ellbogenluxation im Sinne der Frakturen des Proc. coronoideus, bedingt durch den Luxationsmechanismus. Dazu gilt als seltene Verletzung die Scherfraktur des Capitulum humeri [92]. Diese osteochondrale Fraktur betrifft den anterioren Anteil des Capitulum humeri, nicht die posteriore Hälfte und auch nicht den lateralen Epikondylus [84]. Die isolierten Frakturen des Capitulum humeri machen 1 % aller Frakturen im Bereich des Ellbogengelenkes aus [77].

Handgelenk

Typische Mechanismen, die zu osteochondralen Frakturen im Bereich des Handgelenkes führen, sind bisher nicht herausgearbeitet. Natürlich gibt es osteochondrale Frakturen in Verbindung mit distalen Radiusfrakturen mit Gelenkbeteiligung, es zeigen sich aber auch Chip-fracture am Skaphoid sowie am Lunatum und am Triquetrum, die als osteochondrale Fragmente bezeichnet werden können. Derartige Frakturen gibt es ebenso bei komplexen Handgelenkverletzungen einschließlich Luxationsfrakturen im Handwurzelbereich. Knorpel-Knochen-Frakturen entstehen aber auch im Zusammenhang mit der Skaphoid- oder Lunatumnekrose.

Hüftgelenk

Zu Knorpel-Knochen-Frakturen führen auch am Hüftgelenk Luxationsmechanismen, wodurch Abscherverletzungen am Hüftkopf sowie am Hüftpfannenrand meist mit Labrumbeteiligung entstehen. Diese Knorpel-Knochen-Frakturen werden unter der Klassifikation der Femurkopffrakturen in der Klassifikation nach AO oder auch nach Pipkin geführt, wobei bei diesen Klassifikationen auch Hüftkopffrakturen größerer Art, aber ebenfalls Schenkelhalsfrakturen mit aufgeführt werden. Insbesondere bei der Klassifikation nach Pipkin entstehen beim Typ 4 Luxationsmechanismen, die auch Pfannenrandabbrüche zeigen können. Diese Pfannenrandabbrüche werden gemäß der Azetabulumfraktur-Klassifikation erfasst, häufig aber auch nach Hüftluxationen mit kleineren Abbrüchen übersehen und erst bei entsprechender Symptomatik dann mit Schichtbildaufnahmen erkannt. Wie bei allen Gelenken mit Luxationsmechanismen sind auch an der Hüfte Zeichen der stattgehabten Luxation die traumatischen Knochenödeme („bone bruise“) an den geeigneten Stellen, die aber ebenso bei direkten Krafteinwirkungen auf den Trochanter und damit fortgeleitet auf den Hüftkopf und die Pfanne, allerdings unter Vorbehalt, entstanden sein können, denn gerade am Hüftkopf gibt es Knochenödeme, die nicht einem unfallbedingten Mechanismus zugeordnet werden dürfen. So finden sich ischämische Knochenmarködeme, reaktive Knochenmarködeme und mechanische Knochenmarködeme. Dazu ist am Hüftkopf als eigenständiges Krankheitsbild ein Knochenmarködem-Syndrom (bone marrow edema syndrome) möglich.

Kniegelenk

Grundsätzlich können an allen Stellen der Gelenkflächen bei geschlossenen oder offenen Verletzungen Knorpel-Knochen-Verletzungen entstehen. Die typischen Knorpel-Knochen-Verletzungen entwickeln sich bei der Patellaluxation, aber auch bei Jugendlichen am lateralen Femurkondylus, meist im Sinne einer rein chondralen Abscherfraktur und selten als dorsolaterales Fragment [212].

1. Patellaluxation:

Die Knorpel-Knochen-Brüche, aber auch reine Knorpelverletzungen sowie subchondrale traumatische Ödeme, entstehen durch den typischen Mechanismus der Patellaluxation bei leicht gebeugtem Kniegelenk in Außenrotation des Unterschenkels und Innenrotation des Oberschenkels mit gleichzeitiger maximaler Anspannung des Quadrizeps, dazu auch erleichtert bei einer X-Bein-Fehlstellung [188, 216, 128]. Kniescheibenverrenkungen erfolgen immer nach lateral, d. h., die Kniescheibe bewegt sich über den meist höher stehenden lateralen Femurkondylus nach außen – bzw. Knorpel-Knochen-Verletzungen entwickeln sich dann bei der Reposition an der medialen Patellafacette und/oder am lateralen Femurkondylus. Unabhängig davon, ob eine Patellaluxation unfallbedingt oder aufgrund von Prädispositionsfaktoren entsteht, findet sich in allen Fällen ein Verletzungsbild mit Ruptur des medialen Retinakulums, denn nur so ist eine Patellaluxation als Erstereignis erklärbar und gleichzeitig sind die Knorpel-Knochen-Schäden an den typischen Stellen der medialen Patellafacette sowie des lateralen Femurkondylus nachweisbar. Beide Verletzungsstellen am Knorpel entstehen durch die meist spontane Reposition der Kniescheibe an dem überhöht stehenden lateralen Femurkondylus.

2. Knorpel-Abscherfraktur am lateralen Femurkondylus:
Diese Art der Verletzung findet sich bei Kindern und Heranwachsenden, es handelt sich um eine rein knorpelige Abscherfraktur [71, 106]. Ein Hinweis auf diese Verletzungen ist eine massive Hämarthrosbildung bei sonst unauffälligem Skelett des Heranwachsenden, der Nachweis gelingt eigentlich nur kernspintomographisch oder arthroskopisch [106].

3. Medialer Femurkondylus:
Knorpel-Knochen-Verletzungen finden sich auch am medialen Femurkondylus durch Rotation bei belastetem Knie mit direkter Krafteinwirkung der Patella auf den Kondylus bei Flexion, mit gleichzeitiger Rotation und Varusstress [226]. Osteochondrale Abscherungen sind aber hier selten, hier sind eher Kontusionen, dann sowohl an der Kniescheibe als auch am Femurkondylus, zu erkennen [174].

Oberes Sprunggelenk

Verletzungen am oberen Sprunggelenk ereignen sich in aller Regel unter axialer Belastung des Gelenks bei gleichzeitigen achsabweichenden Bewegungen. Diese führen dann zu knöchernen Verletzungen am Sprunggelenk, aber auch zu ligamentären Verletzungen mit oder ohne chondrale oder osteochondrale Schäden an den Gelenkflächen. Die Einteilung der Verletzungen wird auf der Basis des Unfallmechanismus vorgenommen, so nach ASHHURST [9]: Außenrotation, Abduktion, Adduktion und Kompression in der Beinachse. Aus dieser Klassifikation resultiert bezüglich der ligamentären Verletzungen lediglich die Syndesmosenverletzung als Folge der Außenrotation. Nach LAUGE-HANSEN [133] werden fünf Mechanismen genannt, die zu Bandverletzungen und je nach Stärke der einwirkenden Kraft auch zu knöchernen oder kombinierten Verletzungen führen: Supination mit Adduktion, Supination mit Eversion (Außenrotation), Pronation mit Eversion, Pronation mit Abduktion und Pronation mit Dorsalflexion. Knöcherne Verletzungen werden mit dem Röntgenbild festgestellt bzw. mit der Computertomographie, ligamentäre Verletzungen müssen klinisch erfasst werden, im Bedarfsfall auch mittels Kernspintomographie. Gehaltene Röntgenaufnahmen am Sprunggelenk sind heute die Ausnahme, aber in der Beurteilung von fraglichen Knorpel-Knochen-Verletzungen sehr hilfreich, nicht zur Feststellung dieser Schäden, sondern zur Prüfung der Instabilität bzw. Aufklappbarkeit/des Talusvorschubs, da in Abhängigkeit vom Schweregrad der Instabilität auch bestimmte Knorpel-/Knorpel-Knochen-Schäden zu erwarten sind [44, 157, 214]. Die Einteilung ligamentärer Schäden (Verletzungen) kann einmal erfolgen nach dem Schweregrad der Bandverletzung selbst (Grad I = Dehnung, Grad II = Zerrung bzw. Teilruptur, Grad III = Komplettruptur). Am äußeren Sprunggelenk, aber auch im Sinne der Beteiligung der Bänder, d. h. Grad I = die isolierte Verletzung des Lig. fibulotalare ant., Grad II = die Verletzung des Lig. fibulotalare ant. in Verbindung mit einer Schädigung des Lig. fibulocalcaneare und Grad III wäre die Komplettruptur aller drei Bänder. Praktikabel ist jedoch die klinische Untersuchung mit der Entscheidung, ob eine Instabilität besteht oder nicht. Liegen gleichzeitig Frakturen vor, so ist die ligamentäre Instabilität schwer feststellbar. Bei den Frakturen am Sprunggelenk finden sich häufig chondrale Begleitverletzungen, die radiologisch nicht feststellbar sind. Deshalb erfolgten arthroskopische Kontrollen [104] mit der Feststellung, dass in etwa 80 % der Sprunggelenksfrakturen Begleitverletzungen vorliegen, in 70 % der Fälle am Talus, in 46 % der Fälle an der distalen Tibia und in 45 % der Fälle am Wadenbein bzw. am Innenknöchel mit 41 %. Bei Supinationsaußenrotationsfrakturen am Sprunggelenk zeigten sich in 38 % der Fälle laterale Taluskantenschäden, unabhängig davon, ob bimalleolare Frakturen oder auch Frakturen mit Innenbandrupturen vorlagen. Daraus lässt sich ableiten, dass der Unfallmechanismus wohl für die Taluskantenschäden wesentlich verantwortlich zeichnet [208]. Liegen Außenknöchelfrakturen vor, so finden sich bei diesen in 70 % der Fälle laterale Taluskantenschäden [4], werden alle Sprunggelenksfrakturen berücksichtigt, so zeigen sich begleitende Knorpel-/Knorpel-Knochen-Schäden zwischen 38 und 80 % [104, 208, 4, 134].

Traumatisch bedingte Knochenödeme lassen sich nach Distorsionstraumen am Sprunggelenk feststellen (39 %, [129]), in etwa bei der Hälfte der Patienten mit einer Verletzung des Lig. fibulotalare ant., die Lokalisation ist lateral oder auch medial. Die Knochenödeme überwiegen, wenn beide Bänder, das Lig. fibulotalare ant. und das Lig. fibulocalcaneare, betroffen sind, bilden sich aber bis in vier Monaten [202] wieder zurück. „Bone bruises“ finden sich auf jeden Fall über neun Wochen, aber auch noch nach einem Jahr [129]. Die Häufigkeit der osteochondralen Läsionen nach Distorsionen wird nach SCHUMANN [196] zwischen 0,1 und 6,5 % angegeben [29, 111, 154, 219, 67, 201], nach HAKIMZADEH [93] entsteht nach Fußdistorsionen in 5 % der Fälle eine „Osteochondrosis dissecans“. Bei nachgewiesenen osteochondralen Läsionen beträgt die Knochenödemhäufigkeit 6,5–39 % [129, 83] bis 86 % [202]. Die Häufigkeit der „kissing lesions“ liegt bei 5–11 % [129, 202], diese sind bei Talusläsionen an der Unterseite der Tibia (plafond tibial) lokalisiert, aber nicht bei allen Talusläsionen, denn osteochondrale Schäden finden sich vorwiegend an konvexen und nicht konkaven (plafond tibial) Gelenkflächen, die die einwirkenden Kräfte bzw. Kraftspitzen verteilen [57]. Des Weiteren ist der Knorpel der Tibiagelenkfläche strukturell steifer (stabiler) als der Talusknorpel [211, 10]. Durch Rotationsbewegungen des Talus müssen die „kissing lesions“ nicht diametral gegenüberliegen [116]. Aus den Bewegungen im oberen und unteren Sprunggelenk resultieren diverse Kombinationsbewegungen, so die Supination oder Pronation in Verbindung entweder mit der Dorsalextension oder mit der Plantarflexion, anders formuliert, es gibt die Auswärts- und die Einwärtskantung jeweils mit der Dorsalextension, aber auch mit der Plantarflexion. Es resultieren an Kombinationen die Pronation und die Supination sowie die Eversion und die Inversion als Kombinationsbewegungen.

Osteochondrale Frakturen des Talus haben eine Häufigkeit von 4 % aller osteochondralen Frakturen bzw. 0,9 % aller Frakturen [70, 90, 137] und werden zwischen 0,1 bis 1 % aller Talusfrakturen eingeschätzt [62]. Bezüglich der Ätiologie sind die Lager nach wie vor geteilt. Der Trend geht hin zu einer traumatisch bedingten Entstehung, wobei jedoch nicht unterschieden wird, ob es sich um ein einzelnes Trauma oder um rezidivierende Mikrotraumen handelt [33, 144, 111, 154, 159, 160, 161]. Es findet sich die Unterscheidung, dass die lateralen osteochondralen Schäden in allen Fällen traumatisch entstehen [33, 189, 83], dagegen werden die medialen Taluskantenschäden zwischen 44 % [33] und 70–80 % traumatisch gewertet [189, 83]. Während sich BERNDT und HARTY [29] über die traumatische Ätiologie einig sind, zweifelt CAMPBELL [58] daran. Es entsteht der Trend, dass vorwiegend die lateralen Taluskantenläsionen traumatisch entstünden [83, 113]. Bezüglich der Häufigkeit scheinen mediale Taluskantenläsionen zu überwiegen [62], bei weniger Autoren sollen die lateralen Schäden überwiegen [22, 29, 63, 110]. Bei Durchsicht der Literatur fällt ein Trend auf: Differentialdiagnostisch zu Flake fractures wird die Osteochondrosis dissecans als Spätfolge der Taluskantenverletzung genannt [135, 145] mit folgendem Hinweis: „secondary to direct trauma“ [88]. Dazu wurde die Osteochondrosis dissecans vorwiegend nach rezidivierenden Traumen festgestellt [237]. Mit dieser Überlegung stimmt aber nicht überein, dass die Osteochondrosis dissecans unilateral, aber auch bilateral vorkommen kann, dies aber auch ohne Trauma [171, 99].

In Kenntnis der Pathomechanismen der OSG-Frakturen mit deren Begleitverletzungen folgen diesen Mechanismen in geringerer Stärke ligamentäre und chondrale bzw. osteochondrale Verletzungen. Liegt keine Instabilität vor, so ist auch eine Knorpelverletzung unwahrscheinlich. Supinationsmechanismen führen zu lateralen, Pronationsmechanismen zu medialen Bandrissen.

Am oberen Sprunggelenk werden Knorpelschäden (Knorpelverletzungen), bevorzugt an der vorderen lateralen Taluskante und an der dorsomedialen Taluskante, festgestellt, aber auch zentral, posterior, anterior zentral, am Innenknöchel [195] und gegenüber dem Außenknöchel [228, 62, 236, 64]. Dazu gibt es Verletzungen an der Tibiagelenkfläche (Pilon tibial) verschiedenen Schweregrades [194, 76, 151]. Es werden hintere Taluskompressionen als Shepherd-Fraktur beschrieben [183] sowie die Schüppchenfraktur als reine Knorpelabscherung [87].

Anterolaterale Verletzungen

Anterolaterale Läsionen gehen in aller Regel mit einer lateralen Bandruptur einher, dies bei einem Supinationstrauma im Sinne einer anterolateralen Rotationsinstabilität. Dieser Mechanismus führe zu einer Flake fracture an der vorderen lateralen Taluskante, dann, wenn die Syndesmose stabil bleibt [112, 135, 226, 72]. Bei deutlicher lateraler Instabilität ist ein Drehen der Flake fracture als sog. „LIFT-Läsion" (= lateral inverted osteochondrale Fraktur des Talus) möglich [73] entsprechend Stage 3a nach BERNDT und HARTY [29]. Allgemein wird als geeigneter Mechanismus die Inversion mit Dorsalflexion genannt [32, 114, 189, 29, 83, 59, 62, 236, 88, 142]. Entsteht bei diesem Mechanismus der Inversion gleichzeitig eine Plantarflexion mit Rotation, so ist auch eine Flake fracture an der Fibula denkbar [40].

Posteromediale Schädigung

Hier werden als geeigneter Mechanismus die Pronations-/Eversionsbewegung [167] genannt sowie die Inversion mit Plantarflexion und Außenrotation der Tibia mit oder ohne Syndesmosenbeteiligung, wobei meist eine dorsale Teilruptur des Deltabandes entsteht [83, 59, 32, 114, 29, 185, 114, 62, 236, 88, 142]. Bei dieser Schädigung des dorsomedialen Talusecks finden sich Impressionsfrakturen, aber auch reine Knorpeldissekate sowie Flake fractures, wenn gleichzeitig in einer Häufigkeit von 18 % eine laterale Instabilität vorliegt [7]. BERNDT und HARTY [29] sehen als Ursache für Stage I einen geringen Rotationsmechanismus ohne Bandverletzung, wogegen Stage II–IV mit einer Außenbandruptur (lfta, lfta + lfc) einhergehen. Die Knorpel-Knochen-Verletzungen am lateralen Taluseck erklären sich nur bei stabiler Syndesmose [236] und Ruptur des Lig. fibulotalare ant. in Kombination mit einer Schädigung des Lig. fibulocalcaneare [193]. Wenn diese deutliche Aufklappbarkeit lateral entsteht, erklären sich laterale Schäden am Talus als Abschermechanismus und gleichzeitig mediale Talusschäden als Kompressionsmechanismus. Diese lateralen Taluskantenläsionen entstehen dann bei der Rückwärtsbewegung im Sinne der Reposition am Außenknöchel. Bei diesen Kapselbandverletzungen werden die begleitenden Knorpel-/Knorpel-Knochen-Schäden mit 9 % [67] bis 18 % [1] erwartet. Rein radiologisch unterscheiden sich laterale von den medialen Taluskantenläsionen. Die anterolateralen Schäden sind flach (wafer-shaped) wegen des ablaufenden Schermechanismus [189, 29, 83, 187, 68]. Die posteromedialen Läsionen sind tief und schalenförmig (cup-shaped) wegen des Kompressionsmechanismus [59, 196, 68].

Beurteilung

Gelenkflächenverletzungen (GFV) entstehen durch Luxationsmechanismen, die zu einer Komplettluxation führen, z. B. bei der Patellaluxation, der Schulterluxation oder der Hüftluxation oder auch durch abnorme Beweglichkeiten in einem Gelenk (Subluxation?) mit daraus resultierenden Instabilitäten wegen abgelaufener ligamentärer Rupturen, wie am oberen Sprunggelenk. Finden sich nach derartigen Verletzungen Flake fractures oder sonstige Gelenkflächenverletzungen, so ist die Kausalitätsbeurteilung dann problemlos, wenn auch der rezente Charakter der Gelenkflächenschädigung erkennbar ist. Hier spielt der Nachweis des Knochenödems an der verletzten Stelle eine wesentliche Rolle und deshalb ist auch die Magnetresonanztomographie das geeignete Verfahren, da hier mit einem sehr hohen Prozentsatz das Knochenödem nachweisbar wird [190].

Problematisch erweisen sich Gelenkflächenverletzungen bezüglich der Kausalität am oberen Sprunggelenk in Abgrenzung zur so genannten Osteochondrosis dissecans. Zwar wird häufig ätiologisch ein Trauma als Ursache für diese spezielle Taluskantenläsion angesehen, es werden aber auch ischämische Knochennekrosen diskutiert, dazu Mikrotraumen (repetitive Mikrotraumen), aber auch Ossifikationsdefekte. Der Verlauf der Verwindungstraumen am Sprunggelenk ist deshalb problematisch, da bei der Verletzung einer Gelenkfläche neben der ersten Schmerzhaftigkeit ein schmerzfreies Intervall über mehrere Wochen mit erneuter nachfolgender Schmerzhaftigkeit entstehen kann [24, 167].

Dieses schmerzfreie Intervall ist typisch für einen aus einer Verletzung resultierenden Knorpelschaden. Nach Wiedereinsetzen des Schmerzes nach dem schmerzfreien Intervall sind aber die radiologische Untersuchung und auch die Kernspintomographie nicht mehr typisch für eine frische rezente Verletzung. Es bedarf dann zur Klärung der Kausalität gründlicher Überlegungen, um die anzunehmende veraltete Verletzung von z. B. einer Osteochondrosis dissecans zu unterscheiden, zumal ja traumatisch bedingte Knochenödeme in ihrer Verweildauer zeitlich begrenzt sind. Die Art der Verletzungen am Sprunggelenk ist abhängig von der Biomechanik und der einwirkenden Kraftstärke. Auf die verschiedenen Pathomechanismen, die zu Verletzungen am Sprunggelenk führen, stützt sich die Klassifikation der Sprunggelenksfrakturen, auch unter Einbezug der Bandverletzungen [133] in der Modifikation nach YDE [229]. Nachdem knöcherne Verletzungen in aller Regel radiologisch (Nativröntgenbild in zwei Ebenen) erfasst werden, sind für die Beurteilung der Gelenkflächenverletzungen die Bandrupturen von Bedeutung, die sich aus den einzelnen Bewegungsmechanismen ableiten lassen (Tab. 3.8).

Tab. 3.8: Bandverletzungen gemäß der Klassifikation von LAUGE-HANSEN [133], modifiziert nach [229].

	Mechanismus		Verletzung	%
1.	Supination	Adduktion	Außenbänder	20 %
2.	Pronation	Abduktion	Innenband	10 %
3.	Supination	Außenrotation	Syndesmose	60 %
4.	Pronation	Außenrotation	Innenband	10 %
5.	Pronation	Dorsalflexion	Pilon tibial	

Dabei bedarf es einer Präzisierung der Bezeichnung in der LAUGE-HANSEN-Klassifikation [133]. Das erste Wort (Pronation oder Supination) bedeutet die Fußposition zum Verletzungszeitpunkt. Das zweite Wort weist auf die Dislokation des Talus oder auch dessen Rotation zur OSG-Gabel hin. Dabei kann bezüglich der Rotation der Fuß fixiert sein und der Unterschenkel rotiert über den fixierten Fuß, oder der Unterschenkel ist fixiert und der Fuß rotiert unter der Tibia bzw. Fibula hinweg. Bezüglich der zweiten Wortkonstellation bedeutet die Außenrotation eine Talusverschiebung nach außen oder lateral, die Innenrotation eine Talusverschiebung nach innen oder medial, die Abduktion eine Lateralverschiebung des Talus ohne wesentliche Rotation, die Adduktion eine Medialverschiebung des Talus, ebenfalls ohne wesentliche Rotation. Die Dorsiflexion beinhaltet die Dorsalflexion des Talus in die Sprunggelenksgabel. Dabei bedeutet die Pronation eine Außenrotation mit Eversion des Vorfußes und Abduktion des Rückfußes, die Supination eine Innenrotation mit Inversion des Vorfußes und Adduktion des Rückfußes. Vereinfacht bedeuten nun die Supinations- und Adduktionsbewegung eine Einwärtskantung mit Inversion, die Pronations- und Abduktionsbewegung eine Auswärtskantung mit Eversion, die Supinations- und Außenrotationsbewegung ist mit der Eversion verbunden und die Pronations- und Außenrotationsbewegung ebenfalls mit einer Eversion. Wenn talare Schäden als posttraumatisch gewertet werden sollen, so resultiert aus deren Entstehungsmechanismus unweigerlich ein komplexer Mechanismus, der in der Sprunggelenksgabel die Tibiagelenkfläche mit einbeziehen muss, dies in Abhängigkeit von der Stabilität der Syndesmose [7]. Bei stabiler Syndesmose und lateraler Bandruptur führen Scherkräfte zwischen Außenknöchel und lateraler Taluskante zu lateralen GFV, in Ausnahmefällen auch zur Verletzung der Außenknöchelgelenkfläche. Aufgrund des Mechanismus bei gleichzeitiger axialer Belastung des Sprunggelenkes ist eine Kompression zwischen medialem Taluseck und Tibiagelenkfläche eine mechanische Notwendigkeit (Abb. 3.16).

Je größer der Aufklappwinkel der lateralen Instabilität ist, desto wahrscheinlicher wird eine zusätzliche Kompressionskomponente zwischen intraartikulärer Innenknöchelspitze und der distalen Fläche der Facies malleolaris medialis tali. Mit dem Zerreißen der lateralen Bandstrukturen, beginnend mit dem Lig. fibulotalare ant. und fortgesetzt mit dem Lig. fibulocalcaneare, entsteht ein Rotationsmechanismus, die Drehachse ist der Innenknöchel. Bleibt die Syndesmose stabil, so entsteht bei der Enge der Sprunggelenksgabel der zwischen Außenknöchel und lateralen Taluskante typische Schermechanismus mit Verletzung der lateralen Taluskanten.

So wie die Supination sind bei stehendem fixiertem Fuß auch Pronationsmechanismen möglich, und zwar zwischen einer maximalen Dorsalextension und Plantarflexion, wobei die Supination in Plantarflexion überwiegt. Allerdings sind Dorsalextension und Plantarflexion auch mit Rotationsbewegungen verbunden [103, 102, 206]. Die Verteilung der Läsionen am Talus zeigt eine laterale bzw. mediale Häufung, mit Bevorzugung des dorso-medialen bzw. medio-medialen Ecks gegenüber der ventro-lateralen Zone. Diese bevorzugte Lokalisation entspricht den festgestellten

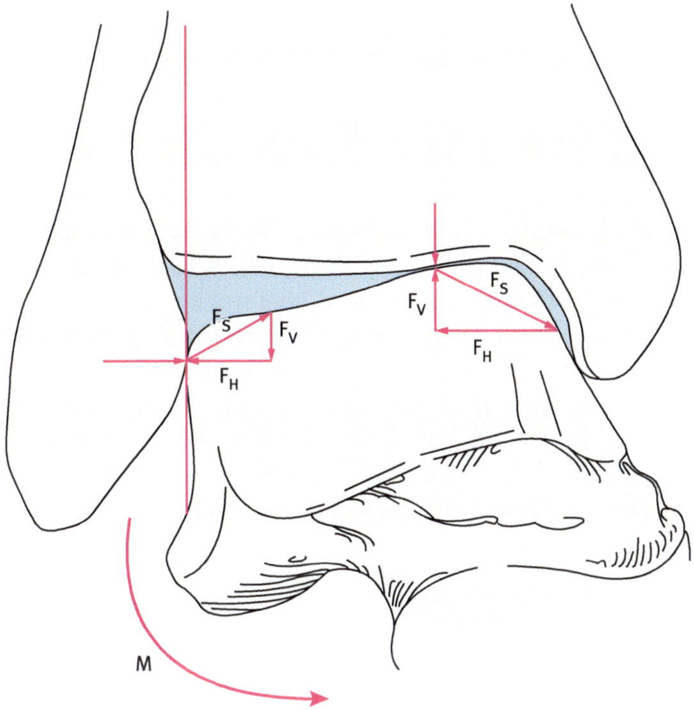

Abb. 3.16: Mechanismus der lateralen und medialen osteochondralen Talusläsionen. Inversionsstress (M) mit vertikaler (F_V) und horizontaler (F_H) Krafteinwirkung mit dem Ergebnis einer Scherkraft (F_S) auf die laterale und mediale Taluskante [81].

Druckmaxima an der Talusgelenkfläche entsprechend der Varus- oder Valgusstellung bzw. der Supinations- oder Pronationsstellung [45, 29, 101]. Nach BERNDT [29] führen axiale Belastungen mit Inversion und Dorsalextension zu lateralen Schäden und axiale Belastungen mit Innenrotation des Fußes, Plantarflexion und Inversion zu medialen Verletzungen (45). Eine Supinations-Varus-Bewegung erklärt eine GFV sowohl am lateralen als auch medialen Taluseck mit Beteiligung der Tibiagelenkfläche, deren Verletzungsort von der Instabilität des OSG abhängt. Die Voraussetzung für eine GFV ist eine laterale Bandruptur (Lig. fibulotalare ant.) bzw. eine Zunahme der Instabilität durch Ruptur des Lig. fibulocalcaneare. Entsteht zusätzlich eine Syndesmosenruptur, verschiebt sich die tibiale GFV mehr von medial nach zentral. Eine Pronation-Valgus-Bewegung erklärt ebenfalls eine GFV, sowohl am lateralen als auch am medialen Taluseck und auch mit Beteiligung der Tibiagelenkfläche, deren Verletzungsort hängt jedoch neben der Ruptur des Lig. deltoideum insbesondere von der Syndesmosenverletzung ab, die gemäß dem Mechanismus auch mit einer oberhalb der Syndesmose oder in Höhe der Syndesmose liegenden Wadenbeinfraktur einhergeht. Damit kommt es zu einer Zentralisierung der ursprünglich medial liegenden tibialen GFV und gleichzeitig zur Kontusion zwischen Innenknöchel und medialem Taluseck. Das heißt, primär entsteht bei der Pronations-Valgus-Bewegung die Verletzung des lateralen Talusecks, mit Zunahme der Instabilität auch zur Mitbeteiligung des medialen Talusecks. Ohne ursächliche Frakturen oder Bandverletzungen am oberen Sprunggelenk sind Gelenkflächenverletzungen schwer erklärbar. Die Voraussetzung für talare oder auch tibiale GFV sind die Supination sowie die Pronation, aber auch die dazu auftretenden Rotationsmechanismen (Innen- und Außenrotation) sowie die Plantarflexion und Dorsalextension. In Abhängigkeit von diesen Mechanismen entstehen dann Gelenkflächenverletzungen unterschiedlichen Schweregrades von einer „bone bruise" (traumatisches Knochenmarködem) über stabile, federnde, aber auch instabile Impressionen, chondrale Frakturen in situ, inverted oder mit Defekt und Gelenkkörper bis hin zu osteochondralen Frakturen in situ, umgedreht (inverted) oder mit Defektzone und freiem Flake. Der Schweregrad der GFV ist abhängig von der einwirkenden Kraftstärke und dem davon abhängigen Pathomechanismus. Im Wesentlichen sind die Supinationsmechanismen von den Pronationsmechanismen zu unterscheiden, insbesondere unter Berücksichtigung der Stabilität der Syndesmose (Tab. 3.9).

Tab. 3.9: Gelenkflächenverletzungen bei Supination und Pronation (+ = Verletzung).

	Syndesmose	talar		tibial		
		lateral	medial	lateral	zentral	medial
Supination	–	+	+			+
Supination	+	+	+		+	
Pronation	–	+	(+)	+		
Pronation	+	+	+	+	+	

Während Supination und Pronation am Talus sowohl medial als auch lateral Schäden verursachen können, finden sich die tibialen GFV bei der Pronation vorwiegend lateral und bei der Supination vorwiegend medial, abweichend nach zentral bei zunehmender Instabilität der Syndesmose. Die Plantarflexion und Dorsalextension haben einen Einfluss auf die talare Gelenkflächenschädigung bzgl. der Lokalisation ventral oder dorsal und die Rotation nimmt auf die Lokalisation sowohl der talaren als auch der tibialen Schäden nach ventral oder dorsal Einfluss (Abb. 3.17).

Liegen Frakturen des Innen- oder Außenknöchels bzw. der Fibula, mit oder ohne Beteiligung der Syndesmose, vor, so sind Begleitverletzungen an den Gelenkflächen häufig, besonders beim Supinationsaußenrotationstrauma bzw. bei der Weber-B-Verletzung, gefolgt vom Pronationsaußenrotationstrauma und der Weber-C-Schädigung [138]. Problematisch wird die Beurteilung bei isolierten Bandverletzungen, die unter Umständen klinisch nicht nachgewiesen werden. Eine Kernspintomographie kann jedoch GFV nachweisen und auch einteilen, wobei bei der Verletzung in der Folge eines einmaligen Traumas die typischen Zeichen der rezenten Verletzung vorliegen müssen.

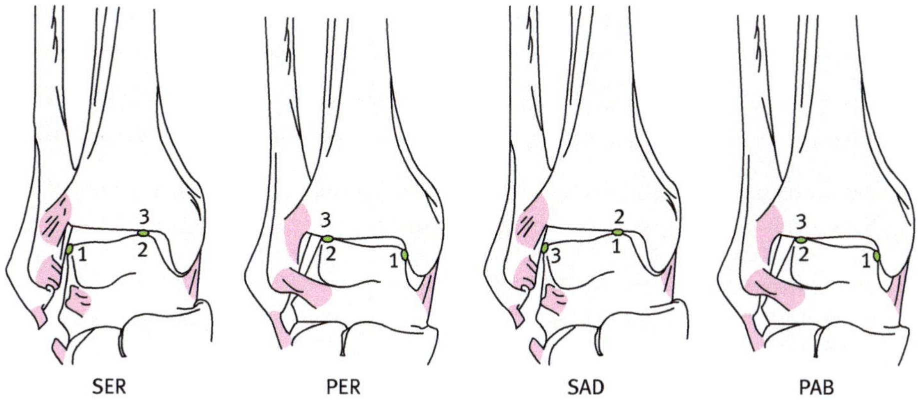

Abb. 3.17: Lokalisation der Gelenkflächenverletzungen und deren Verteilung (1 → 2 → 3) in Abhängigkeit vom Unfallmechanismus am oberen Sprunggelenk.

In diesen Fällen ist die Kausalitätsbeurteilung problemlos. Erfolgt nach einem sog. „Distorsionstrauma" keine weitere Untersuchung, auch nicht die Prüfung der Stabilität des Sprunggelenkes, so können Gelenkflächenverletzungen vorliegen, die nach einer anfänglichen Schmerzhaftigkeit und einem nach etwa zwei Wochen folgenden schmerzfreien Intervall nach Wochen bis Monaten wieder zu anhaltenden Schmerzen am Sprunggelenk führen können [24, 167]. Wenn nun nach Wochen bis Monaten eine kernspintomographische Untersuchung stattfindet, so sind nicht mehr die Zeichen einer rezenten Verletzung erkennbar, sondern allenfalls zeigt sich das Bild der veralteten Verletzung, das dann häufig mit dem Begriff „Osteochondrosis dissecans", „Taluskantenläsion" u. a. versehen wird. Hier ist nun die Kausalitätsbeurteilung problematisch, da insbesondere in der Magnetresonanztomographie das typische Bild eines traumatisch bedingten Knochenmarködems („bone bruise") nicht mehr erkennbar ist, weil sich traumatische Knochenmarködeme in aller Regel zurückbilden.

3.4 Literatur

[1] ADAM, G.; NEUERBURG, J.; PREIS, J.; BOHNDORF, K.: GÜNTHER, R.W.: Magnetresonanztomographie der Osteochondrosis dissecans des Kniegelenkes nach intravenöser Gadolinium-DTPA-Gabe. Fortschr Röntgenstr 160:459–464 (1994)

[2] ADLER, C.-P.: Knochenkrankheiten, 2. Auflage, Springer Verlag Berlin Heidelberg (1998)

[3] AICHROTH, P.: Osteochondritis dissecans of the knee: a clinical survey. J Bone Joint Surg Br 53:440–447 (1971)

[4] AKTAS, S.; KOCAOGLU, B.; GERELI, A.; NALBANTODLU, U.; GÜVEN, O.: Incidence of chondral lesions of talar dome in ankle fracture types. Foot & Ankle International 29:287–292 (2008)

[5] ALEXAKIS, P.G.; WALLACK, M.: Idiopathic osteonecrosis of the femoral head associated with a pituitary tumor. J Bone Joint Surg Am 71:1412–1414 (1989)

[6] ANDERSON, I.F.; CRICHTON, K.J., GRATTAN-SMITH, T.; COOPER, R.A.; BRAZIER, D.: Osteochondral fractures of the dome of the talus. J Bone Joint Surg Am 71:1143–1152 (1989)
[7] ANDREASI, A.: Le lesioni condrali ed osteocondali della troclea astragalica associate alle lesioni capsule-legamentose della tibio-tarsica. Chir Organi Mov 75:41–51 (1990)
[8] ARLET, J.: Nontraumatic avascular necrosis of the femoral head. Past, present, and future. Clin Orthop 277:12–21 (1992)
[9] ASHHURST, A.P.C.; BROOMER, R.S.: Classifikation and mechanism of fractures of the leg bones involving the ankle. Arch Surg 4:51–129 (1922)
[10] ATHANASIOU, K.A.; NIEDERAUER, G.G.; SCHENK, R.C.: Biomechanical topography of human ankle cartilage. Annals of Biomedical Engineering 23:697–704 (1995)
[11] ATHAVALE, S.A.; JOSHI, S.D.; SHARDA, M.S.; JOSHI, S.S.: Internal architecture of the talus. Foot Ankle Int 29:82–86 (2008)
[12] ATTARIAN, D.E.; GUILAK, F.: Observations on the growth of loose bodies in joints. Arthroscopy 18:930–934 (2002)
[13] AURICH, M.; ANDERS, J.; TROMMER, T. et al: Histological and cell biological characterization of dissected cartilage fragments in human osteochondritis dissecans of the femoral condyle. Arch Orthop Trauma Surg 126:606–614 (2006)
[14] AXHAUSEN, G.: Die Entstehung der freien Gelenkkörper und ihre Beziehung zur Arthritis deformans. Arch Klin Chir 104:581–679 (1914)
[15] AXHAUSEN, G.: Die Aetiologie der Köhler'schen Erkrankung der Metatarsalköpfchen. Beitr Klin Chir 125:451–476 (1922)
[16] AXHAUSEN, G.: Die Nekrose des proximalen Bruchstücks beim Schenkelhalsbruch und ihre Bedeutung für das Hüftgelenk. Arch Klin Chir 120:235–346 (1923)
[17] AXHAUSEN: Zbl Chir 51:1180 (1924)
[18] AXHAUSEN, G.: Ist die embolische Genese der freien Gelenkkörper denkbar? Beitr Klin Chir 131:386 (1925)
[19] AXHAUSEN, G.H.: Zur Histologie und Pathogenese der Gelenkausbildung im Kniegelenk. Beitr Klin Chir 133:89–93 (1925)
[20] AXHAUSEN, G.: Über anämische Infarkte am Knochensystem und ihre Bedeutung für die Lehre von den primären Epiphysenekrosen. Arch Klin Chir 151:72–98 (1928)
[21] BAE, S.H.; LEE, H.K.; LEE, K.; LIM, S.; RIM, N.J.; KIM, J.S.; CHO, J.: Comparison of arthroscopic and magnetic resonance imaging findings in osteochondral lesions of the talus. Foot Ankle Int 33:1058–1062 (2012)
[22] BAKER, C.L.; MORALES, R.W.: Arthroscopic treatment of transchondral talar dome fractures: a long-term follow-up study. The Journal of Arthroscopic and Related Surgery 15:197–202 (1999)
[23] BANDI, W.: Über die Ätiologie der Osteochondrosis dissecans. Helv Chir Acta 3:221–247 (1951)
[24] BANDI, W.: Die retropatellaren Kniegelenkschäden. 2. Aufl. Aktuelle Probleme in Chirurgie und Orthopädie Bd. 4. Bern-Stuttgart-Wien: H.Huber (1977)
[25] BANDI, W.: Zur Pathogenese der Osteochondritis dissecans (König). Unfallheilk 81:295–298 (1978)
[26] BARRIE, H.J.: Intra-articular loose bodies regarded as organ cultures in vivo. J Path 125:163–169 (1978)
[27] BAUMGARTNER, M.; WAGNER, Th.; BÖSCH, P.: Therapie der Osteochondrosis dissecans tali mittels Mosaikplastik. FussSprungg 4:247–255 (2006)
[28] BENTHIEN, R.A.; SULLIVAN, R.J.; ARONOW, M.S.: Adolescent osteochondral lesion of the talus, Ankle arthroscopy in pediatric patients. Foot Ankle Clin N Am 7:651–667 (2002)

[29] BERNDT, A.L.; HARTY, M.: Transchondral fractures. (Osteochondritis dissecans) of the talus. J Bone Joint Surg Am 41:988–1020 (1959)

[30] BERQUIST, T.H.: MRI of the musculoskeletal System (6. Ed.) Wolters Kluwer, Lippincott Williams & Wilkins, Philadelphia (2013)

[31] BIANCHI, S.; MARTINOLI, C.: Detection of loose bodies in joints. Radiologic Clinics of North America 37:679–690 (1999)

[32] BIEDERT, R.: Osteochondrale Läsionen des Talus. Unfallchirurg 92:199–205 (1989)

[33] BLOM, J.M.H.; STRIJK, S.P.: Lesions of the trochlea tali. Osteochondral fractures and osteochondritis dissecans of the trochlea tali. Radiol Clin 44:387–396 (1975)

[34] BOERNER, E.: Klinische und pathologisch-anatomische Beiträge zur Lehre von den Gelenkmäusen. Dtsch Z Chir 70:363–416 (1903)

[35] BOHNDORF, K.: Injuries at the articulating surfaces of bone (chondral, osteochondral, subchondral fractures and osteochondrosis dissecans). European Radiology 22:22–29 (1996)

[36] BOHNDORF, K.; IMHOF, H.; SCHIBANY, N.: Bildgebende Diagnostik akuter und chronischer osteochondraler Läsionen am Talus. Orthopäde 30:12–19 (2001)

[37] BOHNDORF, K.; IMHOF, H.; FISCHER, W.: Radiologische Diagnostik der Knochen und Gelenke. Geog Thieme Verlag Stuttgart New York (2006)

[38] BOHNDORF, K.; IMHOF, H.; WÖRTLER, K.: Radiologische Diagnostik der Knochen und Gelenke (3. Aufl.). Georg Thieme Verlag Stuttgart New York (2014)

[39] BORAIAH, S.; PAUL, O.; PARKER, R.J.; MILLER, A.N.; HENTEL, K.D.; LORICH, D.G.: Osteochondral lesions of talus associated with ankle fractures. Foot Ankle Int 30:481–485 (2009)

[40] BORRELLI, A.H.: Osteochondral fracture of the talofibulare joint. J Am Pod Med Assoc 79:151–153 (1989)

[41] BROCA: Paris 1854, zit. bei Burckhardt (1924)

[42] BRILL, R.: Knorpel-Knochen-Verletzungen durch Kraftstöße – experimentell erzeugt und histologisch gesicherte Verletzungsfolgen – Dissertation Universität Ulm (2007)

[43] BRONSTEIN, R.D.; SEBASTIANELLI, W.J.; DE HAVEN, K.E.: Localized pigmented villonodular synovitis presenting as a loose body in the knee. Arthroscopy 9:596–598

[44] BRUNS, J.; ROSENBACH, B.:Osteochondrosis dissecans tali und Sport. Sportverletzung Sportschaden 2:153–157 (1988)

[45] BRUNS, J.; ROSENBACH, B.: Pressure distribution at the ankle joint. Clin Biomech 5:153–161 (1990)

[46] BRUNS, J.; ROSENBACH, B.: Osteochondrosis dissecans of the talus, Comparison of results of surgical treatment in adolescents and adults. Arch Orthop Trauma Surg 112:23–27 (1992)

[47] BRUNS, J.: Osteochondrosis dissecans: Pathogenese, Diagnose und Therapie. Bücherei des Orthopäden 64, Enke Stuttgart (1996)

[48] BRUNS, J.; KLIMA, H.; LÜSSENHOP, S.: Osteochondrosis dissecans genus – Obligate oder fakultative Präarthrose? Z Orthop 136:A23 (1998)

[49] BRUNS, J.; ROSENBACH, B.: Stellt die Osteochondrosis dissecans tali eine Präarthrose für das obere Sprunggelenk dar? Z Orthop 136:107 (1998)

[50] BRUNS, J.; BEHRENS, P.: Osteochondrosis dissecans – Ätiologische und pathophysiologische Aspekte. Arthroskopie 11:166–176 (1998)

[51] BRUNS, J.; PUCHMÜLLER, A.; STEINHAGEN, J.; ROSENBACH, B.; VOLKMER, M.: Pressure distribution at the ankle, knee and elbow joint and osteochondritis dissecans. International Cartilage Repair Society, 3 rd Symposium, Gothenburg, Sweden, 27.–29. April (2000)

[52] BURCKHARDT, H.: Über Entstehung der freien Gelenkkörper und über Mechanik des Kniegelenks. Beitr Klin Chir 130:205–210 (1924)

[53] BURCKHARDT, H.: Erzeugung von Knochennekrosen vermittels Anämisierung und Druckwirkung durch elastische Umschnürung. Beitr Klin Chir 138:625–646 (1927)

[54] BURCKHARDT, H.: Die Lehre von der traumatisch-mechanischen Genese des Gelenkmausleidens sowie der sogenannten Epiphyseomalakien. Neue dtsch Chir Zbl Chir 52:2397–2398 (1931)

[55] BURCKHARDT, E.: Perthes, Osteochondritis dissecans und Coxa vara infantum im Tierexperiment. Helv chir Acta 15:3–23 (1948)

[56] CALANDRA, J.J.; BAKER, C.L.; URIBE, U.J.: The incidence of Hill-Sachs-lesions in initial anterior shoulder dislocations. Arthroscopy 5:254–257 (1989)

[57] CAMASTA, C.A.; PITTS, T.E.; COREY, S.V.: Bilateral osteochondritis dissecans of the first metatarsophalangeal joint. J Am Podiatr Med Assoc 84:297–310 (1994)

[58] CAMPBELL, C.J.; RANAWAT, C.S.: Osteochondritis dissecans: the question of etiology. J Trauma 6:201–221 (1966)

[59] CANALE, S.T.; BELDING, R.H.: Osteochondral lesions of the talus. J Bone Joint Surg Am 62:97 (1980)

[60] CARLSON, C.S.; HILLEY, H.D.; HENRIKSON, C.K.; MEUTEN, D.J.: The ultrastructure of osteochondrosis of the articular-epiphyseal cartilage complex in growing swine. Calcif Tissue Int 38:44–51 (1986)

[61] CERLETTY, J.M.; ZIEBERT; A.P.; MUELLER, K.H.: Avascular necrosis of the femoral head as the presenting manifestation of Cushing's disease. Clin Orthop 97:69–73 (1973)

[62] CHANEY, D.M.; TOUPS, J.; FOSTER, J.: Osteochondral fractures of the talus. 3-Clin Podiatr Med Surg 18:481–493 (2001)

[63] CHEN, D.S.; WERTHEIMER, S.J.: Centrally located osteochondral fractures of the talus. The Journal of Foot Surgery 29:109–113 (1990)

[64] CHEN, D.S.; WERTHEIMER, S.J.: Centrally located osteochondral faracture of the talus. The Journal of Foot Surgery 31:134–140 (1992)

[65] CHENG, X.; WANG, Y.; QU, H.: Intrachondral microvasculature in the human fetal talus. Foot Ankle Int. 18:335–338 (1997)

[66] CLANTON, T.O. ; DE LEE, J.C. : Osteochondritis dissecans : history, pathophysiology and current treatment concepts. Clin Orthop 167:50–64 (1982)

[67] DANN, K. ; WAHLER, G. ; NEUBAUER, N.; STEINER, R.; TITZE, W.; WAGNER, M.: Begleitverletzungen nach OSG-Distorsionen. Sportverletz Sportschaden 10:67–69 (1996)

[68] DAVIS, A.W.; ALEXANDER, I.J.: Problematic fractures and dislocations in the foot and ankle of athletes. Clin Sports Med 9:163–181 (1990)

[69] DELLING, G.: Skelettsystem. In: Remmele W.: Pathologie 5, 2. Auflage. Springer Berlin Heidelberg (1997)

[70] DICKSON, K.F.; SARTORIS, D.J.; Injuries to the talus-neck fractures and osteochondral lesions (osteochondritis dissecans). J Foot Surg 30:310–318 (1991)

[71] DORY, M.A.: Chondral fracture of the anterior intercondylar groove of the femur. Clin Rheumatol 2:175–177 (1983)

[72] DRAIJER, F.; HAVEMANN, D.; BIELSTEIN, D.: Verletzungsanalyse kindlicher Talusfrakturen. Unfallchirurg 98:130–132 (1995)

[73] DUNLAP, B.J.; FERKEL, R.D.; APPLEGATE, G.R.: The „LIFT" lesion: lateral inverted osteochondral fracture of the talus. Arthroscopy 29:1826–1833 (2013)

[74] DZIOBA, R.B.; QUINLAN, W.J.: Avascular necrosis of the glenoid. J Trauma 24:448 (1984)

[75] EKMAN, S.; CARLSON, C.S.: The pathophysiology of osteochondrosis. Vet Clin North Am Small Anim Pract 28:17–32 (1998)

[76] ELIAS I.; RAIKIN, S.M.; SCHWEITZER, M.E.; BESSER, M.P.; MORRISON, W.B.; ZOGA, A.C.: Osteochondral lesions of the distal tibial plafond: localization and morphologic characteristics with an anatomical grid. Foot & Ankle International 30:524–529 (2009)

[77] ELKOWITZ, S.J.; POLATSCH, D.B.; EGOL, K.A., KUMMER, F.J.; KOVAL, K.J.: Capitellum fractures: a biomechanical evaluation of threee fixation methods. J Orthop Trauma 16:503–506 (2002)

[78] ENNEKING, W.F.: Clinical musculoskeletal pathology. Gainsville (1977)

[79] FAIRBANK, H.A.T.: Osteochondritis dissecans. Br J Surg 21:67–82 (1933)

[80] FAIRCLOUGH, J.A.; JOHNSON, S.R.: Ski injuries, the significance of flake fractures. Injury 19:79–80 (1988)

[81] FERKEL, R.D.: Articular surface defects, loose bodies, and osteophytes. In Arthroscopic Surgery: The Foot and Ankle. Philadelphia, Lippincott-Raven: 145–170 (1996)

[82] FISHER, A.G.T.: A study of loose bodies composed of cartilage or of cartilage and bone occurring in joints with special reference to their pathology and etiology. Br J Surg 8:493–523 (1931)

[83] FLICK, A.B.; GOULD, N.: Osteochondritis of the talus (transchondral fractures of the talus): review of the literature and new surgical approach for medial dome lesions. Foot Ankle Int 5:165–185 (1985)

[84] FOWLES, J.V.; RIZKALLAH, R.: Intra-articular injuries of the elbow: pitfalls of diagnosis and treatment. CMA Journal 24:125–131 (1976)

[85] FREIBERG, A.H.: Jour. Bone and Joint Surgery (1923)

[86] FREUND, E.: Zur Frage der aseptischen Knochennekrose. Virchows Arch (Pathol Anat) 261:287 (1926)

[87] FRÖHLICH, P.; MÜLLER, T.: Die Schüppchenfraktur – eine seltene Begleitverletzung des oberen Sprunggelenkes. Orthop u Traumatol 24:228–231 (1977)

[88] FROST, A.; ROACH, R.: Osteochondral injuries of the foot and ankle. Sports Med Arthrosc Rev 17:87–93 (2009)

[89] GLANZMANN, M.C.; HINTERWIMMER, S.; IMHOFF, A.B.: Eine atypische Ursache von Sprunggelenkschmerzen. Arthroskopie 23:67–70 (2010)

[90] GRIFFITHS, H.J.: Trauma to the ankle and foot. CRC Crit Rev Diagn Imaging 26:45–105 (1986)

[91] GUHL, J.F.: Arthroscopic treatment of osteochondritis dissecans: preliminary report. Orthop Clin North Am 10:671–683 (1979)

[92] HAHN, N.F.: Fall von einer besonderen Varietät der Fractures des Ellenbogens. Z Wundärzte Geburtshelfer 6:185 (1853)

[93] HAKIMZADEH, A.; MUNZINGER, U.: Die Osteochondrosis dissecans des oberen Sprunggelenkes: Langzeitstudie. Orthopäde 8:135–140 (1979)

[94] HALL, F.M.: Osteochondrosis dissecans and avascular necrosis of bone. Skeletal Radiol 20:272 (1991)

[95] HELLSTRÖM, J.: Beitrag zur Kenntnis der sog. Osteochondritis dissecans im Kniegelenk. Acta Chir Scand 55:190–221 (1922)

[96] HEMPFLING, H.; PROBST, J.: Synergistische Gelenkdiagnostik. Akt Traumatol 17:242–249 (1987)

[97] HEMPFLING, H.: Farbatlas der Arthroskopie großer Gelenke, 2. Auflage Fischer Verlag; Stuttgart, New York (1995)

[98] HEMPFLING, H.; BOHNDORF, K.: Begutachtung des Knorpelschadens. Trauma Berufskrankh 9:284–295 (2007)

[99] HERMANSON, E.; FERKEL, R.D.: Bilateral Osteochondral lesions of the talus. Foot & Ankle Int 30:723–727 (2009)

[100] HERZBERGER, M.; SCHULER, P.; ROSSAK, K.: Osteochondrosis dissecans patellae. Z Orthop 120:268–271 (1982)

[101] HILLE, E.; SCHULITZ, K.P.; PERZBORN, V.: Druck- und Kontaktflächenverläufe des oberen Sprunggelenkes unter verschiedenen Funktionen. In: Hackenbroch MH, Refior HJ, Jäger M,

Plitz W (Hrsg): Funktionelle Anatomie und Pathomechanik des Sprunggelenkes. Thieme, Stuttgart New York: 52–567 (1984)

[102] HINTERMANN, B.: Influence of ligament transection on tibial and calcaneal rotation with loading and dorsi-plantarflexion. Foot Ankle 16:567–571 (1995)

[103] HINTERMANN, B.: Biomechanik der Sprunggelenke – Unfallmechanismen. Swiss Surg 4:63–69 (1998)

[104] HINTERMANN, B.; REGAZZONI, P.; LAMPERT, C.; STUTZ, G.; GÄCHTER, A.: Arthroscopic findings in acute fractures of the ankle. J Bone Joint Surg Br 82:345–351 (2000)

[105] HIPP, E.; AIGNER, R.: Osteochondrosis dissecans. In : HOHMANN, G.; HACKENBROTH, M.; LINDEMANN, K. Orthopädie in Praxis und Klinik, Bd. VII. Thieme, Stuttgart (1987)

[106] HUEGLI, R.W.; MOELLEKEN, S.M.; STOORK, A.; BONEL, H.M.; BREDELLA, M.A.; MECKEL, S.; GANANT, H.K.; TIRMAN, F.J.: MR imaging of post-traumatic articular cartilage injuries confined to the femoral trochlea. Arthroscopic correlation and clinical significance. Eur J Radiol 53:90–95 (2005)

[107] HUGHES, E.C.; SCHUMACHER, H.R.; SBARBARO, J.L.: Bilateral avascular necrosis of the hip following Leriche syndrome. J Bone Joint Surg Am 53:380–382 (1974)

[108] HUGHES, J.A.; COOK, J.V.; CHURCHILL, M.A.; WARREN, M.E.: Juvenile osteochondritis dissecans: a 5-year review of the natural history using clinical and MRI evaluation. Pediatr Radiol 33:410–417 (2003)

[109] HUGHES, P.E.; PALETTA, G.A.: Little leaguer's elbow, medial epicondyle injury, and osteochondritis dissecans. Sports Medicine and Arthroscopy Review 11:30–39 (2003)

[110] HUTCHINSON, B.L.; WARDLE, D.J.: Diagnosis and treatment of talar tilt and its relationship to the occurrence of transchondral fractures: A retrospective study. Journal of Foot Surgery 30:151–155 (1991)

[111] HUYLEBROEK, J.F.; MARTENS, M.; SIMON, J.P.: Transchondral talar dome fracture.

[112] ITTNER, G.; JASKULKA, R.; FASOL, P.: Zur Behandlung der flake fracture des Talus. Z Orthop 127:183–186 (1989)

[113] JOSTEN, C.; MUHR, G.; LIES, A.: Arthroscopic abrasion arthroplasty of the upper ankle joint. Long term results in osteochondrosis dissecans. Unfallchirurg 93:110–114 (1990)

[114] JOSTEN, C.; ROSE, T.: Akute und chronische osteochondrale Läsionen am Talus. Orthopäde 28:500–508 (1999)

[115] KALBERMATTEN, D.F.; BALLMER, F.T.: Freier Gelenkskörper nach Osteochondritis dissecans fehlinterpretiert als Segond-Ausrissfraktur. Akt Traumatol 30:145–146 (2000)

[116] KAPLAN, P.A.; CRAIG, W.W.; KILCOYNE, R.F. ; BROWN, D.E. ; TUSEK, D. ; DUSSAULT, R.G.: Occult fracture patterns of the knee associated with anterior cruciate ligament tears: assessment with MR imaging. Radiology 183:835–838 (1992)

[117] KAPPIS, M.: Osteochondritis dissecans und traumatische Gelenkmäuse. Dtsch Z Chir 157:187–213 (1920)

[118] KAPPIS, M.: Zur Lehre von den Gelenkmäusen. Dtsch Med Wschr 46:1161–1163 (1920)

[119] KENNEDY, J.C.; GRAINGER, R.W.; McGRAW, R.W.: Osteochondral fractures of the femoral condyles. J Bone Joint Surg 48B:436–440 (1966)

[120] KIPPENES, H.; JOHNSTON, G.: Diagnostic imaging of osteochondrosis. Veterinary Clinics of North America: Small Animal Practice 28:137–160 (1998)

[121] KOCH, S.; KAMPEN, W.U.; LAPRELL, H.: Cartilage and bone morphology in osteochondritis dissecans. Knee Surg Sports Traumatol Arthrosc 5:42–45 (1997)

[122] KOCH, S.; LAPRELL, H.: Degradation der osteochondralen Extrazellulärmatrix bei Osteochondrosis dissecans. Z Orthop 136:20 (1998)

[123] KOCHER, M.S.; TUCKER, R.; GANLEY, T.J.; FLYNN, J.M.: Management of osteochondritis dissecans of the knee: current concepts review. Am J Sports Med 34:1181–1191 (2006)

[124] KÖNIG, F.: Über freie Körper in den Gelenken. Dt Z Chir 27:90–109 (1887–1888)

[125] KRAMER, J.A.; SCHEURECKER, A.; MOHR, E.: Osteochondrale Läsionen. Radiologe 35:109–116 (1995)

[126] KRAUSE, M.; LEHMANN, D.; AMLING, M.; ROLVIELN, T.; FROSCH, K.H.; PÜSCHEL, K.; BOHNDORF, K.; MEENEN, N.M.: Intact bone vitality and increased accumulation of nonmineralized bone matrix in biopsy specimens of juvenile osteochondritis dissecans: a histological analysis. Am J Sports Med 43:1337–1347 (2015)

[127] KUSUMI, T.; ISHIBASHI, Y.; TSUDA, E.; KUSUMI, A.: Osteochondritis dissecans of the elbow: Histopathological assessment of the articular cartilage and subchondral bone with emphasis on their damage and repair. Pathology International 56:604–612 (2006)

[128] KROEDEL, A.; REFIOR, H.J.: Die Patellaluxation als Ursache osteochondraler Frakturen im femoropatellaren Gleitlager. Unfallchirurgie 16/1 12–17 (1990)

[129] LABOVITZ, J.M.; SCHWEITZER, M.E.: Occult osseous injuries after ankle sprains: incidence location pattern and Age. Foot Ankle Int. 19 10:661–667 (1998)

[130] LACROIX, P.; FIEVEZ, C.; CAMBIER, C. : Contribution à létude histopathologique de l'ostéochondrite disséquante. Annales D'Anatomie Pathologique 3 :293–303 (1961)

[131] LANGER, M.; LANGER, R.: Diagnostik und Verlaufsbeurteilung der Osteochondrosis dissecans tali durch direkte Röntgenvergrößerungstechnik. Unfallheilkunde 84:37–40 (1981)

[132] LANGER, F.; PERCY, E.C.: Osteochondritis dissecans and anomalous centres of ossification: A review of 80 lesions in 61 patients. Can J Surg 14:208–215 (1971)

[133] LAUGE-HANSEN, N.: Fractures of the ankle. Arch surg 56:259–317 (1946)

[134] LEONTARITIS, N.; HINOJOSA, L.; PANCHBHAVI, V.K.: Arthroscopically detected intraarticular lesions associated with acute ankle fractures. J Bone Joint Surg Am 91:333–339 (2009)

[135] LIES, A.; SCHEUER, I.: Therapie und Ergebnisse von traumatischen Knorpel-Knochenläsionen der Talusrolle. Akt Traumatol 12:23–29 (1982)

[136] LINDÉN, B.; TELHAG, H.: Osteochondritis dissecans: a histologic and autoradiographic study in man. Acta Orthop Scand 48:682–686 (1977)

[137] LINDHOLM, T.S.; OSTERMANN, V.E.: Osteochondritis dissecans of the elbow, ankle and hip: a comparison survey. Clin Orthop 148:245 (1980)

[138] LOOMER, R.; FISCHER, C. LLOYD-SMITH, R.; et al.: Osteochondral lesions of the talus. Am J Sports Med 21:13–19 (1993)

[139] LOREN, G.J.; FERKEL, R.D.: Arthroscopic assessment of occult intraarticular injury in acute ankle fractures. The Journal of Arthroscopic and Related Surgery 18:412–421 (2002)

[140] LUDLOFF, K.: Über Wachstum und Architektur der unteren Femurepiphyse und oberen Tibiaepiphyse. Beitr klin Chir 38:64 (1903)

[141] LÜTTEN, C.; LORENZ, H.; THOMAS, W.: Diagnostik und Therapie der Osteochondrosis dissecans. Z Unfallchir Vers med Berufskr. 81:187–200 (1988)

[142] LY, P.N.; FALLAT, L.M.: Transchondral fractures of the talus: a review of 64 surgical cases. Foot & Ankle Surg 32:352–374 (1993)

[143] MANKIN, H.J.: Nontraumatic necrosis of bone (osteonecrosis) Review. N Engl J Med 326:1473–1479 (1992)

[144] MANNIS, C.J.: Transchondral fractures of the talus, sustained during weight training. Am J Sports Med 11:354–356 (1983)

[145] MARKS, K.L.: Flake fracture of the talus progressing to osteochondritis dissecans. J Bone Joint Surg 34:90–92 (1952)

[146] McGAHAN, P.J.; PINNEY, S.J.: Current concept review: osteochondral lesions of the talus. Foot Ankle Int 31:90–101 (2010)

[147] MILGRAM, J.W.: The classification of loose bodies in human joints. Clin Orthop 282–291 (1976)

[148] MILGRAM, J.W.: The development of loose bodies in human joints. Clin Orthop 124:292–303 (1977)
[149] MIZUTA, H.; NAKAMURA, E.; OTSUKA, Y.; KUDO, S.; TAKAGI, K.: Osteochondritis dissecans of the lateral femoral condyle following total resection of the discoid lateral meniscus. J Arthrosc Rel Surg 17:608–612 (2001)
[150] MOHR, W.: Gelenkpathologie. Springer Verlag, Berlin – Heidelberg (2000)
[151] MOLOGNE, T.S.; FERKEL, R.D.: Arthroscopic treatment of osteochondral lesions of the distal tibia. Foot & Ankle Int 28:865–872 (2007)
[152] MONROE 1726: Zit. nach Phemister. J Bone Jt Surg 6 A:278 (1924)
[153] MONT, M.A.; HUNGERFORD, D.S.: Non-traumatic avascular necrosis of the femoral head. J Bone Joint Surg am 77:459–474 (1995)
[154] MUKHERJEE, S.K., YOUNG, A.B.: Dome fractures of the talus. A report of ten cases. J Bone Joint Surg Br 55:319–326 (1973)
[155] NAMBU, T.; GASSER, B.; SCHNEIDER, E.; BANDI, W.; PERREN, S.M.: Deformation of the distal femur: a contribution towards the pathogenesis of osteochondosis dissecans in the knee joint. J Biomech 24:421–433 (1991)
[156] NELSON, D.W.; DiPAOLA, J.; COLVILLE, M.; SCHMIDGALL, J.: Osteochondritis dissecans of the talus and knee: prospective comparison of MR and arthroscopic classifications. J Comput Assist Tomogr 14:804–808 (1990)
[157] NISHIMURA, G.; YAMATO, M.; TOGAWA, M.: Trabecular trauma of the talus and medial malleolus concurrent with lateral collateral ligamentous injuries of the ankle: evaluation with MR imaging. Skeletal Radiol 25:49–54 (1996)
[158] O'DONOGHUE, D.H.: Chondral and osteochondral factures. The Journal of Trauma 6:469–481 (1966)
[159] OGILVIE-HARRIS, D.J.; SARROSA, E.A.: Arthroscopic treatment of osteochondritis dissecans of the talus. The Journal of Arthroscopic and Related Surgery 15:805–808 (1999)
[160] OGILVIE-HARRIS, D.J.; SARROSA, E.A.: Arthroscopic treatment of osteochondritis dissecans of the talus. Arthroscopy 8:805–808 (1999)
[161] OGILVIE-HARRIS, D.J.; SARROSA, E.A.: Arthroscopic treatment after previous failed open surgery for osteochondritis dissecans of the talus. J Arthrosc Rel Surg 15:809–812 (1999)
[162] OOHASHI, Y.; OOHASHI, Y.: Chondral fracture of the lateral trochlea of the femur occurring in an adolescent: mechanism of injury. Arch Orthop Trauma Surg 127:791–794 (2007)
[163] PAAR, O.; RIECK, B.; BERNETT, P.: Experimentelle Untersuchungen über belastungsabhängige Druck- und Kontaktflächenverläufe an den Fußgelenken. Unfallh 86:531–534 (1983)
[164] PAGET, J.: On the production of some of the loose bodies in joints. St Barth Hosp Rep 6:1 (1870)
[165] PAPPAS, A.M.: Osteochondrosis dissecans. Clin Orthop 158:59–69 (1981)
[166] PASCUAL-GARRIDO, C.; TANOIRA, I.; MUSCULO, D.L.; AYEZA, M.A.; MAKINO, A.: Viability of loose body fragments in osteochondritis dissecans of the knee: a series of cases. Int Orthop 34:827–831 (2010)
[167] PASSL, R.; SPÄNGLER, H.; WRUHS, O.: Zur Problematik der sogenannten „Flake fractures" der medialen Talusrollenkante. Hefte zur Unfallheilk 134:99 Springer-Verlag, Berlin-Heidelberg-New York (1979)
[168] PATON, R.W.; EVANS, D.I.K.: Silent avascular necrosis of the femoral head in haemophilia. J Bone Joint Surg Br 70:737–739 (1988)
[169] PEI, M.; YU, C.; QU, M.: Expression of collagen type I, II and III in loose body of osteoarthritis. J Orthop Sci 5:288–293 (2000)
[170] PETERS, T.A.; McLEAN, I.D.: Osteochondritis dissecans of the patellofemoral joint. Am J Sports Med 28:63–67 (2000)

[171] PETTINE, K.A.; MORREY, B.F.: Osteochondral fractures of the Talus. J Bone Joint Surg 69:89–92 (1987)

[172] PHEMISTER, D.B.: The causes of and changes in loose bodies arising from the articular surface of the joint. J Bone Joint Surg Am 6:278–315 (1924)

[173] PHEMISTER, D.B. : Aseptische Knochennekrose bei Frakturen, Transplantationen und Gefäßverschlüssen. Z Orthop Chir 55:161–186 (1931)

[174] PUDDU, G.: Osteochondral fractures of the knee. Italian Journal of Orthopaedics and Traumatology 3:128–137 (1977)

[175] RADIN, E.L.; Paul, I.L.; LOWY, M.: A comparison of the dynamic force transmitting properties of subchondral bone and articular cartilage. J Bone Joint Surg 52:444–456 (1970)

[176] RADIN, E.L.; ROSE, R.M.: Role of subcondral bone in the initiation and progression of cartilage damage. Clin Orthop 213:34–40 (1986)

[177] RAIKIN, S.M.: Stage VI: Massive osteochondral defects of the talus. Foot Ankle Clin N Am 9:737–744 (2004)

[178] RAITH, W. ; HEMPFLING, H. ; PUTZ, R. : Die Blutversorgung der medialen Taluskante. Fuß & Sprunggelenk 6:201–206 (2008)

[179] REHM, K.E.; SCHULTHEIS, K.-H.; KRAUSS, R.: Indikation, Technik und Stellenwert der Arthroskopie des oberen Sprunggelenkes. Unfallchirurgie 9:152–161 (1983)

[180] RENDU, A.: Fracture intra-articulaire parcellaire de la poulie astragalienne. Lyon Med 150:120–122 (1932)

[181] RESNICK, D.; KANG, H.S.; PRETTERKLIEBER, M.L.: Internal Derangements of Joints. Saunders Elsevier Philadelphia (2007)

[182] RIBBING, S.: Studien über hereditäre multiple Epiphysenstörungen. Acta Radiol Suppl 34:7–100 (1937)

[183] RIEDEL, K. ; JOBST, M. : Zur Kenntnis und Therapie der Shepherdschen Fraktur. Zbl Chirurgie 109:746–749 (1984)

[184] RIMANN, H.: Experimenteller Beitrag zur Lehre von der Entstehung der echten, freien Gelenkkörper. Virchow Arch pathol Anat 180:446 (1905)

[185] RITZLER, T.; VAN DIJK, C.N.: Arthroskopische Behandlung der Osteochondrosis dissecans der Talusrolle. Arthroskopie 11:187–192 (1998)

[186] RODEGERDTS, U.: Ätiologie, Therapie und Prognose der Osteochondrosis dissecans der Talusrolle. Arch Orthop Unfall-Chir 83:45–55 (1975)

[187] RÖDÉN, S.; TILLEGÅRD, P.; UNANDER-SCHARIN, L.: Osteochondritis dissecans and similar lesions of the talus. Report of fiftyfive cases with special reference to etiology and treatment. Acta Orthop Scand 23:51 (1953)

[188] ROFFMAN, M.: Autogenous grafting for an osteochondral fracture of the femoral condyle. A case report. Acta Orthop Scand 66:571–572 (1995)

[189] ROGERS, L.F.: Radiology of Skeletal Trauma, Vol.2, Churchill Livingstone, New York (1982)

[190] RUBIN, D.A.: Magnetic resonance imaging of chondral and osteochondral injuries. Top Mag Res Imag 9:348–359 (1998)

[191] SANDERS, R.K.; CRIM, J.R.: Osteochondral Injuries. Seminars in Ultrasound, CT, and MRI 22:352–370 (2001)

[192] SCHENCK, R.C.; GOODNIGHT, J.M.: Osteochondritis dissecans. J Bone Joint Surg Am 78:439–456 (1996)

[193] SCHNITTKER, F.J.; MAY, E.; THAISS, S.: Flake fractures der Talusrolle als Sportverletzung. Deutsche Zeitschrift für Sportmedizin 35:346–356 (1984)

[194] SCHREINER, C.; HOFEBAUER, S.; GRIFKA, J.; SCHLEBERGER, R.: Osteochondrale Fraktur des lateralen Pilon tibial. Unfallchirurg 96:656–659 (1993)

[195] SCHUH, A.; HÖNLE, W.; SCHUH, R.; EFFENBERGER, H.: Osteochondrosis dissecans of the medial malleolus: a case report. Arch Orthop Trauma Surg 129:1133–1135 (2009)

[196] SCHUMANN, L.; STRUIJS, P.A.A.; VAN DIJK, C.N.: Traumatische osteochondrale Läsionen der Talusrolle. Orthopäde 30:66–72 (2001)

[197] SEGGL, W.; WEIGLEIN, A.: Die arterielle Blutversorgung des Oberarmkopfes und ihre prognostische Bedeutung bei Luxationen, Frakturen und Luxationsfrakturen des Oberarmkopfes. Acta Chir Austriaca 92:1–19 (1991)

[198] SHANLEY, D.J.; MULLIGAN, M.E.: Osteochondrosis dissecans of the glenoid. Skeletal Radiol 19:419–421 (1990)

[199] SHEA, K.G.; JACOBS jr., J.C.; GRIMM, N.L.; PFEIFFER, R.P.: Osteochondritis dissecans development after bone contusion of the knee in the skeletally immature: a case series. Knie Surg Sports Traumatol Arthrosc 21:403–407 (2013)

[200] SHEA, K.G.; JACOBS J.C. Jr.; CAREY, J.L.; ANDERSON, A.F.; OXFORD, J.T.: Osteochondritis dissecans knee histologiy studies have variable findings and theories of etiology. Clin Orthop Relat Res 471:1127–1136 (2013)

[201] SHEA, M.P.; MANOLI, A.: Osteochondral lesions of the talar dome. Foot Ankle 14:48–55 (1993)

[202] SIJBRANDIJ, E.S.; VAN GILS, A.P.G.; LOUWERENS, J.W.K.; DE LANGE, E.E.: Posttraumatic subchondral bone contusions and fractures of the talotibial joint: Occurrence of „Kissing“ Lesions. AJR 175:1707–1710 (2000)

[203] SIMON, S.R.; RADIN, E.L.; PAUL, I.L.; ROSE, R.M.: The response of joints to impact loading II. J Biomech 5:267–272 (1972)

[204] SMASAL, V.; WASMER, G.; HAGENA, F.-W.: Spielt bei der Entstehung der Osteochondrosis dissecans tali Überlastung eine Rolle? Sportverletzung Sportschaden 2:158–159 (1988)

[205] SOMMER, R.: Die Osteochondrosis dissecans (König). Beitr klin Chir 129:1–60 (1923)

[206] SOMMER, C.; HINTERMANN, B.; NIGG, B.M.; BOGERT VAN DEN, A.J.: Influence of ankle ligaments on tibial rotation: an in vitro study. Foot Ankle 17:79–84 (1996)

[207] SONNENSCHEIN, A.: Biologie, Pathologie und Therapie der Gelenke, dargestellt am Kniegelenk. Schwabe & Co. Verlag Basel (1952)

[208] SORRENTO, D.L.; MLODZIENSKI, A.; FACFAS, D.P.M.: Incidence of lateral talar dome lesions in SER IV ankle fractures. The Journal of Foot & Ankle Surgery 39:354–358 (2000)

[209] STOCKER, F.; IMHOFF, A.B.: Antero- und retrograde Knorpel-Knochen-Transplantation (OATS) am Talus. Arthroskopie 18:90–93 (2005)

[210] STOLLER, D.W.: Magnetic resonance imaging in orthopaedics and Sports Medicine. Wolters Kluwer Lippincott Williams & Wilkins, Philadelphia (2007)

[211] SUGIMOTO, K.; TAKAKURA, Y.; TOHNO, Y.; KUMAI, T.; KAWATE, K.; KADONO, K.: Cartilage thickness of the talar dome. The Journal of Arthroscopic and Related Surgery 21:401–404 (2005)

[212] TAITSMAN, L.A.; FRANK, J.B.; MILLS, W.J.; BAREI, D.P.; NORK, S.E.: Osteochondral fracture of the distal lateral femoral condyle. J Orthop Trauma 20:358–362 (2006)

[213] TAKAHARA, M.; SHUNDO, M.; KONDO, M. et al.: Early detection of osteochondritis dissecans of the capitellum in young baseball players. Report of three cases.J Bone Joint Surg Am 80:892–897 (1998)

[214] TAKAO, M.; OCHI, M.; UCHIO, Y.; NAITO, K.; KONO, T.; OAE, K.: Osteochondral lesions of the talar dome associated with trauma. The Journal of Arthroscopic and Related Surgery 19:1061–1067 (2003)

[215] THURNER, J.: Traumatische Gelenkerkrankungen in: Doerr-Seifert-Uehlinger. Spezielle pathologische Anatomie, Springer Verlag Berlin Heidelberg, Band 18/1:584 (1984)

[216] TOUPIN, J.M.; LECHEVALLIER, J.: Osteochondral fractures of the external femoral condyle after traumatic patellar dislocation during physical exercise in children. Rev Chir Orthop 83:540–550 (1997)

[217] UOZUMI, H.; SUGITA, T.; AIZAWA, T.; TAKAHASHI, A.; OHNUMA, M.; ITOI, E.: Histologic findings and possible causes of oseochondritis dissecans of the knee. Am J Sports Med 37:2003–2008 (2009)

[218] VAHLENSIECK, M.; REISER, M.: MRT des Bewegungsapparates (4. Aufl.) Georg Thieme Stuttgart New York (2015)

[219] VAN DIJK, C.N.: On diagnostic strategies in patients with severe ankle sprain. Amsterdam: University of Amsterdam (1994)

[220] VIGORITA, V.J.: Orthopaedic Pathology, Second Edition. Wolters Klüwer/Lippincott Williams & Williams Philadelphia (2008)

[221] VILLACIN, A.B.; BRIGHAM, L.N.; BULLOUGH, P.G.: Primary and secondary synovial chondrometaplasia. Histologic and clinicoradiologic differences. Hum Pathol 20:439–451 (1979)

[222] VIRCHOW, R.: Die krankhaften Geschwülste. Erster Band. August Hirschwald (1863); Reprint (1978):Springer, Berlin Heidelberg New York: 460 (1863)

[223] WAGNER, H.: Traumatische Knorpelschädigungen des Kniegelenkes. Orthopäde 3:208–210 (1974)

[224] WAGONER, G.; COHN, B.N.: Osteochondritis dissecans. Arch Surg 232:1–25 (1931)

[225] WARE, H.E.; BROOKS, A.P.; TOYRE, R.; BERNEY, S.I.: Sickle cell disease and silent avascular necrosis of the hip. J Bone Joint Surg Br 73:947–949 (1991)

[226] WEBER, O.; GOOST, H.; KABIR, K.; FLORCZYK, A.; WIRTH, D.; BURGER, C.: Distale osteochondrale Femurimpressionsfrakturen. Z Orthop Unfall 145:436–440 (2007)

[227] WEH, L.; KORN, U.; DAHMEN, G.: Freie Gelenkkörper im Kniegelenk. Fortschr Med 42:1939–1943 (1982);

[228] WHITE, K.S.; SANDS, A.K.: Osteochondral lesions of the talus. Current Orthopaedic Practice 20:123–129 (2009)

[229] YDE, J.: The Lauge Hansen classification of malleolar fractures. Acta Orthop Scand 51:181–192 (1980)

[230] YONETANI, Y.; MATSUO, T.; NAKAMURA, N.; NATSUUME, T.; TANAKA, Y.; SHIOZAKI, Y.; WAKITANI, S.; HORIBE, S.: Fixation of detached osteochondritis dissecans lesions with bioabsorbable pins: clinical and histologic evaluation. J Arthrosc Rel Surg 26:782–789 (2010)

[231] YTREHUS, B.; CARLSON, C.S.; LUNDEHEIM, N.; MATHISEN, L.; REINHOLT, F.P.; TEIGE, J.; EKMAN, S.: Vascularisation and osteochondrosis of the epiphyseal growth cartilage of the distal femur in pigs development with age, growth rate, weight and joint shape. Bone 34:454–456 (2004)

[232] YTREHUS, B.; GRINDFLEK, E.; TEIGE, J.; STUBSJOEN, E.; GRONDALEN, T.; CARLSON, C.S.; EKMAN, S.: The effect of parentage on the prevalence, severity and location of lesions of osteochondrosis in swine. J Vet Med A Physiol Pathol Clin Med 51:188–195 (2004)

[233] YTREHUS, B.; EKMAN, S.; CARLSOLN, C.S.; TEIGE, J.; REINHOLT, F.P.: Focal changes in blood supply during normal epiphyseal growth are central in the pathogenesis of osteochondrosis in pigs. Bone 35:1294–1306 (2004)

[234] YTREHUS, B.; HAGA, H.; MELLUM, C.; MATHISEN, L.; CARLSON, C.S.; EKMAN, S.; TEIGE, J.; REINHOLT, F.P.: Experimental ischemia of porcine growth cartilage produces lesions of osteochondrosis. J Orthop Res 22:1201–1209 (2004)

[235] YTREHUS, B.; CARLSON, C.S.; EKMAN, S.: Etiology and pathogenesis of osteochondrosis. Vet Pathol 44:429–448 (2007)

[236] ZILCH, H.; FRIEDEBOLD, G.: Diagnostik und Therapie chondraler und osteochondraler Frakturen im Bereich des oberen Sprunggelenkes. Unfallheilkunde 86:153–160 (1983)

[237] ZOLLINGER, H.; DIETSCHI, C.: Osteochondrosis dissecans des Talus bei rezidivierenden Fußdistorsionen. Referat 60. Jahresversammlung der Schweizerischen Gesellschaft für Unfallmedizin und Berufskrankheiten am 25./26. Oktober 1974 in Chur: 39–43 (1974)

[238] ZOLLINGER, H.; DEXEL, M.: Zur Ätiologie der Osteochondrosis dissecans des Talus. Orthopäde 10:92–94 (1981)

4 Osteonekrosen

Osteonekrosen (Knochennekrosen) entstehen vor allem während des Wachstums und zeigen sich an den Epiphysen, Metaphysen und Apophysen der langen Röhrenknochen sowie an enchondral ossifizierenden Fuß- und Handwurzelknochen [395]. Eine anatomische Einteilung unterscheidet artikuläre von nichtartikulären und diaphysären Osteochondrosen [467]. Trotz unterschiedlicher Lokalisation am Skelett zeigt sich eine weitgehende Übereinstimmung bezüglich der Genese. Die Ursache sei eine intraossäre Durchblutungsstörung [30, 257, 258]. Knocheninfarkte sind eine Form der Nekrosen des spongiösen Knochens und des Fettmarks, insbesondere im metaphysären und metadiaphysären Bereich [526]. Die ätiologischen Faktoren dazu sind identisch mit denen zur Entstehung aseptischer Knochennekrosen [423]. Die Lokalisation verteilt sich über alle Körperregionen.

Eine Grobeinteilung unterscheidet traumatisch und nicht traumatisch bedingte Osteonekrosen:

- nicht traumatische Osteonekrosen,
- Osteonekrosen im Kindes- und Jugendlichenalter: Gefäßalterationen und/oder rezidivierende Mikrotraumatisierungen [521, 375, 533, 534],
- Osteonekrosen im Erwachsenenalter : durch Mikroverletzungen, Grundkrankheiten oder Therapiefolge [15], Mondbeintod [393, 278] u. a.,
- Osteonekrosen als Folge einer Knochentraumatisierung,
- Störung der arteriellen Zufuhr [99, 459],
- Mikroverletzungen [140], keine klinische Symptomatik,
- klinisch relevante Verletzung (Humeruskopf, Talus, Hüftkopf, Lunatum, Skaphoid).

Die Ätiologie der Knochennekrosen wird denkbar unterschiedlich [329] diskutiert. Ursächlich sind mechanisch bedingte Gefäßunterbrechungen, Venenverschlüsse, Thrombosen und Embolien sowie Verletzungen der Gefäßwände oder Kompressionen von außen.

Demzufolge gibt es posttraumatische und nicht posttraumatische („idiopathische") Osteonekrosen. Bei Letzteren werden als Entstehungsursache rezidivierende ischämische Schübe vermutet, die zu Membranschädigungen der Gefäße und zu einem interstitiellen Ödem mit der Folge eines erhöhten intraossären Drucks als „coronary disease oft he hip" führen. Die intraossäre Drucksteigerung im Knochenmark [162] scheint für die Entstehung der Osteonekrose und für den Nekroseschmerz eine entscheidende Rolle zu spielen [157, 229, 242, 476]. Neben der Gefäßpathologie sind Risikofaktoren zu nennen, die wahrscheinlich multifaktoriell wirken, aber deren Funktion in der Pathogenese noch als hypothetisch zu sehen sind.

Aktuell wird zwischen primären und sekundären Osteonekrosen unterschieden [505]. Bei den primären Osteonekrosen wird eine traumatische, mikrotraumatische

DOI 10.1515/9783110284409-009

und vaskuläre Genese diskutiert, die sekundären Osteonekrosen werden auf Faktoren wie Kortisontherapie, Alkoholismus, Lupus erythematodes [174] Hämoglobinopathien, u. a. zurückgeführt. Eine Sonderform sei die postarthroskopische Osteonekrose [77]. Von Bedeutung ist die Unterscheidung in jugendliche und erwachsene spontane Nekrosen. Die jugendlichen Nekrosen sind vor allem in Epiphyse und Metaphyse sowie in den kleinen Hand- und Fußwurzelknochen lokalisiert. Die Nekrosen Erwachsener finden sich in den Hand- und Fußwurzelknochen subchondral und epimetaphysär. Die Apophysennekrosen werden als traumabedingt angesehen [250, 234], d. h. M. Osgood-Schlatter, M. Sinding-Larsen und M. Sever [140], der Beweis dafür aber fehlt.

4.1 Mondbeinnekrose

Die Kienböck-Erkrankung ist eine Osteonekrose, auch Kienböck's-Disease, Mondbeinnekrose, Lunatummalazie oder Mondbeintod genannt. Die Erstbeschreibung erfolgte durch PESTE [393] unter Nennung eines Kollaps des Os lunatum, den er als Folge einer traumatisch bedingten Fraktur deutete. Im Jahre 1910 erschien der Artikel „über traumatische Malazie des Mondbeines und ihre Folgezustände“ [278]. Die Arbeit basiert auf der Beschreibung der radiologisch erkennbaren Veränderungen am Mondbein als eine isolierte Erkrankung desselben, verbunden mit leichten sekundären Veränderungen in den umgebenden Karpalknochen.

Es werden vier Stadien [333] im Verlauf unterschieden:

- **Stadium I:** Im sog. Resorptionsstadium besteht ein Nebeneinander von Verdichtungen und Aufhellungen (Magnetresonanztomographie/Röntgen).
- **Stadium II:** Es kommt zur Kontur- und Strukturveränderung des Mondbeines, dies im Sinne einer Eindellung in der proximalen Gelenkfläche gegenüber dem Radiusfirst bzw. als Fraktur oder Pseudarthrose (Röntgen).
- **Stadium III:** Hier liegt die Zusammensinterung des Mondbeines unter Ausbildung eines karpalen Kollaps vor [272].
- **Stadium IV:** Ausbildung der Arthrose [333].

Der zeitliche Verlauf der Stadienbildung zeigt, dass etwa zum Ende des zweiten Jahres der Erkrankung das Anfangsstadium III zu erwarten ist, dieses Stadium III kann sich bis zum 8. Jahr, im Durchschnitt bis zum 4. Jahr, hinziehen, ab dem 4. Jahr ist mit der Ausbildung der Arthrose zu rechnen, mit zeitlich nach oben offenem Ausgang.

Das Mondbein ist in dorso-palmarer Richtung keilförmig, gegen den Radius zeigt es eine konvexe und gegen das Kapitatum eine konkave Krümmung [203]. Es berührt das Os scaphoideum und das Os triquetrum mit ebenen Gelenkflächen, wobei die mediale Facette des Lunatum in 65 % der Fälle auch mit dem Os hamatum artikulieren kann [510]. Die Form des Os lunatum zeigt drei Typen [161, 298]. Diese drei Typen können auch den drei Ulnavarianten zugeordnet werden [24]. Die Einteilung erfolgt

Tab. 4.1: Vorschlag einer neuen Klassifikation der Lunatumnekrose unter Berücksichtigung der Klinik [333].

Stadium Formen		Röntgenbefund	Klinik
I	a	Verdichtung	+
	b	Mosaik	+
II	a	Eindellung	+++
	b	Fraktur/Pseudarthrose	+++
III	a	Zusammenbruch	+++
	b	mit Karpuskollaps	++
IV		Arthrose	+++

gemäß dem Winkel zwischen der lateralen Skaphoidseite und der proximalen radialen Seite des Os lunatum (Abb. 4.1).

Die Ernährungsgefäße zum Os lunatum kommen sowohl von palmar als auch von dorsal [523, 298], sie anastomosieren intraossär im mittleren Knochenbereich zur Versorgung des gesamten Os lunatum. Es werden drei verschiedene Gefäßversorgungssysteme im Knochen mit Ausbildung der Anastomosen im Zentrum des Knochens fest-

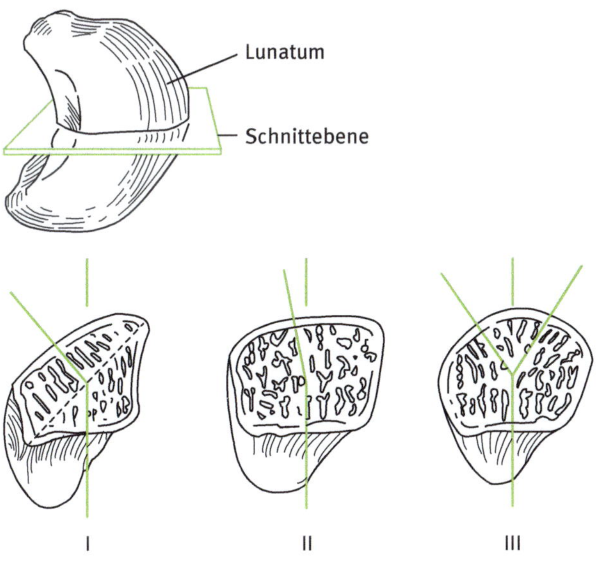

Abb. 4.1: Drei Typen des Mondbeines. Die Anordnung der Trabekel lässt bei Typ II wohl die stabilste Form erkennen, da die Trabekelrichtung, bezogen auf die beiden Gelenkflächen, gleich ausgerichtet sind, in etwa auch bei Typ III durch zwei proximale Gelenkflächen, bei Typ I dagegen laufen die Trabekel mit einem Winkel von etwa 130° aufeinander zu, was am Auftreffpunkt zu einer Schwachstelle und somit zur Gefahr einer Konturunterbrechung führen kann [122].

gestellt. In 8 % der Fälle stellt aber GELBERMAN [177] fest, dass nur ein Gefäß von palmar das Os lunatum versorgt. BOTTE [73] findet diesen Ausnahmezustand in 20 % der Fälle. Somit kann in Abhängigkeit von der Blutversorgung eine höhere oder geringere Nekroserate erwartet werden (Abb. 4.2).

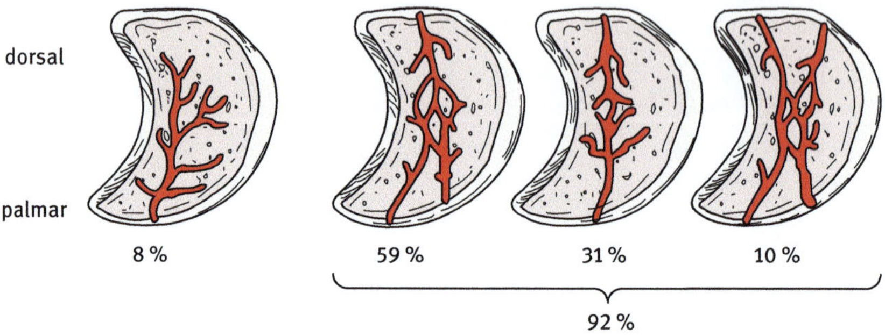

Abb. 4.2: Gefäßversorgung des Os lunatum, vorgeschlagen von GELBERMAN [177]. 8 % des Lunatum haben nur ein Gefäß, die verbleibenden 92 % können in drei verschiedene intraossäre Anastomosen-Arten unterteilt werden: die Y-Form (59 %), die I-Form (31 %) und die X-Form (10 %).

Die Zahlendiskrepanz (in %) ist in der Originalarbeit entstanden. Hier wird auch die isolierte Blutversorgung mit 8 % angegeben [177]. BEREDJIKLIAN [58] benennt Zahlen bis 23 % [388]. Die Darstellung der Venen intra- und extraossär gelingt über die intraossäre Füllung des venösen Abflusses aus dem Mondbein, alternativ kann auch von extraartikulär das Venensystem dargestellt werden. Es zeigt sich eine Verschlechterung des venösen Abflusses bei der Extension des Handgelenkes [442]. In der Extension kommt es zur Kompression der palmaren Venen durch die Flexoren-Sehnen sowie durch die Anspannung der palmaren Handgelenkskapsel. Die streckseitigen Gefäße werden abgeknickt und zwischen der dorsalen Oberfläche des Kapitatum und dem dorsalen Rand des Radius eingeklemmt. In der Extensionsstellung des Handgelenkes werden die dorsalen Gefäße gestreckt, gerade bei der Rotation des Lunatum in der horizontalen Ebene, es kommt zur Verlängerung des Abstandes zwischen dem radiokarpalen Bogen und dem Ein- oder Austritt der Gefäße an der dorsalen Lunatumfläche. Alle diese Mechanismen verschlechtern den venösen Rückstrom durch Dehnung der normalen Gefäßwand. Diese anatomischen Untersuchungen bestätigen die Hypothese der venösen Stauung mit der Konsequenz der intraossären Drucksteigerung [333, 253, 445].

4.1.1 Ätiologie

Betroffen sind bei der Kienböck Erkrankung in der Regel Patienten zwischen dem 20. und 40. Lebensjahr, das Verhältnis Frauen : Männer beträgt 2 : 1 [371]. Es ist vorwiegend die dominante, d. h. die rechte Hand, betroffen, und dies bei Handarbeitern (z. B. bei der Bedienung von Pressluftmaschinen). Schon vor KIENBÖCK [278] wurde die Lunatummalazie als mit Defekt heilende oder so geheilte Frakturen aufgefasst. In der nachfolgenden Zeit entstanden mehrere ätiologische Theorien:

Kienböcks Theorie: Die Gründe, die PREISER [402] dazu veranlassten, für die Fälle der Skaphoidpseudarthrose eine andere Erklärung als eine primäre Fraktur zu suchen, lehnte KIENBÖCK [278] bei der Lunatummalazie kategorisch ab, ebenso den Gedanken, dass eine primäre Kompressionsfraktur die Ursache sei. Auch die Darstellung von EBERMAYER [146], dass wiederholte, geringere Traumen einen Mondbeinbruch bewirken könnten, wird von KIENBÖCK [278] für unvereinbar mit den Erfahrungen in der Knochenpathologie gehalten. Es ließe sich dagegen vorstellen, dass eine Kompression eines zuvor geschädigten Lunatums mit dadurch verringerter Bruchfestigkeit schon durch ein geringfügiges Trauma veranlasst werden könne. KIENBÖCK [278] kommt somit zusammenfassend zu der Schlussfolgerung, unter Würdigung theoretischer Überlegungen und unter Auswertung von Röntgenbildern, dass die Grundlage der Mondbeinmalazie eine Ernährungsstörung des Knochens sei. Diese werde durch eine Bandverletzung veranlasst (Kontusion oder Distorsion).

Frakturtheorie: Aufgrund durchgeführter pathologisch-anatomischer Untersuchungen gelangte BAUM [51] zu der Auffassung, dass es sich um eine Fraktur mit ausgedehnter Zermalmung und Nekrotisierung der Spongiosa handelt. Die Folge der Kompressionsfraktur sei eine Narbenbildung, aber auch ein Proliferationsprozess zur Beseitigung der Nekrosen, vor allem aber eine starke, wenn auch verzögerte Kallusbildung. Der neue, weiche Kallus sei starken Insulten vonseiten des Radius mit folgenden neuen Frakturen ausgesetzt.

Müllers Theorie: Die Kienböck'sche wie auch die Frakturtheorie wurden von MÜLLER [364] aufgrund des Fehlens eines Traumas abgelehnt. MÜLLER [364] vertrat die Auffassung, dass, nachdem die Lunatummalazie vorwiegend bei Patienten mit schwerer Arbeit und noch dazu an der rechten Hand auftritt, hier die Druckwirkung der Speichengelenkfläche auf das Lunatum eine Rolle spielen müsse. Das heißt, es liegt eine abnorme Druckwirkung vor, welche in Fällen von Erkrankungen des Os lunatum ohne Trauma die Knochenerkrankung indirekt herbeiführen würde (Knochenveränderungen durch Druckwirkung).

Axhausens Theorie: Eine Nachuntersuchung der Baum'schen Präparate [51] führte AXHAUSEN [38] zu der Auffassung, dass jeder lebende Knochen, der eine Nekrose durchwächst und umgibt, neu gebildet sein muss. Er schließt daraus, dass bei der Mondbeinnekrose anfangs eine Totalnekrose des Mondbeines vorliegen muss, erst die Reorganisation des Knochens erfolgt dann von dem Periost und den Bandansätzen ausgehend [38]. Auch in diesen Fällen gäbe es kein erhebliches Trauma in der Anamnese.

Theorie der Ulnavarianten: HULTÉN [241] vertrat die Auffassung, dass die Mondbeinmalazie mit ausgeprägter Vorliebe Handgelenke befällt, bei denen die

Speichengelenkfläche im Röntgenbild über das Ellenende hinausragt, d. h., es liegt eine Ulna-Minusvariante vor. Somit resultiert im Allgemeinen ein Verletzungseffekt als Kompressionsbruch auf der Grundlage spezieller anatomischer Verhältnisse im Handgelenk.

Zweite Frakturtheorie: Das pathogenetische Geschehen bei einer Mondbeinmalazie würde wahrscheinlich von einer Kompressionsfraktur eingeleitet werden. Die Ätiologie dieser Kompressionsfraktur ist aber vermutlich wechselnd. Es wird auf die Stressfrakturen hingewiesen, also Insuffizienzfrakturen, die offensichtlich durch forciertes Training bei Ungewohnten entstanden. Ein Teil der Fälle von Mondbeinmalazie könnte womöglich als ähnliche Insuffizienzfraktur gedeutet werden, bei denen ein Unfall im gewöhnlichen Sinne nicht vorliegt, und deshalb könnte die Mondbeinmalazie zukünftig in die Kategorie der Berufskrankheiten eingereiht werden, „wenigstens bei freizügiger Auslegung dieses Begriffes“ [392].

Neben den genannten Haupttheorien existiert noch eine Reihe von Hypothesen: [239, 67, 57, 118, 166, 514].

Verschiedene ätiologische Faktoren [134] für die Entstehung der Osteonekrose des Mondbeines werden heute diskutiert:
- kongenital oder Entwicklungsstörung [278],
- embolischer Gefäßverschluss [38],
- Thrombose [429],
- hereditäre Sphärozytose [8],
- Endarteritis obliterans [518],
- Caisson-Erkrankung [471],
- hämatogener Infekt [396],
- Medianus Neuropathie [114],
- Ermüdungsfraktur, traumatische Fraktur [54],
- venöse Stase [253, 333, 443, 444],
- SL-Dissoziation [74],
- ligamentäre Rupturen mit Gefäßbeteiligung [138, 278, 331].

Ätiologisch stehen aktuell drei Gruppen zur Diskussion:
1. Das Trauma, die Verletzung:
   Zu einer Verletzung führt der gesetzlich definierte Unfall, die Folgen sind die Zerrung bzw. Kontusion, jeweils in drei Schweregrade eingeteilt, eine isolierte Kapselbandverletzung, aber auch Frakturen des Lunatums (klassifiziert nach [494]). Für all diese Verletzungen liegt im Endeffekt der gleiche Unfallmechanismus vor, nämlich die „dorsiflexion injury“ [29, 19]. Es besteht eine axiale Belastung (Stauchungsmechanismus) in Dorsalflexion und Ulnardeviation [495, 267]. Bei diesen Mechanismen kommt es zu intraossären Gefäßverletzungen, aber auch zu extraossären Gefäßzerreißungen, z. B. in Kombination mit Kapselbandverletzungen. Diese Gefäßverletzungen beziehen sich auf die Arterien, wobei aber venöse Zerreißungen gleich häufig vorkommen, da in aller Regel die arteriellen Gefäße von den

Venen begleitet werden. Das Ergebnis ist bei gestautem venösem Rückfluss eine intraossäre venöse Drucksteigerung [444]. Sowohl die intraossäre venöse Drucksteigerung als auch die reduzierte arterielle Durchblutung führen zu Knochennekrosen, wobei bei der arteriellen Verletzung ein besonderes Augenmerk auf die arteriellen Normvarianten zu legen ist. Der Schwachpunkt der venösen Versorgung ist streckseitig zu finden, der der arteriellen Versorgung vorwiegend palmar. Neben den Einzelverletzungen (Kapselbandapparat, Knochenverletzungen) führen natürlich Komplexverletzungen, einschließlich der Lunatumluxation, zu entsprechenden Gefäßunterbrechungen.

2. Mikrotraumen, „overuse injury“, Berufskrankheit:
   Mikrotraumen am Handgelenk, im Sinne der immer wiederkehrenden dorsalen Einklemmung, finden sich beim jungen Sportler, aber auch beim Arbeiter im mittleren Lebensalter-Bereich [373, 354, 346]. Unter dem Begriff des „Cumulative Trauma Disorders“ (CTD) beschreibt FREDERICKS [164] Überlastungsschäden an den Sehnen, neurovaskulär an den Nerven und auch an den Knochen. Neben der isolierten Osteonekrose sollte hier ebenso die Stressfraktur diskutiert werden.
3. Faktoren ohne Verletzungsmechanismen:
   Wie oben angegeben, finden sich mehrere Erkrankungen oder pathologische Veränderungen, die in Zusammenhang mit einer Osteonekrose des Lunatum festgestellt werden. Der Morbus Kienböck zeigt sich somit in Verbindung mit (unsichere Aussage): Karpalkoalition [322, 4], Halsrippe [372], Ovarialerkrankung [372], Gelenkergüssen [97], Gicht [97, 464], Athetosis oder Spastik [422], Sichelzell- oder red cell disease [301], Steroiden, systemisch [127, 461], Lupus erythematotes [197, 493], Reflex vasomotor constriction [308] und Zerebrallähmung [422].

Risikofaktoren

Folgende Risikofaktoren zur Entstehung eines Morbus Kienböck sind heute bekannt:

1. Ulnavarianten
   Beim Morbus Kienböck fanden sich bevorzugt Ulna-Minusvarianten, in 53 % der Fälle [180], bis zu 74 % [240]. Im Vergleich dazu ergaben Arbeiten aus dem asiatischen Raum eine Häufigkeit der Ulna-Minusvariante beim Morbus Kienböck zwischen 10 und 78 % [103, 107, 351, 365]. Diese erhebliche Differenz veranlasste NAKAMURA [374] zu der Aussage, dass die Kienböck-Erkrankung mit positiver Ulnavariante häufig bei Japanern zu finden ist, sie zeigt die gleiche klinische Manifestation wie die Kienböck-Erkrankung bei Ellen-Null- oder Ellen-Minusvariante bei gleicher Klinik. Daher kann die Ellen-Minusvariante nicht als Prädispositionsfaktor für den Morbus Kienböck bezeichnet werden. Dennoch führt die Radiusverkürzung oder die Ellenverlängerung bei der Ellen-Minusvariante zu einer Verbesserung des klinischen Ergebnisses, aber nicht zu einer Verbesserung des pathomorphologischen Substrats [365]. Andererseits kommt es aber auch nicht zur Zunahme des karpalen Kollaps. Dennoch hält sich die Auffassung, dass bei der Ulna-Minusvariante für das Os lunatum die notwendige Abstützung zum

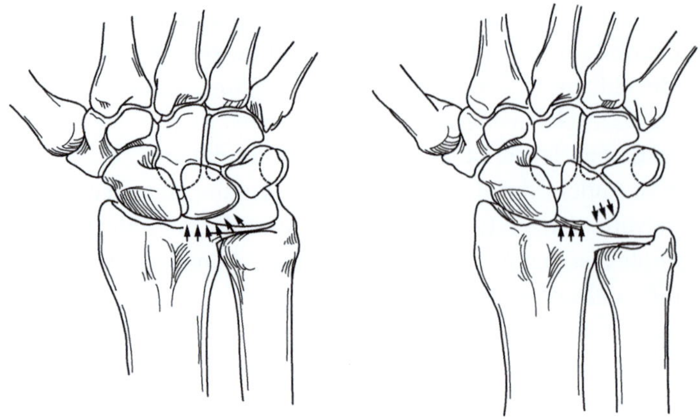

Abb. 4.3: Das Lunatum im normalen Handgelenk wird vom distalen Radius komplett bedeckt (links). Bei der Kienböck-Erkrankung wird das Lunatum nicht vom Radius komplett bedeckt und somit resultiert eine ungleiche Kraftverteilung (rechts), entsprechend der Vorstellung von RAZEMON [412, 413, 414], aus: [122].

Diskus bzw. zum Ellenkopf hin fehlt und somit ein Missverhältnis in der Belastung des Lunatums besteht (Abb. 4.3).
Nur durch eine Verdickung des Diskus könnte dieses Defizit ausgeglichen werden [480]. In Kenntnis der Häufigkeit der Ulna-Minusvarianten beim Morbus Kienböck schwanken die Prozentzahlen zwischen 10 und 78 %, dazu sind diese Zahlen abhängig von bestimmten Bevölkerungsgruppen, ebenso, wie oben ausgeführt, vom Alter der Patienten. Eine geschlechtsspezifische Abhängigkeit wird nicht festgestellt. Somit ist eine negative Ulnavariante allenfalls ein Prädispositionsfaktor, bedeutet aber nicht zwingend einen Kausalzusammenhang mit einem Morbus Kienböck [107], vgl. CTD Cumulative trauma disorders [165].

2. TFCC-Beteiligung
   Veränderungen des Discus articularis des Handgelenkes in Abhängigkeit von den Ulnavarianten können in Verbindung mit diesen als Risikofaktoren gesehen werden. Konkrete Hinweise, dass der Diskus selbst einen Risikofaktor darstellt, finden sich in der Literatur nicht. Vielmehr sind Diskusschäden mit dem sog. Ulnar-Abutment-Syndrom in Verbindung zu bringen.
3. Gefäßversorgung
   Die Durchblutung des Os lunatum kann im arteriellen und im venösen Schenkel gestört oder unterbrochen werden. Nachdem die arterielle Blutversorgung von palmar, aber auch dorsal, auf das Os lunatum zuläuft, in seltenen Fällen nur mit einem Gefäßast von palmar, kann die Gefäßversorgung bei den bestehenden intraossären Anastomosen im Knochen, z. B. bei Frakturen, unterbrochen werden, andererseits aber auch bei Zerreißungen der extraartikulären Strukturen (Ligamente, Gelenkkapsel), in denen die Arterien verlaufen. Bei einer Unterbrechung

des venösen Schenkels, vorwiegend dorsal, ist eine intraossäre Drucksteigerung möglich. Daher ist auch die problematische Stellung des Handgelenkes die Dorsalextension. In dieser Position können die palmaren Gefäße durch die Flexorensehnen komprimiert werden, ebenso durch die Anspannung der palmaren Kapsel. In der Dorsalextension werden die dorsalen Venen abgeknickt und zwischen der dorsalen Fläche des Os capitatum und dem dorsalen Rand des Radius eingeklemmt. Gleichzeitig werden die dorsalen Gefäße bei Rotation des Lunatum durch Längenänderung des Abstandes zwischen dem radiokarpalen Bogen und dem Eintritt der Gefäße in die dorsale Fläche des Lunatum um die Horizontalachse gedehnt. Alle diese Mechanismen beeinträchtigen die venösen Gefäße. Somit ist das Os lunatum ein Knochen mit einem besonderen venösen Risiko [444, 442, 441, 335, 253]. Bezüglich der intraossären arteriellen Anastomosen sei darauf hingewiesen, dass der proximale Pol des Lunatum eine relative avaskuläre Zone zeigt [177]. Somit kann es durch eine einmalige arterielle Unterbrechung zur durchblutungsbedingten Nekrose kommen, z. B. bei traumatischen Frakturen oder beim Ausreißen von Gefäßen zusammen mit Weichteilstrukturen. Durch rezidivierende Mikrotraumen, insbesondere bei Dorsalextension, ist aber auch die venöse Durchblutung gefährdet, mit dem Resultat der intraossären Drucksteigerung, ebenfalls eine Voraussetzung für die Entstehung einer Nekrose.

4. Lunatum-Geometrie
   Es besteht eine Beziehung zwischen der Form und der Länge des Lunatums [24]. Es resultiert eine Klassifikation, abhängig vom Winkel zwischen der lateralen Skaphoidseite und der proximalen radialen Seite des Lunatums, aus posteroanteriorer Sicht. Ist der Winkel größer als 90°, so liegt ein Typ I vor, ist der Winkel etwa bei 90°, d. h., das Lunatum erscheint quadratisch, so handelt es sich um Typ II, ein Typ III besteht dann, wenn die radiale Gelenkfläche des Lunatum zwei Facetten zeigt. Der Typ I findet sich vorwiegend bei der Ulna-Minusvariante, Typ II bei der Ulna-Nullvariante und Typ III bei der Ulna-Plusvariante. FRANCK [161] ordnet diesen Lunatum-Typen eine bestimmte Trabekel-Struktur zu, die senkrecht zu den Gelenkoberflächen verläuft (Abb. 4.4).
   Daraus resultiert ein abgewinkelter Verlauf der Trabekelstrukturen beim Lunatum Typ I, wogegen diese Abwinkelung beim Typ II und III nur angedeutet erkennbar ist, dies wiederum hat einen Einfluss auf die Kraftübertragung im Knochen, Typ I ist am wenigsten stabil im Vergleich zu Typ II und Typ III. Und Kompressionskräfte führen bei zunehmendem intratrabekulärem Winkel mit der Folge einer potenziellen Knochenermüdung bis hin zur Stressfraktur [387]. Wenn diese Fraktur schon vorhanden ist, dann stört diese Trabekelstruktur den Versuch der Heilung, besonders wenn ein „nutcracker effect“ vorliegt. Daraus resultiert eine Fragmentation, vorwiegend beim Lunatum Typ I. Der Zusammenhang des Typ I mit der Ulna-Minusvariante wird als Risikofaktor für die Entstehung des Morbus Kienböck diskutiert, aber auch die Lage des Lunatum zur Radiusgelenkfläche. Während bei den normalen Handgelenken das Lunatum nahezu vollständig mit der Radiusge-

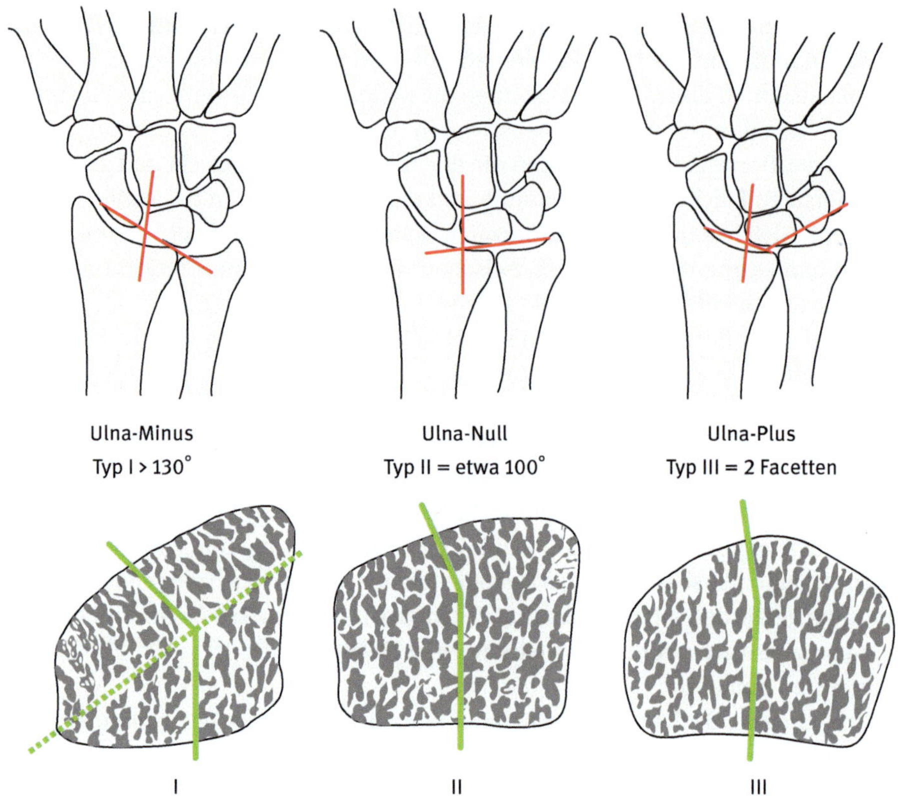

Abb. 4.4: Morphologische Typisierung des Mondbeines einschließlich Zuordnung zu den Ulnavarianten mit Darstellung der Trabekelstruktur [24, 161, 502].

lenkfläche artikuliert, findet sich bei den Patienten mit Kienböck ein Überlappen des Lunatum an der Radiuskante zum Ellenkopf bzw. zum ulnokarpalen Komplex, was bei der Kraftübertragung, besonders bei der Ellen-Minusvariante, von Bedeutung ist [412, 413, 414]. Bei dieser Konstellation ist das Lunatum zwischen der Radius- und der Diskusgelenkfläche nicht gleichmäßig belastet.

5. Lunatumfrakturen
   Eine Klassifikation der Lunatumfrakturen wird von TEISEN [494] vorgenommen. Es werden fünf Typen unterschieden, wobei die Typ-I-Fraktur eine Verletzung des palmaren Poles darstellt, Typ II ist eine Chip-Fraktur, die nicht den Bluteintrittsbereich tangiert, Typ III bedeutet eine dorsale Polfraktur, Typ IV ist eine sagittale Fraktur durch den Lunatumkörper und Typ V eine transversale Fraktur durch den Lunatumkörper (Abb. 4.5).
   Die Mechanismen, die zu Lunatumfrakturen führen, sind vielfältig und radiologisch oft schwer zu erkennen, insbesondere dorsale Typfrakturen, die mit Abscherfrakturen am Os triquetrum verwechselt werden können. Dorsale Absche-

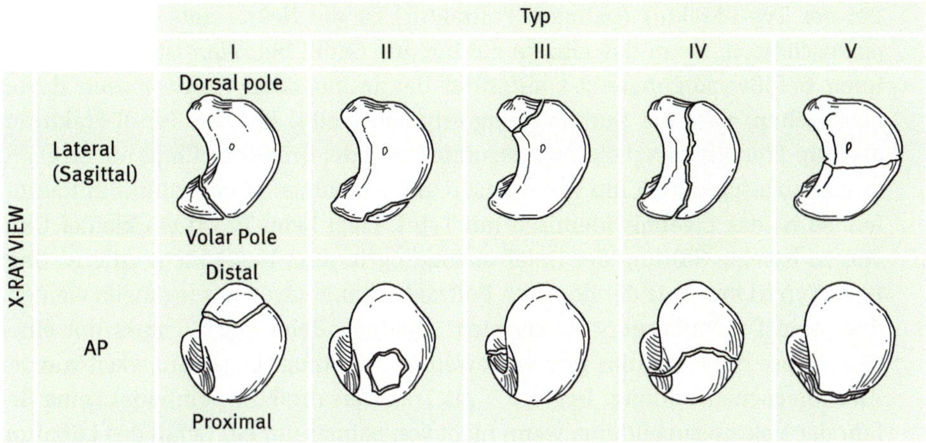

Abb. 4.5: Klassifikation der Lunatumfrakturen nach TEISEN [494]. Typ-I-Fraktur des palmaren Lunatumpols, Typ-II-Chip-Fraktur, ohne die Blutversorgung zu tangieren, Typ-III-Fraktur am dorsalen Lunatumpol, Typ-IV-sagittale Fraktur durch den Mondbeinkörper, Typ-V-transversale Fraktur durch den Lunatumkörper. AP = anteroposterior.

rungen entstehen im Rahmen einer perilunären Dislokation infolge von Scherkräften durch das Kapitatum. Des Weiteren gibt es Abrissfrakturen des Lig. scapholunatum durch eine Rotationssubluxation des Skaphoids. Durch Extensionsverletzungen entstehen frontale transartikuläre Frakturen, auch mit Abriss des palmaren Poles durch das kurze Lig. radiolunatum. Bei den Stauchungsmechanismen kommt es zum „the nutcracker effect" [426]. Dies bedeutet eine Kompressionsfraktur des Lunatum, meist mit Dislokation des palmaren Poles (Abb. 4.6). Bei den Frakturen gemäß der Klassifikation nach TEISEN [494] hängt das Nekroserisiko davon ab, inwieweit die Durchblutung durch die Fraktur gestört ist.

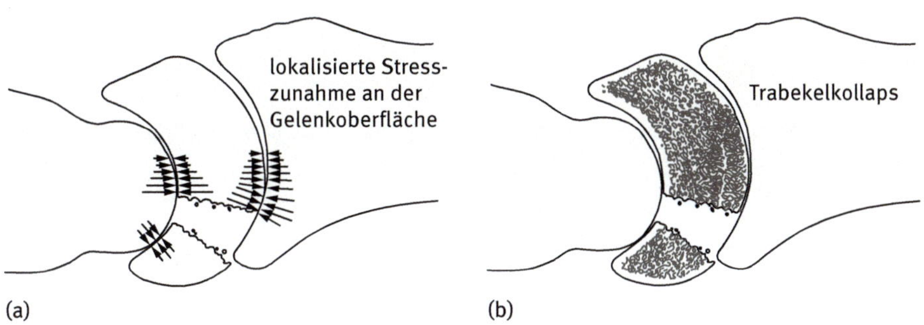

Abb. 4.6: A = Dislokation einer Lunatumfraktur durch Kompression zwischen Radius und Kapitatum. B = Die Lunatumfraktur zieht durch das palmare Drittel, mit trabekulärem Kollaps im verbliebenen Lunatumkörper [122].

Bei der Typ-I-Fraktur (palmare Polfraktur) ist die Nekroserate als sehr hoch einzuschätzen, wenn das einzige zuführende Gefäß betroffen ist. Bei den weiteren Gefäßversorgungen ist aufgrund der intraossären Anastomosen davon auszugehen, dass die Durchblutung erhalten bleibt. Bei den Typ-II-Frakturen als Chip-Fracture hängt die Blutversorgung von der Größe des Chips ab. Liegt ein großer abgesprengter Chip vor und ist damit die palmare Gefäßzufuhr mitbetroffen, so ist das Ergebnis identisch mit Typ I. Liegt beim Typ II ein kleiner Chip vor, so ist eine Störung der Gefäßversorgung in aller Regel nicht zu erwarten. Beim Typ III im Sinne der dorsalen Polfraktur kann davon ausgegangen werden, dass eine Durchblutungsstörung nicht entsteht. Beim Typ IV muss mit einer Teilnekrose des Lunatums gerechnet werden, allerdings in Abhängigkeit von der Anastomosenausbildung. Der Typ V als Transversalfraktur beinhaltet keine Gefahr der Nekroseausbildung, wenn nicht von palmar nur ein Gefäß das Lunatum versorgt. In diesem Fall muss mit einer dorsalen Polnekrose gerechnet werden (Abb. 4.7). Auch aktuell [248] finden sich keine klärenden Angaben in der Literatur. Es wird über eine genetische Prädisposition gesprochen. weder mechanische Faktoren noch akute oder chronisch repetitive Traumata sollen als Ursache in Betracht kommen. Diese werden aber dafür verantwortlich gemacht, die bereits

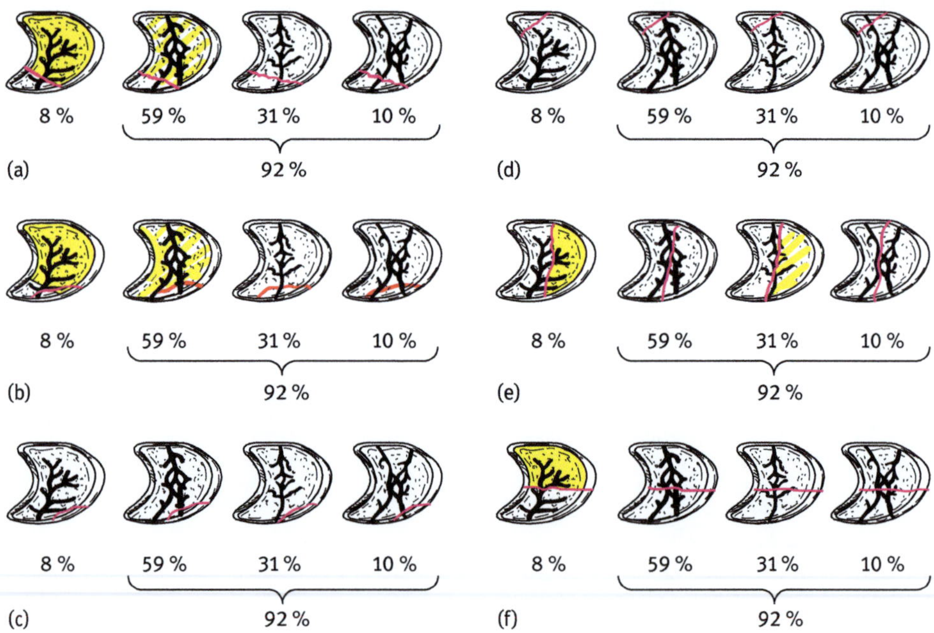

Abb. 4.7: Beeinträchtigung der arteriellen Blutversorgung des Mondbeines durch die verschiedenen Frakturtypen [494], gelb = unterversorgtes Areal ((a) = palmare Polfraktur, (b) = palmare große Chipfraktur, (c) = palmare kleine Chipfraktur, (d) = dorsale Polfraktur, (e) = Sagittalfraktur, (f) = Transversalfraktur) [177].

vorhandene Erkrankung zu verstärken. Es wird also eher eine biologische als eine mechanische Ursache angenommen, z. B. im Sinne einer vaskulären Pathogenese mit der Folge einer umschriebenen Infarzierung.

4.1.2 Pathogenese

Die Osteonekrose des Mondbeines ist eine aseptische Knochennekrose. Es entwickelt sich bei der Unterbrechung der Blutzufuhr zum Knochen eine Knochennekrose oder ein Knocheninfarkt, oder/und es besteht eine gestörte Drainage. Eine vermehrte arterielle Blutzufuhr (Hyperämie) hat einen verstärkten lokalen (osteoklastären) Knochenabbau, eine venöse Stase, einen verstärkten (osteoplastischen) Knochenanbau (Osteosklerose) zur Folge. Histologisch lassen sich die Knochennekrosen verschiedener Lokalisation nicht voneinander unterscheiden. Es gelingt lediglich eine Differenzierung zwischen aseptischen und septischen Knochennekrosen und auch ein Knocheninfarkt kann davon unterschieden werden. Die Ätiologie bzw. Pathogenese für die Entstehung aseptischer Knochennekrosen sieht man in grundsätzlichen Mechanismen in der Endstrombahn, wie: Embolien, endangitischen Veränderungen, lokalen Thrombosen, Mikrofrakturen der Spongiosa und Mikrokallusformationen mit Drosselung der arteriellen Zufuhr sowie Ruptur bzw. Unterbrechung der arteriellen Gefäßversorgung bei Traumen bzw. Frakturen. Bei der Beschreibung der Pathologie wird die Anwesenheit, sowohl von Frakturen als auch von Osteonekrosen, festgestellt. Eine inkomplette Frakturlinie kann in der subchondralen Spongiosa im proximalen Anteil des Lunatums zusammen mit einer osteoklastischen Resorption, einer trabekulären Desintegration und einem granulären Detritus einhergehen und ebenso mit Narbengewebe im intertrabekulären Knochenmark. Die Knochentrabekel des Lunatums sind 2- bis 3-mal dichter und auch dicker als beim normalen Mondbein. Somit sind ebenso die Knochenoberfläche sowie das Knochenvolumen größer [212]. Zusätzliche Frakturen beteiligen den Gelenkkörper, dazu bestehen Nekrosen im angrenzenden trabekulären Bereich. Reparation und Regeneration werden durch vaskuläre Proliferation und Knochenneubildung charakterisiert. Sekundäre verschleißbedingte Gelenkveränderungen sind manifestiert durch Fibrillation und Erosion des Knorpels. Bezüglich der Pathogenese werden einzelne, aber ebenfalls wiederkehrende Traumaepisoden angeschuldigt, aber auch bestimmte anatomische und biomechanische Voraussetzungen sind Prädispositionsfaktoren für diesen Knochen zur Verletzung und nachfolgenden Osteonekrose. Hierzu gehört eine vulnerable Blutversorgung der Gefäße, die dorsal und/oder volar in den Knochen eintreten und Anastomosen im Knochen ausbilden. Weitere Prädispositionen sind eine ausgeprägtere Fixationsstellung des Knochens im Vergleich zu den angrenzenden Karpalknochen sowie eine mechanische Krafteinwirkung auf das Mondbein bei der Ulna-Minusvariante, die sich in 75 % der Fälle eines Mondbeintodes finden lässt. Für den gesamten Stadienverlauf gilt, dass das Lunatum in seiner Struktur gestört ist, Teile sind nekrotisch, andere Stellen sind verhärtet und spröde. Im weiteren Verlauf entstehen pathomorphologische Veränderungen, die für die Stadieneinteilung und damit für die Behandlung von Bedeutung sind: Lunatummalazie, Lunatumkollaps, karpaler Kollaps bzw. Instabilität, perilunäre Arthrose. Der Beginn der Erkrankung ist eine Knochenerweichung. Daraus resultiert eine „Frakturlinie“ spontan bzw. durch Kompression des Kapitatum auf das Lunatum, „nutcracker effect“ [426]. Die Fissurlinie kann parallel oder senkrecht zur Radiusgelenkfläche verlaufen. Beim „nutcracker effect“ ist dies senkrecht der Fall. Die nach STÅHL [480] von LICHTMAN [309] modifizierte Klassifikation des Morbus Kienböck auf dem normalen Röntgenbild sieht eine 4-Stadien-Einteilung vor und erfasst insbesondere auch die beim Verlauf der Erkrankung auftretenden pathomorphologischen Substrate [13]:

- Stage I: Am Röntgenbild zeigen sich normale Verhältnisse, abgesehen von der Möglichkeit entweder einer linearen oder einer Kompressionsfraktur. Wenn eine Kompressionsfraktur nicht erkennbar ist, kann dieses Stadium nicht von einer Distorsion unterschieden werden, eine szintigraphische Untersuchung kann sinnvoll sein.
- Stage II: Es finden sich definitive Unterschiede in der Knochendichtigkeit im Vergleich zu den anderen Handwurzelknochen. Es lässt sich eine signifikante Höhenminderung des Lunatums in der AP-Röntgenaufnahme erkennen, vorwiegend an der radialen Seite des Lunatums, und es treten klinische Symptome, wie rezidivierende Schmerzen, Schwellungen und eine Kraftminderung, auf.
- Stage III: In der AP-Aufnahme kann ein Kollaps des Os lunatum gesehen werden, dazu eine Elongation in der sagitalen Ebene. Das Kapitatum wandert nach proximal mit der Folge einer skapholunären Dissoziation, das Skaphoid rotiert (Ringzeichen) und es entsteht eine Ulnardeviation des Os triquetrum. Um den Schweregrad des Lunatumkollaps zu erfassen, sollte in der AP-Röntgenaufnahme die karpale Höhe bestimmt werden. Mit zunehmendem Kollaps wird der Quotient, bestehend aus der karpalen Höhe und der Länge des 3. Mittelhandknochens, kleiner als $0{,}54 \pm 0{,}03$.
- Stage IV: Neben den unter Stage III beschriebenen Veränderungen des karpalen Kollaps entstehen nun die dazu gehörenden Arthrosezeichen, generalisiert im Bereich des Os lunatum [13].

4.1.3 Diagnostik

Die Diagnostik beginnt normalerweise frühestens mit Einsetzen der klinischen Symptomatik, in seltenen Fällen kann die Erkrankung als Zufallsbefund festgestellt werden. Der erste Schritt der Diagnostik ist das Nativröntgenbild in einer standardisierten Technik mit Abduktion in der Schulter um 90° und Beugung im Ellenbogengelenk, ebenfalls bei 90°. Es folgt die Röntgenabbildung in der AP- und in der seitlichen Technik. Bei unklaren Situationen im Schweregrad I kann die Szintigraphie weiterhelfen, normalerweise folgt aber die Magnetresonanztomographie, wobei die Nativröntgenuntersuchung wie auch die Magnetresonanztomographie eine Klassifikation des Morbus Kienböck zulassen. Wird die Übereinstimmung im Sinne der interobserver reliability gemäß der Klassifikation nach LICHTMAN [309] geprüft, so entsteht ein Prozentsatz von 74 % bei einem Kappa-Koeffizienten von 0,71, die intraobserver reliability ergibt 79 % bei einem Kappa-Koeffizienten von 0,77 [251]. Wird dagegen die Lichtman-Klassifikation [309] mit einer modifizierten Version [14] verglichen, so zeigen sich Problemsituationen in der Unterscheidung des Schweregrades III A und III B. Berücksichtigt man dagegen bei der modifizierten Lichtman-Klassifikation [14] auch die Bedeutung der Skaphoid-Flexion und das Skaphoid-Ringzeichen bei der Unterscheidung der beiden Stadien III A und B, so ergeben sich wesentlich aussagekräftigere Übereinstimmungen [187], der Kappa-Wert für III A steigt von der normalen Lichtman-Klassifikation mit 0,38 auf 0,75 bei der modifizierten Form. Die interobserver reliability der Lichtman-Klassifikation ergibt gesamt einen Kappa-Koeffizienten von 0,63, allerdings beim Stadium III A lediglich bei 0,38. Das bedeutet, dass für die interobserver reliability der Einsatz des Radioskaphoidwinkels eine wesentlich bessere Aussage zwischen Stadium III A und III B der Erkrankung liefert. Eine heute gebräuchliche Einteilung erfolgt nach den von DECOULX [130] vorgeschlagenen Richtlinien. Es handelt sich dabei um eine rein radiologische Beurteilung [147, 148], wobei die Anwesenheit einer Fraktur nicht obligat für den Einschluss in ein frühes Stadium ist.

- Stadium I: Verdichtung des Knochens bei erhaltener Form.
  Im Röntgen findet sich eine allgemeine Zunahme der Dichte des Mondbeins mit einem beginnenden Verlust der normalen trabekulären Struktur.
- Stadium II: Aufhellungszone mit mosaikartigem Aspekt.
  In diesem Stadium kommt zur Sklerosierung das Auftreten von vereinzelten Knochenzysten hinzu. Im Inneren des Os lunatum wechseln Sklerose und Zystenbildung. Die äußere Form des Mondbeins ist noch intakt.
- Stadium III: Verschmälerung des Lunatums und Zusammenbruch.
  Ab dem Zeitpunkt, zu dem das Mondbein in seiner äußeren Form verändert ist, liegt ein Stadium III vor. Das Mondbein sintert zusammen und wird fragmentiert.
- Stadium IV: Auftreten einer sekundären Arthrose.
  Durch Veränderung des komplizierten Gefüges der Handwurzelknochen ist bei längerem Bestehen die Arthrosis deformans unausweichlich. Ab dem Auftreten von Arthrosezeichen wird die Erkrankung dem Stadium IV zugeordnet.

Mit der Einführung der Magnetresonanztomographie war eine präzisere Untersuchung auch verschiedener Stadien des Mondbeintodes möglich geworden (Tab. 4.2).

„Die Kienböck'sche Krankheit ist gekennzeichnet durch das unmittelbare Nebeneinander frischer und alter Frakturen, partiell und vollständiger, verschieden alter Pseudarthrosen, perifraktureller Osteolysen und Osteosklerose. Die aseptische Knochennekrose ist sekundär, frakturbedingt“ [435]. Nach MOHR [356] ist makroskopisch das frühe Stadium durch einen intakten Knorpelüberzug und auch durch einen intak-

Tab. 4.2: NÄGELE-Klassifikation [370].

Stadium 0	Besteht keinerlei Hinweis auf eine fokale Reduktion der Signalintensität im Os lunatum, so kann eine Lunatummalazie mit an Sicherheit grenzender Wahrscheinlichkeit ausgeschlossen werden.
Stadium I	Bereits geringe Signalminderungen im Os lunatum sind dringend einer Frühform der Malazie verdächtig. Röntgenologisch können diese Fälle negativ, fraglich oder bereits gelegentlich als positiv bewertet werden (DECOULX 0–I).
Stadium II	Eine starke magnetresonanztomographische Reduktion der Signalintensität ist als bereits fortgeschrittenes Stadium der Malazie zu bewerten, das sich röntgenologisch als Verdichtung, Zystenbildung mit gelegentlich beginnender Fragmentation zeigen kann (DECOULX I–III).
Stadium III	Besteht ein völliger Signalverlust im Os lunatum, so zeigen sich gehäuft begleitend auftretende morphologische Veränderungen am Mondbein und an den umgebenden Karpalia. Röntgenologisch entspricht dieses Stadium einer beginnenden Destruktion des Os lunatum (DECOULX IV).

ten Knochen gekennzeichnet, wobei histologisch ein unveränderter Knorpel vorliegt und im subchondralen Knochen die Osteozytenzellkerne fehlen, d. h., die Markräume sind in ein granuläres eosinophiles Präzipitat mit Zellfragmenten umgewandelt. Hier stellt sich die Frage, ob diese Veränderungen die Folge eines Knochenmarködems sind [398]. Mittlerweile ist die Histologie der Mondbeinerkrankung durch mehrere Beiträge klar gestellt worden, die allerdings alle Stadien, von der primären Totalnekrose bis zur sekundären, deformierenden Arthropathie, umfassen. AXHAUSEN [37] grenzte somit die Lunatummalazie durch die neue Bezeichnung der „Lunatumnekrose“ von Epiphysionekrosen ab. Dies wird durch BAUM [51] bestätigt. Es werden Totalnekrosen von Spongiosa und Mark bei erhaltenem Knorpelüberzug festgestellt, aber auch eine fast völlige Knochennekrose mit pathologischen Impressionsfrakturen und Trümmermehlbildung. Die Folge sind dann Knochennekrosen mit Deformierung und Knorpelveränderungen im Sinne der deformierenden Gelenkerkrankung. CORDES [123] beschreibt frische Totalnekrosen mit Erhaltung der äußeren Form, große Teilnekrosen, bei denen nur in den Winkeln lebendes Knochengewebe angetroffen wurde, schließlich stark zusammengedrückte Mondbeine, die größtenteils mit dichtem Trümmermehl erfüllt waren. Histologisch finden sich neben Nekrosen auch Zeichen der Regeneration. Das Bild einer echten Fraktur konnte nicht festgestellt werden [470], d. h. das histologische Bild ist nicht identisch mit einer plötzlichen Unterbrechung der Blutversorgung, z. B. durch eine Fraktur. Andererseits zeigen sich histologisch bei der Lunatummalazie Bilder wie bei der Nekrose des Femurkopfes [470]. Bei der Femurkopfnekrose besteht primär ein Überdruck im Knochenmark, bedingt durch eine Abnahme der venösen Drainage. Die Folge der Knochennekrose ist die Entwicklung eines vom umgebenden, vitalen Knochenmark ausgehenden Granulationsgewebes, das die Nekrose ersetzt und osteoklastär Knochen abbaut, der hyaline Knorpel bleibt aber zunächst unverändert [356]. Die eigentliche Arthropathie entsteht dann durch Frakturbildungen im nekrotischen Knochen mit einer subchondralen Spaltbildung, die auf Ermüdungsbrüchen der nekrotischen Spongiosabälkchen basieren, die nicht mehr dem Umbau unterworfen sind. Mit dieser Spaltbildung wird der segmentale Kollaps eingeleitet [356, 86, 85, 184]. Histologisch erkennt man den Spaltraum durch den nekrotischen, subchondralen Knochen verlaufend, der deckende Knorpel zeigt aber vitale Zellen. Dieser Knorpelbelag grenzt an den subchondralen Knochen an, in dem die Osteozytenzellkerne bereits verschwunden sind. Jenseits des Bruchspaltes findet sich Granulationsgewebe, das fortschreitend einen nekrotischen Knochen abbaut. Im Grenzbereich zwischen dem vitalen und dem nekrotischen Gewebe besteht die Möglichkeit der zonalen Verkalkung und es entstehen Herde neu gebildeten Knochens. Unter der weiteren Belastung hebt sich der Knorpelbelag vom Frakturspalt ab, es zeigt sich chondroides Gewebe, darunter liegend Granulationsgewebe, in dem dann Fragmente aus Knorpel und Knochen zu finden sind.

Eine histologische Klassifikation, die der radiologischen Klassifikation entspräche, liegt nicht vor, wohl aber der Hinweis, dass die Histologie und die Magnetresonanzbefunde korrelieren [501].

Histopathologische, diagnostische Kriterien sind:

1. Frühes Stadium der aseptischen Knochennekrose.
   Nachweis von nekrotischem Lamellenknochen:
   (a) optische leere Osteozytenlakunen (EDTA-Entkalkung),
   (b) Markraumödem,
   (c) perivaskuläre Fibrinpräzipitate, vereinzelter Nachweis neutrophiler Granulozyten,
   (d) fragmentierter, hyaliner Knorpel mit Knorpelnekrose (Chondrozyten-Kernpyknosen, Matrix-Dehiszenzen).
2. Spätes Stadium der aseptischen Knochennekrose.
   Durch Geflechtknochen ersetzter nekrotischer Lamellenknochen:
   (a) Geflechtknochen: irreguläre konfigurierte Knochentrabekel mit irregulärem Verlauf der Kollagen-Fasern (Nachweis in der polarisationsoptischen Analyse). Basophile, prominente Kittlinien als Ausdruck einer Knochenneubildung,
   (b) an der Oberfläche der irregulären konfigurierten Knochentrabekel: Osteoblasten und Osteoklasten,
   (c) Markraumfibrose, perivaskuläre Makrophagen und Plasmazellen und Lymphozyten,
   (d) irregulär konfigurierter Regeneratknorpel.
3. Endstadium der aseptischen Knochennekrose.
   Durch Lamellenknochen ersetzter nekrotischer Lamellenknochen („Restitutio ad integrum“)

Der reparative Gewebeumbau (tissue remodeling) von Stützgewebe (insbesondere Knochen- und Knorpelgewebe) folgt einem zellulären Flussgleichgewicht von abbauenden und aufbauenden zellulären Phänomenen. Die aufbauende Funktion wird von Osteoblasten, die abbauende Funktion von Osteoklasten übernommen. Osteoblasten leiten sich von den Osteozyten ab. Die Osteozyten sind vollständig in das Knochengewebe eingebettet und zeichnen sich durch feinste filamentöse Zytoplasma-Ausläufe aus. Möglicherweise übernehmen diese verschmolzenen Osteozyten-Verbände (Osteozytensynzytium) auch eine sensorische Funktion. Bei den Osteozyten/Osteoblasten handelt es sich um einkernige Zellformen, hingegen stellt das Substrat der abbauenden Vorgänge des Knochengewebes die vielkernigen Osteoklasten dar. Die Histogenese (Gewebeentstehung unter normalen oder pathologischen Bedingungen) der Osteoklasten unterscheidet sich gegenüber der der Osteozyten/Osteoblasten dahingehend, dass sich Osteoklasten aus dem blutbildenden System des so genannten mononukleären Phagozytensystems entwickeln. Das fein abgestimmte Gleichgewicht von Osteoblasten-Aufbau- und Osteoklasten-Abbauprozessen ist durch ein teils lokales und teils nichtlokales Netzwerk von Mediatoren gesteuert. Die wichtigsten Mediatoren der Knorpel- und Knochenentwicklung bzw. des Knorpel- und Knochenumbaues umfassen Runx-2 und Sox-9. Das Runx-2-Gen stellt den zentralen Faktor der Osteoblastenaktivierung dar, die Freisetzung dieses Mediators führt zur Umwandlung von Vorläuferzellen in Prä-Osteoblasten und Osteoblasten. Hingegen wird Sox-9 in erster Linie mit den chondrozytären Umbauprozessen in Verbindung gebracht. Auch das Ihh (Indian Hedgehog) stellt einen wesentlichen Regulator für die Chondrozytenproliferation und den hiermit verbundenen Differenzierungsprozess (insbesondere enchondrale Ossifikation) dar. Umfassender, da auf das Knorpel- und Knochengewebe Einfluss nehmend, sind die Bone Morphogenetics Proteins (BMPs). Diese Moleküle sind Bestandteile der sog. TGF-ß-Superfamilie. Über ihre Wirkung können Ektoknorpel und knochenbildende Prozesse herbeigeführt werden.

4.1.4 Bewertung

Bei dem Morbus Kienböck handelt es sich um eine aseptische Knochennekrose des Os lunatum, des Mondbeines in der proximalen Reihe der Handwurzelknochen. Am Mondbein selbst setzen keine Sehnen bzw. Muskeln an, es ist ein zwischengeschalteter Knochen zwischen Os scaphoideum und Os triquetrum, stabilisiert lediglich durch Bänder zwischen den zwei genannten Knochen, aber auch mit einbezogen in das tiefe Bandsystem des Handgelenkes. Die Durchblutung erfolgt über Gefäßäste von palmar bzw. dorsal kommend, selten wird das Lunatum nur von einem palmaren Gefäßast versorgt [73], es finden sich Zahlen zwischen 7 % und 23 % [58]. In den meisten Fällen jedoch erfolgt die Gefäßversorgung von palmar und dorsal mit intraossären Anastomosen, wobei eine typische Anastomosierung nachweisbar ist. Es können verschiedene Lunatumformen unterschieden werden, die, je nach Form und Länge, auch mit Ulnavarianten korreliert werden können [24, 161]. Die verschiedenen anatomischen Formen werden ebenso mit typischen Trabekelstrukturen in

Verbindung gebracht [161], aus diesen Trabekelstrukturen resultiert eine mehr oder weniger ausgeprägte Vulnerabilität des Os lunatum bzgl. axialer Krafteinwirkung. Im europäischen und auch amerikanischen Schrifttum nimmt die Ulnavariante bzgl. der Entstehung eines Morbus Kienböck eine besondere Bedeutung ein, der Morbus Kienböck findet sich häufiger bei der Ulna-Minusvariante. Als Erklärung wird die fehlende Druckeinwirkung des Ellenkopfes auf das Lunatum bei der Ulna-Minusvariante genannt. Diese Bevorzugung der Ulna-Minusvariante als Entstehungsmöglichkeit eines Morbus Kienböck zeigt sich aber in den asiatischen Ländern nicht. Während im amerikanischen und europäischen Schrifttum die Lunatummalazie mit einer Ulna-Minusvariante zwischen 60 und 80 % festgestellt wird, ist dies in Japan [351] mit etwa 20 % der Fall, d. h., die Ulna-Minusvariante verliert ihre Bedeutung in der Ätiologie des Mondbeintodes. Als Risikofaktoren zur Entstehung eines Morbus Kienböck werden heute folgende diskutiert: Ulnavarianten, TFCC-Beteiligung, Gefäßversorgung, Lunatumgeometrie und Lunatumfrakturen.

Da die Osteonekrose des Mondbeines als aseptische Nekrose [39, 40, 41] aus der Sicht der Pathologie vorwiegend als ischämische Osteonekrose gewertet wird, kommt der Gefäßversorgung [312] eine besondere Bedeutung zu. Wenn eine Frakturtheorie diskutiert wird, so lautet die Frage, ob die Osteonekrose Folge einer Fraktur ist oder ob die Osteonekrose aufgrund der Störung der Knochenstruktur zur Fraktur führt. In Kenntnis der verschiedenen Theorien (Tab. 4.3) kann die Theorie der primären Nekrose (Osteonekrose) als Ausgangspunkt für die Erkrankung des Morbus Kienböck angesehen werden. Alle weiteren Theorien münden im Endeffekt in einer Nekrose, wobei dann Risikofaktoren eine Rolle spielen. Unklar ist, ob sich der Beginn einer primären Nekrose ausweitet oder auch zu einer Selbstheilung führt. Hier wären dann Grunderkrankungen oder auch Therapiefolgen zu erwähnen, wie die Gabe von Cortison [397, 220, 356], aber auch die Assoziation mit Alkoholabusus [336, 472, 356], die durch ständige Reizwiederholung die Progredienz unterhalten.

Tab. 4.3: Ätiologische Theorien der Kienböck-Entstehung.

KIENBÖCK [278]	Theorie der Ernährungsstörung	AXHAUSEN [38]	Theorie der primären Nekrose
BAUM [51]	Frakturtheorie	HULTÉN [241]	Theorie der Ulnavarianten
MÜLLER [364]	Theorie der Druckwirkung	PERSSON [392]	Zweite Frakturtheorie - Berufskrankheit -

Wird der spontane Krankheitsverlauf entsprechend den vier Stadien begründet [333], so ist das Anfangsstadium denkbar schwierig zu beurteilen, da einfache Untersuchungsverfahren hier kein pathomorphologisches Substrat erkennen lassen. Erst beim Fortschreiten ist das erste positive Röntgen-Zeichen ein anfängliches Mondbeinödem. Wird dieses Mondbeinödem als Ausgangspunkt für die Lunatummalazie betrachtet, so können daraus alle weiteren Theorien abgeleitet werden, dies als Folgeerscheinung des primären Knochenödems. Es wird diskutiert, ob dieses Knochenödem die Grundlage für die weiteren makroskopisch und auch histologisch erkennbaren Veränderungen bildet [398]. Allgemein gesehen ordnet MANKIN [329] die Osteonekrosen dem Ergebnis einer mechanisch bedingten Gefäßunterbrechung zu, aber ebenso einer Thrombose und Embolie, einer Gefäßwandverletzung oder auch einer Gefäßkompression, aber auch einem venösen Verschluss. Die Osteonekrose als Traumafolge findet sich aber auch an Stellen einer verminderten Blutversorgung. Die Lokalisation an den verschiedenen anatomischen Stellen bringt HALL [210] mit konvexen Gelenkflächen in Verbindung, die einer Konkavität gegenüberliegen, er sieht darin eine größere konvexe Gelenkfläche im Vergleich zu einer kleineren konkaven Gelenkfläche. Das bedeutet für die konvexe Gelenkfläche eine Verminderung der Blutversorgung und auch eine verstärkte biomechanische Belastung, die in einer derartigen Gelenkkonstellation übertragen wird. Traumen bzw. Mikrotraumen spielen eine Rolle in belasteten Gebieten, aber auch Stresssituationen, z. B. am Capitulum humeri beim heranwachsenden Sportler, so dass insgesamt eine wohl multifaktorielle Ätiologie überlegt werden muss. Als Ursache der Osteonekrose ist ein arterielles und/oder venöses Gefäßproblem anzunehmen. Dieses kann traumatischer, aber auch nicht traumatischer Art sein. Letztendlich resultieren Osteonekrosen, deren Ätiologie unbekannt bleibt, es wird von idiopathischen Osteonekrosen gesprochen. Bezüglich der Pathogenese resultieren drei Pathologiekomplexe, die zur Osteonekrose führen können, bestimmte Erkrankungen (Gefäßerkrankungen, Alkohol u. a.), mechanische Fehlbelastungen mit Mikrotraumen und schließlich Verletzungen im Sinne der Fraktur bzw. einer Bandverletzung, immer einhergehend mit einer Gefäßruptur. Diese drei Gruppen führen zum Knochenödem, auch mit Behinderung des venösen Abstromes, oder auch zu einer arteriellen Ischämie mit der Folge der sich Schritt für Schritt ausbildenden Osteonekrose (Abb. 4.8).

Erkrankungen

Die verschiedenen Pathomechanismen der einzelnen Erkrankungen führen im Endeffekt ebenfalls zu einer vaskulären Komplikation, entweder im Sinne eines gestörten venösen Rückstroms oder auch im Sinne einer arteriellen Ischämie.

Mikrotraumen

Mechanische Fehlbelastungen ergeben Überlastungen trabekulärer Strukturen, die sich aber auch in Abhängigkeit von der anatomischen Begebenheit (normale Trabekelstruktur) mehr oder weniger ausbilden, dies kann im Sinne einer Ermüdungsfraktur, im Sinne von Mikrofrakturen (trabekulären Frakturen) oder auch einer inkompletten Fraktur verstanden werden. In diesen Bereich fällt die Überlegung einer Berufskrankheit (BK 2103/Erkrankungen durch Erschütterungen bei Arbeit mit Druckluftwerkzeugen oder gleichartig wirkenden Werkzeugen oder Maschinen, BK 2104/vibrationsbedingte Durchblutungsstörungen an den Händen, die zur Unterlassung

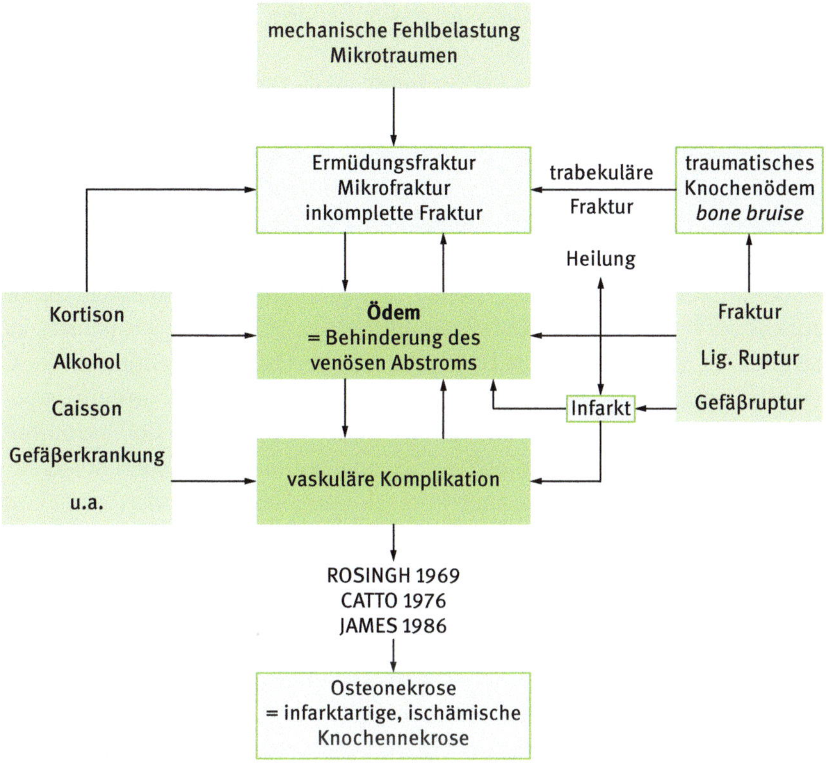

Abb. 4.8: Schematische Darstellung der Pathogenese einer Osteonekrose.

aller Tätigkeiten gezwungen haben, die für die Entstehung, Verschlimmerung oder das Wiederaufleben der Krankheit ursächlich waren oder sein können).

Verletzungen

Bei Lunatumfrakturen hängt die Entstehung einer Osteonekrose von der Beteiligung der Durchblutung ab, die Durchblutung ist aber beim Patienten nicht ohne weiteres darstellbar, so dass indirekt von der Art der Fraktur auf eine Mitbeteiligung der palmaren und/oder dorsalen arteriellen Zufuhr geschlossen werden kann [177]. So ist davon auszugehen, dass eine palmare Polfraktur dann, wenn das Os lunatum lediglich über einen palmaren Ast ernährt wird, zur Osteonekrose führt. Ebenso kann im Rahmen einer Komplexverletzung ein traumatisches Knochenödem am Os lunatum eine Osteonekrose dann nach sich ziehen, wenn das Knochenödem eine Behinderung des venösen Abstromes darstellt. In aller Regel trifft dies aber nur bei Komplexverletzungen zu und es bedarf eines korrespondierenden Knochenödems außerhalb des Os lunatum, da nur so eine traumatische Ätiologie des „bone bruise“ erklärbar wird. Bandrisse können lediglich dann zu einer Osteonekrose führen, wenn die Bänder oder das Band mit dem versorgenden Gefäß vom palmaren oder dorsalen Pol des Lunatums abgerissen sind. Dies trifft zu bei Luxationen des Lunatums, in aller Regel aber ausschließlich in dem Fall, wenn eine Dislokation Typ 3 besteht, dann sind beide Pole von der Gefäßversorgung getrennt, die Wahrscheinlichkeit der Osteonekrose ist groß.

Bei der Volardislokation des Os lunatum ist davon auszugehen, dass die dorsalen Gefäße zerrissen sind, die palmare Durchblutung ist aber erhalten. Es resultiert lediglich die Gefahr der avaskulären Nekrose des dorsalen Knochenteiles. Erst wenn eine totale Dislokation vorliegt, ist auch die palmare Gefäßzufuhr unterbrochen, was unvermeidlich auch zur Nekrose führt. Insgesamt gesehen, kommt bei Bandverletzungen den palmaren Bändern eine größere Bedeutung zu, denn es gibt in einem relativ geringen Prozentsatz nur die isolierte Gefäßversorgung des Os lunatum von palmar, ist dieses Gefäß zerstört, ist die komplette Durchblutung des Os lunatum unterbrochen. Das heißt, dass bei komplexen Verletzungen mit Beteiligung der Bänder an eine Osteonekrose gedacht werden muss. Dies trifft aber auch zu, wenn isolierte Gefäßrupturen durch direkte Krafteinwirkung auf die palmare Handgelenkfläche entstehen, das Resultat ist aber dann ein Hämatom, das auch klinisch normalerweise erfassbar ist.

Bezüglich der Gefäßschädigung wird die extraossäre Gefäßschädigung von der intraossären Schädigung unterschieden, die intraossäre Schädigung ist in aller Regel die Folge einer Fraktur, aber auch bei Erkrankungen möglich, die extraossäre Gefäßschädigung ist meist traumatisch bedingt, aber ebenfalls durch Mikrotraumen erklärbar. Da die Ischämie oder auch die venöse Stase mit einem Ödem einhergeht und nachdem sich extraossäre Durchblutungsstörungen in intraossäre fortsetzen, muss insbesondere bei den verletzungsbedingten intraossären Ödembildungen, die ja in wenigen Stunden einsetzen, mit einem Schmerzzustand gerechnet werden. Dies trifft für ligamentäre, aber auch knöcherne Verletzungen zu, wobei der verletzungsbedingte Schmerzzustand primär und sofort eintritt. Schließlich kann durch eine direkte Krafteinwirkung auch ein traumabedingtes Knochenödem, meist subchondral, entstehen, posttraumatische Knochenödeme korrelieren mit dem klinischen Schmerzbild [328, 78]. Entsprechend den Angaben von BANDI [42] ist dieses Kontusionsödem für etwa zwei Wochen schmerzhaft und heilt in aller Regel dann schmerzfrei aus. Treten nach einem schmerzfreien Intervall von zwei bis vier Monaten erneut Schmerzen auf, so muss davon ausgegangen werden, dass die Folge eines traumatisch bedingten Schadens eingetreten ist, z. B. bei gleichzeitig bestehender Ischämie im Sinne einer Osteonekrose, die auf längere Frist gesehen zunehmend schmerzhaft ist, mit dem Eintritt der Zusammenbruchreaktion und der dann resultierenden Arthrose. Nach einer traumatisch bedingten Ödembildung im Os lunatum mit sofort auftretendem Schmerz kann nur dann von einer traumabedingten Osteonekrose ausgegangen werden, wenn ein schmerzfreies Intervall über einige Monate besteht [144, 66]. Liegen dagegen Mikrotraumen mit nachfolgender venöser Stase vor oder führen Grundkrankheiten zu einer Osteonekrose des Lunatums, so besteht zunächst über längere Zeit Schmerzfreiheit, bis über Jahre, ein genauer Zeitraum ist derzeit nicht erkennbar. Es kommt dann zu einer langsam zunehmenden Schmerzhaftigkeit, häufig veranlasst durch Gelegenheitstraumen bzw. Bagatellverletzungen (Abb. 4.9).

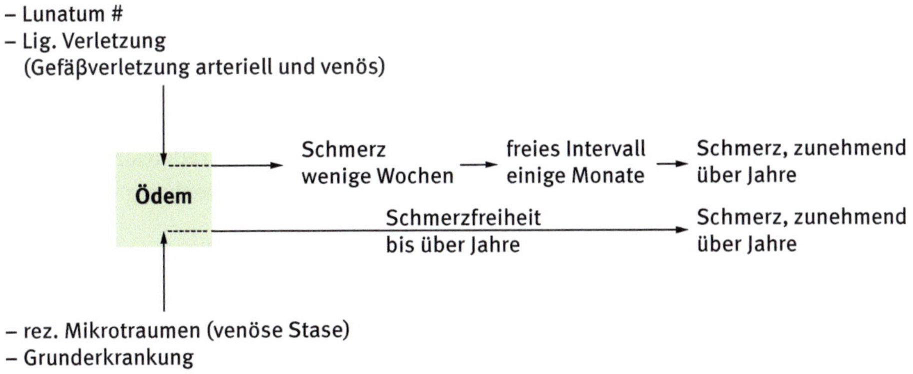

Abb. 4.9: Das „freie Intervall“ in der Entwicklung der Osteonekrose.

Bezogen auf die ätiologischen Faktoren resultiert, dass für die Lunatummalazie sowohl ein Trauma (die Verletzung), aber auch Mikrotraumen (overuse injury, Berufskrankheit) verantwortlich zeichnen können, dazu Erkrankungen verschiedener Art bzw. Behandlungsfolgen (z. B. Steroide). Bei Durchsicht der Literatur fällt aber auf, dass die tatsächliche Verletzung im Prinzip von untergeordneter Bedeutung ist. Werden die klinischen Faktoren berücksichtigt, so handelt es sich bei Patienten mit einem Morbus Kienböck meist um Männer mit schwerer Arbeit, etwa im 40. Lebensjahr. Hieraus kann ein Trend in Richtung Überlastungsschaden erkannt werden.

Bei der traumatisch bedingten Lunatummalazie fordert ZIHLMANN [536] die Unterscheidung von drei Punkten:
1. echte posttraumatische Lunatummalazie,
2. wahrscheinlich echte posttraumatische Lunatummalazie,
3. vorbestandene, durch den Unfall schmerzhaft gewordene Lunatummalazie.

Zur Gruppe 1 zählen nur die Veränderungen, bei denen eine lückenlose Röntgendokumentation in Ergänzung mit der Magnetresonanztomographie durch die klinischen Befunde und durch einen geeigneten Unfall nachweisen können, dass die Malazie des Lunatums alleine auf einen Unfall zurückzuführen ist, in der Folge einer traumatisch bedingten Gefäßläsion („bone bruise“).

In der Gruppe 2 werden die Fälle aufgelistet, in denen mit großer Wahrscheinlichkeit die Mondbeinnekrose als Unfallfolge angenommen werden kann, d. h., die lückenlose Röntgendokumentation ist nicht gegeben. Dazu gehört neben einem nicht nur gewichtigen, sondern auch in den mechanischen Ablauf passenden Unfallgeschehen die passende Zeitschiene mit schmerzfreiem Intervall. Ein schmerzfreies Intervall entfällt nur dann, wenn eine perilunäre Luxation eingetreten ist.

In der 3. Gruppe sind die Fälle enthalten, bei denen eine vorbestehende Lunatummalazie bekannt war oder zum Unfallzeitpunkt festgestellt wurde, durch den Unfall aber schmerzhaft geworden ist. Hier könnte dies bei der gesetzlichen Unfallversicherung als rechtlich wesentliche Teilursache gewertet werden, dann, wenn eine Verletzung im Lunatumbereich nachgewiesen wird, die auch eine Lunatumluxation erklärt.

Allergrößte Vorsicht ist geboten mit der Gruppe 3, da allein das Schmerzhaftwerden einer vorbestehenden, bis dato klinisch stummen Lunatummalazie keineswegs automatisch eine rechtlich-wesentliche Teilursächlichkeit des Unfallgeschehens dokumentiert. Auch hier ist eine Fortentwicklung der Sozialrechtsprechung zu berücksichtigen:

- Hat es sich um eine Bagatelleinwirkung gehandelt, ist das Schmerzhaftwerden nur anlässlich dieser Einwirkung entstanden, das Ereignis selbst damit nicht rechtlich wesentlich.
- Hat eine veritable Einwirkung zur Schmerzhaftigkeit geführt, ohne dass sich die Lunatummalazie in der Folgezeit bildtechnisch nennenswert verändert hat, dann ist allenfalls von einer vorübergehenden unfallbedingten Verschlimmerung auszugehen mit anschließender „überholender" Kausalität durch das schicksalhafte Fortschreiten der Erkrankung, die ohnehin in der Folgezeit schmerzhaft geworden wäre.
- Hat es sich aber um eine Einwirkung gehandelt, die nachweislich den weiteren Krankheitsverlauf richtunggebend beeinflusst hat, z. B. mit einem alsbaldigen Zerfall des zuvor noch in einem stabilen Knochenverbund gelegenen Knocheninfarktes, dann ist auch von einer rechtlich wesentlichen Teilursache für den gesamten weiteren Krankheitsverlauf auszugehen. In diesem Falle ist dann sogar eine Mitanerkennung der vorbestehenden Lunatummalazie möglich.

4.2 Skaphoidfraktur, -pseudarthrose, -osteonekrose

Das Skaphoid, ehemals als Os naviculare der Hand bezeichnet, wird in der Literatur vielfach beschrieben, jedoch bezüglich dessen diagnostischer Möglichkeiten und auch pathologischer Gegebenheiten kritisch betrachtet [83]. Im Gefüge der Handwurzel unterliegt das Skaphoid, vergleichbar mit den restlichen Handwurzelknochen, verschiedenen pathologischen Veränderungen, die jedoch nicht vergleichbar mit den übrigen Handwurzelknochen ablaufen müssen. Bei der Fraktur des Skaphoids wird die traumatisch bedingte Fraktur im Vergleich zur so genannten Stressfraktur unterschieden. Aus beiden können sich eine verzögerte Knochenbruchheilung (Malunion) sowie eine Falschgelenkbildung (Nonunion) entwickeln. Möglicherweise aufgrund der besonderen Gefäßversorgung des Skaphoids geht mit der Pseudarthrosenbildung auch eine Teilosteonekrose einher, die dann differentialdiagnostisch von der tatsächlichen Osteonekrose (Morbus Preiser) zu unterscheiden ist. Der Morbus Preiser ist eine aseptische Nekrose, so wie diese auch bei anderen Karpalknochen vorkommen kann, und wurde nach atypischem Frakturverlauf sowie nach angeborenen Fehlbildungen, z. B. mit einer Daumenhypoplasie, beschrieben [402, 277, 82, 16, 263]. Eine aseptische Nekrose des Skaphoids wird auch mit der Erkrankung der progressiven systemischen

Sklerose in Verbindung gebracht [270]. Im Vordergrund der Überlegungen stehen jedoch die Skaphoidfraktur und die möglicherweise daraus resultierende Pseudarthrose, die, wenn sie in der Folge einer arbeitsbedingten Stressfraktur entsteht, auch als Berufskrankheit (BK 2103) gewertet wird.

4.2.1 Anatomie

Das Skaphoid als zweitgrößter Knochen der Handwurzel ist ein länglicher schlanker Knochen, der nach distal und ulnar etwas eingebogen ist, artikuliert mit den konvex und konkav gekrümmten Gelenkflächen mit dem Radius, dem Os lunatum, Os capitatum sowie Os trapezoideum und Os trapezium. Das knorpelfreie Areal macht etwa ein Viertel der Knochenoberfläche mit unterschiedlich großen Gefäßeintrittspforten an der palmaren radialen und dorsalen Seite aus [194, 276, 491, 154, 177, 181, 293]. Die Blutversorgung des proximalen Poles mit entsprechenden 70–80 % erfolgt über Gefäße der dorsalen Knochenkante, das Tuberculum und die distalen 20–30 % erhalten ihr Blut von palmaren Ästen der Arteria radialis und des Ramus palmaris superficialis. Intraossäre Anastomosen zwischen diesen beiden Versorgungsgebieten bestehen nicht [178]. Das Tuberculum ossis scaphoidei ist das Hypomochlion für die Sehne des Musculus flexor carpi radialis und durch die Taille des Skaphoids ist das Ligamentum radioscaphocapitatum gelagert. Das Skaphoid verfügt über sechs Oberflächen, von denen vier Gelenkflächen zur Artikulation mit den naheliegenden anderen Handwurzelknochen darstellen. Die Taille des Skaphoids („waist") trennt den distalen vom proximalen Pol ab, dem distalen Pol hängt das Tuberculum scaphoideum an [119]. Um die komplexe Knochenstruktur zu vereinfachen, beschreibt COMPSON [119] den Körper des Kahnbeines als bohnenförmig und das Tuberkulum als Extrastruktur, die dem distalen Ende mit einem Winkel von 45 Grad aufgesetzt ist. Während die meisten Strukturen sehr variabel angelegt sind, zeigen sich der dorsale Sulkus sowie das Tuberculum scaphoideum als relativ einheitlich [101]. Die Bewegung des Skaphoids in einem normalen Handgelenk weist eine dreidimensionale Funktion mit Änderung der Flexion und Translation in Abhängigkeit von der Radial- und Ulnadeviation auf. Diese Bewegungen ändern sich nicht in Abhängigkeit vom Lebensalter [381]. Die primäre Blutversorgung des Skaphoids stammt aus der A. radialis [178], 70–80 % der intraossären Gefäßversorgung des proximalen Poles kommen aus den Ästen der A. radialis, die an der dorsalen Kante in Höhe der Skaphoidtaille eintreten. Da für diesen Bereich nur eine Arterie zuständig ist, ist auch der proximale Pol pseudarthrosegefährdet. Nach TALEISNIK [491] gibt es drei Äste aus der A. radialis, einen dorsalen, einen laterovolaren und einen distalen Ast, die alle im distalen und mittleren Drittel des Skaphoids eintreten. Der proximale Pol, weitgehend von Knorpel überzogen, wird ausschließlich von distal nach proximal intraossär versorgt (Abb. 4.10).

Die Einteilung der Gefäßversorgung des Skaphoid in drei Gefäßgruppen (dorsal, laterovolar, distal) wird von OBLETZ [382], GRETTVE [194], TALEISNIK [491] und

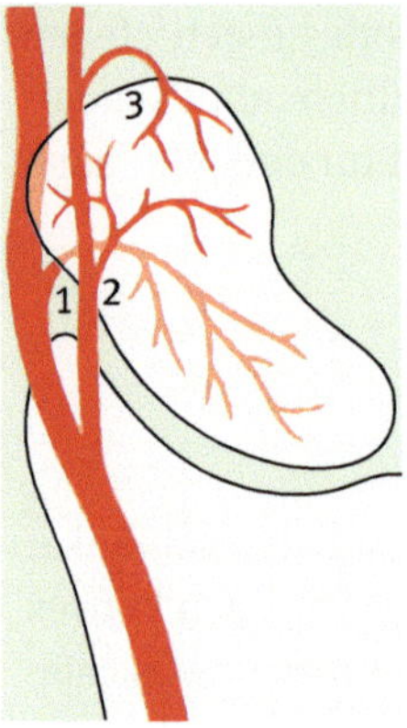

Abb. 4.10: Blutversorgung des Skaphoids aus der A. radialis (1 = dorsaler Ast, 2 = laterovolarer Ast, 3 = distaler Ast), [517].

MINNE [352] genannt. GELBERMAN [177] fasst die dorsale und laterovolare Gruppe zusammen, die dann den proximalen Pol und 70–80 % des Skaphoids versorgt. Die distale Gruppe führt zur Tuberositas und zu 20–30 % des Skaphoids im Bereich des distalen Poles.

4.2.2 Pathologie

Pathologische Veränderungen des Kahnbeines, abgesehen von Zysten, Ganglien und auch seltenen krankhaften Veränderungen, können eingeteilt werden in:

1. die traumatischen Frakturen, klassifizierbar nach der Lokalisation der Frakturlinie bzw. Frakturlinien,
2. die Stressfraktur als besondere Form einer Ermüdungsfraktur, sie entsteht bei einer normalen Knochenstruktur in einem überlasteten Knochenbereich im Sinne einer meist reversiblen Knochenschwächung, was aber auch bei länger anhaltender Stresseinwirkung zur Pseudarthrose führen kann,
3. die Pseudarthrose, sie resultiert aus einer Stressfraktur, in aller Regel aber aus einer traumatischen Fraktur, woraus sich im proximalen Pol des Skaphoids dann auch eine Knochennekrose entwickeln kann,
4. die Osteonekrose, meist im proximalen Pol, ist die Folge der traumatisch bedingten Pseudarthrose. Eine Komplettosteonekrose im Sinne einer avaskulären Nekrose wird auch als M. Preiser bezeichnet und resultiert aus verschiedenen, zum Teil auch ungeklärten ätiologischen Faktoren, so wie dies bei den avaskulären Nekrosen an anderen Knochen (Hüftkopf, Mondbein u. a.) der Fall ist.

Die Beurteilung der **Skaphoidfraktur** hat eine lange Geschichte der Irrtümer und Dogmen [206, 207] hinter sich. Etwa 2 % aller Frakturen sind Skaphoidfrakturen, 11 % aller Handfrakturen und 60 % aller Karpalfrakturen [131, 208]. Betroffen sind meist jüngere Patienten ab dem 10. bis 19. Lebensjahr mit einem erhöhten Risiko [506]. Da im Alter von zehn Jahren das Skaphoid noch knorpelig mit nur einem kleinen Knochenkern angelegt ist [517], zeigt sich das Skaphoid in diesem Lebensabschnitt bezüglich äußerer Einwirkungen noch flexibler. Die unterschiedliche Häufigkeit des Auftretens von Skaphoidfrakturen in Abhängigkeit vom Lebensalter hängt von der von distal nach proximal fortschreitenden Ossifikation ab, so dass mit zunehmendem Alter vorwiegend die Frakturen der Skaphoidtaille (Mittelstück) zu finden sind. Gemäß der Anlage des Os scaphoideum aus zwei Knochenkernen resultiert auch die anatomische Variante des Os scaphoideum bipartitum [145]. Einerseits werden dafür frühkindliche Traumen angenommen [318], aber es wird vorwiegend die kongenitale Ursache diskutiert, da ein bilaterales Auftreten und eine Häufung bei Syndromen feststellbar sind [190, 152]. Eine Abgrenzung des Os scaphoideum mit Osteonekrose des proximalen Anteils zur Pseudarthrose ist erforderlich [282]. Ein wesentliches Problem stellt die okkulte Fraktur,als ein wesentlicher Faktor für die Pseudarthrose dar [486, 324, 168, 271, 300], weshalb in aller Regel beim klinischen Verdacht auf eine Skaphoidfraktur die sich immer wiederholende klinische und radiologische Untersuchung bzw. Kontrolle angeraten wird.

Unfallmechanismen

Als häufigste Ursache wird der Sturz auf die extendierte Hand bei 10 Grad Ulnarduktion angegeben (88 % aller Skaphoidfrakturen), auch bei leichter Radialduktion [208]. Dabei handelt es sich um eine indirekte Gewalteinwirkung auf das Skaphoid [439, 151]. Durch diese typische axiale Belastung auf die extendierte Hand kommt es zu einer dorsalen Subluxation des Mediokarpalgelenkes mit zunehmender Belastung des palmaren Skaphoids mit der Folge einer Scherwirkung und Fraktur (Abb. 4.11).

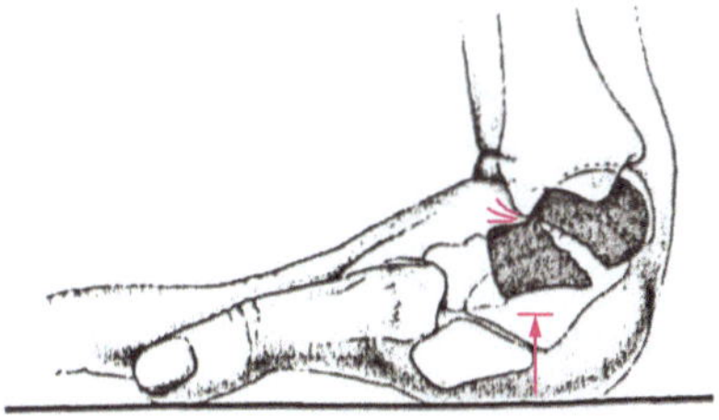

Abb. 4.11: Schematische Darstellung eines typischen Sturzes auf die dorsal-extendierte Hand [439].

Die aus diesem Mechanismus resultierenden verschiedenen Frakturformen sind abhängig von der Handgelenkstellung beim Sturz, von der individuellen Anatomie des Skaphoids, aber auch vom Patientenalter. Ein weiterer Mechanismus ist der Druck bzw. Sturz auf die palmar-flektierte Hand (12 % der Skaphoidfrakturen), dies ist auch durch Kurbelrückschläge [225] möglich. Es soll dabei bei einer Ulna-Minusvariante eher zu einer Skaphoidfraktur kommen [410]. Beim Sturz auf die flektierte Hand liegt die Krafteinwirkung unmittelbar in der Gefahrenzone über dem Skaphoid und Hamatum mit Weiterleitung der Kraft zum distalen Radius [111, 89, 81]. Man kennt dazu die Skaphoidfraktur als Boxerfraktur mit Kraftfortleitung in leichter Flexion über den zweiten Mittelhandknochen, Trapezium und Trapezoideum zum mittleren Drittel des Skaphoids, d. h., die Frakturgefahr ist von der Anatomie des Skaphoids abhängig [236, 149]. Verletzungen des Skaphoids bei über 95 Grad Hyperextension [176] führen bei extremer Dorsalflexion und Ulnardeviation meist zu einer Fraktur der Skaphoidtaille („waist-fracture"), diese Frakturhäufigkeit wird wegen der dünneren Trabekelstruktur in diesem Bereich diskutiert mit dem zusätzlichen Mechanismus des Stoßens des Skaphoids gegen den dorsalen Radiusrand [221]. Die Fraktur im Bereich des proximalen Poles entsteht durch eine dorsale Subluxation bei forcierter Hyperextension [221, 507]. Kraftübertragung in Extension führt zu einem komplexen Geschehen im Bereich des Handgelenkes (u. a. Fraktur) mit einer besonderen Belastung des Skaphoids und der dorsalen Radiuskante (Radiusfraktur) sowie auch des SL-Bandes [347, 325, 342]. Bei einem Sturz auf die extendierte Hand sind die radiale und die zentrale Säule der Handwurzel betroffen, so dass es durch die Krafteinwirkung auf die radiale Säule zur Skaphoidfraktur kommt und durch die Kraft auf die zentrale Säule eine Sub- bzw. Luxation des Lunatum entsteht. Die Frakturhäufigkeit der acht Handwurzelknochen ist sehr unterschiedlich. Es überwiegen die Frakturen des Os scaphoideum, gefolgt von den Frakturen des Os triquetrum. Frakturen der weiteren Handwurzelknochen finden sich selten. Es muss darauf hingewiesen werden, dass gerade bei den Skaphoidfrakturen und auch bei den distalen Radiusfrakturen diese Verletzungen nicht isoliert zu erwarten sind, es liegen häufig ligamentäre Begleitverletzungen vor, an erster Stelle die Rupturen des SL-Bandes oder auch Bandkombinationsverletzungen. Die klinische Symptomatik stimmt häufig nicht mit dem tatsächlichen pathomorphologischen Substrat überein. So müssen nicht alle Skaphoidfrakturen Schmerzen verursachen [271, 484]. 35 % der Patienten suchen keinen Arzt auf und 31 % gehen erst verspätet zur Untersuchung [525]. Etwa 20 % der Skaphoidfrakturen in der Taille sind disloziert, diese Dislokation würde aber für die weitere Therapie und insbesondere für die Pseudarthroseentwicklung keine wesentliche Bedeutung haben [260]. Die Stressfraktur entsteht durch eine immer wiederkehrende Überlastung an dem Punkt des Skaphoids, wo Muskeln ansetzen können [80] oder auch im Sinne eines „impaction loading". Hier wird ebenso von einem „scaphoid impaction syndrome" gesprochen [311]. Allgemein gilt als ätiologischer Faktor eine unterschwellige Krafteinwirkung in Dorsalflexion.

Die Diagnose **„Pseudarthrose"** wird mittels Röntgenbild gestellt, CT und MRT stellen die Deformität und die Durchblutung fest [84]. Problematisch ist, dass klinisch kein Unterschied zwischen einer verheilten Fraktur und einer verzögerten Frakturheilung ein Jahr nach dem Unfall erkannt werden kann [160]. Die Pseudarthroserate hängt zunächst einmal von der Lokalisation der Fraktur ab, im Durchschnitt wird am proximalen Pol eine Pseudarthroserate von 26 % gefunden, bei einer Fraktur in der Skaphoidtaille von 71 %, disloziert oder nicht disloziert, und am distalen Pol mit 3 % [419]. Die Pseudarthrosebildung des proximalen Poles neigt schon wegen der besonderen Gefäßversorgung [181] zu einer Pseudarthroserate von 23 % [525]. Die Folge einer Pseudarthrose kann eine karpale Instabilität sein. Dies hängt ebenfalls von der Frakturlinie ab [359]. Entscheidend ist, ob die Frakturlinie distal oder proximal der Skaphoidspitze liegt, also abhängig von der Ansatzstelle des dorsalen Teiles des Lig. scapholunatum bzw. des Lig. intercarpale dorsale. Eine Kernspintomographie kann in der Beurteilung der Frakturlinie diesbezüglich weiterhelfen. Eine schlechte Prognose haben proximale Frakturen und die vertikal schräg orientierten Frakturen [458], deshalb sollte bei diesen Frakturen die Operation überlegt werden [204]. Pseudarthrosen im proximalen und mittleren Drittel neigen zu einer Radioskaphoidarthrose, die sich zum Skaphokapitatgelenk und dann weiter zum Lunokapitatgelenk fortsetzt [360]. Distale Pseudarthrosen neigen zur Arthrose im Lunokapitatgelenk mit der Folge einer DISI-Fehlstellung, die auch aus Pseudarthrosen des mittleren Drittels resultieren kann.

Die Flexionsdeformität bedeutet eine Flexion des distalen Poles in Beziehung zum proximalen Pol [45]. Die Flexionsdeformität führt auch zu einer Buckelbildung am Skaphoid (Humpback-Deformität), deren Grad mit dem Grad des malalignment korreliert [513].

Durch die Besonderheit der Durchblutungsverhältnisse resultiert aus einer Pseudarthrose in einem hohen Prozentsatz gleichzeitig eine avaskuläre Nekrose des proximalen Poles [368, 434, 291, 520].

Die Erstbeschreibung der avaskulären Nekrose des Skaphoids (**Morbus Preiser**) erfolgte durch PREISER [402]. Die Ätiologie dieser Erkrankung bzw. teilweise auch Verletzungsfolge [188, 263] ist vergleichbar mit der der Mondbeinnekrose [278], bei der auch Kollagenosen sowie Thrombosen der Endstrombahn eine Rolle spielen [155], es wird gleichfalls die idiopathische Form diskutiert [16]. Ansonsten sind folgende Grundkrankheiten bzw. Risikofaktoren angegeben:
- progressive systemische Sklerose [270],
- Alkoholabusus [104],
- Steroidtherapie [155],
- Chemotherapie [214, 55],
- Lupus erythematosus [193, 25],
- Skaphoidhypoplasie [262],
- Skaphoidfraktur, Verlauf und Lokalisation [63, 64],
- Mikrotraumen [509, 121, 306, 16],
- nach SL-Tenodese [129].

Normalerweise tritt der M. Preiser unilateral auf, aber auch ein bilaterales Auftreten ist bekannt [246, 20]. Die Folge dieser Erkrankung kann sich in einem Karpaltunnelsyndrom äußern [288]. Die Diagnose, insbesondere im Frühstadium, ist kernspintomographisch möglich [447] mit einer 3-Stadien-Einteilung:
- „Initial stage“: Dies ist charakterisiert durch eine Signaländerung des Knochenmarks sowie durch Osteosklerosezeichen.

- „Advanced stage“: Der proximale Pol wird mehr sklerotisch und ändert sich progressiv in Richtung Knochenkollaps. Der Begriff „nipple sign“ beschreibt die Reduktion des Volumens des Knochens.
- „Final stage“: Alle Segmente des Skaphoids sind einbezogen. Es besteht eine Zunahme der Knochendichte, erkennbar im Röntgenbild sowie im CT.

Eine weitere Einteilung unterscheidet zwei Typen, wobei beim Typ I 100 % des Skaphoids betroffen sind, beim Typ II 42 % (33–36 %) gemäß den Angaben von KALAINOV [262]. „Es kommen im Bereich des ‚Navikulare der Hand‘ ähnliche Veränderungen vor wie am Lunatum“ [217], aber auch Nekrosen im Skaphoid und gleichzeitig im Lunatum [428, 327]. Als Ursache wird häufiger als am Lunatum die Fraktur bzw. die subchondrale Fraktur genannt, aber auch die Arbeit mit Pressluftgeräten [428] sowie die übermäßige Druckbelastung [383, 384]. „Alle die genannten Ursachen führen zum gleichen Ablauf einer Knochenerkrankung, die als aseptische Osteonekrose aufzufassen ist. Die Pseudarthrose des ‚Skaphoids‘ ist nichts anderes als eine lokalisierte Osteonekrose im genannten Sinn“ [217]. Es besteht eine enge Beziehung zwischen Malazie des „Os naviculare“ und des „Os lunatum“ [249] als Syndrom eines atypischen Verlaufs einer verkannten Fraktur, d. h., es liegt ein initiales Trauma vor, auch unbemerkt, mit einer symptomfreien Zeit (Latenzzeit, asymptomatisches Intervall) mit der Folge einer schmerzhaften Periode mit dann funktionellen Störungen.

4.2.3 Diagnostik

Die Skaphoidfraktur kann klinisch symptomfrei sein, aber auch klinisch den Verdacht auf ihr Vorliegen erwecken [326], wobei dann radiologisch die Fraktur nicht gefunden wird. Das heißt, unter diesen Voraussetzungen sollte eine Röntgenkontrolle nach zwei und sechs Wochen unter Ruhigstellung bei Verdacht auf eine Skaphoidfraktur erfolgen [141, 153, 238]. Beim Verdacht auf eine Skaphoidfraktur kann ein Vergleich des Röntgenbildes der gesunden Seite, um die verdächtige Stelle nachzuweisen oder auszuschließen, vorgenommen werden [3], besser ist jedoch eine Computertomographie in der Längsachse des Skaphoids. In der Aussagekraft wird heute die Kernspintomographie zum Ausschluss und Nachweis der Fraktur bevorzugt [530, 289]. Die Magnetresonanztomographie kann die Durchblutung und auch die Nekrose erkennen, aber ebenso den Frakturnachweis bei okkulten Frakturen führen [320, 369, 310, 344]. In Zweifelsfällen wird die Magnetresonanztomographie mit Kontrastmittel empfohlen [511, 31, 135], wobei jedoch die Korrelation zur Durchblutung auch infrage gestellt wird [345]. Die Computertomographie mit der Schichtebene parallel zur Längsachse [446] erlaubt eine Einteilung der Fraktur.

4.2.4 Bewertung

Bezüglich der Kausalitätsüberlegungen sollte die unfallbedingte Skaphoidfraktur prinzipiell kein Problem darstellen. Schwierig ist nur bei okkulten Frakturen deren Nachweis, dieser sollte aber auch mittels CT und MRT zu bewerkstelligen sein. Die Folge der übersehenen und damit unbehandelten Fraktur ist die Pseudarthrose. Risikofaktoren [195] für die Entstehung einer Pseudarthrose sind die Frakturdislokation, Trümmerzonen und „humpback"-Verformung und für eine verzögerte Frakturheilung zusätzlich die Sklerose sowie Frakturen im proximalen Pol. Unabhängig davon, ob nun diese Pseudarthrose aufgrund einer Stressfraktur entsteht, also nicht in der Folge eines einmaligen Unfallereignisses erkennbar wird, sondern z. B. durch eine Vibrationsbelastung, oder ob die Pseudarthrose die Folge einer übersehenen okkulten Fraktur oder nicht adäquat behandelten, auch primär erkennbaren Skaphoidfraktur entsteht, der Werdegang dieser Pseudarthrose ist immer gleich. Es kommt zur Flexion des distalen Poles und Extension des proximalen Fragmentes durch Zug des SL-Bandes. Die Folge ist ein Impingement des proximalen Poles mit dem Processus styloideus radii mit nachfolgender Arthrose [290, 416, 334, 247] nachweisbar ein bis sieben (bis 17) Jahre nach der Fraktur [416, 323, 508]. Wesentlich später, etwa fünf bis zehn Jahre, entsteht eine Arthrose des Mitkarpalgelenkes [334]. Somit resultieren aus einer Pseudarthrose einmal durch Abkippen der Fragmente ein so genannter „scaphoid nonunion advanced collapse (SNAC-Wrist)" im Sinne einer DISI-Instabilität bzw. eine „dorsiflexed intercalated segment instability", vergleichbar mit dem SLAC-Wrist, und ein „scapholunate advanced collapse".

Eine anatomische Besonderheit, ebenso wie beim Os lunatum, ist die Blutversorgung des Skaphoids. Im Prinzip erfolgt diese durch zwei arterielle Systeme von dorsal aus der A. radialis ramus dorsalis und von palmar aus der A. radialis ramus palmaris. Im Skaphoid haben diese Gefäße keine Anastomosen. Somit liegt eine Neigung bei einer bestimmten Lokalisation und entsprechendem Verlauf der Frakturlinie zur Osteonekrose vor [416]. Die Osteonekrosen sind nicht zeitlich von der Fraktur abhängig, sondern von der Frakturanatomie (Abb. 4.12).

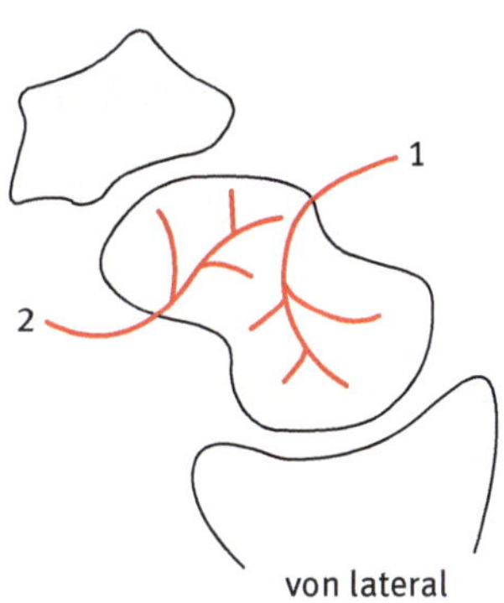

Abb. 4.12: Blutversorgung des Skaphoids: keine intraossäre Anastomosen (1 = Ramus dorsalis, 2 = Ramus palmaris).

In Beziehung zu der Gefäßversorgung sind die distalen Polfrakturen bezüglich der Durchblutung nicht gefährdet, alle anderen Frakturtypen zeigen die Verletzungsmöglichkeit der dorsalen Gefäße und damit eine Durchblutungsstörung des proximalen Poles (Abb. 4.13).

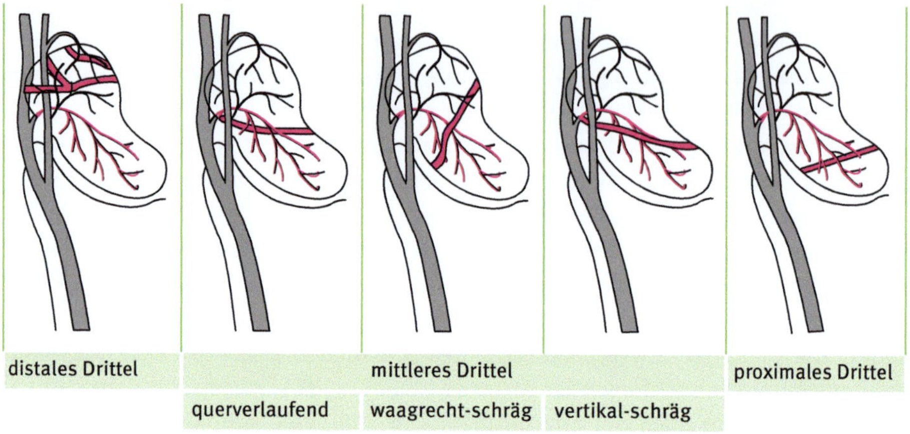

Abb. 4.13: Zuordnung der Gefäßversorgung des Skaphoids zur Frakturform (Frakturlinie).

So zeigt sich, dass insbesondere vertikal schräg verlaufende Frakturen sowie Frakturen im proximalen Drittel besonders pseudarthrosegefährdet sind, aber auch gleichzeitig nekrosegefährdet (30 %) [448]. Die Neigung zur Pseudarthrose wird davon abgeleitet, ob eine wesentliche Dislokation der Fragmente vorliegt, ob eine entsprechende Ruhigstellung gewährleistet ist und in welcher Beziehung die Frakturlinie zur Gefäßversorgung steht. Die Gefäßversorgung des Skaphoids wird unterschiedlich diskutiert. Nach OBLETZ [382] werden eine dorsale, latero-volare und eine distale Blutversorgung festgestellt und im Endeffekt durch TALEISNIK [491] bestätigt. GRETTVE [194] sieht eine dorsale, proximale und volare Gefäßgruppe und MINNE [352] eine dorsale, distale und auch externe oder laterale Blutversorgung. Das Drei-Gruppen-System wird von GELBERMAN [177] verlassen, er nimmt keine Unterscheidung zwischen dorsal und latero-volar vor, wohl aber grenzt er davon eine distale Blutversorgung ab, wobei zwischen den beiden Gruppen keine Anastomosen feststellbar sind. Die Hauptblutversorgung käme aus der A. radialis entsprechend der latero-volaren Gruppe nach OBLETZ [382], wobei zusammen mit den dorsalen Ästen der proximale Pol und 70–80 % des Skaphoids versorgt werden, während die volaren Blutgefäße die Tuberositas versorgen, sowie 20–30 % im Bereich des distalen Poles. Dazu kämen auch noch kollaterale Zuflüsse aus dorsalen und volaren Ästen der A. interossea ant. [403] sowie eine zusätzliche Blutversorgung durch ligamentäre Ansatzstellen. Im Endeffekt resultiert daraus, dass aus den drei das Skaphoid versorgenden Gefäßgruppen die dorsalen und die laterero-volaren Äste den proximalen Anteil des Skaphoids versorgen und die distalen Äste die Tuberositas und nur einen geringen Teil des distalen Poles.

In Kenntnis der nicht vorhandenen Anastomosen zwischen diesen beiden Gefäßgruppen wird die problematische Gefäßversorgung des proximalen Poles verständlich, wobei nicht jede Fraktur in diesem Bereich zur Pseudarthrose, eventuell auch zur Nekrose, führen muss. Dies ist davon abhängig, inwieweit die Frakturlinie die Gefäßzufuhr zum proximalen Pol unterbricht. Eine weitere Überlegung resultiert aus der Frakturheilung, die eine entzündliche Phase (10 %) mit der Folge einer reparativen Phase (40 %) und die abschließende Remodeling-Phase (70 %) vorsieht. Die Prozentangaben bedeuten den zeitlichen Ablauf. Mit der Fraktur geht immer eine Gefäßverletzung einher, und daraus resultiert ein Hämatom. Diese Gefäßverletzung mit der Folge der Minderdurchblutung führt zum Osteozytentod (Osteonekrose) und daraus resultierend zur Entzündung. Das Hämatom ist die Voraussetzung für eine Organisation im Sinne eines fibrovaskulären Gewebes mit Ausbildung von Kollagenfasern, und daraus resultiert Geflechtknochen, der dann in einen lamellären Knochen übergehen soll. Wenn in der Remodeling-Phase die Mineralisation der Matrix zum Geflecht- und dann zum lamellären Knochen nicht zustande kommt, so entsteht in dieser Remodeling-Phase eine Pseudarthrose [125].

Die Pseudarthrose wird also nicht in der entzündlichen und in der reparativen Phase angelegt, sondern erst zum Abschluss der Frakturheilung, kann also die Folge einer nicht adäquaten Ruhigstellung sein. Im Prinzip kann diesen Überlegungen in Kenntnis der Histologie [416] zugestimmt werden, die bei der Pseudarthrose von resorptiven Veränderungen ausgeht, die im Sinne einer erneuten Schädigung zur aseptischen Nekrose führen können. Das zelluläre Repair des fibrösen Gewebes mit Knochenentstehung geht mit der Sklerose einher, die im Endeffekt eine Kalkeinlagerung bedeutet, und es kommt zur fibrösen oder fibrokartilaginären Knochenzyste, die jedoch nicht die Folge der Sklerose ist. Eine Klassifikation der Pseudarthrose ist jedoch histologisch aufgrund der Überschneidung der verschiedenen Ablaufphasen nicht möglich. Nach der Beurteilung der Pseudarthrose durch TROJAN [499] folgt in der Resorptionsphase der entsprechenden Resorptionszone die Ausbildung von Resorptionszysten und schließlich die Abdeckelung der Fraktur im Sinne der Sklerosierung als typisches Zeichen für eine Arthrose. Dies kann nun fortgesetzt werden mit Einteilung der Sklerosierungsphase mit und ohne Instabilität, mit der Folge der periskaphoidalen Arthrose [446]. Insofern wird eine Klassifikation der Pseudarthrosephasen vorgenommen. Intrinsische Faktoren führen zu einer Fehlstellung des frakturierten Skaphoids in eine flektierte „Humpback"-Position, d. h., der proximale Skaphoidpol kommt mit dem Lunatum zur Extension, während der distale Pol flektiert. Wird aufgrund der klinischen Symptomatik am Röntgenbild eine Skaphoidpseudarthrose festgestellt, und dies ohne echtes Unfallereignis, bedarf es der Überlegung, ob nicht eine Ermüdungsfraktur die Ursache sein kann. Ermüdungsbrüche entstehen als Stressfraktur durch Überlastung einer normalen Knochendichte und Knochenstruktur oder auch als Insuffizienzfraktur durch eine normale oder nur geringfügig erhöhte Stresseinwirkung auf eine abnormale Knochendichte bzw. Knochenstruktur [70].

Die Folge der rezidivierenden Überlastungen an Prädilektionsstellen ist eine Stressreaktion des Knochens mit einem Ödem und der Folge durch Fissurbildungen und Zystenentstehung einer Stressfraktur. Diese können radiologisch durch die Sklerosezone und periostale Reaktionen erkannt werden [512]. Es entsteht eine scheinbare Pseudarthrose, die in eine echte Pseudarthrose übergeht, vergleichbar mit dem Werdegang aus einer nicht heilenden Fraktur, der veralteten Fraktur, mit Übergang zur echten Pseudarthrose. Derartige Stressfrakturen können als Berufskrankheit verstanden werden [22], entstanden durch Erschütterung bei der Arbeit mit Druckluftwerkzeugen oder gleichartig wirkenden Werkzeugen oder Maschinen. Sowohl die Skaphoidfraktur als auch die Stressfraktur führen zu einer Durchblutungsstörung, die auch frakturunabhängig aus anderer Ätiologie entstehen kann. In aller Regel heilt bei adäquater Therapie die Skaphoidfraktur aus, im Prinzip die Stressfraktur auch, nur diese wird nicht rechtzeitig erkannt, so dass sich aus der Stressfraktur eine Pseudarthrose und aus dieser und auch aus der Stressfraktur selbst eine Osteonekrose entwickeln kann, u. a. auch aufgrund der Durchblutungsstörung. Führt bei der Skaphoidfraktur die Knochenheilung nicht zu einem stabilen Ergebnis, so kann sich aus der Remodeling-Phase die Pseudarthrose entwickeln und aufgrund der Skaphoidfraktur mit einer daraus resultierenden Durchblutungsstörung auch die Osteonekrose (Abb. 4.14).

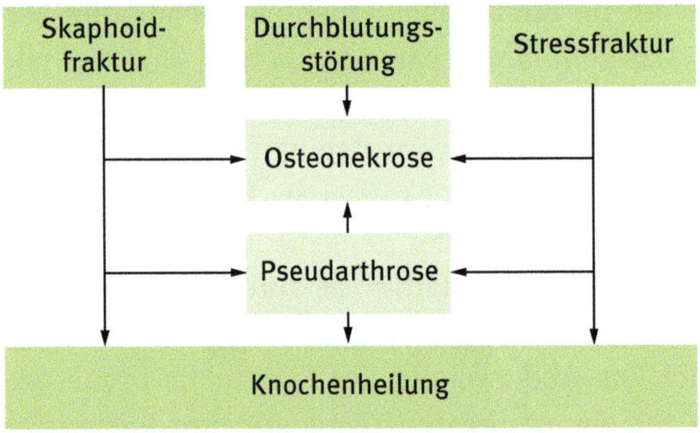

Abb. 4.14: Algorithmus ätiologischer Faktoren und Pathomechanismen.

Somit können eine Osteonekrose und eine Pseudarthrose Unfallfolge einer Skaphoidfraktur sein. Eine Stressfraktur im Sinne einer Berufskrankheit führt zu vergleichbaren pathomorphologischen Substraten sowie auch eine Durchblutungsstörung aufgrund verschiedener ätiologischer Ursachen. Unter geeigneten Bedingungen lassen diese Pathomechanismen eine Knochenheilung zu.

4.3 Femurkondylennekrose

Femurkondylennekrosen sind vorwiegend am medialen Femurkondylus des Kniegelenkes lokalisiert und werden als „Spontaneous osteonecrosis of the knee“ (SONK) bezeichnet. Auch hier wird die Osteonekrose des Erwachsenen von der Osteonekrose des Kindes unterschieden (= Osteonekrose des wachsenden Knochens) und diese muss als eigenständige Veränderung als Schadensanlage aufgrund einer Entwicklungsstörung des wachsenden Knochenendes gesehen werden. Demzufolge wird die Osteonekrose beim Erwachsenen allgemein als idiopathisch, posttraumatisch bzw. iatrogen differenziert [139]. Die posttraumatischen Osteonekrosen finden sich typischerweise bevorzugt am Femurkopf, Humeruskopf, Taluskopf, Skaphoid sowie Os lunatum). Es wird eine Klassifikation der Osteochondrosis-like-Syndrome [316] vorgenommen:

- Osteonekrose medialer Femurkondylus,
- Osteonekrose mediales Tibiaplateau,
- Osteonekrose lateraler Femurkondylus oder laterales Tibiaplateau,
- Knochennekrosen, wie bei metabolischen Knochenerkrankungen, Caisson-Krankheit und Steroid-Therapie.

Dazu bedarf es einer besonderen Berücksichtigung der Knochenmarködeme [522] bei signalreichen Veränderungen in T2 „bone marrow edema“. Dies bedeutet eine vermehrte intra- und extrazelluläre Flüssigkeitsanreicherung [398]. Am Knie findet sich vorwiegend die Osteonekrose am medialen Femurkondylus mit Erstbemerkungen bei MILGRAM [349], RUBENS-DUVAL [433] und KOLAR [284], die Erstbeschreibung erfolgt durch AHLBÄCK [15] und eine Präzisierung durch BOHNE [71] und STILLER [485], die hierin ein polyätiologisches Reaktionssyndrom sehen. Die Femurkondylennekrose wird als Knochennekrose im belasteten Bereich des Femurkondylus mit subchondraler Fraktur (Insuffizienzfraktur) und Kollaps des Gelenkbelages mit Übergang zur sekundären Arthrose bezeichnet [315, 9]. Diese Insuffizienzfraktur ist Folge der geringeren Knochendichte subchondral [10]. Gemäß Literatur bezüglich der Lokalisation am medialen Femurkondylus werden verschiedene ätiologische Theorien diskutiert: vaskulärer arterieller Insult, traumatische Schädigung bei Osteoporose mit der Folge der Nekrose, Kollaps eines erweichten, osteoporotischen Knochens und Druckerhöhung im Knochenmark mit Folge einer Nekrose. Die Osteonekrosen bei der Insuffizienzfraktur müssen von der Osteochondrosis dissecans schon bezüglich der Lokalisation unterschieden werden. Eine dem Erwachsenenalter vergleichbare Osteonekrose bei Jugendlichen ist selten [79, 142]. Beim Morbus Ahlbäck sind vorwiegend ältere Frauen betroffen [69]. Am Knie liegt die atraumatische Osteonekrose uni- und bilateral an der Patella [52] sowie am lateralen Tibiaplateau [94]. Auch die multilokuläre Erscheinung am Knie [95] wird beschrieben. Differentialdiagnostisch [379, 524] werden weitere pathologische Veränderungen in Erwägung gezogen: Osteochondrosis dissecans (wachsendes Skelett), umschriebene tuberkulöse Entzündung, Frühstadium neurogene Osteoarthropathie, sekundäre Osteonekrose, epiphysärer

Knocheninfarkt, Arthrose, Stressfraktur und die Osteonekrose nach Meniskektomie. Es resultieren im Endeffekt summativ drei Typen [186, 339]:

- Spontane Osteonekrose des Knies (SONK):
  Bei der SONK handelt es sich um eine subchondrale Insuffizienzfraktur in Kombination mit einer Ischämie bzw. einer Osteonekrose als ätiologische Faktoren [527, 361, 268], dies im Sinne einer subchondralen pathologischen Fraktur mit Kollaps der Gelenkfläche [11].
- Osteonekrose nach Arthroskopie (ONPK = Osteonecrosis postoperative knee):
  Die Osteonekrose nach Arthroskopie (ONPK) findet sich nicht nur nach arthroskopischen Meniskuseingriffen [487], sondern auch nach anderen arthroskopischen Operationen [33], z. B. nach einer Chondroplastik [128]. Die Nekrose korreliert mit der Lokalisation der Meniskusoperation bzw. anderer Operationen [77, 254, 404]. Die Osteonekrose als OP-Folge ist nicht gesichert, da Knochenmarkläsionen auch andere Ursachen bei der Arthroskopie haben können [535, 421], diskutiert werden aber die Lasertherapie sowie die Hochfrequenzchirurgie [503, 173].
- Sekundäre Osteonekrose:
  Sinnvoll scheint die ätiologische Unterteilung nach GODDARD [186] sowie MAUCH [339] mit der Unterscheidung der primären und sekundären Osteonekrose, wobei die primäre Osteonekrose als spontane Osteonekrose zu werten ist (SONK), die Ätiologie unklar bleibt, eventuell aber die Entstehung der Erkrankung in Verbindung mit Stoffwechselstörungen (Diabetes, Fettstoffwechsel) bestehen kann. Auch bei der primären Form, idiopathisch, können mechanische Faktoren mit Druckerhöhung in der subchondralen Schicht eine Rolle spielen [10]. Die sekundären Formen [355, 48] zeichnen sich durch bekannte Grundkrankheiten bzw. Risikofaktoren aus, eine posttraumatische Form sei jedoch selten [48], wenn aber vorhanden, dann als subchondrale Ermüdungsfraktur (= Insuffizienzfraktur) bzw. Stressfraktur bei Osteoporose [424]. Die sekundären Formen gehen von Grundkrankheiten bzw. Risikofaktoren aus, so wie sie bei allen Osteonekrosen zu finden sind, am Knie besonders auch in Verbindung mit medialen Meniskusschäden, ohne dass eine Arthroskopie die Ursache sein könnte, meist im 5. bis 6. Lebensjahrzehnt [367]. Häufig ist die SONK nach Cortisonbehandlungen festzustellen [228, 189]. Wie auch bei anderen Osteonekrosen spielt Alkohol eine Rolle [438], Gerinnungsstörungen [65, 358, 261], die Nierentransplantation mit der Gabe von Immunsuppressiva und Cortison [213], die Chemotherapie [132], es wird aber auch die Chondrokalzinose als unterstützender Faktor diskutiert [295, 515] und es lässt sich eine Häufung von Osteonekrosen nach Knieluxationen erkennen [243]. Sekundäre Osteonekrosen nach arthroskopischen Operationen [366] zeigen sich besonders nach laserinduzierten Eingriffen [431], nach einer Radiofrequenz-Chondroplastik [102, 150], nach Kreuzbandrekonstruktionen [390, 33, 463] und vor allem nach Meniskusoperationen mit einem Postmeniskektomieauftreten, insbesondere auch in Verbindung mit einer Chondroplastik [128, 283].

Im Vergleich zur Osteochondrosis dissecans, die an allen Gelenken gleich zu bewerten ist, unterscheidet sich die Osteonekrose insbesondere bezüglich der Pathogenese. Die Osteonekrose ist eine Insuffizienzfraktur, die Osteochondrosis dissecans eine Schadensanlage [534].

Der Verlauf einer Osteonekrose (Morbus AHLBÄCK [15]) ist stadienhaft [478, 390, 348, 266]. Die Wahrscheinlichkeit der Ausbildung einer Arthrose ist abhängig von der Größe der Osteonekrose, je größer die Osteonekrose (d. h. über 2,3 cm^2) desto ausgeprägter die Arthrosebildung [315, 17, 432]. Die Stadien I und III sind reversibel, ab Stadium III verläuft die Erkrankung progredient:

Stadium I: Bei unauffälligem Röntgenbild zeigt sich eine Verfärbung oder Erweichung einer umschriebenen Knorpelzone mit Demarkierung der Ränder.

Stadium II: Unruhezone im Bereich des medialen Femurkondylus mit Abflachung und Ausbildung eines Knorpellappens mit anhaftendem subchondralem Knochenstück.

Stadium III: Auch hier sind am Röntgenbild strahlendurchlässige Läsion, Knochenkrater bedeckt mit Faserknorpel zu sehen.

Stadium IV: Kollaps/Ausbildung einer sekundären Arthrose.

AHLBÄCK [15] selbst klassifiziert die Osteonekrose des medialen Femurkondylus wie folgt:

Grad 0: normal weiter Gelenkspalt,
I: Verschmälerung des Gelenkspaltes,
II: Gelenkspaltverschmälerung und subchondrale Sklerose,
III: Obliteration des Gelenkspaltes,
IV: Gelenksubluxation.

Biochemische Marker sind bisher bei der Osteonekrose nicht festgestellt worden [59]. Daher stützt sich die Diagnostik zunächst auf die Röntgendarstellung [196, 224, 287]. Die histologische Untersuchung des Stadiums I und II zeigt eine subchondrale Fraktur mit einer reparativen Reaktion ohne Osteonekrosezeichen. Wenn histologisch eine Nekrose vorliegt, dann findet sich diese distal der Fraktur als Folge einer verzögerten Heilung oder „nonunion"-Pseudarthrose [490]. Die histologische Klassifikation nach YAMAMOTO [527] sieht drei Gruppen vor:

I: subchondrale Fraktur ohne Nekrose,

II: subchondrale Fraktur mit Nekrose zwischen der Frakturlinie und dem Gelenkknorpel,

III: unbestimmte Histologie, da ein „detached flap" vorliegt, der meist nicht verfügbar ist. Am Röntgenbild kann eine flache Stelle mit fibrokartilaginärem Gewebe erkannt werden.

Die histologischen Untersuchungen erlauben folgende Aussagen:
- Es bestehen eine histiozytäre Resorption des nekrotischen Materials und eine Ausbildung von Granulationsgewebe sowie eine reaktive Knochenneubildung [11].
- Es liegen eine artikuläre Knochenplattenfraktur mit enchondraler Ossifikation sowie eine reaktive Knorpelformation und Proliferation von fibrösem Gewebe vor [492].
- Es zeigen sich leere Knochenlakunen sowie eine fettige Degeneration bei gleichzeitiger Osteoblastenaktivität mit reaktiver Knochenneubildung und fibrovaskulärem Granulationsgewebe [18].
- Es besteht ein Nebeneinander von Resorptions-, Reparations- und Regenerationsprozessen [100, 244, 317, 504, 521, 537].

4.4 Hüftkopfnekrose

Die avaskuläre Nekrose, die Osteonekrose, die aseptische Nekrose und auch die ischämische Nekrose sind Synonyme für dieselbe Grundkrankheit, die Hüftkopfnekrose [68]. Beschreibungen erfolgten durch HAENISCH [205], voraus ging die Benennung der Schenkelkopfepiphysennekrose als Legg-Calvé-Perthes-Erkrankung [305]. Die Osteonekrose sei eine abakterielle lokal begrenzte ischämische Nekrose des trabekulären Knochengerüstes und des subchondralen Knochenmarks in den Epiphysen langer Röhrenknochen am konvexen Teil der Gelenkpartner (differentialdiagnostisch Knocheninfarkt) und neben der Hüftdysplasie, dem femuroazetabularen Impingement, die dritte wesentliche Ursache für eine Coxarthrose [230]. Die Pathogenese wird als Trauma bei Schenkelhalsfrakturen oder Hüftluxationen gesehen, aber auch im Sinne nicht traumatischer Ereignisse, wie Ossifikationsstörungen, bei Grundkrankheiten und Risikofaktoren idiopathischer Art. Die Pathologie lässt eine subchondrale Insuffizienzfraktur erkennen, vergleichbar mit dem Morbus Ahlbäck [87]. Im Allgemeinen wird eine intraossäre Drucksteigerung vermutet, die primär den venösen Abfluss beeinträchtigt und sekundär den arteriellen Zufluss [417]. Ebenfalls wird die Hypoxie als Ursache gewertet, die zu einer Apoptose bzw. zu einer Zellnekrose führt. Es sei die Apoptose der Osteoplasten und der Osteozyten eher anzunehmen als eine Zellnekrose [92], da der HIF 1α-Faktor, der bei der Morphogenese der Epiphysenfuge und auch bei der Frakturheilung u. a. eine Rolle spielt, für das Überleben hypoxischer Chondrozyten und auch für das normale Längenwachstum notwendig ist [235]. Der HIF 1α-Polymorphismus wird mit der Osteonekroseentwicklung in Verbindung gebracht [235]. Histopathologische Untersuchungen der Gefäße bei der Hüftkopfnekrose zeigen den Weg zur Arteriosklerose, vergleichbar mit den Gefäßveränderungen der Koronarien oder der Hirnarterien. Jedenfalls wird eine Zunahme arteriosklerotischer Gefäße bei der Entstehung der Hüftkopfnekrose gesehen mit Bruch der Tunica elastica interna mit der Folge einer chronischen Ischämie als Ursache für die Osteonekrose [28, 35, 88, 437, 479, 411]. In Verbindung mit der Ischämie

wird eine intraossäre Druckerhöhung festgestellt mit Beeinträchtigung des venösen Abflusses und sekundär des arteriellen Zuflusses (REMAGEN) mit den Zeichen der als Apoptose bezeichneten und der Nekrose gegenübergestellten Zellveränderungen [92]. Folgende Mechanismen sollen zu einer Femurkopfnekrose führen [474, 475, 417, 259]:
- Unterbrechung des arteriellen Zuflusses (z. B. traumatisch),
- Verschluss des venösen Abflusses (z. B. Kapseldehnung, Thrombose),
- intravaskuläre Okklusion in den Arteriolen (z. B. Sichelzellanämie, Fettembolie bei Hyperlipidämie, Alkohol, Kortison-Therapie),
- extravaskuläre Tamponade der Sinusoide (z. B. Gaucher-Krankheit),
- Störung des intraossären venösen Abflusses mit sekundärer arterieller Insuffizienz,
- zelluläre zytotoxische Faktoren.

Die so genannte spontane Hüftkopfnekrose ist bei 43 % als idiopathische Form zu sehen [497], ansonsten liegen Grundkrankheiten bzw. direkte Risikofaktoren oder auch traumatische bzw. iatrogene Faktoren vor (Tab. 4.4).

Tab. 4.4: Faktoren, die zur Hüftkopfnekrose führen.

Sog. spontane Hüftkopfnekrosen	Traumatische bzw. iatrogene Hüftkopfnekrosen
– HIV [113, 340] – Kortison (17 % der Hüftkopfnekrosen) [497, 124, 340, 406, 167, 202] – dysbarische Ursachen [340, 465] – alkoholbedingt (28 % der Hüftkopfnekrosen) [497, 340, 167] – Nikotin [340, 167] – Gerinnungsstörungen [304, 105, 340] – Thrombophilie [385] – Sichelzellanämie [227, 362, 376] – Lupus erythematodes [197, 353, 340] – Morbus Gaucher [340] – Schwangerschaft, Malignome, Organtransplantation [340] – Ossifikationsstörung [377] – Niereninsuffizienz [341]	– intrakapsuläre Schenkelhalsfraktur [451, 452, 12, 110, 2] – posteriorer und anterolateraler OP-Zugang zur Hüfte [314] – pertrochantäre Fraktur bei 0,5–1 % [46] – intertrochantäre Fraktur [106] – nach Dysplasie-Behandlung [96] – nach Hüftarthroskopie mit Traktion [440] – nach Hüftprellung sehr selten [230] – Differentialdiagnose: Stressfraktur [531, 477], Insuffizienzfraktur [245], Knocheninfarkt [230]

Die wesentlichen Hüftkopfgefäße stammen aus der A. profunda femoris, A. circumflexa, A. femoris lateralis und A. circumflexa femoris medialis, die anterior und posterior des Schenkelhalses diesen umgreifen und anastomosieren [175]. Daraus resultieren ein superiores Retinakulum (A. epiphyseales laterales) sowie das inferiore Retinakulum (A. metaphyseales inferiores). Aus der A. circumflexa femoris medialis entspringt ein Ast, der zusammen mit anderen Gefäßen dieser Region anastomosiert und als A. capitis femoris zusammen mit dem Ligamentum capitis femoris (= Ligamentum teres) den Hüftkopf mit versorgt [191, 192, 112, 538, 47]. Es gibt aber auch Anastomosen mit der A. glutaea inferior [198], über die in 60 bis 90 % suffiziente Reparaturmechanismen ablaufen können [399]. Insgesamt bilden die Arterien aus der A. iliaca externa, die sich in der A. femoralis bzw. der A. profunda femoris fortsetzen, die wesentlichen Anteile der Gefäßversorgung des Hüftkopfes, über die A. circumflexa femoris lateralis und medialis aus der A. profunda femoris (Abb. 4.15).

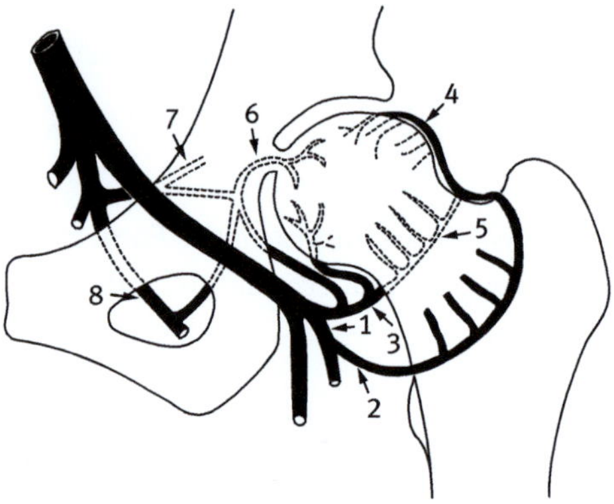

Abb. 4.15: Gefäßversorgung des Hüftkopfes (a. p.-Darstellung, 1 = A. profunda femoris, 2 = A. circumflexa femoris lateralis, 3 = A. circumflexa femoris medialis, 4 = laterale epiphyseale Arterien, 5 = inferiore metaphyseale Arterien, 6 = A. capitis femoris, 7 = A. glutaea inferior, 8 = A. obturatoria) [191, 192, 112].

Die Darstellung der Gefäßversorgung am proximalen Ende des Oberschenkels an der Basis des Schenkelhalses zeigt einen Anastomosenring aus der A. circumflexa femoris lateralis sowie medialis, beide entspringen aus der A. profunda femoris. Aus diesen beiden Arterien gehen die aufsteigenden Gefäßäste zum Schenkelhals. Die anterioren aufsteigenden Äste formen einen subsynovialen Anastomosenring an der Oberfläche des Schenkelhalses am Rand zum Gelenkknorpel.

Klassifikationssysteme der Hüftkopfnekrose:

Klassifikationen haben den Sinn, ein Problem zu organisieren, um einen Entscheidungsprozess herbeizuführen. Dazu sollte das System das natürliche Voranschreiten sowie den Krankheitsprozess aufzeigen. Es liegen zur Beurteilung der Osteonekrose viele Klassifikationssysteme vor, von denen aber nur wenige [158, 482, 170] ausreichend in der Literatur beurteilt werden.

Um das Ausmaß der Erkrankung zu erfassen, kam es zur Klassifikation nach CATTERALL [98] mit Benennung von vier Gruppen, um den Grad der Epiphysenbeteiligung zur Beurteilung der Prognose zu erfassen.

Das einfachste System der Klassifikation nach FICAT und ARLET [158, 159] nennt vier Schweregrade anhand der radiologischen Beurteilung (Tab. 4.5).

Tab. 4.5: Klassifikationssystem [158, 159].

Stage	Radiographic Findings
1	None (only evident on magnetic resonance images)
2	Diffuse sclerosis, cysts (visualized on radiographs)
3	Subchondral fracture (crescent sign; with or without head collapse)
4	Femoral head collapse, acetabular involvement, and joint destruction (osteoarthritis)

Ursprünglich bestand das System aus drei Schweregraden [26], der vierte Schweregrad wurde von FICAT [157] ergänzt. FICAT [157] modifizierte das System weiterhin unter Einbezug eines Stadiums 0 und eines Übergangsstadiums. Eine weitere Klassifikation fand durch STEINBERG [482] an der Universität von Pennsylvania statt. Dieses System erkennt durch Einführung der Kernspintomographie Frühstadien, teilt die Osteonekrosen in sechs Stadien ein und berücksichtigt auch die Ausdehnung der Hüftkopfnekrose. Nach einem Treffen der Association Research Circulation Osseous [171] wurde eine weitere Klassifikation entwickelt, die aus dem System der Universität von Pennsylvania entstammt und heute wohl als ARCO-System die bekannteste Einteilung darstellt. Die Zuordnung der Lokalisation zum Azetabulum bzw. zur tragenden Gelenkfläche wird von GARDENIERS [172] übernommen, so dass ausgehend von der STEINBERG-Klassifikation [481] daraus die heute gebräuchliche ARCO-Klassifikation resultiert. Die ARCO-Klassifikation kann unter Berücksichtigung der verschiedenen diagnostischen Verfahren (Röntgen, MRT, CT, Szintigraphie) diesen zugeordnet werden, wobei aber dann die Subklassifizierung der Femurkopfnekrosen gemäß der ARCO-Klassifikation noch berücksichtigt werden muss (Abb. 4.16).

In der ARCO-Klassifikation, Stadium I sowie im Frühstadium, ist in der Kernspintomographie das Knochenmarködem mit aufgenommen [408]. Gemäß PLENK [398] und HOFMANN [231] bestehen pathophysiologische Mechanismen, die aufgrund dieses Knochenmarködems entweder eine lokal manifeste Osteonekrose erklären, oder es resultiert ein transitorisches Knochenmarködem-Syndrom, das reversibel ist. Ein ischämisches Ereignis ist Ursache für dieses transitorische Knochenmarködem (TKMÖ). Es wird ein gesteigerter Knochenmetabolismus ausgelöst, der auch zur Reparation des ischämischen Schadens führen kann. Gelingt diese Wiederherstellung der Durchblutung nicht, schreitet das TKMÖ unter Ausbildung einer avaskulären Knochennekrose fort. Die Erstbeschreibung dieses Übergangsstadiums zwischen ARCO I und ARCO II erfolgte von KOO [286] und wurde als Borderline-Nekrose bezeichnet [285], mit dem Hinweis, dass das transiente Knochenmarködem einen reversiblen Prozess nach einer vorübergehenden ischämischen Hypoxie des Hüftkopfes darstellt. Eine Ischämie des Hüftkopfes kann die Folge einer fettigen

	Stadium 0 Initialstadium	Stadium I Frühstadium	Stadium II irreversibles Stadium	Stadium III Übergangsstadium	Stadium IV Spätstadium
Röntgen	unauffällig	unauffällig	fleckförmige Verdichtungen, osteopenische Areale, sklerotischer Randsaum	subchondrale Fraktur („crescent sign“) Kopfabflachung, sklerotischer Randsaum	zusätzlich sekundärarthrotische Veränderungen
MRT	unauffällig	Ödem, Nekrosezone	subchonddrale Nekrose und reaktiver Randsaum („double line sign“)	subchondrale Fraktur („MRT-crescent sign“)	zusätzlich sekundärarthrotische Veränderungen
CT	unauffällig	unauffällig	Strukturverlust, sklerotischer Randsaum	subchondrale Fraktur, Sklerose, Kopfabflachung	zusätzlich sekundärarthrotische Veränderungen
Szintigraphie	unauffällig	diffus	„cold in hot spot“	„hot in hot spot“	„hot spot“
		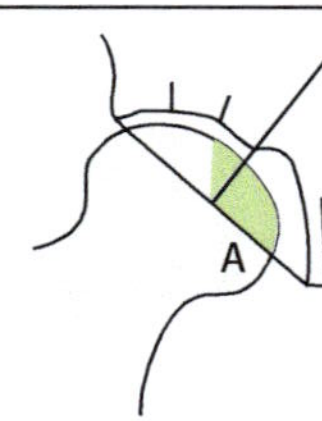 	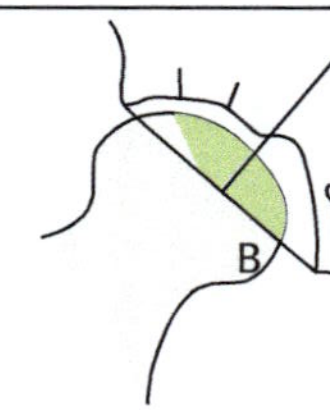 	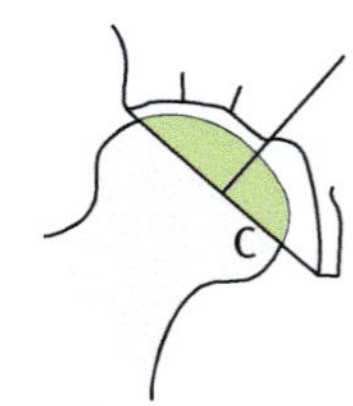 	
Lokalisation der Nekrose	keine	A medial	B zentral	C lateral	Keine Subklassifikation
Ausmaß der Nekrose	keine	Anteil des Femurkopfes A < 15 % B 15–30 % C > 30 %		Ausdehung der subchondralen Frakturlinie: A < 15 % B 15–30 % C > 30 % Kopfabflachung A < 2 mm B 2–4 mm C > 4 mm	Keine Subklassifikation

Abb. 4.16: Einteilung der atraumatischen Femurkopfnekrose nach der ARCO-Klassifikation [420] einschließlich Subklassifizierung [420].

Umwandlung des Knochenmarks in der Metaphyse sein und ist somit ein Grund für ein vorübergehendes transientes Knochenmarködem [279]. In neuerer Zeit wird das transiente Knochenmarködem-Syndrom überwiegend als ein reversibles Vorstadium der Osteonekrose betrachtet, differentialdiagnostisch müssen unter den ischämisch bedingten Erkrankungen außer dem transienten Knochenmarködem mit der Folge der Osteonekrose auch die Osteochondrosis dissecans und die Algodystrophie berücksichtigt werden [407].

Pathologie und Histopathologie

Die aseptische Hüftkopfnekrose (Schenkelkopfnekrose) manifestiert sich als eine mehrfach sich wiederholende Bildung von kleinen Nekroseherden, vorwiegend in der kranio-medialen Belastungszone, die dann zu sekundären größeren Herden zusammenfließen. Diese dann folgenden reparativen Vorgänge mit Einsprossungen von Granulationsgewebe und Neubildung von Knochen [233] werden von neuen Nekroseschüben überlagert. Daraus resultiert ein außerordentlich buntes Bild von nicht mehr klar unterscheidbaren Phasen. Diese Änderungen gehen mit Trabekelfrakturen mit der Folge der Sequestration und des Sich-Lösens von Gelenkknorpel einher [417]. Bei Beginn dieser pathologischen Veränderung ist die Gelenkfläche erhalten. Bei der pathologischen Präparation mit Auftrennen des Femurkopfes lassen sich mehr oder weniger ausgedehnte subchondral gelegene Gelbverfärbungen in der Belastungszone sehen, häufig mit einem hämorrhagischen Randsaum verbunden. Mit dem Fortschreiten dieses Beginns der Nekrose und mit dem damit verbundenen Zusammenbruch der Trabekel unmittelbar unterhalb der Gelenkfläche entsteht eine parallel zur Gelenkoberfläche lokalisierte Spaltbildung, die sich makroskopisch, aber natürlich auch histologisch darstellen lässt. Die Kontinuitätsunterbrechung der subchondralen Trabekel ist die Anfangsphase der dann später entstehenden Abscherung des Gelenkknorpels. Mit den fortschreitenden Reparaturmechanismen entstehen Sekundärphänomene. Es ist morphologisch dann schwierig zu entscheiden, ob die Veränderungen Folge einer schweren Arthrose mit nachfolgender sekundärer Kopfnekrose oder Ausdruck einer primären Kopfnekrose mit nachfolgender Arthrose sind. Mit dem Bruch der subchondralen Trabekel kommt es zum Einsinken der Gelenkfläche. Die Gelenkpartner sind nicht mehr kongruent.

Die histologischen Befunde erklären nicht die Ursache der Femurkopfnekrose, da unabhängig von der Ursache die histologischen Befunde gleich sind. Im Frühstadium ist ein auffälliges Marködem mit Reduktion der endostalen Zellen zu erkennen. Es fehlen im Nekrosebereich die Osteoblasten und Osteoklasten. Im hypoxischen Zelltod unterliegen auch die Osteozyten. Die Folge des Marködems ist eine bindegewebige Organisation der Markräume und es sprießen Kapillaren vom Rand her ein. Die abgestorbenen Trabekel werden durch Osteoklasten resorbiert. Durch die Resorption entsteht eine Stimulation des endostalen Umbaus an den Trabekeln mit der Folge der Randsklerosenbildung. Die Resorption der Trabekel kann an der Spaltbildung subchondral parallel zur Oberfläche erkannt werden. Eine typische Revitalisierung entsteht nicht, aber ein neuer endostaler Anbau mit Verbreiterung der vorbestehenden Trabekel. Die histologischen Veränderungen unterliegen einer großen Variationsbreite, da Sekundärphänomene in unterschiedlicher Ausprägung aufgrund der Nekrose entstehen. In der Folge des Gelenkflächeneinbruchs werden Markräume bindegewebig organisiert und nekrotische Trabekel von Osteoklasten resorbiert. Entfernt gelegen von der Nekrose sind satellitenartige Herde im Sinne umschriebener Nekrosen zu finden, deren histologisches Bild identisch mit der Primärnekrose ist, es fehlen aber die Frakturen der Trabekel, und somit entwickelt sich auch keine Spaltbildung. Die klinischen Stadien (vgl. ARCO-Klassifikation) können jedoch nach DELLING [133] pathohistologisch nicht verlässlich nachvollzogen werden, vielmehr zeigt sich folgende stadienhafte Einteilung:

- Stadium I: sehr selten, regelrechte Trabekelarchitektur mit einem altersentsprechenden endostalen zellulären Umbau, Markräume mit fokalem Ödem (Korrelat für MR-Befund), wahrscheinlich reversibel!
- Stadium II: Kontur des Femurkopfes erhalten, unterschiedlich große subchondrale Gelbverfärbung, makroskopisch und mikroskopisch keine Spaltbildung in der subchondralen Spongiosa; Markfibrose, kein endostaler zellulärer Umbau, randlich beginnende osteoklastäre Resorption, irreversible Veränderungen.
- Stadium III: betrifft mindestens 80–90 % aller Fälle. Spaltbildung subchondral, Gelenkknorpel unterschiedlich eingesunken, Resorption von Trabekeln durch Osteoklasten, Markfibrose, Kalksalzniederschläge, randliche Reparaturmechanismen unterschiedlicher Ausprägung, evtl. Satellitenherde nach distal zum Schenkelhals, irreversible Veränderungen ([528] aus: [133]).

Übertragen in die ARCO-Klassifikation resultieren fünf Stadien pathohistologischer Befunde, die auch klinischen und radiologischen Einteilungen zugeordnet werden können (Tab. 4.6).

Die Hüftkopfnekrose verläuft schubweise [280] und tritt häufig bilateral auf mit 30 % bis 70 % [357]. Besonders bei Patienten über dem 40. Lebensjahr und ab einem FICAT-Stadium III [1] ist der Verlauf in 80 % der Fälle progressiv [483]. Weder das Patientenalter, das Geschlecht, das Gewicht, eine vermutete Ursache noch die Dauer der Veränderung zeigt eine Korrelation zum Kollaps. Nur die Ausdehnung der Nekrose und deren Lokalisation sind prognostische Faktoren [350]. Ein beginnender Kollaps des Hüftkopfes muss nicht notwendigerweise eine schlechte Prognose anzeigen, auch in diesen Fällen ist ein Stillstand der Erkrankung nicht ausgeschlossen. Hüften mit weniger als 2 mm Kollaps und erkennbarer Nekroseläsion, dazu mit medialer Lage unter zwei Dritteln der gewichttragenden Zone, haben eine hohe Chance des Stillstandes des Kollaps und auch einer Verbesserung der klinischen Symptomatik ohne chirurgische Intervention [380]. Ein typisches klinisches Symptom stellt der Leistenschmerz dar [338]. Die Diagnostik ist stadienabhängig, wie aus der ARCO-Klassifikation hervorgeht. Am aussagekräftigsten ist die Magnetresonanztomographie [516, 436], gerade die Frühstadien sind eigentlich nur mittels Magnetresonanztomographie erkennbar.

Tab. 4.6: Klinische, radiologische und morphologische Korrelation der verschiedenen ARCO-Stadien [232].

Stage	0	I	II	III	IV
Clinic	normally no pain			mechanical pain	
x-ray	normal		mottled & sclerotic rim	crescent sign	collapse
CT	normal		asterisk sign & sclerotic rim	subchondral fracture	collapse
Scan	normal	hot spot	cold in hot spot	no specific sign	hot in hot spot
MRI	normal	non-specific signal changes	necrotic area & reactive interface	MR-crescent sign	collapse
Histo	phase I	phase II	phase III	phase IV	phase V
	plasmostasis & marrow necrosis	bone necrosis & inflammatory response	insufficient repair & interface	resorption & subchondral fracture	cartilage destruction & calcification

Inwieweit die Arthroskopie eine Rolle spielt, ist unklar, da ja nur die Oberfläche des Hüftkopfes betrachtet werden kann und somit lediglich ab Stadium III eine Pathologie zuverlässig erkennbar wird [434, 343]. Eine Bedeutung kommt der Arthroskopie in der Beurteilung von Begleitschäden zu, so zur Feststellung von Gelenkkörpern oder Labrumpathologien. Die Diagnose der Hüftkopfnekrose hängt von der Kombination der klinischen Symptome in Verbindung mit Röntgen- und Magnetresonanztomographie ab. Es gibt aber auch asymptomatisch Hüftkopfnekrosen, die bei der Diagnostik an Patienten mit einer gleichzeitig bestehenden symptomatischen Hüftkopfnekrose zufällig entdeckt werden [264, 265]. Sowohl die FICAT- als auch ARCO-Klassifikation sind nicht suffizient genug, um die Hüftkopfnekrose zuverlässig abzuschätzen [450]. Es gelingt zwar eine relativ genaue Einschätzung des pathomorphologischen Substrats, die Prognose daraus abzuleiten lässt aber Fragen offen. Aktuell wird die CT-Angiographie des Hüftkopfes getestet [538].

Morbus Perthes

Der Morbus Perthes ist eine als idiopathisch juvenile aseptische Osteochondrose bezeichnete Erkrankung der Femurkopfepiphyse, die im 4. bis 8. Lebensjahr vorwiegend bei Knaben auftritt, wobei Einzelfälle bereits nach eineinhalb Jahren oder auch erst präpupertär festgestellt werden. In 8 bis 24 % findet sich diese Erkrankung auch bilateral [201]. Zwar wird die Ätiologie der Erkrankung als nicht vollständig geklärt bezeichnet, dennoch wird von einer Veränderung der Blutversorgung im wachsenden Skelett ausgegangen, die zu einem passageren Missverhältnis von Blutversorgungs- und Ossifikationsvorgang führt [395, 400]. Dazu werden folgende Theorien diskutiert:

- rezidivierende Infarkte aufgrund von Durchblutungsstörungen in der Folge einer erhöhten Blutviskosität [185],
- eine latent bestehende Minderdurchblutung wird manifest, bei unbekannter Noxe. Es wird eine geringer ausgebildete vordere Gefäßanastomose angenommen oder andere Gefäßanomalien [500],
- eine vorübergehende Verzögerung des Skelettalters wird zu einer Disproportion zwischen der unteren Extremität und der Wirbelsäule mit der Folge, dass durch dem Druck des Körpergewichts der präossifizierende Knorpel die zur Epiphyse verlaufenden Gefäße nicht ausreichend schützen kann, der Blutfluss wird reduziert und es kommt zu rezidivierenden ischämischen Infarkten. Die Ursache dafür ist eine Skelettdysplasie [215, 90].

Bei der Versorgung der Hüftkopfepiphyse scheint den lateralen Epiphysenarterien eine besondere Bedeutung zuzukommen. Beim Morbus Perthes ist die Blutversorgung über diese Arterien am Ursprung verschlechtert, mit der Folge einer Revaskularisation, die zu immer wiederkehrenden ischämischen Episoden führt [36]. Hierzu liegen angiographische Untersuchungen mit einer Klassifikation vor (Abb. 4.17).

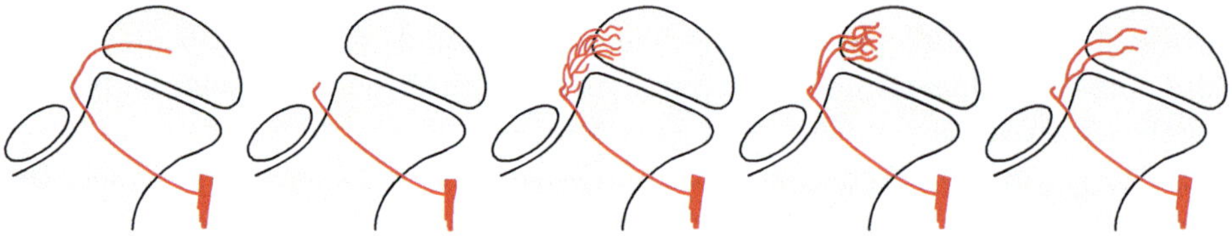

Abb. 4.17: Arthrographische Klassifikation der lateralen Epiphysenarterien (classes I to V) [36].

Class I bedeutet den Normalzustand, Class II den Abbruch der lateralen Epiphysengefäße am Ursprung, Class III zeigt den Verlust der Durchblutung über die normalen lateralen Epiphysenarterien, aber ein Entstehen neuer Gefäße, Class IV die extraossären Gefäße, die sich zu einem Gefäß orientieren, und Class V das Eindringen größerer Gefäße in die Tiefe der Epiphyse. Derartige Veränderungen können gemäß dem Fortschreiten des Morbus Perthes festgestellt werden. Als weitere Ursache für die Entstehung des Morbus Perthes wird eine intraartikuläre, aber auch intraossäre Druckerhöhung diskutiert. Das Röntgenbild kann in aller Regel die Diagnose durch ein Röntgenbild in a. p. und die Lauenstein-Aufnahmetechnik stellen. Hier wird auch der typische Verlauf des Morbus Perthes, eingeteilt in vier Stadien, festgestellt:

- Im Initialstadium entsteht, bedingt durch die Störung der Gefäßversorgung, eine Nekrose der Osteozyten des knöchernen Anteiles des Hüftkopfes. Da im Verhältnis der Knorpel weiterwächst, entwickelt sich eine Gelenkspalterweiterung.

- Im Kondensationsstadium entsteht eine Verdichtung des knöchernen Anteils des Hüftkopfes.
- Im Fragmentationsstadium kommt es zur Resorption bei fortschreitendem Knochenabbau mit gleichzeitiger Reparation mit der Folge eines scholligen Zerfalls des Hüftkopfes mit Osteolyse- und Sklerosezonen.
- In der Reparationsphase wird neuer vitaler Knochen gebildet, der Faserknorpel geht in lamelläre Knochen über. Es werden radiologisch Spongiosastrukturen erkennbar. Dieser Verlauf kann sich über wenige Wochen bis zu mehreren Jahren hinziehen [400].

Patienten mit der Perthes-Krankheit haben eine allgemeine Neigung zu Schäden während der Chondrogenese [200, 281]. Zu diesem pathologischen Prozess gehören neben der Hüftgelenksdysplasie (Pfannendysplasie) auch die kongenitale Hüftgelenksluxation bzw. Subluxation und die Epiphyseolisis capitis femoris. Der Morbus Perthes zeigt aus diesem Bereich parallel auftretende Veränderungen. So finden sich bei dem Morbus Perthes, der ja ein typischer Vertreter der aseptischen Osteonekrosen ist, auch Veränderungen am Azetabulum im Sinne einer Abflachung bzw. Steilstellung, die auch zu Subluxationsphänomenen neigen können [199]. Bedingt durch den Verlust an Substanz am lateralen Hüftkopfpfeiler ist zudem eine Subluxationsneigung zu erwarten [405], die durch den Substanzverlust am Femurkopf die Sphärizität beeinflusst und damit die Stabilität im Hüftgelenk mit einer daraus resultierenden Subluxation veranlasst (Abb. 4.18). Diese pathologischen Veränderungen können mit herkömmlichen Röntgenaufnahmen in zwei Ebenen quantitativ erfasst werden [462].

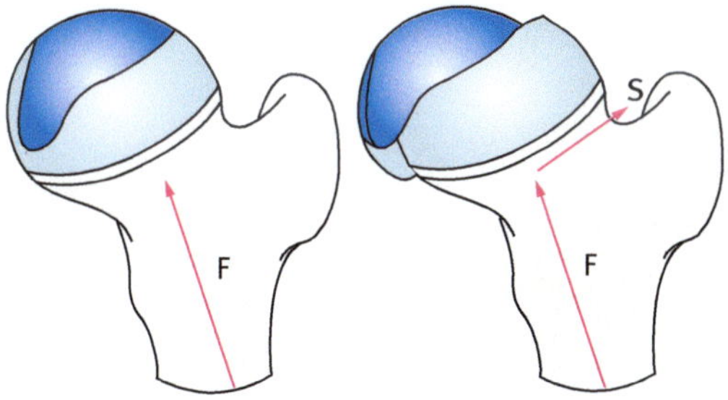

Abb. 4.18: Verlust der Hüftkopfkugelform durch einen segmentalen Kollaps mit Subluxation (S) bei axialer Kraft (F).

Der natürliche Verlauf eines Morbus Perthes ist vergleichbar mit dem bei anderen Osteochondrosen [449]. Auch hier zeigen sich neben den epiphysären Wachstumsstörungen typische Veränderungen bis hin zur Selbstheilung [389]. Aus den histologischen Untersuchungen von YTREHUS [533] resultiert, dass bei der Osteochondrosis dissecans als wesentlicher ätiologischer Faktor eine Durchblutungsstörung mit daraus entstehender Ossifikationsstörung besteht, und dies beim wachsenden Skelett. Vergleichbare Angaben stammen von WILLERT [521], ohne dass jedoch die Herkunft aus der genannten Arbeit erkannt werden kann. Mit dieser Überlegung wird von SCHÖNBAUER [454] auch bei Morbus Perthes auf diese ätiologische Möglichkeit hingewiesen, ebenso von BAUER [49, 50], der gemäß den Angaben von OTTE [386] das Durchblutungsproblem zwischen den Epiphysenarterien und den metaphysären Arterien sieht (Abb. 4.19). Dieser Hinweis ist vergleichbar mit den Angaben von YTREHUS [533] und SHORE [466], der die Durchblutungsstörung den lateralen Epiphysenarterien zuordnet, deren Zahl beim M. Perthes geringer ist. Es gibt zwei Möglichkeiten der Durchblutungsverbesserung, eine Revaskularisation und die Neovaskularisation, Letztere wegen der längeren Entwicklungszeit mit einer schlechteren Prognose [36, 120, 112].

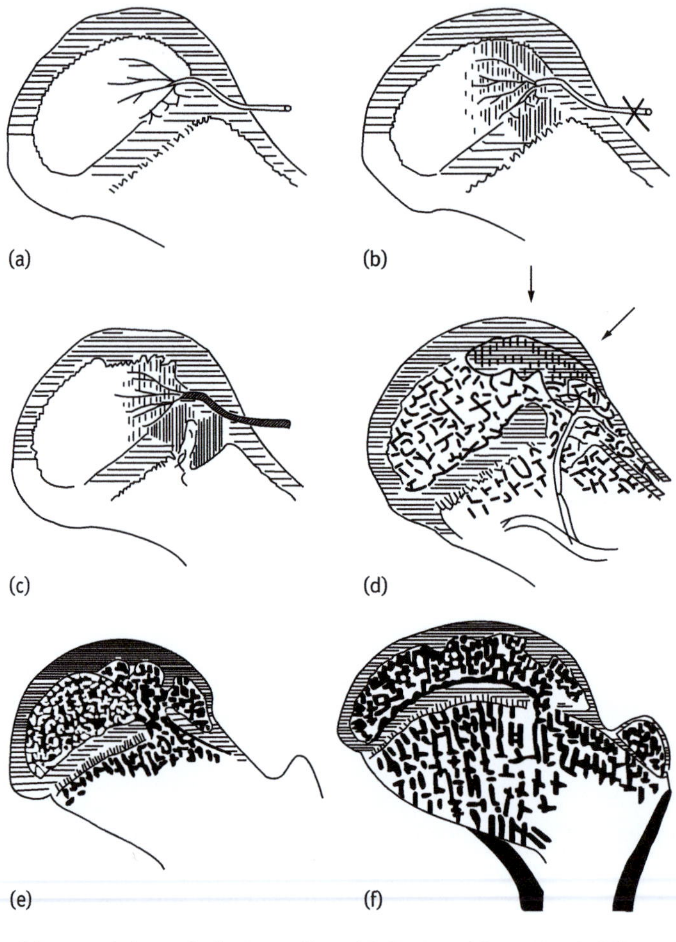

Abb. 4.19: Schematische Darstellung (a) der Auswirkung des Gefäßverschlusses (b); der Fugenknorpel wird durch Gefäßbindegewebe durchbrochen (c), Auftreten einer epimetaphysären Knochenbrücke, Beginn der Ossifikation am lateralen Kopfpol (umrandeter Bezirk unter den Pfeilen) (d), Wirkung der Epiphysiodese (e) bei fortgesetzter Wachstumsaktivität des Fugenknorpels (f) ([386] in: [49, 50]).

Aus diesen Angaben resultiert, dass sowohl die Perthes-Erkrankung als auch die Osteochondrosis dissecans eine vergleichbare ätiologische Grundlage aufweisen, dafür spricht ebenfalls, dass die Osteochondrosis dissecans als Residuum einer Perthes-Erkrankung auftritt, dies in einem Prozentsatz von etwa 3 % der Perthes-Erkrankten [75, 430]. Wenn die Ätiologie für den Morbus Perthes in einer Ossifikationsstörung aufgrund eines Gefäßverschlusses beim wachsenden Skelett zu werten ist, so wird auch die CATTERALL-Klassifikation [98] verständlich. Alles hängt von der Größe des Versorgungsgebietes des betroffenen Gefäßes ab. Handelt es sich um einen kleinen Ast, so resultiert eine Osteochondrosis dissecans, ist ein größeres Gefäßareal betroffen, können Teilnekrosen, aber auch komplette Nekrosen der Epiphyse die Folge sein.

Die Diagnose des Morbus Perthes wird in aller Regel mit dem Nativ-Röntgenbild gestellt. Lediglich Frühstadien, aber auch fortgeschrittene Stadien zur weiteren Planung können magnetresonanztomographisch beurteilt werden [109], dies insbesondere zur Beurteilung des Knorpels und des Labrums [330]. Es werden auch die Sonographie sowie die Szintigraphie eingesetzt [137], wobei jedoch das herkömmliche Röntgenbild in aller Regel die gewünschte Aussage liefert. Für die Diagnostik eines Morbus Perthes ist die Arthroskopie eigentlich nicht vorgesehen, sie wird aber zur Erfassung von Begleitschäden und zu begleitenden therapeutischen Verfahren eingesetzt, insbesondere in der Therapie von Gelenkkörpern [488, 294, 529].

4.5 Humeruskopfnekrose

Die Humeruskopfnekrosen sind zwar selten, folgen aber in der Häufigkeit nach den Hüftkopfnekrosen [216]. Es handelt sich um Teil- oder Totalnekrosen des Humeruskopfes aufgrund des Absterbens eines Knochensegments [329] bei einer Schädigung der Gefäßversorgung des Oberarmkopfknochens [313]. Die Grobeinteilung der Humeruskopfnekrosen sieht traumatisch bedingte Nekrosen vor, entstanden bei Oberarmkopffrakturen, aber auch aufgrund von Weichteilverletzungen, z. B. bei der Schulterluxation (selten). Besonders für die Beurteilung der Oberarmkopffrakturen ist die Kenntnis der Gefäßversorgung dieses Gebietes von Bedeutung. Der konvexe Humeruskopf wird von der A. circumflexa humeri anterior sowie der A. circumflexa humeri posterior, die beide aus der A. axillaris entspringen, versorgt. Dazu kommen Gefäße aus der Rotatorenmanschette über den sehnigen Ansatz am Tuberculum majus (Äste aus der A. thoracoacromialis/A. deltoidea). Aus der A. circumflexa humeri anterior resultiert die A. arcuata, die im Sulcus bicipitalis nach kranial verläuft und schließlich in den Knochen eintritt. Die A. arcuata kann als Verlängerung der A. circumflexa anterior gewertet werden, wobei aber ein wesentlicher Ast dieser Arterie auch um den Oberarmkopf herum mit der A. circumflexa humeri posterior anastomosiert (Abb. 4.20).

Die Gefäßversorgung der Gelenkfläche des Humeruskopfes entspringt aus der A. circumflexa humeri ant. als A. arcuata, tritt in den Oberarmkopf im Sulcus bicipitalis

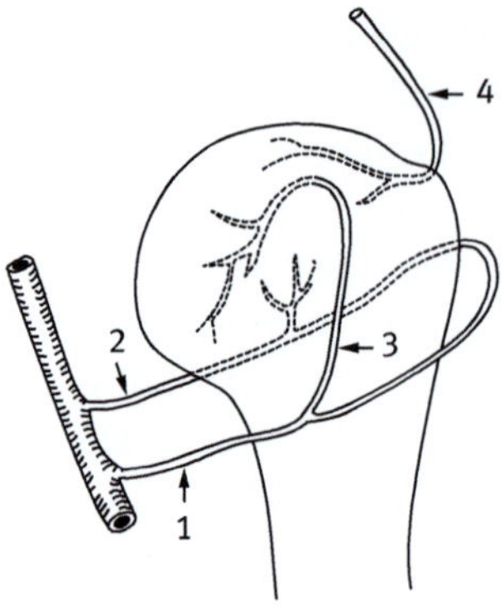

Abb. 4.20: Gefäßversorgung des Oberarmkopfes (1 = A. circumflexa humeri ant., 2 = A. circumflexa humeri post., 3 = A. arcuata, 4 = Gefäße aus der Rotatorenmanschette) [190].

ein und versorgt über intraossäre Gefäße diesen Bereich [183]. Die intraossäre Blutversorgung über den anterolateralen Ast der A. circumflexa humeri ant. (= A. arcuata) erreicht das Tuberculum majus und auch das Tuberculum minus. Aufgrund der guten Kollateralisierung werden Osteonekrosen bei isolierten Frakturen der Tubercula meist vermieden. Die A. circumflexa humeri ant. alleine ist für die Humeruskopfdurchblutung nicht ausreichend, die A. circumflexa humeri post. ist ebenso erforderlich und muss daher bei Überlegungen für die Entstehung der Humeruskopfnekrose mit einbezogen werden [143].

Die Fraktureinteilung nach CODMAN [115] berücksichtigt vier Hauptfragmente: Kopffragment, Tuberculum majus, Tuberculum minus und Schaftfragment. Diese vier Fragmente können einer bestimmten Gefäßversorgung zugeordnet werden. Dazu sollte ein zentrales zusätzliches Fragment mit berücksichtigt sein (Abb. 4.21).

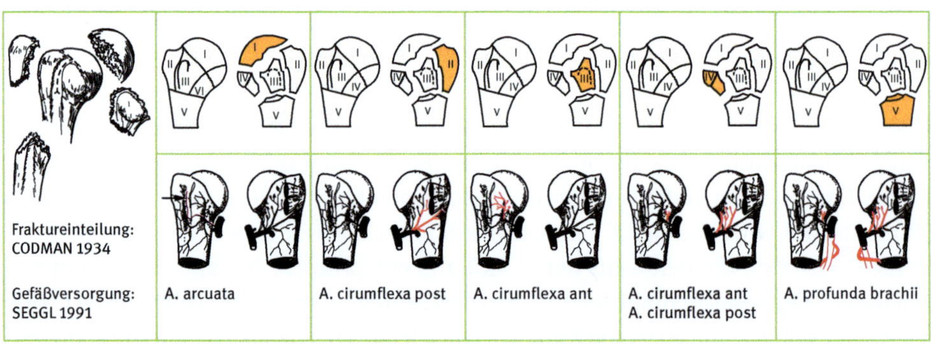

Abb. 4.21: Oberarmkopffrakturen – Gefäßversorgung – Nekrosebildung.

Dem Kopffragment wird die A. arcuata zugeordnet, dem Tuberculum majus die A. circumflexa posterior, dem zentralen Fragment die A. circumflexa anterior, dem Tuberculum minus die A. circumflexa anterior und A. circumflexa posterior und dem Schaftfragment die A. profunda brachii [460]. Aus dieser Fraktureinleitung lässt sich in Abhängigkeit von der Durchblutung eine Einteilung von Humeruskopfnekrosen in Total- bzw. in Teilnekrosen ableiten [329]. Die allgemeine Einteilung von Humruskopfnekrosen erfolgt wie bei allen Osteonekrosen in primäre und sekundäre Nekrosen [329, 455, 453], es bietet sich aber auch eine Einteilung in nicht traumatische und posttraumatische Osteonekrosen an [116].

Primäre Humeruskopfnekrosen

Diese entstehen spontan oder idiopathisch, d. h., ein Ätiologienachweis gelingt nicht. Mit Zunahme der Kenntnis über verschiedene ätiologische Faktoren nimmt aber die Zahl der spontanen Osteonekrosen ab, da immer mehr Grundkrankheiten oder Risikofaktoren gefunden werden. Als primäre Humeruskopfnekrose muss auch die Osteochondrosis dissecans des Humeruskopfes gewertet werden. Hier ist die Ätiologie bekannt, es handelt sich um eine Schadensanlage des wachsenden Skeletts in der Phase des Knochenwachstums, daher liegt hier auch eine Chondronekrose vor [533].

Sekundäre Humeruskopfnekrosen

Sekundäre Osteonekrosen entstehen in der Folge der Humeruskopffrakturen [182] in Abhängigkeit von der Frakturform und der Durchblutung der einzelnen Fragmente. Sekundäre Osteonekrosen resultieren aber auch aus verschiedenen Grundkrankheiten und/oder in Verbindung mit definierbaren Risikofaktoren sowie aus Überlastungsschäden [44].

Humeruskopfnekrosen nach Humeruskopffrakturen

Gemäß der Klassifikation von CODMAN [115] und der Zuordnung der Blutversorgung nach SEGGL [460] zeigt sich, dass die Nekroserate mit der Zahl der Frakturfragmente zunimmt. Transitorische Osteonekrosen des Humeruskopfes sind auch bei Frakturen im Bereich der Schulter (z. B. Klavikula) beschrieben [91], mit der Überlegung, dass Gefäßverletzungen zustande kamen, die auch den Humeruskopf betreffen, und es sind postoperative Osteonekrosen bekannt, z. B. im Bereich des Glenoids aufgrund der Implantation multipler Anker [473].

Humeruskopfnekrosen bei Grundkrankheiten oder Risikofaktoren

Das Prinzip der vereinheitlichten Theorien [216] geht davon aus, dass einmal die Ursache für eine Osteonekrose eine intravaskuläre Gerinnungsproblematik ist, mit der Folge einer intraossären Thrombose [256]. Die zweite Möglichkeit wird in einer Anhäufung nicht normaler Knochenzellen mit der Folge der Schädigung der Homöostase gesehen, was zum Zelltod führt [274, 275]. Trotz der unterschiedlichen Ätiologie gibt es Hinweise, dass gemeinsame pathogenetische Endstrecken vorliegen, die in der Störung des Gefäßsystems zu finden sind. Es werden mindestens sechs mögliche Mechanismen diskutiert [453]:

- primäre Unterbrechung der arteriellen Strombahn (arterielle Insuffizienz),
- Störungen in der intraossären Zirkulation auf Höhe der Arteriolen (Okklusion),

- Störungen des intraossären venösen Abflusses mit sekundärer arterieller Insuffizienz,
- tiefe Venenthrombosen – extraossär,
- primäre intraossäre extravaskuläre Störungen mit sekundärer Reaktion des venösen Abflusses und der arteriellen Durchströmung oder intraossäre Kapillartamponade,
- zelluläre zytotoxische Faktoren.

Humeruskopfnekrosen finden sich in Verbindung mit Grundkrankheiten, wie dies auch bei anderen Osteonekrosen der Fall ist. Die Lokalisation der spontanen Osteonekrose am Humeruskopf [216, 313, 337] sieht den oberen zentralen Anteil des Oberarmkopfes vor. Es handelt sich um einen Bereich, der in 60 Grad Elevation oder 90 Grad Vorwärtselevation mit dem Glenoid Kontakt aufnimmt. Daraus resultiert, dass auch eine relativ späte klinische Symptomatologie zu erwarten ist und dass für eine konservative Therapie besonders Arbeiten über Kopf zu vermeiden sind. Die Klassifikation der Humeruskopfnekrose erfolgt anhand von Röntgenbildern mit ossärer Pathologie [116]. Diese Klassifikation ist vergleichbar mit der von ARLET-FICAT [27] am Hüftkopf. Die Lokalisation der Osteonekrose am Humerus- und am Femurkopf ist ähnlich. Auch die Klassifikation, die am Humeruskopf nach CRUESS [126] vorgenommen wird, sieht am Röntgenbild folgende Stadien (I–V) vor:
- Stadium I: am Röntgenbild nicht erkennbar, MRT notwendig,
- Stadium II: Sklerose am oberen zentralen Humeruskopf,
- Stadium III: „crescent sign“ = subchondraler Kollaps bzw. subchondrale Fraktur im nekrotischen und teilweise revaskularisierten Knochen. Die Gelenkoberfläche erscheint eingedrückt und weicht von der normalen Kopfrundung ab. Lösung eines Knorpel-Knochen-FLAP,
- Stadium IV: ausgedehnter Kollaps in den subchondralen nekrotischen Knochen, Destruktion der Trabekelstruktur,
- Stadium V: Endstadium der Osteonekrose, das Glenoid ist mit einbezogen, Omarthrose.

Diese CRUESS-Klassifikation entspricht der ARCO-Klassifikation am Hüftkopf [453].

4.6 Talusnekrose

Der Talus (Würfelbein) setzt sich aus Kopf, Hals und Körper zusammen, die Gelenkfläche für die Unterseite der Tibia wird Trochlea tali oder Talusschulter genannt. Am Talus finden sich keine Muskel- bzw. Sehnenansätze [273, 60]. Die Unterseite des Talus artikuliert mit dem Kalkaneus mittels dreier Gelenkflächen (posteriore, mediale und anteriore Facette). Die Gelenkflächen zur anterioren und medialen Facette des Kalkaneus sind in 20 % der Fälle miteinander verschmolzen [541]. Die Trochlea tali artikuliert mit der Tibia und der Taluskopf mit der Gelenkfläche des Os naviculare. 60 % der Talusoberfläche sind von Knorpel bedeckt. Als Besonderheit findet sich an der Unterseite des Talus zwischen der anterioren bzw. medialen Facette und der posterioren Facette eine halbröhrenförmige Ausbuchtung, die zusammen mit einer vergleichbaren Ausbuchtung am Kalkaneus den Sulcus tali bildet. Die Bezeichnungen Sinus tarsi und Canalis tarsi werden in der Literatur häufig fälschlicherweise als Synonyme verwendet. Wie aber bereits aus einer exakten Übersetzung der beiden Bezeichnungen hervorgeht, ist der Tarsalkanal der medial gelegene, vom Sulcus tali und Sulcus calcanei begrenzte röhrenförmige, ca. 3 bis 5 mm weite, von knöchernen Wänden umgebene Raum zwischen den beiden Kompartimenten des unteren Sprunggelenkes. Als Sinus tarsi gilt die sich nach lateral erweiternde trichterförmige Öffnung des Tarsalkanals, in dem das Ligamentum talocalcaneum interosseum als zusammenfassende Bezeichnung der Bandstrukturen zu finden ist. Von klinischer Bedeutung sind der Sinus tarsi und Canalis tarsi nicht nur wegen ihrer das untere Sprunggelenk hauptsächlich stabilisierenden Bandstrukturen, sondern auch wegen der in ihnen verlaufenden, für die Durchblutung des Talus wichtigen Gefäße. Werden diese bei starker Traumatisierung des Sinus tarsi zerrissen, so kann eine Talusnekrose die Folge sein. Die A. sinus tarsi und die A. canalis tarsi anastomosieren im Canalis tarsi [498, 179]. Der Canalis tarsi, dieses Gefäßnetz umfassend, besteht aus dem Sulcus tali und dem Sulcus calcanei. Die Blutversorgung des Talus wird durch einen extraossären Gefäßring [519, 209, 273, 302, 363] und durch die intraossären Anastomosen [363, 5, 34, 401] gebildet. Der extraossäre Gefäßring erhält sein Blut von der A. tibialis posterior, der A. tibialis anterior (A. dorsalis pedis) und der A. peronaea. Äste der A. peronaea bilden zusammen mit Ästen der A. dorsalis pedis eine A. sinus tarsi, die wiederum mit einem Ast aus der A. tibialis posterior als A. canalis tarsi im Tarsalkanal anastomosiert. Aus der A. canalis tarsi entspringt ein Ramus deltoideus der die mediale Seite des Talus, und insbesondere das mediale Taluseck, versorgt. Die intraossäre Durchblutung des Talus sieht eine Gefäßversorgung des Taluskopfs und des Talushalses aus der A. tibialis anterior mit Beteiligung der A. peronaea vor. Der Taluskörper proximal und medial erhält sein Blut aus dem Ramus deltoideus der A. canalis tarsi aus A. tibialis posterior. Teile der Unterseite des Talus werden von der A. sinus tarsi blutversorgt, der Processus posterior aus Ästen der A. tibialis posterior und A. peronaea (Abb. 4.22).

Gemäß den Angaben von MULFINGER [363] wird der Taluskopf aus der A. tibialis anterior bzw. der A. dorsalis pedis, allerdings auch mit Beitrag der A. peronaea, versorgt, das mittlere Talusstück durch Äste des Ramus deltoideus sowie Ästen aus der Anastomose zwischen A. sinus tarsi und A. canalis tarsi und der posteriore Anteil des Körpers von der A. tibialis posterior, aber auch mit Beitrag der A. canalis tarsi und der A. sinus tarsi. Der Processus posterior erhält sein Blut von der A. tibialis posterior mit Ästen aus der A. peronaea, die mediale Portion des Talus aus der A. tibialis posterior, besonders aus dem Ramus deltoideus, und im vorderen Anteil aus Ästen der A. dorsalis pedis, der mittlere Anteil aus Arterien der Anastomose im Canalis tarsi und aus Ästen der A. dorsalis pedis und der laterale Anteil wird vorwiegend aus der A. sinus

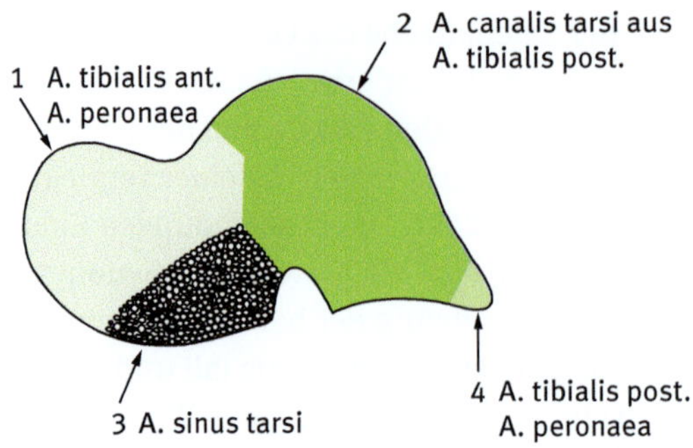

Abb. 4.22: Die Blutversorgung des Talus (1 = dorsales Halsfragment, A. tibialis anterior, A. peronaea, 2 = A. canalis tarsi, 3 = A. sinus tarsi, 4 = Gefäß des Tuberculum posterior, A. tibialis posterior, A. peronaea) [498, 179, 391].

tarsi versorgt, die aus der A. tarsalis lateralis stammt. Eine besondere Bedeutung hat der Ramus deltoideus, der als einziges Gefäß den Talus von medial her versorgt. Da es sich bei der medialen Taluskante um ein Endstrombahngebiet handelt, fällt dem Ramus deltoideus eine Monopolstellung bei dessen Versorgung zu [108, 321]. Es ist somit im Bereich des Ramus deltoideus eine Prädilektionsstelle für das Auftreten avaskulärer Nekrosen gegeben. Ein direkter Verschluss dieses Gefäßastes führt unweigerlich zu einer Reduzierung oder Sistierung der Durchblutung der medialen Taluskante. Eine ähnliche Wirkung zeigt auch ein Verschluss der in den meisten Fällen als Quelle dienenden A. canalis tarsi, wobei hier erschwerend eine Minderversorgung des gesamten Taluskörpers entstehen kann (Abb. 4.23). Bei Verletzungen, die zu einer Schädigung des lateralen Bandapparates führen, kommt es zu einer Störung der physiologischen Biodynamik des Sprunggelenkes. Die veränderten Kippungsverhältnisse resultieren in einer Verminderung der schon sehr spärlich ausgeprägten Platzverhältnisse unter dem Innenknöchel und führen somit zu einer mehr oder minder relevanten Kompression der dort verlaufenden Gefäße. Betroffen ist der Ramus deltoideus [62], die mediale Taluskantenläsion ist also eine sekundäre Erscheinung eines Schadens am Ramus deltoideus, ohne dass eine knöcherne Verletzung erforderlich wäre.

Allgemein entstehen Talusnekrosen nach drei Theorien [163]:

- Störung der Blutversorgung durch Gefäßläsionen [319, 278],
- Mikrotraumatisierung [364],
- vibrationsbedingte Durchblutungsstörungen, die inzwischen auch als Berufskrankheit anerkannt sind [427, 21, 296].

Die Lokalisation der Talusnekrose ist vorwiegend in dessen Körper zu finden [5]:

- idiopathische avaskuläre Nekrose 10 %,
- medikamentös induziert 15 %,
- traumatisch bedingt 75 %,
- postoperativ nach Arthrodesen- bzw. Bandrekonstruktionen [255, 23, 226, 32].

Avaskuläre Talusnekrosen des Taluskörpers [415, 136] überwiegen bei weitem im Vergleich zur Nekrose im Taluskopf [43, 56]. Demgegenüber finden sich Talusnekrosen

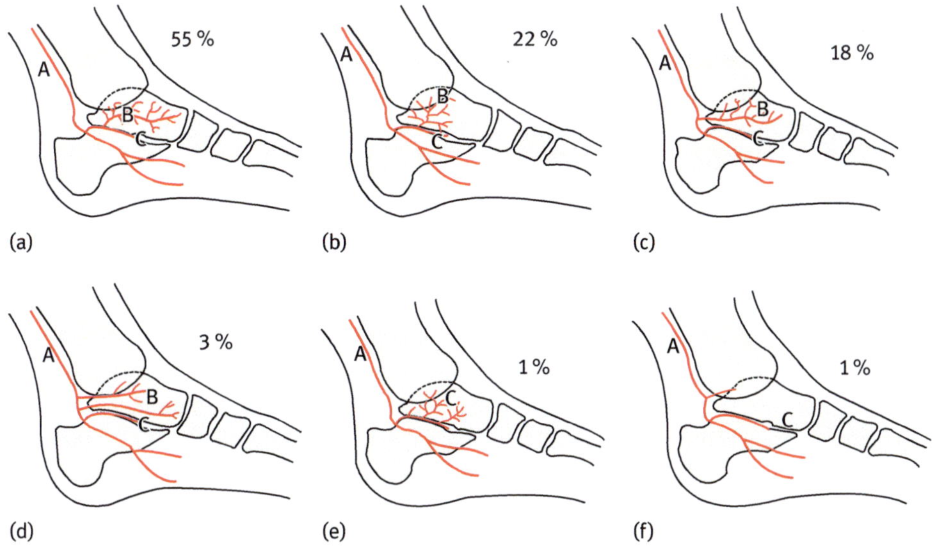

Abb. 4.23: Verlaufsformen des Ramus deltoideus auf dem Talus (A = Arteria tibialis posterior, B = Ramus deltoideus, C = Arteria canalis tarsi) (a) = Verlaufsform 1 mit linearem Verlauf auf dem Talus, (b) = Verlaufsform 2 mit fächerförmiger Ausbreitung auf dem Talus, (c) = Verlaufsform 3 mit einfachem Ursprung in der Arteria tibialis posterior, (d) = Verlaufsform 4 mit doppeltem Ursprung in der Arteria tibialis posterior, (e) = Verlaufsform 5 mit mehreren den Talus versorgenden Ästen, (f) = Verlaufsform 6 mit einem von posterior zuführenden Ast der Arteria tibialis posterior [409].

häufiger bei der Talusfraktur im Halsbereich mit 90 % [5] und bei zentralen Frakturen mit etwa 33 % (15 % bis 63 %) [457]. Am häufigsten treten Talusnekrosen nach Talusfrakturen auf [303], allerdings in Abhängigkeit von der Art der Fraktur [219, 93, 496]. Dabei ist aber nicht geklärt, ob die Nekrose alleine durch Fraktur und Dislokation von Fragmenten entsteht oder auch bedingt durch einen operativen Zugang [401]. Die angegebenen Prozentzahlen sind Arbeiten mit operativer Behandlung der Talusfraktur entnommen. Jedenfalls entstehen Talusnekrosen bei nicht dislozierten Frakturen wesentlich seltener im Vergleich zu dislozierten Frakturen, wobei auch der Zeitpunkt des operativen Eingriffs eine Rolle spielt [456]. Erfolgt der Eingriff innerhalb der ersten sechs Stunden, ist ebenfalls die Nekroserate niedriger zu erwarten. Für die Kontrolle der Talusfraktur nach der Therapie bietet sich das Hawkins-Zeichen an [219]. Hierbei handelt es sich um ein Vitalitätszeichen. Ist das Hawkins-Zeichen positiv, d. h., ist eine subchondrale Osteopenie sechs bis acht Wochen nach der Fraktur durch eine subchondrale Resorption entstanden, so ist dies ein Hinweis, dass mit einer Nekrose nicht unbedingt zu rechnen ist. Die idiopathischen avaskulären Nekrosen und die medikamentös bzw. krankheitsbedingten Nekrosen sind deutlich seltener als frakturbedingte Osteonekrosen, aber sie gibt es auch kortisonbedingt [6], bei der Leukämieerkrankung [532] und bei weiteren Erkrankungen, so wie sie auch bei anderen avaskulären Nekrosen zu finden sind. Im Vordergrund stehen aber die frakturbedingten Nekrosen in

Abhängigkeit vom Schweregrad der Verletzung. Faktoren, die die Nekroseentstehung günstig beeinflussen, sind:
- junge Patienten,
- begleitende Innenknöchelfrakturen, bei denen das Innenband,und damit auch der Ramus deltoideus zur Blutversorgung erhalten bleibt,
- frühzeitige operative Versorgung innerhalb von sechs Stunden.

Die Einteilung der Talusfrakturen geht auf HAWKINS [219] zurück, der vorwiegend Talushalsfrakturen differenzierte. Vorher unterschied COLTART [117] die Talushalsfrakturen von den Taluskörperfrakturen, der subtalaren Luxation und der kompletten Luxation des Talus und SZYSZKOWITZ [489] grenzte zusätzlich zu den genannten zentralen Frakturen am Hals und Körper des Talus die peripheren Prozessus- und Kantenfrakturen ab. ZWIPP [539] klassifiziert die Talusverletzungen nach der Anzahl der durch die Fraktur des Talus und Dislokation beteiligten Gelenke in Anlehnung an die Kalkaneusfrakturen und die Einteilung des komplexen Fußtraumas. In Abhängigkeit von der Klassifikation (Typ I = periphere Fraktur, Typ II = nichtdislozierte Korpus- und proximale Kollumfraktur, Typ III = dislozierte zentrale Fraktur, Typ IV = Trümmerfraktur) nach MARTI [332] entstehen Nekroseraten zwischen 0 und 100 %. (Abb. 4.24).

	MARTI [332]	LUTZ [321]	SCHULITZ [456]	HEINZELMANN [222]	ZWIPP [540]
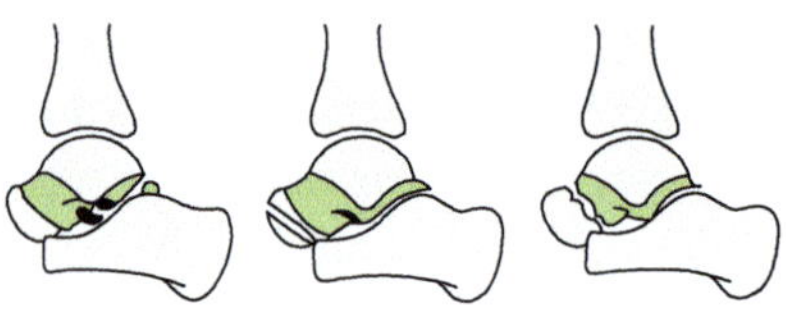	I			5 %	0–13 %
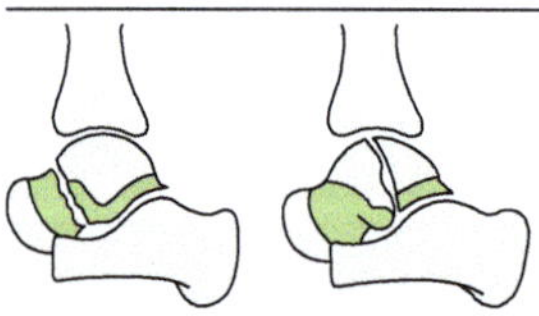	II		14 %	12 %	20–50 %
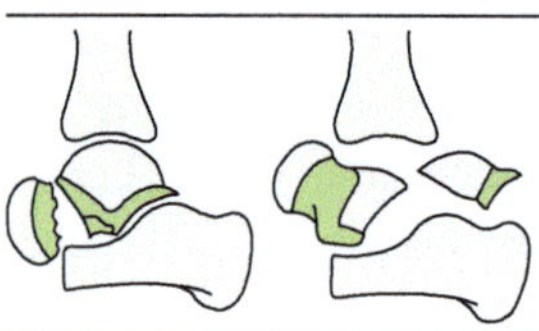	III	51 %	60 %	38 %	20–100 %
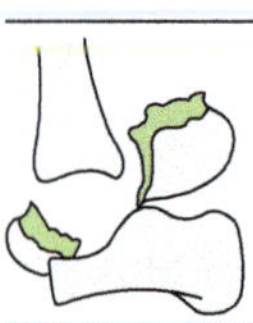	IV	100 %	100 %	65 %	50–100 %

Abb. 4.24: Nekroseraten nach Talusfrakturen, klassifiziert nach [332].

Dabei stehen die Luxationen bzw. Dislokationen im Vordergrund. Alleine die Fraktur bzw. die Lokalisation der Frakturlinie ist für die Rate nicht entscheidend [211, 218].

Bei den Talusnekrosen werden die lokalisierten kleinen Osteonekrosen an der medialen oder lateralen Taluskante (Osteonecrosis dissecans).unterschieden. Es gibt Teil- und Totalnekrosen [303, 108, 394, 237]. Im Wesentlichen entstehen alle diese Talusnekrosen posttraumatisch, auch in der Folge so genannter Flake fracture, wobei jedoch dann nicht eine typische Osteonecrosis dissecans vorliegt, sondern lediglich dessen Bild (OND). Es gibt aber auch spontane Osteonekrosen sowohl an Taluskanten, selten aber auch am Taluskörper. Entscheidend sind hier die Anamnese und das kernspintomographische Bild.

4.7 Beurteilung

„Osteochondrosen sind lokalisierte Wachstumsstörungen im Epiphysenbereich, die als reine Ossifikationsstörungen (aseptische Osteochondrosen), unter Umständen mit begleitender Knochennekrose, seltener auch Knorpelnekrose (Osteochondronekrose) auftreten" [378]. Dieser Vorgang ist an allen Epiphysen möglich. Die pathologisch-anatomischen Veränderungen sind vergleichbar. Osteochondrosen werden einer idiopathischen Bedingung zugeordnet, charakterisiert als Störung der enchondralen Ossifikation incl. Chondrogenese und Osteogenese [469]. Die Verbindung einer Gefäßstörung mit dem Knochenwachstum ist eine seit langem bekannte Überlegung [386, 299, 49, 50, 378, 375]. Hieraus wird am Hüftkopf in Kenntnis der Gefäßsituation [500] festgestellt, dass eine Durchblutungsunterbrechung, insbesondere der lateralen Epiphysengefäße, zu einem Infarktgeschehen mit anschließenden Umbauvorgängen im Kopf- und Fugenbereich im Sinne einer partiellen Epiphyseodese führt, daraus resultiert eine Hüftkopfdeformierung im Endzustand.

Erst mit den Arbeiten von YTREHUS [533, 534] wurde ein histologischer Nachweis der Überlegung möglich, dass zunächst bei der Osteochondrosis dissecans die Ursache in einer Wachstumsstörung am Übergang von den Gefäßen der Knorpelkanäle zu den metaphysären Gefäßen zu finden ist. Mit dem Fortschreiten der Ossifikationszone entstehen zwischen diesen beiden Gefäßtypen Anastomosen, die bei Überlastungen, in welcher Form auch immer, zu Schaden kommen können, so dass somit eine Knorpelnekrose entsteht, die ausheilen kann, aber auch mit dem Längenwachstum zum Bestehenbleiben der Nekrose führt, woraus sich schließlich das Bild einer Osteochondrosis dissecans entwickelt [533]. Aus der Struktur einer typischen Epiphysenfuge resultieren somit in Abhängigkeit von der Gefäßstörung, die auf endogene, aber auch auf mechanische Ursachen zurückzuführen ist, Wachstumsstörungen, die nach NIETHARD [378] klassifiziert werden, basierend auf der normalen Physiologie und der Pathologie der Epiphysenfuge [7, 418] im Vergleich zu den Wachstumszonen. Problematisch ist die Begrifflichkeit der Osteonekrosen [217]. Aseptische Osteonekrosen sind lokalisiert an den Epiphysen der Knochen, aber auch an den Apophysen, sehr selten an Diaphysen. Dies weist auf die Entstehung der Osteonekrosen beim wachsenden Skelett hin. Osteonekrosen entstehen aber auch beim Erwachsenen-Skelett, d. h. nach Abschluss des Längenwachstums. Hier können Verletzungen oder deren Folgen, aber auch Krankheiten und deren Behandlung, zu Gefäßstörungen an den Knochenenden führen, mit der Ausbildung von Osteonekrosen. Von diesen sich in Gelenknähe befindlichen Osteonekrosen werden die nicht artikulären Osteochondrosen abgegrenzt [269]. Diese sind das Osgood-Schlatter-Syndrom, eine apophysiale Osteochondrose am großen Trochanter, am medialen Epicondylus des Ellbogens, am Innenknöchel, aber auch als Sindig-Larsen-Syndrom an der Patella [468]. Da die Osteonekrosen aus enchondralen Ossifikationen resultieren, d. h. aus einem Mechanismus, bei dem Knorpel in Knochen überführt wird, finden sich diese Osteochondrosen nicht nur an Röhrenknochen, sondern auch an Wirbelkörpern oder den Hand- und Fußwurzelknochen. Daraus resultiert eine Klassifikation der Osteochondrosen, die auf drei fundamentale Areale einer gesetzwidrigen enchondralen Ossifikation zurückzuführen sind [468]:

- Artikuläre Osteochondrosen
  - primärer Einbezug des artikulären und epiphysealen Knorpels bei zugrundeliegender enchondraler Ossifikation (z. B. Freiberg's disease),
  - sekundärer Einbezug des artikulären und epiphysealen Knorpels als Folge einer avaskulären Nekrose des zugrunde liegenden Knochens (Köhler-Krankheit, Osteochondrosis dissecans).
- Nicht artikuläre Osteochondrosen
  - am Sehnenansatz (Morbus Osgood Schlatter),
  - am Bandansatz (Bikondylen, Wirbelkörperring),
  - bei Schlag-/Druckbelastung (z. B. Sever's disease).
- Physeale Osteochondrosen
  - lange Knochen (z. B. Tibia vara),
  - Wirbelkörper (Scheuermann's desease).

Artikuläre Osteochondrosen beziehen die Entstehung der Arthrose mit ein, da mit der Fragmentation im Bereich des Gelenkknorpels der Gelenkflächenzusammenbruch resultiert (Gelenkkollaps). Es ist bei den nichtartikulären sowie physealen Osteochondrosen mit der Bezeichnung „-chondrosen“ nicht eine „Degeneration“, sondern eine Texturstörung des wachsenden Knochens aufgrund einer ischämischen Schädigung gemeint, der zu diesem Zeitpunkt noch als Knorpel angelegt ist. Die Ursache für den Nekrosevorgang ist in der Wachstumsphase eine Belastungs- und Gefäßstörung [533, 521], mit der Folge einer Chondronekrose, die im Verlauf des Lebens zur Osteochondronekrose wird. Liegen Krankheiten bzw. die Folgen deren Therapie oder sonstige Risikofaktoren einer Durchblutungsstörung bis hin zur Ischämie, meist beim Erwachsenen (selten beim Längenwachstum), zugrunde, so resultiert eine Osteonekrose ebenso in der Folge von Verletzungen beim Knochen, den umgebenden Weichteilen und den diese Strukturen versorgenden Gefäße. Für beide Gruppen, die Osteochondronekrosen und auch die Osteonekrosen, gilt, dass die Ausdehnung der Nekrose vom Gefäßversorgungsgebiet abhängt. Ist ein kleines Gebiet betroffen, so ist die Folge eine Lokalnekrose; werden meist bezogen auf eine Knochenendstruktur ausgedehntere Gefäßgebiete ausfallen, so kommt es zur Teilnekrose; ist eine gesamte Epiphysenregion betroffen, liegen Totalnekrosen vor [223], wie dies z. B. beim Morbus Perthes der Fall sein kann (Abb. 4.25).

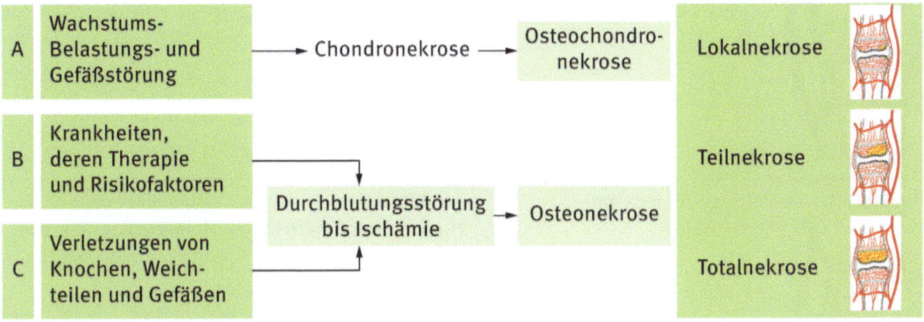

Abb. 4.25: Ätiologische Einteilung der Osteonekrosen.

Diese Größeneinteilung der Nekrosen kann für die drei ätiologischen Gruppen zutreffen, d. h., sowohl die Lokalnekrose als artikuläre Nekrose im Sinne einer Osteochondrosis dissecans als auch der Morbus Perthes, der als Teil- oder Totalnekrose vorliegen kann, werden als Schadenanlage beurteilt. Die Teil- und Totalnekrose in der Folge von Grundkrankheiten als Krankheitsfolge und lokale Nekrosen wie auch Teil- und Totalnekrosen in der Folge einer Verletzung bedeuten dann auch eine Verletzungsfolge. (Abb. 4.26).

Es muss aber berücksichtigt werden, dass die lokale Nekrose als Verletzungsfolge nicht mit der OCD als Schadensanlage verwechselt wird. Diese Differenzierung ist magnetresonanztomographisch möglich. Die drei ätiologischen Gruppen (A = Ossifikationsstörung, B = Grundkrankheit, C = Verletzung) können auf das wachsende Skelett, aber auch auf den Zustand nach abgeschlossenem Längenwachstum bezogen werden. Am wachsenden Skelett sind die Ossifikationsstörung und die Verletzung verständlich, eine Osteonekrose in der Folge einer Grundkrankheit bzw. deren Therapie ist selten, beim abgeschlossenen Längenwachstum scheidet eine Ossifikationsstörung aus, dann ist der Grund für die Osteonekrose eine Grundkrankheit bzw. eine Verletzung. Somit sind für eine Osteonekrose neben den ätiologischen Faktoren (A, B, C) das Versorgungsgebiet des betroffenen Gefäßes von Bedeutung und der Zustand des Knochensystems bezüglich des Wachstumsalters. Eine Osteochondrosis dissecans am Hüftkopf stellt damit eine Schadenanlage dar, bei der ein kleines Gefäßareal betroffen ist, beim Morbus Perthes dagegen die gesamte Hüftkopfepiphyse. Osteonekrosen im Sinne einer Durchblutungsstörung beim Erwachsenenskelett finden sich u. a. am Os

Größeneinteilung	A Schadenanlage	B Krankheitsfolge	C Verletzungsfolge
Lokalnekrose 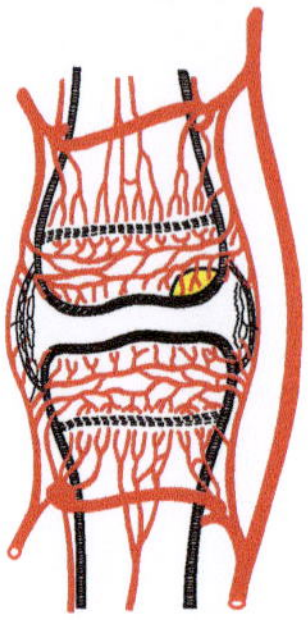	OCD		Veraltete Flake fracture, Z. n. „bone bruise“
Teilnekrose 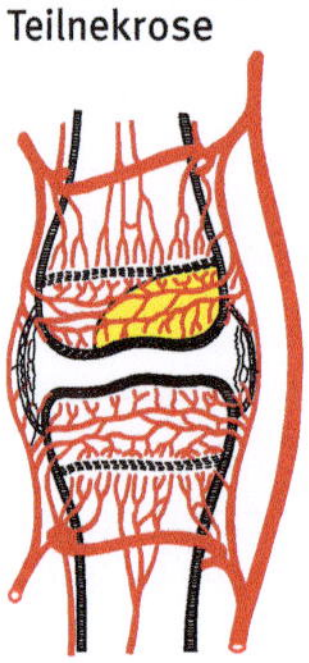	M. Perthes	Talusnekrose Humeruskopfnekrose Hüftkopfnekrose	Talusnekrose Humeruskopfnekrose Hüftkopfnekrose
Totalnekrose 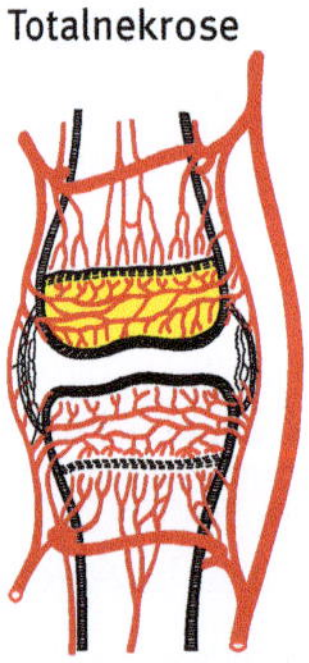	M. Perthes	Talusnekrose Humeruskopfnekrose Hüftkopfnekrose	Talusnekrose Humeruskopfnekrose Hüftkopfnekrose

Abb. 4.26: Lokal-, Teil-, Total-Osteonekrosen in Abhängigkeit vom ätiologischen Faktor.

lunatum und am Os scaphoideum. Die Bedingungen, die zu beiden Erkrankungen führen, werden schon von PREISER [402] als ähnlich bezeichnet. Sowohl beim Morbus Kienböck als auch mit der mit dem Morbus Preiser in Verbindung stehenden Skaphoidpseudarthrose liegt nicht nur eine Osteonekrose (= Knochennekrose) vor, sondern mit dem Voranschreiten dieser Nekrose entsteht auch eine Osteochondronekrose, also eine Mitbeteiligung des Knorpelbelages. Somit ist definitionsgemäß eine aseptische Osteonekrose eine Knochennekrose und die aseptische Osteochondronekrose der nekrotische Untergang von Knochen und Knorpel. Problematisch ist die Bezeichnung Osteochondrose, denn gemäß Pschyrembel liegt hier eine Knochen- und Knorpeldegeneration vor. Nachdem weder im Knochen noch im Knorpel eine „Degeneration" im Vordergrund steht, bei dieser handelt es sich um eine Zellpathologie, müsste eigentlich die Osteochondrose als Knochen- und Knorpeltexturstörung bezeichnet werden (Osteose, Chondrose). Dies wird bestätigt durch die Definition in MOHR [356]: Strukturelle Veränderungen von Zwischenwirbelscheiben und Wirbelknochen nach BULLOUGH [86]. Am besten untersucht ist die Osteonekrose des Os lunatum an den Handwurzelknochen (Mondbeintod). Histologisch zeigen sich frische und alte Frakturen und verschieden alte Pseudarthrosen, dies im Bereich einer Nekrosezone, deren Ausdehnung von der Knochenanatomie, aber auch von der Gefäßanatomie abhängt. Es finden sich Osteolysezonen ebenso wie Zonen der Osteosklerose innerhalb des Knochens. Eine Sklerose ist eine Gewebeverdichtung, nicht nur des Knochens, aber auch des Knochens, als vermehrte „Verkalkung", d.h., der Knochen enthält im betroffenen Bereich mehr kalzifizierende Substanzen als normaler Knochen, diese wird dann vorwiegend am Röntgenbild sichtbar („Sklerose"). In diesen Pathomechanismus der Osteonekrose greifen somit auch die einzelnen Schritte der Frakturheilung mit ein. Die Fraktur führt gleichzeitig zur Gefäßverletzung, es entsteht ein Hämatom. Die Folge der Gefäßverletzung ist der lokale Osteozytentod im Sinne der Osteonekrose mit einer sich daraus entwickelnden resorptiven Entzündung. Das Hämatom wird zum Granulationsgewebe im Sinne der Organisation eines fibrovaskulären Gewebes, Osteoblasten lassen Knochengewebe entstehen und die Osteoklasten führen zum Abbau der Knochentrümmer mit der Folge eines definitiven Kallus als Geflechtknochen. Eine Mineralisation der Matrix des Kollagenfasersystems erlaubt daraus den Aufbau eines lamellären Knochens. Wird dieser Schritt der Matrixmineralisation unterbrochen [125], entsteht eine Pseudarthrose, d.h., der letzte Schritt der Knochenheilung, der Aufbau des lamellären Knochens, bleibt aus (Abb. 4.27).

Während der Phase des Granulationsgewebes wird vom bindegewebigen Kallus gesprochen, die Osteoblastenbildung entspricht einem provisorischen knöchernen Kallus, das daraus resultierende Knorpelgewebe kommt dem Knorpelkallus gleich, und aus dem durch Abbau der Knochentrümmer mittels Osteoklasten entstehenden Geflechtknochen entwickelt sich der definitive Kallus, der dann in lamellären Knochen übergeht. Entscheidend ist, dass sich die Pseudarthrose erst aus der nicht zustande kommenden Mineralisation der Kollagenfasermatrix entwickelt. Die Fraktur als Ausgangspunkt für die Knochenheilung kann traumatisch entstehen (Momentanbruch), aber auch die Ermüdungsfraktur – entweder als Stress- oder als Insuffizienzfraktur – leitet die Knochenheilung ein. Auch gesunder Knochen braucht Stress, liegt dieser nicht mehr vor, kommt es automatisch zu einer osteoklastischen Resorption von Spongiosa und ebenso der Kortikalis, dazu wird die osteoblastische Aktivität eingestellt, die Folge ist eine Inaktivitätsosteoporose. Die Anpassung erfolgt über Mikro-

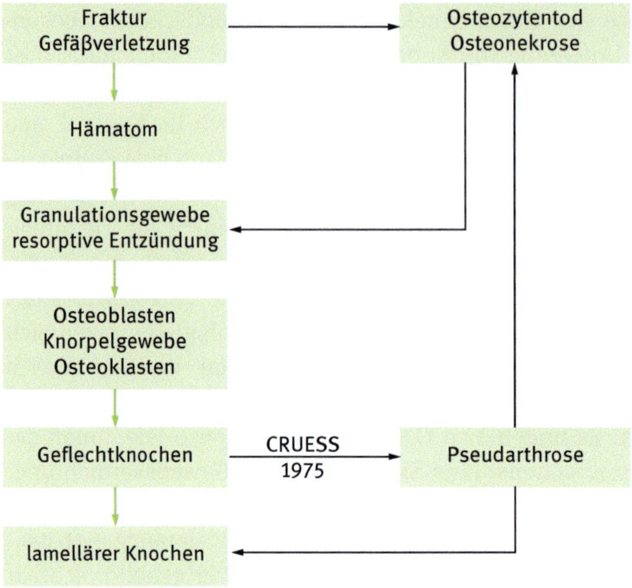

Abb. 4.27: Pathomechanismen der Knochenheilung.

frakturen, diese bedeuten ein physiologisches Adaptationsphänomen. Ist das Gleichgewicht zwischen Mikroschäden und deren Reparatur nicht mehr vorhanden, resultieren Ermüdungsbrüche, Stressfrakturen und Insuffizienzfrakturen. Bei Stressfrakturen ist die Knochenstruktur normal, es liegt eine Überlastung vor. Bei den Insuffizienzfrakturen ist die Knochenstruktur nicht mehr normal, so dass schon ein weitgehend normaler Stress zur Insuffizienzfraktur führen kann, z. B. bei der Osteoporose, der rheumatoiden Arthritis oder auch der Osteomalazie. Eine Sonderform der Insuffizienzfraktur bilden pathologische Frakturen, z. B. bei juvenilen Knochenzysten, nicht ossifizierenden Fibromen, Knochentumoren oder auch Metastasen. Diese Überlegungen lassen die Osteonekrose, aber auch die Pseudarthrose, in einem gemeinsamen Algorithmus erscheinen. Frakturen und Durchblutungsstörungen stehen in einem unmittelbaren Zusammenhang mit der Frakturheilung und der Ausbildung einer Nekrose sowie einer Pseudarthrose. Frakturen führen zu Durchblutungsstörungen mit der Folge der lokalen Nekrose, die, wie auch die Ausbildung des Hämatoms einer Fraktur, zur Frakturheilung neigen. Vor Abschluss der Frakturheilung, aber auch vor Eintritt der Nekrose, resultierend aus einer Ischämie, steht die Pseudarthrose. Die Fraktur und die Durchblutungsstörung führen zur Ausbildung eines Granulationsgewebes im Sinne einer resorptiven Entzündung. Am Übergang des gesunden zum nekrotischen Knochen entwickelt sich eine Kalkeinlagerung (Sklerose) mit der Folge der Pseudarthrose. Diese Mechanismen bilden einen in sich geschlossenen Kreislauf. Abhängig von der Knochenanatomie und auch der vaskulären Situation verschieben sich die Gleichgewichte in die eine oder andere Richtung, so dass z. B. das Skaphoid eher zur Pseudarthrose neigt, wogegen die Lunatumfraktur zum Mondbeintod tendiert (Abb. 4.28).

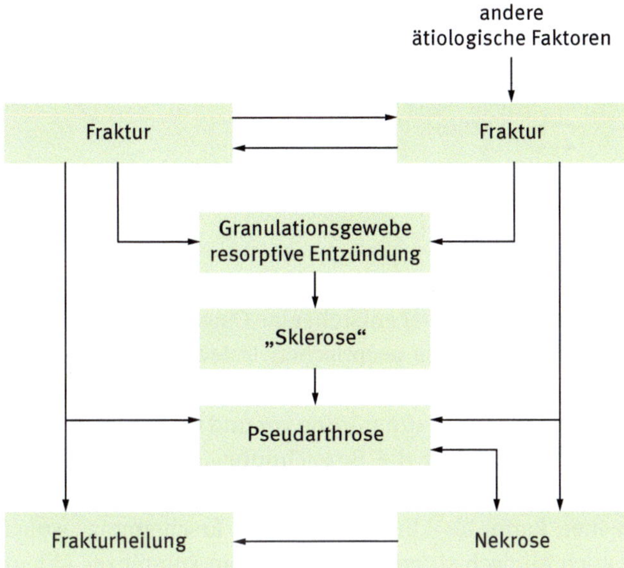

Abb. 4.28: Zusammenhangsdarstellung pathomorphologischer Substrate des Knochens.

Daraus lässt sich ableiten, dass bei der BK 2103 die Skaphoidpseudarthrose und der Mondbeintod nicht zwei verschiedene Erkrankungen darstellen, sondern vielmehr zwei verschiedene Erscheinungsformen ein und desselben Grundvorganges, allerdings in Abhängigkeit von der Knochenstruktur des betroffenen Handwurzelknochens und dessen spezieller Durchblutung. Die Mitbeteiligung des Knorpels ist eine Lokalisationsfrage der Nekroseareale zur Gelenknähe. Bei größeren Knochen, die nicht ohne weiteres einer kompletten Nekrose anheimfallen können (z. B. Talus), führt eine Durchblutungsstörung, z. B. am medialen Taluseck, zunächst zur subchondralen Nekrose, die mit Zerstörung der trabekulären Strukturen auch den Kollaps der Gelenkfläche zur Folge hat. Bei kleinen Knochen, z. B. Os scaphoideum, hat die Durchblutungsstörung im proximalen Pol die Folge dessen Sinterung. Liegt eine Pseudarthrose in der Skaphoidtaille vor, so führt dies in Verbindung mit dem Abkippen des proximalen Poles zu einer Instabilität wie bei einer SL-Band-Ruptur mit dem Ergebnis einer DISI- bzw. SNAC-Fehlstellung. Sowohl diese als auch die Sinterung des proximalen Poles nähern Scaphoid und Processus styloideus radii an in Ausbildung der lokalen Arthrose, die sich dann, wie alle arthrotischen Veränderungen, auch auf die Umgebung ausweiten. Das heißt, gelenknahe Osteonekrosen führen zur Arthrose und zum Kollaps (Abb. 4.29).

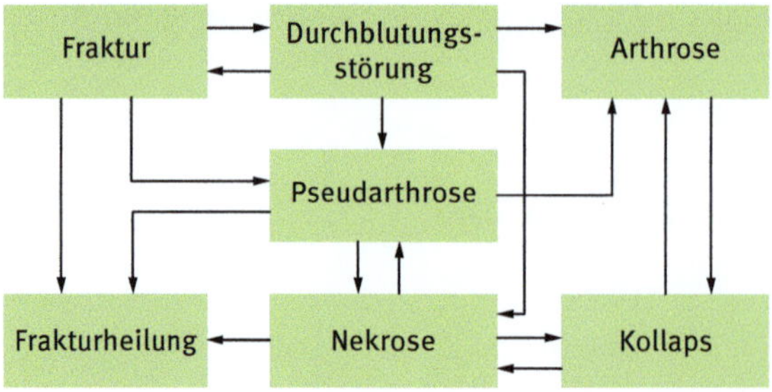

Abb. 4.29: Arthrose und Gelenkkollaps als Resultat pathomorphologischer Substrate des Knochens.

Die Ausbildung des Kollapses hat auch die Knorpelnekrose zur Folge, teilweise mit Übergang zum Knorpelregenerat, insgesamt aber entsteht eine Osteochondronekrose. Es sei erneut darauf hingewiesen, dass diese aseptischen Osteochondronekrosen nicht als Osteochondrosen im Sinne einer Knochen- und Knorpeldegeneration verstanden werden dürfen, denn hier liegt eine Texturstörung vor und nicht das Ergebnis eines zellpathologischen Ereignisses. So wie die Bezeichnung „-pathie" auf eine Krankheit hinweist, bedeutet „-ose" eine Texturstörung, die dann auch in eine „-itis" als Entzündung übergehen kann, als klinisch relevante Erscheinung, wobei die „-ose" als Texturstörung auch klinisch stumm ist. Es liegt ein komplexer Ablauf vor, der Durchblutungsstörungen, Verletzungen (Momentan- und Stressfraktur) mit der Pseudarthrose, der Nekrose sowie der Arthrose in Verbindung mit einem Gelenkkollaps ablaufen lassen (Abb. 4.30).

Wie aus der Übersicht pathomorphologischer Reaktionen am Knochen erkennbar, steht im Zentrum das Knochenödem („bone bruise"), aber im Sinne eines Ödemäquivalents, mit trabekulären Frakturen, mit daraus resultierenden Einblutungen, aber auch Durchblutungsstörungen, bedingt durch die Infraktionen. Grundsätzlich kann aber ein derartiges Knochenödem auch durch Gefäßveränderungen entstehen, die dann nekrosebedingte trabekuläre Frakturen zur Folge haben. Aus dieser zentralen Stellung des Knochenödems resultiert im Endeffekt auch die Frakturheilung, gleichzeitig die Nekroseentstehung mit Übergang in die Sklerose und bei nicht regulär erfolgter Frakturheilung mit Übergang in die Pseudarthrose, die wiederum in Wechselwirkung zur Sklerose steht (Abb. 4.31).

Knochenödeme (Knochenödemäquivalent) sind kernspintomographisch darstellbar und bedürfen am Bild der Differenzierung.

Gemäß der Pathohistologie ist die aseptische Knochennekrose formal als eine ischämische Knochennekrose des Lamellenknochengewebes definiert. Es handelt sich somit um eine Durchblutungsstörung des Knochengewebes mit folgender Knochennekrose und sekundärer Knorpelschädigung. Der aseptischen Knochennekrose wird die Knochennekrose im Rahmen einer bakteriellen Infektion (Osteomyelitis) gegenübergestellt. Ursächlich spielen bei der aseptischen Knochennekrose Strahlenschäden (Radioosteonekrose), traumatische Knochenschädigungen bzw. Folge-

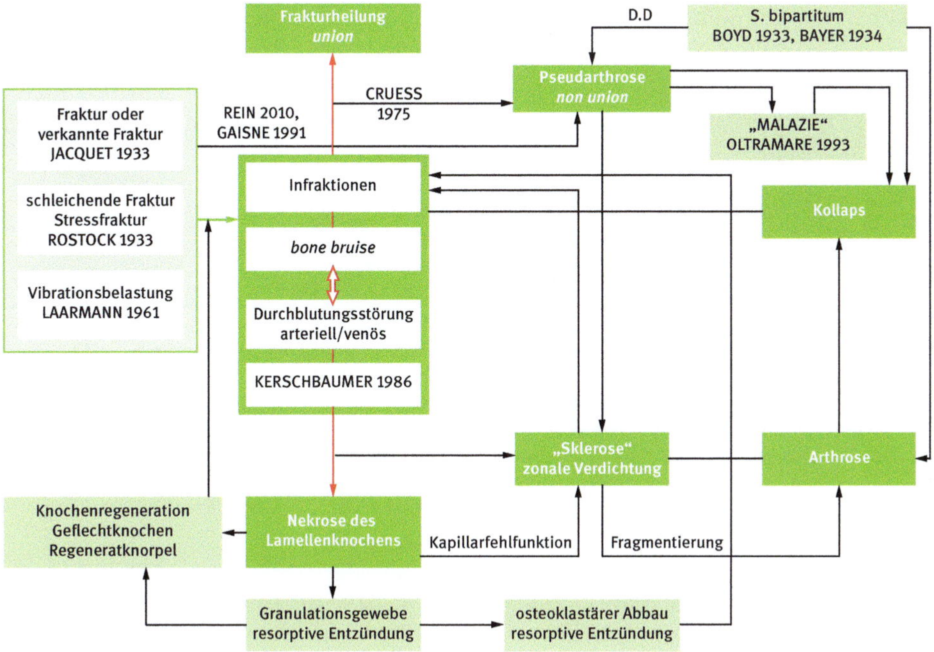

Abb. 4.30: Übersicht pathomorphologischer Reaktionen am Knochen: Nekrose – Arthrose – Pseudarthrose [217].

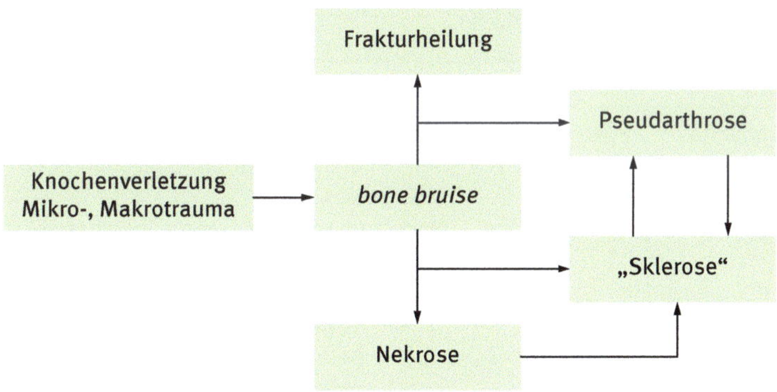

Abb. 4.31: Schematische Grundstruktur der Knochenpathologie, ausgehend vom Knochenmarködem.

erscheinungen von traumatischen Knochenstörungen, toxische, metabolische, hormonelle und medikamentöse Ursachen eine pathogenetische Bedeutung [156, 307]. Funktionell werden auch epigenetische Mechanismen für die Pathogenese der aseptischen Knochennekrose diskutiert [61]. Die Knochennekrose ist im initialen Stadium im Wesentlichen durch den fehlenden Nachweis von Osteozyten in den Osteozyten-

Lakunen bei EDTA-Entkalkung durch ein Markraumödem gekennzeichnet. Da nach einer aseptischen Knochennekrose rezidivierende, mechanische Schädigungen und reparative Veränderungen in einem stadienhaften Ablauf folgen können, ergibt sich die histopathologische Differenzialdiagnose: Knochenfraktur, Pseudarthrose, infektiöse Pseudarthrose und Osteomyelitis (Tab. 4.7).

Tab. 4.7: Histopathologische Kriterien der aseptischen Knochennekrose im Vergleich zur Knochenfraktur und zur infizierten und nicht infizierten Pseudarthrose.

Aseptische Knochennekrose	Knochenfraktur
Frühes Stadium: 1. Knochengewebe mit optisch leeren Osteozytenlakunen (EDTA-Entkalkung) 2. Markraumödem mit Erythrozytenextravasaten	Frühes Stadium: 1. Fragmentierte Lamellen-Knochengewebe 2. Erythrozytenextravasate/Auflagerungen, Fibrinpräzipitate 3. Markraum-Ödem
Spätes Stadium: 1. Umschriebenes ossäres Areal mit nodalem Aspekt, bestehend aus breiten irregulär konturierten, verbreiterten Geflechtknochentrabekeln 2. Markraumfibrose und fokaler Nachweis sekundär gebildeter Lamellenknochen 3. Gelenkknorpel Rarefizierter hyaliner Knorpel mit umschriebenem vollständigem Knorpelverlust	Spätes Stadium: 1. Reparative Veränderungen: Geflecht Knochenneubildung 2. Markraumfibröse, resorptive Entzündung 3. Sekundär gebildeter Lamellenknochen
Pseudarthrose	**Infizierte Pseudarthrose**
1. Lamellenknochenfragmente 2. Geflechtknochenfragmente 3. Hyaline Knorpelfragmente 4. Regeneratknorpelfragmente (sog. Faserknorpel) 5. In den Markräumen des spongiösen Lamellenknochengewebes ein erhöhter Fasergehalt 6. Vereinzelt perivaskulär gelagerte Makrophagen, Lymphozyten und Plasmazellen Kein Nachweis einer bakteriellen Infektion	1. Diffuse und gruppierte Lagerung von segmentierten neutrophilen Granulozyten (Microabszesse) 2. Hochgradig ödematöses Markraumgewebe 3. Neutrophile Granulozyten mit verplumpter, pyknotischer Chromatintextur (Granulozytenapoptose bei Keimphagozytose) 4. Direkte Destruktion des spongiösen Knochengewebes durch neutrophile Granulozyten und Osteoklasten 5. Knochentrabekel mit optisch leeren Osteozytenlakunen (nur in EDTA-Entkalkung!) als Kriterium für nekrotisches Knochentrabekel

4.7.1 Fazit

Die Voraussetzung zur Osteonekrose ist die „ischämische Schädigung“ mit Ausbildung eines Knochenödems, das aufgrund des Fehlens von Lymphbahnen im Knochen länger persistiert als im Weichteilgewebe, das mit einem Lymphabfluss versehen ist. Die Folgen persistierender Knochenödeme sind die Osteonekrose und der Beginn der Arthrose. Findet eine Durchblutungsstörung am wachsenden Skelett statt [533], so hängt die Größe des Knochenödems vom betroffenen Gefäßsystem ab (örtlich begrenzt bzw. Teil- oder Totalnekrose der Epiphyse) und von dessen Lokalisation (artikulär und epiphyseal, nichtartikuläre Apophyse, physeal). An den kleinen Handwurzelknochen ist der ganze Knochen oder Teile davon betroffen. Beim wachsenden Skelett entsteht der Gelenkflächeneinbruch („Osteochondrosis dissecans“) durch den Wachstumsschub, beim erwachsenen Skelett im Sinne von Insuffizienzfrakturen, d. h. als Verletzungsfolge, aber auch als Folge der Krankheit (z. B. Hämophilie, Sichelzellanämie, Alkohol u. a.) oder einer Therapie (Kortison, Zytostatika u. a.). Aus der Einteilung der Nekrosen resultieren Nekrosefolgen, diese sind altersunabhängig:

- Sklerose (zonale Kalkverdichtung) zwischen gesunden und nekrotischen Knochen,
- Pseudarthrose, abhängig von der Knochenanatomie,
- Arthrose, aufgrund eines erworbenen Kapillarschadens,
- Gelenkkollaps als Nekrose-, Sklerose- und Pseudarthrosefolge.

4.8 Literatur

[1] AARON, R.K.; STULBERG, B.N.; LENNOX, D.W.: Clinical and radiographic outcomes in untreated symptomatic osteonecrosis of the femoral head. Techniques in Orthopaedics 16:1–5 (2001)

[2] ABBAS, A.A.; YOON, T.R.; LEE, J.H.; HUR, C.I.: Posttraumatic avascular necrosis of the femoral head in teenagers treated by a modified transtrochanteric rotational osteotomy: a report of three cases. J Orthop Trauma 22:63–69 (2008)

[3] ABDEL-SALAM, A.; EYRES, K.S.; CLEARY, J.: Detecting fractures of the scaphoid: the value of comparative X-rays of the uninjured wrist. J Hand Surg 17 B:28–32 (1992)

[4] ABE, Y.; DOI, K.; HATTORI, Y.; IKEDA, K.: Kienböck's disease with congenital capitohamate coalition in an ulnar ray defect. A case report. Journal of orthopaedic science 8(5):125–128 (2003)

[5] ADELAAR, R.S.; MADRIAN, J.R.: Avascular necrosis of the talus. Orthop Clin N Am 35:383–395 (2004)

[6] ADLEBERG, J.S.; SMITH, G.H.: Corticosteroid-induced avascular necrosis of the talus. J Foot Surg 30:66–69 (1991)

[7] ADLER, C.P.: Knochenkrankheiten. 2. Auflage. Springer-Verlag Berlin Heidelberg (1998)

[8] AFSHAR, A.: A case of Kienböck's disease and hereditary spherocytosis anaemia. J Hand Surg Eur 37:466–467 (2012)

[9] AGLIETTI, P.; BUZZI, R.: Idiopathic osteonecrosis of the knee. 67th Congress of the Italian Society of Orthopaedics and Traumatology. Turin: 217–226 (1982)

[10] AGLIETTI, P.; INSALL, J.N.; BUZZI, R.; DESCHAMPS, G.: Idiopathic osteonecrosis of the knee. Aetiology, prognosis and treatment. J Bone Joint Surg 65-B:588–597 (1983)

[11] AHUJA, S.C.; BULLOUGH, P.G.: Osteonecrosis of the knee. J Bone Joint Surg 60-A: 191–197 (1978)

[12] ALBAREDA, J.; GARCIA-ALVAREZ, F.; LASIERRA, J.M.; SERAL, B.: Femoral head necrosis associated with intracapsular non-displaced hip fractures treated by osteosynthesis. Osteo Trauma Care 12:1–3 (2004)

[13] ALEXANDER, A.H.; LICHTMAN, D.M.: Kienböck's disease. Orth Clinics of North America 17(3):461–472 (1986)

[14] ALEXANDER, A.H.; TURNER, M.A.; ALEXANDER, C.E.; LICHTMAN, D.M.: Lunate silicone replacement arthroplasty in Kienböck's disease: a long-term follow-up. J Hand Surg Am 15:401–407 (1990)

[15] AHLBÄCK, S.; BAUER, G.C.H.; BOHNE, W.H.: Spontaneous osteonecrosis of the knee. Arthrit and Rheumat 9:705–733 (1968)

[16] ALLEN, P.: Idiopathic avascular necrosis of the scaphoid. A report of two cases. J Bone Joint Surg Br 65:333–335 (1983)

[17] AL-ROWAIH, A.; BJÖRKENGREN, A.; EGUND, N.; LINDSTRAND, A.; WINGSTRAND, H.; THORNGREN, K.-G.: Size of osteonecrosis of the knee. Clin Orthop 287:68–75 (1990)

[18] AL-ROWAIH, A.; BJÖRKENGREN, A.; WILLÉN, H.; WINGSTRAND, H.; GUSTAFSSON, T.; LINDSTRAND, A.; THORNGREN, K.-G.: Primary osteonecrosis in the knee evaluated by histopathology and specimen scintimetry related to clinical radiography, scintimetry and MR. Chir Organi Mov LXXVII:257–270 (1992)

[19] AMADIO, P.C.: TALEISNIK, J.: Fractures of the carpal bones. In DP Green, RN Hotchkiss, WC Pederson (Eds): Green's Operative Hand Surgery. 4th Ed. Churchill Livingstone, New York, 809 (1999)

[20] AMILLO-GARAYOA, S.; ROMERO-MUÑOZ, L.M.; PONS-DE VILLANUEVA, J.: Bilateral Preiser's disease: a case report and review of the literature. Musculoskelet Surg 95:131–133 (2011)

[21] ANDREESEN, R.: Ermüdungserscheinungen (Nekrose, Pseudarthrosen) des Kahnbeines durch chronisches Trauma (Pressluftwerkzeugarbeiten). Fortschr Röntgenstr 60:253 (1939)

[22] ANDREESEN, R.H.: Entstehung, Begutachtung und Behandlung der Kahnbeinpseudarthrose. Arch Klin Chir 309:56–63 (1964)

[23] ANGUS, P.D.; COWELL, H.R.: Triple arthrodesis. A critical long-term review. J Bone Joint Surg (Br) 68:260–265 (1986)

[24] ANTUNA-ZAPICO, J.M.: Malacia del semilunar. Tesis doctoral. Universidad de Valladolid. Indrustrias y Editorial Sever Cuesta, Valladolid. In: Taleisnik, J.: The Wrist. New York, Churchill Livingstone, 185:171–172 (1966)

[25] APTEKAR, R.G.; KLIPPEL, J.H.; BECKER, K.E.; CARSON, D.A.; SEAMAN, W.E.; DECKER, J.L.: Avascular necrosis of the talus, scaphoid, and metatarsal head in systemic lupus erythematosus. Clin Orthop 101:127–128 (1974)

[26] ARLET, J.; FICAT, R.P.: Forage-biopsie de la tête fémorale dans l'ostéonécrose primitive. Observations histo-pathologiques portent sur nuit forages. Rev Rheumat 31:257–264 (1964)

[27] ARLET, J.; FICAT, R.P.: Diagnostic de l'osteonecrose femero-capitale primitive au stade I. Rev Chir Orthop 54:637–648 (1968)

[28] ARLET, J.; LAROCHE, M.; SOLER, R.; THIECHART, M.; PIERAGGI, M.T.; MAZIÈRES, B.: Histopathology of the vessels of the femoral heads in specimens of osteonecrosis, osteoarthritis and algodystrophy. Clinical Rheumatology 12:162–165 (1993)

[29] ARMISTEAD, R.B.; LINSCHEID, R.L.; DOBYNS, J.H.; BECKENBAUGH, R.D.: Ulnar lengthening in the treatment of Kienböck's disease. J Bone Joint Surg Am 64:170–178 (1982)

[30] ARNOLDI, C.C.: Vascular aspects of degenerative joint disorders. Acta Orthop Scand 65:1–82 (1994)

[31] ASCHENBACH, R.; BASCHE, S.: Diagnostik der Skaphoidpseudarthrose – Bedeutung der kontrastmittelunterstützten Extremitäten-MRT. Akt Traumatol 32:198–200 (2002)

[32] ASHOK, N.; VADIVELU, R.; DAVISON, J.N.: Avascular necrosis of the talus after lateral ligament reconstruction of the ankle: a case report and review of literature. Foot and Ankle Surgery 11:45–47 (2005)

[33] ATHANASIAN, E.A.; WICKIEWICZ, T.L.; WARREN, R.F.: Osteonecrosis of the femoral condyle after arthroscopic reconstruction of a cruciate ligament. J Bone Joint Surg Am 77:1418–1422 (1995)

[34] ATLAS, S.: Intra-osseous vascularization of talus and calcaneus in human embryos and fetuses. Anatomia Clinica 2:13–19 (1980)

[35] ATSUMI, T.; KUROKI, Y.: Vascular changes of idiopathic necrosis of the femoral head. In: Bone Circulation and Bone Necrosis. Eds: ARLET, J.; MAZIERES, B., Springer-Verlag, Berlin:311–315 (1990)

[36] ATSUMI, T.; YAMANO, K.; MURAKI, M.; YOSHIHARA, S.; KAJIHARA, T.: The blood supply of the lateral epiphyseal arteries in Perthes' disease. J Bone Joint Surg Br 82-B:392–398 (2000)

[37] AXHAUSEN, G.: Über einfache, aseptische Knochen- und Knorpelnekrose, Chondritis dissecans und Arthritis deformans. Arch Klin Chir. 99, 519 (1912)

[38] AXHAUSEN, G.: Nicht Malacie, sondern Nekrose des Os lunatum carpi. Arch Klin Chir 129:26–44 (1924)

[39] BAIN, G.I.; DURRANT, A.: An articular-based approach to Kienböck avascular necrosis of the lunate. Tech Hand Surg 15:41–47 (2011)

[40] BAIN, G.I.; LICHTMAN, D.: Algorithmic treatment of Kienböck disease; beyond staging. Tech Hand Surg 15: 32 (2011)

[41] BAIN, G.I.; SMITH, M.L.; WATTS, A.C.: Arthroscopic core decompression of the lunate in early stage Kienbock disease of the lunate. Tech Hand Surg 15:66–69 (2011)

[42] BANDI, W.: Die retropatellaren Kniegelenksschäden. Verlag Hans Huber, Bern (1977)

[43] BAQUERO, M.T.; ANTUNA, S.A.; GONZALEZ-PALACIOS, L.V.; ZAPICO, J.M.A.: Idiopathic osteonecrosis of the talar head. A case report. Foot Disease II (2) (1995)

[44] BARBER, D.B.; GALL, N.G.: Osteonecrosis: An overuse injury of the shoulder in paraplegia: case report. Paraplegia 29:423–426 (1991)

[45] BARTON, N.: Fractures of the scaphoid. Chirurgie 115:664–674 (1989)

[46] BARTONIČEK, J.; FRIČ, V.; SKÁLA-ROSENBAUM, J.; DOUŠA, P.: Avascular necrosis of the femoral head in pertrochanteric fractures. J Orthop Trauma 21:229–236 (2007)

[47] BASSETT, F.H.; WILSON, J.W.; ALLEN, B.L.; AZUZMA, H.: Normal vascular anatomy of the head of the femur in puppies with emphasis on the inferior retinacular vessels. J Bone Joint Surg 51A:1139–1153 (1969)

[48] BAUER, G.C.H.: Osteonecrosis of the knee. Clin Orthop 130:210–217 (1978)

[49] BAUER, R.: Osteochondritis deformans coxae juvenilis in WITT A.N.; RETTIG, H.; SCHLEGEL, K.F.: Orthopädie in Praxis und Klinik Band VII 2. Auflage, Thieme Verlag Stuttgart (1987)

[50] BAUER, R.: Osteochondritis deformans coxae juvenilis. In: WITT, A.N.; RETTIG, H.; SCHLEGEL, K.F.: Orthopädie in Praxis und Klinik, Band VII, Teil 1. Thieme Verlag Stuttgart New York (1987)

[51] BAUM, E. W.: Über die traumatische Affektion des Os lunatum und naviculare carpi. Beitr. Klin Chir 87:594 (1913)

[52] BAUMGARTEN, K.M.; MONT, M.A.; RIFAI, A.; HUNGERFORD, D.S.: Atraumatic osteonecrosis of the patella. Clin Orthop 383:191–196 (2001)

[53] BAYER, F.: Os naviculare bipartitum. Z Anat 103:634–644 (1934)

[54] BECKENBAUGH, R.D.; SHIVES, T.C.; DOBYNS, J.H.; LINSCHEID, R.L.: Kienböck's disease: the natural history of Kienböck's disease and consideration of lunate fractures. Clinical Orthopaedics and Related Research 149:98–106 (1980)

[55] BECKMANN, J.; GOETZ, J.; GRIFKA, J.; BORISCH, N.: Necrosis of the carpal scaphoid after chemotherapy. Case report. Orthopäde 34:938–940 (2005)

[56] BELAL, M.; AHMED, S.; SANDHU, H.; WILLIAMSON, D.M.: Atraumatic avascular necrosis of the head of the talus. Foot and Ankle Surg 10:213–215 (2004)

[57] BENTZON, P.G.K.: Kienböck's Lunatummalacie. Hospitalstidende 69 82. Beil.: 65 (Dän.) (1926)

[58] BEREDJIKLIAN, P.K.: Kienböck's disease. J Hand Surg 34A:167–175 (2009)

[59] BERGER, C.E.; KRÖNER, A.; KRISTEN, K.H.; MINAI-POUR, M.; LEITHA, T.; ENGEL, A.: Spontaneous osteonecrosis of the knee: biochemical markers of bone turnover and pathohistology. OsteoArthritis and Cartilage 13:716–721 (2005)

[60] BERLET, G.C.; LEE, T.H.; MASSA, E.G.: Talar neck fractures. Orthop Clin North Am 32:53–64 (2001)

[61] BERNARDINI, G.; BRACONI, D.; SPREAFICO, A.; SANTUCCI, A.: Post-genomics of bone metabolic dysfunctions and neoplasias. Proteomics 12:708–721 (2012)

[62] BERNDT, A.L.; HARTY, M.: Transchondral fractures (osteochondrosis dissecans) of the talus. J Bone Joint Surg 41A:988–1020 (1959)

[63] BEUTEL, F.K.; WELK, E.; MARTINI, A, K.: Langzeitergebnisse teilprothetisch versorgter proximaler Skaphoidpseudarthrosen mit einem Vergleich unterschiedlicher Nachuntersuchungsprotokolle. Handchir Mikrochir Plast Chir 31:162–166 (1999)

[64] BEUTEL, F.K.; WILHELM, K.: Abhängigkeit der Nekrose von Verlauf und Lokalisation der Fraktur bei Skaphoidpseudarthrosen. Handchir Mikrochir Plast Chir 31:207–211 (1999)

[65] BJÖRKMAN, A.; BURTSCHER, I.M.; SVENSSON, P.J.; HILLARP, A.; BESJAKOV, J.; BENONI, G.: Factor V Leiden and the prothrombin 20210A gene mutation and osteonecrosis of the knee. Arch Orthop Trauma Surg 125:51–55 (2005)

[66] BLENCKE, A.: Die Lunatumnekrose der Hand und ihre Beziehungen zum Unfall. Acta Chir Scand 67:91 (1930)

[67] BLOCK, W.: Zur Pathogenese unspezifischer Spongiosaerkrankungen der Knochen. Arch Klin Chir 174:172 (1933)

[68] BLUEMKE, D.A.; ZERHOUNI, E.A.: MRI of avascular necrosis of bone. Topics in Magnetic Resonance Imagine 8/4:231–246 (1996)

[69] BOELTER, S.; FITZE, M.: Morbus Ahlbäck. Fortschr Röntgenstr 175:991–998 (2003)

[70] BOHNDORF, K.; IMHOF, H.; FISCHER, W.: Radiologische Diagnostik der Knochen und Gelenke. 2. Aufl. Thieme Verlag, Stuttgart (2006)

[71] BOHNE, W.; MUHEIM, G.: Spontane Osteonekrose des Kniegelenks. Z Orthop 107:384–402 (1970)

[72] BONUTTI, P.M.; SEYLER, T.M.; DELANOIS, R.E.; McMAHON, M.; McCARTHY, J.C.; MONT, M.A.: Osteonecrosis of the knee after laser or radiofrequency-assisted arthroscopy: Treatment with minimally invasive knee arthroplasty. J Bone Joint Surg Am 88:69–75 (2006)

[73] BOTTE, M.J.; PACELLI, L.L.; GELBERMAN, R.H.: Vascularity and osteonecrosis of the wrist. Orthop Clin N Am 35: 405–421 (2004)

[74] BOURNE, M.H.; LINSCHEID, R.L.; DOBYNS, J.H.: Concomitant scapholunate dissociation and Kienböck's disease. J Hand Surg 16A:460–464 (1991)

[75] BOWEN, J.R.; JOYCE III, J.J.: Osteochondritis dissecans following Perthes' disease. Clin Orthop 209:48–56 (1986)

[76] BOYD, G.J.: Bipartite carpal navicular bone. Brit J Surg 20:455–458 (1933)

[77] BRAHME, S.K.; FOX, J.M.; FERKEL, R.D. et al.: Osteonecrosis of the knee after arthroscopic surgery: diagnosis with MR imaging. Radiology 178:851–853 (1991)

[78] BRETLAU, T.; TUXØE, J.; LARSEN, L.; JØRGENSEN, U.; THOMSEN, H.S.; LAUSTEN, G.: Bone bruise in the acutely injured knee. Knee Surg Sports Traumatol Arthrosc 10:96–101 (2002)

[79] BRÜCKL, R.; JÄGER, M.: Eine atypische juvenile Osteonekrose im medialen Femurkondylus. Z Orthop 120:705–707 (1982)

[80] BRUNNER, P.: Stress fractures of the upper limb. Sports Med 26:415–424 (1998)

[81] BUCHANAN, D.; URAL, A.: Finite element modeling of the influence of hand position and bone properties on the colles' fracture load during a fall. J Biomech Eng 132:081007-1-8 (2010)

[82] BUCK-GRAMCKO, D.: Diskussion. Handchirurgie Arbeitstagung, Basel (1981)

[83] BUIJZE, G.A.; WEENING, A.A.; POOLMAN, R.W.; BHANDARI, M.; RING, D.: Predictors of the accuracy of quotation of references in peer-reviewed orthopaedic literature in relation to publications on the scaphoid. J Bone Joint Surg Br 94:276–280 (2012)

[84] BUIJZE, G.A.; WIJFFELS, M.M.E.; GUITTON, T.G.; GREWAL, R.; VAN DIJK, C.N.; RING, D.: Interobserver reliability of computed tomography to diagnose scaphoid waist fracture union. J Hand Surg 37 A:250–254 (2012)

[85] BULLOUGH, P.G.; DiCARLO, E.F.: Subchondral avascular necrosis: a common cause of arthritis. Ann Rheum Dis 49:412–420 (1990)

[86] BULLOUGH, P.G.: Atlas of orthopedic pathology with clinical and radiologic correlations, 2nd ed. Gower Medical Publishing, New York London (1992)

[87] BULLOUGH, P.G.: L'ostéonécrose. Ann Patho 21:512–523 (2001)

[88] BURKHARDT, R.; KETTNER, G.; BOHM, V.; SCHMIDMEIER, M.; SCHLAG, R.; FRISCH, B.; MALLMANN, B.; EISENMENGER, W.; WILT, T.: Changes in trabecular bone, hematopoesis and bone marrow vessels in aplastic anemia, primary osteoporosis and old age: a comparative histomorphometric study. Bone 8:157–164 (1987)

[89] BURKHART, T.A.; ANDREWS, D.M.; DUNNING, C.E.: Failure characteristics of the isolated distal radius in response to dynamic impact loading. J Orthop Res 30:885–92 (2012)

[90] BURWELL, R.G. u. Mitarb.: Perthes' disease. An anthropometric study revealing impaired and disproportionate growth. J Bone Joint Surg 60-B:461–477 (1978)

[91] CAIRA, S.F.; MELANOTTE, P.L.: Transitory osteonecrosis of the head of the humerus after fracture of the clavicle. Chir Organi Mov LXXXII:419–422 (1997)

[92] CALDER, J.D.F.; BUTTERY, L.; REVELL, P.A.; PEARSE, M.; POLAK, J.M.: Apoptosis – a significant cause of bone cell death in osteonecrosis of the femoral head. J Bone Joint Surg Br 86:1209–1213 (2004)

[93] CANALE, S.T.; KELLEY, F.B. jr.: Fractures of the neck of the talus. Long-term evaluation of seventy-one cases. J Bone Joint Surg 60-A:143–156 (1978)

[94] CARPINTERO-BENITEZ, P.; COLLANTES-ESTEVEZ, E.: Osteonecrosis of the tibial plateau. Clin Rheumatol 17:95–98 (1998)

[95] CARRO, L.P.; GOLANO, P.; FARIÑAS, O.; CEREZAL, L.; ABAD, J.: Arthroscopic Keller technique for Freiberg disease. Arthroscopy 20:60–63 (2004)

[96] CASALETTO, J.A.; PERRY, D.C.; FOSTER, A.; BASS, A.; BRUCE, C.E.: The height-to-width index for the assessment of femoral head deformity following osteonecrosis in the treatment of developmental dysplasia. J Bone Joint Surg Am 91:2915–2921 (2009)

[97] CASTAGNOLI, M.; GIACOMELLO, A.; ARGENTINA, R.S.; ZOPPINI, A.: Kienböck's disease in gout (letter to the editor). Arthritis Rheum 24:974–975 (1981)

[98] CATTERALL, A.: The natural history of Perthes' disease. J Bone Joint Surg Br 53:37–53 (1971)

[99] CATTO, M.: A histological study of avascular necrosis of the femoral head after transcervical fracture. J Bone Joint Surg Br 47:749–776 (1965)

[100] CATTO, M.: Pathology of aseptic bone necrosis. In: Davidson JK, ed. Aseptic Necrosis of Bone. Amsterdam: Excepta Medica 3–100 (1976)

[101] CERI, N., KORMAN, E.; GUNAL, I.; TETIK, S.: The morphological and morphometric features of the scaphoid. J Hand Surg 29 B: 393–398 (2004)

[102] CETIK, O.; CIFT, H.; COMERT, B.; CIRPAR, M.: Risk of osteonecrosis of the femoral condyle after arthroscopic chondroplasty using radiofrequency: a prospective clinical series. Knee Surg Sports Traumatol Arthrosc 17:24–29 (2009)

[103] CHAN, K.P.; HUANG, P.: Anatomic variations in radial and ulnar lengths in the wrists of Chinese. Clin Orthop 80:17 (1971)

[104] CHANG, C.C.; GREENSPAN, A.; GERSHWIN, M.E.: Osteonecrosis: current perspectives on pathogenesis and treatment. Semin Arthritis Rheum 23:47–69 (1993)

[105] CHANG, J.-D.; HUR, M.; LEE, S.-S.; YOO, J.-H.; LEE, K.M.: Genetic background of nontraumatic osteonecrosis of the femoral head in the korean population. Clin Orthop 466:1041–1046 (2008)

[106] CHEN, C.-M.; CHIU, F.-Y.; LO, W.-H.: Avascular necrosis of femoral head after gamma-nailing for unstable intertrochanteric fractures. Arch Orthop Trauma Surg 121:505–507 (2001)

[107] CHEN, W.; SHIH, C.-H.: Ulnar variance and Kienböck's disease. An investigation in Taiwan. Clin Orthop 255:124–127 (1990)

[108] CHIODO, C.P.; HERBST, S.A.: Osteonecrosis of the talus. J Foot Ankle Clin 9:745–755 (2004)

[109] CHO, T.-J.; LEE, S.H.; CHOI, I.H.; CHUNG, C.Y.; YOO, W.J.; KIM, S.J.: Femoral head deformity in CATTERALL Groups III and IV Legg-Calvé-Perthes Disease: Magnetic resonance image analysis in coronal and sagittal planes. J Pediatr 22:601–606 (2002)

[110] CHO, M.-R.; LEE, S.-W.; SHIN, D.-K.; KIM, S.-K.; KIM, S.-Y.; KO, S.-B.; KWUN, K.-W.: A predictive method for subsequent avascular necrosis of the femoral head (AVNFH) by observation of bleeding from the cannulated screw used for fixation of intracapsular femoral neck fractures. J Ortho Trauma 21:158–164 (2007)

[111] CHOI, W.J.; ROBINOVITCH, S.N.: Pressure distribution over the palm region during forward falls on the outstretched hands. J Biomech 44:532–539 (2011)

[112] CHUNG, S.M.: The arterial supply of the developing proximal end of the human femur. J Bone Joint Surg Am 58:961–970 (1976)

[113] CLARK, B.M.; ZENIOS, M.; WILKINS, E.G.L.; SOCHART, D.H.: Avascular necrosis in five patients with human immunodeficiency virus (HIV) infection. Hip International 13:229–234 (2003)

[114] CODEGA, G.; CODEGA, O.; KUS, H.: Neurolysis of the median nerve in the carpal tunnel as a surgical treatment of Kienböck's disease. Int Surg 58:378–382 (1973)

[115] CODMAN, E.A.: The shoulder. Rupture of the supraspinatus tendon and other lesions in or about the subacromial bursa. Thomas Todd, Boston: 262–293 (1934)

[116] COFIELD, R.H.: Osteonecrosis. In: FRIEDMAN, R. (Ed.): Arthroplasty of the shoulder. New York: Thieme Medical Publishers: 170–182 (1994)

[117] COLTART, W.D.: Aviators astragalus. J Bone Joint Surg Br 34:545–566 (1952)

[118] COMBIER, V.; MURARD, J.: Malacie de Koehler-Mouchet au niveau du semilunaire. Bull. et mém. Soc Nat Chir 53:1411 (1927)

[119] COMPSON, J.P.; WATERMAN, J.K.; HEATLEY, F.W.: The radiological anatomy of the scaphoid. Part 1: Osteology. J Hand Surg 19 B:183–187 (1994)

[120] CONWAY, J.J.: A scintipraphic classification of Legg-Calvé-Perthes disease. Semin Nuci Med 23:274–295 (1993)

[121] COOK, D.A.; ENGBER, W.D.: Osteochondritis dissecans of the scaphoid: Preiser's disease? Orthopedics 16:705–707 (1993)

[122] COONEY, W.P.; LINSCHEID, R.L.; DOBYNS, J.H.: The Wrist-Diagnosis and operative treatment. MOSBY, St. Louis (1998)

[123] CORDES, E.: Über die Entstehung der subchondralen Osteonekrosen. A. die Lunatumnekrose. Bruns Beitr Klin Chir 149:28–94 (1930)

[124] COURT, A.: Hüftkopfnekrose nach Therapie mit Kortikosteroiden – Kausalitätsbeurteilung am Beispiel einer Falldarstellung nach dem Opferentschädigungsgesetz. Med Sach 98:199–201 (2002)

[125] CRUESS, R.L.; DUMONT, J.: Healing of bone, tendon and ligament. In CA Rockwood Jr., DP Green (eds): Fractures. Philadelphia J.B. Lippincott: 97 (1975)

[126] CRUESS, R.L.: Experience with steroid-induced avascular necrosis of the shoulder and etiologic considerations regarding osteonecrosis of the hip. Clin Orthop 130:86–93 (1978)

[127] CULP, R.W.; SCHAFFER, J.L.; OSTERMAN, A.L.; BURA, F.W. Jr.: Kienböck's disease in a patient with Crohn's enteritis treated with corticosteroids. J Hand Surg Am 14:294–296 (1989)

[128] DE FALCO, R.A.; RICCI, A.R.; BALDUINI, F.C.: Osteonecrosis of the knee after arthroscopic meniscectomy and chondroplasty. Am J Sports Med 31:1013–1016 (2003)

[129] DE SMET, L.; SCIOT, R.; DEGREEF, I.: Avascular necrosis of the scaphoid after three-ligament tenodesis for scapholunate dissociation: case report. J Hand Surg 36A:587–590 (2011)

[130] DECOULX, P.; MARCHAND, M.; MINET, P.; RAZEMON, J.P.: La maladie de Kienböck chez le mineur. Lille Chir 12 65–81 (1957)

[131] DEIRMENGIAN, G.K.; BEREDJIKLIAN, P.K.: Scaphoid fractures and fracture nonunion. Curr Opin Orthop 18:315–321 (2007)

[132] DELBRÜCK, H.; VOGT, M.; TINGART, M.; MERTENS, R.: Chemotherapie-assoziierte Osteonekorsen im Kindes- und Jugendalter. Osteologie 4:279–284 (2012)

[133] DELLING, G.: Pathohistologie der Femurkopfnekrose. Orthopäde 36:404–413 (2007)

[134] DIAS, J.J.; LUNN, P.: Ten questions on Kienböck's disease of the lunate. J Hand Surg 35E:538–543 (2010)

[135] DONATI, O.F. ZANETTI, M.; NAGY, L.; BODE, B.; SCHWEIZER, A.; PFIRRMANN, C.W.: Is dynamic gadolinium enhancement needed in MR imaging for the preoperative assessment of scaphoidal viability in patients with scaphoid nonunion? Radiology 260:808–816 (2011)

[136] DOORNBERG, J.N.; LEEUW, P.A.J.; ZENGERINK, M.; NIEK VAN DIJK, C.: A soccer player with idiopathic osteonecrosis of the complete lateral talar dome: A case report. Knee Surg Sports Traumatol Arthrosc 17:985–989 (2009)

[137] DORIA, A.S.; GUARNIERO, R.; DE GODOY jr., R.M.; BUCHPIGUEL, C.; MODENA, M.; CUNHA, F.G.; LUZO, C.; MOLNAR, L.J.; SAPIENZA, M.T.; CERRI, G.G.: Contrast-enhanced power doppler imaging: comparison with scintigraphic phases of revascularization of the femoral head in Legg-Calvé-Perthes Disease. J Pediatr Orthop 22:471–478 (2002)

[138] DORNAN, A.: The results of treatment in Kienböck's disease. J Bone Joint Surg 31B:518–520 (1949)

[139] DOTTI, R.; MÜLLER, D.M.; BENINI, A.: Klinik, Ätiologie, Pathogenese, Diagnostik und Therapie der aseptischen Knochennekrosen – eine aktuelle Literaturana-lyse. Praxis 91:163–176 (2002)

[140] DOUGLAS, G.; RANG, M.: The role of trauma in the pathogenesis of the osteochondroses. Clin Orthop Res 158:28–32 (1981)

[141] DUCKWORTH, A.D.; BUIJZE, G.A.; MORAN, M.; GRAY, A.; COURT-BROWN, C.M.; RING, D.; MC QUEEN, M.M.: Predictors of fracture following suspected injury to the scaphoid. J Bone Joint Surg Br 94:961–968 (2012)

[142] DUKES, K.M.; BRAMHALL, J.P.; PROTZMAN, R.R.: Osteonecrosis of the medial femorasl condyle in a 30-year-old patient. Orthopedics 17:729–732 (1994)

[143] DUPARC, F.; MULLER, J.-M.; FRÉGER, P.: Arterial blood supply of the proximal humeral epiphysis. Surg Radiol Anat 23:185–190 (2001)

[144] DURBIN, F.C.: The early changes of Kienböck's disease of the carpal lunate bone. Proceedings of the Royal Society of Medicine 44(6) 482–488 (1951)
[145] DWIGHT, T.: The clinical significance of variations of wrist and ankle. JAMA 47:252–255 (1906)
[146] EBERMAYER, F.: Über (isolierte) Verletzungen der Handwurzelknochen. Fortschr Röntgenstr 12:1 (1908)
[147] EHALL, R.; NEUBAUER, W.; STAMPFEL, O.: Die aseptische Mondbeinnekrose. Beitr Orthop Traumatol 37:414–422 (1990)
[148] EHALL, R.; NEUBAUER, W.; STAMPFEL, O.: Die Interkarpalarthrodese nach Graner zur Therapie der aseptischen Mondbeinnekrose. Beitr Orthop Traumatol 37:422–430 (1990)
[149] ELHASSAN, B.T.; SHIN, A.Y.: Scaphoid fracture in children. Hand Clin 22:31–41 (2006)
[150] ENCALADA, I.; RICHMOND, J.C.: Osteonecrosis after arthroscopic meniscectomy using radiofrequency. Arthroscopy 20:632–636 (2004)
[151] ENGLERT, A.; LUKAS, B.: Die Skaphoidfraktur des Sportlers – Diagnostik und Therapie. Sportorthopädie Sporttraumatologie 22:9–12 (2006)
[152] ET-TAI, T.; BOUSSOUGA, M.; BOUSSELMAME, N.; LAZRAK, K.: Pseudarthrose du scaphoïde carpien bilatérale ou scaphoïde carpien bipartite dégénéré? Chir Main 27:50–53 (2008)
[153] EVENSKI, A.J.; ADAMCZYK, M.J.; STEINER; R.P.; MORSCHER; M.A.; RILEY, P.M.: Clinically suspected scaphoid fractures in children. J Pediatr Orthop 29:352–355 (2009)
[154] FASOL, P.; MUNK, P.; STRICKNER, M.: Blutgefäßversorgung des Handkahnbeins. Acta Anat 100:27–33 (1978)
[155] FERLIC, D.C.; MORIN, P.: Idiopathic avascular necrosis of the scaphoid: Preiser's disease? J Hand Surg 14 A:13–16 (1989)
[156] FESSEL, J.: There are many potential medical therapies for atraumaticosteonecrosis. Rheumatology (Oxford) 52:235–241 (2012)
[157] FICAT, R.P.: Idiopathic bone necrosis of the femoral head. Early diagnosis and treatment. J Bone Joint Surg Br 67:3–9 (1985)
[158] FICAT, R.P.; ARLET, J.: Necrosis of the femoral head. In: HUNGERFORD, D.S., Editor. Ischemia and necrosis of bone. Baltimore: WILLIAMS and WILKINS: 53–74 (1980)
[159] FICAT, R.P.; ARLET, J.; HUNGERFORD, D.S.: Ischemia and necroses of bone. Williams & Wilkins Baltimore/London: 1–9 (1980)
[160] FORWARD, D.P.; SINGH, H.P.; DAWSON, S.; DAVIS, T.R.C.: The clinical outcome of scaphoid fracture malunion at 1 Year. J Hand Surg 34 E:40–46 (2009)
[161] FRANCK, P.: Die Pathogenese der Lunatumnekrose und ihre Beiziehung der funktionellen Belastung des Handgelenks. Brun's Beiträge zur Klinischen Chirurgie 164:200–225 (1936)
[162] FRANK, K.: Metabolisches Syndrom, Arteriosklerose und degenerative Erkrankungen des Stütz- und Bewegungsapparates. Arbeitsmed Sozialmed Umweltmed 38:31–37 (2003)
[163] FRANKE, D.: Szintigraphisch nachweisbare Knochenkontusion als Ursache der aseptischen Knochen-nekrose? Fortschr Med 100:177–178 (1982)
[164] FREDERICKS, T.K.; FERNANDEZ, J.E.; PIRELA-CRUZ, M.A.: Kienböck's disease. I. Anatomy and etiology. International journal of occupational medicine and environmental health. 10(1):11–17 (1997)
[165] FREDERICKS, T.K.; FERNANDEZ, J.E.; PIRELA-CRUZ, M.A.: Kienböck's disease. II. Risk factors, diagnosis, and ergonomic interventions. International journal of occupational medicine and environmental health. 10(2):147–157 (1997)
[166] FROMME, A.: Über Spätrachitis und Osteomalacie. Fortschr. d. Med. 38:497 (1920)
[167] FUKUSHIMA, W.; YAMAMOTO, T.; TAKAHASHI, S.; SAKAGUCHI, M.; KUBO, T.; IWAMOTO, Y.; HIROTA, Y.: The effect of alcohol intake and the use of oral corticosteroids on the risk of idiopathic osteonecrosis of the femoral head. Bone Joint J 95-B:320–325 (2013)

[168] GÄBLER; C.; KUKLA, C.; BREITENSEHER; M.J.; TRATTNIG, S.; VÉCSEI, V.: Diagnosis of occult scaphoid fractures and other wrist injuries. Are repeated clinical examinations and plain radiographs still state of the art? Langenbecks Arch Surg 386:150–154 (2001)

[169] GAISNE, E., DAP, F., BOUR, C., MERLE, M.: Arthrodesis of the wrist in manual workers. Apropos of 36 cases. Rev Chir Orthop Reparatrice Appar Mot 77:537–544 (1991)

[170] GARDENIERS, J.W.M.: ARCO committee on terminology and staging. A new proposition of terminology and an international classification of osteonecrosis. ARCO Newsletter 3:153–159 (1991)

[171] GARDENIERS, J.W.M.: ARCO committee on terminology and staging. Report on the committee meeting at Santiago de Compostella. ARCO Newsletter 5:79–82 (1993)

[172] GARDENIERS, J.W.M.: The ARCO perspective for reaching one uniform staging system of osteonecrosis. In: SCHOUTENS, A.; ARLET, J.; GARDINIERS, J.W.M.; HUGHS, S.P.F., Editors: Bone circulation and vascularization in normal and pathological conditions. New York: Plenum Press 375–380 (1993)

[173] GARINO, J.P.; LOTKE, P.A.; SAPEGA, A.A.; REILLY, P.J.; ESTERHAI, J.L. Jr.: Osteonecrosis of the knee following laser-assisted arthroscopic surgery: A Report of six cases. Arthroscopy 11:467–474 (1995)

[174] GAUCHER, E.: De l'épithélioma primitive de la rate. Thèse de Paris (1882)

[175] GAUTIER, E.; GANZ, K.; KRÜGEL, N.; GILL, T.; GANZ, R.: Anatomy of the medial femoral circumflex artery and its surgical implications. J Bone Joint Surg 82-B:679–683 (2000)

[176] GEISSLER; W.B.; ADAMS, J.E.; BINDRA, R.R.; LANZINGER; W.D.; SLUTSKY, D.J.: Scaphoid fractures: What's hot, what's not. J Bone Joint Surg Am 94:169–181 (2012)

[177] GELBERMAN, R.H.; BAUMANN, T.D.; MENON, J.; AKESON, W.H.: The vascularity of the lunate bone and Kienböck's disease. J Hand Surg 5:272–278 (1980)

[178] GELBERMAN, R.H.; MENON, J.: The vascularity of the scaphoid bone. J Hand Surg 5:508–513 (1980)

[179] GELBERMAN, R.H.; MORTENSEN, W.W.: The arterial anatomy of the talus. J Foot Ankle 4:64–72 (1983)

[180] GELBERMAN, R.H.; SALAMON, P.B.; JURIST, J.M.; POSCH, J.L.: Ulnar variance in Kienböck's disease. J Bone Joint Surg Am.57:674–676 (1975)

[181] GELBERMAN, R.H.; PANAGIS, J.S.; TALEISNIK, J.; BAUMGAERTNER, M.: The arterial anatomy of the human carpus. Part I: The extraosseous vascularity. J Hand Surg 8:367–375 (1983)

[182] GERBER, C.; HERSCHE, O.; BERBERAT, C.: The clinical relevance of posttraumatic avascular necrosis of the humeral head. J Shoulder Elbow Surg 7:586–590 (1998)

[183] GERBER, C.; SCHNEEBERGER, A.G.; VINH, T.S.: The arterial vascularization of the humeral head: An anatomic study. J Bone Joint Surg 72A:1486–1494 (1990)

[184] GLIMCHER, M.J.; KENZORA, J.E.: The biology of osteonecrosis of the human femoral head and its clinical implications. III. Discussion of the etiology and genesis of the pathological sequelae; comments on treatment. Clin Orthop 140:273–312 (1979)

[185] GLÜCK u. Mitarb: Protein C and S deficiency, thrombophilie and hypofibrinolysis: pathophysiologic causes of LPD. PedRes 35:383–388 (1994)

[186] GODDARD, M.S.; KHANUJA, H.S.: Osteonecrosis of the knee. Current Orthopaedic Practice 20:65–72(2009)

[187] GOLDFARB, C.A.; HSU, J.; GELBERMAN, R.H.; BOYER, M.I.: The Lichtman Classification for Kienböck's disease: An assessment of reliability. J Hand Surg 28A:74–80 (2003)

[188] GOLIMBU, C.N.; FIROOZNIA, H.; RAFII, M.: Avascular necrosis of carpal bones. Magn Reson Imaging Clin N Am 3:281–303 (1995)

[189] GÖRTZ, S.; DE YOUNG, A.J.; BUGBEE, W.D.: Fresh osteochondral allografting for steroid-associated osteonecrosis of the femoral condyles. Clin Orthop 468:1269–1278 (2010)

[190] GRAHAM, J.; WOOD, S.: Aseptic necrosis of bone following trauma. In DAVIDSON, J.K., Ed: Aseptic necrosis of bone. New York, Elsevier (1976)

[191] GRAHAM, J.; WOOD, S.: Aseptic necrosis of bone following trauma. In: JK DAVIDSON (Ed.): Aseptic necrosis of bone. New York, Elsevier: 101 (1976)

[192] GRAHAM, T.J.: Carpal injuries in children. In: ROCKWOOD, CA., WKE, BEATY, JH. (eds): Fractures in children. Lippincott-Raven, Philadelphia: 405–419 (1996)

[193] GREEN; N.E.; OSMER, J.C.: Small bone changes secondary to systemic lupus erythematosus. Radiology 90:118–120 (1968)

[194] GRETTVE, S.: Arterial anatomy of the carpal bones. Acta Anat 25:331–345 (1955)

[195] GREWAL, R.; SUH, N.; MAC DERMID, J.C.: Use of computed tomography to predict union and time to union in acute scaphoid fractures treated nonoperatively. J Hand Surg 38A:872–877 (2013)

[196] GRIFFITHS, H.: Spontaneous Osteonecrosis. Orthopedics 9:598–602 (1986)

[197] GRIFFITHS, I.D.; MAINI, R.N.; SCOTT, J.T.: Clinical and radiological features of osteonecrosis in systemic lupus erythematosus. Ann Rheum Dis 38:413–422 (1979)

[198] GROSE, A.W.; GARDNER, M.J.; SUSSMANN, P.S.; HELFET, D.L.; LORICH, D.G.: The surgical anatomy oft he blood supply to the femoral head. J Bone Joint Surg Br 90:1298–1303 (2008)

[199] GRZEGORZEWSKI, A.; SYNDER, M.; KOZLOWSKI, P.; SZYMCZAK, W.; BOWEN, R.J.: The role of the acetabulum in Perthes Disease. J Pediatr Orthop 26:316–321 (2006)

[200] GUERADO, E.; GARCÉS, G.: Perthes' disease. A study of constitutional aspects in adulthood. J Bone Joint Surg Br 83-B:569–571 (2001)

[201] GUILLE, J.T.; LIPTON, G.E.; TSIRIKOS, A.I.; BOWEN, J.R.: Bilateral legg-calvé-perthes disease: presentation and outcome. J Pediatr Orthop 22:458–463 (2002)

[202] GUO, K.J.; ZHAO, F.C.; GUO, Y.; LI, F.L.; ZHU,L.; ZHENG, W.: The influence of age, gender and treatment with steroids on the incidence of osteonecrosis of the femoral head during the management of severe acute respiratory syndrome: a retrospective study. Bone Joint J 96-B:259–262 (2014)

[203] GUPTA, A.; AL-MOOSAWI, N.M.: Lunate morphology. J Biomech 35:1451–1457 (2002)

[204] GUTIERREZ, G.: Office management of scaphoid fractures. Phys Sports Med 24:60–70 (1996)

[205] HAENISCH, H.: Arthritis dissecans der Hüfte. Zentralbl Chir 52:999 (1925)

[206] HAFERKAMP, H.: Anmerkung zur Geschichte der Kahnbeinfraktur. Akt Traumatol 32:190–197 (2002)

[207] HAFERKAMP, H.; MASCHARKA, Z.: Die Kahnbeinpseudarthrose im Kindesalter. Akt Traumatol 32:227–231 (2002)

[208] HAISMAN, J.M.; ROHDE, R.S.; WEILAND; A.J.: Acute fractures of the scaphoid. J Bone Joint Surg Am 88:2750–2758 (2006)

[209] HALIBURTON, R.A.; SULLIVAN, C.R.; KELLY, P.J.; PETERSON, L.F.A.: The extra-osseous and intraosseous blood supply of the talus. J Bone Joint Surg 40A:1115–1120 (1958)

[210] HALL, F.M.: Osteochondrosis dissecans and avascular necrosis of bone. Sceletal Radiol 20:272 (1991)

[211] HALLBAUER, T.; KRAWEHL-NAKATH, C.; KLAMMER, H.L.: Talusfrakturen. Anatomische Grundlagen und Therapiekonzept aufgrund eigener Erfahrungen. Wehrmed Mschr 5:209–213 (1989)

[212] HAN, K.-J.; KIM, J.Y.; CHUNG, N.-S.; LEE, H.R.; LEE, Y.S.: Trabecular microstructure of the human lunate in Kienböck's disease. J Hand Surg Eur 37:336–341 (2011)

[213] HARDY, P.; HAAB, F.; LEPARC, J.M.; LORTAT-JACOB, A.; BENOIT, J.: Aseptic avascular necrosis of the femoral condyles in renal transplant patients: clinical and radiological aspects on 69 knees. Knee Surg Sports Traumatol Arthrosc 6:209–214 (1998)

[214] HARPER, P.G.; TRASK, C.; SOUHAMI, R.L.: Avascular necrosis of bone caused by combination chemotherapy without corticosteroids. Br Med J (Clin Res Ed). 288:267–268 (1984)

[215] HARRISON, M.H. u. Mitarb: Skeletal immaturity in Perthes' disease. JBJS 58:37–40 (1976)
[216] HASAN, S.S.; ROMEO, A.A.: Nontraumatic osteonecrosis of the humeral head. J Shoulder Elbow Surg 11:281–298 (2002)
[217] HÄUPTLI, O.: Die aseptischen Chondro-Osteonekrosen. Walter de Gruyter & Co Berlin (1954)
[218] HAVEMANN, D.; BRADE, A.: Frakturformen, Behandung und Ergebnisse der Talusfrakturen. Z Orthop 117:556–558 (1979)
[219] HAWKINS, L.G.; Fractures of the neck of the talus. J Bone Joint Surg 52-A:991–1002 (1970)
[220] HEIMANN, W.G.; FREIBERGER, R.H.: AVASCULAR necrosis of the femoral and humeral heads after high-dosage corticosteroid therapy. N Engl J Med 263:672–675 (1960)
[221] HEINZELMANN, A.D.; ARCHER, G.; BINDRA, R.R.: Anthropometry of the human scaphoid. J Hand Surg Am 32:1005–1008 (2007)
[222] HEINZELMANN, M.: Verletzungen von Unterschenkel und Fuß. Vortrag Zürich (2002)
[223] HEMPFLING, H.: Osteochondrosis dissecans in LUDOLPH, E.: Der Unfallmann. 13. Auflage. Springer Verlag Berlin Heidelberg (2013)
[224] HENRY, J.H.: Unusual cause of knee pain in the older adult. Orthopaedic Review Vol. XVIII: 221–228 (1989)
[225] HERBERT, T.: The fractured scaphoid, St. Louis: Quality Medical (1990)
[226] HERMUS, J.P.S.: Osteonecrosis of the talus after talonavicular arthrodesis: A case Report and review of the literature. Foot & Ankle Surgery 50:343–346 (2011)
[227] HERNIGOU, P.; HABIBI, A.; BACHIR, D.; GALACTEROS, F.: The natural history of asymptomatic osteonecrosis of the femoral head in adults with sickle cell disease. J Bone Joint Surg Am 88:2565–2572 (2006)
[228] HODEK-WUERZ, R.; STEINKE, K.: Die sekundäre Osteonekrose: Steroidtherapie und ihre möglichen Folgen. Fortschr Röntgenstr 177:1578–1589 (2005)
[229] HOFMANN, S.; KRAMER, J.; PLENK jr., H.; LEDER, K.; IMHOF, H.; ENGEL, A.: Osteonekrosen. Orthopäde 23:331–341 (1994)
[230] HOFMANN, S.; KRAMER, J.; PLENK, H.: Die Osteonekrose des Hüftgelenkes im Erwachsenenalter. Orthopäde 34:171–184 (2005)
[231] HOFMANN, S.; MAZIÈRES, B.: Osteonekrose: Natürlicher Verlauf und konservative Therapie. Orthopäde 29:403–410 (2000)
[232] HOFMANN, S.; URBAN, M.; KRAMER, J.; PLENK, H. Jr.: Histomorphology-correlated imaging of osteonecrosis. Hip International 8:80–91 (1998)
[233] HOFSTAETTER, J.G.; ROSCHGER, P.; KLAUSHOFER, K.; KIM, K.W.: Increased matrix mineralization in the immature femoral head following ischemic osteonecrosis. Bone 46:379–385 (2010)
[234] HOLSTEIN, A.; LEWIS, G.B.; SCHULZE, E.R.: Heterotopic ossification of patellar tendon. J. Bone Joint Surg. 45-A, 656–657 (1963)
[235] HONG, J.M.; KIM, T.-H.; CHAE, S.-C.; KOO, K.-H.; LEE, Y.J.; PARK, E.K.; CHOI, J.-Y.; RYOO, H.-M.; KIM, S.-Y.: Association study of hypoxia inducible factor 1α (HIF1α) with osteonecrosis of femoral head in a Korean population. OsteoArthritis and Cartilage 15:688–694 (2007)
[236] HORII, E.; NAKAMURA, R., WATANABE, K.; TSUNODA, K.: Scaphoid fracture as a „puncher's fracture". J Orthop Trauma 8:107–110 (1994)
[237] HORST, F.; GILBERT, B.J.; NUNLEY, J.A.: Avascular necrosis of the talus: current treatment options. Foot Ankle Clin N Am 9:757–773 (2004)
[238] HUCKSTADT, T.; KLITSCHER; D.; WELTZIEN, A.; MÜLLER; L.P.; ROMMENS, P.M.; SCHIER, F.: Pediatric fractures of the carpal scaphoid: a retrospective clinical and radiological study. J Pediatr Orthop 27:447–450 (2007)
[239] HÜHNE, T.H.: Histologische Befunde bei der sogenannte Lunatum-Malacie und der zweiten Köhler'schen Krankheit. Beitr Klin Chir 132:226 (1924)

[240] HULTÉN, O: Über anatomische Variationen der Handgelenkknochen. Acta Radiol 9:155–168 (1928)

[241] HULTÉN, O: Über die Entstehung und Behandlung der Lunatummalazie (Morbus Kienböck). Act Chir Scan 76:121–135 (1935)

[242] HUNGERFORD, D.S.: Pathogenetic considerations in ischemic necrosis of bone. Can J Surg 24:583–588 (1981)

[243] HUNTER, J.C.; ESCOBEDO, E.M.; ROUTT, M.L.: Osteonecrosis of the femoral condyles following traumatic dislocation of the knee. Skeletal Radiol 25:276–278 (1996)

[244] IBELS, L.S.; ALFREY, A.C.; HUFFER, W.E.; WEIL, R.: Aseptic necrosis bone following renal transplantation. Experience in 194 transplantet recipients and revieur of the literature. Medicine 57:25–43 (1978)

[245] IKEMURA, S.; YAMAMOTO, T.; MOTOMURA, G.; NAKASHIMA, Y.; MAWATARI, T.; IWAMOTO, Y.: The utility of clinical features for distinguishing subchondral insufficiency fracture from osteonecrosis of the femoral head. Arch Orthop Trauma Surg 133:1623–1627 (2013)

[246] IMAM, S.; ALDRIDGE, C.; LYALL, H.: Bilateral idiopathic avascular necrosis of the scaphoid. J Bone Joint Surg 91 B: 1400–1402 (2009)

[247] INOUE, G.; SAKUMA, M.: The natural history of scaphoid nonunion. Radiographical and clinical analysis in 102 cases. Arch Orthop Traum Surg 115:1–4 (1996)

[248] IRISARRI, C.: Aetiology of Kienböck's disease. Handchir Mikrochir Plast Chir 42:157–161 (2010)

[249] JACQUET, N.; OLTRAMARE, J-H.: Les maladies du carpe. Schweiz Z Unfallmed 27:173–192 (1933)

[250] JACOBSEN: In Davidsen aseptic necrosis of bone (1976)

[251] JAFARNIA, K.; COLLINS, E.D.; KOHL, H.W. III.; BENNETT, J.B.; ILAHI, O.A.: Reliability of the Lichtman classification of Kienböck's disease. J Hand Surg 25a:529–534 (2000)

[252] JAMES, J.; STEIJN-MYAGKAYA, G.L.: Death of osteocytes. Electron microscopy after in vitro ischaemia. J Bone Joint Surg Br. 68-B:620–624 (1986)

[253] JENSEN, C.H.: Intraosseous pressure in Kienböck's disease. J Hand Surg 18A:355–359 (1993)

[254] JOHNSON, T.C.; EVANS, J.A.; GILLEY, J.A.; DeLee, J.C.: Osteonecrosis of the knee after arthroscopic surgery for meniscal tears and chondral lesions. Arthroscopy 16:254–261 (2000)

[255] JONES, C.K.; NUNLEY, J.A.: Osteonecrosis of the lateral aspect of the talar dome after triple arthrodesis: a report of three cases. J Bone Joint Surg (A) 1165–1169 (1999)

[256] JONES, J.P. Jr., SAKOVIC, L.; ANDERSON, C.E.: Experimentally produced osteo necrosis as a result of fat embolism. In: BECKMAN, E.L.; ELLIOTT, D.H.; SMITH, E.M. (Ed.): Dysbarism-related osteonecrosis. Volume HEW Pub (NIOSH) 75–153. Washington, DC: US Government Printing Office: 117–132 (1974)

[257] JONES, J.P.: Fat embolism and osteonecrosis. Orthop Clin North Am 16:595–633 (1985)

[258] JONES, J.P.: Intravascular coagulation and osteonecrosis. Clin Orthop 277:41–53 (1992)

[259] JONES, L.C.; HUNGERFORD, D.S.: Models of ischemic necrosis of bone. In: ARLET, J.; FICAT, R.P.; HUNGERFORD, D.S. (eds) bone circulation. Williams & Wilkins, Baltimore London: 30 (1984)

[260] JØRGSHOLM, P.; THOMSEN, N.O.B.; BJÖRKMAN, A.; BESJAKOV, J.; ABRAHAMSSON, S.O.: The incidence of intrinsic and extrinsic ligament injuries in scaphoid waist fractures. J Hand Surg 35A:368–374 (2010)

[261] JÜSTEN, H.-P.; MÜLLER-LADNER, U.; LEEB, I.; LANG, B.; WESSINGHAGE, D.: Die operative Behandlung aseptischer Knochennekrosen beider Kniegelenke bei Antiphospholipid-Antikörpersyndrom (APL) durch Synovektomie, Arthrolyse und Arthroplastik. Z Rheumatol 57:222–226 (1998)

[262] KALAINOV, D.M.; COHEN, M.S.; HENDRIX, R.W.; SWEET, S.; CULP, W.W.; OSTERMAN, A.L.: Preiser's disease: identification of two patterns. J Hand Surg 28 A:767–778 (2003)

[263] KALLEN, A.M.; STRACKEE, S.D.: On the history and definition of Preiser's disease. J Hand Surg Europ Vol 39E:770–776 (2014)

[264] KANG, J.S.; MOON, K.H.; KWON, D.G.; SHIN, B.K.; WOO, M.S.: The natural history of asymptomatic osteonecrosis of the femoral head. Int Orthop (SICOT) 37:379–384 (2013)

[265] KANG, J.S.; MOON, K.H.; KWON, D.G.; SHIN, S.H..; RHU, D.J.; PARK, Y.S.: Bone graft and cell therapy for osteonecrosis of femoral head. J Bone Joint 95:212 (2013)

[266] KANTOR, H.: Bone marrow pressure in osteonecrosis of the femoral condyle (Ahlbäck's Disease). Arch Orthop Trauma Surg 106:349–352 (1987)

[267] KASHIWAGI, D.; FUKIWARA, A.; INOUE, T. LIANG, F.H. IWAMOTO, Y.: An experimental and clinical study on lunatomalacie (abstract). Orthop Trans 1:7 (1977)

[268] KATTAPURAM, T.M.; KATTAPURAM, S.V.: Spontaneous osteonecrosis of the knee. Eur J Radiol 67:42–48 (2008)

[269] KATZ, J.F.: Nonarticular osteochondroses. Clinical Orthopaedics and Related Research 158:70–76 (1981)

[270] KAWAI, H.; TSUYUGUCHI, Y.; YONENOBU, K.; INOUE, A.; TADA, K.: Avascular necrosis of the carpal scaphoid associated with progressive systemic sclerosis. Hand 15:270–273 (1983)

[271] KAWAMURA, K.; CHUNG, K.C.: Treatment of scaphoid fractures and nonunions. J Hand Surg 33 A:988–997 (2008)

[272] KAWANISHI, Y.; MORITOMO, H.; OMOKAWA, S.; MURASE, T.; SUGAMOTO, K.; YOSHIKAWA, H.: In vivo 3-dimensional analysis of stage III Kienböck disease: pattern of carpal deformity and radioscaphoid joint congruity. J Hand Surg Am 40:74–80 (2015)

[273] KELLY, P.J.; SULLIVAN, C.R.: Blood supply of the talus. Clin Orthop 30:37–44 (1963)

[274] KENZORA, J.E.: Ischemic necrosis of the femoral head. Accumulative cell stress: a hypothesis for the etiology of idiopathic osteonecrosis. Instr Course Lect 32:242–252 (1983)

[275] KENZORA, J.E.; GLIMCHER, M.J.: Accumulative cell stress: the multifactorial etiology of idiopathic osteonecrosis. Orthop Clin North Am 16:669–679 (1985)

[276] KEROS, P.; MACHIEDO, D.; TIVANOVAC, P.: Vasculatisation et relations anatomiques du scaphoide. Arch Anat Hist Embryol 47: 495–500 (1964)

[277] KERSCHBAUMER, F.; BAUER, R.: Aseptische Knochennekrosen im Karpalbereich. Orthopäde 15:121–130 (1986)

[278] KIENBÖCK, R.: Über traumatische Malazie des Mondbeins und ihre Folgezustände: Entartungsformen und Kompressionsfrakturen. Fortschr Röntgenstr 16:78–103 (1910)

[279] KIM, S.-Y.; KOO, K.-H.; SUH, K.-T.; KIM, Y.-S.; CHO, Y.-J.; MIN, B.-W.; HA, Y.-C.; COI, J.-A.: Fatty marrow conversion of the proximal femoral metaphysis in transient bone marrow edema syndrome. Arch Orthop Trauma Surg 125:390–395 (2005)

[280] KIM, Y.-M.; RHYU, K.-H.; LEE, S.-H.; KIM, H.J.: Can osteonecrosis of the femoral head be recurrent? Clin Orthop 406:123–128 (2003)

[281] KITOH, H.; KITAKOJI, T.; KAWASUMI, M.; ISHIGURO, N.: A histological and ultrastructural study of the iliac crest apophysis in Legg-Calve-Perthes disease. J Pediatr Orthop 28:435–439 (2008)

[282] KLIMSA, C.; CANOVA, M.; SCHIBLI, S.: Os scaphoideum bipartitum mit Osteonekrose des proximalen Anteils – Differenzialdiagnose zur Pseudarthrose. Handchir Mikrochir Plast Chir 46:62–63 (2014)

[283] KOBAYASHI, Y.; KIMURA, M.; HIGUCHI, H.; TERAUCHI, M.; SHIRAKURA, K.; TAKAGISHI, K.: Juxtaarticular bone marrow signal changes on magnetic resonance imaging following arthroscopic meniscectomie. Arthroscopy 18:238–245 (2002)

[284] KOLAR, J.; STREDA, A.; BEK, V.; BABICKY, A.; BIBR, B.; JANKO, L.; KRALOVA, M.: Untersuchungen bei sog. primären und sekundären Gelenknekrosen mit knochensuchenden radioaktiven Isotopen. Fortsch Röntengenstr 108:487 (1968)

[285] KOO, K.H.; AHN, I.-O.; SONG, H.-R.; KIM, S.-Y.; JONES, J.P.: Increased perfusion of the femoral head in transient bone marrow edema syndrome. Clin Orthop 402:171–175 (2002)

[286] KOO, K.H.; JEONG, S.T.; JONES, J.P.J.: Borderline necrosis of the femoral head. Clin Orthop 358:158–165 (1999)

[287] KOSHINO, T.; OKAMOTO, R.; TAKAMURA, K.; TSUCHIYA, K.: Arthroscopy in spontaneous osteonecrosis of the knee. Orthopedic Clinics of North America 10:609–618 (1979)

[288] KRETSCHMER, F.: Durch aseptische Nekrose des Os scaphoideum bedingtes Karpaltunnelsyndrom. Zbl Chirurgie 110:623–625 (1985)

[289] KRIMMER, H.: Kahnbeinfraktur – Diagnostik und Therapie – aktueller Stand. Obere Extremität 5:98–105 (2010)

[290] KRIMMER, H.; KRAPOHL; B.; SAUERBIER, M. et al.: Posttraumatic carpal collapse (SLAC- and SNAC-wirst). Stage classification and therapeutic possibilities. Handchir Mikrochir Plast Chir 29:228–233 (1997)

[291] KRIMMER, H.; KREMLING, E.; VAN SCHOONHOVEN, J.; PROMMERSBERGER; K.-J.; HAHN, P.: Proximale Kahnbeinpseudarthrose – Rekonstruktion durch dorsale Verschraubung und Spongiosa-Transplantation. Handchir Mikrochir Plast Chir 31:174–177 (1999)

[292] KUHLMANN, J.N.; GUERIN-SURVILLE, H.: Extrinsic and intrinsic vascularisation of the scaphoid and lunate bones. Bull Assoc Anat (Nancy) 65:433–446 (1981)

[293] KUHLMANN, J.N.; GUÉRIN-SURVILLE, H.: Vascularisation extrinsèque et intrensèque du scaphoide et de l'os lunaire. Bull Assoc Anat 65:433–446 (1981)

[294] KUKLO, T.R.; MACKENZIE, W.G.; KEELER, K.A.: Hip arthroscopy in Legg-Calve-Perthes Disease. J Arthroscopic and Related Surgery 15:88–92 (1999)

[295] KWAK, S.M.; RESNICK, D.; HAGHIGHI, P.: Calcium pyrophosphate dihydrate crystal deposition disease of the knee simulating spontaneous osteonecrosis. Clin Rheumatol 18:390–393 (1999)

[296] LAARMANN, A. : Die chirurgischen Berufskrankheiten. Enke, Stuttgart (1958)

[297] LAARMANN, A.: Kahnbeinpseudarthrose und Mondbeinnekrose als Pressluftschaden. Untersuchungen über Entstehungsweise und Wesen dieser Sonderformen der Berufskrankheit Nr. 20. Dtsch med J 12:189–197 (1961)

[298] LAMAS, C.; CARRERA, A.; PRUBASTA, I. et al: The anatomy and vascularity of the lunate: considerations applied to Kienböck's disease. Chir Main 26:13–20 (2007)

[299] LANGE, M.; HIPP, E.: Lehrbuch der Orthopädie und Traumatologie Band II. Enke Verlag Stuttgart (1976)

[300] LANGHOFF, O.; ANDERSEN, J.L.: Consequences of late immobilization of scaphoid fractures. J Hand Surg 13 B:77–79 (1988)

[301] LANZER, W.; SZABO, R; GELBERMAN, R.: Avascular necrosis of the lunate nad sickle cell anemia: a case report. Clin Orthop 187:168–171 (1984)

[302] LARSON, R.L.; SULLIVAN, C.R.; JAMNES, J.M.: Trauma, surgery and circulation of the talus: what are the risks of AVN ? J Trauma 1:13–21 (1961)

[303] LÉDUC, S.; CLARE, M.P.; LAFLAMME, G.Y. ; WALLING, A.K. ; Posttraumatic avascular necrosis of the talus. Foot Ankle Clin N Am 13:753–765 (2008)

[304] LEE, J.-S.; KOO, K.-H.; HA, Y.-C.; KOH, K.-K.; KIM, S.-J.; KIM, J.-R.; SONG, H.-R.; CHO, S.-H.: Role of thrombotic and fibrinolytic disorders in osteonecrosis of the femoral head. Clin Orthop 417:270–276 (2003)

[305] LEGG, A.T.: Osteochondral trophopathy of the hip-joint. Surg Gynecol Obstet 22:307–323 (1916)

[306] LENOBLE, E.; MAWHINNEY, I.: Deux cas inhabituels de nécrose avasculaire du scaphoïde Rev Rhum 61:462–465 (1994)

[307] LENOIR, H.; COULET, B.; LAZERGES, C.; MARES, O.; CROUTZET, P.; CHAMMAS, M.: Idiopathic avascular necrosis of the scaphoid: 10 new cases and a review of the literature. Indications for Preiser's disease. Orthop Traumatol Surg Res 98:390–397 (2012)

[308] LERICHE, R.; FONTAINE, R.: Contribution à l'étude de la maladie de Kienboeck; son traitement par la sympathectomie périhumérale. Strasbourg Med 89:581–585 (1929)

[309] LICHTMAN, D.M.; MACK, G.R.; MacDONALD, R.I.; GUNTHER, S.F.; WILSON, J.N.: Kienböck's disease: the role of silicone replacement arthroplasty. J Bone Joint Surg Am 59:899–908 (1977)

[310] LINDEQUIST, S.; HOUSHIAN; S.; ROSBACH, S.B.; RIEGELS-NIELSEN, P.: MR-scanning ved mistanke om fraktur af os scaphoideum. Ugeskr Læger 160:7438–7441 (1998)

[311] LINSCHEID, R.L.; DOBYNS, J.H.: Athletic injuries of the wrist. Clin Orthop 198:141–151 (1985)

[312] LLUCH, A.; GARCIA-ELIAS, M.: Etiology of Kienböck disease. Tech Hand Surg 15:33–37 (2011)

[313] LOEBENBERG, M.I.; PLATE, A.M.; ZUCKERMAN, J.D.: Osteonecrosis of the humeral head. Instr Course Lect 48:349–357 (1999)

[314] LORENZEN, N.D.; STILLING, M.; ULRICH-VINTHER, M.; TROLLE-ANDERSEN, N.; PRYNØ, T.; SØBALLE, K.; BIRKE-SØRENSEN, H.: Increased post-operative ischemia in the femoral head found by microdialysis by the posterior surgical approach: a randomized clinical trial comparing surgical approaches in hip resurfacing arthroplasty. Arch Orthop Trauma Surg 133:1735–1745 (2013)

[315] LOTKE, P.A.; ECKER, M.L.: Osteonecrosis of the knee. J Bone Joint Surg Am 70: 470–473 (1988)

[316] LOTKE, P.A.; ECKER, M.L.: Osteonecrosis of the knee. Orthop Clinics of North America 16:797–808 (1985)

[317] LOTKE, P.A.; ECKER, M.L.; ALAVI, A.: Painful knees in older patients. J Bone Joint Surg 59-A:617–621 (1977)

[318] LOUIS, D.S.; CALHOUN, T.P.; GARN, S.M. et al.: Congenital bipartite scaphoid-fact or fiction? J Bone Joint Surg Am 58:1108–1112 (1976)

[319] LUDLOFF: Osteochondritis dissecans des Kniegelenkes. Verh Dtsch Ges Chir (1908)

[320] LUTSKY, K.: Preoperative magnetic resonance imaging for evaluating scaphoid nonunion. J Hand Surg Am 37:2383–2385 (2012)

[321] LUTZ, M.; GOLSER, K.; SPERNER, G.; GABL, M.; WAMBACHER, M.; SAILER, R.: Die posttraumatische Durchblutungsstörung des Talus (Ist die Talusnekrose obligat ?). Z Unfallchirurg 101:461–467 (1998)

[322] MacNICOL, M.F.: Kienböck's disease in association with carpal coalition. The Hand 14:2 185–187 (1982)

[323] MACK, G.R.; BOSSE, M.J.; GELBERMAN, R.H.; YU, E.: The natural history of scaphoid non-union. J Bone Joint Surg Am 66:504–509 (1984)

[324] MACK, G.R.; WILCKENS, J.H.; MC PHERSON, S.A.: Subacute scaphoid fractures. A closer look at closed treatment. Am J Sports Med 26:56–58 (1998)

[325] MAJIMA, M.; HORII, E.; MATSUKI, H.; HIRATA, H.; GENDA, E.: Load transmission through the wrist in the extended position. J Hand Surg 33 A:182–188 (2008)

[326] MALLEE, W.H.; HENNY, E.P.; VAN DIJK, C.N.; KAMMINGA, S.P.; VAN ENST, W.A.; KLOEN, P.: Clinical diagnostic evaluation for scaphoid fractures: a systematic review and meta-analysis. J Hand Surg Am 39:1683–1691 (2014)

[327] MALONE, L.A.: Post traumatic cystic disease of the carpal bones. Am J Röntgenol 29:612–616 (1933)

[328] MANDALIA, V.; FOGG, A.J.B; CHARI, R.; MURRAY, J.; BEALE, A.; HENSON, J.H.L.: Bone bruising of the knee. Clinical Radiology 60:627–636 (2005)

[329] MANKIN, H.J.: Nontraumatic necrosis of bone (osteonecrosis) N Engl J Med 326:1473–1479 (1992)

[330] MARANHO, D.A.C.; NOGUEIRA-BARBOSA, M.H.; ZAMARIOLI, A.; VOLPON, J.B.: MRI abnormalities of the acetabular labrum and articular cartilage are common in healed Legg-Calvé-Perthes disease with residual deformities of the hip. J Bone Joint Surg Am 95:256–265 (2013)

[331] MAREK, F.M.: Avascular necrosis of the carpal lunate. Clin Orthop 10:96–107 (1957)

[332] MARTI, R.: Talus- und Calcaneusfrakturen. In: Weber BG, Brunner C., Freuler F. (Hrsg). Die Frakturenbehandlung von Kindern und Jugendlichen. Springer Berlin Heidelberg New York. (1978)

[333] MARTINI, A.K.: Der spontane Verlauf der Lunatummalazie. Handchir Mikrochir Plast Chir 22:14–19 (1990)

[334] MARTINI, A.K.: Der Spontanverlauf der Kahnbeinpseudarthrose. Orthopäde 23:249–254 (1994)

[335] MARTINI, A.K.; SCHILTENWOLF, M.; EVERSHEIM, S.; GRAF, J.: Intraossäre Druckmessung beim Morbus Kienböck – erste Erkenntnisse. Z Orthop 133:311–316 (1995)

[336] MASSIAS, P.; CHATELIN, N.; COSTE, F.: Données nosologiques sur les ostéonécroses primitives de la tête fémorale. Sem Hôp Paris 38:677–684 (1962)

[337] MATSEN, F.A. III; ROCKWOOD, C.A.; WIRTH, M.A.; LIPPETT, S.B: Glenohumeral arthritis and its management. In: ROCKWOOD, C.A.; MATSEN, F.A. III (Ed.): The shoulder. Philadelphia: Saunders: 840–964 (1998)

[338] MATTES, T.; FRAITZL, C.; OSTERTAG, O.; REICHEL, H.: Differentialdiagnosen der aseptischen Hüftkopfnekrose. Orthopäde 2007 36:414–422 (2007)

[339] MAUCH, F.; BAUER, G.: Knochenmarködeme und Osteonekrosen nach Meniskektomie. Arthroskopie 24:6–14 (2011)

[340] MAUS, U.: Ätiologie der atraumatischen Femurkopfnekrose des Erwachsenen. Osteologie 19:5–9 (2010)

[341] MAUS, U.: Osteonekrosen bei Niereninsuffizienz. Osteologie 4:274–278 (2012)

[342] MAWDSLEY, M.J.; JALUL, M.; HUMPHREYS, A.R.: Distal scaphoid fracture and scapholunate ligament injury in a child. J Hand Surg Eur 38(5):574–575 (2013)

[343] McCARTHY, J.; PURI, L.; BARSOUM, W.; LEE, J.; LAKER, M.; COOKE, P.: Articular cartilage changes in avascular necrosis: an arthroscopic evaluation. Clin Orthop 406:64–70 (2003)

[344] MEGERLE, K.; WORG, H.; KRIMMER, H.; CHRISTOPOULOS, G.; SCHMITT, R.; LANZ, U.: Die präoperative Kernspintomographie als Prognoseparameter bei Skaphoidrekonstruktionen. Handchir Mikrochir Plast Chir 36:A1-A20, Georg Thieme Verlag KG Stuttgart – New York (2004)

[345] MEGERLE, K.; WORG, H.; CHRISTOPOULOS, G.; SCHMITT, R.; KRIMMER, H.: Gadolinium-enhanced preoperative MRI scans as a prognostic parameter in scaphoid nonunion. J Hand Surg 36E:23–28 (2011)

[346] MEILA, I.; BRABORESCU, E.; MEILA, D.: Aseptic osteonecrosis of the lunate bone caused by repeated microtrauma in the mining and metallurgic industry. Oncologia si Radiologia Vol. II(2):89–93 (1963)

[347] MELONE, C.P. jr.: Distal radius fractures: patterns of articular fragmentation. Orthop Clin North Am 24:239–253 (1993)

[348] MEMMINGER, M.; FRANKE, J.; HOCHHEIM, B.: M. Ahlbäck: nicht nur am medialen Femurkondylus. Orthop Prax 34:473–477 (1998)

[349] MILGRAM, J.E.; HELFET, A.J.: The managment of internal derangements of the knee. In: Cortison osteochondritis dissecans. Philadelphia, Lippincott: 220 (1963)

[350] MIN, B.-W.; SONG, K.-S.; CHO, C.-H.; LEE, S.-M.; LEE, K.-J.: Untreated asymptomatic hips in patients with osteonecrosis of the femoral head. Clin Orthop Relat Res 466:1087–1092 (2008)

[351] MINAGAWA, J.; TAJIMA, T.; MARUYAMA, J.: Outcome of various treatments in Kienböck's disease, Nippon Seikeigeka Gakkai Zasshi 34:1152 (1961)

[352] MINNE, J.; DEPREUX, R.; MESTDAGH, H.; LECLUSE, P.: Les pédicules artériels du massif carpien. Lille Med 18:1174 (1973)

[353] MINOVES, M.; RIERA, E.; COSTANSA, J.M.; BASSA, P. ; SETOAIN, J.; DOMENECH, F.M.: Multiple aseptic bone necrosis detected by Tc-99m MDP bone scintigraphy in a patient with systemic lupus erythematosus on corticosteroid therapy. Clinical Nuclear Medicine 23:48–49 (1998)

[354] MIYAJI, N.; TAKEJ, H.; HASHIMOTO, R.: Kienböck's disease and sport injury in the hand. Orthop Surg (Jpn) 33:1762–1764 (1982)

[355] MOHLER, J.; MORSCHER, E.: Therapie der Femurkondylennekrose. Orthopäde 9:314–319 (1980)

[356] MOHR, W.: Gelenkpathologie. Springer-Verlag, Berlin Heidelberg (2000)

[357] MONT, M.A.; HUNGERFORD, D.S.: Nontraumatic avascular necrosis of the femoral head (Review). J Bone Joint Surg Am 77:459–474 (1995)

[358] MOORE, J.; COYLE, L.; ISBISTER, J.; ROCHE, J.: Bilateral knee osteonecrosis in a patient with thrombotic thrombocytopenic purpura. Aust NZ J Med 29:88–89 (1999)

[359] MORITOMO, H.; MURASE, T.; OKA, K.; TANAKA, H.; YOSHIKAWA, H.; SUGAMOTO, K.: Relationship between the fracture location and the kinematic pattern in Scaphoid nonunion. J Hand Surg 33 A:1459–1468 (2008)

[360] MORITOMO, H.; TADA, K.; YOSHIDA, T.; MASATOMI T.: The relationship between the site of nonunion of the scaphoid and scaphoid nonunion advanced collapse (SNAC). J Bone Joint Surg 81-B:871–876 (1999)

[361] MOTOHASHI, M.; MORI, T.; KOSHINO, T.: Clinical course and roentgenographic changes of osteonecrosis in the femoral condyle under conservative treatment. Clin Orthop Relat Res 266:156–161 (1991)

[362] MUKISI-MUKAZA, M.; GOMEZ-BROUCHET, A.; DONKERWOLCKE, M.; HINSENKAMP, M.; BURNY, F.: Histopathology of aseptic necrosis of the femoral head in sickle cell disease. Int Orthop 35:1145–1150 (2011)

[363] MULFINGER, G.L.; TRUETA, J.: The blood supply of the talus. J Bone Joint Surg 52B:160–167 (1970)

[364] MÜLLER, W.: Über die Erweichung und Verdichtung des Os lunatum, eine typische Erkrankung des Handgelenks. Beitr Klin Chir 119:664 (1920)

[365] MURAMATSU, K.; IHARA, K.; KAWAI, S.; DOI, K.: Ulnar variance and the role of joint levelling procedure for Kienböck's disease. International Orthopaedics 27:240–243 (2003)

[366] MUSCHOL, M.; CHRISTESEN, K.; HASSENPFLUG, J.: Osteonekrose des Femurkondylus: eine Komplikation nach arthroskopischem Eingriff im höheren Lebensalter. 17 AGA Kongress Basel (2000)

[367] MUSCOLO, D.L.; COSTA-PAZ, M.; AYERZA, M.; MAKINO, A.: Medial meniscal tears and spontaneous osteonecrosis of the knee. J Bone Joint Surg 22:457–460 (2006)

[368] MUZAFFAR, A.R.; CARTER, P.R.: Vascularized bone grafting and Herbert screw fixation of scaphoid nonunions with avascular proximal poles. Tech Hand Up Extrem Surg 6:155–64. (2002)

[369] NÄGELE, M.; SCHADE, G.; KUGLSTATTER, W.; WILHELM, K.; LIENEMANN, A.; GAMARRA, F.; LUMPER, W.; HAHN, D.: Kernspintomographie der Skaphoidpseudarthrose: Kliniksche und röntgenologische Gesichtspunkte. Fortschr Röntgenstr 153:522–527 (1990)
[370] NÄGELE, M.; WILHELM, K.; KUGLSTATTER, W.; KRAUSS, B.; HAHN, D.; MARKL, A.; LISSNER, J.; WILHELM, K.: Ischemic necrosis of the lunate: correlative study of MR Imaging, Bone Scintigraphy, conventional Radiography, and Surgical Perspectives. Radiology 161 (P) 24 (Abstract) (1986)
[371] NÄGELE, M.; WILHELM, K.; KUGLSTATTER, W.; HAHN, D.: Kienböck'sche Erkrankung: Kernspintomographie und röntgenologische Vergleichsstudie. Handchir. Mikrochir Plast Chir 22:23–27 (1990)
[372] NAHIGIAN, S.H.; LI, C.S.; RICHEY, D.G.; SHAW, D.J.: The dorsal flap arthroplasty in the treatment of Kienböck's disease. J Bone Joint Surg Am 52:245–252 (1970)
[373] NAKAMURA, R.; IMAEDA, T.; SUZUKI, K.; MIURA, T.: Sports-related Kienböck's disease. Am J Sports Medicine 19(1):88–91 (1991)
[374] NAKAMURA, R.; WATANABE, K.; TSUNODA, K.: Evaluation of radial shortening and radial wedge osteotomy for Kienböck's disease by magnetic resonance imaging. Presented at the 47th annual meeting of the American Society for Surgery of the Hand. Phoenix, Arizona, Nov. 11 to 14 (1992)
[375] NAKANO, T.; AHERNE, F.X.: The pathogenesis of osteochondrosis – a hypothesis. Medical Hypotheses 43:1–5 (1994)
[376] NEUMAYR, L.D.; AGUILAR, C.; EARLES, A.N.; JERGESEN, H.E.; HABERKERN, C.M.; KAMMEN, B.F.; NANCARROW, P.A.; PADUA, E.; MILET, M.; STULBERG, B.N.; WILLIAMS, R.A.; ORRINGER, E.P.; GRABER, N.; ROBERTSON, S.M.; VICHINSKY, E.P.: Physical therapy alone compared with core decompression and physical therapy for femoral head osteonecrosis in sickle cell disease. Results of a multicenter study at a mean of three years after treatment. J Bone Joint Surg Am 88:2573–2582 (2006)
[377] NIETHARD, F.U.: Die Osteochondrose und Osteochondronekrose des Hüftpfannendaches. Z Orthop 122:94–98 (1984)
[378] NIETHARD, F.U.: Kinderorthopädie. Thieme Verlag Stuttgart New York (1997)
[379] NINOL, G.: Spontane Osteonekrose am Kniegelenk (Ahlbäck). Röntgen-Bl 32:442–446 (1979)
[380] NISHII, T.; SUGANO, N.; OHZONO, K.; SAKAI, T.; HARAGUCHI, K.; YOSHIKAWA, H.: Progression and cessation of collapse in osteonecrosis of the femoral head. Clin Orthop 400:149–157 (2002)
[381] NUTTALL, D.; TRALL, I.A.; STANLEY, J.K.: Movement of the scaphoid in the normal wrist. J Hand Surg 23 B:762–764 (1998)
[382] OBLETZ, B.E.; HALBSTEIN, B.M.: Non-union of fractures of the carpal navicular. J Bone Joint Surg 20:424 (1938)
[383] OLTRAMARE, J.H.: La malacie du scaphoide carpien (Pathogenéi et traitement) (Os naviculare der Hand). Schweiz Med Wschr II:956–957 (1933)
[384] OLTRAMARE, J.-H.: La malacie de Kienböck. Rev. méd. de la Suisse Rom 53:425 (1933)
[385] ÖMEROĞLU, H.; INAN, U.: Inherited thrombophilia may be a causative factor for osteonecrosis of femoral head in male patients with developmental dysplasia of the hip: a case series. Arch Orthop Trauma Surg 132:1281–1285 (2012)
[386] OTTE, P.: Das Wesen der Perthes'schen Erkrankung unter besonderer Berücksichtigung der Pathogenese und des röntgenologischen Bildes. Z Orthop Suppl 104: 140 (1968)
[387] OWERS, K.L.; SCOUGALL, P.; DABIRRAHMANI, D.; WERNECKE, G.; JHAMB, A.; WALSH, W.R.: Lunate trabecular structure: a cadaveric radiograph study of risk factors for Kienböck's disease. J Hand Surg 35:120–124 (2010)

[388] PANAGIS, J.S.; GELBERMAN, R.H.; TALEISNIK, J.; BAUMGAERTNER, M.: The arterial anatomy of the human carpus. Part II: the intraosseous vascularity. J Hand Surg 8:375–382 (1983)
[389] PARSCH, K.; HAESEN, D.: Spontanverlauf des Morbus Perthes. Orthopäde 23:200–205 (1994)
[390] PATEL, D.V.; BREAZEALE, N.M.; BEHR, C.T.; WARREN, R.F.; WICKIEWICZ T.L.; O'BRIEN, S.J.: Osteonecrosis of the knee: current clinical concepts. Knee Surg, Sports Traumatol, Arthrosc 6: 2–11 (1998)
[391] PEARCE, D.H.; MONGIARDI, C.N.; FORNASIER, V.L.; DANIELS, T.R.: Avascular necrosis of the talus: A pictorial essay. RadioGraphics 25:399–410 (2005)
[392] PERSSON, M.: Pathogenese und Behandlung der Kienböck'schen Lunatum-malazie. Acta Chir Scand 92: Suppl 98:1–158 (1945)
[393] PESTE, J.L.: Discussion. Bull Soc Anat 18:169–170 (1843)
[394] PETERSON, L.; GOLDIE,I. ; LINDELL, D.: The arterial supply of the talus. J Acta Orthop Scand 45:260–270 (1974)
[395] PETJE, G.; RADLER, C.; AIGNER, N.: KRIEGS-AU, G.; GANGER, R.; GRILL, E.: Aseptische Knochennekrosen im Kindesalter. Orthopäde 31:1027–1038 (2002)
[396] PHEMISTER, D.B.; BRUNSCHWIG, A.; DAY, L.: Streptococcal infections of epiphyses and short bones: their relation to Köhler's disease of tarsal navicular, Legg-Perthes disease and Kienböck's disease of os lunatum. Jama 95:995–1002 (1930)
[397] PIETROGRANDE, V.; MASTROMARINO, R.: Osteopatia da prolungato trattamento cortisonico. Ortopedia e Traumatologia dell' Apparato Motore 25:791–810 (1957)
[398] PLENK, H.J.; HOFMANN, S.; ESCHBERGER, J.; GSTETTNER, M.; KAMER, J.; SCHNEIDER, W.; ENGEL, A.: Histomorphology and bone morphometry of the bone marrow edema syndrome of the hip. Clin Orthop 334:73–84 (1997)
[399] PLENK, H. J.; HOFMANN, S.; BREITENSEHER, M.; URBAN, M.: Pathomorphologische Aspekte und Reparaturmechanismen der Femurkopfnekrose. Orthopäde 29:389–402 (2000)
[400] POLLANDT, K.; SCHRÖDER, K.; CARSTENS, C.; ZACHER, J.: Juvenile Osteochondrosen und Osteonekrosen. Orthopädie und Unfallchirurgie up2date2: 397–416(2007)
[401] PRASARN, M.L.; MILLER, A.N.; DYKE, J.P.; HELFET, D. L.; LORICH, D.G.: Arterial anatomy of the talus: A cadaver and gadolinium-enhanced MRI study. Foot & Ankle Surgery 31:987–993 (2010)
[402] PREISER, G.: Über eine typische posttaumatische und zur Spontanfraktur führende Ostitis des Naviculare Carpi. Fortschr Geb Röntgenstrahlen 15:189–197 (1910)
[403] PREISSER, P.; RUDOLF, K.-D.; PARTECKE, B.-D.: Persistierende Kahnbeinpseudarthrose nach operativer Behandlung: Ergebnisse der erneuten Knochenspanplastik. Handchir Mikrochir Plast Chir 31:187–195 (1999)
[404] PRUÈS-LATOUR, V.; BONVIN, J.-C.; FRITSCHY, D.: Nine cases of osteonecrosis in elderly patients following arthroscopic meniscectomy. Knee Surg Sports Traumatol Arthrosc 6:142–147 (1998)
[405] RAB, G.T.: Theoretical study of subluxation in EARLY Legg-Calvé-Perthes Disease. J Pediatr Orthop 25:728–733 (2005)
[406] RADER, C.P.; BAUMANN, B.: Update Ätiologie/Risikofaktoren bei Osteonekrosen und Osteonekrose bei Kortikoidtherapie. Ostelogie 21:269–273 (2012)
[407] RADER, C.P.; BECKMANN, J.; TINGART, M.: Das transiente Knochenmark-ödemsyndrom als Differenzialdiagnose der atraumatischen Femurkopfnekrose im frühen Stadium. Osteologie 19:24–28 (2010)
[408] RADKE, S.: Das transitorische Knochenmarködemsyndrom – ein Frühstadium der Hüftkopfnekrose? Osteol 14:89–92 (2005)
[409] RAITH, W.; HEMPFLING, H.; PUTZ, R.: Die Blutversorgung der medialen Taluskante. Fuß & Sprunggelenk 6:201–206 (2008)

[410] RAMOS-ESCALONA, J.; GARCIA-BORDES, L.; MARTINEZ-GALARZA, YUNTA-GALLO, A.: Ulnar variance and scaphoid fracture. J Hand Surg 35 E:195–197 (2010)
[411] RAMSEIER, E.: Untersuchungen über arteriosklerotische Veränderungen der Knochenarterien. Virch Arch Anat 336:77–86 (1962)
[412] RAZEMON, J.P.: Etude pathogénique de la maladie de Kienböck. Ann Chir Main 1:240–242 (1982)
[413] RAZEMON, J.P.: Le Raccourcissement du radius. Ann Chir Main 1:261 (1982)
[414] RAZEMON, J.P.: Les différentes methods thérapeutiques. Ann Chir Main 1:249–250 (1982)
[415] REDDY, V.R.M.; SELZER, G.; FAISAL, M.; ALDRIDGE, M.J.: Bilateral idiopathic avascular necrosis of talus: A case report. Foot and Ankle Surgery 9:35–39 (2003)
[416] REIN, S.; HANISCH, U.; RAMMELT, S.; SCHMIDT, G.; SCHALLER; H.-E.; ZWIPP, H.; OEHMKE, M.; WEINDEL, S.: Histopathological, radiological and clinical aspects of the temporal assignment of scaphoid non-union. Arch Orthop Trauma Surg 130:1243–1250 (2010)
[417] REMAGEN, W.: Pathologische Anatomie der Femurkopfnekrose. Orthopäde 19:174–181 (1990)
[418] REMMELE, W.: Pathologie. Band 5. Springer-Verlag Heidelberg (1997)
[419] RENNER, A.; HARDY, G.; EGRI, L.: Vergleich verschiedener Behandlungsmethoden bei der Skaphoidpseudarthrose. Orthopäde 25:449–453 (1996)
[420] REPPENHAGEN, S.; RACKWITZ, L.; KENN, W.; ROTH, A.; GOEBEL, M.; RUDERT, M.; NÖTH, U.: Diagnostik der atraumatischen Femurkopfnekrose des Erwachsenen. Osteologie 19:10–17 (2010)
[421] ROEMER, F.W.; FROBELL, R.; HUNTER, D.J. et al.: MRI-detected subchondral bone marrow signal alterations of the knee joint: terminology, imaging appearance, relevance and radiological differential diagnosis. Osteoarthritis Cartil 17:1115–1131 (2009)
[422] ROOKER, G.D.; GOODFELLOW, J.W.: Kienböck's disease in cerebral palsy. J Bone Joint Surg Br 59:363–365 (1977)
[423] ROSAI, J.: Surgical Pathology 9. Ed. Volume 2. Mosby Edinburgh London (2004)
[424] ROSENBERG, N.J.; ZAAS, R.D.: Osteonecrosis of the medial femoral condyle. SICOT, XIe Congrès, Mexico (1969)
[425] ROSINGH, G.E.; JAMES, J.: Early phases of avascular necrosis of the femoral head in rabbits. J Bone Joint Surg Br 51-B:165–174 (1969)
[426] ROSSAK, K.: Druckverhältnisse am Handgelenk unter besonderer Berücksichtigung von Fraktur-Mechanismen. Z Orthop 103 (Suppl):296 (1967)
[427] ROSTOCK, P.: Gelenkschädigungen durch Arbeit mit Pressluftwerkzeugen. Fortschr Röntgenstr 55:21 (1937)
[428] ROSTOCK, P.: Über die Navikulare-Pseudarthrose. Arch Orthop Chir 34:318–320 (1933)
[429] ROTH, F.B.: Aseptic necrosis of the lunate bone: a case report with a study of the pathological changes. J Bone Joint Surg 25:683–687 (1943)
[430] ROWE, S.M.; CHUNG, J.Y.; MOON, E.S.; YOON, T.R.; JUNG, S.T.; LEE, K.B.: Computed tomographie findings of osteochondritis dissecans following Legg-Calvé-Pertes Disease. J Pediatr Orthop 23:356–362 (2003)
[431] ROZBRUCH, S.R.; WICKIEWICZ, T.L.; DiCARLO, E.F.; POTTER, H.G.: Osteonecrosis of the knee following arthroscopic laser meniscectomiy. Arthroscopy 12:245–250 (1996)
[432] ROZING, P.M.; INSALL, J.; BOHNE, W.H.: Spontaneous osteonecrosis of the knee. J Bone Joint Surg 62:2–7 (1980)
[433] RUBENS-DUVAL, A.; VILLAUMEY, J.; LUBETZKI, D.; ROZENBAUM: L'ostéochondrite du genou du sujet âgé. Intérêt de la biopsie synovial. Rev Rhum 33:638 (1966)
[434] RUCH, D.S.; CHANG, D.S. III.; POEHLING, G.G.: The arthroscopic treatment of avascular necrosis of the proximal pole following scaphoid nonunion. Arthroscopy 14:747–752 (1998)

[435] RÜTTNER, R.J.: Beiträge zur Klinik und pathologischen Anatomie der Kienböck'schen Krankheit. Basel: Benno Schwabe (1928)

[436] SAINI, A.; SAIFUDDIN, A.: MRI of osteonecrosis. Clinical Radiology 59:1079–1093 (2004)

[437] SAITO, S.; INOUE, A.; ONO, K.: Intramedullary hemorrhages as a possible cause of avascular necrosis of the femoral head. The histology of 16 femoral heads at the silent stage. J Bone Joint Surg 69 B:346–351 (1987)

[438] SAKAI, T.; SUGANO, N.; OHZONO, K.; MATSUI, M.; HIROSHIMA, K.; OCHI, T.: MRI evaluation of steroid- or alcohol-related osteonecrosis of the femoral condyle. Acta Orthop Scand 69:598–602 (1998)

[439] SCHAEFER, M.; SIEBERT, H.R.: Die Kahnbeinfraktur. Unfallchirurg 105:540–553 (2002)

[440] SCHER, D.L.; BELMONT, P.J.; OWENS, B.D.: Osteonecrosis of the femoral head after hip arthroscopy. Clin Orthop 468:3121–3125 (2010)

[441] SCHILTENWOLF, M.: Untersuchungen zur Ätiopathogenese der Mondbeinnekrose. Trauma Berufskrankh 1:74–82 (1998)

[442] SCHILTENWOLF, M.; JAKOB, D.S.; GRAF, J.: Sheet Plastination of the Vascularity of the Lunate Bone – A Morphological Study. Acta Anat 158:68–73 (1997)

[443] SCHILTENWOLF, M.; MARTINI, A.K.: Der Spontanverlauf der Lunatumnekrose. Orthopäde 23:243–248 (1994)

[444] SCHILTENWOLF, M.; MARTINI, A.K.; EVERSHEIM, S.; MAU, H.: Die Bedeutung des intraossären Druckes für die Pathogenese des Morbus Kienböck. Handchir Mikrochir Plast Chir 28:215–219 (1996)

[445] SCHILTENWOLF, M.; MARTINI, A.K.; EVERSHEIM, S.; MAU, H.; BROCAI, D.R.C.: Further investigations of the intraosseous pressure characteristics in necrotic lunates. J Hand Surg 21A:754–758 (1996)

[446] SCHMITT, R.; FELLNER, F.; OBLETTER, N.; LENZ, M.; BAUTZ, W.: Die Skaphoidpseudarthrose: Klassifikation und Staging mittels CT und MRT. Röntgenpraxis 50:18–24 (1997)

[447] SCHMITT, R.; FRÖHNER, S.; VAN SCHOONHOVEN, J.; LANZ, U.; GÖLLES, A.: Idiopathic osteonecrosis of the scaphoid (Preiser's disease)- MRI gives new insights into etiology and pathology. Eur J Radiol 77:228–234 (2011)

[448] SCHMITT, R.; SPITZ, J.; KRIMMER; H.: Scaphoidpseudarthrose In: Schmitt, R.; LANZ, U. (Hrsg.): Bildgebende Diagnostik der Hand. Hippokrates. Stuttgart (1996)

[449] SCHMITT, S.; SCHROEDER-BOERSCH, H.; JANI, L.: Morbus Perthes. Chir Praxis 59:475–486 (2001/2002)

[450] SCHMITT-SODY, M.; KIRCHHOFF, C.; MAYER, W.; GOEBEL, M.; JANSSON, V.: Avascular necrosis of the femoral head: inter- and intraobserver variations of Ficat and ARCO classifications. Int Orthop 32:283–287 (2008)

[451] SCHNEIDER, T.; DRESCHER, W.; CREMER, D.; BÜNGER, C.; PLENCK H. Jr.: Ischemia and reperfusion of the femoral head: Histologic findings in a pig model. J Bone Joint Surg BR 86:309 (2004)

[452] SCHNEIDER, T.; DRESCHER, W.; HANSEN, E.S.; BÜNGER, C.: Blood flow of femoral head in relation to joint tamponade and steroid medication. An experimental study. J Bone Joint Surg BR 86:309 (2004)

[453] SCHNEIDER, T.; FINK, C.; SCHMIDT-WIETHOFF, R.: Die Humeruskopfnekrose. Obere Extremität 3:84–91 (2008)

[454] SCHÖNBAUER; POLT; GRILL: Orthopädie. Springer-Verlag Wien New York (1979)

[455] SCHROER, W.C.: Current concepts on the pathogenesis of osteonecrosis of the femoral head. Orthop Rev 23:487–497 (1994)

[456] SCHULITZ, K.P.: Die Bedeutung der Vaskularisation für die Talusnekrosen nach Frakturen. Z Orthop 1143:699–701 (1975)

[457] SCHULZE, W.; RICHTER, J.; RUSSE, O.; INGELFINGER, P.; MUHR, G.: Prognostische Faktoren für die avasuläre Nekrose nach Talusfrakturen. Z Orthop 140:428–434 (2002)

[458] SCHUNK, K.; TEIFKE, A.; BENNING, R.; DAHM, M.; THELEN, R.; SCHILD, H.: Die Skaphoid-pseudarthrose: Häufigkeit, Pathogenese und Verlauf. Fortschr Röntgenstr 150:650–656 (1989)

[459] SCHWETLICK, G.; RETTIG, H.; KLINGMÜLLER, V.: Der gefäßgestielte Beckenspan zur Therapie der Hüftkopfnekrose des Erwachsenen: Klinische und angiographische Ergebnisse. Z Orthop 126:500 (1988)

[460] SEGGL, W.; WEIGLEIN, A.: Die arterielle Blutversorgung des Oberarmkopfes und ihre prognostische Bedeutung bei Luxationen, Frakturen und Luxationsfrakturen des Oberarmkopfes. Acta Chir Austriaca 92:1–19 (1991)

[461] SEGMÜLLER, G.: Zur Lunatum-Malazie (Morbus Kienböck). Orthopäde 10, 47–51 (1981)

[462] SHAH, H.; SIDDESH, N.D.; PAI, H.; TERCIER, S.; JOSEPH, B.: Quantitative measures for evaluating the radiographic outcome of legg-calvé-perthes disease. J Bone Joint Surg Am 95:354–361 (2013)

[463] SHENOY, P.M.; SHETTY, G.M.; KIM, D.H.; WANG, K.H.; CHOI, J.Y.; NHA, K.W.: Osteonecrosis of the lateral femoral condyle following anterior cruciate ligament reconstruction: is bone bruising a risk factor? Arch Orthop Trauma Surg 130:413–416 (2010)

[464] SHIN, A.Y.; WEINSTEIN, L.P.; BISHOP, A.T.: Kienböck's disease and gout. J Hand Surg 24B:3 363–365 (1999)

[465] SHINODA, S.; HASEGAWA, Y.; KAWASAKI, S.; TAGAWA, N.; IWATA, H.: Magnetic resonance imaging of osteonecrosis in divers: comparison with plain radiographs. Skeletal Radiol 26:354–359 (1997)

[466] SHORE, B.J.; MILLIS, M.B.; KIM, Y.-J.: Vascular safe zones for surgical dislocation in children with healed legg-calvé-perthes disease. J Bone Joint Surg Am 94:721–727 (2012)

[467] SIFFERT, R.S.: Classification of the osteochondroses. Clin Orthop Relat Res 158:10–18 (1980)

[468] SIFFERT, R.S.: Classifiction of the osteochondroses. Clin Orthop 158:10–18 (1981)

[469] SIFFERT, R.S.: The Osteochondroses. Clinical Orthopaedics and Related Research 158:2–4 (1981)

[470] SIMANK, H.-G.; SCHILTENWOLF, M.; KREMPIEN, W.: The etiology of Kienböck's disease – a histopathological study. Hand Surgery 3:63–69 (1998)

[471] SIMMONS, E.H.; FU, F.: Kienböck's disease. Orthop Consult 2(11):1 (1981)

[472] SIMON, L.; BERTRAND, L.; MICHEL, H.; BLOTMAN, F.; CLAUSTRE, J.: Ostéonécrose, éthylisme et stéatose hépatique. Rev Rhum 42:103–108 (1975)

[473] SMITH, M.J.; KANE, S.M.; INGRAM, E.A.; PROPECK, T.: Osteonecrosis of the glenoid. J Bone Joint Surg 88:1836–1839 (2006)

[474] SOLOMON, L.: Idiopathic necrosis of the femoral head: pathogenesis and treatment. Can J Surg 24:573–578 (1981)

[475] SOLOMON, L.: Mechanism of idiopathic osteonecrosis. Orthop Clin North Am 16:655–667 (1985)

[476] SOLOMON, L.: Klinische und therapeutische Konzepte der ischämischen Femurkopfnekrose. Orthopäde 19:200–207 (1990)

[477] SONG, W.S.; YOO, J.J.; KOO, K.-H.; YOON, K.S.; KIM, Y.-M.; KIM, H.J.: Subchondral fatigue fracture of the femoral head in military recruits. J Bone Joint Surg 86:1917–1924 (2004)

[478] SOUCACOS, P.N.; XENAKIS, T.H.; BERIS, A.E.; SOUCACOS, P.K.; GEORGOULIS, A.: Idiopathic osteonecrosis of the medial femoral condyle. Classification and treatment. Clin Orthop 341:82–89 (1997)

[479] SPENCER, J.D.; BROOKES, M.: Avascular necrosis and the blood supply of the femoral head. Clin Orthop 235:127–140 (1988)

[480] STÅHL, F.: On lunatomalacia (Kienböck's disease). Acta Chir Scand 95 (Suppl 126):120–133 (1947)

[481] STEINBERG, M.E.: Classification of avascular necrosis: a comparative study. Acta Orthop Belgica 65:45–46 (1999)

[482] STEINBERG, M.E.; HAYKEN, G.D.; STEINBERG, D.R.: A new method for evaluation and staging of avascular necrosis of the femoral head. In: ARLET J.; FICAT, R.P.; HUNGERFORD, D.S., Editors. Bone circulation. Baltimore: Williams and Wilkins: 398–403 (1984)

[483] STEINBERG, M.E.; STEINBERG, D.R.: Classification systems for osteonecrosis: an overview. Orthop Clin N Am 35:273–283 (2004)

[484] STEINMANN, S.P.; ADAMS, J.E.: Scaphoid fractures and nonunions: diagnosis and treatment. J Orthop Sci 11:424–431 (2006)

[485] STILLER, D.; ZIPPEL, H.; SCHWESINGER, G.; SCHLENZKA, D.: Pathologie der spontanen Osteonekrosen der Femurkondylen im hohen Erwachsenenalter (Morbus Ahlbäck). Zentralbl Allg Pathol 125:303–314 (1981)

[486] STRASSMAIR, M.; WILHELM, K.: Entstehung einer Skaphoidpseudarthrose. Dt Ärztebl 98 A: 2962–2964 (2001)

[487] SUNG, J.H.; HA, J.K.; LEE, D.W.; SEO, W.Y.; KIM, J.G.: Meniscal extrusion and spontaneous osteonecrosis with root tear of medial meniscus: comparison with horizontal tear. Arthroscopy 29:726–732 (2013)

[488] SUZUKI, S.; KASAHARA, Y.; SETO, Y.; FUTAMI, T.; FURUKAWA, K.; NISHINO, Y.: Arthroscopy in 19 children with Perthes' disease. Pathologic changes of the synovium and the joint surface. Acta Orthop Scand 65:581–584 (1994)

[489] SZYSZKOWITZ, R.; SEGGL, W.; WILDBURGER, R.: Late results of fractures and fracture-dislocation after ORIF. In: Tscherne H., Schatzker J. (eds): Major fractures of the pilon, the talus and the calcaneus. Springer Berlin Heidelberg New York: 105–112 (1993)

[490] TAKEDA, M.; HIGUCHI, H.; KIMURA, M.; KOBAYASHI, Y.; TERAUCHI, M.; TAKAGISHI, K.: Spontaneous osteonecrosis of the knee. J Bone Joint Surg Br 90:324–329 (2008)

[491] TALEISNIK, J.; KELLY, P.J.: The extraosseous and intraosseous blood supply of the scaphoid bone. J Bone Joint Surg Am 48:1125–1137 (1966)

[492] TANAKA, Y.; MIMA, H.; YONETANI, Y.; SHIOZAKI, Y.; NAKAMURA, N.; HORIBE, S.: Histological evaluation of spontaneous osteonecrosis of the medial femoral condyle and short-term clinical results of osteochondral autografting: a case series. The Knee 16:130–135 (2009)

[493] TANIGUCHI, Y.; TAMAKI, T.; YOSHIDA, M.: Kienböck's disease in systemic lupus erythematosus. Hand Surgery 7(2):197–200 (2002)

[494] TEISEN, H.; HJARBAEK, J.: Classification of fresh fractures of the lunate. J Hand Surg Br 13:458–462 (1988)

[495] TEISEN, H.; HJARBAEK, J.; JENSEN, E.K.: Follow-up investigation of fresh lunate bone fracture. Handchir Mikrochir Plast Chir 22:20–22 (1990)

[496] THORDARSON, D.B.; Talusfrakturen. Unfallchirurg 114:861–868 (2011)

[497] TINGART, M.; BÄTHIS, H.; PERLICK, L.; LERCH, K.; LÜRING, C.; GRIFKA, J.: Die Therapie der Osteonekrose des Femurkopfes: Ergebnisse einer bundesweiten Umfrage. Z Orthop 142:553–558 (2004)

[498] TRAUTH, J.; BLÄSIUS, K.: Die Talusnekrose und ihre Behandlung. Akt Traumatol 18:152–156 (1988)

[499] TROJAN, E.; JAHNA, H.: Die konservative Behandlung des veralteten Kahnbeinbruches der Hand. Arch Orthop Unfallchir 47:99–104 (1955)

[500] TRUETA, J.; HARRISON, M.H.M.: The normal vascular anatomy human femoral head during growth. J Bone Joint Surg 39-B:358 (1957)

[501] TRUMBLE, T.E.; IRVING, J.: Histologic and magnetic resonance imaging correlations in Kienböck's disease. J Hand Surg 15A:879–884 (1990)
[502] TSUGE, S.; NAKAMURA, R.: Anatomical risk factors for Kienböck's disease. J Hand Surg 18B:70–75 (1993)
[503] TÜRKER; M.; ÇETIK, Ö.; ÇIRPAR, M.; DURUSOY, S.; CÖMERT, B.: Postarthroscopy osteonecrosis of the knee. Knee Surg Sports Traumatol Arthrosc 23:246–250 (2015)
[504] UEHLINGER; E.: Aseptische Knochennekrose (Infarkt) nach Prednisolonbehandlung. Schweiz med Wochenschr 94:1527–1530 (1964)
[505] VAITL, T.; GRIFKA, J.; BOLM-AUDORF, U.; EBERTH, F.; GANTZ, S.; LIEBERS, F.; SCHILTENWOLF, M., SPAHN, G.: Knorpelveränderungen Osteonekrosen, Osteochondrosis dissecans. Trauma Berufskrankh 14:439–440 (2012)
[506] VAN TASSEL, D.C.; OWENS, B.D.; WOLF, J.M.: Incidence estimates and demographics of scaphoid fracture in the U.S. Population. J Hand Surg 35 A: 1242–1245 (2010)
[507] VARGA, P.; SCHEFZIG, P.; UNGER; E.; MAYR; W.; ZYSSET, P.K.; ERHART J.: Finite element based estimation of contact areas and pressures of the human scaphoid in various functional positions of the hand. http://www.ncbi.nlm.nih.gov/pubmed/23395508 46:984–990 (2013)
[508] VENDER, M.I.; WATSON, H.K.; WIENER, B.D.; BLACK, D.M.: Degenerative change in symptomatic scaphoid nonunion. J Hand Surg Am 12:514–519 (1987)
[509] VIDAL, M.A.; LINSCHEID, R.L.; AMADIO, P.C.; DOBYNS, J.H.: Preiser's disease. Ann Hand Surg 10:227–236 (1991)
[510] VIEGAS, S.F.; WAGNER, K.; PATTERSON, R.; PETERSON, P.: Medial (hamate) facet of the lunate. J Hand Surg Am 15:564–571 (1990)
[511] VOGL, T.J.; BEUTEL, F.; WILHELM, K.; TEMPKA, A.; SCHEDEL, H.; HAAS, R.; FELIX, R.: MRT der Skaphoidpseudarthrose mit Gd-DTPA. Stadieneinteilung und klinische Korrelation. Fortschr Röntgenstr 161:438–445 (1994)
[512] VON RECHENBERG, K.N.; KUNZ, R.; PRETER; B.: Das klinisch-radiologische Spektrum der Ermüdungsfraktur. Dtsch med Wochenschr 4:543–547 (1982)
[513] WATANABE, K.: Analysis of carpal malalignment caused by scaphoid nonunion and evaluation of corrective bone graft on carpal alignment. J Hand Surg 36 A:10–16 (2011)
[514] WATSON, H.K.; GUIDERA, P.M.: Aetiology of Kienböck's Disease. J Hand Surg Br 22:5–7 (1997)
[515] WATT, I.; DIEPPE, P.A.: Medial femoral condyle necrosis and chondrocalcinosis – a causal relationship? British Journal of Radiology 56:7–11 (1983)
[516] WEAVER, C.J.; MAJOR, N.M.; GARRETT, W.E.; URBANIAK, J.E.: Femoral head osteochondral lesions in painful hips of athletes: MR imaging findings. AJR 178:973–977 (2002)
[517] WEBER, D.M.: Skaphoidfrakturen im Kindesalter. Unfallchirurg 114:285–291 (2011)
[518] WETTE, W.: Verletzungen und Anomalien im Bereich der Handwurzel. Ibid. 29:320 (1931)
[519] WILDENAUR, E.: Die Blutversorgung des Talus. Z Anat Entwicklungsgesch 115:32–36 (1950)
[520] WILHELM, K.; WILHELM; A.: Die Skaphoidpseudarthrose im proximalen Drittel – Ergebnisse der Behandlung mit der Herbert-Schraube. Handchir Mikrochir Plast Chir 31:178–181 (1999)
[521] WILLERT, H.G.: Pathogenese und Klinik der spontanen Osteonekrosen. Z Orthop 115:444–462 (1977)
[522] WILSON, A.; MURPHY, W.; HARDY, D. et al.: Transient osteoporosis: Transient bone marrow edema? Radiology 167:757 (1988)
[523] WINDISCH, G.; WEIGLEIN, A.H.; TESCH, N.P.; GRECHENIG, W.: Gefäßversorgung der Handwurzel. Eur Surg 34(184):37–39 (2002)
[524] WIRTH, C.J.; STUKENBORG-COLSMAN, C.; WEFER, A.: Osteonekrose des Femurkondylus. Orthopäde 27:501–507 (1998)
[525] WONG, K.; VON SCHROEDER, H.P.: Delays and poor management of scaphoid fractures: factors contributing to nonunion. J Hand Surg 36 A:1471–1474 (2011)

[526] WÖRTLER, K.; LINK, T.M.; RUMMENY, E.J.: Radiologische Diagnostik und Differenzialdiagnostik der Osteonekrose. Arthroskopie 16:15–22 (2003)

[527] YAMAMOTO, T.; BULLOUGH, P.G.: Spontaneous osteonecrosis of the knee: the result of subchondral insufficiency fracture. J Bone Joint Surg Am 82:858–856 (2000)

[528] YAMAMOTO, T.; DiCARLO, E.F.; BULLOUGH, P.G.: The prevalence and clinicopathological appearance of extension of osteonecrosis in the femoral head. J Bone Joint Surg Br 81:328–332 (1999)

[529] YAMAMOTO, Y.; IDE, T.; HAMADA, Y.; USUI, I.: A case of intra-articular snapping hip caused by articular cartilage detachment from the deformed femoral head consequent to perthes disease. J Arthrosc Rel Surg 20:650–653 (2004)

[530] YIN, Z.-G.; ZHANG, J.-B.; KAN, S.-L.; WANG, X.-G.: Diagnosing suspected scaphoid fractures. A Systematic review and meta-analysis. Clin Orthop Relat Res 468:723–734 (2010)

[531] YOON, T.R.; ROWE, S.M.; SONG, E.K.; MULYADI, D.: Unusual osteonecrosis of the femoral head misdiagnosed as a stress fracture. J Orthop Trauma 18:43–47 (2004)

[532] YOSHIMURA, I.; NAITO, M.; KANAZAWA, K.; TAKEYAMA, A.; KARASHIMA, H.; IDA, T.; NOMURA, T.: Arthroscopic treatment for an osteochondral defect of the talus after necrosis associated with acute lymphoblastic leukaemia: A case report. Foot and Ankle Surgery 16:88–90 (2010)

[533] YTREHUS, B.; CARLSON, C.S.; EKMAN, S.: Etiology and pathogenesis of osteochondrosis. Vet Pathol 44:429–448 (2007)

[534] YTREHUS, B.; EKMAN, S.; CARLSON, C.S.; TEIGE, J.; REINHOLT, F.P.: Focal changes in blood supply during normal epiphyseal growth are central in the pathogenesis of osteochondrosis in pigs. Bone 35:1294–1306 (2004)

[535] ZANETTI, M.; BRUDER, E.; ROMERO, J.; HODLER, J.: Bone marrow edema pattern in osteoarthritic knees: correlation between MR imaging and histologic findings. Radiology 215:835–840 (2000)

[536] ZIHLMANN, J.: Beitrag zur Frage der unfallbedingten Lunatummalacie. Schweizerische Medizinische Wochenschrift Nr. 43:1216–1222 (1954)

[537] ZIPPEL, H.; SCHLENZKA, D.; STILLER, D.; SCHWESINGER, G.: Beitrag zur Pathologie, Klinik und Therapie der spontanen Osteonekrose des Erwachsenenkniegelenkes (Morbus Ahlbäck). Beitr Orthop u Traumatol 28:205–217 (1981)

[538] ZLOTOROWICZ, M.; CZUBAK, J.; KOZINSKI, P.; BOGUSLAWSKA-WALECKA: Imaging the vascularisation of the femoral head by CT angiography. J Bone Joint Surg Br 94-B:1176–1179 (2012)

[539] ZWIPP, H.: Severe foot trauma in combination with talar injuries. In: Tscherne H., Schatzker J. (eds): Major fractures of the pilon, the talus and the calcaneus. Springer Berlin Heidelberg New York: 123–135 (1993)

[540] ZWIPP, H.: Chirurgie des Fußes. Springer-Verlag Wien New York (1994)

[541] ZWIPP, H.; TSCHERNE, H.; WÜLKER, N.; GROTE, K.: Der intraartikuläre Fersenbeinbruch: Klassifikation, Bewertung und OP-Taktik. Unfallchirurg 92:117–129 (1989)

5 Epiphysen und Apophysen

Die Epiphyse des langen Röhrenknochens stellt den Wachstumsteil dar, der mit der Diaphyse bzw. deren Metaphyse über eine Wachstumsfuge verbunden ist. Die Apophyse ist eine weitere Epiphyse, in der sich, wie auch in der Epiphyse selbst, ein Ossifikationszentrum (sekundäres Ossifikationszentrum) entwickelt. Die regulären Epiphysen langer Röhrenknochen stehen in aller Regel unter Druck (Pressure epiphysis), wogegen Apophysen auch als Traktionsepiphysen bezeichnet werden, da an ihnen große Sehnen ansetzen (Abb. 5.1) und damit unter Zug stehen.

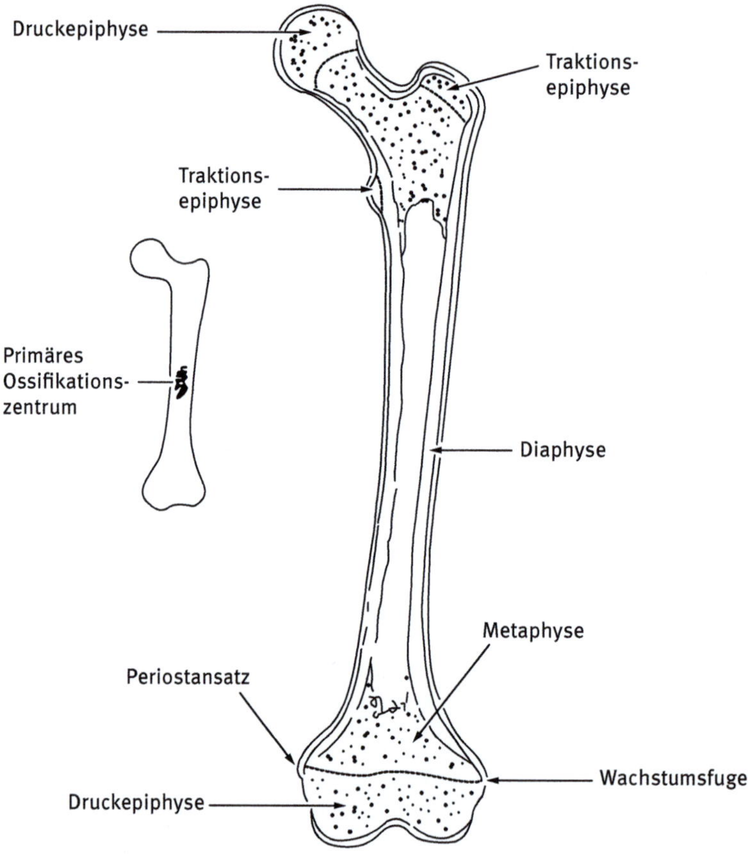

Abb. 5.1: Typen der Wachstumsfugen [276].

Das primäre Ossifikationszentrum befindet sich beginnend und vor der Geburt angelegt in der Diaphyse, wogegen sich sekundäre Ossifikationszentren in der druckbelasteten Epiphyse erst im Laufe des Wachstums entwickeln, beginnend mit dem

DOI 10.1515/9783110284409-010

Zeitpunkt der Geburt. Die Ossifikationszentren der Apophysen entstehen in aller Regel später. Knochenkerne an der distalen Femurepiphyse und an der proximalen Tibiaepiphyse sowie am Kalkaneus und Talus können schon zum Zeitpunkt der Geburt ausgeprägt sein [287]. Schließlich gibt es noch akzessorische Ossifikationszentren, z. B. subtibial und subfibular, die gelegentlich als tertiäre Ossifikationszentren beschrieben werden, aber als solche nicht definiert sind. Epiphysenfugen sowie auch die Fugen zwischen der Apophyse und der Metaphyse zeigen einen vergleichbaren Aufbau mit den Schichten der germinalen Proliferation (Reservezone und Proliferationszone), der hypertrophen kalzifizierenden und degenerierenden Zone [313] im Sinne der „Degeneration" oder Transformation unter Einbezug der Zone der Ossifikation und der der knöchernen Metaphyse. In der Zone der Ossifikation findet die Gefäßpenetration zum Zeitpunkt des fortgeschrittenen Wachstums nach der Geburt statt. Die hypertrophe Zone ist das vulnerabelste Gebiet gegenüber Scher- und Abrisskräften. Es liegt immer ein Fünfzonenaufbau vor:

1. Ruhezone = Reservezone (hyaliner Knorpel),
2. Proliferationszone = Vermehrungszone, Wachstumszone (Säulenknorpel),
3. Hypertrophiezone = Transformationszone (Blasenknorpel),
4. Verkalkungszone (Mineralisierung der extrazellulären Knorpelmatrix),
5. Verknöcherungszone.

Die Hypertrophiezone zeigt eine Reifungszone mit Vorbereitung der Grundsubstanz auf die Verkalkung durch eine „Degeneration" (Texturstörung und Reparation). Die Texturstörung schafft Platz für die Knochenneubildung (Reparation). Der Übergang vom Blasenknorpel (Hypertrophiezone) zur Knochenneubildung bildet die physiologische Schwachstelle in der Epi- und Apophyse [258]. Gleichzeitig entsteht am Übergang der Hypertrophiezone zur Verkalkungszone ein Umbau des Matrixkollagens 2 im Kollagen 1 [133, 193, 217, 275]. Diese Kollagenstrukturen sind Matrixbausteine und nicht mit der Kollagenstruktur der Sharpey'schen Fasern vergleichbar. Die Kollagenumwandlung und die Texturstörung im Knorpelsystem erklären den „locus minoris resistentiae", so dass bei einer Epi- oder Apophysenlösung die Wachstumsfuge (Knorpelfuge) an der Epi- oder Apophyse auch bei deren Ortsänderung verbleibt. Für die Anatomie der normalen Blutversorgung der Epiphyse ist deren Lokalisation zum Gelenkkapselansatz von Bedeutung. Meistens liegt eine extraartikuläre Lage der Wachstumszone vor, d. h., die Gelenkkapsel setzt direkt an der Epiphysenfuge an. Des Weiteren zeigt sich die intraartikuläre Lage der Wachstumszone, wobei die Gelenkkapsel dann an der Metaphyse ansetzt (Abb. 5.2).

Für die Gefäßversorgung bedarf es der Unterscheidung des metaphysären und epiphysären Gefäßsystems, wobei beim wachsenden Knochen die Wachstumsfuge gefäßfrei ist. Hier bilden sich später Anastomosen zwischen der Epi- und der Metaphyse. Dazu gibt es periostale Gefäße.

Den Epiphysen wird teilweise auch eine andere Bezeichnung entsprechend der Klassifikation von PARSONS [236] zugeordnet:

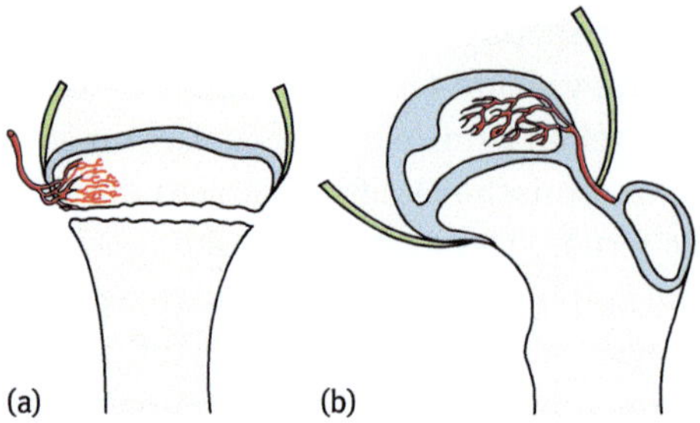

Abb. 5.2: Lokalisation der Epiphysenfuge zum Gelenkkapselansatz ((a) = extraartikuläre Lage der Wachstumsfuge, (b) = intraartikuläre Lage der Wachstumsfuge) [264]

1. Die klassischen Epiphysen an den langen Röhrenknochen sind Druckepiphysen [88].
2. Apophysen sind Traktionsepiphysen im Sinne epiphysennaher metaphysärer Knochenkerne, meist als Ansatz von Sehnen oder Bändern, die dann mit den Diaphysen verschmelzen [88]. Apophysen bestehen aus hyalinknorpeligem oder faserknorpeligem Gewebe [144, 314, 315], deren Endzustand immer eine faserknorpelige Ansatzstelle darstellt. Die hier ansetzenden kollagenen Fasern von Sehnen oder Bändern dringen in die Apophyse ein und umgehen teilweise das sekundäre Ossifikationszentrum mit Überleitung in die Diaphyse [212].
3. Akrophysen sind sphärische Wachstumsfugen. Es handelt sich um alle anderen Wachstumsfugen außer den klassischen Epiphysenfugen [76, 209].
4. Paraphysen sind die Wachstumsfugen von Exostosen [209, 338, 43].
5. Atavistische Epiphysen finden sich an fusionierenden Knochen, z. B. am Processus coracoideus, die beim Vierfüßler getrennt sind [236, 88].
6. Aberrante Epiphysen: Sie weichen von der Norm ab und sind nicht immer vorhanden, z. B. die Epiphyse am Kopf des ersten Mittelhandknochens.
7. Pseudoepiphysen: Es handelt sich um eine fälschlicherweise vorgenommene Bezeichnung so genannter zusätzlicher Epiphysen, die bei den Mittelhandknochen, die normalerweise monoepiphysär angelegt sind, vorkommen können [349, 202].
8. Epiphysen-Äquivalente: Es geht um die Knochenkerne in den Tarsalia und Karpalia [146].

Sonderformen der Apophysen

- Persistierende Apophysen (z. B. Olekranon, Tuberositas tibiae, Epicondylus ulnaris) sind die Folge einer wahrscheinlich überlastungsbedingten Wachstumsstörung ohne Fugenschluss. Sie sind am Röntgenbild glatt begrenzt und mit einer trabekulären Spongiosastruktur [105, 288, 274] versehen.
- Eine an atypischer Stelle lokalisierte Apophyse (z. B. an der vorderen lateralen Tibiakante) ist extrem selten und wird auch als atypische Osteochondrosis dissecans diskutiert [326].

5.1 Nomenklatur

Mit den Bezeichnungen Epiphysen/Apophysen ist unweigerlich auch eine Diskussion um Osteonekrosen und Osteochondrosen verbunden (vgl. Kapitel 4). Osteochondrosen werden vorwiegend am wachsenden Skelett bezüglich der Epiphysen, Apophysen und epiphysioiden Knochen beschrieben. Radiologisch sind hier eine Fragmentation, ein Kollaps, eine Sklerose, aber auch eine Reossifikation mit Wiederherstellung der Knochenkontur zu erkennen. Nur schwer abzugrenzen ist die Bezeichnung Osteonekrose, die einen ischämischen Knochentod bedeutet, aber auch Osteochondrosen meint, wenn histologisch nekrotischer Knochen vermisst wird. In den medizinischen Lehrbüchern werden diese beiden Bezeichnungen unterschiedlich gebraucht, aber auch in Verbindung mit den Chondrosen und Chondronekrosen, so dass Osteonekrosen resultieren. Wird nun von der Knochenentwicklung mit deren Verlauf an langen Röhrenknochen ausgegangen, so bilden sich feststehende Bezeichnungen wie Diaphysen, Metaphysen, Epiphysen und auch Apophysen. Den Diaphysen wird ein primäres Ossifikationszentrum zugeordnet, das schon vor der Geburt angelegt ist [83], in den Epiphysen entsteht meist nach der Geburt ein sekundäres Ossifikationszentrum [142], und in dem nahe der Metaphyse anhaftenden apophysären Anteil wird ein weiteres sekundäres Ossifikationszentrum beschrieben, manchmal auch tertiäres Ossifikationszentrum genannt (vgl. Kapitel 4). Mit der Diaphyse ist die Apophyse im metaphysären Bereich durch eine Wachstumsfuge verbunden sowie auch die Epiphyse mit der Metaphyse. Für die Wachstumsfuge mit dem typischen 5-Zonen-Aufbau [30] liegt ein kompliziertes Gefäßsystem vor, bestehend aus den epiphysären und den metaphysären Gefäßen, die während des Wachstums nicht miteinander in Verbindung treten [311]. Die zwei Gefäßsysteme sind durch die Wachstumsfuge getrennt. Während des Wachstums bildet die Zone der Verkalkung die schwächste Stelle, so dass bei Verletzungen die weiteren Zonen beim Lösen in der Epiphysenfuge immer mit der Epiphyse in Verbindung bleiben. Schäden entstehen auch an der Proliferationszone bei Epiphysenverletzungen, vor allem wenn Frakturen die Wachstumsfuge kreuzen. Dieser Proliferationszone werden zwei Funktionen zugeordnet, die oberflächliche Schicht ist für das Wachstum des Gelenkknorpels zuständig, die tiefe Schicht für das Epiphysenlängenwachstum [253, 181]. Die oberflächliche Zone ist nicht zur Knochenbildung fähig. Zudem bestehen Kontakte zwischen Knochenmarkhöhle und dem basalen Gelenkknorpel [108]. Die Knorpelkanäle in der Epiphyse für die Blutversorgung der Wachstumszone [169, 344, 322, 176, 118, 22] beteiligen sich auch an der Kalzifizierung [6]und Formung der Epiphyse sowie der Bildung des sekundären Ossifikationszentrums [153]. Von diesen Knorpelkanälen aus kommt es zum Eintritt perforierender Kanäle in die Wachstumsfuge, ohne zunächst den metaphysären Kreislauf zu erreichen [352]. Andererseits entstehen aus der Metaphyse kommende Gefäßknospen [310]die wahrscheinlich mit den Knorpelkanälen zur Ausbildung einer Anastomose in Verbindung treten. Das Ergebnis ist gegen Abschluss des Längenwachstums eine Anastomosierung des metaphysären und des epiphysären Gefäßsystems. Kommt es nun zu einer Unterbrechung dieser Anastomosen, aus welchem Grund auch immer, so entsteht epiphysär eine Nekrosezone [358], die damit die Entstehung z. B. einer Osteochondrosis dissecans erklärt. Hier handelt es sich also um eine Schadensanlage (vgl. Kapitel 3). Ist ein größeres Gefäßgebiet betroffen, entstehen auch größere Nekroseareale. Ist die Blutversorgung z. B. der Epiphyse des Hüftkopfes tangiert, so resultiert ein Morbus Perthes als Hüftkopfnekrose.

Epiphysenfugen ändern sich in ihrer Struktur mit zunehmendem Alter [238]. Bevor Ossifikationszentren entstehen, zeigt sich ein Epiphysenwachstum durch Chondrozyten-Proliferation (= interstitial growth) ohne weitere Zelldifferenzierung. Mit dem Beginn der Ausbildung eines Ossifikationszentrums erfolgt eine räumliche Anordnung der Chondrozyten mit entsprechender Organisation der Interzellularmatrix mit der Folge einer Wachstumsausrichtung im Sinne der Hypertrophie mit einer nachfolgenden Proliferation. Beim späten Epiphysenwachstum kommen zur enchondralen Ossifikation, ein interstitielles Gelenkknorpelwachstum sowie eine subchondrale Umgestaltung, d. h., zu dem endostalen Wachstum gesellt sich ein periostales Wachstum im Bereich der Diaphyse und später der Epiphyse. Die Wachstumsplatte nimmt durch ein interstitielles Wachstum der Randpartien mittels dreier Mechanismen an Weite zu:

1. Es besteht eine Proliferation der tiefen Schicht der knorpeligen Epiphyse, die zusammen mit einer Hypertrophie der Zellen zu einem Auswärtswandern der randständigen germinativen Zone führt.
2. Es ist eine Proliferation der Zellen in der marginalen Zone der Epiphysenfuge vorhanden.
3. Es liegt eine Hypertrophie der Zellen der Epiphysenfuge mit der daraus resultierenden Durchmesserzunahme der Fuge innerhalb des perichondralen Ringes nach RANVIER [261] vor [104].

Beim Ossifikationsvorgang besteht gleichzeitig ein programmierter Zelltod als Apoptose [137] und damit auch eine Regeneration der Wachstumsplatte [159]. Das Wachstum wird möglich durch die Produktion von Kollagen in der Interzellularsubstanz, von Proteoglykanen und nicht kollagenen Proteinen. Daraus leitet sich ab, dass ein Fehlwachstum dann entsteht, wenn:

- ein gestörter Mineralisationsprozess an der Basis der Wachstumsfuge,
- eine gestörte Differenzierung der Knorpelneubildung,
- eine gestörte Wachstumsrichtung am Knochenende,
- eine Verletzung des epiphysären Kapillarsystems mit Nekrose und Ossifikationsstörung vorliegen,
- im Wesentlichen aber durch ein gestörtes Wachstum aufgrund von Durchblutungsstörungen bedingt ist [357].

Die am Röntgenbild immer wieder erkennbaren Epiphysenbrücken sind jedoch mit einem Fehlwachstum nicht in Verbindung zu bringen. Hier handelt es sich um einen

Normalbefund, vorwiegend an der oberen Extremität. Fehlen diese Epiphysenbrücken nach der Geburt und im weiteren Verlauf, so ist dies eher als ein pathologischer Zustand mit einer dann später gestörten Ossifikation zu werten [300]. Eine andere Bedeutung haben epiphysäre Knochenbrücken in Verbindung mit der Osteonekrose des Hüftkopfes (M. Perthes). Nekrosebedingte Spaltbildungen in der Epiphysenfuge werden durch trabekulären Knochen aufgefüllt und führen zur Knochenbrückenbildung [240]. Die im Wachstumsbereich entstehenden Nekrosen sind nur im nicht durchbluteten bzw. nicht perfundierten Knorpel möglich, sie resultieren aus Endothelnekrosen in den Knorpelkanälen [30]. Die Epiphysenfugen, und damit auch die Apophysen, die ihre Wachstumsfugen hin zur Metaphyse besitzen, sind im Wachstumsalter einer Strukturschwäche unterlegen, die im adoleszenten Alter, also zum Zeitpunkt des letzten Wachstumsschubs, besonders ausgeprägt ist. Die endgültige Stabilität entsteht dann erst nach Fugenschluss im Erwachsenenalter. Es gilt für alle Epi- und auch Apophysen, dass diese Stabilitätsminderung ein altersentsprechendes Ereignis und somit eine Normalität darstellt, dies insbesondere für die Begutachtung. An den Apophysen werden vorwiegend Zugkräfte für Verletzungen verantwortlich gemacht, obwohl das Sharpey'sche Fasersystem intakt ist. An den Epiphysenfugen entstehen Scher-, aber auch Kompressionskräfte. In Abhängigkeit dieser Krafteinwirkungen gibt es dann klassifizierbare Verletzungen, die aber nur mit einem adäquaten Verletzungsmechanismus erklärt werden sollten.

Die Epiphysen erhalten gegen die Einwirkung von Scherkräften Unterstützung durch die Periphyse, einen randständigen Stabilisierungsring in der randständigen Außenzone, der gegenüber Scher- und Rotationskräften stabilisiert. Es handelt sich um eine periostale Manschette mit einer Ausdehnung von 1–3 mm [163] für die lokale Stabilität [5], bestehend aus dem RANVIER-Ring [261] sowie dem ossären LACROIX-Ring [157] als Gesamtstruktur [210]. Der zirkuläre periostale Faserring geht aus dem Periost als kollagene Verspannung hervor [187]; Faserbündel vom Perichondrium bzw. Periosteum dringen in die äußeren Zonen des Epiphysenknorpels ein [258]; es entsteht ein fester Verbund, der das korrekte Längenwachstum der Epiphyse mit regelt [270]. Neben der Periphyse verhindern strukturelle Rauigkeiten der Epi- und Metaphysenflächen ein Abscheren im Bereich der Wachstumsfugen. Die Unterflächen von Epiphysen zeigen ausgehend von einer zentralen Ausbuchtung radiäre Rillenbildungen, ebenso das Gegenlager, die bei Kompression gegen translatorische und rotatorische Scherkräfte wirken [257, 258]. Da Epiphysenfugen weder plan noch gleichmäßig gekrümmt sind [190] und auch periphere Abwinkelungen aufweisen, kann darin eine Reaktion gegen lokal einwirkende Scherkräfte gesehen werden [257, 190, 187]. Die Festigkeit des Wachstumsknorpels auf Zug ist bei Eintritt der Geschlechtsreife vermindert [54], bei Knaben mehr als bei Mädchen. Wegen der periphysären Stabilisierung der Epiphysenfuge hat jedoch deren geschlechts- und altersabhängige Schwächung keinen wesentlichen Einfluss auf die Stabilität einer druckbelasteten Wachstumsfuge gegenüber Scherkräften, wenn eine axiale Belastung vorliegt. Weicht jedoch die Stellung einer Epiphyse von der Transversalebene mit senkrechter axialer Normalbelastung ab und neigt sich, so entsteht entsprechend der „ schiefen Ebene“ neben der Druckbelastung auch eine Scherkraft. Wenn nun die Belastung der Fuge nicht deren Belastbarkeit entspricht, so entwickelt sich ein pathologischer Gleitmechanismus (vgl. Epiphyseolysis capitis femoris, [51]), d. h., es besteht ein Missverhältnis zwischen Belastung und Belastbarkeit. Bei stabilen, normal belastbaren Epiphysen kann mit einer Verletzung nur dann gerechnet werden, wenn adäquate Kräfte (Druck-, Scher- und/oder Zugkräfte) einwirken.

Apophysen sind in ein funktionelles Umfeld eingebettet [258]:
1. breit mit der Knorpelfuge an den Stammknochen angelagert und
2. als zentrale Elemente in ein aus Sehnenplatten bestehendes Verspannungssystem integriert.

Durch den Zug der an einer Apophyse ansetzenden Sehne kommt es zur Kompression der Knorpelfuge, da die Sehne nicht isoliert inseriert, sondern in einem Verspannungssystem auch über die Apophyse hinweg entgegen der Sehnenzugrichtung befestigt ist [258, 101, 303, 145]. Dies trifft für alle Apophysen zu (Tab. 5.1). Eine Lösung

Tab. 5.1: Zug und Gegenzug an Apophysen [258, 330].

Zugstruktur		Apophyse	Gegenzugstruktur
Supraspinatussehne	←	Tuberculum majus →	sehnige Verankerung an der proximalen Humerusmetaphyse
Patellarsehne Lig. Patellae	←	Tuberositas tibiae →	Periosttibiametaphyse
Achillessehne	←	Tuber calcanei →	Plantaraponeurose
Ischiokrurale Muskulatur	←	Tuber ischiadicum →	Lig. sacrotuberale
Hüftabduktoren	←	Trochanter major →	Sehnen der kleinen Glutei → Femurschaft → M. vastus lat.
M. iliopsoas	←	Trochanter minor →	laterale Fasern des M. iliacus bis Labium mediale der Lina aspera zum M. adductor magnus
M. biceps, caput breve M. coracobrachialis M. pectoralis minor	←	Proc. coracoideus →	Lig. coracoacromiale Lig. coracoclaviculare
M. trapezius	←	Spina scapulae →	M. deltoideus
M. obliquus externus	←	Crista iliaca →	M. gluteus medius
M. obliquus internus abdominis		Spina iliaca ant. sup. →	M. tensor fasciae latae M. sartorius
M. rectus femoris	←	Spina iliaca ant. inf. →	Anteriore Anteile des M. iliacus
Mm. gemelli	←	Spina isciadica →	Lig. sacrospinale
M. rectus abdominis	←	Tuberculum pubicum →	M. adductor longus M. pectineus → Linea aspera

der Apophyse oder eine Abrissverletzung ist nur erklärbar, wenn das die Apophyse stabilisierende Verspannungssystem als Begleitverletzung mit beteiligt ist.

Nach der anatomischen Funktion besitzen Apophysen ein durch diese ziehendes kollagenes Fasersystem, das von den kollagenen Fasern der Sehnen (oder Bänder) ausgeht (Sharpey'sche Fasern), durch die Apophyse verläuft und in das kollagene Fasersystem des Knochens übergeht. Es handelt sich um eine denkbar stabile Verankerung [355, 82, 12, 13]. Durch den Zug der an einer Apophyse ansetzenden Sehne kommt es zur Kompression der Knorpelfuge entsprechend einem Kräfteparallelogramm hinsichtlich der Gesetze über Vektoren (Abb. 5.3). Die Kompression entsteht durch die Addition der Vektoren bzw. Kraftvektoren, Kraft und Gegenkraft, in Abhängigkeit von deren Kraftrichtung (vgl. 3. Newton'sches Axiom). Mittels der Apophysenkompression bei einwirkenden Zugkräften wird eine Abscherung der Apophyse deutlich erschwert, da die Apophysen zusätzlich von den da ansetzenden Sehnen überwölbt werden [101, 258]. Diese Überlegungen gelten an allen Apophysen in Abhängigkeit von der Kraftrichtung der Zugsehnen und der Richtung der Gegenzugstruktur.

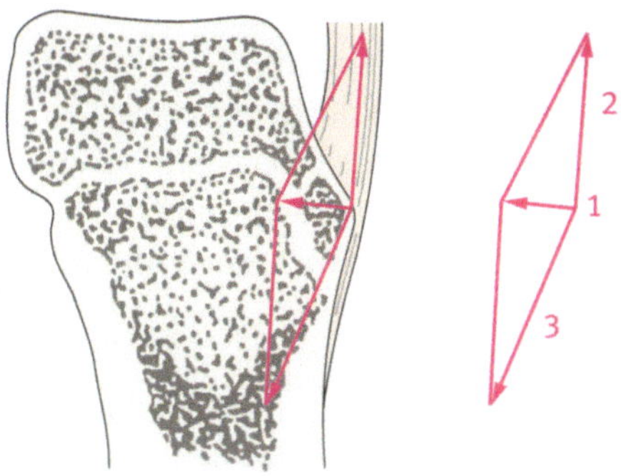

Abb. 5.3: Kompression der Tuberositas tibiae-Apophyse (1) durch die Patellarsehnenzugkraft (2) und die Gegenkraft durch das Lig. patellae (3).

Sowohl die Epi- als auch Apophysen werden an ihren Außenzonen durch eine Periphyse gegenüber Scher- und Rotationskräften stabilisiert.

Mit diesen speziellen anatomischen Konstruktionen sind Epiphysen auf Druck- und Scherkräfte eingerichtet, Apophysen als Traktionsepiphysen ebenfalls, sie haben aber zusätzlich einen Sicherheitsmechanismus gegen die Zugbelastung (Traktionskräfte) durch eine sehnige bzw. ligamentäre Überkappung, die zusätzlich durch die einwirkende Zugkraft zur Kompression der Apophyse mit einer daraus resultierenden weiteren Stabilisierung führt. Diese wirkt der Zugkraft entgegen. Apo- und Epiphysen sind teilweise vergleichbar im Aufbau, abgesehen von der anatomischen Überkappung der Apophysen (Tab. 5.2) und der einwirkenden Kräfte. Die Epiphysen stehen unter Druck und es wirken Scherkräfte ein. Apophysen stehen unter Zug (Traktionsepiphysen) und dabei kommt es zu einer großflächigen Druckbelastung, im Ausnahmefall sind Scherkräfte möglich.

Tab. 5.2: Anatomischer Vergleich: Epiphyse und Apophyse.

	Epiphyse	Apophyse
Belastungsmechanismen	Druckkräfte Scherkräfte	Traktionskräfte und Druckkräfte bei Traktion
Periphyse	+	–
Überkappung	–	+
Rillenbildung	+	+
Periphere Abwinkelung	+	–

5.2 Pathologie

Mit der Geburt beginnen drei Wachstumsperioden am Skelettsystem:
- bis etwa zum 13. Lebensjahr die Zeit des unentwickelten Knochensystems,
- zwischen dem 13. und 15. Lebensjahr, zum Teil mit dem 11. Lebensjahr bei Mädchen beginnend, Zeit des adoleszenten Wachstums (rapid growth spurt),
- Abschluss des Längenwachstums mit dem Erreichen des erwachsenen Alters und der vollen Entwicklung.

Solange Epiphysen und Apophysen bestehen, liegt ein Schwachpunkt zwischen der hypertrophen Zone und der Metaphyse vor. Hier kommt es auch zur Epiphysenlösung, z. B. in Verbindung mit Frakturen bei der Einwirkung von Scherkräften. Somit sieht die Pathologie der Epi- und Apophysen Schäden im Wachstumsbereich mit Wachstumsstörungen vor, aber auch Durchblutungsstörungen, aus denen Strukturveränderungen bis hin zur Nekrose resultieren können, und es entstehen Verletzungen bei adäquater Krafteinwirkung in diesem Bereich. Die Besonderheit der Apophyse zeigt sich in dem Ansatzverhalten von Sehnen. Es liegt also das Problem der Enthesiopathie im Sinne eines Überlastungsschadens vor. Somit ist die Pathologie der Apo- und Epiphysen vergleichbar, wobei jedoch ein besonderes Augenmerk dem Sehnenansatz an der Apophyse zukommt, mit dem Hinweis, dass auch hier zwischen hypertropher Zone und dem Ansatz an der Diaphyse eine Schwachstelle besteht [194], und der Tatsache, dass die kollagenen Fasern der Sehnen in der Apophyse das sekundäre Ossifikationszentrum im Verlauf nicht aussparen, sondern sich um dieses herum in die Knochenstruktur der Diaphyse fortsetzen [213]. Eigentlich bildet der ossäre Sehnenansatz eine der stabilsten anatomischen Strukturen, da die kollagenen Fasern durch die vier Schichten, die germinale Proliferation, die hypertrophe kalzifizierende, die resorptive und die ossifizierende Zone, direkt in das kollagene Fasersystem des Knochens übergehen, d. h., eine Unterbrechung der kollagenen Struktur erfolgt nicht [264]. Der Übergang von der hypertrophen Zone und deren Ansatz an der Metaphyse ergibt eine Schwachstelle, die aber nur für die Epiphyse gilt, da hier die kollagene Struktur vergleichbar zur Apophyse nicht besteht. Somit finden sich bei den Epiphysenverletzungen die Zusammenhangstrennungen zwischen diesen beiden Zonen – anders bei den Apophysen, durch die die kollagene Faserstruktur direkt hindurchzieht, aber mit dem Entstehen eines sekundären Ossifikationszentrums abgelenkt wird [213]. Das heißt, es resultiert nur eine „relative Schwachstelle" im Bereich des Ossifikationszentrums. Damit erklärt sich noch nicht, dass die Apophysenabrisse als Verletzung bevorzugt zum Zeitpunkt des Auftretens der Ossifikationszentren zu finden sind. Apophysen unterliegen beim verstärkten Sehnenzug nicht einer Abscherung, sondern einer vermehrten Kompression, da die Zugrichtung durch einen Gegenzug von sehnigen Strukturen kompensiert wird. Damit wird auch die relative Wachstumsschwäche ausgeglichen.

Sowohl bei den Epi- als auch Apophysen gibt es Wachstumsstörungen und Überlastungsschäden. Die Folge beider Veränderungen ist in einer Strukturstörung zu finden, wobei jedoch der „sog. Knochen" an diesen Stellen aus Wachstumsknorpel besteht, eine eigentliche Knochenstruktur entwickelt sich dann erst mit der Bildung der Ossifikationszentren. Die Folge sind „Strukturabweichungen" [328]. Diese Strukturabweichungen sind der Beginn sog. Epiphysennekrosen, die sich aus Regenerationsvorgängen am metaphysären Periost und „intraossär" vom Markmesenchym ableiten. Die Folge ist also eine Störung des Reparationsablaufes („Wundheilungsstörung"). Weitere Regenerationen, aber auch Proliferationen mit aseptischen Entzündungen bis hin zur Nekrose sind die Folge. In diesem Circulus vitiosus ist somit eine Restitutio ad integrum nicht mehr möglich. Nach YTREHUS [358] spielt aber die Entwicklung der Gefäßversorgung des epiphysären und metaphysären Gefäßsystems eine wesentliche Rolle. Normalerweise kommt es zur Anastomosenbildung zwischen beiden Gefäßsystemen, die dann in ihrer Trennung beim ausgewachsenen Knochen so nicht mehr vorliegen. Während der Anastomosenbildung kann eine Mikrotraumatisierung zur Zerstörung einzelner Anastomosen führen, was eine Nekrose im Wachstumsknorpel zur Folge hat. Der nicht betroffene Wachstumsknorpel wächst aber dann an dieser Stelle der vielleicht auch nur vorübergehenden Nekrotisierung vorbei und es entsteht gelenkflächennah das Bild der Osteochondrosis dissecans.

Handelt es sich um eine größere Gefäßstruktur, die geschädigt wird, entstehen nicht nur kleine Einzelnekrosen, sondern größere Nekrosebezirke, und z. B. beim Morbus Perthes kann der gesamte Hüftkopf aufgrund der Gefäßunterbrechung zur Nekrose werden. Dieser Ablauf ist vergleichbar mit der Pathohistologie der Lunatummalazie sowie der Skaphoidpseudarthrose, die beide in einen Kreislauf der Regeneration, Knochenneubildung, Pseudarthrose, Sklerose und Nekrose einmünden (vgl. Kap. 4). Ausgehend von Texturstörungen des Wachstumsknorpels, aber auch der Ossifikation in den Ossifikationszentren, entsteht ein pathologischer Ablauf, der von der Klinik, Radiologie und Pathologie denkbar unterschiedlich bezeichnet wird. Sehr häufig gebrauchte Ausdrücke sind die Osteonekrose bzw. Osteochondronekrose, die Epiphysennekrose bzw. Epiphyseonekrose sowie die Apophyseoosteonekrose bzw. Apophyseonekrose als aseptische Knochennekrose. Gleichzeitig wird mit diesen Definitionen die Bezeichnung „Degeneration" in Verbindung gebracht, was als sehr umstrittener Terminus zu werten ist [360]. Dazu sollte beim bradytrophen Bindegewebe (Knorpel, Sehnen u. a.) besser der Begriff „Texturstörung" oder „Strukturstörung" verwendet werden (vgl. Kapitel 1). Es kann darunter auch der Verlust des Normzustandes verstanden werden, der am Anfang eines krankhaften Prozesses stehen mag [255]. Die pathogenetischen Faktoren für diese Texturstörung werden sich im Allgemeinen mit funktionellen Überbelastungen mit der Folge eines funktionell weniger suffizienten Gewebes vorgestellt [188].

Aus diesen Überlegungen leiten sich folgende Bezeichnungen, Chondrose, Osteose und Osteochondrose, ab. Es handelt sich um zusammengesetzte Wörter der griechischen Sprache: Chondros = Knorpel, Osis = Erkrankung (ohne Ätiologie), Pathos = Erkrankung (ohne Ätiologie) und Osteon = Knochen, Bein. Eine Osis ist somit eine Erkrankung, allerdings nicht im Sinne der klinischen Wertung, sondern als Bezeichnung aus der Pathologie, und das Wort Pathos umfasst eine Erkrankung, ebenfalls ohne Ätiologie, aber mit Mehrbezug zur Klinik (Chondropathie als klinische Wertung einer Chondromalazie = Knorpelerweichung). Eine Strukturstörung des wachsenden Skeletts (Texturstörung) im Wachstumsknorpel ist somit eine Chondrose, die Texturstörung des Knochens entspricht der Osteose, und liegen beide Veränderungen gleichzeitig vor, so handelt es sich um eine Osteochondrose. Dies ist am wachsenden Skelett dann der Fall, wenn ein Ossifikationszentrum (Knochenbildung) mit in die Strukturstörung einbezogen wird. Dies liegt z. B. in der Apophyse der Tuberositas tibiae beim sog. Morbus Osgood-Schlatter vor. Chondrosen führen bei längerem Bestand zur Beteiligung des Knochens mit der Folge der Osteochondrose und diese wiederum zieht eine Osteochondronekrose nach sich. Osteochondrosen sind also Erkrankungen (Wachstumsstörungen, Überlastungsstörungen) des wachsenden Skeletts, denn nur bei diesen ist Wachstumsknorpel zu finden. Chondrosen als isoliertes pathomorphologisches Substrat können aber auch am Gelenkknorpel bei abgeschlossenem Längenwachstum gefunden werden – dann ebenso im Sinne einer Texturstörung des Knorpels mit der Folge des Beginns einer Arthrosekrankheit. Repetitive Mikrotraumen, die die Fähigkeit des Gewebes zur Reparation überschreiten, resultieren in einem Überlastungsschaden [120], insbesondere an den Wachstums- bzw. Epiphysen- oder Apophysenfugen [46, 47].

Die Folge der Mikrotraumen ist an den langen Knochen eine Aufweitung der Wachstumsfugen, auch ohne Frakturlinien. Nach einer Wachstumsfugenverletzung und weniger häufig bei unverminderter Überlastung („overuse") können pathologische, fibröse oder ossäre Überbrückungen mit der Folge eines reduzierten Längenwachstums, Achsabweichungen und/oder Veränderungen der Gelenkbiomechanik stattfinden [220], dies vorwiegend an der unteren Extremität [9, 243, 323]. Am häufigsten sind Wachstumsfugenüberbrückungen bei schlecht reponierten Frakturen oder bei Epiphysenfrakturen [40, 59] mit dem Hinweis, dass auch die Reposition als neue Verletzung zu werten ist. Es gibt drei Hauptkategorien der Wachstumsfugenüberbrückungen [220], Typ 1 als periphere Brücke unter Einbezug der peripheren Ranvierzone, Typ 2 im Verlauf der Wachstumsfuge und Typ 3 in deren Zentrum. Beim Typ 1 (peripher) und 2 (linear) resultieren Achsabweichungen und beim Typ 3 (zentral) Längenänderungen [66]. Die Folge von Verletzungen an den Wachstumszonen entsprechend der Klassifikation nach OGDEN [216] sowie OZONOFF [232], die auch herkömmliche Einteilungen [3, 278, 244] enthalten, sind weitgehend bekannt [271, 232, 276, 220, 113]. Nach einer Verletzung der Wachstumsfuge tritt die Wiederherstellung rasch ein, wenn nicht die germinale Proliferationszone oder die Blutversorgung der Epiphyse betroffen ist [232]. Anfangs entsteht eine vorübergehende Verdickung der Fuge bis zum 10. Tag. In der verletzungsbedingten Spalte zeigt sich Fibrin, die Knorpelzellen wachsen weiter und die Fuge verdickt sich entsprechend dem Längenwachstum des Säulenknorpels [271]. Nach drei Wochen löst sich das Fibrin auf und wird mit der Folge eines Normalwachstums resorbiert [276]. Radiologisch lassen sich eine transphyseale lineare Streifenbildung [223] sowie Linien der Wiederherstellung des Wachstums in Übereinstimmung mit der Seite der Wachstumshemmung erkennen [223]. Es entstehen ossäre Überbrückungen der Fuge, „physeal bars or physeals bridges“ [113]. Die Knochenbrücken („bridge of bone or bone bar“) erstecken sich von der Metaphyse zur Epiphyse über die Fuge hinweg und führen zur prämaturen partiellen Wachstumsstörung und in Abhängigkeit von der Lokalisation der ossären Überbrückung zur Achsabweichung [242, 158], häufig in der proximalen Tibia und am distalen Femur [356, 50, 200, 98].

5.2.1 Epiphysenschäden

Abgesehen von der Frakturklassifikation der Epiphysen-Verletzungen ist die Beschreibung der nicht traumatisch bedingten Pathologie problematisch. Störungen im Epiphysen-/Apophysenbereich entstehen durch folgende Mechanismen:

Dysplasie

Eine Dysplasie ist eine prä- oder postnatal sich manifestierende morphologische bzw. histologische Anomalie aufgrund fehlerhafter Organisation, Proliferation, Differenzierung, Funktion oder „Degeneration“ bestimmter Zelltypen oder Gewebe [256]. Epiphysäre Dysplasien [318] sind angeborene Störungen der Epiphysenentwicklung, multipel auftretend als Störung der epiphysären Ossifikation, d. h., die primäre osteokartilaginäre Struktur ist abnormal, z. B. Morbus Ribbing [267, 71]. Bei den Skelettdysplasien finden sich etwa 80 Syndrome [302].

Ernährungsstörung

Abgesehen von einer Minderdurchblutung des Epiphysenknorpels kommt es hier zur Störung durch einen Mangel an Ernährungsstoffen [164]. So führt ein Mangan-Mangel zum Zwergwuchs (Chondrodystrophie), ein genetischer Mangel an Kalzium, Phosphor, Elektrolyten u. a. zur Tibia-dyschondroplasie und ein Kalzium- und Vitamin-D-Mangel hat die Rachitis zur Folge.

„Overuse"

Überlastungsschäden, vorwiegend beim Sport und insbesondere bei Adoleszenten, haben Schäden an den Sehnenansätzen, auch an der Rotatorenmanschette, zur Folge [239, 297, 57, 60, 185]. Diese führen nach KAEDING [135] sowie DALTON [42]einmal zu Schäden an der Wachstumsfuge, zum anderen zu Osteochondrosen, die im klinischen Alltag wie folgt bezeichnet werden:

- **Schäden der Wachstumsfuge** (Frakturen, Epiphyseolysis capitis femoris, Apophysenschäden, wie Osgood-Schlatter, Sever's Disease, Iliac-Apophysitis),
- **Osteochondrosen** (Panner's Disease, Osteochondrosis dissecans, Little league elbow, Little league shoulder, Shin splints).

Überlastungsschäden sind an drei Stellen lokalisiert, der Gelenkfläche, der Epiphyse und der Apophyse. Einmal werden die Überlastungsschäden beim Heranwachsenden festgestellt. Sie spiegeln die Wachstumscharakteristika, insbesondere des unreifen Skeletts, wider, und sie gibt es als Schäden beim voll entwickelten Skelett, z. B. als Stressfrakturen, Tendinosen sowie femoropatellares Stress-Syndrom, und sie sind Folgen von Mikrotraumen.

Ischämie

Die Ischämie der Epiphyse entsteht posttraumatisch, aber auch als Wachstumsstörung in der Epiphysenfuge, der Epiphyse und der Metaphyse [123, 65]. Eine Ischämie kann nachvollzogen werden durch Durchschneiden der Knorpelkanäle in der tiefen „resting zone" mit der Folge einer Osteochondrose, wie bei der spontan entstehenden Osteochondrosis dissecans [358]. Diese Osteonekrosen entstehen einmal durch einen Gefäßverschluss oder eine Gefäßunterbrechung, z. B. beim Morbus Perthes [208], oder auch durch eine intraartikuläre Druckerhöhung bei intraartikulärer Lage der Epiphysenfuge [80].

Da das Längenwachstum eine Funktion der Blutversorgung und auch der Proliferation der Epiphysen-Knorpelzellen darstellt, bedeutet eine Nekrose in diesem Bereich eine Zerstörung des Epiphysen-Knorpels; der Vorgang ist irreversibel [25]. Liegt ein sekundäres Ossifikationszentrum vor, so beeinflusst eine Überlastung die Formation dieses Zentrums [324]. Bestehen noch Risikofaktoren, seien sie intrinsisch (anatomisch, physiologisch, hormonell) oder extrinsisch (Überlastung), so folgt dem Schaden an der Formation eine Entwicklungsstörung entsprechend dem Patientenalter [241]. Sowohl die Tuberositas-tibiae-Lösung als auch die Lösung des medialen Epicondylus am Ellbogen ergeben das Endstadium eines repetitiven Prozesses [42].

Es gibt drei Theorien für die Entstehung der Apophysenschäden [239]:
1. Trauma durch Kontraktion mit Teilabriss des Sehnenansatzes, in der Folge Entzündung,
2. repetitive Mikrotraumen mit der Folge multipler Mikroabrisse und einer nachfolgenden Entzündung,
3. ein Makrotrauma bei vorausgegangenem Trauma oder auch bei vorbestehenden Mikrotraumen.

Das Besondere der Apophyse betrifft die Zugbelastung durch den Sehnenansatz mit der Folge der Texturstörung im Wachstumsknorpel, insbesondere an der Stelle des Ossifikationszentrums mit Umleitung kollagener Fasern der Sehne, bevor diese in den Knochen und in dessen kollagene Struktur einmünden. Ist das Längenwachstum abgeschlossen, d. h., ein Ossifikationszentrum liegt nicht mehr vor, so bedeutet die Überlastung bei durchgehenden kollagenen Fasern eine Texturstörung des Sehnenansatzes in der 4-Schichten-Region. Vor Abschluss des Längenwachstums ist mit einer Lösung der Sehne mit Teilen des sekundären Ossifikationszentrums zu rechnen, im Erwachsenenalter entsteht eine Kontinuitätsunterbrechung der Sehne an deren Ansatzstelle. Die Ursache für eine Apophysenlösung ist also die hier auch im Wachstumsalter ablaufende Texturstörung im Bereich des sekundären Ossifikationszentrums.

Zur Lokalisation der Osteochondrosen schlägt SIFFERT [308] eine Klassifikation vor, die artikuläre Osteochondrosen von Epiphysenfugen-Chondrosen und nichtartikulären, d. h. apophysären Osteochondrosen unterscheidet (Tab. 5.3).

Tab. 5.3: Klassifikation der Osteochondrosen [308].

I.	**Artikuläre Osteochondrosen**
a.	Primärer Einbezug des Gelenk- und Epiphysenknorpels sowie der darunterliegenden Ossifikation (z. B. Morbus Freiberg)
b.	Sekundärer Einbezug des Gelenk- und Epiphysenknorpels als Folge einer avaskulären Nekrose des darunterliegenden Knochens (Osteochondrosis dissecans, Morbus Köhler)
II.	**Nichtartikuläre Osteochondrosen**
a.	Sehnenansatzstellen (z. B. Morbus Osgood-Schlatter)
b.	Bandansatzstellen (z. B. Little League elbow)
c.	In Belastungszonen (z. B. Morbus Sever)
III.	**Osteochondrosen der Epiphysenfugen**
a.	Lange Knochen (z. B. Morbus Blount)
b.	Wirbelkörper (z. B. Scheuermann-Erkrankung)

Ätiologische Faktoren, wie Wachstumsstörung, Durchblutungsstörung, Überlastung und Prädispositionsfaktoren, zeigen an den Knochenenden im Wachstum bzw. an deren Einzelstrukturen verschiedene Wirkungen. Gemäß den Angaben von SIFFERT [308] bedarf es der Unterscheidung zwischen dem Ort des Gelenkknorpels, der Epiphysenstrukturen und auch der Apophysen. Das Epiphysenzentrum und die Apophysen sind mit Ossifikationszentren versehen, die Epiphysenfuge nicht und ebenso wenig der Bereich des Gelenkknorpels. Aber an all diesen Stellen sind Wachstumsstörungen, Durchblutungsstörungen, Überlastungen, und das Ganze unter der Sicht von Prädispositionsfaktoren, möglich. Einen besonderen Ort stellt der Sehnenbandansatz an den Apophysen mit der dringenden Unterscheidung der Pathologie im Wachstums- und im Erwachsenenalter dar. So können die diversen sog. „Epiphyseonekrosen" bzw. „Osteonekrosen" diesen Lokalitäten zugeordnet werden (Tab. 5.4).

An all den genannten Stellen treten ebenso Verletzungen auf, dies bei einem adäquaten Unfallmechanismus. Entsprechende Klassifikationen sind möglich.

Eine besondere Bedeutung kommt den sog. ‚persistierenden Apophysen' zu, d. h., es liegen Apophysen vor, deren knöcherne Verbindung zu der Metaphyse nicht eingetreten ist [274]. Kommt es zur Lösung dieser persistierenden Apophysen, so ist der Unfallzusammenhang abzuklären. Jedenfalls entsteht dadurch keine Fraktur, allenfalls eine Lösung dieser persistierenden Apophysen, d. h., die bindegewebige Verbindung zwischen der ehemaligen Apophyse und der Metaphyse kommt zu Schaden. Typische Stellen hierfür sind der Epicondylus humeri ulnaris sowie die Tuberositas tibiae. Da derartige Ausrissverletzungen auch bei Nichtpersistenz der Apophyse beidseitig vorkommen, ist dies ein Hinweis auf einen pathologischen Schwachpunkt im Adoleszentenalter als Wachstumsstörung [306]. Allenfalls direkte Krafteinwirkungen führen beim Erwachsenen zu Frakturen, die mit der adoleszenten Ausrissverletzung Ähnlichkeit haben. Da die Apophyse einen Teil der Muskel-Sehnen-Knochen-Einheit darstellt (Ansatz der Sehnen), ist die Apophyse auch in die Pathologie der Muskel-Sehnen-Knochen-Einheit mit einzubeziehen. Deren Wachstumsstörung bzw. Überlastungsschaden muss von der ossären Abrissverletzung abgegrenzt werden. Bei letzterer liegt dann eine Epiphysenverletzung vor, da die Struktur der Apophyse mit der der Epiphyse vergleichbar ist (vgl. Tab. 5.4).

In Abhängigkeit vom Lebensalter trifft das Missverhältnis zwischen Belastung und Belastbarkeit vorwiegend die „Enthesis". Hier besteht neben der Möglichkeit der Wachstumsstörung und der Überlastung auch die Gefahr der Chondrose bzw. Osteochondrose, die mit diesen ätiologischen Faktoren in Einklang zu bringen sind. Osteochondrosen sowie Chondrosen, die in der Folge auch Nekrosen entwickeln, führen zur Ablösung der Apophysen, differentialdiagnostisch besteht die Überlegung der Verletzung im Sinne einer „ossären Avulsion". Diese Unterscheidung ergibt eine Herausforderung an den Gutachter, da tatsächliche Verletzungszeichen meist nicht vorliegen, es sei denn, es zeigen sich radiologisch Bilder der Fraktur. Nur wenn diese nachweisbar sind, kann, abgesehen von einer Zerrung, eine tatsächliche Verletzung der Apophyse angenommen werden. Eine Form der Zerrung (Dehnung), (Zerrung = Teilruptur, Ruptur) kann nur deshalb vorausgesetzt werden, da der Mechanismus immer im Sinne einer gewaltsamen Überdehnung sowie abrupten Kontraktion [287]

Tab. 5.4: Pathologie der Knochenenden bzw. deren Einzelstrukturen.

Lokalisation	Gelenkknorpel	„Physis“	Epiphysen	Apophysen	
Normale Entwicklung	Wachstumszone		sekundäre Ossifikationszentren		
				Sehnen-, Band-Ansatz	
				im Wachstumsalter	im Erwachsenenalter
Wachstumsstörung Durchblutungsstörung Überlastung Prädispositions-faktoren	Osteochondrosis dissecans vgl. YTREHUS 2004 M. Köhler M. Freiberg	M. Blount M. Scheuermann Little league shoulder	– Ossifikationsstörung – partielle Nekrose – totale Nekrose – vgl. YTREHUS [359]	Apophysennekrose	Ansatztendinose
			Patella bipartita Hüftkopfepiphysenlösung Hüftkopfepihyse (M. Perthes) Proximale Humerusepiphyse (M. Hass)		Tennisellbogen
				Distale Patellaapophyse M. Sinding-Larsen	M. Sinding-Larsen
				Little league elbow	
				Olekranonapophyse M. Iselin	
				Tuber. ischiadicum M. Milck	Hamstring-Ansatztendinose
				Tuberositas-tibiae-Apophyse M. Osgood-Schlatter	Patellarsehnen-Ansatztendinose
				Kalkaneusapophyse M. Haglund-Sever	Achillodynie
Verletzung	Knorpelfraktur Flake fracture	Epiphysenverletzungen		Apophysenabrisse bzw. Apophysenfrakturen	
		Lyse	Fraktur		

zu verstehen ist, aber lediglich dann, wenn die die Apophysen stabilisierenden Sehnenstrukturen mitbetroffen sind. Dies trifft sowohl für die Apophysenschäden bei Jugendlichen (etwa bis zum 20. LJ) als auch beim Erwachsenen ab dem 20. LJ in Verbindung mit den Ansatztendinosen zu [276]. Genauere diagnostische Angaben sind nur mittels Röntgen, Sonographie, aber insbesondere Kernspintomographie möglich [246]. Demgegenüber entstehen Chondrosen, Osteochondrosen mit Übergang in entsprechende Nekrosen, an verschiedenen Körperregionen und zu unterschiedlichen Zeitpunkten des Wachstums [343], wobei gesteigerte intraossäre Drücke [48], rezidivierende Überlastungen mit Herabsetzung der lokalen Durchblutung, alimentäre Faktoren, endokrine Regulationsstörungen sowie vegetative Dysregulationen [130] verantwortlich sein sollen. Als ätiologische Faktoren werden zum heutigen Zeitpunkt auch infektiöse, traumatische und genetische Faktoren genannt. Für die genetischen Faktoren sprechen eine familiäre Häufung sowie das gleichzeitige Auftreten mehrerer Osteonekrosen bei einem Patienten. Der Trend ist aber weiterhin, dass ein multifaktorielles Geschehen mit der Folge einer intravasalen Koagulation angenommen wird [31, 79, 109, 111, 226]. Bezüglich des Themas der Durchblutungsstörung muss auf YTREHUS [358] verwiesen werden, der insbesondere die Entstehung von Chondrosen bzw. Osteochondrosen im Epiphysenbereich auf Störungen bzw. Unterbrechungen von Gefäßanastomosen zwischen dem epiphysealen und dem metaphysealen Gefäßsystem zurückführt. Daraus erklärt sich die Osteochondrosis dissecans, auch der Morbus Perthes sowie Teilnekrosen an den Epiphysen. Beim Erwachsenen dagegen werden die Osteonekrosen, Chondrosen gehen hier nicht voraus, auf traumatische Schädigungen mit Verletzung des Gefäßsystems zurückgeführt, auf embolische Gefäßverschlüsse, z. B. bei der Caisson-Krankheit, auf Röntgenstrahlen, metabolische hämatologische Störungen, Kortikoide und Alkoholabusus. Diese Osteonekrosen finden sich nach Nierentransplantationen und lokalen Infekten, aber auch idiopathisch, wobei Stoffwechselstörungen vermutet werden, aber auch bezüglich der Lokalisation am medialen Femurkondylus (Morbus Ahlbäck) sowie an anderen Stellen, wie Humerus, Talus u. a. (vgl. Kapitel 4). Auch bei DEBRUNNER [48, 49] werden die juvenilen von den erwachsenen Osteonekrosen abgegrenzt. Diesen juvenilen Osteochondrosen ordnet DEBRUNNER [49] folgende Gemeinsamkeiten zu:

- Auftreten im Wachstumsalter (3.–16. LJ),
- Lokalisation im subchondralen Knochen einer gelenktragenden Epiphyse oder auch einer auf Zug belasteten Apophyse,
- chronischer, symptomarmer Verlauf,
- Tendenz zur Selbstheilung,
- typische röntgenologische Veränderungen,
- Beeinflussung des Krankheitsverlaufs durch mechanische Beanspruchung, wobei traumatische Schädigungen eine auslösende Rolle spielen können.

Prädisponierende Faktoren für eine traumatische Apophysenlösung sind die in der Pubertät beim männlichen Geschlecht [192] auftretenden Apophysenpathologien sowie eine Diskrepanz zwischen Muskelkraft und Apophysenknorpelfestigkeit mit der Folge eines inneren Traumas bei reflektorischer Dyskoordination [294], so beim Morbus Osgood-Schlatter [95]. Die Enthesiopathie des Erwachsenen nach Abschluss des Längenwachstums ist ebenso eine Erkrankung (-pathie) der „Enthesis", d. h. des Ansatzes der Sehne am Knochen im Sinne von Mikrotraumen durch Überlastungen. Histologisch bestehen Rupturen der kollagenen Sehnenfasern im Faserknorpel der Insertionsregion mit der Folge von Granulationsgewebe durch Reparationsvorgänge [38, 337, 206, 268]. Dauert die Erkrankung längere Zeit, so kommt es zur Ausbildung von Exophyten bzw. Knochenspornen [328].

Es resultiert: Abgesehen von den echten Verletzungen an den Apo- und den Epiphysen sowie den Skelettdysplasien stehen die Texturstörungen der Apo- und Epiphysen im Vordergrund. Es handelt sich normalerweise um progrediente Abläufe, die, solange keine sekundären Ossifikationszentren in der Epi- und Apophyse vorliegen, im Sinne einer Chondrose zu verstehen sind, also im Sinne einer Texturstörung des Wachstumsknorpels. Werden die Ossifikationszentren mit einbezogen, so liegen an dieser Stelle Osteosen vor, also Texturstörungen des entstehenden Knochens, und sind beide Strukturen befallen, dann handelt es sich um eine Osteochondrose. Auch diese pathomorphologische Veränderung verläuft in aller Regel progredient in Richtung Nekrose. Das Resultat ist eine Osteochondronekrose. Dies gilt für das wachsende Skelett. Ist das Längenwachstum abgeschlossen, so kann, abgesehen vom Gelenkknorpel, der einer Chondrose unterliegen kann, nur noch eine Osteonekrose im ehemaligen Apophysen- und Epiphysenbereich entstehen (Tab. 5.5).

Tab. 5.5: Epiphysen-Apophysen-Pathologien in Abhängigkeit vom Lebensalter.

Lokalisation	0–18 LJ	18. LJ folgende
Epiphyse	Dysplasien	Dysplasiefolgen
	Chondrose – Osteose – Nekrose	Osteonekrose
	Epiphysenverletzungen	Frakturen
Apophyse	Chondrose – Osteose – Nekrose	Osteochondrosefolgen
	Apophysenverletzungen	Frakturen
	persistierende Apophyse	

Osteochondrosen und auch Osteochondronekrosen sind als Schwachpunkt zu werten, insbesondere im Bereich der Apophysen, da ja an dieser Stelle Sehnen oder Bänder ansetzen, die als Traktionsüberlastungsschaden dann auch zur Strukturstörung der hier ansetzenden ligamentären Substrate führen. Es kommt zur Ablösung osteochondraler Fragmente. Beim Erwachsenen ist die Folge eine Osteonekrose der Apophyse, die Enthesiopathie mit Teil- bis Totalkontinuitätsunterbrechungen der an dieser Stelle als Sharpey'sche Fasern aus der Sehnenkollagenstruktur in die Knochenkollagenstruktur übergehenden kollagenen Fasergebilde. Diese sind im gesunden Zustand als Sehnenansatzstelle wohl die stabilsten Verankerungen, die es im menschlichen Körper aufgrund des direkten Überganges der kollagenen Fasern von der Sehne in die Kollagenstruktur des Knochens gibt. Während des Wachstums kann eine vorübergehende Schwächung der Apophysenepiphyse entstehen, was jedoch keine Strukturstörung der kollagenen Strukturen bedeutet und damit keine „Ausrissverletzung“ erklärt, auch keine Abscherung wie bei den Epiphysen, da Apophysen durch Gegenzugmechanismen stabilisiert sind. Die Folge dieser Texturstörungen ist einmal das Abgleiten der Epiphyse in deren Fuge (vgl. Epiphyseolysis capitis femoris) oder auch die Nekrose der Epiphyse, meist aufgrund der Ischämie bei Schädigung der Anastomosen zwischen dem epiphysären und metaphysären Gefäßsystem aufgrund von Mikrotraumen, z. B. bei der Osteochondrosis dissecans oder auch dem Morbus Perthes. Verletzungen, sowohl der Epiphysen als auch der Apophysen, sind charakteristisch und auch radiologisch erkennbar, bei persistierenden Apophysen sind die gelösten Knochenfragmente nicht als Fraktur zu werten, sondern als texturstörungsbedingte Lösung oder auch als tatsächliche Verletzung der bandartigen Verbindung zwischen Apophyse und der dazu gehörenden, aber schon verknöcherten Metaphyse.

In diesem Chondrose-Osteose-Nekrose-System spielen verschiedene Faktoren eine Rolle. Einmal ist dies die Lokalisation des Schadens mit der Unterscheidung der Schadenstelle am Gelenkknorpel (artikuläre Osteochondrose), zum anderen an den Sehnen- bzw. Bandansatzstellen, den Apophysen (nichtartikuläre Osteochondrosen) und schließlich den Fugen-Osteochondrosen an den langen Röhrenknochen sowie an den Wirbelkörpern [308].

5.2.2 Epiphysenverletzungen

Die Epiphysenfuge erscheint makroskopisch als unregelmäßig gestaltete Knorpelscheibe [320]. Das Periost ist hier wesentlich fester angeheftet als an der Metaphyse und die Epiphysenfuge zeigt den typischen Zonenaufbau (vgl. Kapitel 1.4).

Verletzungen der Epiphysenfugen im Sinne von Epiphysenlösungen und Epiphysenfrakturen [320] finden sich im Fugenbereich unter Einbezug der eigentlichen Epiphyse, aber auch der Metaphyse bei den Frakturen. Epiphysenlösungen und -lockerungen laufen nur in der Epiphysenfuge ab. Die Häufigkeit der Epiphysenverletzungen wird mit 5–10 % bei kindlichen und jugendlichen Frakturen angegeben [68, 15]. Dabei ist die Häufung mit 50–60 % zwischen dem 10. und 15. Lebensjahr zu finden, bei 6- bis 10-Jährigen liegt die Zahl bei 17 % und bei den 16- bis 18-Jährigen bei 22–39 % mit einem Verhältnis Knaben zu Mädchen = 4 : 1 [93, 152]. Bei Epiphysenschäden kommt in dem Zonenaufbau den beiden letzten Schichten der Hypertrophiezone (Verkalkungs- und Eröffnungszone) eine besondere Bedeutung zu. In diesem Bereich liegen starke Abbauvorgänge der Knorpelsubstanz vor sowie Umbauvorgänge an der primär angelagerten Knochensubstanz. Gleichzeitig wird in diesem Bereich Kollagen 2 des Knorpels abgebaut und durch Kollagen 1 der

Knochengrundsubstanz ersetzt. Dieser Grenzbereich zwischen der Verkalkungszone des Knorpels und der Front der Knorpelneubildung in der Metaphyse ist somit ein „Locus minoris resistentiae" – nicht nur aufgrund der zellulären Änderung, sondern auch wegen des Kollagenumbaus. Diese Schwachzone im metaphysennahen Bereich der hypertrophen Zone wird als Lokalisation der Epiphysenverletzung allgemein anerkannt [320, 134, 276, 194, 217, 218], allerdings auch mit der Angabe, dass sich Frakturlinien oder Epiphysenlösungen in der proliferativen Zone finden [128], dies bei gleichzeitigem Nachweis des Schädigungsbereichs in der hypertrophen Zone. Frakturen, die in der hypertrophen Zone vorliegen und nicht die proliferativen Zellen beeinflussen, scheinen durch eine Knorpelformation und Fortsetzung der endochondralen Ossifikation auszuheilen, wogegen, wenn die proliferativen Zellen verletzt sind oder wenn die epiphyseale Blutversorgung gestört ist, eine frühzeitige Verknöcherung in der Epiphysenfuge mit der Folge einer Wachstumsstörung entsteht [41]. Die Gefäßversorgung der Epiphyse erfolgt von den Epiphysengefäßen sowie teilweise auch durch perichondrale bzw. periostale Gefäße. Wie schon JOHNSON [128] feststellt, ist für eine Störung des Längenwachstums insbesondere auch die Zerstörung der Germinativzone verantwortlich, also die Zone der Proliferation. Gerade aber diese Zone wird von den epiphysären Gefäßen versorgt. In den meisten Fällen treten die epiphysären Gefäße im rechten Winkel zur Knochenachse ein, in einigen Fällen, z. B. femoral und radial, kreuzen diese Gefäße außerhalb der Wachstumszone dieselbe und sind somit deutlich vulnerabler bei einer Verschiebung der Epiphysenfuge. Schwachpunkt der Epiphysenfuge ist der metaphysennahe Teil der Hypertrophiezone. Kommt es zu einer gleichzeitigen Störung der epiphysären Gefäßversorgung, so resultiert eine erhebliche Funktionsbeeinträchtigung des Wachstums (Abb. 5.4).

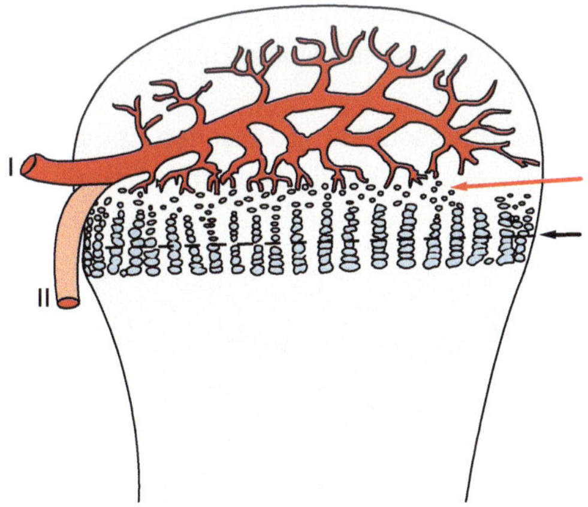

Abb. 5.4: Gefäßversorgung der Epiphyse durch senkrecht auftreffende Gefäße (I) sowie die Epiphyse extraossär kreuzende Gefäße (II) mit Abbildung der germinativen Zellen (roter Pfeil) und der Hypertrophiezone (schwarzer Pfeil) (modifiziert nach [334] und [260] aus [275]).

Die Folge der Epiphysenfugenverletzung sind Knochenbrücken von der Epiphyse in die Metaphyse in Abhängigkeit von der Größe des Defektes mit einem vorzeitigen Epiphysenschluss und damit Einstellung des Längenwachstums [345, 156].

Dieser frühzeitige Epiphysenfugenschluss kommt auch durch mehrere Repositionsversuche zustande, wobei beim ersten Repositionsversuch in 11 % der Fälle eine Wachstumsstörung vorliegt, nach drei Repositionsversuchen in bis zu 50 % der Fälle [165]. Diese Knochenbrücken, die zum Einstellen des Längenwachstums führen, können kernspintomographisch nachgewiesen werden [100, 122, 121], diese auch nativröntgenologisch. Aber alle Epiphysenfugenveränderungen können nicht erkannt werden [36, 304] (vgl. Kapitel 1.4). Die Wachstumsstörungen sind einmal abhängig vom Ausmaß der Fugenverletzung [84], zum anderen auch von der Lokalisation der Verletzungslinie in der Epiphysenfuge (hypertrophe Zone, Gefäßversorgung) sowie vom Wachstumsalter, einteilbar in das 6.–10. Lebensjahr, 10.–15. Lebensjahr und 16.–18. Lebensjahr, wobei das 10.–15. Lebensjahr wohl die problematischste Zeit darstellt [93]. Für Klassifikationen von Epiphysenverletzungen bedarf es einmal der Berücksichtigung der Gefäßversorgung sowie der Lokalisation der Wachstumszonen. Es muss bedacht werden, dass das Periost beim wachsenden Skelett dicker, aber auch leichter lösbar und gegen Stress resistenter ist, was dann auch eine Dislokation verhindert [67]. Des Weiteren ist von Bedeutung, dass knochenbildende Zellen heftiger auf ein Trauma reagieren, je jünger das Kind ist [275]. Die Bänder und Kapseln sind beim Kind kräftiger ausgebildet und damit widerstandsfähiger als Knochen und Epiphysenfugen, d. h., anstelle ligamentärer Verletzungen resultieren Verletzungen der Wachstumsfugen [277]. Apophysenverletzungen entstehen evtl. durch kräftige Traktionskräfte [96] aber ebenso wie die Verletzungen an den Epiphysen, die sich vorwiegend durch Scher-, Kompressions- und indirekte Traumen im Sinne von Adduktions-, Abduktions-, Supinations-, Pronations-, Außenrotations- und Innenrotationsmechanismen ergeben. Es kann von fünf Formen der Epiphysenschädigung ausgegangen werden, die auch entsprechend bezeichnet werden, wie Epiphysenlockerung, Chondro-Epiphysenlösung, Osteochondro-Epiphysenlösung, Epiphysenfraktur und Stauchungsfraktur der Diaphyse mit Quetschung der Epiphysenfuge (Abb. 5.5).

Eine relativ einfache Einteilung sieht die Unterscheidung zwischen Epiphysenlösungen und Epiphysenfrakturen vor [249]. Diese Einteilung wird auch aktuell

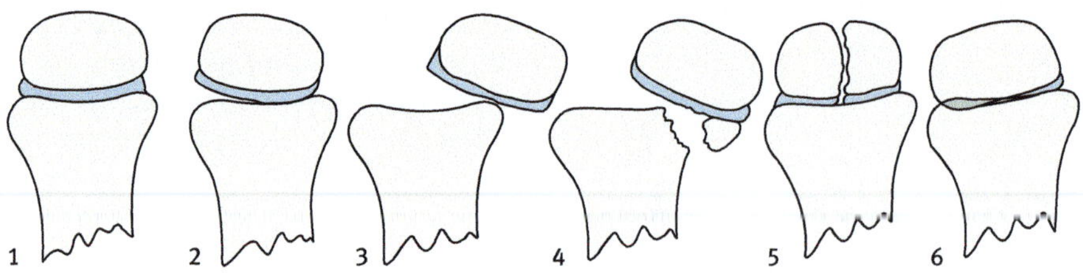

Abb. 5.5: Verschiedene Möglichkeiten der Epiphysenschädigung (1 = normale Epiphyse, 2 = Epiphysenlockerung, 3 = Chondroepiphysenlösung, 4 = Osteochondroepiphysenlösungen, 5 = Epiphysenfraktur, 6 = Stauchungsfraktur der Diaphyse mit Quetschung der Epiphysenfuge) [249].

diskutiert [340], mit der Vorstellung, dass Gelenkläsionen von Schaftfrakturen zu unterscheiden sind. Als drei Haupttypen der Epiphysenverletzungen nennt THIEMEYER [327], 1. die Separation der Epiphyse durch die Wachstumsfuge, 2. die die Fuge überkreuzende Fraktur und 3. die „ Crush-Verletzung". Diese Verletzungen entstehen durch Scherkräfte, Abrisse, Spaltmechanismen und „Crush". Alle Mechanismen würden zu charakteristischen Schäden gemäß der Einteilung nach THIEMEYER [327] führen;

- Typ I: durch Scherkräfte oder Abrissmechanismen → komplette Separation.
- Typ II: durch Scherkräfte bzw. Abrissmechanismen → Separation mit metaphysärem Keil.
- Typ III: intraartikuläre Scherkräfte → Epiphysenfraktur mit Verlauf durch die Fuge.
- Typ IV: Spaltmechanismen → Fraktur durch Epiphyse und Metaphyse.
- Typ V: Epiphysencrush, Stauchungsmechanismus → „Crush",

Die erste Klassifikation stammt von FOUCHER [74], der eine Verletzung der Epiphysenfuge nennt, die beiden anderen Typen sind juxtaphyseale Verletzungen, die nicht die Epiphysenfuge mit einbeziehen. POLAND [251] beschreibt vier spezielle Verletzungen, nennt die erste tatsächliche Klassifikation (Abb. 5.6) und definiert die Voraussetzung für alle weiteren Klassifikationen.

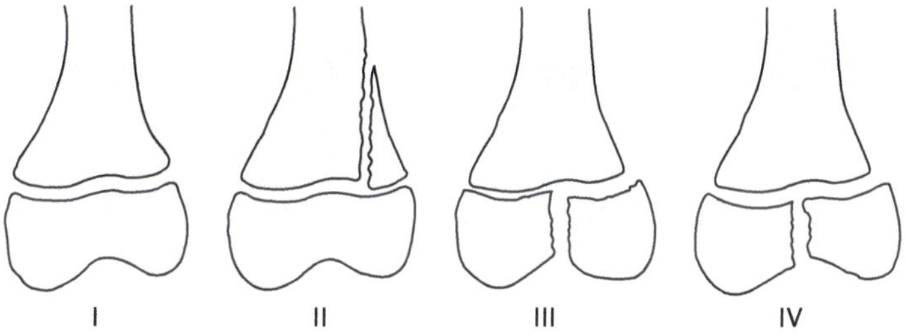

Abb. 5.6: Klassifikation (nach [251] aus [244]).

BERGENFELDT [15] erweiterte die Klassifikation von POLAND [251] unter Hinzufügung von drei Frakturtypen durch die Epiphyse, Metaphyse und Epiphysenfuge. Mit den jetzt vorliegenden vier Frakturtypen war die Voraussetzung für die SALTER [276]-Klassifikation gegeben. Die später als SALTER-Typ II bezeichnete Fraktur mit Einteilung in zwei Typen war bereits bei BERGENFELDT II und BERGENFELDT III definiert, einmal mit einem kleinen und dann mit einem größeren Stück Metaphyse. Es folgte die Einteilung von AITKEN [3], die an der distalen Femurepiphyse sowie an der distalen Tibia bezeichnet wird. AITKEN I–III sind Epiphysenfrakturen, als AITKEN 0 wird die reine Epiphyseolyse ohne Begleitfraktur genannt. CAROTHERS [33] teilt die Epiphysenverletzungen nach mechanistischen Gesichtspunkten in folgende Typen ein: Abduktion, Außenrotation, Plantarflexion, axiale Kompression, Adduktion. Die meisten Wachstumsstörungen seien im Abduktionstyp zu finden, bei den restlichen Typen gäbe es eine spontane Wiederherstellung. JOHNSON [127] beschreibt erstmals eine Fraktur, die später als „triplane fracture" bezeichnet wird, und nennt diese Fraktur Typ II. Nachdem die triplane fracture die Metaphyse sowie die Epiphyse betrifft, ebenso den Gelenkknorpel, werden alle Kriterien für BERGENFELDT V, AITKEN III, aber auch SALTER IV erfüllt. SALTER and HARRIS [276] beschreiben fünf Typen, wobei die ersten vier Typen auch bei POLAND [251], BERGENFELDT [15] und AITKEN [2] definiert sind. Die neue Fraktur ist eine Kompressionsverletzung als Typ V, die durch einen longitudinalen Kompressionsmechanismus entsteht und nur die germinale Schicht der Epiphysenfuge betrifft. Eine knöcherne Verletzung ist nicht erkennbar, es entsteht aber eine knöcherne Reaktion am Rand der Epiphysenfuge. Als Sonderform von Typ IV nennt KUMP [154] die vertikale Fraktur der distalen Tibiaepiphyse, die Typ-IV-Verletzung gibt es auch am Außenknöchel [175]. Bei der Klassifikation nach SALTER und HARRIS [276] mit den fünf Typen (Abb. 5.7) sei besonders auf den Typ II mit dem metaphysären Fragment verwiesen, als „THURSTON HOLLAND" oder „corner sign" bezeichnet [107]. Das Periost bleibt an dieser Stelle intakt, ist aber auf der gegenüberliegenden Seite mit der Separation der Fuge zerrissen.

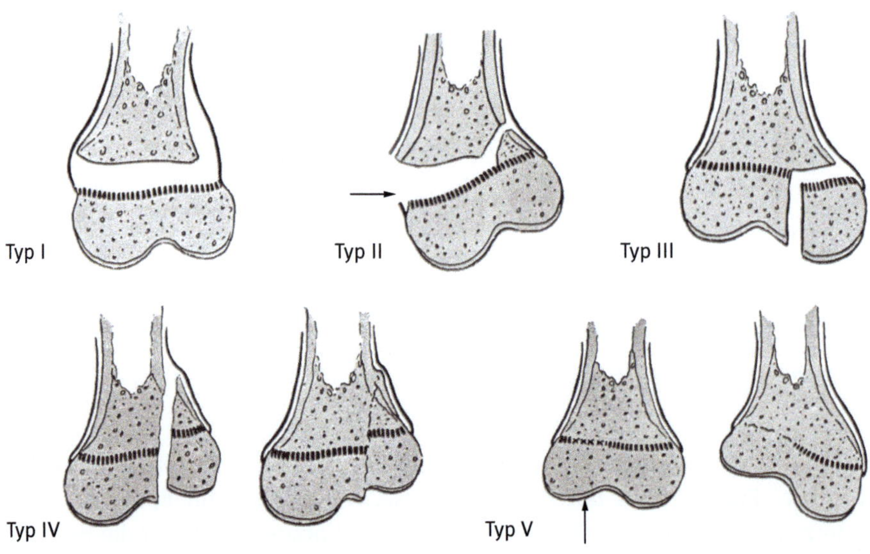

Abb. 5.7: Typisierung der Epiphysenschäden, nach [276].

RANG [260] ergänzt die fünf SALTER-Typen durch Typ VI, bei dem es durch Verletzung des periphysealen Ringes zur randständigen Verknöcherung kommt. Beim Typ I und II nach SALTER sind Wachstumsstörungen kaum zu erwarten, aber nur dann, wenn die Blutversorgung erhalten ist. Beim Typ III und IV muss mit Knochenbrücken gerechnet werden, beim Typ V sind die germinalen Zellen geschädigt und beim Typ VI ist das Periost bzw. gleichzeitig der perichondrale Ring verletzt. Eine schematische Einteilung der Epiphysenverletzungen stellt WEBER [347] unter Einbezug der Fugenlockerung sowie Fugenlösung vor und nennt drei Frakturtypen, die Fugenlösung mit metaphysärem Keil, die Epiphysenfraktur sowie die meta-/epiphysäre Fraktur. Die Bezeichnung SALTER VI stammt von RANG [260] und beschreibt die Verletzung des Periosts bzw. des perichondralen Ringes. RENNÉ [263] vergleicht nun die Klassifikation von AITKEN und SALTER and HARRIS mit einem eigenen Vorschlag, wobei lediglich noch zwei Typen resultieren, Typ I ist identisch mit Typ II nach AITKEN und Typ III nach SALTER. AITKEN III und SALTER IV werden ebenfalls dem neuen Typ I zugeordnet, wobei der Druckschaden des Knorpels (SALTER V) nun Typ II sei und SALTER VI wird als neuer Typ III bezeichnet, eine der SALTER-Klassifikation ähnliche Einteilung durch MÜLLER [198] auch mit Hinweis auf die Einstauchung der tibialen Fuge durch axiale Druckbelastung. VON LAER [340] sieht die bisherigen Klassifikationen, bezogen auf das Erkennen von Wachstumsstörungen, als zu kompliziert an. Er unterscheidet Gelenkläsionen und Schaftfrakturen mit dem Hinweis, dass Wachstumsstörungen stets Folge von Irritationen des epiphysären Gefäßsystems sind. Irritationen der metaphysären und perichondralen Gefäße führen zu Umbaustörungen, bei der Schädigung epiphysärer Gefäße ist eine Alteration des Längenwachstums zu erwarten. Es resultiert eine stimulative Wachstumsstörung mit Verlängerung, wenn eine vermehrte Durchblutung einsetzt, dies sei nach Schaftfrakturen der Fall. Eine hemmende Wachstumsstörung entsteht bei einer Änderung der Durchblutung bis hin zur totalen Nekrose des Wachstumsknorpels. Da eine Differenzierung im Hinblick auf posttraumatische Wachstumsstörungen nicht gerechtfertigt ist, da diese immer in irgendeiner Form zu erwarten sind, ist bezüglich der Therapie die Einteilung in Gelenkläsionen und Schaftfrakturen ausreichend und gerechtfertigt [341]. Eine ausführliche Klassifikation mit dem Versuch, alle denkbaren Typen der Epiphysenschäden zu erfassen, legt OGDEN [216] vor, mit Erweiterung 1982 sowie 1990. Hier handelt es sich wohl um die umfangreichste Einteilung mit neuen Typen und mehreren Untertypen (Abb. 5.6), es sind alle anderen Klassifikationen mit untergebracht, auch die Einteilung von PETERSON [244], der die Teile von Knochenenden (Wachstumsfuge, Metaphyse, Epiphyse) als Grundlage der Einteilung nimmt und die Verletzungen diesen Örtlichkeiten zuordnet. Somit kann tabellarisch anhand der Klassifikation von OGDEN [225] eine Zuordnung anderer Klassifikationen vorgenommen werden (Tab. 5.7).

Als Besonderheit der Epiphysenfrakturen sind die Übergangsfrakturen zu werten, die bei üblichen Distorsionstraumen vorkommen, und dies im Übergangsalter vom Jugendlichen zum Erwachsenen, wenn der physiologische Fugenschluss schon eingesetzt hat [341]. Es wird grundsätzlich zwischen Frakturen mit (triplane) und ohne (twoplane) zusätzlichem metaphysärem Ausbruchkeil unterschieden. Bei den triplanen Frakturen ist zwischen Frakturen mit und ohne Durchbruch der dorsalen Metaphysenfraktur in das Gelenk (Abb. 5.8) zu differenzieren, mit Unterscheidung von triplane Typ I und Typ II [290].

Tab. 5.6: Zuordnung verschiedener Klassifikationen der Epiphysenverletzungen auf der Grundlage von [206].

FOUCHER [74]	POLAND [251]	BERGEN-FELDT [15]	AITKEN [3]	JOHNSON [127]	SALTER [276]	RANG [260]	RENNÉ [263]	MÜLLER [198]	VON LAER [340]	SCHARF [284]	PETERSON [244]	PETERSON [244]	OGDEN [225]
I	I	I			I			A1		I	Fuge	III	Typ 1A
													Typ 1B
													Typ 1C
	II	II/III	I	II	II			A2			Metaphyse & Fuge	II ABC	Typ 2A
													Typ 2B
III													Typ 2C
													Typ 2D
	III/IV	IV	II	II	III		I	B1		II	Epiphyse & Fuge	IV	Typ 3A
													Typ 3B
													Typ 3C
		V	III		IV			B2			Metaphyse & Fuge/Defekt	V/VI	Typ 4A
													Typ 4B
													Typ 4C
													Typ 4D
		VI			V	VI	II	C		III			Typ 5
					VI	VI	III						Typ 6
													Typ 7
											Metaphyse → Fuge	I ABCD	Typ 8
													Typ 9

Tab. 5.7: Einteilung der Epiphysenverletzungen, nach [216, 217, 218, 222, 225].

OGDEN [225]	
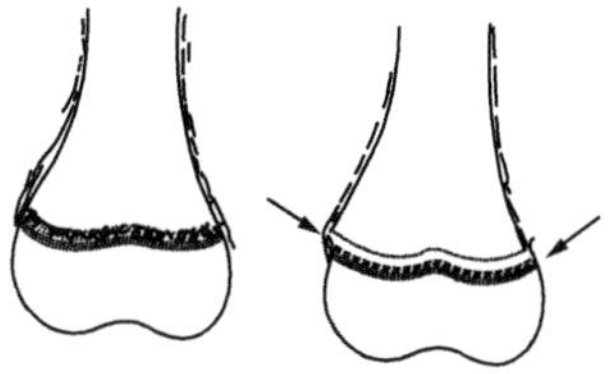 normal Typ 1A	Die Epiphyse und die angrenzende Fuge trennen sich von der Metaphyse ohne radiologisch erkennbares ossäres Fragment aus der Metaphyse.
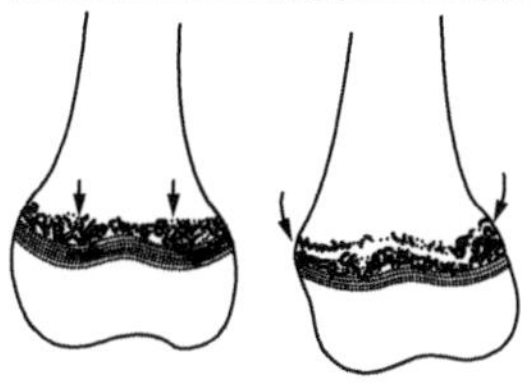 Rachitis Typ 1A	Pathologische Fraktur bei einer zugrunde liegenden Krankheit (Rachitis), juxta-physeale Zyste, Osteomyelitis, Myelomeningozele.
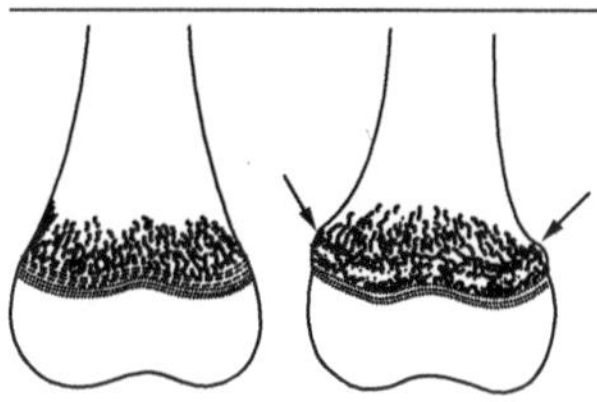 Leukämie Typ 1B	Verlagerte Epiphyse mit dünner Knochenschicht radiologisch wie ein schmales peripheres Fragment („corner fracture“), bei metabolischer Knochenkrankheit (Mangelernährung) oder als Folge einer Chemotherapie.
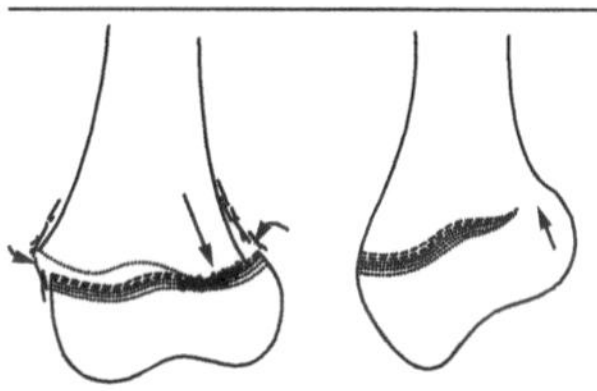 Typ 1C Wachstumsdeformität	Kompressionsverletzung der Fuge zusätzlich zu Typ 1A vor dem 2.–3. LJ.
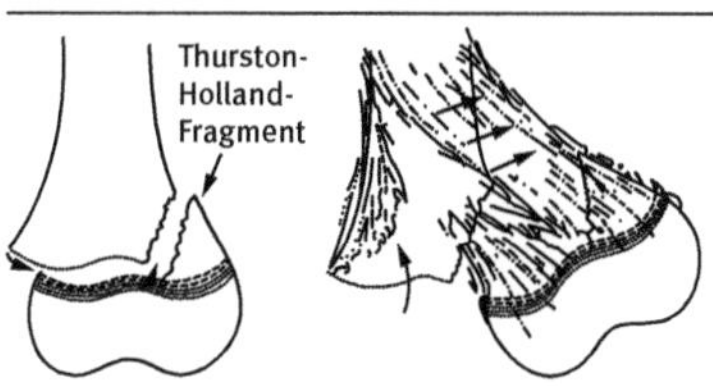 Typ 2A	Häufigste Epiphysenverletzung durch Scher- oder Abrisskraft nach dem 3.–7. LJ. Fugenlösung mit metaphysärem Fragment. Das Periost reißt metaphysär ein, verklebt an der Fuge und der Epiphyse und schlägt in den Frakturspalt ein (Repositionshindernis).
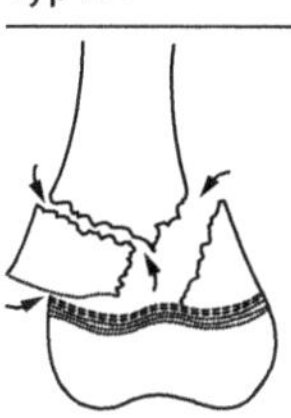 Typ 2B	Typ 2A mit zusätzlichem metaphysärem Fragment (Repositionshindernis).

Tab. 5.7: (fortgesetzt)

OGDEN [225]	
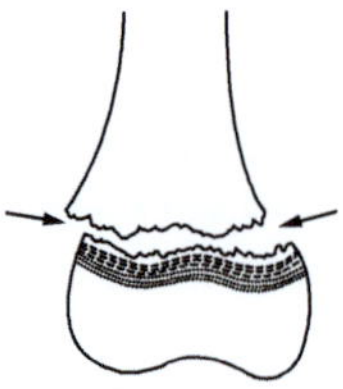 Typ 2C	Typ 2A, an Stelle des metaphysären Keils tritt ein dünnes Metaphysenfragment.
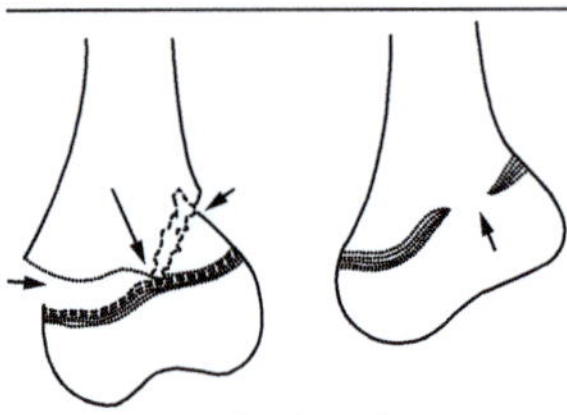 Typ 2D Knochenbrücke	Typ 2A mit Kompression der Metaphyse in die Fuge.
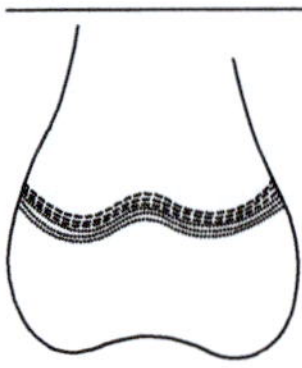 normale Kontur 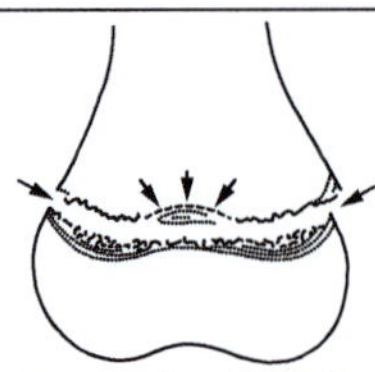 Typ 2D durch Wellenform	Typ A2, an Stelle des metaphysären Keils Fraktur eines Knotens der wellenförmigen Fuge. Folge ist eine frühzeitige Epiphysiodese.
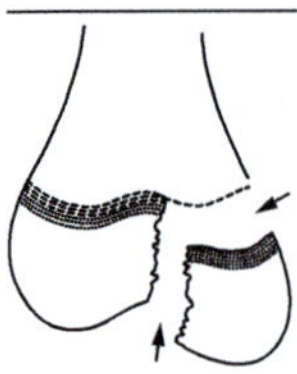 Typ 3A 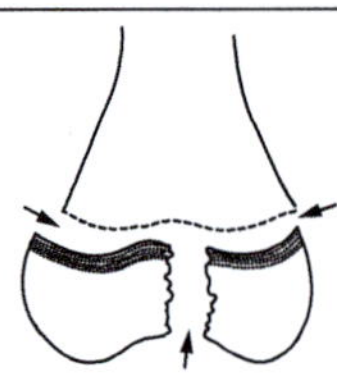 Typ 3A Variation	Typ 3A ist eine intraartikuläre Fraktur unter Einbezug der Epiphyse mit einem oder zwei epiphysären Fragmenten. Typ 3A ist eine TILLAUX-Fraktur der distalen Tibia.
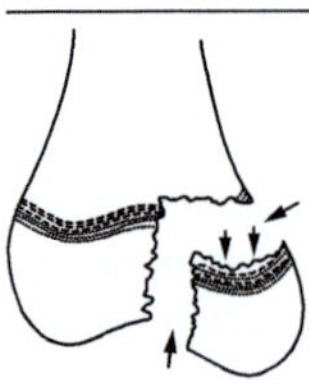 Typ 3B	Typ 3A mit ossärer Lamelle am epiphysären Fragment (z. B. TILLAUX-Fraktur).
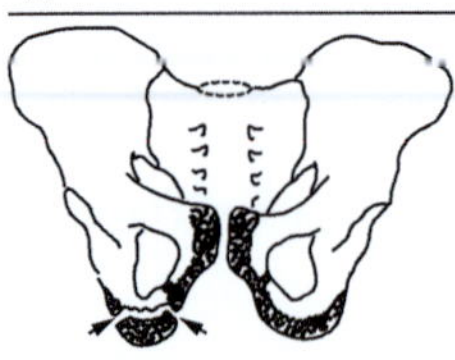 Typ 3C	Typ 3C, nicht artikuläre epiphysäre (Knorpel-)Fraktur, z. B. Tuber ischiadicum.

Tab. 5.7: (fortgesetzt)

OGDEN [225]	
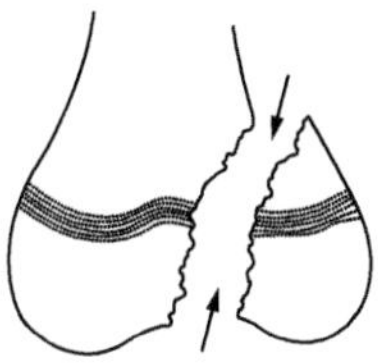 Typ 4A 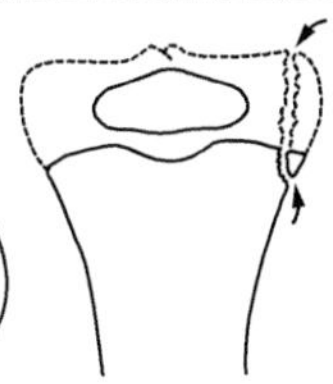 Typ 4A Variation	Typ 4A, Fraktur durch Gelenkfläche der Epiphyse, der Fuge und der Metaphyse. Längsspalt durch alle Zonen einschließlich Keimschichten.
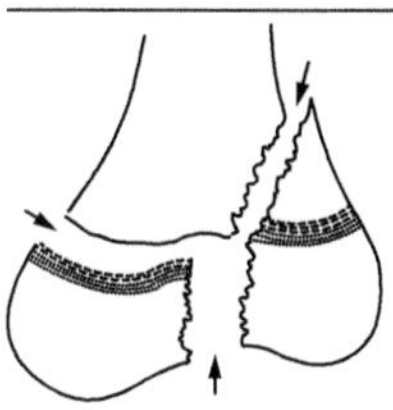 Typ 4B	Typ 4B, Typ 4A kombiniert mit Typ3 (d. h. zusätzliches epiphysäres Fragment).
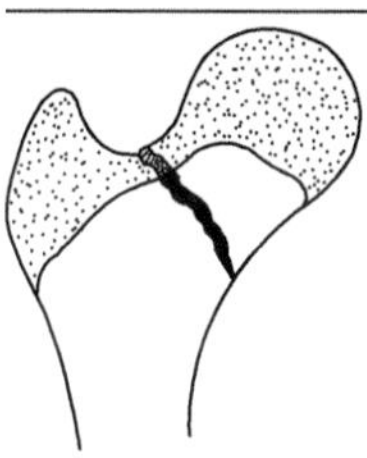 Typ 4C	Typ 4C, nichtartikuläre epiphyseale Fraktur.
 Typ 4D  Typ 4D	Typ 4D, Typ 4A mit zusätzlicher, parallel verlaufender Fraktur oder zusätzlicher, rein metaphysärer Fraktur.
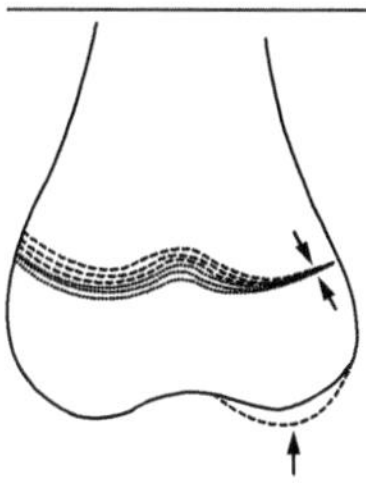 Typ 5 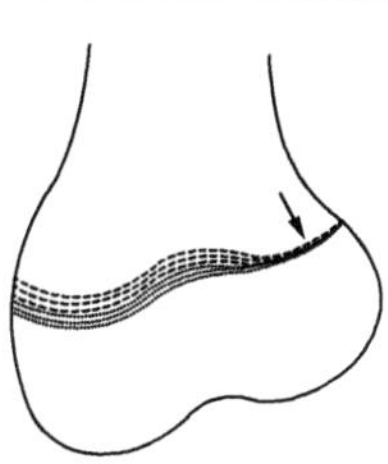 Wachstumsstopp	Typ 5, Einseitige Fugenkompression mit gleichzeitiger Scherkraft.

Tab. 5.7: (fortgesetzt)

OGDEN [225]	
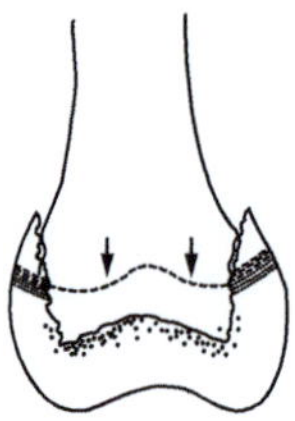 Typ 5	Typ 5, Einstauchung des Metaphysenschaftes durch die Wachstumsfuge in die Epiphyse.
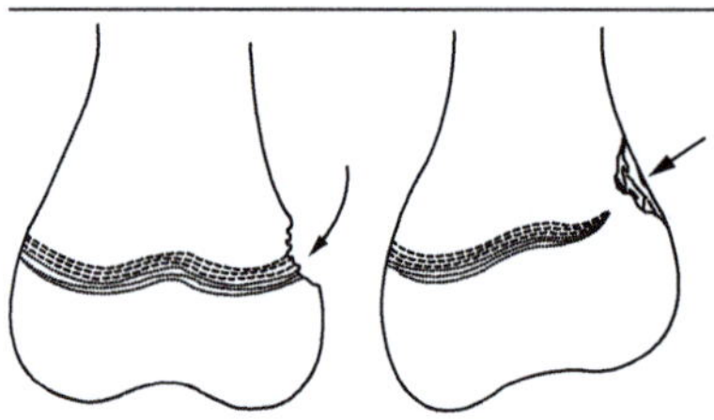 Typ 6 Periphere Knochenbrücke	Typ 6, Lokale Kompression oder Avulsion der Ranvier-Zone.
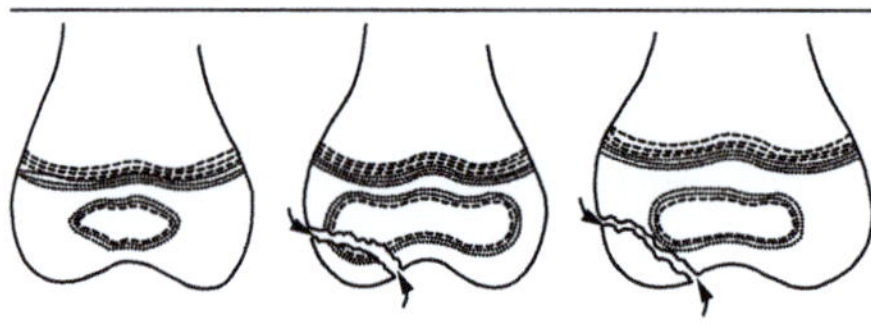 normal Typ 7A Typ 7B	Typ 7, Rein intraepiphyseale Fraktur der Gelenkfläche mit und ohne Beteiligung des sekundären Ossifikationszentrums.
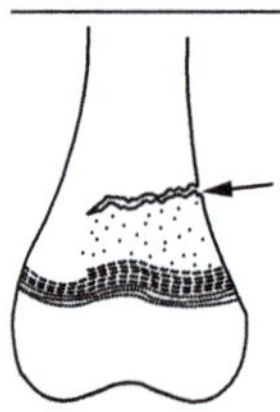 Typ 8	Typ 8, Metaphyseale Verletzung.
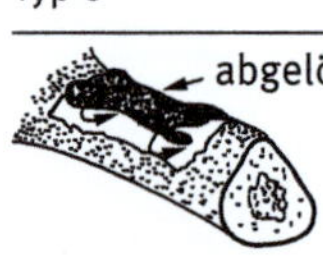 Typ 9	Typ 9, diaphyseale Periostverletzung, evtl. in Verbindung mit Fragmentation der Diaphyse. Folge ist eine extraperiostale Knochenverdickung.

Eine Tillaux-Fraktur als Typ-3-Verletzung nach OGDEN [224] bezieht einen unterschiedlich großen Anteil der antero-lateralen Tibiaepiphyse mit ein. Diese Fraktur kann von einem posterioren metaphysären Fragment begleitet sein, dann handelt es sich um eine triplane Fraktur. Triplane Frakturen können das Fragment an der medialen und auch an der lateralen Epiphyse aufweisen. Nach DEVALENTINE [53] können

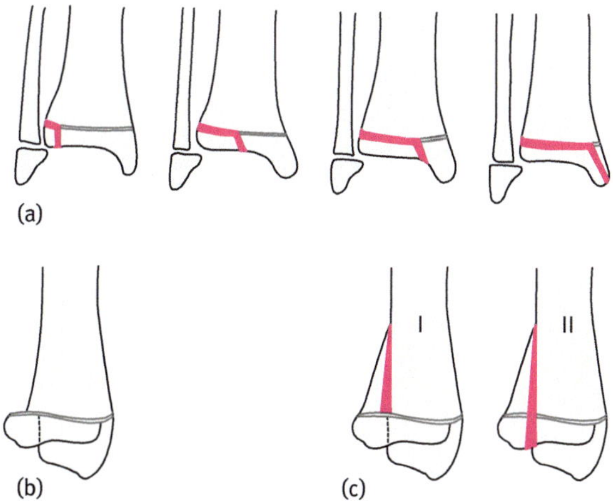

Abb. 5.8: Epiphysenfrakturen an den unteren Extremitäten ((a) = Übergangsfrakturen von a.p., (b) = twoplane Fraktur seitlich, (c) = triplane Fraktur (Typ I und Typ II) [341].

die Epiphysenverletzungen gemäß der SALTER-HARRIS [276]-Einteilung der LAUGE-HANSEN [162]-Klassifikation zugeordnet werden, dies entsprechend dem Vorschlag von DIAS [55] und TACHDJIAN [325]. Die LAUGE-HANSEN [162]-Klassifikation ist für die Beurteilung der Sprunggelenksbrüche beim Erwachsenen vorgesehen und zieht für die Beurteilung der Fraktur zwei Elemente heran, einmal die Position des Fußes zum Zeitpunkt des Traumas und zweitens die Richtung der abnormal einwirkenden Kraft. Somit ist jede Sprunggelenksverletzung einmal durch die Fußstellung zum Unfallzeitpunkt und zum anderen durch die Richtung der schädigenden Kraft auf den Talus definiert, vorgegeben von LAUGE-HANSEN [162] und übernommen von DIAS [55] bzw. später von TACHDJIAN [325]. Klassifikationen der Frakturen sind grundsätzlich anhand anatomischer oder auch mechanistischer Gegebenheiten möglich [269]. Die anatomische Klassifikation ist einfacher in der Beschreibung und basiert auf der Lokalisation der Fraktur in Bezug auf Epi- oder Metaphyse [3, 278, 218, 244]. Die mechanistischen Klassifikationen fallen genauer aus, da auch die Fragmentlokalisation berücksichtigt wird, und sie geben Hinweise auf die Therapie und die Prognose. Diese mechanische Klassifikation basiert auf der Art der Kraft, die zur Fraktur führt, und auf der Stellung des Fußes zum Zeitpunkt der Krafteinwirkung [7, 18, 162]. Eine Kombination der mechanistischen und anatomischen Klassifikationen nimmt nun DIAS [55] unter Einbezug der Klassifikation nach LAUGE-HANSEN [162] und SALTER-HARRIS [276] vor. Das Ergebnis ist eine Kombination einer mechanistischen Klassifikation beim Erwachsenen-Sprunggelenk mit einer anatomischen Klassifikation beim kindlichen Sprunggelenk (Abb 5.9).

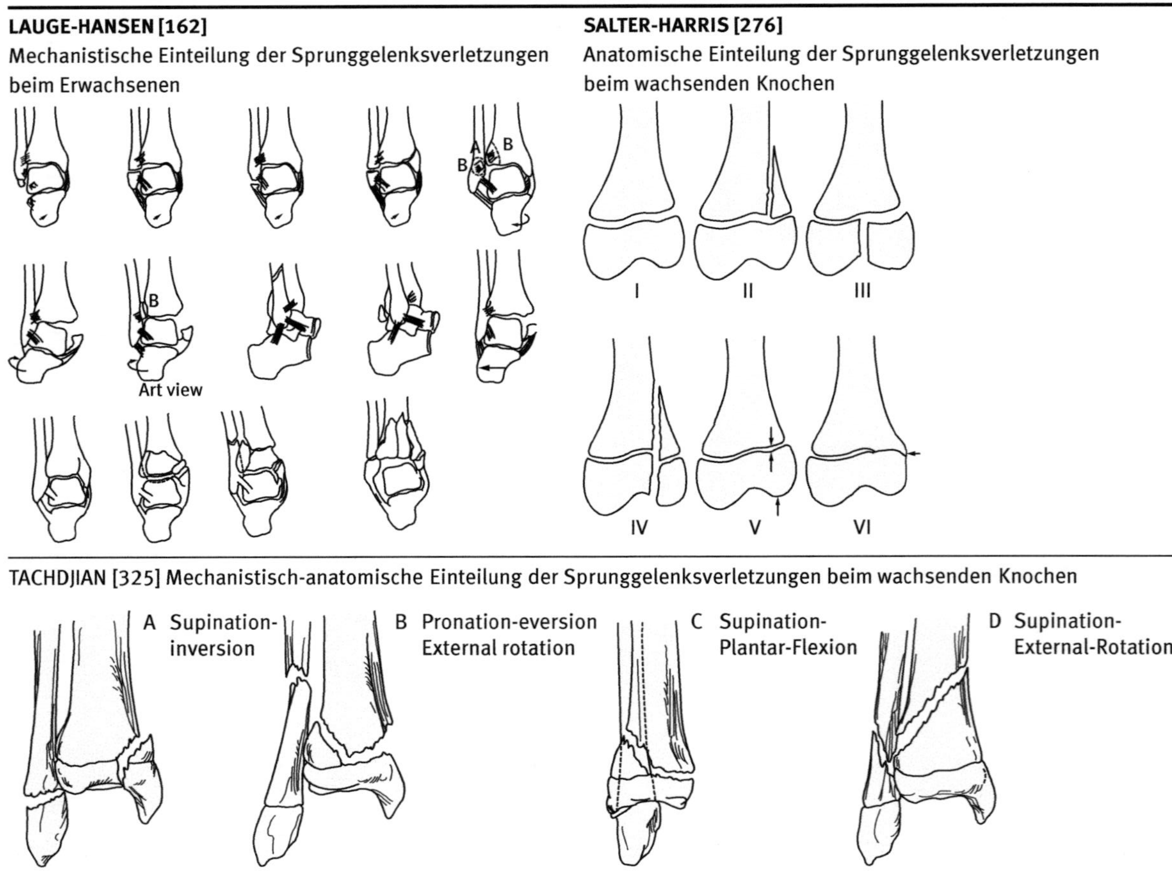

Abb. 5.9: Zusammenführung mechanistischer und anatomischer Klassifikationen bei Sprunggelenkfrakturen.

Eine wesentlich einfachere Klassifikation ist die von WEBER [348], die auf der Lokalisation der Fibulafraktur beruht und somit indirekt die Syndesmosenverletzung mit einbezieht (Abb 5.10).

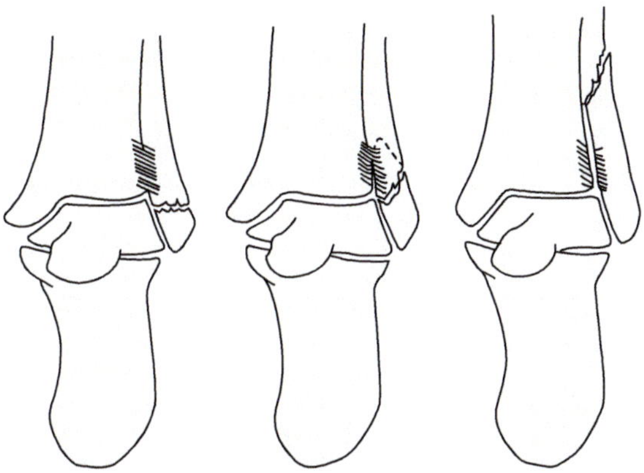

Typ A Typ B Typ C

Abb. 5.10: Klassifikation der Sprunggelenksfraktur nach [348]: Typ A = transversale Abrissverletzung des Außenknöchels in Höhe des Sprunggelenkspaltes oder darunter entsprechend einem Supinations-Adduktions-Mechanismus, Typ B = Spiralfraktur des Außenknöchels in Höhe des „Plafond tibial" entsprechend einem Supinations-Außenrotations- und Pronations-Abduktions-Mechanismus, Typ C = Fibulafraktur oberhalb der Syndesmose, verbunden mit einer Ruptur des Ligamentum tibiofibulare entsprechend einem Pronations-Außenrotations-Mechanismus.

Unfallmechanismen

Das Verletzungsmuster am Sprunggelenk hängt von mehreren Faktoren ab, einmal vom Patientenalter, von der Qualität des Knochens, von der Position des Fußes zum Zeitpunkt des Ereignisses und von der Richtung und Stärke der einwirkenden Kraft.

Die zentrale Verknöcherung der distalen Tibiaepiphyse beginnt im 6. bis 24. Lebensmonat, die Ausdehnung zum Innenknöchel mit Verschluss desselben erfolgt etwa im 7. Lebensjahr und ist im 10. Lebensjahr abgeschlossen. Der komplette Fugenverschluss tritt dann zum 15. Lebensjahr bei Mädchen und 17. Lebensjahr bei Knaben ein. Der Beginn der Verknöcherung zentral mit Ausdehnung nach medial und dann nach lateral erklärt auch im adoleszenten Alter die Entstehung von Übergangsfrakturen. Der eigentliche Frakturmechanismus wird durch LAUGE-HANSEN [161] erläutert. Es ist dabei davon auszugehen, dass die Fibula mit Talus und den die Knochen verbindenden Bändern einen Ringschluss bilden, der, wenn er an einer Seite unterbrochen wird, automatisch zu einer Begleitverletzung an der Gegenseite führt [203]. Davon leitet sich dann auch ab, dass einmal die Fußstellung und zum anderen die auf den Talus einwirkende Kraft zu typischen Verletzungszeichen, klassifizierbar, führen. Beim Fuß wird von der Pronation oder Supinationsstellung ausgegangen, und erst sekundär charakterisiert die einwirkende Kraft die Verletzung im Sinne einer

Adduktion, Abduktion, Außenrotation und vertikalen Belastung. Gemäß PANKOVICH [233, 234] bedeuten eine Pronation und Supination eine Rotation um die Achse des Subtalargelenkes. Die Adduktion und Abduktion sind deformierende Kräfte durch Rotation des Talus um die Längsachse, während die Innen- und Außenrotation rotierende Bewegungen um die vertikale Achse der Tibia darstellen. Zusammengefasst ist bei der Beurteilung der Epiphysenverletzungen die Gefäßversorgung [308] in den Vordergrund zu stellen, mit Würdigung der Frakturklassifikation [3, 276, 243, 224], wobei eine einfache Einteilung mit Unterscheidung von Schaftfrakturen und Gelenkverletzungen [320, 340] bezüglich der Prognose und der Handlungsnotwendigkeit ausreichen sollte (Abb. 5.11).

Klassifikation

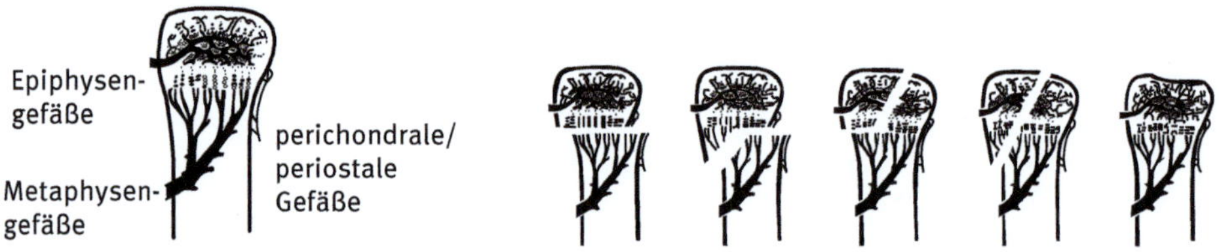

Gefäßversorgung (SIFFERT [308])						
	AITKEN [3]	–	1	2	3	–
	SALTER [278]	I	II	III	IV	V
	STEINERT [320]	Lyseverletzungen		Epiphysenfrakturen		
	VON LAER [340]	Schaftfraktur		Gelenkverletzung		

Abb. 5.11: Einteilung von Epiphysenverletzungen in Abhängigkeit von der Gefäßversorgung, nach [251].

Wachstumsstörungen, bedingt durch Epiphysenfugenverletzungen, entstehen:
- durch eine Zerstörung der Epiphysenblutversorgung,
- durch eine Kommunikation der epiphysealen und metaphysealen Zirkulation mit der Folge von Knochenbrücken.

Aus diesen beiden Verletzungsfolgen resultiert eine pathophysiologische Klassifikation der Epiphysenfugenverletzung [301]. Wird nun die pathophysiologische Klassifikation mit der pathoanatomischen Klassifikation verbunden, so können die Schäden festgestellt werden, die für das Endresultat entscheidend sein können, insbesondere dann, wenn auch die mechanistische Klassifikation mit einbezogen wird, aus der ja die Therapie, insbesondere konservativer Art, ableitbar ist [325]. Die pathophysiologische Klassifikation [301] bezieht sich auf die Blutversorgung sowohl der Epiphyse als auch der Metaphyse und berücksichtigt durch Dislokation von Fragmenten eine Kommunikation epiphysealer und metaphysealer Areale, so dass mittels deren Osteoprogenitorzellen knöcherne Brücken entstehen können.

Ausgehend von der Klassifikation nach LAUGE-HANSEN [162] wird die neue Klassifikationsära eingeleitet. Es wird nun vom Unfallmechanismus durch Bestimmung der Fußstellung und der dann auf den Talus einwirkenden Kraft ausgegangen. Teilweise wurden diese Mechanismen auch schon vor LAUGE-HANSEN [162] durch ASHHURST [7] berücksichtigt, der sowohl die Außenrotation als auch die Abduktion und Adduktion und schließlich ebenso die Kompression miteinbezog. Es bedarf der Definition, der Pronation und Supination, die LAUGE-HANSEN [162] wie folgt festlegt: Pronation = Innenrotation des Fußes, Abduktion des Rückfußes und Eversion des Vorfußes, Supination = Außenrotation des Fußes, Adduktion des Rückfußes und Inversion des Vorfußes. Mit DIAS [55] entsteht eine für das wachsende Skelett funktionell geeignete Einteilung, die schließlich auch die Übergangsfrakturen mit einbezieht. Dazu gehören die juvenile Tillaux-Fraktur sowie die Triplane-Fraktur. Die DIAS-TACHDJIAN-Klassifikation [325] stützt sich einmal auf SALTER-HARRIS [276], berücksichtigt aber auch LAUGE-HANSEN [162], immer unter Einbezug des Unfallmechanismus (Abb. 5.12). Bei einem Vergleich der LAUGE-HANSEN-Klassifikation mit zwei Klassifikationen von Epiphysenverletzungen [55] Tab. 5.8) fällt auf, dass die als Übergangsfrakturen bezeichneten Bruchformen logischerweise bei LAUGE-HANSEN [162] nicht berücksichtigt sind, wohl aber bei SALTER-HARRIS [276] und bei DIAS [55].

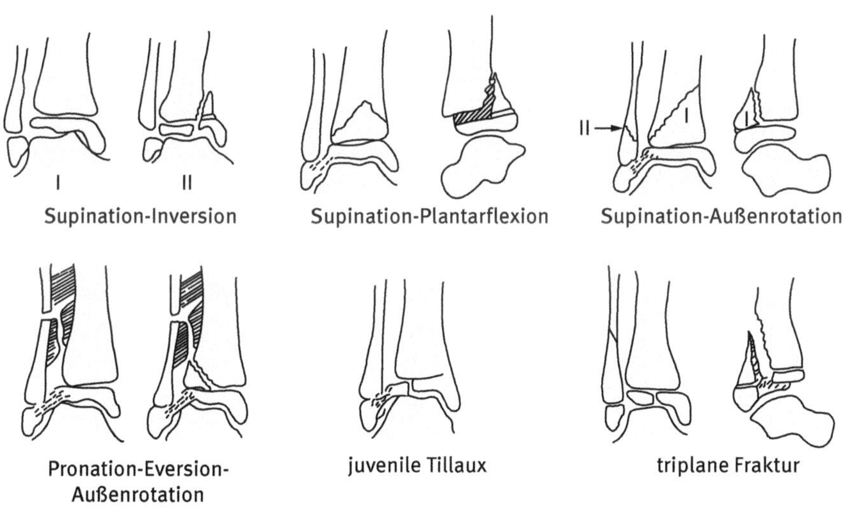

Abb. 5.12: DIAS-TACHDJIAN-Klassifikation, aus [55].

Zusammengefasst ist erkennbar, dass mehrere Klassifikationen der Epiphysenverletzungen vorliegen, es gibt anatomische bzw. pathologisch anatomische Einteilungen, mechanistische und pathophysiologische Klassifikationen. Der Sinn dieser Einteilungen liegt einmal darin, eine Unterscheidung einzelner Verletzungen vornehmen zu können, zum anderen die Therapie aus einer Einteilung abzuleiten und des Weite-

Tab. 5.8: Vergleich der Klassifikationen von Epiphysenverletzungen mit der LAUGE-HANSEN-Klassifikation.

LAUGE-HANSEN [161]	DIAS [55]		SALTER-HARRIS [278]
Supination-Adduktion, SAD	I SAD Supination Adduktion II	⟷ ⟷	I oder II III oder IV
	SPF Supination-Plantarflexion	⟷	II
Supination-Außenrotation, SAD	I SER Supination-Externalrotation I	⟷ ⟷	II Fibulaspiralfraktur
Pronation-Außenrotation, PER Pronation-Abduktion, PAB	PER Pronation-Externalrotation	⟷	I oder II
Pronation-Dorsalflexion, PDF	Axiale Kompression „Pilon tibial“	⟷	V
	Two plane Fraktur Juvenile Tillaux Fraktur COOPER [39], KLEIGER [143]	⟷	III
	Triplane Fraktur MARMOR [179], LYNN [177]	⟷	III/II
	Sonstige: Verletzung des perichondralen Ringes	⟷	VI RANG [260]

ren die Prognose einzuschätzen. Alleine die anatomische Klassifikation ist unzureichend, da daraus nur wenig über die Therapie zu erfahren ist. Die mechanistische Klassifikation dagegen zeigt an, welcher Mechanismus zur Verletzung geführt hat, so dass der Umkehrmechanismus zu einer Reposition führen sollte, und schließlich ist die Durchblutungssituation, die aus einer pathophysiologischen Einteilung resultiert, von Bedeutung, gleichzeitig mit der Feststellung, ob Epi- und Metaphyse in Kontakt geraten. Eine Verbindung der anatomischen und mechanistischen Einteilung gibt es [325, 53]. Ein Einbezug auch der pathophysiologischen Klassifikation ist bisher nicht vorgenommen worden Tab. 5.9).

Aktuell kommt man jedoch zu dem Resultat, dass für die Prognose einmal das Ergebnis der Reposition bzw. die noch verbliebene Fehlstellung eine Rolle spielt und insbesondere auch die Anzahl der Repositionsversuche, die mit steigender Zahl als Auslöser posttraumatischer Wachstumsstörungen gelten [150, 8, 273].

5.2.3 Epiphyseolysis capitis femoris (ECF)

Bei der Epiphyseolysis capitis femoris juvelinis handelt es sich um ein meist langsames Gleiten bzw. Abkippen der proximalen Femurkopfepiphyse im Wachstumsalter,

Tab. 5.9: Klassifikationen der Epiphysenverletzungen.

Anatomisch	Mechanistisch	Pathophysiologisch
AITKEN [3] SALTER-HARRIS [276] RANG [260] OGDEN [218] PETERSON [244]	ASHHURST [7] BISHOP [18] LAUGE-HANSEN [162] CAROTHERS [33]	SHAPIRO [301]
TACHDJIAN [325]		
DEVALENTINE [53]		

bei Jungen zwischen dem 12. und 16. Lebensjahr, bei Mädchen zwischen dem 10. und 14. Lebensjahr. Knaben sind häufiger betroffen als Mädchen, die Inzidenz beträgt ungefähr zwei auf 102 zu 100 000 [350]. Die Ätiologie wird als multifaktoriell bezeichnet [78, 166, 201, 151]. Eine Mitbeteiligung des Azetabulums bei der Epiphyseolysis capitis femoris (ECF) liegt nicht vor [149] . Es gibt aber eine Reihe von Prädispositionsfaktoren, die als Mitursache angenommen wird [174]:

- genetisch,
- familiäre Häufung,
- biochemisch (Hormone), da Beteiligung der Gegenseite,
- biomechanisch,
- Übergewicht [89],
- Vitamin-D-Mangel mit der Folge eines verzögerten Fugenschlusses [132],
- dialysebedingte Osteodystrophie [230],
- Hyperthyreose, Wachstumshormonmangel, Hyperparathyreoidismus, Hypogonadismus,
- pubertärer Wachstumsschub.

Der Befall der Gegenseite spricht für ein systemisches Problem [147, 266, 148, 112, 173, 17, 97]. Beim Vorliegen einer ECF sei die Beidseitigkeit in 20–40 % der Fälle feststellbar [353], wobei davon in 40 % der Fälle die Gegenseite asymptomatisch bleibt [167]. Es wird angenommen, dass aufgrund nicht erkannter ECF die später behandelten Coxarthrosen in 40 % darauf zurückzuführen sind [353]. Aufgrund des pubertären Wachstumsschubs kommt es zu einer Instabilität im Bereich der Wachstumsfuge [201], bedingt durch die „Übersteigerung eines physiologischen und biomechanischen Prozesses“ aufgrund einer biomechanischen Überlastung [195]. Deshalb wird die ECF auch im pubertären Wachstumsschub einer Übergewichtigkeit zugeordnet. Aufgrund ätiologischer Faktoren ist die ECF in eine primäre und eine sekundäre Epiphyseolyse einzuteilen, wobei die primäre Epiphyseolyse aufgrund der vorhandenen Kompressions- und Scherkräfte den Überlastungen und auch dem Übergewicht, vorwiegend bei Knaben, im pubertären Wachstumsschub zuzurechnen ist. Die Kompressionskräfte auf die Epiphysenfugen führen zu Strukturveränderungen der Knorpelzellen und der Matrix durch Einfluss auf die Molekularbiologie und Biochemie [4, 23]. Die sekundären Epiphyseolysen finden sich im untypischen Alter vor dem 10. und nach dem 16. Lebensjahr [351, 173] und sind vorwiegend auf hormonpathologische Veränderungen zurückzuführen. Bei einer Lockerung der Wachstumsfuge mit vermehrten pathologischen Scherkräften bleibt aber der Femurkopf im Azetabulum, so dass der Schenkelhals nach lateral und ventral gleitet, d. h. in Varusrichtung. Im Ausnahmefall ist auch eine Dislokation in Valgusrichtung möglich [259], dies wäre bei einer Hüftdysplasie [199] oder in Abhängigkeit der vermehrten Femuranteversion [296] denkbar. Die histologische Untersuchung einer ECF durch Stanzbiopsie [185] zeigt in der Ruhezone der Epiphysenfuge große, dicht gepackte Kollagenfibrillen, in der Chondrozyten-Hypertrophiezone, wo auch das Rutschen entsteht, eine Matrix, die nur feine, zerstreut vorkommende Kollagenfibrillen in einer homogenen Grundsubstanz erkennen lässt. Hier wird eine weitere Erklärung für die Instabilität der Epiphysenfuge gesehen.

Es werden verschiedene Merkmale festgestellt, die zu einer Epiphyseolysis capitis femoris führen:

1. vermehrte radiologische Strahlendurchlässigkeit noch vor einer klinischen Symptomatik [141],
2. Auflockerung der Wachstumsfuge im Sinne einer Epiphyseolysis capitis femoris incipiens [78],
3. schleichender Gleitvorgang, radiologisch erkennbar: Es gleitet die Femurkopfepiphyse auf der Metaphyse nach dorsal-kaudal mit der Folge einer Außendrehung und Verkürzung des Beines [205]. Die Epiphyse liegt dann distal posterior und medial des Schenkelhalses [78], da der Kopf im Azetabulum fixiert ist, gleitet also der Schenkelhals nach lateral ventral (Varusstellung) bzw. nach proximal, anterior und lateral [78]. Die Folge ist die Entstehung eines Cam-Impingements. Durch Beteiligung der lateralen Epiphysengefäße resultiert eine Knorpelnekrose (M. Waldenström) und in deren Folge eine Hüftkopfnekrose, schließlich bis hin zur Coxarthrose.
4. Die Schädigung der lateralen Epiphysengefäße resultiert aus dem Gleitvorgang mit Abdrängen bzw. Schädigung der lateralen Epiphysengefäße, die aus der Gelenkkapsel entspringen und zum Zeitpunkt des Bestehens einer Epiphysenfuge nicht mit dem Gefäßsystem der Metaphyse kommunizieren.

5.2.4 Tuberositas tibiae

Die Tuberositas tibiae ist eine Apophyse der proximalen Tibia, die Erkrankungen, Überlastungsschäden und Verletzungen wie auch die proximale Tibiaepiphyse [224] und deren Eminentia erleiden kann [184]. Die Tuberositas tibiae entwickelt sich aus einer morphologisch sich nach anterior vergrößernden proximalen Tibiaepiphyse etwa in der 12. bis 15. Fetalwoche und bleibt bis zur Geburt in etwa auf gleicher Höhe wie die proximale Tibiaepiphyse. Die Distalisierung der Tuberositas beginnt erst postnatal [213]. Die Besonderheit der Tuberositas tibiae als Apophyse besteht in deren ständigen Verbindung mit der proximalen Tibiaepiphyse [101]. Die unter der Tuberositas tibiae liegende Wachstumsfuge besteht nahezu komplett aus Faserknorpel im Vergleich zum hypertrophen säulenartigen Zellaufbau der Epiphysenwachstumszone. Es liegt eine zytoarchitektonische Modifikation vor, um der Zugbeanspruchung durch den M. quadrizeps über die Patellarsehne standzuhalten. In Höhe der proximalen Tibiaepiphysenfuge bildet sich Säulenknorpel aus, der in hyalinen Knorpel und dann Faserknorpel analog der Hypertrophiezone in der Epiphysenfuge übergeht. Die dritte distalste Region zeigt die Umwandlung vom hyalinen Knorpel in fibröses Bindegewebe und schließlich Knochen, eher im Sinne einer membranösen Ossifikation (Abb. 5.13).

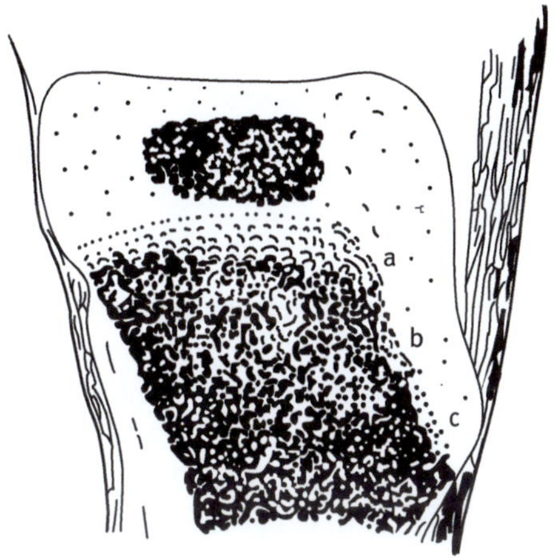

Abb. 5.13: Die drei Zonen der Wachstumsfuge der Tuberositas tibiae ((a) = irregulärer Säulenknorpel, (b) = Faserknorpel, (c) = fibröses Bindegewebe) [225].

Bis zur 12. bzw. 15. Fetalwoche ist die Tuberositas tibiae als eigenständige Struktur nicht erkennbar und hat somit auch etwa bis zum 7. Monat nach der Geburt keine eigene Wachstumsfuge. Die Entwicklung bis zur definitiven Tuberositas lässt sieben Stadien erkennen [214]:

- Pränatale Phase:
  - Stadium 1: kein Nachweis einer Tuberositas, die proximale Tibia verläuft transversal,
  - Stadium 2: anteriorer Auswuchs von der tibialen Chondroepiphyse mit fibrovaskulärer Einstrahlung und Vaskularisation der Chondroepiphyse,
  - Stadium 3: relative Distalisierung der Tuberositas mit longitudinalem Wachstum der proximalen Tibiawachstumsfuge und anatomischer Separation von der proximalen Tibiaepiphysenfuge durch weiter fortschreitenden fibromesenchymal-vaskulären Einwuchs.

- Postnatale Phase:
  - Stadium 4: Entwicklung einer separaten Wachstumsfuge, verbunden mit der Tuberositas tibiae und nachfolgender Vereinigung mit der primären proximalen Tibiaepiphysenfuge,
  - Stadium 5: Entwicklung eines sekundären Ossifikationszentrums im distalen Teil der Tuberositas,
  - Stadium 6: Verbindung des Ossifikationszentrums der Tuberositas mit der der proximalen Tibiaepiphyse,
  - Stadium 7: Schluss der Wachstumsfugen der proximalen Tibia und der Tuberositas.

Im Vergleich dazu beschreibt EHRENBORG [69, 70] die Tuberositas-Entwicklung mit vier Stadien:
- Stadium 1: Knorpelphase,
- Stadium 2: apophysäres Stadium mit Beginn der Formation eines Ossifikationszentrums,
- Stadium 3: epiphysäres Stadium mit Beginn der Vereinigung der beiden Ossifikationszentren der Tuberositas und der proximalen Tibia,
- Stadium 4: Knochenstadium, wenn beide Wachstumsfugen geschlossen sind.

Die Durchblutung der Tuberositas tibiae erfolgt aus der Arteria recurrens tibialis ant. sowie der Arteria genu inf. med. [52]. Die Tuberositas tibiae unterscheidet sich in der Blutversorgung signifikant von der des normalen Epiphysen-Metaphysen-Komplexes. Die normalerweise mit der Ranvier-Zone und dem Perichondrium in Verbindung stehenden Blutgefäße werden von der nach distal reichenden Tuberositas bedeckt und in der Folge in die Metaphysenregion mit einbezogen, dies am medialen und lateralen Rand der Tuberositas mit Überkreuzung der Wachstumsfuge in Richtung Epiphyse.

Es resultiert eine Verbindung des epiphysären und metaphysären Gefäßsystems in der Form wie auch bei den Epiphysenfugen, das sekundäre Ossifikationszentrum der Tuberositas wird mit einbezogen, aber später von TRUETA [335] beschrieben. Die Kommunikation zwischen der Metaphyse und den Knorpelkanälen der Tuberositas ist so wie bei den Epiphysenfugen und daher kann aus Überlastungen bzw. Mikrotraumen während des Wachstums eine Unterbrechung der aus dieser Gefäßentwicklung resultierenden Anastomose entstehen, so wie dies YTREHUS [358] für die Entwicklung der Osteochondrosis dissecans, aber auch partieller und totaler Nekrosen an den Enden langer Röhrenknochen beschreibt.

Der epiphysäre Knochenkern entsteht am proximalen Tibiaende im 1.–3. postnatalen Monat, der apophysäre Knochenkern im 7.–9. Lebensjahr. Dieser wächst nach proximal und vereint sich mit der Epiphyse im Adoleszentenalter. Es folgt der Epiphysenfugenschluss und als letzter Schnitt der Ossifikation der proximalen Tibia vereinigt sich die Apophyse mit der Meta-, Diaphyse (Abb. 5.14).

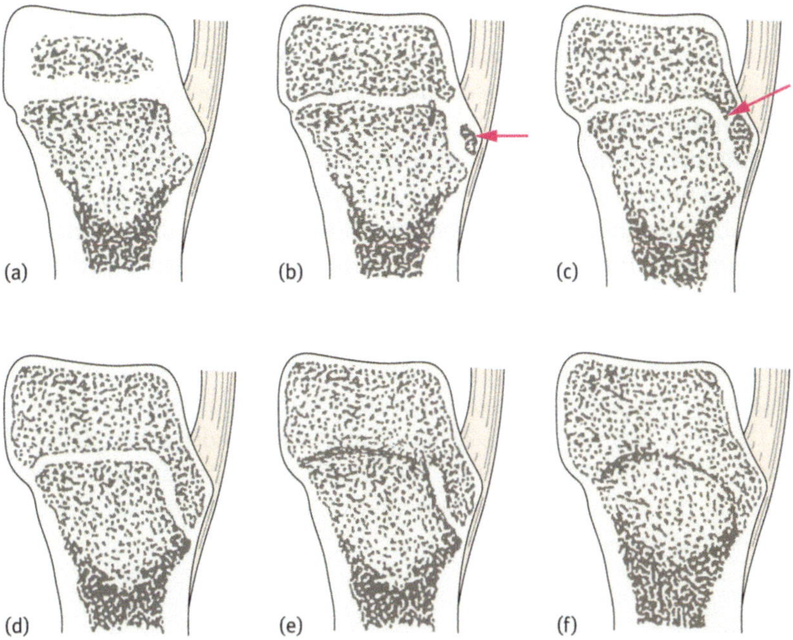

Abb. 5.14: Entwicklung der Tuberositas tibiae ((a) = sekundäres metaphysäres Ossifikationszentrum 1.–3. postnataler Monat, (b) = apophysäres Ossifikationszentrum 7.–9. LJ, Ausdehnung von distal nach proximal, (c) = schmale Knorpelbrücke zwischen apophysärem und epiphysärem Ossifikationszentrum im frühen Adoleszentenalter, (d) = Verschmelzung der beiden Ossifikationszentren, (e) = epiphysärer Fugenschluss bei offener apophysärer Fuge, (f) = kompletter auch apophysärer Fugenschluss), nach [225].

Die Patellarsehne endet nicht an der Tuberositas tibiae, sehnige Strukturen setzen sich an der Metaphyse der Tibia fort. Die Patellarsehne überwölbt als Lig. patellae die Tuberositas und strahlt in das Periost der Tibia ein. Nur ein dünner Teil ist an der Apophyse fixiert [101, 145].

Morbus Osgood-Schlatter

Im gleichen Jahr haben OSGOOD [231] und SCHLATTER [286] eine bei Belastung schmerzhafte Veränderung an der Tuberositas tibiae beschrieben, die im weiteren Verlauf als juvenile Osteochondrose der Tibiaapophyse im Sinne einer Ossifikationsstörung [178] auftritt. Es handelt sich um einen lokalisierten Schmerz bei Knieextension oder auch extremer Flexion. Es zeigen sich Schwellungsveränderungen der Tuberositas. Der Schmerz kann durch eine entsprechende Extension des Knies gegen Widerstand ausgelöst werden, ebenso durch Bewegungen mit voller Beugung („duck-walking“). Die Diagnose wird klinisch in Verbindung mit einem Röntgenbild gestellt, die Kernspintomographie kann hinzugezogen werden, ebenso die Sonographie. Am Röntgenbild ist eine Weichteilschwellung in Verbindung mit einer irregulären

Ossifikation der Apophyse feststellbar [63, 86]. Erkennbar wird die Fragmentation des vorderen Anteiles des Ossifikationszentrums der Tuberositas tibiae, die dann mit zunehmendem Alter mit der proximalen Tibiaepiphyse verknöchert. Ein nicht an diesem Vorgang beteiligtes Fragment weist dann nach Abschluss des Längenwachstums auf diese Erkrankung hin. Bis zum Abschluss des Längenwachstums ist der Nachweis der Fragmentation des sekundären Ossifikationszentrums von Bedeutung. Es handelt sich dabei um eine Fragmentation des vorderen Anteiles des sekundären Ossifikationszentrums der Tuberositas, wobei die Verbindung zwischen der größeren Portion des Ossifikationszentrums mit der Metaphyse erfolgt, d. h., die Wachstumsfuge der Tuberositas mit der proximalen Tibia verschwindet, aber es verbleibt ein Ossikel. Die histologische Untersuchung der Verbindung zwischen Ossikel und dem Rest des Ossifikationszentrums bzw. der verknöcherten Wachstumsfuge zeigt fibröses Bindegewebe [110, 214]. Das Gewebe zwischen dem Ossikel und der verbliebenen Tuberositas erweist sich als fibröses Bindegewebe bzw. Faserknorpel mit einer abnehmenden Vaskularität [37, 336]. Es liegt ein Gewebe vor, das für eine Reparation, und damit Heilung, denkbar ungeeignet ist (Abb. 5.15).

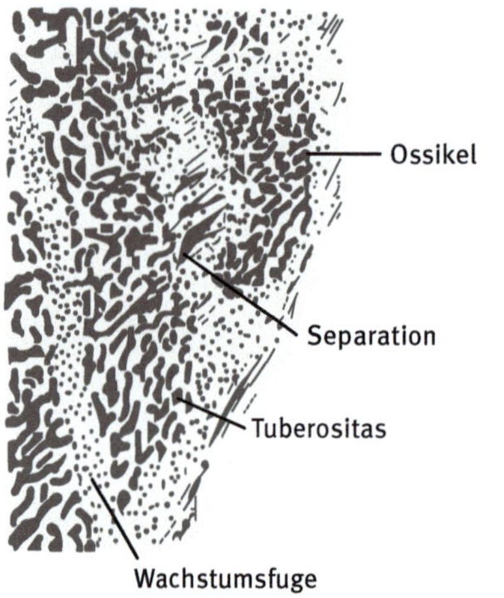

Abb. 5.15: Histologie bei der Trennung des anterioren Teils des Ossifikationszentrums (Ossikel) vom Hauptteil der Tuberositas [225].

Liegt dann noch eine ungünstige mechanische Konstellation zwischen dem Ligamentum patellae und dessen Ansatzstelle vor [136], möglicherweise mit Patellatiefstand sowie einer distalisierten Tuberositas [51], so sind diese Faktoren als Prädispositionsfaktoren zu werten. Histologisch zeigt sich auch der posteriore Anteil der Patellarsehne zwischen dem Ossikel und der Tuberositas als ausgefranst, allerdings auch in verschiedenen Stadien einer Reparation. Das Ossikel selbst enthält intakten Knochen, umgeben von Faserknorpel. In Kenntnis der Entwicklung des Morbus Osgood-Schlatter erinnert das Bild des zentralen vitalen Knochenkerns mit umgebendem Faserknorpel an die Osteochondrosis dissecans, die allerdings intraartikulär gelegen, aber im Prinzip gleichen Ursprungs deshalb ist, da beide Veränderungen auf die Durchblutungsstörung während des Wachstums zurückgeführt werden können [358, 359]. Es handelt sich um eine Störung der Anastomosenbildung zwischen epiphysärem und metaphysärem Gefäßsystem, bei der Apophyse um eine Störung des apophysären und metaphysären Gefäßsystems. Dazu kommen Prädispositionsfaktoren, resultierend aus dem Femoropatellargelenk und aus der kontinuierlichen Traktion (Avulsion) mit Einwirkung auf die Knorpelzellen am Übergang zur Hypertrophie. Die Belastung oder Fehlbelastung bzw. Überlastung führt zur Störung der Anastomosenbildung zwischen zwei verschiedenen Gefäßsystemen mit daraus resultierender eventuell auch nur vorübergehender Chondrose bzw. Nekrose, nachgewiesen durch das vitale Ossikel, umgeben von Faserknorpel bei den abgeschlossenen reparativen Maßnahmen am Tuberositasrest.

5.2.5 Beckenapophysen

Am Becken setzt eine Vielzahl von Muskeln an, die in aller Regel über kurze Sehnenstücke fixiert sind. Darum kommt dem Sehnenansatz („Enthesis") eine besondere Bedeutung zu, mit nur kurzem, sehnigem, teilweise flächigem Verlauf zur quergestreiften Muskulatur.

Die Sehnen- bzw. damit verbundenen Muskelansätze sind auch im Beckenbereich mit einer Gegenspannung versehen, so der Tuber ischiadicum durch das Lig. sacrotuberale u. a., wobei ebenso an diesen Stellen gemäß dem Kräfteparallelogramm eine Kompression der Knorpelfuge entsteht.

Zwei typische Mechanismen sollen hier Erwähnung finden:

1. Abriss-Schaden der Spina iliaca anterior inferior:
   An der Spina iliaca anterior inferior setzt der M. rectur femoris mit Gegenspannung durch Anteile des M. iliacus an. Dieser kann bei Streckung des gebeugten Hüft- und Kniegelenkes, also bei maximaler Quadrizepsanspannung aus dem gebeugten Hüft- und Kniegelenk, unter besonderen Zugstress geraten.
2. Abriss-Schaden des Tuber ischiadicum:
   Am Tuber ischiadicum setzt die ischiocrurale Muskulatur an, der M. semitendinosus, M. semimembranosus und M. biceps. Die Stabilisierung erfolgt durch das Lig. sacrotuberale. Allgemein wird als geeigneter Pathomechanismus der „Spagat" angegeben, d. h. maximale Beugung in der Hüfte bei gestrecktem Knie.

Beurteilt werden müssen der Schaden am Sitzbein und hier vor allem der Ansatz der ischiokruralen Muskulatur. Die Besonderheit dieser Muskeln zeigt sich darin, dass sie, abgesehen vom Biceps femoris, nur über eine kurze sehnenartige Struktur am Knochen ansetzen. Somit liegt das typische Bild einer Sehne, wie das bei der Achillessehne oder der distalen Bizepssehne am Arm der Fall ist, nicht vor. Es gelten also nicht die Regeln, wie sie bei einer der letztgenannten Sehnen anzuwenden wären. Jedoch im Prinzip gilt auch bei dieser flächigen Ansatzstelle, dass nur dann eine Schädigung eintreten kann, diese traumatischer Art, wenn bei maximaler Vorspannung eine zusätzliche passive Krafteinwirkung entsteht. Nun überkreuzt aber diese Muskelgruppe das Hüft- und das Kniegelenk. Es gäbe also mehrere Stellen, bei denen bei der genannten Pathomechanik eine Schädigung eintreten könnte. Es muss, wenn nun zwei Gelenke überbrückt werden, eine Schwachstelle bestehen, die eine Kontinuitätsunterbrechung gerade der Muskelansätze zulässt. Aber auch in dieser Spagatsituation ist unter Normalbedingungen mit einem Abreißen der Muskulatur am Sitzbein nicht zu rechnen (vgl. Hürdenläufer), sondern erst dann, wenn sich eine Schwachstelle ausgebildet hat, und diese findet sich an der „Enthesis" der ischiocruralen Muskulatur am Sitzbein. Es handelt sich hier um einen typischen sehnenartigen Aufbau, so wie dieser allerdings bei allen Sehnen am Knochenansatz zu finden ist. In der hier zu diskutierenden Situation ist aber dieser kurze Sehnenspiegel direkt mit Knochen und Muskel in Verbindung, kollagene Fasern treten aus dem sehnigen Anteil direkt in die Kollagenstruktur des Knochens über und bilden hier einen kräftigen Halt, deshalb reißen ja auch die Bizeps- und die Achillessehne nicht direkt vom Knochen ab. Dies ist auch hier nicht der Fall, da zudem der Zug am Tuber ischiadicum durch das Lig. sacrotuberale kompensiert wird.

5.2.6 Sonstige Apo-/Epiphysen

Neben den überlastungsbedingten Epiphysenschäden in Verbindung mit deren Wachstumssituation (z. B. Epiphyseolysis capitis femoris) finden sich typische Beispiele am proximalen Humerus sowie am distalen Humerus, an der distalen Ulnaepiphyse und auch an der proximalen Tibia. Von den Apophysen sind die distale mediale Ellbogenapophyse, die Kalkaneusapophyse neben dem Morbus Osgood Schlatter der Tuberositas tibiae zu nennen. Die häufigsten Schäden an Apo- und Epiphysen finden sich an der distalen medialen Humerusapophyse [14], an der Tuberositas tibiae [231, 286] sowie an der Kalkaneusapophyse [299], dazu an der Wirbelsäule [285] sowie an der proximalen Humerusepiphyse [2], an der Hüftkopfepiphyse [235] und an der medialen proximalen Tibiaepiphyse [21]. Ein typischer Überlastungsschaden an der Epiphyse zeigt sich als Stressfraktur, als Epiphyseolyse im adoleszenten Wachstumsalter, als Little league shoulder [2] bei dem baseball pitcher und an der medialen distalen Ellbogenapophyse im Sinne einer apophysealen Lockerung durch einen kräftigen Übergang von Flexion in Extension bei gleichzeitiger lateraler Kompression des Gelenkes als Little league elbow [14]. Ebenfalls im adoleszenten Alter wird die adoleszente Kyphose, früher als Kyphosis dorsalis juveniles bezeichnet, als Morbus Scheuermann [285, 289] festgestellt. Es handelt sich dabei um eine Aufbau- und Wachstumsstörung der Wirbelsäule, vorwiegend im Bereich der mittleren BWS bis zum thorakolumbalen Übergang [58] bei einer biomechanischen Minderwertigkeit der hyalinknorpeligen Wirbelabschlussplatten mit Ausbildung der Schmorl'schen Knötchen. Es liegt eine Verknöcherungsstörung der knorpeligen Randleistenapophysen der Wirbelkörper vor. Sowohl bei der Little league shoulder als auch beim Little league elbow kommt es im Sinne der Überlastung zu einer Aufweitung der Wachstumsfuge mit einer Separation und Fragmentation. Die Wachstumsfuge wird instabil und die an der Wachstumsfuge ansetzenden Sehnen führen zur Dislokation, besonders bei der proximalen Humerusepiphysenlösung sowohl durch die typische Verletzung als auch bei der überlastungsbedingten Epiphysenlösung. Die Folge ist der Muskelzug durch die Sehnen der Rotatorenmanschette, wobei die Epiphyse in Flexion, Abduktion und leichte Außenrotation gerät, mit einer anterioren Verschiebung der Metaphyse (Abb. 5.16).

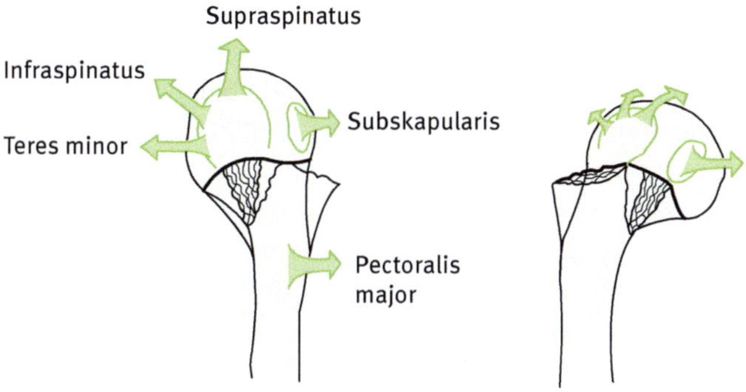

Abb. 5.16: Muskelansätze am proximalen Humerus, die die Dislokation der Epiphyse bei der verletzungsbedingten, aber auch überlastungsbedingten Lösung veranlassen ([44], aus [294]).

5.2.7 Patella partita – Patellaapophysen

Die Patella partita („geteilte Kniescheibe") und der dorsale Patelladefekt sind relativ seltene Fehlformen der Kniescheibe, am häufigsten findet sich bei mehreren Formen der „Patella partita" eine so genannte „Patella bipartita". Die Verknöcherung der Patella beginnt zwischen dem 3. und 5. Lebensjahr [219, 34], bei Knaben zwischen dem 3. und 6. Lebensjahr, bei Mädchen zwischen dem 2. und 5. Lebensjahr [34]. Normalerweise besteht die Kniescheibe aus einem Ossifikationszentrum (77 %), es können mehrere Zentren vorliegen (23 %), in aller Regel bis maximal zwei bis drei Ossifikationszentren [252]. Das primäre Ossifikationszentrum weitet sich zum Rand hin aus, der Rand der Ossifikation wird irregulär und die Vergrößerung des primären Ossifikationszentrums erfolgt zum Rand hin und vor allen Dingen auch nach anterior, d. h. vom Kniezentrum wegwärts [218]. So genannte sekundäre Ossifikationszentren bilden sich etwa im 12. Lebensjahr aus [28], und unter Normalbedingungen kommt es beim Vorhandensein multifokaler Ossifikationszentren zum Verschmelzen mit dem primären Ossifikationszentrum [1, 85, 227, 331]. Bei der Patella bipartita ist von einer Patellaentwicklung auszugehen, bei der sich erst zeitlich später ein tertiäres Ossifikationszentrum entwickelt [361]. Die Entstehung der Patella partita wird analog zum Morbus Sinding-Larsen-Johansson und zum Morbus Osgood-Schlatter gesehen [309, 126, 231, 286]. Die ursprünglichen Bezeichnungen dieser Veränderungen im Sinne einer „Traktionsapophysitis bzw. Traktionsosteochondritis“ [139, 10] wurden verlassen, heute wird darunter eine Störung der Ossifikation verstanden. Die Erstbeschreibung der Fragmentation des proximalen Patellapoles erfolgt im Sinne eines „Double patella syndrom“ [35, 10]. Entsprechend der aktuellen Überlegung [133] handelt es sich um eine Pathologie der Patellaapophysen, vergleichbar mit dem Morbus Osgood-Schlatter an der Tuberositas tibiae als Tibiaapophyse. Die Patella partita zeigt eine Geschlechtsverteilung männlich : weiblich = 4,2 : 1,0 [332, 24, 138, 211, 346, 229], wobei bei allen geteilten Kniescheiben nach WEAVER [346] lediglich 2 % symptomatisch sind und nach OOHASHI [229] dies bei 36 % der Fall ist. Der Beginn der Symptomatik liegt zwischen dem 12. bis 16. Lebensjahr und tritt nach einer außerordentlichen Belastung auf. Auch die Verbindung mit einem Trauma wird diskutiert [346]. Auffällig ist das bilaterale Auftreten der Patella bipartita bzw. Patella partita mit fast 50 % [229, 346, 1, 90]. Eine Klassifikation der Patella bipartita nimmt SAUPE [280, 281] unter Nennung von drei Typen vor: Typ I als inferioren, Typ II als lateral-vertikalen und Typ III als superolateralen Typ, letzterer ist mit 75 % am häufigsten zu finden (Abb. 5.17).

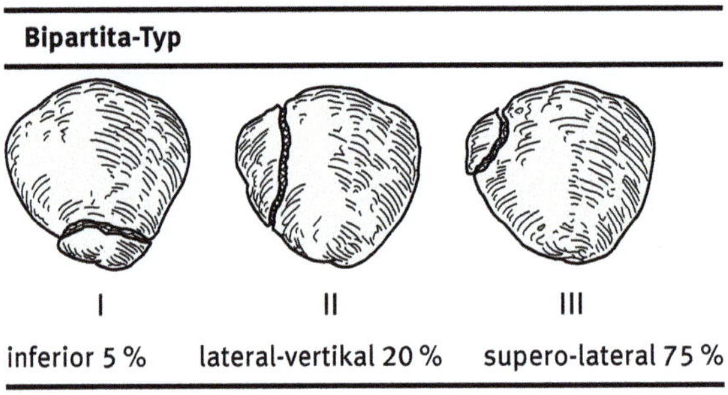

Abb. 5.17: Klassifikation der Patella bipartita, nach [280] in [295].

Da die SAUPE-Klassifikation [280] lediglich auf der Lokalisation des Fragmentes beruht, wird auch das Einbeziehen der Anzahl der Fragmente für notwendig erachtet, mit der Folge einer Klassifikation nach OOHASHI [229] und der Unterscheidung der Patella bipartita von der Patella tripartita. Die Patella bipartita bzw. Patella partita kann den Patelladysplasien zugeordnet werden, mit der Unterscheidung der Aplasie, Hypoplasie, partiellen Hypoplasie, Patella bipartita, Patella-Fragmentation, Patella-Duplikation und Patella magna. Die Patellaaplasie wird einem kongenitalen Faktor und auch einer familiären Häufung zugeordnet [172, 180, 129, 16]. Zu den multiplen Patellafragmentationen gehören ebenso die Patella tripartita sowie die extrem seltene Patella-Duplikation [295]. Es werden mehrere Einteilungen der „unterteilten Kniescheibe“ beschrieben, mit dem Hinweis auf eine angeborene Spaltbildung, wobei die Spaltbildung der Kniescheibe durch eine primäre Verknöcherungshemmung der knorpeligen Patellaanlage entsteht und nicht durch eine gestörte Verschmelzung mehrerer Knochenkerne, da die Kniescheibe des Menschen von einem einzigen Knochenkern ihren Ausgang nähme [317]. In Kenntnis weiterer Beschreibungen kann jedoch diese Meinung nicht aufrechterhalten werden, da doch unter Berücksichtigung der Apophyse eine Störung des Ossifikationsvorganges im Vordergrund steht [133]. PFEIL [245] nimmt eine Unterteilung der Patella partita in Fragmentationen, Randdefekte und Duplikation vor, die Patella bipartita sowie tripartita, aber auch multipartita werden den Fragmentationen zugeordnet. Weitere Teilungsarten bzw. Teilungsformen sieht FULKERSON [77] unter Berücksichtigung der Teilungsform in diagonale, sagittale, horizontale, frontale und zentrale mit Hinweis auf die Formen der Emargination vor. Schließlich sei auf die Einteilung von BAUMGARTL [11] verwiesen. Dieser stützt sich auf die Klassifikation nach SAUPE [280] und ergänzt diese durch SCHAER [283]. Die ursprüngliche Einteilung nach SAUPE [280] nennt drei Formen (Form I bis III), die durch Form IV und V nach SCHAER [283] ergänzt werden. Daraus resultiert (Abb. 5.18):

- **Form I**: Nach JOACHIMSTHAL [125] handelt es sich um einen horizontalen Spalt kurz oberhalb der Patellaspitze, vergleichbar mit dem Morbus Sinding-Larsen-Johansson.
- **Form II**: Diese Form basiert ebenfalls auf Beobachtungen von JOACHIMSTHAL [125] im Sinne einer senkrechten Spaltbildung lateral.
- **Form II/III**: Nach SCHAER [283] wird diese Form eingeführt, um die seltene Form der lateralen Spaltbildung mit der Patella tripartita einzuordnen.
- **Form III**: Diese Form geht auf GRUBER [92] zurück, unter Beschreibung eines bogenförmigen Spaltes am superolateralen Quadranten mit dem Resultat der Patella bipartita bzw. tripartita und auch der Patella multipartita mit einer Häufigkeit von 80–84 %. Der Hauptteil der Kniescheibe und auch die isolierten Anteile ergeben eine normale Kniescheibenform, wobei aber die angelagerten isolierten Teile das normale Kniescheibenniveau überragen können [56]. Bei der Emargination handelt es sich um eine fibulare Aussparung superolateral ohne Nachweis eine Knochenkerns [140], und zur Form III gehören partielle Verschmelzungen.
- **Form IV**: Ein isoliertes Stück liegt der tibialen Oberkante durch einen schrägen Spalt getrennt an, ein weiterer isolierter Anteil kann der tibialen Unterkante anliegen.
- **Form V**: Zweiteilung der Kniescheibe durch einen Spalt in der Frontalebene, der die Kniescheibe in zwei hintereinanderliegende Stücke teilt.

Bei mehreren tendinösen bzw. ligamentären und/oder retinakulären Ansätzen der Halteansätze randständig an der Patella und bei gleichzeitigem Vorliegen auch vieler Möglichkeiten von Ossifikationszentren resultieren, in Abhängigkeit von der ligamentären Führung der Patella, diverse apophysäre Strukturen im Sinne der Patella partita (bipartita bis multipartita). Dazu liegen mehrere Klassifikationen vor (Abb. 5.18).

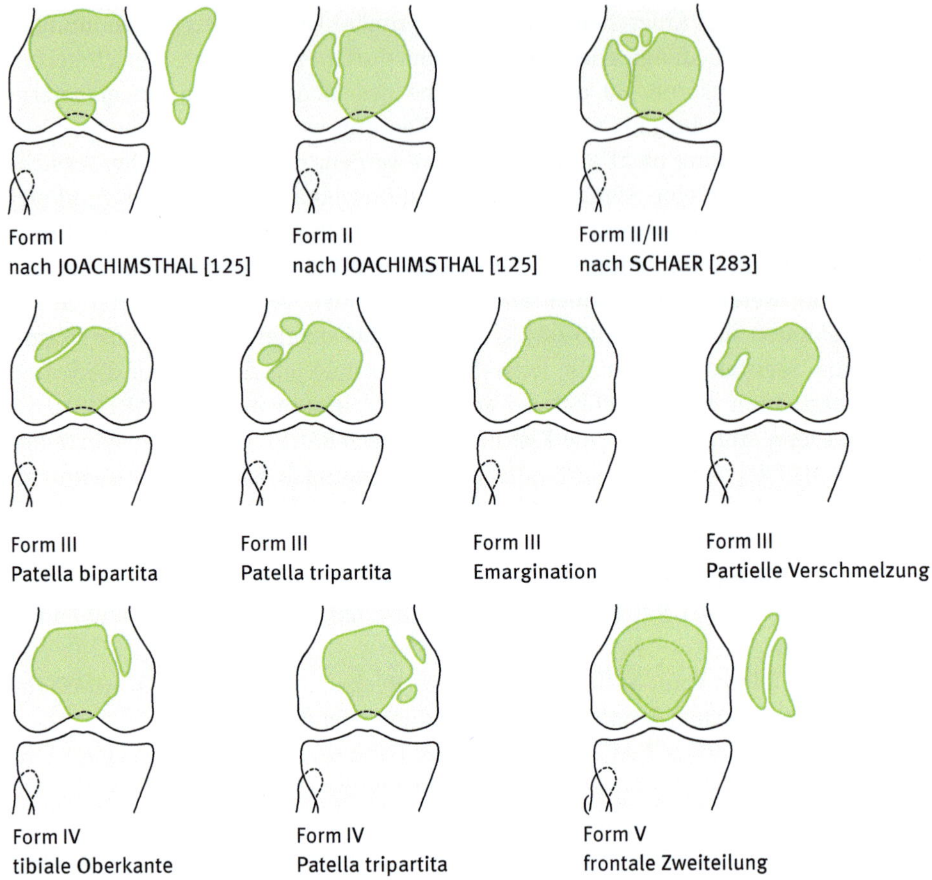

Abb. 5.18: Einteilung der Patella partita, nach [283], modifiziert nach [10].

Neben der Patella bipartita werden Teilungen der Sesamknochen, des Os trigonum und auch der accessorischen Ossa navicularia u. a. beschrieben [72, 73]. Zur Ätiologie sind Überlastungsschäden, Verletzungen, aber auch Anlageschäden u. a. erläutert. Es gibt mehrere Theorien:

1. Theorie der unvollständigen Verschmelzung von Knochenkernen [92],
2. Theorie der Durchblutungsstörung bei ischämischer Nekrose [282],
3. Theorie der Stressfraktur im Sinne eines Ermüdungsgeschehens durch Quadrizeps- bzw. Vastus lateralis-Zug [54, 64, 171, 32],
4. Theorie der Stressfraktur zwischen primärem und sekundärem Ossifikationszentrum [90, 28],
5. Traumatheorie im Sinne einer Ruptur der Faserknorpelzone [116, 321].

Der Entstehungsmechanismus der Patella partita kann mit der Pathogenese der Apophysenproblematik der Tuberositas tibiae verglichen werden. Im Allgemeinen wird eine echte Fraktur klinisch und radiologisch erkannt, kann aber auch durch eine Patella bipartita, die symptomatisch ist, vorgetäuscht werden [64, 346]. Tatsächliche Frakturen im Sinne einer Randfraktur der Patella durch einen plötzlichen exzessiven Muskelzug [160] oder durch eine Kompression der Patella gegen den Femurkondylus [61] bereiten diagnostisch Schwierigkeiten. Die Randbereiche der Kniescheibe unterliegen einer Minderdurchblutung [282], dies unter einem konstanten Quadrizepszug, so dass bei einer tatsächlichen Randfraktur eine adäquate Therapie problematisch ist [272], mit der Folge der Ausbildung einer Pseudarthrose. Diese Minderdurchblutung und der Quadrizepszug (Musculus vastus lateralis) haben auch einen Einfluss auf die Ossifikation der Patella. Dann, wenn ein sekundäres Ossifikationszentrum vorliegt, wird die geplante Knochenkernverschmelzung beeinflusst, mit der Ausbildung einer Patella bipartita, insbesondere im superolateralen Patellabereich. Die zusätzlich bestehende Kraftzugeinwirkung durch den Quadrizeps erklärt auch eine Stressfraktur, insbesondere dann, wenn die Verknöcherung nicht abgeschlossen ist. Es ist auch in diesem Stadium durch eine entsprechende direkte Krafteinwirkung ein Riss der Faserknorpelzone zwischen dem primären und sekundären Ossifikationszentrum erklärbar. Werden die verschiedenen Theorien berücksichtigt, so resultiert im Endeffekt, dass alle fünf Theorien in zeitlicher Abhängigkeit und auch unter Einbezug der Belastung eine Erklärung für die Patella bipartita bzw. multipartita ergeben. In Abgrenzung zur Verletzung bedarf es einer Trennung zwischen der Spaltbildung und einer Fraktur. Liegt eine Traumatisierung der Patella, in aller Regel im Sinne einer direkten Krafteinwirkung, vor, so kann eine Verletzung des Spaltes zwischen primärem und sekundärem Ossifikationszentrum entstehen, auch mit einer hohen Wahrscheinlichkeit der Ausbildung einer Pseudarthrose, die dann nur schwer von der eigentlichen Patella bipartita abgegrenzt werden kann. Kommt es zu traumatischen Schädigungen, so sind auch die Verletzungszeichen erkennbar, wogegen bei der asymptomatischen Patella bipartita nicht unbedingt klinische Symptome bestehen müssen. Entsteht aber eine Verletzung in diesem Bereich, so ist von einer Verschlimmerung des schon vorher bestehenden Leidens der Patella bipartita auszugehen [11]. Eine Patella bipartita kann im Sinne einer repetitiven Stresssituation oder bei einem Einzelereignis frakturieren [88]. Eine Stressfraktur oder eine fibröse Pseudarthrose sollte bei einem Patienten angenommen werden, der einen direkten Schmerz über der superolateralen Patella angibt. Dazu sind die klinischen und insbesondere radiologischen Gesichtspunkte zu beurteilen.

Für die Diagnostik steht das Röntgenbild, vor allem unter Berücksichtigung der Patella-tangential-Aufnahme, zur Verfügung, aber ebenso die Sonographie [19], die Szintigraphie [28, 116, 228] und die Magnetresonanztomographie [338]. Die symptomatische Patella bipartita betrifft Jugendliche, insbesondere im Adoleszentenalter, und ist beim Nichtausheilen, d. h. wenn die Ossifikation nicht regulär abläuft, auch im Erwachsenenalter zu finden. Die Entstehung ist aber auf das Kindes- bzw. Adoleszentenalter beschränkt. Hier besteht nun ein Zusammenhang mit der Entwicklung des Morbus Osgood-Schlatter, bei dem ein vitaler, zentraler Knochenkern mit umgebendem Faserknorpel gefunden wird, abgesehen von der Lokalisation auch mit der Osteochondrosis dissecans vergleichbar. Da beide Veränderungen auf die Durchblutungsstörung während des Wachstums zurückgeführt werden können [358, 359], ist somit die Pathogenese der Patella bipartita mit der des Osgood-Schlatter sowie auch des Morbus Sinding-Larsen-Johansson vergleichbar. Es handelt sich im Wachstumsalter um eine Störung der Anastomosenbildung zwischen epiphysärem und metaphysärem Gefäßsystem, bei der Apophyse um eine Störung des apophysären und metaphysären Gefäßsystems. Dies trifft somit auch für die Patella bipartita zu, da diese im Sinne einer Apophyse der Patella verstanden wird [133]. Prädispositionsfaktoren sind die randständige Durchblutungsstörung der Patella, aber auch die kontinuierliche Traktion (Avulsio) mit Einwirkung auf die Knorpelzellen am Übergang zur Hypertrophie. Diese Belastung oder auch Fehlbelastung bzw. Überlastung führt zur Störung der Anastomosenbildung zwischen zwei verschiedenen Gefäßsystemen mit daraus resultierender evtl. auch nur vorübergehender Chondrose bzw. Nekrose, nachgewiesen durch das vitale Ossikel, das von Faserknorpel umgeben ist, bei den abgeschlossenen reparativen Maßnahmen. Die pathologische Untersuchung exzidierter Fragmente der Patella bipartita zeigt fibröses Bindegewebe zwischen dem primären und sekundären Ossifikationszentrum, dazu Faserknorpel sowie hyalinen Knorpel mit Zeichen der diffusen Texturstörung mit nekrotischem Faserknorpel. Blutgefäße fehlen. Im Vordergrund stehen fibröses Bindegewebe sowie Nekrosen des Faserknorpels, es liegen aber auch Zeichen der irregulären Ossifikation vor [227, 217]. Aus histopathologischen Überlegungen heraus ist ein sekundäres bzw. accessorisches Ossifikationszentrum wahrscheinlich, das sich nicht mit dem primären Ossifikationszentrum verbindet. Daraus lässt sich aber auch als Ursache eine Durchblutungsstörung feststellen, die im Wachstumsalter aufgrund einer nicht eintretenden Anastomosierung von zwei Gefäßsystemen resultiert [358, 359]. Eine seltene Begleitpathologie der Patella bipartita ist der dorsale Patelladefekt, der superolateral gefunden wird [27, 339, 99]. Die Häufigkeit liegt bei 0,3 %. Die Diagnose wird mittels Röntgenbild, vorwiegend im seitlichen Strahlengang, oder mit der Patella-tangential-Aufnahme gestellt. Es handelt sich histologisch um dichtes Bindegewebe mit Knochennekrosen und Zeichen der Reossifikation, der Verknöcherung und auch der Kalzifizierung [217, 90]. Es wird eher eine stressinduzierte Ossifikationsanomalie als eine posttraumatische subartikuläre Knochenzyste diskutiert, und dieser Schaden wird mit Faktoren verbunden, die auch zur Patella bipartita führen. Der Zusammenhang des dorsalen Patelladefekts mit der Patella bipartita bzw. multipartita wird insbesondere wegen der randständigen Blutminderversorgung gesehen [282, 87, 99]. Es kann von einer Spontanheilung bis zum dritten Lebensjahrzehnt ausgegangen werden [90].

Ein Charakteristikum der Apophyse ist die auf das Ossifikationszentrum einwirkende Traktion, die bei einer Entwicklungsstörung [133] zur Fragmentation des Ossifikationszentrums führen kann [339]. Die Folge ist an der Patella eine Ein- oder Mehrfachteilung (Abb. 5.19). Die Verschmelzung der Knochenkerne unterbleibt wegen eines verstärkten Muskelzuges oder einer vermehrten Biegebeanspruchung [307].

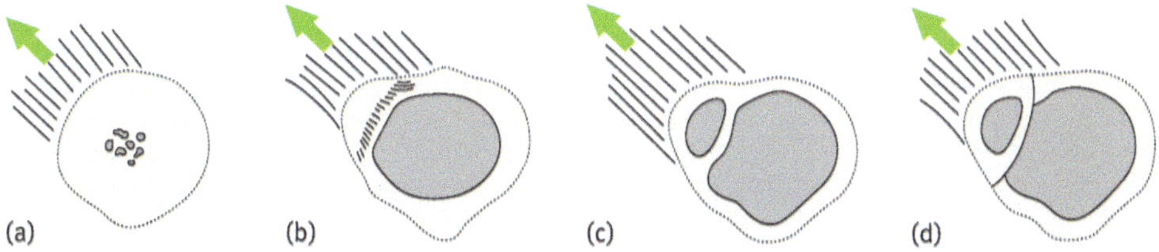

Abb. 5.19: Entstehung einer Patella bipartita ((a) = zentrales Ossifikationszentrum, Pfeil = Zug des M. vastus lateralis, (b) = Separation, (c) = zusätzliches Ossifikationszentrum im apophysären Patellaanteil, (d) = Patella bipartita), nach: [225].

Die Patella wird von der Quadrizepssehne in Verbindung mit dem Lig. patellae geführt, dazu von den Retinakula, die als Teile der breiten Quadrizepssehne zu verstehen sind. Aus diesen Strukturen resultiert die Membrana fibrosa des Kniegelenkes. Die Retinakula ziehen neben der Patella hinweg und strahlen relativ weit weg von der Tuberositas tibiae in die Tibiametaphyse ein. Die tibial inserierenden Strukturen entsprechen dem Lig. patellae, nur ein geringer Anteil davon setzt an der Tuberositas tibiae als Patellarsehne an. Neben den Retinakula, die streng longitudinal verlaufen, gibt es mehrere Faserzüge, die auch quer verlaufen und damit die beiden Femurkondylen (Epikondylen) quer über den Oberrand der Patella miteinander als Ligg. patellofemoralia med. et lat. mit einem zusätzlichen Lig. patellofemorale inf. lat. verbinden [295]. Das Lig. patellofemorale lat. entspringt auch am Tractus iliotibialis und die Ansatzstellen der Quadrizeps- bzw. Patellarsehne werden als chondral-apophysäre Ansatzzonen bezeichnet [329, 102]. Andere Faserzüge erreichen von der Patella ausgehend die Menisken (Abb. 5.20 und 5.21).

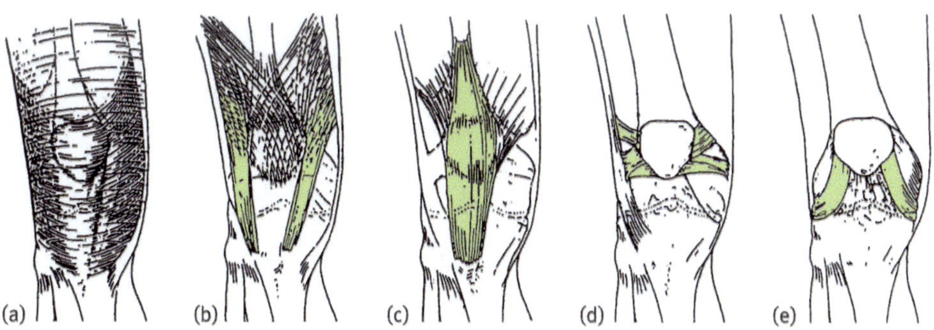

Abb. 5.20: Retinakulumstrukturen der Patella ((a) = oberflächliche Retinakulumschichten als „acriform layer“, (b) = Zwischenschichten, Lig. patellotibiale lat. et med., (c) = tiefe Längsschicht mit M. rectus femoris et intermedius, Quadrizepsmuskelgruppe, (d) = tiefe Schräg- bzw. Querschicht, mediales und laterales Retinakulumsystem, (e) = tiefe Kapselschicht als Lig. meniscopatellare lat. et med.), nach [75].

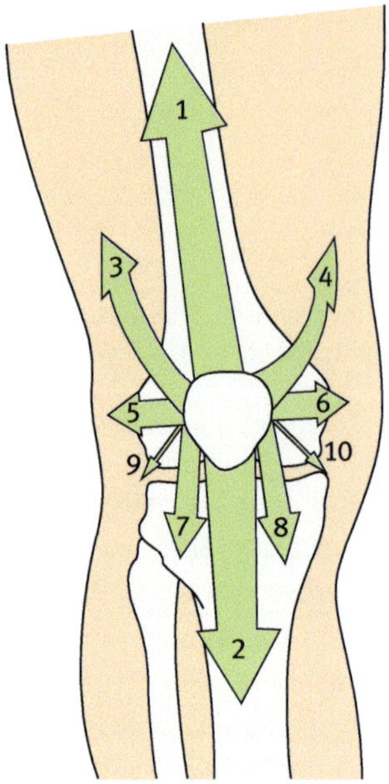

Abb. 5.21: Ligamentäre und tendinöse Ansatzstrukturen an der Patella (1 = M. rectus intermedius, 2 = Patellarsehne, Lig. patellae, 3 = M. vastus lat., 4 = M. vastus med., 5 = Lig. patellofemorale lat. = R. patellae transversale lat., 6 = Lig. patellofemorale med. = R. patellae transversale med., 7 = Lig. patellotibiale lat. = R. patellae longitudinale lat., 8 = Lig. patellotibiale med. = R. patellae longitudinale med., 9 = Lig. meniscopatellare lat., 10 = Lig. meniscopatellare med.).

5.3 Beurteilung

Der Altersgipfel der Epiphysen- und Apophysenschäden wird in das 11. bis 12. Lebensjahr bei Mädchen und in das 13. bis 14. Lebensjahr bei Knaben gelegt [124]. Im Vordergrund zur Beurteilung dieser Schäden steht neben dem Patientenalter vor allem eine exakte Diagnose. Es bedarf einer strengen Unterscheidung zwischen den Epiphysen- und den Apophysenschäden, dies in Kenntnis anatomischer Voraussetzungen. An erster Stelle steht hier die Tatsache, dass die Apophysen als Sehnenansatzstellen zu werten sind und somit vorwiegend auf Zug, die Epiphysen dagegen auf Druck belastet sind. Bei Sehnenansätzen besteht ein stabiler Übergang des kollagenen Fasersystems der Sehne über Sharpey'sche Fasern in das kollagene Fasersystem des Knochens, es liegt eine denkbar stabile Verankerung vor. Dazu sind die Sehnenansätze an den Apophysen durch Gegenzugsysteme stabilisiert. Das kollagene Sharpey'sche System gibt es bei der Epiphyse nicht und ist auch hier aufgrund der Druckbelastung nicht erforderlich. Gegen Scherkräfte wird die Epiphyse durch die Periphyse geschützt (RANVIER-Ring, LACROIX-Ring). Durch das Gegenzugsystem an den Apophysen kommt es bei der physiologischen Zugbeanspruchung entsprechend dem Kräfteparallelogramm zur Druckbeanspruchung der apophysären Knorpelfuge als Stabilisierung entgegen Scherkräfte. Im Wachstumsalter sind sowohl an der Epiphyse als auch an der Apophyse Schwachstellen definiert [194, 213, 264]. Bei den Epiphysen ist die Schwachstelle zwischen der Hypertrophiezone der Wachstumsfuge und der Verkalkung zu finden, diese Schwachstelle lokalisiert eine Lösungsstelle, ist aber nicht als ursächlich dafür zu werten. Kommt es zu einer Kontinuitätsunterbrechung in diesem Bereich, so bleiben bei der Lösung, abgesehen von der Verkalkungszone, die restlichen Zonen der Fuge mit der Epiphyse in Verbindung. Diese Schwachstelle findet sich auch bei Apophysen, wobei aber hier ein zusätzliches Defizit bei Wachstumsstörungen des sekundären Ossifikationszentrums besteht. Das Gewebe zwischen dem Ossikel und dem Rest des Ossifikationszentrums bzw. der verknöcherten Wachstumsfuge zeigt fibröses Bindegewebe bzw. Faserknorpel mit einer verminderten Vaskularität. Es besteht also ein Gewebe, das für eine Reparation und damit Heilung denkbar ungeeignet ist. An den Apophysen ist aber von Bedeutung, dass die einstrahlenden kollagenen Fasern der Sehne über Sharpey'sche Fasern zum Kollagensystem des Knochens nicht unterbrochen sind, allenfalls abgelenkt [264]. Das bedeutet nun, dass eine tatsächliche Schwachstelle in Bezug auf die Eigenzugleistung des dazugehörigen Muskels nicht vorliegen kann. Somit handelt es sich an dieser Stelle um ein biomechanisches System, das eigentlich zum Muskel-Sehnen-Knochen-System gehört. Hieraus ist bekannt, dass die eigene Muskelleistung auch unter Extrembedingungen eine Sehne und damit einen Sehnenausriss nicht erklären kann, zumal ja ein Gegenzug vorliegt. Andere Faktoren – und nicht die Muskeleigenleistung – sind hier für eine adäquate Schwächung zuständig. Im Wachstumsalter werden u. a. hormonelle Faktoren diskutiert, die einen Einfluss auf das Wachstum haben und auch für Wachstumsstörungen verantwortlich zeichnen könnten. Es resultieren Chondrosen bzw. Osteochondrosen des sekundären Ossifikationszentrums in der Folge von Durchblutungsstörungen und daraus lassen sich persistierende Apophysen ableiten, bei denen neben der Durchblutungsstörung auch eine krankhafte, wahrscheinlich überlastungsbedingte Wachstumsstörung resultiert. Zusätzlich spielen aber an der Apophyse zwei voneinander zunächst unabhängige Gefäßsysteme eine Rolle, nämlich das metaphysäre und das apophysäre Gefäßsystem, zwischen denen sich dann im Verlauf des Längenwachstums Anastomosen ausbilden. Werden diese in ihrer Ausbildung gestört, ist die Folge eine Chondrose oder auch Osteochondrose. und dieses Gefäßproblem ist bei den Epiphysen von überragender Bedeutung, z. B. in der Entstehung der Schadensanlage einer Osteochondrosis dissecans oder eines Morbus Perthes (Chondrose, Osteochondrose). Chondrosen und Osteochondrosen spielen im Circulus vitiosus in Verbindung mit der Osteonekrose eine Rolle.

Entsprechend der heute zur Verfügung stehenden Literatur werden Apophysenverletzungen in der Folge einer erhöhten Zugspannung auf die Sehnenansätze vermutet [293], auch in Verbindung mit einer unregelmäßigen Ossifikation der Knochenkerne, und es werden dann repetitive Mikrotraumen vom singulären Trauma differenziert. Auf den Unterschied zwischen traumatischer Separation und der krankhaften, mehrzeitigen Apophysenlösung weist nach Einführung der Röntgenbilddiagnostik POLAND [251] hin. Diese Auffassung wird noch bis Ende der neunziger Jahre vertreten [247], teilweise bis heute [293]: „Die Verletzung ist das Ergebnis eigener Kraftleistung." PROBST [254] weist darauf hin, dass man sich davor hüten muss, den gelegentlich durch die Ablösung des Muskels (Sehne) bewirkten Sturz für die Ursache der Verletzung zu halten.

Nach SIEBERT [305] sollen ein Apophysenabriss bei maximaler Muskelanspannung mit plötzlich massivem Schmerzereignis und eine Apophysenlösung unter Dauerbeanspruchung entstehen. Die Therapie der Apophysenverletzung war bei SIEBERT [305] immer konservativ, d. h., eine tatsächliche Verletzung konnte optisch nicht betrachtet werden. Die hormonell bedingte Schwächung der Apophysen sei kein anlagebedingter Vorschaden [189], so dass auch eine explosionsartige Muskelaktion eine Apophysenverletzung verursachen könne [293]. Die tatsächliche Anatomie der Apophyse wird aber dabei übersehen, einmal die die Knorpelfuge überkreuzende kollagene Faserstruktur, zum anderen das Gegenzugprinzip und die durch die als Ursache angesehene Zugbelastung verursachte Kompression der Fuge [258]. Dadurch können Scherkräfte nur eine untergeordnete Rolle spielen. Wenn durch Zugkräfte die Kollagenstruktur (Sharpey'sche Fasern) zerstört werden soll, um einen Apophysenausriss zu ermöglichen, so muss auch das die Apophyse umgebende Periost bzw. Perichondrium mit einreißen, da der Elastizitätskoeffizient beider Strukturen vergleichbar ist. Insofern sollte ebenfalls am Röntgenbild bei Ausrissfrakturen eine größere Dehiszenz als bei einer schicksalhaften Lösung resultieren. Klinisch ist bei einer Apophysenverletzung neben dem entsprechenden Funktionsausfall eine Einblutung zu erwarten.

Die repetitiven Mikrotraumen sollen die Apophysenlösung erklären, das singuläre Trauma die Avulsion als Apophysenabriss (Abscherung), aber nur, wenn das Gegenzugsystem mit verletzt ist. Epiphysenfrakturen seien immer traumatisch bedingt, reine Lösungen bzw. Lysen der Wachstumsfugen demgegenüber überwiegend nicht traumatisch [292]. Es wird auch darauf hingewiesen, dass die Apophyseolysen zum erweiterten Kreis der Muskel-Sehnen-Einheit gehören, da die einstrahlenden Kollagen-Faserbündel der Sehnen durch den Ossifikationskern nicht unterbrochen, sondern umgelenkt werden [162]. Es wird aber nicht darauf eingegangen, dass die sog. Sharpey'schen Fasern dennoch einen festen Übergang von Sehne zum Knochen gewährleisten und die eigentliche Schwachstelle in diesem Bereich die auftretenden Ossifikationsstörungen darstellen. Eine Schwachstelle, bedingt durch das normale Wachstum, wird aber nicht erkennbar [20, 62, 91, 114, 115, 168, 193, 197, 248, 254, 261, 291, 319, 333, 207, 354, 292, 162]. Wird die im Text aufgeführte Literatur betrachtet, so resultiert bezüglich der Apophyse, dass eine Ausrissverletzung lediglich bei einer Schwächung der Sehnenansatzzone, z. B. beim Morbus Osgood-Schlatter, durch Nekrosegebiete erklärbar werden, da dann nur noch die Sharpey'schen Fasern den Sehnenhalt gewährleisten. Die Wachstumszone (Fuge) fällt aus, d. h., eine übermäßige Zugkraft kann zum Ausriss führen. Dies ist bei einem normalen Apophysenwachstum jedoch nicht möglich und dabei sei auf die Muskel-Sehnen-Knochen-Einheit hingewiesen, hier kann allenfalls eine Scherkraft zur Avulsion führen. Gleichzeitig werden Apophysen durch ein Verspannungssystem mittels sehniger Strukturen gesichert [258], so dass durch die Zugeinwirkung eine nach zentral gerichtete Druckkraft den Apophysenausriss verhindert [237, 312, 258] und die Zugwirkung durch das Verspannungssystem vermindert wird.

Beim Ausriss der Eminentia intercondylica wird ebenfalls von einer Ausrissverletzung durch übermäßigen Zug ausgegangen. Dabei wird jedoch nicht die Funktion der Eminentia, nämlich die Führung der Femurkondylen, berücksichtigt. Bei diesen knöchernen Verletzungen der Eminentia ist jedoch bekannt, dass die eigentliche Fraktur oder Epiphysenlösung durch einen Schermechanismus entsteht, wie dieser auch bei der Ruptur des vorderen Kreuzbandes zustande kommt, erkennbar an den Knochenödemen („bone bruise") am dorsalen lateralen Schienbeinkopf und am zentralen lateralen Femurkondylus. Der Zug auf die Eminentia führt dann lediglich zur Dislokation, ist aber nicht ursächlich für die eigentliche Eminentia-Verletzung. Diese entsteht durch die Einwirkung der Femurkondylen, deren Roll-Gleit-Bewegung durch die Eminentia geführt und kontrolliert wird.

Bei den Epiphysenschäden muss streng unterschieden werden zwischen den Schäden und den Verletzungen, zu diesen gehört auch die Epiphysenlösung, die in Abhängigkeit vom Unfallmechanismus entsteht und nicht zu einer Fraktur führt, bei der andererseits aber Abweichungen vom Unfallmechanismus die Fraktur erklären. Hier darf auf die neuartige Klassifikation von Epiphysenverletzungen verwiesen werden [55, 33, 94], die auf der Klassifikation nach LAUGE-HANSEN [162] basiert, insbesondere unter Berücksichtigung des Unfallmechanismus. Die Epiphysenlösung grundsätzlich als unfallunabhängig zu werten, ist in Kenntnis dieser Klassifikationen nicht zulässig. Andererseits ist aber auch eine Epiphysenlösung bei Ossifikationsstörungen und partiellen oder totalen Nekrosen durchaus erklärbar, d. h., es bedarf der Unterscheidung einer traumatischen von einer nicht traumatischen Epiphysenlösung, wogegen die Epiphysenfrakturen in aller Regel unfallbedingt zu werten sind. Abgesehen von der Klassifikation von Apophysenverletzungen nach OGDEN [215], modifiziert nach MC KOY [183] und MOSIER [196], wird eine Einteilung in Abhängigkeit von der Dislokation genannt [182], mit der Unterscheidung von Typ I als undislozierte Fraktur, Typ II als dislozierte Fraktur unter 2 cm Dehiszenz, Typ III als dislozierte Fraktur über 2 cm Dehiszenz und schließlich Typ IV als symptomatische Pseudarthrose oder schmerzhafte Exostose. Diese Klassifikation bezieht sich also nicht nur auf die frische Verletzung. Grundsätzlich muss zwischen der Wachstumsstörung, dem Überlastungsschaden („overuse") und einer Verletzung differenziert werden und diese Unterscheidung ist bei Epiphysen und getrennt davon bei Apophysen notwendig (Tab. 5.10).

Die pathologischen Veränderungen an Epi- und Apophysen können auch in Abhängigkeit von deren Pathogenese auf das Wachstums- bzw. das Erwachsenenalter verteilt werden, so dass mittels Diagnose ebenfalls die Ätiologie erklärt werden kann (Tab. 5.11), wobei bei den Wachstumsstörungen diese in Verbindung mit Überlastungen und vergleichend dazu mit Durchblutungsstörungen aufgrund der Schädigung der epiphysären und metaphysären Anastomosen [358] unterschieden werden muss.

Entscheidend für die Beurteilung von Wachstumsstörungen oder auch von Verletzungen ist das Alter, in dem der Schaden festgestellt wird. Normalerweise sollten am Röntgenbild Wachstumsfugen erkennbar sein, so dass das Alter mittels Rönt-

Tab. 5.10: Die Pathologie an Epiphysen und Apophysen in Abhängigkeit von deren Ursachen.

	Epiphyse	Apophyse
Wachstumsstörung	– Osteochondrosis dissecans – M. Perthes – Prox. Humerusepiphyse – Epiphyseolysis capitis femoris	– M. Osgood-Schlatter – Patellaapophysen – Olekranonapophyse – Tuber ischiadicum – Kalkaneusapophyse – Patella partita
„overuse"	– Little league shoulder – M. Scheuermann – M. Köhler – M. Freiberg – Sport	– Litte league elbow – Tuber ischiadicum – Sport
Verletzung	OGDEN [216, 223]	– Traktion nur bei „overuse" oder Wachstumsstörung – direkte Krafteinwirkung

genbild in Übereinklang zu bringen ist. Überlastungsbedingte Schäden als Folge von Wachstums- oder auch Durchblutungsstörungen an den Epiphysen sind u. a. die Epiphyseolysis capitis femoris, der Morbus Perthes, die Osteochondrosis dissecans, aber auch andere Osteochondrosen bzw. Chondronekrosen. Krankheiten als Ursache dafür sind beim wachsenden Skelett denkbar unwahrscheinlich. Als nicht unfallbedingte Schäden müssen auch Epiphyseolysen, die spontan entstehen, z. B. aufgrund endokriner Störungen, diskutiert werden, ein Unfallmechanismus fehlt. Liegt dagegen ein echter Unfallmechanismus vor, so können Epiphysenlösungen verletzungsbedingt festgestellt werden, wobei dazu dann ein entsprechender Mechanismus im Sinne einer Scherkraft erforderlich wird, da für eine Epiphysenlösung eine Verletzung der Periphyse Voraussetzung ist. Ein entsprechender klinischer Befund ist zu erwarten, auch geringe Verschiebungen der Epiphysen, unfallbedingt, können durch eine Röntgen-Vergleichsaufnahme der gesunden Seite erkannt werden. Epiphysenverletzungen mit ossärer Beteiligung im Sinne eines epiphysären oder auch metaphysären Fragmentes sind radiologisch zu diagnostizieren. Auch Osteochondrosen bzw. eine daraus resultierende „Lyse" zeigt das Röntgenbild. Es wird auf die Epiphyseolysis capitis femoris verwiesen, die spontan entsteht. Eine traumatisch bedingte Epiphysenlösung am Schenkelkopf setzt eine erhebliche Traumatisierung voraus und ist in aller Regel mit einer metaphysären Fraktur verbunden.

Gutachtlich dürfte mit der Diagnose eine wesentliche Problematik nicht entstehen, da Epiphysenverletzungen in aller Regel radiologisch unter Beachtung des klinischen Bildes von einem überlastungsbedingten Schaden einer Epiphysenfuge bei Wachstumsstörungen oder auch Durchblutungsstörungen zu erkennen sind.

Tab. 5.11: Pathogenese von Epiphysen- und Apophysenschäden im Wachstums- und Erwachsenenalter.

Pathogenese	im Wachstumsalter	im Erwachsenenalter
A Epiphysen-, Apophysenverletzungen [342]	1. Lösungen {ohne / mit} metaphysären Keil = Fugenschaftfrakturen auch D. 1. und D. 2.	
	2. Fugengelenkfrakturen (SALTER-HARRIS [276], OGDEN [225]) = periphere Form der Schaftfraktur [342]	
B Frakturen und Luxationen mit Verletzung von Endgefäßen		Hüftkopf, Humeruskopf, Talus, Oslunaturm, Osscaphoideum
C Überlastungsschäden als Folge von Wachstumsstörungen und Durchblutungsstörungen [358]	1. an Epiphysen (a) Little league shoulder, Epiphyseolysis capitis femoris (b) Chondrosen, Chondronekrosen, Osteochondronekrosen (c) M. Perthes (vgl. Kapitel 4) (d) Osteochondrosis dissecans (vgl. Kapitel 3) 2. an Apophysen (a) M. Scheuermann, Little league elbow (b) M. Osgood-Schlatter, M. Sever	
D Osteonekrosen durch Gefäßschäden	1. Überlastung 2. Krankheiten (Kortison, Alkohol, andere Krankheiten) vgl. Kapitel 4	
E Mechanische Überlastungen in Abhängigkeit von der Durchblutung		Enthesiopathien, Tendinosen, nach JÓZSA [131]

Es resultiert:
Epiphysen- sowie Apophysenlösungen sind die Folge von Ossifikationsstörungen in Verbindung mit einem vermehrten Scherstress (overuse), es sei denn, es liegen adäquate Begleitverletzungen bei geeignetem Trauma vor.

Wird bei dem apophysären Verspannungssystem auf den von der Apophyse ausgehenden Sehnenansatz eine exzessive Muskelkontraktion ausgeübt, so kommt es primär entsprechend dem Kräfteparallelogramm zur Kompression der Knorpelfuge (Apophysenfuge) (Abb. 5.22).

Ein vermehrter Muskelzug kann eine Apophysenabrissverletzung nicht verursachen, diese ist nur durch eine zusätzliche lokale Verletzung (direkte Kraft) zu erklären oder bei entsprechender pathologischer Ossifikationsstörung. Ein traumatischer Abriss einer Apophyse hat immer eine Begleitverletzung des die Apophyse stabilisie-

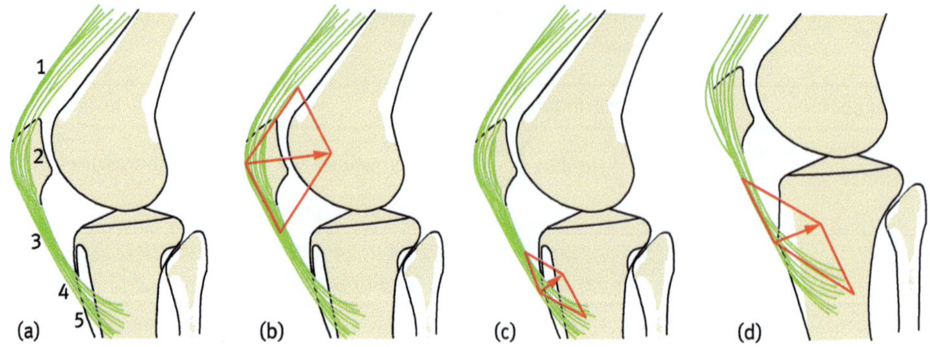

Abb. 5.22: Kompressionsstellen im Kniestreckapparat (a), am Femoropatellargelenk (b) und an der Tuberositas tibiae (c, d) beim Beuge- und Streckvorgang (1 = Quadrizepssehne, 2 = Patella, 3 = Patellarsehne, 4 = Tuberositas tibiae, 5 = Ausläufer des Lig. patellae, 6 = Kompressionskraft auf die Knorpelfuge).

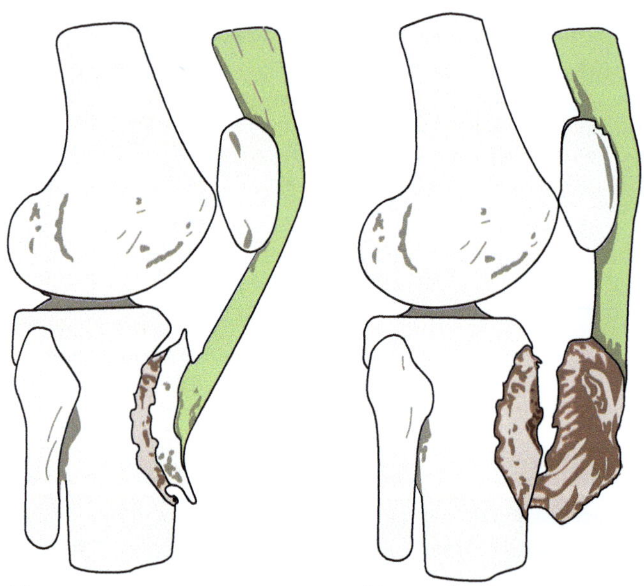

Abb. 5.23: Sleeve fracture an der Tuberositas ((a) = nicht disloziert, (b) = disloziert), nach [45].

renden Gegenzugs zur Folge, vergleichbar mit der „sleeve fracture", der periostalen Abrissverletzung (Abb. 5.23) an der Tuberositas tibiae [45] im Wachstumsalter.

Die Epiphysen als druckbelastete Strukturen sind ohne das Sharpey'sche Fasersystem ausgestattet, da keine wesentlichen Sehnen- oder Bandstrukturen ansetzen. Verletzungen entstehen nach dem Mechanismus, der auch Frakturen verursachen kann. Von Besonderheit ist, dass das Periost an der Epiphyse stabiler verankert ist als an der Metaphyse, daher resultiert eine Verschiebung der Epiphyse mit der Richtung einer Krafteinwirkung, mit oder seltener ohne eine metaphysäre Beteiligung.

Apophysenschäden sind häufig im Bereich des Beckens zu finden [106, 293, 101, 353], seltener an der Tuberositas tibiae [103, 265, 81, 316], dem distalen medialen Humerus [2] u. a. Entscheidend für die Therapie sowie für die Begutachtung ist die Differenzierung zwischen der Verletzung [155] und dem Überlastungsschaden bzw. der Wachstumsstörung mit der Folge der Osteochondrose [250, 26].

5.4 Zusammenfassung

Apophysen und Epiphysen unterscheiden sich wesentlich in der funktionellen Anatomie. Apophysen als Traktionsepiphysen übertragen die Zugkräfte der an diesen ansetzenden Sehnen und/oder Ligamente mittels der Sharpey'schen Fasern, die Knorpelfuge überbrückend, auf das kollagene Fasersystem. Dabei kommt es bei der Traktion zur Kompression der Knorpelfuge, entsprechend dem Kräfteparallelogramm, da die ziehenden Kräfte über ein Gegenzugsystem (Überkappung) stabilisiert werden. Epiphysenfugen sind druckbelastet und verfügen nicht über ein diese Knorpelfugen überbrückendes kollagenes Fasersystem. Sie werden aber zusätzlich durch das Periphysensystem stabilisiert, so dass die physiologische Schwachstelle (Hypertrophiezone) im Fünfzonenaufbau der Wachstumsfugen kompensiert werden kann.

Unter physiologischen Bedingungen kann eine Apophyse nicht ausreißen. Ein Aus- oder Abriss ist nur erklärbar, wenn krankhafte Prozesse einen Schaden verursachen, der die Reißfestigkeit der Apophyse als Materialeigenschaft schwächt. Für einen verletzungsbedingten Ausriss einer Apophyse sind Zug- und Scherkräfte gleichzeitig mit einer zusätzlichen passiven Kraft in der Gegenrichtung zur Zugkraft erforderlich.

5.5 Literatur

[1] ADAMS, J.D.; LEONARD, R.D.: A developmental anomaly of the patella frequently diagnosed as fracture. Surg Gynecol Obstet 41:601–604 (1925)

[2] ADAMS, J.E.: Little legue shoulder: Osteochondrosis of the proximal humeral epiphysis in boy baseball pitchers. Calif Med 105:22 (1966)

[3] AITKEN, A.P.: The end result of the fractured distal tibial epiphysis. J Bone Joint Surg 18:685–691 (1936)

[4] ALBERTY, A.; PELTONEN, J.; RITSILÄ, V.: Effects of distraction and compression on proliferation of growth plate chondrocytes. A study in rabbits. Acta Orthop Scand 64:449–455 (1993)

[5] AMAMILO, S.C.; BADER, D.L.; HOUGHTON, G.R.: The periosteum in growth plate failure. Clin Orth Rel Res 194:293–305 (1985)

[6] ANDERSON, H.C.: Vesicles associated with calcification in the matrix of epiphyseal cartilage. J Cell Biol 41:59–72 (1969)

[7] ASHHURST, A.P.C.; BROMER, R.S.: Classification and mechanism of fractures of the leg bones involving the ankle. Arch Surg 4:51–129 (1922)

[8] BARMADA, A.; GAYNOR, T.; MUBARAK, S.J.: Premature physeal closure following distal tibia physeal fractures: a new radiographic predictor. J Pediatr Orthop 23:733–739 (2003)

[9] BASENER, C.J.; MEHLMAN, C.T.; DI PASQUALE, T.G.: Growth disturbance after distal femoral growth plate fractures in children: a meta-analysis. J Orthop Trauma 23:663–667 (2009)

[10] BATTEN, J.; MENELAUS, M.B.: Fragmentation of the proximal pole of the patella. J Bone Joint Surg Br 67:249–251 (1985)

[11] BAUMGARTL, F.: Das Kniegelenk. Springer-Verlag Berlin Goettingen Heidelberg (1964)

[12] BENJAMIN, M.; RALPHS, J.R.: Fibrocartilage in tendons and ligaments: An adaptation to compressive loads. J Anat 193:481–494 (1998)

[13] BENJAMIN, M.; TOUMI, H.; RALPHS, J.R.; BYDDER, G.; BEST, T.M.; MILZ, S.: Where tendons and ligaments meet bone: attachment sites (‚entheses') in relation to exercise and/or mechanical load. J Anat 208:471–490 (2006)

[14] BENNETT, G.: Elbow and shoulder lesions of baseball players. Am J Surg 98:484 (1959)

[15] BERGENFELDT, E.: Beiträge zur Kenntnis der traumatischen Epiphysenlösungen an den langen Röhrenknochen der Extremitäten. Eine klinisch-röntgenologische Studie. Acta Chir Scand 73, Suppl 28:1–422 (1933)

[16] BERNHANG, A.M.; LEVINE, S.A.: Familial absence of the patella. J Bone Joint Surg Am 55A:1088–1090 (1973)

[17] BINTCLIFFE, F.A.C.; KITCHEN, D.; DE GHELDERE, A.; THOMAS, S.T.; RAMACHANDRAN, M.: Demographics and management of slipped capital femoral epiphysis between 2007 and 2012: a three-centre pilot uk audit. Bone Joint J 95-B:(Supp 24) 10 (2013)

[18] BISHOP, P.A.: Fractures and Epiphyseal Separation Fractures of the Ankle. AJR 28:49 (1932)

[19] BLANKSTEIN, A.; COHEN, I.; SALAI, M.; DIAMANT, L.; CHECHICK, A.; GANEL, A.: Ultrasonography: an imaging modality enabling the diagnosis of bipartite patella. Knee Surg, Sports Traumatol, Arthrosc 9:221–224 (2001)

[20] BLENCKE, B.: Die Hüftkopf-Epiphysenlösung. Dtsch Ärzteblatt 31:1485–1492 (1981)

[21] BLOUNT, W.P.: Fractures in children. Baltimore: Williams & Wilkins (1954)

[22] BLUMER, M.J.F.; LONGATO, S.; SCHWARZER, C.; FRITSCH, H.: Bone development in the femoral epiphysis of mice: The role of cartilage canals and the fate of resting chondrocytes. Developmental Dynamics 236:2077–2088 (2007)

[23] BONNEL, F.; PERUCHON, E.; BALDET, P.; DIMEGLIO, A.; RABISCHONG, P.: Effects of compression on growth plates in the rabbit. Acta Orthop Scand 54:730–733 (1983)

[24] BOURNE, M.H.; BIANCO, A.J.: Bipartite patella in the adolescent: results of surgical excision. J Pediatr Orthop 10:69–73 (1990)

[25] BRASHEAR, H.R., Jr.; HILL, C.: Epiphyseal avascular necrosis and its relation to longitudinal bone growth. J Bone Joint Surg Am 45:1423–1438 (1963)

[26] BROWER, A.C.: The Osteochondroses. Orthop Clin North Am 14:99–117 (1983)

[27] CAFFEY, J.: Pediatric X-ray diagnosis. Year Book Medical Publishers. Chicago:1095 (1978)

[28] CANIZARES, G.H.; SELESNICK, F.H.: Bipartite patella fracture. Arthroscopy 19:215–217 (2003)

[29] CARLSON, C.S.; HILLEY, H.D.; HENRIKSON, C.K.: Ultrastructure of normal epiphyseal cartilage of the articular-epiphyseal cartilage complex in growing swine. Am J Vet Res 46:306–313 (1985)

[30] CARLSON, C.S.; HILLEY, H.D.; MEUTEN, D.J.: Degeneration of cartilage canal vessels associated with lesions of osteochondrosis in swine. Vet Pathol 26:47–54 (1989)

[31] CARLSON, C.S.; MEUTEN, D.J.; RICHARDSON, D.C.: Ischemic necrosis of cartilage in spontaneous and experimental lesions of osteochondrosis. J Orthop Res 9:317–329 (1991)

[32] CARNEIRO, M.; DE SOUZA NERY, C.A.; MESTRINER, L.A.: Bilateral stress fracture of the patellae: A case report. The Knee 13:164–166 (2006)

[33] CAROTHERS, C.O.; CRENSHAW, A.H.: Clinical significance of a classification of epiphyseal injuries at the ankle. Am J Surg 89:879–889 (1955)

[34] CARTER, S.R.: Traumatic separation of a bipartite patella. Injury 20:244 (1989)

[35] CIPOLLA, M.; CERULLO, G.; FRANCO, V.; GIANNI, E.; PUDDO, G.: The double patella syndrome. Knee Surg Sports Traumatol Arthroscopy 3:21–25 (1995)

[36] CLOSE, B.J.; STROUSE, P.J.: MR of physeal fractures of the adolescent knee. Pediatr Radiol 30:756–762 (2000)

[37] COLE, J.P.: A study of Osgood-Schlatter disease. Surg Gynecol Obstet 65:55–71 (1937)

[38] COONRAD, R.W.; HOOPER, W.R.: Tennis elbow: Ist course, natural history, conservative and surgical management. J Bone Joint Surg Am 55:1177–1182 (1973)

[39] COOPER, A.P.: A treatise on dislocations and fractures of the joints. B Cooper's Ed, London: 252 (1832)

[40] CRAIG, J.G.; CRAMER, K.F.; CODY, D.D. et al.: Premature partial closure and other deformities of the growth plate: MR imaging and three-dimensional modeling. Radiology 210:835–843 (1999)

[41] DALE, G.G.; HARRIS, W.R.: Prognosis of epiphyseal separation: An experimental study. J Bone Joint Surg Br 40-B:116–122 (1958)

[42] DALTON, S.E.: Overuse injuries in adolescent athletes. Sports Med 13:58–70 (1992)

[43] D'AMBROSIA, R.; FERGUSON A.B. Jr.: The formation of osteochondroma by epiphyseal cartilage transplantation. Clin Orthop 61:103–115 (1968)

[44] DAMERON, T.B. Jr.; REIBEL, D.B.: Fractures involving the proximal humeral epiphyseal plate. J Bone Joint Surg Am 51:289–298 (1969)

[45] DAVIDSON, D.; LETTS, M.: Partial sleeve fractures of the tibia in children: an unusual fracture pattern. J Pediatr Orthop 22:36–40 (2002)

[46] DAVIS, K.W.: Imaging pediatric sports injuries: upper extremity. Radiol Clin North Am 48:1199–1211 (2010)

[47] DAVIS, K.W.: Imaging pediatric sports injuries: lower extremity. Radiol Clin North Am 48:1213–1235 (2010)

[48] DEBRUNNER, A.M.: Knochennekrosen. In: DEBRUNNER, A.M. (Hrsg) Orthopädie, orthopädische Chirurgie. Huber, Bern:341–348 (1994)

[49] DEBRUNNER, A.M.: Orthopädie. Orthopädische Chirurgie. 4. Auflage. Verlag Hans Huber, Bern – Göttingen – Toronto – Seattle (2002)

[50] DE CAMPO, J.F.; BOLDT, D.W.: Computed tomography of partial growth plate arrest: Initial experience. Skeletal Radiol 15:526 (1986)

[51] DEMIRAG, B.; OZTURK, C.; YAZICI, Z.; SARISOZEN, B.: The pathophysiology of Osgood-Schlatter disease: a magnetic resonance investigation. J Pediatr Orthop B 13:379–382 (2004)

[52] DÉSARNAUD, M.; LEBARBIER, P.; CAHUZAC, J.P.: The arterial blood supply to the tibial tuberosity in the foetus. Anat Clin 3:55–59 (1982)

[53] DEVALENTINE, S.J.: Epiphyseal injuries of the foot and ankle. Clin Podiatr Med Surg 4:279–310 (1987)

[54] DEVAS, M.B.: Stress fractures of the patella. J Bone Joint Surg 42B:71 (1960)

[55] DIAS, L.S.; TACHDJIAN, M.O.: Physeal injuries of the ankle in children. Clin Orthop Relat Res 136:230–233 (1978)

[56] DIDIÉE, J.: Remargues sur un cas de fracture de la pointe de la rotule. Acta chir scand 68:278 (1931)

[57] DI FIORI, J.P.: Overuse injury of the physis: a "growing" problem. Clin J Sport Med 20:336–337 (2010)

[58] DIHLMANN, W.; STÄBLER, A.: Gelenke – Wirbelverbindungen. 4. Auflage. Georg Thieme Verlag Stuttgart New York (2011)

[59] DODWELL, E.R.; KELLEY, S.P.: Physeal fractures: basic science, assessment and acute management. Orthop Trauma 25:377–391 (2011)
[60] DOHIN, B.: Pathologies du cartilage de croissance liées au sport. Arch Pediatr 17:616–617 (2010)
[61] DOWD, G.S.E.: Marginal fractures of the patella. Injury 14:287–291 (1982)
[62] DUEBEN, W.: Abrissfrakturen der Becken- und Beinapophysen. Chir Prax 32:351–326 (1983/1984)
[63] DYMENT, P.G.: Apophyseal injuries. Pediatr Ann 26:28–30 (1997)
[64] ECHEVERRIA, T.S.; BERSANI, F.A.: Acute fracture simulating a symptomatic bipartite patella. Am J SportsMed 8:48–50 (1980)
[65] ECKLUND, K.; JARAMILLO, D.: Imaging of growth disturbance in children. Radiol Clin North Am 39:823–841 (2001)
[66] ECKLUND, K.; JARAMILLO, D.: Patterns of premature physeal arrest: MR imaging of 111 children. AJR Am J Roentgenol 178:967–972 (2002)
[67] EHALT, W.: Wie unterscheiden sich die Knochenbrüche bei Kindern von denen der Erwachsenen? Langenbecks Arch Klin Chir 289:391 (1958)
[68] EHALT, W.: Verletzungen bei Kindern und Jugendlichen. Stuttgart: Enke (1960)
[69] EHRENBORG, G.: The Osgood-Schlatter lesion: a clinical study of 170 cases. Acta Chir Scand 124:89–105 (1962)
[70] EHRENBORG, G.: The Osgood-Schlatter lesion: a clinical and experimental study. Acta Chir Scand 288:1 (1962)
[71] FAIRBANK, T.: Dysplasia epiphysialis multiplex. Br J Surg 34:325 (1947)
[72] FINSTERBUSH, A.: LOWE, J.; HAYMSKY, G.; MANN, G.: Symtomatic bipartite patella and related conditions. Arthrocopy 15/1, Suppl I, AGA-Abstracts (1999)
[73] FINSTERBUSH, A.; LOWE, J.; HAIMSKY, G.; MANN, G.: Symptomatic bipartite patella and related conditions. Aus 5th Turkish Sports Traumatology Arthroscopy and Knee Surgery Congress Istanbul Oct 24–27 (2000)
[74] FOUCHER, J.F.T.: De la divulsion des epiphyses. Cong Med Francia 1:63–72 (1863)
[75] FOX, J.M.; DEL PIZZO, W.: The Patellofemoral Joint. Mc Graw-Hill, Inc. New York (1993)
[76] FREYSCHMIDT, J.: Schwierige Diagnosen in der Skelettradiologie. Thieme Verlag Stuttgart New York (2013)
[77] FULKERSON, J.P.: Disorders of the patellofemoral joint. Fourth Edition. Lippincott Williams & Wilkins, Philadelphia (2004)
[78] FUNK, J.F.; LEBEK, S.: Epiphyseolysis capitis femoris. Neue Aspekte in Diagnostik und Therapie. Orthopäde 43:742–749 (2014)
[79] GALLISTL, S.; REITINGER, T.; LINHART, W.; MUNTEAN, W.: The role of inherited thrombotic disorders in the etiology of Legg-Calvé-Perthes disease. J Pediatr Orthop 19:82–83 (1999)
[80] GANZ, R.; LÜTHI, U.; RAHN, B.; PERREN, S.M.: Intraartikuläre Druckerhöhung und epiphysäre Durchblutungsstörung. Orthopäde 10:6–8 (1981)
[81] GAULRAPP, H.: Klinik, Bildgebung und Therapie des Morbus Osgood-Schlatter. Orthopäde 45:219–225 (2016)
[82] GAO, J.; MESSNER, K.: Quantitative comparison of soft tissue-bone interface at chondral ligament insertions in the rabbit knee joint. J Anat 188:367–373 (1996)
[83] GARDNER, E.; GRAY, D.J.: The prenatal development of the human femur. Am J Anat 129:121–140 (1979)
[84] GELBKE, H.; EBERT, G.: 20. Tierexperimentelle Studie an der verletzten Epiphysenfuge. Z Orthop 83:201–219 (1953)
[85] GEORGE, R.: Bilateral bipartite patellae. Br J Surg 22:555–560 (1935)

[86] GHOLVE, P.A.; SCHER, D.M.; KHAKHARIA, S.; WIDMANN, R.F.; GREEN, D.W.: Osgood Schlatter syndrome. Curr Opin Pediatr 19:44–50 (2007)

[87] GOERGEN, T.G.; RESNICK, D.; GREENWAY, G.; SALTZSTEIN, S.L.: Dorsal defect of the patella: A characteristic radiographic lesion. Radiology 130:333 (1979)

[88] GOFF, C.W.: Legg-Calvé-Perthes syndrome and related osteochondroses of youth. Thomas, Springfield Ill (1954)

[89] GÓMEZ-BENITO, M.J.; MOREO, P.; PÉREZ, M.A.; PASETA, O.; GARCIA-AZNAR, J.M.; BARRIOS, C.; DOBLARÉ, M.: A damage model for the growth plate: Application to the prediction of slipped capital epiphysis. J Biomech 40:3305–3313 (2007)

[90] GREEN, W.T.: Painful bipartite patellae. Clin Orthop 110:197–200 (1975)

[91] GRILL, F.; ALTENHUBER, J.: Hüfterkrankungen in Pubertät und Adoleszenz. Päd Prax 30:351–357 (1984)

[92] GRUBER, W.: In Bildungsanomalie mir Bildungshemmung begründete Bipartition beider Patellae eines jungen Subjektes. Virchows Arch Path Anat 94:358 (1883)

[93] HAMACHER, P.; PINGEL, P.: Die Verletzungen der Wachstumsfugen. Ztschr für Allgemeinmedizin / Der Landarzt 4:176–180 (1971)

[94] HAMILTON, W.C.: Traumatic disorders of the ankle. Springer-Verlag New York Berlin Heidelberg Tokyo (1984)

[95] HAMILTON, S.W.; GIBSON, P.H.: Simultaneous bilateral avulsion fractures of the tibial tuberosity in adolescence: A case report and review of over 50 years of literature. Knee 13:404–407 (2006)

[96] HAMSA, W.R.: Epiphyseal injuries about the hip joint. Clin Orthop 10:119 (1957)

[97] HANSSON, G.; NATHORST-WESTFELT, J.: Management of the contralateral hip in patients with unilateral slipped upper femoral epiphysis: to fix or not to fix–consequences of two strategies. J Bone Joint Surg Br 94:596–602 (2012)

[98] HARCKE, H.T.; ZAPF, S.E.; MANDELL, G.A. et al.: Angular deformity of the lower extremity.: Evaluation with quantitative bone scintigraphy. Work in progress. Radiology 164:437 (1987)

[99] HASWELL, D.M.; BERNE, A.S.; GRAHAM, C.B.: The dorsal defect of the patella. Pediatr Radiol 4:238 (1976)

[100] HAVRÁNEK, P.; LIZLER, J.: Magnetic resonance imaging in the evaluation of partial growth arrest after physeal injuries in children. J Bone Joint Surg Am 73:1234–1241 (1991)

[101] HEIMKES, B.: Die großen Apophysen. Orthopäde 45:206–212 (2016)

[102] HEMS, T.; TILLMANN, B.: Tendon entheses of the human masticatory muscles. Anat Embryol 202:201–208 (2000)

[103] HERMANSEN, L.L.; FREUND, K.G.: Bifocal osseous avulsion oft he patellar tendon from the distal patella and tibial tuberosity in a child. Knee Surg Sports Taumatol Arthrosc 24:712–714 (2016)

[104] HEŘT, J.: Growth of the epiphyseal plate in circumference. Acta Anat 82:420–436 (1972)

[105] HEUCK, F.: Persistierende Apophyse der Tuberositas tibiae. Fortschr Röntgenstr 79:781 (1953)

[106] HÖSLI, P.; V. LAER, L.: Traumatische Apophysenlösungen im Bereich des Beckens und des koxalen Femurendes. Orthopäde 24:429–435 (1995)

[107] HOLLAND,C.T.: Radiographical note on injuries to the distal epiphysis of the radius and ulna. Proc R Soc Med 22:695 (1929)

[108] HOLMDAHL, D.E.; INGELMARK, B.E.: Der Kontakt zwischen Gelenkknorpel und Knochenmarkhöhle. Uppsala Läk för Förh 50:147–171 (1950)

[109] HRESKO, M.T.; MC DOUGALL, P.,A.; GORLIN, J.B. et al.: Prospective reevaluation of the association between thrombotic diathesis and Legg-Perthes disease. J Bone Joint Surg Am 84-A:1613–1618 (2002)

[110] HUGHES, E.S.; SUNDERLAND, S.: The tibial tuberosity and the insertion of the ligamentum patelle. Anat Rec 96:439 (1946)
[111] HUNGERFORD, D.S.: Pathogenetic considerations in ischemic necrosis of bone. Can J Surg 24:583–587, 590 (1981)
[112] HURLEY, J.; BETZ, R.; LODER, R.; DAVIDSON, R.; ALBURGER, P.; STEEL, H.: Slipped capital femoral epiphysis. The prevalence of late contralateral slip. J Bone Joint Surg Am 78:226–230 (1996)
[113] HYNES, D.; O'BRIEN, T.: Growth disturbance lines after injury of the distal tibial physis: Their significance in prognosis. J Bone Joint Surg Br 70:231 (1988)
[114] IMHÄUSER, G.: Zur Pathogenese und Therapie der jugendlichen Hüftkopflösung. Z Orthop 88:3–41 (1957)
[115] IMHÄUSER, G.: Hüftkopflösung der Jugendlichen. BG-UMed 25 (1975)
[116] IOSSIFIDIS, A.; BRUETON, R.N.: Painful bipartite patella following injury. Injury 26:175–176 (1995)
[117] IRELAND, M.L.; CHANG, J.L.: Acute fracture bipartite patella: case report and literature review. Med Sci Sports Exerc 27:299–302 (1995)
[118] IRVING, M.H.: The blood supply of the growth cartilage in young rats. J Anat Lond 98:681–689 (1964)
[119] JACKSON-BURROWS, H.: Slipped Upper Femoral Epiphysis. J Bone Jt Surg 39B-641–658 (1957)
[120] JAIMES, C.; JIMENEZ, M.; SHABSHIN, N.; LAOR, T.; JARAMILLO, D.: Taking the stress out of evaluating stress injuries in children. Radiographics 32:537–555 (2012)
[121] JAIMES, C.; CHAUVIN, N.A.; DELGADO, J.; JARAMILLO, D.: MR imaging of normal epiphyseal development and common epiphyseal disorders. RadioGraphics 34:449–471 (2014)
[122] JARAMILLO, D.; KAMMEN, B.F.; SHAPIRO, F.: Cartilaginous path of physeal fracture-separations: evaluation with MR imaging - an experimental study with histologic correlation in rabbits. Radiology 215:504–511 (2000)
[123] JARAMILLO, D.; CONNOLLY, S.A.; VAJAPEYAM, S.; ROBERTSON, R.L.; DUNNING, P.S.; MULKERN, R.V.; HAYWARD, A.; MAIER, S.E.; SHAPIRO, F.: Normal and ischemic epiphysis of the femur: diffusion MR imaging study in piglets. Radiology 227:825–832 (2003)
[124] JAWETZ, S.T.; SHAH, P.H.; POTTER, H.G.: Imaging of physeal injury: overuse. Sports Health 7:142–153 (2015)
[125] JOACHIMSTHAL, G.: Über Struktur, Lage und Anomalien der menschlichen Kniescheibe. Langenbecks Arch Klin Chir 67:342 (1902)
[126] JOHANSSON, S.: Eine bisher nicht beschriebene Erkrankung der Patella. Hygiea (Stockh) 84:161 (1922)
[127] JOHNSON, E.W. Jr.; FAHL, J.C.: Fractures of the distal epiphysis of the tibia and fibula in children. Am J Surg 93:778–781 (1957)
[128] JOHNSON, J.M.; JOHNSON, A.L.; EURELL, J.A.C.: Histological appearance of naturally occurring canine physeal fractures. Vet Surg 23:81–86 (1994)
[129] JONES, B.: Congenital absence of both patellae. J Bone Joint Surg Br 37B:352 (1955)
[130] JONES, J.P.: Epidemiologische Risikofaktoren für die nichttraumatische Osteonekrose. Orthopäde 29:370–379 (2000)
[131] JÓZSA, L.G.; KANNUS, P.: Human Tendons. Anatomy, Physiology, and Pathology. Human Kinetics, Champaign, Illinois (1997)
[132] JUDD, J.; WELCH, R.; CLARKE, N.M.P.: Vitamin D deficiency and slipped upper femoral epiphysis: duration to physeal fusion. Bone Joint J 95-B:, Supp 24 8 (2013)

[133] JÜNEMANN, H.; SCHILLING, H.: Schalenförmige Knochenapophyse an der Patella beidseits – eine seltene Formvariante des heranwachsenden Skelettes. Akt Traumatol 14:101–102 (1984)
[134] JUNGBLUTH, K.H.; DALLEK, M.; MEENEN, N.M.: Verletzungen der Wachstumsfugen. Der Unfallchirurg 100: 571–586 (1997)
[135] KAEDING, C.C.; WHITEHEAD, R.: Musculoskeletal injuries in adolescents. Prim Care 25:211–223 (1998)
[136] KATOH, K.: An analysis of quadriceps muscle force in boys with Osgood-Schlatter disease. J Jpn Orthop Assoc 62:523–533 (1988)
[137] KAVANAGH, E.; ABIRI, M.; BLAND, Y.S.; ASHHURST, D.E.: Division and death of cells in developing synovial joints and long bones. Cell Biol Int 26:679–688 (2002)
[138] KAVANAGH, E.C.; ZOGA, A.; OMAR, I.; FORD, S.; SCHWEITZER, M.; EUSTACE, S.: MRI findings in bipartite patella. Skeletal Radiol 36:209–214 (2007)
[139] KAYA, D.O.; TOPRAK, U.; BALTACI, G.; YOSMAOGLU, B.; OZER, H.: Long-term functional and sonographic outcomes in Osgood-Schlatter disease. Knee Surg Sports Traumatol Arthrosc 21:1131–1139 (2013)
[140] KEMPSON, F.C.: Emargination of the patella. J Anat (Lond) 36:419 (1902)
[141] KIM, H.K.W.; SKELTON, D.N.; QUIGLEY, E.J.: Pathogenesis of metaphyseal radiolucent changes following ischemic necrosis of the capital femoral epiphysis in immature pigs. A preliminary report. J Bone Joint Surg Am 86-A:129–135 (2004)
[142] KINCAID, S.A.; VAN SICKLE, D.C.: Bone morphology and postnatal osteogenesis. Potential for disease. Symposium on orthopedic diseases. Vet Clin N Am SAP 13: 3–17 (1983)
[143] KLEIGER, B.; MANKIN, H.J.; Fracture of the lateral portion of the distal tibial epiphysis. J Bone Joint Surg Am 46:25–32 (1964)
[144] KNESE, K.H.; BIERMANN, H.: Die Knochenbildung an Sehnen- und Bandansätzen im Bereich ursprünglich chondraler Apophysen. Zeitschr für Zellforschung 49:142–187 (1958)
[145] KNESE, K.H.: Stützgewebe und Skelettsystem. In: Handbuch der mikroskopischen Anatomie des Menschen, Bd. 2. Springer, Berlin, 445–470, Teil 5 (1979)
[146] KÖHLER, A.; ZIMMER, E.A.: Grenzen des Normalen und Anfänge des Pathologischen im Röntgenbild des Skeletts. 13. Auflage. Georg Thieme Verlag Stuttgart – New York (1989)
[147] KOHLHAAS-STYK, U.; HASLER, C.C.; HEFTI, F.: Epiphyseolysis capitis femoris. Sportorthopädie, Sporttraumatologie 21: 251–258 (2005)
[148] KOHNO, Y.; NAKASHIMA, Y.; KITANO, T.; NAKAMURA, T.; TAKAMURA, K.; AKIYAMA, M.; HARA, D.; YAMAMOTO, T.; MOTOMURA, G.; OHISHI, M.; HAMAI, S.; YUKIHIDE, I.: Subclinical bilateral involvement of the hip in patients with slipped capital femoral epiphysis - a multicentre study. International orthopaedics 38:477–482 (2014)
[149] KORDELLE, J.; RICHOLT, J.A.; MILLIS, M.; JOLESZ, F.A.; KIKINIS, R.: Development of the acetabulum in patients with slipped capital femoral epiphysis: a three-dimensional analysis based on computed tomography. J Pediatr Orthop 21:174–178 (2001)
[150] KRAUS, R.; HERBST, U.; PERLER, G.; SCHNETTLER, R.; RÖDER, C.: Traumatische Wachstumsfugenlösungen der distalen Tibia. Unfallchirurg 114:403–410 (2011)
[151] KRAUSPE, R.; SELLER, K.; WESTHOFF, B.: Epiphyseolysis capitis femoris. Z Orthop 142: R37–R57 (2004)
[152] KRUEGER-FRANKE, M.; SIEBERT, C.H.; PFOERRINGER, W.: Sports-related epiphyseal injuries of the lower extremity. An epidemiologic study. J Sports Med Phys Fitness 32:106–111 (1992)
[153] KUGLER, J.H.; TOMLINSON, A.; WAGSTAFF, A.; WARD, S.M.: The role of cartilage canals in the formation of secondary centres of ossification. J Anat 129: 493–506 (1979)
[154] KUMP, W.L.: Vertical fractures of the distal tibial epiphysis. Am J Roentgenol Radium Ther Nucl Med 97:676–681 (1966)

[155] KUNZE, M.; LUDOLPH, E.: Apophysenlösung bei Jugendlichen als Arbeits-/Schulunfall? Med Sach 109:5–9 (2013)
[156] KURZ, W.: Verletzung der Epiphysenfuge und Knochenwachstum. Z Expert Chirurg 14:98–106 (1981)
[157] LACROIX, P.: The Organization of Bone. London: J&A Churchill (1951)
[158] LANGENSKIÖLD, A.: Surgical treatment of partial closure of the growth plate. J Pediatr Orthop 1:3 (1981)
[159] LANGENSKIÖLD, A.; HEIKEL, H.V.A.; NEVALAINEN, ÖSTERMAN, K.; VIDEMAN, T.: Regeneration of the growth plate. Acta Anat 134:113–123 (1989)
[160] LAPIDUS, P.W.: Longitudinal fractures of the patella. J Bone Joint Surg 14: 351 (1932)
[161] LAUGE-HANSEN, N.: Fractures of the ankle. Arch Surg 56:259 (1948)
[162] LAUGE-HANSEN, N.: Fractures of the ankle II. Combined experimental-surgical and experimental-roentgenologic investigations. Arch Surg 60:957 (1950)
[163] LAVAL-JEANTET, M.; BALMAIN, N.; JUSTER, M.; BERNARD, J.: Les rapports de la virole périchondral et du cartilage en croissance normale et pathologique. Ann Radiol (Paris) 11:327–335 (1968)
[164] LEACH, R.M. Jr.; GAY, C.V.: Role of epiphyseal cartilage in endochondral bone formation. J Nutr 117:784–790 (1987)
[165] LEARY, J.T.; HANDLING, M.; TALERICO, M.; YONG, L.; BOWE, J.A.: Physeal fractures of the distal tibia: predictive factors of premature physeal closure and growth arrest. J Pediatr Orthop 29:356–361 (2009)
[166] LEHMANN, C.L.; ARONS, R.R.; LODER, R.T.; VITALE, M.G.: The epidemiology of slipped capital femoral epiphysis: an update. J Pediatr Orthop 26:286–290 (2006)
[167] LEHMANN, T.G.; ENGESÆTER, I.Ø.; LABORIE, L.B.; LIE, S.A.; ROSENDAHL, K.; ENGESÆTER, L.B.: Radiological findings that may indicate a prior silent slipped capital femoral epiphysis in a cohort of 2072 young adults. Bone Joint J 95-B:452–458 (2013)
[168] LEHNHARDT, K.; DIETSCHI, C.: Abrissfrakturen der Beckenapophysen. Z Orthop 112:1218–1225 (1974)
[169] LEVENE, C.: The patterns of cartilage canals. J Anat Lond 98:515–538 (1964)
[170] LEVI, J.H.; COLEMAN, C.R.: Fracture of the tibial tubercle. Am J Sports Med 4:254–262 (1976)
[171] LINSSEN, M.; HILLE, E.; SCHULITZ, K.P.: Ist die Patella bipartita ein Ermüdungsgeschehen? Orthop Praxis 5:294–295 (1988)
[172] LITTLE, E.M.: Congenital absence or delayed development of the patella. Lancet 2:781–784 (1897)
[173] LODER, R.; WITTENBERG; B.; DE SILVA, G.: Slipped capital femoral epiphysis associated with endocrine disorders. J Pediatr Orth 15:349–356 (1995)
[174] LODER, R.T.; ARONSSON, D.D.; DOBBS, M.B.; WEINSTEIN, S.L.: Slipped capital femoral epiphysis. J Bone Joint Surg 82-A:1170–1188 (2000)
[175] LUGEDER, A.; JÄGER, C.; FECHT, E.; RIEMER, C.; SATTLER, M.; KALBE, P.; ZEICHEN, J.: Salter-Harris-Typ-IV-Epiphysenfraktur am Außenknöchel. Unfallchirurg 117:169–173 (2014)
[176] LUFTI, A.M.: Mode of growth, fate and functions of cartilage canals. J Anat 106:135–145 (1970)
[177] LYNN, M.D.: The triplane distal tibial epiphyseal fracture. Clin Orthop 86:187 (1972)
[178] MACHAN, F.G.: Ergebnisse der operative Behandlung bei der juvenile Osteochondrose der Tibiaapophyse. Beitr Orthop 21:110–112 (1974)
[179] MARMOR, L.: An unusual fracture of the tibial epiphysis. Clin Orthop 73:132–135 (1970)
[180] MAYER, H.N.: Congenital absence or delayed development of the patella. Landet 2:1384–1385 (1897)

[181] MC KIBBIN, B.; HOLDSWORTH, F.W.: The dual nature of epiphyseal cartilage. Joint Surg Br 49:351–361 (1967)
[182] MC KINNEY, B.I.; NELSON, C.; CARRION, W.: Apophyseal avulsion fractures of the hip and pelvis. Orthopedics 32:42–50 (2009)
[183] MC KOY, B.E.; STANITSKI, C.L.: Acute tibial tubercle avulsion fractures. Orthop Clin North Am 34:397–403 (2003)
[184] MEYERS, M.H.; MC KEEVER, F.M.: Fracture of the intercondylar eminence of the tibia. J Bone Joint Surg Am 52:1677–1684 (1970)
[185] MICHELI, L.J.; FEHLANDT, A.F. Jr.: Overuse injuries to tendons and apophyses in children and adolescents. Clin Sports Med 11:713–726 (1992)
[186] MICKELSON, M.R.; PONSETI, I.V.; COOPER, R.R.; MAYNARD, J.A.: The ultrastructure of the growth plate in slipped capital femoral epiphysis. J Bone Joint Surg Am 59:1076–1081 (1977)
[187] MILZ, S.; BOSZCZYK, A.; PUTZ, R.: Entwicklung und funktionelle Struktur der Epiphysenfugen. Orthopäde 31:835–840 (2002)
[188] MOHR, W.: Pathologie des Bandapparates. In: DOERR-SEIFERT-UEHLINGER. Spezielle pathologische Anatomie. Band 19. Springer-Verlag Berlin Heidelberg New York London Paris Tokyo (1987)
[189] MOLKENTIN, T.: Adoleszenzspezifische Verletzungen im Sportunterricht – kein Einschluss in die gesetzliche Schülerunfallversicherung? Med Sach 107/5 (2011)
[190] MORSCHER, E.: Die mechanischen Verhältnisse des Hüftgelenkes und ihre Beziehungen zum Halsschaftwinkel und insbesondere zur Antetorsion des Schenkelhalses während der Entwicklungsjahre. Z Orthop 94:374–394 (1961)
[191] MORSCHER, E.; DESAULLES, P.A.: Die Festigkeit des Wachstumsknorpels in Abhängigkeit von Alter und Geschlecht. Schweiz Med Wochenschr 17:582 (1964)
[192] MORSCHER, E.: Strength and morphology of growth cartilage under hormonal influence of puberty. Karger, Basel New York (1968)
[193] MORSCHER, E.; SCHUMANN, L.: Bedeutung endokriner Faktoren in der Ätiologie der jugendlichen Hüftkopflösung. Orthopäde 4:70–77 (1975)
[194] MORSCHER, E.: Klassifikation von Epiphysenfugenverletzungen. Z Orthop 115:557–562 (1977)
[195] MORSCHER, E.; STAUBLI, A.; MEYER, S.; IMHOFF, A.: 10-Jahres-Resultate der Nagelungen und Verschraubungen bei Epiphyseolysis capitis femoris. Orthopäde 8:60–64 (1979)
[196] MOSIER, S.M.; STANITSKI, C.L.: Acute tibial tubercle avulsion fractures. J Pediatr Orthop 24:181–184 (2004)
[197] MÜLLER, M.E.; GANZ, R.: Luxationen und Frakturen: Untere Gliedmaßen und Becken. In: REHN, J.: Unfallverletzungen bei Kindern. Springer, Berlin/Heidelberg/New York:241–274 (1972)
[198] MÜLLER; M.E.: Zur Einteilung und Reposition der Kinderfrakturen. Unfallheilk 80:187 (1977)
[199] MÜLLER, W.: Die Entstehung von Coxa valga durch Epiphysenverschiebung. Beitr Z Klin Chir 137:148–164 (1926)
[200] MURRAY, K.; NIXON, G.W.: Epiphyseal growth plate: Evaluation with modified coronal CT. Radiology 166:263 (1988)
[201] MURRAY, A.W.; WILSON, N.I.: Changing incidence of slipped capital femoral epiphysis: a relationship with obesity? J Bone Joint Surg 90:92–94 (2008)
[202] NAKASHIMA, T.; FURUKAWA, H.: A rare case of complete proximal epiphyses (so-called pseudoepiphyses) of the metacarpal and metatarsal bones in the human. Ann Anat 179:549–551 (1997)
[203] NEER, C.S. II: Injuries of the ankle joint. Evaluation. Conn StateMed J 17:580 (1953)

[204] NEHRER, S.; HUBER, W.; DIRISAMER, A.; KAINBERGER, F.: Apophysenschäden bei jugendlichen Sportlern. Radiologe 42:818–822 (2002)
[205] NIETHARD, F.U.: Kinderorthopädie. Thieme Verlag Stuttgart - New York (1997)
[206] NIRSCHEL, R.P.; PETTRONE, F.A.: Tennis elbow. J Bone joint Surg Am 61:832–839 (1979)
[207] NOWACK, K.; SCHLICKEWEI, W.: Apophysenverletzungen. OUP 2:588–592 (2013)
[208] ODA, J.; HIRANO, T.; IWASAKI, K.; MAJIMA, R.: Vascular occlusion and cartilage disorders in osteonecrosis of the femoral head in rats. Int Orthop 20:185–189 (1996)
[209] OESTREICH, A.E.: The acrophysis: a unifying concept for enchondral bone growth and its disorders. I. Normal growth. Skeletal Radiol 32:121–127 (2003)
[210] OESTRICH, A.E.; AHMAD, B.S.: The periphysis and its effects on the metaphysis. I. Definition and normal radiographic pattern. Skeletal Radiol 21:283–286 (1992)
[211] OGATA, K.: Painful bipartite patella. A new approach to operative treatment. J Bone Joint Surg 76-A:573–578 (1994)
[212] OGDEN, J.A.: Development of the epiphyses. In FERGUSON, A.B.: Orthopaedic Surgery in Infancy and Childhood, 4th edition. Baltimore, Williams and Wilkins (1975)
[213] OGDEN, J.A.; HEMPTON, R.F.; SOUTHWICK, W.O.: Development of the tibial tuberosity. Anat Rec 182:431–445 (1975)
[214] OGDEN, J.A.; SOUTHWICK, W.O.: Osgood-Schlatter's Disease and tibial tuberosity development. Clin Orthop Related Res 116:180–189 (1976)
[215] OGDEN, J.A.; TROSS, R.B.; MURPHY, M.J.: Fractures of the tibial tuberosity in adolescents. J Bone Joint Surg Am 62:205–215 (1980)
[216] OGDEN, J.A.: Injury to the growth mechanisms of the immature skeleton. Skeletal Radiol 6:237–253 (1981)
[217] OGDEN, J.A.: Skeletal growth mechanism injury patterns. J Pediatr Orthop 2:371–377 (1982)
[218] OGDEN, J.A.: Skeletal injury in the child. Philadelphia, Lea & Febiger (1982)
[219] OGDEN, J.A.: Radiology of postnatal skeletal development. X. Patella and tibial tuberosity. Skeletal Radiol 11:246–257 (1984)
[220] OGDEN, J.A.: The evaluation and treatment of partial physeal arrest. J Bone Joint Surg Am 69:1297–1302 (1987)
[221] OGDEN, J.A.: Skeletal injury in the child. 2nd ed. Philadelphia, WB Saunders:876–883 (1990)
[222] OGDEN, J.A.: Transphyseal linear ossific striations of the distal radius and ulna. Skeletal Radiol 19: 173 (1990)
[223] OGDEN, J.A.; GANEY, T.M.; OGDEN, D.A.: The histopathology on injury to the accessory malleolar ossification center. J Pediatr Orthop 16:61–62 (1996)
[224] OGDEN, J.A.: Skeletal injury in the child. (3. Ed.). Springer-Verlag New York (2000)
[225] OGDEN, J.A.: Skeletal injury in the child. (3. Ed.). WB Saunders Philadelphia London Toronto Montreal Sydney Tokyo (2000)
[226] OHZONO, K.; TAKAOKA, K.; SAITO, S. et al.: Intraosseous arterial architecture in nontraumatic avascular necrosis of the femoral head. Microangiographic and histologic study. Clin Orthop Relat Res 277:79–88 (1992)
[227] OOHASHI, Y.; NORIKI, S.; KOSHINO, T.; FUKUDA, M.: Histopathological abnormalities in painful bipartite patellae in adolescents. The Knee 13:189–193 (2006)
[228] OOHASHI, Y.; KOSHINO, T.: Bone scintigraphy in patients with bipartite patella. Knee Surg Sports Traumatol Arthrosc 15:1395–1399 (2007)
[229] OOHASHI, Y.; KOSHINO, T.; OOHASHI, Y.: Clinical features and classification of bipartite or tripartite patella. Knee Surg Sports Traumatol Arthrosc 18:1465–1469 (2010)
[230] OPPENHEIM, W.L.; BOWEN, R.E.; MC DONOUGH, P.W.; FUNAHASHI, T.T.; SALUSKY, I.B.: Outcome of slipped capital femoral epiphysis in renal osteodystrophy. J Pediatr Orthop 23:169–174 (2003)

[231] OSGOOD, R.B.: Lesions of the tibial tubercle occurring during adolescence. Boston Med Surg J 148:114–117 (1903)
[232] OZONOFF, M.B.: Pediatric Orthopedic Radiology. Philadelphia, WB Saunders (1979)
[233] PANKOVICH, A.M.: Fractures of the fibula proximal to the distal tibiofibular syndesmosis. J Bone Joint Surg 60A:221 (1978)
[234] PANKOVICH, A.M.: Fractures of the fibula at the distal tibiofibular syndesmosis. Clin Orthop Rel Res 143:138 (1979)
[235] PARÉ, A.: 1572 in: NIETHARD, F.U.: Kinderorthopädie. Thieme-Verlag, Stuttgart New York (1997)
[236] PARSONS, F.G.: The meaning of some of the epiphyses of the pelvis. J Anat Physiol 37:315–323 (1903)
[237] PAUWELS, F.: Eine neue Theorie über den Einfluss mechanischer Reize auf die Differenzierung der Stützgewebe. X. Beitrag zur funktionellen Anatomie und kausalen Morphologie des Stützgewebes. Z Anat Entwickl Gesch 117:478–515 (1960)
[238] PAZZAGLIA, U.E.; BELUFFI, G.; BENETTI, A.; BONDIONI, M.P.; ZARATTINI, G.: A review of the actual knowledge of the processes governing growth and development of long bones. Fetal and Pediatric Pathology 30:199–208 (2011)
[239] PECK, D.M.: Apophyseal injuries in the young athlete. Am Fam Physician 51:1891–1895 (1995)
[240] PESKIN, B.; SHUPAK, A.; MISSELEVICH, I.; ZINMAN, C.; LEVIN, D.; JACOB, Z.; REIS, D.N.; BOSS, J.H.: Transphyseal osseous bridges in experimental osteonecrosis of the femoral head of the rat. Histologic study of the bony bridges connecting the epiphyseal with the metaphyseal bony trabeculae through gaps in the physeal cartilage. J Pediatr Orthop B 10:214–218 (2001)
[241] PETERSON, C.A.; PETERSON, H.A.: Analysis of the incidence of injuries to the epiphyseal growth plate. J Trauma 12:275–281 (1972)
[242] PETERSON, H.A.: Partial growth plate arrest and its treatment. J Pediatr Orthop 4:246 (1984)
[243] PETERSON, H.A.; MADHOK, R.; BENSON, J.T.; ILSTRUP, D.M.; MELTON, L.J. 3rd.: Physeal fractures: part 1. Epidemiology in Olmsted County, Minnesota, 1979–1988. J Pediatr Orthop 14:423–430 (1994)
[244] PETERSON, H.A.: Physeal fractures: part 3, classification. J Pediatr Orthop 14:439–448 (1994)
[245] PFEIL, E.: Das Femoropatellargelenk. Johann Ambrosius Bath Leipzig (1981)
[246] PISACANO, R.M.; MILLER, T.T.: Comparing sonography with MR imaging of apophyseal injuries of the pelvis in four boys. AJR 181:223–230 (2003)
[247] PLAUE, R.: Abrissfrakturen von Apophysen. Schriftenreihe Unfallmedizinischer Tagungen, Heft 52 129–138 (1983)
[248] PLAUE, R.: Abrissfrakturen von Apophysen. BG-UMed 33:129–138 (1984)
[249] POCHON, J.P.: Epiphysenverletzungen. Therapeutische Umschau / Revue thérapeutique 40:925–927 (1983)
[250] PÖSCHL, M.: Juvenile Osteochondronekrosen. In: Handbuch der medizinischen Radiologie V/4 Springer, Berlin (1971)
[251] POLAND, J.: Traumatic separation of the epiphyses. Smith Elder, London (1898)
[252] PRAKASH, S.; CHOPRA, S.R.K.; INDARJIT: Traumatic separation of a bipartite patella. Injury: The British Journal of Accident Surgery 20:244 (1989)
[253] PŘIBYLOVA, E.; HEŘT, J.: Proliferation zones in articular cartilage of young rabbits. Morphologica 3, Vol. XIX:233–241 (1971)
[254] PROBST, J.: Gutachterliche Zusammenhangsfragen bei Verletzungen im Wachstumsalter. BG-UM ed 52:173–178 (1984)

[255] PROBST, J:. Rotatorendefekt und Schulterluxation aus gutachterlicher Sicht. Die Bedeutung von Degeneration und anlagebedingter Instabilität. Unfallchirurg 89:436–439 (1986)
[256] PSCHYREMBEL, klinisches Wörterbuch, De Gruyter-Verlag Berlin (2013)
[257] PUTZ, R.: Entwicklung und Wachstum der Epiphysen. Z Orthop 134:391–395 (1996)
[258] PUTZ, R.; MILZ, S.: Makroskopische und funktionelle Anatomie der Apophysenfugen. Orthopäde 45:199–205 (2016)
[259] RAJAN, R.A.; IBRAHIM, T.; ASIRVATHAM, R.; ASTER, A.: Valgus slipped capital femoral epiphysis: Case report and review of the literature. Hip Int 13:235–238 (2003)
[260] RANG, M. (Ed.): The growth plate and its disorders. E & S Livingstone, Williams & Wilkins, Baltimore, Edinburgh, London (1969)
[261] RANVIER, L.: Traité technique d'histologie. Savey, Paris (1889)
[262] REICHELT, A.; RÜTT, A.: Untersuchungen zur Ätiologie der Epiphysiolysis bzw. Epiphyseolisthesis capitis femoris. Arch Orthop Unfall Chir 67:28–38 (1969)
[263] RENNÉ, J.: Zur Systematik von Verletzungen der Wachstumsfuge. Z Orthop 115:563–567 (1977)
[264] RESNICK, D.: Diagnosis of bone and joint disorders 4. Ed., W.B. Saunders Company, Philadelphia (2002)
[265] REUTER, S.; MELLEROWICZ, H.: Avulsionsverletzungen der proximalen Tibia. Orthopäde 45:226–232 (2016)
[266] RIAD, J.; BAJELIDZE, G.; GABOS, P.G.: Bilateral slipped capital femoral epiphysis. Predictive factors for contralateral slip. J Pediatr Orthop 27:411–414 (2007)
[267] RIBBING, S.: Studien über hereditäre, multiple Epiphysenstörungen. Acta Radiol Suppl: 34 (1937)
[268] RICKLIN, P.: Zur Pathogenese und Therapie des Tennisellbogens. Z Unfallchir Versicherungsmed Berufskr 78:267–268 (1985)
[269] ROCKWOOD, C.A.; WILKINS, K.E.; BEATY, J.H.: Fractures in Children. Volume 3, 4. Ed. Lippincott – Raven, Philadelphia – New York (1996)
[270] RODRIQUEZ, J.I; DELGADO, E.; PANIAGUA, R.: Changes in young rat radius following excision oft he perochondrial ring. Calcif Tissue Int 37:677–683 (1988)
[271] ROGERS, L.F.: The radiography of epiphyseal injuries. Radiology 96:289 (1970)
[272] ROHLEDERER, K.: L'arthrosc de la surface articulaire de la rotule. Rev Chir Orthop 50:361 (1964)
[273] ROHMILLER, M.T.; GAYNOR, T.P.; PAWELEK, J.J.; MUBARAK, S.J.: Salter-Harris I and II fractures of the distal tibia: does mechanism of injury relate to premature physeal closure? J Pediatr Orthop 26:322–328 (2006)
[274] RUMPOLD, H.J.: Zur Frage der traumatischen Lösung persistierender Apophysen aus dem Epicondylus ulnaris. Archiv für orthopädische und Unfall-Chirurgie 61:89–94 (1967)
[275] RYÖPPY, S.: Injuries of the growing skeleton. Ann Chir Gynaecol Fenn 61:3–10 (1972)
[276] SALTER, R.B.; HARRIS, W.R.: Injuries involving the epiphyseal plate. JBJS 45-A:587–622 (1963)
[277] SALTER, R.B.: Textbook of disorders and injuries of the musculoskeletal system. Williams & Wilkins, Baltimore (1970)
[278] SALTER, R.B.: Injuries of the ankle in children. Orthop Clin North Am 5:147 (1974)
[279] SANDERS, T.G.; ZLATKIN, M.B.: Avulsion injuries of the pelvis. Semin Musculoskelet Radiol 12:42–53 (2008)
[280] SAUPE, H.: Beiträge zur Patella Bipartita. Fortschr Geb Röntgenstr Nuklearmed Ergänzungsband 28:37–46 (1921)
[281] SAUPE, E.: Primäre Knochenmarkseiterung der Kniescheibe. Deutsch Z Chir 258: 386–392 (1943)

[282] SCAPINELLI, R.: Blood supply of the human patella. Ist relationto ischaemic necrosis after fracture. J Bone Joint Surg 49B:563 (1967)

[283] SCHAER, H.: Die Patella partita. Ergebn Chir Orthop 27:1 (1934)

[284] SCHARF, W.; OPITZ, A.; HERTZ, H.; ZÖCH, G.: Klassifikationsvorschlag für Epiphysenfugenverletzungen im Hinblick auf Therapie und Prognose. Akt Traumatol 12:34–41 (1982)

[285] SCHEUERMANN, V.H.: Kyphosis dorsalis juvenilis. Z Orthop Chir 41:305–326 (1921)

[286] SCHLATTER, C.: Verletzungen des schnabelförmigen Fortsatzes der oberen Tibiaepiphyse. Beitr Klin Chir 38:874–887 (1903)

[287] SCHMID, F.: Epiphysenkern-Entwicklung. Fortschr Med 90:743 (1972)

[288] SCHMITT, H.G.: Persistierende Apophyse des Olecranons. RöFo 74:241 (1951)

[289] SCHMORL, G.: Über Knorpelknötchen an den Wirbelbandscheiben. Fortschr Röntgenstr 38:265–279 (1928)

[290] SCHNEIDMUELLER, D.; SANDER, A.L.; WERTENBROEK, M.; WUTZLER; S.; KRAUS, R.; MARZI, I.; LAURER, H.: Triplane fractures: do we need cross-sectional imaging? Eur J Trauma Emerg Surg 40:37–43 (2014)

[291] SCHÖNBERGER, A.; MEHRTENS, G.; VALENTIN, H.: Arbeitsunfall und Berufskrankheit. 6. Aufl. S. 429 (1988)

[292] SCHRÖTER, F.: Kausalitätsprüfung bei Apophysenschäden – Ablösung versus Ausriss. Med Sach 109:10–15 (2013)

[293] SCHRÖTER, F.: Gutachtliche Aspekte von Apophysenschäden. Orthopäde 45:242–248 (2016)

[294] SCHWÖBEL, M.G.: Apophysenfrakturen bei Jugendlichen. Chirurg 56:699–704 (1985)

[295] SCUDERI, G.R.: The Patella. Springer Verlag New York, Berlin, Heidelberg (1995)

[296] SEGAL, L.S.; WEITZEL, P.P.; DAVIDSON, R.S.: Valgus slipped capital femoral epiphysis: fact or fiction? Clin Orthop 322:91–98 (1966)

[297] SEGESSER; B: MORSCHER; E.; GOESELE, A.: Störungen der Wachstumsfugen durch sportliche Überbelastung Orthopäde 24:446–456 (1995)

[298] SENNERICH, T.; KUROCK, W.: Apophysenverletzungen an Becken und Tibia beim jugendlichen Sportler. Z Kinderchir 42:184–186 (1987)

[299] SEVER, J.W.: Apophysitis of the os calcis. New York M.J. 95:1025–1029 (2012)

[300] SEYSS, R.: Zur normalen Verknöcherung. V: Die Epiphysenbrücken. Klin Med Österr 3. Wiss Prakt Med 18:335–337 (1963)

[301] SHAPIRO, F.: Epiphyseal growth plate fracture-separation. A pathophysiologic approach. Orthopedics 5:720–736 (1982)

[302] SHAPIRO, F.: Epiphyseal disorders. N Engl J Med 317:1702–1710 (1987)

[303] SHEA, K.G.; APEL, P.J.; PFEIFFER, R.P.; TRAUGHBER, P.D.: The anatomy of the proximal tibia in pediatric and adolescent patients: implications for ACL reconstruction and prevention of physeal arrest. Knee Surg Sports Traumatol Arthrosc 15:320–327 (2007)

[304] SHI, D.P.; ZU, S.C.; LI, Y.; ZHENG, J.: Epiphyseal and physeal injury: comparison of conventional radiography and magnetic resonance imaging. Clin Imaging 33:379–383 (2009)

[305] SIEBERT, W.; WEGNER, U.: Schädigung der Apophysen und Epiphysen. Prakt Orthop 23:207–217 (1993)

[306] SIEBERT, C.H.; HÖFLER, H.R.; HANSIS, M.: Beidseitiger Apophysenausriss der Tuberositas tibiae beim Sportler. Sportverl Sportschad 9:58–61 (1995)

[307] SIEMENS, W.: Patella partita. Dtsch Z Chir 233:727–755 (1931)

[308] SIFFERT, R.: Classification of osteochondroses. Clin Orthop 158:10–18 (1981)

[309] SINDING-LARSEN, C.: A hitherto unknown affection of the patella in children. Acta Radiol (Stockh) 1:171 (1921)

[310] SINHA, D.N.; VARMA, H.C.: Cartilage canal and chondroepiphysis of the lower end of the femur of human fetuses. Anat Anz 152:461–466 (1982)

[311] SKAWINA, A.; LITWIN, J.A.; GORCZYCA, J.; MIODÓNSKI, A.J.: Blood vessels in epiphyseal cartilage of human fetal femoral bone: a scanning electron microscopic study of corrosion casts. Anat and Embryol 189: 457–462 (1994)
[312] SKUBAN, T.P.; VOGEL, T.; BAUR-MELNYK, A.; JANSSON, V.; HEIMKES, B.: Function-orientated structural analysis of the proximal human femur. Cells Tissues Organs (Print) 190:247–255 (2009)
[313] SMITH, J.R.; KOZIN, S.H.: Identifying and managing physeal injuries in the upper extremity. JAAPA 22:39–45 (2009)
[314] SMITH, J.W.: The structure and stress relations of fibrous epiphysial plates. J Anat Lond 96:209–225 (1962)
[315] SMITH, J.W.: The relationship of epiphyseal plates to stress in some bones of the lower limb. J Anat 96:58 (1962)
[316] SOMMERFELDT, D.W.: Knöcherne Verletzungen der Knieregion im Kindes- und Jugendalter. Unfallchirurg 119:43–61 (2016)
[317] SONNENSCHEIN, A.: Biologie, Pathologie und Therapie der Gelenke. Dargestellt am Kniegelenk. Benno Schwabe & Co. Verlag Basel (1952)
[318] SPRANGER, J.: The epiphyseal dysplasias. Clin Orthop 114: 46–60 (1976)
[319] STEINBRÜCK, K.; KRAHL, H.: Apophysäre Frakturen am Becken beim Jugendlichen. Aus: PFÖRRINGER, W.; ROSENMEYER, B.: Die Epiphysenfugen. Perimed Fachbuch-Verlagsgesellschaft mbH: 182–194 (1987)
[320] STEINERT, V.: Epiphysenlösung und Epiphysenfrakturen. Archiv für Orthopädische und Unfall-Chirurgie 58: 200 – 220 (1965)
[321] STOCKER, R.L.; VAN LAER, L.: Injury of a bipartite patella in a young upcoming sportsman. Arch Orthop Trauma Surg 131:75–78 (2011)
[322] STOCKWELL, R.A.: The ultrastructure of cartilage canals and the surrounding cartilage in the sheep fetus. J Anat 109:397–410 (1971)
[323] STRACCIOLINI, A.; CASCIANO, R.; LEVEY, F.H.; STEIN, C.J.; MEEHAN, W.P. 3rd.; MICHELI, L.J.: Pediatric sports injuries: a comparison of males versus females. Am J Sports Med 42:965–972 (2014)
[324] SUNDARAMURTHY, S.; MAO, J.J.: Modulation of endochondral development of the distal femoral condyle by mechanical loading. J Orthop Res 24:229–241 (2006)
[325] TACHDJIAN, M.: The child's foot. Philadelphia, W.B. Saunders Co. (1985)
[326] TEICHERT, G.: Apophyse der vorderen lateralen Tibiagelenkflächenkante. Fortschr Röntgenstr 83: 888 (1955)
[327] THIEMEYER, J.S.: Epiphyseal injuries. Va Med Mon 95:390–394 (1968)
[328] THURNER, J.; BINAZZI, R.: Deformierende Insertionstendopathie. Wien Med Wochenschr 128:522–525 (1978)
[329] TILLMANN, B.; PETERS, A.: Belastung und Beanspruchung der Patella. In: Hassenpflug, J.: Die Blauth-Knieendoprothese: Grundlagen, gegenwärtiger Stand und Ausblick. Huber, Bern: 54–59 (1992)
[330] TILLMANN, B.; TÖNDURY, G.; ZILLES, K.: Anatomie des Menschen, Band I Bewegungsapparat, 3. Auflage, Thieme Verlag Stuttgart New York (2003)
[331] TODD, T.; MC CALLY, W.C.: Defects of the patellar border. Ann Surg 74:775–782 (1921)
[332] TOS, L.; SALVI, V.: La patolgia non traumatico della rotula. Torino. Es Minerva Med:79–98 (1968)
[333] TREIBEL, W.; PFÖRRINGER, W.; KUNZE, D.: Körperbau, Hormone und Reifung bei der Epiphyseolysis capitis femoris. In: PFÖRRINGER, W.; ROSENMEYER, B.: Die Epiphysenfugen. Perimed Fachbuch-Verlagsgesellschaft mbH Erlangen: 256–275 (1987)

[334] TRUETA, J.; AMATO, V.P.: The vascular contribution to osteogenesis. III. Changes in the growth cartilage caused by experimentally induced ischaemia. J Bone Joint Surg Br 42-B:571–587 (1960)
[335] TRUETA, J.: Studies of the development and decay of the human frame. Philadelphia. W.B. Saunders (1968)
[336] UHRY, E.: Osgood-Schlatter disease. Arch Surg 48:406–414 (1944)
[337] UHTHOFF, H.K.: POKRUPA, R.; SARKAR, K.: L'épicondylite externe (tennis elbow). Une analyse critique de la pathogénie. Union Med Can 107:684–688 (1978)
[338] VAN HOENACKER, F.M.; VAN HUL, W.; WUYTS, W.; WILLEMS, P.J.; DE SCHEPPER, A.M.: Hereditary multiple exostoses: from genetics to clinical syndrome and complications. Eur J Radiol 40:208–217 (2001)
[339] VAN HOLSBEECK, VANDAMME, B.; MKARCHAL, G.; MARTENS, M.; VICTOR, J.; BAERT, A.L.: Dorsal defect of the patella: concept of its origin and relationship with bipartite and multipartite patella. Skeletal Radiol 16:304–311 (1987)
[340] VON LAER, L.: Klinische Aspekte zur Einteilung kindlicher Frakturen, insbesondere zu den traumatischen Läsionen der Wachstumsfuge. Unfallheilkunde 84:229–236 (1981)
[341] VON LAER, L.: Epiphysenfrakturen. Zent Bl Chir 111:1217–1227 (1986)
[342] VON LAER, L.: Frakturen und Luxationen im Wachstumsalter. Thieme Verlag, 5. vollständig überarbeitete und aktualisierte Auflage (2007)
[343] VON STILLFRIED, E.; WEBER, M.: Aseptische Osteonekrosen bei Kindern und Jugendlichen. Orthopädie 43: 750–757 (2014)
[344] WATERMANN, R.: Gefäßkanäle der kniegelenksnahen Wachstumsfugen und Knochennarben. Verh Anat Ges 115:137–152 (1965)
[345] WATTENBARGER, J.M.; GRUBER, H.E.; PHIEFFER, L.S.: Physeal fractures, Part I: Histologic features of bone, cartilage, and bar formation in a small animal model. J Pediatr Orthop 22: 703–709 (2002)
[346] WEAVER, J.K.: Bipartite patellae as a cause of disability in the athlete. Am J Sports Med 5:137–143 (1977)
[347] WEBER, B.G.: Epiphysenfugen-Verletzungen. Helv Chir Acta 31:103 (1964)
[348] WEBER, B.G.: Die Verletzungen des oberen Sprunggelenkes. In: Aktuelle Probleme in der Chirurgie. Bern, Verlag Hans Huber (1966)
[349] WEINERT, P.: Ein Beitrag zur Frage der Pseudoepiphysen. Anat Anz 99:1–18 (1952)
[350] WEINHARDT, C.; BERGMANN, E.G.; HELLER; K.D.: Epiphyseolysis capitis femoris juvenilis. Akt Traumatol 34:103–106 (2004)
[351] WELLS, D.; KING, J.D.; ROE, T.F.; KAUFMANN, F.R.: Review of slipped capital femoral epiphysis associated with endocrine disease. JPO 13:610–614 (1993)
[352] WIRTH, T.; SYED ALI, M.M.; RAUER, C.; SÜSS, D.; GRISS, P.; SYED ALI, S..: The blood supply of the growth plate and the epiphysis: A comparative scanning electron microscopy and histological experimental study in growing sheep. Calcif Tissue Int 70:312–319 (2002)
[353] WIRTH, T.: Epiphyseolysis capitis femoris. Orthopädie und Unfallchirurgie up2date 6:147–170 (2011)
[354] WOLFF, R.: Apophysenausrisse. Dtsch Z für Sportmed 51: 305–306 (2000)
[355] WOO, S.L.Y.; MAYNARD, J.; BUTLER, D.; LYON, R.; TORZILLI, P.; AKESON, W. et al.: Ligament, tendon, and joint capsule insertions to bone. In Injury and Repair of the Musculoskeletal Soft Tissues (eds. WOO, SLY.; BUCKWALTER, J.A.):133–166. Park Ridge, IL: American Academy of Orthopaedic Surgeons (2000)
[356] YOUNG, J.W.R.; BRIGHT, R.W.; WHITLEY, N.O.: Computed tomography in the evaluation of partial growth plate arrest in children. Skeletal Radiol 15:530 (1986)

[357] YOUSEFZADEH, D.K.; DOERGER, K.; SULLIVAN, C.: The blood supply of early, late, and nonossifying cartilage: preliminary gray-scale and Doppler assessment and their implications. Pediatr Radiol 38:146–158 (2008)

[358] YTREHUS, B.; HAGA, H.A.; MELLUM, C.N.; MATHISEN, L.; CARLSON, C.S.; EKMAN, S.; TEIGE, J.; REINHOLT, F.P.: Experimental ischemia of porcine growth cartilage produces lesions of osteochondrosis. J Orthop Res 22:1201–1209 (2004)

[359] YTREHUS, B.; CARLSON, C.S.; EKMAN, S.: Etiology and pathogenesis of osteochondrosis. Vet Pathol 44:429–448 (2007)

[360] ZETKIN, M.; KÜHTZ, E.H.; FICHTEL, K.: Wörterbuch der Medizin. VEB Verlag Volk und Gesundheit, Berlin (1964)

[361] ZUMSTEIN, M.; SUKTHANKAR, A.; EXNER, G.U.: Tripartite patella: late appearance of a third ossification center in childhood. J Pediatr Orthop B 15:75–76 (2006)

6 Impingementsyndrome

Die Bezeichnung „Impingementsyndrom“ wird häufig als Diagnose verwandt, obgleich unter einer Diagnose ein Urteil bzw. eine Entscheidung zu verstehen ist [349]. Im medizinischen Sprachgebrauch handelt es sich um das Erkennen und Bezeichnen einer Krankheit oder auch das Zuordnen von Phänomenen und Merkmalen zu einer Kategorie eines Klassifikationssystems bzw. zu einem Krankheitsbegriff oder einer Symptomatik im Sinne eines Syndroms. Das festgestellte Syndrom ergibt zusammen mit der vermuteten Krankheitsursache und -entstehung (Ätiologie und Pathogenese) die Diagnose. Ein Symptom ist in der Medizin ein Zeichen, das auf eine Erkrankung oder Verletzung hinweist. Die Gesamtheit der aus einem Krankheitsprozess resultierenden Symptome ergibt das klinische Bild, die Symptomatik. Symptome können in subjektive (durch den Betroffenen wahrnehmbare) und intersubjektive (von außen wahrnehmbare) Krankheitszeichen unterteilt werden. Letztere sind klinische Zeichen. Objektive Symptome stellt der Untersucher fest. (Typische) Kombinationen von Symptomen werden auch als Syndrom bezeichnet. Deutliche Symptome werden meist vom Patienten selbst bemerkt und geben ihm Anlass, medizinischen Rat zu suchen. Diskrete (verdeckte) Symptome hingegen fallen oft erst bei eingehender Befragung im Rahmen der Anamnese und/oder durch eine körperliche Untersuchung auf.

6.1 Nomenklatur

Die Bezeichnung „Syndrom“ wird erstmals in den Schriften von GALEN erwähnt und bezeichnet Symptome, die zusammen auftreten (Übersetzung aus GALEN: Subfiguratio empirica, lateinische Fassung 1341, in [347].

In der heutigen Medizin wird die Bezeichnung „Syndrom“ uneinheitlich gebraucht, einmal im historischen Sinn als „syndromé“ für Symptome, die durch einen charakteristischen Verlauf u. a. ohne Berücksichtigung kausaler Verknüpfungen bestehen. Andererseits ist das „Syndrom“ eine wissenschaftliche Krankheitsbezeichnung unter Berücksichtigung der Verursachung der Symptome. So werden Syndrome in solche 1. bis 3. Ordnung eingeordnet:

- Syndrome 1. Ordnung (= Syndrome i. e. S. haben eine einzige Hauptursache), die Pathogenese ist meist unbekannt.
- Syndrome 2. Ordnung (= Sequenzen) sind pathogenetische Syndrome.
- Syndrome 3. Ordnung (= Symptomenkomplexe) entsprechen dem ursprünglichen Begriff der „syndromé“.

Vereinfacht ist ein Syndrom in der Medizin das gleichzeitige Vorliegen verschiedener Krankheitszeichen, so genannter Symptome. Deren ursächlicher Zusammenhang, also die Ätiologie, ist mehr oder weniger bekannt oder kann zumindest vermutet wer-

DOI 10.1515/9783110284409-011

den, jedoch sind die Entstehung und Entwicklung der Krankheit, die Pathogenese, nicht bekannt [409]. Wenn sowohl Ätiologie als auch Pathogenese bekannt sind, handelt es sich um ein Krankheitsbild. Vom Syndrom wird häufig dann gesprochen, wenn es um zumindest in gewisser Hinsicht einheitliche und in vergleichbaren Fällen ähnliche Krankheitszeichen geht. Eine andere Bedeutung hat der „Begriff" Symptomenkomplex [372]. Somit ist ein Syndrom keine eigentliche Diagnose, sondern eine Krankheitsbezeichnung, die einer Diagnose ähnlich ist, also ein Diagnose-Äquivalent. Die Bezeichnung „Impingement" leitet sich einmal aus dem Englischen (impinge = an-/gegenstoßen) bzw. aus dem Lateinischen (impingo = anschlagen, gegenschlagen) ab und wird im Pschyrembel [349] als schmerzhafte Verdrängung oder Einklemmung von Gewebe (am häufigsten im Bereich des Schultergelenkes) definiert. Es handelt sich um eine Funktionsbeeinträchtigung der Gelenkbeweglichkeit, grundsätzlich gibt es Impingementsyndrome an allen bewegten Stellen des menschlichen Körpers. Da diese Organe (das Gelenk als Organ) vorwiegend aus Bindegewebe aufgebaut sind, handelt es sich auch bei den betroffenen Strukturen um Bindegewebe, so dass die Bezeichnung der „Degeneration" bezüglich Impingement nicht angezeigt ist. Die „Degeneration" ist eine zellpathologische Veränderung. Die Ursachen für das Anstoßen sind intraartikulär, aber auch extraartikulär zu finden, und sie werden nach der Lokalisation im Gelenk oder zur Gelenkumgebung bezeichnet. In Kenntnis der Ätiologie ist das Impingementsyndrom keine Diagnose, sondern ein Pathomechanismus oder auch ein Diagnose-Äquivalent. Die Impingementproblematik wird insbesondere an der Schulter diskutiert, trifft aber für alle Gelenke zu. Ein ossäres Impingement liegt vor, wenn Knochen gegen Knochen stößt, z. B. am oberen Sprunggelenk, meist aber besteht ein Weichteil-Impingement, d. h., Weichteile werden zwischen oder gegen ossäre Strukturen gedrückt bzw. eingeklemmt. Eine Sonderform nehmen Schleimhautfalten (Plicae) in einem Gelenk ein, die als normale anatomische Strukturen asymptomatisch sind und erst bei einer Vergrößerung und Verhärtung (Fibrosierung) symptomatisch werden.

Die Anzahl jährlicher Publikationen (PubMed) zum Thema Impingement zeigt einen Anstieg mit 1986 (Schulterimpingement) und 2007 (Hüftimpingement), bis zu diesen Zeitpunkten war das sog. Diagnose-Äquivalent „Impingementsyndrom" von untergeordneter Bedeutung (Abb. 6.1).

Die Bezeichnungen der Impingementsyndrome werden nach der Ätiologie (der einer Krankheit zugrunde liegenden Ursache) und der Pathogenese (Entstehung und Entwicklung der Krankheit) bezeichnet. Bei Letzterer werden die kausale und die formale Pathogenese unterschieden. Während sich die kausale Pathogenese mit der Summe aller für die Verursachung einer Krankheit notwendigen Faktoren beschäftigt, fasst die formale Pathogenese sämtliche Vorgänge zusammen, die nach Auslösung eines Krankheitsprozesses ablaufen [111]. Die Abgrenzung der kausalen Pathogenese von der Ätiologie ist problematisch, die ätiologischen Faktoren werden in der kausalen Pathogenese in das Gesamtkonzept des pathologischen Ablaufs mit einbezogen, die Ätiologie benennt die auslösenden Faktoren als Einzelkonstrukt.

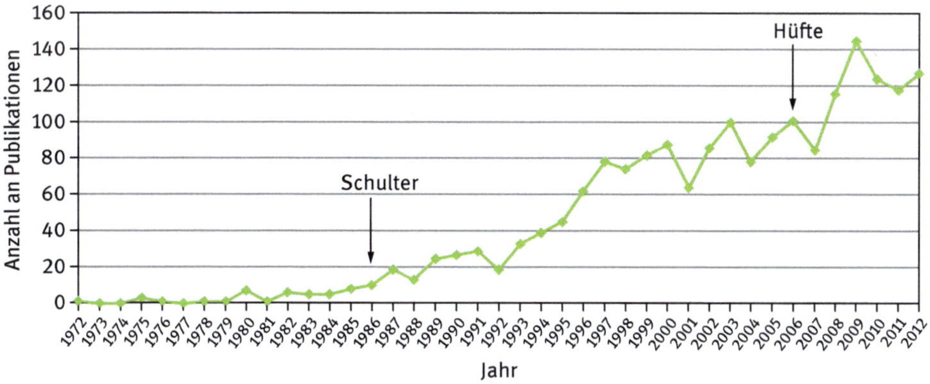

Abb. 6.1: Impingementsyndrome: Anzahl jährlicher Publikationen (PubMed).

Ausgehend von einem gesunden, funktionstüchtigen Gelenk können von außen Faktoren einwirken (extrinsische Faktoren), die zur Engpassbildung („Anstoßen") für intraartikuläre Strukturen führen (z. B. Rotatorenmanschette), andererseits gibt es Faktoren in der Sehnenplatte (z. B. Textur-, Strukturstörungen), die Gleiches bewirken (intrinsische Faktoren). Extrinsische Pathologien entsprächen dann extratendinösen und intrinsische Pathologien den intratendinösen Faktoren (sog. primäre Impingementsyndrome). Entstehen Impingementsyndrome durch funktionelle Störungen (= sekundäre Impingementsyndrome), so führen biomechanische oder neuromuskuläre Faktoren zum Einklemmen, z. B. beim subakromialen Impingement (Abb. 6.2). Den extrinsischen bzw. extratendinösen Faktoren wird weniger eine kausale, sondern vielmehr eine manifestationsfördernde Rolle zugeschrieben [156].

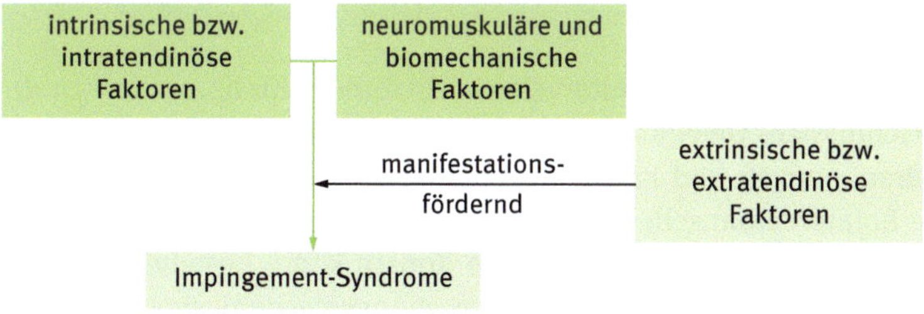

Abb. 6.2: Impingementfaktoren (multifaktorielle Betrachtung [156]).

Das „Impingement" kann als übergeordnete Bezeichnung des pathomorphologischen Substrates, entstanden durch rezidivierende Einklemmungen bei Anstoßvorgängen, gewertet werden. Es finden aber auch andere Bezeichnungen Anwendung: Impaktion, Abutment, Kompression.

6.2 Pathologie

Für die Pathologie ist das pathomorphologische Substrat, aber auch die Pathomechanik, von Interesse. Zwar werden pathomorphologische Substrate für das Entstehen eines Impingementsyndroms verantwortlich gemacht, so extraartikuläre und intraartikuläre Faktoren. Es bedarf immer einer Abklärung der Ursache für ein Impingementsyndrom mit Definition der daraus resultierenden Wirkung. Ursache und Wirkung können extraartikulär und intraartikulär lokalisiert sein. Die biomechanischen sowie neuromuskulären Faktoren sind der extraartikulären Ursache zuzuordnen. All diese Pathomechanismen gehören zu den Überlastungsschäden und bedürfen der Abgrenzung von Verletzungsfolgen. Ein Impingementsyndrom ist also nie eine primäre Verletzung, allenfalls eine Verletzungsfolge. Dem mechanischen Impingement liegt ein pathomorphologisches Substrat zugrunde, beim funktionellen Impingement sind es Störungen des normalen Bewegungsablaufes, wie

1. von der normalen Gelenkfunktion abweichende Beweglichkeit mit der Folge, Binnenstrukturen negativ zu beeinflussen,
2. Störung des Gleichgewichts zwischen synergistischen Muskelgruppen, an der Schulter Rotatorenmanschette/Deltoideus, am Femoropatellargelenk M. vastus medialis/M. vastus lateralis,
3. primäre Störung eines neuromuskulären Systems im Sinne der neuromuskulären Insuffizienz,
4. kapsullär bedingte Bewegungseinschränkungen bei partiellen adhäsiven Kapsulitiden,
5. subtile Instabilitäten, u. a. auch bei kongenitalen Hyperlaxitäten.

6.2.1 Schultergelenk

Im Vergleich zum Hüftgelenk ist das Schultergelenk kein formschlüssiges, sondern ein so genanntes kraftschlüssiges Gelenk, d. h., die Führung des Humeruskopfes erfolgt durch die muskulären, aktiven und kapsuloligamentären passiven Kraftstrukturen. Dabei zentriert die Rotatorenmanschette den Humeruskopf in die flache Pfanne. Es handelt sich um eine anatomisch ungewöhnliche Konstruktion, bestehend aus Ligamenten und Sehnen, wobei der komplizierte Bewegungsmechanismus in Verbindung mit den häufigen Kombinationsverletzungen unter Berücksichtigung der räumlichen Enge unter dem Schulterdach, aber auch der vaskulären Ernährungssituation der Rotatorenmanschette, diese Gesamtstruktur gegenüber Erkrankungen und Verletzungen anfällig macht. Es handelt sich bei der Rotatorenmanschette nicht nur um eine Zugsehne, sondern vor allen Dingen um eine so genannte Gleitsehne [345]. Störungen in der Gelenkzentrierung führen zu einem pathologischen Kontakt zwischen der Rotatorenmanschette und dem Schulterdach (Akromion, Lig. coracoacromiale, Proc. coracoideus), die daraus resultierenden Beschwerden werden als subakromiales

Impingement bezeichnet. Vorübergehend erfolgte eine PHS (Periarthritis humeroscapularis)-Klassifikation mit Einteilung in Impingementsyndrom, Frozen shoulder, Tendinosis calcarea und Schulterinstabilität. Das Impingementsyndrom dominierte mit 38 % Häufigkeit bei den periartikulären Weichteilerkrankungen [327]. Mit der Zeit übernahm beim Impingement immer mehr die Rotatorenmanschette eine zentrale Bedeutung. Bei der Beurteilung eines Impingements an der Schulter spielt neben den anatomischen Überlegungen insbesondere die „funktionelle Anatomie" eine grundlegende Rolle, denn ein Schulterimpingement ist keine Diagnose, sondern ein Pathomechanismus [156]. Übermäßige mechanische Kräfte und auch Einklemmungen verschiedener anatomischer Strukturen, jeweils in Abhängigkeit von deren Position, sind für die Entstehung eines pathomorphologischen Substrates verantwortlich, wobei der primäre Faktor sowohl in der Funktion als auch in der strukturellen Pathologie zu sehen ist. Immer mit einbezogen ist die so genannte Rotatorenmanschette [413, 363, 41, 156, 177, 474]. Ein Impingement entsteht nicht durch ein Trauma, d. h., ein Impingement ist keine Verletzung, allenfalls eine Verletzungsfolge, z. B. in Verbindung mit einer Schultereckgelenksprengung oder einer Tuberculum-majus-Fraktur. Beim Impingement handelt es sich meist um die Folge von Mikrotraumen, die durch einen Überlastungsmechanismus entstehen, die Ursache kann aber ebenso ein äußerer Einfluss unter dem Schulterdach sein (Extrinsic-Faktoren) oder die Ursache ist in der Rotatorenmanschette selbst, z. B. im Sinne einer pathologischen Strukturstörung, zu finden (Intrinsic-Faktoren). Diese Aussage trifft für die extraartikulären Impingementsyndrome des korakoakromialen Bogens zu, diese werden von den intraartikulären Impingementsyndromen unterschieden (vgl. Band 2, Kapitel 8).

Die Einteilung der Impingementsyndrome an der Schulter wird entsprechend deren Lokalisation vorgenommen, meist liegen diese extraartikulär („external"), aber auch intraartikulär („internal") [363, 413, 143]. Während die Bezeichnungen „internes" und „externes" Impingement auf die Lokalisation hinweisen, sind die Bezeichnungen „extrinsische" und „intrinsische" Faktoren die Zeichen für die Entstehung eines Impingements, extrinsisch heißt ‚durch Einwirkung von außen', intrinsisch beschreibt die Ursache innerhalb des Gleitgewebes, d. h. innerhalb der Rotatorenmanschettensehne. Bei den extraartikulär gelegenen Impingements des korakoakromialen Bogens wird das subakromiale Impingement vom subkorakoidalen Impingement differenziert. Intraartikulär finden sich das posterosuperiore sowie das anterosuperiore Impingement.

Extraartikuläre Impingementformen liegen unter dem korakoakromialen Bogen [66]. Der Boden wird vom Humeruskopf gebildet, einschließlich Tub. majus und Tub. minus. Zwischen Dach und Boden befinden sich die Rotatorenmanschette (Supraspinatussehne) mit der Subskapularissehne, zwischen beiden Sehnen setzt der lange Kopf der Bizepssehne an, überdacht vom Lig. coracohumerale (Rotatorenintervall) und eingescheidet von diesem sowie vom Lig. glenohumerale sup. (Schlinge für die lange Bizepssehne = „reflection pulley").

Subakromiales Impingement

Die Einteilung des primären subakromialen Impingements in extrinsisch und intrinsisch wird vom Stand des Daches bzw. des Bodens zum Subakromialraum abhängig gemacht (Tab. 6.1).

Tab. 6.1: Einteilung des Subakromialimpingements [383].

primär		sekundär
extrinsisch	intrinsisch	
Das Dach des Subakromialraumes ist zu tief.	Der Boden des Subakromialraumes ist zu hoch.	Der Boden des Subakromialraumes ist „funktionell" zu hoch.
BUNKER [62], CLEEMAN [82]		O'BRIEN [318], MATSEN [264]

Beim externen Impingement ist der Kontakt zum Akromion, aber auch zum Korakoid und zum Lig. coracoacromiale möglich, welches unter physiologischen Bedingungen keine faserknorpeligen Anteile aufzeigt. Die höchsten Drücke werden an der anterolateralen Kante des Akromions und auch unter dem Proc. coracoideus gemessen [476, 477, 478]. Daher wird angenommen, dass dauernde Kraftübertragungen am Lig. coracoacromiale nicht stattfinden, da sonst eine mikrokartilaginäre Metaplasie zu erwarten wäre. Diese findet sich aber bei einer Dysfunktion der Rotatorenmanschette mit der Folge einer dauernden Druckbelastung am korakoakromialen Bogen [351]. Die chondroide Metaplasie ist der Beginn einer enchondralen Ossifikation mit der Folge einer anterioren Spornbildung, meist in Verbindung mit Rotatorenpartialdefekten, eine Einengung des Subakromialraumes ist dann erst bei der Totaldefektbildung zu erwarten [147]. Bezogen auf das extraartikuläre, subakromiale Impingement vermutete NEER [303] in 95 % der Fälle mechanische Faktoren als primär ursächlich für die Einengung des subakromialen Raumes, also extrinsische Faktoren, mit der Folge der Schädigung der Rotatorenmanschette. Daraus entwickelte NEER [303] die drei Impingementstadien, die einem bestimmten Patientenalter zugeordnet werden (Tab. 6.2).

Tab. 6.2: Impingementstadien [303].

Stadium	Gewebliche Veränderung	Alter
I	Ödem, Einblutung	< 25
II	Fibrose	< 40
III	Sehnendefekt und knöcherne Veränderungen	> 40

Die ursprüngliche Impingementtheorie nach NEER [303] als sog. Outlet-Impingement erweiterte NEER [305] mit dem sog. Non-Outlet-Impingement. Darunter wird eine

Volumenzunahme subakromial (Bursa subacromialis und Rotatorensehnen) verstanden, wobei aber auch eine Verlagerung der subakromialen Strukturen, z. B. bei Frakturen des Tuberculum majus mit Hochstand, dieser Volumenzunahme entsprechen kann. Somit sind die Bezeichnungen „Outlet-Impingement“ und „Non-Outlet-Impingement“ der Kausalitätsüberlegung zuzuordnen und entsprechen dem extrinsischen und intrinsischen Impingement. Wenn NEER [303] extrinsische Faktoren als Ursache erwähnt, so werden darunter auch Abweichungen in der Anatomie des Akromions verstanden, die jedoch in der Literatur denkbar unterschiedlich gewertet werden. So soll es Akromionformen nach BIGLIANI [46] geben, die gehäuft mit Rotatorendefekten einhergehen, andererseits gibt es eine Reihe von Äußerungen, die eine Verursachung von Defekten in der Rotatorenmanschette durch das Akromion verneinen [46, 110, 147, 171, 249, 311, 321, 329, 401, 484]. Auch die Beteiligung des Lig. coracoacromiale wird unterschiedlich diskutiert. Einmal wird die chondroide Metaplasie des Lig. coracoacromiale einer vorausgehenden Rotatorenpathologie zugeordnet, die Bandpathologie ist also Folge und nicht Ursache eines Kontaktprozesses, zum anderen wird dies auch anders diskutiert [437, 392, 384, 463, 171]. Zudem ist der röntgenologische Nachweis einer Akromionpathologie sehr von der Projektion abhängig [27] und damit werden Akromionsporne oft als Akromionfehlformen gedeutet. Hierzu bedarf es auch der Beachtung der sog. kongenitalen, subakromialen Stenose [64].

Es resultieren verschiedene Theorien zur Impingemententstehung

1. Impingementtheorie nach NEER [303]:
Es werden primär mechanische Faktoren anerkannt, die zu einem extrinsischen Impingement führen, d. h. zu einer subakromialen Enge, gemäß der sog. „Attrition Theory“ nach MEYER [275] mit der Folge der drei Impingementstadien (I–III), zugeordnet einem sog. Outlet-Impingement. In deren Folge wird die Theorie präzisiert und der Begriff „Non-Outlet-Impingement“ eingeführt [305]. Das heißt, das Volumen der subakromialen Strukturen nimmt durch Schwellung bzw. Verdickung der Bursa subacromialis und/oder der Rotatorensehnen zu.

2. Theorie der primären „Sehnendegeneration“ nach UHTHOFF [438]:
Aufgrund histologischer Untersuchungen geht UHTHOFF [438] von einer primären Tendopathie als intrinsischem Faktor aus. Es wird auf die sog. kritische Zone [83] Zone hingewiesen, etwa 1 cm vor der Insertion der Supraspinatussehne. Es handelt sich um eine Hypovaskularisation im Bereich der Anastomosierung der Endarterien ossären und muskulären Ursprungs [380, 243, 292], diese hypovaskularisierte Stelle sei stellungs- und funktionsabhängig [358]. In den feinen Anastomosen kommt es bei der Zugbelastung der Sehne zu Kaliberveränderungen, die zu einer temporären Ischämie führen und schließlich zu Strukturstörungen und örtlichen Nekrosen.

Es kommt zum Rotatorenmanschettendefekt, der zunächst asymptomatisch bleibt [289]. Das Einsetzen der Symptomatik hängt von der Größe des Defektes und von der fettigen Infiltration der Muskulatur ab [480, 288]. Laut Literatur sind 75 % aller Rotatorendefekte symptomlos [172].

3. Theorie der biologisch begründeten „Sehnendegeneration“:
Die Rotatorenmanschettensehnen werden als Gleitsehnen bezeichnet [367, 368, 345], mit einer unterschiedlichen Zerreißbarkeit, die bursaseitig stärker ausgeprägt ist als gelenkseitig. Dies wird durch die Sehnenstruktur entsprechend einer faserknorpeligen Sehne bestätigt [367, 368]. Die Zusammensetzung der Kollagenmatrix ist nicht identisch mit der einer Zugsehne [49]. Auch die mechanischen Unterschiede zwischen der bursaseitigen („tendinösen“) und der gelenkseitigen („kapsulären“) Schicht der Rotatorenmanschette sind unterschiedlich, so dass intratendinöse Spannungen zu Sehnenschäden führen können [301].

4. Theorie der neuromuskulären Insuffizienz:
Dysbalanzierte, absolute oder relative Muskelschwächen führen zu einer Überlastung der Sehnen, die dann zum Verschleiß neigen. Dies ist durch funktionelle Einflüsse, eine neuromuskuläre Insuffizienz, Überlastungssituationen und somit auch durch neurophysiologische Störungen erklärbar [311], mit dem Ergebnis eines Impingement. Diese Sehneninsuffizienz hat einen Kontakt mit dem Schulterdach zur Folge, unter Ausbildung eines klinisch manifesten Impingementsyndroms. Nachdem Rotatorenmanschettenmuskeln einem stärkeren Alterungsprozess unterliegen als der Deltamuskel, kommt es zu einer vermehrten Translation des Humeruskopfes nach kranial [471, 95]. Insbesondere beim Sportler führt diese Diskrepanz der Muskelfunktion zu einer Schrumpfung der dorsalen Gelenkkapsel [263], was als Auslöser für ein sog. anterosuperiores Impingement gelten kann.

5. Instabilität als Ursache eines funktionellen (sekundären) Impingements:
Funktionell ist vor allen Dingen die dynamische Dezentrierung des Humeruskopfes nach kranial von Bedeutung, im Sinne manchmal nur gering ausgeprägter Instabilitäten [170, 192]. Die daraus resultierenden subakromialen Impingements sind dadurch gekennzeichnet, dass die Impingementsyndrome oft wesentlich deutlicher ausgeprägt sind als die Zeichen der Instabilität. Die Folge ist ein erhöhtes Kapselvolumen, vergleichbar mit einer kongenitalen Laxitätskomponente. Bei Sportlern resultiert durch extreme Bewegungen (z. B. beim Speerwerfen, Schwimmen) eine sog. Gebrauchshypermobilität [382], entstanden durch repetitive Mikrotraumen, die zu einer posterosuperioren Impingementproblematik führen können. Ein lückenloser Zusammenhang zwischen der Instabilität und dem Impingement erlaubt eine Typisierung [222], wobei beim Typ 1 ein reines subakromiales Impingement vorliegen soll, beim Typ II eine repetetiv mikrotraumatische Instabilität, beim Typ III eine Laxität mit sekundärem, funktionellem Impingement und beim Typ IV eine reine Instabilität. In Verbindung mit der Instabilität und dem Impingement treten dann Rotatorenmanscheteninsuffizienzen auf, so dass zusammengefasst diese Symptomatik fließend

in Richtung des posterosuperioren und anterosuperioren Impingements übergeht. Diese Impingementsymptomatik wird als sekundäres Impingement bezeichnet [129], das vorwiegend bei Athleten mit Überkopf-Tätigkeiten und insbesondere auch in Verbindung mit einer glenohumeralen und/oder skapularen Instabilität gefunden wird. Im Gegensatz zum sekundären Impingement zeigt sich das primäre Impingement mit Veränderungen am korakoakromialen Bogen [129]. Die subakromiale Druckerhöhung ist eine Folge der Armstellung [469, 314]. Dabei entstehen die Druckspitzen an der anterolateralen Kante des Akromions und unter dem Proc. coracoideus [477]. Daraus resultiert unter Berücksichtigung der Funktionalität das Impingement, auch bedingt durch eine Instabilität.

Es entsteht ein integriertes Konzept der Ätiologie und Pathogenese der Subakromialsyndrome, die durch gleichzeitige Einwirkung verschiedener Faktoren ein klinisches Bild (subakromiales Impingement) nach sich ziehen (Abb. 6.3).

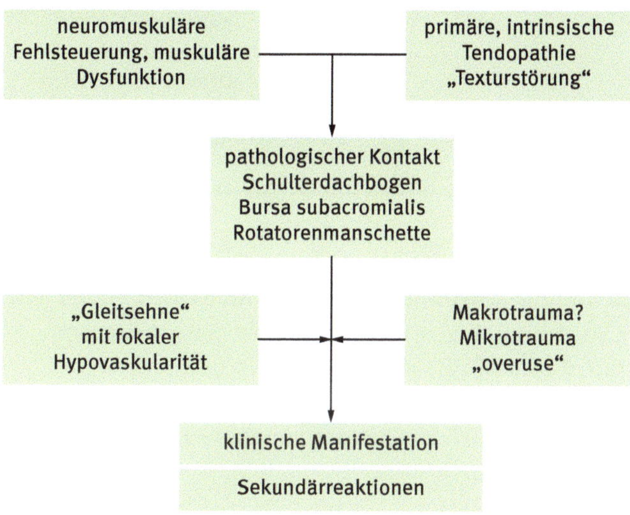

Abb. 6.3: Integriertes Konzept des Subakromialsyndroms.

Erst eine verstärkte Druckbelastung des Schulterdaches führt zu Sekundärreaktionen mit der Entstehung von Exophyten im Verlauf des Lig. coracoacromiale, die dann einen irreversiblen Schaden bedeuten [321, 351]. Die Unterteilung in strukturelle und funktionelle Faktoren als Entstehungsmöglichkeit für ein externes Rotatorenimpingement enthält aber nicht die Überlegung des primären und sekundären bzw. Outlet- und Non-Outlet-Impingements. Zu diesen Überlegungen ergibt sich eine andere Einteilung, auch unter Berücksichtigung extrinsischer und intrinsischer Faktoren (Tab. 6.3).

Tab. 6.3: Potenzielle Impingementfaktoren beim primären [303, 46] und sekundären [193] subakromialen Impingement [325, 257].

Primäres Impingement		Sekundäres Impingement
Extrinsisch (klass. Outlet-Imp.)	**Intrinsisch (Non-Outlet-Imp.)**	
– Akromioklavikular-Arthrose [304, 91, 153] – Subakromiale Osteophyten, „anterior inferior" [479] – Tuberculum majus-Hochstand nach Fraktur [425] – Os acromiale [50, 295, 336, 22, 128] – Akromionformen [46, 236, 429, 479] – Lig. coracoacromiale-Pathologie [417] – Subakromiales Lipom [362] – Subakromiale, kongenitale Stenose [65]	– Intrinsische Tendinopathie [436] – RM-Texturstörung [303, 95] – Tendinosis calcarea [479] – Bursitis subacromialis [354] – Plica subacromialis [482, 130, 62]	– RM-Schwäche bei intaktem Deltamuskel: Kopfhochstand [152] – Tuberkulumhochstand [479] – Neuromuskuläre Insuffizienz [184, 133] – Deltoid-Kontraktur [322] – Instabilität [88, 344] – SLIP = supraspinatus labral instability patterns [61] – Skapulothorakale Dysfunktion bzw. Dyskinesie [161] – AC-Tossy III [479]

Wenn bei den intrinsischen Faktoren (Non-Outlet) auf die Tendopathie bzw. die Rotatorenmanschetten-Texturstörung hingewiesen wird, so werden darunter vier Faktoren verstanden, die zur Vulnerabilität der Rotatorenmanschette beitragen:

1. Hypovaskularität der „critical-zone" [358, 405, 334],
2. anatomische Varianten des anterioren Akromions [46],
3. pathologische Laxität der Gelenkkapsel des Glenohumeralgelenkes [61, 193],
4. Apoptose bei RM-Texturstörung [434].

Die Vulnerabilität der Rotatorenmanschette steht in Abhängigkeit zur Stabilität/Instabilität des Glenohumeralgelenkes. Eine Instabilität führt zur Ermüdung der Rotatorenmanschette, da diese eine Instabilität versucht zu kompensieren. Die Folge ist eine Kopftranslation nach superior bzw. anterosuperior mit dem Ergebnis eines Rotatorenmanschetten-Impingements gegen den korakoakromialen Bogen. Die RM-Ermüdung äußert sich in einer Ischämie und einer Texturstörung (Vulnerabilität), so dass neben der Hypovaskularität in der „critical zone" auch eine zunehmende Hypovaskularität durch eine Instabilität in der Rotatorenmanschette zustande kommt (Tab. 6.4).

Typisch für ein Impingementsyndrom ist eine schmerzhafte Bewegungseinschränkung im Sinne eines schmerzhaften Bogens zwischen 80° und 120° Abduktion, dazu bestehen meist nächtliche Schmerzen [220, 221, 214, 455, 373]. Die klinische

Tab. 6.4: Subakromiales Impingementsyndrom.

	Ursache	Wirkung
extraartikulär	extratendinös (extrinsisch) intratendinös (intrinsisch)	primär, sekundär, outlet, non-outlet, subakromial
intraartikulär		

Symptomatik weist auf die Diagnose (Impingement) hin, die Bestätigung kann durch die sog. klinischen Tests erfolgen. Diesen wird mehr Aussagekraft zugeordnet als Computertomographie, Magnetresonanztomographie und Arthroskopie [150], wobei die Kernspintomographie doch deutliche Hinweise auf das pathomorphologische Substrat geben kann, eine Anzeige der Funktionsstörung ist allerdings nicht möglich.

Subkorakoidales Impingement

Beim subkorakoidalen Impingementsyndrom handelt es sich um Einklemmungsphänomene der Subskapularissehne oder auch der Bizepssehne (Pulley oder Rotatorenintervall), evtl. auch des medialen Randes der Supraspinatussehne zwischen Korakoid und Tuberculum minus [106, 122, 140, 340]. Die Diagnose sollte klinisch gestellt werden [140, 122, 100, 416]. Es entstehen Schmerzen bei der Vorwärtselevation und insbesondere bei der Innenrotation sowie Adduktion [47, 143]. Am Proc. coracoideus setzt auch das diesen mit dem Akromion verbindende Lig. coracoacromiale an, dessen Funktion verschieden diskutiert wird. Einmal sei es ohne Funktion und habe eine rudimentäre anatomische Struktur [178], zum anderen sei es eine topographische Begrenzung ohne mechanische Funktion [200], es wird aber auch eine Zuggurtungswirkung beschrieben [350, 426]. Jedenfalls handelt es sich um eine Begrenzung des korakoakromialen Bogens zwischen Korakoid und Akromion und es hat auch die Funktion, ein Höhertreten des Oberarmkopfes zu vermeiden. Dies wird durch histologische Untersuchungen [392] bestätigt, mit dem Hinweis, dass bei älteren Patienten im mittleren Bereich des Bandes Texturstörungen auftreten. Auch die Feststellung, dass bei einer Dezentrierung des Oberarmkopfes nach oben im Bandverlauf Osteophyten, meist ausgehend vom Akromion, entstehen, weist darauf hin, dass diese im Sinne der Zugbelastung des Bandes zustande kommen, bedingt durch den Oberarmkopfhochstand [66]. Daher werden diese akromialen Osteophyten auch als Traktionsosteophyten gewertet [304, 321, 86]. Im Subakromialraum besteht zwischen dem Lig. coracoacromiale und äußeren Blatt der Bursa subacromialis eine feste Verbindung. Dadurch kommt es bei zunehmender Abduktion zu einem Gleitverhalten des lateralen Anteiles der Bursa subacromialis. Bei etwa 71 % untersuchter Schultergelenke zeigten sich auch eine ligamentäre Verbindung zwischen dem kurzen Kopf des Musculus biceps und dem Lig. coracoacromiale als Aponeurosis coracoidea [48] und eine subkorakoidale Anheftung der Schultergelenkkapsel. Daraus resultiert ebenfalls ein Gleitverhalten zwischen Korakoid und Schultergelenkkapsel, dieses Gleitverhalten geht bei der Resektion des Lig. coracoacromiale mit Entfernung der Aponeurosis coracoidea verloren. Die nicht vorhandene Aponeurosis coracoidea soll ein Prädispositionsfaktor für ein subkorakoidales, kapsuläres Impingement darstellen, da der Gleitmechanismus beeinträchtigt ist. Ein knöchernes Impingement zwischen Proc. coracoideus und Tuberculum minus, bedingt durch eine Abstandsverringerung, gibt es aufgrund angeborener Veränderungen des Proc. coracoideus, aber auch traumatisch erworben nach fehlverheilten Frakturen und postoperativ, also idiopathisch, iatrogen und traumatisch [122, 147, 140]. Weitere Prädispositionsfaktoren sind der korakohumerale Abstand, mit durch diesen beeinflusst verringerten Bewegungen, dazu der korakoglenoidale Abstand [258] sowie eine fehlende Aponeurosis corcoidea [48]. Das Ergebnis dieser Prädispositionsfaktoren ist eine „subkorakoidale Stenose" [241, 316, 365] mit der Folge einer zusätzlichen Abnahme des korakohumeralen Abstandes, insbesondere in Innenrotation [154, 121, 353]. Dadurch kommt es zu einem Rollen des Proc. coracoideus über die gespannte Subskapularissehne während der Rotation in der Schulter. Die dadurch in der Tiefe bzw. artikularseitig einwirkenden dehnbaren Kräfte führen zu einem artikularseitigen Schaden (tensile undersurface fiber failure = TUFF) [240], und dies wird auch als „roller-wringer effect" [363] bezeichnet. So wie beim subakromialen Impingement besteht ein Circulus vitiosus zwischen Anatomie und Funktion im Sinne der pathologischen Anatomie und der funktionellen Störung. In Elevation und Außenrotation kann die Bizepssehne gegen das Lig. coracoacromiale gedrückt werden und ebenso gegen des Proc. coracoideus in Elevation und Innenrotation [66]. Des Weiteren spielt der korakohumerale Abstand [353] eine entscheidende Rolle, da dieser mit zunehmender Innenrotation abnimmt. Dies gilt insbesondere für den Abstand zum Tuberculum minus, wobei bei der Adduktion und Innenrotation der stärkste Druck am Proc. coracoideus entsteht, in Flexion und Innenrotation dagegen am Lig. coracoacromiale, aber ebenso in Adduktion und Innenrotation. Somit erfolgt ein Einklemmen von Weichteilgewebe als vorderes Impingement gegen den Proc. coracoideus. Zusammengefasst führen bestimmte Armpositionen zur Druckerhöhung unter dem Lig. coracoacromiale, aber auch am Proc. coracoideus, d. h., beide Strukturen tragen zum Korakoid-Impingement bei.

Beim subakromialen Impingement wird ein extrinsisches vom intrinsischen Impingement unterschieden. Dies trifft im Endeffekt für das subkorakoidale Impingement ebenso zu. Extrinsische Faktoren bedeuten eine Einengung des korakohumeralen Abstandes, intrinsische Faktoren sind in einer Verkalkung oder Ossifikation der Subskapularissehne zu sehen, aber auch in einer Ganglienbildung in der Sehne. Die Subskapularissehne übernimmt somit eine vergleichbare Funktion beim subkorakoidalen Impingement, wie die Sehnen der Rotatorenmanschette (Supraspinatus, Infraspinatus) beim subakromialen Impingement, d. h., eine Pathologie der Subskapularissehne kann ebenso der Ausgangspunkt für das Impingement sein wie Faktoren, die außerhalb der Gleitschicht zwischen Tuberculum minus und Proc. coracoideus zu finden sind (Tab. 6.5, Tab. 6.6).

Tab. 6.5: Subkorakoidales, extrinsisches Impingementsyndrom.

	Ursache	Wirkung
extraartikulär	1. idiopathisch 2. „overuse“ 3. posttraumatisch 4. iatrogen 5. subakromiale Folgen	schmerzhafte Elevation bei Innenrotation und/oder Adduktion (vorderer Schulterschmerz)
intraartikulär		

Tab. 6.6: Subkorakoidales, intrinsisches Impingementsyndrom.

	Ursache	Wirkung
extraartikulär	Tendinose, Ossifikation, Verkalkung der Subskapularissehne. Subskapularis-Ganglion	schmerzhafte Elevation bei Innenrotation und/oder Adduktion (vorderer Schulterschmerz)
intraartikulär		

Folgende Einteilung, unter Berücksichtigung der Literatur, kann vorgenommen werden:

Extrinsisches subkorakoidales Impingement

1. idiopathisch:
   Normvarianten des Proc. coracoideus [12, 154, 140]- akzessorische Pectoralis minor Sehne [215]
2. Überlastung („overuse“):
   Vorwärtselevation, Adduktion und Innenrotation beim Sportler (Schwimmer), Arbeiter [122, 385, 24]
3. posttraumatisch:
   Oberarmkopf- oder subkapitale Fraktur, Skapulahals- oder Glenoidfraktur, Korakoidfraktur [100, 140, 215, 304, 416, 43]
4. iatrogen:
   Z. n. Knochenblock-OP, Glenoidosteotomie, Bristow-Trillat-OP, Akromionektomie, Rotatoren-Repair [416]
5. Folge des subakromialen Impingement (sekundäres Impingement):
   – Tendinose bzw. Verkalkung des Lig. coracohumerale [215]
   – Intervall-Läsionen [105]
   – Rotatorenmassendefekt [266, 267]
   – Subakromiale Bursitis → Snapping [124]

Intrinsisches subkorakoidales Impingement

1. Subskapularis-Kalzifikation bzw. –Ossifikation [202, 242, 341]
2. Subskapularis-Tendinose [215]
3. Subskapularis-Ganglion [215, 421]
4. Subskapularis-Sehnenflap [274]
5. Deltamuskelflap [215]

Der Zusammenhang zwischen Bizeps-Pulley und subkorakoidalen Impingement wird nicht mittels Bizepssehne hergestellt, sondern durch eine Textur- bzw. Strukturströmung der Pulley-Schlinge und der Subskapularisinsertion [142]. Dies erklärt sich aus der anatomischen Situation. Das Pulley-System steht in direktem Kontakt mit der Subskapularissehne und über das Lig. coracohumerale auch mit der Supraspinatussehne. Die Subskapularissehne steht in deren humeralen Ansatzbereich mit dem Boden (Lig. glenohumerale sup.) und dem Dach des Pulley-Systems (Lig. coracohumerale) in Verbindung. Als Pulley-Läsion wird die Desinsertion der gemeinsamen Ansatzstelle am Tub. minus und somit im subkorakoidalen Impingementbereich bezeichnet. Insofern ist das Pulley-System, nicht die Bizepssehne, am subakromialen Impingement beteiligt [467, 459, 34]. Typisch für die Diagnostik des subkorakoidalen Impingements ist der vordere Schulterschmerz, erfassbar mit entsprechenden Testverfahren mit schmerzhafter Elevation bei Innenrotation und/oder Adduktion. Anamnestische Hinweise sind vorausgegangene Operationen an der Schulter, z. B. die Knochenblock-Operationen oder auch der Transfer des Proc. coracoideus bei vorderer Instabilität, dazu auch nicht anatomische Rekonstruktionen von Frakturen des Proc. coracoideus, aber auch am Skapulahals oder bei Oberarmkopffrakturen. Hier können schon die Standard-Röntgenuntersuchungen weiterhelfen, auch dann, wenn sich der Proc. coracoideus weit nach lateral projeziert (anteroposteriore Aufnahme) oder sich in der Akromiontangentialaufnahme hakenförmig demonstriert [219, 328]. Es wird davon ausgegangen, dass sich derartige Korakoid-Normabweichungen, aber auch Einengungen des korakohumeralen Abstandes, in der Computer- sowie in der Kernspintomographie besser darstellen lassen [261] und hier sind axiale Sequenzen am aussagekräftigsten [13, 53, 140, 145, 296].

Intraartikuläre Impingementsyndrome

Intraartikuläre Impingementsyndrome resultieren aus Rotationsbewegungen rezidivierender Art, die vorwiegend bei Sportlern (Werfer und Schwimmer) angenommen werden [300, 79], aber auch bei Nichtathleten bekannt sind [270]. Eine wesentliche Diskussion geht um die Frage, ob das vordere oder hintere Impingement mit Instabilitäten einhergeht. Beim Werfer wird bei einer kontrakten hinteren Kapsel davon ausgegangen, dass eine vordere Translation zu einer SLAP-Läsion und auch zu einer anterioren Rotatorenmanschettenläsion führen kann. Ist dagegen die Kapsel dorsal intakt, wird eine Intervallläsion vermutet, d. h., die kontrakte posteriore Kapsel kann zu einem Impingement führen [299]. Bei der kontrakten hinteren Kapsel entsteht ein inneres glenohumerales Rotationsdefizit (GIRD-Syndrom), ein Außenrotationsproblem muss aber nicht vorliegen. Die Mechanismen, die zu den intraartikulären Impingements führen können, sind fraglich normale Schulterfunktionen, nicht aber, wenn eine vordere Instabilität besteht [82].

Posterosuperiores Impingement

Das posterosuperiore Impingement findet sich bei Athleten, bei bevorzugter Bewegung der Abduktion und Außenrotation am dominanten Arm [457, 378]. Bei vorderer Laxität und Überkopfbewegung (Werferschulter) führen die Abduktion und Außenrotation (= ABER-Position) bei der durch Laxität bedingten anterioren Translation zu einer Kompression der Sehnenansätze der Supraspinatussehne und der Infraspinatussehne, zu deren Kompression am posterosuperioren Glenoidrand mit dem Oberarmkopf [458, 194, 204], mit der Folge eines partiellen gelenkseitigen Schadens der Rotatorenmanschette und auch einer Läsion des posterosuperioren Labrums bis hin zur SLAP-Läsion [203]. Durch diese anteriore Subluxation des Oberarmkopfes folgt ein ossärer Schaden am Oberarmkopf, etwas höher lokalisiert als die typische Hill-Sachs-Delle (Abb. 6.4). Damit verbunden ist eine ossäre Schädigung des posterioren Glenoids [182] im Sinne von zystischen Läsionen auch bei asymptomatischen Schultern [33]. Bei der Ausholphase beim Werfen führt die Skapula-Innenrotation zu einer Druckerhöhung zwischen Tuberculum majus und Glenoid [278]. Daraus resultiert das typische Bild des posterosuperioren Impingements beim „baseball pitcher". Die typischen klinischen Zeichen sind die Schmerzen am posterioren Gelenkspalt mit Schmerzen in der Wurfposition bei maximaler Außenrotation ohne Traumaanamnse, Instabilitätszeichen sowie eine Verminderung der Innenrotation bei Verstärkung der Außenrotation. Gleichzeitig entstehen Zeichen der SLAP-Läsion und seltener eine Skapuladyskinesie mit Abstehen der medialen Kante der Skapula bei Anteversion [203]. Bei den diagnostischen Verfahren, wie CT und MRI, finden sich dann die typischen Zeichen des posterosuperioren Impingementsyndroms, die auch klinisch schon erkennbar sind (Tab. 6.7).

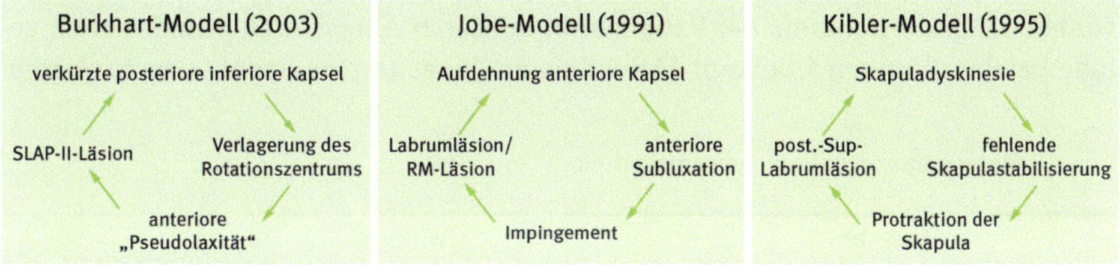

Abb. 6.4: Modell zur Erklärung der Pathogenese des posterosuperioren Impingements, nach [203].

Die vorliegende Literatur zeigt eine teilweise kontroverse Diskussion, vergleiche hierzu Band 2, Kapitel 4.1.

Tab. 6.7: Posterosuperiores Impingementsyndrom.

	Ursache	Wirkung
extraartikulär		
intraartikulär	maximale Außenrotation in 90°-Abduktion (ABER)	superiores Labrum superiorer Glenoidrand Rotatorenunterseite Tuberculum majus Lig. glenohumerale inf.

Anterosuperiores Impingementsyndrom

Das anterosuperiore Impingement findet sich bei Tennisspielern sowie Schwimmern, aber auch bei Nichtathleten [141]. Hier handelt es sich um ein Einklemmphänomen intraartikulär bei Innenrotation und Abduktion zwischen dem anterosuperioren Glenoidrand und dem Oberarmkopf, wobei die Supskapularissehne, das Pulley-System und die lange Bizepssehne mit dem anterosuperioren Labrum betroffen sind. Mit einbezogen werden können auch das Lig. coracohumerale, das Lig. glenohumerale superius sowie die Fortsetzung des Labrums nach kranial bis hin zur SLAP-Läsion. Auch hier wird eine Laxität der posteroinferioren Kapsel diskutiert, mit der Folge der anterioren Translation des Oberarmkopfes und dem daraus resultierenden ventralen Impingement unter Einbezug des Labrums sowie des Pulley-Systems. Demgegenüber führt nach HABERMEYER [155] eine primäre Pulley-Läsion zu einer Instabilität der langen Bizepssehne, die nun eine anteriore Translation des Oberarmkopfes zur Folge hat, wodurch das innere Impingement zwischen Humeruskopf und anterosuperiorem Pfannenrand ausgelöst wird (zur Klassifikation der Pulley-Läsionen vergleiche Band 2, Kapitel 4.1). Der Kontakt der Rotatorenmanschette mit dem oberen vorderen Labrum ist physiologisch [415], dies bei Rotation der Schulter in Flexion. Erst wenn die Rotatorenmanschette in diesem Bereich geschädigt ist, soll es zur Kompression zwischen Oberarmkopf und Glenoid kommen. Da diese Pathologie mit der Pulley-Läsion in Verbindung gebracht wird und damit auch mit der Stabilität der langen Bizepssehne, ist die Diagnose selbst magnetresonanztomographisch nicht einfach. Das anterosuperiore Impingement sei häufiger als vermutet [136]. Daher sollte beim vorderen Schulterschmerz bei Patienten in mittleren Altersstufen grundsätzlich gerade bei Sportlern mit Überkopf-Aktivitäten an dieses Impingement gedacht werden

Tab. 6.8: Anterosuperiores Impingementsyndrom.

	Ursache	Wirkung
extraartikulär		
intraartikulär	Flexion, Elevation, Innenrotation (Adduktion)	Subskapularissehne, Pulley durch Kontakt Oberarmkopf und ant. sup. Glenoidrand

(Tab. 6.8), insbesondere da standardisierte Untersuchungsverfahren sowie therapeutische Möglichkeiten noch diskutiert werden [26, 29, 283, 136, 155, 189, 313]. Für weitere Ausführungen vergleiche Band 2, Kapitel 4.1.

6.2.2 Ellbogengelenk

Am Ellbogen ist ein typisches Impingement die hypertrophe Plica humeroradialis (vgl. Kapitel 8). Hier handelt es sich um den Rest eines embryonalen Septums zwischen Capitulum radii und Radiusköpfchen, der insbesondere bei rezidivierenden Mikrotraumen der Fibrosierung und Hypertrophie unterliegt (Tab. 6.9).

Tab. 6.9: Humeroradiales Ellbogen-Impingement.

	Ursache	Wirkung
extraartikulär		
intraartikulär	rezidivierende Belastung der Plica humeroradialis	Hypertrophie und Fibrose incl. Knorpelschaden

Die weiteren Impingementsyndrome am Ellbogen sind als ossäre Impingements zu bezeichnen und entsprechend ihrer Lokalisation auch definiert:

1. Posteromediales Impingement

Rezidivierende Valgusextensionsüberlastungen, insbesondere in Supination, so wie dies beim Werfer-Ellbogen gefunden wird, führen bei der medialen Extension und einer gleichzeitig lateralen Kompression zur Ausbildung von Exophyten posteromedial am Olekranon [473, 87]. Daraus resultiert gleichzeitig eine Insuffizienz des Lig. collaterale mediale [123]. Durch diese Wurfbewegungen wird das Olekranon in die Fossa olecrani gekeilt, mit der Folge der Olekranonrandexophytenbildung [11, 21, 3, 217, 85, 70, 355, 199]. Damit verbunden ist eine kapsulläre und synoviale Hypertrophie, die im Endeffekt dann auch die Schmerzen am Anfang der Wurfbeschleunigungsphase verursacht. Es liegen also die Folgen von Mikrotraumen im Sinne eines „overuse“ vor. Diagnostisch bieten sich die Röntgenuntersuchung, MRT und Arthroskopie an [85, 10]. Das posteromediale Ellbogen-Impingement kann als Valgus-Extensions-Überlastungsschaden in Supinationsstellung gewertet werden [363] (Tab. 6.10).

2. Posterolaterales Impingement

Durch eine Hyperextensions-/Pronationsüberlastung (Boxer-Ellbogen) verlagert sich die Osteophytenbildung nach posterolateral. Eine gleichzeitige Bandinstabilität liegt hier nicht vor [21, 123, 440]. Die Folge ist ein beginnendes Streckdefizit durch radiolo-

Tab. 6.10: Posteromediales Ellbogen-Impingement.

	Ursache	Wirkung
extraartikulär	Insuffizienz des Lig. collaterale med. durch Valgus-Extension	
intraartikulär		Olekranonosteophyten posteromedial mit synovialer-kapsulärer Hypertrophie

gisch, insbesondere auch kernspintomographisch und arthroskopisch nachweisbare Randosteophyten am Olecranon, allerdings posterolateral (Tab. 6.11).

Tab. 6.11: Posterolaterales Ellbogen-Impingement.

	Ursache	Wirkung
extraartikulär	Hyperextension Pronation	
intraartikulär		Olekranonosteophyten posterolateral

3. Posteriores Impingement

Bei der reinen Hyperextension entsteht ein Anschlagen der Olekranonspitze in der Fossa mit der Folge der Olekranonspitzenosteophyten (Tab. 6.12). Da dies besonders bei rezidivierenden Hyperextensionen durch Abfangen von Ballschüssen zustande kommt, wird diese Exophytenbildung als Torwart-Ellbogen (= „goalie's ellbow") bezeichnet [435, 346, 174]. Auch hier ist die Diagnostik radiologisch, magnetresonanztomographisch und arthroskopisch möglich. Beim wachsenden Skelett kann daraus eine Epiphysenfraktur (SALTER-HARRIS Typ I) resultieren, beim Erwachsenen ist dies eine Stressfraktur [444]. Durch den Hyperextensionsmechanismus entwickelt sich im Sinne des Mikrotraumas die Tendinose der distalen Trizepssehne bis hin zur Diskontinuität [404].

Tab. 6.12: Posteriores Ellbogen-Impingement.

	Ursache	Wirkung
extraartikulär	Hyperextension	
intraartikulär		Osteophyten Olekranonspitze

6.2.3 Handgelenk

Die Impingementsyndrome am Handgelenk sind vielfältig und unterliegen diversen Differentialdiagnosen, die auch nicht impingementbedingt sein können. Daher ist gerade am Handgelenk eine präzise Diagnostik vorzunehmen, die auch wirklich alle

Fakten zusammentragen muss, die für die Beurteilung des Handgelenkes von Bedeutung sind, d. h., eine reine radiologische Diagnostik ist nicht ausreichend, es müssen insbesondere die Ellenlänge und auch die einzelnen Gelenkanteile des Handgelenkes berücksichtigt werden, so dass dann mit Hilfe einer Magnetresonanztomographie eine Eingrenzung diagnostischer Möglichkeiten vorgenommen werden kann. Resultiert keine eindeutige und auch nachvollziehbare Diagnose, sollte die Arthroskopie in Erwägung gezogen werden, allerdings unter besonderer Berücksichtigung nicht nur der statischen, sondern auch der funktionellen Anatomie, da gerade Impingementsyndrome Folgen einer funktionellen Störung darstellen.

1. Ulna-Impaction-Syndrom

(Syn. ulnocarpal abutment, ulnolunate impaction-syndrome, ulnar abutement-syndrome)

Das Ulna-Impaction-Syndrom [40, 80, 75, 127, 462, 35, 44, 284] resultiert aus einer Texturstörung zwischen Ellenkopf und Handwurzelreihe (Triquetrum/Lunatum), bedingt durch übermäßige Belastung mit der Folge der Diskusstrukturstörung (Texturstörung) sowie der Chondromalazie (Knorpelerweichung) am Ellenkopf und Lunatum (Tab. 6.13) sowie Aufbrauch des Lig. lunotriquetrum (vgl. Band 2, Kapitel 2) und Palmer-Klassifikation [331] des Diskusschadens.

Tab. 6.13: Ulna-Impaction-Syndrom.

	Ursache	Wirkung
extraartikulär		
intraarikulär	verminderter Abstand zwischen Triquetrum/Lunatum und Ellenkopf	Knorpel- und Diskusschaden im Ulnotriquetral- bzw. Ulnolunatum-Gelenk

2. Ulna-Impingement-Syndrom

Im Vergleich zum Ulna-Impaction-Syndrom, bei dem eine relative Überlänge des Ellenkopfes das auslösende Moment ist, führt ein Ulna-Impingement-Syndrom, eine instabile zu kurze Elle, zu einem Anstoßen am Radius [279, 35], z. B. nach Ulnakopfresektion (Tab. 6.14). Somit kann es sich um eine OP-Folge handeln.

Tab. 6.14: Ulna-Impingement-Syndrom.

	Ursache	Wirkung
extraartikulär		
intraartikulär	zu kurze Elle mit Instabilität	Anschlagen der Restelle bzw. der kurzen Elle am Radius

3. Ulnar-styloid-Impingement

(ulnar styloid impingement, styloid syndrom, ulnar styloid impaction) [481, 92, 343, 23, 419, 431, 432]. Ein überlanger Proc. styloideus ulnae kann über dem Handgelenksdiskus am Triquetrum anschlagen. Embryologisch und anatomisch ist der Proc. styloideus ulnae normalerweise von den Strukturen des Diskuskomplexes überdeckt. Die Bezeichnung „Ulnar-styloid-Impingement“ ist für den Fall vorgesehen, dass der Diskus intakt ist [481]. Normalerweise wird der Prozessus vom Meniskus homologue überdeckt [38, 186, 330, 331]. Bei einem überlangen Prozessus wird der Meniskus zwischen diesem und dem Triquetrum eingeklemmt. Somit liegt im Anfangsstadium eher ein Weichteil als ein ossäres Impingement vor. Erst wenn der Meniskus aufgebraucht ist, besteht ein ossäres Impingement. Das ulnare Styloidimpingement wird ausgelöst einmal durch eine rezidivierende Flexion-Ulnardeviation (Tab. 6.15) in Pronation und 90°-Beugung bei anliegenden Ellbogen und zum anderen bei rezidivierender Supination-Extension mit Ulnardeviation [432]. Die Diagnose kann im a.p.-Röntgenbild mittels „ulnar styloid process index (USPI) gestellt werden [134, 445].

Tab. 6.15: Ulnar-styloid-Impingement.

	Ursache	Wirkung
extraartikulär	überlanger Proc. styloideus ulnae Flexions-Ulnardeviation	
intraartikulär	zu kurze Elle mit Instabilität	Diskusschaden Folge: ossäres Impingement

4. Radioskaphoid-Impingement

Sich wiederholende Hyperextensionen im Handgelenk in Radialduktion führen zum Anstoßen des Skaphoids an den dorsalen Rand des Radius (Tab. 6.16), z. B. bei der Gymnastik am Pferd (Sportgerät) oder bei Bodenübungen [93, 235]. Klinisch kann durch die Hyperextension ein lokaler Schmerz ausgelöst werden [465, 466, 102, 252, 342]. Radiologisch finden sich oft Ossikel, ein dorsal hypertrophes Skaphoid oder ein hypertropher Radiusrand [235].

Tab. 6.16: Radioskaphoid-Impingement.

	Ursache	Wirkung
extraartikulär		
intraartikulär	Hyperextension in Radialduktion	ossäre Impaktion des dorsalen Radiusrandes in das Skaphoid

5. Lunotriquetral-Impaction-Syndrom

Rezidivierende Hyperextensionen des Handgelenks in Ulnardeviation (Tab. 6.17) beim Sport sowie chronischer Stress beim Tennis, aber auch Unfälle bei Massenkarambolagen, beim Fußball, Rugby oder Hockey können Impaktionen am Lunatum, Triquetrum oder an beiden verursachen, durch den Radius, z. B. die dorsale Triquetrumrandfraktur [235]. Die klinische Symptomatik ist dorsoulnar lokalisiert.

Tab. 6.17: Lunotriquetral-Impingement.

	Ursache	Wirkung
extraartikulär		
intraartikulär	Hyperextension in Ulnardeviation	ossäre Impaktion des dorsalen Radiusrandes in das Lunatum und/oder Triquetrum

6. Retinaculum extensorum-Impingement

Gerade bei der Sportgymnastik überwiegen Übungen mit Hyperextension und gleichzeitiger axialer Belastung durch das Körpergewicht [131, 364]. Da das Retinaculum extensorum der Hand über den Strecksehnen der Finger und des Daumens verläuft, kommt es bei der Hyperextension zur Reibung und Druckzunahme (Tab. 6.18) an der distalen Begrenzung am Retinakulum [451]. Die Folge ist eine tast- und sichtbare schmerzhafte Schwellung im distalen Bereich des Retinakulums mit Bewegungseinschränkung und Schmerzen am Handrücken.

Tab. 6.18: Retinakulum-Impingement.

	Ursache	Wirkung
extraartikulär	Retinaculum extensorum in Hyperextension	Druckzunahme an der distalen Retinakulumbegrenzung
intraartikulär		

7. Ulnodorsales Impingementsyndrom (Meniskusläsion)

Der Meniscus ulnocarpalis kann phylogenetisch erklärt werden. Durch das Auseinanderweichen von Triquetrum und Proc. styloideus ulnae bei den Hominiden (bei den anderen Primaten besteht zwischen beiden Knochen noch ein gelenkbildender Kontakt) wird der frei werdende Raum durch den Meniskus ausgefüllt. Beim Menschen verschmilzt der Meniskus mit dem Diskus [232]. Als mögliche Ursache wird das Hyperextensionstrauma angegeben, wobei aber eine Abgrenzung zwischen einmaligem Ereignis und rezidivierenden Vorgängen nicht erkennbar wird (Tab. 6.19).

Tab. 6.19: Ulnodorsales Impingement.

	Ursache	Wirkung
extraartikulär	Hyperextension	
intraartikulär		Meniskusschaden

8. Triquetral-hamate impaction

Das Lunatum hat in 75 % der Fälle eine separate Gelenkfläche an der distalen Facette für das Os hamatum [453], laut ARAI [14] sind es 56 %. Bei dieser Variante bestehen signifikant öfter Knorpelschäden am proximalen Pol des Os hamatum (Tab. 6.20). Bei der Ulnardeviation kommt es zum Anschlagen des Hamatum an das Lunatum mit der Folge des Knorpelschadens [410].

Tab. 6.20: Triquetral-hamate-Impaction.

	Ursache	Wirkung
extraartikulär	Normvariante der Lunatumgelenkfläche zum Os hamatum	
intraartikulär		Knorpelschaden

9. TILT (= „Triquetral-Impingement-Ligament-Tear“)

Durch einen Hyperflexions-Pronations-Mechanismus entsteht eine Dislokation des distalen Teiles des „ulnar sling“ gegen das Triquetrum mit Knorpelerweichung an dieser Stelle (Tab. 6.21) und entzündlicher Reaktion [464].

Tab. 6.21: TILT-Syndrom.

	Ursache	Wirkung
extraartikulär	Hyperflexion-Pronation	
intraartikulär		Knorpelmalazie am Triquetrum durch „ulnar sling“

6.2.4 Hüftgelenk

Femoroazetabuläres Impingement

Es wird das Cam-Impingement vom Pincer-Impingement unterschieden (vgl. Band 2, Kapitel 4.2). Beim Cam-Impingement findet sich am Hals-Kopf-Übergang des Femurs eine nicht ausreichende Taillierung mit der Folge einer ALAD-(acetabulolabral-articular-disruption-)Läsion im Sinne eines anterosuperioren Knorpelschadens in

Verbindung mit einer Labrumläsion [32, 167] (Tab. 6.22), vergleichbar mit der GLAD-(glenolabral-articular-disruption-)Läsion an der Schulter. Das Pincer-Impingement (Tab. 6.23) zeigt ausladende Hüftpfannenränder (wie bei der Protrusio acetabuli oder Coxa profunda) bei einer Hüftpfannenretroversion [31].

Tab. 6.22: Cam-Impingement.

	Ursache	Wirkung
extraartikulär		
intraartikulär	unvollständige Taillierung des Kopf-Hals-Überganges	ALAD-Läsion Labrumschaden

Tab. 6.23: Pincer-Impingement.

	Ursache	Wirkung
extraartikulär	Protrusio acetabuli (coxa profunda) mit Hüftpfannenretroversion	
intraartikulär		Labrumschaden

Die Epiphyseolysis capitis femoris als typische Hüftgelenkserkrankung des adoleszenten Alters führt aufgrund einer multifaktoriell bedingten Gefügelockerung der proximalen Wachstumsplatte des Femur zu einem Abrutschen der Epiphyse in Höhe der Epiphysenfuge stets nach dorso-medio-kaudal. Dieses Abrutschen kann akut traumatisch bedingt sein, klinisch stumm verlaufen, oder sich bei einem septischen Geschen [402] ereignen. Die dadurch resultierende, prominent werdende Metaphyse verursacht ein Cam-Impingement unmittelbar distal der Epiphyse [281, 96, 390, 468, 298, 4, 408, 427, 251]. Das Labrum ist bei der Epiphyseolyse primär nicht pathologisch verändert. Erst mit der Entwicklung eines CAM-Impingements treten Labrumschäden auf [408]. Das femoroazetabuläre Impingement (FAI) ist als Pathomechanismus zwischen Hüftpfannenrand und Schenkelhals definiert [78, 157, 376, 377, 139], dazu als präarthrotische Deformität [116, 175], und äußert sich häufig als Leistenschmerz [391]. Die Symptome sind beim CAM abhängig vom α-Winkel [207] und entwickeln sich graduell [60, 2]. Betroffen sind vorwiegend sportlich aktive Heranwachsende bzw. Sportler [302, 168, 52], dies bei dem CAM-Impingement [403, 226, 19] und Männern [307]. Es finden sich positive Röntgenbefunde beim CAM als Nockenwelle sowie die Pfannenvertiefung beim PINCER. In den letzten Jahren werden „herniation pits“ bei zentraler Retroversion des Azetabulums und auch beim CAM diskutiert [191]. Die Röntgenbefunde [255] überwiegen bei der Pubalgie [108, 424, 197] und bei der Dysplasie [306]. Klinische Tests werden beim CAM diskutiert [20], Infiltrationstests werden empfohlen [51].

Pektineofoveales Impingement

Es besteht eine Hypertrophie der Plica synovialis medialis = pectineofoveale Falte = „medial synovial fold“ (vgl. Kapitel 8) (Tab. 6.24) in Verbindung mit einem Kontakt zu der Zona orbicularis und der Psoassehne bei Beugung und Außenrotation [97]. Spezifische Tests gibt es nicht, die MRT kann eine Verdickung der Falte feststellen, die Arthroskopie bestätigt den Verdacht. In der Falte verlaufen Gefäße [400].

Tab. 6.24: Pektineofoveales Impingement.

	Ursache	Wirkung
extraartikulär	Zona orbicularis und Psoassehne	
intraartikulär	Hypertrophie der pectineofovealen Falte	Einklemmphänomen

Foveales Impingement

Das foveale Impingement ist wahrscheinlich ein komplexes Geschehen in Verbindung mit der Pathologie des Lig. teres (= Lig. capitis femoris), z. B. im Sinne einer Dysfunktion oder auch einer Deformation des Bandes [227]. Die Funktion des Lig. teres ist noch nicht vollständig geklärt, es scheint jedoch bei der Stabilität der Hüfte eine gewisse Bedeutung zu haben [260, 77, 213]. Als ätiologische Faktoren (Tab. 6.25) gelten angeborene und entwicklungsbedingte Ursachen (Dysplasie, M. Perthes, Epiphyseolysis capitis femoris) mit der Folge einer Bandhypertrophie [98], ebenso das klassische femoroazetabuläre Impingement [205] sowie Torsionsfehlstellungen. Des Weiteren seien traumatisch bedingte Einklemmungen (nach Luxation) oder Texturstörungen des Bandes synoviale Tumoren und Gelenkkörper erwähnt [103, 109].

Tab. 6.25: Foveales Impingement.

	Ursache	Wirkung
extraartikulär	Fehlstellungen am Hüftkopf und Schenkelhals	
intraartikulär	Bandhypertrophie und Texturstörung, u. a. nach Luxation	schmerzhafte Einklemmung des Lig. teres

Ischiofemoral-Impingement

Magnetresonanz- oder computertomographisch lässt sich eine Verminderung des ischiofemoralen Abstandes nachweisen, d. h. zwischen dem lateralen Rand des Os ischium und der medialen Kortikalisbegrenzung des Trochanter minor (Tab. 6.26). Dieser Raum wird als Spatium ischiofemorale bezeichnet und ist vom M. quadratus femoris ausgefüllt. Die Erstbeschreibung eines Impingementsyndroms in diesem Bereich erfolgte durch JOHNSON [195] bei persistierenden Schmerzen nach einer Hüfttotalendoprothese. Im weiteren Verlauf fand sich eine Einengung des M. quadratus femoris auch bei nicht voroperierten Hüften [339, 433, 386, 262, 149, 94], jeweils nachgewiesen mittels MRT.

Tab. 6.26: Ischiofemorales Impingement.

	Ursache	Wirkung
extraartikulär	verminderter Abstand zwischen Os ischium und Trochanter minor	Weichteil-Impingement M. quadratus femoris
intraartikulär		

Iliopsoas-Impingement

Bei der Iliopsoasgruppe handelt es sich um drei Muskeln (innere Hüftmuskeln), die gemeinsam am Trochanter minor ansetzen. Der M. iliacus entspringt an der Fossa iliaca, der M. psoas major an den Wirbelkörpern Th 12–L4, und der inkonstante M. psoas minor an der Vorderfläche des Th 12 und L1. Die beiden erstgenannten Muskeln (auch der M. psoas minor) verlaufen durch die Lacuna musculorum mit dem N. femoralis, umgreifen den Schenkelhals von medial und ziehen dabei über die Hüftgelenkkapsel zum Trochanter minor. Zwischen der Gelenkkapsel und den darüberliegenden Sehnen der Iliopsoas-Gruppe befindet sich die Bursa iliopectinea, die gelegentlich mit der Gelenkhöhle kommuniziert. CRUVEILHIER [90] hat nachgewiesen, dass bei einer Verbindungsöffnung zwischen der Bursa iliopectinea die Sehne der Iliopsoasunterseite den Hüftkopf direkt berührt und somit eine Zerklüftung bzw. Usurierung der Sehne des M. iliopsoas entstehen kann als Hinweis auf ein sog. Psoas- bzw. Ilopsoas-Impingement. Auch die Exophytenbildung bei der Coxarthrose führt zu dieser Entwicklung [99] (Tab. 6.27). Selten finden sich Labrumschäden ventral unterhalb der Sehne des Musculus iliopsoas. Es besteht die Vermutung einer Kompression oder Traktion am ventralen Labrumkapselkomplex durch die Iliopsoas-Sehne [67, 68, 69, 6, 101, 104, 183, 470, 277, 94]. Da die Iliopsoas-Sehne direkt dem Kapsel-Labrum-Komplex aufliegt, resultiert deren Bedeutung in der Entstehung von anterioren oder anterosuperioren Labrumläsionen [7] (vgl. Band 2, Kapitel 4.2).

Tab. 6.27: Iliopsoas-Impingement.

	Ursache	Wirkung
extraartikulär	Normvariante der Iliopsoassehnen	Sehnenschaden
intraartikulär		Labrumschaden

Spina-iliaca-anterior-inferior-Impingement (Subspine-Impingement)

Die Spina iliaca anterior inferior ist über dem antero-superioren Rand des Azetabulums lokalisiert, außerhalb des Hüftgelenkes. An dieser Knochenformation entspringt der M. rectus femoris und es setzt das Lig. iliofemorale an. Eine Prominence der genannten Spina führt ab einer 90°-Beugung zum Anstoßen der Spina (Spina-Impingement) am Schenkelhals [332, 212, 228, 181, 94, 138, 163], außerhalb der Gelenkkapsel (Tab. 6.28). Die Spina kann als „Normvariante“ vergrößert sein, auch in Verbindung mit einer Retroversion des Azetabulums [228]. Meist handelt es sich aber um die Folgen einer Abrissverletzung der Spina als Apophyse im Jugendalter [356, 379, 250]. In diesem Alter ist das Missverhältnis zwischen Muskelkraft und Stabilität der Epiphysenfuge am größten [356, 379, 151, 361]. Das Spina-Impingement ist meist mit einem pathologischen Alpha-Winkel von über 60º verbunden, was auf eine anteriore Cam-Morphologie hinweist [315], so dass beim Spina-Impingement das Cam-Impingement eine große Rolle spielt [332, 228, 212].

Tab. 6.28: Spina iliaca anterior inferior-Impingement.

	Ursache	Wirkung
extraartikulär	Spina iliaca anterior inferior	ossäres Impingement zum Schenkelhals
intraartikulär		

6.2.5 Kniegelenk

Impingementsyndrome des Kniegelenkes gehen von den Plicae (vgl. Kapitel 8) sowie den intraartikulären Fettkörpern aus, und als Sonderform findet sich das Cyclops-Impingement nach vorderem Kreuzbandersatz. Es handelt sich immer um ein intraartikuläres Geschehen (Tab. 6.29).

Tab. 6.29: Plicae- und Fettkörper-Impingement am Knie.

	Ursache	Wirkung
extraartikulär		
intraartikulär	mechanische und/oder entzündliche Irritation der Plicae und/oder Fettkörper	Hypertrophie und Fibrosierung der betroffenen Strukturen

Mediales Plica-Syndrom

Meist wird beim medialen Plica-Syndrom von der verdickten oder auch vergrößerten Plica mediopatellaris bei der Arthroskopie gesprochen, was dann auch zur Plica-Inzission oder Resektion führt. Als Normalbefund wird eine 1–2 mm dicke und etwa

1 cm breite Schleimhautfalte angegeben [363], in Kenntnis aber der vielen Variationen ist diese Aussage insbesondere zur Indikation für eine Resektion nicht zutreffend. Ein pathologischer Befund ist das so genannte Shelf-Syndrom, bei dem eine deutlich fibrosierte, erheblich vergrößerte Plica vorliegt, die aber in der Folge dieser pathologischen Veränderung auch zum Knorpelschaden an der medialen Patellafacette sowie am medialen Femurkondylus geführt hat. Erst dann kann von einem pathologischen Befund ausgegangen werden. Klinisch findet sich häufig ein „Klicken“ oder ein „Schnappen“ an der entsprechenden Stelle sowie bei all den anderen Plicae, die zumindest optisch pathologisch erscheinen, auch führen andere intraartikuläre Pathologien zu einem entzündlichen Reizzustand, an dem dann auch die Plicae teilnehmen. Eine Behandlung ist durch Resektion nicht unbedingt erforderlich, sondern die Therapie sollte sich auf die ursächliche Pathologie im Knie konzentrieren.

Septum-suprapatellares-Syndrom

Pathologische Veränderungen entstehen bei der Patella alta, hier ist ein Einklemmen des Septums möglich, bei klinischer Relevanz dann auch in Verbindung mit einem Knorpelschaden im Femoropatellargelenk. In aller Regel aber ist die entzündlich veränderte Plica die Folge einer intraartikulären Pathologie, was dann weniger zu einem mechanischen Problem führt, sondern zu einer pathologischen Veränderung des Synoviastromes, vergleichbar mit der Flussrichtung in die Bakerzyste, beim Septum suprapatellare wird dann vom so genannten „Septum-Syndrom“ gesprochen.

Plica synovialis infrapatellaris

In Verbindung mit Kreuzbandrissen oder auch anderen Rotationstraumen am Knie, d. h., es muss immer eine Begleitpathologie vorliegen, kann eine Ruptur der Plica synovialis infrapatellaris mit Einblutung ins Knie entstehen, oder es kommt zu einer Hypertrophie mit Fibrosierung dieser Schleimhautfalte. Dann entwickelt sich bei Streckung im Knie ein Streckdefizit im Sinne eines Impingement zwischen dem knöchernen Fossadach (Notch von Grant), vergleichbar mit dem Cyclops-Syndrom nach einem Kreuzbandersatz bei pathologischem Verlauf.

Laterales Plica-Syndrom

Diese denkbar seltene Veränderung ist an der lateralen Seite vergleichbar mit dem Shelf-Syndrom medial und wird auch als laterales parapatellares Impingement bezeichnet (genauere Beschreibungen der Plica-Syndrome sind im Kapitel 8).

Intraartikuläre Fettkörper-Pathologie

Wie auch die Plicae, nehmen die intraartikulären Fettkörper beim intraartikulären pathologischen Geschehen des Kniegelenkes teil. Die Fettkörper sind intrakapsulär, aber extrasynovial lokalisiert, d. h., bei einer entzündlichen Veränderung der Synovialis ist eine Beteiligung der Fettkörper zu erwarten. Es handelt sich also um Begleiterscheinungen einer Synovialitis. Isolierte Verletzungen der einzelnen Fettkörper kann es nicht geben, da die Fettkörper Füllmassen darstellen und nur bei einer andere Strukturen betreffenden Verletzung mit verletzt werden können. Dies trifft auch für das Hyperextensionstrauma zu, bei dem z. B. eine Einklemmung des Hoffa'schen Fettkörpers erwartet wird, denn bei einer Hyperextension muss gleichzeitig eine entsprechende Bandverletzung, zumindest im Sinne einer Zerrung, vorliegen.

In einem Knie finden sich vier Fettkörper, entsprechend sind vier Pathologien zu erwarten:
1. Hoffa-Erkrankung (Corpus adiposum infrapatellare),
2. suprapatellares Fettkörper-Impingement („Quadrizeps fat pad"),
3. präfemorales Fettkörper-Impingement,
4. Popliteale Fettkörpererkrankung („retrocrucial fat pad").

Zyklopsläsion – Zyklopsimpingement
Sowohl die Arthrofibrose als auch die Zyklopsläsion ist eine entzündliche Folgeerscheinung nach einer Rekonstruktion des vorderen Kreuzbandes. Derartige synoviale Entzündungen gehen von einer Proliferation des Bindegewebes aus, die auch bei anderen Operationen im Hoffa'schen Fettkörper gesehen werden [234, 126, 317]. Diese den Kreuzbandersatz umgebende Fibrose verschließt den parapatellaren Rezessus, den suprapatellaren Rezessus und auch die interkondyläre Notch und kann sogar die Gelenkflächen bedecken. Das Ergebnis ist eine Einschränkung der Beweglichkeit, besonders der Extension [234].

Kreuzband-Impingement
Das vordere Kreuzband stabilisiert das Knie nach vorne sowie die Rotation, es setzt an der medialen Wand des lateralen Femurkondylus an und distal vor und lateral der medialen Eminentia (medial tibial spine) [84, 107, 265, 387]. Beim Ersatz des vorderen Kreuzbandes ist die Lokalisation der Bohrkanäle, insbesondere deren Aus-/Eintrittsstellen, für das Ergebnis von besonderer Bedeutung [179]. Liegen die Ein- und Austrittsstellen nicht an der anatomischen Stelle, so muss mit einer Einschränkung der Kniebeweglichkeit und auch Schädigung der Ersatzplastik gerechnet werden. Dazu kann ein Impingement gegen das hintere Kreuzband oder den lateralen Femurkondylus entstehen, insbesondere auch ein Anstoßen des Bandes an die Notch von Grant.

Ein Kreuzband-Impingement gibt es auch bei einem intakten Band, wenn sich Exophyten an der Notch von Grant (vorderes Fossadach) bilden und zum Streckdefizit führen können. Die Folge ist eine Texturstörung des vorderen Kreuzbandes als mukoide Degeneration bis hin zur nicht traumatisch bedingten Dehiszenz (vgl. Band 2, Kapitel 5).

Cam-Impingement der posterioren Femurkondyle
Ein dem femoroazetabularen Cam-Impingement vergleichbares ossäres Impingement als posteriores Femurkondylenimpingement entsteht bei einer unikompartimentalen

Kniearthroplastik [54], wenn Randexophyten die Beugung der Schlittenprothese schmerzhaft beeinträchtigen. Das Ausmaß der „bony spur formation“ [25, 36, 135, 308, 407, 460] kann mittels eines α-Winkels bestimmt werden. Je kleiner der Winkel, desto größer der Exophyt und damit die Einschränkung der Beugefähigkeit.

Meniskus-Impingement

Schließlich soll es ein Meniskus-Impingement-Syndrom anteromedial im Knie geben [271], dies bei einem Knorpelschaden am anterioren medialen Femurkondylus mit einer Meniskusproblematik oder auch Plika- und Fettkörperpathologie bei einem Überstreckmechanismus.

6.2.6 Sprunggelenk

Am Sprunggelenk werden die Impingementsyndrome nach deren anatomischen Lokalisation klassifiziert [75, 371]. Wird das Ziffernblatt einer Uhr auf ein Sprunggelenk mit dem Blick von vorne unten gelegt (Abb. 6.5), so gelingt eine anatomische Einteilung der Impingementsyndrome entsprechend einem Impingementring [363]. Allen Impingementsyndromen wird teilweise eine traumabedingte Ätiologie zugesprochen, trifft dies zu, so handelt es sich um eine Verletzungsfolge, eine rezente Verletzung ist jedenfalls keines der verschiedenen Impingements [15, 16, 17, 449, 294] am Sprunggelenk.

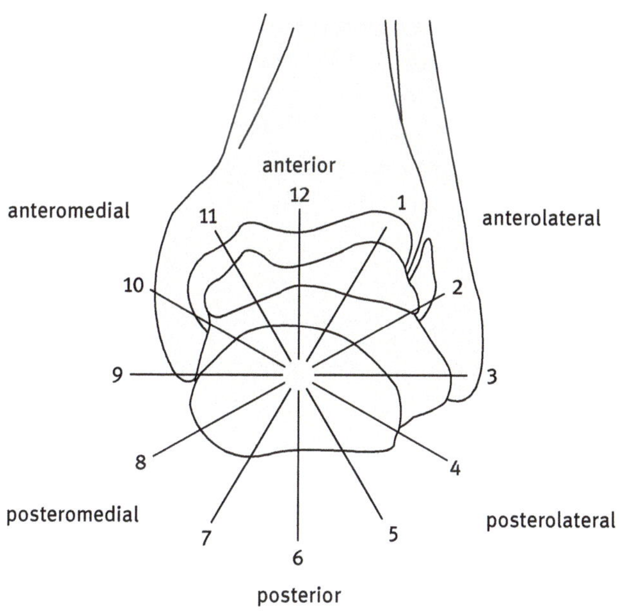

Abb. 6.5: Sprunggelenk-Impingement-Syndrome: der Impingementring [363].

Anteriores Impingementsyndrom

Das anteriore Impingement resultiert aus einem Knochen-zu-Knochen-Kontakt zwischen der vorderen Tibiakante und dem oberen Anteil des Talushalses [323]. In der Erstbeschreibung [290] wird die Bezeichnung „athlete's ankle" genannt, später „footballer's ankle" [272], besonders bei forcierter Dorsalextension sowie bei lateraler Laxität mit einer daraus resultierenden Subluxation der Tibia [206]. Das anteriore, ossäre Impingement findet sich bei jungen Sportlern, und dies bei Baseball-Spielern, Fußballern, den „american football"-Spielern und den professionellen Tänzern [272, 210, 57, 206, 319, 164, 56, 137, 324, 18]. Die Ursache ist eine sich oft wiederholende kraftvolle Dorsalextension in Verbindung mit einer Spitzfußstellung und einer Laxität lateraler Bänder als Subluxation der Tibia gegenüber dem Talus [73]. Die Pathogenese wird diskutiert, besonders bei den Exophyten der Fußballspieler [430]. Die extreme Plantarflexion (Spitzfußstellung) führt zur Zugspannung am Kapselansatz (Tibiavorderkante und Talushals) mit der Folge der abakteriellen Entzündung, resultierend aus den rezidivierenden Zug-Mikrotraumen (Insertionstendopathie), es entstehen Exophyten (Osteophyten) [395, 285]. Diese Knochenneubildungen resultieren aus der Anatomie der Band-/Sehnen-Ansatzzonen am Knochen (vgl. Kapitel 1.5) durch unphysiologische Belastungen und Mikrotraumen mit der Folge der „Ermüdungsschädigungen" an der Kapsel-Band-Verankerung im Knochen. Es kommt zu Mikrorupturen der Kapsel bzw. der kollagenen Fasern im Faserknorpel der Insertionsregion. Die Folge ist eine Reparation durch Granulationsgewebe und gesteigerten Knochenumbau mit der Ausbildung von Exostosen [285, 310]. Eine Klassifikation des anterioren Impingements orientiert sich an der Arthroseeinteilung [447, 169] oder der Impingementeinteilung nach SCRANTON [398] (Abb. 6.6), der Unterschied zwischen Arthrose und Impingement betrifft die Gelenkspaltverschmälerung bei der Arthrose.

Die Exophyten, meist anteromedial, hinterlassen Begleitschäden am Knorpelbelag der Talusgelenkfläche in Form von Schliffspuren, vergleichbar mit einer „tram track lesion" [209, 287, 37, 233]. Beim anterioren Impingement überwiegt die ossäre Komponente (Tab. 6.30).

Tab. 6.30: Ossäres, anteriores OSG-Impingement.

	Ursache	Wirkung
extraartikulär	repetitive Mikrotraumen (Supination und/oder forcierte Dorsalflexion)	
intraartikulär		Exophytenbildung tibial und talar

Neben dem ossären Impingement mit Exophyten gibt es ein sog. ossäres CAM-Impingement [8], bei dem die normale Talushals-Taillierung vergleichbar dem CAM-Impingement am Hüftgelenk aufgehoben ist, jedoch nicht über den ganzen Talushals verteilt, sondern lediglich am medialen Anteil [393, 8], mit der Folge einer vermehrten

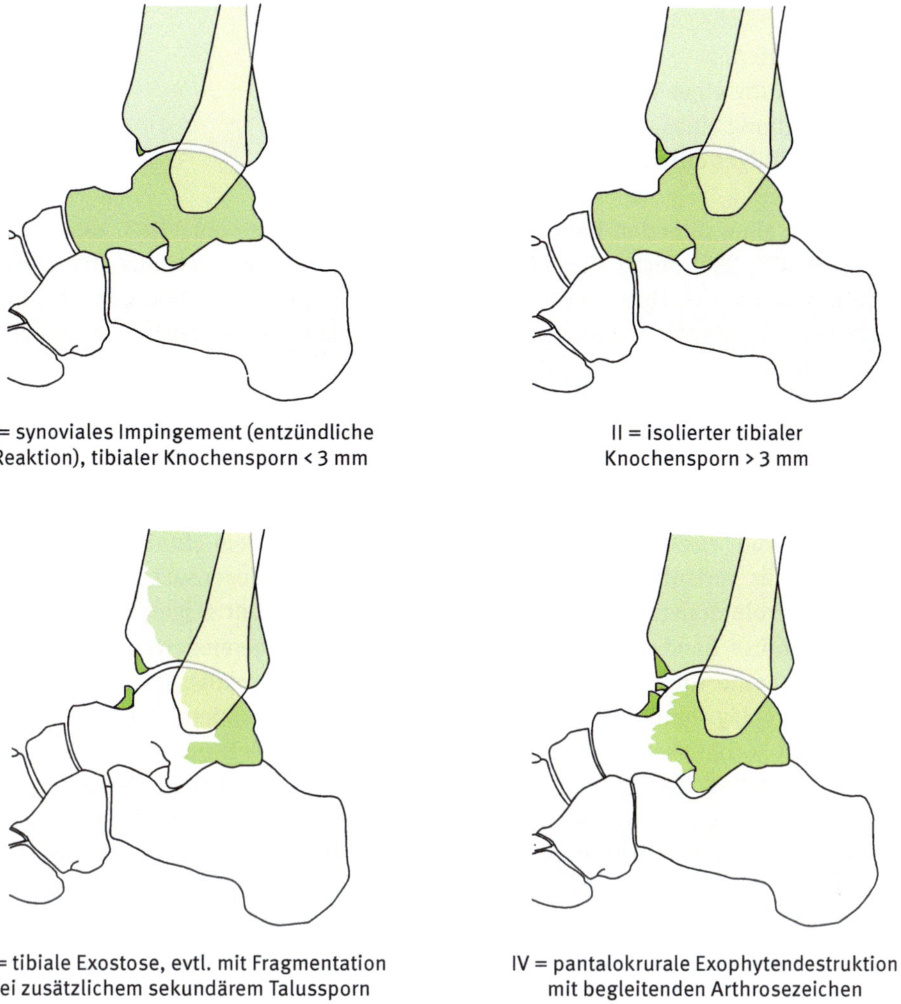

Abb. 6.6: Klassifikation des ossären anterioren Impingements, nach [398].

Außenrotation und Gelenkspaltverschmälerung tibiotalar [411, 9, 162]. Es besteht eine Beziehung zum Ballenhohlfuß (Pes cavo-varus). Im seitlichen Röntgenbild ist das CAM-Impingement erkennbar. Das CAM-Impingement spielt eine Rolle in der Entwicklung der Sprunggelenksarthrose [144, 483].

Anteriore Weichteil-Impingements resultieren aus lokalen oder generalisierten Entzündungen im Sinne einer synovialen Proliferation, ausgehend von der Synovialis oder den Extensorensehnen bzw. deren Sehnenscheiden [363]. Eine Trevor-Krankheit (Dysplasia epiphysealis hemimelica) kann ein anteriores Impingement vortäuschen [117], bedingt durch tibiale Knochenvorsprünge [146].

Anterolaterales Impingementsyndrom

Drei Kategorien:
1. Verdickung eines verletzten lateralen Ligamentes,
2. Vernarbung eines verletzten lateralen Ligamentes,
3. unauffälliges oder hypertrophiertes anormales Band.

Die Folgen einer lateralen Bandverletzung (Lig. fibulotalare ant.) [187, 188, 28, 118, 268, 259, 475, 254] durch einen Supinations-Inversions-Mechanismus [17] sind die Einblutung mit einer Hyperplasie der Synovialis und deren Ausdehnung in den anterolateralen Rezessus. Das Einengen der Synovialis führt zur Fibrosierung (= Zunahme des kollagenen Bindegewebes, Narbenbildung (d. h. Entzündung → Granulationsgewebe → Narbe) und Hyalinisierung (Verbreiterung und Unordnung kollagener Fasern) des Bindegewebes (d. h. der Bandreste und der Synovialis) zwischen Talus und Fibula, Talus und Tibia oder/und Tibia und Fibula mit der Folge der Knorpelschädigung am lateralen Taluseck [280]. Diese pathologischen Weichteilveränderungen werden auch als „Meniskoid" bezeichnet [397, 119] und müssen von einem „fibrösen Band", das transartikulär verläuft, unterschieden werden [412]. Im Gegensatz zum herkömmlichen anterolateralen, weniger strukturierten Impingement zeigen das Meniskoid und die fibröse Bandstruktur eine eigenständige, gut differenzierte pathologische, nicht knöcherne und nicht knorpelige intraartikuläre Struktur. Das Meniskoid ist lediglich am Lig. fibulotalare ant. im lateralen Rezessus fixiert, das fibröse Band dagegen ist korbhenkelartig an zwei Punkten befestigt. Das Meniskoid [475] und das fibröse Band [196, 282] finden sich selten isoliert, häufig aber in Verbindung mit Begleitpathologien, so das Meniskoid bei Weichteilverletzungen [115, 268, 225] und das fibröse Band bei meist nicht erkannten Frakturen in der Folge einer Einblutung [248, 439]. Klinisch wird diesen Pathologien neben dem lateralen OSG-Schmerz ebenfalls eine Funktionsbeeinträchtigung in der Dorsalextension zugeordnet, beim fibrösen Band auch in Plantarflexion [282]. Unter der Vielzahl der Bezeichnungen für ein Weichteil-Impingement sind das Meniskoid und das fibröse Band als isolierte Struktur im Gegensatz zu komplexen pathomorphologischen Substraten aufgeführt (Tab. 6.31).

Klinische Zeichen sind der anterolaterale Sprunggelenksschmerz, der sich bei Dorsalextension verstärkt [286]. Der Nachweis eines anterolateralen Impingements gelingt mittels MRT [381, 198] mit Darstellung von Weichteilgewebe, abgrenzbar vom Lig. fibulotalare ant. sowie Nachweis eines verbreiterten, zerrissenen Lig. fibulotalare ant. (Tab. 6.32).

Die Differenzierung der einzelnen eigentlich unterscheidbaren Impingementsyndrome am oberen Sprunggelenk ist in der Literatur nicht einheitlich [112], insbesondere wird das superolaterale (Syndesmosen-)Impingement oft mit dem anterolateralen Impingement gleichgesetzt. Als eine seltene Form des anterioren Plica-Impingements

Tab. 6.31: Intraartikuläre Weichteilläsionen des Sprunggelenkes [412].

Pathologie	Autor
Anatomisch isolierte Läsion	
Meniscoid lesion	WOLIN [475]
Plica	HARTY [166]
Fibrous bands	JOHNSON [196]
Adhesions	PARISIEN [335], PRITSCH [348]
Komplexläsion	STONE [414]
Synovial impingement lesion	
Talar impingement syndrome	BASSETT [28]
Anterolateral compression syndrome of the foot	WALLER [461]
Cicatrix, folds, fibrotic fatty tissue	BIEDERT [45]
Anterior soft tissue impingement of the ankle	MARTIN [259], THEIN [423]
Sports-related synovitis of the ankle	FERKEL [119]
Anterolateral impingement syndrome	WOLIN [475], FERKEL [118]

Tab. 6.32: Anterolaterales OSG-Impingement.

	Ursache	Wirkung
extraartikulär	Ruptur Lig. fibulotalare ant. evtl. auch Lig. fibulocalcaneare	
intraartikulär		Narben, disloziertes Band, Synovialitis

wird der synoviale Überzug des distalen Faszikels des Lig. tibiofibulare ant. in einer hypertrophen Form bezeichnet [176].

Eine spezielle Form des anterolateralen Impingements ist das Kalkaneus-Fibula-Impingement [185, 245, 246, 30] nach einer Fersenbeinfraktur, bedingt durch das Auseinanderweichen des Fersenbeines (Verbreiterung) im Subtalargelenk mit der Folge der Verringerung des Abstandes zwischen Fibulaspitze und Kalkaneus. Es resultiert ein ossäres und ein Weichteil-Impingement. Eine knöcherne Einengung hängt von der Größe der Kalkaneusexophyten ab, das Weichteil-Impingement ist Folge der Narbenbildung im lateralen Rezessus sowie der Kompression der Peronealsehnen im retromalleolären Sulkus und unter der Außenknöchelspitze (Tab. 6.33). Das Debridement wird arthroskopisch empfohlen [30, 55, 72, 360].

Tab. 6.33: Kalkaneus-Fibula-Impingement.

	Ursache	Wirkung
extraartikulär	Kalkaneusfraktur	Peronealsehnen- Kompression
intraartikulär		Laterales (Rezessus) Weichteil-Impingement

Ein extrem seltenes Impingementsyndrom am OSG wird dem Os subfibulare und dem Os subtibiale zugeordnet [452, 337, 244, 293], vergleichbar mit dem posterioren Impingement, bedingt durch ein Os trigonum. Aussagekräftige Daten bezüglich der Ätiologie (tertiäres Ossifikationszentrum vs. veraltete Fraktur) liegen nicht vor.

Superolaterales Impingementsyndrom (Syndesmosen-Impingement)

Die Ursache für ein superolaterales Impingement ist eine Pathologie des Lig. tibiofibulare anterius bzw. der Syndesmose, wobei sich aus einem vorderen Syndesmosen-Impingement auch ein posterolaterales Impingement entwickeln kann, und zwar dann, wenn die hintere Syndesmose mitbeteiligt ist (Bassett- oder Duke-Läsion) [381]. Das Lig. tibiofibulare anterius zieht von der lateralen Tibiavorderkante nach schräg distal zum Außenknöchel und verläuft somit knapp oberhalb der lateralen Taluskante. Diese vordere Syndesmose beinhaltet auch ein akzessorisches Lig. tibiofibulare anteroinferius, das vom eigentlichen Lig. tibiofibulare durch einen fettreichen Spalt getrennt ist, durch den auch Gefäße verlaufen. Auch der inferiore Faszikel liegt intrakapsulär, aber extrasynovial, und kann so arthroskopisch beurteilt werden [148]. Der Kontakt mit dem Talus entsteht bei der Dorsalextension. Die Entwicklung eines Impingements in diesem Bereich scheint vom Sprunggelenksmechanismus abzuhängen. So führt eine Verletzung des Lig. fibulotalare anterius zu einer anteroposterioren Instabilität, mit einer daraus resultierenden Annäherung des Talus an die vordere Syndesmose in Plantarflexion. Eine Verdickung dieses anterioren inferioren Faszikels erfolgt auch bei Verletzungen partieller Art der vorderen Syndesmose oder ebenfalls bei anatomischen Varianten nach RAY [359]. Der typische Verletzungsmechanismus, der zu einem superolateralen Impingement führen kann, ist ein Supinations-/Außenrotationstrauma, das zu einer Außenrotation des Talus und der Fibula führt [394, 443, 5, 309]. Auch eine daraus resultierende Hypertrophie des verletzten Bandes mit synovialer oder narbiger Reaktion führt zu der schmerzhaften Symptomatik, dann auch mit Einschränkung der Sprunggelenksbeweglichkeit und Instabilität [188]. Kernspintomographisch ist dieser Befund normalerweise nachweisbar [394]. Ein begleitendes Knochenmarködem im weiteren Fibula- und Tibiabereich kann in einigen Fällen beobachtet werden. Es handelt sich dabei um eine Kompression des lateralen Talusecks, auch mit Knorpelschäden in diesem Anteil mit der vorderen Syndesmose (Tab. 6.34).

Tab. 6.34: Superolaterales Impingementsyndrom.

	Ursache	Wirkung
extraartikulär		
intraartikulär	Verletzung und Hypertrophie des Lig. tibiofibulare ant. (distaler Faszikel)	Kompression des lateralen Talusecks mit der vorderen Syndesmose

Eine Sonderform stellt die Supinations-/Außenrotationsfraktur nach LAUGE-HANSEN [229] dar. Bei dieser Außenknöchelfraktur ohne Beteiligung des Innenknöchels oder des Innenbandes entsteht eine Innenrotation des proximalen Fibulafragmentes [276, 165] im Sinne eines ossären Impingements zwischen dem Fibulafragment und der Tibia [39]. Es handelt sich um ein ossäres Fibula-Tibia-Impingement (Tab. 6.35).

Tab. 6.35: Fibula-Tibia-Impingementsyndrom.

	Ursache	Wirkung
extraartikulär	isolierte Außenknöchelfraktur	ossäres Impingement prox. Fibulafragment (Innenrotation) gegen Tibia
intraartikulär		

Posteriores Impingementsyndrom

Das „posteriore Ankle Impingement" wird als ein klinisches Syndrom charakterisiert, bedingt durch einen hinteren Sprunggelenkschmerz bei der Plantarflexion bzw. -hyperflexion [485]. Repetetive Plantarflexionen [201, 59, 370, 456, 63], wie bei den Ballett-Tänzern üblich, führen zu Schmerzen und Missempfindungen hinter den Peronealsehnen, bedingt durch ein Anstoßen eines Os trigonum [58] oder eines Stieda-Fortsatzes (frakturiert oder nicht frakturiert) zwischen hinterer Taluskante und dem Kalkaneus [352, 357], was nur beim Vorhandensein dieser Strukturen möglich ist. Fehlt die belastete Plantarflexion, ist auch keine Symptomatik zu erwarten [180]. Bei der rezenten Verletzung (akute Plantarflexion) kommt es zur Kontusion, Kompression oder auch zur Fraktur des Os trigonum [293]. In seltenen Fällen blockiert eine knöcherne Ausrissverletzung des Lig. tibiotalare posterius vom Talus (Cedell-Fraktur) im hinteren Sprunggelenk [74]. Nach der Literatur [312, 396, 231, 238, 239, 422, 132, 190, 450, 71, 59, 418, 223, 357, 399, 89, 218] werden folgende pathomorphologische Substrate als Ursache für ein posteriores Impingement gesehen:

1. Das Os trigonum [375] oder Stieda's processus kommt zum Anstoßen zwischen Tibiahinterkante und Kalkaneus (Os trigonum impingement, „talar compression syndrom", „posterior ankle-Block"), u. a. mit Beteiligung der Sehnenscheide des M. flexor hallucis longus [201, 456]. Die Häufigkeit des Os trigonum wird mit 3–13 % angegeben [256, 269].

   Ursache für das posteriore Impingement ist also einmal das Vorhandensein eines Os trigonum sowie eines Stieda-Prozessus, zum anderen auch eine extreme Plantarflexion eines hypermobilen Sprunggelenkes (Tab. 6.36).

   Beim Os trigonum ist eine Abgrenzung von einer Fraktur problematisch, hier wird eventuell die Computertomographie erforderlich [63]. Kernspintomographisch besteht ein Knochenödem im Os trigonum bzw. im Tuberculum laterale bis hin zur Osteonekrose [63, 89], auch liegen Fragmentationen vor. Sowohl für die Diagnostik als auch die Therapie (resektiv) wird die hintere Sprunggelenksarthroskopie

Tab. 6.36: Posteriores Impingementsyndrom.

	Ursache	Wirkung
extraartikulär	Os trigonum oder Stieda-Prozessus bei extremer Plantarflexion	
intraartikulär		Blockade durch das Os trigonum

empfohlen [472, 450, 190, 132, 312, 230, 422, 418]. Störende Weichteile, aber auch diese tangierende Ossikel (Os trigonum, frakturierter Stieda-Prozessus) werden entfernt. Die arthroskopische Operation ist mit einer geringeren Morbidität als das offene Vorgehen verbunden [485] und kann das Subtalargelenk mit einbeziehen [454, 208, 1].

2. Eine weitere Ursache für ein posteriores Impingement ist die Tendovaginitis der Flexor-hallucis-longus-Sehne als Folge einer Belastung durch das Os trigonum [41, 71, 160, 216, 389]. Diese Sehnenschädigung entsteht durch eine Einengung des osteofibrösen Kanals an der Umlenkstelle der Sehne durch ein partiell mobiles Os trigonum im Sinne eines Scheuermechanismus [244].
3. Hinteres Weichteil-Impingement: Zusammen mit dem Os trigonum und einer damit verbundenen entzündlichen Reaktion kommt es zum Einklemmen von Weichteilen, wie der posterioren Kapsel, den angrenzenden Ligamenten, Sehnen und ebenso den chondrosynovialen Oberflächen [420, 41, 363, 396]. Ein vergleichbares Weichteil-Impingement kann auch in Verbindung mit Gelenkkörpern in diesem Bereich entstehen [449].
4. Plicae im oberen Sprunggelenk haben nicht die Bedeutung wie die Schleimhautfalten im Knie. Es können aber anterior und posterior in Höhe der tibiotalaren Verbindung und auch des talomalleolaren Gelenkspaltes [81] Schleimhautfalten entstehen, die bei entsprechender Irritation zu einem Impingement führen. Die dorsale Plica wird auch als Synovialbedeckung des Lig. tibiofibulare transversale als distale Begrenzung des Lig. tibiofibulare posterius bezeichnet. Dazu kann ein vom Lig. fibulotalare posterius zur Tibiahinterkante ziehender Faseranteil, „tibial slip of the posterior fibulotalar ligament“, eine Einklemmproblematik verursachen. Diese Faserstrukturen als Unterkante des Ligamentum tibiofibulare anterius können vergleichbar wirken [176, 159, 158, 374], vgl. „posterolaterales Impingement“.
5. Anormale Muskel-Sehnen-Einheiten: Hier handelt es sich um meist akzessorische atypische Muskelstrukturen, wie M. peroneocalcaneus internus, M. peroneus quartus, M. flexor digitorum accessorius longus, M. tibiocalcaneus internus und M. soleus accessorius [393, 42, 399, 406].
6. Fehlstellung nach Kalkaneusfrakturen: Beim Impressionstyp [486] entsteht bei einem pathologischen Tubergelenkwinkel eine Einengung zwischen Tibiahinter-

kante und Kalkaneusfrakturzone. Die Plantarflexion kann hier zu einem ossären Impingement führen [246].

Posterolaterales Impingementsyndrom

Das posterolaterale Impingement kommt isoliert oder kombiniert mit dem anterolateralen Impingement vor. Es handelt sich dabei um ein Weichteil-Impingement, ausgehend vom Lig. tibiofibulare posterius, Lig. talofibulare posterius, das extrakapsulär liegende Lig. calcaneofibulare ist dabei nicht beteiligt. Die Ursache für das posterolaterale Weichteil-Impingement, das auf der Höhe der hinteren Syndesmose stattfindet, ist einmal eine Hypertrophie ligamentärer Strukturen oder die Folge einer partiellen Ruptur [188], z. B. bedingt durch den inferioren Teil des Lig. tibiofibulare posterius (durch das Lig. tibiofibulare transversale) oder auch durch eine Kombination beider Bandanteile. Ausgangspunkt für die Synovialis-Hypertrophie ist der Synovialisüberzug des Lig. tibiofibulare transversale [176]. Diese Hypertrophie oder auch entzündungsbedingte Narbenbildung führt zu einer Vergrößerung dieser Bandanteile und somit bei der Plantarflexion zum Einklemmen. Des Weiteren wird ein die hintere Tibiakante vergrößerndes Labrum als hintere Lippe der Tibia genannt [374] oder auch korbhenkelartige Veränderungen des Lig. tibiofibulare posterius, entstanden durch die wiederkehrende Plantarflexion beim Ballett-Tänzer. Zu dieser Weichteil-Impingement-Problematik gehört auch „tibial slip of the posterior fibulotibial ligament", das normalerweise aus mehr als zwei Faserbündeln besteht [326] und auch als „marsupial meniscus" bezeichnet wird [125]. Alle diese Weichteilstrukturen zeigen narbige Veränderungen mit einer Fibrose und lassen kernspintomographisch in diesem Bereich angrenzende Knochenödeme an Tibia und/oder Talus erkennen. Die Diagnose wird kernspintomographisch gestellt, die Therapie erfolgt mittels Arthroskopie. Das posterolaterale Impingement findet sich auf der Höhe der hinteren Syndesmose und wird teilweise auch zum posterioren Impingementsyndrom gerechnet (Tab. 6.37).

Tab. 6.37: Posterolaterales Impingementsyndrom.

	Ursache	Wirkung
extraartikulär		
intraartikulär	rezidivierende Plantarflexion	Hypertrophie posteriorer intraartikulärer Bandstrukturen

Posteromediales Impingementsyndrom

Die Inversionstraumatisierung in Verbindung mit der Supination und der axialen Kompression [291] führt zur Verletzung lateraler Bänder, geht aber auch mit einer Beteiligung des Deltabandes einher, meist der tiefen Bandstrukturen, und hier vorwiegend das Lig. tibiotalare anterius betreffend (anteromediales Impingement). Da das Lig. tibiotalare posterius im Vergleich zum Lig. tibiotalare anterius das stärkere Band darstellt, ist eine hintere Mitverletzung des Deltabandes seltener; kommt sie aber zustande, so entsteht eine unvollständige Heilung der tiefen Fasern mit der Folge einer entzündlichen Reaktion, Hypertrophie und Narbenbildung [218]. Es entsteht ein Einklemm-Phänomen zwischen dem Innenknöchel und der medialen Talusfacette [41, 76, 446]. Der Nachweis dieses Impingements erfolgt mittels Kernspintomographie [338, 273]. Durch die rezidivierenden Plantarflexionen, die aus der ursprünglich eingetretenen, wenn auch Teilverletzung das Impingementsyndrom entstehen lassen, kommt es im genannten Bereich auch zu Knorpelschäden [338] und es entstehen Meniscoid-Gewebe [113], so wie dies ebenfalls im anterolateralen Bereich der Fall ist. Das posteromediale Impingement ist häufig kombiniert mit dem anteromedialen Impingement aufgrund der gleichzeitigen Verletzung des Lig. tibiotalare anterius und posterius [113, 291, 428]. Die Ursache ist ein Inversionstrauma mit rezidivierenden Plantarflexionen, intraartikulär lässt sich die Weichteilverdickung im Sinne der Entzündung und Hypertrophie einschließlich Narbenbildung erkennen (Tab. 6.38).

Tab. 6.38: Posteromediales Impingementsyndrom.

	Ursache	Wirkung
extraartikulär	Inversion incl. Supination	
intraartikulär		Schädigung des Lig. tibiotalare posterius

Anteromediales Impingementsyndrom

Beim anteromedialen Impingementsyndrom handelt es sich um durch rezidivierende Mikrotraumen entstehende entzündlich hypertrophe narbige Bandveränderungen des Lig. tibiotalare anterius, Lig. tibionaviculare sowie des Lig. calcaneare oder auch des Spring-Ligaments [291]. Diese rezidivierenden Mikrotraumen entstehen z. B. durch häufigen Ballkontakt beim Fußballspielen [430] oder durch rezidivierende Plantarflexionen [297, 211, 338, 320, 113]. Diese auf das anteromediale Kompartiment beschränkte Impingementproblematik resultiert auch durch eine lokalisierte anteriore Exophytenbildung mit der Folge der entzündlichen Synovialisveränderung, die zur medialen Einklemmung führt [272, 297]. Dies entspricht der „traction spurs“-Theorie [45, 120, 323]. Damit in Verbindung steht auch die sich wiederholende Dorsalflexion, so wie dies beim Ballett-Tänzer gefunden wird [45, 319, 448]. Eine Begleitverletzung des Deltabandes findet sich bei isolierten Außenknöchelfrakturen. Wenn diese Deltaband-verletzungen unbehandelt bleiben, kommt es zu einem sich in den medialen Gelenkspalt einklemmenden Weichteilgebilde als anteromediales Impingement [211], auch als mediales Meniskoid bezeichnet [113]. Somit zeigen sich beim anteromedialen Impingement verschiedene pathomorphologische Substrate, mediale Exophyten, Narben und Synovialitis, Meniskoid [113] und das fibröse Band als „Web-Impingement“ [441]. Letzteres darf nicht mit dem distalen Faszikel der vorderen Syndesmose verwechselt werden. Das „Web“-Impingement resultiert aus einem Band, ausgehend vom Innenknöchel, zieht zur Tibiavorderkante und bildet damit eine Falte („web“) über den anteromedialen Talus [442, 443, 444]. Auch hier ist die Ursache eine traumatisch bedingte Teilschädigung eines Bandes, aber meist im Sinne einer Mikrotraumatisierung, abgesehen vom medialen Impingement, das mit einer isolierten Außenknöchelfraktur einhergeht (Tab. 6.39). Entscheidend ist der Nachweis einer Verletzung.

Tab. 6.39: Anteromediales Impingementsyndrom.

	Ursache	Wirkung
extraartikulär	Kalkaneusfraktur	Peronealsehnen- Kompression
intraartikulär	Deltabandverletzung Exophyten	Weichteileinklemmung im medialen Talomalleolargelenk

Mediales Impingement des Plafond tibial

Unabhängig vom ligamentären medialen Impingement wird ein chondrales mediales Impingement [247] beschrieben. Darunter ist ein fibröses Polster zu verstehen, das einen subchondralen Defekt am Übergang von der vorderen Schienbeinunterseite zum Innenknöchel ausfüllt und mit einer Inversionsverletzung einhergeht. Eine traumatisch bedingte Adduktion und Dorsalflexion oder auch Plantarflexion führen zu einer Kompression der medialen Tibiaunterfläche und damit zu einer transchondralen Kompressionsfraktur und/oder Chondromalazie (Tab. 6.40). Die Folge ist ein chronischer, posttraumatischer Sprunggelenkschmerz. Der traumatische Charakter dieses Schadens ist nur MR-tomographisch durch Nachweis eines Knochenödems [173] möglich.

Tab. 6.40: Mediales Impingement des Plafond tibial.

	Ursache	Wirkung
extraartikulär	Inversionsverletzung (Adduktion mit Dorsal- oder Plantarflexion) Verletzung des Deltabandes	
intraartikulär		Knorpelschaden am Übergang vom Plafond tibial zum Innenknöchel

Arthroskopisch finden sich vier Typen [247]:

Typ 1: Es handelt sich um blasige Knorpelveränderung an der medialen Tibiaunterseite ohne Schäden am medialen Taluseck.

Typ 2: unterschiedlich vaskularisierte, fibröse Auflagerung, lose mit der Unterlage verbunden und meist von einer Synovialitis überzogen. Es geht um tiefe Läsionen, meist mit einer Schädigung des medialen Talusecks verbunden.

Typ 3: hämorrhagische, reaktive, fibröse Läsion auf der medialen Tibiaunterseite. Es handelt sich entweder um eine veraltete Typ-2-Läsion oder um mehrere schwere Kompressionstraumen. Der Typ 3 ist meist mit der transchondralen, posteromedialen „talar dome fracture" kombiniert.

Typ 4: Hiermit wird das posteromediale Weichteil-Impingement-Syndrom bezeichnet [237], dabei finden sich eingeklemmte Weichteilsubstanzen, die nur unter Distraktion erkannt werden können.

6.3 Beurteilung

Die Bezeichnung „Impingementsyndrom" wird an allen sechs großen Gelenken als „sog. Diagnose" eingesetzt. Tatsächlich ist aber ein Impingement ein Pathomechanismus. Ein nicht physiologischer Mechanismus führt auch ohne nachweisbares pathomorphologisches Substrat zu einer klinischen Symptomatik, d. h., es entstehen kausalbedingte Symptome, die aus dem Pathomechanismus resultieren. Ein Symptomenkomplex ist dann ein wissenschaftlicher Krankheitsbegriff unter Berücksichtigung der Ursache der Symptome, also kausalabhängig. Insofern ist die Bezeichnung ‚Impingementsyndrom' für die Benennung der Krankheitssymptome zutreffend. Neben den klinischen Symptomen resultieren aus dem Pathomechanismus aber auch ein pathomorphologisches Substrat (PMS), das zu einer Verstärkung des Impingements führt, und umgekehrt das Impingement zur Verstärkung des pathomorphologischen Substrats im Sinne eines Circulus vitiosus. Erst aus der Kombination Impingementsyndrom unter Einbezug des pathomorphologischen Substrats kann eine Diagnose resultieren, die aber nicht das Wort ‚Impingement' beinhalten kann, da hier eine Präzisierung erforderlich wird. Die Bezeichnung ‚Impingement' wäre dann allenfalls ein Diagnose-Äquivalent und präzisiert die eigentliche Pathologie nicht. Die ätiologischen Faktoren, die den Pathomechanismus verursachen, im Sinne eines Anschlagens von anatomischen Strukturen oder besser im Sinne des Verdrängens oder Einklemmens von Gewebe (Weichteilgewebe) zwischen zwei ossären Komponenten in Gelenknähe, wobei das Gelenk als Organ verstanden wird, sind vielfältig. Nachdem ein Impingementsyndrom einen Pathomechanismus bedeutet, der erst durch rezidivierende Mechanismen zustande kommt, scheidet eine Verletzung als Ursache aus, da die Verletzung durch ein einmaliges adäquates Ereignis (gesetzlich definierter Unfall) entsteht. Heilt eine Verletzung aber nicht folgenlos aus, so sind aufgrund fehlverheilter Frakturen oder auch tendinöser bzw. ligamentärer Verletzungsfolgen im Sinne einer Instabilität Pathomechanismen erklärbar, die in Gelenknähe ein Impingementsyndrom verursachen. Ähnlich verhält es sich durch die Überbelastungen („overuse"), die klinisch nicht fassbare Mikrotraumen zur Folge haben, was heute als wesentlicher ätiologischer Faktor in der Entstehung eines Impingementsyndroms, insbesondere beim Sport, aber auch bei z. B. Überkopfarbeiten, verstanden wird. Weitere ätiologische Faktoren sind anatomische Normvarianten, muskuläre Fehlfunktionen (Dysbalance), funktionell mechanisch, aber auch neurologisch bedingt, Texturstörungen der dann zur Einklemmung kommenden Weichteilstrukturen, wie Sehnen, entzündliche Vorgänge, eine funktionelle Dezentrierung der Gelenke aus verschiedenen Ursachen und auch daraus resultierend Komplexschäden (Abb. 6.7).

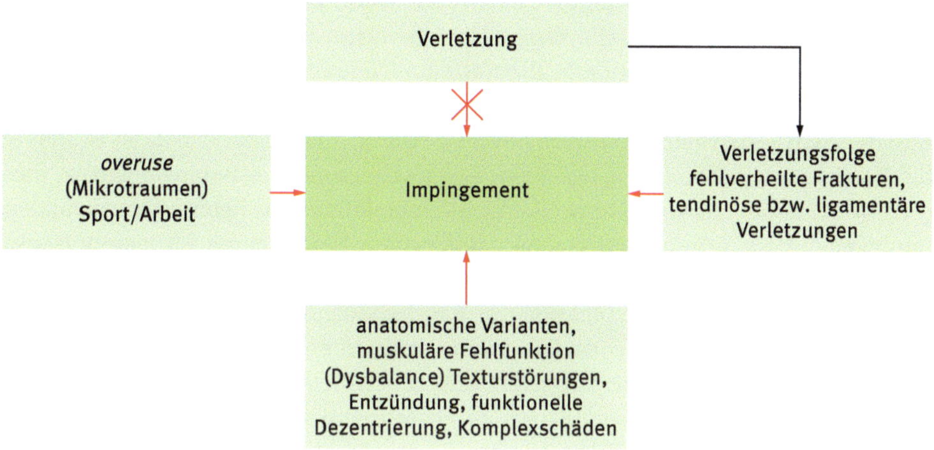

Abb. 6.7: Ätiologie des Impingements.

Für die Lokalisation des pathomorphologischen Substrates eines Impingement werden extraartikuläre und intraartikuläre Schäden unterschieden. Dabei muss die Ursache nicht an gleicher Stelle liegen. So ist an der Schulter beim intrinsischen Impingement (posterosuperiores Impingement, anterosuperiores Impingement) die Ursache durch gezielte Überlastungsbewegungen extraartikulär zu suchen, die Wirkung dieses Mechanismus ist aber intraartikulär labrumnah, anterior oder posterior superior zu finden. Dies trifft auch für das Ellbogengelenk zu, wobei extraartikulär ansetzende Kräfte intraartikuläre Exophyten oder Plicahypertrophien entwickeln. Daraus lässt sich ableiten, dass die Entfernung eines intraartikulären pathomorphologischen Substrates keine kausale Therapie bedeutet, wenn nicht die extraartikulären Wirkungsmomente mit beseitigt oder für die Zukunft verhindert werden. Das Impingementsyndrom als Diagnoseäquivalent in der Medizin zum Festlegen der Therapie und insbesondere in der Begutachtung mit der Frage, ob eine Verletzungsfolge vorliegt, ist problematisch, da häufig lediglich als sog. Diagnose „Impingementsyndrom“ angegeben wird. Ursprünglich wurde das „Konzept des Impingements“ dafür verwendet, um an der Schulter alle Rotatorenpathologien abzudecken, da erkannt wurde, dass die unterschiedlichen pathomorphologischen Substrate (Tendinose, partielle bzw. komplette Rotatorenschäden) klinisch nicht unterschieden werden konnten. Sonographie, Magnetresonanztomographie und Arthroskopie ermöglichen aber nun entsprechende Differenzierungen. Daher sollte das sog. Impingementsyndrom durch differenzierte Diagnosen ersetzt werden [333]. Das Impingementsyndrom der Schulter darf nicht die Bezeichnung der Periarthritis humeroscapularis ersetzen, die schon vor der „Impingementära" alle Schulterprobleme unter einen Hut bringen wollte. Es bedarf an der Schulter insbesondere der Differenzierung, ob ein extraartikuläres (external) oder ein intraartikuläres (internal) Impingement vorliegt. In Kenntnis der ätiologischen Faktoren und deren Lokalisation kann bei dem Diagnoseäquivalent eines Impingements eine Verletzung nicht abgeleitet werden, d. h., ein Impingement ist nie ein Primärschaden, allenfalls im Verlauf durch verletzungsbedingte pathomorphologische Substrate eine daraus resultierende Unfallfolge. Wird ein Impingement festgestellt, sei es subakromial oder auch subkorakoidal, so ist immer die Rotatorenmanschette mit betroffen. Beim subakromialen Impingement ist dies die Supraspinatussehne und teilweise die Infraspinatussehne, beim subkorakoidalen Impingement die Subskapularissehne, häufig unter Einbezug der Bizepssehne bzw. des Bizeps-Pulley (Rotatorenintervall), und beim anterosuperioren Impingement handelt es sich um die Kombination der Randschädigung der Supraspinatussehne medial, der Subskapularissehne lateral und mitbetroffen ist immer das Rotatorenintervall (Bizeps-Pulley). Die Supraspinatussehnen-Defekte (nicht Ruptur) werden von partiellen oder auch kompletten Bizepssehnen-Kontinuitätsunterbrechungen begleitet [224], dies in der Folge der Impingementproblematik, die immer mit der Supraspinatussehne, zumindest im subakromialen Raum, einhergeht, subkorakoidal ist es dann die Subskapularissehne.

Beim subkorakoakromialen Impingement können vier große ätiologische Gruppen unterschieden werden: 1. anatomische Ursachen, 2. das Weichteil-Impingement, 3. die neuromuskuläre Insuffizienz und 4. das Instabilitätsimpingement.

Tatsächliche Verletzungen, die als Impingement zu bezeichnen wären, gibt es nicht, wohl aber das Diagnose-Äquivalent „Impingement" als Unfall- bzw. Verletzungsfolge. Dies ist bei einer hypertrophen AC-Gelenksarthrose nach einer Schultereckgelenksverletzung oder auch nach einer lateralen Klavikulafraktur der Fall, bei einer disloziert verheilten Fraktur des Tuberculum majus bzw. des Oberarmkopfes, bei Fehlpositionen der Skapula in der Folge einer traumatisch bedingten Lähmung und in der Folge einer unfallbedingt erworbenen Schulterinstabilität. Liegt eine Impingementproblematik vor, auch wenn sie klinisch nicht relevant ist, aber bei der Diagnostik entsprechende Impingementfolgen aufzeigt, und kommt es bei dieser Konstellation zu einer Prellung oder Zerrung der Schulter, dann kann eine vorübergehende, einfache Verschlimmerung des vorbestehenden Impingements festgestellt werden, aber nur dann, wenn auch tatsächlich eine Verletzung im Sinne einer Prellung oder einer Zerrung nachweisbar ist. Diese Verschlimmerung ist deshalb nur vorübergehend, da Zerrungen und Prellungen, jeweils 1. Grades, folgenlos ausheilen. Liegen Zerrungen oder Prellungen 2. oder 3. Grades vor, so ist eine Verletzung nachweisbar und dann müssen die Verletzungsfolgen, die daraus resultieren, von dem vorbestehenden Impingement abgegrenzt werden. Eine einfache dauernde Verschlimmerung eines vorbestehenden Impingements kann dann angenommen werden, wenn die festgestellte Verletzung einen oder auch mehrere pathologische Faktoren des schon durch das Impingement bestehenden pathomorphologischen Substrats verschlimmert. Eine so genannte richtungweisende Verschlimmerung scheidet in jedem Fall aus. Eine besondere Situation ist dann gegeben, wenn ein Instabilitätsimpingement zu beurteilen ist. In diesen Fällen kann eine „subluxation arthropathy" [114] oder auch eine „dislocation arthropathy" [388] vorliegen. In diesen Fällen wäre die Subluxation ein Vorbote der Dislokation (Luxation) und die Subluxation muss in den Bereich der glenohumeralen Laxität eingeordnet werden. Auch in diesen Fällen können einfache vorübergehende oder auch einfache dauernde Verschlimmerungen erwartet werden, die aber einer gesonderten Beurteilung unter Berücksichtigung der Subluxations-/Luxationsproblematik bedürfen.

Die für ein Ellbogengelenk angegeben Impingementäquivalente sind ausnahmslos nicht traumatischer Art. Ein unfallbedingtes Ellbogen-Impingement kann allenfalls dann eine Unfallfolge sein, wenn bei einer Olekranonspitzen-Fraktur ein daraus resultierendes posteriores Impingement vorliegt. Für alle anderen Ellbogen-Impingement-Äquivalente gilt das Prinzip einer Verschlimmerung im Sinne einer einfachen vorübergehenden oder auch einfachen dauernden Verschlimmerung in Abhängigkeit von der festgestellten Verletzung. Liegt eine Prellung oder Zerrung ohne nachweisbare primäre Verletzungen (Erstschaden) vor, so kommt immer nur eine einfache vorübergehende Verschlimmerung in Frage, bis die angenommene Prellung oder Zerrung abgeheilt ist.

Von den Impingementäquivalenten am Handgelenk sind die meisten ulnarseitig lokalisiert und in aller Regel Überlastungen zuzuordnen. Eine Ausnahme bildet ein Ulna-Impaction-Syndrom dann, wenn die dafür erforderliche Ulna-Plus-Variante in der Folge einer imprimierten distalen Radiusfraktur bei unverletzter Elle entsteht. Dazu ist eine Radiusfraktur erforderlich, die unter Verkürzung abgeheilt ist. Es resultiert somit ein Ellenvorschub (Ulna-Plus-Variante) mit pathologischem Kontakt des Ellenkopfes über den Discus articularis zum Os triquetrum. Das daraus resultierende Ulna-Impaction-Syndrom ist keine Verletzung, sondern allenfalls eine Verletzungsfolge. Ein Ulna-Impingement-Syndrom kann dann als Unfallfolge gewertet werden, wenn eine Ellenkopfresektion in der Folge einer Verletzung des körperfernen Unterarmes notwendig war und sich daraus ein Impingementsyndrom entwickelt, d. h., die Ellenkopfresektion muss unfallbedingt erforderlich werden. Alle weiteren Impingementphänomene sind unfallunabhängig und können nur bei vorliegenden Begleitverletzungen als Unfallfolge diskutiert werden.

Die verschiedenen Impingementsyndrome des Hüftgelenkes sind ausnahmslos nicht als Verletzung zu werten. Auch hier kann jedoch eine Verletzungsfolge dann festgestellt werden, wenn z. B. eine Epiphyseolysis capitis femoris zum femoroazetabulären Impingement führt. Das ischio-femorale Impingement bedeutet nach einer Beckenverletzung eine durch in Fehlverheilung der Fragmente entstehende Abstandsminderung zwischen dem lateralen Rand des Os ischium und der medialen Kortikalisbegrenzung des Trochanter minor. Dies kann auch Folge spezifischer Operationen in diesem Bereich sein. Dieses Impingement ist vergleichbar mit dem der Spina iliaca anterior inferior bei fehlverheilten Abrissverletzungen. Das pectineofoveale Impingement sowie auch das Iliopsoas-Impingement sind Überlastungsfolgen sowie auch die meisten der erstgenannten Impingementsyndrome, abgesehen von Verletzungsfolgen.

Plicasyndrome am Knie sind grundsätzlich keine Verletzungen, hier handelt es sich um mikrotraumatisch bedingte Fibrosierungen der entsprechenden Schleimhautfalten, am häufigsten an der Plica mediopatellaris (= Plica alaris medialis), dann, wenn die Fibrosierung bei einem normalen Gleiten der Kniescheibe auch zu einer Knorpelerweichung an der medialen Patellafacette sowie am medialen Femurkondylus gegenüber der Plica geführt hat (Shelf-Syndrom). Eine Quetschung dieser Plica traumatischer Art ist nicht erklärbar, da die Plica bei einer Kontusion im Bereich des Femoropatellargelenkes nach medial außen ausweichen kann und somit isoliert nicht als Verletzung denkbar ist – es sei denn, in der Folge einer fehlverheilten Patellafraktur mit daraus resultierendem Fehlgleiten der Plica, dies ist dann eine Verletzungsfolge. Bei einer Quetschung des Hoffa'schen Fettkörpers kann nur dann eine Verletzungsfolge angenommen werden, wenn auch eine Verletzung in der Umgebung dieses Fettkörpers nachweisbar ist, eher handelt es sich aber um die Folge einer gestörten patellofemoralen Biomechanik. Dies trifft im Endeffekt auch für das suprapatellare Fettkörper-Impingement sowie das präfemorale Fettkörper-Impingement und auch die popliteale Fettkörpererkrankung zu. Anders verhält es sich bei dem Zyklops-Impingement. Ein Zyklops-Impingement ist die Folge einer fehlplatzierten vorderen Kreuzbandersatzplastik oder auch bei einer nicht operativ versorgten vorderen Kreuzbandruptur, die sich dann in einen synovialisierten Knoten umwandeln kann und ein schmerzhaftes Streckdefizit provoziert. Auch hier handelt es sich nicht um eine Verletzung, sondern um eine Verletzungsfolge.

Impingementsyndrome am Sprunggelenk entstehen in der Folge von sog. „Distorsionstraumen" und sind Einklemmungsphänomene von Narben. Diese müssen von narbigen Veränderungen unterschieden werden, die bei entzündlichen Erkrankungen entstehen, z. B. auch bei der arthrosebedingten Synovialitis. Das ossäre Kompressionssyndrom beim Tanzsport (insbesondere Ballett) hat auch die Bezeichnung „talar compression syndrome". Dieses Syndrom beschreibt den Schmerzzustand im dorsalen Bereich des oberen Sprunggelenkes durch eine sich wiederholende forcierte Plantarflexion [366]. Es kommt zum Anstoßen der hinteren Schienbeinkante an den Processus tali posterior und/oder das Os trigonum. Dieses „talar compression syndrome" muss differentialdiagnostisch von anderen Erscheinungen abgegrenzt werden, z. B. von einer Tenosynovitis oder einer partiellen Diskontinuität der Sehnen des Musculus flexor hallucis longus an der Sprunggelenkinnenseite, einer Tenosynovitis der Peronealsehnen an der Außenseite des Sprunggelenkes und von Veränderungen der distalen Achillessehne bzw. den benachbarten Bursae. In Ausnahmefällen kann ein ossäres Impingementsyndrom durch die Osteophyten eine Hämarthrosbildung verursachen [369]. Die Diagnose „Weichteil-Impingement am Sprunggelenk" ist für eine Begutachtung nicht ausreichend. Einmal bedarf es einer genauen Lokalisation und zweitens einer präzisen Benennung, wobei das oft als isolierte Pathologie genannte „Meniskoid" eigentlich eine besondere Form des anterolateralen Impingement darstellt. Differentialdiagnostisch muss hier ein fibröses Band mit in Erwägung einbezogen werden, wobei beide pathomorphologischen Substrate nur Sonderformen des anterolateralen Weichteil-Impingement darstellen. Insgesamt ist die Einteilung bzw. Klassifikation der Impingementäquivalente am Sprunggelenk noch uneinheitlich, auch werden in Standard-Lehrbüchern der Kernspintomographie unterschiedlich nicht alle Formen aufgezeichnet. Das kalkaneofibulare Impingement, das Lig. tibiotalare anterius sowie auch das mediale Plafond-tibial-Impingement sind bisher lediglich in Einzelpublikationen zu finden. Aus ätiologischen Faktoren für die Entstehung eines Impingements am Sprunggelenk stehen zur Diskussion: Verletzungsfolgen, „overuse"-Überlastungsfolgen und anatomische Normvarianten. Häufig werden nach Distorsionsmechanismen im Sinne einer Zerrung (auch Teilruptur eines Bandes) bei erhaltener Stabilität des Sprunggelenkes sog. „posttraumatische" Impingementsyndrome genannt. Posttraumatisch heißt lediglich „nach dem Trauma festgestellt". Ein Verletzungsnachweis gelingt nur dann, wenn eine histologische Untersuchung vorliegt. Da auch bei Überlastungsschäden entzündliche Veränderungen gefunden werden, ist die Synovialitis kein Hinweis auf differentialdiagnostische Überlegungen. Dies trifft auch für die Fibrose oder Hypertrophie von Weichteilgewebe, d. h. von Synovialisanteilen, zu. Narben entstehen in der Folge einer Verletzung, aber auch in der Folge unfallunabhängiger entzündlicher Reaktionen. Entscheidend ist, ob Blut oder dessen Abbauprodukte (Hämosiderin) histologisch erfasst werden können. Nachdem aber in Ausnahmefällen auch die Überlastungsschäden mit geringen Einblutungen einhergehen, ist dies kein absolut sicherer Nachweis, aber dann eine Überlegung wert, wenn vor einem angeschuldigten Unfallereignis keine Beschwerden nachweisbar waren. Der richtige Nachweis im histologischen Präparat, dass eine Verletzung mit einem daraus resultierenden Impingement stattgefunden hat, ist der Nachweis von ligamentären Strukturen als Folge einer Bandruptur, die zum Einschlagen ins Gelenk kam und dann das Impingement auslöste. Liegen Knochenreste im Präparat vor, so bedarf es der Abklärung mit dem Röntgenbild, ob ein ossärer Ausriss als Unfallfolge zu diskutieren ist oder ob arthrosebedingte Exophyten oder Ossikel zu einer entsprechenden Weichteilreaktion geführt haben.

Es resultiert: Impingementsyndrome als Diagnose-Äquivalent sind keine Primärschäden (Verletzungen), allenfalls Verletzungsfolgen, wenn eine Verletzung geeignet ist, dieses Einklemmungsphänomen zu verursachen.

6.4 Literatur

[1] ABDELATIF, N.M.N.: Combined arthroscopic management of concurrent posterior and anterior ankle pathologies. Knee Surg Sports Traumatol Arthrosc 22:2837–2842 (2014)

[2] AGRICOLA, R.; HEIJBOER, M.P.; GINAI, A.Z.; ROELS, P.; ZADPOOR, A.A.; VERHAAR, J.A.N.; WEINANS, H.; WAARSING, J.H.: A cam deformity is gradually acquired during skeletal maturation in adolescent and young male soccer players: a prospective study with minimum 2-year follow-up. Am J Sports Med 42:798–806 (2014)

[3] AHMAD, C.S.; PARK, M.C.; EL ATTRACHE, N.S.: Elbow medial ulnar collateral ligament insufficiency alters posteromedial olecranon contact. Am J Sports Med 32:1607 (2004)

[4] AKIYAMA, M.; NAKASHIMA, Y.; KITANO, T.; NAKAMURA, T.; TAKAMURA, K.; KOHNO, Y.; YAMAMOTO, T.; MOTOMURA, G.; OHISHI, M.; HAMAI, S.; IWAMOTO, Y.: Remodelling of femoral headneck junction in slipped capital femoral epiphysis: a multicentre study. Int Orthop 37:2331–2336 (2013)

[5] AKSEKI, D.; PINAR, H.; YALDIZ, K.; AKSEKI, N.G.; ARMAN, C.: The anterior inferior tibiofibular ligament and talar impingement: a cadaveric study. Knee Surg Sports Traumatol Arthrosc 10:321–326 (2002)

[6] ALLEN, W.C.; COPE, R.: Coxa saltans: The snapping hip revisited. J Am Acad Orthop Surg 3:303–308 (1995)

[7] ALPERT, J.M.; KOZANEK, M.; LI, G.; KELLY, B.T.; ASNIS, P.D.: Cross-sectional analysis of the iliopsoas tendon and its relationship to the acetabular labrum. Am J Sports Med 37(8):1594–1598 (2009)

[8] AMENDOLA, N.; DREW, N.; VASEENON, T.; FEMINO, J.; TOCHIGI, Y.; PHISITKUL, P.: CAM-type impingement in the ankle. Iowa Orthop J 32:1–8 (2012)

[9] AMINION, A.; SANGEORZAN, B.: The anatomy of cavus foot deformity. Foot Ankle Clinics of North America 13:191–198 (2008)

[10] ANDREWS, J.R..; ST. PIERRE, R.K.; CARSON, W.G.: Arthroscopy of the elbows. Clin Sports Med 5:653–662 (1986)

[11] ANDREWS, J.R.; TIMMERMAN, L.A.: Outcome of elbow surgery in professional baseball player. Am J Sports Med 23:407–413 (1995)

[12] ANETZBERGER, H.; PUTZ, R.: Die Morphometrie des subakromialen Raums und ihre klinische Relevanz. Unfallchirurg 98:407–414 (1995)

[13] APOIL, A.: Le conflit antéro-interne de l'épaule. Ann Radiol 35:161–166 (1992)

[14] ARAI, T.: Roentgenographical and anatomical study of the midcarpal joint-morphology and degenerative change of ulnar side. Original in Japanese. Nippon Seikeigeka Gakkai Zasshi 67:1114–1121 (1993)

[15] ARNOLD, H.; WEBER, J.: Arthroskopie des oberen Sprunggelenkes zur Therapie des posttraumatischen anterolateralen Impingementsyndroms. Orthop Praxis 36:292–296 (2000)

[16] ARNOLD, H.; WEBER, J.: Arthroskopie des oberen Sprunggelenks zur Therapie des posttraumatischen Impingementsyndroms Grad I-III nach Scranton. FusSprungg 5:212–219 (2007)

[17] ARNOLD, H.: Posttraumatic impingement syndrome of the ankle-Indication and results of arthroscopic therapy. Foot and Ankle Surg 17:85–88 (2011)

[18] ATTMANSPACHER, W.; KÜHLE, J.; ZECH, M.: Arthroskopie beim „Fußballergelenk". Arthroskopie 18:125–131 (2005)

[19] AYENI, O.; CHU, R.; HETAIMISH, B.; NUR, L.; SIMUNOVIC, N.; FARROKHYAR, F.; BEDI, A.; BHANDARI, M.: A painful squat test provides limited diagnostic utility in CAM-type femoroacetabular impingement. Knee Surg Sports Traumatol Arthrosc 22:806–811 (2014)

[20] AYENI, O.R.; BANGA, K.; BHANDARI, M.; MAIZLIN, Z.; DE SA, D.; GOLEF, D.; HARISH, S.; FARROKHYAR,F.: Femoroacetabular impingement in elite ice hockey players. Knee Surg Sports Traumatol Arthrosc 22:920–925 (2014)

[21] AZAR, F.M.; ANDREWS, J.R.; WILK, K.E.; GROH, D.: Operative treatment of ulnar collateral ligament injuries of the elbow in athletes. Am J Sports Med 28:16–23 (2000)

[22] BÄUMER, F.; SCHIESSLER, W.; ATTMANSPACHER, W.: Zur posttraumatischen Begutachtung des Schultergelenkes bei vorbestehendem Os acromiale. Akt Traumatol 23:102–104 (1993)

[23] BAIN, G.I.; BIDWELL, T.A.: Arthroscopic excision of ulnar styloid in stylocarpal impaction. Arthroscopy 22:677 (2006)

[24] BAK, K.: Nontraumatic glenohumeral instability and coracoacromial impingement in swimmers. Scand J Med Sci Sports 6:132–144 (1996)

[25] BANKS, S.A.; FREGLY, B.J.; BONIFORTI, F.; REINSCHMIDT, C.; ROMAGNOLI, S.: Comparing in vivo kinematics of unicondylar and bi-unicondylar knee replacements. Knee Surg Sports Traumatol Arthrosc 13:551–556 (2005)

[26] BARILE, A.; LANNI, G.; CONTI, L.; MARIANI, S.; CALVISI, V.; CASTAGNA, A.; ROSSI, F.; MASCIOCCHI, C.: Lesions of the biceps pulley as cause of anterosuperior impingement of the shoulder in the athlete: potentials and limits of MR arthrography compared with arthroscopy. Radiol Med 118:112–122 (2013)

[27] BARTHEL, T.; GOHLKE, F.; LÖHR, J.F.; EULERT, J.; GANDORFER, A.: The reliability of the supraspinatus-outlet-view in assessing the acromial morphology. J Shoulder Elbow Surg 2:18 (1993)

[28] BASSETT, F.; GATES, H.S.; BILLYS, J.B.; MORRIS, H.B.; NIKOLAOU, P.K.: Talar impingement by the anteroinferior tibiofibular ligament. J Bone Joint Surg Am 72:55–59 (1990)

[29] BATH, S.S.; BATH, S.S.; TEHRANZADEH, J.: Anterosuperior glenoid impingement syndrome. Clin Med Insights Arthritis Musculoskelet Disord 5:15–18 (2012)

[30] BAUER, T.; DERANLOT, J.; HARDY, P.: Endoscopic treatment of calcaneo-fibular impingement. Knee Surg Sports Traumatol Arthrosc 19:131–136 (2011)

[31] BEAULÉ, P.E.; ALLEN, D.J.; CLOHISY, J.C.; SCHOENECKER, P.; LEUNIG, M.: The young adult with hip impingement: deciding on the optimal intervention. J Bone Joint Surg Am 91:210–221 (2009)

[32] BEDI, A.; LYNCH, E.B.; SIBILSKY ENSELMAN, E.R.; DAVIS, M.E.; DE WOLF, P.D.; MAKKI, T.A.; KELLY, B.T.; LARSON, C.M.; HENNING, P.T.; MENDIAS, C.L.: Elevation in circulating biomarkers of cartilage damage and inflammation in athletes with femoroacetabular impingement. Am J Sports Med 41:2585–2590 (2013)

[33] BEITZEL, K.; BEITZEL, K.I.; ZANDT, J.F.; BUCHMANN, S.; SCHWIRTZ, A.; IMHOFF, A.B.; REISER; M.; BRUCKER, P.U.: Premature cystic lesions in shoulders of elite junior javelin and volleyball athletes: a comparative evaluation using 3.0 Tesla MRI. J Shoulder Elbow Surg 22:792–799 (2013)

[34] BEITZEL, K.; KIRCHHOFF, C.; BEITZEL, K.I.; REISER, M.F.; KIRCHHOFF, S.: In vivo evaluation of the kinematics of the long head of the biceps tendon within the pulley: A 3 T MRI motion analysis. Arch Orthop Trauma Surg 133:1719–1725 (2013)

[35] BELL, M.J.; HILL, R.J.; MC MURTRY, R.Y.: Ulnar impingement syndrome. J Bono Joint Surg Br 67:126–129 (1985)

[36] BELLMANS, J.; BANKS, S.; VICTOR, J.; VANDENNEUCKER, H.; MOEMANS, A.: Fluoroscopic analysis of the kinematics of deep flexion in total knee arthroplasty: influence of posterior condylar offset. J Bone Joint Surg Br 84:50–53 (2002)

[37] BERBERIAN, W.S.; HECHT, P.J.; WAPNER, K.L.; DI VERNIERO, R.: Morphologiy of tibiotalar osteophytes in anterior ankle impingement. Foot & Ankle Int 22: 313–317 (2001)

[38] BERGER, R.A.: The ligaments of the wrist: a current overview of anatomy with considerations of their potential function. Hand Clin 13:63–82 (1997)

[39] BERKOWITZ, M.J.; WOHLRAB, K.P.; FRECCERO; D.M.; KIM, D.H.: Internal rotation of the proximal fibular fragment producing symptomatic tibiofibular impingement after an SER-II ankle fracture: a case report. Foot Ankle Int 27:738–741 (2006)

[40] BERNSTEIN, M.A.; NAGLE, D.J.; MARTINEZ, A.; STOGIN, J.M. Jr.; WIEDRICH, T.A.: A comparison of combined arthroscopic triangular fibrocartilage complex debridement and arthroscopic wafer distal ulna resection versus arthroscopic triangular fibrocartilage complex debridement and ulnar shortening osteotomy for ulnocarpal abutment syndrome. Arthroscopy 20:392–401 (2004)

[41] BERQUIST, T.H.: MRI of the musculoskeletal system. 6. Ed. Wolters Klüwer/Lippincott/Williams & Wilkins Philadelphia (2013)

[42] BEST, A.; GIZA, E.; LINKLATER, J.; SULLIVAN, M.: Posterior impingement of the ankle caused by anomalous muscles. J Bone Joint Surg 87 A:2975–2079 (2005)

[43] BHATIA, D.; DE BEER, J.; DU TOIT, D.: Coracoid process anatomy. Implications in radiographic imaging and surgery. Clin Anat 20:774–784 (2007)

[44] BICKEL, K.D.: Arthroscopic treatment of ulnar impaction syndrome. J Hand Surg Am 33:1420–1423 (2008)

[45] BIEDERT, R.: Anterior ankle pain in sports medicine: aetiology and indications for arthroscopy. Arch Orthop Trauma Surg 110:293–297 (1991)

[46] BIGLIANI, L.U.; MORRISON, D.S.; APRIL, E.W.: The morphology of the acromion and its relationship to rotator cuff tears. Orthop Trans 10:228–233 (1986)

[47] BIGLIANI, L.U.; LEVINE, W.N.: Subacromial impingement syndrome. J Bone Joint Surg Am 79:1854–1868 (1997)

[48] BIRNBAUM, K.; PRESCHER, A.; HELLER, K.D.: Zur Problematik des ligamentären korakoidalen Impingements – anatomische Untersuchungen. Orthopädische Praxis 33:76–80 (1997)

[49] BLEVINS, F.T.; DJURASOVIC, M.; FLATOW, E.L.; VOGEL, K.G.: Biology of the rotator cuff tendon. In Flatow, E. (Hrsg). The rotator cuff. Part I. Orthop Clin North Am 28/1:1–16 (1997)

[50] BOEHM, T.D.; MATZER, M.; BRAZDA, D.; GOHLKE, F.: Os acromiale associated with tear of the rotator cuff treated operatively. J Bone Joint Surg Br 85-B:545–549 (2003)

[51] BOHNSACK, M.: Impingement des Hüftgelenks. Differentialdiagnose. Arthroskopie 27:82–85 (2014)

[52] BOHNSACK, M.: Behandlung des femoroazetabulären Hüftimpingements bei professionellen Fußballspielern. Sport Orthop Traumatol 30:128–134 (2014)

[53] BONUTTI, P.M.; NORFRAY, J.F.; FRIEDMAN, R.J.; GENEZ, B.M.: Kinematic MRI of the shoulder. J Comput Assist Tomogr 17:666–669 (1993)

[54] BOZKURT, M.; AKMESE, R.; CAY, N.; ISIK, C.; BILGETEKIN, Y.G.; KARTAL, M.G.; TECIMEL, O.: Cam impingement of the posterior femoral condyle in unicompartmental knee arthroplasty. Knee Surg Sports Traumatol Arthrosc 21:2495–2500 (2013)

[55] BRALY, G.W.; BISHOP, J.O.; TULLOS, H.S.: Lateral decompression for malunited os calcis fractures. Foot Ankle 6:90–92 (1985)

[56] BRANCA, A.; DI PALMA, L.; BUCCA, C. et al.: Arthroscopic treatment of anterior ankle impingement. Foot Ankle Int 18:418 (1997)

[57] BRODELIUS, A.: Osteoarthritis of the talar joints in footballers and ballet dancers. Acta Orthop Scand 30:309–314 (1960)

[58] BRODSKY, A.; KHALIL, M.: Talar compression syndrome. J Am Sports Med 14:472–476 (1986)

[59] BRODSKY, A.E.; KHALIL, M.A.: Talar compression syndrome. Foot Ankle 7:338–344 (1987)

[60] BUDDE, S.: Die CAM-Deformität entwickelt sich graduell. Z Orthop Unfall 152:428 (2014)

[61] BUDOFF, J.; NIRSCHL, R.; GUIDI, E.: Debridement of partial thickness tears of the rotator cuff without acromioplasty: long-term follow-up and review of the literature. J Bone Joint Surg 80-A:733–748 (1998)
[62] BUNKER, T.; WALLACE, W.A.: Shoulder arthroscopy. 1st ed. London: Martin Dunitz (1991)
[63] BUREAU, N. J.; CARDINAL, E.; HOBDEN, R.; AUBIN, B.: Posterior ankle impingement syndrome: MR imaging findings in seven patients. Radiology 215:497–503 (2000)
[64] BURKHART, S. S.: Fluoroscopic comparison of kinematic patterns in massive rotator cuff tears: A suspension bridge model. Clin Orthop 284:144–152 (1992)
[65] BURKHART, S. S.: Congenital subacromial stenosis. Arthroscopy 11:63–68 (1995)
[66] BURNS, W.C.; WHIPPLE, T.L.: Anatomic relationships in the shoulder impingement syndrome. Clin Orthop 294:96–102 (1993)
[67] BYRD, J.W.T.: Evaluation and management of the snapping iliopsoas tendon. Techn Orthop 20:45–51 (2005a)
[68] BYRD, J.W.T.: Snapping hip. Oper Tech Sports med 13:46–54 (2005b)
[69] BYRD, J.W.: Evaluation and management of the snapping iliopsoas tendon. Instr Course Lect 55:347–355 (2006)
[70] CAIN, E.L.; ANDREWS, J.R.: Arthroscopic management of posterior elbow impingement in throwers. Technique in Shoulder and Elbow Surgery 2:118–130 (2001)
[71] CALDER, J.D.; SEXTON, S.A.; PEARCE, C.J.: Return to training and playing after posterior ankle arthroscopy for posterior impingement in elite professional soccer. Am J Sports Med 38:120–124 (2010)
[72] CHANDLER, J.T.; BONAR, S.K.; ANDERSON, R.B.; DAVIS, W.H.: Results of in situ subtalar arthrodesis for late sequelae of calcaneus fractures. Foot Ankle Int 20:18–24 (1999)
[73] CANNON, L.B.; HACKNEY, R.G.: Anterior tibiotalar impingement associated with chronic ankle instability. J Foot Ankle Surg 39:383–386 (2000)
[74] CEDELL, C.A.: Rupture of the posterior talotibial ligament with the avulsion of a bone fragment from the talus. Acta Orthop Scand 45:454–461 (1974)
[75] CEREZAL, L.; DEL PIÑAL, F.; ABASCAL, F.; GARCIAVALTUILLE, R.; PEREDA, T.; CANGA, A.: Imaging findings in ulnar-sided wrist impaction syndromes. Radiographics 22:105–121 (2002)
[76] CEREZAL, L.; ABASCAL, F.; CANGRA, A. et al.: MR imaging of ankle impingement syndromes. AJR Am J Roentgenol 181: 551 (2003)
[77] CEREZAL, L.; KASSARJIAN, A.; CANGA, A. et al.: Anatomy, biomechanics, imaging, and management of ligamentum teres injuries. Radiographics 30:1637–1651 (2010)
[78] CHAUDHRY, H.; AYENI, O.R.: The etiology of femoroacetabular impingement: what we know and what we don't. Sports Health 6:157–161 (2014)
[79] CHRISTOFORETTI, J.J.; CARROLL, R.M.: The thrower's shoulder. Curr Opin Orthop 16:246–251 (2005)
[80] CIZMÁR, I.; MENSIK, I.; MELICHAR, J.; VOMELA, J.; BRYCHTA, P.: Ulnar-carpal impingement after fractures of the distal radius. Rozhi Chir 82:536–541 (2003)
[81] CLARK, R.P.: Symptomatic, lateral synovial fringe (plica) of the elbow joint. Arthroscopy 4:112–116 (1988)
[82] CLEEMAN, E.; FLATOW, E.L.: Classification and diagnosis of impingement and rotator cuff lesions in athletes. Sports Med Arthrosc Rev 8:141–157 (2000)
[83] CODMAN, E.A.: The shoulder. Rupture of the supraspinatus tendon and other lesions in or about the subacromial bursa. Thomas Todd, Boston (1934)
[84] COHEN, M.; ASTUR, D.; KALEKA, C.C. et al.: Introducing 3-dimensional stereoscopic imaging to the study of musculoskeletal anatomy. Arthroscopy 27:593–596 (2011)

[85] COHEN, S.B.; VALKO, C.; ZOGA, A.; DODSON, C.C.; CICCOTTI, M..G.: Posteromedial elbow impingement: magnetic resonance imaging findings in overhead throwing athletes and results of arthroscopic treatment. Arthroscopy 27:1364–1370 (2011)
[86] CONE, R.O.; RESNICK, D.; DANZIG, L.: Shoulder impingement syndrome: Radiographic evaluation. Radiology 150:29–33 (1984)
[87] CONWAY, J.E.; JOBE, F.W.; GLOUSMAN, R.E.; PINK. M.: Medial instability of the elbow in throwing athletes: Treatment by repair or reconstruction of the ulnar collateral ligament. J Bone Joint Surg Am 74:67–82 (1992)
[88] COOLS, A.M.; WITVROUW, E.E.; DECLERCQ, G.A.; DANNEELS, L.A.; CAMBIER, D.C.: Scapular muscle recruitment patterns: trapezius muscle latency with and without impingement symptoms. Am J Sports Med 31:542–549 (2003)
[89] CORTÉS, Z.E.; HARRIS, A.M.; BAUMHAUER, J.F.: Posterior ankle pain diagnosed by positional MRI of the ankle: a unique case of posterior ankle impingement and osteonecrosis of the talus. Foot Ankle Int 27:293–295 (2006)
[90] CRUVEILHIER, J.C.: Traité d'anatomie descriptive. 5. Aufl. Paris (1872)
[91] CUOMO, F.; KUMMER, F.J.; ZUCKERMANN, J.D.; LYON, T.; BLAIR, B.; OLSEN, T.: The influence of acromioclavicular joint morphology on rotator cuff tears. J Shoulder Elbow Surg 7:555–559 (1998)
[92] D'AGOSTINO, P.; TOWNLEY, W.A.; LE VIET, D.; ROULOT, E.: Oblique ulnar styloid osteotomy – a treatment for ulnar styloid impaction syndrome. J Hand Surg Am 36:1785–1789 (2011)
[93] DAUPHINE, R.T.; LINSCHEID, R.L.: Unrecognized sprain patterns of the wrist (abstract). J Bone Joint Surg Am 57:727 (1975)
[94] DE SA, D.; ALRADWAN, H.; CARGNELLI, S.; THAWER, Z.; SIMUNOVIC, N.; CADET, E.; BONIN, N.; LARSON, C.; AYENI, O.R.: Extra-articular hip impingement: a systematic review examining operative treatment of psoas, subspine, ischiofemoral, and greater trochanteric/pelvic impingement. Arthroscopy 30:1026–1041 (2014)
[95] DEUTSCH, A.; ALTCHEK, D.W.; SCHWARTZ, E.; OTIS, J.C.; WARREN, R.F.: Radiologic measurement of superior displacement of the humeral head in the impingement syndrome: J Shoulder Elbow Surg 5:186–193 (1996)
[96] DIENST, M.; KUSMA, M.: Arthroskopische Verfahren: Arthroskopie des Hüftgelenks. SportOrthoTrauma 25:180–194 (2009)
[97] DIENST, M. (Hrsg) Hüftarthroskopie. Diagnostik, Technik, Indikationen. Elevier Urban & Fischer München (2010)
[98] DIENST, M.: Femoroacetabuläres Impingement und Hüftdysplasie. Widerspruchoder Kombinationspathologie? Arthroskopie 27:125–135 (2014)
[99] DI LORENZO, L.; JENNIFER, Y.; PAPPAGALLO, M.: Psoas impingement syndrome in hip osteoarthritis. Joint Bone Spine 76:98–100 (2009)
[100] DINES, D.; WARREN, R.F.; INGLIS, A.E.; PAVLOV, H.: The coracoid impingement syndrome. J Bone Joint Surg 72 B:314–316 (1990)
[101] DOBBS, M.B.; GORDON, J.E.; LUHMANN, S.J.; SZYMANSKI, D.A.; SCHOENECKER, P.L.: Surgical correction of the snapping iliopsoas tendon in adolescents. J Bone Joint Surg 84 A:420–424 (2002)
[102] DOBYNS, J.H.; GABEL, G.T.: Gymnast's wrist. Hand Clin 6:493–505 (1990)
[103] DOMB, B.G.; MARTIN, D.E.; BOTSER, I.B.: Risk factors for ligamentum teres tears. Arthroscopy 29:64–73 (2013)
[104] DORA, C.; HOUWELING, M.; KOCH, P.; SIERRA, R.J.: Iliopsoas impingement after total hip replacement: the results of non-operative management, tenotomy or acetabular revision. J Bone Joint Surg Br 89:1031–1035 (2007)

[105] DUMONTIER, C.; GAGEY, O.; APOIL, A.: Rotator interval lesions and their relation to coracoid impingement syndrome. J Shoulder Elbow Surg 8:130 (1999)

[106] DUMONTIER, C.; SAUTET, A.; GAGEY, O.; APOIL, A.: Rotator interval lesions and their relation to coracoid impingement syndrome. J Shoulder Elbow Surg 8:130–135 (1999)

[107] DUTHON, V.B.; BAREA, C.; ABRASSART, S.; FASEL, J.H.; FRITSCHY, D.; MENETREY, J.: Anatomy of the anterior cruciate ligament. Knee Surg Sports Traumatol Arthrosc 14:204–213 (2006)

[108] ECONOMOPOULOS, K.J.; MILEWSKI, M.D.; HANKS, J.B.; HART, J.M.; DIDUCH, D.R.: Radiographic evidence of femoroacetabular impingement in athletes with athletic pubalgia. Sports Health 6:171–177 (2014)

[109] EBERHARDT, O.; FERNANDEZ, F.F.; WIRTH, T.: Arthroscopic reductionof the dislocated hip in infants. J Bone Joint Surg Br 94:842–847 (2012)

[110] EDELSON, J.G.; TAITZ, C.: Anatomy of the coracoacromial arch. Relation to degeneration of the acromion. J Bone Joint Surg 74 B:589–594 (1992)

[111] EDER, M.; GEDIGK, P.: Allgemeine Pathologie und Pathologische Anatomie. Springer-Verlag Berlin Heidelberg New York (1990)

[112] EDMONDS, E.W.; CHAMBERS, R.; KAUFMAN, E.; CHAMBERS, H.G.: Anterolateral ankle impingement in adolescents: outcomes of nonoperative and operative treatment. J Pediatr Orthop 30:186–191 (2010)

[113] EGOL, K.A.; PARISIEN, J.S.: Impingement syndrome of the ankle caused by a medial meniscoid lesion. Arthroscopy 13:522–525 (1997)

[114] ELLMAN, H.; HARRIS, E.; KAY, S.P.: Early degenerative joint disease simulating impingement syndrome: arthroscopic findings. Arthroscopy 8:482–487 (1992)

[115] ERGGELET; C.; LAHM, A.; REICHELT, A.: Diagnostik und arthroskopische Therapie beim Meniskoidsyndrom des oberen Sprunggelenkes. Arthroskopie 11:287–290 (1998)

[116] EZECHIELI, M.: Die Innenrotation ist entscheidend. Z Orthop Unfall 151:436 (2013)

[117] FAIRBANK, T.J.: Dysplasia epiphysealis hemimelica (tarsoepiphyseal aclasis). J Bone Joint Surg Br 32:237–257 (1956)

[118] FERKEL, R.D.; FISCHER, S.: Progress in ankle arthroscopy. Clin Orthop 240:210 (1988)

[119] FERKEL, R.D.: Ankle Arthroscopy. In: An illustrated guide to small joint arthroscopy. Courtesy of Dyonics. Inc. Andover (1989)

[120] FERKEL, R.D.; SCRANTON, P.E. jr.: Current concepts review: Arthroscopy of the ankle an foot. J Bone Joint Surg Am 75:1233–1242 (1993)

[121] FERREIRA N.A.A.; ALMEIDA, A.M.; MAIORINO, R.; ZOPPI, F.A., BENEGAS, E.: An anatomical study of the subcoracoid space. Clinics (Sao Paulo) 61: 61:467–472 (2006)

[122] FERRICK, M.: Coracoid impingement: A case report and review of the literature. Am J Sports Med 28:117–119 (2000)

[123] FIELD, L.D.; ALTCHECK, D.W.: Evaluation of the arthroscopic valgus instability test of the elbow. Am J Sports Med 24:177–181 (1996)

[124] FINNOFF, J.T.; THOMPSON, J.M.; COLLINS, M.; DAHM, D.: Subcoracoid bursitis as an unusual cause of painful anterior shoulder snapping in a weight lifter. Am J Sports Med 38:1687–1692 (2010)

[125] FIORELLA, D.; HELMS, C.A.; NUNLEY, J.A. II: The MR imaging features of the posterior intermalleolar ligament in patients with posterior impingement syndrome of the ankle. Skeletal Radiol 28:573 (1999)

[126] FISHER, S.E.; SHELBOURNE, K.D.: Arthroscopic treatment of symptomatic extension block complicating anterior cruciate ligament reconstruction. Am J Sprots Med 21:558 (1993)

[127] FRIEDMAN, S.L.; PALMER, A.K.: The ulnar impaction syndrome. Hand Clin 7:295–310 (1991)

[128] FRIES, G.: Beitrag zur unfallmedizinischen Bedeutung des Os acromiale. Arch Orthop Unfallchir 60: 255–261 (1966)

[129] FU, F.H.; HARNER, C.D.; KLEIN, A.H.: Shoulder impingement syndrome: A critical review. Clin Orthop 269:162–173 (1991)

[130] FUNK, L.; LEVI, O.; EVEN, T.; COPELAND, S.A.: Subacromial plica as a cause of impingement in the shoulder: J Shoulder Elbow Surg 15:697–700 (2006)

[131] GABEL, G.T.: Gymnastic wrist injuries. Clin Sports Med 17:611–621 (1998)

[132] GALLA, M.; LOBENHOFFER, P.: Technique and results of arthroscopic treatment of posterior ankle impingement. Foot Ankle Surg 17:79–84 (2011)

[133] GANSEN, H.K.; IRLENBUSCH, U.: Die neuromuskuläre Insuffizienz der Rotatorenmanschette als Ursache des funktionellen Impingements – muskelbioptische Untersuchungen am Schultergelenk. Z Orthop 140:65–71 (2002)

[134] GARCIAELIAS, M.: Dorsal fracture of triquetrum-avulsion or compression fracture. Hand Surg 12A:266–268 (1987)

[135] GARG, A.; WALTER, P.S.: Prediction of knee motion using a 3-dimensional computer graphics model. J Biomech 23:45–58 (1990)

[136] GAROFALO, R.; KARLSSON, J.; NORDENSON, U.; CESARI, E.; CONTI, M.; CASTAGNA, A.: Anterior-superior internal impingement of the shoulder: an evidence-based review. Knee Surg Sports Traumatol Arthrosc 18:1688–1693 (2010)

[137] GAULRAPP, H.; WETZEL, R.: Typische periartikuläre Veränderungen in unterschiedlichen Ballsportarten (Fußballersprunggelenk). Orth Praxis 37:330–334 (2001)

[138] GEBHART, C.: Subspinales Impingement des Hüftgelenks. Arthroskopie 27:93–97 (2014)

[139] GEBHART, J.H.; STREIT, J.J.; BEDI, A.; BUSH-JOSEPH, C.A.; NHO, S.J.; SALATA, M.J.: Correlation of pelvic incidence with cam and pincer lesions. Am J Sports Med 42:2649–2653 (2014)

[140] GERBER, C.; TERRIER, F.; GANZ, R.: The role of the coracoid process in the chronic impingement syndrome. J Bone Joint Surg Br 67:703–708 (1985)

[141] GERBER, C.; FUCHS, B.; HODLER, J.: The results of massive tears of the rotator cuff. J Bone Joint Surg Am 82-A:505–515 (2000)

[142] GERBER, C.; SEBESTA, A.: Impingement of the deep surface of the subscapularis tendon and the reflection pulley on the anterosuperior glenoid rim: a preliminary report. J Shoulder Elbow Surg 9:483–490 (2000)

[143] GERBER, C.; LAJTAI, G.: Impingement syndromes. In LAJTAI, G. et al (eds) Shoulder Arthroscopy and MRI techniques, pp. 269–282. Springer-Verlag, Berlin-Heidelberg (2003)

[144] GIANNINI, S.; BUDA, R.; FALDINI, C.; VANNINI, F.; ROMAGNOLI, M.; GRANDI, G.; BEVONI R.: The treatment of severe posttraumatic arthritis of the ankle joint. J Bone Joint Surg 89:15–28 (2007)

[145] GIAROLI, E.L.; MAJOR, N.M.; LEMLEY, D.E.; LEE, J.: Coracohumeral interval imaging in subcoracoid impingement syndrome on MRI. AJR Am J Roentgenol 186:242–246 (2006)

[146] GÖKKUS, K.; AYDIN, A.T.; SAGTAS, E.: Trevor's disease: mimicking anterior ankle impingement syndrome: case report. Knee Surg Sports Traumatol Arthrosc 20:1875–1878 (2012)

[147] GOHLKE, F.; BARTHEL, T.; GANDORFER; A.: The influence of variations of the coracoacromial arch on the development of rotator cuff tears. Arch Orthop Trauma Surg 113:28–32 (1993)

[148] GOLANÓ, P.; VEGA, J.; PÉREZ-CARRO, L.; GÖTZENS, V.: Ankle anatomy for the arthroscopist. Part II: Role of the ankle ligaments in soft tissue impingement. Foot Ankle Clin N Am 11:275–296 (2006)

[149] GOLLWITZER, H.: Ischiofemorales Impingement. Diagnostik und therapeutischer Algorithmus. Arthroskopie 27:98–101 (2014)

[150] GOLSER, K.; RESCH, H.; SPERNER; G.; THÖNI, H.: Vergleich bildgebender Verfahren bei Verletzungen und Erkrankungen im Subakromialraum. Arthroskopie 5:135–139 (1992)

[151] GOMEZ, J.E.: Bilateral anterior inferior iliac spine avulsion fractures. Med Sci Sports Exerc 28:161–164 (1996)

[152] GRAICHEN, H.: Insuffizienz der Gelenkzentrierung als Ursache für das funktionelle Impingement Vorträge, Jahrestagung DVSE, Weimar 27.–28. Mai (2005)

[153] GÜRBÜZ, H.; ÜNALAN, H.; SARISALTIK, H.; SEKHAVAT, H.; CANDAN, L.: The role of acromioclavicular arthritis in impingement syndromes. Yonsei Med J 39:97–102 (1998)

[154] GUMINA, S.; POSTACCHINI, F.; ORSINA, L.; CINOTTI, G.: The morphometry of the coracoid process – its aetiologic role in subcoracoid impingement syndrome. Int Orthop 23:198–201 (1999)

[155] HABERMEYER, P.; MAGOSCH, P.; PRITSCH, M.; SCHEIBEL, M.T.; LICHTENBERG, S.: Anterosuperior impingement of the shoulder as a result of pulley lesions: a prospective arthroscpic study. J Shoulder Elbow Surg 13:5–12 (2004)

[156] HABERMEYER, P.: Schulterchirurgie. 4. Auflage. Urban & Fischer München (2010)

[157] HADDAD, F.S.; KONAN, S.: Femoroacetabular impingement. Not just a square in a round hole. Bone Joint J 95-B:1297–1298 (2013)

[158] HAMILTON, W.G.: Foot and ankle injuries in dancers. Clin Sports Med 7:143 (1988)

[159] HAMILTON, W.G.: Conditions seen in classical ballet and modern dance. In GOULD, J.S. (ed): Operative Foot Surgery. Philadelphia, WB Saunders: 954 (1994)

[160] HAMILTON, W.G.; GEPPERT, M.J.; THOMPSON, F.M.: Pain in the posterior aspect of the ankle in dancers. J Bone Joint Surg 78 A:1491–1499 (1996)

[161] HAN, K.-J.; CHO, J.-H.; HAN, S.-H.; HYUN, H.-S.; LEE, D.-H.: Subacromial impingement syndrome secondary to scapulothoracic dyskinesia. Knee Surg Sports Traumatol Arthros 20:1958–1960 (2012)

[162] HANSEN, S.T.: The cavovarus/supinated foot deformity and external tibial torsion: the role of the posterior tibial tendon. Foot Ankle Clin 13:325–328 (2008)

[163] HAPA, O.; BEDI, A.; GURSAN, O.; AKAR, M.S.; GÜVENCER, M.; HAVITÇIOĞLU, H.; LARSON, C.M.: Anatomic footprint of the direct head of the rectus femoris origin: cadaveric study and clinical series of hips after arthroscopic anterior inferior iliac spine/subspine decompression. Arthroscopy 29:1932–1940 (2013)

[164] HARDAKER, W.T. jr.; MARGELLO, S.; GOLDNER, J.L.: Foot and ankle injuries in theatrical dancers. Foot Ankle 6:59 (1985)

[165] HARPER, M.C.: The short oblique fracture of the distal fibula without medial injury: an assessment of displacement. Foot Ankle Int 16:181–186 (1995)

[166] HARTY, M.; JOYCE, J.J.: Synovial folds in the knee joint. Orthop Rev 6:10 (1977)

[167] HASHIMOTO, S.; RAI, M.F.; GILL, C.S.; ZHANG, Z.; SANDELL, L.J.; CLOHISY, J.C.: Molecular characterization of articular cartilage from young adults with femoroacetabular impingement. J Bone Joint Surg Am 95:1457–1464 (2013)

[168] HAUSMANN, R.: Risiko bei Eishockeyspielern erhöht. Am J Sports Med 41:1357–1362 (2013)

[169] HAVERSTOCK, B.D.: Anterior ankle abutment. Clin Podiatr Med Surg18:457–465 (2001)

[170] HAWKINS, R.J.; KENNEDY, J.C.: Impingement syndromes in athletes. Am J Sports Med 8:151–158 (1980)

[171] HEDTMANN, A.: Anatomische und sonografische Unersuchungen zur Pathogenese degenerativer Schultererkrankungen. Habilitationsschrift. Ruhr-Universität Bochum (1990)

[172] HEDTMANN, A.: Weichteilerkrankungen der Schulter-Subakromialsyndrome. Teil 1. Orthopädie und Unfallchirurgie up2date 4:85–106 (2009)

[173] HEMPFLING, H.; BOHNDORF, K.; ROEMER, F.: Akuter, traumatischer versus chronischer Knorpelschaden untergutachterlichen Gesichtspunkten. Z Orthop Unfall 146:381–391 (2008)

[174] HEPLER, M.D.; STEINMAN, S.; ROSENWASSER, M.: Elbow arthroscopy in the treatment of posterior olecranon impingement. Arthroscopy 14:430–431 (1998)

[175] HERZOG, R.F.: Femoroacetabuläres Pincer-Impingement. Arthroskopioe 27:109–117 (2014)

[176] HIGHCOCK, A.J.; COHEN, D.; PLATT, S.: Atraumatic, symptomatic ankle plica successfully treated by arthroscopic debridement: a case report. J Foot Ankle Surg 51:472–474 (2012)
[177] HIPP, E.G.; PLÖTZ, W.; THIEMEL, G.: Orthopädie und Traumatologie. Thieme Verlag Stuttgart New York (2003)
[178] HOFMANN, G.O.: Vergleichende anatomische Studie zur Bedeutung des Ligamentum coracoacromiale beim Menschen und bei den Vertebraten. In: J. Refior und Mitarb. (Hrsg.): Biomechanik der gesunden und kranken Schulter. Thieme. Stuttgart (1985)
[179] HOWELL, S.M.; HULL, M.L.: Checkpoints for judging tunnel and anterior cruciate ligament graft placement. J Knee Surg 22:161–170 (2009)
[180] HOWSE, A.J.G.: Posterior block of the ankle joint in dancers. Foot Ankle 3:81–84 (1982)
[181] HUFELAND, M.; HARTWIG, T.; KRÜGER, D.; PERKA, C.; HAAS, N.P.; SCHRÖDER, J.H.: Arthroskopische Korrektur des extraartikulären Subspine-Impingements am Hüftgelenk. Orthopäde 42:879–883 (2013)
[182] IANNOTTI, J.P.; WANG, E.D.: Avulsion of the supraglenoid tubercle: A variation of the SLAP lesion. J Shoulder Elbow Surg 1:238 (1992)
[183] ILIZALITURRI, V.M. Jr.; VILLALOBOS, F.E.Jr.; CHAIDEZ, P.A.; VALERO, F.S.; AGUILERA, J.M.: Internal snapping hip syndrome: treatment by endoscopic release of the iliopsoas tendon. Arthroscopy 21:1375–1380 (2005)
[184] IRLENBUSCH, U.; GANSEN, H.-K.: Muscle biopsy investigations on neuromuscular insufficiency of the rotator cuff: a contribution to the functional impingement of the shoulder joint. J Shoulder Elbow Surg 12:422–426 (2003)
[185] ISBISTER, J.F.: Calcaneo-fibular abutment following crush fractures of the calcaneus. J Bone Joint Surg Br 56:274–278 (1974)
[186] ISHII, S.; PALMER, A.K.; WERNER, G.W.; et al.: An anatomic study of the ligamentous structure of the triangular fibrocartilage compex. J Hand Surg 23A:977–985 (1998)
[187] JACOBSON, K.E.; LIU, S.H.: Anterolateral impingement of the ankle. J Med Assoc Ga 81:297–299 (1992)
[188] JAIVIN, J.S.; FERKEL, R.D.: Arthroscopy of the foot and ankle. Clin Sports Med 13:761 (1994)
[189] JAZRAWI, L.M.; MC CLUSKEY, G.M. 3rd, ANDREWS J.R.: Superior labral anterior and posterior lesions and internal impingement in the overhead athlete. Instr Course Lect 52:43–63 (2003)
[190] JEROSCH, J.; NEUHÄUSER C.: Arthroskopische Therapie des posterioren Impingements (PI) am Sprunggelenk. Orthop Praxis 46:437–442 (2010)
[191] JI, H.M.; BAEK, J.H.; KIM, K.W.; YOON, J.W.; HA, Y.C.: Herniation pits as a radiographic indicator of pincer-type femoroacetabular impingement in symptomatic patients. Knee Surg Sports Traumatol Arthrosc 22:860–866 (2014)
[192] JOBE, F.W.: Impingement problems in the athlete. Instr Course Lect 38:205–209 (1989)
[193] JOBE, F.W.; KVITNE, R.S.: Shoulder pain in the overhand or throwing athlete. The relationship of anterior instability and rotator cuff impingement. Orthop Rev 18:963–975 (1989)
[194] JOBE, C.M.: Posterior superior glenoid impingement: expanded spectrum. Arthroscopy 11:530 (1995)
[195] JOHNSON, K.A.: Impingement of the lesser trochanter on the ischial ramus after total hip arthroplasty report of three cases. J Bone Joint Surg Am 59 A:268–269 (1977)
[196] JOHNSON, L.L.: Arthroscopic abrasion arthroplasty historical and pathologic perspective: Present status. Arthroscopy 2: 54–69 (1986)
[197] JÓNASSON, P.; BARANTO, A.; KARLSSON, J.; SWÄRD, L.; SANSONE, M.; THOMEÉ, C.; AHLDÉN, M.; THOMEÉ, R.: A standardised outcome measure of pain, symptoms and physical function in patients with hip and groin disability due to femoro-acetabular impingement: cross-cultural adaptation and validation of the international Hip Outcome Tool (iHOT12) in Swedish. Knee Surg Sports Traumatol Arthrosc 22:826–834 (2014)

[198] JORDAN III, L.K.; HELMS, C.A.; COOPERMAN, A.E.; SPEER, K.P.: Magnetic resonance imaging findings in anterolateral impingement of the ankle. Skeletal Radiol 29:34–39 (2000)
[199] KAMINEMI, S.; HIRAHARA, H.; POMIANOWSKI, S. et al.: Partial posteromedial olecranon resection: a kinematic study. J Bone Joint Surg Am 85:1005 (2003)
[200] KAPANDJI, I.A.: Funktionelle Anatomie der Gelenke. Band I. Obere Extremität. Enke, Stuttgart (1984)
[201] KARASICK, D.; SCHWEITZER, M.E.: The os trigonum syndrome: imaging features. AJR Am J Roentgenol 166: 125–129 (1996)
[202] KARNAUGH, R.D.; SPERLING, J.W.; WARREN, R.F.: Arthroscopic treatment of coracoid impingement. Arthroscopy 17:784–787 (2001)
[203] KASTEN, P.; NOWOTNY, J.: Ursachen und Therapiemöglichkeiten bei sekundären Impingementläsionen der Schulter. Arthroskopie 23:286–292 (2010)
[204] KASTEN, P.; KOPKOW, C.; DEXEL, J.: Die schmerzhafte Werferschulter: evidenzbasiertes Übungsprogramm bei Skapuladyskinesie. Obere Extremität 8:164–169 (2013)
[205] KAYA, M.; SUZIKI, T.; MINOWA, T.; YAMASHITA, T.: Ligamentum teres injury is associated with the articular damage pattern in patients with femoroacetabular impingement. Arthroscopy 30:1582–1587 (2014)
[206] KHAN, K.; BROWN, J.; WAY, S. et al.: Overuse injuries in classical ballet. Sports Med 19:341 (1995)
[207] KHANNA, V.; CARAGIANIS, A.; DI PRIMIO, G.; RAKHRA, K.; BEAULÉ, P.E.: Incidence of hip pain in a prospective cohort of asymptomatic volunteers: is the cam deformity a risk factor for hip pain? Am J Sports Med 42:793–797 (2014)
[208] KIM, H.K.; JEON, J.Y.; DON, Q.; KIM, H.N.; PARK, Y.W.: Ankle arthroscopy in a hanging position combined with hindfoot endoscopy for the treatment of concurrent anterior and posterior impingement syndrome of the ankle. Foot Ankle Surg 52:704–709 (2013)
[209] KIM, S.-H.; HA, K.-I.; AHN, J.-H.: Tram track lesion of the talar dome. Arthroscopy 15:203–206 (1999)
[210] KING, J.W.; TULLOS, H.; STANLEY, R. et al.: Lesions of the feet in athletes. South Med J 64:45 (1971)
[211] KISH, B.; SHABAT, S.; NYSKA, M.: Technique Tip: Percutaneous release of deltoid ligament entrapment. Foot & Ankle Int 23:1141–1142 (2002)
[212] KIVLAN, B.T.; MARTIN, R.L.; SEKIYA, J.K.: Response to diagnostic injection in patients with femoroacetabular impingement, labral tears, chondral lesion, and extra-articular pathology. Arthroscopy 27:619–627 (2011)
[213] KIVLAN, B.R.; RICHARD, C.F.; MARTIN, R.L.; MARTIN, H.D.: Function of the ligamentum teres during multi-planar movement of the hip joint. Knee Surg Sports Traumatol Arthrosc 21:1644–1688 (2013)
[214] KNAPP, D.: Das Impingementsyndrom der Schulter. Wehrmed Mschr Heft 8:361–363 (1988)
[215] KO, J.Y.; SMITH, C.H.; CHEN, W.J.; YAMAMOTO, R.: Coracoid impingement caused by a ganglion from the subscapularis tendon. A case report. J Bone Joint Surg Am 76:1709 (1994)
[216] KOLETTIS, G.J.; MICHELI, L.J.; KLEIN, J.D.: Release of the flexor hallucis longus tendon in ballet dancers. J Bone Joint Surg 78 A:1386–1390 (1996)
[217] KOOIMA, C.L.; ANDERSON, K.; CRAIG, J.V.; TEETER, D.M.; VAN HOLSBEECK, M.: Evidence of subclinical medial collateral ligament injury and posteromedial impingement in professional baseball players. Am J Sports 32: 1602–1606 (2004)
[218] KOULOURIS, G.; CONNELL, D.; SCHNEIDER, T.; EDWARDS, W.: Posterior tibiotalar ligament injury resulting in posteromedial impingement. Foot & Ankle Int 24:575–583 (2003)
[219] KRAGH, J.F. Jr.; DOUKAS, W.C.; BASAMANIA, C.J.: Primary coracoid impingement synrome. Am J Orthop (Belle Mead NJ) 33:229–232 (2004)

[220] KUJAT, R.: Das Impingementsyndrom der Schulter. Unfallchirurg 89:409–417 (1986)

[221] KUJAT, R.; TSCHERNE, H.: Diagnostik und Therapie des Impingement-Syndroms. Hefte zur Unfallheilkunde, Heft 189:747–749. Springer-Verlag Berlin Heidelberg (1987)

[222] KVITNE, R.S.; JOBE, F.W.: The diagnosis and treatment of anterior instability in the throwing athlete. Clin Orthop 291:107–123 (1993)

[223] LABS, K.; LEUTLOFF, D.; PEKA, C.: Posterior ankle impingement syndrome in dancers: a short-term follow-up after operative treatment. Foot Ankle Surg 8:33–39 (2002)

[224] LAFOSSE, L.; REILAND, Y.; BAIER, G.; TOUSSAINT, B.; JOST; B.: Anterior and posterior instability of the long head of the biceps tendon in rotator cuff tears; A new classification based on arthroscopic observations. Arthroscopy 23:73–80 (2007)

[225] LAHM, A.; ERGGELET, C.; REICHELT, A.: Ankle joint arthroscopy for meniscoid lesions in athletes. Arthroscopy 14:572–575 (1998)

[226] LAHNER, M.; WALTER, P.A.; VON SCHULZE PELLENGAHR, C.; HAGEN, M.; VON ENGELHARDT, L.V.; LUKAS, C.: Comparative study of the femoroacetabular impingement (FAI) prevalence in male semiprofessional and amateur soccer players. Arch Orthop Trauma Surg 134:1135–1141 (2014)

[227] LAMPERT, C.: Foveales Impingement. Arthroskopie 27:136–141 (2014)

[228] LARSON, C.M.; KELLY, B.T.: STONE, R.M.: Making a case for anterior inferior iliac spine/subspine hip impingement: three representative case reports and proposed concept. Arthroscopy 27:1732–1737 (2011)

[229] LAUGE-HANSEN, N.: Fractures of the ankle II. Combined experimental-surgical and experimental-roentgenologic investigations. Arch Surg 60:957–985 (1950)

[230] LEE, K.B.; BAI, L. B.; SONG, E.K.; JUNG, S.T.; KONG, I.K.: Subtalar arthroscopy for sinus tarsi syndrome: arthroscopic findings and clinical outcomes of 33 consecutive cases. Arthroscopy 24:1130–1134 (2008)

[231] LEE, K.B.; KIM, K.H.; LEE, J.J.: Posterior arthroscopic excision of bilateral posterior bony impingement syndrome of the ankle: a case report. Knee Surg Sports Traumatol Arthrosc 16:396–399 (2008)

[232] LEWIS, O.J.: The development of the human wrist joint during the fetal period. Anat Rec 166:499–516 (1970)

[233] LI, J.; JADIN, K.; MASUDA, K.; SAH, R.; MUEHLEMAN, C.: Characterization of lesions of the talus and description of tramtrack lesions. Foot & Ankle Int 27:344–355 (2006)

[234] LINDENFELD, T.N.; WOJTYS, E.M.; HUSAIN, A.: Operative treatment of arthrofibrosis of the knee. J Bone Joint Surg Am 81:1772 (1999)

[235] LINSCHEID, R.I.; DOBYNS, J.H.: Athletic injuries of the wrist. Clin Orthop 198:141–151 (1985)

[236] LISY, M.; HREUSIK, P.; STENO, B.: The shape of the acromion and its effect on the subacromial space. Acta Chir Orthop Traumatol Chec 71:110–114 (2004)

[237] LIU, S.H.; MIRZAYAN, R.: Posteromedial ankle impingement. Arthroscopy 9:709–711 (1993)

[238] LIU, S.H.; BOYNTON, E.: Posterior superior impingement of the rotator cuff on the glenoid rim as a cause of shoulder pain in the overhead athlete. Arthroscopy 9: 697–699 (1993)

[239] LIU, S.H.; NUCCION, S.L.; FINERMAN, G.: Diagnosis of anterolateral ankle impingement. Comparison between magnetic resonance imaging and clinical examination. Am J Sports Med 25:389–393 (1997)

[240] LO, I.K.; BURKHART, S.S.: Arthroscopic coracoplasty through the rotator interval. Arthroscopy 19:667–671 (2003)

[241] LO, I.K.; BURKHART, S.S.: The etiology and assessment of subscapularis tendon tears: a case for subcoracoid impingement, the roller-wringer effect, and tuff lesions of the subscapularis. Arthroscopy 19:1142–1150 (2003)

[242] LO, I.K.; PARTEN, P.M.; BURKHART, S.S.: Combined subcoracoid and subacromial impingement in association with anterosuperior rotator cuff tears: An arthroscopic approach. Arthroscopy 19:1068–1078 (2003)

[243] LOHR, J.F.; UHTHOFF, H.K.: The microvascular pattern of the supraspinatus tendon. Clin Orthop 254:35–38 (1990)

[244] LOHRER, H.: Flexor-hallucis-longus-Sehnenruptur als Impingementläsion bei instabilem os trigonum. Sportverl Sportschad 20:31–35 (2006)

[245] LUI, T.H.: Endoscopic lateral calcaneal ostectomy for calcaneofibular impingement. Arch Orthop Trauma Surg 127:265–267 (2007)

[246] LUI, T.H.: Posterior ankle impingement syndrome caused by malunion of joint depressed type calcaneal fracture. Knee Surg Sports Traumatol Arthrosc 16:687–689 (2008)

[247] LUNDEEN, R.O.: Medial impingement lesions of the tibial plafond. J Foot Surg 26:37–40 (1987)

[248] LUNDEEN, R.O.L.: Manual of Ankle and Foot Arthroscopy. New York, Churchill Livingstone (1992)

[249] MAC GILLIVRAY, J.D.; FEALY, S.; POTTER, H.G.; O'BRIEN, S.J.: Multiplanar analysis of acromion morphology. Am J Sports Med 26:846–840 (1998)

[250] MADER, T.J.: Avulsion of the rectus femoris tendon: An unusual type of pelvic fracture. Pediatr Emerg Care 6:198–199 (1990)

[251] MAMISCH, T.C.; KIM, Y.J.; RICHOLT, J.A.; MILLIS, M.B.; KORDELLE, J.: Femoral morphology due to impingement influences the range of motion in slipped capital femoral epiphysis. Clin Orthop Relat Res 467:692–698 (2009)

[252] MANDELBAUM, B.R.; BARTOLOZZI, A.R.; DAVIS, C.A. et al.: Wrist pain syndrome in the gymnast. Pathogenetic, diagnostic, and therapeutic considerations. Am J Sports Med 17:305–317 (1989)

[253] MANSKE, P.R.: Flexor tendon healing. J Hand Surg 13:237–245 (1988)

[254] MARDANI-KIVI, M.; MIRBOLOOK, A.; MOBARAKEH, M.K.; JAHROMI, S.K.; HASSANZADEH, R.: Effect of obesity on arthroscopic treatment of anterolateral impingement syndrome of the ankle. J Foot Ankle Surg 54:13–16 (2015)

[255] MARICONDA, M.; COZZOLINO, A.; DI PIETTO, F.; RIBAS, M.; BELLOTTI, V.; SOLDATI, A.: Radiographic findings of femoroacetabular impingement in capoeira players. Knee Surg Sports Traumatol Arthrosc 22:874–881 (2014)

[256] MAROTTA, J.J.; MICHELI, L.J.: Os trigonum impingement in dancers. Am J Sports Med 20:533–536 (1992)

[257] MARQUARDT, B.; WITT, K.A.; STEINBECK, J.: Die schmerzhafte Schulter. Diagnostik und Therapie. Chir Praxis 67:37–47 (2007)

[258] MARTETSCHLÄGER; F.; RIOS, D.; BOYKIN, R.E.; GIPHART, J.E.; DE WAHA, A.; MILLETT, P.J.: Coracoid impingement: current concepts. Knee Surg Sports Traumatol Arthrosc 20:2148–2155 (2012)

[259] MARTIN, D.F.; CURL, W.W.; BAKER, C.L.: Arthroscopic treatment of chronic synovitis of the ankle. Arthroscopy 5:110–114 (1989)

[260] MARTIN, R.L.; PALMER, I.; MARTIN, H.D.: Ligamentum teres: a functional description and potential clinical relevance. Knee Surg Sports Traumatol Arthrosc 20:1209–1214 (2012)

[261] MASALA, S.; FANUCCI, E.; MAIOTTI, M.; NARDOCCI, M.; GAUDIOSO, C.; APRUZZESE, A.; DI MARIO, M.; SIMONETTI, G.: Impingement syndrome of the shoulder. Clinical data and radiologic findings. Radiol Med 89:18–21 (1995)

[262] MATEUS, A.; DOPICO, C.; SEARA, M.; SILVA, S.; PINTO, R.: Abstracts presented at the annual scientific meeting of the international society for hip arthroscopy. Arthroscopy 29:e187–e217 (2013)

[263] MATSEN F.A. III, ARNTZ, C.T.: Subacromial impingement in ROCKWOOD, C., MATSEN, F.A. (Hrsg). The shoulder. Saunders, philadelphia, London, Toronto, Montreal, Sidney, Tokyo:623–646 (1986)

[264] MATSEN, F.A. III, ARNTZ, C.T.: Subacromial impingement. In ROCKWOOD, C.A. jr.; MATSEN, F.A. III (eds.): The shoulder. Philadelphia, WB Saunders:623–646 (1990)

[265] MATSUMOTO, H.; SUDA Y.; OTANI,m T.; NIKI, Y.; SEEDHOM, B.B.; FUJIKAWA, K.: Roles of the anterior cruciate ligament and the medial collateral ligament in preventing valgus instability. J Orthop Sci 6:28–32 (2001)

[266] MAUCH, F.; KNIESEL, B.; PEJIC, G.; BAUER, G.: Das subcoracoidale Impingement bei Patienten mit Rotatorenmanschettenmassendefekten? Vorträge, Jahrestagung DVSE, Weimar 27.–28. Mai (2005)

[267] MAUCH, F.; PEJIC, P.; KNIESEL, B.; BAUER, G.: Das subcoracoidale Impingement bei Patienten mit Rotatorenmanschettenmassendefekten? 22. Kongress der Deutschsprachigen AGA 30. September – 01. Oktober 2005, Frankfurt/Main (2005)

[268] MC CARROLL, J.R.; SCHRADER, J.W.; SHELBOURNE, K.D.; RETTIG, A.C.; BISESI, M.A.: Meniscoid lesions of the ankle in soccer players. Am J Sports Med 15:255–257 (1987)

[269] MC DOUGALL, A.: The os trigonum. J Bone Joint Surg Br 37:257–265 (1955)

[270] MC FARLAND, E.G.; HU, C.Y.; NEIRA, C.; O'NEIL, O.: Internal impingement of the shoulder: A clinical and arthroscopic analysis. J Shoulder Elbow Surg 8:458–460 (1999)

[271] MC GUIRE, D.A.; BARBER, F.A.; HENDRICKS, S.D.: Meniscal impingement syndrome. J Arth Rel Surg 12:675–679 (1996)

[272] MC MURRAY, T.P.: Footballer's ankle. J Bone Joint Surg Br 32:68–69 (1950)

[273] MESSIOU, C.; ROBINSON, P.; O'CONNOR, P.J. et al.: Subacute posteromedial impingement of the ankle in athletes: MR imaging evaluation and ultrasound-guided therapy. Skeletal Radiol 35:88 (2006)

[274] MESTDAGH, H.; MAYNOU, C.: Anterior impingement syndrome of the shoulder by an accessory slip of the subscapularis muscle. J Shoulder Elbow Surg 4:38 (1995)

[275] MEYER, A.W.: Evidence of attrition in the human body. Am Rec 25:142 (1923)

[276] MICHELSON, J.D.; MAGID, D.; NEY, D.R.; FISHMAN, E.K.: Examination of the pathologic anatomy of ankle fractures. J Trauma 32:65–70 (1992)

[277] MIEHLKE, W.; SCHMITT, H.: Extraartikuläres Weichteil-Impingement des Hüftgelenks. Arthroskopioe 27:86–92 (2014)

[278] MIHATA, T.; JUN, B.J.; BUI, C.N.H.; HWANG, J.; MC GARRY, M.H.; KINOSHITA, M.; LEE, T.Q.: Effect of scapular orientation on shoulder internal impingement in a cadaveric model of the cocking phase of throwing. J Bone Joint Surg Am 94:1577–1583 (2012)

[279] MILCH, H.: Cuff rexection of the ulna for malunited Colles fracture. J Bone Joint Surg 39:11–13 (1941)

[280] MINK, J.H.: Ligaments of the ankle. In DEUTSCH, A.L.; MINK, J.H.; KERR, R. (eds): MRI of the Foot and Ankle. New York, Raven: 173 (1992)

[281] MIOZZARI, H. H.; CLARK, J.M.; JACOB, H.A.C.; VON RECHENBERG, B, NÖTZLI, H.P.: Effects of removal of the acetabular labrum in a sheep hip model. OsteoArthritis and Cartilage 12:419–430 (2004)

[282] MIYAMOTO, W.; TAKAO; M: ATSUSHITA, T.: Anterior fibrous bundle: a cause of residual pain and restrictive plantar flexion following ankle sprain. Knee Surg ports Traumatol Arthrosc 21:1385–1389 (2013)

[283] MODARRESI, S.; MOTAMEDI, D.; JUDE, C.M.: Superior labral anteroposterior lesions of the shoulder: part 2, mechanisms and classification. AJR Am J Röntgenol 197:604–611 (2011)

[284] MOERMANS, A.; DEGREEF, I.; DE SMET, L.: Ulnar shortening osteotomy for ulnar ideopathic impaction syndrome. Scand J Plast Reconstr Surg Hand Surg 41:310–314 (2007)

[285] MOHR, W.: Pathologie des Bandapparates in: Spezielle pathologische Anatomie. Springer-Verlag Berlin Heidelberg New York:59–137 (1987)

[286] MOLLOY, S.; SOLAN, M.C.; BENDALL, S.P.: Synovial impingement in the ankle. A new physical sign. J Bone Joint Surg Br 85:330 (2003)

[287] MOON, J.-S.; LEE, K.; LEE, H.-S.; LEE, W.-C.: Cartilage lesions in anterior bony impingement of the ankle. Arthroscopy 26:984–989 (2010)

[288] MOOSMAYER, S.; TARIQ, R.; STIRIS, M.G.; SMITH, H.J.: MRI of symptomatic and asymptomatic full-thickness rotator cuff tears. A comparison of findings in 100 subjects. Acta Orthop 81:361–366 (2010)

[289] MOOSMAYER, S.; TARIQ, R.; STIRIS, M.G.; SMITH, H.J.: The natural history of asymptomatic rotator cuff tears: a three-year follow-up of fifty cases. J Bone Joint Surg Am 95:1249–1255 (2013)

[290] MORRIS, L.H.: Athlete's ankle. J Bone Joint Surg 25:220 (1943)

[291] MOSIER-LA CLAIR, S.M.; MONROE, M.T.; MANOLI, A.: Medial impingement syndrome of the anterior tibiotalar fascicle of the deltoid ligament on the talus. Foot Ankle Int 21:385–391 (2000)

[292] MOSELEY, H.F.; GOLDIE, I.: The arterial pattern of the rotator cuff of the shoulder. J Bone Joint Surg 45 B:780–789 (1963)

[293] MOUHSINE, E.; CREVOISIER, X.; LEYVRAZ, P.F.; AKIKI, A.; DUTOIT, M.; GAROFALO, R.: Post-traumatic overload or acute syndrome of the os trigonum: a possible cause of posterior ankle impingement. Knee Surg Sports Traumatol Arthrosc 12:250–253 (2004)

[294] MOUSTAFA, A.M.; BATTERJEE, K.: Arthroscopic treatment of post-traumatic impingement of the ankle joint. 11th ESSKA 2000 Congress 4th World Congress on Sports Trauma 5.–8. May, Athen, Greece (2004)

[295] MUDGE, M.; WOOD, V.; FRYKMAN, G.: Rotator cuff tears associated with os acromiale. J Bone Joint Surg Am 66-A:427–429 (1984)

[296] MULYADI, E.; HARISH, S.; O'NEILL, J.; REBELLO, R.: MRI of impingement syndromes of the shoulder. Clin Radiol 64:307–318 (2009)

[297] MURAWSKI, C.D.; KENNEDY, J.G.: Anteromedial impingement in the ankle joint. Outcomes following arthroscopy. Am J Sports Med 38:2017–2024 (2010)

[298] MURGIER, J.; REINA, N.; CAVAIGNAC, E.; ESPIÉ, A.; BAYLE-INIGUEZ, X.; CHIRON, P.: The frequency of sequelae of slipped upper femoral epiphysis in cam-type femoroacetabular impingement. Bone Joint J 96-B:724–729 (2014)

[299] MYERS, J.B.; LAUDNER, K.G.; PASQUALE, M.R.; BRADLEY, J.P.; LEPHART, S.M.: Glenohumeral range of motion deficits and posterior shoulder tightness in throwers with pathologic internal impingement. Am J Sports Med 34:385–391 (2006)

[300] NAKAGAWA, S.; YONEDA, M.; MIZUNO, N.; HAYASHIDA, K.; YAMADA, S.; SAHARA, W.: Influence of posterior capsular tightness on throwing shoulder injury. Knee Surg Sports Traumatol Arthrosc 21:1598–1602 (2013)

[301] NAKAJIMA, T.; ROKUUMA, N.; HAMADA, K.; TOMATSU, T.; FUKUDA, H.: Histologic and biomechanical characteristics of the supraspinatus tendon: reference to rotator cuff tearing. J Shoulder Elbow Surg 3:79–87 (1994)

[302] NAWABI, D.H.; BEDI, A.; TIBOR, L.M.; MAGENNIS, E.; KELLY, B.T.: The demographic characteristics of high-level and recreational athletes undergoing hip arthroscopy for femoroacetabular impingement: a sports-specific analysis. Arthroscopy 30:398–405 (2014)

[303] NEER, C.S. II: Anterior acromioplasty for the chronic impingement syndrome in the shoulder. A preliminary report. J Bone Joint Surg Am 54:41–50 (1972)

[304] NEER, C.S. II: Impingement lesions. Clin Orthop Relat Res 173:70–81 (1983)

[305] NEER, C.S.: Shoulder reconstruction. Saunders, Phildadelphia: 41–142 (1990)

[306] NEPPLE, J.J.; RIGGS, C.N.; ROSS, J.R.; CLOHISY, J.C.: Clinical presentation and disease characteristics of femoroacetabular impingement are sex-dependent. J Bone Joint Surg Am 96:1683–1689 (2014)
[307] NEPPLE, J.J.; MARTELL, J.M.; KIM, Y.J.; ZALTZ, I.; MILLIS, M.B.; PODESZWA, D.A.; SUCATO, D.J.; SINK, E.L.; CLOHISY, J.C.: Interobserver and intraobserver reliability of the radiographic analysis of femoroacetabular impingement and dysplasia using computer-assisted measurements. Am J Sports Med 42:2393–2401 (2014)
[308] NEWMAN, J.H.; ACKROYD, C.E.; SHAH, N.A.: Unicompartmental or total knee replacement? Five-year results of a prospective, randomised trial of 102 osteoarthritic knees with unicompartmental arthritis. J Bone Joint Surg Br 80:862–865 (1998)
[309] NIKOLOPOULOS, C.E.; TSIRIKOS, A.I.; SOURMELIS, S.; PAPACHRISTOU, G.: The accessory anteroinferior tibiofibular ligament as a cause of talar impingement. A cadaveric study. Am J Sports Med 32:389–395 (2004)
[310] NIRSCHEL, R.P.; PETTRONE, F.A.: Tennis elbow. J Bone Joint Surg Am 61:832–839 (1979)
[311] NIRSCHL, R.P.: Rotator cuff tendinitis: Basic concepts of pathoethiology. AAOS Instr. Course Lectures 38, Am Acad Orth Surg, Park Ridge, Illinois 1:439–445 (1989)
[312] NOGUCHI, H.; ISHII, Y.; TAKEDA, M.; HASEGAWA A.; MONDEN, S.; TAKAGISHI, K.: Arthroscopic excision of posterior ankle bony impingement for early return to the field: short-term results. Foot Ankle Int 31:398–403 (2010)
[313] NOORBERGEN, M.: Antero-superior impingement of the shoulder. Indications for and options in surgical treatment. Rev Med Brux 16:178–180 (1995)
[314] NORDT III, W.E.; GARRETSON III, R.B.; PLOTKIN, E.: The measurement of subacromial contact pressure in patients with impingement syndrome. Arthroscopy 15:121–125 (1999)
[315] NOTZLI, H.P.; WYSS, T.F.; STOECKLIN, C.H.; SCHMID, M.R.; TREIBER, K.; HODLER, J.: The contour of the femoral headneck junction as a predictor for the risk of anterior impingement. J Bone Joint Surg Br 84:556–560 (2002)
[316] NOVE-JOSSERAND, L.; BOULAHIA, A.; LEVIGNE, C.; NOEL, E.; WALCH, G.: Coraco-humeral space and rotator cuff tears. Rev Chir Orthop Reparatrice Appar Mot 85:677–683 (1999)
[317] NOYES, F.R.; MANGINE, R.E.; BARBER, S.D.: The early treatment of motion complications after reconstruction of the anterior cruciate ligament. Clin Orthop 277:217 (1992)
[318] O'BRIEN, S.J.; AMORCZKY, S.P.; WARREN, R.F.: et al.: Developmental anatomy of the shoulder and anatomy of the glenohumeral joint. In ROCKWOOD, C.A. jr., MATSEN F.A. III (eds.): She Shoulder. Philadelphia, WB Saunders:627 (1990)
[319] O'DONOGHUE, D.H.: Impingement exostoses of the talus and tibia. J Bone Joint Surg Am 39:835–852 (1957)
[320] ÖZNUR, A.; SURAT, A.: A new surgical technique for anteromedial impingement of the talus. Foot Ankle Surg 9:197–199 (2003)
[321] OGATA, S.; UHTHOFF, H.K.: Acromial enthesopathy and rotator cuff tear. A radiologic and histologic postmortem investigation of the coracoacromial arch. Clin Orthop 254:39–49 (1990)
[322] OGAWA, K.; INOKUCHI, W.; NANIWA, T.: Subacromial impingement associated with deltoid contracture. J Bone Joint Surg Am 81:1744–1746 (1999)
[323] OGILVIE-HARRIS, D.J.; MAHOMED, N.; DEMAZIÉRE, A.: Anterior impingement of the ankle treated by arthroscopic removal of bony spurs. J Bone Joint Surg Br 75:437–440 (1993)
[324] OGILVIE-HARRIS, D.J.; GILBART, M.K.; CHORNEY, K.: Chronic pain following ankle sprains in athletes: The role of arthroscopic surgery. Arthroscopy 13:564 (1997)
[325] OGON, P.; OGON, M.: Das subakromiale Impingementsyndrom. Ätiologie, Klassifikation und arthroskopische subakromiale Dekompression. Arthroskopie 3:158–177 (2003)

[326] OH, C.S.; WON, H.S.; HUR, M.-S. et al.: Anatomic variations and MRI of the intermalleolar ligament. AJR 186:943 (2006)

[327] OKONIEWSKI, M.; HEIN, W.; Differenzierung des Sammelbegriffes „Periarthropathia humersoscapularis“. Orth Praxis 32:233–236 (1996)

[328] OKORO, T.; REDDY, V.R.; PIMPELNARKAR, A.: Coracoid impingement syndrome: a literature review. Curr Rev Musculoskelet Med 2:51–55 (2009)

[329] OZAKI, J.; FUJIMOTO, S.; NAKAGAWA; Y.; MASUHARA, K.; TAMAI, S.: Tears of the rotator cuff of the shoulder associated wih patological changes in the acromion. J Bone Joint Surg 70 A:1224–1230 (1988)

[330] PALMER, A.K.; WERNER, F.W.: The triangular fibrocartilage complex of the wristanatomy and function. J Hand Surg 6:153–162 (1981)

[331] PALMER, A.K.: Triangular fibrocartilage complex lesions: a classification. J Hand Surg Am 14:594–606 (1989)

[332] PAN, H.L.; KAWANABE, K.; AKIYAMA, H.; GOTO, K.; ONISHI, E.; NAKAMURA T.: Operative treatment of hip impingement caused by hypertrophy of the anterior inferior iliac spine. J Bone Joint Surg Br 90:677–679 (2008)

[333] PAPADONIKOLAKIS, A.; MC KENNA, M.; WARME, W.; MARTIN I, B.; MATSEN III, F.A.: Published evidence relevant to the diagnosis of impingement syndrome of the shoulder. J Bone Joint Surg Am 93:1827–1832 (2011)

[334] PAPAKONSTANTINOU, M.K.; PAN, W.-R.; LE ROUX, C.M.; RICHARDSON, M.D.: Arterial supply of the tendinous rotator cuff insertions: an anatomical study. ANZ J Surg 82:928–934 (2012)

[335] PARISIEN, J.S.; VANGSNESS, T.: Operative arthroscopy of the ankle (three year's experience). Clin Orthop 199:46–53 (1985)

[336] PARK, J.; PHELPS, C.: Os acromiale associated with rotator cuff impingement: MR imaging of the shoulder. Radiology 193:255–257 (1994)

[337] PARK, H.B.; YOKOTA, A.; GILL, H.S.; RASSI, G.E.; MC FARLAND, E.G.: Diagnostic accuracy of clinical tests for the different degrees of subacromial impingement syndrome. J Bone Joint Surg Am 87:1446–1455 (2005)

[338] PATERSON, R.S.; BROWN, J.N.; ROBERTS, S.N.J.: The posteromedial impingement lesion of the ankle. A series of six cases. Am J Sports Med 29:550–557 (2001)

[339] PATTI, J.W.; OUELLETTE, H.; BREDELLA, M.A.; TORRIANI, M.: Impingement of lesser trochanter on ischium as a potential cause for hip pain. Skeletal Radiol 37:939–941 (2008)

[340] PAULSON, M.M.; WATNIK, N.F.; DINES, D.M.: Coracoid impingement syndrome, rotator interval reconstruction, and biceps tenodesis in the overhead athlete. Orthop Clin North Am 32:485–493 (2001)

[341] PEIDRO, L.; COMBALIA, A.; SERRA, A., CASTILLO, F.; SUSO, S.: Subcoracoid impingement secondary to an ossification of the subscapularis tendon. J Shoulder Elbow Surg 5:S97 (1994)

[342] PETTRONE, F.A.; RICCIARDELLI, E.: Gymnastic injuries: the virginia experience 1982–1983. Am J Sports Med 15:59–62 (1987)

[343] PETROVIĆ, B.; RADAK, D.; KOSTIĆ, V.; COVICKOVIĆ-STERNIĆ, N.: Styloid syndrome: a review of literature. Srp Arh Celok Lek 136:667–674 (2008)

[344] PIEPER, H.-G.; QUACK, G.; KRAHL, H.: Impingement of the rotator cuff in athletes causec by instability of the shoulder joint. Knee Surg Sports Traumatol Arthrosc 1:97–99 (1993)

[345] PLOETZ, E.: Funktioneller Bau und funktionelle Anpassung der Gleitsehne. Z Orthop 67:212–234 (1938)

[346] POPOVIC, N.; LEMAIRE, R.: Hyperextension trauma to the elbow: radiological and ultrasoundgraphic evaluation in handball goalkeepers. Br J Sports Med 36:452–456 (2002)

[347] PREISER, G.: Syndrom und Syndromé. Eine terminologische Untersuchung. Medizinhistor Journal 1:235–239 (1966)

[348] PRITSCH, M.; LOKIEC, F.; SALI, M.; VELKES, S.: Adhesions of distal tibiofibular syndesmosis. Clin Orthop 289:220–222 (1993)

[349] PSCHYREMBEL: Klinisches Wörterbuch. 264. Auflage. De Gruyter Berlin (2012)

[350] PUTZ, R.; REICHELT, A.; LIEBERMANN, M.; EICHHORN, V.: Mechanische Beanspruchung des Processus coracoideus unter verschiedenen Versuchsbedingungen. In: J. Refior und MItarb. (Hrsg.): Biomechanik der gesunden und kranken Schulter. Thieme, Stuttgart (1985)

[351] PUTZ, R.; REICHELT, A.: Strukturelle Befunde am Lig. coracoacromiale bei Rotatorenmanschettenruptur. Tendinosis calcarea und Supraspinatussyndrom. Z Orthop 128:46–50 (1990)

[352] QUIRK, R.: Talar compression syndrome in dancers. Foot Ankle 3:65–68 (1982)

[353] RADAS, C.B.; PIEPER; H.G.: The coracoid impingement of the subscapularis tendon: A cadaver study. J Shoulder Elbow Surg 13:154–159 (2004)

[354] RAHME, H.; NORDGREN, H.; HAMBERG, H.; WESTERBERG, C.-E.: The subacromial bursa and the impingement syndrome. A clinical and histological study of 30 cases. Acta Orthop Scand 64:485–488 (1993)

[355] RAHUSEN, F.T.; BRINKMAN, J.-M.; EYGENDAAL, D.: Arthroscopic treatment of posterior impingement of the elbow in athletes: a medium-term follow-up in sixteen cases. J Shoulder Elbow Surg 18:279–382 (2009)

[356] RAJASEKHAR, C.: SAMPATH, K.; BHAMRA, M.S.: Avulsion fractures of the anterior inferior iliac spine: the case for surgical intervention. Int Orthop 24:364–365 (2001)

[357] RAMSEY, K.; DAVIES, M.; HEALY, J.; PECKETT, W.: Isolated ossicle causing posteromedial ankle impoingement – a new diagnosis? Foot Ankle Surg 10:201–205 (2004)

[358] RATHBUN, J.B.; MACNAB, I.: The microvascular pattern of the rotator cuff. J Bone Joint Surg Br 52:540 (1970)

[359] RAY, R.G.; KRIZ, B.M.: Anterior inferior tibiofibula ligament. Variations and relationship to the talus. J Am Podiatr Med Assoc 81:479–485 (1991)

[360] REDDY, V.; FUKUDA, T.; PTASZEK, A.J.: Calcaneus malunion and nonunion. Foot Ankle Clin N Am 12:125–135 (2007)

[361] REINA, N.; ACCADBLED, F.; DE GAUZY, J.S.: Anterior inferior iliac spine avulsion fracture: a case report in soccer playing adolescent twins. J Pediatr Orthop B 19:158–160 (2010)

[362] RELWANI, J.; OGUFERE, W.; ORAKWE, S.: Subacromial lipoma causing impingement syndrome of the shoulder: a case report. J Shoulder Elbow Surg 12:202–203 (2003)

[363] RESNICK, D.; KANG, H.S.; PRETTERKLIEBER, M.L.: Internal derangement of joints. Saunders Elsevier Philadelphia (2007)

[364] RETTIG, A.C.: Athletic injuries of the wrist and hand. Clin Sports Med 32:262–273 (2004)

[365] RICHARDS, D.P.; BURKHART, S.S.; CAMPBELL, S.E.: Relation between narrowed coracohumeral distance and subscapularis tears. Arthroscopy 21:1223–1228 (2005)

[366] RIEL, K.A.; BERNETT, P.: Tanz-typische Verletzungen und Überlastungssyndrome. Dtsch Z Sportmed 44:284–290 (1993)

[367] RILEY, G.P.; HARRALL, R.L.; CONSTANT, C.R.; CHARD, M.D.; CAWSTON, T.E.; HAZLEMAN, B.M.: Tendon degeneration and chronic shoulder pain: changes in the collagen composition of the human rutator cuff tendons in rotator cuff tendinitis. Ann Rheum Dis 53:359–366 (1994)

[368] RILEY, G.P.; HARRALL, R.L.; CONSTANT, C.R.; CHARD, M.D.; CAWSTON, T.E.; HAZLEMAN, B.M.: Glycosaminoglycans of human rotator cuff tendons: changes with age and in chronic rotator cuff tendinitis. Ann Rheum Dis 53:367–376 (1994)

[369] RIS, H.B.; KLAIBER, C.: Hemarthrosis of the ankle secondary to false aneurysm caused by impingement from an osteophyte. J Bone Joint Surg Am 71:935–937 (1989)

[370] ROBINSON, P.; WHITE, L.M.; SALONEN, D.C.; DANIELS, T.R.; OGILVIE-HARRIS, D.: Anterolateral ankle impingement: MR arthrographic assessment of the anterolateral recess. Radiology 221:186–190 (2001)

[371] ROBINSON, P.; WHITE, L.M.: Softtissue and osseous impingement syndromes of the ankle. Role of imaging in diagnosis and management. RadioGraphics 22:1457–1471 (2002)

[372] ROCHE Lexikon Medizin. Urban & Fischer, 5. Aufl. (2003)

[373] ROCKWOOD, C.A.; LYONS, F.R.: Die Diagose des Impingementsyndroms. Hefte zur Unfallheilkunde, Heft 206, H.Resch, G. Sperner, E. Beck (Hrsg). Springer-Verlag Berlin Heidelberg (1989)

[374] ROSENBERG, Z.S.; CHEUNG, Y.Y.; BELTRAN, J. et.al: Posterior intermalleolar ligament of the ankle: Normal anatomy and MR imaging features. AJR Am J Roentgenol 165:387 (1995)

[375] ROSENMÜLLER, J.C.: De non Nullis Musculorum Corporis Humani Varietatibus. Leipzig: Klaubarthia (1804)

[376] ROSS, J.R.; NEPPLE, J.J.; PHILIPPON, M.J.; KELLY, B.T.; LARSON, C.M.; BEDI, A.: Effect of changes in pelvic tilt on range of motion to impingement and radiographic parameters of acetabular morphologic characteristics. Am J Sports Med 42:2402–2409 (2014)

[377] ROSS, J.R.; BEDI, A.; STONE, R.M.; SIBILSKY ENSELMAN, E.; LEUNIG, M.; KELLY, B.T.; LARSON, C.M.: Intraoperative Fluoroscopic Imaging to Treat Cam Deformities: Correlation With 3-Dimensional Computed Tomography. Am J Sports Med 42:1370–1376 (2014)

[378] ROSSI, F.; TERNAMIAN, P.,J.; CERCIELLO, G.; WALCH, G.: Posterosuperior glenoid rim impingement in athletes: the diagnostic value of traditional radiology and magnetic resonance. Radiol Med 87:22–27 (1994)

[379] ROSSI, F.; DRAGONI, S.: Acute avulsion fractures of the pelvis in adolescent competitive athletes: prevalence, location and sports distribution of 203 cases collected. Skeletal Radiol 30:127–131 (2001)

[380] ROTHMANN, R.H.; PARKE, W.W.: The vascular anatomy of the rotator cuff. Clin Orthop 41:176–186 (1965)

[381] RUBIN, D.A.; TISHKOFF, N.W.; BRITTON, C.A.; CONTI, S.F.; TOWERS, J.D.: Anterolateral soft-tissue impingement in the ankle: Diagnosis using MR imaging. AJR 169:829–835 (1997)

[382] RUPP, S.; BERNINGER, K.; HOPF, T.: Shoulder problems in high level swimmers – impingement, anterior instability, muscular imbalance? Int J Sports Med 16:557–562 (1995)

[383] RUPP, S:; FRITSCH, E.: Das subakromiale Impingement. Fortschr Med 13. Jg. 15:27–32 (1995)

[384] RUPP, S:; FRITSCH, E.: Pseudoimpingementsyndrom durch Einklemmung des proximalen Bizepssehnenstumpfs zwischen Glenoid und Humeruskopf nach Ruptur der langen Bizepssehne. Arthroskopie 8:126–127 (1995)

[385] RUSSO, R.; TOGO, F.: The subcoracoid impingement syndrome: clinical and therapeutic considerations. Ital J Orthop Traumatol 17:351–358 (1991)

[386] SAFRAN, M.; RYU, J.: Ischiofemoral impingement of the hip: a novel approach to tratment. Knee Surg Sports Traumatol Arthrosc 22:781–785 (2014)

[387] SAKANE, M.; FOX, R.J.; WOO, S.L.; LIVESAY, G.A.; LI, G.; FU, F.H.: In situ forces in the anterior cruciate ligament and its bundles in response to anterior tibial loads. J Orthop Res 15:285–293 (1997)

[388] SAMILSON, R.L.: Rotator cuff tears, management and end results of over 400 cases. J Bone Joint Surg Br 72:277 (1980)

[389] SAMMARCO, G.J.; COOPER, P.S.: Flexor hallucis longus tendon injury in dancers and nondancers. Foot Ankle Int 19:356–362 (1998)

[390] SANKAR, W.N.; McPARTLAND, T.G.; MILLIS, M.B.; KIM, Y.-J.: The unstable slipped capital femoral epiphysis. J Pediatr Orthop 30(6):544–548 (2010)

[391] SANSONE, M.; AHLDÉN, M.; JONASSON, P.; THOMEÉ, R.; FALK, A.; SWÄRD, L.; KARLSSON, J.: Can hip impingement be mistaken for tendon pain in the groin? A long-term follow-up of tenotomy for groin pain in athletes. Knee Surg Sports Traumatol Arthrosc 22:786–792 (2014)

[392] SARKAR, K.; TAINE, W.; UHTHOFF, H.K.: The ultrastructure of the coracoacromial ligament in patients with chronic impingement syndrome. Clin Orthop 254:49–54 (1990)
[393] SARRAFIAN, S.K.: Anatomy of the foot and ankle: Descriptive, topographic, functional. Philadelphia: JB Lippincott (1993)
[394] SCHAFFLER, G.J.; TIRMAN, P.F.J.; STOLLER; D.W. et al.: Impingement syndrome of the ankle following supination external rotation trauma: MR imaging with arthroscopic correlation. Eur Radiol 13:1357 (2003)
[395] SCHNEIDER, H.: Die Pathologie der Sehne. Verh Dtsch Orthop Ges 48:18–28 (1961)
[396] SCHOLTEN, P.E.; SIEREVELT, I.N.; VAN DIJK, C.N.: Hindfoot endoscopy for posterior ankle impingement. J Bone Joint Surg Am 90:2665–2672 (2008)
[397] SCHONHOLTZ, G. J.: Arthroscopic Surgery of the ankle joint. In: Arthroscopic surgery of the shoulder, elbow and ankle. Charles C. Thomas Publisher, Springerfield Illinois:59–72 (1986)
[398] SCRANTON, P.E. jr.; MC DERMOTT, D.E.: Anterior tibiotalar spurs: a comparison of open versus arthroscopic debridement. Foot Ankle 13:125–129 (1992)
[399] SEIPEL, R.; LINKLATER, J.; PITSIS, G., SULLIVAN, M.: The peroneocalcaneus internus muscle: an unusual cause of posterior ankle impingement. Foot Ankle Int 26:890–893 (2005)
[400] SEVITT, S.; THOMPSON, R.G.: The distribution and anastomoses of arteries supplying the head and neck of the femur. J Bone Joint Surg Br 47-B:560–573 (1965)
[401] SHAH, N.N.; BAYLISS, N.C.; MALCOLM, A.: Shape of the acromion: congenital or acquired –a macroscopic, radiographic, and microscopic study of acromion. J Shoulder Elbow Surg 10:309–316 (2001)
[402] SHIN, S.J.; CHOI, I.H.; CHO, T.-J.; YOO, W.J.; CHUNG, C.Y.; PARK, M.S.: Unusual osteocartilaginous prominence or bump causing femoroacetabular impingement after septic arthritis of the hip: a report of 2 cases in preadolescence. J Pediatr Orthop 29:459–462 (2009)
[403] SIEBENROCK, K.A.; KASCHKA, I.; FRAUCHIGER, L.; WERLEN, S.; SCHWAB, J.M.: Prevalence of camtype deformity and hip pain in elite ice hockey players before and after the end of growth. Am J Sports Med 41:2308–2313 (2013)
[404] SIERRA, R.J.; WEISS, N.G.; SHRADER, M.W. et al.: Review acute triceps ruptures: case report and retrospective chart review. J Shoulder Elbow Surg 15:130–134 (2006)
[405] SIGHOLM, G.; STYF, J.; KÖRNER, L. et al.: Pressure recording in the subacromial bursa. J Orthop Res 6:123 (1988)
[406] SOBEL, M.; LEVY, M.E.; BOHNE, W.H.: Congenital variations of the peroneus quartus muscle: an anatomic study. Foot Ankle 11:81–89 (1990) Erratum in: Foot Ankle 11:342 (1991)
[407] SODA, Y.; OISHI, J.; NAKASA, T.; NISHIKAWA, K.; OCHI, M.: New parameter of flexion after posterior stabilized total knee arthroplasty: posterior condylar off-set ratio on X-ray photographs. Arch Orthop Trauma Surg 127:167–170 (2007)
[408] SPENCER, S.; MILLIS, M.B.; KIM, Y.J.: Early results of treatment of hip impingement syndrome in slipped capital femoral epiphysis and pistol grip deformity of the femoral head-neck junction using the surgical dislocation technique. Pediatr Orthop 26:281–285 (2006)
[409] SPRANGER, J.: Krankheit, Syndrom, Sequenz. Mschr Kinderheilk 137:2–7 (1989)
[410] STANLEY, J.K.; SAFFAR, P.: Wrist arthroscopy. Ed 1. London: Martin Dunitz (1994)
[411] STATLER, T.K.; TULLIS, B.L.: Pes cavus. J Am Podiatr Med Assoc 95:42–52 (2005)
[412] STIENSTRA, J.J.: Intra-articular softtissue masses of the ankle. Meniscoid lesions and transarticular fibrous bands. Arthroscopy 11:371–383 (1994)
[413] STOLLER, D.W.: Magnetic resonance imaging in orthopaedics and Sports Med, 3. Ed.. Wolters Klüwer / Lippincott / Williams & Wilkins, Philadelphia (2007)
[414] STONE, J.W.; GUHL, J.F.: Meniscoid lesions of the ankle. Clin Sports Med 10:661–676 (1991)
[415] STRUHL, S.: Anterior internal impingement: An arthroscopic observation. Arthroscopy 18:2–7 (2002)

[416] SUENAGA, N.; MINAMI, A.; KANEDA, K.: Postoperative subcoracoid impingement syndrome in patients with rotator cuff tear. J Shoulder Elbow Surg 9:275–278 (2000)

[417] SUENAGA, N.; MINAMI, A.; FUKUDA, K.; KANEDA, K.: The correlation between bursoscopic and histologic findings of the acromion undersurface in patients with subacromial impingement syndrome. Arthroscopy 18:16–20 (2002)

[418] SUNDARARAJAN, P.P.: Combined arthroscopic and fluoroscopic guidance in the atraumatic treatment of posterior ankle impingement syndrome. Foot Ankle Surg 51:687–689 (2012)

[419] TALEISNIK, J.: Pain on the ulnar side of the wrist. Hand Clin 3:51–68 (1987)

[420] TAMBURRINI, O.; PORPIGLIA, H.; BARRESI, D.; BERTUCCI, B.; CONSOLE, D.: The role of magnetic resonance in the diagnosis of the os trigonum syndrome. Radiol Med (Torino) 98:462–467 (1999)

[421] TERABAYASHI, N.; FUKUTA, M.; ITO, Y.; TAKIGAMI, I.; NISHIMOTO, Y.; SHIMIZU, K.: Shoulder impingement syndrome due to a ganglion cyst below the coracoacromial ligament. J Bone Joint Surg Am 93:e36(1–5) (2011)

[422] TEY, M.; MONLLAU, J.C.; CENTENERA, J.M.; PELFORT, X.: Benefits of arthroscopic tuberculoplasty in posterior ankle impingement syndrome. Knee Surg Sports Traumatol Arthrosc 15:1235–1239 (2007)

[423] THEIN, R.; EICHENBLAT, M.: Arthroscopic treatment of sportsrelated synovitis of the ankle. Am J Sports Med 20:496–498 (1992)

[424] THOMEÉ, R.; JÓNASSON, P.; THORBORG, K.; SANSONE, M.; AHLDÉN, M.; THOMEÉ, C.; KARLSSON, J.; BARANTO, A.: Cross-cultural adaptation to Swedish and validation of the Copenhagen Hip and Groin Outcome Score (HAGOS) for pain, symptoms and physical function in patients with hip and groin disability due to femoro-acetabular impingement. Knee Surg Sports Traumatol Arthrosc 22:835–842 (2014)

[425] THÜR, C.; BIEDERMANN, M.: Das posttraumatische Impingement-Syndrom durch hochgestiegenes Tuberculum-majus-Fragment. Z Unfallchir Vers med, Band 85, Heft 4:189–201 (1992)

[426] TICHY, P.; TILLMANN, B.: Funktionelle Beanspruchung des Fornix humeri. Acta anat 120:74 (1984)

[427] TJOUMAKARIS, F.P.; WALLACH, D.M.; DAVIDSON, R.S.: Subtrochanteric osteotomy effectively treats femoroacetabular impingement after slipped capital femoral epiphysis. Clin Orthop Relat Res 464:230–237 (2007)

[428] TOCHIGI, Y.; YOSHINAGA, K.; WADA, Y. et al.: Acute inversion injury of the ankle: magnetic resonance imaging and clinical outcomes. Foot Ankle Int 19:730–734 (1998)

[429] TOIVONEN, D.A.; TUITE, M.J.; ORWIN, J.F.: Acromial structure an tears of the rotator cuff. J Shoulder Elbow Surg 4:376–383 (1995)

[430] TOL, J.L.; SLIM, E.; VAN SOEST, A.J.; VAN DIJK, C.N.: The relationship of the kicking action in soccer and anterior ankle impingement syndrome. A biomechanical analysis. Am J Sports Med 30:45–50 (2002)

[431] TOMAINO, M.N.; GAINER, M.; TOWERS, J.D.: Carpal impaction with the ulnar styloid process: treatment with partial styloid resection. J Hand Surg Br 26:252–255 (2001)

[432] TOPPER, S.M.; WOOD, M.B.; RUBY, L.K.: Ulnar styloid impaction syndrome. J Hand Surg Am 22:699–704 (1997)

[433] TORRIANI, M.; SOUTO, S.C.; THOMAS, B.J.; OUELLETTE, H.; BREDELLA, M.A.: Ischiofemoral impingement syndrome: an entity with hip pain and abnormalities of the quadratus femoris muscle. AJR Am J Roentgenol 193:186–190 (2009)

[434] TUOHETI, Y.; PRADHAN, R.L.; WAKABAYASHI, I.; TAKAHASHI, S.; MINAGAWA, H.; KOBAYASHI, M.; OKADA, K.; SHIMADA, Y.: Apoptosis in the supraspinatus tendon with stage II subacromial impingement. J Shoulder Elbow Surg 14:535–541 (2005)

[435] TYRDAL, S.; BAHR, R.: High prevalence of elbow problems among goalkeepers in European team handball – 'handball goalie's elbow'. Scand J Med Sci Sports 6:297–302 (1996)

[436] UHTHOFF, H.K.; LOEHR, J.; HAMMOND, I.; SARKAR, K.: Ätiologie und Pathogenese der Rupturen der Rotatorenmanschette. In Helbig B., Blauth, W. (Hrsg). Schulterschmerzen und Rupturen der Rotatorenmanschette. Hefte z Unfallheilkd 180:3–10 (1986)

[437] UHTHOFF, H.K.; HAMMOND, D.I.; SARKAR, K.; HOOPER, G.J.; PAPOFF, W.J.: The role of the coracoacromial ligament in the impingement syndrome. A clinical, radiological and histological study. Int Orthop 12:97–104 (1988)

[438] UHTHOFF, H.K.; SARKAR, K.; LOHR, J.: Die Pathologie der Rotatorenmanschette. (1988)

[439] UTSUGI, K.; SAKAI, H.; HIRAOKA, H.; YASHIKI, M.; MOGI, H.: Intra-articular fibrous tissue formation following ankle fracture: the significance of arthroscopic debridement of fibrous tissue. Arthroscopy 23:89–93 (2007)

[440] VALKERING, K.P.; VAN DER HOEVEN, H.; PIJNENBURG, B.C.: Posterolateral elbow impingement in professional boxers. Am J Sports Med 36:328–332 (2008)

[441] VALKERING, K.P.; GOLANÓ, P.; VAN DIJK, C.N.; KERKHOFFS, G.M.M.J.: „Web impingement" of the ankle: a case report. Knee Surg Sports Traumatol Arthrosc 21:1289–1292 (2013)

[442] VALKERING, K.P.; GOLANÓ, P.; VAN DIJK, C.N.; KERKHOFFS, G.M.M.J.: „Web impingement" of the ankle: a case report (Reply to the comments made by Michel P.J. van den Bekerom and Eric E.J. Raven). Knee Surg Sports Traumatol Arthrosc 21:1947–1948 (2013)

[443] VAN DEN BEKEROM, M.P.; RAVEN, E.E.: The distal fascicle of the anterior inferior tibiofibular ligament as a cause of tibiotalar impingement syndrome: a current concepts review. Knee Surg Sports Traumatol Arthrosc 15:465–471 (2007)

[444] VAN DEN BEKEROM, M.P.J.; EYGENDAAL, D.: Posterior elbow problems in the overhead athlete. Sports Med Arthrosc Rev 22:183–187 (2014)

[445] VAN DER HEIJDEN, B.; GROOT, S.; SCHUURMAN, A.H.: Evaluation of ulnar styloid length. J Hand Surg Am 30:954–959 (2005)

[446] VAN DIJK, C.N.; BOSSUYT, P.M.M.; MARTI, R.K.: Medial ankle pain after lateral ligament rupture. J Bone Joint Surg Br 78:562–567 (1996)

[447] VAN DIJK, C.N.; VERHAGEN, R.A.; TOL, J.L.: Arthroscopy for problems after ankle fracture. J Bone Joint Surg 79-B:280–284 (1997)

[448] VAN DIJK, C.N.; TOL, J.L.; VERHEYEN, C.C.P.M.: A prospective study of prognostic factors concerning the outcome of arthroscopic surgery for anterior ankle impingement. Am J Sports Med 25:737–745 (1997)

[449] VAN DIJK, C.N.; MARTI, R.K.: Traumatic, post-traumatic and overuse injuries in ballet: with special emphasis on the foot and ankle. Foot Ankle Surg 5:1–8 (1999)

[450] VAN DIJK, C.N.; DE LEEUW, P.A.J.; SCHOLTEN, P.E.: Hindfoot endoscopy for posterior ankle impingement. J Bone Joint Surg Am 91, Suppl 2: 287–298 (2009)

[451] VAN HEEST, A.E.; LUGER, N.M.; HOUSE, J.H.; VENER, M.: Extensor retinaculum impingement in the athlete. Am J Sports Med 35:2126–2130 (2007)

[452] VEGA, J.; MARIMÓN, J.; GOLANÓ, P.; PÉREZ-CARRO, L.; SALMERÓN, J. AGUI-LERA J.M.: True submalleolar accessory ossicles causing impingement of the ankle. Knee Surg Sports Traumatol Arthrosc 18:254–257 (2010)

[453] VIEGAS, S.F.; PATTERSON, R.M.; HOKANSON, J.A.; DAVIS, J.: Wrist anatomy: incidence, distribution, and correlation of anatomic variations, tears and arthrosis. J Hand Surg Am 18:463–475 (1993)

[454] VILÁ, J.; VEGA, J.; MELLADO, M.; RAMAZZINI, R.; GOLANO, P.: Hindfoot endoscopy for the treatment of posterior ankle impingement syndrome: a safe and reproducible technique. Foot Ankle Surg 20:174–179 (2014)

[455] VON TORKLUS, D.; WEH, L.: Das Impingement-Syndrom an der Schulter. Orthop Praxis 12:964–96 (1982)

[456] WAKELY, C.D.; JOHNSON, C.P.; WATT, I.: The value of MR imaging in the diagnoses of os trigonum syndrome. Skeletal Radiol 25:133–136 (1996)

[457] WALCH, G.; LIOTARD, J.P.; BOILEAU, P.; NOËL, E.: Le conflit glénoidien postéro-supérieur: Une autre conflit de l'épaule. Rev Chir Orthop 77:571–574 (1991)

[458] WALCH, G.; BOILEAU, P.; NOEL, E.; DONELL, S.T.: Impingement of the deep surface of the supraspinatus tendon on the posterosuperior glenoid rim: an arthroscopic study. J Shoulder Elbow Surg 1:238–245 (1992)

[459] WALCH, G.; NOVE-JOSSERAND, L.; LEVIGNE, C.; RENAUD, E.: Tears of the supraspinatus tendon associated with „hidden" lesions of the rotator interval. J Shoulder Elbow Surg 3:353–360 (1994)

[460] WALKER, P.S.; YILDIRIM, G.; FORT, J.S.; ROTH, J.; WHITE, B.; KLEIN, G.R.: Factors affecting the impingement angle of fixed- and mobile-bearing total knee replacements: a laboratory study. J Arthroplasty 22:745–752 (2007)

[461] WALLER, J.F.: Hindfoot and midfoot problems in the runner. In MACK, R.P. (ed): Symposium on the foot and leg in Running Sports, St. Louis, CV Mosby: 64–71 (1982)

[462] WATSON, H.K.; BROWN, R.E.: Ulnar impingement syndrome after Darrach procedure: treatment by advancement lengthening osteotomy of the ulna. J Hand Surg Am 14:203–306 (1989)

[463] WATSON, M.: Rotator cuff function in the impingement syndrome. J Bone Joint Surg 71 B:361–366 (1989)

[464] WATSON, H.K.; WEINZWEIG, J. Triquetral impingement ligament tear (tilt). J Hand Surg Br 24:321–324 (1999)

[465] WEBER, E.R.; CHAO, E.Y.: An experimental approach to the mechanism of scaphoid waist fractures. J Hand Surg Am 3:142–148 (1978)

[466] WEIKER, G.G.: Hand and wirst problems in the gymnast. Clin Sports Med 11:189–202 (1992)

[467] WEISHAUPT, D.; ZANETTI, M.; TANNER, A.; GERBER, C.; HODLER, J.: Lesions of the reflection pulley of the long biceps tendon. MR arthrographic findings. Invest Radiol 34:463–469 (1999)

[468] WENSAAS, A.; GUNDERSON, R.B.; SVENNINGSEN, S.; TERJESEN, T.: Femoroacetabular impingement after slipped upper femoral epiphysis. The radiological diagnosis and clinical outcome at long-term follow-up. J Bone Joint Surg Br:1487–1493 (2012)

[469] WERNER, C.M.L.; OSSENDORF, C.; MEYER, D.C.; BLUMENTHAL, S.; GERBER, C.: Subacromial pressures vary with simulated sleep positions. J Shoulder Elbow Surg 19:989–993 (2010)

[470] WETTSTEIN, M.; JUNG, J.; DIENST, M.: Arthroscopic psoas tenotomy. Arthroscopy 22:907 e1–4 (2006)

[471] WICKIEWICZ, T.L.: Glenohumeral kinematics in a muscle fatigue model: a radiographic study. Orthop Transactions 18:178–179 (1994)

[472] WILLITS, K.; SONNEVELD, H.; AMENDOLA, A.; GIFFIN, J.R.; GRIFFIN, S.; FOWLER, P.J.: Outcome of posterior ankle arthroscopy for hindfoot impingement. Arthroscopy 24:196–202 (2008)

[473] WILSON, F.D.; ANDREWS, J.R.; BLACKBURN, T.A.; MC CLUSKEY, G.: Valgus extension overload in the pitching elbow. Am J Sports Med 11:83–88 (1983)

[474] WIRTH, C.J.; ZICHNER, L.: Orthopädie und Orthopädische Chirurgie. Band – Schulter (Hrsg. GOHLKE, F. und HEDTMANN, A.) Thieme Verlag Stuttgart New York (2002)

[475] WOLIN, I.; GLASSMANN, F.; SIDEMAN, S. et al: Internal derangement of the talofibular component of the ankle. Surg Gynecol Obstet 91:193–200 (1950)

[476] WUELKER, N.; PLITZ, W.; ROETMAN, B.; RÖSSIG, S.; Biomechanische Ergebnisse zum Impingement-Syndrom der Schulter. Z Orthop 133:61–66 (1995)

[477] WUELKER, N.; RÖSSIG, S.; PLITZ, W.: Untersuchungen zur Pathomechanik des Impingementsyndroms. Orthop Praxis 4:262–265 (1995)

[478] WUELKER, N.; ROETMAN, B.; ROESSIG, S.; Coracoacromial pressure recordings in a cadaveric model. J Shoulder Elbow Surg 4:462–467 (1995)

[479] WURNIG, C.: Impingement. Orthopäde 29:868–880 (2000)

[480] YAMAGUCHI, K.; DITSIOS, K.; MIDDLETON, W.D.; HILDEBOLT, C.F.; GALATZ, L.M., TEEFEY, S.A.: The demographic and morphological features of rotator cuff disease. A comparison of asymptomatic and symptomatic shoulders. J Bone Joint Surg Am 88:1699–1704 (2006)

[481] ZAHIRI, H.; ZAHIRI, C.A.; RAVARI, F.K.: Ulnar styloid impingement syndrome. Int Orthop 34:1233–1237 (2010)

[482] ZELLNER, A. A.; DIHLMANN, S.W.; LEHNERT, M.: Impingement symptomes caused by a synovial fold in the glenoid fossa projecting into the sublabral hole. Arthroscopy 11:112–114 (1995)

[483] ZHANG, Y.; JORDAN, J.M.: Epidemiology of osteoarthritis. Rheumatic Disease Clinics of North America 34:515–529 (2008)

[484] ZUCKERMAN, J.D.; KUMMER, F.J.; CUOMO, F.; SIMON, J.; ROSENBLOM, D.: The influence of the coraco-acromial arch anatomy on rotator cuff tears. J Shoulder Elbow Surg 1:4–14 (1992)

[485] ZWIERS, R.; WIEGERINCK, J.I.; MURAWSKI, C.D.; SMYTH, N.A.; KENNEDY, J.G.; NAN DIJK, C.N.: Surgical treatment for posterior ankle impingement. Arthroscopy 29:1263–1270 (2013)

[486] ZWIPP, H.: Chirurgie des Fußes. Springer Wien New York (1994)

7 Ganglien

Wie aus der Definition der Zyste hervorgeht, ist ein Ganglion keine Zyste, sondern eine Pseudozyste. Es wird eine mukoide Zystenbildung bei der Proliferation des Bindegewebes angenommen. Ganglien sind somit pseudozystenartige Hohlräume, die durch eine massive Vermehrung von Fibroblasten und sauren Mukopolysacchariden mit gleichzeitigem Zelluntergang entstehen. Die Lumenbegrenzung ist nichtepithelial. In aller Regel kommen Ganglien als Einzelstrukturen vor, nur selten findet sich eine Ganglienerkrankung (Cystic ganglionosis), dies bedeutet, es liegen multiple Ganglien an verschiedenen Stellen vor [124]. Es werden zwei Ganglionarten [151] beschrieben:

1. Neuroganglion,
2. Cystic-Ganglion.

Zu 1.: Ansammlung von Nervenzellen außerhalb des Gehirns und des Rückenmarks unter Bildung eines untergeordneten Nervenzentrums, das Nervenfasern erhält und aussendet,
Zu 2.: pseudozystischer Tumor, „das Ganglion", ausgehend von Sehnenscheiden oder Gelenkkapseln (allgemein von Bindegewebe),

7.1 Pathologische Anatomie

Die Ätiologie wird lange als „unbekannt" genannt [16, 15, 98], auf verschiedene Theorien wird hingewiesen [129]. Ein Ganglion („ganglionic cyst") wird als eine zystische Schwellung bezeichnet, ausgehend von einer Gelenkkapsel oder einer Sehnenscheide, die eine mukoide (schleimige) Flüssigkeit mit einer fibrösen Kollagenwand umhüllt, d. h., es handelt sich um eine lokalisierte myxoide Veränderung von Bindegewebe [112], die durchschnittliche Größe bei den Handgelenksganglien ist mit 5 mm angegeben [14]. Mit der Einführung der MRT wird nachgewiesen, dass zumindest die Handgelenksganglien [26] häufig mit einer intraartikulären Pathologie assoziiert sind und möglicherweise Folge einer derartigen Veränderung sein können. Dies kann durch arthroskopische Untersuchungen an Handgelenken mit Ganglien [110] bestätigt werden. Ganglien können in kleinsten Ausmaßen bereits symptomatisch sein, ohne bei der klinischen Untersuchung erfassbar zu sein [117, 72]. Klinisch werden drei nicht notwendig in dieser Form durchlaufende Stadien der Ganglien festgestellt [106]:

1. Stadium der Formation,
2. Stadium der stationären Phase,
3. Stadium der Verkleinerung.

DOI 10.1515/9783110284409-012

Bereits aus diesem Entwicklungsgang der Ganglien ist erkennbar, dass auch eine spontane Rückbildung möglich ist [86]. Bezüglich der Struktur werden den Ganglien drei Komponenten zugeordnet [106]:
1. eingekapselte Haupt(pseudo)zyste,
2. zystischer Ausläufer, Ganglionpseudopodium,
3. Mikrozysten an der Kontaktseite (Gelenkkapsel, Sehnenscheide, SL-Band u. a.).

Ganglien als gutartige Tumore treten im 2. bis 8., vorwiegend aber im 5. und 6. Lebensjahrzehnt auf, während maligne Tumore im 2. bis 4. und nach dem 6. Lebensjahrzehnt entstehen [64]. Dies trifft vorwiegend für die untere Extremität zu [115]. Bei Frauen entwickeln sich Ganglien häufiger als bei Männern, in einer Häufigkeit von 2 bis 4 : 1 [10] der Fälle. Ganglien entstehen während des ganzen Lebens, gehäuft aber zwischen dem 3. und 4. Lebensjahrzehnt. Den Altersgipfel bei den Ganglien am Fuß und Sprunggelenk sieht WEISHAUPT [154] bei Männern im 3. und bei Frauen im 4. Lebensjahrzehnt. Die Ganglien am Handgelenk finden sich vorwiegend radialseitig und gehäuft dorsoradial [33].

Im nachfolgenden Text wird die Bezeichnung „Degeneration“ so verwendet, wie in der Literatur angegeben – dies auch in der Kenntnis, dass die „Degeneration“ häufig irrtümlich für das Bindegewebe verwendet wird, denn es handelt sich um eine Zellpathologie. In der „Diskussion“ wird dann die „Degeneration“ durch die Texturstörung ersetzt. Lediglich die aktive Hyaluronsynthese kann als „Degeneration“ im Sinne der Zellpathologie verstanden werden. Eine Degeneration ist aber eine Verknüpfung der Texturstörung mit der daraus resultierenden Reparation.

Bruchtheorie

Bezüglich der Entstehung von Ganglien ist eine der ältesten Ansichten die von ELLER [25], der die Ganglien als herniöse Ausstülpungen von Sehnenscheiden, evtl. auch der Synovialmembran von Gelenken, sieht. Eine vergleichende Anschauung vertritt BILLROTH [11] mit dem Hinweis auf eine herniöse Ausstülpung der Gelenkkapsel. Eine ähnliche Meinung hat BARDELEBEN [5] mit der Überlegung, dass Ganglien durch eine Exudation in eine Sehnenscheide entstehen (Hydropsien der Sehnenscheiden).

Retentionstheorie

Von GOSSELIN [40] und TEICHMANN [137] wurden diese zystischen kleinen Hohlräume in der Nähe von fast allen Gelenken, z. B. an der Dorsalseite des Handgelenkes, gefunden. Die Größe dieser zystischen Hohlräume schwankte zwischen einem Stecknadelkopf und einer Erbse. Sie wurden als „Corpus culaes sous-synovialis“ bezeichnet. Diese kleinen „Cryptes“ und „Follikulares“ werden von VOLKMANN [148] als eine kleine Spaltbildung in der Gelenkkapsel beschrieben, durch die sich die Synovialis vorwölben kann, ein kleines Blindsäckchen entsteht. Durch das Zusammenfließen solcher Lücken entwickeln sich größere, den Ganglien entsprechende Hohlräume. TEICHMANN [137] und KNORR [66] vertraten die Auffassung, dass die

„Ganglia synovialia" Neubildungen im Sinne von Kolloidzysten seien. Man dürfe sie nicht mit Sehnenscheidenhygromen verwechseln. HOEFTMANN [52] hielt Ganglien für Synovialdermoide und betrachtete deren Entstehung ähnlich wie die der Dermoidzysten. Diese verschiedenen Anschauungen führten schließlich dazu, dass VOGT [147] drei ätiologische Unterscheidungen vorsah, herniöse Ausstülpungen der Sehnenscheiden, Retentionszysten oder tendovaginale Hygrome.

Degenerationstheorie

LEDDERHOSE [73] sieht in den Ganglien wahre Neubildungen im paraartikulären Gewebe, jedoch auch in der weiteren Umgebung der Gelenke. Der Mutterboden für die Entstehung des Ganglions sind das Bindegewebe und das Fett in der Nähe von Interkarpalgelenken. Diese Neubildungen entstehen durch eine gallertige, kolloide Degeneration des Bindegewebes, mit nachträglicher Konfluenz kleinerer Herde. LEDDERHOSE nimmt eine chronisch-traumatische Einwirkung als Entstehung an, der Degenerationsprozess würde durch Zirkulationsstörungen eingeleitet werden [138].

Neoplasmatheorie

HENLE [50] spricht von gutartigen Gallertgeschwülsten, MECKEL [90] sieht in den Ganglien eine Parallele zu serösen Zysten. Von einem neoplastischen Ursprung spricht auch die Ansicht HOEFTMANNS [52], der die Ganglien als Synovialdermoide deutete, bis schließlich LEDDERHOSE [73] die Ganglien als wahre Neubildungen betrachtet. KÜTTNER und HERTEL [67] vertreten die Auffassung, dass die von Lehrbuch zu Lehrbuch vererbte Annahme, dass die Ganglien traumatische Degenerationszysten seien, nun dem Standpunkt einer Neoplasmatheorie auf entwicklungsgeschichtlicher Grundlage den Platz räumen müsse. Die Ganglien seien also als Neoplasmen aufzufassen, die aus übrig gebliebenen oder versprengten Keimpartien der bindegewebigen Gelenkanlage entstehen. FLODERUS [32] zieht nun die „Arthromtheorie" im Sinne einer Sonderstellung unter den Neoplasmatheorien heran. Die Zysten würden sich aus Relikten von arthrogenem Gewebe bilden, das bei der Entwicklung der synovialen Organe nicht verbraucht wurde. Er unterscheidet endoartikuläre Arthrome von periartikulären und paraartikulären Arthromen. Diese Arthrome ließen sich in zwei Hauptgruppen einteilen, nämlich in die polyzystösen, die dem geläufigen Begriff des synovialen Ganglions entsprechen, und die monozystösen Arthrome, die in der älteren Literatur als hernienähnliche Gelenkdivertikel aufgefasst werden.

Mit dieser Überlegung in der Folge von FLODERUS [32] gelingt auch eine Erklärung für die Entstehung von Ganglien gelenkentfernt, z. B. an Sehnenscheiden, innerhalb von Sehnen oder auch von Nervensträngen, aufgrund der entwicklungsgeschichtlichen Verhältnisse, dass auch hier der Mutterboden arthrogenen Ursprungs ist. Wenn HOEFTMANN [52] bereits die Hypothese aufstellt, dass ein Ganglion als Synovialdermoid zu deuten sei, so ist dies schon ein Hinweis auf die jetzt geäußerte Meinung der Neoplasmatheorie aufgrund übrig gebliebener oder versprengter Keimpartien der bindegewebigen Anlagen. Die embryonale Aetiologie wird von GROSPIC [44] abgelehnt, da histologisch die Innenauskleidung nicht mit Endothel, sondern lediglich mit flachen, dem Endothel nur ähnlichen Zellen erfolgt. Die Neoplasmatheorie ist aus heutiger Sicht historisch zu werten.

Tumortheorie

Eine Proliferation stellt eine umschriebene, meist regulierte Zellvermehrung dar, gesteuert durch Zellkontaktmechanismen und Chemokine [114]. Der Hyaluronsäuregehalt des Ganglioninhalts liegt zwischen 0,3 und 0,4 % des Feuchtgewichtes. Dies entspricht einer Hyaluronsäurekonzentration, wie sie sich bei der Hyaluronsäurebildung aus Zellen findet [43]. Daher ist anzunehmen, dass der lokalen initialen Proliferation von Bindegewebszellen eine gesteigerte Hyaluronsäuresynthese folgt, die dann für die zystische Umwandlung des ehemaligen Proliferationsherdes verantwortlich zeichnet [92].

Theorie der „Umwandlung von Bindegewebe“

Zusammengefasst gibt es eine Reihe von Theorien der Ganglienbildung (Tab. 7.1), wobei sich aber Teilüberlegungen in den einzelnen Theorien überschneiden. Da aus der Wandung der Ganglien durch Zellproliferation auch Tochterganglien entstehen, ist die Überlegung der Zellproliferationstheorie im Bindegewebe derzeit aktuell. Gan-

Tab. 7.1: Theorien der Ganglienbildung

Theorie	Pathogenese	Literatur
1.1 Bruchtheorie	Herniation der Synovialmembran tendogenes und arthrogenes Ganglion	VOLKMANN [148], ELLER [25], BILLROTH [11], BARDELEBEN [5], HUETER [54]
1.2 Retentionstheorie	Zysten aus „Follicules synovipares“	FALKSON [27], GOSSELIN [39], TEICHMANN [131], KNORR [66]
1.3 Degenerationstheorie	„colloide Degeneration des Bindegewebes“ (Zystomtheorie) traumatischer (Mikrotraumen) Entartungsvorgang multilokuläres → unilokuläres Ganglion	LEDDERHOSE [68], PAYR [104], RITSCHL 1895, THORN [138], SOREN [127]
1.4 Neoplasmatheorie	versprengte Keime bindegewebiger Gelenkanlagen – Arthromtheorie –	KÜTTNER und HERTEL [63], HERZOG [51], COTTA [18], HOEFTMANN [52], FLODERUS [32], GESCHICKTER [36]
1.5 Tumortheorie	Proliferation von Bindegewebszellen mit gesteigerter Hyaluronatsynthese	GOLDMAN und FRIEDMAN [38], MOHR [92]
1.6 Theorie – Umwandlung von Bindegewebe	Summation von 1. bis 5.	HEMPFLING [49]

glien können eine stationäre Phase durchlaufen, sich vergrößern, aber auch stationär bleiben oder sich sogar zurückbilden [86].

Es gibt aber auch die Überlegung, dass für die Ganglienentstehung „degenerative" Prozesse nicht verantwortlich sind, sondern eine primitive mukoide Sekretion von Bindegewebszellen vorliegt, ähnlich der Entstehung des Gelenkspaltes in der embryonalen Ontogenese [63], auch eine genetisch bedingte Prädisposition wird nicht ausgeschlossen, ohne dass konkrete Zahlen genannt würden [1]. Eine relativ aktuelle Überlegung [128, 129] beinhaltet die Auffassung, so wie schon von PAYR [104] vertreten, dass Ganglien durch den Zerfall von Bindegewebe mit myxoider Degeneration von Kollagenfasern und Ansammlung schleimiger Flüssigkeit entstehen. Die dieses Geschehen umgebenden Kollagenbündel verfestigen und verdichten sich. Wenn von einer Theorie der schleimigen Umwandlung von Bindegewebe ausgegangen werden soll, so ist damit eine Texturstörung des Bindegewebes in Verbindung mit einer aktiven Hyaluronatproduktion von Zellen gemeint, basierend auf einer Bindegewebsproliferation, die durch mechanische Stressmechanismen indiziert wird [68, 119]. Die Texturstörung des Bindegewebes ist eine Desintegration der Kollagenfasern [61] und die Hyaluronanbildung eine aktive Synthese atypischer Proteoglykane von Bindegewebszellen, nur daher ist der Begriff der „myoxiden Degeneration", die ja eine Zellpathologie bedeutet, angezeigt [128, 114]. Ein Ganglion stellt somit die Folge einer Bindegewebsproliferation mit einer daraus resultierenden Texturstörung kollagener Fasern und einer Hyaluronansynthese bei der Produktion atypischer Proteoglykane im Sinne einer Zellpathologie (Degeneration) dar. In diesen Entstehungsmechanismus können die bisher beschriebenen Theorien der Gangliogenese integriert werden.

7.2 Örtliche Zuordnung

Ganglien gehen von Gelenken oder von Sehnenscheiden aus [25, 140] bzw. immer von Bindegewebsstrukturen. Intraossäre Ganglien treten häufiger als vermutet auf [82] und sind histologisch wie alle Ganglien aufgebaut [108]. Eine Kommunikation mit dem Gelenkspalt ist möglich, z. B. dem SL-Spalt [81] oder zum Pisotriquetral- [149] bzw. Skaphotrapezialgelenk [42]. Ganglien finden sich überall am Körper, aber immer in Gelenknähe, und vorwiegend treten sie an der oberen Extremität in Handgelenksnähe auf. Im Vordergrund stehen die Gelenk- sowie die Sehnenscheidenpathologie und die solitäre Erscheinung der Ganglien. Sie sind selten multipel zu finden! In der Ausbildung von Ganglien kommt am Handgelenk dem SL-Band eine besondere Bedeutung zu [145, 117, 55, 65, 110, 10, 19, 4, 26, 133, 45, 162, 153, 22]. ANGELIDES [4] nimmt an, dass diese Ganglien mit dem SL-Spalt kommunizieren, durch das SL-Band hindurch. Der Druck der Gelenkflüssigkeit im SL-Spalt sei für die Gestaltung verantwortlich, auch für die Ausbildung eines intraossären Ganglions. Der Stiel des Ganglions verläuft dabei unkontrolliert zwischen Synovialis und Gelenkkapsel [68]. Der Kragen des Ganglions liegt zwischen den Bändern der Handgelenkkapsel. In seltenen

Fällen bleibt das Ganglion intraartikulär [145]. Als bindegewebige Substanz ist auch der Handgelenksdiskus Ausgangspunkt für die Ganglienbildung, meist dorsal, durch die Gelenkkapsel hindurch, in etwa im Verlauf vergleichbar mit den Ganglien des SL-Bandes [96, 10, 26, 162, 39, 150, 136, 71]. Am Handgelenk und in den Handwurzelknochen sind Ganglien häufig, d. h. in der distalen Ulna [28, 132, 156, 56, 155, 118] und im Radius [118, 62]. Bei den Handwurzelknochen überwiegen das Lunatum [143, 118] und das Skaphoid [59, 118, 106], manchmal auch bilateral [135, 80, 56], aber auch im Kapitatum [20], im Hamatum [59], im Triquetrum [82, 28], im Trapezium [82, 144], Trapezoideum [12] sowie im Pisiforme [48] und selten im Metakarpale I [95] sowie interphalangeal [109]. Am Hüftgelenk sind zystische Veränderungen (Iliopsoas Bursitis, Obturatorius externus Bursitis u. a.) von Ganglien zu unterscheiden [84], wobei aber auch Ganglien, zumindest klinisch, eine Zyste bis hin zur Femoralhernie vortäuschen können [17]. Ganglien treten bei Fehlbelastung des vorderen oberen Labrums auf, diese Fehlbelastung führe zu einer zystischen Degeneration, vergleichbar mit den Meniskusganglien [142, 84], und zeige sich vorwiegend bei der Hüftdysplasie [23]. Eine Besonderheit sind Herniation-Pits (HPs), die sich überwiegend am anterioren superioren Femurhals finden und in aktuellen Arbeiten den intraossären Ganglien zugeordnet werden [100, 99, 101, 102, 76]. Ihre Lokalisation im maximalen Stresspunkt des femoroazetabulären Anschlagmechanismus führt deren Entstehung auf die wiederholte Impaktion in diesem Bereich zurück [34, 31, 69, 3]. Ganglien am Kniegelenk sind weniger häufig, sie finden sich intraartikulär und periartikulär, eine Sonderform nehmen die Meniskusganglien ein. Mittlerweile gibt es Hinweise auf postoperative Ganglienbildungen, z. B. nach Kreuzbandersatzplastik im Bereich des tibialen Bohrkanales bei Verwendung resorbierbarer Schrauben und nicht resorbierbarer Fäden [121] bzw. nach Implantation einer Knieendoprothese im Quadrizepssehnenbereich [70]. Die intraartikulären Ganglien im Knie können verschiedene Ausgangspunkte haben:

1. Plica-alaris-Ganglion [94], Lig.-mucosum-Ganglion [78],
2. Kreuzband-Ganglion [79, 24, 9, 58, 105, 122, 158] ,
3. intraossäres Kreuzbandganglion [88, 125],
4. Hoffa-Ganglion [157, 13, 2, 91, 60, 21].

Die Häufigkeit von Meniskusganglien beträgt unter den am Meniskus operierten Patienten etwa 3 %. Der Außenmeniskus ist viermal häufiger betroffen als der Innenmeniskus [37], die Ganglien gehen mit Meniskuskontinuitätsunterbrechungen einher [139].

Periartikuläre Ganglien sind wie folgt lokalisiert:

1. subperiostales Ganglion [41],
2. Pes-anserimus-Ganglion [111, 85, 161],
3. Tibiofibulargelenk-Ganglion [46, 75, 152].

Diese sind von Synovialzysten zu differenzieren, die typische Synovialzyste wäre die Baker-Zyste, bei dieser handelt es sich um eine krankhaft veränderte Bursa semimembranoso gastrognemica, die bei nicht krankhafter Beteiligung die typische synoviale Auskleidung als Gleitschicht enthält.

7.3 Diagnostik

Ein einheitliches diagnostisches Schema im Diagnosespektrum der Ganglien gibt es nicht. Zwar sind alle Ganglien an der oberen und unteren Extremität und auch an der Wirbelsäule histologisch identisch, soweit derzeit beurteilt werden kann, ist auch der Entstehungsmechanismus bei allen Ganglien der gleiche. Bei Ganglien handelt es sich um oft augenfällige Veränderungen, sie können aber auch im Verborgenen entstehen und klinische Symptome verursachen (okkulte Ganglien). Alleine eine Vorwölbung am Handgelenk bedeutet noch nicht, dass hier ein Ganglion vorliegt. Es können Synovialzysten sein, aber ebenso Tumore, einschließlich maligner Art, so dass auch ein auffälliges Ganglion eigentlich immer einer genauen Diagnostik bedarf. Hier bietet sich wohl an erster Stelle neben der Sonographie die Magnetresonanztomographie an. Die hohe Genauigkeit der MRT trifft nicht nur für intraossäre Ganglien zu, sondern auch für Weichteilganglien und ganz besonders für so genannte okkulte Ganglien, z. B. am Handgelenk [47]. Eine genaue Diagnostik ist auch deshalb erforderlich, da Weichteilganglien isoliert, aber auch in Kombination mit intraossären Ganglien vorkommen, und dies ist dann für die Therapie von Bedeutung, da mit Wahrscheinlichkeit beide Ganglien der Behandlung zugeführt werden sollten. So wie für alle Tumoren ist das gesamte klinische Register erforderlich, angefangen bei der Anamnese über die klinische Symptomatologie, die radiologische Diagnostik (Nativröntgenbild, Arthrographie, Computertomographie, Magnetresonanztomographie und Sonographie), in Ausnahmefällen kann die Szintigraphie weiterhelfen. Da bei Meniskusganglien nicht notwendigerweise gleichzeitig Meniskusrisse bestehen müssen und dennoch Ganglien diagnostiziert werden, auch bei einer nicht homogenen Signalgebung in der MRT, bedarf es grundsätzlich der Vorsicht, ob auch tatsächlich ein Ganglion vorliegt oder nicht doch ein maligner Prozess [93]. Eine Diagnosesicherung erfolgt durch die Histopathologie. Ganglien haben eine Wand aus dichtem fibrösem Bindegewebe mit einer dünnen Innenschicht vereinzelter flacher Zellen [115, 119], jedoch nicht aus synovialen Deckzellen [86, 59]. Der Ganglieninhalt ist eine klare, hochvisköse Flüssigkeit, die u. a. Hyaluronsäure, Glucosamine u. a. enthält. Laut GAZDZIK [35] enthalte die Ganglienwand neben kollagenen Fasern Myofibroblasten, die aus Fibroblasten entstanden seien. Die Anwesenheit der Myofibroblasten sei ein Hinweis auf eine Regeneration (Repair-Reaktion) oder eine proliferative Antwort auf eine Verletzung der Gelenkkapsel bzw. des periartikulären Gewebes im Sinne eines „chronic trauma“ [89]. Myofibroblasten proliferieren zu einem jungen Bindegewebe (Granulationsgewebe) und synthetisieren Proteoglykane mit hohem Chondroitinsulfat- und Hyaluronatgehalt [114].

Elektronenmikroskopisch [97] sind Ganglionstrukturen (von den Sehnenscheiden und Gelenkkapseln) vergleichbar mit den Strukturen neugebildeter Sehnenscheiden nach deren Resektion, d. h., die genannten Gebilde sind Folge adaptiver Effekte des Mesenchyms bei einem geeigneten Stimulus [107]. Die Oberflächenultrastruktur der Ganglien besteht aus multidirektionalen Lagen kollagener Fasern ohne Zellen, die Ganglienwand erscheint nicht degenerativ oder nekrotisch [113]. Dem gegenüber hat die Synovialmembran oder auch der Schleimbeutel Zellstrukturen. Die Ganglien entstehen aus den multifunktionellen Mesenchymzellen, die sich ebenfalls in ihrer Wand finden und die auch die intraganglionäre Flüssigkeit produzieren [53]. Ein Stimulus für die Entstehung der Ganglien seien Mikrotraumen [61]. Der Ganglieninhalt stamme vom Abbau der Myofibroblasten sowie von deren Hyaluronatsekretion [35]. SOREN [127] beschreibt eine Reihe „degenerativer" Veränderungen, die gleichzeitig histologisch in einem Ganglion an verschiedenen Stellen gesehen werden können [140]. Diese vier histologisch erkennbaren Stadien (Phasen) sind für die Ganglienstruktur von Bedeutung, da die vier verschiedenen Stadien in einem einfachen Ganglion gleichzeitig auftreten und somit verschiedene Entwicklungsphasen gleichzeitig aufzeigen. Es liegen dahingehend die Vermutungen vor, dass ein Ganglion „arbeitet", woraus sich auch erklären würde, dass ein Ganglion aufgebaut wird, in einen statischen Zustand übergeht und sich auch zurückbilden kann. Des Weiteren wird Folgendes vermutet:

1. Initialphase:
   Es entsteht eine Schwellung kollagener Fasern mit Entmischung, so dass die Fasern auseinanderbrechen.
2. Phase:
   In der 2. Phase wird die Verflüssigung fortgesetzt. Das Gewebe ist mit basophilem Farbstoff anfärbbar.
3. Phase:
   In der 3. Phase entsteht eine Spaltbildung mit Flüssigkeit, die durch geformtes Bindegewebe umgeben wird. Die Höhlung wird ausgekleidet durch eine Reihe von Fibrozyten endothelialen Charakters [140]. Diese 3. Phase bildet das Ende des degenerativen Prozesses an der Innenwand. Die kollagenen Fasern liegen fest beieinander, histologisch entsteht der Eindruck, dass der Rand der Innenauskleidung durch die Proliferation kollagener Bündel dichter wird.
4. Endphase:
   In der Endphase [127] zeigt das Ganglion einen Rand aus Bindegewebe, der durch Proliferation breiter wird, was durch die Anzahl plumper Fibrozyten und Fibroblasten bewiesen werden kann. Diese Fibrozyten liegen an der inneren Wand der Höhle verstreut und formen einen inkompletten Abschluss, ähnlich der Synovialis der Gelenkkapsel, somit besteht keine epitheliale Auskleidung.

Die Mukoiddegenerationstheorie kann jedoch nicht erklären, warum der Prozess oft solitär und selbstlimitierend ist. Auch lässt sich aus dieser Überlegung nicht die Entstehung der Rezidive bei subtotaler Ganglienentfernung erklären, so wie die Prädilektion für Heranwachsende und junge Erwachsene [10]. Intraossäre Ganglien haben den gleichen histologischen Aufbau wie Ganglien im Weichteilgewebe, sind aber in aller Regel subchondral lokalisiert und entstehen primär im Knochen oder durch Penetration eines Weichteilganglions in den Knochen [115]. Die histologische Untersuchung aller Ganglien sei so identisch, so dass MC KEON [87] zu der Auffassung kommt, dass histologische Untersuchungen bei gesicherter Gangliondiagnose überflüssig seien (Abb. 7.1).

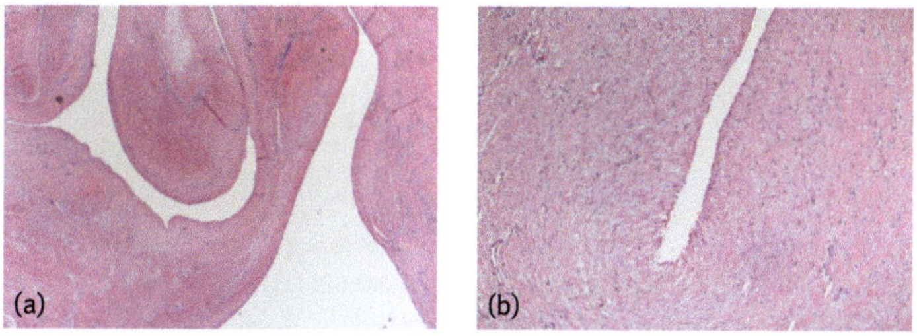

Abb. 7.1: Histologischer Aspekt eines zystischen Ganglions ((a) = Übersichtsvergrößerung 25-fach, (b) = Detailvergrößerung 125-fach). In der HE-Färbung (Hämatoxylin-Eosin) stellt sich das charakteristische Bild einer Pseudozyste dar, eine von fibrösem Gewebe (Fibroblasten, Fibrozyten und kollagener Matrix) gebildete Pseudozystenwand. Diese wird von kollagenen Fibrillen sowie einzelnen Fibroblasten begrenzt. In der Detailvergrößerung sind einzelne lumenbegrenzende Zellen (Fibrozyten/Fibroblasten) nachweisbar.

Da aber auch ein Ganglion nicht mit letzter Sicherheit als solches mit der herkömmlichen Diagnostik zu beweisen ist [93], bedarf es der histologischen Absicherung. Das Ganglion ist histopathologisch definiert als eine Pseudozyste, somit als ein Hohlraum mit nichtepithelialen, lumenbegrenzenden Zellen (Fibroblasten) bzw. Begrenzung durch nicht zelluläre Bestandteile [113]. Pathogenetisch geht der Pseudozystenbildung eine Proliferation von fibroblastenartigen Zellen (sog. Hyaluronoblasten) voraus, diese zeichnen sich durch eine exzessive Synthese von Matrixbestandteilen aus [38]. Zytologisch stellen die Hyaluronoblasten spindelige Zellformen mit aufgezweigten und vakuolisierten, eosinophilen Zytoplasmen dar, eingebettet in eine gering basophile Alcian-positive Matrix und können eine hohe Proliferation aufweisen. Nach Proliferation und Matrixsynthese führt Zelluntergang zur Ausbildung eines Hohlraums. Somit folgt die Ganglienentstehung einem stadienartigen Ablauf. Die Proliferationskapazität der Hyaluronoblasten lässt verständlich erscheinen, wieso bei unvollständiger Ganglienentfernung eine relativ hohe Rezidiv-Wahrscheinlichkeit vorliegt [134]. Die Proliferation erfolgt bei texturgestörtem Bindegewebe meist in der Folge einer Überlastung und wird daher an Überlastungsstellen festgestellt [49].

7.4 Beurteilung

Ein Ganglion ist eine besondere Form einer Zyste. Es handelt sich dabei nicht um eine echte Zyste, die definitionsgemäß mit Epithel ausgekleidet ist. Ein Ganglion ist eine Pseudozyste. Die Ganglienwand besteht aus teils zellarmem, teils zellreichem Bindegewebe mit Abschnitten ödematöser Gefügelockerung und typischer myxoider (mukoider) Texturstörung kollagener Fasern, die Innenschicht zeigt vereinzelt flache Fibroblasten, aber keine epitheliale Auskleidung. Es handelt sich um Deckzellen mesenchymalen Ursprungs, d. h. keine Synoviozyten und kein Epithel. Während Zysten verschiedene Flüssigkeiten (interstitielle Flüssigkeit), Blut oder Eiter enthalten können, sind die Ganglien mit einem klaren oder gelblichen flüssigen bis schleimigen Material ausgefüllt, das reichlich saure Mucopolysacharide enthält. Je nach Literaturstelle werden Ganglien verschieden bezeichnet. Synonyme sind: ,ganglion cyst', ,mucoid cysth ganglion typ', ,cystic tumor-like lesion', manchmal auch ,synoviale Zyste'.

Die Lokalisation der Ganglien ist meist in Gelenknähe oder an Stellen einer vermehrten Stresseinwirkung auf Gewebe, z. B. auf Sehnen hinter dem Außenknöchel. Des Weiteren fällt auf, dass sich Ganglien normalerweise in der Nähe eines Gelenk-Nerven-Gefäß-Sehnensystems finden und auch hier symptomatisch werden. Ausgehend von der Entstehungstheorie, dass sich Ganglien aus mukoiden „Degenerationsbereichen" des Bindegewebes entwickeln, wird verständlich, dass verschiedene Entstehungsorte diskutiert werden können, nämlich alle die Gewebestrukturen, die auch Bindegewebe enthalten, z. B. am Nerv das Epineurium, am Gefäß die Adventitia u. a. [130, 131]. Kommt es zur Ganglienbildung aus einer Gefäßadventitia heraus, so ist die Lokalisation in aller Regel von einem Gelenkast des Gefäßes ausgehend. Ganglien entwickeln sich in der Nähe eines unter Stress stehenden Areals, also in der Nähe eines Gelenkes. Wird ein Ganglion diagnostiziert, so muss immer das dazugehörende pathomorphologische Substrat gesucht werden und dieses muss bindegewebiger Art sein. Dies trifft für folgende Strukturen zu: Sehnen, Sehnenscheiden, Muskelfaszien, Perineurium, Periost, Gefäßwand und Knochen. Aber auch spezielle, intraartikulär lokalisierte Strukturen bindegewebiger Art sind die Ausgangsstellen für die Ganglienbildung: Labrum glenoidale, Labrum acetabulare, skapholunäres Band, lunotriquetrales Band, Diskus articularis des Handgelenkes, vorderes und hinteres Kreuzband und Menisken. Nachdem histologisch alle Ganglien, auch intraossäre Ganglien, gleichartig aufgebaut sind, mit bindegewebiger Wand sowie einem flüssigkeitsgefüllten Hohlraum, dessen innere Wand nur spärlich mit Fibroblasten bedeckt ist, kann auch erwartet werden, dass alle Ganglien die gleiche Entwicklung durchmachen. Dennoch finden sich in der Literatur verschiedene Theorien zur Erklärung der Gangliogenese [28]. Es wird das tendogene vom arthrogegen Ganglion unterschieden [25, 54] und auf dieser Überlegung die Bruchtheorie aufgebaut. In der Folge entstehen die Retentionstheorie [40] und die Zystomtheorie [74], diese Theorie beinhaltet eine gallertartige, kolloide Entartung des Bindegewebes (echte Neubildung), und zwar multilokulärer und unilokulärer Art. Eine weitere Theorie ist der traumatische Entartungsvorgang [98], bis schließlich die Arthromtheorie [32] entwickelt wird. Die Ganglionbildung wird aus Keimresten arthrogenen Gewebes bei der Entwicklung synovialer Organe erklärt. Diese Theorie wird ebenfalls als Neoplasmatheorie bezeichnet, sie wird von mehreren Autoren, auch von COTTA [18], vertreten. Daraus entwickelt sich dann die Tumortheorie. Die Ganglienentstehung wird nach dieser Theorie auf eine Proliferation von Bindegewebszellen mit gesteigerter Hyaluronatsynthese zurückgeführt. Zu den verschiedenen Theorien werden auch entzündliche Vorgänge aufgeführt, z. B. an den Sehnenscheiden, aber auch Ausdehnungen anatomischer Schleimbeutel u. a. Hier vermischen sich die Definitionen der Zysten und der Ganglien. Werden nun die Entwicklungsstadien der Ganglien [112] mit dem Stadium der Formation (Entwicklung), dem Stadium der stationären Phase sowie dem Stadium der Verkleinerung des Ganglions, möglicherweise mit spontaner Rückbildung, und dem Stadium des Dauerzustandes in der stationären Phase berücksichtigt, so wird verständlich, dass bei histologischen Untersuchungen die Ergebnisse abhängig von den einzelnen Entwicklungsstadien abweichen müssen und somit auch verschiedene Theorien der Entstehung diskutiert werden.

Unter Berücksichtigung all der Theorien und ausgehend von bindegewebigen Strukturen wird klar, wenn ein gesundes Bindegewebe proliferiert (Tumortheorie 1958) tritt an be- oder überlasteter Stelle im Rahmen der Proliferation eine Texturstörung mit Hyaluronatsynthese auf (Degenerationstheorie, Zystomtheorie 1893). Aus der Kombination ‚Texturstörung' und ‚Hyaluronatproduktion' bilden sich kleine Follicules synoviales (Retentionstheorie 1852). Vergrößern sich diese Follicules, so entstehen kleine und auch wachsende Ganglien, die, wenn diese Entwicklung in einem Gelenk stattfindet, als intraartikuläre Ganglien bezeichnet werden. Je nach Lokalisation sind diese Ganglien dann intrasynovial oder auch extrasynovial. Kommt es durch das Vergrößern dieser Follicules zu einem Austritt der Ganglien aus einer Gelenkkapsel, so entsteht das extraartikuläre Ganglion (Bruchtheorie [148]). Diese Entwicklung findet sich bei der Ganglionbildung, ausgehend von einem Gelenk. Bei tendogenem oder neuralem Gewebe u. a. wird eine Unterscheidung zwischen einer Lage des Ganglions innerhalb oder außerhalb des Entstehungsortes erklärbar, z. B. das intra- und epineurale Ganglion, das intra- und peritendinöse Ganglion. Somit kann auch die Differenzierung zwischen tendogenem und arthrogenem Gewebe als Grundlage für die Ganglienbildung, im Rahmen der Bruchtheorie diskutiert [5], Berücksichtigung finden. Die Kombination der Texturstörung von Bindegewebe nach einer Proliferation mit der Hyaluronatsynthese' aufgrund einer „Degeneration" erklärt die Gangliogenese. In diese genannte Entwicklungsreihe zu einem Ganglion können die einzelnen in der Literatur angegebenen Entstehungstheorien in Abhängigkeit vom Entwicklungsstadium untergebracht werden (Abb. 7.2).

Der in verschiedenen Abschnitten ablaufende Entwicklungsprozess eines Ganglions zeigt in den einzelnen Phasen verschiedene makro- und mikroskopische Erscheinungsformen, die den bisher beschriebenen Theorien zugeordnet werden können.

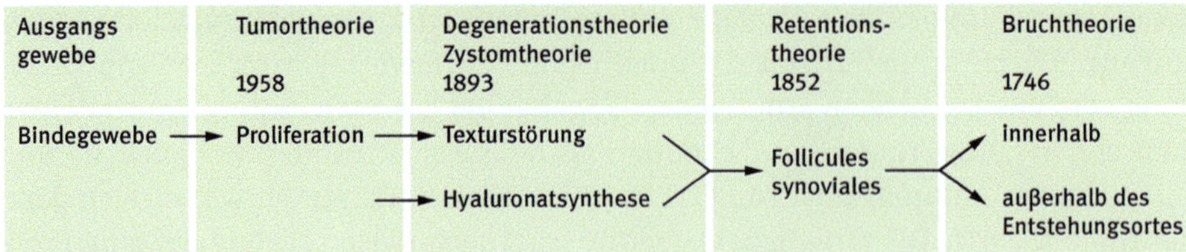

Abb. 7.2: Umwandlung von Bindegewebe mit Ausbildung von Ganglien. Theorien abhängig von der Pathogenese.

Daraus resultiert, dass nicht nur eine der bisher genannten Theorien gültig ist, sondern mehrere. Eine Theorie erklärt aber jeweils nur einen der verschiedenen Schritte der Ganglienentwicklung (vgl. Abb. 7.2), z. B. die Retentionstheorie die Entstehung der Follicules synoviales, die Bruchtheorie die Lokalisation der Ganglien intra- und extraartikulär usw. Aus der Sicht der allgemeinen Pathologie treffen zwei Bezeichnungen zu: einmal die Texturstörung als pathologische Veränderung des kollagenen Fasergeflechts und die „Degeneration" als zellpathologische Bezeichnung bei der aktiven Hyaluronanproduktion aus Zellen. Intraartikuläre und extraartikuläre Ganglienbildungen sind nur erklärbar, wenn das pathomorphologische Substrat in einem Gelenk zu finden ist, z. B. ausgehend von den Menisken des Kniegelenkes, vom Labrum glenoidale des Schultergelenkes, aber auch beginnend am Diskus des Handgelenkes oder anderen Zwischengelenkscheiben. Intraartikuläre Ganglien verursachen in aller Regel auch eine intraartikuläre Problematik, z. B. Blockaden bei Kreuzband- oder bei Meniskusganglien, extraartikuläre Ganglien dagegen verursachen Symptome in Abhängigkeit von der anatomischen Lage. Tritt ein Ganglion, ausgehend vom Labrum des Glenoids, durch die hintere Gelenkkapsel mit den bekannten Prädilektionsstellen für den Durchtritt aus, so ist die Kompression des Nervus suprascapularis im Bereich des Lig. transversum scapulae sup., aber auch im Bereich des Lig. transversum scapulae inf. denkbar. Bei den extraartikulären Ganglien des Kniegelenkes, ausgehend von den Menisken, aber auch bei den extraartikulären Ganglien am Handgelenk, ausgehend vom dorsalen Bereich des SL-Bandes, seltener vom Discus articularis, wird durch die Gelenkkapsel das eigentliche pathomorphologische Substrat überdeckt und man neigt dazu, bei der Resektion bzw. Exstirpation des Ganglions die Präparation lediglich bis zur Gelenkkapsel voranzutreiben.

Die Folge des nicht erkannten Ursprungs des Ganglions ist ein Rezidiv. Daraus lässt sich ableiten, dass das Ganglion nicht von der Gelenkkapsel ausgeht, sondern vom darunter liegenden intraartikulären pathomorphologischen Substrat am Handgelenk, dem dorsalen SL-Bandbereich und am Kniegelenk vom Meniskus. Deshalb findet sich auch die hohe Rezidivrate, wenn der Stiel des Ganglions nicht bis zum Entstehungsort verfolgt wird. Dies erfordert eine Fensterung der Gelenkkapsel und auch eine Teilresektion des verschleißbedingt veränderten bindegewebigen Substrates. Die Rezidivrate am Handgelenk beträgt 17,7 % (0,9 %–54,3 % [33]). Die Sichtung der Literatur in der Behandlung der Handgelenksganglien zeigt eine sehr hohe Rezidivquote bei der konservativen Behandlung sowie bei der Aspiration (48–65 %). Bei der operativen Entfernung liegt die Rezidivquote bei 22 %, wogegen bei der arthroskopischen Stielresektion die Rezidivquote bei 6 % zu finden ist. Dies bedeutet, je näher am pathomorphologischen Substrat operiert wird, desto seltener sind Rezidive. Die in der Literatur diskutierte Rezidivdifferenz bei palmaren und dorsalen Ganglien ist nicht unberechtigt. Bei der operativen Entfernung beugeseitiger Ganglien liegt die Rezidivquote bei 28 % und bei der Entfernung der dorsalen Ganglien bei 18 %. Daraus kann abgelesen werden, dass die palmar bestehenden Ganglien nur schwer bis zu ihrem Entstehungsort verfolgt werden können. Wird dieses Verfahren dagegen arthroskopisch durchgeführt, so finden sich wesentlich niedrigere Rezidivquoten, palmar mit 5 % und dorsal mit 10 %. Das heißt, arthroskopisch kann der Ausgangspunkt des Ganglions wesentlich präziser identifiziert werden.

Nach einer Ganglienexstirpation mit Teilresektion des SL-Bandes am dorsalen Handgelenk werden dynamische oder auch statische Rotationssubluxationen des Skaphoids beschrieben [153], ohne dass dies bis zu 16 Jahre nach der Operation symptomatisch wäre. Es handelt sich um eine Hypothese, dass das Ganglion eine sekundäre Manifestation eines zugrundeliegenden periskaphoidalen Bandschadens sei und nicht von der Gelenkkapsel ausgehe. Dennoch gibt es auch Kapselganglien, die z. B. am Kniegelenk etwa an gleicher Stelle von Meniskusganglien zu finden sind. Daher müssen Meniskusganglien streng von derartigen Kapselganglien unterschieden werden, z. B. dann, wenn es um die Beurteilung einer Berufskrankheit geht. Meniskusganglien können die Folge einer Meniskopathie sein und sind damit auch mittelbare Folge einer Berufskrankheit, sofern die Voraussetzungen für eine Berufskrankheit ‚Meniskusschaden' vorliegen.

Eine Besonderheit findet sich am Kniegelenksmeniskus und am Labrum der Schulter. Hier ist davon auszugehen, dass Ganglienbildungen dann einsetzen, wenn gleichzeitig eine Schädigung des Meniskus oder auch des Labrums besteht. Es zeigen sich am Außenmeniskus bei allen Ganglien Horizontalrisse [7], ebenso am Labrum des Glenoids begleitende Schäden vom Labrumriss bis hin zu SLAP-Läsionen u. a. [160, 116, 120, 159]. In aller Regel sind derartige Meniskus- oder Labrumschäden als Überlastungsschäden durch mechanische Überbeanspruchung zu werten. Es gibt Ausnahmen, so der seltene traumatische Meniskusriss oder auch der vordere untere Labrumabriss (Bankart-Lasion) als Begleitverletzung bei der Schulterluxation. Ähnliches ist zu erwarten beim Diskus des Handgelenkes, denn auch hier finden sich Ganglien in Verbindung mit Diskusschäden. Wenn nun die Überlegung angestellt werden soll, ob ein Ganglion eine Unfallfolge darstellt, so bedarf es der Klärung, ob überhaupt eine Verletzung an der Stelle, von der das Ganglion ausgeht, eingetreten ist. Eine traumatische Genese für die Entstehung eines Ganglions (Meniskusganglion) wird angegeben von MANDL [83], PASSLER [103] und SMILLIE [126], aber nur in 17 % dieser angegebenen Fälle wird auch tatsachlich ein Unfall erkennbar [77]. Nachdem die Ganglien vorwiegend in der 3. bis 4. Lebensdekade festgestellt werden, spricht dies gegen eine unfallbedingte Entstehung und eher für einen verschleißbedingten Vorgang [77]. Einer gewissen Vorsicht bedarf auch die Wertung der englischsprachigen Literatur, denn wenn hier der Begriff ‚injury' gebraucht wird, so bedeutet dies nicht ein Unfallereignis im Sinne der gesetzlichen oder einer privaten Unfallversicherung, hier sind auch die sich wiederholenden Bagatelltraumen (Mikrotraumen) gemeint, die ja bekannterweise zu Texturstörungen bzw. zu mechanisch bedingten Überlastungsschäden führen [141].

Diese Aussage bestätigt die Feststellung, dass Ganglien bevorzugt an Überlastungsstellen am Körper zu finden sind, sei es in Gelenknähe oder auch in Nähe von Sehnenumlenkstellen. Nachdem allgemein angenommen wird, dass Ganglien aus einer Proliferation von Bindegewebe mit nachfolgender Texturstörung, Hohlraumbildung und Hyaluronatsynthese entstehen, trifft auch die Annahme zu, dass Ganglien aus primärem mesenchymalem Gewebe zustande kommen [7], aber ebenso aus der myxoiden Texturstörung am Meniskus oder am Labrum bzw. Diskus mit der Folge einer nicht traumabedingten Schädigung des Gewebes am Meniskus, z. B. im Sinne eines Horizontalrisses [29, 30, 126]. Wenn dann Gelenkflüssigkeit (Synovia) durch diesen Meniskus- oder Labrumschaden eintritt, so wird auch die Entstehung der Ganglien von innen nach außen mit einem sich entwickelnden Ventilmechanismus auf dem Boden druckorientierten Gewebes verständlich [77].

Der gesetzlich definierte Unfallbegriff tritt als ätiologischer Faktor für die Entstehung eines Ganglions somit in den Hintergrund. Von vielen Patienten wird anamnestisch ein Trauma angegeben, das lediglich zu Schmerzen führt. Bei dieser Gelegenheit wird dann ein kleines Ganglion festgestellt. Dieses muss aber schon vorher bestanden haben, allerdings ohne Probleme [6], denn die Entwicklung eines Ganglions braucht Zeit und somit kann unmittelbar nach einem Unfallereignis ein festgestelltes Ganglion nicht als Verletzung oder als Unfallfolge gedeutet werden. Ein weiterer Faktor, der gegen die Entstehung eines Ganglions als Traumafolge spricht, liegt in der Tatsache, dass ein bilaterales Vorkommen bei einem einseitigen Trauma nachgewiesen ist [8], womit die unfallunabhängige Ganglienbildung eher bewiesen werden kann, da ja dann nicht beide Extremitäten verletzt sein müssen. Es muss die Frage geklärt werden, ob aus einer Narbe Entwicklungen resultieren können, die zu einer Ganglionbildung führen, da eine inkomplette Heilung möglicherweise der Ausgangspunkt für eine Ganglionbildung sein kann [4]. Kommt es zu einer Verletzung an einem Meniskus, am Diskus des Handgelenkes oder auch am SL-Band, so tritt eine so genannte pathologische Regeneration ein. Eine derartige Regeneration liegt dann vor, wenn in einem Zellsystem oder in einem Gewebe durch Zellschädigung Defekte entstanden sind, die durch eine Reparation geheilt werden. Es kann zu einer vollständigen Regeneration kommen, aber auch zur Ausbildung eines Ersatzgewebes (unvollständige pathologische Regeneration). In aller Regel wird sich am Bindegewebssystem eine unvollständige Regeneration mit Ausbildung einer Narbe einstellen, was als Endzustand zu bezeichnen ist. Eine Narbe besteht aber auch aus Bindegewebe und somit gilt für eine Narbe, was für alle Bindegewebsstrukturen zugrunde zu legen ist: Aus einer

Narbe kann sich ein Ganglion entwickeln, aber nur, wenn durch eine überlastungsbedingte Proliferation die Entwicklung eines Ganglions in die Wege kommt (Abb. 7.3). Nachdem Ganglien nur an „Overuse"-Stellen aus Bindegewebe entstehen, trifft dies auch für Narben zu. Voraussetzung für die Gangliogenese ist also Bindegewebe (auch Narbengewebe) in Verbindung mit einer Überlastungsreaktion.

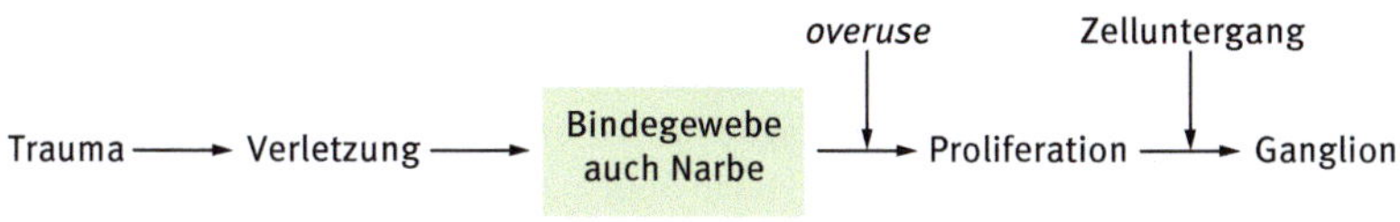

Abb. 7.3: Gangliogenese als posttraumatischer Vorgang am Bindegewebe.

Zusammengefasst bedeutet dies, dass sämtliche Ganglien gemäß ihrer Definition histologisch einheitlich zu bewerten sind, wobei verschiedene Entwicklungsstadien zu unterscheiden sind. Eine rein traumatische Genese kann nicht angenommen werden, allenfalls im mittelbaren Sinn, dann, wenn sich aus einer durch eine Verletzung entstandenen Narbe, die mechanischen Überlastungen ausgesetzt wird, ein Ganglion entwickelt, was allerdings nur nach einem entsprechenden zeitlichen Abstand vorstellbar ist und zum anderen bisher in der Literatur als Entstehungsort für ein Ganglion nicht erwähnt ist. Hier handelt es sich um eine theoretische Überlegung, die aufgrund der Gangliogenese jedoch nicht außer Acht gelassen werden darf [49].

Anders verhält es sich bei Ganglien, wenn sie sich in der Folge einer Berufskrankheit entwickeln, nämlich aus der Texturstörung eines Meniskus oder auch eines Labrum acetabulare oder Labrum glenoidale, dann, wenn durch eine Gefügestörung der betroffenen Gelenklippe oder des Meniskus eine Gangliogenese in Gang kommt. Dies würde eine mittelbare Folge einer Berufskrankheit bedeuten. Für die Beantwortung der Kausalitätsfrage bzgl. der Ganglien liegen klare Fakten vor:

1. Ein Ganglion ist ein pseudozystischer Tumor, entstanden durch Proliferation aus Bindegewebe.
2. Ganglien sind an Überlastungsstellen des Körpers meist gelenknah lokalisiert.
3. Ganglien finden sich intra- und/oder extraartikulär.
4. Ganglien durchlaufen Entwicklungsphasen mit der Möglichkeit einer spontanen Rückbildung.
5. Ganglien sind Folgen einer Bindegewebsproliferation, ohne induzierenden Verletzungsmechanismus.
6. Ganglien aus bindegewebigen Narben entstehen durch Überlastung (rezidivierende Mikrotraumen), nicht als Verletzungsfolge.
7. Ein Ganglion kann eine mittelbare BK-Folge darstellen.
8. Das heißt, Ganglien entstehen durch Proliferation des bradytrophen Bindegewebes.

7.5 Literatur

[1] AHMAD, I.: Wrist ganglion. J.P.M.A, 123–124 (1992)

[2] AMIN, M.; TORREGGIANI, W.; SPARKES, J.: Infrapatellar ganglion that developed from infrapatellar fat and had minimal intraarticular extension. Knee Surg Sports Traumatol Arthosc 16:179–181 (2008)

[3] ANDERSON, L.A.; PETERS, C.L.; PARK, B.B. et al.: Acetabular cartilage delamination in femoroacetabular impingement. Risk factors and Magnetic Resonance imaging diagnosis. J Bone Joint Surg Am 91:305–313 (2009)

[4] ANGELIDES, A.C.; WALLACE, P.F.: The dorsal ganglion of the wrist: Its pathogenesis, gross and microscopic anatomy, and surgical treatment. J Hand Surg 1:228–235 (1976)

[5] BARDELEBEN, Lehrbuch der Chirurgie und Operationslehre. VIII. Aufl. II. Bd. S. 885 ft. (1880)

[6] BARNES, W.E.; LARSEN, R.D.; POSCH, J.L.: Review of ganglia of the hand and wrist with analysis of surgical treatment. Plastic and Reconstructive Surgery 34:570–578 (1964)

[7] BARRIE, H.J.: The pathogenesis and significance of menisceal cysts. J Bone Joint Surg [Br.] 61:184–189 (1979)

[8] BAUER, TW.; DORFMAN, H.D.; Intraosseous ganglion. The American Journal of Surgical Pathology 6:207–213 (1982)

[9] BERGIN, D.; MORRISON, W.B.; CARRINO, J.A; NALLAMSHETTY, S.N.; BARTOLOZZI, AR: Anterior cruciate ligament ganglia and mukoid degeneration: coexistence and clinical correlation. Am J Roentgenol 182:1283–1287 (2004)

[10] BIENZ, T.; RAPHAEL, J.S.: Arthroscopic resection of the dorsal ganglia of the wrist. Hand Clinics 15:429–434 (1999)

[11] BILLROTH, T.; WINIWARTER. A.: Allgem. chirurgische Pathologie und Therapie, S. 689–691 (1882)

[12] BROWN, D.M.; YOUNG, V.L.; GRONER, J.P.; HIGGS, P.E.; GILULA, L.A.: Intraosseous ganglion of the trapezoid. J Hand Surg Am 19:607–608 (1994)

[13] BUIMANSFIELD, L.T.; YOUNGBERG, R.A: Intraarticular ganglia of the knee: prevalence, presentation, etiology and management. AJR 168:123–127 (1997)

[14] CARDINAL, E.; BUCKWALTER, K.A; BRAUNSTEIN, E.M.; MIH, AD.: Occult dorsal carpal ganglion: comparison of US and MR imaging. Radiology 193:259–262 (1994)

[15] CARP, L.; STOUT, AP.: A study of ganglion. With especial reference to treatment. Surg. Gynecol Obstet 47:460–468 (1928)

[16] CLARKE, W.C.: The pathogenesis of ganglia with a description of the structure and development of synovial membrane. Surg Gynecol Obstet 7:56–78 (1908)

[17] COOK, T.D.: Ganglion of the hip. Department of Surgery 32(1) (1952)

[18] COTTA, H.; BECKER, W.: Eine elektronenmikroskopische Studie am Ganglion. Arch Orthop Unfallchir 65:193–208 (1969)

[19] CRAWFORD, G.P.; TALEISNIK, J.: Rotatory subluxation of the scaphoid after excision of dorsal carpal ganglion and wrist manipulation – a case report. J Hand Surg 8:921–924 (1983)

[20] DARCY, P.F.; SORELLI, P.G.; QURESHI, F.; ORAKWE, S.; OGUFERE, W.: Carpal tunnel syndrome caused by an intraosseous ganglion of the capitate, Scand J Plast Reconstr Surg Hand Surg 38:379–381 (2004)

[21] DAVID, K.S.; KORULA, R.J.: Intra-articular ganglion cyst of the knee. Knee Surg Sports Traumatol Arthrosc 12:335–337 (2004)

[22] DE VILLIERS, C.M.; BIRNIE, R.H.; PRETORIUS, L.K.; VLOK, G.J.: Dorsal ganglion of the wrist – pathogenesis and biomechanics. S Afr Med J 75:214–216 (1989)

[23] DORRELL, J.H.; CATTERALL, A: The torn acetabular labrum. J Bone Joint Surg 68:400 (1986)

[24] DROSOS, G.I.; POZO, J.L.: Large extrasynovial intrakapsular ganglia of the knee: a report of 3 cases. Arthroscopy 21:1362–1365 (2005)

[25] ELLER, M.: Exposition anatomique de l'origine et de la formation du ganglion. histoire de l'Acad. roy. des sciences. Acta Academ Berlin (1746)

[26] EL NOUEAM, K.; SCHWEITZER, M.E.; BLASBALG, R; FARAHAT, AA; CULP, RW.; OSTERMAN, L.A; MALIK, A: Is a subset of wrist ganglia the sequela of internal derangements of the wrist joint? MR imaging findings. Radiology 212:537–540 (1999)

[27] FALKSON, R: Zur Lehre vom Ganglion (Ueberbein), nebst einem kurzen Anhang über die fungöse Sehnenscheidenentzündung. Langenbeck's Arch. Chir 32:58–86 (1885)

[28] FELDMAN, F.; JOHNSTON, A.D.: Ganglia of bone: theories, manifestations and presentations. Rev Clin Radiol Nucl Med 4:303–332 (1973)

[29] FERRERROCA, O.; VILAL TA, C.: Lesions of the meniscus, Part I: Macroscopic and histologic findings. Clin Orthop 146:289–300 (1980)

[30] FERRERROCA, O.; VILAL TA, C.: Lesions of the meniscus, Part II: Horizontal cleavages and lateral cysts. Clin Orthop 146:301–307 (1980)

[31] FILIGENZI, J.M.; BREDELLA, M.A.: MR imaging of femoroacetabular impingement. Appl Radiol 37:12–19 (2008)

[32] FLODERUS, B.: Studien in der Biologie der Skelettgewebe mit besonderer Berücksichtigung der Pathogenese der histoiden Gelenksgewebsgeschwülste. K. Sv. Vet. Adad. Handlung 53 (1915)

[33] FLÜGEL, M.; KESSLER, K.: Nachuntersuchungen an 425 operierten Ganglion Patienten. Handchirurgie 18:47–52 (1986)

[34] GANZ, R.; LEUNIG, M.; LEUNIGGANZ, K. et al.: The etiology of osteoarthritis of the hip. An integrated mechanical concept. Clin Orthop Relat Res 466:264–272 (2008)

[35] GAZDZIK, T.: Gangliony: ultrastruktura I pochodzenie. Polski Tygodnik Lekarski, T. XL. Nr. 35 (1985)

[36] GESCHICKTER, C.G.; COPELAND, M.M.: Tumors of Bone, 3. Auf. Lippincott, Philadelphia (1949)

[37] GLEIM, R; STAHL, Ch.; HAASTERS, J.: Seltene Ganglien im Kniegelenk. Orthop Praxis 10:785–789 (1984)

[38] GOLDMAN, RL.; FRIEDMAN, N.B.: Ganglia („synovial cysts") arising in unusual locations. Clin Orth Rel Res 63:184–189 (1969)

[39] GOLIMBU, C.N.; FIROOZNIA, H.; MELONE, C.P. Jr.; RAFII, M.; WEINREB, J.; LEBER, C.: Tears of the triangular fibrocartilage of the wrist. MR imaging. Radiology 173:731–733 (1989)

[40] GOSSELIN, L.: Mem. de l'academ. nat. de med. T. XVI. Paris (1852)

[41] GRANGE, W.J.: Subperiosteal ganglion. A case report. J Hand Surg (B)60:124–125 (1978)

[42] GREENDYKE, S.D.; WILSON, M; SHEPLER, T.R: Anterior wrist ganglia from the scaphotrapezial joint. J Hand Surg 17:487–490 (1992)

[43] GREILING, H.; MOHR, W.; BENEKE, G.: Nachweis und Bestimmung eines Hyaluronat-Protein-Komplexes in der Peritonealflüssigkeit von Ratten nach Injektion von Phytohamagglutinin. Z Naturforsch (C) 27:414–419 (1972)

[44] GROSPIK, F.: Le cisti del menisco laterale del ginocchio e il muscolo popliteo. Dalla Clinica Ortopedica dell'Universita di Zagreb, Redazone il 10, XII 308–311 (1961)

[45] GUNTHER, S.F.: Dorsal wrist pain and the occult scapholunate ganglion. J Hand Surg 1:697–703 (1985)

[46] GURIN, J.; PERLAKY, G.: A ganglion of unusual appearance arising from the tibiofibular joint. Magyar traumatologia, orthopaedia es helyreallito sebeszet 26:60–62 (1983)

[47] HALL, F.: Intraosseous ganglia of the wrist. Radiology 195:517–520 (1995)

[48] HELAL, B.; VERNON-ROBERTS, B.: Intraosseous ganglion of the pisiform bone. The Hand 8:150–154 (1976)
[49] HEMPFLING, H.; WEISE, K.: Ganglien und ihre Begutachtung. Trauma Berufskrankh 13:214–227 (2011)
[50] HENLE: Handbuch der rat. Pathologie, II. Band, 2. Aufl. (1847)
[51] HERZOG, G.: Über die Pathogenese der meniskalen Ganglien. Arch Pathol Anat 307:27–36 (1940)
[52] HOEFTMANN, H.: Über Ganglien und chronisch fungöse Sehnenscheidenentzündung. Inaug.-Dissert. Königsberg (1876)
[53] HÖPFEL-KREINER, I.; MIKUZ, G.; HOFSTADTER, F.: Beitrag zur Ganglienfrage. Arth Orth Traum Surg 91:61–66 (1978)
[54] HUETER. C.: Grundriss der Chirurgie. I. Bd. S. 127 ff. (1880)
[55] HWANG, J.J.; GOLDFARB, C.A.; GELBERMAN, RH.; BOYER, M.I.: The effect of dorsal carpal ganglion excision on the scaphoid shift test. J Hand Surg 24(1):106–108 (1999)
[56] JONSSON, K.; EIKEN, O.: Development of carpal bone cysts as revealed by radiography. Acta Radiol Diagn (Stockh) 24:231–233 (1983)
[57] KAEMPFFE, F., D'AMATO, C.: An unusual intra-articular ganglion of the knee with interosseous extension. A case report. J Bone Joint Surg Am 71:773–775 (1989)
[58] KAKUTANI, K.; YOSHIYA, S.; MATSUI, N.; YAMAMOTO, T.; KUROSAKA, M.: An intraligamentous ganglion cyst of the anterior cruciate ligament after a traumatic event. J Arth Rel Surg 19:1019–1022 (2003)
[59] KAMBOLIS, C.; BULLOUGH P.G.; JAFFE, H.L.: Ganglionic cystic defects of bone. J Bone Joint Surg Am 55:496–505 (1973)
[60] KANG, C.N.; KIM, D.W.; KIM, D.J.; KIM, S.J.: Intra-articular ganglion cysts of the knee. J Arth Rel Surg 15:373–378 (1999)
[61] KAPRAL, W.; ZAWODSKY, F.; BIEN, I.: Das typische Handgelenksganglion. Chirurg 49:184–188.
[62] KENAN, S.; ROBIN, G.C.; FLOMAN, Y.: Traumatic intraosseous ganglion. A case report, Bull Hosp Jt Dis Orthop Inst 44:82–85 (1984)
[63] KING, E.S.J.: The pathology of ganglion. Australian and New Zealand Journal of Surgery 1:367–381 (1931)
[64] KIRBY, E.J.; SHEREFF, M.J.; LEWIS, M.M.: Soft tissue tumors and tumorlike lesions of the foot, an analysis of 83 cases. J Bone Joint Surg Am 71:621–626 (1989)
[65] KIVETT, W.F.; WOOD, F.M.; RAUSCHER, G.E.; TASCHLER, N.A: Does ganglionectomy destabilize the wrist over the long-term? Annals of plastic surgery 36:466–468 (1996)
[66] KNORR, M.L.F.: De gangliis synovial. Dissert Berlin (1856)
[67] KÜTTNER, H.; HERTEL, E.: Die Lehre von den Ganglien. Mrg Chir Orthop 18:377 (1925)
[68] KUHLMANN, J.N.; LUBOINSKI, J.; BAUX, S.; MIMOUN, M.: Kystes dits 'synoviaux' du poignet: systematisation topographiqe et pathogenie. Ganglions of the wirst. proposals for topographical systematization and natural history. Revue de chirurgie orthopedique et reparatrice de l'appareil moteur 89:310–319 (2003)
[69] KUSMA, M.; BACHELIER, F.; SCHNEIDER, G. et al.: Femoroazetabuläres Impingement. Klinische und radiologische Diagnostik. Orthopäde 38:402–411 (2009)
[70] LAKDAWALA , A.; IRELAND, J.: Giant ganglion formation in the quadriceps femoris tendon following total knee replacement. International Journal of Clinical Practice 58:990–991 (2004)
[71] LANGNER, I.; KRUEGER; P.C.; MERK, H.R.; EKKERNKAMP A.; ZACH, A.: Ganglions of the wrist and associated triangular fibrocartilage lesions: a prospective study in arthroscopically-treated patients. J Hand Surg 37-A:1561–1567 (2012)

[72] LANZ, U.; ROMEN, W.: Kleinste Ganglien als Ursache von Schmerzen am Handgelenk. Handchirurgie 12:27–30 (1980)
[73] LEDDERHOSE, V.: Ober Ganglien der Kniegelenksgegend. Verh Dtsch Ges Chir 18. Kongr: 141–144 (1889)
[74] LEDDERHOSE, V.: Die Ätiologie der karpalen Ganglien. Dtsch. Z. Chir. 37:102 (1893)
[75] LEMONT, H.; SABO, M.A.: Origin of foot ganglion. Journal of the American Podiatric Medical Association 90:256–257 (2000)
[76] LEUNIG, M.; BECK, M.; KALHOR, M. et al.: Fibrocystic changes at anterosuperior femoral neck: prevalence in hips with femoroacetabular impingement. Radiology 236:237–246 (2005)
[77] LIPPERT, M.J.; BARTHEL, Th.; PESCH, R; KUDORFER, K.: Arthroskopische Therapie von Außenmeniskusganglien. Arthroskopie, Springer Verlag 8:7711(1995)
[78] LIU, P.-C.; CHEN, C.-H.; HUANG, H.-T.; CHANG, J.-K.; CHEN, J.-C.; TIEN, Y.-C.; HUNG, S.-H.: Snapping knee symptoms caused by an intra-articular ganglion cyst. The Knee 14:167–168 (2007)
[79] LIU, S.H.; OSTI, L.; MIRZAYAN, R.: Ganglion cysts of the anterior cruciate ligament: a case report and review of the literature. Arthroscopy 10:110–112 (1994)
[80] LOGAN, S.E.; GILULA, L.A; KYRIAKOS, M.: Bilateral scaphoid ganglion cysts in an adolescent. J Hand Surg 17:490–495 (1992)
[81] LUKE, D.L.; PRUITT, D.L.; GILLULA, L.A: Communicating intraosseous ganglion of the lunate. Canadian Association of Radiologists journal=Journal l'Association canadienne des radiologistes 44:304–306 (1993)
[82] MAGEE, T.H.; ROWEDDER, A.M.; DEGNAN, G.G.: Intraosseus ganglia of the wrist. Radiology 195:517–520 (1995)
[83] MANDL, F.: Pathologie der Zwischenknorpelerkrankungen. Arch Klin Chir 146–149 (1935)
[84] MATSUI, M.; OHZONO, K.; SAITO, S.: Painful cystic degeneration of the limbus in the hip: A case report. J Bone Joint Surg 70:448 (1988)
[85] MATSUMOTO, K.; HUKUDA, S.; OGATA, M.: Juxta-articular bone cysts at the insertion of the pes anserinus: Report of two cases. J Bone Joint Surg 72:286 (1990)
[86] MC EVEDY, B.V.: Simple Ganglia. The Brit J Surg 59:585–594 (1962)
[87] MC KEON, K.; BOYER, M.I.; GOLDFARB, C.A: Use of routine histologic evaluation of carpal ganglions. J Hand Surg 31:284–288 (2006)
[88] MC LAREN, D.B.; BUCKWALTER, K.A; VAHEY, TN.: The prevalence and significance of cystlike changes at the cruciate ligament attachments in the knee. Skeletal Radiol 21:365–369 (1992)
[89] MC MAHON, R.H.: Ganglia. The Ona Journal 6:290 (1979)
[90] MECKEL: Mikrogeologie, Hrsg. Th. Billroth, Berlin (1856)
[91] MINE, T.; IHARA, K.; TANAKA, H.; TAGUCHI, T.; AZUMA, E.; TAN IGAWA, Y.; KAWAI, S.: A giant ganglion cyst that developed in the infrapatellar fat and partly extended into the knee joint. J Arth Rel Surg 19:1–4 (2003)
[92] MOHR, W.: Gelenkpathologie, Springer Verlag Berlin-Heidelberg-New York, S. 507 (2000)
[93] MOUNTNEY, J.; THOMAS, N.P.: When is a meniscal cyst not a meniscal cyst? The Knee 11:133–136 (2004)
[94] MUCKLE, D.S.; MANAHAN, P.: Intra-articular ganglion of the knee. Report of two cases. J Bone Joint Surg Br 54:520–521 (1972)
[95] NEUBERG, A.H.; MUNN, C.S.; ROBBINS, A.H.: Complications of Arthrography. Radiology 155:605–606 (1985)
[96] NISHIKAWA, S.; TOH, S.: Ganglion of the triangular fibrocartilage complex. J Bone Joint Surg 85:1560–1563 (2003)

[97] NISHIYAMA, T.; SAKANE, M.; NAKAGAWA, S.; MURAKAMI, T.; AKAHORI, O.: Electron microscopic study of ganglion. Seikeigeka. Orthopaedic Surgery 22:848–849 (1971)

[98] OERTEL, Y.C.; BECKNER, M.E.; ENGLER, W.F.: Cytologic diagnosis and ultrastructure of fine needle biopsy of ganglion cysts. Arch Pathol Lab Med 110:938–942 (1986)

[99] PANZER, S.; AUGAT, P.; ESCH, U.: CT assessment of herniation pits: prevalence characteristics, and potential association with morphological predictors of femoroacetabular impingement. Eur Radiol 18:1869–1875 (2008)

[100] PANZER, S.; ESCH, U.; ABDULAZIM, A.N.; AUGAT, P.: Herniation pits and cystic-appearing lesions at the anterior femoral neck: an anatomical study by MSCT and µCT. Skeletal Radiol 39:645–654 (2010)

[101] PANZER, S.; AUGAT, P.; SCHEIDLER, J.: Herniation pits und ihre Renaissance im Zusammenhang mit femoroazetabulärem Impingement. Fortschr Röntgenstr 182:565–572 (2010)

[102] PANZER, S.; PIOMBINO-MASCALI, D.; ZINK, A.R.: Herniation pits in human mummies: A CT investigation in the capuchin catacombs of Palermo, Sicily. PLOS ONE 7 (5): e36537 (2012)

[103] PASSLER, J.M.; HOFER, H.P.; PEICHA, G.; WILDBURGER, R.: Arthroscopic treatment of meniscal cysts. J Bone Joint Surg 75:303–304 (1993)

[104] PAYR, E.: Beitrage zum feineren Bau und der Entstehung der karpalen Ganglien. Dtsch. Zeitschrift f Chirurg 49:329–456 (1898)

[105] PEDRINELLI, A; CASTELLANA, F.B.; FONTES, R.B.; COELHO, R.F.; MENEZES, F.L.L.: Anterior cruciate ligament ganglion: case report. Sao Paulo medical journal = Revista paulista de medicina 120:195–7 (2002)

[106] PETERSON, T.: Das intraossäre Ganglion des Skaphoids – Eine Fallbeschreibung. Organ der deutschsprachigen Arbeitsgemeinschaft für Mikrochirurgie der Peripher 25:227–229 (1993)

[107] PICKARTZ, H.; BUES, M.; VAUBEL, E; GROSS, M.: Zur Ultrastruktur von Ganglien und neugebildeten Sehnenscheiden. Handchirurgie 11:23–25 (1979)

[108] POPE, TL. Jr.; FECHNER, RE.; KEATS, TE.: Intra-osseous ganglion. Report of four cases and review of the literature. Skeletal Radiology 18:185–187 (1989)

[109] POSNER, M.A.; GREEN, S.M.: Intraosseous ganglion of a phalanx. J Hand Surg Am 9:280–282 (1984)

[110] POVLSEN, B.; PECKETT, W.RC.: Arthroscopic findings in patients with painful wirst ganglia. Scand J Plast Reconstr Hand Surg 35:323–328 (2001)

[111] PRESENT, D.A; HUDSON, TM.; ENNEKING, W.F.: Computed tomography of extraosseous ganglia. Clin Orthop 202:249 (1986)

[112] PRZYSTAWSKI, N.; McGARRY, J.J.; STERN, M.B.; EDELMAN, R.D.: Intratendinous ganglionic cyst. The Journal of Foot Surgery 28:244–248 (1989)

[113] PSAILA, J.V.; MANSEL, R.E.: The surface ultrastructure of ganglion. J Bone Joint Surg 60-B (1978)

[114] RIEDE, U.-N.; SCHAEFER, H.-E.: Allgemeine und spezielle Pathologie (3. Aufl.) Thieme Verlag, Stuttgart-New York, S. 308, 335 (1993)

[115] ROZBRUCH, S.R.; CHANG, V.; BOHNE, W.H.O.; DELAND, J.T: Ganglion cysts of the lower extremity: An analysis of 54 cases and review of the literature. Or-thopedics 21:141–148 (1998)

[116] SANDERS, T.G.; TIRMAN, P.F.J.: Paralabral Cyst: An Unusual Cause of Quadrilateral Space Syndrome. Arthroscopy: J Arth Rel Surg 15:632–637 (1999)

[117] SANDERS, W.E.: The occult dorsal carpal ganglion. J Hand Surg 10:257–260 (1985)

[118] SCHAJOWICZ, F.; CLAVEL SAINZ, M.; SLULITTEL, J.A.: Juxta-articular bone cysts (intra-osseous ganglia): a clinicopathological study of eighty-eight cases. J Bone Joint Surg Br 61:107–116 (1979)

[119] SCHRANK, C.; MEIRER, R.; STABLER, A.; NERLICH, A.; REISER, M.; PUTZ, R.: Morphology and topography of intraosseous ganglion cysts in the carpus: An anatomic, histopathologic, and magnetic resonance imaging correlation study. J Hand Surg 28:52–61 (2003)

[120] SCHRØDER, C.P.; SKARE, Ø; STIRIS, M.; GJENGEDAL, E.; UPPHEIM, E.; BROX, J.I.: Treatment of Labral Tears with Associated Spinoglenoid Cysts without Cyst Decompression. J Bone Joint Surg Am 90:523–530 (2008)

[121] SEKIYA, J.K.; ELKOUSY, H.A; FU, F.H.: Recurrent pretibial ganglion cyst formation over 5 years after anterior cruciate ligament reconstruction. Arthroscopy 20:317–321 (2004)

[122] SHETTY, G.M.; WOOK, K.; WANG, K.H.; CHOI, J.Y.; KIM, D.H.; CHAE, D.J.: Central popliteal mass due to communicating posterior cruciate ligament cyst. an indication for a combined approach. J Arthrosc Rel Surg 25:1051–1053 (2009)

[123] SHIMA, Y.; ROTHMAN, S.L.; YASURA, K.; TAKAHASHI, S.: Degenerative intraspinal cyst of the cervical spine: case report and literature review, Spine 27:E18–22 (2002)

[124] SHINAWI, M.; HICKS, J.; GUILERMAN, R.P.; JONES, J.; BRANDT, M.; PEREZ, M.; LEE, B.: Multiple ganglion cysts ('cystic ganglionosis'): an unusual presentation in a child. Scandinavian Journal of Rheumatology 36:145–148 (2007)

[125] SIEBENLIST, S.; GLANZMANN, M.C.; PESCH, R.; BOHNDORF, K.; IMHOFF, A.B.: Asymptomatische progrediente Knochenzyste der lateralen Femurkondyle. Arthroskopie 22:232–236 (2009)

[126] SMILLIE, I.S.: Injuries of the knee joint. 5th ed. Churchill Livingstone, London (1978)

[127] SOREN, A: Pathogenesis and treatment of ganglion. Clin Orthop 48:173 (1966)

[128] SOREN, A: Pathogenesis, clinic, and treatment of ganglion. Archiv für orthopädische und Unfall-Chirurgie 99:247–252 (1982)

[129] SOREN, A: Patologia e terapia del ganglio. Min Ort 19(9):421–425 (1968)

[130] SPINNER, R.J.; DESY, N.M.; AMRAMI, K.K.: Cystic transverse limb of the articular branch: a pathognomonic sign for peroneal intraneural Ganglia at the superior tibiofibular joint. Neurosurgery 59:157–166 (2006)

[131] SPINNER, R.J.; EDWARDS, P.K.; AMRAMI, K.K.: Application of three-dimensional rendering in joint-related ganglion cysts. Clinical Anatomy 19:312–322 (2006)

[132] STEIN, A.; MOGAN, J.: Intraosseous ganglion of the distal ulna. J Hand Surg Am 12:1101–1103 (1987)

[133] STEINBERG, B.D.; KLEINMAN, W.B.: Occult scapholunate ganglion: A cause of dorsal radial wrist pain. J Hand Surg 24:225–231 (1999)

[134] STELLBRINK, G.; ENGLERT, M.: Die ganglioplastischen Tumoren der Hand. Handchirurgie 2:152 (1970)

[135] TANAKA, H.; ARAKI, Y.; YAMAMOTO, H.; YAMAMOTU, T.; TSUKAGUCHI, I.: Intraosseous ganglion. Skeletal Radiology 24:155–157 (1995)

[136] TEHRANZADEH, J.; LABOSKY, D.A; GABRIELE, O.F.: Ganglion cysts and tear of triangular fibrocartilages of both wrists in a cheerleader. Am J Sports Med 11:357–359 (1983)

[137] TEICHMANN, L.: Zur Lehre von den Ganglien. Dissert. Göttingen (1856)

[138] THORN, J.: Über die Entstehung der Ganglien. Arch Klin Chir 52:593–607 (1896)

[139] TIETJENS, B.; ZISSIMOS, A.: Radial cleavage tears and cysts of the lateral meniscus. J Bone Joint Surg 82-B: Supp II (2000)

[140] TOPHOJ, K.; HENRIQUES, U.: Ganglion of the wrist – A structure developed from the joint. Acta Orthop Scandinav 42:244–250 (1971)

[141] TRAVAGLINI, F.; THURNER, J.: Zur Klinik und Pathogenese der Zysten (Ganglien) im Bereich des Kniegelenkes. Z Orthop 88:536–545 (1957)

[142] UEO, T.; HAMABUCHI, M.: Hip pain caused by cystic deformation of the labrum acetabulare. Arthritis Rheum 27:947 (1984)

[143] URIBURU, I.J.F.; LEVY, V.D.: Intraosseous ganglia of the scaphoid and lunate bones: Report of 15 cases in 13 patients. J Hand Surg 24:508–515 (1999)
[144] VESELY, M.J.; BURGE, P.D.: Intraosseous ganglion of the trapezium in communication with the flexor carpi radialis tendon sheath. J Hand Surg Br 24:486–488 (1999)
[145] VIEGAS, S.F.: Intraarticular ganglion of the dorsal interosseous scapholunate ligament: A case for arthroscopy. Arthroscopy 2:93–95 (1986)
[146] VO, P.; WRIGHT, T.; HAYDEN, F.; DELL, P.; CHIDGEY, L.: Evaluating dorsal wrist pain: MRI diagnosis of occult dorsal wrist ganglion. J Hand Surg Am 20:667–670 (1995)
[147] VOGT: Deutsche Chirurgie, 64. Lieferung (1881)
[148] VOLKMANN, V.: Ganglion, Ueberbein. In: Pitha F, Billroth T (Hrsg) Handbuch der Allgemeinen und Speziellen Chirurgie, Bd 2, 2. Abt, 3. und 4. Lieferung. Enke, Stuttgart, S. 838–844 (1882)
[149] VOSBURGH, C.L.; RAYAN, G.M.: Pisotriquetral joint ganglion. Orthopaedic review 23:435–436 (1994)
[150] WADSTROEM, J.; NIGST, H.; OHNACKER, H.: Ganglion im Discus triangularis. Eine Erstbeschreibung. Handchirurgie 18:53–54 (1986)
[151] WALTERS, M.: Ganglion. Journal of Audiovisual Media in Medicine 20:65 (1997)
[152] WARD, W.G.; ECKARDT, J.J.: Ganglion cyst of the proximal tibiofibular joint causing anterior compartment syndrome. J Bone Joint Surg 76-A:1561–1564 (1994)
[153] WATSON, H.K.; ROGERS, W.O.; ASHMEAD, D. 4th: Reevaluation of the cause of the wrist ganglion. J Hand Surg 14:812–817 (1989)
[154] WEISHAUPT, D.; SCHWEITZER, M.E.; MORRISON, W.B.; HAIMS, A.H.; WAPNER, K; KAHN, M.: MRI of the foot and ankle: prevalence and distribution of occult and palpable ganglia. Journal of Magnetic Resonance Imaging 14:464–471 (2001)
[155] WOODS, G.C.: Subchondral bone cysts. J Bone Joint Surg 43 B:758 (1961)
[156] YAMAMOTO, A.; NISHIURA, I.; HANDA, H.; KONDO, A.: Ganglion cyst in the ligamentum flavum of the cervical spine causing myelopathy: Report of two cases. Surg Neurol 56:390–395 (2001)
[157] YILMAZ, E.; KARAKURT, L.; OZERCAN, I.; OZDEMIR, H.: A ganglion cyst that developed from the infrapatellar fat pad of the knee. Arthroscopy 20:365–368 (2004)
[158] YOO, J.H.; KIM, E.H.; MIN, K.D.; LEE, B.I.: Arthroscopic excision of the ganglion in the posterior septum by posterior transseptal portal: report of two cases: Arch Orthop Trauma Surg 129:1047–1051 (2009)
[159] YOUM, T.; MATTHEWS, P.V.; EL ATTRACHE, N.S.: Treatment of Patients With Spinoglenoid Cysts Associated With Superior Labral Tears Without Cyst Aspiration, Debridement, or Excision. J Arthrosc Rel Surg 22:548–552 (2006)
[160] YUKATA, K.; IMADA, K.; YOSHIZUMI, Y.; TAMANO, K.; HOSOKAWA, S.; NAKAIMA, N.: Intraarticular ganglion cyst (paralabral cyst) of the shoulder associated with recurrent anterior dislocation: A case report. J Shoulder Elbow Surg 11:85–87 (2002)
[161] ZEISS, J.; COOMBS, RJ.; BOOTH, RL. Jr., et al: Chronic bursitis presenting as a mass in the pes anserinus bursa: MR diagnosis. J Comput Assist Tomogr 17:137 (1993)
[162] ZIEGLER, L.; KUFFER, G.; EULER, E.; WILHELM, K.: Arthrographische Darstellung von Ganglien im Handbereich. Fortschr Röntgenstr 153:143–146 (1990)

8 Gelenkinnenhaut

Gelenke sind gemäß der internationalen Nomenklatur Knochenverbindungen bzw. Juncturae [334], die in fibröse, kartilaginäre und synoviale Gelenke eingeteilt werden. Bei den Juncturae synoviales handelt es sich um von Knorpel überzogene Verbindungen mit einer umgebenden Gelenkkapsel, deren innere Auskleidung die Gelenkinnenhaut ist, die periphere Schicht gilt als Capsula fibrosa. Diese Anordnung erlaubt die größte Bewegungsfreiheit. Ein äußeres System sorgt für die Funktion [59]. Entwicklungsgeschichtlich erklären sich die Gelenkinnenhaut und damit auch die Schleimhautfalten (Plicae) aus der Zurückbildung des embryonalen Mesenchyms [267] unter Ausbildung der Gelenkhöhle, meist durch Zusammenschluss von Gelenkkompartimenten entsprechender Einzelhöhlen, die dann zur Gesamthöhle konfluieren. Reste des embryonalen Mesenchyms führen zu unregelmäßig ausgebildeten Septen bzw. Plicae. Bei der kompletten Rückbildung des Mesenchyms legen sich dessen Reste als Synovialis auf die kapsuläre Innenwand unter Freilassung der Knorpelflächen sowie der Zwischengelenkscheiben. Ligamente werden von der Synovialis bedeckt und liegen somit entweder extrakapsulär, interkapsulär, intraartikulär, aber immer extrasynovial [208]. Die Erstbeschreibung der Plicae erfolgte durch FULLERTON [94] und MAYEDA [227] bei anatomischen Präparationen, arthroskopisch erstmals durch IINO [154], PATEL [260] und WATANABE [335].

8.1 Anatomie

Diarthrodiale Gelenke sind „eingekapselt“ durch eine fibröse äußere und eine synoviale innere Schicht mit verschiedenen Zellen und einem eigenen Gefäßsystem [37], das aus den Gefäßen der Knorpel-Knochen-Grenze stammt (periartikulärer Plexus) und somit mit dem Periost, Knochen und Knochenmark in Verbindung steht [294]. Es gibt keine Verbindung zu den Gefäßen der sog. fibrösen Kapsel. Die Beschreibung der Gefäßversorgung der Synovialis geht auf HUNTER [151] zurück. Die direkte Beziehung zur Gelenkhöhle stellt HUETER [146] her. Lediglich eine bis max. drei Zellschichten trennen die synovialen Gefäße vom Gelenkraum je nach Lokalisation der Gefäße (areolär, fibrös adipös) und in Abhängigkeit deren Lage in und zu der Synovialisoberfläche mit Falten (folds), Fransen (fringes) und Zotten (villi). Das Gefäßbild der Synovialis kann mittels Mikroarthroendoskopie [91, 129] bei einer herkömmlichen Arthroskopie mit Vergrößerungsoptik abgebildet werden (Abb. 8.1).

Nervenversorgung der Synovialis

Die Nervenversorgung der Synovialis ist mannigfaltig [139, 258] und eng mit derjenigen der Gelenkmuskeln verbunden. Diese Aussage ist besonders für die fibröse Kapsel im Hinblick auf die Steuerung und Haltung von Bewegung (Propriozeption) von

DOI 10.1515/9783110284409-013

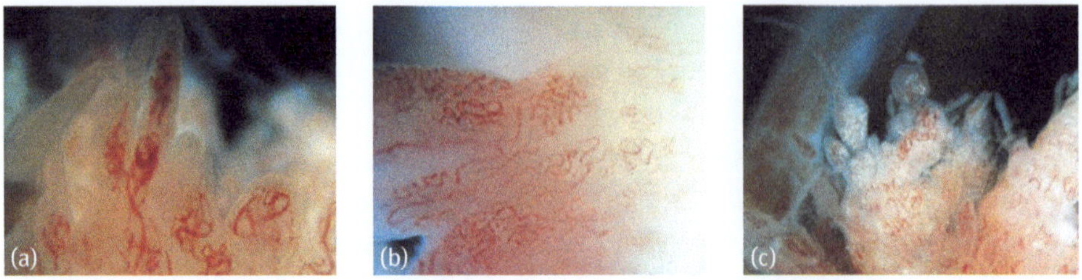

Abb. 8.1: Normalbefunde der Synovialis, betrachtet durch ein Mikro-Arthro-Endoskop ((a) = regelrechte Synovialiszotten mit knäuelförmiger Gefäßversorgung, (b) = längliche Synovialiszotten mit feinster Gefäßversorgung ohne Zeichen entzündlicher Veränderungen, (c) = Synovialitis chondrodetritica – trübe Synovialiszotten mit eingelagerten kleinsten Knorpelfragmenten).

Bedeutung, wobei die Synovialisinnervation hier aber wahrscheinlich eine untergeordnete Rolle spielt. Die Synovialnerven laufen an den Blutgefäßen entlang, die von GARDNER [97] angegebene Armut an Nervenfasern wird von SAMUEL [285] bestritten, es würden mehr Nervenfasern in der Synovialis nachweisbar sein, insbesondere die Fasern der autonomen Nerven, die auch für die Gefäßreflexe und den Tonus der Blutgefäße von Bedeutung sind. Dazu gibt es sensible Nervenfasern, die für die auch geringe Schmerzempfindlichkeit der Synovialis verantwortlich sind [285]. Nervenendigungen für die Propriozeption sind in geringer Quantität in den fettgewebsreichen Synovialis-Arealen nachweisbar.

Mikromorphologie der Synovialis

Die Deckzellschicht (Adventitia) wird zusammen mit der synovialen Intima (subsynoviales Gewebe) auch als Synovialmembran bezeichnet [101]. In der Adventitia finden sich die Synoviozyten. Ontogenetisch stammen die A-Zellen von Monozyten [328] und fetalen Makrophagen [354] vom zirkulierenden Blut ab [156]. Sie unterscheiden sich von den B-Zellen [107]. In der Zwischenzone des Blastems entstehen die B-Zellen [315], nicht aber die A-Zellen [213]. Kollagenstrukturen werden in den Oberflächenzellen nicht gefunden [23]. Den Deckzellen wird die Funktion der Hyaluronsäureproduktion sowie die der Sekretion und Resorption zugeordnet [115]. In Verbindung mit der Gefäßversorgung dienen die Zotten der Sekretion, die flachen Synovialisabschnitte der Resorption [280, 281]. Elektronenmikroskopische Untersuchungen der Synovialis [298] bestätigen die drei Zelllagen in der Adventitia, ein Zelltyp hat phagozytäre Funktion, andere, die reich an endoplasmatischem Retikulum sind, produzieren Proteine und es gibt zusätzliche Zellen mit verschiedenen Funktionen. Die Zellen mit einem ausgeprägten Golgi-Apparat produzieren bevorzugt Hyaluronsäure. Die synoviale Matrix enthält Kollagen und Mukopolysaccharide. Diese Struktur bedeutet keinen wesentlichen Widerstand für eine Diffusion der meisten Substanzen. Oberflächliche Kapillaren und Venolen sind gefenstert und erlauben einen raschen Austausch von Flüssigkeit und Elektrolyten. Daraus lässt sich auch ableiten, dass die A-Zellen eine klärende

Funktion übernehmen, die B-Zellen eine produzierende Funktion von Kollagen und Hyaluronsäure [213]. Andere elektronenmikroskopische Untersuchungen bestätigen die Aussage an der normalen Synovialis [343, 23, 60, 207, 212, 220, 298]. Die Synovialis zeigt je nach Lokalisation eine andere Oberflächen- und Stromadifferenzierung [171, 344, 152, 153]. Das Stroma ist das bindegewebige Gerüstgewebe des Organs „Synovialis“. Die Einteilung der Synovialis entsprechend dem histologischen Typ in fibröse, areoläre und adipöse Areale erfolgt aufgrund des subsynovialen Bindegewebstyps.

Makromorphologie der Synovialis

Die makroskopische Beurteilung der Synovialis sieht glatte Gebiete vor, aber auch Falten und Zotten. LUKOSCHEK [218] nahm eine histologische und morphometrische Untersuchung der Synovialmembran vor. Unter Berücksichtigung der Oberflächenbeschaffenheit (glatt, Falte, Zotte) werden die Zellverteilung sowie die Vaskularisation bestimmt.

Es zeigt sich, dass der areoläre Typ am zell- und gefäßreichsten ist, wogegen der fibröse Typ die geringste Zell- und Gefäßdichte besitzt. In Bezug auf die Oberflächenbeschaffenheit lässt sich feststellen, dass die größte Synoviozyten- und Gefäßdichte in der Zotte und in der Falte vorliegt. Die Falte zeigt mittlere Werte, während die glatte Oberfläche, entsprechend dem fibrösen Typ, die geringste Zell- und Vaskularisationsdichte aufweist. Wird der histologische Synovialmembrantyp mit dem Oberflächenrelief verknüpft, so zeigt sich, dass der fibröse Typ keine wesentliche Oberflächenvergrößerung erkennen lässt, während der areoläre und fettige Typ entsprechend der Oberflächenstruktur als „Austauschorgan“ angesehen werden kann. In Bezug auf die Zelltypen (A, AB, B) zeigt sich eine deutliche Abnahme der B-Zellhäufigkeit auf den in das Gelenklumen ragenden Oberflächenstrukturen Falte und Zotte. Es resultiert der Schluss (Tab. 8.1), dass der glatte Oberflächentyp, entsprechend dem histologisch-fibrösen Typ, wohl als Gleitschicht dient, während Falte und Zotte mit einem areolären und adipösen histologischen Typ die aktiven Areale der Synovialis darstellen. Die Zotte wird entsprechend der Beschaffenheit der dem Gelenklumen naheliegenden Alveolen sozusagen als „Glomerulum“ der Synovialis bezeichnet, die Falte erscheint als die Struktur, die hauptsächlich den „turn over“ der Synovialis übernimmt. Zur letzten Aussage kommt man aufgrund der Tatsache, dass die Kapillarschenkel in der Falte dem venösen Bereich zugeordnet werden können. Die Zotten zeigen gefensterte Kapillaren und nur A- und AB-Synoviozyten und stellen somit die Produktionsareale der Synovia dar. In Kenntnis dieser anatomischen Tatsachen kann der Schluss gezogen wurden, dass Probebiopsien aus der Synovialmembran aus den faltigen und zottigen Arealen entnommen werden sollten, da diese Strukturen die Funktionsträger der Gelenkflüssigkeitsproduktion bilden.

Die Morphologie der fetalen Synovialis zeigt eine überwiegend glatte Oberflächenstruktur mit beginnender Zottenausprägung nahe dem patellaren Knorpel und den Menisken mit vermehrt ektatischen bzw. hyperämischen Gefäßen [293, 12]. Mit zunehmendem Alter [336, 337, 259] kommt es zur Vermehrung der Synovialzotten

Tab. 8.1: Eigenschaften der Synovialmembran (Histologische Typisierung und Oberflächenrelief).

	Oberflächentyp		
Histologischer Typ	**glatt**	**Falte**	**Zotte**
fibrös	++	+	(+)
areolär	(+)	++	(+)
adipös	-	++	(+)
A, AB, B	B	B (A)	A, AB
	Gleitschicht	„turn over“	„Glomerulum“

und auch zu einer Formänderung. Zur Entwicklung der Synovialisfalten bzw. -zotten sei angemerkt, dass bereits beim sechs Monate alten Fetus neben großen glatten Innenhautbezirken auch Faltenbildungen vorkommen [206]. Wenn ein Synovialisläppchen aus der Gelenkinnenwand heraussprosst, kann auch eine Kapillarschlinge in ein Synovialisläppchen einwachsen, es bildet sich eine vaskularisierte Zotte. Dem gegenüber gibt es gefäßlose, evtl. auch segmentierte Synovialiszotten. Aus den kleinen Falten der Embryonalzeit entwickelt sich dann das typische Bild eines erwachsenen Knies, die Falten und Zotten vergrößern die Oberfläche und ernähren den synovialen Zellbelag. Die typischen Synovialiskapillaren sind außerordentlich lang (bis 800 μ). Der Bau, die Länge und auch die Lage der typischen Synovialiskapillaren sind für die Filtration und Rückresorption besonders geeignet. Ab dem 20. Lebensjahr werden Falten und Synovialiszotten abgebaut und durch neue ersetzt [205]. Für die histologische Untersuchung bietet sich eine Synovialmembran über dem Fettkörper sowie auch über den mittleren und lateralen Kapselanteilen als geeignet an [152].

Plicae

Die Theorie zur Entstehung der Synovialfalten (Plicae) von PIPKIN [267, 268] sieht diese als Reste des Mesenchyms, das auch die Innenauskleidung des Gelenkes (Synovialis) durch ein Zurückbilden des Mesenchyms bewerkstelligt, das im Fetalzustand das gesamte Gelenk ausfüllte. Die Plicae sind die Folgen einer inkompletten Rückbildung des Mesenchyms, besonders an den Stellen ehemaliger Trennwände (am Knie zwischen den drei sich bildenden Gelenkhöhlen) [22, 122, 124, 236, 246, 247, 260, 262, 276]. Die inkomplette Rückbildung des embryonalen Mesenchyms erklärt die Formation der Plicae zwischen den Gelenkkompartimenten. Das infrapatellare Septum (Lig. mucosum, [329]) kann komplett erhalten sein. Das Septum suprapatellare trennt bei 10 % der Individuen [78] die Bursa suprapatellaris vom Recessus suprapatellare, bei teilweiser Rückbildung bleibt der Septumrest als Plica suprapatellare [111]. Es liegt eine erhebliche Variabilität der Plicae vor, auch eine Verknüpfung der medialen Plica mit einer Lateralisation der Patella [251].

Fettkörper

Fettkörper entstehen zusammen mit der Ausbildung der Gelenkhöhle und den Plicae.

Übergangszone

Die Verbindungsstelle zwischen Synovialis, Knorpel und Knochen ist von Bedeutung für die Pathologie der Arthritis [7]. An dieser Stelle finden sich die ersten Zeichen der Erosion (Pannusbildung) bei der RA (rheumatoide Arthritis) sowie der Osteophytenformation bei der OA (Osteoarthrose). Feingeweblich geht die oberflächliche Tangentialfaserzone des Knorpels (Abb. 8.2) in die Synovialisdeckzellschicht über [189, 7].

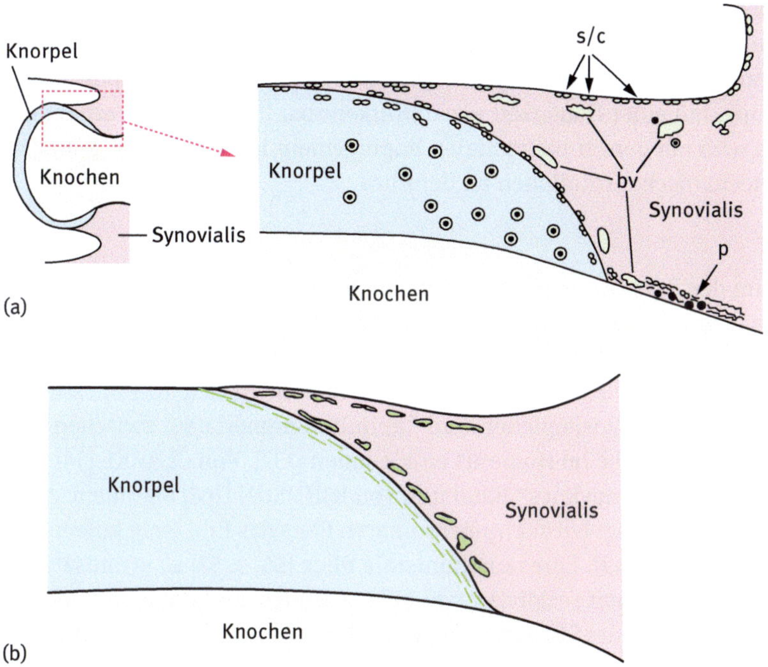

Abb. 8.2: Darstellung der Übergangszone ((a) = schematische Darstellung der Synovialis-Knorpel-Verbindung mit Fibroblasten (s/c) nahe dem Gelenkkavum. Das vaskuläre Retinakulum (bv) verläuft nahe der synovialen Deckzellschicht bzw. der Knorpeloberfläche. Im Periost zwischen Synovialis und Knochen sind rundliche Zellen (p), (b) = Randzone vergrößert), nach [7, 322].

Es besteht keine abrupte Grenze zwischen Knorpel und Synovialis. Dies ist auf die Struktur und den Gehalt des Kollagens sowie der Zellen zurückzuführen. Die Ultrastruktur der Zellen ändert sich schrittweise von der Synovialis zum Knorpel. Die Knorpel-Synovialis-Grenzzone hält den Spannungen, ausgehend von der Knorpeldeformierung, stand [322, 341, 342, 241].

Schultergelenk

Das Schultergelenk wird von der Synovialis ausgekleidet, die alle Strukturen (diese liegen extrasynovial), außer den Gelenkflächen, überlagert. Besondere Schleimhautfalten oder Plicae bestehen nicht. Die teilweise komplizierten Gebilde der Schultervorderwand mit all ihren Normvarianten (Ligg. glenohumeralia) werden besonders durch die meist mit der Gelenkhöhle kommunizierenden Bursae (Bursa subcoracoidea, Bursa mucosa subscapularis, Bursa synovialis intertubercularis, Bursa synovialis musculocoracobrachialis) mitgestaltet. Lediglich im Bereich des Lig. glenohumerale medium können manchmal unwesentliche Falten erkannt werden (Typ 5 nach DE PALMA [68]). Die Schultervorderwand wird durch die Anwesenheit der Ligg. glenohumeralia charakterisiert, die in Verbindung mit den dazugehörenden Rezessus eine Klassifikation zulassen [127]. In der Bursa subacromialis finden sich Plicae, vergleichbar mit dem Septum suprapatellaris des Kniegelenkes [55]. Diese Schulterplicae sind mittels Bursoskopie mit einer Häufigkeit von 6 % erkennbar [95, 44]. Das Vorhandensein dieser Plica wird mit dem subakromialen Impingement in Verbindung gebracht. Es zeigen sich mechanische Irritationen an der Plica.

Ellbogengelenk

Das Gelenkkavum des Ellenbogengelenkes entsteht durch das Zurückbilden des embryonalen Mesenchyms im radiohumeralen sowie ulnohumeralen Bereich und im radioulnaren Anteil. Diese drei Regionen konfluieren, hinterlassen aber synoviale Falten bzw. Plicae [286]. Diese Plicae sind extrem variabel, können sich aber auch in die Gelenkspalten zwischen Radiusköpfchen und Capitulum humeri oder zwischen Olekranon und dessen Gleitfläche im Humerus einklemmen [132]. Von CLARKE [54] werden diese Strukturen als „synoviales“ Band und von JOHNSON [162] als „meniscoid“ beschrieben. Histologisch liegt bei der humeroulnaren Plica das Bild einer kniemeniskusähnlichen Struktur vor [49]. Eine radiohumerale Plica [54, 5, 57] ist grundsätzlich anlagebedingt, soll aber durch rezidivierende Mikrotraumen und dadurch bedingte entzündliche Reaktionen an der Synovialis hypertrophieren und sich zu einem derben Strang verändern [14]. Wesentliche Fettkörper finden sich am Ellenbogen beuge- und streckseitig, korrespondierend zur Fossa coronoidea sowie zur Fossa olecrani. Neben dem anterioren und posterioren Fettkörper (Lig. mucosum cubiti D'ALTON) lassen sich drei weitere Schleimhautfalten im Ellbogengelenk erkennen: Meniskus lip, radiale humeroulnare Plica und humeroulnare Plica.

Handgelenk

Im Radiokarpalgelenk gibt es zwei faltenartige Strukturen, die beide beugeseitig zu finden sind, eine volare Falte, ausgehend vom SL-Band, reichend bis zum Radiusfirst, und das Testut-Ligament = Lig. radioscapholunatum.

Hüftgelenk

Die Schleimhautfalten des Hüftgelenkes finden sich an den Stellen, so wie in allen Gelenken, wo sich Gelenkstrukturen einander anpassen [93]. Davon hängt auch die Form der Plicae [106] zur Stabilisierung des Gelenkes ab. Dabei bewegen sich die Plicae zwischen den Gelenkstrukturen hin und her [62]. Sie sind flach bzw. blattartig oder zottig [93] und zeigen sich im Hüftgelenk an folgenden Stellen:

- äußere Oberfläche des distalen medialen Labrums gegenüber dem Os ischium = Labrum-Plica,
- Basis des Lig. teres = Band-Plica,
- Synovialmembran der Schenkelhalsbasis = Hals-Plica.

Drei Schleimhautfalten im peripheren Bereich des Hüftgelenks finden Erwähnung:

- die regulär vorhandene Plica synovialis medialis [9, 13] im medialen Schenkelhalsbereich (Plica pectineo-fovealis), die vom ventromedialen Hüftkopf-Schenkelhals-Übergang zur Kapselumschlagfalte proximal des Trochanter minor zieht [76, 70],
- die Plica synovialis dorsolateralis mit den Endästen des R. profundus der A. circumflexa femoris medialis [70], die von der Basis des Trochanter major bis zur Knorpelperipherie des Hüftkopfes zieht [13], und
- die anteriore Plica an der Vorderfläche des Halses, diese zieht von der Linea intertrochanterica bis zum Knorpelrand des Kopfes [13].

Kniegelenk

Die Erstbeschreibung der Knie-Plicae am anatomischen Präparat nahmen FULLERTON [94] und MAYEDA [227] vor, erstmals bei der Arthroskopie zeigten die Plicae IINO [154], PATEL [260] und WATANABE [336, 337]. Ursprünglich wurden zwei Plicae im Knie definiert, die inferiore und die superomediale, d. h., die superiore und mediale Plica bilden eine Einheit [148, 10]. HARTY [125] trennt die superiore von der medialen Plica und bezeichnet die inferiore Plica als Schleimhautfalte. Die meisten Autoren definieren drei Plicae, ohne die laterale zu nennen [15, 40, 122, 183, 236, 243, 247, 260]. Heute werden meistens vier Plicae genannt, die superiore, mediale, inferiore und laterale [11, 75, 103, 158, 246, 261, 262, 302, 321], wobei die Umschlagfalte im lateralen Rezessus zum Hiatus popliteus als 5. Falte bezeichnet werden kann [132]. Diese Umschlagfalte kann auch als Typ 4 der Plica lateralis nach DUPONT [78] gesehen werden. Am Kniegelenk sind vier Fettkörper ausgebildet, der infrapatellare Fettkörper [142], der anteriore suprapatellare Fettkörper [159, 96], der suprapatellare, präfemorale Fettkörper [181] und der popliteale Fettkörper [320]. Fettkörper an allen Gelenken liegen intrakapsulär, aber extrasynovial [159] und haben die Funktion der Volumenfüllung.

Oberes Sprunggelenk

Die Kapsel des oberen Sprunggelenkes besitzt jeweils einen physiologischen Rezessus auf der Medial-, Lateral-, Ventral- und Dorsalseite. Neben dem vorderen und hinteren

Gelenkraum gibt es einen lateralen und medialen Rezessus sowie Strukturen zwischen Fibula und Tibia mit Ausbildung eines tibiofibularen Rezessus einschließlich Meniscus tibiofibularis und die beiden tibiofibularen Bänder. In diesen Räumen werden unregelmäßig feststellbare Schleimhautfalten gefunden:

1. vertikale synoviale Scheidenwände im vorderen Gelenkraum, der vorderen Gelenkkapsel anhaftend,
2. Intima-Fettfalten, querverlaufend an der Vorder- und Rückwand des entsprechenden Rezessus,
3. dünne Plica an der vorderen Kapsel, zum vorderen Fettkörper ziehend,
4. Plicae, ausgehend von der dorsalen Kapsel, auch zum entsprechenden Fettkörper reichend,
5. Meniscus tibiofibularis [209], bekannt als Plica intraarticularis tibiofibularis [84] als Teil der Syndesmose. Es handelt sich um eine Synovialfalte, die in den Syndesmosenspalt ragt.

8.2 Pathologie

Die Pathologie der Synovialis und der Plicae lässt drei Gruppen erkennen:

1. Krankhafte Veränderungen der Schleimhautfalten (Plicae),
2. Mitbeteiligung der Synovialis beim Impingement,
3. Erkrankungen der Synovialis sowie deren Verletzung bzw. Verletzungsfolgen.

8.2.1 Pathologische Plicae

Schultergelenk

Pathologische Plicae sind im Schultergelenk nicht bekannt. Hier spielen Impingementsyndrome eine wesentliche Rolle: subakromiales Impingement, subkorakoidales Impingement, anterosuperiores Impingement, posterosuperiores Impingement, lediglich in der Bursa subacromialis kann eine Schleimhautfalte ein Impingement verursachen [95, 44].

Ellenbogengelenk

Ein schmerzhaftes Schnappen [166, 25, 314] radialseitig am Ellbogen kann durch Gelenkkörper, aber auch durch eine fibrosierte Schleimhautfalte entstehen, die über das Radiohumeralgelenk verläuft [252, 323] und in Streckung sich zwischen Radiusköpfchen und Capitulum humeri einklemmen, sich aber in Beugung wieder lösen kann [54, 14]. Histologisch soll ein meniskusähnliches fibrokartilaginäres Gewebe, vergleichbar mit dem Kniemeniskus, vorliegen [49]. Ätiologisch werden rezidivierende Mikrotraumen durch Flexion – Pronation verantwortlich gemacht [5, 14], die eine synoviale entzündliche Reaktion aufrecht erhalten, bis hin zur Fibrose. In der Folge entwickelt sich auch, vergleichbar mit dem Shelf-Syndrom am Knie, eine Chondromalazie am Radiusköpfchen und/oder am Capitulum humeri [17].

Handgelenk

Abgesehen vom Testut-Ligament, das als Verbindungsband zwischen proximalem Handgelenk und den beugeseitigen Sehnenscheiden entzündliche Prozesse aus dem Handgelenk weiterleiten kann, sind pathologische Plicae nicht bekannt.

Hüftgelenk

Eine pathologische Wertigkeit wird der Hypertrophie der Plica synovialis medialis im Sinne eines pektineofovealen Impingements zugeschrieben. Diese Schleimhautfalte, auch pektineofoveale Falte oder „medial synovial fold" genannt, kann im hypertrophen, fibrosierten Zustand in Beugung und Außenrotation ein pektineofoveales Impingement auslösen [226, 35, 16].

Die Pathologie des Lig. teres ist aufgrund der anatomischen Struktur vergleichbar mit der des Hoffa'schen Fettkörpers, auch hier liegen tumoröse Veränderungen vor (Riesenzelltumor) [306]. Im Vordergrund steht aber bezüglich des Lig. teres die Ruptur oder Kontinuitätsunterbrechung. Dementsprechend liegt eine Klassifikation von GRAY [110] vor, die mittels Hüftarthroskopie [273] vorgenommen wird und mittels Kernspintomographie [204] ergänzt werden sollte:

- Gruppe 1: komplette Rupturen,
- Gruppe 2: partielle Rupturen,
- Gruppe 3: Degeneration,
- Gruppe 4: Synovialiserkrankungen, da die Veränderung am Lig. teres nicht nur in Verbindung mit einer Coxarthrose oder einer Dysplasie [282] im Sinne einer Strukturstörung einhergeht, sondern da auch eigenständige Synovialiserkrankungen vorkommen.

Die komplette Ruptur entsteht in aller Regel durch eine Hüftluxation, wobei ein Abriss des Bandes, evtl. auch mit Ausriss eines ossären Fragmentes, die Folge ist [168, 289]. Aber auch ohne Luxation werden Kontinuitätsunterbrechungen bei Subluxationen oder Verdrehtraumen festgestellt, auch hier kann eine Kontinuitätsunterbrechung ermittelt werden, sogar mit ossärem Abriss des Bandes aufgrund repetitiver Hyperabduktionen [202, 66, 47, 79, 24].

Kniegelenk

Häufig werden am Knie die Plica alaris medialis als Shelf-Syndrom sowie die Plica suprapatellaris als Septumsyndrom diskutiert, seltener ist dies bei der Plica synovialis infrapatellaris und der Plica alaris lateralis der Fall.

Grundsätzlich handelt es sich bei der Plica alaris medialis um eine normale anatomische Struktur. Das „Plica-Syndrom" ist eigentlich erst durch die Arthroskopie bekannt geworden, ebenso wie Ansätze zu dieser Diagnose aufgrund der Arthrographie.

Im Großen und Ganzen stimmen die Autoren [15, 122, 41, 157, 124] u. a. überein, dass erst klinisch die Verdachtsdiagnose auf ein so genanntes „Plica-Syndrom„ entsteht. Es kann erst dann, wenn andere pathologische Geschehen im Kniegelenk bei einer verdickten Plica ausgeschlossen werden, „unter Umständen“ von einem Plica-Syndrom gesprochen werden [41]. Dieses sog. Shelf-Syndrom liegt vor, wenn begleitend zu einer hypertrophen Plica alaris medialis Knorpelschäden am medialen Femurkondylus und gegenüberliegend an der medialen Patellafacette bestehen. Hinweise auf ein geeignetes Unfallereignis finden sich nicht. Denkbar wäre aber die Plicaruptur als Begleitverletzung bei einer traumatischen Patellaluxation, da durch die Ruptur des medialen Retinakulums mit Abriss der Plica diese im Femoropatellargelenk zwischen Patella und medialem Femurkondylus eingequetscht werden kann. Eine isolierte Plicaruptur ist nicht vorstellbar.

In Anlehnung an YANO [345] erfolgt die Einteilung der Plicae und Rezessus im Rezessus suprapatellaris entsprechend drei Grundtypen gemäß anatomischen Präparationen, vergleichbar denen von PIPKIN [267]. PIPKIN [267] kommt zu der Auffassung, dass auch dem Septum suprapatellare ein pathologischer Wert zukommen kann [147, 148, 268, 279]. Die Folge sei ein Plicasyndrom im oberen Rezessus. Wie bei der Plica alaris medialis können auch am Septum suprapatellare verschiedene Noxen, mechanischer oder metabolischer Art, zur Entzündung des Septums mit nachfolgender Fibrosierung und Elastizitätsverlust führen. Anders als beim Shelf-Syndrom bewirkt das entzündlich veränderte Septum suprapatellare jedoch durch seine Lage im Gelenk weniger eine lokale Irritation von benachbarten Knorpelflächen, sondern es resultiert eine Störung des Synoviastromes (Ventilfunktion, [267, 268]). Die Ursache ist eine Steigerung des intraartikulären Drucks. Die zwei „Druckausgleichsbehälter“ des Gelenkraumes stellen die Bursa suprapatellaris und die Bursa semimembranoso-gastrocnemica dar. Die Synovia fließt nun in Richtung des fallenden Druckgradienten. Bei gesundem Septum und weiter Öffnung zwischen den Räumen kann die Synovia nach Auffüllung der Bursae auch wieder ins Gelenk zurückfließen. Ist dieser Rückweg aber durch ein kräftiges, derbes und aufgequollenes Septum verlegt, so findet der Flüssigkeitsaustausch nur noch in einer Richtung statt, nämlich in die Bursae hinein, welche sich zunehmend auffüllen [263]. Dies führt bei der Bursa semimembranoso-gastrocnemica zur Entstehung einer so genannten Bakerzyste durch Verlegung der Austauschöffnung und bei der Bursa suprapatellaris zum Plica-Syndrom. Die gefüllten Schleimbeutel sind tastbar und durch eine sekundäre Bursitis häufig druckdolent. Ursache jedes Plica-Syndroms ist eine Synovialitis. Diese kann durch mechanische Irritationen oder metabolische Veränderungen hervorgerufen werden (z. B. synoviale Chondromatose, Synovialitis villonodularis pigmentosa, u. a.). Vom „one way“-Mechanismus muss die Entzündung der Bursa suprapatellaris bei komplett ausgebildetem Septum suprapatellare abgegrenzt werden [239]. Hier handelt es sich um eine isolierte Bursitis und nicht um ein Plica-Syndrom. Ein weiteres Plicaproblem (Septum-Syndrom) entsteht, wenn es zur Fibrosierung und Verdickung des Septum suprapatellare bei einer Patella alta kommt [174, 1, 317, 18].

Die mit 85 % sehr häufig nachweisbare Plica synovialis infrapatellaris ist von keiner klinischen Relevanz, sie kann jedoch bei der Arthroskopie die Bewegungsfreiheit des Arthroskops einschränken und auch die Beurteilbarkeit des vorderen Kreuzbandes wegen dessen unmittelbarer Nähe erheblich erschweren [122, 67]. Die Plica synovialis infrapatellaris liegt lateral des vorderen Kreuzbandes und verdeckt dieses [63, 190, 39, 69]. Es gibt aber bezüglich der Klinik zwei Ausnahmen:

1. Ruptur der Plica synovialis infrapatellaris
   Extrem selten kann es beim Rotationstrauma zur Ruptur der Plica synovialis infrapatellaris kommen, die Folge ist ein Hämarthros [78] und/oder eine passagere Gelenkblockade durch Einklemmen der Plica im Femorotibialgelenk lateral oder medial. Eine Plicaresektion wird nur in den seltensten Fällen notwendig werden, da sich die Plica retrahiert und somit die Blockade aufgehoben wird.
2. Hypertrophie der Plica synovialis infrapatellaris
   Wie auch beim Shelf-Syndrom oder beim Septumsyndrom im oberen Rezessus, können bei einer diffusen Synovialitis eine Hypertrophie und Fibrosierung der Plica synovialis infrapatellaris zustande kommen [69]. Ist diese Schleimhautfalte, die oberhalb des vorderen Kreuzbandes vom Dach der Fossa zum Hoffa'schen Fettkörper zieht, fibrotisch verändert, so resultiert in Streckstellung des Knies ein Fossa-Impingement. Ähnlich wie bei einer hypertrophen Kreuzbandplastik mittels Patellarsehne entsteht so ein schmerzhaftes Streckdefizit durch Einklemmen der Plica zwischen Kreuzband und der Notch von Grant. Dieses Einklemmen der fibrosierten Plica fördert die Fibrosierung und macht einen Knorpelschaden am Fossadach wahrscheinlich [175, 255].

Unter dem lateralen Plica-Syndrom (Plica alaris lateralis) wird ein schmerzhaftes Schnappen im Bereich des lateralen Femurkondylus verstanden, ausgelöst durch eine Verdickung und Vergrößerung der Plica alaris lateralis. Dieses Synovialband zieht vom Septum suprapatellare an der lateralen Gelenkkapsel zum Hoffa-Fettkörper und führt bei Kniebeugung zu einem Schnapp-Phänomen über den lateralen Femurkondylus. Diese symptomatische laterale Synovial-Plica des Knies wird erstmals von NOZAWA [248] als Plica synovialis lateropatellaris beschrieben. Die Häufigkeit des lateralen Plica-Syndroms wird mit unter 5 % angegeben [318]. Dieses Plica-Syndrom ist vergleichbar mit dem medialen Shelf-Syndrom und wird als laterales parapatellares Impingement einer fibrosierten, verdickten Plica alaris lateralis [180, 78, 297] gewertet, ist jedoch noch seltener als das schon seltene Shelf-Syndrom [297]. In neuerer Zeit nehmen die Berichte über das laterale Plicasyndrom zu [297, 201, 163, 164, 178, 180].

Fettkörper liegen immer extraartikulär, aber intrakapsulär, sie sind also mit Synovialis überzogen. Alleine durch eine Vergrößerung des Fettkörpers, z. B. entzündlich bedingt, kann es zu einem Impingement kommen [181], einem sog. Fettkörperimpingement. Dies ist beim Hoffa'schen Fettkörper der Fall, aber auch beim femoralen Fettkörper am Knie. Vergrößerungen des Fettkörpers entstehen durch intraartikuläre Lipome [29, 72, 223, 225, 346] oder auch durch ein Lipoma arborescens [31, 53, 176,

177, 65, 222, 330]. Die Hoffa-Erkrankung ist im Sinne einer Hyperplasie zu verstehen und resultiert in einem Hoffa-Fettkörperimpingement [331, 200, 159]. Als Endstadium dieser Erkrankung werden intrakapsuläre Chondrome gefunden [193, 326].

Oberes Sprunggelenk

Im oberen Sprunggelenk gibt es diverse Schleimhautfalten, ohne dass diesen ein besonderer Krankheitswert zugeordnet wird. Vom Lig. fibulotalare post. zieht fast regelmäßig ein Faserbündel zur Tibiahinterkante („tibial slip of the posterior fibulotalar ligament"). Dieses extrasynovial verlaufende Band kann hypertrophieren und ist dann mit einer Verdickung der Synovialis versehen. Dieser pathologische „tibial slip" wird den Impingements zugeordnet [132].

8.2.2 Impingement

Unter einem Impingement wird eine schmerzhafte Verdrängung oder Einklemmung von Gewebe verstanden. Ein Syndrom ist eine Gruppe von Krankheitszeichen, die für ein bestimmtes Phänomen (Phänotypus) meist mit einer einheitlichen Ätiologie, aber „unbekannter" Pathogenese charakteristisch sind (vgl. Kapitel 6). Bezüglich der Gelenkinnenhaut gibt es verschiedene Impingementsyndrome, durch Einklemmung (Verdrängung) der Gelenkinnenhaut, deren Plicae oder von narbigen Veränderungen in der Folge von nicht traumatischen, aber auch traumabedingten entzündlichen Reaktionen (z. B. Narbenimpingement).

8.2.3 Synovialis-Pathologie

Endoskopisch/arthroskopisch gibt es keine sicheren Unterscheidungsmöglichkeiten zwischen einer akuten und chronischen Synovialitis. Das Ausmaß der Rötung bzw. der entzündlichen Reaktion ist kein Hinweis darauf, ob sich eine Entzündung im akuten Stadium befindet oder ob bereits die Chronizität eingetreten ist. Die Differenzierung der Synovialis-Pathologien stellt eine Domäne der Histopathologie dar: Die Gesamtheit der Synovialis-/Synovialitis-Pathologien ist im Histopathologischen Algorithmus der Synovialis-Pathologie [195, 197] zusammengefasst (Abb. 8.3): Diese beinhaltet entzündliche Gelenkerkrankungen, sog. degenerative, metabolische/kristalloide, infektiöse, tumorähnliche, neoplastische Gelenkerkrankungen und fremd-materialinduzierte Läsionen, posttraumatische Erkrankungen und deren Komplikationen sowie Folgezustände von endoprothetischen Eingriffen mit entzündlichen, fibrosierenden und funktionellen Pathologien.

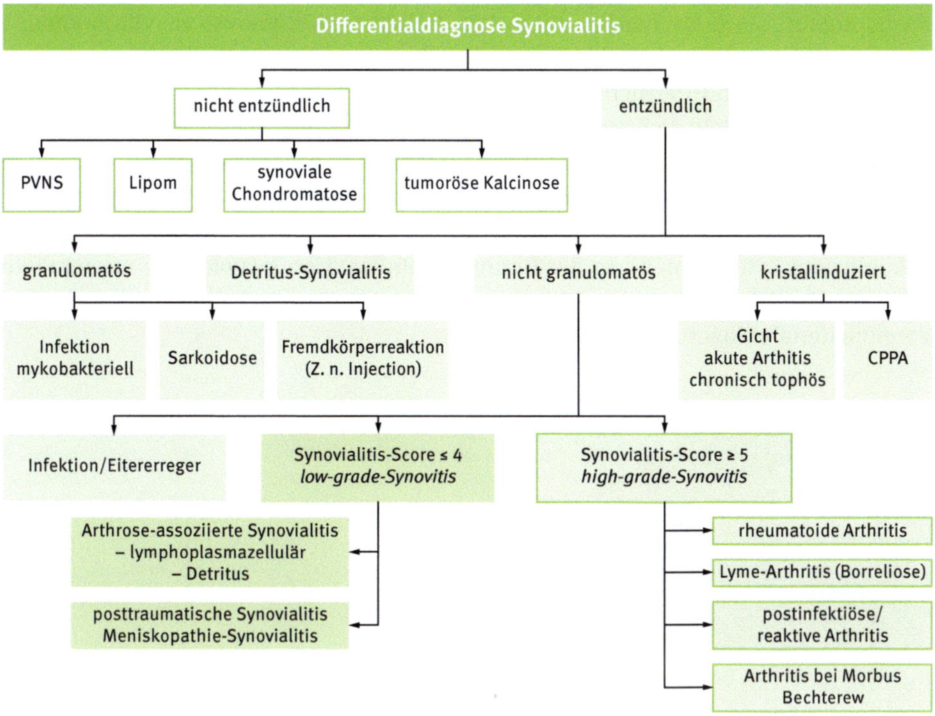

Abb. 8.3: Histopathologischer Algorithmus der Synovialis Pathologie, nach [195, 198].

Tenosynovialer Riesenzellentumor (TSRT)

Nomenklatorisch hat sich durch die WHO-Klassifikation für die pigmentierte villonoduläre Synovialitis (PVNS) die Bezeichnung des tenosynovialen Riesenzelltumors (TSRT) durchgesetzt und somit die in erster Linie klinisch akzeptierte Bezeichnung pigmentierte villonoduläre Synovialitis (PVNS) ersetzt. Als Synonyme existieren: die Synovialitis villonodularis pigmentosa, der Riesenzellentumor der Synovialmembran oder Sehnenscheide und der sog. Xanthomatöse Riesenzelltumor [38, 211]. Die Pathogenese ist ungeklärt, Daten sprechen zum einen für eine Polyklonalität, zum anderen wurden Aneuploidie und chromosomale Aberrationen nachgewiesen, welche eine klonale, neoplastische Genese favorisieren. Funktionell wird eine synerge CSF-1- und TNF-alpha-Wirkung in einer sog. „paracrine loop“ für die Proliferationsderegulation postuliert. Diskutiert wird somit für die Pathogenese des tenosynovialen Riesenzellentumors eine neoplastische Genese [27, 28] im Sinne einer Neoplasie synovialer Zellen [34]. Demgegenüber steht das Konzept einer inflammatorischen, polyklonalen, reaktiven Genese [4, 264]. Weitere Pathognese-Konzepte umfassen eine Störung des Fetthaushaltes [109, 140], repetitive Verletzungen [305, 73] oder chronische Entzündungen im Sinne einer benignen Neoplasie [46]. Heute wird eine gutartige tumorartige Neubildung [138] zugrunde gelegt, ausgehend von Synovialzellen im Sinne eines

Pseudotumors [143]. Bei der Funktion eines Gelenkes mit Synovialitis villonodularis pigmentosa ist unzuverlässlich mit einem blutigen Erguss zu rechnen [88], dazu kann die Pigmentation in 16 % nicht erwartet werden [88].

Histologisch stellt sich eine villös konfigurierte Tunica synovialis mit umschriebenen zelldichten Abschnitten dar, diese bestehen aus fibrohistiozytären Zellformen mit zahlreichen multinukleären Riesenzellen (osteoklastärer Zelltyp) sowie umschriebenen Schaumzellnestern mit breitzytoplasmatischen Makrophagen (helle, vakuolisierte Zytoplasmen). In der Berliner-Blau-Reaktion besteht eine ausgeprägte feingranuläre Hämosiderindeposition und polarisationsoptisch kein Nachweis einer Fremdmaterialablagerung (Abb. 8.4).

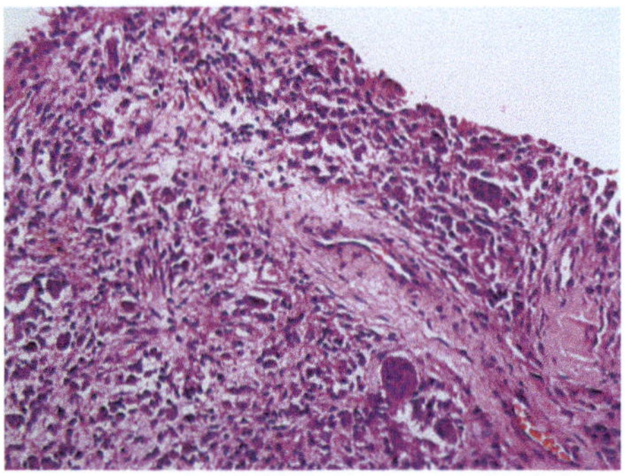

Abb. 8.4: PVNS – histopathologische Charakteristika des tenosynovialen Riesenzelltumors, sog. PVNS (diffuse Variante) mit hoher Zellularität von polygonalen und fibroblastenartigen Zellen sowie multinukleären Riesenzellen, teilweise im Bereich der Deckzellschicht, teilweise in den subsynovialen Gewebsarealen (Originalvergrößerung etwa 350×, HE-Färbung).

Histopathologische diagnostische Kriterien:
1. Zelldichter mesenchymaler Tumor, bestehend aus drei verschiedenen Zelltypen:
   (a) spindeligen fibroblastären Zellen,
   (b) multinukleären Riesenzellen und
   (c) Schaumzellen (Makrophagen mit vakuolisierten Zytoplasmen) in Form von umschriebenen Schaumzellansammlungen.
2. Feinstgranuläre („staubförmige") Hämosiderindepositionen (Berliner-Blau-Reaktion) in den tiefen subsynovialen Gewebeabschnitten und der synovialen Deckzellschicht.

Synoviale Chondromatose

Die primäre synoviale Chondromatose (Morbus Reichel) differiert von der sekundären synovialen Chondromatose einerseits durch die Pathogenese andererseits durch den histopathologischen Befund. Die Ätiologie der primären synovialen Chondromatose (Morbus Reichel) ist ungeklärt. Bei der so genannten sekundären synovialen Chondromatose liegen ein Zustand nach rezidivierenden Traumata (sog. Judo-Ellenbogen) sowie eine vorbestehende primäre Gelenkerkrankung (Osteochondrosis dissecans, Arthrose) vor. Es werden intraartikuläre, extraartikuläre und tenosynoviale Subtypen unterschieden [141]. Makroskopisch liegen zumeist polypoide, variabel große Probe im Durchmesser bis zu etwa 1 cm mit zum Teil knorpelharter Konsistenz vor, die Oberfläche ist matt bzw. schwach glänzend. Kleine Partikel können einen leicht transluzenten hyalin-knorpligen Charakter aufweisen. Histologisch zeigt sich lobulär aufgebautes reifes hyalines Knorpelgewebe mit regelhafter Kernmorphologie und nicht kalzifizierter homogener Grundsubstanz des hyalinen Knorpels. Die Oberfläche wird von Synovialgewebe mit kontinuierlich erhaltener synovialer Deckzellschicht begrenzt (Abb. 8.5).

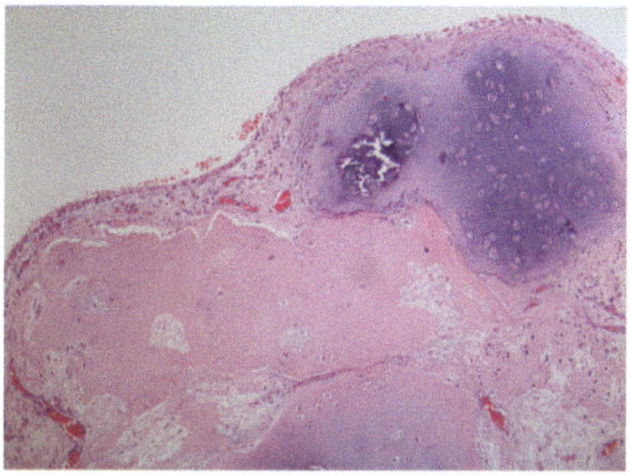

Abb. 8.5: Synoviale Chondromatose: intrasynovial, lokalisierte hyaline, partiell kalzifizierende und ossifizierende Knorpelinsel mit kontinuierlich erhaltener, nichtulcerierter Deckzellschicht (Originalvergrößerung etwa 150×, HE-Färbung).

Die primäre synoviale Chondromatose ist durch lobulär aufgebaute hyaline Knorpelinseln mit zytologisch regelhaften Chondrozyten und zumeist erhaltener synovialer Deckzellschicht gekennzeichnet. Bei der so genannten sekundären synovialen Chondromatose, welche einen Zustand nach rezidivierenden Traumata (sog. Judo-Ellenbogen) oder vorbestehender primärer Gelenkerkrankung (Osteochondrosis dissecans, Arthrose) darstellt, liegt neben lobulär aufgebauten hyalinen Knorpelinseln ein zellreiches synoviales Stroma mit den Kennzeichen einer resorptiven Entzündung vor. Es bestehen umschriebene Kalzifikationen mit sekundärer Knochenneubildung. Klinisch ist die Unterscheidung einer primären von einer sekundären synovialen Chondromatose zweitrangig. Das führende Symptom der synovialen Chondromatose stellt zumeist eine Gelenkblockade dar, die auch durch freigesetzte hyaline Knorpelfragmente (Corpus librum) bedingt sein kann.

Kristallsynovialitiden

Die wesentlichsten Kristallsynovialitiden umfassen: die Gichtsynovialitis, die Chondrokalzinose, die Apatitsynoviopathie/-itis, die Oxalose, Ochronose und die Tumor-Kalzinose. Unter einer „Kristallsynovitis“ wird eine entzündliche Gelenkreaktion auf Einlagerung von Uratkristallen oder Kalziumpyrophosphatkristallen im Gelenk verstanden. Eine Kristallsynovitis liegt aber auch nach einer Kortikoidkristallinjektion vor.

(a) Gicht und Gichtsynovialitis:
Harnsäureablagerungen in einem Gelenk können zu einem hochentzündlichen Bild führen. In aller Regel sind die großen Gelenke selten befallen. Es gibt jedoch Gichtablagerungen bei unklaren synovialitischen Erscheinungen an allen sechs großen Gelenken des Menschen, immer monoartikulär auftretend. Arthroskopisch bietet sich bei einem trüben Erguss ein typisches Bild. Die Synovialis ist hochrot, entzündlich verändert, und es sind Kristalle sowohl in der Synovialis als auch auf der Knorpeloberfläche, am Kniegelenk auch auf den Menisken, aufgelagert. Die Gicht zeigt in aller Regel das Bild der akuten Monoarthritis. Meist ist das erste Metatarsophalangealgelenk betroffen, es können aber auch das Knie-, das Sprung-, das Handgelenk und andere befallen sein. Die Erkrankung geht meist mit Fieber einher, Patienten im 50. Lebensjahr sind häufiger betroffen. Das Gelenkpunktat weist in 90 % der Fälle Urat-Kristalle nach, im Serum ist die Harnsäure erhöht, kann aber in 10 % der Fälle auch normal sein. Arthroskopisch ist das Bild bei einer akuten Synovialitis mit Kristalleinlagerungen relativ typisch [253, 339, 348, 116].

Histopathologische Urat-Kristalle: Da Urat-Kristalle wasserlöslich sind, werden sie bei der Aufarbeitung herausgelöst: Es verbleiben optisch leere büschelförmige Strukturen als ein so genanntes „Negativbild“. Somit sind doppelbrechende Urat-Kristalle nur unter folgenden Bedingungen nachweisbar: im Nativpräparat, bei Alkoholfixierung und in nicht entwässerten Paraffinschnitt-Präparaten (Abb. 8.6)

(b) Oxalose:
Selten macht auch eine Oxalose, d. h. eine Ablagerung von Oxalsäurekristallen, im Gelenk optisch das Bild einer Gicht. Bei der primären Oxalose handelt es sich um eine seltene angeborene metabolische Erkrankung (Defizienz der hepatalen Alaninglyoxylat-aminotraspherase) die sekundäre Hyperoxalurie kann Folge von Dialysen sein. Kalziumoxalat-Depositionen finden sich bevorzugt in Niere, Knochen, Weichgewebe, Blutgefäße, Myokard, Augen und selten in der Synovialis. Nur in der Synovialmembran besteht die umfassende Differentialdiagnose.

(c) Chondrokalzinosen:
Differentialdiagnostisch kommt die Chondrokalzinose in Frage, die jedoch schon radiologisch ein charakteristisches Bild mit verkalkenden Menisken am Knie und auch Verkalkungen der Knorpeloberflächen zeigt. Histologisch können u. a. Kalzi-

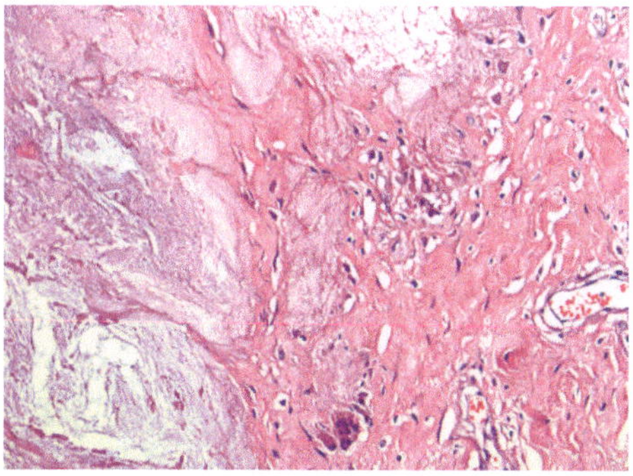

Abb. 8.6: Uratarthropathie/Synoviopathie mit nodösen, teils homogen eosinophilen, teils retikulären Strukturen (partiell herausgelöste Uratdepositionen) mit angrenzender Fibrose und multinukleärer Riesenzellreaktion (Originalvergrößerung etwa 350×, HE-Färbung).

umpyrophosphatkristalle nachgewiesen werden. Die Synovialis selbst ist bei der Chondrokalzinose zottig, erheblich hypertrophiert und fibrosiert.
Finden sich arthroskopisch Kristalle in einem Gelenk, so sollten immer eine Synovialisbiopsie und die Entnahme der Synovia zur laborchemischen Untersuchung vorgenommen werden, evtl. auch eine Identifizierung der Kristalle unter dem Polarisationsmikroskop. Es bedarf der Differenzierung [308, 235, 126, 155, 203, 353, 43, 351, 210, 250, 71, 350, 86, 87, 136].

Die kristallinduzierte Synovialitis muss nicht durch Harnsäurekristalle bedingt sein, Kalziumpyrophosphate, Kortisonkristalle nach einer entsprechenden Suspensionsinjektion oder auch Knorpel- und/oder Knorpel-Knochen-Sequester können dafür verantwortlich sein. „Calciumpyrophosphate deposition disease" (CPDD) ist bedingt durch die Einlagerung von Kalziumpyrophosphatdihydratkristallen in das Knorpelgewebe (Abb. 8.7), am Kniegelenk in die Menisken, am Handgelenk in den Diskus und vor allem in die Synovialis. Meistens handelt es sich um eine Chondrokalzinose, eine Verkalkung des Gelenkknorpels, es wird von der Pseudogicht gesprochen, aber auch bei der akuten Gelenkentzündung von der kristallinduzierten Synovitis und bei der Pyrophosphatarthropathie, einer degenerativen Gelenkerkrankung ähnlich der Osteoarthritis, in Verbindung mit einer Kalziumpyrophosphatkristalleinlagerung. Bei der verwirrenden Terminologie bedarf es der Definition.

(d) Tumor-Kalzinose:
Die Tumor-Kalzinose ist charakterisiert durch große Ablagerungen von kalzifizierenden, schmerzfreien Weichteilmassen in Nachbarschaft großer Gelenke [242]. Es werden metastatische, dystrophische und idiopathische Kalzifikationen unterschieden [277]. Die Pseudogicht ist eine entzündliche Arthropathie aufgrund von Kristalleinlagerungen (Kalziumpyrophosphat) in der Synovialis und den Gelenkknorpeln, am Knie auch an den Menisken und am Handgelenk an den Disken. Es

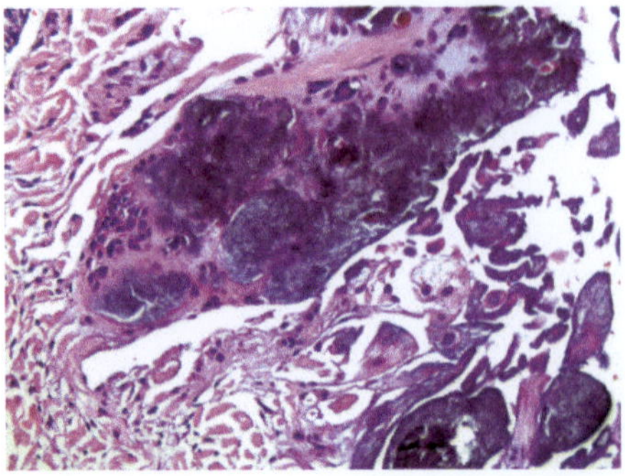

Abb. 8.7: Calciumpyrophosphatsynoviopathie mit charakteristischen hellen granulären Depositionen, eingebettet in eine intensiv basophile, zum Teil bräunliche Matrix. Die Randreaktion besteht aus einzelnen Fibroblasten und Makrophagen sowie einzelnen 2- bis 4-kernigen Riesenzellen (Originalvergrößerung etwa 350×, HE-Färbung).

handelt sich um eine akute Monoarthritis bei älteren Patienten, wobei das Knie, das Handgelenk und die Hüfte meistens betroffen sind. Die Gelenkpunktion lässt thromboidartige Kristalle nachweisen, diese sind doppelt brechend. Die Kristalleinlagerungen sind radiologisch nachweisbar.

Formal pathogenetisch wird zwischen einer sehr seltenen primären Form (Morbus Teutschländer) und einer sekundären Form unterschieden. Die primäre Form tritt bei Kindern auf und ist mit ausgedehnter verkalkter Narbenbildung und gehäuften Infekten assoziiert. Die sekundäre Form ist Folge einer durch unterschiedliche Ursachen herbeigeführten Störung des Kalziumstoffwechsels: Milchalkalisyndrom, Vitamin-D-Toxikation, chronische Nierenerkrankungen, sekundären Hyperparathyreoidismus, knochendestruierende Prozesse (entzündlich sowie neoplastisch) und Medikamente, welche den Kalziumstoffwechsel beeinflussen. Makroskopisch ist die kalkharte Konsistenz der Proben mit zum Teil mikro- und makronodulären (mehrere mm) kalkartigen Depositionen auffällig.

Histopathologisch ist die tumoröse Calcinose durch die Deposition von Karbonapathit und Kalziumcarbonat im bradytrophen überwiegend periartikulären Gewebe gekennzeichnet. Es bestehen im kollagenen fibrösen Gewebe nodöse überwiegend amorphe Depositionen mit zum Teil scholligen eosinophilen/tief basophilen Präzipitaten, im Übergang zum fibrösen Gewebe fibroblastenartige Zellen, Schaumzellen, keine multinukleären Riesenzellen sowie keine Epitheloidzellen.

(e) Ochronose:

Die Ochronose ist eine genetisch bedingte Störung des Aminosäurestoffwechsels (Phenylalanin-Tyrosin-Stoffwechsel). Es besteht ein autosomal rezessiver Erbgang dieser seltenen Erkrankung (Inzidenz: etwa 1 : 8000 Neugeborene). Die fehlende oder verminderte Aktivität des Enzyms Phenylalaninhydroxylase

(PAH) führt zu einer Anhäufung des Phenylalanins und zur Polimerisierung (sog. Homogentisinsäure). Die Ablagerungen der Homogentisinsäure in Haut, Binde- und Knorpelgewebe bewirkt einen bräunlichfarbenen dunklen Aspekt (z. B.: bräunlich gefärbte Ohrmuschel und Sklera). Die Ablagerungen führen in den Blutgefäßen (Intima) zu arteriosklerotischen Veränderungen und im hyalinen Knorpel zu einer (sekundären) Arthrose (sog. Osteoarthrosis deformans alcaptonurica). Makroskopisch besteht eine Detritussynovialitis bei Ochronose: ein charakteristischer Befund durch die dunkle bis schwarze Farbe der Gewebeproben. Mikroskopisch liegen zumeist hochgradig fibrosierte Fragmente einer Synovialmembran mit intrasynovialen überwiegend vitalen, teils nodalen Knorpelfragmenten mit bräunlicher Färbung der Knorpelmatrix vor. Die Deckzellschicht zeigt Ulcerationen, Fibrininsudationen und Kapillarproliferate. Die bräunlichfarbenen Knorpelfragmente sind stellenweise in multinukleären Fremdkörperriesenzellen eingelagert.

Eitrige, bakterielle Synovialitis

Ätiopathogenetisch ist einerseits von exogenen Verletzungen, andererseits von unsterilen intraartikulären Injektionen auszugehen. Selten liegt eine fortgeleitete Infektion bei einer gelenknahen Osteomyelitis vor (Kleinkinder). Bei Säuglingen und Kleinkindern treten auch typischerweise hämatogene Infektionen (bei Bakteriämie) auf. Mikrobiologisch liegt meistens eine Staphylokokken-Infektion (60 %) und bei Kleinkindern unter zwei Jahren eine Haemophilus-Influenzae-Infektion vor [98, 81]. Eine Sonderform ist, besonders an der Schulter, der Infekt mit Propionibacterium acne [30, 347, 144, 324]. Infekte können in der destruktiven Arthritis [257, 48, 249] enden, die aber auch nichtbakteriell entstehen kann. Die septische Arthritis (Empyem) ist meist hämatogen bedingt, entsteht aber in letzter Zeit immer mehr nach Gelenkinjektionen oder unsachgemäß durchgeführten Punktionen. Der häufigste Erreger ist Staphylococcus aureus, bei Kindern Haemophilus influenzae. Bei jungen Patienten, Jugendlichen bzw. Heranwachsenden, muss an die Gonokokkenarthritis [303] gedacht werden. Bei immungeschwächten Patienten finden sich meist gramnegative Erreger. Prädisponierende Faktoren sind somit auch Diabetes mellitus, chronischer Alkoholismus, Arthritis urica, die Chondrokalzinose, Patienten mit Steroidtherapie und Therapie mit Biologika. Makroskopisch liegen zumeist polypoide, variabel große auffällig weiche Proben mit matter, fibrinbelegter Oberfläche vor. Mikroskopisch ist die Diagnose einer eitrigen, infektiösen Arthritis durch den histopathologischen Befund einer sog. eitrigen Entzündung in den meisten Fällen eindeutig. Die Synovialmembran zeigt ein dichtes granulozytenreiches entzündliches Infiltrat mit der Deckzellschicht nahen Nekrosen, d. h. Deckzellschicht-Ulzerationen. Im Bereich der Deckzellschicht-Ulzerationen bestehen Fibrinauflagerungen, d. h. Fibrininsudationen. Mikroabszesse stellen fokale Ansammlungen von Granulozyten dar.

Mechanisch bedingte Synovialitis

Mechanische Gewebezerstörungen (z. B. rezidivierende Mikrotraumatisierungen, Einklemmungen) führen zu Nekrosen mit reparativen Veränderungen (Hämosiderin-Depositionen, Neovaskularisation, Fibrosierung). Die mechanische Synovialitis stellt somit die Folgeerscheinung von rezidivierenden, mechanisch bedingten Synovialis-Gewebe-Schädigungen dar. Charakteristisch ist der Hämosiderinnachweis als Substrat stattgehabter intrasynovialer Einblutungen, begleitet sind diese Veränderungen von einer erhöhten Stromazellularität, leichtgradigen Makrophagen-/Lymphozyten-Infiltration, entsprechend einer Low-grade-Synovialitis [187] gemäß dem Synovialitis-Score [195]. Durch die Anwendung des Synovialitis-Scores ist es möglich, die histopathologische Diagnose einer „unspezifischen Synovialitis" zu verlassen, da deine Stratifizierung in Low-grade-Synovialitis und High-grade-Synovialitis möglich ist: Der Synovialitis-Score stratifiziert die chronischen, nicht infektiösen Synovialitiden in eine Low-grade-Synovialitis (Assoziation mit degenerativen, posttraumatischen, mechanisch bedingten Synovialitiden) und High-grade-Synovialitis (entzündlich rheumatische Erkrankungen). Die mechanische Synovialitis stellt eine Sonderform der Low-grade-Synovialitis (geringe entzündliche Ausprägung) dar, als additives Merkmal sind Hämosiderin-Depositionen als Äquivalent einer stattgehabten intrasynovialen Einblutung nachweisbar. Möglicherweise erlaubt eine genauere Betrachtung der Fibroblasten eine Differenzierung zur Entzündung [352]. Hämosiderin-Depositionen im Gewebe sowie die hieran anschließende fibröse Reaktion im Sinne einer Vernarbung folgen einem zeitlichen Verlauf.

In der Literatur [238] existieren Daten über den zeitlichen Verlauf von Hämosiderin-Depositionen im fibrösen Gewebe, diese Zeitverläufe sind auf das fibröse Synovialgewebe übertragbar. Hämosiderin-Depositionen finden sich nach dem 6. bis zu etwa 90. Tag einer geweblichen Läsion, die Narbenbildung im Sinne einer erhöhten fibrösen, subsynovialen Zellularität tritt ebenfalls ab dem 19. Tag auf. Diese Daten gelten in erster Linie für das kollagene straffe Gewebe, Achillessehnengewebe, es ist davon auszugehen, dass die Narbengewebsbildung im gut vaskularisierten Synovialgewebe früher einsetzt (ab etwa 40. Tag). Makroskopisch finden sich gelblich gelappte, teils fibröse Gewebeproben mit kleinstherdigen bräunlichfarbenen Arealen. Mikroskopisch liegen gemäß dem Synovialitis-Score eine leichtgradige Deckzellschichtverbreiterung, eine leichtgradig erhöhte Zelldichte des synovialen Stromas sowie eine leichtgradige entzündliche leukozytäre (mononukleäre) Infiltration vor (Synovialitis-Score = 3/9). Die Hämosiderindepositionen sind leichtgradig und variabel ausgebildet und können in allen Kompartimenten der Synovialitis nachweisbar sein. Eine granulozytäre entzündliche Infiltration oder Kalziumpyrophosphatdeposition liegt nicht vor (Abb. 8.8).

Detritus-Synovialitis (Synovialitis chondrodetritica)

Knorpelschäden führen zum Abrieb der Knorpeldeckschicht, es entsteht ein Detritus, der die Synovialitis unterhält. HULTEN [150] bezeichnet als Detritussynovialits

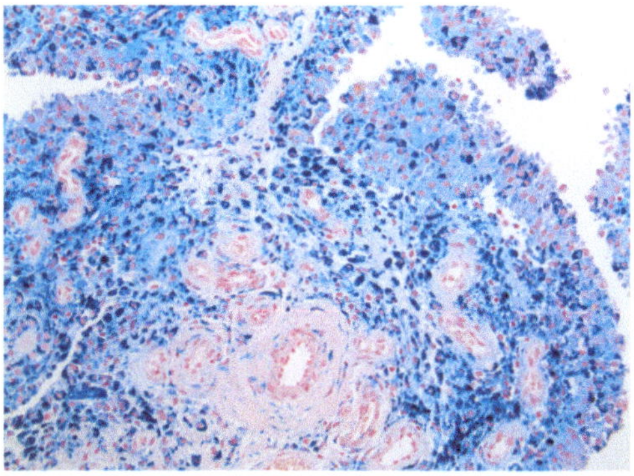

Abb. 8.8: Mechanische Synovialitis (Berliner-Blau-Reaktion) mit ausgeprägten intrazytoplasmatischen Hämosiderindepositionen im Bereich der Deckzellschicht sowie im Bereich von perivaskulär lokalisierten, teils intramural lokalisierten Makrophagen (Originalvergrößerung etwa 150×).

eine synoviale Reaktion, die dann auftritt, wenn im Gelenk eine gesteigerte Abnutzung der Gelenkflächen vorliegt. Die Detritussynovialitis stellt im weitesten Sinn das „synoviale Äquivalent" eines vollständigen Gelenkknorpel- und Gelenkknochenschadens dar. In den meisten Fällen handelt es sich um das Endstadium einer Arthrose oder einer rheumatoiden Arthritis. Die Detritussynovialitis lässt im Allgemeinen die Unterscheidung eines durch Arthrose oder durch eine rheumatoide Arthritis bedingten gelenkzerstörenden Prozesses nicht zu. Somit kann die Detritussynovialitis als eine unspezifische Endstrecke angesehen werden („Zirrhose der Synovialmembran") [288]. Sind Synovialmembranfragmente ohne typische Veränderungen der Detritussynovialitis vorhanden, kann in diesen Arealen eine Unterscheidung zwischen Low- und High-grade-Synovialitis zur ätiologischen Einordnung getroffen werden. Differentialdiagnostisch kommen in Betracht:

- Low-grade-Synovialitis bei Arthrose,
- synoviale Chondromatose,
- diffuse Variante des tenosynovialen Riesenzelltumors,
- Detritussynovialitis bei Ochronose.

Die ausgiebige Lavage des Gelenkes alleine führt in vielen Fällen zur Linderung der Beschwerden bzw. zur Beschwerdefreiheit, oft über Monate bis Jahre. Eine Diagnose muss lediglich noch bei der synovialen Chondromatose gestellt werden. Makroskopisch liegen zum Teil fibröse, zum Teil knorpelharte Proben mit variabler Form und Größe vor. Mikroskopisch ist die Synovialis mit intrasynovialen, fragmentierten überwiegend devitalen Knorpel- und Knochenpartikeln versehen, mit perifokaler multinukleärer Riesenzell-Reaktion, Kapillarproliferaten, Nekrosen, Fibrininsudationen und Nachweis von Blutungsresiduen. Das entzündliche Infiltrat ist makrophagenreich mit vereinzelt neutrophilen Granulozyten (Abb. 8.9).

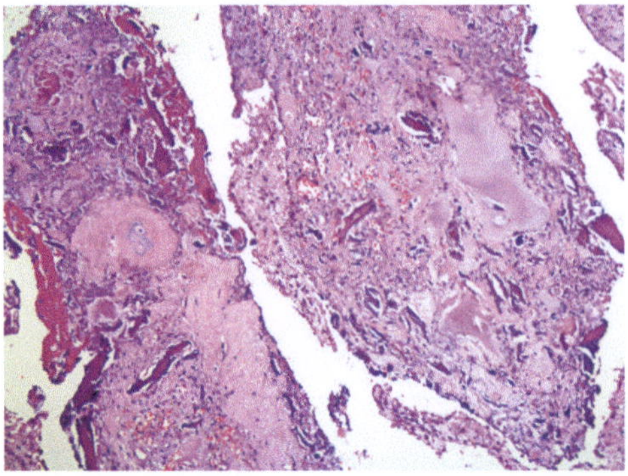

Abb. 8.9: Detritussynovialitis mit intrasynovialen, devitalen Knorpel- und Knochenpartikeln bei variabel hoher Zellularität des fibrösen Stromas. Die Deckzellschicht ist mehrheitlich ulceriert (Originalvergrößerung etwa 150×, HE-Färbung).

Rheumatoide Arthritis (RA)

Die rheumatoide Arthritis (RA) stellt die häufigste entzündlich-immunologische systemische Bindegewebserkrankung dar [112]. Charakteristisch ist die überwiegend symmetrische, synoviale Manifestation an den kleinen peripheren Gelenken und an periartikulären Strukturen: Tendovaginitis, Bursitis. Die wichtigsten extraartikulären Manifestationen umfassen: Serositis, Uveiitis und innere Organe (z. B.: Lunge, Alveolitis, Rheumagranulom der Lunge). Bei Trägern von bestimmten HLA-Antigenen, welchen eine Schlüsselrolle in der Antigen-Präsentation zukommt, besteht ein erhöhtes Krankheitsrisiko: Eine hohe genetische Assoziation liegt mit dem humanen Leukozyten-Antigen (HLA) der Klasse II und Allelen des HLA-DRB1 Gens vor. Das HLA-DRB1 Gen kodiert für die β1-Kette des DR-Moleküls. Träger der Allele HLA-DRB1*04 und DRB1*01 haben ein hohes Krankheitsrisiko. Diesen Allelen ist ein bestimmtes Epitop gemeinsam, dieses Epitop wird als „Shared Epitope" (HLA-DRB1 SE) bezeichnet. Es handelt sich hierbei um eine bestimmte Aminosäuresequenz (QKRAA; Aminosäure 70 bis 74, in der β1-Kette). Die enge Assoziation mit Molekülen der Antigenpräsentation unterstützt somit die Annahme, dass es sich bei der Rheumatoiden Arthritis um eine Antigen-getriggerte Erkrankung und somit um eine Autoimmunerkrankung handelt. Zellulär/immunologisch liegt der rheumatoiden Arthritis eine chronische, destruktive Synovialitis zugrunde. Diese beruht auf einer Dysregulation der T-Lymphozyten- und B-Lymphozyten-Response mit Ausbildung von Autoantikörpern. Die Differentialdiagnosen des Rheumagrauloms (Abb. 8.10) sind umfassend [186, 188].

- Granuloma anulare unbekannter Ätiologie [80, 100],
- SARKOIDOSE (M. BOECK) mit nichtverkäsenden epitheloidzelligen Granulomen unklarer Ätiologie [82, 228, 238] mit Gelenkbeteiligung mono- oder oligoartikulär und Mitbefall von Sehnenscheiden,
- mykobakterielle Granulome mit Befall der Hände, Peronealsehnen und Achillessehne [82, 228, 238],

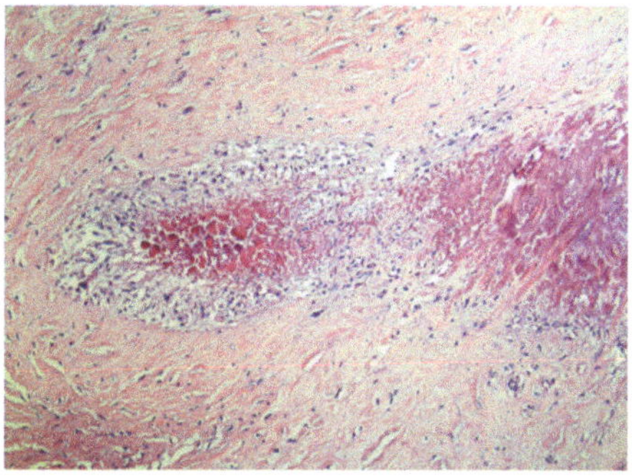

Abb. 8.10: Rheumatoides Granulom mit zonalem Aufbau: partiell konfluent angeordnete, tief eosinophile fibrillenartige Strukturen (fibrinoide Nekrose) mit angrenzender Palisadierung der fibrohistiozytären Zellen sowie multinukleären Zellformen (2- bis 3-kernig) (Originalvergrößerung etwa 150×, HE-Färbung).

- Fremdkörpergranulome [6, 238],
- sonstige palisadenbildende Granulome [186].

Lipoma arborescens

Synonyme des Lipoma arborescens sind villöse synoviale lipomatöse Proliferation, synoviale lipomatöse Hyperplasie sowie das intrasynoviale Lipom [56]. Als Ätiologie werden traumatische, entzündliche und neoplastische Vorgänge diskutiert. Das Lipoma arborescens als eigenständiges Erkrankungsbild ist in der Literatur somit umstritten. Ähnliche Fettgewebsvermehrungen treten auch bei verschiedenen chronisch entzündlichen und degenerativen Gelenkerkrankungen auf. Falls keine eindeutige Morphologie eines Lipoms bestehen sollte, können diese Läsionen auch als lipomatöse Hyperplasie des synovialen Fettgewebes klassifiziert werden. Insbesondere bei schwergradigen Arthrosen sind villöse, adipöse Hyperplasien nachweisbar. Diese lipomatösen Hyperplasien sind von einem synovialen intraartikulären Lipom (Lipoma arborescens im eigentlichen Sinn) nur bei eindeutiger Ausprägung des Lipoms (uniform vergrößerte und kohäsiv gelagerte Lipozyten) zu unterscheiden. Da intraartikuläre Lipome auch einen birnenförmigen Aufbau aufweisen können (im Sinne eines gestielten Lipoms), können hämorrhagische Infarzierungen des Fettgewebes auftreten, welche arthroskopisch die Differentialdiagnose einer pigmentierten villonodulären Synovialitis möglich erscheinen lassen. Makroskopisch liegen gelblich gelappte, oberflächlich glänzende, polypoide Proben mit erhöhter Konsistenz und gelblich gelappter Schnittfläche vor, mikroskopisch zeigt sich ein intrasynoviales Lipom mit den allgemeinen histopathologischen Kriterien eines Lipoms (kohäsiv gelagert mit gering vergrößerten und formgleichen Lipozyten ohne Lipoblastennachweis). In Fällen ohne hämorrhagische Infarzierung bestehen keine differentialdiagnostischen Probleme. Lipomatöse Hyperplasien und benigne Lipome sind durch eine zytoplasmatische S100-Reaktivität (Immunphänotyp) ge-

kennzeichnet. Das Polypoid konfiguriert fettzellreiche Synovialgewebe mit kohäsiv gelagerten, gering vergrößerten und formgleichen Lipozyten mit lobulärem Aufbau (Abb. 8.11):
- rarifizierte synoviale Deckzellschicht,
- interlobär bestehen faserreiche Gewebssepten, atypische Gefäßproliferate sind nicht nachweisbar.

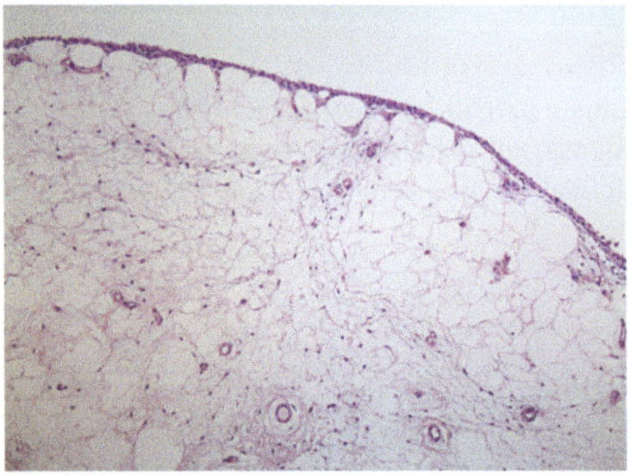

Abb. 8.11: Intrasynoviales Lipom: vergrößerte, dichtgelagerte Lipozyten mit Rarefizierung der synovialen Deckzellschicht (Originalvergrößerung etwa 150×, HE-Färbung).

8.2.4 Bakerzyste

Die Bezeichnung der pathologischen poplitealen Synovialzyste als Bakerzyste geht auf den Engländer BAKER [20, 21] zurück, obwohl bereits über 30 Jahre vorher der irische Chirurg ADAMS [2] die Erstbeschreibung der Kniekehlenzysten veröffentlichte. Die Entstehungsweise dieser Zysten wurde unterschiedlich diskutiert, es wurde von Dissektions- sowie Distensionszysten gesprochen, es werden auch eine Herniation der hinteren Gelenkkapsel sowie ein gestörter Synoviafluss zwischen Bursa und Gelenk angegeben. Man ist sich heute weitgehend einig, dass die Bakerzyste beim Erwachsenen die Folge einer intraartikulären Erkrankung oder Verletzungsfolge ist, es liegt also eine pathologisch veränderte Bursa semimembranoso-gastrocnemica vor [216]. Die Bursa semimembranoso-gastrocnemica steht immer mit dem Gelenkkavum in Verbindung, sie liegt posteromedial zwischen dem medialen Femurkondylus und den umgebenden Muskeln [224]. Der Stiel der Zyste mündet über eine Känguruhtasche-ähnliche Falte in den posteromedialen Gelenkrezessus [173, 132]. Es bedarf immer der sorgfältigen Abgrenzung der Bakerzyste bzw. der Bursa semimembranoso-gastrocnemica von den vielen anderen Schleimbeuteln, Zysten und Ganglien rund um das Knie [77, 313]. Die Bursa semimembranoso-gastrocnemica liegt zwischen der Sehne des M. gastrocnemius und der Sehne des M. semimembranosus und wird erst pathologisch, wenn durch rezidivierende Ergussbildungen oder andere Erkrankungen, wie die rheumatoide Arthritis, als synoviale Erkrankungen die Synovialis der Innenwand der Bursa mit beteiligt ist [274, 113, 74, 230, 167, 217, 215]. Die pathologischen Veränderungen der Bakerzysten entstehen aufgrund zweier Pathomechanismen:

1. Bei Texturstörungen im Kniegelenk, d. h., bei Knorpelschäden, Meniskusschäden oder auch bei einer Synovialiserkrankung mit vermehrter Synoviaproduktion steigt der Druck im Gelenk. Über den Zystenstiel gelangt die Synovialis in die zunächst normal ausgebildete Bursa semimembranoso-gastrocnemica. Durch die ständige Füllung des Gelenkes entsteht im Sinne eines chronischen Reizes eine Wandverdickung, die schließlich klinisch nachweisbar wird.
2. Bei primär entzündlichen Veränderungen der Gelenkinnenhaut, z. B. bei der rheumatoiden Arthritis, aber auch bei Synovialitis villonodularis pigmentosa, nimmt die Bursa semimembranoso-gastrocnemica am Krankheitsgeschehen teil und erfährt somit ebenfalls eine pathologische Wandverdickung.

Nicht selten kommt es zur Ruptur einer prall gefüllten Bakerzyste, insbesondere wenn der Abfluss ins Gelenk verlegt ist [332, 333, 185, 290, 51]. Es werden Rupturen einer Bakerzyste mit einem so genannten Unfallmechanismus in Verbindung gebracht. Eine Verletzung liegt hier in aller Regel nicht vor, denn diese Ruptur entsteht durch eine physiologische Beugung und/oder Streckung, allerdings einer maximal gefüllten Zyste. Will man einen direkten Unfallmechanismus mit einer Bakerzystenruptur in Verbindung bringen, so bedarf es einer lokalen Weichteilzerstörung, so dass das Ereignis auch tatsächlich die Bakerzyste trifft. Dies wäre durch eine lokal erkennbare Verletzung nachzuweisen. Eine Ruptur der Bakerzysyte sowie kleine Rupturen oder Diskontinuitäten der Gelenkkapsel könnten radiologisch mittels Arthrographie erkannt werden. Diese Methode wird aber heute nicht mehr durchgeführt [77], da andere nicht invasive Methoden zur Verfügung stehen. Bei der Ruptur der Bakerzyste kommt es zum Flüssigkeitsaustritt in die Weichteile des dorsalen Unterschenkels. Es entsteht das Bild der Pseudothrombophlebitis [165, 36, 271, 272, 311, 121] bis hin zu einem Pseudokompartment [310]. Bei diesen klinischen Erscheinungsformen bedarf es also immer einer gründlichen Abklärung der Ätiologie und das Kompartment muss als solches rechtzeitig erkannt und behandelt werden.

8.3 Diagnostik

Die klinische Diagnostik einer Synovialitis ist schwierig bis unmöglich. Klinische Zeichen sind die Ergussbildung sowie eine tastbare Kapselverdickung. Bei akuten Entzündungen gelten die typischen Entzündungszeichen (Rubor, Tumor, Calor, Dolor), insbesondere beim bakteriellen Infekt, beim chronischen Verlauf sind die Entzündungszeichen weniger ausgeprägt. Für eine präzise Diagnostik bedarf es weiterer Untersuchungsverfahren unter Einbezug des klinisch-chemischen Labors, des Blutbildes und spezieller Labortechniken des Blutes, aber auch der Synovia (Gelenkflüssigkeit), bei bestimmten Pathologien hilft die MRT weiter.

8.3.1 Arthroskopie

Die Arthroskopie erlaubt die Entnahme der Gelenkflüssigkeit (Synovia), die optische Beurteilung der Synovialis mit Synovialisbiopsie und die Mikroarthroskopie. Der Stellenwert der Arthroskopie bei Synovialitiden [128] ist ein Glied in einer Vielzahl diagnostischer Komponenten, die letztendlich nur unter Zusammenfassung aller Ergebnisse „eine Diagnose“ bringt. Die optische Untersuchung der Gelenkinnenhaut ergibt lediglich in Ausnahmefällen eine Diagnose, z. B. können der Hinweis und Nachweis auf eine mechanisch bedingte Synovialitis erfolgen. In unklaren Fällen sollte – auch in der Kenntnis, dass nur in einem geringen Prozentsatz histologisch die Diagnose geklärt werden kann – dennoch die Synovialisbiopsie durchgeführt werden, insbesondere deshalb, um wichtige, histologisch erfassbare Diagnosen, z. B. auch selten vorkommende Malignome, nicht zu übersehen. Vielleicht gibt es noch eine weitere Möglichkeit der Synovialisbeurteilung: die Mikroarthroendoskopie – ohne und mit Vitalfärbung. 1980 zeigte HAMOU [117] die Möglichkeit der Mikrohysteroskopie auf.

Mit geeigneten optischen Instrumenten gelingt die Beurteilung der Schleimhautzellen im Rahmen der Kontaktendoskopie. Auf diese Möglichkeit für die Arthroskopie weist erstmals FRIZZIERO [91] hin. In der Gastroenterologie und Urologie sind Oberflächenfärbungen zur mikroskopischen Diagnostik bekannt [254, 117, 118, 119, 120]. Basierend auf der Mikrohysteroskopie [117] entstand die Mikroarthroendoskopie [91, 129, 130, 133, 134, 135]. Die Mikroarthroendoskopie ist die Fortsetzung der makroskopischen Beurteilung der Synovialiszotten, nachdem bisher nur unzureichende Aussagen über die Art der Erkrankung der Synovialis anhand der Zottenform oder deren Durchsichtigkeit bzw. Gefäßversorgung möglich ist. BRÅNEMARK [37], GOLDIE [104] und MARIN [221] beschäftigen sich mit der makroskopischen Beurteilung der Synovialiszotten, insbesondere bei der rheumatoiden Arthritis. Aussagekräftige Ergebnisse über die Mikroarthroendoskopie im Rahmen der Routineuntersuchung liegen in der Literatur bisher nicht vor.

Die vergrößernde Beurteilung der Synovialis ohne Farbzusätze lässt Schlüsse über die Zottenform, Gefäßversorgung, den Fettgehalt u. a. zu. Zellen bzw. Zellkerne werden dabei nicht gesehen. Geeignet ist eine Vergrößerung bis 80-fach (HAMOU-II). Üblicherweise wird zur Beurteilung der Synovialis die Gelenkfüllung mit Ringerlösung verwendet, um die Zottenform beurteilen zu können. Die Synovialiszotten schwimmen dann in der Flüssigkeit und können sich voll entfalten (Abb. 8.12). Im flüssigen Medium ist auch die Vergrößerungstechnik im Kontaktverfahren gut durchführbar. Bei etwa 40-facher Vergrößerung lassen sich die Synovialiszotten mit deren Gefäßversorgung erkennen. Neben der Gefäßschlängelung ist auch die Zahl der Gefäße pro Flächeneinheit zu berücksichtigen. In aller Regel sind die Synovialiszotten

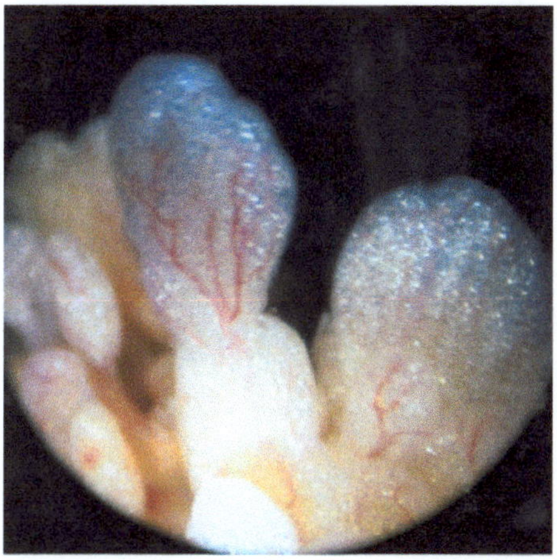

Abb. 8.12: Kolbige Zotten mit Gefäßbaum.

länglich und weitgehend transparent. Kommt es zu einer Trübung der Zotten, d. h., die Gefäße sind nur noch schwer erkennbar, so liegt meist eine seit längerer Zeit bestehende Synovialitis vor, evtl. auch eine bakterielle Synovialitis. Sind zudem Kristalle eingelagert, so bedarf es differentialdiagnostischer Überlegungen. Die weitere Vergrößerung der Gefäße selbst bis hin zur Erythrozytengröße lässt reaktive Gefäßneubildungen erkennen und es muss auch das Gefäßkaliber berücksichtigt werden. Wie die ersten Auswertungen zeigen, ist das Schleimhautbild in einem Gelenk nicht einheitlich. Sowohl die Morphologie als auch die Gefäßversorgung weisen Unterschiede auf. Es ist der areoläre Synovialistyp vom adipösen und vom fibrösen zu unterscheiden.

Der nächste Schritt in der Mikroarthroendoskopie ist die Zellfärbung [92]. Unter Verwendung des HAMOU-KARL-STORZ-Systems beschreibt der Autor ein Auflösungsvermögen von ungefähr 1,5 µm, was mit einem normalen Mikroskop der Vergrößerung 1 : 150 verglichen werden kann. Die Tiefe der Beurteilung der Synovialis geht bis etwa 80 µm, womit die Synovialarchitektur und die terminalen Kapillaren beurteilt werden können. FRIZZIERO [92] schlägt die Methylenblau-Füllung des Gelenkes mit 1 %igem Methylenblau vor. Die Betrachtung der Synovialis erfolgt in wenigen Millimetern Abstand oder unter Optikkontakt (Abb. 8.13).

8.3.2 Histologie

In allen Fällen der unklaren Synovialitis mit rezidivierender Ergussbildung ist die Synovialisbiopsie angezeigt. Diese kann als Blindbiopsie oder optisch kontrolliert erfolgen. Auf die Blindbiopsie durch perkutane Technik weist erstmals FORESTIER [89] hin. Mittlerweile sind mehrere Arbeiten erschienen, die jedoch nahezu ausnahmslos die fragliche Aussagekraft der Methode bestätigen. GIBSON [102] gibt den Hin-

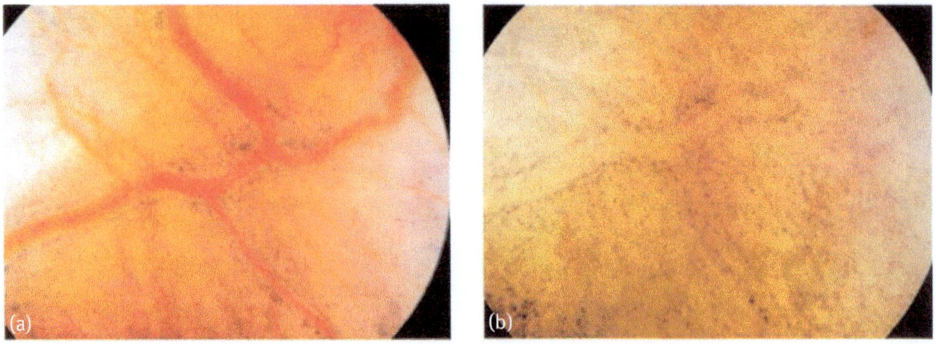

Abb. 8.13: Kontaktmikroarthroendoskopie ((a) = Zellanhäufung im Gefäßverlauf, (b) = unter Kontakt erythrozytenfreie Zellstraßen).

weis, die Biopsie auch unter arthroskopischer Kontrolle vorzunehmen [145]. Häufig stimmen die Ergebnisse der klinischen Untersuchung mit denen der Synovialisnadelbiopsie nicht überein [114]. Besonders eindrucksvoll ist die Diskrepanz bei den Diagnosen „rheumatoide Arthritis", „Arthritis urica" und „aktivierte Gonarthrose". SCHWENKE [300] versucht bei der rheumatoiden Erkrankung die Arthroskopie mit der Synovialis-Imprint-Zytologie zu kombinieren. Dabei finden speziell die Synoviozyten, Makrophagen, Granulozyten und Monozyten Berücksichtigung, diese sind aber bei verschiedenen Erkrankungen, d. h. bei der rheumatoiden Arthritis, bei der Gichtarthritis, aber auch der Chondrokalzinose, meist gleichzeitig vorhanden. Ein besonderes Augenmerk richtet GEBOREK [99] auf mononukleäre Zellen in der Beurteilung entzündlicher Synovialveränderungen. Aufgrund der unsicheren Diagnose ist somit die Blindbiopsie heute weitgehend verlassen worden. Wenn MIEHLKE [231] beschreibt, dass die Synovialisbiopsie lediglich bei 20 % der Patienten mit unklarer Synovialitis zu einem Ergebnis kommt, so ist dies unbefriedigend. Es gibt jedoch Erklärungen und Ansatzpunkte, die ein besseres Ergebnis erwarten lassen könnten. Zwar kann eine kolbige Synovialitis ein Hinweis auf ein rheumatoides Geschehen sein, ein Nachweis ist die kolbige Veränderung der Synovialiszotten jedoch nicht. LINDBLAD [214] zeigte, dass in einem Gelenk die Intensität der Entzündung nicht an allen Stellen der Synovialis gleich abläuft. Besonders intensiv ist die Entzündungsreaktion knorpelnah, am wenigsten intensiv knorpelfern und die Zwischenzone zeigt variable Intensitäten (Tab. 8.2).

Tab. 8.2: Lokalisation der Synovialitisintensität, nach [214].

Intensität der Entzündung	
Knorpelnah	+ + +
Knorpelfern	+
Zwischenzone	+ +

PÜSCHEL [269] kommt in der Beurteilung der Aussagekraft von Synovialisbiopsien in der Diagnostik und lokalen Aktivitätsbeurteilung der rheumatoiden Arthritis zu dem Ergebnis (Tab. 8.3), dass lediglich die Untersuchung der gesamten Synovialmembran annähernd zuverlässige Diagnoseergebnisse liefert.

Tab. 8.3: Verteilung des höchsten diagnostischen Sicherheitsgrades an der Synovialmembran bei 50 Fällen von Rheumatoid-Arthritis [269].

Diagnostischer Sicherheitsgrad	3 (sicher)	2 (wahrscheinlich)	1 (möglich)	0 (keine Diagnose)
in der gesamten Synovialmembran	6 %	64 %	28 %	2 %
im zylindergroßen Ausschnitt	0 %	28 %	42 %	30 %

Wird bei Synovektomiepräparaten die gesamte Synovialmembran histologisch aufgearbeitet, so ist in 6 % der Fälle ein sicheres Ergebnis und in 64 % der Fälle ein wahrscheinliches Ergebnis zu erwarten. Parallel dazu wurden aus den gleichen Synovektomiepräparaten zylindergroße Stanzbiopsien entnommen und histologisch ausgewertet. Diese Ergebnisse ergaben in keinem der Fälle eine sichere Diagnose, in 28 % der Fälle eine wahrscheinliche Diagnose und in 42 % der Fälle eine mögliche Diagnose, keine Diagnose konnte in 30 % der ausgewerteten Stanzbiopsiezylinder erhalten werden. Die Diagnose war in diesen Fällen eine unspezifische Synovialitis. Die Aussagekraft der Histologie mit der Diagnose der unspezifischen Synovialitis ist bedenklich bei einer Häufigkeit von 70 %–95 % [231, 256, 240, 293, 295, 296, 237]. Auch eine Unterteilung der Synovialitiden in solche mit typischem (z. B. granulomatöse Synovialitis) und nicht typischem Bild (serofibrös, lymphoplasmozytär, ulzerös, u. a.) hilft nur bedingt weiter [58, 90]. Mit der Einführung des Synovialitis-Scores nach KRENN [195] wird der Begriff der „unspezifischen Synovialitis" [300, 231, 214, 269, 256] durch den Synovialitis-Score ersetzt, die aktuellen Überlegungen der histopathologischen Synovialisdiagnostik basieren auf diesem Score [195].

Mittels des **Synovialitis-Scores** und des teilweise hierauf basierenden **„Synovialitis-Algorithmus"** ist die Gesamtheit der synovialen entzündlichen und nichtentzündlichen Veränderungen klassifizierbar und besitzt in Verbindung mit den klinischen bildgebenden Daten eine hohe Sensitivität und Spezifität [195, 160, 266, 187, 27, 307]. Der Synovialitis-Score [194, 195] berücksichtigt die immunologischen und entzündlichen Gewebsveränderungen der Synovialitis in einer für diagnostische histopathologische Scores üblichen abgestuften, semiquantitativen Weise. Die Tatsache, dass in degenerativ- und entzündlich-rheumatischen Gelenkerkrankungen unterschiedliche geweblich-entzündliche Ausprägungen in der Synovialis bestehen, ist schon in der älteren Literatur beschrieben [269], es wurden jedoch keine systematischen Analysen durchgeführt oder ein histopathologischer Bewertungsmodus („Score") etabliert. Durch den Synovialitis-Score ist ein diagnostischer, standardisierter histopathologischer Bewertungsmodus gegeben. Der Synovialitis-Score ist ein semiquantitativer Bewertungsmodus, welcher die drei Kompartimente der Synovialitis (Deckzellschicht, Synovialisstroma und entzündliche Infiltration) in einer semiquantitativen Weise (nicht vorhanden, leichtgradig, mäßiggradig und schwergradig) bewertet. Durch die Addition der jeweiligen qualitativen Veränderungen (normal = 0, leichtgradig = 1, mäßiggradig = 2, schwergradig = 3) ergibt sich der Scorewert: Ein Synovialitis-Score von ≤ 4 wird als Low-grade-Synovialitis bezeichnet, ein Score von ≥ 5 als High-grade-Synovialitis. Unter Anwendung des Synovialitis-Scores ist es möglich, eine Aussage über degenerative/posttraumatische (Low-grade-Synovialitis) und entzündliche rheumatische Erkrankungen (High-grade-Synovialitis) mit einer Sensitivität von 73 % und einer Spezifität von 86 % zu treffen. Die diagnostische Wertigkeit ist gemäß der ROC-Analyse (FUKs: 0.8–0.9) gut [265]. Der Cut-off zwischen Low- und High-grade-Synovialitis liegt bei 4 [196]. Die Beurteilung des histologischen Präparates erlaubt unter Berücksichtigung der synovialen Deckzellschicht, des synovialen Stromas und der Infiltrate eine zahlenmäßige Punkteerfassung, die in deren Summe eine Abgrenzung der Low-grade-Synovialitis und der High-grade-Synovialitis vom Normalbefund zulässt. Die Punktesumme 0 entspricht einem Normalbefund, die Punktesumme 4 unterscheidet die Low-grade- von der High-grade-Synovialitis. Der Synovialis-Score ist aber nur ein Teil eines Pathologie-Algorithmus und betrifft lediglich die chronische Synovialitis, die dann weiter unterteilt werden muss (Abb. 8.14 und Abb. 8.15).

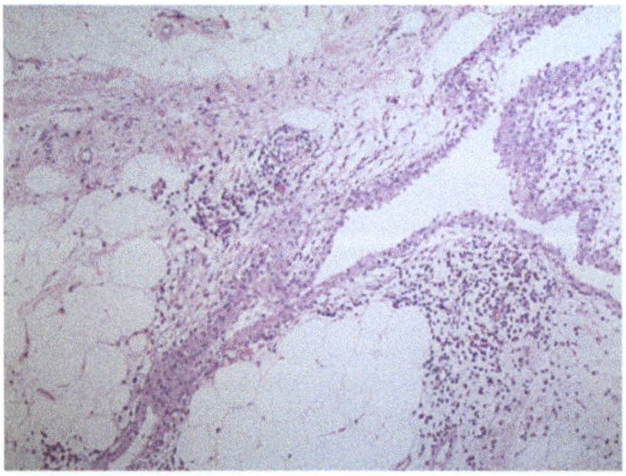

Abb. 8.14: Low-grade-Synovialitis mit mäßiggradig verbreiterter Deckzellschicht, leichtgradiger lymphozytärer entzündlicher Infiltration ohne erhöhte Zellularität des subsynovialen Stromas (Synovialitisscore 2 + 1 + 0 = 3). Die nachweisbaren Fettzellen sind als Bestandteil des Synovialistyps (sog. fibröser adipöser Typ) zu bewerten (Originalvergrößerung etwa 150×, HE-Färbung).

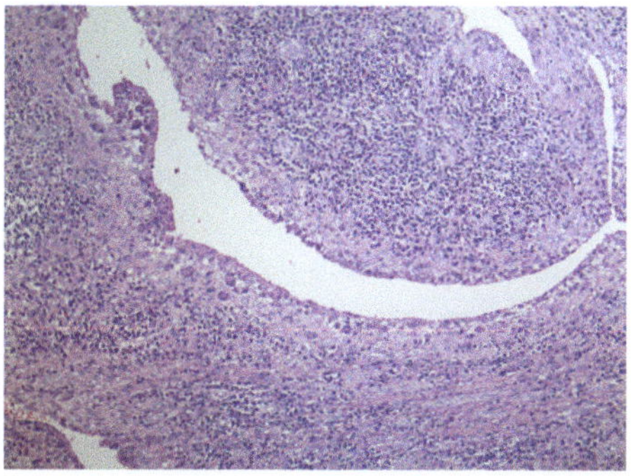

Abb. 8.15: High-grade-Synovialitis mit hochgradig verbreiterter Deckzellschicht, konfluenter plasmazellulärer entzündlicher Infiltration sowie mäßiggradiger Zellularität des subsynovialen Stromas (Synovialitisscore 3 + 3 + 2 = 8). Auffällig im vorliegenden Material ist der Nachweis mehrkerniger Riesenzellen im Bereich der synovialen Deckzellschicht als ein Kriterium für eine sog. hochgradige Deckzellschichtaktivierung. Gruppiert gelagerte neutrophile Granulozyten sind nicht nachweisbar.

8.4 Beurteilung

Aus der Synovialis-Pathologie resultieren wenige zusammenfassende Gruppen, denen dann die verschiedenen pathomorphologischen Befunde zugeordnet werden können:

Synovialisverletzung

Synovialisverletzungen resultieren aus Bagatellverletzungen der Gelenke im Sinne einer oberflächlichen Synovialisrissbildung, die in aller Regel mit einer Einblutung ins Gelenk im begrenzten Maße einhergeht. Liegt bereits ein Vorschaden (Arthrose) vor, so kann auch eine Zerrung oder Prellung der Synovialis ohne strukturelle Durchtrennung zu einer serösen Ergussbildung führen. Meistens aber handelt es sich um Begleitrupturen der Synovialis bei ausgedehnteren Verletzungen, auch bei der Ruptur des vorderen oder hinteren Kreuzbandes, denn diese Strukturen liegen intrakapsulär, aber extrasynovial und gehen daher normalerweise mit einer Zerreißung der Synovialis einher. Eine Ausnahme ist die intrasynoviale Ruptur des vorderen Kreuzbandes, die aber eine Seltenheit darstellt. Verletzungen des seitlichen Bandapparates am Knie führen in Abhängigkeit vom Schweregrad zu einer Mitverletzung der Synovialis, Dehnungen dieser Bandstrukturen erfolgen normalerweise ohne Verletzung der Synovialis, da die Synovialis elastischer ist als die Bandstrukturen. Die Begleitverletzungen der Synovialis bei Bandrissen sind auch abhängig von der Lokalisation der Bänder zur Synovialis, d. h. zur Gelenkkapsel. Die Synovialis liegt intrakapsulär, das Lig. fibulocalcaneare aber extrakapsulär, so dass hier Verletzungen auch ohne Beteiligung der Synovialis erklärbar sind. Andererseits ist eine Verletzung des Lig. fibulocalcaneare posterius ohne Synovialisverletzung nicht denkbar, denn diese Bandstruktur liegt intrakapsulär. Dies trifft im Endeffekt auch für das Lig. fibulotalare anterius zu, da dieses nicht intrakapsulär, sondern interkapsulär zu finden ist und somit unter regulären Bedingungen bei einer Verletzung die Synovialis mit einbezieht, wenn eine Kontinuitätsunterbrechung des Bandes zustande kommt. Eine Dehnung alleine ist auch ohne Beteiligung der Gelenkinnenhaut möglich. Bei der Mitbeteiligung der Gelenkinnenhaut resultiert normalerweise ein Hämarthros. Diese Aussagen treffen für geschlossene Gelenkverletzungen zu. Bei offenen Verletzungen addiert sich dazu das Infektrisiko. Es müssen perforierende Verletzungen erkannt werden, was selbst mittels „Saline-load-Test" nur unzureichend gelingt [229]. Der Nachweis von Blut durch Punktion eines Gelenkes ist kein sicherer Hinweis auf eine Verletzung, da intraartikuläre Blutungen auch auf Gerinnungsstörungen, Hämophilie, pigmentierte villonoduläre Synovialitiden, ein synoviales Sarkom, Hämangiom oder ein Aneurysma zurückgeführt werden können. Jedenfalls bedingt Blut in einem Gelenk, auch bei einer Verletzung [238], Veränderungen an der Synovialis und dem Knorpel. Durch die Resorption des Hämarthros entsteht an der Gelenkinnenhaut eine villöse Hyperplasie mit der Einlagerung von Blut-Eisen-Partikeln als Siderosomen in Typ-A- und/oder Typ-B-Synoviozyten mit dem Bild der Siderose. Bei diesem Vorgang spielen Siderophagen als eisenspeichernde Makrophagen eine Rolle. Siderosomen in den Brutkapseln proliferierender Chondrozyten sind der Hinweis auf die Speicherung von Blut-Eisen-Partikeln im Knorpel. Bei den Synovialisverletzungen werden der isolierte Synovialisriss sowie die ausgedehnte Synovialisruptur als Begleitverletzung unterschieden und es muss zwischen der rezenten, also frischen Synovialisverletzung und einer veralteten Synovialisverletzung differenziert werden. Die Folgen einer Synovialisverletzung sind die Regeneration, auch mit Neosynovialisbildung, die Reparation mit Narbenbildung im Sinne einer Defektheilung und eine verbleibende Synovialitis, die als traumatische oder mechanische Synovialitis bezeichnet wird. Die eitrige Synovialitis kann Verletzungsfolge bei der offenen Verletzung sein, aber auch eine Behandlungsfolge bei Operationen. Im Hinblick auf die Unterscheidung zwischen einer traumatischen und einer mechanischen Synovialitis ist histopathologisch festzuhalten, dass Traumen und mechanisch bedingte Gewebsalterationen zu einem nahezu identen Schädigungsmuster führen, zu Einblutungen mit konsekutiver resorptiver Entzündung und Abbau des Hämoglobins zu Hämosiderin-Pigmenten mit anschließender fibröser Reaktion. Die Narbenbildung sowie die Umwandlung Hämoglobin in Abbauprodukte folgt einem zeitlichen Verlauf. Blutungen ins Gelenk können verschiedene Ursachen haben:

- traumatisch bedingte Blutungen,
- rezidivierende Blutungen (Synovialitis villonodularis pigmentosa, synoviales Sarkom, Hämangiom, Aneurysma, chronische Gelenkentzündungen, Arthrose),
- Gerinnungsstörungen.

Es ist histopathologisch eine Altersbestimmung von synovialen Läsionen innerhalb eines bestimmten Zeitraumes (etwa sechs bis 16 Wochen) möglich. Verletzungen, die länger zurückliegen, sind nicht mit der notwendigen Wahrscheinlichkeit histopathologisch zu klären. Beide Synovialitisformen sind Low-grade-Synovialitiden, sind also histopathologisch nicht unterscheidbar. Kommt es zur Mitbeteiligung der unter der Synovialis liegenden Capsula fibrosa, ist eine Verdickung derselben durch Bindegewebs- und Fibrozytenvermehrung möglich [42, 123, 219], so kann das klinische Bild einer adhäsiven Kapsulitis als Traumafolge entstehen [61]. Meist ist die Schulter betroffen, an zweiter Stelle das Ellbogen- sowie das obere Sprunggelenk. Es sind neben der Verletzung auch andere ätiologische Faktoren denkbar, die jedoch derzeit kontrovers diskutiert werden.

Synovialisnarben

Verletzungen der Synovialis oberflächlicher Art, d. h. der isolierte Synovialisriss, heilen folgenlos ab im Sinne der Regeneration mit Bildung einer Neosynovialis. Liegen größere Synovialisdefekte in der Folge von ausgedehnteren Verletzungen vor, so können auch reparative Maßnahmen zur Narbenbildung (Defektheilung) führen. Das Ergebnis der Abheilung spezieller Synovialitiden endet ebenfalls in Synovialisnarben, in der Folge entzündlicher Veränderungen bei weniger ausgedehnten Defekten auch in der Bildung einer Neosynovialis, d. h., Narbenstadien sind die Folge der rezenten Verletzung, aber auch akuter und chronischer Entzündungen, da beide Entzündungsformen mit Nekrosen vergesellschaftet sein können. Aus diesem histologischen Äquivalent einer Narbe ist aber keine Aussage über die Entstehung der Narbe möglich, da auch das Hämosiderin einem stadienhaften Abbauprozess unterworfen ist.

Synovialitis

Die Entzündungen der Synovialis (Synovialitis) können bakteriell (eitrig), aber auch abakteriell ablaufen. Es gibt die Low-grade-Synovialitis, häufig aufgrund eines intraartikulären pathomorphologischen Substrates anderer Ursache (Knorpelschäden, Meniskusschäden, u. a.), und man findet die Synovialitis als eigenständiges Krankheitsbild bei den Kristallsynovialitiden, aber auch bei spezifischen Entzündungen (rheumatoide Arthritis, synoviale Chondromatose, Synovialitis villonodularis pigmentosa u. a.). Diese Erkrankungen gehen meist mit einer serösen Ergussbildung einher, es gibt aber auch den blutig serösen Erguss bei der Synovialitis chondrodetritica, der Synovialitis villonodularis pigmentosa u. a. Die histopathologische Diagnose einer High-grade-Synovialitis kann insbesondere bei der peripheren Arthritis des M. Bechterew gestellt werden [188]. Sekundärarthrosen zeigen eine geringe synoviale entzündliche Aktivität im Sinne einer Low-grade-Synovialitis [196]. Für die Diagnostik und auch Therapie ist der Erregernachweis bei der bakteriellen Entzündung wesentlich. Gelingt dieser nicht, z. B. bei einer extraartikulären Lokalisation, ist die Gesamtbeurteilung problematisch [149]. Der Synovialitis-Score ermöglicht die Trennung von Low-grade-Synovialitis und High-grade-Synovialitis. Low-grade-Synovialitiden stehen für eine Texturstörung (z. B. Arthrose, mechanisch bedingte Synovialitisalteration), High-grade-Synovialitiden für chronische entzündliche Gelenkerkrankungen im Sinne rheumatischer Gelenkerkrankungen. Diese Klassifikation ermöglicht somit die Abgrenzung von chronischen, nicht infektiösen Synovialitiden.

Die bakterielle Synovialitis (durch so genannte klassische Eitererreger) ist durch eigenständige Kriterien definiert und somit eindeutig von chronischen, nicht infektiösen Synovialitiden zu trennen. Auch die Kristall-Synoviopathien sind durch charakteristische morphologische Veränderungen im Synovialgewebe diagnostizierbar. Bezüglich der Synovialitis als entzündliche Reaktion der Gelenkinnenhaut resultiert ein pathogenetisches Schema (Abb. 8.16).

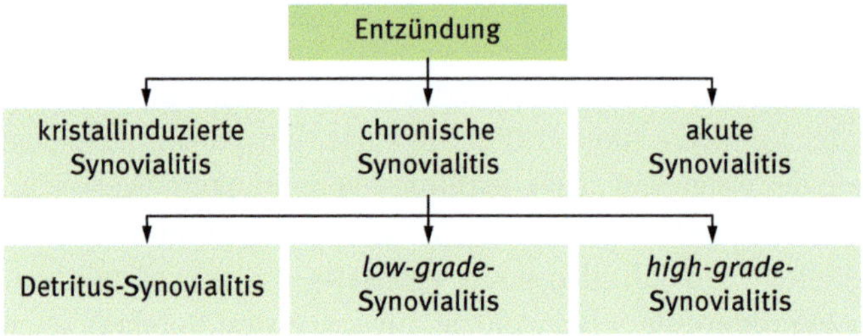

Abb. 8.16: Pathogeneseschema der Synovialitis.

Im Pathogeneseschema der Synovialitis sind Verletzungen oder Verletzungsfolgen zu finden: Verletzungen, auch eine Prellung oder Zerrung, mit der Folge einer akuten traumatischen Synovialitis wegen einer Gewebsnekrose bei geschlossener und offener Verletzung, Letztere birgt die Gefahr der bakteriellen Sekundärinfektion, sind durch Blutungen charakterisiert und führen zu entzündlichen Reaktionen. Mechanisch bedingte Synovialitiden können als Verletzungsfolgen gewertet werden.

Rezidivierende Mikrotraumen bedeuten eine mechanisch bedingte Low-grade-Synovialitis. Dazu gehört auch das Anfangsstadium der Arthrose, wogegen deren fortgeschrittenes Stadium eigenständig als Detritussynovialitis zu werten ist. Mechanisch bedingte Synovialitiden sind die Folge jeglicher Gelenkinkongruenz mit gleichzeitigem Vorliegen von Hämosiderin-Einlagerungen (Siderose).

Synovialistumoren

Die Diagnose der seltenen Synovialistumoren wird magnetresonanztomographisch und teilweise arthroskopisch gestellt und histologisch bestätigt.

Bedeutung der MRT in der Synovialisdiagnostik

Häufig wird die Anamnese in die Diagnostik mit einbezogen. Dies ist aber in der Abgrenzung von Verletzungen bzw. deren Folgen und unfallunabhängigen Pathologien problematisch. Eine Synovialitis mit Gelenkerguss als posttraumatisch zu bezeichnen heißt lediglich, nach dem so genannten Trauma festgestellt, ist aber keine Hilfestellung zur Feststellung der Kausalität. Dies gilt insbesondere deshalb, da Verletzungen auch bei bestehenden nicht traumatischen Pathologien stattfinden können, gerade im Versicherungsrecht müssen aber dann diese unabhängigen Pathologien von der Verletzung abgegrenzt werden. Histologische Befunde werden kernspintomographisch erfasst und beschrieben [316, 275, 179, 33]. In dieser Literatur wird in aller Regel auf die allgemeine Pathologie eingegangen und dann werden auch diese Pathologien dem Kernspinbefund zugeordnet.

1. Synovialitis villonodularis pigmentosa (PVNS):
   Die Kernspintomographie zeigt beim diffusen oder auch lokalen nodulären Befall, auch mit extraartikulärer Beteiligung im Sinne einer pigmentierten villonodulären Tenosynovitis, eine diffuse oder noduläre Hämosiderinablagerung (T2w), die signalarm in GE-Sequenzen feststellbar ist. Im Gelenkkavum werden synoviale kontrastmittelaufnehmende Massen festgestellt [161, 191, 245, 312]. Die MRT-Charakteristika zeigen Einblutungen, Hämosiderin, fibröses Gewebe, entzündliche Synovialis und auch eine Ergussbildung mit einer niedrigen bis mittleren Signalintensität in der T2w-, T2*w- oder STIR-Sequenz [316].
2. Synoviale Chondromatose:
   Der Kernspinbefund hängt vom Krankheitsstadium [275] und von der Gelenkkörperbildung ab. Nicht verkalkte Gelenkkörper sind signalarm bis signalfrei in allen Sequenzen [244]. Es zeigt sich eine proliferierende, verdickte Synovialis (kontrastmittelaufnehmend), typischerweise signalarm im fettunterdrückten PDw- und TSE-Bild und intermediär intens im T1w-Kontrast. Liegen verkalkte/verknöcherte Gelenkkörper vor, besonders gut erkennbar in Gradientenecho-Sequenzen, erscheinen diese als Gebiete mit niedrigem Signal in T1w und T2w, vergleichbar mit der Flüssigkeit, die ebenfalls ein niedriges T1 spinecho aufweist, aber ein hohes T2 spinecho [32, 325, 45, 192, 137]. Die verknöcherten Körper zeigen sich als Stellen der mittleren Signalintensität mit einer umgebenden Gelenkflüssigkeit, mit heller Signalintensität. Diese Noten verfügen über eine hohe Signalintensität, typisch für fettiges Knochenmark in T1w- und T2w-Abbildungen [316].
3. Kristallsynovialitiden:
   Bezüglich der Kernspin-Diagnostik wird lediglich auf die Gichterkrankung mit den Uratkristallen sowie auf die Chondrokalzinose (calciumpyrophosphat dihydrat crystal, CPPD) hingewiesen. Spezielle Angaben zum Calcium hydroxyapatit crystal im Knorpel finden sich nicht. Die Gichterkrankung sei keine MRT-Diagnose, die MRT kann allenfalls eine Aussage über die Ausdehnung des Prozesses ergeben. Die MRT-Zeichen sind unspezifisch, die Tophi signalarm in T1w und variabel in T2w [283, 349, 301, 52, 50]. Die kernspintomographische Identifikation der CPPD-Kristalle erfordert den Einsatz des Gradientenecho-Bildes [316]. Bei der Pseudogicht (Chondrokalzinose) liegt wenig Information bezüglich der MRT-Diagnostik vor [182, 85].
4. Eitrige, bakterielle Synovialitis:
   Ein infizierter Gelenkerguss unterscheidet sich von einem blanden Gelenkerguss nicht wesentlich [327]. Kernspintomographisch zeigt sich eine kontrastmittelaufnehmende verdickte Synovialis [33] mit Ergussbildung, Knochenmark- und Weichteilödem.

5. Traumatische Synovialitis:
   Ein Trauma führt zu einer Verletzung der Synovialis mit einer Zunahme der Gefäßpermeabilität in der Synovialis (nicht vergleichbar mit Gefäßzerreißungen) mit der Folge einer multifaktoriellen Ergussbildung mit und ohne Blut [338]. Der Erguss ist mittels MRT nachweisbar [275]. Tritt ein Erguss in den ersten Stunden nach einem Trauma auf, so ist von einem Hämarthros auszugehen. Entsteht eine Ergussbildung zwölf bis 24 Stunden nach einem Ereignis, so soll es sich um einen nicht blutigen Erguss handeln [64, 340]. Die MRT soll eine Flüssigkeitsvermehrung um etwa 1 mm schon nachweisen können. Nicht blutige Gelenkergüsse sind charakterisiert durch eine niedrige Signalintensität in T1w spinecho und eine hohe Signalintensität in T2w spinecho und STIR sowie in den meisten Gradientenecho-Abbildungen. Kernspintomographisch hat der frische Hämarthros eine Signalintensität wie die normale Synovialflüssigkeit. Der länger bestehende Hämarthros zeigt eine hohe Signalintensität in T1w- und T2w-Spin-Echo-Sequenzen, und eine Spiegelbildung deutet auf eine Sedimentation der Erythrozyten hin. In den Fällen eines lange bestehenden Hämarthros führen die Hämosiderinablagerungen in der Synovialmembran zu einer niedrigen Signalintensität in T1s- und T2w-Spin-Echo-Sequenzen und speziell in der Gradientenecho-Abbildung [275]. Entsteht ein Hämarthros durch eine Fraktur, so resultiert ein Lipohämarthros, dies ist auch möglich durch eine Synovialis- oder Fettkörperverletzung, da diese Fettzellen enthalten [108, 270]. Sofort nach der Entstehung eines Lipohämarthros zeigt die MRT verschiedene Flüssigkeitsspiegel, nach Stunden einen 3-Schichten-Aufbau im Sinne von Fett, Serum und Erythrozyten [172, 284]. Beim Pneumolipohämarthros gesellt sich eine oberflächliche Luftansammlung dazu [275].
6. Mechanisch bedingte Synovialitis:
   Es handelt sich um eine durch Mikrotraumen induzierte Synovialitis, vergleichbar dem Anfangsstadium der Arthrose, also die Folge jeglicher Gelenkinkongruenz. Die daraus resultierenden Ergussbildungen und auch diese Form der Entzündung der Gelenkinnenhaut sind kernspintomographisch nicht zu differenzieren, dazu finden sich auch keine Angaben in der Literatur.
7. Synovialitis chondrodetritica:
   Bei histologisch pathognomonischem Bild zeigt die Kernspintomographie das Bild der Arthrose, auch mit Detritus-Einlagerungen in der Synovialis. Es werden in der MRT neben der Gelenkspaltverschmälerung die subchondrale Sklerose sowie das arthrosebedingte Knochenödem abgebildet, dazu auch Osteophyten und subchondrale Arthrosezysten.
8. Rheumatoide Arthritis:
   Es handelt sich um eine systemische, entzündliche Autoimmunerkrankung, eigentlich unbekannter Ätiologie, die primär die Synovialmembranen und dann die Gelenkoberflächen betrifft. In der MRT zeigt das native T1w eine synoviale Proliferation mit niedriger Signalintensität, schwer von einem Gelenkerguss zu

unterscheiden. In der T2w ist die Synovialis signalarm oder auch signalreich oder gemischtförmig zu finden, nach einer i. v. Gabe von Gd-haltigem Kontrastmittel kommt es zum deutlichen Signalanstieg mit Abgrenzung zum Gelenkerguss. Auffällig ist ein mittlerer hyperintenser Pannus [316].

9. Lipoma arborescens:
   Bei dieser seltenen Erkrankung handelt es sich um eine Zottenhypertrophie mit Fetteinlagerung in der Synovialis. In der MRT finden sich synoviale baumartig verzweigte Proliferationen mit Fettinfiltration, mit Fettsignal und Ergussbildung. Das Bild ist pathognomonisch im T1w-Bild [33], die hypertrophen Zotten zeigen keine Kontrastmittelaufnahme im Vergleich zur entzündlichen Synovialishypertrophie [284, 56, 83, 8, 330, 184, 309, 26].

Bedeutung der Arthroskopie in der Synovialisdiagnostik

Arthroskopisch kann die Gelenkinnenhaut als normal erkannt werden, aber auch als mehr oder weniger gerötet, was einem entzündlichen Zustand entsprechen kann. Eine genauere Diagnose ist nur in besonderen Fällen möglich, d. h. bei der synovialen Chondromatose, der pigmentierten villonodulären Synovialitis, bei Kristallsynovialitiden, der rheumatoiden Arthritis, d. h. der Synovialitis chondrodetritica, sowie der eitrigen Synovialitis, dann auch unter Berücksichtigung der trüben, eitrigen Ergussbildung (Abb. 8.17). Der Gelenkerguss muss in jedem Fall bezüglich Farbe, Viskosität und Kristallen in die diagnostische Überlegung mit einbezogen werden. Selbstverständlich muss, auch wenn arthroskopisch eine Diagnose sicher erscheint, dennoch eine histologische Untersuchung vorgenommen werden. Die Vergrößerungstechnik (Mikroarthroendoskopie) erlaubt bei der einfachen Entzündungsreaktion einen Hinweis auf deren Alter: Die Gefäßdilatation ist bei akuten Stadien zu finden, besteht die Entzündung längere Zeit (Wochen), so entstehen eine Gefäßvermehrung und eine vermehrte Gefäßschlängelung mit Abnahme der Dilatation. Unter Berücksichtigung der zellulären Reaktion ist eine Zellvermehrung entlang den Gefäßen im Anfangsstadium der Entzündung zu sehen, mit zunehmender Entzündungsdauer, verteilt sich die Zellvermehrung auf die interzellulären Bereiche.

Bedeutung der Pathohistologie in der Synovialisdiagnostik

Eine rezente Verletzung entspricht einer Low-grade-Synovialitis mit Fibrinpräzipitaten ohne manifesten Fibroblasten oder Kapillar-Fibroblasten. Die zellulären Veränderungen stehen für einen bereits veralteten, wenige Wochen zurückliegenden Prozess. Generell kann festgehalten werden, dass die Fibroblastenreaktion der Fibrinpräzipitation und Fibrin-Extravasation zeitlich nachgeschaltet ist. Dann folgen die Veränderungen des Hämoglobinabbaus im Sinne einer Siderin-Pigmentenbildung. Wird unter einem Überlastungsschaden eine sich wiederholende mechanische Gewebsalteration des Synovialgewebes verstanden, so folgen hier die geweblichen Veränderungen, wie sie bei einer Narbengewebsbildung und einem Hämoglobinabbau beschrieben sind. Unfallunabhängige Erkrankungen (z. B. Synovialsarkom, synoviale Chondromatose,

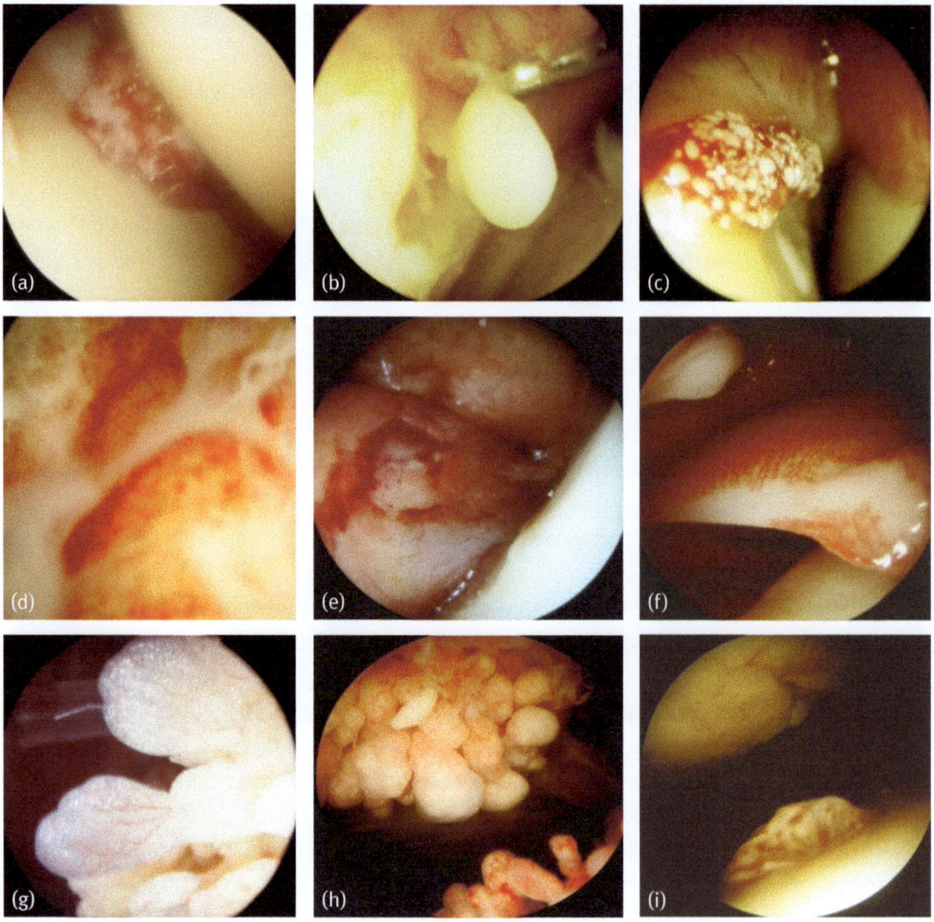

Abb. 8.17: Synovialispathologie in der Arthroskopie ((a) = Synovialitis villonodularis pigmentosa, (b) = synoviale Chondromatose, (c) = Gicht, (d) = eitrige Synovialitis, trüber Gelenkerguss und Hyperämie mit Fibrinauflagerungen, (e) = traumatische Synovialitis bei Ruptur oder Synovialiseinriss am vorderen Kreuzband, (f) = mechanische Synovialitis bei Shelf-Syndrom, (g) = Synovialitis chondrodetritica mit kolbigen Zotten einschließlich Knorpeleinlagerungen, (h) = rheumatoide Synovialitis bei kolbigen Zotten, (i) = Lipoma arborescens).

tenosynovialer Riesenzelltumor) sind histopathologisch pathognomisch und somit eindeutig diagnostizierbar.

Bedeutung der Synovia-Diagnostik in der Synovialitisbeurteilung

Die Synovialitiden, aber auch die Verletzungen der Synovialis, gehen meist mit einer Ergussbildung einher. Sowohl durch Punktion als auch bei der Arthroskopie kann diese Flüssigkeit gewonnen werden. Es werden unterschieden:

- Hämarthros (reines Blut) – mit und ohne Fettaugen:
  Liegen Fettaugen vor, ist dies ein Hinweis auf eine Eröffnung des subchondralen Knochens, es muss eine Fraktur angenommen werden, evtl. auch eine Verletzung eines intraartikulären Fettkörpers.
- Blutig seröse Flüssigkeit:
  Blutig seröse Flüssigkeit findet sich bei chronischen Entzündungen, die zu Spontanblutungen neigen. Eine blutig seröse Flüssigkeit kann aber auch durch die Punktionstechnik produziert worden sein.
- Seröse Flüssigkeit:
  Der rein seröse Erguss ist ein Hinweis auf ein nicht traumatisches, meist entzündliches Geschehen, wobei bei einer Vorschädigung des Gelenkinnenraumes, auch bei einer Prellung ohne Beteiligung der Synovialis, eine vermehrte reaktive Ergussbildung entstehen kann.
- Eitriger Erguss:
  In der Folge einer bakteriellen Entzündung entsteht das Empyem durch offene Verletzungen, aber auch durch hämatogene Streuung, oder in der Folge der Diagnostik und Therapie (Punktion, Arthroskopie, Operation).

8.5 Résumé

Die Synovialis-Pathologie sieht folgende Einteilung pathomorphologischer Substrate vor, die sich an der Lokalisation, der Struktur und deren Funktion orientieren:
- Gelenkinnenhaut (Synovialis),
- Plicae (Sonderform der Synovialis),
- Impingement (PMS).

An der Gelenkinnenhaut als eigentliche Auskleidung des Gelenkes (Synovialis) sind zwei große Gruppen zu erkennen, nicht entzündliche sowie entzündliche pathomorphologische Substrate. Nicht entzündliche Veränderungen (Abb. 8.18) differenzieren sich in Speicherkrankheiten, Tumore und auch Verletzungen, zumindest im Anfangsstadium.

Zu den Speicherkrankheiten gehören der Morbus Wilson, der Morbus Gaucher sowie die Hämochromatose. Synoviale Tumoren sind die synoviale Chondromatose sowie die pigmentierte villonoduläre Synovialitis, aber auch Hämangiome, Lipome, das Lipoma aborescens und u. a. das synoviale Sarkom. Die Verletzungen gehen in aller Regel mit einer Blutung einher, d. h. mit einer villösen Hyperplasie, übergehend in eine Siderose, auch mit Veränderungen am Knorpel durch Einlagerung von Siderosomen in den Brutkapseln proliferierender Chondrozyten. Als Folge der Verletzung kann auch die Neosynovialis (ätiologisch bedingt) gerechnet werden. Die Neosynovialis entsteht aus Verletzungen, auch anstelle einer Narbenbildung, sie ist aber häufig die Folge der Synovektomie [105, 37, 287, 19, 232, 233, 319, 278, 169, 170, 304, 3, 291, 299,

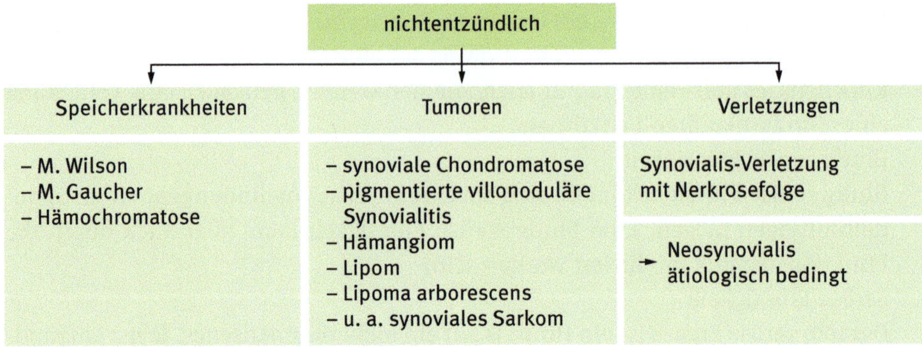

Abb. 8.18: Nichtentzündliche Synovialis-Pathologie.

340]. Etwa vier bis zwölf Wochen nach einer Synovektomie ist wieder eine leistungsfähige Synovialis vorhanden [278]. Die Beurteilung der Neosynovialis ist nur durch Vergleich mit der Synovialis von deren Entfernung möglich [292]. Als Neosynovialis im strengen Sinn wird jenes Synovialgewebe bezeichnet, welches sich sekundär (im Falle einer Endoprothesen-Implantation) bildet [197]. Wesensmäßig kann auch Synovialgewebe nach einer Traumatisierung als Neosynovialgewebe bezeichnet werden, hier ist jedoch zu beachten, dass die morphologischen Kriterien einer Synovialis (synoviale Deckzellschicht, vaskularisiertes Gewebe) nachweisbar sind. Nach Verletzung erfolgen stadienmäßig die Organisation der Einblutung sowie eine Fibroblastenproliferation mit Narbenbildung. Nach Verletzungen entsteht ein stadienhafter Verlauf mit Blutungsresiduen und Fibrose (Narbe), was im Endeffekt nur bedingt mit einer Neosynovialis verglichen werden kann. Diese Veränderungen umfassen den Abbau der geweblichen Einblutung (stadienhafter Abbau von Hämoglobin) sowie die anschließende Fibroblastenproliferation, dies im Sinne eines zeitlichen Ablaufs, definitiv beschrieben für das kollagene, straffe Bindegewebe [238]. Hämosiderinablagerungen finden sich etwa ab dem 6. bis 16. Tag nach dem Unfall in Verbindung mit dem Narbengewebe über 40 Tage hinweg.

Die entzündliche Synovialis-Pathologie (Synovialitis) unterscheidet die kristallinduzierte Synovialitis, die chronische Synovialitis und die akute Synovialitis, die auch im Sinne der floriden Synovialitis und der eitrigen Synovialitis gewertet werden kann (Abb. 8.19). An dieser Stelle kann auch die verletzungsbedingte Synovialitis eingeordnet werden. Eine besondere Bedeutung kommt der chronischen Synovialitis zu, denn hier wird die Low-grade-Synovialitis von der High-grade-Synovialitis unterschieden und diese wiederum von der Sonderform der Low-grade-Synovialitis, der Detritussynovialitis, die das Endstadium einer Arthrose-assoziierten oder auch mechanisch bedingten Synovialitis bedeutet. Kristallinduzierte Synovialitiden finden sich bei der Gicht (Arthritis urica), der Pseudo-Gicht (Chondrokalzinose), der Oxalose sowie bei der kortisoninduzierten Synovialitis durch Injektion entsprechender Präparate. Als Sonderformen müssen die fremdmaterialbedingten Synovialitiden, sog. abriebindu-

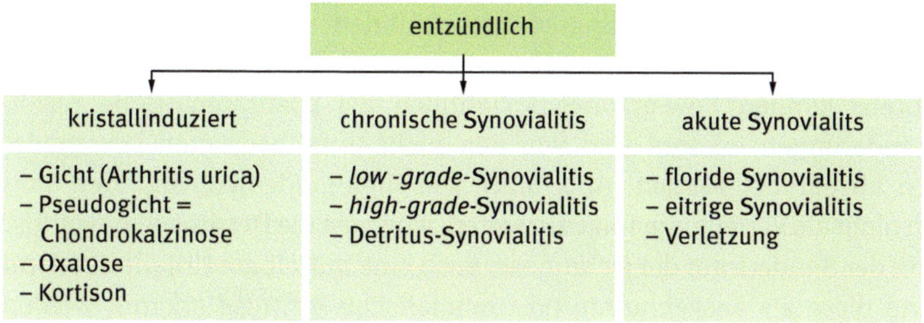

Abb. 8.19: Entzündliche Synovialis-Pathologie.

zierte Synovialitiden [199], durch C-Fasern oder sonstige Fremdkörper gewertet werden, aber auch die tumoröse Kalzinose, deren Kristalle meist extraartikulär liegen.

Bei der chronischen Synovialitis werden die Detritus-Synovialitis, die Low-grade-Synovialitis und die High-grade-Synovialitis unterschieden. Während die High-grade-Synovialitis in eine nicht granulomatöse und eine granulomatöse Form differenziert werden kann (Abb. 8.20), zeigt sich bei der Low-grade-Synovialitis vorwiegend die mechanisch bedingte Synovialitis in Form der arthroseassoziierten Synovialitis, aber auch der Meniskus-Begleitsynovialitis, und die posttraumatische Synovialitis, die auch am Hoffa'schen Fettkörper im Sinne der Hoffaitis gefunden werden kann. Eine Sonderform der Low-grade-Synovialitis ist die entzündliche Veränderung der Synovialis bei viralen Infektionen. Hier sind auch Zeichen einer akuten Synovialitis feststellbar. Die arthroseassoziierte Synovialitis sowie auch posttraumatische Synovialitiden entsprechen der mechanisch bedingten Synovialitis und können demzufolge als mittelbare Unfallfolgen gewertet werden. Die Detritus-Synovialitis wäre ein Endstadium einer mechanisch bedingten arthroseassoziierten Entzündung der Gelenkinnenhaut.

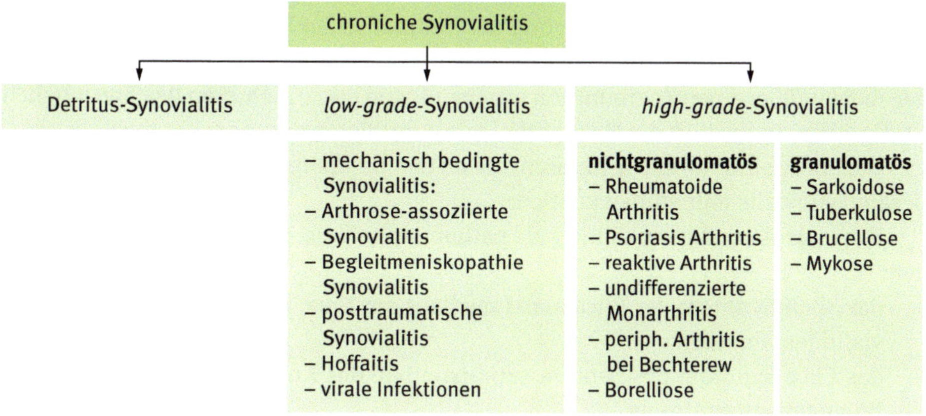

Abb. 8.20: Pathologie der chronischen Synovialitis.

Bei der Suche nach verletzungsbedingten Synovialitiden spielen Eisenabbau-Produkte (FE) eine besondere Rolle. Unter Nachweis der Eisenanteile als Abbauprodukt des Hämoglobins können Low-grade-Synovialitiden als posttraumatische rezidivierende Veränderungen erkannt und von den nicht unfallbedingten Low-grade-Synovialitiden abgegrenzt werden (Abb. 8.21). Die High-grade-Synovialitiden sind grundsätzlich nicht als Verletzungsfolge zu werten, wogegen die Detritus-Synovialitis, abgesehen von der Sonderform der Ochronose, auch eine mittelbare Unfallfolge dann darstellt, wenn diese als ausgebrannte posttraumatische Arthrose erkannt werden kann, sie ist aber histopathologisch von der ausgebrannten rheumatoiden Arthritis dann nicht mehr zu unterscheiden.

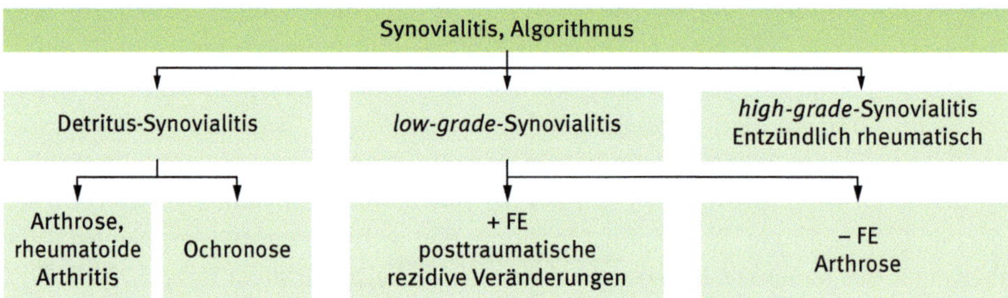

Abb. 8.21: Algorithmus der Synovialitisdiagnostik, FE = Eisenpartikel [195, 196].

In das Gesamtkonzept der Synovialispathologie können Verletzungen und deren Folgen eingeordnet werden (Abb. 8.22). Die Verletzungen sind eine eigene Gruppe der nichtentzündlichen Synovialispathologie. Die Verletzungsfolgen als mechanische Ursache werden zu den chronischen Entzündungen (Low-grade-Synovialitis) gerechnet mit der Sonderform der Detritussynovialitis, die ein Endstadium der Osteoarthrose, aber auch der rheumatischen Arthritis bedeutet.

Entscheidend für die Abgrenzung der traumatischen Unfallfolgen von der nicht traumatischen Synovialitis ist aber der Nachweis von Hämosiderinabbauprodukten, der aber nur über einen Zeitraum von wenigen Tagen bis zu mehreren Wochen möglich ist. Darüber hinaus hilft die Histopathologie zur Differenzierung nicht mehr weiter.

Die Plicae sind Normalstrukturen, die an den pathologischen Veränderungen der Gesamtsynovialis teilnehmen können.

Folgende Ausnahmen können als pathomorphologisches Substrat gewertet werden:
- das Shelf-Syndrom der Plica alaris medialis am Knie, an der mechanische Synovialitiden ablaufen,
- das Plica-Syndrom des Septum suprapatellare des Kniegelenkes im Sinne eines Impingementsyndroms,
- das laterale parapatellare Plica-Syndrom am Knie.

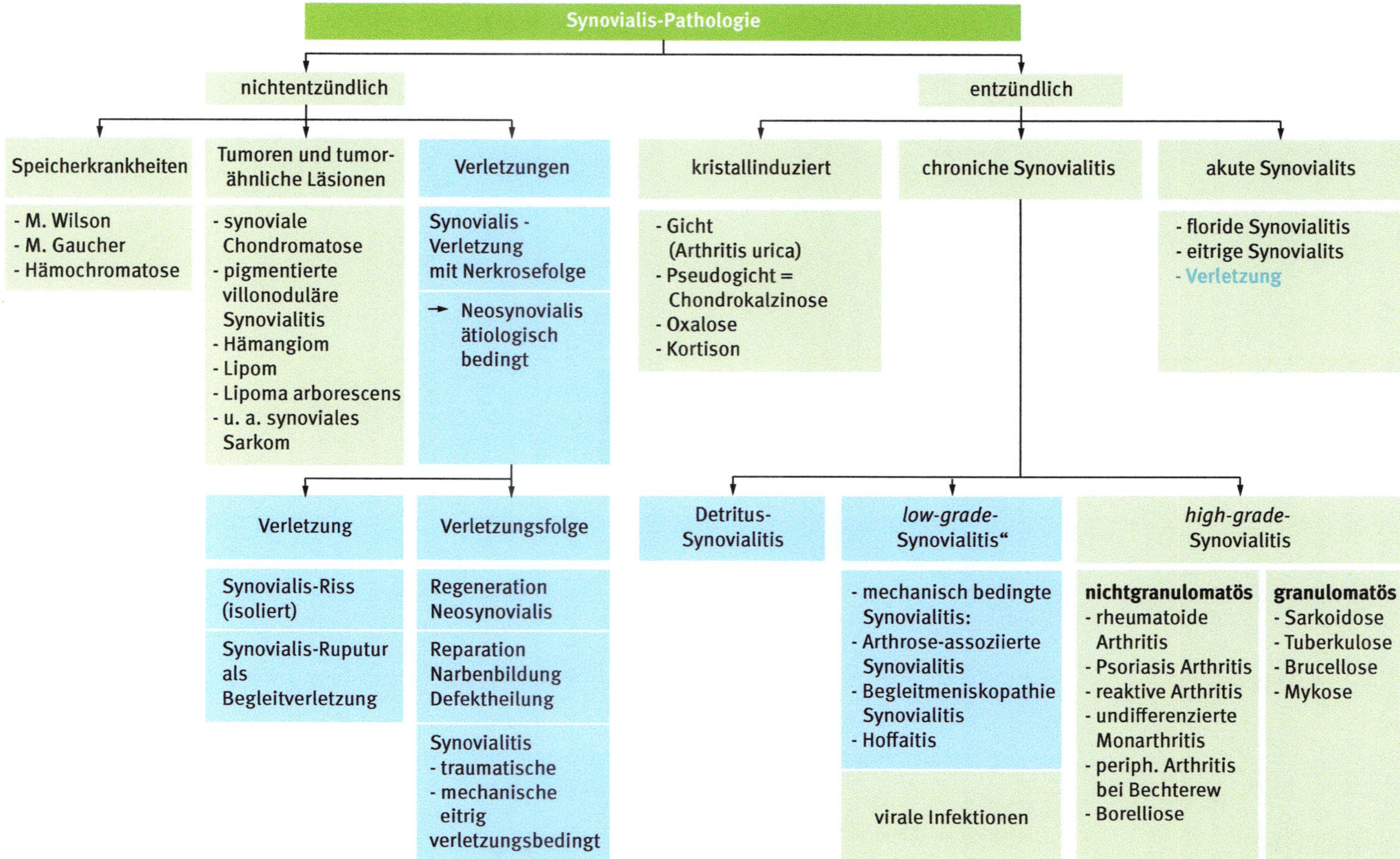

Abb. 8.22: Einordnung verletzungsbedingter Pathologien in den Algorithmus der Synovialispathologie (Verletzungen und Verletzungsfolgen sind blau markiert), nach [196, 198].

Histologisch weisen die Plicae eine normale Synovialis auf, allerdings mit einer erhöhten Anzahl von Fettzellen, als pathomorphologisches Substrat zeigen sich beim Ablauf der mechanisch bedingten Synovialitis die Fibrose und die Hämosiderin-Einlagerung. Beim Impingement lässt sich an der Synovialis die mechanische Irritation erkennen, wie auch an den Plicae, d. h. entzündliche Veränderung der Strukturen mit Übergang zur Narbenbildung, meist wegen der mechanischen Läsion mit Einlagerung von Blutzerfallsprodukten (vgl. Kap. 6).

8.6 Literatur

[1] ADACHI, N.; OCHI, M.; UCHIO, Y.; KAWASAKI, K.; YAMASAKI, K.: The complete type of suprapatellar plica in a professional baseball pitcher: Consideration of a cause of anterior knee pain. Arthroscopic 20:987–991 (2004)

[2] ADAMS: Chronic rheumatic arthritis of the knee joint. Dublin J Med Sci 17:520–522 (1840)

[3] ADAMS, J.E.; STEINMANN, S.P.: Arthroscopy for elbow arthritis. Tech Shoulder Elbow Surg 8:120–125 (2007)

[4] AIGNER, T.; OEHLER; S.; NIEDOBITEK, H.G. et al: Iron deposits, cell populations and proliferative activity in pigmented villonodular synovitis of the knee joint. Verh Dtsch Ges Pathol 82:327–331 (1998)

[5] AKAGI, M.; NAKAMURA, T.: Snapping elbow caused by the synovial fold in the radiohumeral joint. J Shoulder Elbow Surg 7:427–429 (1998)

[6] ALGUACIL-GARCIA, A.: Necrobiotic palsading suture granulomas simulating rheumatoid nodule. Am J Surg Pathol 17:920–923 (1993)

[7] ALLARD, S.A.; BAYLISS, M.T.; MAINI, R.N.: The synovium-cartilage junction of the normal human knee. Arthritis and Rheumatism 33:1170–1179 (1990)

[8] AL-ISMAIL, K.; TORREGGIANI, W.C.; AL-SHEIKH, F. et al.: Bilateral lipoma arborescens associated with early osteoarthritis. Eur Radiol 12:2799 (2002)

[9] AMANTINI, C.: Di una ripiegatura synoviale dell'articolazione del anca. Perugia, Istituto Anatomico dell'Universita di Perugia, tipografia de Vencenzo Santucci (1989)

[10] AMATUZZI, M.; FAZZI, A.; VARELLA, M.H.: Pathologic synovial plica of the knee. Results of conservative treatment. Am J Sports Med 18:466–469 (1990)

[11] ANDERSEN, E.; POULSEN, T.D.: Plica mediopatellaris – arthroscopic resection under local anesthesia. Arch Orthop Trauma Surg 106:18–19 (1986)

[12] ANDERSEN, H.: Development, morphology and histochemistry of the early synovial tissue in human fetuses. Acta Anat 58: 90–115 (1964)

[13] ANSEROFF, N.I.: Die Synovialfalten (Binnenbänder) des menschlichen Hüftgelenks. Z Anat Entwicklungsgesch 89:580–605 (1929)

[14] ANTUNA, S.A.; O'DRISCOLL, S.W.: Snapping plicae associated with radiocapitellar chondromalacia. Arthroscopy 17:491–495 (2001)

[15] APPLE, J.S.; MARTINEZ, S.; HARDAKER, W.T.; DAFFNER, R.H.; GEHWEILER, J.A.: Synovial Plicae of the Knee. Skeletal Radiol 7:251–254 (1982)

[16] ATLIHAN, D.; JONES, D.C.; GUANCHE, C.A.: Arthroscopic treatment of a symptomatic hip plica.Clin Orthop and Related Research 411:174–177 (2003)

[17] ATTMANSPACHER, W.; DITTRICH, V.; STEDTFELD, H.-W.: Humeroradiale Pathologie am Ellenbogengelenk. Arthroskopie 15:11–16 (2002)

[18] BAE, D.K.; NAM, G.U.; SUN, S.D.: KIM, Y.H.: The clinical significance of the complete type of suprapatellar membrane. Arthroscopy 14:830–835 (1998)
[19] BAIN, A.M.: An assessment of the value of synovectomy of the knee in rheumatoid arthritis. Proc R Soc Med 66:199–200 (1973)
[20] BAKER, W.M.: On the formation of synovial cysts in the leg in connection with disease of the knee-joint. St Bartholomew Hosp Rep 13:245–261 (1877)
[21] BAKER, W.M.: The formation of abnormal synovial cysts in connection with the joints. St Bartholomew Hosp Rep 21:177–190 (1885)
[22] BARBER, F.A.: Fenestrated medial patella plica. Arthroscopy 3:253–257 (1987)
[23] BARLAND, P.; NOVIKOFF, A.B.; HAMERMAN, D.: Electron microscopy of the human synovial membrane. J Cell Biol 14:207–220 (1962)
[24] BARRETT, I.R.; GOLDBERG, J.A.: Avulsion fracture of the ligamentum teres in a child. J Bone Joint Surg Am 71:438–439 (1989)
[25] BARTHEL, T.; ROLF, O.: Erkrankungen der Synovialmembran und Arthrose des Ellenbogengelenks. Arthroskopie 19:308–314 (2006)
[26] BEJIA, I.; YOUNES, M.; MOUSSA, A. et al.: Lipoma arborescens affecting multiple joints. Skeletal Radiol 34:536 (2005)
[27] BERGER, I.; EHEMANN, V.; HELMCHEN, B. et al: Comparative analysis of cell populations involved in the proliferative and inflammatory processes in diffuse and localised pigmented villonodular synovits. Histol Histopathol 19:687–692 (2004)
[28] BERGER, I.; AULMANN, S.; EHEMANN, V. et al: Apoptosis resistance in pigmented villonodular synovitis. Histol Histopathol 20:11–17 (2005)
[29] BERNSTEIN, A.D.; JAZRAWI, L.M.; ROSE, D.J.: Arthroscopic treatment of an intra-articular lipoma of the knee joint. Arthroscopy 17:539–541 (2001)
[30] BERTIN, P.; TREVES, R.; ARNAUD, M.; TRAORE, A.; GOTTERON, R.D.: Infectious arthritis caused by propionibacterium acnes: a new case. Ann Rheum Dis 49: 653 (1990)
[31] BLAIS, R.E.; LA PRADE, R.F.; CHALJUB, G.; ADESOKAN, A.: The arthroscopic appearance of lipoma arborescens of the knee. Arthroscopy 11:623–627 (1995)
[32] BLANDINO, A.; SALVI, L.; CHIRICO, G. et al.: Synovial osteochondromatosis of the ankle: MR findings. Clin Imaging 16:34 (1992)
[33] BOHNDORF, K.; IMHOF, H.; WÖRTLER, K.: Radiologische Diagnostik der Knochen und Gelenke. 3. Auflage. Georg Thieme Verlag Stuttgart New York (2014)
[34] BOLAND, J.M.; FOLPE, A.L.; HORNICK, J.L. et al: Clusterin is expressed in normal synoviocytes and in tenosynovial giant cell tumors of localized and diffuse types: diagnostic and histogenetic implications. Am J Surg Pathol 33:1225–1229 (2009)
[35] BOYER, T.; MAY, O.: Pektineofoveales Impingement. Arthroskopie 22:290–292 (2009)
[36] BRADY, H.R.; QUIGLEY, C.; STAFFORD, F.J.; BRESNIHAN, B.; HOURIHANE, B.; FITZGERALD, M.X.: Popliteal cyst rupture and the pseudothrombophlebitis syndrome. Ann Emerg Med 16:1151–1154 (1987)
[37] BRÅNEMARK, P.I. et al.: Synovectomy in rheumatoid arthritis. Experimental biological and clinical aspects. Acta Rheum Scand 13:161–189 (1967)
[38] BRIEN, E.W.; SACOMAN, D.M.; MIRRA, J.M.: Pigmented villonodular synovitis of the foot and ankle. Foot Ankle Int 25:908–913 (2004)
[39] BRODY, G.A., PAVLOV, H.; WARREN, R.F.; GHELMAN, B.: Plica synovialis infrapatellaris: Arthographic sign of anterior cruciate ligament disruption. AJR 140:767–769 (1983)
[40] BROOM, M.J.; FULKERSON, J.P.: The plica syndrome: a new perspective. Orthop Clin North Am 17:279–281 (1986)
[41] BROUKHIM, B., et al.: The Synovial Shelf Syndrom. Clin Orthop 142:135–138 (1979)

[42] BUCALA, R.; MAKITA, Z.; KOSCHINSKY, T. et al.: Lipid advanced glycosylation: pathway for lipid oxidation in-vivo. Proc Nat'l. Acad Sci USA 90:6434–6438 (1993)
[43] BUKOSZA, M.; NEUMARK, T.; BALINT, G.P.: Calcium pyrophosphate crystals in intermittent hydrarthrosis. J Rheumatol 131:967–968 (1986)
[44] BUNKER, T.; WALLACE, W.A.: Shoulder arthroscopy. 1st ed. London: Martin Dunitz (1991)
[45] BURNSTEIN, M.I.; FISHER, D.R.; YANDOW, D.R. et al.: Case report 502. Skeletal Radiol 17:458 (1988)
[46] BYERS, P.D.; COTTON, R.E.; DEACON, O.W.; LOWY, M.; NEWMAN, P.H.; SISSONS, H.A.; THOMSON, A.D.: The diagnosis and treatment of pigmented villonodular synovitis. J Bone Joint Surg Br 50:290–305 (1968)
[47] BYRD, J.W.T.; JONES, K.S.: Traumatic rupture of the ligamentum teres as a source of hip pain. Arthroscopy 20:385–391 (2004)
[48] CAMPION, G.V.; McCRAE, F.; ALWAN, W.; WATT, I.; BRADFIELD, J.; DIEPPE, P.A.: Idiopathic destructive arthritis of the shoulder. Arthritis Rheum 17:232–245 (1988)
[49] CAPUTO, A.E.; HARTFORD, C.T.; PROIA, A.D.; URBANIAK, J.R.: The radiocapitellar meniscal complex: An anatomical and histological analysis. Presented at the annual meeting of the american society for surgery of the hand. Boston. (Paper 19) September (1999)
[50] CHAOUI, A.; GARCIA, J.; KURT, A.M.: Gouty tophus simulating soft tissue tumor in a heart-transplantat recipient. Skeletal Radiol 26:626 (1997)
[51] CHAUDHURI, R.; SALARI, R.: Baker's cyst simulating deep vein thrombosis. Clin Radiol 41:400–404 (1990)
[52] CHEN, A.L.; ROSE, D.J.; DESAI, P.: Arthroscopic diagnosis and management of ochronotic arthropathy of the knee. Arthroscopy 17:869–873 (2001)
[53] ÇIL, A.; ATAY, O.A.: AYDINGÖZ, U.; TETIK, O.; GEDIKOĞLU, G.; DORAL, M.N.: Bilateral lipoma arborescens of the knee in a child: a case report. Knee Surg Sports Traumatol Arthrosc 13:463–467 (2005)
[54] CLARKE, R.: Symptomatic, lateral synovial fringe (plica) of the elbow joint. Arthroscopy 4:112–116 (1988)
[55] CODMAN, E.A.: The shoulder. Boston: Todd (1934)
[56] COLL, J.P.; RAGSDALE, B.D.; CHOLW, B. et al.: Lipoma arborescens of the knees in a patient with rheumatoid arthritis. RadioGraphics 31:333–337 (2011)
[57] COMMANDRE, F.A.; TAILLAN, B.; BENEZIS, C.; FOLLACCI, F.M.; HAMMOU, J.C.: Plica synovialis (synovial fold) of the elbow. J Sports Med 28:209–210 (1988)
[58] COOPER, N.S.; SOREN, A.; McEWEN, C.; ROSENBERGER, J.L.: Diagnostic specificity of synovial lesions. Human Pathology 12:314–328 (1981)
[59] COTTA, H.: Elektronenoptische Untersuchungen an der Gelenkkapsel und ihre Bedeutung für die morphologisch-funktionelle Einheit des Gelenkes. Arch Orthop Unfallchir 54:443–494 (1962)
[60] COULTER, W.H.: The characteristics of human synovial tissue as seen with the electron microscope. Arthritis Rheum 5:70 (1962)
[61] CUI, Q.; MILBRANDT, T.; MILLINGTON, S.; ANDERSON, M.; HURWITZ, S.: Treatment of posttraumatic adhesive capsulitis of the ankle: a case series. Foot Ankle Int 26:602–606 (2005)
[62] DAI, S.Y.; LIN, D.X.; HE, T.Q.; ZONG, S.P.; LI, H.Y.; ZANG, S.Z.; SUN, B.; MENG, X.Y.: The synovial plica syndrome of knee joint. Chin J Orthop 6:431–433 (1990)
[63] DALINKA, M.K.; GAROFOLA, J.: The infrapatellar synovial fold: a cause for confusion in the evaluation of the anterior cruciate ligament. Am J Roentgenol 127:589–591 (1976)
[64] DAVIE, B.: The significance and treatment of haemarthrosis of the knee following trauma. Med J Aust 1:1355 (1969)
[65] DAVIES, A.P.; BLEWITT, N.: Lipoma arborescens of the knee. Knee 12:394–396 (2005)

[66] DELCAMP, D.D.; KLAAREN, H.E.; POMPE VAN MEERDERVOORT, H.F.: Traumatic avulsion of the ligamentum teres without dislocation of the hip. J Bone Joint Surg Am 70:933–935 (1988)
[67] DEMIRAG, B.; OZTURK, C.; KARAKAYALI, M.: Symptomatic infrapatellar plica. Knee Surg Sports Traumataol Arthrosc 14:156–160 (2006)
[68] DE PALMA, A.F.: Surgery of the shoulder, 3. Aufl. Lippincott, Philadelphia (1983)
[69] DERGANC, F.: Plica synovialis infrapatellaris. Revue de Chirurgie orthopédique et réparatrice de l'Appareil Moteur (Paris) 55:633–638 (1969)
[70] DIENST, M. (Hrsg): Lehrbuch und Atlas Hüftarthroskopie, Diagnostik-Technik-Indikationen. Urban & Fischer München (2010)
[71] DIEPPE, P.; PASCUAL, E.; SWAN, A.: Die Identifizierung von Kristallen in Synovialflüssigkeiten: die EULAR-Initiative zur Qualitätskontrolle. Rheumatologie in Europa 26:74–75 (1997)
[72] DIETEMANN, J.L.; BONNEVILLE, J.F.; RUNGE, M.; JEUNG, M.Y.; WEINTRAUB, A.; WACKENHEIM, A.: Computed tomography of lumbar apophyseal joint lipoma: report of three cases. Neuroradiology 31:60–62 (1989)
[73] DINES, J.S.; DE BERARDINO, T.M.; WELLS, J.L.; DODSON, C.C.; SHINDLE, M.; DI CARLO, E.F.; WARREN, R.F.: Long-term follow-up of surgically treated localized pigmented villonodular synovitis of the knee. Arthroscopy 23:930–937 (2007)
[74] DOPPMAN, J.L.: Baker's cyst and the normal Gastrocnemio-Semimembranosus bursa. Am J Roentgenol Radium Ther Nucl Med 94:646–652 (1965)
[75] DORCHAK, J.D.; BARRACK, R.L.; KNEISL, J.S.; ALEXANDER, A.H.: Arthroscopic treatment of symptomatic synovial plica of the knee. Am J Sports Med 19:503–507 (1991)
[76] DORFMANN, H.; BOYER, T.: Arthroscopy of the hip. Arthroscopy 15:67–72 (1999)
[77] DRUGOVÁ, B.; KOLÁŘ, J.: Bakersche Kniegelenkcysten bei Verletzungen. Mschr Unfallheilk 75:180–185 (1972)
[78] DUPONT, J.-Y.: Synovial plicae of the knee. Clinics in Sports Med 16/1:87–122 (1997)
[79] EBRAHEIM, N.A.; SAVOLAINE, E.R.; FENTON, P.J.; JACKSON, W.T.: A calcified ligamentum teres mimicking entrapped intraarticular bony fragments in a patient with acetabular fracture. J Orthop Trauma 5:376–378 (1991)
[80] EDWARD, D.; HARRIS, M.D.: Exicitement –and confusion– about HLA and rheumatoid arthritis. Ann Int Med 123:232–233 (1995)
[81] ETTINGER, M.; PETRI, M.: Ätiologie und Klassifikation der septischen Koxitis. Unfallchirurg 115:967–971 (2012)
[82] FASSBENDER, H.G. (ed): Pathology and pathobiology of rheumatic diseases. Springer Berlin – Heidelberg – New York – Tokyo (2002)
[83] FELLER, J.F.; RISHI, M.; HUGHES, E.C.: Lipoma arborescens of the knee. MR demonstration. Am J Roentgenol 163:162 (1994)
[84] FICK, R.: Anatomie und Mechanik der Gelenke. Teil 1 und 2. In: K. v. Bardeleben, Handbuch der Anatomie des Menschen. G. Fischer, Jena 341–394 (1904)
[85] FIDLER, W.K.; DEWAR, C.L.; FENTON, P.V.: Cervical spine pseudogout with myelopathy and Charcot joints. J Rheumatol 23:1445 (1996)
[86] FISSELER-ECKHOFF, A.; MÜLLER, K.-M.: Arthroskopie und Chondrocalcinose. Arthroskopie 1:132–137 (1988)
[87] FISSELER-ECKHOFF, A.; MÜLLER, K.-M.: Arthroskopie und Chondrocalcinose. Arthroscopy 8:98–104 (1992)
[88] FLANDRY, F.C.; HUGHSTON, J.C.; McCANN, S.B.; KURTZ, D.M.: Diagnostic features of diffuse pigmented villonodular synovitis of the knee. Clin Orthop 298:12–220 (1994)
[89] FORESTIER, J.: Instrumentation pour médical. C R Soc Biol (Paris) 110:186 (1932)
[90] FRITZ, P.; LASCHNER, W.; SAAL, J.G.; DEICHSEL, G.; TUCZEK, H.V.; WEGNER, G.: Histological classification of synovitis. Zentralbl Allg Pathol Pathol Anat 135:729–741 (1989)

[91] FRIZZIERO, L.; ZIZZI, F.; LEGHISSA, R.; FERRUZZI, A.; New methods in arthroscopy: preliminary investigations. Ann Rheum Dis 45:529–533 (1986)

[92] FRIZZIERO, L.; GEORGOUNTZOS, A.; ZIZZI, F.; FOCHERINI, M.C.: Micro-arthroscopic study of the morphologic features of normal and pathological synovial membrane. Arthroscopy 8:504–509 (1992)

[93] FU, Z.; PENG, M.; PENG, Q.: Anatomical study of the synovial plicae of the hip joint. Clin Anatomy 10:235–238 (1997)

[94] FULLERTON, A.: The surgical anatomy of the synovial membrane of the knee-joint. British J Surg 4:191–200 (1916)

[95] FUNK, L.; LEVY, O.; EVEN, T.; COPELAND, S.A.: Subacromial plica as a cause of impingement in the shoulder. J Shoulder Elbow Surg 15:697–700 (2006)

[96] GALLAGHER, J.; TIERNEY, P.; MURRAY, P.; O'BRIEN, M.: The infrapatellar fat pad: anatomy and clinical correlations. Knee Surg Sports Traumatol Arthrosc 13:268–272 (2005)

[97] GARDNER, E.: Physiology of moveable joints. Physiol Review 30:127–176 (1950)

[98] GAULKE, R.; KRETTEK, C.: Die septische Koxitis des Erwachsenen. Unfallchirurg 115:977–981 (2012)

[99] GEBOREK, P.; SANDBERG, M.; WOLLHEIM, F.A.: Mononuclear cells recovered from inflammatory synovial membrane using fine-needle biopsy. Rheumtol Int 8:101–105 (1988)

[100] GEILER, G.; STIEHL, P.: Zur Bedeutung der Begriffe „Basisaktivität" und „Aktuelle Aktivität" in der morphologischen Beurteilung der Synovialmembranen bei Rheumatoid-Arthritis. Z Rheumatol 33:73–86 (1974)

[101] GEILER, G.: Die Pathologie der Systeme und Systemgrenzen am Beispiel der Gelenkerkrankungen. In: SCHARF, J.H. (Hrsg): Systeme und Systemgrenzen. Nova Acta Leopold 47:245–273 (1977)

[102] GIBSON, T.; FAGG, N.; HIGHTON, J.; WILTON, M.; DYSON, M.: The diagnostic value of synovial biopsy in patients with arthritis of unknown cause. Rheumatol Br 24:232–241 (1985)

[103] GLASGOW, M.M.S.; Mc CLELLAND, C.J.; CAMPBELL, J. et al.: The synovial plica and its pathological significance in the Knee. J. Bone Joint Surg. 63:630 (1981)

[104] GOLDIE, I.: The synovial microvascular derangement in rheumatoid arthritis and osteoarthritis. Acta Orthop Scandinav 40:751–764 (1970)

[105] GOLDIE, I.F.: Synovectomy in rheumatoid arthritis: a general review and an eight-year follow-up of synovectomy in 50 rheumatoid knee joints. Seminars in Arthritis and Rheumatism 3:219–251 (1974)

[106] GONG, M.; LION, G.C.; BI, X.Q. (eds.): Athletic anatomy. Beijing: People's Physical Culture Publishing House: 55–56 (1989)

[107] GRAABAEK, P.M.: Characteristics of the two types of synoviocytes in rat synovial membrane. An ultrastructural study. Lab Invest 6:690–702 (1984)

[108] GRAHAM, J.; GOLDMAN, J.A.: Fat droplets and synovial fluid leucozytes in traumatic arthritis. Arthritis Rheum 21:76 (1978)

[109] GRANOWITZ, S.P.; D'ANTONIO, J.; MANKIN, H.L.; The pathogenesis and long-term end results of pigmented villonodular synovitis. Clin Orthop 114:335–351 (1976)

[110] GRAY, A.J.R.; VILLAR, R.N.: The ligamentum teres of the hip: An arthroscopic classification of its pathology. Arthroscopy 13:575–578 (1997)

[111] GRYNFELTT, E.: Développement de l'articulation du genou chez l'homme. Monpellier Médical 25:613–624 (1904)

[112] GÜNTHER, A.; TRAUZEDDEL, R.: Rheumatische Gelenkerkrankungen im Kindes- und Jugendalter – Teil 2. Orthopädie und Unfallchirurgie up2date 8:179–193 (2013)

[113] GUERRA, J. Jr.; NEWELL, J.D.; RESNICK, D.; DANZIG, L.A.: Gastrocnemio-Semimembranosus bursal region of the knee. AJR 136:593–596 (1981)

[114] HAAS, S.; SCHWENKE, R.; HEIDELMANN, G.: Katamnestische Untersuchungen zur Bedeutung der Synovialisnadelbiopsie für die rheumatische Diagnostik. Z Gesamte Inn Med 42:397–401 (1987)
[115] HAMERMAN, D.; SANDSON, J.: Unusual properties of hyaluronateprotein isolated from pathological synovial fluids. J Clin Invest 42:1882 (1963)
[116] HAMILTON, L.C.; BIANT, L.C.; TEMPLE, L.N.; FIELD, R.E.: Isolated pseudogout diagnosed on hip arthroscopy. J Bone Joint Surg 91B:533–535 (2009)
[117] HAMOU, J.E.: Microhysteroscopy – A new technique in endoscopy and its applications. Acta Endosc 10:415–422 (1980)
[118] HAMOU, J.; CITTADINE, E.; PERINO, A.: Diagnosis and management of intrauterine adhesions by microhysteroscopy. Acta Europaea Fertilitatis 14:117–123 (1983)
[119] HAMOU, J.; SALAT-BAROUX, J.; SIEGLER, A.M.: Diagnosis and treatment of intrauterine adhesions by microhysteroscopy. Fertil Steril 39:321–326 (1983)
[120] HAMOU, J.; SALAT-BAROUX, J.; COUPEZ, F.; DE BRUX, J.: Microhysteroscopy: A new approach to the diagnosis of cervical intraepithelial neoplasia. Obstet Gynecol 63:567–574 (1984)
[121] HANDY, J.R.: Popliteal cysts in adults: a review. Semin Arthritis Rheum. 31:108–118 (2001)
[122] HARDAKER, W.T.; WHIPPLE, T.L.: Diagnosis and treatment of the plica syndrome of the Knee. J Bone Joint Surg 62:221–225 (1980)
[123] HARRYMAN, D.T.; LAZARUS, M.D.; ROSENCWAIG, R.: The stiff shoulder. In: Rockwood, C.; Matsen, F. III (eds.), The shoulder, Vol 2. Philadelphia: Saunders 1064–1106 (1998)
[124] HARTY, M.; JOYCE, J.J.: Synovial Folds in the Knee Joint. Orthop Rev 6:91–92 (1977)
[125] HARTY, M.: Arthroscopic anatomy. In: The American Academy of Orthopaedic Surgeons'Symposium on Arthroscopy and Arthrography of the Knee. St. Louis, CV Mosby 44–53 (1978)
[126] HAVITÇIOGLU, H.; TATARI, H.; BARAN, Ö.; MANISALI, M.; ÖZKAL, S.; SEÇIL, M.; ÖZAKSOY, D.; YÖRÜKOGLU, K.: Calcium pyrophosphate dihydrate crystal deposition disease mimicking malignant soft tissue tumor. Knee Surg Sports Traumatol Arthrosc 11:263–266 (2003)
[127] HEMPFLING, H.: Farbatlas der Arthroskopie großer Gelenke. Gustav Fischer Jena (1987)
[128] HEMPFLING, H.: Stellenwert der Arthroskopie bei Synovialitiden. Rheuma 11:200–205 (1991)
[129] HEMPFLING, H.: Neue Techniken der Arthroskopie. Chir Praxis 46:475–493 (1993)
[130] HEMPFLING, H.: Mikroarthroendoskopie. In: Klin Arthrologie, 2. Erg LFG 2:1–36 (1994)
[131] HEMPFLING, H.: Microarthroendoscopy. New Europ Rheum 2/3:66–72 (1994)
[132] HEMPFLING, H.: Farbatlas der Arthroskopie großer Gelenke, 2. Auflage. Gustav Fischer, Stuttgart, Jena, New York (1995)
[133] HEMPFLING, H.: Mikroarthoendoskopie. Arthroskopie 9:106–115 (1996)
[134] HEMPFLING, H.: Synovial membrane – Macro, Microarthroscopic study. Reumatismo 51(2):23 (1999)
[135] HEMPFLING, H.: Mikroarthroendoskopie. Trauma und Berufskrankheit 4/2:190–204 (2002)
[136] HENSLEY, C.D.; LIN, J.J.: Massive intrasynovial deposition of calcium pyrophosphate in the elbow. J Bone Joint Surg 66A:133–136 (1984)
[137] HERMANN, G.; ABDELWAHAB, I.F.; KLEIN, M.: et al.: Synovial chondomatosis. Skeletal Radiol 24:298 (1995)
[138] HEYD, R.; SEEGENSCHMIEDT, M.H.; MICKE, O.: Stellenwert der externen Radiotherapie bei der adjuvanten Behandlung der pigmentierten villonodulären Synovitis. Z Orthop Unfall 149:677–682 (2011)
[139] HILTON, J.: Lectures on Rest and Pain, 5th ed. George Bell and Sons, Sondon (1802)
[140] HIROHATA, K.: Light microscopic and electron microscopic studies of individual cells in pigmented villonodular synovitis and bursitis (Jaffe). Kobe J Med Sci 14:251–279 (1968)

[141] HO, Y.Y.; CHOUEKA, J.: Synovial chondromatosis of the upper extremity. J Hand Surg 38A:804–810 (2013)
[142] HOFFA, A.: The influence of adipose tissue with regard to pathology of the knee joint. JAMA 42:795–796 (1904)
[143] HOLZMÜLLER, W.; BOHNDORF, K.; MÜLLER, J.M.; WALTER, M.; BRENNER, U.: Die pigmentierte villonoduläre Synovialitis. Chirurg 57:514–516 (1986)
[144] HUBSCHER, O.; GALLO, A.; GRACI, J.: Propionibacterium acnes in purulent arthritis: probable cause of iatrogenic infection. J Rheumatol 15/6:1040–1041 (1988)
[145] HÜGLE, T.; PAGENSTERT, G.; PAUL, J.; LEUMANN, A.; FORSTER, C.; VAVKEN, P.; MÜLLER, A.N.; BARG, A.; WIEWIORSKI, M.; VALDERRABANO, V.: Blind versus arthroscopic application of a novel system for synovial biopsy. Sports Orthop Traumatol 30:192–195 (2014)
[146] HUETER, C.: Zur Histologie der Gelenkflächen und Gelenkkapseln. Virchows Arch 36:25 (1866)
[147] HUGHSTON, J.C.; WHATLEY, G.S.; DODELIN, R.A. et al: The role of the Suprapatellar Plica in Internal Derangement of the Knee. Am J Orthop 1:25–27 (1963)
[148] HUGHSTON, J.C.; STONE, M.; ANDREWS, J.R.: The suprapatellar plica: Its role in internal derangement of the knee. J Bone Joint Surg Am 55:1318 (1973)
[149] HUJAZI, I.; ONI, D.; ARORA, A.; MUNIZ, G.; KHANDUJA, V.: The fate of acutely inflamed joints with a negative synovial fluid culture. Int Orthop (SICOT) 36:1487–1492 (2012)
[150] HULTEN, O.; GELLERSTEDT, N.: Über Abnutzungsprodukte in Gelenken und ihre Resortion unter dem Bilde einer Synovitis detritica. Acta Chir Scand 84:1–29 (1940)
[151] HUNTER, W.: On the structure and diseases of articulating cartilages. Trans R Soc Lond 42B:514–521 (1743)
[152] HUTH, F.; HERBERTZ, G.; DÖRFEL, T.; SOREN, A.: Morphometrische Untersuchungen an Synovialmembranen menschlicher Kniegelenke und ihre statistische Auswertung. Z Orthop 113:1005–1010 (1975)
[153] HUTH, F.; KLEIN, W.: Punktionsdiagnostik von Gelenken. Enke Stuttgart (1977)
[154] IINO, S.: Normal arthroscopic findings of the knee joints in adult cadavers. J Jap Orthop Assoc 14:467–523 (1939)
[155] ISHIDA, T., DORFMAN, H.D.; BULLOUGH, P.G.: Tophaceous pseudogout (tumoral calcium pyrophosphate dihydrate crystal deposition disease). Hum Pathol 26:587–593 (1995)
[156] IZUMI, S.; TAKEYA, M.; TAKAGI, K.; TAKAHASHI, K.: Ontogenetic development of synovial a cells in fetal and neonatal rat knee joints. Cell Tissue Res 262:1–8 (1990)
[157] JACKSON, R.W.: The Role of Arthroscopy in the Management of the Arthritic Knee. Clin. Orthop. 101/01, IMD 7409 (1974)
[158] JACKSON, R.W.; MARSHALL, D.J.; FUJISAWA, Y.: The Pathologic Medial Shelf. Orthop Clin North Am 13:307–312 (1982)
[159] JACOBSON, J.A.; LENCHIK, L.; RUHOY, M.K.; SCHWEITZER, M.E.; RESNICK, D.: MR imaging of the infrapatellar fat pad of Hoffa. RadioGraphics 17:675–691 (1997)
[160] JAKOBS, M.; MORAWIETZ, L.; ROTHSCHENK, H.; HOPF, T.; WEINER, S.; SCHAUSTEN, H.; KRUKEMEYER, M.G.; KRENN, V.: Synovialitis-Score: Wertigkeit histopathologischer Diagnostik bei unklaren Arthriten. Z Rheumatol 66:706–712 (2007)
[161] JELINEK, J.S.; KRANSDORF, M.J.; UTZ, J.A. et al.: Imaging of pigmented villonodular synovitis with emphasis on MR imaging. Am J Roentgenol 152:337 (1989)
[162] JOHNSON, D.P.; EASTWOOD, D.M.; WITHEROW, P.J.: Symptomatik Plicae of the knee. J. Bone Joint Surg. 75-A:1485–1496 (1993)
[163] JOHNSON, D.P.; EASTWOOD, D.M.; WITHEROW, P.J.: Arthroscopic division of symptomatic synovial plicae of the knee. J Bone Joint Surg 75-A:1485–1496 (1993)
[164] JOHNSON, L.L.: Arthroscopic surgery principles and practice. CV Mosby St. Louis (1986)

[165] JUST, S.L.; HANSEN, K.V.: Pseudothrombophlebitis in a case of ruptured Baker's cyst. Ugeskr Læger 150:607 (1988)

[166] KANG, S.-T.; KIM, T.-H.: Lateral sided snapping elbow caused by a meniscus: two case reports and literature review. Knee Surg Sports Traumatol Arthrosc 18:840–844 (2010)

[167] KARNAHL, H.M.: Cysten der Kniekehle. Radiologe 19:230–233 (1979)

[168] KASHIWAGI, N.; SUZUKI, S.; SETO, Y.: Arthroscopic treatment for traumatic hip dislocation with avulsion fracture of the ligamentum teres. Arthroscopy 17:67–69 (2001)

[169] KERSCHBAUMER, F.; KOYDL, G.; HERRESTHAL, J.: Arthroskopische Synovektomie des rheumatischen Ellenbogengelenks. Arthroskopie 10:27–30(1997)

[170] KERSCHBAUMER, F.; KOYDL, G.; HERRESTHAL, J.: Arthroskopische Synovektomie des rheumatischen Handgelenks. Arthroskopie 10:31–35 (1997)

[171] KEY, J.A.: The synovial membrane of joints and bursae. In: COWDRY, E.V. (Hrsg). Special Cytology 735–766 (1928)

[172] KIER, R.; MC CARTHY, S.M.: Lipohemarthrosis of the knee: MR imaging. J Comput Assist Tomogr 14:395 (1990)

[173] KIM, K.I.; LEE, S.H.; AHN, J.H.; KIM, J.S.: Arthroscopic anatomic study of posteromedial joint capsule in knee joint associated with popliteal cyst. Arch Orthop Trauma Surg 134:979–984 (2014)

[174] KIM, S.-J.; SHIN, S.-J.; KOO, T.-Y.: Arch type pathologic suprapatellar plica. Arthroscopic 17:536–538 (2001)

[175] KIM, S.J.; KIM, J.Y.; LEE, J.W.: Pathologic infrapatellar plica. Arthroscopy 18:25–28 (2002)

[176] KIM, S.J.; KIM, J.H.: Arthroscopic repair of chronic capsular defect after popliteal cystectomy. The Knee 11:331–334 (2004)

[177] KIM, S.-J.; JEONG, J.-H.; CHEON, Y.-M.; RYU, S.-W.: MPP Test in the diagnosis of medial patellar plica syndrome. Arthroscopy 20:1101–1103 (2004)

[178] KIM, S.-J.; LEE, D.-H.; KIM, T.-E.: The relationship between the MPP Test and Arthroscopically found medial patellar plica pathology. Arthroscopy 23:1303–1308 (2007)

[179] KIM, S.-J.; SONG, H.-T.; MOON, H.-K.; CHUN, Y.-M.; CHANG, W.-H.: The safe establishment of a transseptal portal in the posterior knee. Knee Surg Sports Traumatol Arthrosc 19:1320–1325 (2011)

[180] KIM, Y.-M.; KIM, S.-J.; HWANG, D.-S.; SHIN, H.-D.; YANG, J.-Y.; KWON, S.-T.: Inferolateral parapatellar synovial fold causing patellofemoral impingement in both knee joints. Arthroscoopic 23:563.e1–563.e4 (2007)

[181] KIM, Y.-M.; SHIN, H.-D.; YANG, J.-Y.; KIM, K.-C.; KWON, S.-T.; KIM, J.-M.: Prefemoral fat pad: impingement and a masslike protrusion on the lateral femoral condyle causing mechanical symptoms. Knee Surg Sports Traumatol Arthrosc 15:786–789 (2007)

[182] KINOSHITA, H.; IZAWA, T.; OKAMOTO, R.: Hemophilic knee arthropathy with factor IX inhibitor. A case report. Arthroscopy 7:404 (1991)

[183] KLEIN, W.: The Medial Shelf of the Knee. Arch. Orthop. Trauma Surg 102:67–72 (1983)

[184] KLOEN, P.; KEEL, S.B.; CHANDLER, H.P.; GEIGER, R.H.; ZARINS, B.; ROSENBERG, A.E.: Lipoma arborescens of the knee. J Bone Joint Surg 80B:298–301 (1998)

[185] KLOVNING, J.; BEADLE, T.: Compartment syndrome secondary to spontaneous rupture of a Baker's cyst. J La State Med Soc 159:43–44 (2007)

[186] KNÖSS, M.; KRUKEMEYER, M.G.; GEHRKE, T.; OTTO, C.; MEYER-SCHOLTEN, C.; OTTO, M.; KRIEGSMANN, J.: Differenzialdiagnostik des rheumatoiden Granuloms. Pathologe 27:409–415 (2006)

[187] KNÖSS, M.; KRUKEMEYER, M.G.; KRIEGSMANN, J.; THABE, H.; OTTO, M.; KRENN, V.: Colocalization of C4d deposits/CD68+ macrophages in rheumatoid nodule and granuloma annulare:

Immunohistochemical evidence of a complement-mediated mechanism in fibrinoid necrosis. Pathol Res Practice, doi:10.1016/j.-prp.2008.01.009 (2008)

[188] KNÖSS, P.; KNÖSS, M.; OTTO, M.; KRIEGSMANN, J.; KRUKEMEYER, M.G.; KRENN, V.: Das differenzialdiagnostische Spektrum der Synovialitis. Z Rheumatol 67:8–16 (2008)

[189] KOELLIKER, A.: Handbuch der Gewebelehre des Menschen. Verlag von Wilhelm Engelmann, Leipzig (1889)

[190] KOSAREK, F.J.: The MR Appearance of the infrapatellar plica. AJR 172:481–484 (1999)

[191] KOTTAL, R.A.; VOLGER, J.B.; MATAMOROS, A. et al: Pigmented villonodular synovitis: a report of MR imaging in two cases. Radiology 163:551 (1987)

[192] KRAMER, J.; RECHT, M.; DEELY, D.M. et al.: MR appearance of idiopathic synovial osteochondromatosis. J Comput Assist Tomogr 17:772 (1993)

[193] KREBS, V.E.; PARKER, R.D.: Arthroscopic resection of an extrasynovial ossifying chondroma of the infrapatellar fat pad: Endstage Hoffa's disease? Arthroscopy 10:301–304 (1994)

[194] KRENN, V.; MORAWIETZ, L.; KÖNIG, A.; HAEUPL, T.: Differential diagnosis of chronic synovitis. Pathologe 27(6):402–408 (2006)

[195] KRENN, V.; MORAWIETZ, L.; KÖNIG, B.; OTTO, M.; KRIEGMANN, J.; KÖPENIK, A.; BÖHME, T.; HÄUPL, T.: Low-grade-/High-grade-Synovialitis. Orthopäde 35:853–859 (2006)

[196] KRENN, V.; MORAWIETZ, L.; BURMESTER, G.-R.; KINNE, R.W.; MUELLER-LADNER, U.; MULLER, B.; HÄUPTL, T.: Synovitis score: discrimination be tween chronic low-grade and high-grade synovitis. Histopathology 49:358–364 (2006)

[197] KRENN, V.; OTTO, M.; MORAWIETZ, L.; HOPF, T.; JAKOBS, M.; KLAUSER, W.; SCHWANTES, B.; GEHRKE, T.: Histopathologic diagnostics in endoprosthetics: periprosthetic neosynovialitis, hypersensitivity reaction, and arthrofibrosis. Orthopade 38:520–530 (2009)

[198] KRENN, V.; POREMBA, C.; DIERKES, C.: Biopsieindikationen. Z Rheumatol 71:297–313 (2012)

[199] KRENN, V.; RUPPERT, M.; KNÖSS, P.; KENDOFF, D.; POREMBA, C.; THOMSEN, M.; SKUTEK, M.; HASSENPFLUG, J.; ASCHERL, R.; KRUKEMEYER, M.G.; MATZIOLIS, G.; THOMAS, P.; GEHRKE, T.: Synovialitis of the arthrofibrotic type: criteria of a new synovialitis type for the diagnosis of arthrofibrosis. Z Rheumatol 72:270–278 (2013)

[200] KUMAR, D.; ALVAND, A.; BEACON, J.P.: Impingement of infrapatellar fat pad (Hoffa's disease): results of high-portal arthroscopic resection. Arthroscopic 23:1180–1186 (2007)

[201] KUROSAKA, M.; YOSHIYA, S.; YAMADA, M.; HIROHATA, K.: Lateral synovial plica syndrome. A case report. Am J Sports Med 20:92–94 (1992)

[202] KUSMA, M.; JUNG, J.; DIENST, M.; GOEDDE, S.; KOHN, D.; SEIL, R.: Arthroscopic treatment of an avulsion fracture of the ligamentum teres of the hip in an 18-year-old horse rider. Arthroscopy 20:64–66 (2004)

[203] KWAK, M.; RESNICK, D.; HAGHIGHI, P.: Calcium pyrophosphate dihydrate crystal deposition disease of the knee simulating spontaneous osteonecrosis. Clin Rheumatol 18:390–393 (1999)

[204] LAMPERT, C.: Läsionen des Lig. capitis femoris. Arthroskopie 22:293–298 (2009)

[205] LANG, J.: Die Gelenkinnenhaut, ihre Aufbau- und Abbauvorgänge. Gegenbaurs morphol Jb 98:387–482 (1957)

[206] LANG, J.: Wachstum und Untergang der Synovialiskapillaren. Verh anat Ges 54: 323–327 (1957)

[207] LANGER, E.; HUTH, F.: Untersuchungen über den submikroskopischen Bau der Synovialmembran. Z Zellforsch 51:545 (1960)

[208] LANGER, M.: Über die Entwicklung des Kniegelenks. Z Anat Entwicklungsgesch 89:83–103 (1929)

[209] LANZ, T. v.; WACHSMUTH, W.: Praktische Anatomie I/4. Bein und Statik. Springer, Berlin (1972)

[210] LA PRADE, R.F.: Localized chondrocalcinosis of the lateral tibial condyle presenting as a loose body in a young athlete. Arthroscopy 8:258–261 (1992)

[211] LEE, M.; MAHROOF, S.; PRINGLE, J.; SHORT, S.C.; BRIGGS, T.W.R.; CANNON, S.R.: Diffuse pigmented villonodular synovitis of the foot and ankle treated with surgery and radiotherapy. Int Orthop (SICOT) 29:403–405 (2005)

[212] LEVER, J.D.; FORD, E.H.: Histological, histochemical and electron microscopic observations on synovial membrane. Anat Rec 132:525 (1958)

[213] LINCK, G.; PORTE, A.: B-cells of the synovial membrane. Differentiation during development of the synovial cavity in the mouse. Cell Tissue Res 195:251–265 (1978)

[214] LINDBLAD, S.; HEDFORS, E.: Intraarticular variation in synovitis. Local macroscopic and microscopic signs of inflammatory activity are significantly correlated. Arthritis Rheum 28:977–986 (1985)

[215] LINDGREN, G.: Gastrocnemio-semimembranosus bursa and its relation to the knee joint. II. Post mortem radiography. Acta Radiol Diagn 18:698–704 (1977)

[216] LINDGREN, P.G.; WILLÉN, R.: Gastrocnemio-Semimembranosus bursa and its relation to the knee joint. I. Anatomy and histology. Acta Radiol Diagn 18:497–512 (1977)

[217] LINDGREN, P.G.: Gastrocnemio-Semimembranosus bursa and its relation to the knee joint. III. Pressure measurements in joint and bursa. Acta Radiol Diagn 19:377–388 (1978)

[218] LUKOSCHEK, M.; ADDICKS, K.: Histologische, morphometrische Untersuchung der menschlichen Synovialmembran. Z Orthop 129:136–140 (1991)

[219] LUNDBERG, B.J.: The frozen shoulder. Clinical and radiographical observations. The effect of manipulation under general anesthesia. Structure and glycosaminoglycan content of the joint capsule. Local bone metabolism. Acta Orthop Scand (Suppl) 119:1–59 (1969)

[220] LUSE, S.A.: A synovial sarcoma studied by electron microscopy. Cancer 13:312 (1960)

[221] MARIN, D.; NEGOESCU, M.; STOIA, I.; PIERRETTE, A.; PETRESCU, A.L.; CONSTANTINESCU, S.P.: The morphology of the synovial tissue and articular fluid cells in rheumatoid. Polyarthritis – Studied with the optical and electronic microscope. Acta Rheum Scand 15:126–134 (1969)

[222] MARTIN, S.; HERNÁNDEZ, L.; ROMERO, J. et al.: Diagnostic imaging of lipoma arborescens. Skeletal Radiol 27:325–329 (1998)

[223] MARUI, T.; YAMAMOTO, T.; KIMURA, T. et al.: A true intraarticular lipoma of the knee in a girl. Arthroscopy 18:E24 (2002)

[224] MASSARI, L.; FACCINI, R.; LUPI, L.; BIGHI, S.: Approccio diagnostico e terapeutico alle cisti del cavo del poplite Diagnosis and treatment of popliteal cysts. Chir Organi Mov LXXV:245–252 (1990)

[225] MATSUMOTO, K.; OKABE, H.; ISHIZAWA, M.; HIRAOKA, S.: Intra-articular lipoma of the knee joint. A case report. J Bone Joint Surg Am 83:101–105 (2001)

[226] MAY, O.; BOYER, T.; DORFMANN, H.: Pathologie du repli pectinéofovéal et traitement arthroscopique. Rev Chir Orthop 90:182 (2004)

[227] MAYEDA, T.: Über das strangartige Gebilde in der Kniegelenkhöhle (Chorda cavi articularis genu). Mitt Med Fak Kaiserl University of Tokyo 21:507–553 (1918)

[228] McKEE, P.H.; CALONJE, E.; GRANTER, S.R.: Granulomatous, necrobiotic and perforating dermatoses. In: McKEE, P.H.; CALONJE, E.; GRANTER, S.R. (eds): Pathology of the skin. Elsevier Mosby, Philadelphia (2005)

[229] METZGER, P.; CARNEY, J.; KUHN, K.; BOOHER, K.; MAZUREK, M.: Sensitivity of the saline load test with and without methylene blue dye in the diagnosis of artificial traumatic knee arthrotomies. J Orthop Trauma 26:347–349 (2012)

[230] MEYDAM, K.: Die Baker-Zyste – ein diagnostisches Problem? Radiologe 21:578–584 (1981)

[231] MIEHLKE, R.K.: Ergebnisse der Arthroskopie. Therapiewoche 31:5013–5019 (1981)

[232] MIEHLKE, R.K.: Die Bedeutung der Kniearthroskopie in der Rheumatologie. Beitr Orthop Traumatol 36:58–61 (1989)

[233] MIEHLKE, R.K.; SCHMIDT, K.: Arthroskopische Synovektomie und arthroskopisch assistierte Arthrodese des oberen Sprunggelenks bei rheumatoider Arthritis. Arthroskopie 10:44–49 (1997)

[234] MIEHLKE, W.; SCHWYZER, H.K.; SIMMEN, B.R.; KLONZ, A.: Arthroskopische Synovektomie des Schultergelenks bei chronischer Polyarthritis. Arthroskopie 10:22–26 (1997)

[235] MINEZAKI, T.; TOMATSU, T.; HANADA, K.: Calcium pyrophosphate dihydrate crystal deposition disease after anterior cruciate ligament reconstruction. Arthroscopy 14:634–636 (1998)

[236] MITAL, M.A.; HAYDEN, J.: Pain in the knee in Children: The Medial Plica Shelf-Syndrom Orthop Clin North Am 10/3:713–722 (1979)

[237] MOHR, W.: Histologische Korrelate synovialer Zotten und Knoten. Arthroskopie 10: 12–21 (1997)

[238] MOHR, W.: Gelenkpathologie. Historische Grundlagen, Ursachen und Entwicklungen von Gelenkleiden und ihre Pathomorphologie. Springer Berlin – Heidelberg (2000)

[239] MOYEN, B.; COMTET, J.J.; GENETY, J. et al.: Plicae synovialis du genou: Frequence et consequences pathologiques. Rev Chir Orthop Reparatrice Appar Mot 67:100–105 (1981)

[240] MÜLLER, K.-M.; FISSELER-ECKHOFF, A.: Morphologie arthroskopisch gewonnener Synovialbiopsien. Arthroskopie 2:94–103 (1989)

[241] MUIRDEN, K.D.: Microscopic studies of the synovialcartilage junction in rheumatoid arthritis. Eur J Rheumatol Inflamm 5:30–38 (1982)

[242] MUMME, T.; GRIEFINGHOLT, H.; SCHMIDT-ROHLFING, B.; MÜLLER-RATH, R.; KOCHS, A.: Morbus Teutschländer. Eine seltene benigne Differenzialdiagnose proliferativer Raumforderungen im paraartikulären Weichteilgewebe. Der Orthopäde 7:829–835 (2004)

[243] MUNZINGER, U.; RUCKSTUHL, J.; SCHERRER, H., et al: Internal derangement of the knee due to pathologic synovial folds: The mediopatellar plica syndrome. Clin Orthop 155:59–64 (1981)

[244] MURPHEY, M.D.; VIDAL, J.A.; FANBURG-SMITH, J.C. et al: Imaging of synovial chondromatosis with radiologic-pathologic correlation. RadioGraphics 27:1465–1488 (2007)

[245] MURPHEY, M.D.; RHEE, J.H.; LEWIS, R.B. et al: Pigmented villonodular synovitis: radiologic-pathologic correlation. RadioGraphics 28:1493–1518 (2008)

[246] MUSE, G.L.; GRANA, W.A.; HOLLINGSWORTH, S.: Arthroscopic treatment of medial shelf syndrome. Arthroscopy 1:63–67 (1985)

[247] NOTTAGE, W.M.; SPRAGUE, N.F.: The medial patellar plica syndrome. Am J Sports Med 11:211–214 (1983)

[248] NOZAWA, S.: Internal derangement of the knee by plica synovialis lateropatellaris. Orthop Surg 29:344–346 (1978)

[249] O'CONNELL, J.X.; NIELSEN, G.P.; ROSENBERG, A.E.: Subchondral acute inflammation in severe arthritis: A sterile osteomyelitis? Am J Surg Pathol 23(2):192–197 (1999)

[250] O'CONNOR, R.L.: The arthroscope in the management of crystal-induced synovitis of the knee. J Bone Joint Surg 55:1443–1449 (1973)

[251] OGATA, S.; UHTHOFF, H.K.: The development of synovial plicae in human knee joints: An embryologic study. Arthroscopy 6:315–321 (1990)

[252] OGILVIE, W.H.: Discussion on minor injuries of the elbow joint. Proc R Soc Med 23:306–322 (1929)

[253] O'LEARY, S.T.; GOLDBERG, J.A.; WALSH, W.R.: Tophaceous gout of the rotator cuff: a case report. J Shoulder Elbow Surg 12:200–201 (2003)

[254] ORTH, K.; RUSS, D.; STEINER, R.; BEGER, H.G.: Fluorescence detection of small gastrointestinal tumours: principles, technique, first clinical experience. Langenbeck's Arch Surg 385:488–494 (2000)

[255] OZCAN, M.; COPUROGLU, C.; CIFTDEMIR, M.; TURAN, F.N.; CALPUR, O.U.: Does an abnormal infrapatellar plica increase the risc of chondral damage in the knee. Knee Surg Sports Traumatol Arthrosc 19:218–221 (2011)
[256] PAGNAMENTA, M.; KIESER, CH.: Die Resultate der arthroskopischen Untersuchung unklarer Kniegelenkergüsse. Schweiz Med Wschr 112:1369–1375 (1982)
[257] PANS, S.; SIMON, J.-P.; DIERICKX, C.: Massive osteolysis of the shoulder (Gorham-Stout syndrome). J Shoulder Elbow Surg 8:281–283 (1999)
[258] PARTRIDGE, E: Joints: the limitation of their range of movement and an explanation of certain surgical conditions. J Anat 58:346–354 (1924)
[259] PASQUALI-RONCHETTI, I.; FRIZZIERO, L.; GUERRA, D.; BACCARANI-CONTRI, M.; FOCHERINI, M.C.; GEORGOUNTZOS, A.; VINCENZI, D.; CICCHETTI, F.; PERBELLINI, A.; GOVONI, E.: Aging of the human synovium: An in vivo and ex vivo morphological study. Seminars in Arthritis and Rheumatism 21:400–414 (1992)
[260] PATEL, D.: Arthroscopy of the Plicae – synovial folds and their significance. Am J Sports Med 6: 217–225 (1978)
[261] PATEL, D.: Plica as a cause of anterior knee pain. Orthop Clin North Am 17:273–277 (1986)
[262] PATEL, D.: Synovial lesions: Plicae. In McGINTY J.B. (ed): Operative Arthroskopie. New York, Raven Press 361–372 (1991)
[263] PEKMEZCI, M.; ATAY, Ö.A.; KERIMOGLU, Ü.; AYDINGÖZ, Ü.; TETIK, O.; DORAL, M.N.: A complete suprapatellar plica with an unusual presentation. Knee Surg Sports Traumatol Arthrosc 14:872–874 (2006)
[264] PERKA, C.; LABS, K.; ZIPPEL, H. et al.: Localized pigmented villonodular synovitis of the knee joint: neoplasm or reactive granuloma? A review of 18 caces. Rheumatology (Oxford) 39:172–178 (2000)
[265] PESSLER, F.; OGDIE, A.; DIAZ-TORNE, C.; DAI, L.; YU, X.; EINHORN, E.; GAY, S.: SCHUMACHER, H.R.: Subinitimal Ki-67 as a synovial tissue biomarker for inflammatory arthropathies. Ann Rheum Dis 67(2):162–167 (2008)
[266] PESSLER, F.; DAI, L.; DIAZ-TORNE, C.; GOMEZ-VAQUERO, C.; PAESSLER, M.E.; ZHENG, D.H.; EINHORN, E.; RANGE, U.; SCANZELLO, C.; SCHUMACHER, H.R.: The synovitis of „non-inflammatory" orthopaedic arthropathies: a quantitative histological and immunohistochemical analysis. Ann Rheum Dis 67(8):1184–1187 (2008)
[267] PIPKIN, G.: Lesions of the suprapatellar plica. J Bone Joint Surg. 32-A:353–369 (1950)
[268] PIPKIN, G.: Knee injuries: The role of the suprapatellar plica and suprapatellar bursa in simulating internal derangement. Clin Orthop Relat Res 73:161–176 (1971)
[269] PÜSCHEL, W.; GEILER, G; STIEHL, P.: Untersuchungen zur Aussagekraft von Synovialbiopsien in der Diagnostik und lokalen Aktivitätsbeurteilung der Rheumatoid-Arthritis. Z Rheumatol 35:278–285 (1976)
[270] RABINOWITZ, J.L.; GREGG, J.R.; NIXON, J.E.: Lipid composition of the tissues of human knee joints. II. Synovial fluid in trauma. Clin Orthop 190:292 (1984)
[271] RABL, H.; PASSLER, J.; HOFER, H.; STEINER, H.: Rupturierte Poplitealzyste und akute Unterschenkelvenenthrombophlebitis. Arthroskopie 5:39–43 (1992)
[272] RABL, H.; STEINER, H.: „Pseudothrombose" des Unterschenkels, hervorgerufen durch eine rupturierte Baker-Zyste. Hautarzt 43:291–293 (1992)
[273] RAO, J.; ZHOU, Y.X.; VILLAR, R.N.: Injury to the ligamentum teres. Clin Sports Med 20:791–799 (2001)
[274] RAUSCHNING, W.: Anatomy and function of the communication between knee joint and popliteal bursae. Ann Rheum Dis 39:354–358 (1980)
[275] RESNICK, D.; KANG, H.S.; PRETTERKLIEBER, M.L.: Internal Derangements of Joints, Saunders, Philadelphia (2007)

[276] RICHMOND, J.C.; McGINTY, J.B.: Segmental Arthroscopic Resection of the Hypertrophic Mediopatellar Plica. Clin Orthop 178:185–189 (1983)
[277] RODRIGUEZ-PERALTO, J.L.; LOPEZ-BAREA, F.; TORRES, A.; RODRIGUEZ, J.I.; DIAZ-FAES, J.: Tumoral calcinosis in two infants. Basic science and pathology. Clin Orthop Relat Res 242:272–276 (1989)
[278] ROHE, K.; COTTA, H.: Zur Struktur und Funktion der „Neosynovialis". Licht- und transmissionselektronenmikroskopische Untersuchungen vom Synovialisregenerat nach operativer Synovialektomie. Unfallchirurgie 15:1–8 (1989)
[279] ROSS, K.R.; GLASGOW, M.M.S.: The suprapatellar plica. J Bone Joint Surg Br 66:280 (1984)
[280] RUCKES, J.: Das Stratum synoviale. Seine Resorptionsfähigkeit unter normalen und pathologischen Bedingungen. Habilitationsschrift Mainz (1958)
[281] RUCKES, J.: Die Wirkung der Hodenhyaluronidase auf die Resorptionsfähigkeit des Stratum synoviale des Kaninchens in Abhängigkeit von Gelenkbeugung und pH-Wert. Bruns Beitr Klin Chir 20:50–55 (1960)
[282] RUEHMANN, O.; BÖRNER, C.; LEWINSKI, G. von; BOHNSACK, M.: Lig. capitis femoris. Orthopäde 35:59–66 (2006)
[283] RUIZ, M.E.; ERICKSON, S.J.; CARRERA, G.E. et al: Monoarticular gout following trauma: MR appearance. J Comput Assist Tomogr 17:151 (1993)
[284] RYU, K.N.; JAOVISIDHA, S.; SCHWEITZER, M.; MOTTA, A.O.; RESNICK, D.: MR Imgaging of lipoma arborescens of the knee joint. AJR 167:1229–1232 (1996)
[285] SAMUEL, E.P.: The autonomic and somatic innervation of the articular capsule. Anat Rest 113:53–70 (1952)
[286] SAVOIE III, F.H.; FIELD, L.D.: Arthroscopy of the elbow. Churchill-Livingstone New York (1996)
[287] SCALE, D.; FRIEDRICH, H.; KOYDL, P.: Stellenwert der Synovektomie in der Behandlung der chronischen Polyarthritis am Beispiel des Kniegelenkes. Orthop Praxis 11:722–727(1989)
[288] SCANZELLO, C.R.; GOLDRING, S.R.: The role of synovitis in osteoarthritis pathogenesis. Bone 51:249–257 (2012)
[289] SCHAUMKEL, J.V.; VILLAR, R.N.: Healing of the ruptured ligamentum teres after hip dislocation – an arthroscopic finding. Hip International 19:64–66 (2009)
[290] SCHIMIZZI, A.L.; JAMALI, A.A.; HERBST, K.D.; PEDOWITZ, R.A.: Acute compartment syndrome due to ruptured Baker cyst after nonsurgical management of an anterior cruciate ligament tear: a case report. Am J Sports Med 34:657–660 (2006)
[291] SCHMIDT, K.; MIEHLKE, R.K.: Die arthroskopische Synovektomie von Schulter und Ellenbogengelenk. Beitr Orthop Traumatol 37:637–641 (1990)
[292] SCHULITZ, K.P.: Regeneration der Synovialis. Z Orthop 114:161–176 (1976)
[293] SCHULTE, E.: Morphologie und Aussagekraft arthroskopisch gewonnener Synovialisresektate. Diss Ruhr-Univ Bochum (1992)
[294] SCHULTE, E.: Entwicklungsgeschichte und topographische Morphologie der Synovialmembran im Kniegelenk. Arthroskopie 6:121–126 (1993)
[295] SCHULTE, E.; MÜLLER, K.-M.: Granulomatöse Synovitis. Arthroskopie 7:133–138 (1994)
[296] SCHULTE, E.; FISSELER-ECKHOFF, A.; MÜLLER, K.-M.: Differentialdiagnose der Synovialitis. Pathologe 15:22–27 (1994)
[297] SCHULTZ, W.; PIEPER, H.-G.: Das laterale Plica-Syndrom. Arthroskopie 2:112–116 (1989)
[298] SCHUMACHER, H.R. jr.: Ultrastructure of the synovial membrane. Annals of Clinical and Laboratory Science 5:489–498 (1975)
[299] SCHWARZ, H.A.: Die Arthritis bei Adoleszenten. Schweiz Rundschau Med (PRAXIS) 82:410–413 (1993)
[300] SCHWENKE, R.: Arthroskopie und Synovialitis-Imprint-Zytologie. Indikationen und Ergebnisse bei rheumatischen Erkrankungen. Z Ärztl Fortbild (Jena) 81(9):429–431 (1987)

[301] SEIDL, G.; ULLRICH, R.; TRATTNIG, S. et al: MR-Bildgebung bei der Gicht. Radiologe 36:612 (1996)

[302] SHAHRIAREE, H.; NOTTAGE, W.M.: Synovial folds and plicae. In Shahriaree H (ed): O'CONNOR Textbook of Arthroscopic Surgery, ed 2. Phildaelphia, JB Lippincott: 535–541 (1992)

[303] SHIBATA, Y.; KUMANO, T.; SHINODA, T.; HANADA, H.; NOTOMI, T.; NAGAYAMA, A.; NAITO, M.: Gonococcal osteomyelitis of the shoulder extended from gonococcal arthritis: diagnosis by a polymerase chain reaction assay. J Shoulder Elbow Surg 13:467–471 (2004)

[304] SIM, F.H.: Synovial proliferative disorders: Role of Synovectomy. Arthroscopy 1:198–204 (1985)

[305] SINGH, R.; GREWAL, D.; CHAKRAVARTI, R.: Experimental production of pigmented villonodular synovitis in the knee and ankle joints of rhesus monkeys. J Pathol 98:137–142 (1969)

[306] SINGH, P.J.; CONSTABLE, L.; O'DONNELL, J.: Arthroscopic excision of a giantcell tumour of the ligamentum teres. J Bone Joint Surg 91-B:809–811 (2009)

[307] SLANSKY, E.; LI, J.; HÄUPL, T.; MORAWIETY, L.; KRENN, V.; PESSLER, F.: Quantitative determination of the diagnostic accuracy of the synovitis score and its components. Histopathology 57(3):436–443 (2010)

[308] SMITH, D.F.; REID, D.M.: Hydroxyapatite associated disease in an elderly female: differentiation from aseptic necrosis. Scot Med J 34:438–439 (1989)

[309] SOLA, J.B.; WRIGHT, R.W.: Arthroscopic treatment for lipoma arborescens of the knee. J Bone Joint Surg 80A:99–103 (1998)

[310] SOMMER, M.; HELLMUTH, H.J.; KOHL, K.P.: Große Baker-Zyste als Ursache eines Pseudokompartmentsyndroms. Chir Prax 56:231–235 (1999/2000)

[311] SORIANO, E.R.; CATOGGIO, L.J.: Baker's cysts, pseudothrombophlebitis, pseudo-pseudothrombophlebitis: where do we stand? Clin Exp Rheumatol 8:107–112 (1990)

[312] STEINBACH, L.S.; NEUMANN, C.H.; STOLLER; D.W. et al: MRI of the knee in diffuse pigmented villonodular synovitis. Clin Imag 13:305 (1989)

[313] STEINER, E.; STEINBACH, L.S.; SCHNARKOWSKI, P.; TIRMAN, P.F.J.; GENANT, H.K.: Ganglia and cysts around joints. Radiol Clin North Am 34:395–425 (1996)

[314] STEINERT, A.F.; GOEBEL, S.; RUCKER, A.; BARTHEL, T.: Snapping elbow caused by hypertrophic synovial plica in the radiohumeral joint: a report of three cases and review of literature. Arch Orthop Trauma Surg 130:347–351 (2010)

[315] STOFFT, E.; EFFENDY, W.: Development and morphology of rat synovial membrane. Acta Anat 121:36–40 (1985)

[316] STOLLER, D.W.: In: MRI in orthopaedics and sports medicine. (3. Ed.). Wolters Klüwer Lippincott Williams & Wilkins Philadelphia (2007)

[317] STROVER, A.E.; ROUHOLAMIN, E.; GUIRGUIS, N.; BEHDAD, H.: An arthroscopic technique of demonstrating the pathomechanics of the suprapatellar plica. Arthroscopic 7:308–310 (1991)

[318] TEARSE, D.S.; CLANCY, W.G.; GERSOFF, W.K.: Symptomatic Lateral Synovial Plica of the Knee. Abstracts Annual Meeting of the Arthroscopy Association of North America, Washington, D.C.; 24–27.3.1988. Arthroscopy 4/2:138 (1988)

[319] TERRONO, A.L.; FELDON, P.G.; MILLENDER, L.H.; NALEBUFF, E.A.: Evaluation and treatment of the rheumatoid wrist. J Bone Joint Surg 77-A:1116–1128 (1995)

[320] TESTUT, L.: Traité d'anatomie humaine. Tome 4 O.Doin Paris:577–601 (1899)

[321] THIJN, C.J.P.; HILLEN, B.: Arthrography and the medial compartment of the patello-femoral joint. Skeletal Radiol 11:83–190 (1984)

[322] THOMPSON, A.M.; STOCKWELL, R.A.: An ultrastructural study of the marginal transitional zone in the rabbit knee joint. J Anat 136:701–713 (1983)

[323] TRETHOWAN, W.H.: Tennis elbow. BMJ 2:1218 (1929)

[324] TRIMBLE, B.S.; EVERS, C.J.; BALLARON, S.A.; YOUNG, J.M.: Intraarticular injection of propionibacterium acnes causes an erosive arthritis in rats. Agents and Actions 21:281–283 (1987)
[325] TUCKMAN, K.G.; WIRTH, C.Z.: Synovial osteochondromatosis of the shoulder: MR findings. J Comput Assist Tomogr 13:360 (1989)
[326] TURHAN, E.; DORAL, M.N.; ATAY, A.Ö.; DEMIREL, M.: A giant extrasynovial osteochondroma in the infrapatellar fat pad: end stage Hoffa's disease. Arch Orthop Trauma Surg 128:515–519 (2008)
[327] VAHLENSIECK, M.; WICHE, U.; SCHMIDT, H.M.: Plica humeroradialis: Inzidenz und MR-tomographische Darstellbarkeit. Fortschr Röntgenstr 176:959–964 (2004)
[328] VAN FURTH, R.: The origin of phagocytic cells in the joint and bone. Scand J Rheumatol 40:13–20 (1981)
[329] VESALIUS, A.: De humaini corporis fabrica libri septum. Ioh. Oporinum, Basel (1555)
[330] VILANOVA, J.C.; BARCELÓ, J.; VILLALÓN, M.; ALDOMÀ, J.; DELGADO, E.; ZAPATER, I.: MR imaging of lipoma arborescens and the associated lesions. Skeletal Radiol 32:504–509 (2003)
[331] VON ENGELHARDT, L.V.; TOKMAKIDIS, E.; LAHNER, M.; DÀVID, A.; HAAGE, P.; BOUILLON, B.; LICHTINGER, T.K.: Hoffa's fat pad impingement treated arthroscopically: related findings on preoperative MRI in a case series of 62 patients. Arch Orthop Trauma Surg 130:1041–1051 (2010)
[332] VON SCHROEDER, H.P.; AMELI, F.M.; PIAZZA, D.; LOSSING, A.G.: Ruptured Baker's cyst causes ecchymosis of the foot. A differential clinical sign. J Bone Joint Surg Br 75:316–317 (1993)
[333] WAELCHLI, B.; MOLNAR, J.; INDERBITZI, R.: Ruptur einer Baker-Cyste mit Compartmentsyndrom. Chirurg 69:306–309 (1998)
[334] WALDEYER, A.; MAYET, A.: Anatomie des Menschen, Teil 1, 14. Auflage. DeGruyter Berlin New York (1980)
[335] WATANABE, M., TAKEDA, S.; IKEUCHI, H.: Atlas of arthroscopy. Berlin, Springer (1970)
[336] WATANABE, M., TAKEDA, S.; IKEUCHI, H.: Atlas of arthroscopy. 2nd ed., Tokyo, Igaku Ltd. (1979)
[337] WATANABE, M., TAKEDA, S.; IKEUCHI, H.: Atlas of arthroscopy. Third Edition. Igaku-Shoin, Tokyo, New York, Springer Verlag, Berlin, Heidelberg, New York (1979)
[338] WEINBERGER, A.; SCHUMACHER, H.R.: Experimental joint trauma: Synovial response to blunt trauma and inflammatory reaction to intraarticular injection of fat. J Rheumatol 8:380 (1981)
[339] WILCZYNSKI, M.C.; GELBERMAN, R.H.; ADAMS, A.; GOLDFARB, C.A.: Arthroscopic findings in gout of the wirst. JHS 34A:244–250 (2009)
[340] WILKINSON, L.S.; PITSILLIDES, A.A.; EDWARDS, J.C.W.: Giant cells in arthritic synovium. Rheum Dis 52:182–184 (1993)
[341] WOLF, J.: Transition from synovial into chondral membrane. Folia Morphol (Praha) 22:151–160 (1974)
[342] WOLF, J.: Reinforcement of transitional zone between chondral and synovial membranes. Folia Morphol (Praha) 22:161–164 (1974)
[343] WYLLIE, J.C.; MORE, R.H.; HAUST, M.D.: The fine structure of normal guinea pig synovium. Lab Invest 13:1254–1263 (1964)
[344] WYSOCKI, P.; BRINKHAUS, K.M.; HILL, C: Scanning electron microscopy of synovial membranes. Arch Path 93:172–177 (1972)
[345] YANO, K.: Über die Schleimbeutel und Nebenhöhlen des Kniegelenkes bei den Japanern. Folia anat Jap 6:191 (1928)
[346] YILMAZ, E.; KARAKURT, L.; AKPOLAT, N.; ÖZDEMIR, H.; BELHAN, O.; INCESU, M.: Intra-articular lipoma of the knee joint in a girl. Arthroscopy 21:98–102 (2005)
[347] YOCUM, R.C.; McARTHUR, J.; PETTY, B.G.; DIEHL, A.M.; MOENCH, T.R.: Septic arthritis caused by propionibacterium acnes. JAMA 248: 1740–1741 (1982)

[348] YOO, Y.; SEO, Y.-J.; HUH, M.; YOO, J.H.; YUN, K.H.; KIM, S.-J.: Gout and coexisting pseudogout in the knee joint. Knee Surg Sports Traumatol Arthrosc 19:553–555 (2011)

[349] YU, J.S.; CHUNG, C.; RECHT, M.: et al: MR imaging of tophaceous gout. AJR 168:523 (1997)

[350] ZAKA, R.; WILLIAMS, C.J.: Genetics of chondrocalcinosis. OsteoArthritis and Cartilage 13:745–750 (2005)

[351] ZARINS, B.; McINERNEY, V.K.: Calcium pyrophosphate and pseudogout. Arthroscopy 1:8–16 (1985)

[352] ZHANG, Y.; HUANG, W.; JIANG, J.; XIE, J.; XU, C.; WANG,C.; YIN, L.; YANG, L.; ZHOU, K.; CHEN, P.; SUNG, K.L.P.: Influence of TNF-α and biomechanical stress on matrix metalloproteinases and lysyl oxidases expressions in human knee synovial fibroblasts. Knee Surg Sports Traumatol Arthrosc 22:1997–2006 (2014)

[353] ZITNAN, D.; SITAJ, S.: Classification of primary articular chondrocalcinoisis. Czechoslovak Medicine 2:89–103 (1979)

[354] ZVAIFLER, N.J.: Macrophages and the synovial lining. Scand J Rheumatol 24:67–75 (1995)

Stichwortverzeichnis

Über die Autoren

Prof. Dr. med. Harald Hempfling
Professor für Chirurgie/Unfallchirurgie, Facharzt für physikalische und rehabilitative Medizin, Sportmedizin, Universität Ulm, 1987–2012 BG-Unfallklinik Murnau, seit 2003 Mitglied der Kommission Gutachten der Deutschen Gesellschaft für Unfallchirurgie

Prof. Dr. med. Veit Krenn
Professor für Experimentelle Infektionspathologie an der Charité Universitätsmedizin Berlin von 2000–2005, Facharzt für Pathologie, Zusatzbezeichnung Molekularpathologie. Seit 2005 in der Geschäftsleitung des Medizinischen Versorgungszentrums für Histologie, Zytologie und molekulare Diagnostik in Trier, Schwerpunkt Bindegewebspathologie

Bei Fragen zur Produktsicherheit wenden Sie sich bitte an:
If you have any questions regarding product safety, please contact:

Walter de Gruyter GmbH
Genthiner Straße 13
10785 Berlin
productsafety@degruyterbrill.com